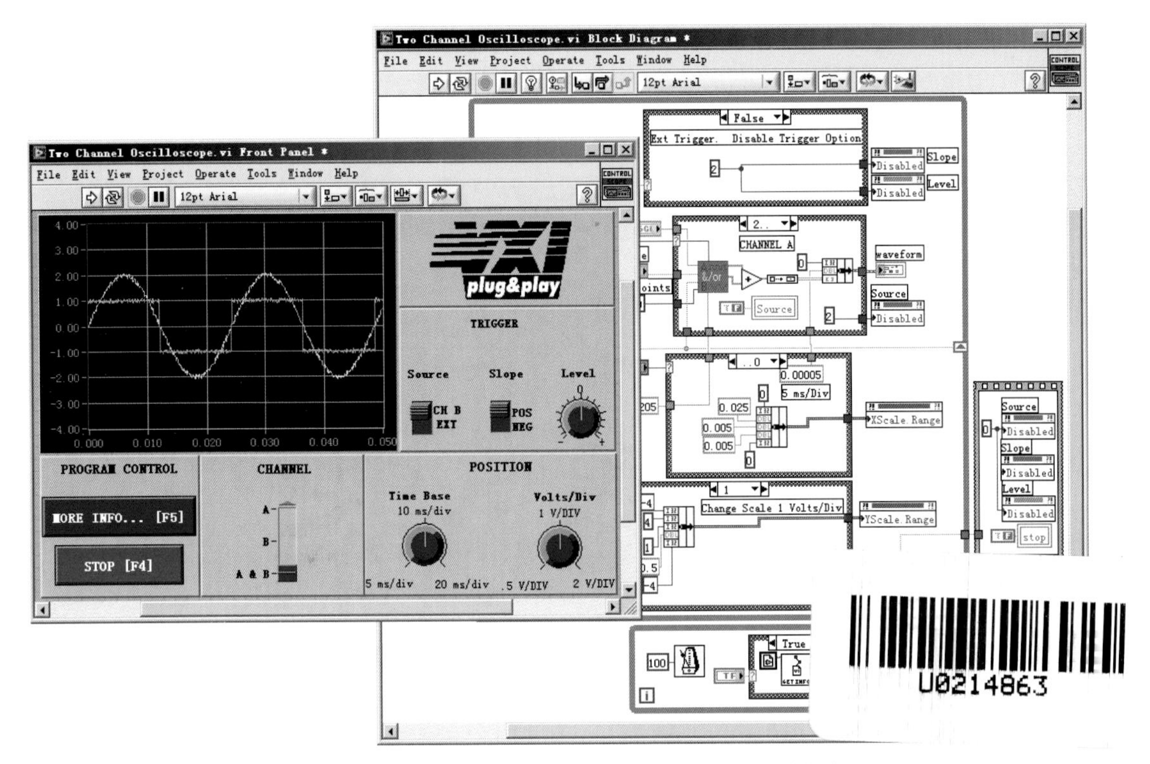

图 1-4　由前面板、程序图和输入 / 输出端子组成的虚拟仪器

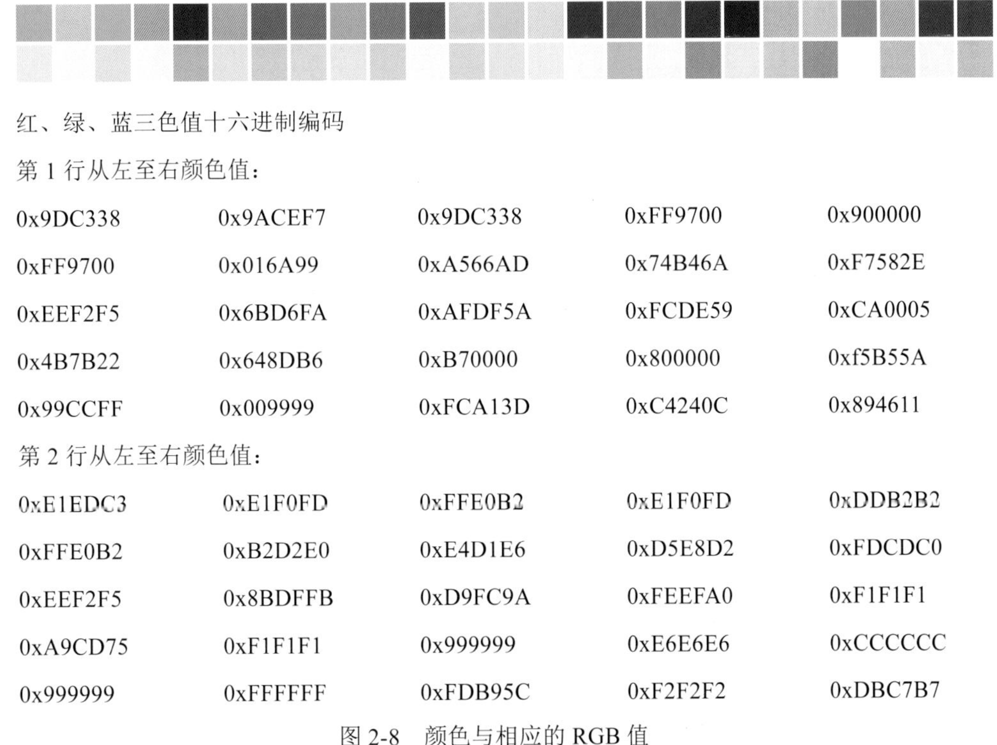

红、绿、蓝三色值十六进制编码

第 1 行从左至右颜色值：

0x9DC338	0x9ACEF7	0x9DC338	0xFF9700	0x900000
0xFF9700	0x016A99	0xA566AD	0x74B46A	0xF7582E
0xEEF2F5	0x6BD6FA	0xAFDF5A	0xFCDE59	0xCA0005
0x4B7B22	0x648DB6	0xB70000	0x800000	0xf5B55A
0x99CCFF	0x009999	0xFCA13D	0xC4240C	0x894611

第 2 行从左至右颜色值：

0xE1EDC3	0xE1F0FD	0xFFE0B2	0xE1F0FD	0xDDB2B2
0xFFE0B2	0xB2D2E0	0xE4D1E6	0xD5E8D2	0xFDCDC0
0xEEF2F5	0x8BDFFB	0xD9FC9A	0xFEEFA0	0xF1F1F1
0xA9CD75	0xF1F1F1	0x999999	0xE6E6E6	0xCCCCCC
0x999999	0xFFFFFF	0xFDB95C	0xF2F2F2	0xDBC7B7

图 2-8　颜色与相应的 RGB 值

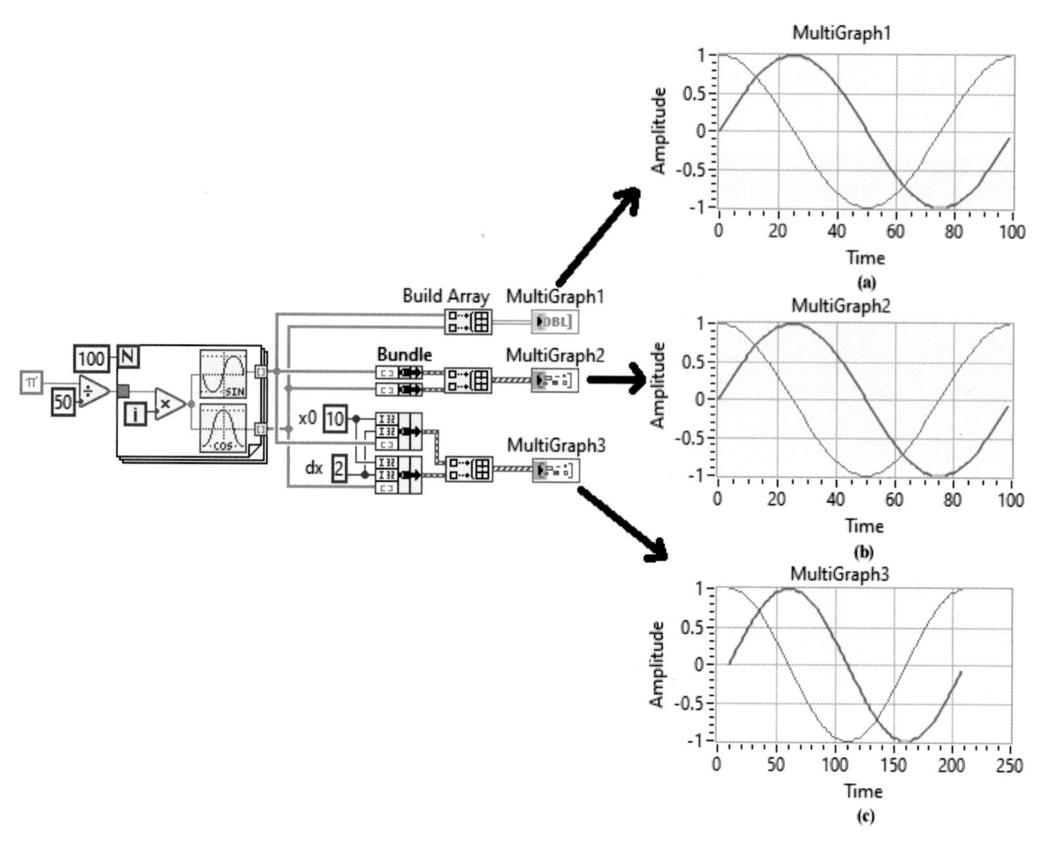

图 3-47　在 Waveform Graph 中显示多条曲线

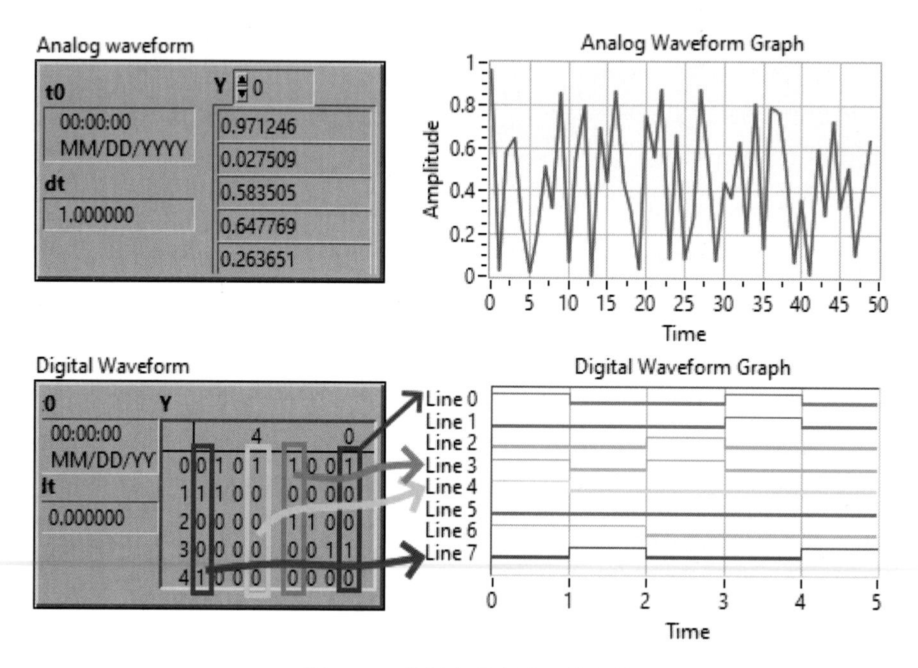

图 3-48　模拟和数字波形数据簇

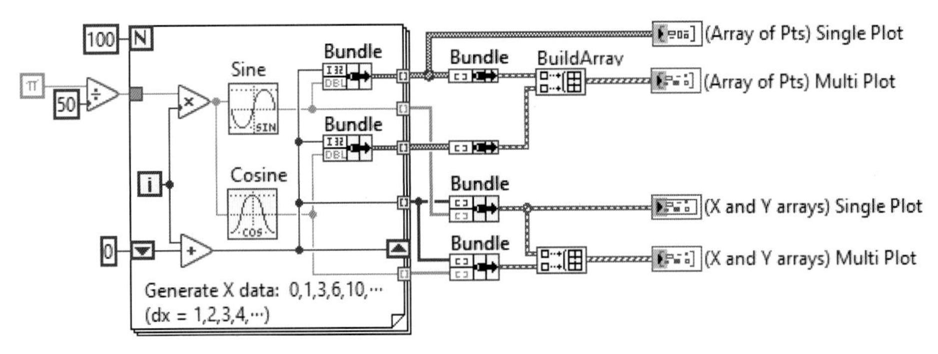

图 3-50　XY Graph 的四种图形绘制方法

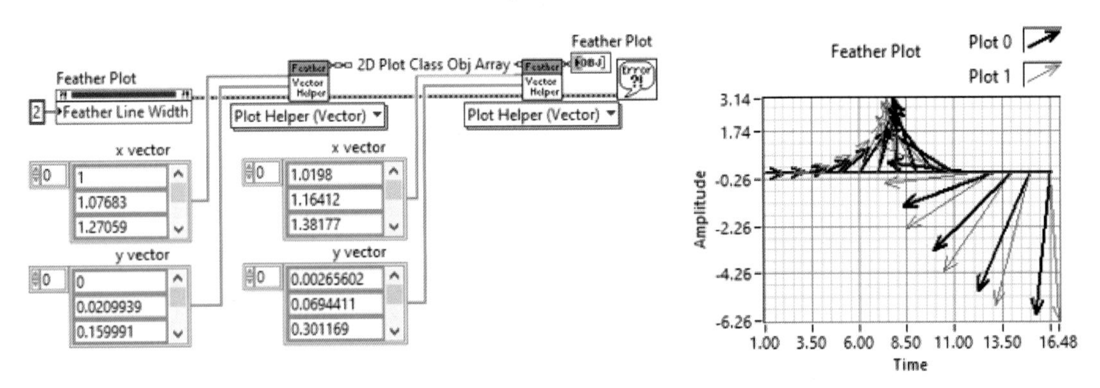

图 3-53　2D 羽状图实例

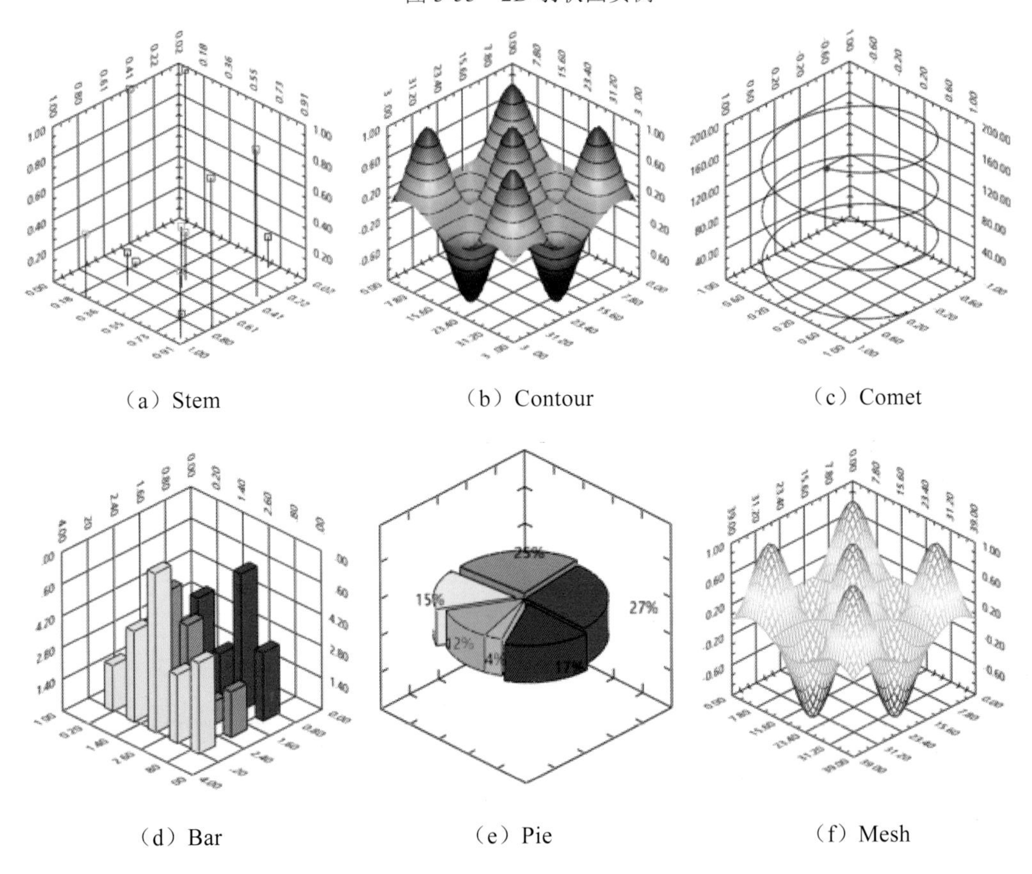

（a）Stem　（b）Contour　（c）Comet

（d）Bar　（e）Pie　（f）Mesh

图 3-54　Math Plot-3D 实例的绘图结果

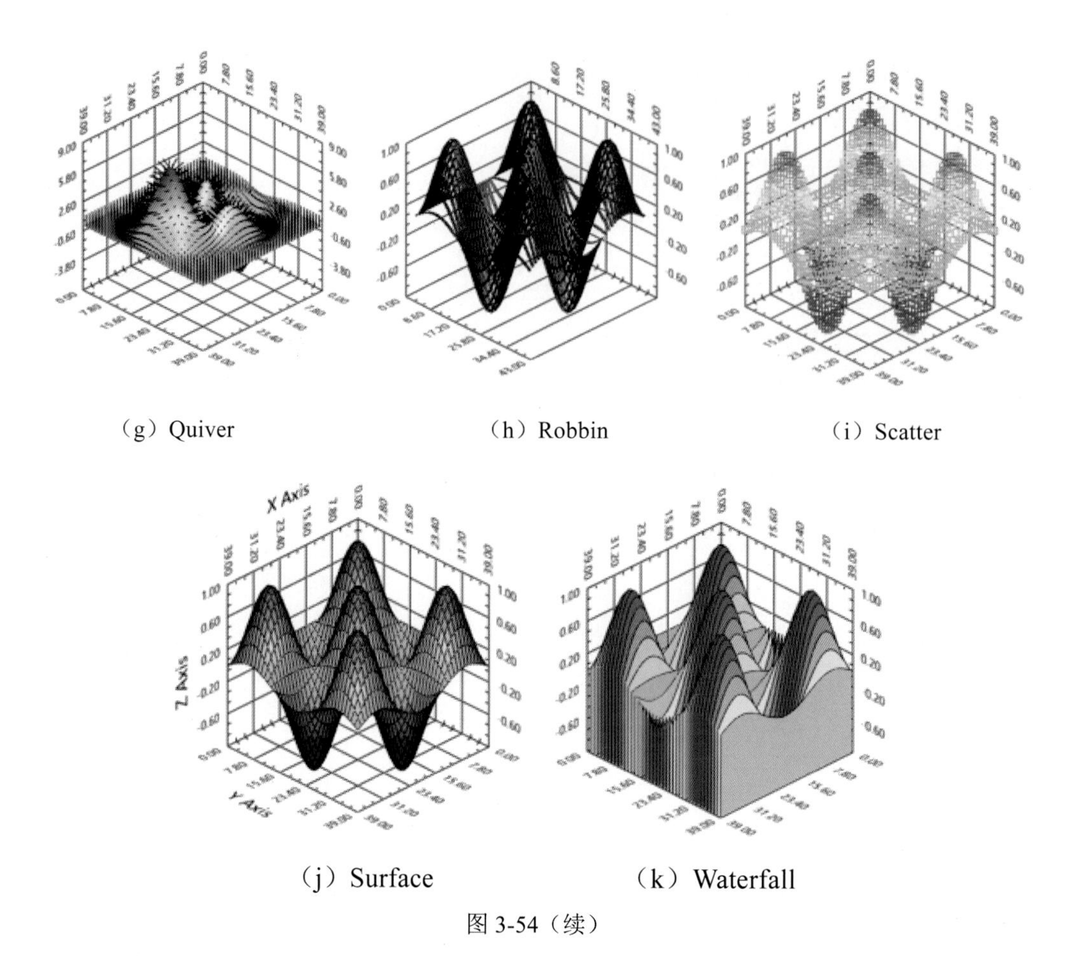

（g）Quiver （h）Robbin （i）Scatter

（j）Surface （k）Waterfall

图 3-54（续）

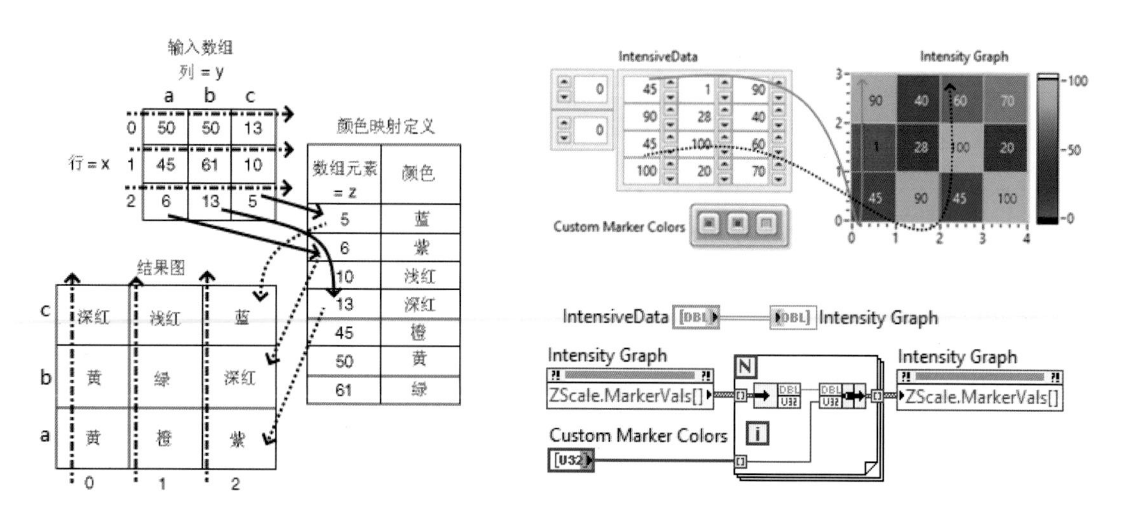

图 3-55 Intensity Graph 显示原理及实例

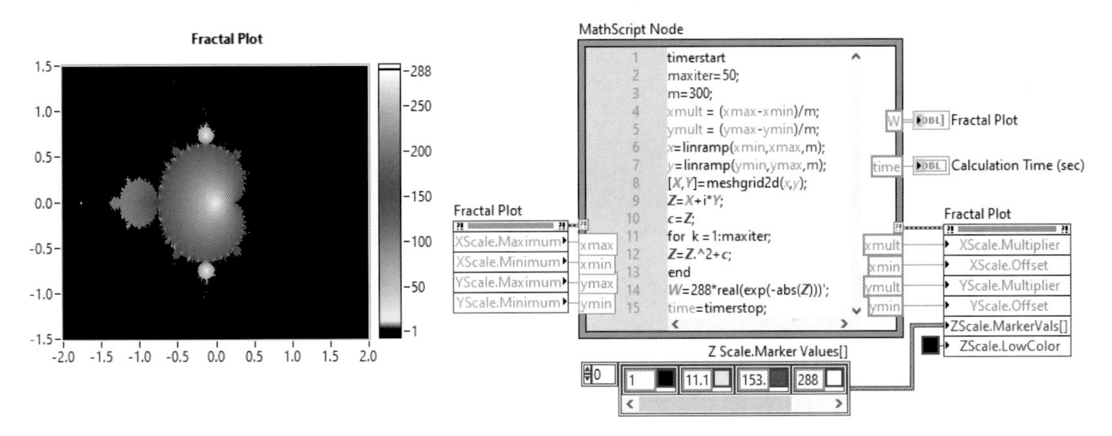

图 3-56　Intensity Graph 绘制曼德博分形实例

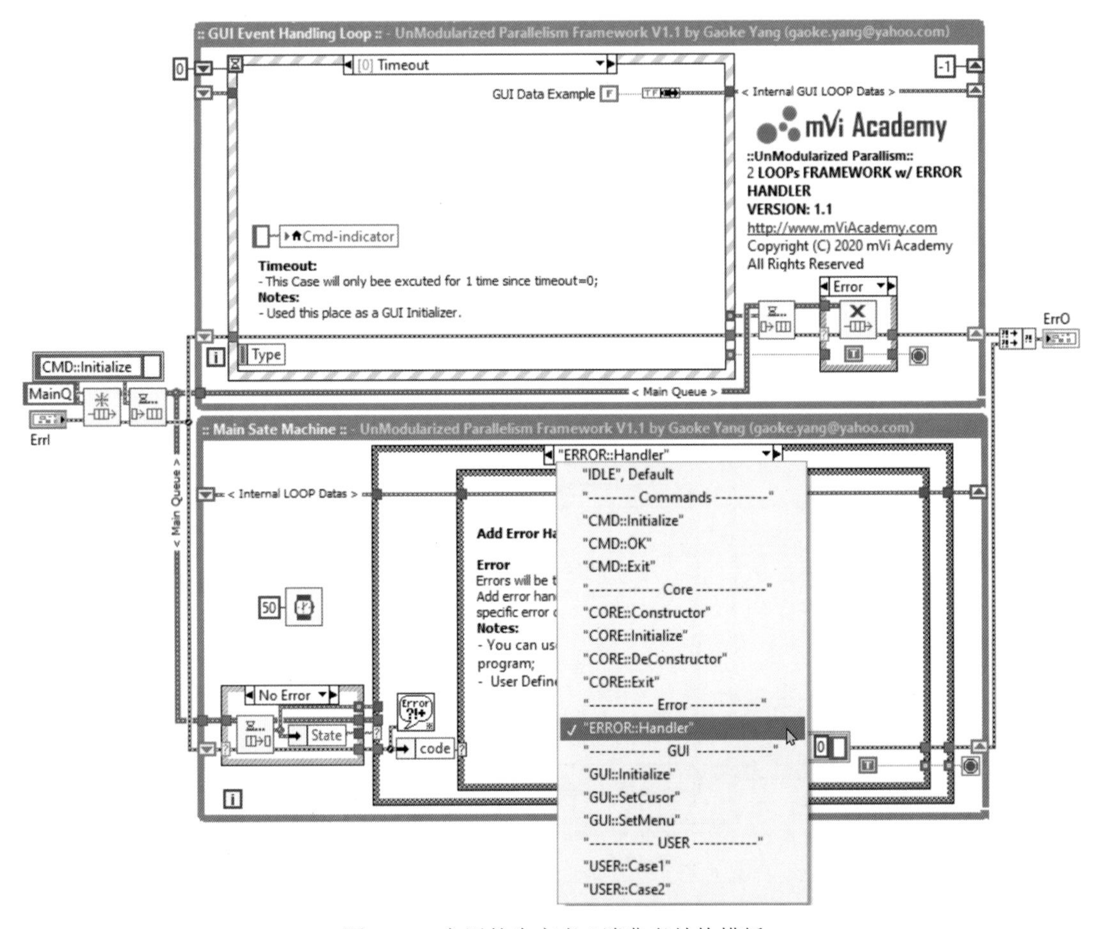

图 9-22　实用的生产者 / 消费者结构模板

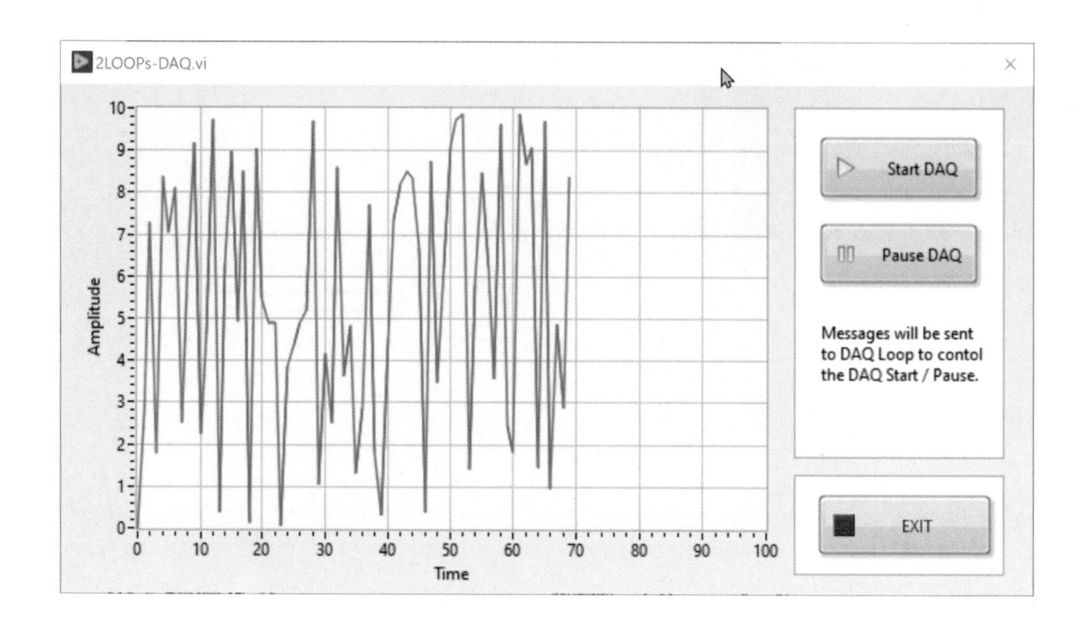

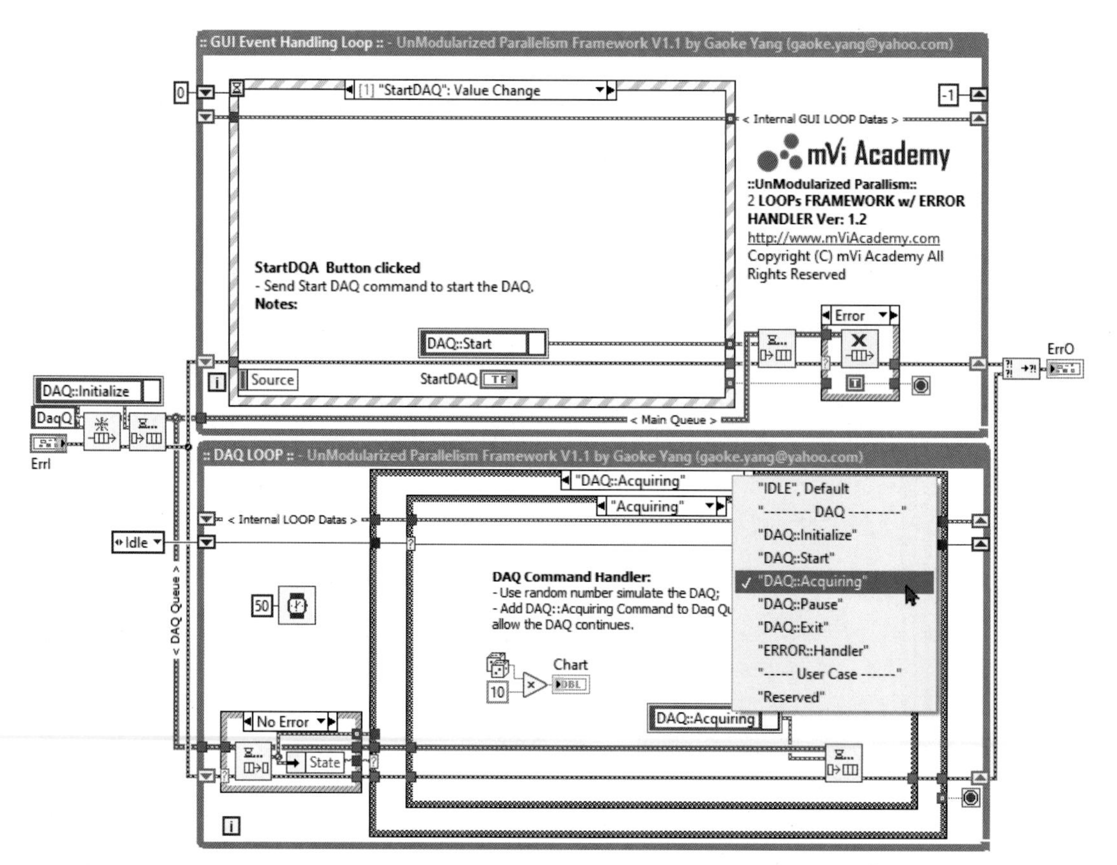

图 9-25　具有独立可控数据采集循环的并行程序框架前后面板

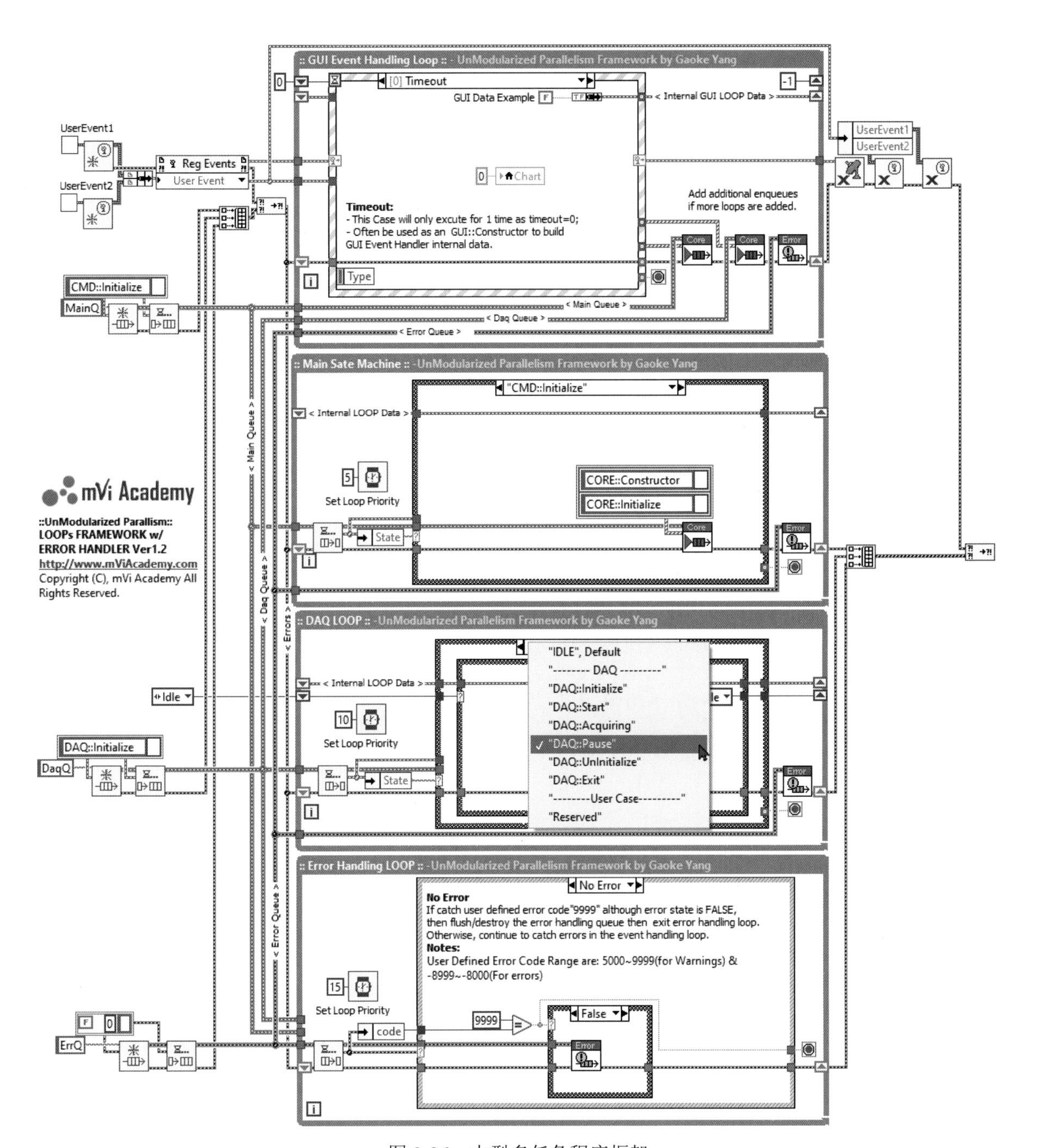

图 9-26　大型多任务程序框架

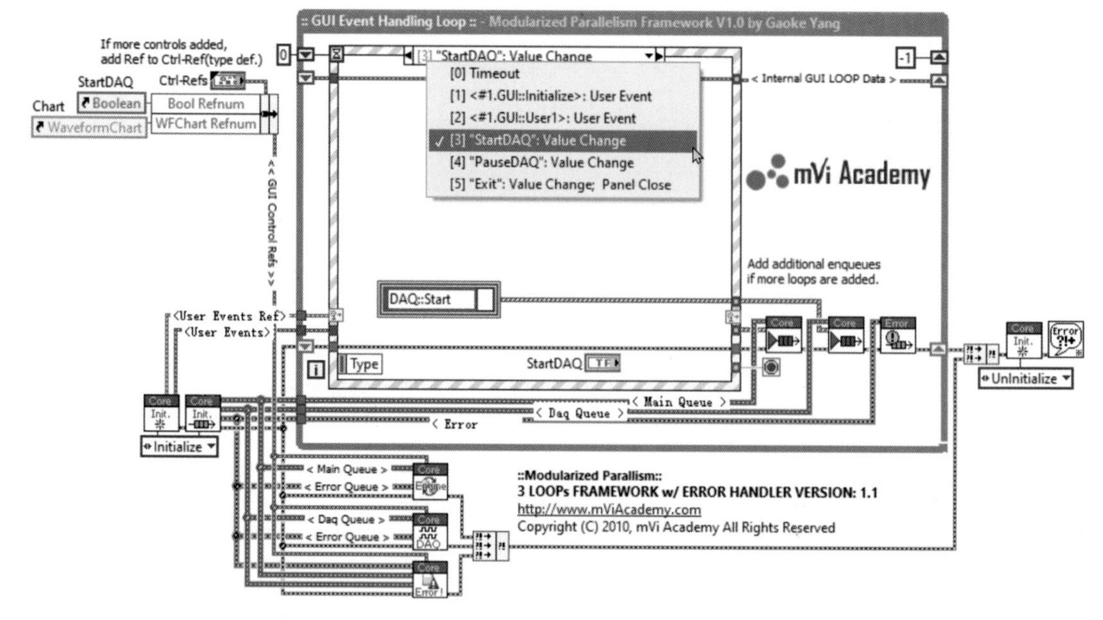

图 9-31　模块化封装后的结束大型多任务程序框架

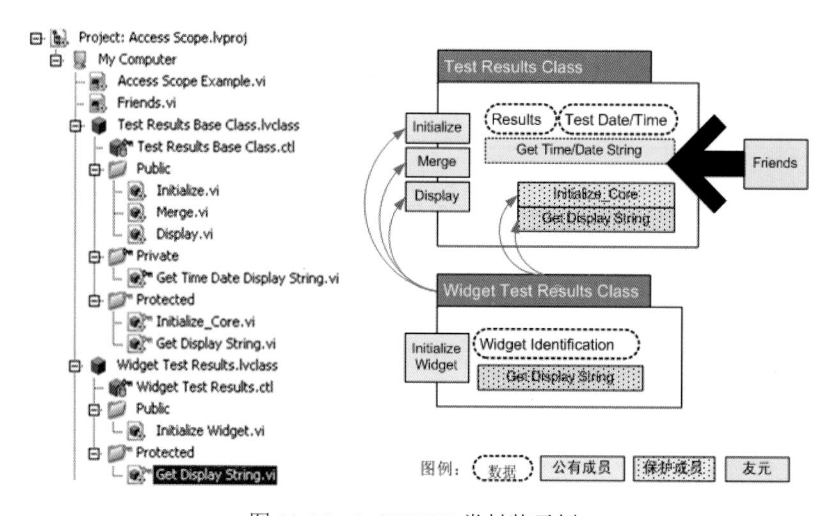

图 11-14　LabVIEW 类封装示例

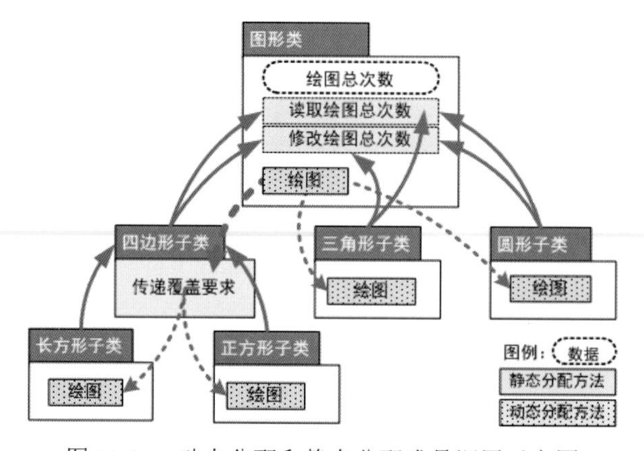

图 11-21　动态分配和静态分配成员调用示意图

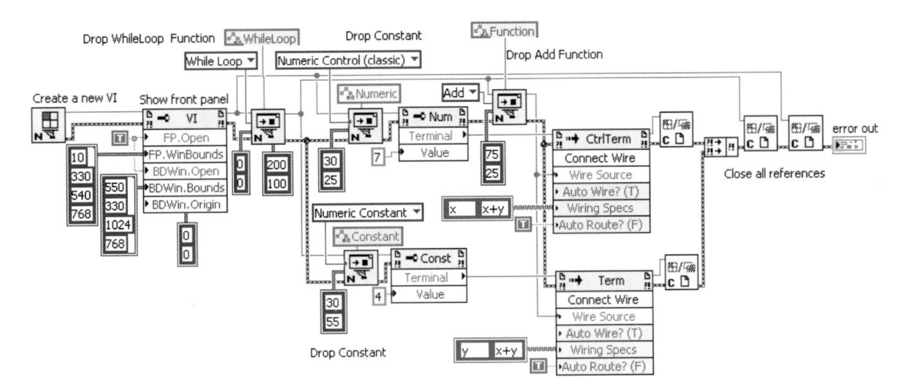

图 12-32　使用代码创建 VI，并添加后面板元素

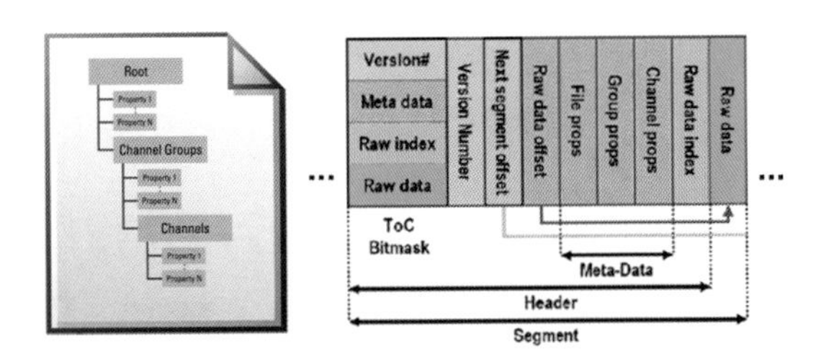

图 14-20　TDMS 文件的逻辑结构和物理文件中数据段的构成

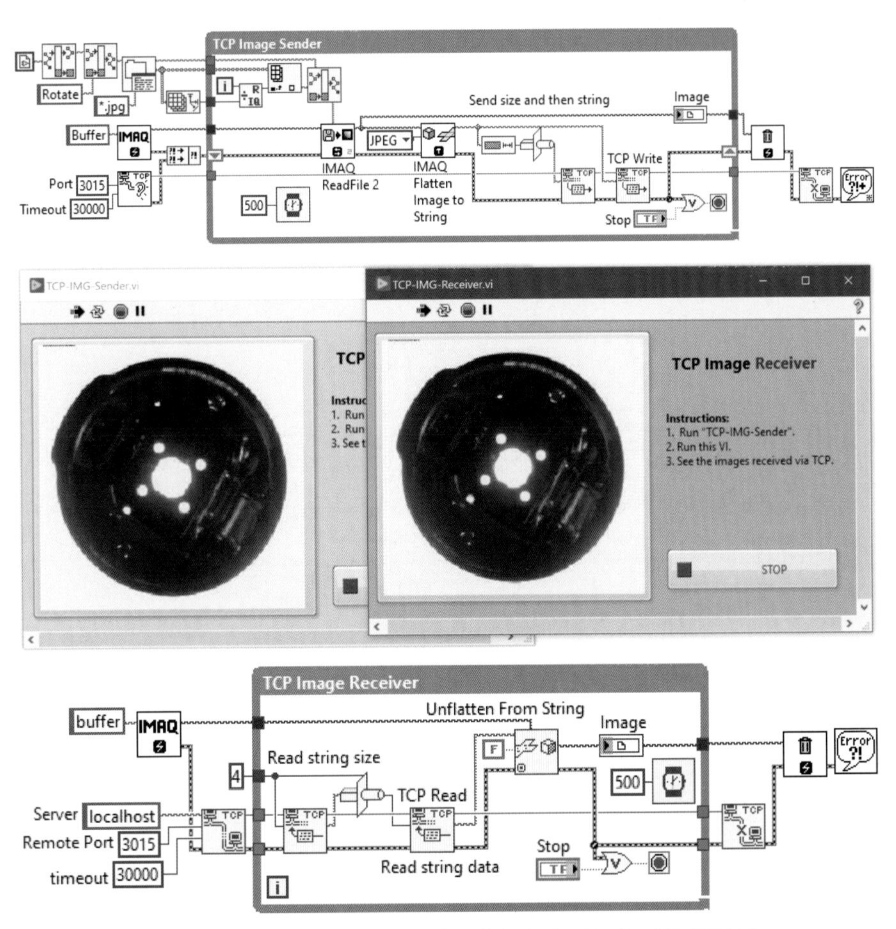

图 16-30　使用 TCP 协议传输图像的程序及运行时的前面板

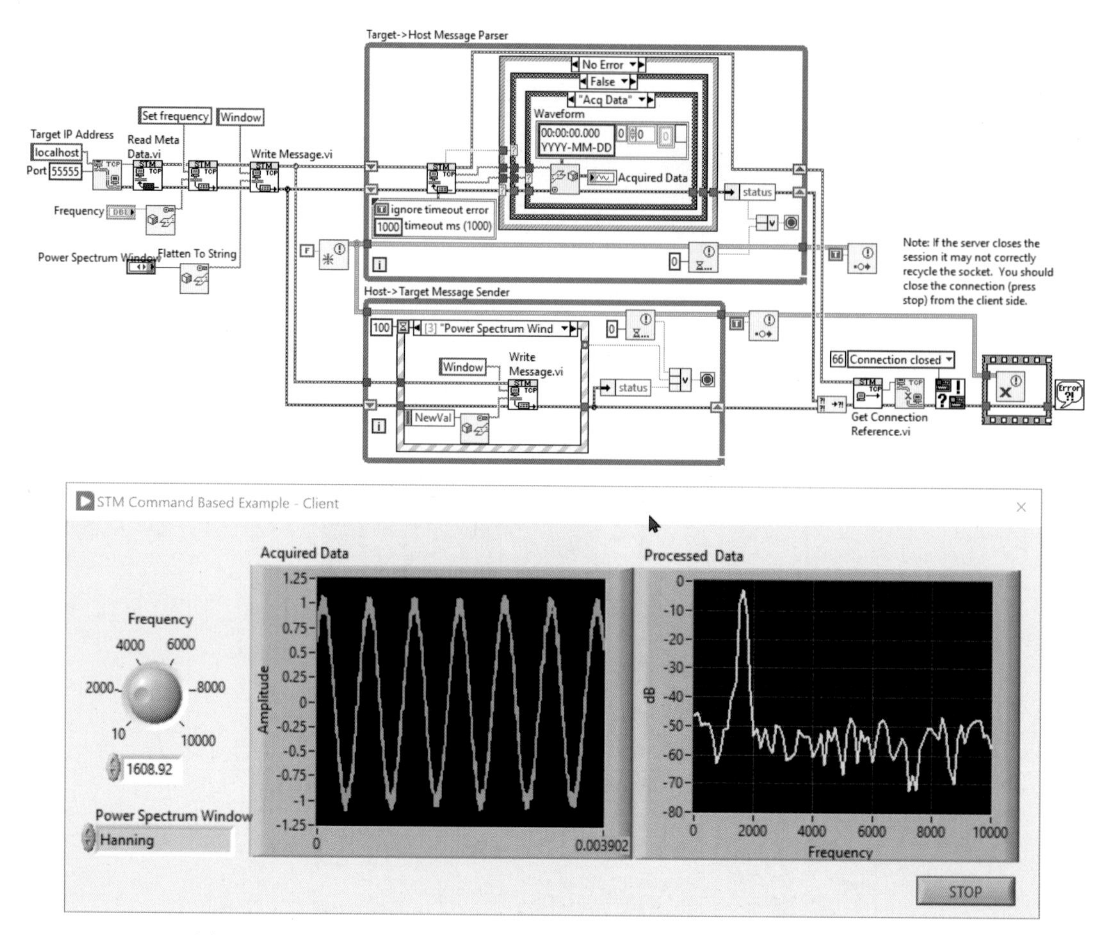

图 16-47　多循环框架与 NI STM 结合创建的网络通信程序——客户端

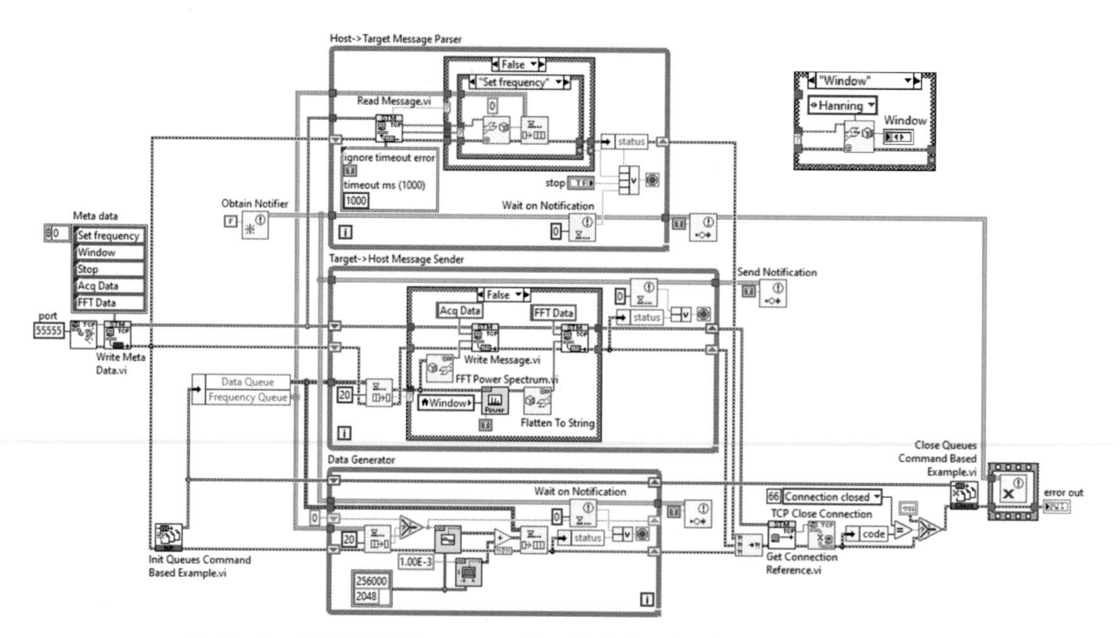

图 16-48　多循环框架与 NI STM 结合创建的网络通信程序——服务器端

表 18-1　NI Vision 支持的图像类型

图像类型		数据类型	图例
灰度图像	Grayscale（U8）	8-Bit Unsigned	1 字节，灰度级：0（黑）～ 255（白） 可用于 8 位以下的单色图像
	Grayscale（U16）	16-Bit Unsigned	2 字节，灰度级：0（黑）～ 65 535（白） 可用于 8 ～ 16 位的单色图像
	Grayscale（I16）	16-Bit Signed	2 字节，灰度级：-32 768（黑）～ 32 767（白）
	Grayscale（SGL）	32-Bit Floating	4 字节，灰度级：-∞（黑）～ +∞（白）
彩色图像	RGB（U32）	32-Bit Unsigned RGB	Alpha / Red / Green / Blue 8 位 Alpha 字节常用于进行图像重叠时的透明艺术处理，在机器视觉应用中基本不用
	RGB（U64）	64-Bit Unsigned RGB	Alpha / Alpha / Red / Red Green / Green / Blue / Blue 16 位 Alpha 字节未使用
	HSL（U32）	32-Bit Unsigned HSL	Alpha / Hue / Saturation / Luminance 8 位 Alpha 字节未使用
复数图像	Complex（CSG）	64-Bit Complex	主要用于图像的频域处理。 高 32 位为实部（Real），低 32 位为虚部（Imaginary）

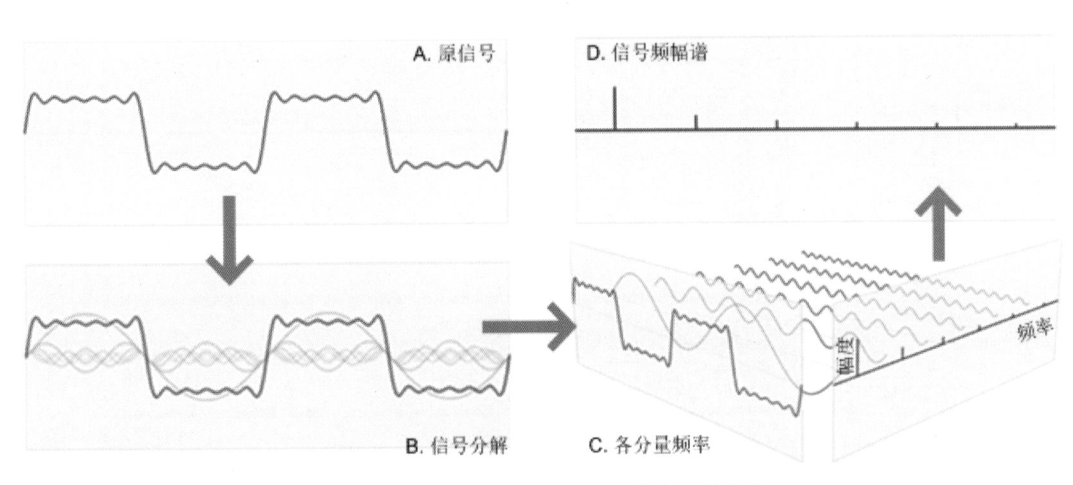

图 19-5　复杂周期信号分解为基本函数组合

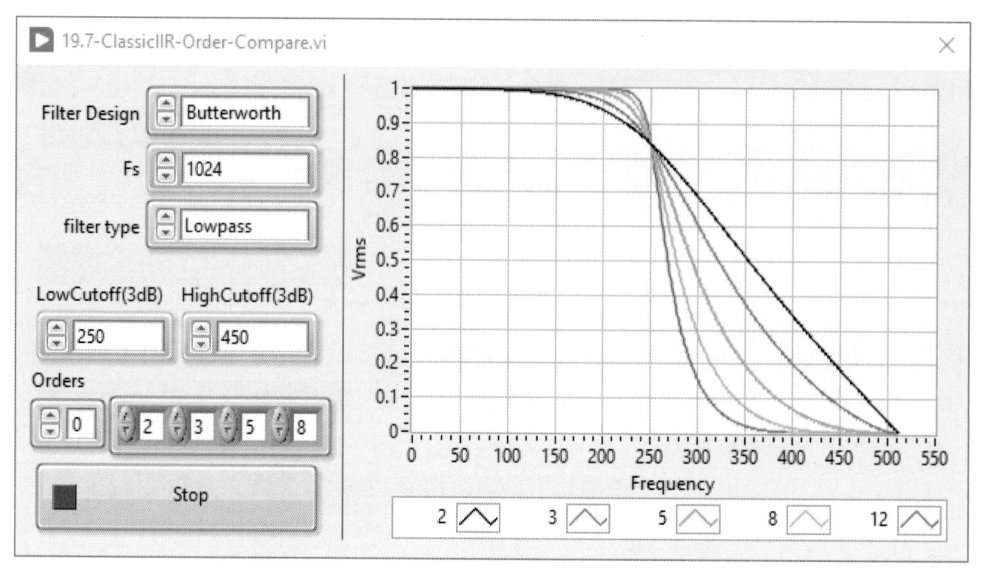

图 19-42　不同阶数巴特沃斯 IIR 滤波器比较

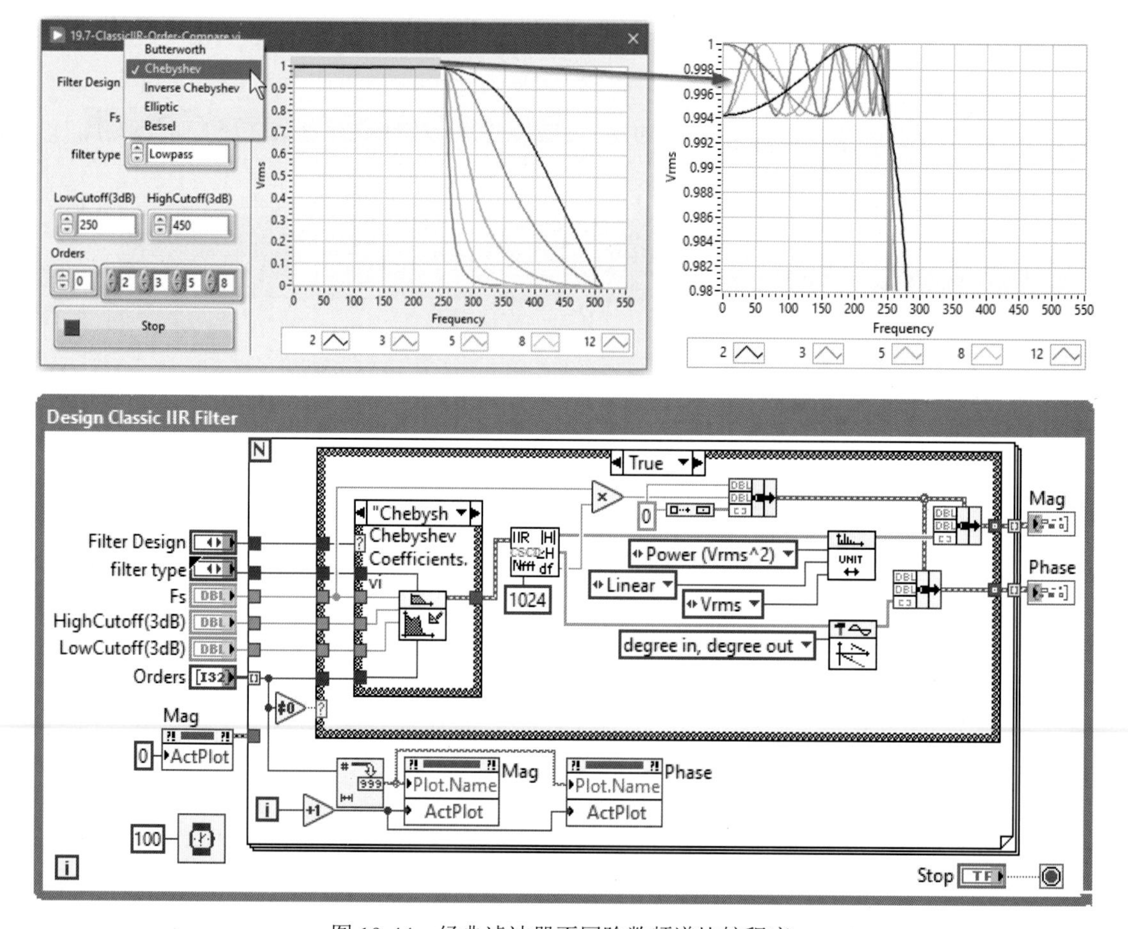

图 19-44　经典滤波器不同阶数频谱比较程序

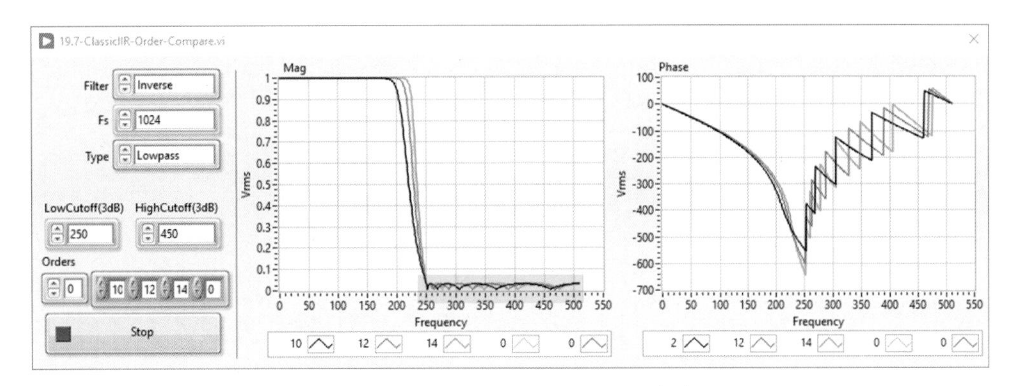

图 19-45　不同阶数切比雪夫Ⅱ型低通滤波器对比

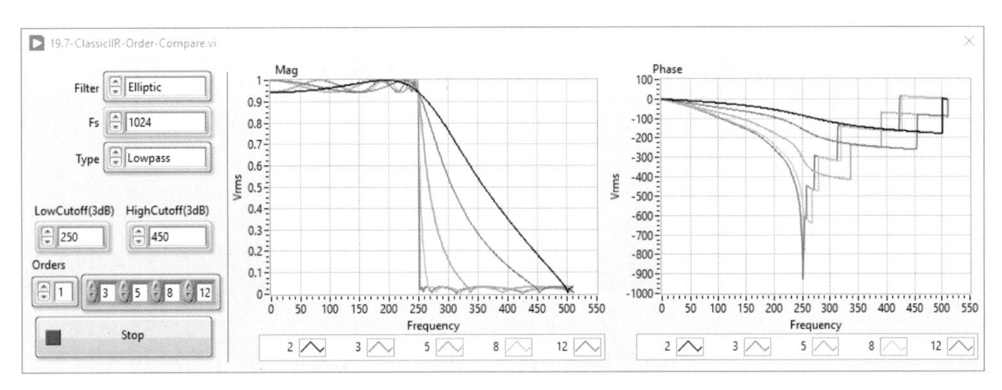

图 19-46　不同阶数低通椭圆滤波器对比

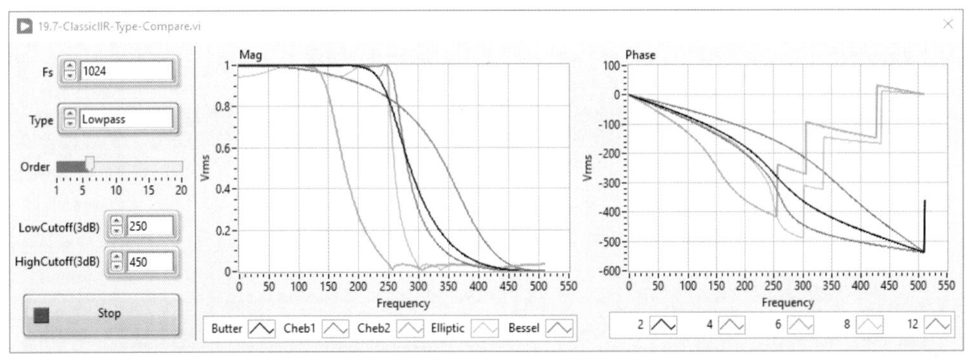

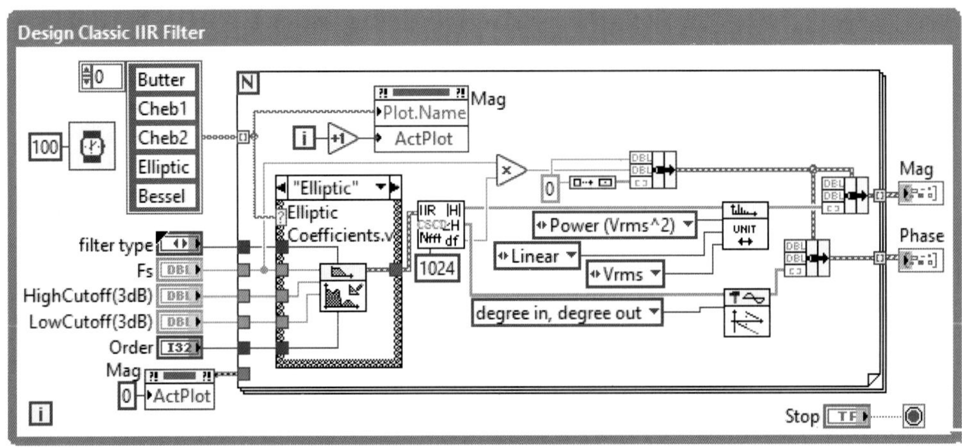

图 19-47　经典低通滤波器频谱对比

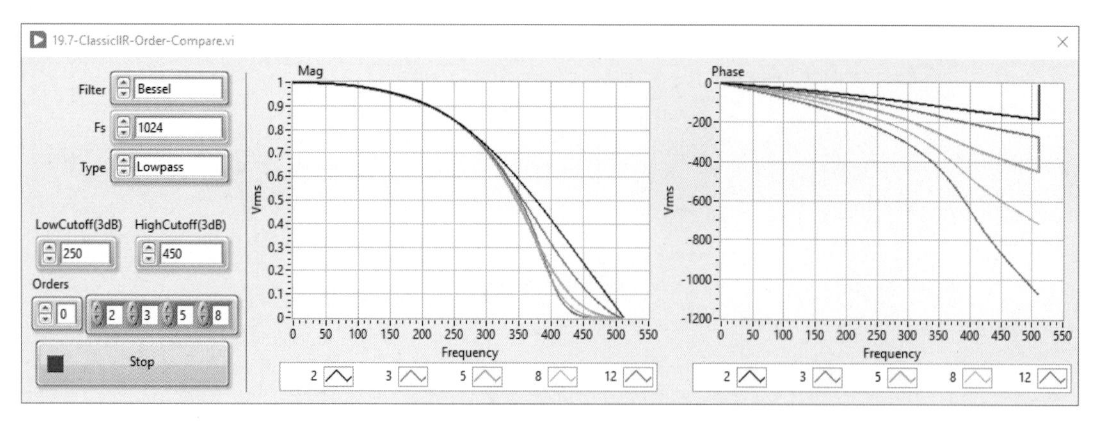

图 19-48 不同阶数低通贝塞尔滤波器对比

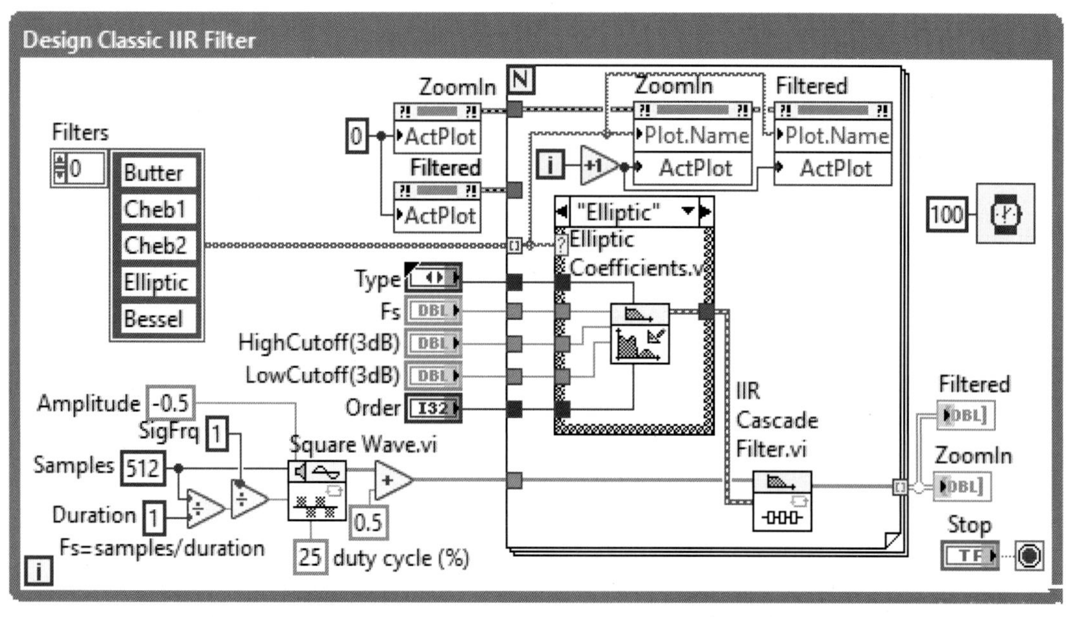

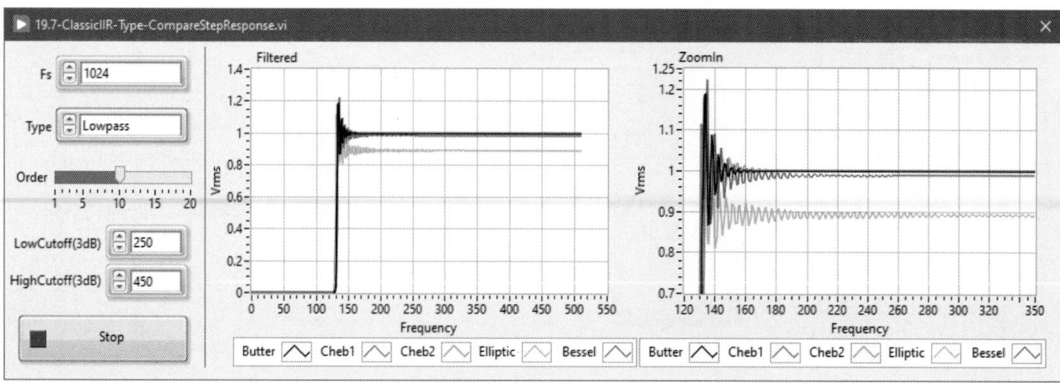

图 19-49 经典 IIR 低通滤波器阶跃响应对比

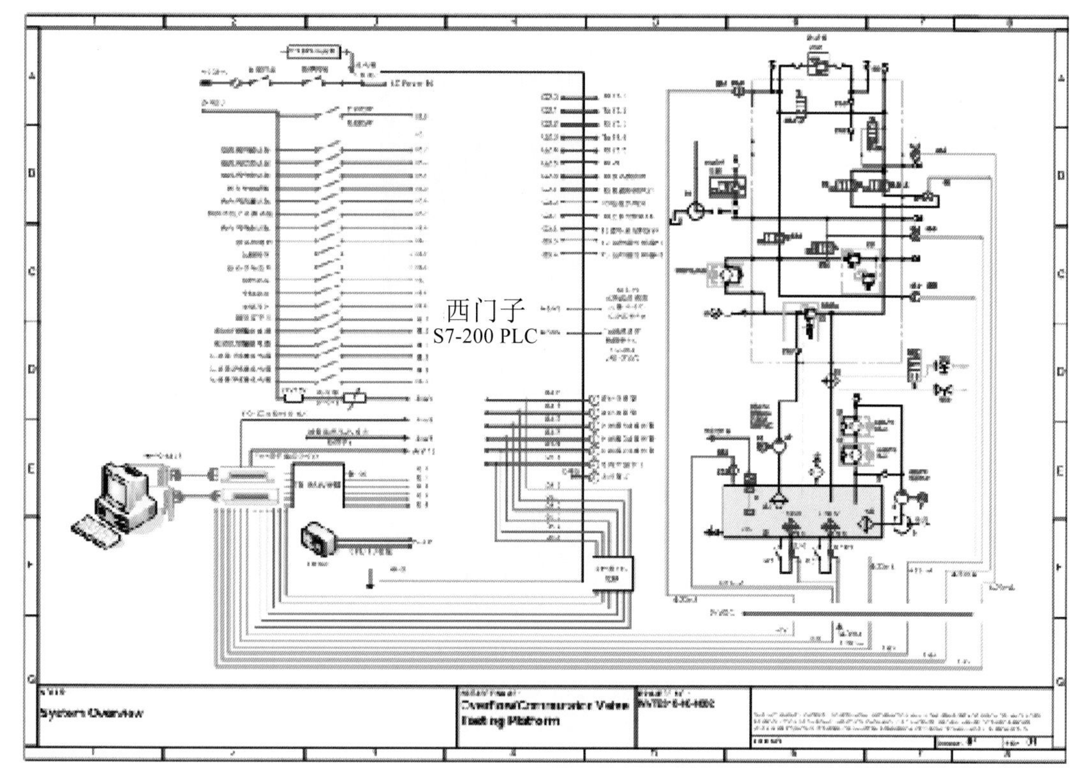

图 22-1　系统结构图

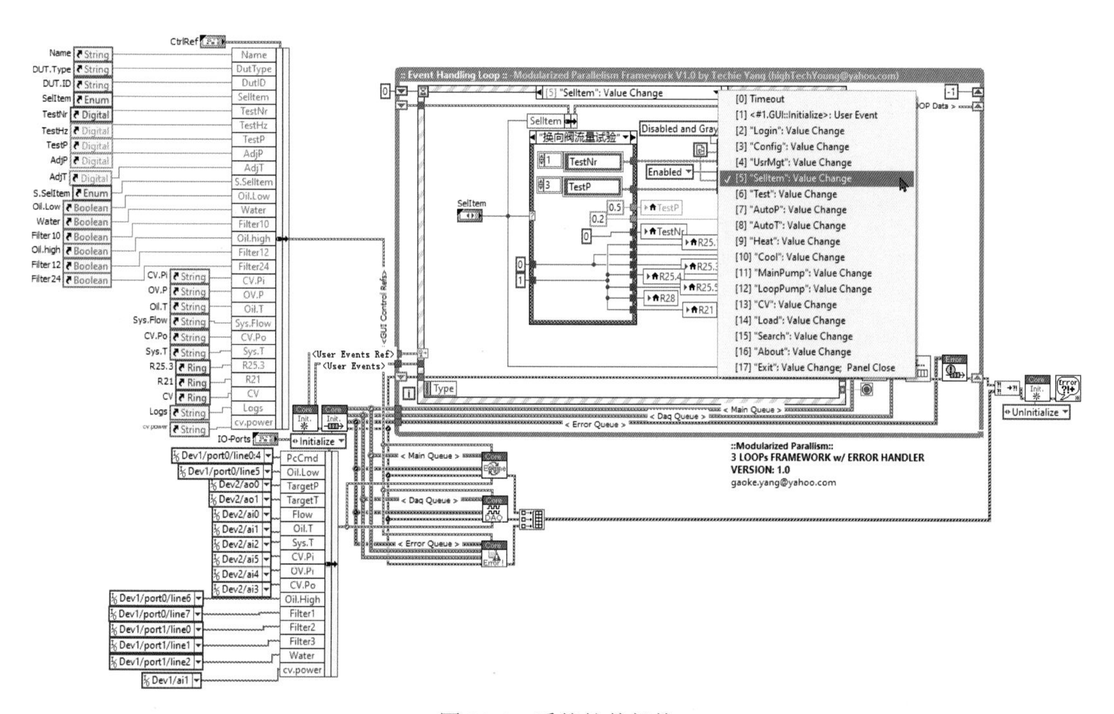

图 22-3　系统软件架构

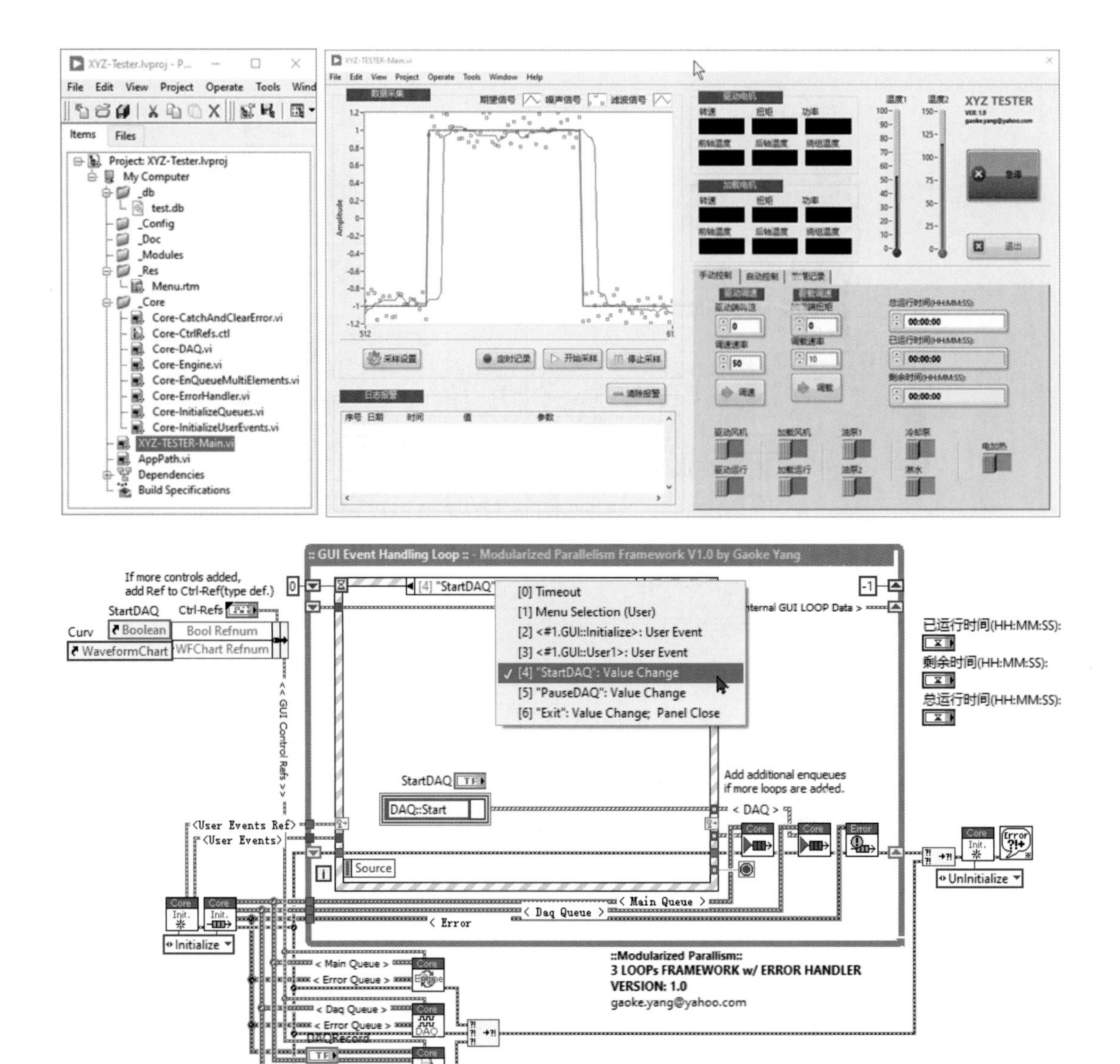

图 22-16　基于模块化多循环的项目模板

■ LabVIEW研究院

LabVIEW
虚拟仪器项目开发与实践

杨高科
— 编著 —

清华大学出版社
北 京

内 容 简 介

本书是《LabVIEW虚拟仪器项目开发与管理》的升级版，共22章，包括基础知识、虚拟仪器项目开发方法以及项目管理和实践。第1~6章为基础知识，主要讲解LabVIEW程序前面板设计、数据结构、程序框图、函数和错误处理等内容；第7~19章主要讲解虚拟仪器项目开发方法，包括用于实际项目开发的单循环和多循环程序框架、程序用户界面扩展、数据类型扩展、代码和程序结构扩展、数据存储、数据库和面向对象开发技术、网络通信、信号与传感器、数据采集和滤波等数字信号处理相关的内容；第20~22章主要讲解项目管理和实践，包括项目管理理论和一些对实际项目开发的经验总结，同时提供几个实际的工程案例作为参考。本书力求面向实际工程项目开发，并配有实际工程实例源码和相关参考资料。

本书可作为LabVIEW虚拟仪器项目开发和管理人员的技术参考书，也可作为计算机、虚拟仪器和自动化等专业的教材，或各类LabVIEW虚拟仪器项目开发和管理培训的参考用书。

图书在版编目（CIP）数据

LabVIEW 虚拟仪器项目开发与实践 / 杨高科编著 . —北京：清华大学出版社，2022.6（2023.11重印）
（LabVIEW 研究院）
ISBN 978-7-302-60323-8

Ⅰ . ① L…　Ⅱ . ①杨…　Ⅲ . ①软件工具－程序设计　Ⅳ . ① TP311.561

中国版本图书馆 CIP 数据核字 (2022) 第 043894 号

责任编辑： 袁金敏
封面设计： 杨玉兰
责任校对： 郝美丽
责任印制： 丛怀宇

出版发行： 清华大学出版社
网　　址： https://www.tup.com.cn，https://www.wqxuetang.com
地　　址： 北京清华大学学研大厦A座　**邮　　编：** 100084
社 总 机： 010-83470000　**邮　　购：** 010-62786544
投稿与读者服务： 010-62795954，jsjjc@tup.tsinghua.edu.cn
质 量 反 馈： 010-62772015，zhiliang@tup.tsinghua.edu.cn
课 件 下 载： https://www.tup.com.cn，010-83470236
印 装 者： 艺通印刷（天津）有限公司
经　　销： 全国新华书店
开　　本： 185mm×260mm　**印　　张：** 44.25　**插　　页：** 8　**字　　数：** 1217千字
版　　次： 2022年7月第1版　**印　　次：** 2023年11月第2次印刷
定　　价： 179.00元

产品编号：085829-01

前 言

随着计算机和测控技术的发展，以“软件即仪器”为核心思想的虚拟仪器技术在工业领域得到了广泛应用。NI 公司的 LabVIEW 是虚拟仪器系统开发工具的开山鼻祖和杰出代表。可以快速、高效地将各类软、硬件集成在一起，创建大型的数据采集、处理分析和测控项目。因此笔者认为有必要深入研究基于 LabVIEW 的虚拟仪器技术。

自从 1998 年第一次接触 LabVIEW 以来，笔者常在国内外各类 LabVIEW 虚拟仪器相关的网站上搜集资料，并在 LAVA、NI Discussion Forums、OpenG 等论坛上与国内外的同行交流。期间，常感慨国内虚拟仪器开发资料的匮乏，不少书籍资料中的内容还停留在让人尴尬的、简单绘制函数曲线图的阶段，离实际项目开发相去甚远。每每遇到这种情况，都有将自己的一些心得整理出来与大家分享的冲动，相信一定对广大开发人员有所帮助。

2012 年，笔者编写的《LabVIEW 虚拟仪器项目开发与管理》一书出版后，收到了大量的读者反馈。很多读者对于书中提出的单循环和多循环框架给予了极高的评价，并将这些框架应用于他们的项目实践中。也有不少读者对书中内容提出了不少建议，希望能补充网络通信、数据采集和滤波等方面的内容，并要求增加一些项目实例。由于 2012—2018 年，我一直在工作之余忙于编写《图像处理、分析与机器视觉（基于 LabVIEW）》一书，《LabVIEW 虚拟仪器项目开发与管理》一书的再版就被搁置了。此外，近几年 LabVIEW 虚拟仪器和机器视觉技术也得到了长足发展。为了能紧跟新技术发展的步伐，我在《LabVIEW 虚拟仪器项目开发与管理》一书的基础上，对 LabVIEW 虚拟仪器的项目开发技术进行了更新，并根据读者反馈补充了大量新内容，重新编写了本书。

全书共 22 章，主要讲解 LabVIEW 虚拟仪器项目开发的基础知识、虚拟仪器项目开发方法以及项目管理和实践。

第 1 ～ 6 章为基础知识，主要讲解 LabVIEW 程序前面板设计、LabVIEW 的基本数据结构、程序框图、函数和子 VI 的开发以及错误处理等内容。通过这些内容的学习，读者会对使用 LabVIEW 开发虚拟仪器项目的软件有一个概括性的了解。

第 7 ～ 19 章讲解大型复杂虚拟仪器项目开发方法。这部分内容是本书的核心，多数内容都是笔者实际项目开发经验的总结，书中提及的源码可直接用于实际项目开发。该部分的内容简要汇总如下。

第 7 ～ 9 章：主要介绍实际项目开发过程中应使用的程序框架。介绍事件结构、定时结构、禁用结构以及元素同址结构。对各种单循环程序框架进行比较，包括轮询、经典状态机、消息状态机、队列状态机、事件状态机，以及程序框架中数据传递和功能全局量的使用等。并在讲解多线程编程技术、同步多循环和异步多循环程序结构后，讲解用于解决大型复杂项目的并行多循环程序框架，以及模块化的多循环程序框架。这些程序框架均已开源，读者可在实际项目开发时直接使用。

第 10 章：讲解 LabVIEW 高级用户界面开发技术，包括自定义控件、XControl、菜单、光标、工具栏、状态栏以及多语言支持等。

第 11 ～ 13 章：讲解数据类型和程序代码的扩展，以及代码的复用技术，包括自定义数据类型以及面向对象编程；使用公式节点、表达式节点、脚本节点简化数学运算，使用 CIN 将文本代码无缝嵌入程序框图，以及使用 VI Server 和 VI Scripting 以编程方式动态控制 VI；OPENG 和 MGI 代码库的使用、调用 DLL、ActiveX、.NET 以及最新的 Python 脚本调用等。

第 14、15 章：讲解数据存储与表达技术，包括文本文件、二进制文件、数据记录文件和电子表格文件、配置文件、TDMS 文件和 XML 文件等文件类型的操作、数据压缩、数据加密、数据表达以及数据库技术等。

第 16 章：讲解网络通信技术，包括网络参考模型和通信协议，串口通信、红外和蓝牙通信、TCP/IP 与 UDP 通信、DataSocket 技术、FTP 和 SMTP 应用程序开发，以及简单消息传递参考库 NI STM 等。

第 17 ～ 19 章：讲解信号与传感器、数据采集技术和数字滤波器的设计和应用。

第 20 ～ 22 章主要介绍虚拟仪器项目的开发管理与实践。在介绍项目管理的相关实践经验后，给出一个影像增强仪质量检测系统的实际设计开发实例。最后基于航空液流阀检测系统、ASDX 传感器测试系统和灌装检测机器视觉系统三个实例，对项目开发过程中的一些关键技术进行汇总，给出测控项目和机器视觉项目的完整模板。

LabVIEW 虚拟仪器项目开发是一个“既容易又困难”的工作。说容易是因为 LabVIEW 作为开发工具很容易上手，说难是因为它覆盖的技术领域很广，而且这些领域的知识在开发过程中经常交差融合使用。因此，全书在编写过程中力求面向实际应用，尽量避免浅尝辄止和纸上谈兵。希望能通过笔者的一点努力，提供一些有价值的技术资料和源码模板（本书中各章配套源码可以扫描图书封底的二维码下载），以便广大开发人员能更专注于各自专业技术领域的研究和开发。

本书的编写过程犹如播放一首承载记忆的老歌，历久而弥新。十年弹指一挥间，编写《LabVIEW 虚拟仪器项目开发与管理》时的艰辛仍历历在目，而本书编写过程中的甜蜜又被再次承载。在《LabVIEW 虚拟仪器项目开发与管理》编写过程中，我的妻子怀孕，很多章节都是在照顾妻子和熬夜中完成的，直到我的儿子出生并过第一个生日。感谢妻子对我的支持，也感谢儿子给了我不断坚持的信念。本书编写过程中，我的儿子 Zhuo 正在认真学习微积分，他努力地帮我寻找书中的问题，纠正了很多数学公式中的错误，感谢他的努力！谨以此书献给我的妻儿。

再次特别感谢我的导师潘建寿教授和带我认识 LabVIEW 的寇小明博士，是他们让我与信号处理、机器视觉和 LabVIEW 结下了不解之缘，也教给了我严谨的工作作风，使我至今都受益匪浅。感谢所有关心本书的读者，以及国内外技术论坛上的朋友们，他们给予本书很多建设性的意见和建议，也提供了不少指导和灵感。

由于时间和篇幅的限制，很难在书中全面叙述虚拟仪器项目开发的各方面，同时书中内容难免存在不妥之处，请读者见谅。对本书内容的任何宝贵建议和意见，可发送至笔者电子邮箱（邮箱地址在本书资源包中）。

愿携手所有为初心和梦想努力并坚持着的同行，共同为虚拟仪器和机器视觉技术的发展添砖加瓦，也衷心祝愿虚拟仪器和机器视觉技术在 LabVIEW 的助力下长足发展！

杨高科

2022 年 3 月于多伦多

目录

第1章 绪　论 / 1

第2章 前面板设计 / 17

第3章 基本数据类型和操作 / 32

第 4 章 基本程序结构 / 74

第 5 章 函数、程序框图和 VI / 90

第 6 章 错误处理 / 110

第 7 章 扩展程序结构 / 131

第 8 章 单循环程序框架 / 160

第 9 章 多循环程序框架 / 185

第 10 章 扩展用户界面 / 222

第 11 章 数据类型扩展与面向对象 / 266

第 12 章 扩展程序代码 / 286

第 13 章 代码复用 / 314

第 14 章 数据存储与表达 / 341

第 15 章 数据库 / 376

第 16 章 网络通信 / 411

第 17 章 信号与传感器 / 458

第 18 章
数据采集 / 500

第 19 章
滤波 / 521

第 20 章
虚拟仪器项目管理 / 589

第 21 章
影像增强仪质量检测系统 / 637

第1章 绪　论

1.1 虚拟仪器与 LabVIEW

21 世纪以来，电子技术、计算机技术和信息技术突飞猛进，各种测试、测量和自动化系统也因此得到了长足发展。作为提高生产力的重要手段之一，这些系统在科研与生产中充当着非同寻常的重要角色。然而，随着商业社会竞争日益加剧以及经济飞速发展，人们对自动化系统的功能和开发周期提出了更高的要求。一方面，要求系统开发者在非常短的工期内完成项目成果交付；另一方面，又要求所设计的自动化系统尽可能成本低、性能高、扩展性强并可实现无缝集成。这就迫使工程人员不断寻求新的技术和理念，通过创新来进一步提高开发效率，虚拟仪器（Virtual Instruments）应运而生。

虚拟仪器是指利用计算机把高性能模块化硬件（如 A/D 转换器、D/A 转换器、数字输入 / 输出、定时和信号处理）和灵活可定制的软件（如数据分析软件、数学计算软件、通信软件及仪器界面等）结合起来完成各种测试、测量和自动化的应用（图 1-1）。传统的、基于硬件的仪器或自动化系统一般由硬件电路实现自动化系统中的数据采集、信号处理、结果显示及仪器控制等功能。而虚拟仪器则一般基于计算机，综合灵活可定制的软件、传感器和运动控制模块来取代传统仪器或自动化系统的功能。

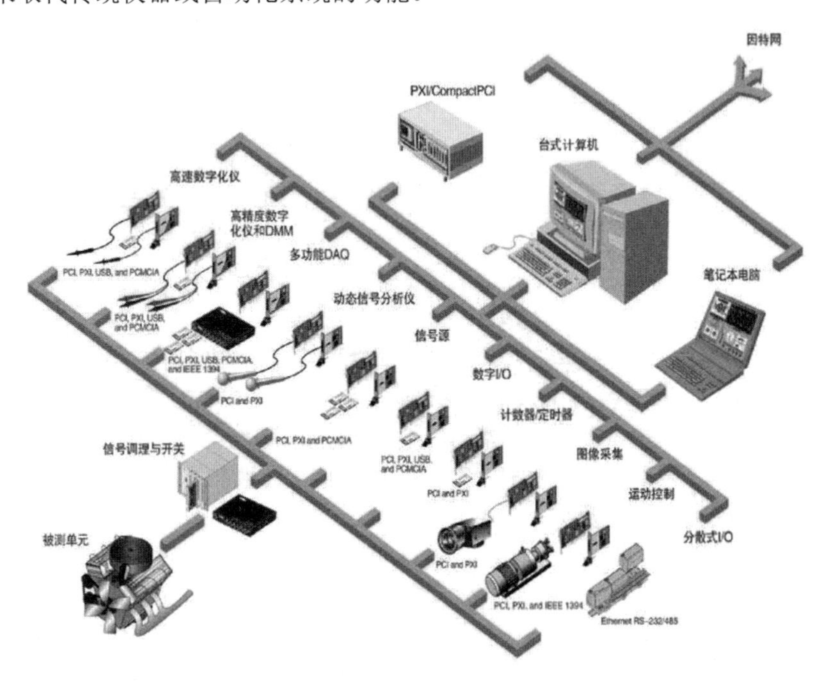

图 1-1　虚拟仪器系统

虚拟仪器是一种全新的仪器概念，通常由硬件设备与接口、设备驱动、数据处理软件和虚拟仪器面板组成。其中，硬件设备与接口可以是各种以计算机为基础的内置功能插卡、通用接口总线接口卡、串行口、VXI 总线仪器接口等设备，或者是其他各种可程控的外置测试、运动控制设备。设备驱动软件是直接控制各种硬件接口的驱动程序，虚拟仪器通过底层设备驱动软件与真实的仪器系统进行数据交换，经数据处理软件处理后的数据以虚拟仪器面板的形式在计算机屏幕上显示为类似真实仪器面板的显示元件。用户用鼠标操作虚拟仪器的面板上的各种控件来控制外部硬件设备，就如同操作真实仪器一样真实、方便。

软件代替大量硬件是虚拟仪器系统最主要的特色，这一突破不仅允许基于虚拟仪器的系统可使用计算机取代以往昂贵的硬件模块来降低系统成本、提高系统性能，还可以使用户通过对软件的定制或更新来快速、灵活地对系统进行变更或扩展。计算机可以通过不同的接口硬件（ISA、PCI、 PXI、PCMCIA、USB、GPIB、IEEE 1394，串口和并口等）将多种设备无缝集成至系统。由于虚拟仪器的工作过程完全受控于软件，仪器功能的实现在很大程度上取决于软件的功能设计，因此用户可以自由地定义仪器的功能，用一套虚拟仪器硬件来实现多种不同仪器的功能。当然，为了快速可靠地开发各种虚拟仪器，一套优秀的虚拟仪器软件开发平台是必不可少的。

进行虚拟仪器开发的语言和工具很多。传统基于文本的开发语言有 C/C++、Python、Java、C#、Basic 等；基于文本语言编程的开发工具有 Visual Studio（VC++/VB/VC# 等）、Qt、Eclipse、Borland C++/Delphi、NetBeans 以及 Linux 平台下的 GCC 和 Gnome/GTK 库等。但是这些软件多为通用的开发软件，面向多个行业，并不提供规范的虚拟仪器开发元件库和仪器设备驱动集。如果开发任务集中在自动化测控领域，使用它们往往需要从头开发各种虚拟仪器软件模块和硬件驱动，这就如同从每个螺丝钉开始造汽车一样，开发周期长，成本也高。

在实际开发虚拟仪器系统时，我们往往选择提供规范的虚拟仪器开发元件库和仪器设备驱动集的开发工具。比较典型的有美国国家仪器公司（National Instruments，2020 年更名为NI）的 LabVIEW、LabWindows CVI 和安捷伦科技公司（Agilent Technologies）的 HP VEE（Visual Engineering Environment）等。 其中 LabWindows CVI 为支持 C 语言的虚拟仪器开发工具。LabVIEW 和 HP VEE 虽然均为图形化编程语言（Graphical Programming Language，简称 G 语言）的开发工具，但是 HP VEE 却主要支持安捷伦公司自己的仪器，相对而言 LabVIEW 支持的仪器更广泛。此外根据 2015 年 EE Times 和 EDN 杂志对测试、测量和仪器控制领域各类开发环境的使用情况统计（图 1-2）来看，LabVIEW 的使用最为广泛，它所支持的图形化编程语言也因此成为虚拟仪器项目开发的首选编程语言。 此外，近年来，随着各种官方功能模块和第三方扩展模块的不断发布，LabVIEW 不仅继续保持虚拟仪器开发平台的首要位置，也逐渐向完善的集成开发环境编程方向发展。

LabVIEW（Laboratory Virtual Instrumentation Engineering Workbench）是 NI 公司为测试、测量和控制应用而设计的可视化、跨平台（可在 Windows、Linux、macOS 上运行）系统工程软件。它使用图形化的程序设计语言代替文本行代码来创建应用程序，并可以快速访问和控制硬件和数据信息。传统文本编程语言根据语句和指令的先后顺序决定程序执行顺序，而 LabVIEW 程序的执行顺序则由程序框图中节点之间的数据流向决定，即数据流驱动（Data Flow Driven）。开发人员使用图标化的函数和数据连线，依据数据流逻辑来开发复杂的测量、测试和控制系统。LabVIEW 广泛支持各种仪器硬件的驱动，包含大量内置和扩展的函数库（如数据采集、信号处理、数学计算、统计分析、图像处理、机器视觉、运动控制、数据通信、数据库、报表生成、移动开发、嵌入式开发等），并且都形象地表现为图形化编程语言函数。图 1-3 显示了 LabVIEW 图形化设计平台结构。

利用 LabVIEW 既能集成数千款硬件设备，也能通过直接使用大量内置库实现高级分析和数据处理。这就使开发人员不必从头开发各种处理函数，甚至不必关心处理函数内部的具体细节，从而大大缩减了系统开发时间，并使开发人员能专注于整个系统功能的研究，而不是在可重用的函数开发上浪费时间。此外，由于 LabVIEW 为编译型（并非解释型）开发工具，其生成的程序执行效率并不输于一般的文本编程开发工具，因此自 1986 年推出以来，就被广泛地应用于数据采集、仪器控制、工业自动化、航空航天和科学研究等领域。

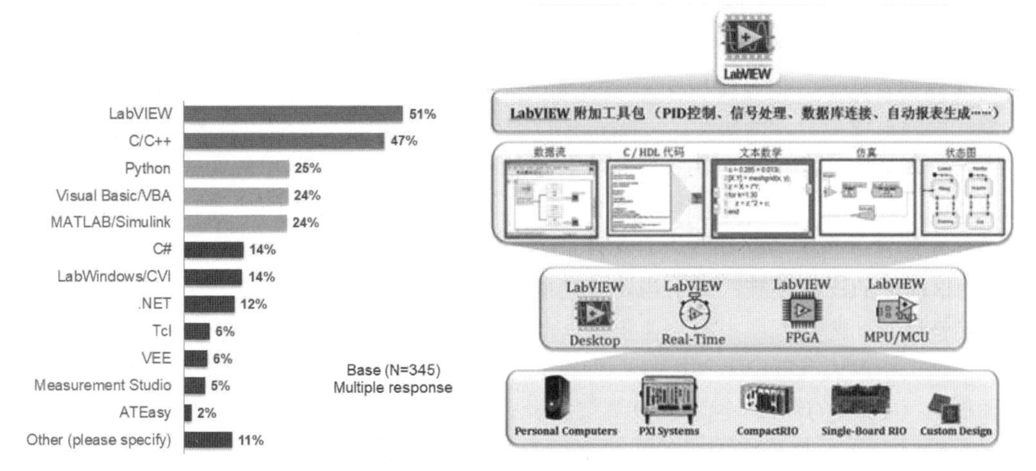

图 1-2 测试、测量和仪器控制领域常用软件的统计结果

图 1-3 LabVIEW 图形化设计平台结构

狭义来说，LabVIEW 程序可以被称为虚拟仪器，因此通常我们把 LabVIEW 程序称作 VI（Virtual Instruments）。每个 VI 由三部分组成（图 1-4）：

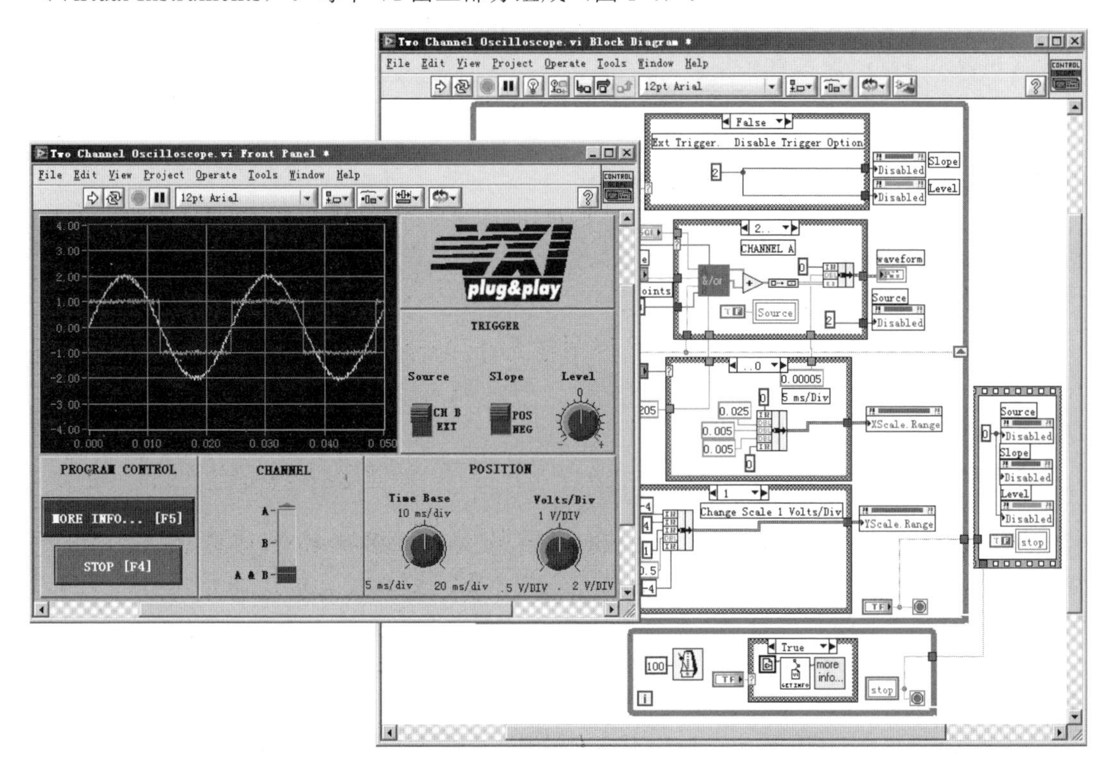

图 1-4 由前面板、程序图和输入 / 输出端子组成的虚拟仪器

（1）前面板（Front Panel）：即用户界面。

（2）程序框图（Diagram Block，又称后面板）：定义 VI 功能的图形化源代码。

（3）图标和输入 / 输出接口端子（Icon & Connectors）：用来定义 VI 的输入 / 输出参数（接口），以便 VI 可以被其他 VI 当作子 VI（SubVI，相当于文本编程语言中的子程序）调用。

前面板由输入控件（Controls）和显示控件（Indicator）组成。这些控件是VI的输入/输出接口。输入控件有旋钮、按钮、转盘等。显示控件有图表、指示灯等。输入控件模拟仪器的输入装置，为VI的程序框图提供数据。显示控件模拟仪器的输出装置，用以显示程序框图获取或生成的数据。

前面板创建完毕，便可使用图形化的函数添加源代码来控制前面板上的对象。前面板上的对象在程序框图中显示为接线端（Terminal），接线端表示输入控件和显示控件的数据类型。开发人员将对数据操作的函数图标添加到程序框图上，并使用循环和条件结构控制程序的执行方式，使用连线控制程序框图中对象的数据传输来实现虚拟仪器的功能。这种基于图标和连线的开发语言称为图形化开发语言（G语言）。在G语言代码中，每个功能块通过连接到输入/输出端子的连线连接，只有当每个功能块需要的输入数据（变量）全部到达后，该功能块才能被执行，因而程序中各功能块的执行顺序受数据驱动。

当VI作为子VI（SubVI，类似子程序）被其他VI调用时，将以图标形式显示在主VI的后面板中，子VI的输入/输出通过其前面板中的部分输入控件（对应输入参数）和显示控件（对应输出参数）与其连接端子的一一对应来确定。也就是说每个子VI均可在单独进行调试后再被嵌入主VI。

此外，由于程序中的数据可能同时到达多个并行放置的功能块，因此数据驱动原理与生俱来就支持并行运行。当然多进程和多线程执行还是要受操作系统的调度。总的来说，使用LabVIEW可以非常快速地构建虚拟仪器系统，本章后续章节，先介绍如何基于LabVIEW搭建虚拟仪器项目的开发环境，然后以一个简单的实例，简要介绍虚拟仪器的开发和调试过程，使读者对基于LabVIEW的虚拟仪器项目开发过程有一个比较初步的概念。

1.2 虚拟仪器开发环境的搭建

基于NI LabVIEW搭建虚拟仪器开发环境时，通常根据开发项目需求的不同，涉及以下三方面全部或部分工作。

（1）LabVIEW软件自身的安装。

（2）LabVIEW附加工具模块（Add-Ons、Toolkits）的安装，包括：

- 安装NI提供的附加工具模块；
- 安装第三方开源或商用工具模块。

（3）硬件设备驱动（Device Drivers）安装。

在本书编写过程中，LabVIEW 2020和全新一代的LabVIEW NXG以及它们对应的免费社区版（LabVIEW Community Edition）均已发布，一些新的功能还在开发和完善中。LabVIEW NXG主要增强了对更多硬件和Web的支持，允许工程人员在其集成开发环境中一站式完成虚拟仪器项目的配置、测控及测试结果的可视化，如图1-5所示。NI官方建议开发人员使用LabVIEW NXG 5.0.0进行产品测试及物理测量类型的虚拟仪器项目开发。由于LabVIEW NXG 5.0.0仅仅支持LabVIEW 2020及其附加工具的部分功能，且对诸多硬件的支持还不完善，因此对于诸如大型分布式测控系统、智能仪器或工业设备等虚拟仪器项目开发，建议选择LabVIEW 2020更为稳妥。此外，从论坛上用户的反馈来看，不少人对迁移至LabVIEW NXG意见很大，因此未来NI是继续完善LabVIEW NXG还是将其中功能与LabVIEW未来版本整合还是未知数。

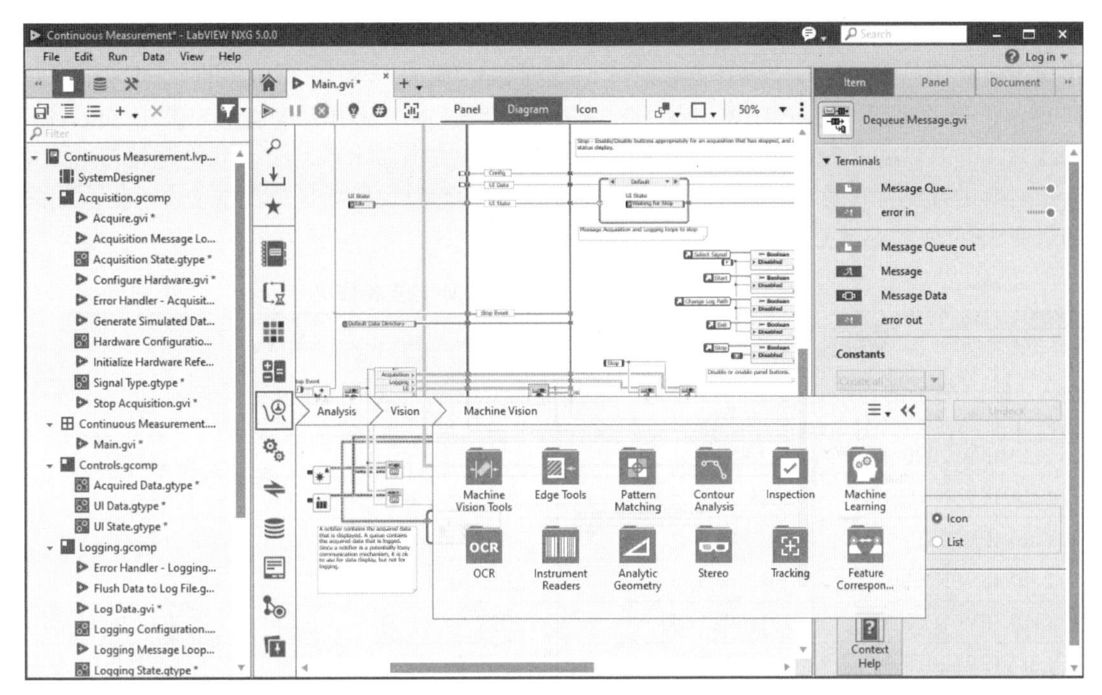

图 1-5 LabVIEW NXG 集成开发环境

LabVIEW 2020 和 LabVIEW NXG 社区版主要针对非商业用途设计。若用户仅将 LabVIEW 用于个人而非商业用途，就可以免费从 NI 的官网下载安装并使用。LabVIEW 社区版不仅包含 LabVIEW 专业版的所有功能，还包含针对 Raspberry Pi、BeagleBoard 和 Arduino 平台的 Linux 工具包，并能访问 LabVIEW NXG Web 模块，以创建基于 Web 的应用程序。

从 LabVIEW 2009 版本起，NI 开始在 Windows 平台上发布 LabVIEW 32 位和 64 位两个版本。自 LabVIEW 2014 版本起，NI 开始在 Linux 和 macOS X 平台上同时发布 LabVIEW 32 位和 64 位版本。相较于 32 位版本，64 位版本的运行速度并未进行提升，并且不能支持 32 位版本所支持的全部附加工具模块。但是基于 64 位版本开发的程序，可以一次性访问更大的内存空间。应用程序可访问的最大内存空间由操作系统决定，32 位 LabVIEW 在 64 位 Windows 平台上运行时，可以访问 4GB 的地址空间，64 位 LabVIEW 在 64 位 Windows 平台上运行时，理论上可支持 16TB 的内存。大多数情况下，使用 32 位版本的 LabVIEW 就可以满足虚拟仪器项目的开发要求。仅在部分特殊情况下，如大数组操作或大图像处理，才会用到 64 位版本。

LabVIEW 32 位和 64 位版本开发的 VI 源文件可以相互兼容，但是用某版本编写的源代码若要在另一版本上运行，则需要重新进行编译。若用某版本编写的代码包含的功能在另一版本上不存在，则会编译失败。用 64 位 LabVIEW 开发的 VI 编译成可执行文件后，将不能在 32 位的操作系统上执行。而用 32 位 LabVIEW 开发的 VI 编译成可执行文件后，要在 64 位的机器上运行，还可能需要要根据操作系统不同，稍作处理。若操作系统为 64 位 Windows，32 位 LabVIEW 编译的可执行文件可以直接运行。若操作系统为 64 位 macOS X，则需要将操作系统的内核切换到 32 位才能执行 32 位 LabVIEW 编译的可执行文件。需要注意部分版本的 macOS X 操作系统并不支持内核切换。若操作系统为 64 位 Linux，则需要安装 32 位的运行库才能运行 32 位 LabVIEW 编译的可执行文件。需要注意这些 32 位库并不能确保所有 32 位应用程序都能在 64 位机器上运行。

综上所述，LabVIEW 32 位版本目前对硬件和附加工具模块有更好的支持，能满足大多数虚拟仪器项目的开发需求，因此一般基于LabVIEW 32位版本进行虚拟仪器开发平台的搭建，仅在程序需要进行大内存操作时才切换到LabVIEW 64位版本上。此外，目前NI公司每年会分两次发布LabVIEW，春季版本为当年新版本，秋季版本通常为补丁（Service Pack），用于解决春季版本中发现的问题。每年春季发布新版本后，NI公司会在接下来的4年中对其进行支持（表1-1）。由此，在开始一个新的虚拟仪器项目时，建议选用秋季发布的最新32位版本进行工程应用开发。

表1-1　NI公司对各版本LabVIEW的支持情况

支持的版本	发布时间	计划结束支持时间	状态
LabVIEW NXG 5.1	2021年1月	2025年1月	支持中
LabVIEW NXG 5.0	2020年5月	2024年5月	支持中
LabVIEW 2020	2020年5月	2024年5月	支持中
LabVIEW NXG 4.0	2019年11月	2023年11月	支持中
LabVIEW 2019	2019年5月	2023年5月	支持中
LabVIEW NXG 3.1	2019年5月	2023年5月	支持中
LabVIEW NXG 3.0	2018年11月	2022年11月	支持中
LabVIEW 2018	2018年5月	2022年5月	支持结束
LabVIEW NXG 2.1	2018年3月	2022年3月	支持结束
LabVIEW NXG 2.0	2018年1月	2022年1月	支持结束
LabVIEW NXG 1.0	2017年5月	2021年5月	支持结束
LabVIEW 2017	2017年5月	2021年5月	支持结束

注：表中未列出的LabVIEW版本，计划支持时间已结束，如需延长支持，需联系NI公司。

工程开发过程中若需要打开旧版本LabVIEW创建的VI，可参阅图1-6，选择合适的版本或转换工具来完成。其中LabVIEW 3.x以及之前版本创建的VI，需要借助LabVIEW VI Conversion Kit免费工具才能转换为较高版本支持的VI（图1-6注解C）。LabVIEW 8.5以及后续版本要打开LabVIEW 6.0之前版本创建的VI，需要先将其转换为LabVIEW 6～8.2.x，然后再由LabVIEW 8.5.x或者后续版本打开（图1-6注解I）。这意味着若要在LabVIEW 8.5以及后续版本中打开LabVIEW 3.x之前版本的VI，就需要先借助LabVIEW VI Conversion Kit将其转换为LabVIEW 6～8.2.x版本，再由LabVIEW 8.5.x或者后续版本打开（图1-6注解C+I）。

反过来，LabVIEW 8.0及以上版本可以将VI直接另存为LabVIEW 8.0或高于8.0但低于自己的版本。但是若要将VI从高版本转换为低于7.1.x的版本，则需要借助中间版本来实现转化过程。例如，若要将LabVIEW 8.2.x版本的VI另存为LabVIEW 7.1.x版本，则需要先将VI另存为LabVIEW 8.0.x版本，再由LabVIEW 8.0.x另存为7.1.x版本（图1-6注解M）。

新旧LabVIEW VI版本转换过程中应注意以下几点。首先，使用新版本LabVIEW创建的VI，若其中包括了在该新版本中首次引入的功能，则在向较低版本转换时，该功能将不可用。其次，如果VI中包括第三方工具或Toolkit中的VI，则转换过程中该第三方VI的版本转换应单独考虑，一般需参考该第三方工具版本的演化来单独处理。最后，在将VI转换为旧版本时，在“.lib”中的VI不会参与转换过程，而是保留对其中VI的引用。这样旧版本VI在调用“.lib”中VI时，照样可以正常工作。

保存VI的版本	打开VI的版本																				
	5.0.x	5.1.x	6.0.x	6.1	7.0	7.1.x	8.0.x	8.2.x	8.5.x	8.6.x	2009	2010	2011	2012	2013	2014	2015	2016	2017	2018	2019	2020
2.x - 3.x	C	C	C	C	C	C	C	C	C+I	C+I	C+I	C+I	C+I	C+I	C+I	C+I	C+I	C+I	C+I	C+I	C+I	C+I
4.x - 5.0.x	✓	✓	✓	✓	✓	✓	✓	✓	I	I	I	I	I	I	I	I	I	I	I	I	I	I
5.1.x	S	✓	✓	✓	✓	✓	✓	✓	I	I	I	I	I	I	I	I	I	I	I	I	I	I
6.0.x	M	S	✓	✓	✓	✓	✓	✓	✓	✓	✓	✓	✓	✓	✓	✓	✓	✓	✓	✓	✓	✓
6.1	M	M	S	✓	✓	✓	✓	✓	✓	✓	✓	✓	✓	✓	✓	✓	✓	✓	✓	✓	✓	✓
7.0	M	M	M	S	✓	✓	✓	✓	✓	✓	✓	✓	✓	✓	✓	✓	✓	✓	✓	✓	✓	✓
7.1.x	M	M	M	M	S	✓	✓	✓	✓	✓	✓	✓	✓	✓	✓	✓	✓	✓	✓	✓	✓	✓
8.0.x	M	M	M	M	M	S	✓	✓	✓	✓	✓	✓	✓	✓	✓	✓	✓	✓	✓	✓	✓	✓
8.2.x	M	M	M	M	M	M	S	✓	✓	✓	✓	✓	✓	✓	✓	✓	✓	✓	✓	✓	✓	✓
8.5.x	M	M	M	M	M	M	S	S	✓	✓	✓	✓	✓	✓	✓	✓	✓	✓	✓	✓	✓	✓
8.6.x	M	M	M	M	M	M	S	S	S	✓	✓	✓	✓	✓	✓	✓	✓	✓	✓	✓	✓	✓
2009	M	M	M	M	M	M	S	S	S	S	✓	✓	✓	✓	✓	✓	✓	✓	✓	✓	✓	✓
2010	M	M	M	M	M	M	S	S	S	S	S	✓	✓	✓	✓	✓	✓	✓	✓	✓	✓	✓
2011	M	M	M	M	M	M	S	S	S	S	S	S	✓	✓	✓	✓	✓	✓	✓	✓	✓	✓
2012	M	M	M	M	M	M	S	S	S	S	S	S	S	✓	✓	✓	✓	✓	✓	✓	✓	✓
2013	M	M	M	M	M	M	S	S	S	S	S	S	S	S	✓	✓	✓	✓	✓	✓	✓	✓
2014	M	M	M	M	M	M	S	S	S	S	S	S	S	S	S	✓	✓	✓	✓	✓	✓	✓
2015	M	M	M	M	M	M	S	S	S	S	S	S	S	S	S	S	✓	✓	✓	✓	✓	✓
2016	M	M	M	M	M	M	S	S	S	S	S	S	S	S	S	S	S	✓	✓	✓	✓	✓
2017	M	M	M	M	M	M	S	S	S	S	S	S	S	S	S	S	S	S	✓	✓	✓	✓
2018	M	M	M	M	M	M	S	S	S	S	S	S	S	S	S	S	S	S	S	✓	✓	✓
2019	M	M	M	M	M	M	S	S	S	S	S	S	S	S	S	S	S	S	S	S	S	✓
2020	M	M	M	M	M	M	S	S	S	S	S	S	S	S	S	S	S	S	S	S	S	✓

C 需要LabVIEW Convertion Kit支持完成转换

I 需要中间版本软件支持才能完成转换

C+I 需要LabVIEW Convertion Kit和中间版本软件同时支持完成转换

✓ 可直接打开VI

S 可保存为旧版格式的VI

M 需多个版本支持才能完成转换

图 1-6　LabVIEW 各版本 VI 的读写

LabVIEW 及其附加工具模块的安装包均可从 NI 官网的下载通道获得。这些安装包可以分开逐个下载安装，也可以下载“NI 开发者套件”（NI Developer Suite）或“NI 软件平台合集”（NI Software Platform Bundle）进行一次性安装。NI 开发者套件和 NI 软件平台合集中包含了所有 NI 提供的虚拟仪器开发工具及附加工具模块，包括 LabVIEW、TestStand、LabWindows CVI 以及信号处理、数字滤波、图像处理和机器视觉、声音振动分析、数据库、通信，测控等模块，在安装时可以按需选用。图 1-7 显示了基于 NI 开发者套件搭建虚拟仪器开发平台时，选择安装 LabVIEW 版本和附加工具模块的情况。

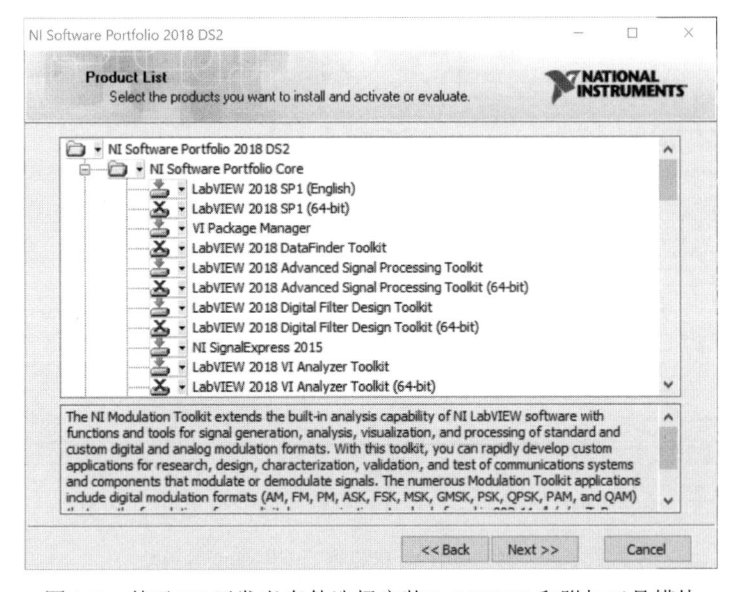

图 1-7　基于 NI 开发者套件选择安装 LabVIEW 和附加工具模块

选择确定需要安装的软件版本模块后，只需指定安装路径（图1-8）并接受软件许可协议（图1-9），即可继续完成所选软件的安装。

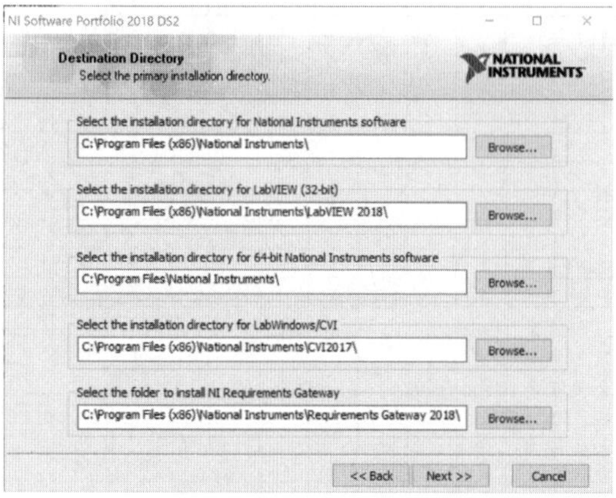

图1-8 指定安装路径

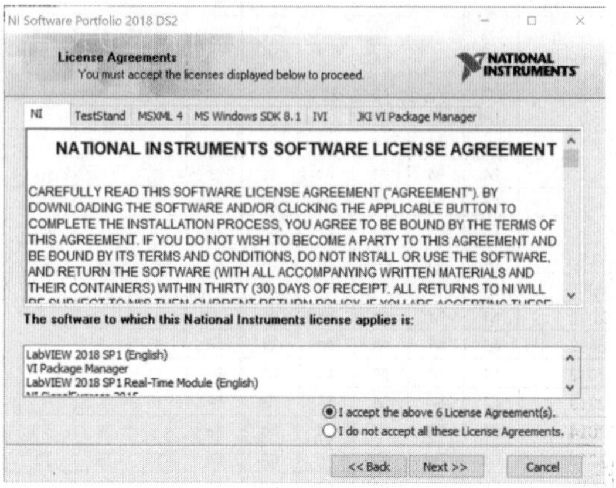

图1-9 接受软件许可协议

在购买LabVIEW及相关附加工具模块软件之前，用户可以对其进行试用评估。试用版软件在试用期功能与正式版软件无异。试用期结束后，软件将被停止使用，直到用户购买软件授权并激活软件为止。值得一提的是，目前很多开发人员使用网络上的破解包对软件进行破解，虽然破解后的软件功能可以完全正常使用，但这毫无疑问是侵犯知识产权的行为，并且通过这种方式使用软件，不会得到NI公司的售后服务支持，建议广大读者购买正版软件进行开发。

除了NI公司官方提供的附加工具和模块外，也有一些第三方的工具模块值得安装使用。这些工具通常都依据开源BSD协议通过VI Package Manager（VIPM）进行分发。VI Package Manager是JKI（http://jki.net/）开发的一个附加工具模块打包安装工具，可以在https://vipm.jki.net/下载安装。安装运行VI Package Manager后，就可以浏览并选择所需的第三方附加工具模块（图1-10），通过右键菜单中的选项来下载安装。

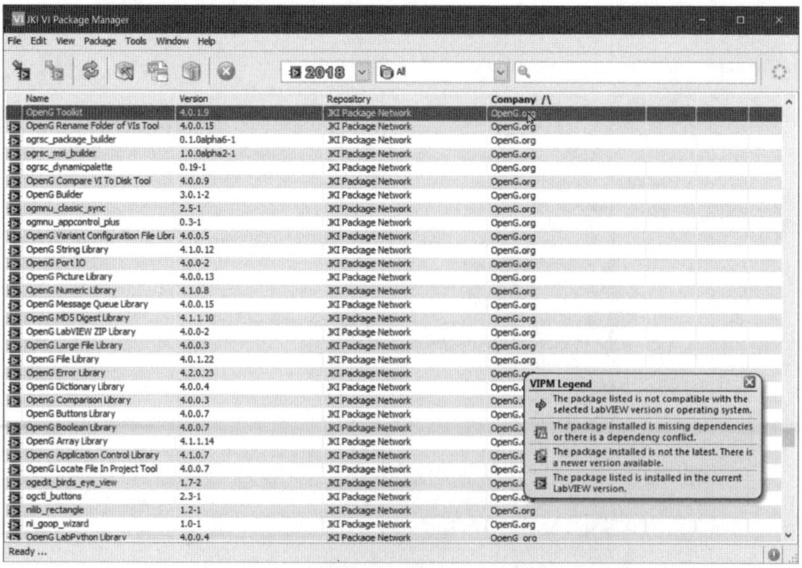

图1-10 通过VIPM安装第三方附加工具模块

较受欢迎的第三方工具模块有JKI的开发框架和工具包、Delacor的队列消息处理框架、

GPower 的工具包，以及 LAVA、MGI 和 OpenG.org 提供的开源开发库等。这些第三方工具模块，通常都根据工程开发过程中的实际需求，对 LabVIEW 的 VI 进行封装或优化，有较强的易用性和可靠性。

硬件设备驱动程序均打包在“NI 设备驱动包”（Device Drivers）中定期发布。这些驱动程序可以从 NI 公司官网免费下载。虽然新版本的设备驱动一般可兼容旧版本的开发平台，但多数情况下都会选择安装和开发平台相同版本的设备驱动程序。在搭建虚拟仪器开发平台时，一般在最后才安装设备驱动程序。若在安装 LabVIEW 和附加工具模块之前已经安装了设备驱动，就需要在安装这些软件后对设备驱动重新再进行安装或修复，确保设备驱动与所安装的 LabVIEW 和工具模块版本兼容。图 1-11 显示了通过 NI 设备驱动包选择安装设备驱动的情况。

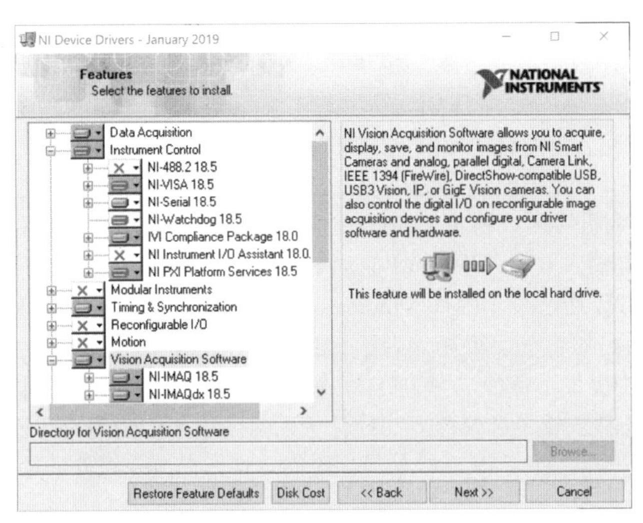

图 1-11 安装设备驱动程序

本书所附各种实例代码，基于图 1-12 所列版本的 NI 产品创建并调试通过。建议读者在学习过程中，安装相同或与之兼容的版本进行学习试验。

软 件 名	版 本	评估版下载地址
LabVIEW Professional Development System	2018 及以上	http://www.ni.com/downloads/products/
NI Device Driver	2018 及以上	http://www.ni.com/downloads/products/

图 1-12 本书代码所用版本

1.3 VI 的开发与调试步骤

虚拟仪器开发平台搭建完成后，即可运行 LabVIEW 来开发实现各种功能的 VI。本节将通过开发一个“判断数字量是否在某一范围内”的简单实例来说明 VI 的开发调试过程。包括需求分析、前 / 后面板设计、定义子 VI、运行调试及错误捕获等。由于重在说明开发流程，就省略了较为易上手的 LabVIEW 基本操作讲解。若读者是第一次接触 LabVIEW，可以先花 1 ～ 2 小时学习 LabVIEW 的入门课程，相关教学视频可在 NI 官方网站或本书的支持网站 https://www.mviacademy.com 免费获得。

假定我们要完成一个 VI，用于判断某种外部输入的实数量（如某种产品的输出电压、电流）是否在一个预先给定标称值的 ±10% 范围内。

1. 需求分析

从数据结构和算法两方面分析以上需求：

（1）数据类型和数据操作：

VI 要求输入的实数量和标称值均应为浮点数值量，需要对这些数据进行算术运算操作；

VI 输出结果只有两种可能（在范围内和不在范围内），因此为布尔量，需要进行逻辑比较运算操作。

（2）算法：

- 通过用户界面获得输入的数字量和标称值；
- 通过计算“标称值 ± 标称值 ×10%”获得范围的上下限；
- 如果“输入的数字量≥下限”并且“输入的数字量≤下限”，则表示输入数字量在范围内；
- 显示给用户输入量是否在范围内的判断结果。

2. 前面板设计

前面板是 VI 的人机界面，创建 VI 时，通常应先设计前面板，然后再设计程序框图。用户可以在前面板设置输入数值并观察 VI 的输出。输入量可以通过操作输入控件（Control）完成，程序的输出可以通过显示控件（Indicator）显示给用户。输入控件和显示控件以各种图形出现在前面板上，如旋钮、开关、按钮、图表、图形等，这使得前面板非常直观、易懂。LabVIEW 控件面板中提供了各种丰富的控件（在前面板右击会弹出控件面板，如图 1-13 所示），开发者可以直接从控件面板中选择需要的控件放入前面板来构建用户界面。选择的控件可以通过右键菜单选项在输入控件和显示控件属性之间转换，以改变组件的输入 / 输出属性。

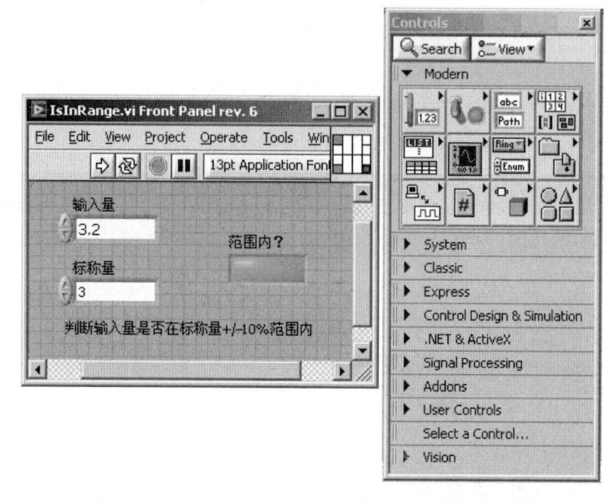

图 1-13 VI 前面板和 LabVIEW 控件面板

根据需求分析，用户前面板上应包含 2 个输入控件（输入量和标称量）和一个显示控件（显示输入量是否在范围内）。通过从控件面板中选择两个双精度类型的数字控件（Double Numeric Control）和一个方形 LED（Square LED）作为显示控件，并修改其标签（Label）后，得到如图 1-13 所示前面板。

3. 后面板设计

每一个 VI 前面板都对应一个编辑实现程序功能的 G 语言面板（通常称后面板）。从控件选择面板上选择一个控件并放置在前面板上，LabVIEW 会自动在后面板上生成与之对应的图标，显示其对应的数据类型。前面板上用户的输入数据经过输入控件对应的图标传送至 LabVIEW 后面板。这样开发人员就可以在后面板中设计图形化的程序，实现各种功能，然后再将处理结果由输出控件对应的图标返回到前面板中。后面板中的图形化语言程序框图可理解为传统程序的源代码，图 1-14 显示了一个 VI 前、后面板之间的数据传递示意图。

G语言程序由程序结构框图（Structure）、节点（Node）、输入 / 输出端子（Terminal）和连线（Wiring）构成。其中程序结构框图（如循环、分支等）用来实现结构化程序控制命令，节点被用来实现各种功能函数和子 VI调用，输入 / 输出端子被用来同前面板的控件和显示控件传递数据，而连线则代表程序执行过程中的数据流，定义了框图内的数据流动方向。

LabVIEW 含有大量丰富的内置函数库（在后面板右击弹出函数库，见图 1-15），开发者可以直接从函数库中选择需要的函数放入后面板，这些函数以各种直观的图标节点形式出现在后面板上。随后通过工具盒中的连线工具连接各功能节点的输入 / 输出端子，并在程序结构框图的控制下以数据流驱动的方式实现各种复杂的功能。根据前述需求分析中的算法，选择相关函数并连线后创建的程序如图 1-15 所示。

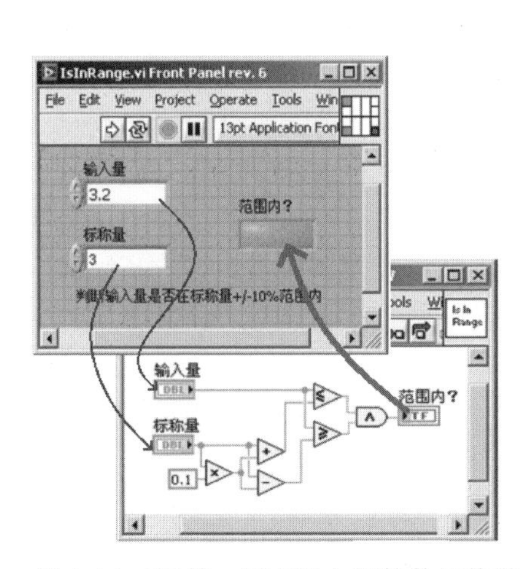

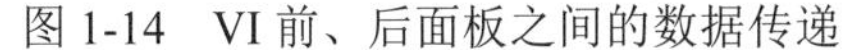

图 1-14 VI 前、后面板之间的数据传递

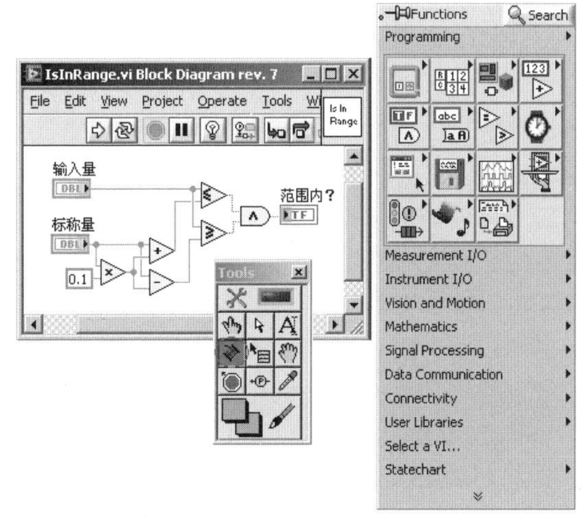

图 1-15 VI 后面板和 LabVIEW 函数库

4. 定义 VI 为子 VI（subVI）

从功能角度来看，前面板和后面板代码设计完成后，VI 设计就已经完成。然而在实际工作中，VI 不仅可作为独立的应用程序，还可以被定义为程序中的一项常用操作，当作子 VI（一个 VI 被其他 VI在程序框图中调用，则称该 VI 为子 VI）来使用。被定义为子 VI 的程序在运行时通常并不显示其前面板，而往往是被当作函数在主 VI 中调用。子 VI 既可有效提高程序的模块化程度和代码重用率，还可使 VI 后面板的图形代码更整洁易读。

定义子 VI 一般可通过三步完成：

（1）定义 VI 输入 / 输出参数。

（2）为 VI 创建图标。

（3）为 VI 添加文档说明。

要将 VI 定义为子 VI，首先需要使用连线工具为 VI 定义输入 / 输出端子。在 VI 前面板右上角图标的右键菜单中选择显示“连线板”选项，再通过选择连线的模式确定输入 / 输出端子数量（图 1-4 中 VI 前面板右上角图标），最后使用连线工具将前面板相应的输入控件与显示控件分别分配至连线板上的输入 / 输出连线端子，即可完成子 VI 输入 / 输出参数定义。

LabVIEW 连线板中最多可设置 28 个接线端。笔者在选择连线板时通常遵循以下两个原则：

（1）选择既能满足当前端子需求数量，又能保留部分裕量的组合模式，但一般选择接线端总数不超过 16 个的接线板。

（2）如果连接的参数较多，尽量使用簇对参数打包，然后将该簇分配至连线板上的一个接线端。

除了定义端子，还应为 VI 定义一个形象的图标（在 VI 前面板右上角图标的右键菜单中选择图标编辑器）。当设计的 VI 作为子 VI 被主 VI 调用时，定义好的图标就会作为代表该子 VI 的功能节点，出现在主 VI 的后面板中，为子 VI 定义的输入 / 输出端子也将整合在图标周围，以便与其他功能模块或数据进行连接。和 G 语言一样，一个形象的图标可以有效增强程序的可读性。图 1-16 是调用子 VI 的例子。

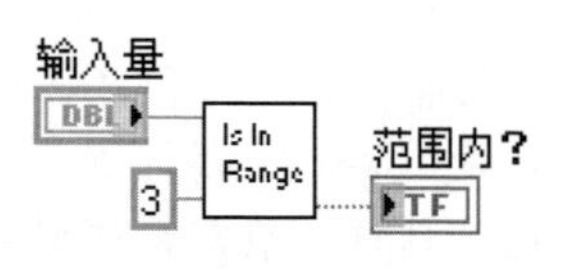

图 1-16　调用子 VI 的程序框图

在实际工作中，为每个 VI 从头设计图标往往要花费大量时间，较为有效的做法是将常用的一些图标进行整理，或者从网上下载常用的图标汇总在一起作为开发资源。这些资源不仅能缩短开发时间，同时在团队工作时，还能规范并提高开发的标准化程度。

最后，也是最为重要的一步，就是为 VI 添加文档说明。很多开发人员在项目之初并不重视文档编写，往往在项目完成后才从头为开发的 VI 或 subVI 添加说明，优秀的开发人员应避免这种陋习。试想一下，若开发一个大型、复杂、工期较长的项目，等到项目交付时，可能根本记不起来为什么要这样设计 VI。另外一种可能就是项目工期非常紧张，到最后迫于客户的压力，可能根本没时间为之前设计的 VI 创建说明，就要将设计交付给客户。当客户验收时发现缺少 VI 文档，可能会拒绝付款。最糟糕的情况是若干年后接到客户升级系统的订单时，由于缺少文档，可能连开发人员自己都已经读不懂程序了。因此，从整个项目生命周期（包含后期升级和维护）来看，养成从一开始就为 VI 添加说明文档的好习惯，总体上反而能有效缩短项目的开发和升级维护工期。另外，若一开始就为每个 VI 添加说明文档，可利用 LabVIEW 的文档生成工具，自动生成整个项目的说明文档及帮助文档。

要为 VI 添加文档，可在 VI 前面板右上角图标处右击，在弹出的菜单中选择 VI 属性选项，再从分类中选择文档，就可以在 VI 描述文本框中为其添加说明（图 1-17）。

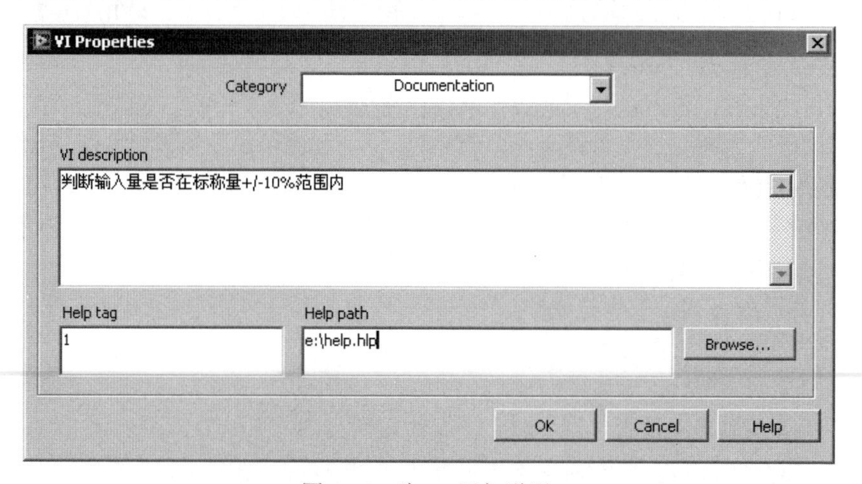

图 1-17　为 VI 添加说明

5. 运行调试

完成以上工作后，就可以对 VI 进行调试和运行了（选择前面板或后面板工具栏的⇨按钮即可）。

如果 VI 存在语法错误，则面板工具条上的运行按钮将会变成一个折断的箭头，表示程序不能被执行。这时该按钮被称作错误列表，单击则 LabVIEW 弹出错误清单窗口，单击其中任何一个列出的错误，选用 Find 功能，则出错的对象或端口会变成高亮。

在 LabVIEW 的工具条上有一个“高亮执行”（Highlight Execution）按钮，使其变成高亮形式，运行程序，VI 代码就以较慢的、可见的速度运行，没有被执行的代码灰色显示，执行后的代码高亮显示，并显示数据流向和连线上的数据值。这样就可以根据数据流动状态跟踪程序的执行。

为了查找程序中的逻辑错误，有时候希望框图程序逐节点执行。使用断点工具可以在程序的某一点中止程序执行，用探针或者单步方式查看数据。使用断点工具时，单击希望设置或者清除断点的位置。断点的显示对于节点或者图框表示为红框，对于连线表示为红点。当 VI 程序运行到断点设置处，程序暂停在将要执行的节点处，以闪烁表示。按下“单步执行”按钮，闪烁的节点被执行，下一个将要执行的节点变为闪烁，表示将要被执行。用户也可以单击“暂停”按钮，这样程序将连续执行直到下一个断点。

也可以用探针工具查看当框图程序流经某一根连接线时的数据值。从工具盒选择探针工具（Probe），再单击希望放置探针的连接线（或在连线上右击，在弹出的菜单中选择设置断点）。这时显示器上会出现一个探针显示窗口。该窗口总是被显示在前面板窗口或框图窗口的上面。图 1-18 给出了设置了断点、探针并打开高亮执行时的 VI 后面板示例。

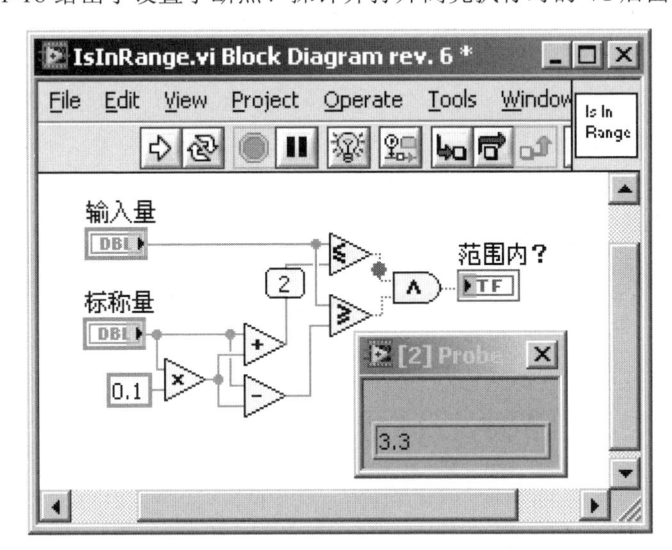

图 1-18 设置了断点、探针并打开高亮执行时的 VI 后面板

6. 错误处理

单独从这个例子来说，完成前面几步已经似乎已经完成了 VI 的开发。然而现实世界非如此简单，无论开发人员如何细心，测试验证过程如何仔细，程序还是难免有 bug。另外，一个程序在运行时总会有这样那样与设计时不一致的情况发生。例如程序要求打开的串口已经被其他进程占用，需要与之通信的设备由于某种原因死机等。如果没有在程序中采取有效的错误捕获、处理措施，就会导致程序异常或者至少降低程序的响应。因此在设计过程中，必须采取有效的错误处理措施，保证程序健壮、可用。

考虑前面的例子，你可能觉得这个 VI 简单到根本无须增加任何错误处理，但是还是有改进的地方。如果考虑这个 VI 被其他复杂的主 VI调用，那么当主 VI中出现错位时，利用错误状态的传递，就可以通过出现错误时不执行代码来提高整个应用的响应速度（图 1-19）。

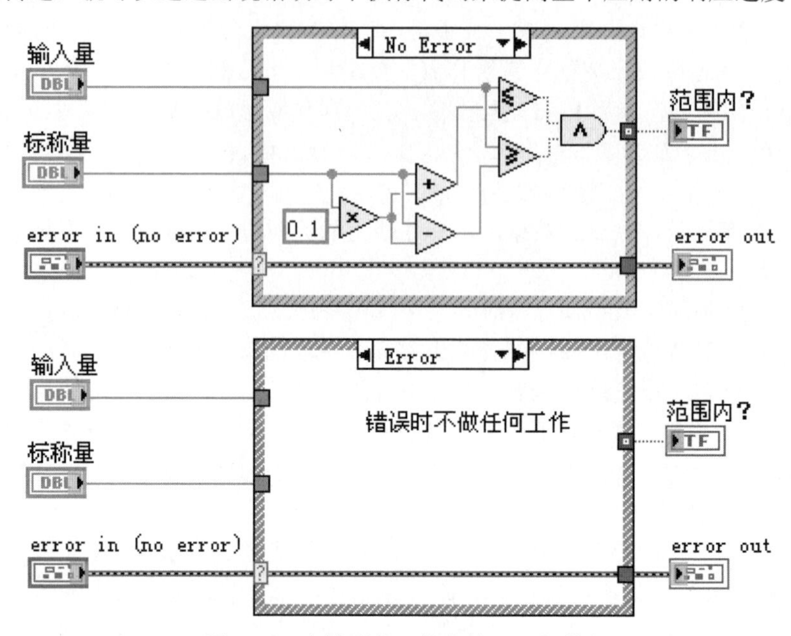

图 1-19　有错误处理能力的 VI 后面板

通过这个简单例子，读者还不能体会这种错误处理的实际意义，随着开发项目的复杂程度越来越高，程序中对错误进行处理的优越性会自然而然体现出来。鉴于错误处理措施可以保证程序健壮性并有效地提高程序可用性，因此将在第 6 章中专门讨论有关错误处理的方法。

1.4　LabVIEW 虚拟仪器项目开发

1.3 节已经介绍了 VI 开发调试的整个过程。由于 LabVIEW 提供的各种基本控件和函数均以直观的图形化形式出现，再加上 LabVIEW 完善的在线帮助文档，初学者已经能设计各种功能的 VI。然而，能快速学会编写 VI 代码与能专业、系统、高效地解决各种实际问题还相去甚远。

首先，为了构建专业的前面板，只了解 LabVIEW 的各种基本控件还不够，有时候还需要使用自定义控件、XControl、ActiveX、COM、.Net 等技术。从用户界面全局来看，还需要使用菜单、多国语言支持、动态调用 VI（Dynamic VI）等技术，以提高灵活性和可维护性。

其次，从程序设计角度来看，不仅需要研究 G 语言的基本数据类型，还要研究各种自定义数据类型，如 Cluster（簇）、Type Def./Strict Type def.（类型定义 / 严格类型定义）、Class（类）等；不仅要研究 Case（分支），Loop（循环）等基本程序结构，还要研究状态机、事件、并行循环等高级程序结构，以提高程序的执行效率和模块化程度。不仅要考虑利用自建的、可复用的代码库扩展 LabVIEW 的能力，还要考虑通过调用动态链接库 DLL、操作系统的 API 和 CIN（Code Interface Node）等扩展应用程序的能力。

再者，从系统来看，不仅要研究如何通过 TCP/IP、UDP、Data Socket 等技术来实现 Client/Server（客户端 / 服务器）结构的分布式系统，还要研究 HTTP、FTP、XML 解析。不仅要研究数据库等数据存储技术，还要研究数据加密、解密、压缩等技术。为了提高程序的可操作性和性能，还要注意前面板布局、后面板代码的风格、整个项目的可维护性和可扩展性，还必须考虑使用面向对象的方式来开发，等等。

最后，若要在诸如机器视觉、振动分析或测量控制等领域开发，还要掌握这些领域的专业知识，熟悉相关附加工具模块。当然，作为保证项目成败的关键，对整个LabVIEW虚拟仪器项目的管理，必须贯穿始终。这些极有助于实际工作顺利进行，正是本书各章的讲解重点。

1.5 LabVIEW虚拟仪器项目管理

所谓项目，就是为了创造某种独特产品、服务或结果而进行的一次性努力。一般来说，LabVIEW虚拟仪器开发项目是为了创造测试、测量、自动化或其他产品、服务或结果而进行的一次性努力。

衡量一个LabVIEW虚拟仪器开发项目最终是否成功的依据如下：

（1）是否满足项目要求和产品要求。

（2）是否满足相关利害关系者的需求、要求和期望。

（3）在相互竞争的项目范围、质量、进度、预算、资源、风险等因素（有时总结为时间、成本和质量三要素）之间作出权衡，最终满足项目在这些方面的目标。

为了能如期完成项目、保证用户需求得到确认和实现，并在控制项目成本基础上保证项目质量，妥善处理用户需求变更、用户的要求和期望，在整个项目执行过程中，项目管理者必须将各种知识、技能、工具和技术应用于项目活动，对项目进行管理。项目管理是快速开发满足用户需求的新产品、新设计的有效手段，也是快速改进已有设计或已经投放市场产品的有效手段。

在实际工作中，制约项目的任何一个因素发生变化，都会影响至少一个其他因素。例如，客户要求缩短开发工期，通常需要通过提高项目预算，以增加额外的资源，从而在较短时间内完成同样的工作量；如果无法提高预算，则只能缩小范围或降低质量，以便在较短时间内以同样的预算交付产品；改变项目范围或要求可能导致额外的成本或为工期带来风险。此外，不同的项目干系人可能对不同制约因素的重要程度有不同的看法。这些问题使得在实际工作中，LabVIEW虚拟仪器项目开发和管理者不能只埋头研究算法如何完美而不顾项目的工期，不能只考虑所实现系统的性能和质量而不顾项目的成本，不能在答应客户要求的变更后忽视给项目带来的风险，等等。一个技术专家并不一定是项目中处理干系人各种需求、要求和期望、平衡相互竞争项目制约因素的专家，这也是现实生活中很多技术专家参与项目管理后并不成功的主要原因。当然如果能将优秀的专业技术和项目管理知识相结合，将有助于项目成功。

专业的项目管理通常通过将项目划分为启动、规划、执行、监控、收尾五大过程（图1-20），并通过在各过程中识别、处理干系人的各种需求、要求和期望、平衡相互竞争的项目制约因素，确保项目获得成功。在后续章节中，我们将结合开发，对LabVIEW虚拟仪器项目管理知识进行讲解。

图1-20 项目管理五大过程

从产品生命周期的角度来看，有多种开发模型可供选择。在 LabVIEW 虚拟仪器项目开发中，根据所关心的重点不同及不同模型的优缺点，可以选择一种或多种。当工期比较紧张时，可采用编码修正模型（Code and Fix Model）立即着手编码；当对项目风险比较关心时，可以采用螺旋模型（Spiral Model）不断重复开发过程，以实现不同阶段项目风险的管理；当产品质量相对重要时，可以采用传统的瀑布模型（Traditional Waterfall Model）或修正的瀑布模型（Modified Waterfall Model）等。不同的开发模型对各开发步骤进行了不同限定和定义。例如采用传统瀑布模型的项目生命周期则包含系统需求分析、软件需求分析、系统架构设计、详细设计、编码、测试、升级维护等阶段（图 1-21）。

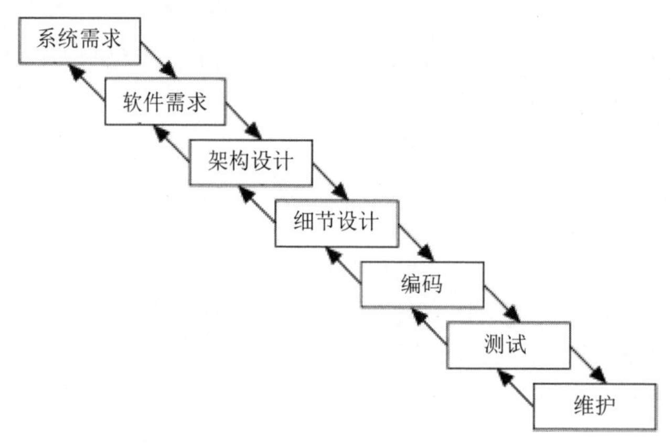

图 1-21　传统瀑布开发模型项目生命周期

NI 公司对整个虚拟仪器项目开发过程均提供相应的工具支持。例如，NI 需求管理工具包（NI Requirements Gateway）可用于管理和跟踪虚拟仪器项目的需求，以确保项目的各种需求均能被响应，它能够较好地与其他 NI 软件开发工具无缝集成。NI LabVIEW 单元测试框架工具包（Unit Test Framework Toolkit）可创建测试框架，自动进行回归测试，以完成对 VI 的功能验证。

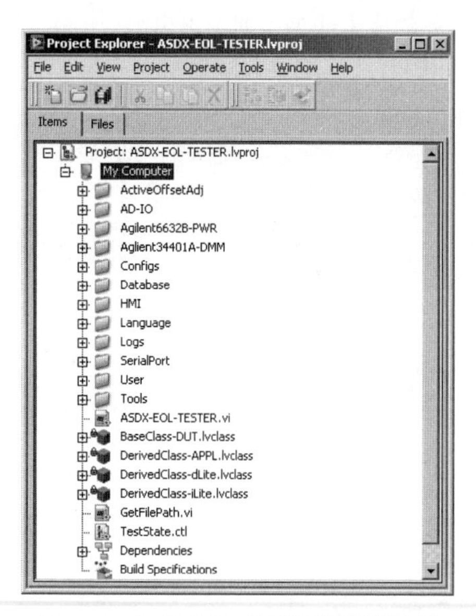

图 1-22　LabVIEW 的项目资源管理器

LabVIEW 自身也在配制管理和版本控制方面下了不少功夫。例如，从 LabVIEW 8.0 开始引入工程资源管理器（Project Explorer，如图 1-22 所示）来有效组织、管理整个项目开发过程中的各种文件。LabVIEW 广泛支持多种版本控制工具，无论是大型的 Rational Clearcase 还是开源跨平台的 CVS（Concurrent Versions System）都有较好的支持。同时，对于每个 VI，还提供 VI 版本号自动更新功能。近年来，Git 作为新一代的版本控制工具受到开发者的欢迎，通过配制，也能基于 Git 来实现对 LabVIEW 程序的版本控制。总之，通过使用各种项目阶段的支持工具包，可以较好地保证高质量的项目交付。

第2章　前面板设计

在虚拟仪器项目开发过程中，设计人员必须根据项目的需求，分析应用程序应采用何种方式、数据类型和结构来处理从用户界面接收到的数据，并将数据处理的最终结果通过人机界面展现给用户。虚拟仪器项目中的人机界面通过 VI 前面板展现，因此创建虚拟仪器程序时，通常第一步就是设计其前面板。

LabVIEW 中的输入控件（Control）和显示控件（Indicator）是构建前面板的核心元件，它们分别是 VI 的交互式输入和输出端口。输入控件指旋钮、按钮、转盘等输入装置。显示控件指图形、指示灯等输出装置。输入控件模拟仪器的输入装置，为 VI 的程序框图提供数据。显示控件模拟仪器的输出装置，显示程序框图获取或生成的数据。

LabVIEW 提供丰富的控件用于构建用户界面，这些控件可分别对应不同精度的数据类型。在进行 VI 前面板设计时，设计人员必须将选用的控件和程序进行数据处理所需的类型、结构相结合，并遵守前面板的布局原则、文本和色彩的相关选用原则，来设计专业美观的用户界面，为后续编码打好基础。根据应用程序所需的数据类型和控件的外观，选取合适的控件，并将其进行合理布局的过程就是构建 VI 前面板的过程。

由此可见，要构建优秀的 VI 前面板，就要先了解 LabVIEW 提供的基本控件和其支持的数据类型。

2.1　控件选择

控件是构成前面板的核心元件，LabVIEW 提供的控件位于前面板控件选板上（在前面板上右击即可弹出控件选板）。LabVIEW 支持的基本控件如表 2-1 所示，主要包括数值输入控件（如滑动杆和旋钮）、数值显示控件（如仪表和量表、图表）、布尔控件（如按钮和开关）、字符串、路径、数组、簇、列表框、树形控件、表格、下拉列表控件、枚举控件和容器控件等。

表 2-1　LabVIEW 支持的基本控件和显示控件

控件和名称	分类名称 / 图例		说　　明
Numeric	+ 数值框（Numeric）		接收用户输入或进行数据显示最便捷的方式
	+ 滚动条和状态条（Slides、Scroll、Progress & Graduate Bars）		（1）一般用于指示工作进度状态。 （2）本质上属于可进行数值调整的数值控件。 （3）可同时接收或显示多个数值
	+ 旋钮和拨号按钮（Knobs & Dials）		（1）本质上属于可进行数值调整的数值控件。 （2）可同时接收或显示多个数值
	+ 时间戳（Time Stamps）		用于程序与界面之间进行日期和时间数据的交互
	+ 色阶（Color Ramp）		（1）使用颜色代表某个数字或范围。 （2）适合数据超出正常范围时报警
	+ 颜色框（Color Box）		（1）用于接收用户对颜色的选择或显示颜色给用户。 （2）使用十六进制数 0xRRGGBB 表示红、绿、蓝组成的颜色，RR 代表红色值，GG 代表绿色值，BB 代表蓝色值

续表

控件和名称	分类名称 / 图例	说　明
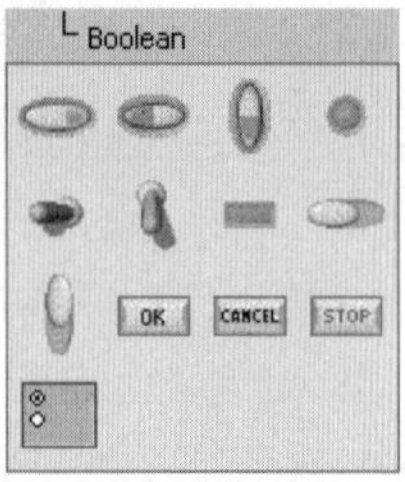 Boolean	+ 按钮（Buttons） + 开关（Switches）	用于创建按钮和开关输入控件
	+ LED	用于创建 LED 等显示控件
	+ 单选框（Radio Box）	（1）从列表中单选。 （2）为枚举类型，可通过 Case 来处理
	+ 复选框（Checkboxes）	（1）可表示 TRUE/FALSE。 （2）可配置为三选框
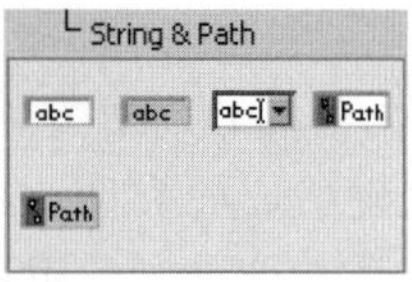 String & Path	+ 文本框 （Text Entry Boxes）	用于创建文本输入控件或字符输出显示控件
	+ 组合框 （Combo Box）	（1）用于创建可选字符串的文本输入和选择框。 （2）数据类型为字符串
	+ 路径 （Path Control & Indicator）	创建用于路径选择的输入控件和路径输出显示控件
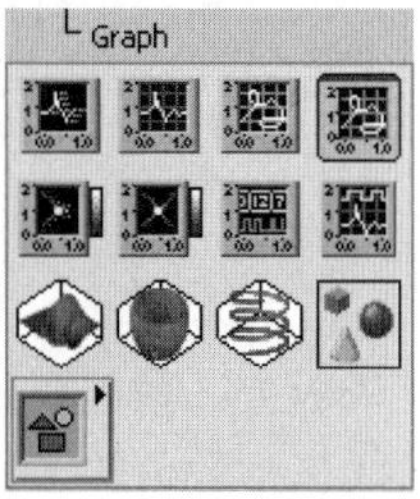 Graph	+ 波形图（Graphs）	（1）先缓冲所有数据至数组中，随后一次性绘图。 （2）绘制时，丢弃以前绘制过的数据，显示新数据。 （3）通常用于数据连续采集时曲线快速绘制
	+ 波形表（Charts）	（1）在已绘制数据后添加新数据。 （2）可以实时查看读取的数据和历史数据。 （3）当超出显示范围时，自动滚屏。 （4）通常用于数据量较小、但需实时查看的情况
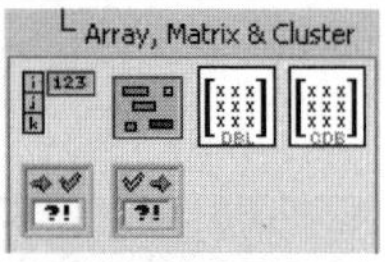 Array, Matrix & Cluster	+ 数组（Array）	创建类型相同的一组数据
	+ 簇（Cluster）	创建多种类型混合的一组数据
	+ 矩阵（Matrix）	创建用于数学计算的实数或复数矩阵
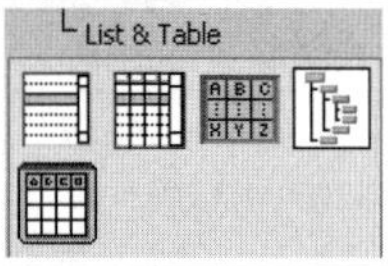 List & Table	+ 列表框（Listboxes）	创建单选或多选列表框
	+ 树形列表框（Tree）	创建分层级的列表框
	+ 表格（Tables）	以表格形式展示数据
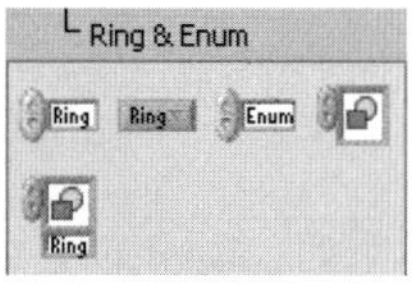 Ring & Enum	+ 下拉环（Ring）	（1）将图片或字符串映射至数值的列表框。 （2）映射的数值可随意指定。 （3）可在所列互斥条目之间进行单选或多选
	+ 枚举列表（Enumerated）	（1）类似下拉环，但数据类型为枚举型。 （2）映射的数值自动按顺序生成
 Containers	+ 分栏 （Horizon/Vertical Splitter）	用于将页面分为不同几栏
	+ 表单（Tab）	用于将多个在同一阶段使用的控件分页显示
	+ 子面板（Subpanel）	用于在前面板显示另一个 VI 的界面

续表

控件和名称	分类名称 / 图例	说　明
I/O	+ 硬件 I/O 名（I/O Name）	用于与 DAQ、 VISA、IVI 等仪器进行通信的逻辑名称
Variant & Class	+ 变量（Variant） + 类（Class）	用于与变量和类对象进行交互的控件
Refnum	+ 对象参考（Objects References） + 程序参考（Applications Reference）	（1）用于操作文件、目录、计算机虚拟设备、网络连接的逻辑控件。 （2）本质上为临时指针。 （3）操作前必须先打开（分配内存），操作结束后需关闭（释放内存）
.NET & ActiveX	+ .NET 控件 + ActiveX 控件	（1）用于操作 .NET 控件和 ActiveX 控件。 （2）可自行加载更多系统支持的 .NET 控件和 ActiveX 控件

开发人员从控件面板中选择需要的控件放入前面板来构建用户界面，并可通过被选控件的右键菜单中的“变更为输入控件”（Change to Control）和“变更为显示控件”（Change to Indicator）选项切换其输入或输出属性。例如，若选择了一个数值输入框放入前面板，则可以通过其右键菜单中的“变更为显示控件”选项，将输入控件的属性变更为显示控件。变更为显示控件后，输入框只能用于进行数据显示，不接受用户的任何输入。

进行前面板设计的第一步就是按照以下原则选择用于构建用户界面的控件：

（1）所选控件构成的用户界面应能兼容目标显示设备和目标操作系统。

（2）结合所开发应用的内容，所选输入控件应容易理解、便于操作。

（3）所选输出显示控件应能直观、有效的向用户表达相关数据。

（4）控件所代表的数据类型应能兼顾 VI 进行数据处理所需的范围、精度和效率。

（5）控件数据类型对应的操作应能满足程序数据处理的要求。

大多数的 LabVIEW 基本控件有传统（Classic）、现代（Modern）和系统（System）三种版本。原则上讲，不同版本的控件只是外观不同，可根据所开发应用使用的场合选用不同版本。若因某种原因（如为了兼容同一台机器上另外一个旧版本的程序），开发的 VI 必须运行在设置为 16 色或 256 色的显示器上，就可以选择传统版本的控件。现代版本的控件相对于传统版本控件对显示器的色彩设置有较高的要求（至少 16 位彩色），使用现代版本控件设计的 VI 前面板在较低配置的显示器上显示会比较难看。反过来说，如果必须兼容不同色彩的显示设置，那么选择传统版本的控件较为稳妥。另外，如果用户对传统风格的界面相对比较熟悉，或认为传统风格的界面比较美观，也可以选用传统版本的控件。

系统版本的控件按照用户对操作系统的色彩设置来显示，一般用来专门设计对话框。系统版本的控件会自动匹配其父窗体的颜色。例如，父窗体的色彩为白色，则在该窗体上的系统版本控件会自动与白色背景匹配，实现较好的显示效果。系统版本控件的外观依赖 VI 所运行的平台。当 VI 在不同的系统上运行时，系统版本控件的显示会自动进行调整，与所运行操作系统的标准对话框进行匹配。

除了外观，控件选用的另一个重要原则就是其所代表的数据类型和该类型对应的操作（LabVIEW 所支持的数据类型和数据操作将在第 3 章详细讲解）。选用控件所代表的数据类型应能兼顾 VI 进行数据处理所需的范围、精度和效率。然而这个看似简单的原则在实际设计过程中并不那么容易执行。没有哪个用户"需要解决电流采集问题"时会说"我需要解决单精度浮点类型电压量的采集问题"这样的话。将用户需求抽象为合适的类型数据，为代表实际事物的数据选择适当精度，并合理使用计算机资源，确定高效的数据类型是设计人员的责任，更是一门艺术。除了控件所代表的数据类型外，关注数据类型对应的操作也非常重要。例如，在 LabVIEW 中选择了数值类型，相应的也就选定了对应数值类型的加、减、乘、除、数据格式转换等操作，对应的数据类型操作手段越丰富，程序设计越快速灵活。

基于需求分析决定了要使用的控件后，就可以从控件箱中将所选控件拖放至前面板中，开始着手前面板设计。几乎所有被拖放至前面板的控件都有标签（Label）、标题（Caption）、可见状态（Visible）、使能状态（Enable State）、大小（Size）和颜色（Color）等通用属性。标签是控件以及与之对应的变量、常量等对象在前、后面板的唯一标识。也就是说，一旦设计人员变更了控件的标签，那么与之对应的常量名、变量名等对象也会随标签的变化而变化；控件的标题则只出现在前面板，它可在控件标签不变的情况下任由设计人员修改。标题的这种特性，可使设计人员在不变更对象名的前提下，对 VI 前面板进行修饰说明或本地化（在后续章节会详细讲解）。此外，若要使程序支持 Unicode 编码方式，则必须在前面板中使用标题来说明控件。因此，建议在设计时采用标题来说明所有前面板中的控件。例如图 2-1 中，控件在前、后面板中均使用了 Progress 作为标签，而在前面板中则使用"测试进度"作为标题。与控件标签对应，在 LabVIEW 中还有一种称为"自由标签"（Free Label）的控件，它用于在前、后面板的任何空白处添加程序的说明或注释（选择文本工具后，在前面板或后面板空白处单击，然后输入注释即可）。控件使能状态或可见状态用于控制控件对用户是否可见或可操作，而通过控件大小和颜色属性可控制控件在前面板的外观。

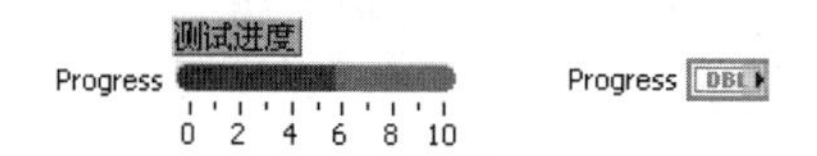

图 2-1　控件的标签和标题示例

除了通用属性外，不同控件还有千姿百态的"个性"。以按钮控件为例，在设计时不仅可以通过按钮的属性对话框（通过控件的右键菜单的"属性"选项打开"属性"对话框）对通用的属性进行设置，还可以设置仅属于按钮的按下或弹出文本（Button On/Off Text）、按钮行为（Button Behavior）方式等属性，如图 2-2 所示。

控件的属性不仅可以在设计时通过属性对话框进行修改，还可以在运行时通过控件的属性节点（Property Node，控件的右键菜单中选择"创建"→"属性"→"节点"选项）进行修改（这些内容将在后续章节详细介绍）。

如表 2-1 所示，LabVIEW 提供多种控件，正是这些控件的通用属性和不同特性构成了 LabVIEW 可快速开发的基础。鉴于 LabVIEW 在线帮助对这些控件使用有详细说明，这里不再一一说明，我们将在后续章节中结合例子，对部分重要控件的使用进行讲解。对读者来说，越是了解这些控件，开发速度就越快，熟悉这些控件使用的过程是学习 LabVIEW 必不可少的一个阶段。

一般来说，完成控件选择和属性设置后，还需要把逻辑上相近的控件组织在一起，并对它们在前面板上的布局进行调整，必要时还需配以辅助修饰线、图片等，来完成VI前面板的设计。

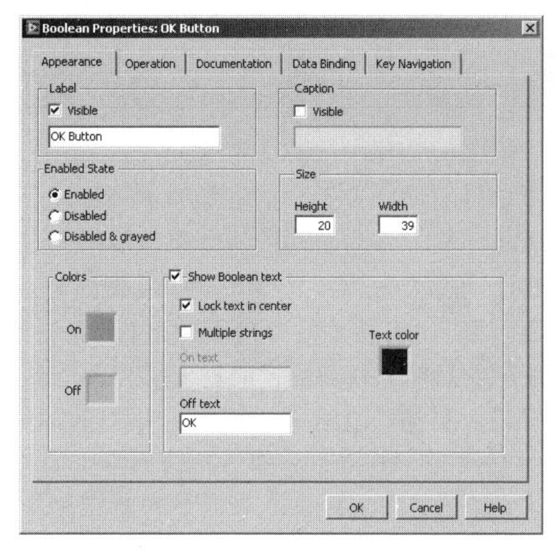

图 2-2 通过属性对话框设置控件属性

2.2 前面板设计总原则

无论对于何种 VI前面板，其主要目的是用于与用户或开发者进行交互，以最终实现用户要求的功能。也就是说，对界面布局的调整、美化、修饰都应以提高交互效率、实现用户任务为目的。任何牺牲交互性的界面设计都是失败的。评判前面板设计的好坏是个比较主观的问题，不同的使用环境、不同的用户群可能有不同的评价标准。虽然很难有统一创建 VI前面板的标准，但还是有一些常规经验供设计时参考。

表 2-2 列出了 VI前面板设计总原则，这些原则贯穿整个前面板设计过程。

表 2-2 前面板设计总原则

分类	设 计 原 则	工具 / 技巧
总原则	功能为主，表示为辅	实现用户要求的功能是任何界面设计的基础
	区分使用场合和目标客户	• 桌面应用使用标准对话框和系统控件； • 工业应用使用自定义对话框和流行（3D）控件
	只传递用户需要的信息	• 程序的问题程序内部解决； • 使用下拉环或枚举框将数据与文本图片等信息进行映射，替换难理解的数字
	限定单个页面信息的数量，必要时提供总览或导航页	• 使用 Tab 对页面进行分页； • 使用动态 VI 加载

设计人员必须时刻牢记设计 VI 的目的是实现用户要求的功能。换句话说，如果用户要求的功能尚未实现，无论花多少时间和精力，设计出的漂亮界面都是华而不实。由于不同场合和用户群的使用习惯各不相同，因此在设计前应根据这些因素决定采用何种设计风格。例如由于桌面应用一般在办公室或实验室等较好环境下，由熟悉计算机的人群使用，因此可使用标准对话框和系统风格控件进行设计；而对工业应用来说，一般使用在生产线、户外等较差环境下，并由操作工使用，则可选用自定义对话框和流行的 3D 控件来增强显示效果。

很多设计人员习惯“从内到外”进行思考，从自己进行编码的容易程度来主观决定哪些信息应当显示给客户，然而客户并不知道程序内部如何工作，他们只关心如何利用软件快速高效地完成手头工作，当不能很快上手时，就会不断抱怨。因此，设计前面板时要改变思路“由外到内”进行设计，只把用户需要的信息按照用户的语言显示出来，把内部处理所需的数据与用户需要的信息分离开来，做到程序的问题程序内部解决。另外，使用下拉环或枚举框将数据与文本图片等信息进行映射，用有意义的文本或图片代替晦涩的数字也能较好提高可读性。如图 2-3 所示，要显示某种类型为 31014 的集成电路产品，使用该产品的图片比直接给出一串数字要直观得多，而且还能传递诸如封装形式、针脚数量等更多信息。

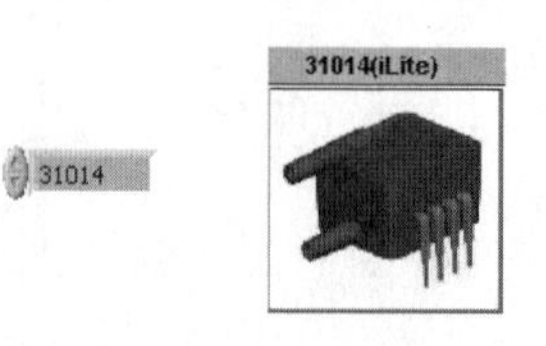

图 2-3　用图片代替晦涩的数字

限定显示在界面上的信息数量能很快使用户将注意力集中在重要信息上。在同一页提供大量的信息只能使用户无从下手。如果需要显示的信息的确非常多，可以将逻辑上或功能上相关、但相对其他信息较为独立的部分用 Tab 控件分页显示。若有必要，还可以增加一个“概览”（Overview）页面，将总体情况或重要的信息显示给客户，细节部分可随后逐页查看，如图 2-4 所示。

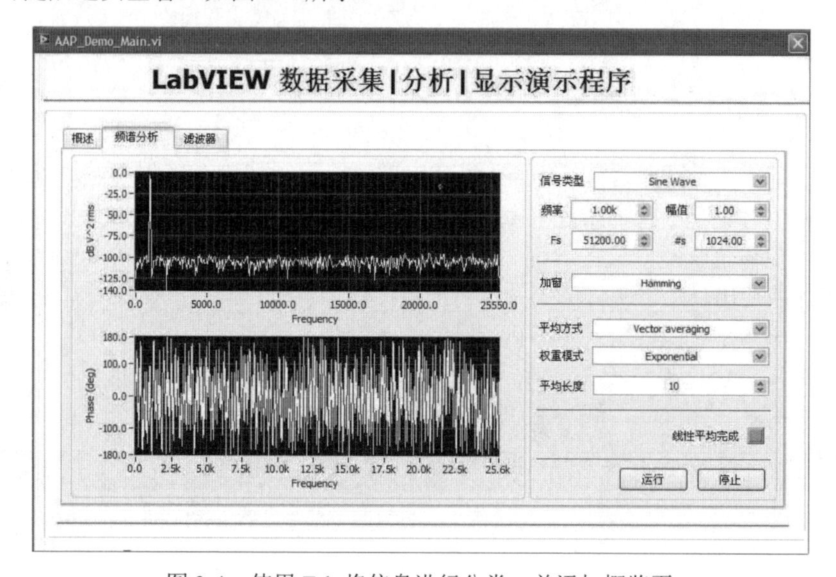

图 2-4　使用 Tab 将信息进行分类，并添加概览页

前面板设计时另一个重要的总体原则是界面的一致性。保持一致的界面设计不仅可以使程序显得专业，更重要的是可以缩短操作人员上手的时间。由于软件界面的一致性，用户可在使用软件的某一部分后，可快速地将操作方式沿用到其他模块。

表 2-3 列出了前面板设计的一致性原则。要做到软件界面一致，可以通过使整个应用程序的风格一致、使功能相近的控件大小、颜色尽量一致以及设计时沿用通用习惯、惯例或行业规范来实现。使整个应用程序的风格一致，意味着在整个应用程序界面中要使用相同风格的控件、相同类型的字体和相同配色方案等。除非要刻意达到某种着重强调的目的，否则使用与整个界面风格不一致的控件会显得很突兀。在保证与整体风格一致的前提下，使功能相近的控件大小、颜色尽量一致，可以有效增强软件的可读性和信息传递的有效性。在设计时可以使用控件尺寸调整工具（Resize Objects）和颜色设置工具（Set Color）来调整尺寸、颜色等。设计时沿用通用习惯或惯例尤为重要。例如，绿色通常代表正常通过，黄色代表告警，红色代表故障，如果在设计中不沿用这些惯例，用户会觉得很迷惑。在实际开发过程中，

行业规范并不像红、绿、蓝那么简单，通常必须针对特定行业，通过研究规范或与客户进行大量沟通来确定软件界面的最终显示。

表 2-3　前面板设计的一致性原则

分类	设 计 原 则	工具 / 技巧
一致性	整个应用程序保持一致风格	• 使用相同风格的控件； • 使用类型字体； • 使用相同配色，方案一致
	功能相近的控件的大小、颜色尽量一致	• 使用尺寸调整工具（Resize Objects）； • 使用颜色设置工具（Set Color）
	沿用通用惯例或行业规范	沿袭红、绿、蓝通常代表的意义等

2.3　前面板布局

用户界面是进行信息交互的重要场所。考虑程序整体以何种途径收集和向用户显示各种信息是界面设计的一项重要工作，也是程序界面框架设计的主要步骤。通常在程序设计之初确定程序界面的总体框架和布局。

大多数虚拟仪器项目以对话框的形式来组织信息交互。当然也可以选择LabVIEW提供的其他方式(图2-5)来搭建用户界面框架。例如，可以使用纵向分隔条（Vert Splitter Bar）、横向分隔条（Hor Splitter Bar）创建分栏形式的主界面；可以使用选项卡（Tab Control）创建分页形式的主界面；还可以使用子面板（SubPanel）在项目窗口中调用不同的 VI，等等。

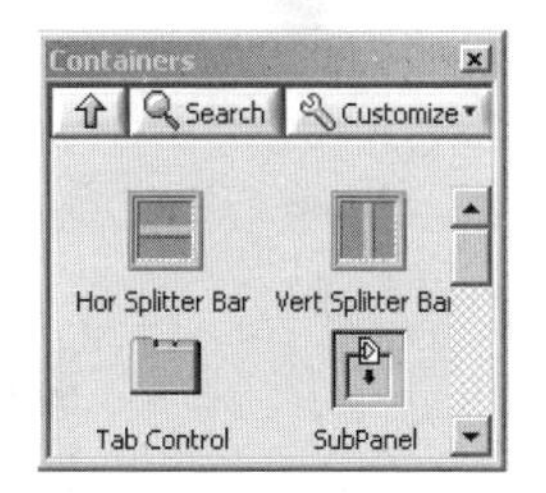

图 2-5　LabVIEW 提供的界面框架工具

确定界面的整体框架后，就可以选取控件并安排其在前面板上的位置。前面板上控件或控件分组的布局是前面板设计的关键和重要工作之一。

当按照需求确定了要使用的控件后，可以首先使用一些装饰部件（如组合框、矩形框等）或簇将功能或逻辑相关的控件进行分组，随后使用对齐工具（Align Objects）和排列工具（Distribute Objects）来摆放这些控件或控件的分组。表 2-4 列出了前面板布局的一些基本原则。

表 2-4　前面板布局原则

分类	设 计 原 则	工具 / 技巧
布局	对称排列控件，并留有足够、等距间隔	• 使用对齐工具（Align Objects）； • 使用排列工具（Distribute Objects）；
	将功能或逻辑相关的控件进行分组	• 使用框架（Frame）； • 使用簇
	按照常用度（频度）或自然顺序摆放控件或控件分组	• 按照使用频率、重要性摆放控件； • 按照使用习惯、自然顺序摆放控件； • 子 VI 输入 / 输出控件摆放与 I/O 端子定义一致
	使用辅助控件修饰、美化界面	• 使用公司图标； • 用背景图片作装饰

在摆放过程中一般遵循“控件对称排列”的原则，并使各控件或控件分组之间留有足够、等距离的间隔。控件和控件分组在前面板上总体排放位置则由常用度（频度）或自然顺序来定。例如可以将使用频率较高、较重要的控件或控件分组放在显眼的位置；可以按照人们习惯的、从左到右的阅读习惯来摆放逻辑分组（某些西方国家习惯从右至左）；可以将子 VI 前面板上用于输入 / 输出的控件与 I/O 端子定义的布局对应一致等。在整个过程中可以使用分隔线等装饰控件进一步区分不同逻辑显示单元，最后还可以在前面板上添加公司的图标或使用背景图片来美化界面。

图 2-6 给出了一个简单的例子。在这个例子中，首先采用一致风格的字体和配色；其次，使用从左到右的习惯来安排总体布局，在左边放置采集（Acquire）、分析（Analysis）和演示（Present）操作选择按钮，在右边安排信息显示和调整按钮。另外，由于显示的信息较多，使用了 Tab 控件将信息进行分类，并使用一个“概述”页对信息进行汇总。“基本控件”页左下方的按钮用于采集控制，因此将其放在一起，使用相同大小、相等间隔进行排列；右边使用组合框架，将相关的控件进行分类后对称摆放，既美观又清晰。最后，在页面上添加公司图标和“关于”按钮，不仅美化了界面，还增加了关于软件更详细的信息索引。整个界面布局合理，条理清楚，是一个值得参考的例子。

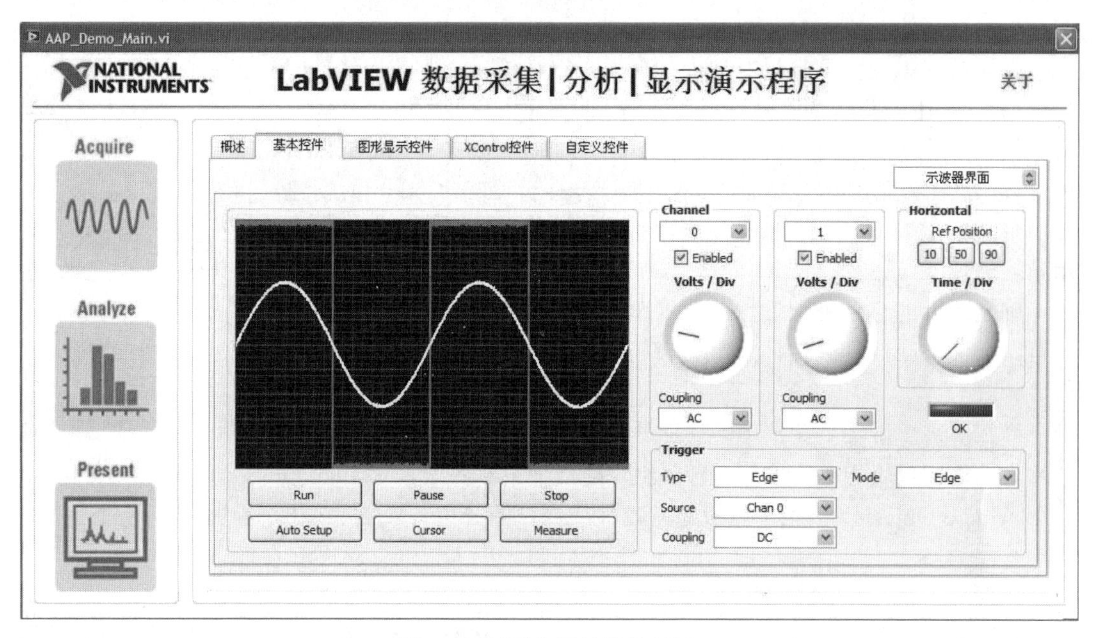

图 2-6　页面布局的简单例子

进行 VI 前面板设计时，按照其用途可将所设计的 VI 前面板分为和用户进行交互的用户界面（GUI）VI 和子 VI 两大类。由于子 VI 通常只是被主 VI 载入内存，运行后实现某种模块化的功能，因此其前面板一般不呈现给用户，而是被开发人员用来定义 VI 的输入 / 输出参数或进行调试诊断。基于这种考虑，笔者一般将子 VI 中的控件按照输入 / 输出的功能逻辑进行分类组织，并将其前面板背景色设置为与用户界面 VI 不同的较深的颜色，以示区别。

图 2-7 给出了一个子 VI 前面板的简单例子。其中虽然只包含一个错误簇输入控件和错误簇显示控件，但是还是使用了分类框将输入 / 输出控件分成两类，并将输入控件放置在左边，输出控件放置在右边，以便和子 VI 连线板的布局尽量保持一致。另外，子 VI 的背景色也被设置为和用户界面 VI 不同的深灰色。采用以上方式组织子 VI 中的控件，可以使设计人员对子 VI 的输入 / 输出参数一目了然。

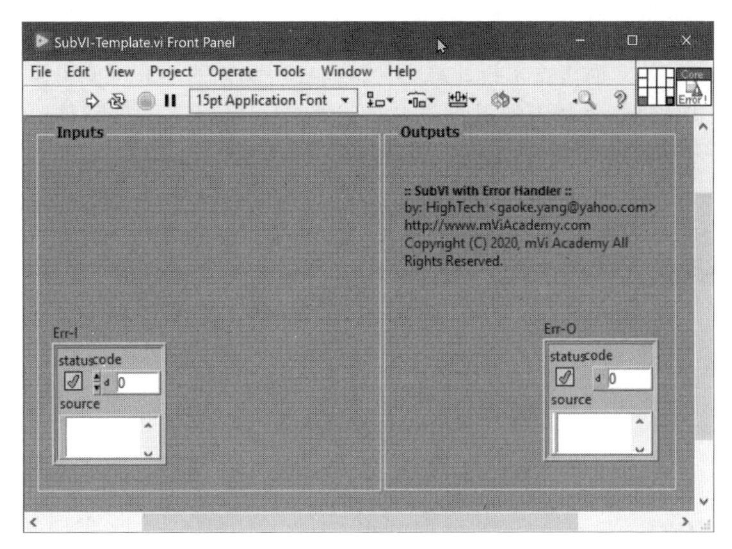

图 2-7 子 VI前面板布局

2.4 前面板文本和色彩

前面板上的文本是向用户传递信息的基本途径，其重要性不言而喻。一般来说 LabVIEW 中的文本通过以下几种方式展现出来。

1. 标签

标签（Label）是前面板和程序框图对象的唯一标识。LabVIEW 有两种标签：自带标签和自由标签。自带标签属于某一特定对象，相当于文本语言中的变量名称，随对象移动。自带标签可单独移动，但移动该标签的对象时，标签将随对象移动。可对自带标签进行隐藏，但无法在不影响自带标签所属对象的前提下，单独复制或删除自带标签。

2. 自由标签

自由标签（Free Label）不附属于任何对象，用户可独立创建、移动、旋转或删除自由标签。自由标签用于在前面板和程序框图上添加注释，也可用于注释程序框图上的代码以及在前面板上列出用户指令。双击空白区域或使用标注工具可创建自由标签，或编辑任何类型的标签。

3. 标题

标题（Caption）用于在前面板上对对象进行描述，它不像标签那样影响程序代码。标题与标签的不同之处在于标题不会影响对象的名称，因此常用于在前面板上为对象添加表述，支持 Unicode 文本，实现程序的多语言。标题仅在前面板上出现，而且在创建应用程序的本地化版本时必须用到它。

4. 布尔文本

布尔控件除了有标签和标题外，还具有布尔文本（Boolean Text）标题。布尔文本标题随输入控件或显示控件的值而改变。初始状态下，布尔控件在 TRUE 状态下标注为“开”，FALSE 状态下标注为“关”。

在前面板上使用文本时应注意使用准确、精简、友好的语言。实际中该如何理解“准确、精简、友好”呢？所谓准确是指从用户角度来看，只要使用者能清楚地知道文本的意思，就说明文本使用是准确的。因此要习惯在设计界面时使用用户的语言。精简意味着界面上不能大段地放置文本说明，那样只能干扰用户抓住重点信息，可以使用一些代表性的词语，然后使用提示（Tips）工具进一步显示较详细的信息给客户。如果需要显示的说明信息成段成篇，则可以使用在线帮助的方式提供给用户。

表 2-5 列出了一些前面板文本设计原则。根据使用场合的不同，使用规范的字体大小、颜色和大小写格式的文本是较为常用的做法。例如在工业场合下，一般使用较大的粗体字，以便观察。值得一提的是，在控件标签的末尾显示控件的默认值，也是一种对用户友好的做法。

表 2-5 前面板文本设计原则

分类	设 计 原 则	工具 / 技巧
文本	使用准确、精简、友好的语言	● 使用用户的语言； ● 使用代表性的词语； ● 使用提示（Tips）； ● 将详细说明汇总到帮助文件； ● 控件标签末尾显示默认值
	采用规范的字体大小、颜色和大小写格式	● 使用字体设置（Text Setting）工具； ● 为应用于工业场合的程序使用大字体、高对比度的背景和字体色彩

好的配色方案可以有效传递信息。前面板设计时使用的色彩方案应尽量简单，同时整个应用程序的配色应统一。表 2-6 列出了一些前面板色彩设计的原则。在实际设计中，同一套配色方案一般使用不超过 3 ~ 4 种互补色彩，根据使用场合的不同，前景和背景色彩对比度也不同。对子 VI 设计来说，由于一般不显示前面板给用户，因此一般统一使用一种与主 VI 区别开来的背景色彩；在工业 VI 中，使用高对比度的背景色和前景色配色方案，可使用户在有干扰的情况下清楚地看到显示的信息，而桌面 VI 则以美观为主。

表 2-6 前面板色彩设计原则

分类	设 计 原 则	工具 / 技巧
色彩	使用简单、统一的配色方案	● 整个应用采用同一种配色方案； ● 同一套配色方案使用不超过 3 ~ 4 种互补色彩； ● 为工业 VI 选用高对比度的背景色和前景色配色方案； ● 子 VI 面板背景色彩统一并与主 VI 区别开

图 2-8 列出了笔者常使用的一些颜色（分别以十六进制数 0xRRGGBB 的形式列出红、绿、蓝三色值，RR 代表红色值，GG 代表绿色值，BB 代表蓝色值），供读者参考。

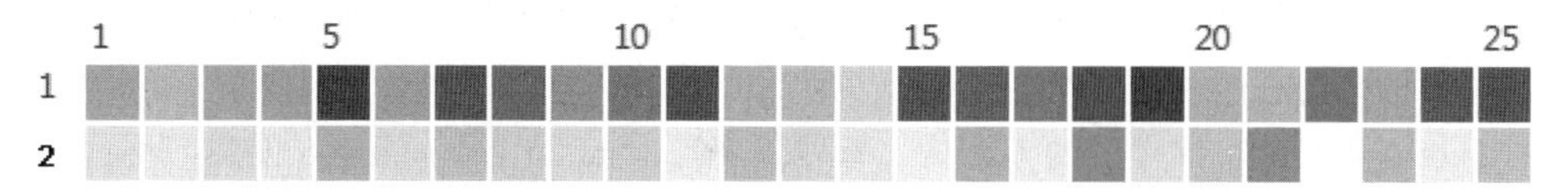

红、绿、蓝三色值十六进制编码

第 1 行从左至右颜色值：

0x9DC338	0x9ACEF7	0x9DC338	0xFF9700	0x900000
0xFF9700	0x016A99	0xA566AD	0x74B46A	0xF7582E
0xEEF2F5	0x6BD6FA	0xAFDF5A	0xFCDE59	0xCA0005
0x4B7B22	0x648DB6	0xB70000	0x800000	0xf5B55A
0x99CCFF	0x009999	0xFCA13D	0xC4240C	0x894611

图 2-8 颜色与相应的 RGB 值

第 2 行从左至右颜色值：

0xE1EDC3	0xE1F0FD	0xFFE0B2	0xE1F0FD	0xDDB2B2
0xFFE0B2	0xB2D2E0	0xE4D1E6	0xD5E8D2	0xFDCDC0
0xEEF2F5	0x8BDFFB	0xD9FC9A	0xFEEFA0	0xF1F1F1
0xA9CD75	0xF1F1F1	0x999999	0xE6E6E6	0xCCCCCC
0x999999	0xFFFFFF	0xFDB95C	0xF2F2F2	0xDBC7B7

图 2-8（续）

2.5　可见性和健壮性

表 2-7 列出了一些前面板控件可见性设计的原则。

表 2-7　前面板设计的可见性原则

分类	设 计 原 则	工具 / 技巧
可见性	保证显示给用户的信息可见	避免对象重叠
	慎重使用隐藏功能	尽量避免使用动态菜单
	合适的窗口初始位置和状态	为工业应用最大化界面
	隐藏 LabVIEW 的工具条和菜单	如有必要，为应用单独定制菜单

设计 VI 界面的目的是与用户交互，如果由于某种原因，设计的成果不能呈现给用户，那么再漂亮的设计也是枉然，必须通过各种技术确保最终设计对客户可见。实际中不把界面呈现给用户的错误大家都很少犯，但是 VI 上的对象重叠却经常能见到。例如为 VI 选择了“窗口缩放时自动缩放前面板对象尺寸”（Scale all objects on front panel as the window resizes，见图 2-9）选项，但是却混用了不同类型的控件，就很容易导致对象重叠。

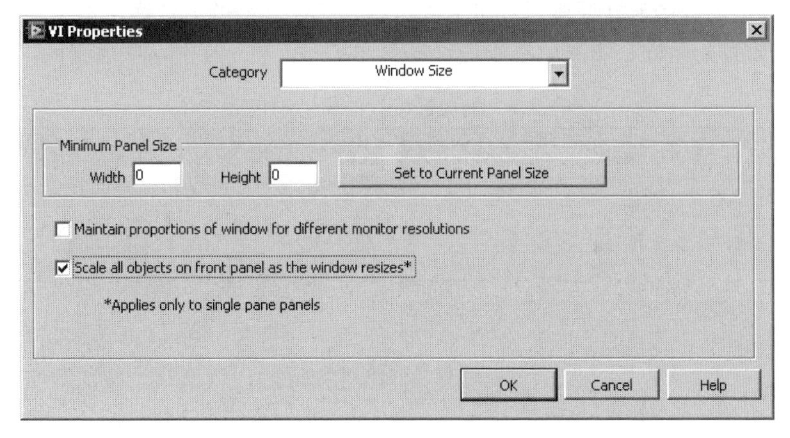

图 2-9　“窗口缩放时自动缩放前面板对象尺寸”选项

慎重使用隐藏功能对于可见性也很重要。笔者曾经参与一个项目，在设计时，供应商的设计团队提议在主界面上使用“动态菜单”功能。使用这种菜单的菜单选项会随用户使用软件的环境或选择对象的不同而变化。起初大家都觉得这是个很不错的主意，但是软件交付后，很多用户在刚使用时就抱怨他们之前能选择的菜单项不见了。当供应商告诉客户要花些时间学习软件如何运作时，他们很失望，在学完之前，客户已经对软件失去了耐心。在程序中过多地使用隐藏功能只能使用户对软件的使用更迷惑。好的处理办法是使用对象的“禁用”（Disable）功能，在用户不具备使用权限时，对象将变灰且不接受用户的输入，这样可以保证对象始终可见。

保证 VI 运行时窗口的初始位置极为重要。例如在调试时，基于某种显示分辨率，窗口可以正常显示，但是，当最终用户调整分辨率时，测试时正确显示的窗口可能已经不在显示器范围内了。可以通过以下方法来解决这个问题。

（1）对于工业化的 VI 来说，通常会将 VI 初始窗口最大化，并禁用窗口缩放或关闭功能。这样可以避免用户空闲时在计算机上进行其他不相关的操作（有时候甚至会禁用操作系统的开始菜单）。

（2）设计时就考虑运行 VI 的目标计算机配置，并设置开发 VI 的计算机的分辨率与目标计算机的分辨率相同。

（3）使用代码确保相同分辨率。在程序开始运行时，使用代码更改目标计算机的分辨率与开发代码的计算机的分辨率一致，程序退出前，恢复目标计算机的原有分辨率设置。

值得一提的是，在应用程序中隐藏 LabVIEW 的菜单栏和工具栏是较为流行的做法，留着它们只能使用户迷惑。如果真的需要使用菜单，可以为应用程序定制属于自己的菜单栏。

与可见性相同，用户界面的健壮性也是前面板设计时需要考虑的重要因素。表 2-8 列出了一些前面板健壮性设计的原则。

表 2-8　前面板设计的健壮性原则

分类	设 计 原 则	工具 / 技巧
健壮性	减少输入错误或误操作	• 规定控件数据范围； • 采用下拉环或者枚举框减少错误输入； • 使用禁用（Disable）功能

保证应用程序的健壮性是设计人员的责任。设计人员必须千方百计减少用户的错误输入或误操作的可能性。有很多方法可以提高软件的健壮性，例如规定控件的输入范围、用下拉环或者枚举框代替一般的数值输入或使用组件的“禁用”功能，等等。

以上对 VI 前面板的设计原则进行了分类讨论。关于界面的设计方法不仅限于以上内容，读者可以这些内容为基础在实践中逐步进行汇总和扩充，表 2-9 是这些原则的汇总。

表 2-9　前面板设计的原则和技巧

分类	设 计 原 则	工具 / 技巧
总原则	功能为主，表示为辅	实现用户要求的功能是任何界面设计的基础
	区分使用场合和目标客户	• 桌面应用使用标准对话框和系统控件； • 工业应用使用自定义对话框和流行（3D）控件
	只传递用户需要的信息	• 程序的问题程序内部解决； • 使用下拉环或枚举框将数据与文本图片等信息进行映射，替换难理解的数字
	限定单个页面信息的数量，必要时提供总览或导航页	• 使用 Tab 对页面进行分页； • 使用动态 VI 加载
一致性	整个应用程序保持一致风格	• 使用相同风格的控件； • 使用类型字体； • 使用相同配色方案
	功能相近的控件的大小、颜色尽量一致	• 使用尺寸调整工具（Resize Objects）； • 使用颜色设置工具（Set Color）
	沿用通用惯例或行业规范	沿袭红、绿、蓝通常代表的意义

续表

分类	设计原则	工具 / 技巧
布局	对称排列控件，并留有足够、等距间隔	● 使用对齐工具（Align Objects）； ● 使用分布工具（Distribute Objects）
	将功能或逻辑相关的控件进行分组	● 使用框架（Frame）； ● 使用簇
	按照常用度（频度）或自然顺序摆放控件或控件分组	● 按照使用频率、重要性摆放控件； ● 按照使用习惯、自然顺序摆放控件； ● 子 VI 控件摆放与 I/O 端子定义一致
	使用辅助控件修饰、美化界面	● 使用公司 Logo； ● 用背景图片作装饰
文本	使用准确、精简、友好的文本	● 使用用户的语言； ● 使用代表性的词语； ● 使用提示（Tips）； ● 将详细说明汇总到帮助文件； ● 子 VI 标签末尾显示默认值
	采用规范的字号大小、颜色和大小写格式	● 使用字体设置（Text Setting）工具； ● 为工业应用大字体、背景和字体色彩高对比度
色彩	使用简单、统一的配色方案	● 整个应用采用同一种配色方案； ● 同一套配色方案使用不超过 3 ～ 4 种互补色彩； ● 为工业 VI 选用高对比度的背景色和前景色配色方案； ● 子 VI 面板背景色彩统一并与主 VI 区别开
可见性	保证显示给用户的信息可见	避免对象重叠
	慎重使用隐藏功能	尽量避免使用动态菜单
	合适的窗口初始位置和状态	为工业应用最大化界面
	隐藏 LabVIEW 的工具条和菜单	如有必要，为应用单独定制菜单
健壮性	减少输入错误或误操作	● 规定控件数据范围； ● 采用下拉环或者枚举框减少错误输入； ● 使用禁用（Disable）功能

2.6 对前面板进行装饰

如果把界面设计比作盖房子，那么前面几节讲解的界面设计原则就如同是盖房子的主体结构的必需工具。完成“主体结构”后，还需要对房子进行装修，才能更舒适、漂亮。LabVIEW 提供了一些基本的用户界面装饰控件，如线条、边框、箭头等（图 2-10）。

设计人员可以使用这些控件对用户界面进行装饰，使用户界面更直观易懂。例如，可以使用箭头连接按顺序操作的各步骤，引导用户完成整个测试流程。除了基本的修饰控件外，还可以使用图片对用户界面进行装饰。值得注意的是，此处所说的“装饰”，并不仅局限于使用 LabVIEW 提供的装饰控件对界面的局部进行修饰，也可以使用 Photoshop、Paint.NET、PowerPoint 和 Visio 等软件，将外部图片或矢量图导入前面板中，来完成各种信息的组织和前面板装饰，以创建专业、个性的用户界面。

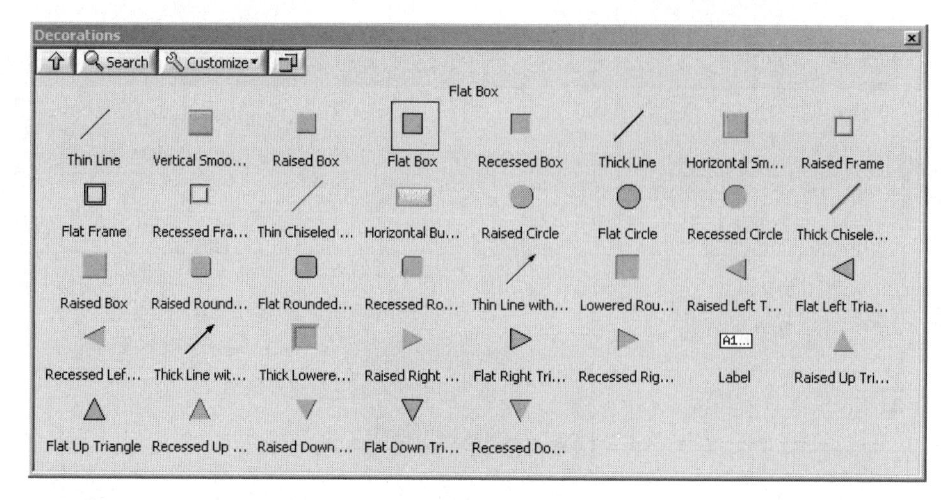

图 2-10　LabVIEW 提供的基本装饰控件

以 LabVIEW 的开始对话框为例（图 2-11），可以按照以下步骤创建其前面板：

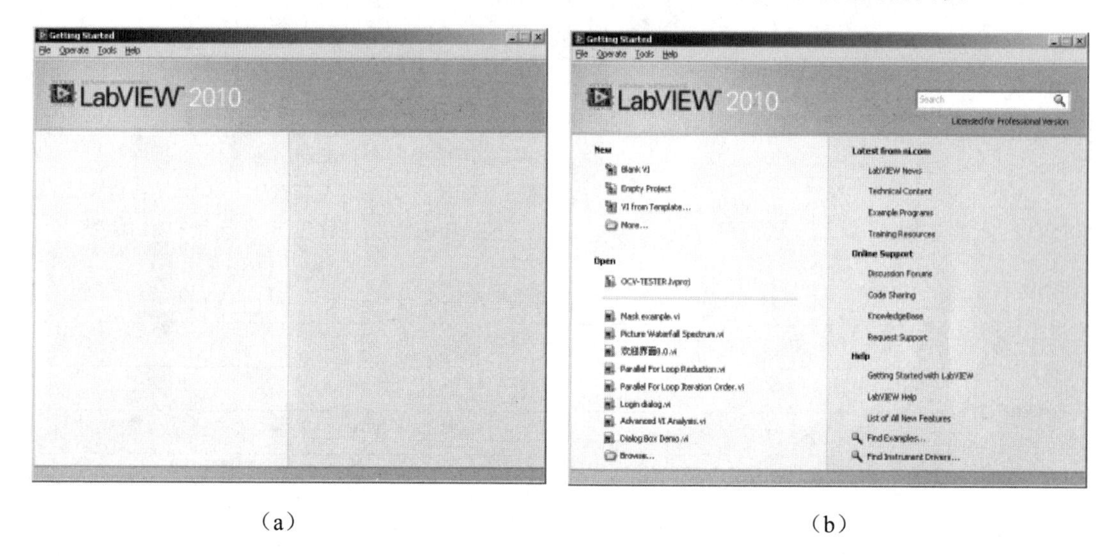

（a）　　　　　　　　（b）

图 2-11　使用图片装饰用户界面

（1）使用界面绘图工具（Photoshop、 Visio、PowerPoint 等软件）绘制用户界面背景。

（2）将绘制好的图片复制、粘贴到 VI前面板中，如图 2-11（a）所示。

（3）选择各种控件。必要时使用工具栏上的“纵向排序”（Reorder）工具（图 2-12）对控件和图片的层叠顺序进行排列，确保各控件位于背景图片之上。

（4）将控件设置为透明，使控件和背景图片融为一体，如图 2-11（b）所示。创建此类界面时，一般选用传统风格的控件，因为传统风格的控件可以完全被设置为透明。这一点经常被作为构建独特风格界面的有效手段，例如可以将图片作为背景，将传统风格的控件设置为透明，放置在图片之上，则用户看到的是背景图片，实际上操作的却是控件。

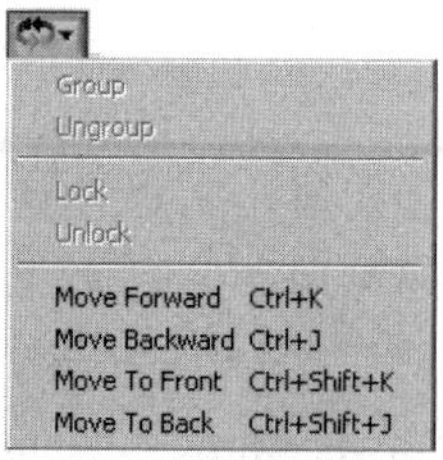

大多数个性化、专业的 VI 前面板都可以使用这种方法创建。甚至可以结合这种方法创建类似图 2-13 所示的 iPhone 界面风格的 VI（本书第 2 章的源码）。

图 2-12　控件纵向排序工具

图 2-13 使用 LabVIEW 创建的 iPhone 风格的 VI

2.7 本章小结

创建用户界面是虚拟仪器项目设计的第一步。一般来说，可以通过以下步骤搭建用户界面：

（1）根据信息的收集和呈现方式，决定是使用对话框、分页、分栏还是使用子窗口形式的应用程序界面整体框架。必要时使用背景图片对主界面整体进行装饰。

（2）根据数据类型和外观选择需要的控件。

（3）根据逻辑调整控件在前面板上的布局。

（4）对控件的文本、色彩按照一致性等原则进行调整。

（5）对界面局部进行装饰，使信息的呈现一目了然。

用户界面设计没有统一标准，对界面的任何优化都应以提高交互效率、实现用户任务为目的。设计时可以围绕这个核心，充分发挥想象，创建美观、专业的界面。

第 3 章　基本数据类型和操作

完成 VI 前面板的设计后，就应着手程序功能的实现。与其他开发工具形式不同，LabVIEW 中通过在后面板中组织各种图形化设计语言的语句来实现 VI 功能。但是，从本质上看，使用图形化设计语言与使用传统的文本设计语言类似，设计人员使用各种程序结构（如分支、循环等），控制一系列与各种数据结构对应的操作按照特定顺序执行，以实现用户的需求。

LabVIEW 数据类型包括基本数据类型（如数值、字符、字符串和枚举等）和构造类型（如数组、簇和类等），设计人员通过组合这些数据类型构建程序的数据结构。无论何种数据结构，当在 VI 中构建成功后，就确定了其在计算机内部的存储容量和可在数据上进行的操作。与数据结构相关的数据操作可归纳为通用操作和专用操作。通用操作涉及数据初始化、读写、类型转换等，而专用数据操作则与每种数据结构相关。如数值的加、减、乘、除，字符串的查找和替换操作等。数据结构既可以被实例化为常量，又可被实例化为变量，从常量和变量的作用域来看，又可分为全局量和局部量。不同的数据结构实体在程序中充当不同的角色。

数据类型和算法是实现程序功能的核心。把实际问题抽象为合适的数据类型，是程序设计工作的必要步骤。本章主要讲解 LabVIEW 支持的数据类型。

3.1　基本数据类型

LabVIEW 支持多种基本的数据类型和灵活的用户自定义类型。表 3-1 列出了 LabVIEW 支持的各种数据类型，同时列出了不同数据类型的输入控件或显示控件在 VI 后面板上的图标及系统指定的默认值。

表 3-1　LabVIEW 支持的各种数据类型

输入	显示	数据类型	说明	默认值
SGL	SGL	单精度浮点型（Single-precision，floating-point）	（1）节省内存。（2）注意溢出问题	0.0
DBL	DBL	双精度浮点型（Double-precision，floating-point）	数值控件的默认类型	0.0
EXT	EXT	扩展精度浮点型（Extended-precision，floating-point）	不同平台表现不同，仅在必要时使用	0.0
CSG	CSG	单精度浮点复数型（Complex single-precision，floating-point）	实部与虚部与单精度浮点数相同	0.0 + 0.0i
CDB	CDB	双精度浮点复数型（Complex double-precision，floating-point）	复数的实部和虚部与双精度浮点类型相同	0.0 + 0.0i
CXT	CXT	扩展精度浮点复数型（Complex extended-precision，floating-point）	复数的实部和虚部与扩展精度浮点类型相同	0.0 + 0.0i

续表

输入	显示	数据类型	说　明	默认值
FXP	FXP	定点类型 （Fixed-point）	（1）存储用户自定义范围内的数据。 （2）在用户不需要浮点类型数据功能或目标环境不支持浮点数的情况（如FPGA）下使用	0.0
I8	I8	8 位带符号整型 （Byte signed integer）	8 位整型数	0
I16	I16	16 位带符号整型 Word signed integer	16 位整型数	0
I32	I32	32 位带符号整型 （Long signed integer）	32 位整型数	0
I64	I64	64 位带符号整型 （Quad signed integer）	64 位整型数	0
U8	U8	8 位无符号整型 （Byte unsigned integer）	8 位无符号整型	0
U16	U16	16 位无符号整型 （Word unsigned integer）	16 位无符号整型	0
U32	U32	32 位无符号整型 （Long unsigned integer）	32 位无符号整型	0
U64	U64	64 位无符号整型 （Quad unsigned integer）	64 位无符号整型	0
		128 位时间戳 （128-bit time stamp）	存储高精度的绝对时间值	12:00:00.000 AM 1/1/1904
		枚举型 （Enumerated type）	枚举列表框	—
TF	TF	布尔型 （Boolean）	存储布尔值（TRUE/FALSE）	FALSE
abc	abc	字符串 （String）	提供平台无关的字符串	空字符串
		数组 （Array）	（1）包含一组相同类型的数据。 （2）使用所含元素数据类型。 （3）当维数增加时，边框变粗	—
CDB	CDB	复数矩阵 （Matrix of complex data）	连线类型与包含同类型数据的数组不同	—
DBL	DBL	实数矩阵 （Matrix of real data）	连线类型与包含同类型数据的数组不同	—
OBJ	OBJ	簇 （Cluster）	（1）创建混合多种类型的一组数据。 （2）当所有元素为数值时显示为棕色。 （3）当所含元素类型不同时显示为粉红色。 （4）当表示错误代码时显示为暗黄色。 （5）当代表类对象时显示为暗红色	—

续表

输入	显示	数据类型	说明	默认值
		波形（Waveform）	包含波形数据、起始时间和波形数据采集间隔 Δ*t*	—
		数字波形（Digital waveform）	包含数字波形起始时间、Δ*x*、离散值和数字波形的任何属性	—
0101	0101	离散值（Digital）	数字信号的数值	—
		参考（Reference number）	对象的唯一标识	—
		路径（Path）	创建用于路径选择的输入控件和路径输出显示控件	空路径
		动态量（Dynamic）	（Express VIs）包含信号数据及信号属性，例如信号名称或采集的时间及采集的数据等	—
		变量（Variant）	包含输入控件或显示控件的名称、类型信息和数值	—
I/O	I/O	（I/O 名）（I/O name）	用于与 DAQ、VISA、IVI 等仪器进行通信的逻辑名称	—
		图片（Picture）	包含绘图命令（画线、圆等）的绘图控件	—

LabVIEW 支持非常丰富的数据类型，为了便于理解，我们可对这些数据类型进行分类。通常将布尔、整型、浮点型及时间等与数值相关的数据统称为数值类型，将簇和类称为自定义类型，而将自定义类型以外的类型统称为基本类型。数值类型提供了多种可供选择的数据范围，以便设计人员在不同计算精度、范围和存储空间方面权衡选择，表 3-2 列出了 LabVIEW 支持的各种数值类型。

表 3-2 LabVIEW 支持的各种数值类型

输入	显示	数据类型	二进制位数和存储形式		表示范围
TF	TF	布尔（Boolean）	8		真（TRUE，非 0）或假（FALSE，0）
I8	I8	8 位带符号整型（Byte signed integer）			–128 ～ 127
U8	U8	8 位无符号整型（Byte unsigned integer）			0 ～ 255
I16	I16	16 位带符号整型 Word signed integer	16		–32 768 ～ 32 767
U16	U16	16 位无符号整型（Word unsigned integer）			0 ～ 65 535

续表

输入	显示	数据类型	二进制位数和存储形式		表示范围
I32	I32	32 位带符号整型（Long signed integer）	32	(32 位存储示意)	–2 147 483 648 ～ 2 147 483 647
U32	U32	32 位无符号整型（Long unsigned integer）			0 ～ 4 294 967 295
I64	I64	64 位带符号整型（Quad signed integer）	64	(64 位存储示意)	–1e19 ～ 1e19
U64	U64	64 位无符号整型（Quad unsigned integer）			0 ～ 2e19
SGL	SGL	单精度浮点型（Single-precision，floating-point）	32	 31 23 0 s | 7 exp 0 | 22 mantissa 0	–1.40e–45 ～ 1.40e–45 或 –3.40e+38 ～ 3.40e+38
CSG	CSG	单精度浮点复数型（Complex single-precision，floating-point）	64		复数实部和虚部与单精度浮点类型相同
DBL	DBL	双精度浮点型（Double-precision，floating-point）	64	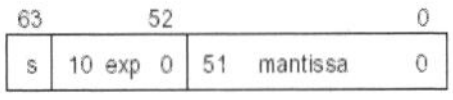 63 52 0 s | 10 exp 0 | 51 mantissa 0	–4.94e–324 ～ 4.94e–324 或 –1.79e+308 ～ 1.79e+308
CDB	CDB	双精度浮点复数型（Complex double-precision，floating-point）	128		复数的实部和虚部与双精度浮点类型相同
EXT	EXT	扩展精度浮点型（Extended-precision，floating-point）	128	Windows/Linux（10 字节）： 79 64 0 s | 15 exp 0 | 63 mantissa 0	–6.48e–4966 ～ 6.48e–4966 或 –1.19e+4932 ～ 1.19e+4932
CXT	CXT	扩展精度浮点复数型（Complex extended-precision，floating-point）	256	Power Mac（两个双精度组合） 63 52 0 s | 10 exp 0 | 51 mantissa 0 (head)；63 52 0 s | 10 exp 0 | 51 mantissa 0 (tail) Sun Solaris（16 字节）： 127 112 0 s | 14 exp 0 | 111 mantissa 0	复数的实部和虚部与扩展精度浮点类型相同
FXP	FXP	定点类型（Fixed-point）	64/72	若含溢出状态，则为 72 位	根据用户配置而定
(时间戳)	(时间戳)	128 位时间戳（128-bit time stamp）	128	(128 位存储示意)	最小时间：01/01/1600 00:00:00 UTC 格式最大时间：01/01/3001 00:00:00 UTC

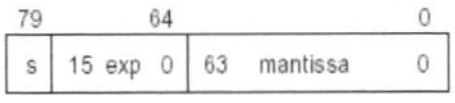

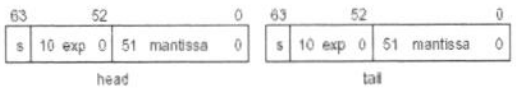

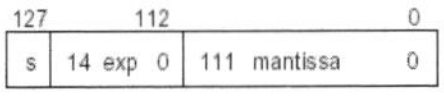

每个整型量（Integer）有带符号（Signed）和无符号（Unsigned）两种形式，每种形式有8位、16位、32位、64位4种大小，这些整数可以在输入控件或显示控件中以二进制、八进制、十六进制或十进制显示（在输入控件或显示控件的右键菜单中选择显示模式）。默认情况下，整型数值控件的类型为32位有符号类型。

从在计算机内部的存储形式来看，LabVIEW用8位整型量表示布尔（Bool）类型，但是与整型量不同的是，它只有TRUE（非0值）和FALSE（0值）两种取值，代表逻辑上的真和假。

枚举类型（Enum）是基本数据类型的一种。在“枚举”类型的控件中，设计者可将所有可能的选项与整型数对应，一旦为枚举类型控件添加了所有选项，则该控件的类型可以被当作一个整数类型（其实是整数类型的子集）的控件来操作。值得一提的是，文本环、下拉菜单和图片列表框控件从功能上来看与枚举框类似，也可以将各种选项映射到数值，但是使用枚举框时，数值由系统自动指定，而文本环、下拉菜单和图片列表框控件中选项对应的数值可由用户指定，如图3-1所示。

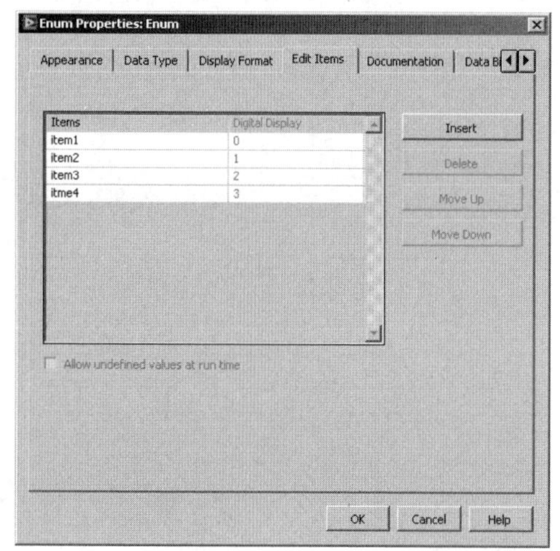

图3-1 枚举框选项对应的数值由系统自动指定

浮点数（Floating Point）有单精度（Single）、双精度（Double）和扩展精度（Extended）三种以及十进制小数形式和指数形式两种表示方式。十进制数形式表示如0.25、0.735等；指数形式一般为：a E n（a为十进制数，n为十进制整数，E为阶码），其值为$a\times10^n$，例如，2.1E5（等于2.1×10^5）。默认情况下，浮点数值控件的类型为双精度类型。

字符串（String）是一组顺序排列的可见或不可见的ASCII字符集合，用于在程序中处理文本信息，是程序中较为常用的信息传递、存储方式。

数组（Array）是同类型元素的集合，可以是一维或者多维，每维最多可有$2^{31}-1$个元素。可以通过数组索引访问其中的每个元素，索引的范围是0～n–1，其中n是数组中元素的个数。第一个元素的索引号为0，第二个为1，以此类推。数组的元素可以是基本数据类型，如数值、字符串、枚举等，也可以是簇、类对象等复杂的数据类型，但数组中所有元素的数据类型必须一致，并且不能是数组类型本身。

簇（Cluster）是另一种数据类型，类似于C/C++语言中的stuct，它的元素可以是不同类型的数据。使用簇可以把分布在流程图中各位置的数据元素组合起来，这样可以减少连线的拥挤程度，减少子VI的连接端子的数量。波形（Waveform）可以理解为一种簇的变形，它不能算是一种有普遍意义的数据类型，但非常实用。

引用（Refnum）和I/O名（I/O Name）是开放硬件资源的参考，如一个文件、仪器或设备、网络连接、图像，LabVIEW程序、VI或者控件。它们的功能类似于指向数据结构的指针，用于描述资源。虽然这两个参考类似，但控件却大不相同。具体来说，I/O名直观地显示一个值而引用则不显示。VISA、IVI和DAQmx Name控件提供它们所引用的硬件的信息。

除了以上类型外，LabVIEW还支持扩展的浮点数类型、复数类型和时间戳等扩展类型，这些数据类型极大地方便了程序的数据处理。

在实际中，同一控件可能对应多种不同的数据类型，设计人员根据操作的直观性和存储的高效性选择控件类型和数据类型。图3-2给出了LabVIEW控件与数据类型的对应关系。控件类型位于顶部水平一栏，按照操作和数据简易的顺序从左到右排列，数据类型位于左边竖直一列，按照存储效率的顺序从上到下排列。表中的单元格表示每个控件类型与数据类型的兼容性。用此表按操作的简化和存储效率原则优化选择控件和数据类型。根据所需的数据类型选择合适的、能表示该数据的控件类型。从顶部左边开始，依次估计每个控件类型。如果数据元素是两个对立状态，则选择布尔控件。如果需要提供一列数字选择项，首先考虑配有数值的文本下拉列表或枚举框。优先选择满足操作要求的控件，然后从上往下探寻与其兼容的数据类型，直到找到能满足理想功能的数据类型。结果是控件和数据类型组合后均能提供最简便的操作和最大存储效率。这里先提供一个概览，读者可在实际使用中，以此表格为基础，参阅 LabVIEW 的详细帮助，熟悉表中所列的控件属性、数据类型和操作方法，逐步提高开发技能。

LabVIEW 控件和数据类型兼容表	控件	布尔	下拉环	下拉枚举框	表单	数字框	列表框	组合框	文本框	树形列表框	数组	矩阵	表格	簇	变量	ActiveX容器	.Net容器
数据类型																	
布尔	TF	●									●			●	●		
8位无符号整型	U8		●	●		●					●			●	●		
8位有符号整型	I8		●			●					●			●	●		
枚举				●	●						●			●	●		
16位无符号整型	U16		●	●		●					●			●	●		
16位有符号整型	I16		●			●					●			●	●		
32位无符号整型	U32		●	●	●	●					●			●	●		
32位有符号整型	I32		●			●	●				●			●	●		
单精度浮点型	SGL		●			●					●			●	●		
参考											●			●	●	●	●
I/O名	I/O										●			●	●		
64位无符号整型	U64		●	●		●					●			●	●		
64位有符号整型	I64		●			●					●			●	●		
双精度浮点型	DBL		●			●					●	●		●	●		
扩展精度浮点型	EXT		●			●					●			●	●		
复数单精度浮点型	CSG					●					●			●	●		
复数双精度浮点型	CDB					●					●	●		●	●		
复数扩展类型浮点型	CXT					●					●			●	●		
64位时间戳											●			●	●		
实数矩阵	[DBL]													●	●		
复数矩阵	[CDB]													●	●		
字符串	abc							●	●	●	●		●	●	●		
路径											●			●	●		
图片											●			●	●		
离散数字量	0101										●			●	●		
数字信号波形											●			●	●		
波形											●			●	●		
动态量											●			●	●		
变量															●		

图 3-2 LabVIEW 控件和数据类型兼容图

3.2　常规数据操作方法

虽然一种数据类型对应多种数据操作方法，但是被实例化的各种数据结构操作也有一些常规的操作方法。

当基本控件（或类对象）被拖放至前、后面板或设计人员在前面板完成了数组或簇的构建时，控件对应的数据结构就实现了实例化。实例化的数据结构按其取值是否可改变分为常量和变量两种。在程序执行过程中，其值不发生改变的量称为常量，其值可变的量称为变量。此外它们可与数据类型结合起来分类。例如，可分为整型常量、整型变量、浮点常量、浮点变量、字符常量、字符变量、枚举常量、枚举变量。在设计过程中，常量、变量以及它们的类型均可以通过控件的右键菜单项来选定或创建，参见图 3-3。

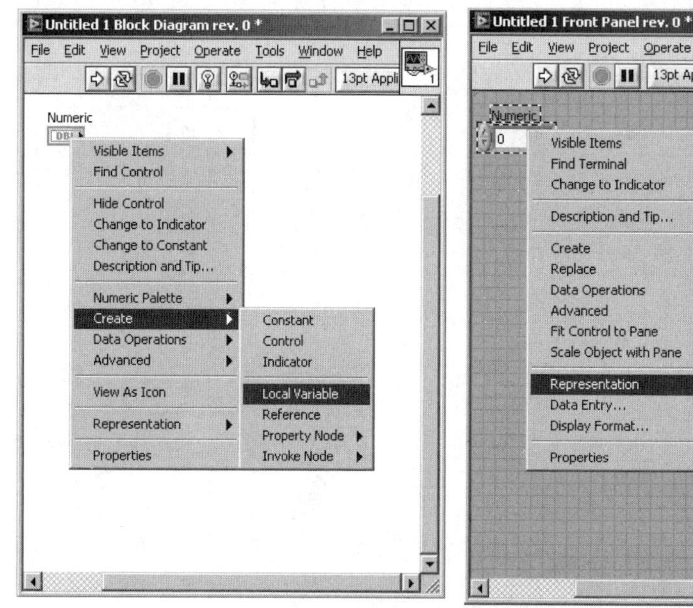

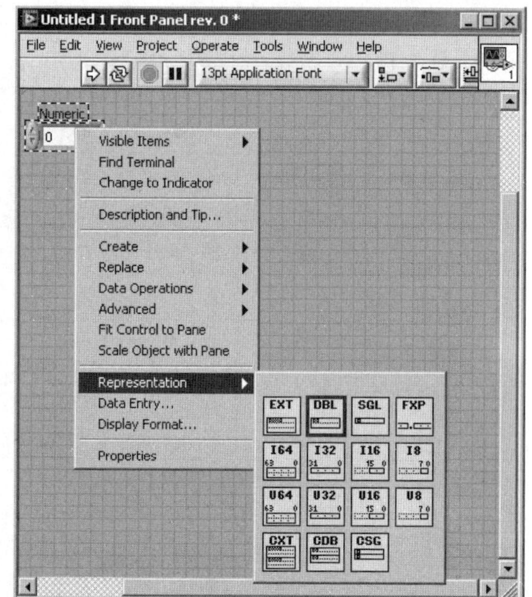

图 3-3　LabVIEW 中创建变量或常量，并指定类型

换个角度来看，由于常量在程序执行过程中值不发生改变，因此具有只读访问权限。输入控件仅用于传递用户输入的数据给应用程序（后面板），虽然程序运行过程中它的值可不断变化，但输入控件自身仅相当于一个具有只读权限的局部变量；同理，显示控件自身仅为一个具有写权限的局部变量。任何放置在前面板的控件或显示控件在后面板中仅对应一个端子，程序将通过控件在后面板上的端子与前面板进行数据交换。然而，往往需要在程序多处读和写某个输入控件或显示控件的值，后面板仅有的一个端子无法满足要求，这时候就可以使用控件对应的局部变量（Local Variable）或值属性节点（Value Property Nodes，创建方法与局部变量创建方法类似）。

如果从作用域来分，变量可分为全局变量（Global Variable）和局部变量（Local Variable）两类。全局变量在整个应用程序中都可访问，常用于在程序中的多个 VI 之间进行数据传递和访问。全局变量是 LabVIEW 内置对象，当从函数面板上选择创建全局变量时，后面板上将生成一个“全局变量节点”（Global Variable Node，），LabVIEW 同时自动创建一个仅有前面板的全局 VI，双击全局变量节点打开此 VI，随后就可以添加程序中需要的数据类型。一旦添加完成，就可以将全局变量节点与某一数据类型绑定，并可在不同 VI 中访问此全局变量，如图 3-4 所示。

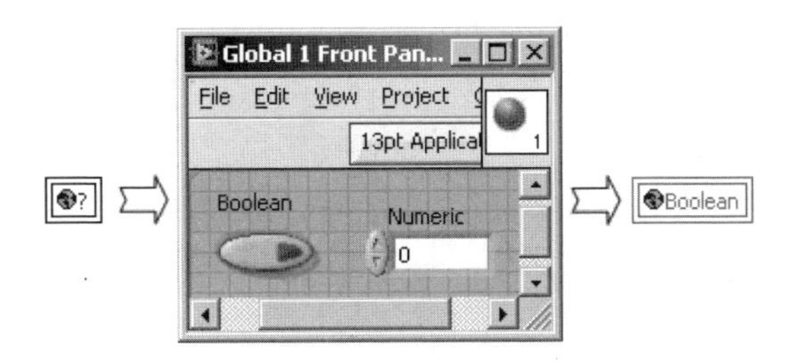

图 3-4 全局变量的创建

与全局变量不同，局部变量仅可在单个 VI 中访问。控件对应的局部变量始终与其自身的值保持同步，然而从读写权限来看却与控件稍有差别。输入控件自身在程序中为只读权限的局部变量，显示控件为只写权限的局部变量，但是无论对于输入控件还是显示控件，都可在程序中创建用于数据访问的“只读局部变量”和“只写局部变量”。如图 3-3 所示，这可以通过在控件右键菜单中选择“创建”（Create）→“局部变量”（Local Variable）选项来实现。默认情况下，创建的局部变量读写权限根据控件自身是输入控件还是显示控件而定，如果是输入控件，则为只读局部变量；若是显示控件，则为只写局部变量。如果想创建一个与输入控件或显示控件自身访问权限相反的局部变量，则需在创建具有默认读写权限的局部变量后，再通过选择所创建局部变量的右键菜单的“变更为只读”（Change To Read）或“变更为只写”（Change To Write）选项来进行转换。例如前面板上有一个名为 Control 的控件（其默认权限为只读），若想为其创建一个写权限的局部变量，则可以先通过选择其右键菜单中“创建”（Create）→“局部变量”（Local Variable）选项，生成一个具有只读权限的局部变量，随后再选择所创建变量的右键菜单中的“变更为只写”（Change To Write）选项，将其读写权限变为“只写”即可，如图 3-5 所示。

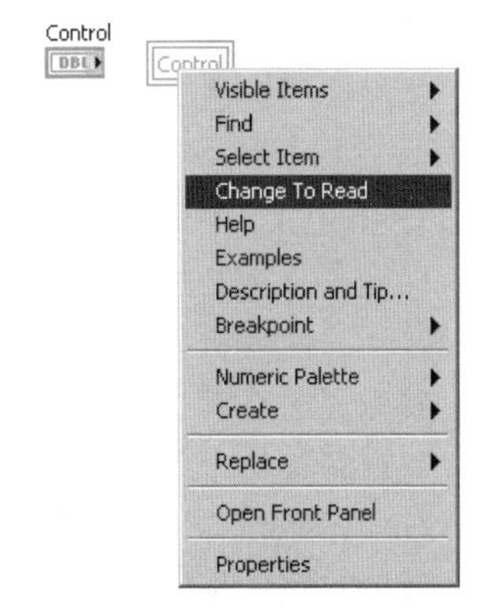

图 3-5 改变局部变量的读写权限

在读写权限这一点上，控件的“值属性节点”与控件对应的局部变量相同。可以在程序中创建对应于控件的“读属性节点”和“写属性节点”，并可通过属性节点的右键菜单中的“变更为只读”（Change To Read）或“变更为只写”（Change To Write）选项变更其读写属性。

LabVIEW 使用连线在对象之间进行数据传递。每个连线有单独的数据源（Data Source），但可以将数据源与多个读取数据的对象相连。根据所传递数据类型的不同，连线颜色、粗细也会不同。当出现错误时，连线会显示为断开，同时在连线中显示红色的交叉。在 LabVIEW 中使用连线时，一般会用到线段（Wire Segment）、拐点（Bend）和交叉点（Junction）的概念。线段是指一段纵向或横向的连线，拐点是两个线段的交汇点，而交叉点是指数据的分叉点，如图 3-6 所示。

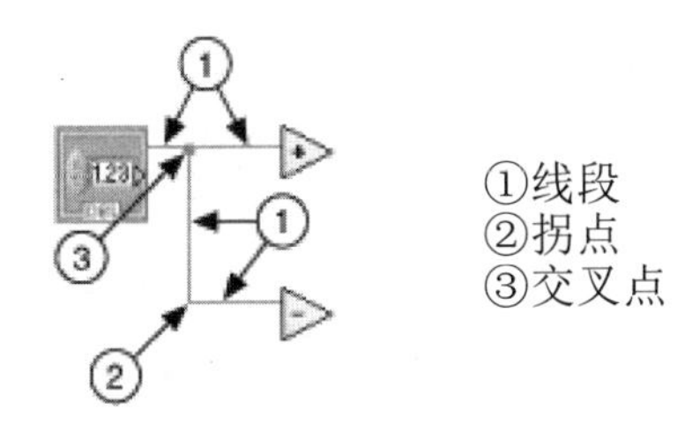

图 3-6 LabVIEW 中的连线

基于上述内容不难归纳出控件数据访问以及变量和属性节点赋值的方法。以图 3-7 为例，在前面板中有一个控件 Control 和一个显示控件 Indicator，那么可以通过直接将 Control 与 Indicator 相连、Control 只读局部变量与 Indicator 只写局部变量相连、Control 只读值属性与 Indicator 只写值属性相连以及直接将常量与 Indicator 相连来显示控件 Indicator 赋值。有时程序还需进行控件数据的访问，例如使用显示控件的值来改变控件的值，那么直接连线的方法就不能奏效，可以使用显示控件的只读局部变量与控件的只写局部变量相连、显示控件的只读值属性与控件的只写值属性相连来达到目的。

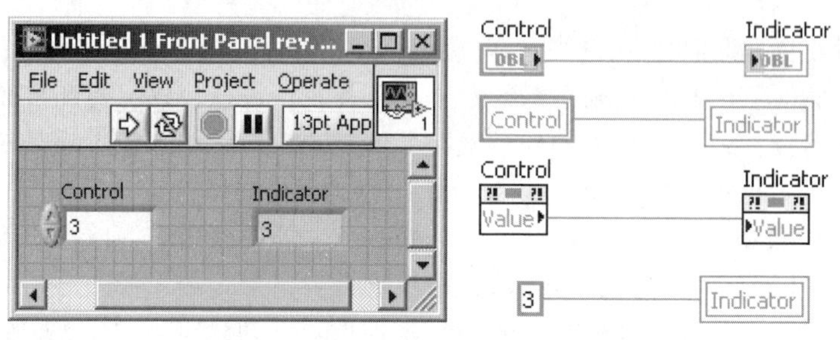

图 3-7　控件数据读写和变量赋值

虽然使用连线、全局变量、局部变量和属性节点都可以达到数据传递的目的，但是从使用效率上来看却大相径庭。LabVIEW 会为局部变量创建独立于控件的数据缓冲区，如果使用局部变量在程序中传递大量的数据，通常会消耗大量的内存。与局部变量类似，全局变量也会为存储在其中的数据创建单独的备份。当使用全局变量进行大数组或字符串操作时，对内存和时间的消耗极为可观，这是因为即使修改数组或字符串中任意一个元素或字符，程序都会重新保存，更新整个数组或全部字符串。此外，如果在多个 VI 中访问全局量，则会创建多个数据的备份，这会大大降低程序的效率。属性节点在操作上与变量类似，但是使用属性节点时，程序会迫使用户界面线程用前面板的数据更新内存缓冲。相比较而言，直接连线是最为有效的数据传递方式，因此在后面板中应尽量使用连线方式进行数据传递。此外，在程序运行时使用寄存器（Shift Register）也是比较好的数据传递方式，这部分内容将在后续章节介绍。

LabVIEW 会自动为拖放至前面板的输入控件或显示控件分配默认值（表 3-1），如果不在设计时或程序初始化过程中更改这些默认值，那么程序启动后控件的数值将使用默认值。很多情况下，需要为控件指定一个与系统默认值不同的初始值或默认值，例如一个代表电压的数值控件，其初始值可能不是 0.0V 而是 3.5V，可以通过以下办法实现：

（1）设计时在控件中输入希望的默认值，然后选择控件的右键菜单中的“数据操作”（Data Operations）→“设置为默认值”（Make Current Value Default）选项，参见图 3-8。

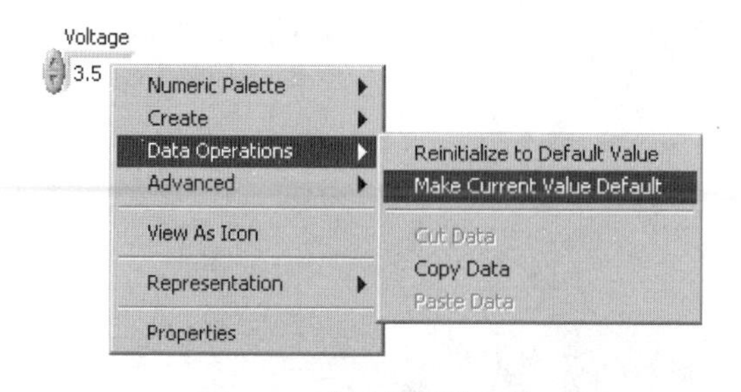

图 3-8　设置控件默认值

（2）在程序运行之初，通过常量为控件赋值，例如

（3）使用变量的赋值方法使控件的初始值与其他控件相同。

在程序中为控件明确指定初始值是一个非常好的习惯。很多程序运行时的问题，都与程序未正确初始化有关，而且因此带来的问题往往比较隐晦，很难排除。不仅是初始化，在程序设计的各部分坚持清晰明确的数据传递也是保证程序健壮性的重要手段。

在 LabVIEW 中，不同类型的数据分别对应多种数据操作，例如整型数据可进行加、减、乘、除等多种操作。反过来看，某一操作也有可能适应多种数据类型，例如可以进行加法操作的不仅有整型数、浮点数，甚至数组和字符串也可以进行加法操作，这种可以接受不同输入数据类型的能力称为“多态”。在 LabVIEW 中函数和 VI 用于实现各种对数据的操作方法，能接受不同输入数据的函数和 VI 被称为多态函数或多态 VI。函数和 VI 的多态能力可强可弱。例如，有些函数或 VI 可能根本不具备多态能力，有些只有部分输入参数具有多态能力，有些则所有输入参数都具有；有些输入可以接受数值或布尔量，有些则接受数值、字符串、数组、簇甚至元素为数组的簇，等等。图 3-9 展示了加法操作和“逻辑与”操作的多态性。

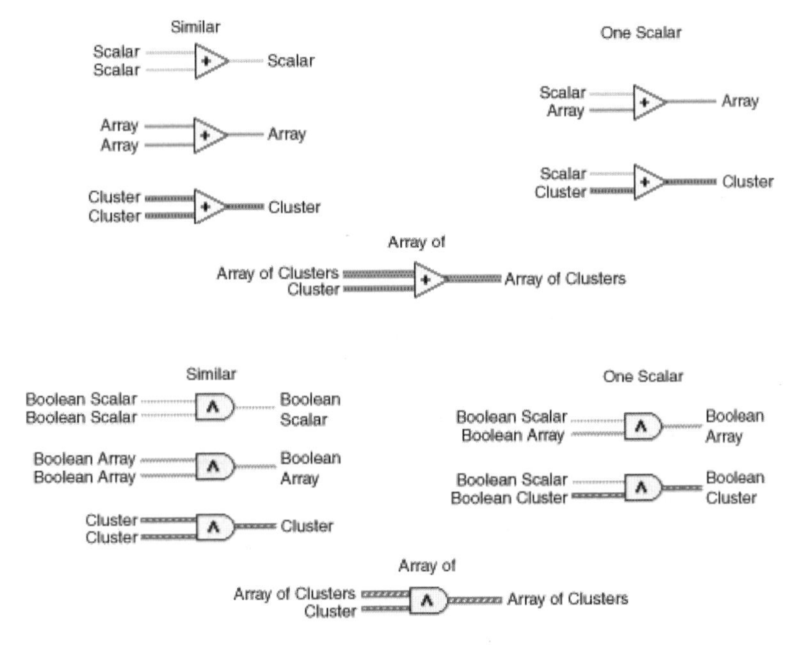

图 3-9 加法操作和“逻辑与”操作的多态性

虽然以上提到的变量创建、赋值、初始化操作和多态性均以数值控件为例进行讲解，然而这些操作几乎对所有类型的数据、函数和 VI 都适用。从这个角度来说，初学者不要仅仅将这些操作局限在基本数据类型上，要学会举一反三。例如，类对象实例可通过类似操作，赋值给其他类对象的变量，如图 3-10 所示。

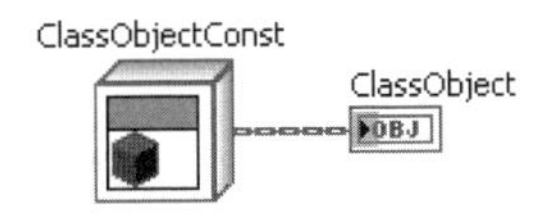

图 3-10 将类对象常量赋值给类对象变量

3.3 数值

数值类型（Numeric）是程序设计中最为常用的数据类型，LabVIEW 提供了多种针对数值类型的操作如图 3-11 所示，包括：

（1）算术运算：加、减、乘、除、绝对值、平方、平方根等。

（2）类型转换：各种类型数据之间的转换。

（3）数值处理：位操作、字节处理等。

（4）复数运算。

（5）一些常用的数据变换，如电压至摄氏度的变换等。

（6）一些常量，如 π、e 等。

由于基本的算数较为常用，且 LabVIEW 的图形函数非常直观易用，因此这里不做详细介绍，如果有问题，读者可参阅 labVIEW 的在线帮助。

设计人员在选择数值控件时，必须考虑程序处理所需数值的大小、范围、精度，并要兼顾数值在计算机内部的存储空间大小，选择效率最高的控件。一般来说，数据类型的一致性最重要。LabVIEW 为每种不同的数据表示方法分配独立的存储空间，使用不同的数据类型需要增加额外的编程、数据处理、缓冲和存储空间的占用。优化程序的性能和内存使用是程序设计人员自始至终的追求，一致的数据类型不但能减少编程工作量，还能确保程序的效率和可靠性。

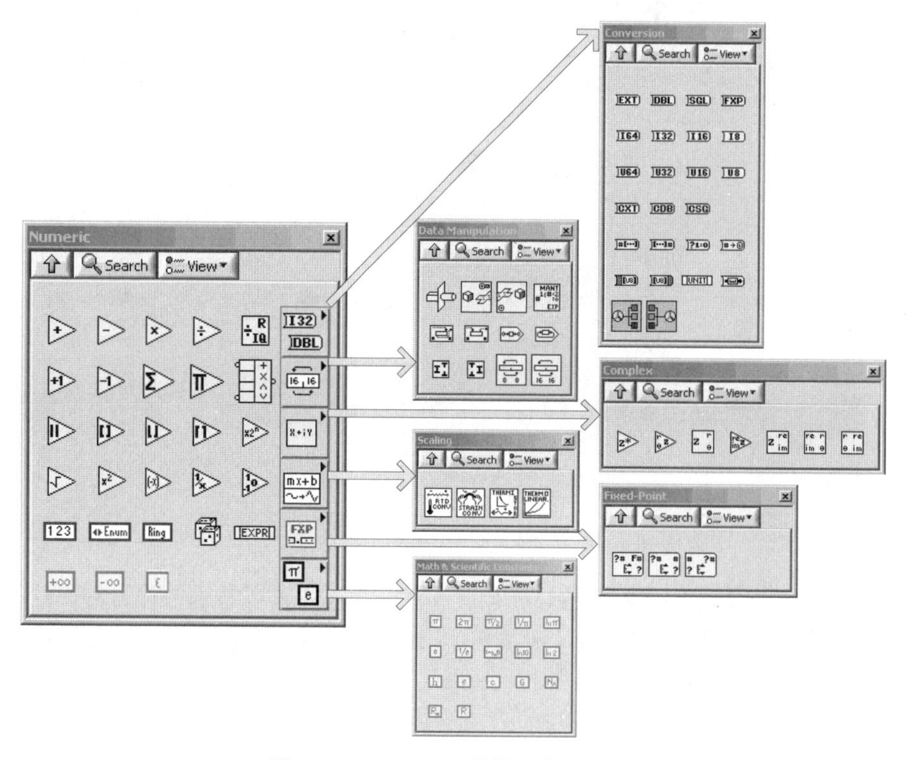

图 3-11　LabVIEW 数值操作函数集

如果需要在数据存储效率和内存消耗之间做出权衡，则一般选择通过数据结构的一致性来降低内存消耗。这是因为内存访问时间是普遍存在的等待时间，而作为珍贵资源的内存却禁不起折腾。例如为一个有 4096 个元素的 DBL 型数组分配内存和为一个同样大小的 I16 型数组分配内存的时间相当，但如果将一个 I16 型数组再转换成 DBL 型则需要消耗大量的内存缓冲。当然，在程序中数据存储的次数越多，对程序性能的负面影响越大。

下面来看一个实际例子。在串行通信中，通常需要将 8 位无符号数组元素两两组合为 16 位整型，然后参与后续计算，图 3-12 给出了一种处理方法。在该例子中，程序先获取类型为

8 位无符号整型（U8）数组的长度，除以 2 之后得出循环处理次数 N。随后使用 For 循环，将数组中的元素两两组合并转换为 16 位有符号整型（I16）数并组合成新数组（新数组长度减半），For 循环结束后将新数组中各元素均放大 1.5 倍输出。由于新数组为 I16 类型，而放大因子是双精度浮点型（DBL），因此数组必须在乘法计算前，被强制转换成双精度浮点类型，这使得原来长度为 2 字节的每个数组元素变为 8 字节，存储缓冲增加了 4 倍。

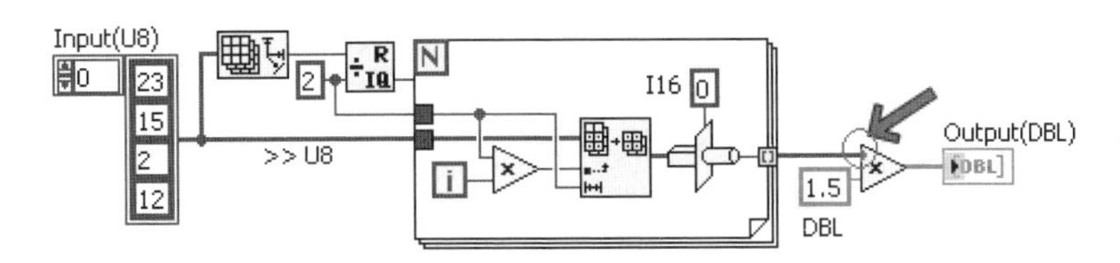

图 3-12　U8 数组元素两两组合为 I16 元素后参与计算的例子

如果全盘考虑，在 For 循环中直接将 U8 类型的 2 字节转换为双精度浮点型数组，则可避免后续因数组类型的强制转换而带来的大量内存消耗。当然，将 2 字节转换为浮点数所需的额外内存必不可少，但相对强制类型转换所需的大量缓冲不值一提。

不同的数据类型转换可归纳为“强制转换”（Coercion）和“显式转换”两类。当进行强制转换时，强制转换点（红色小圆点）会出现在输入参数节点上。一般将两种不同类型的数据连接在一起时会出现强制转换现象，LabVIEW 会对不同的参数进行转换以适合运算。例如图 3-13 中的乘法运算需要双精度浮点数输入，当输入 16 位无符号整型数据时，LabVIEW 必须对数据进行强制转换后才进行计算。强制类型转换往往意味着消耗较多存储空间和运行时间，这就要求在设计 VI 时尽可能保证传递的数据一致。显式转换通过 LabVIEW 数据类型转换函数实现，LabVIEW 提供丰富的数据类型转换函数供设计人员使用。

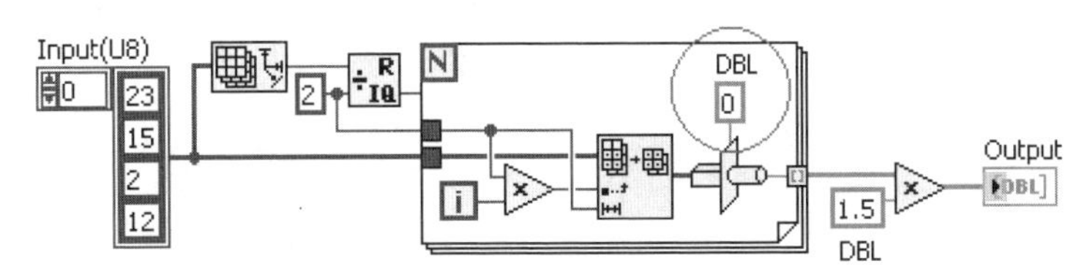

图 3-13　对图 3-12 的例子优化后的程序

无论是强制转换还是显式转换，LabVIEW 均遵循以下数据类型的转换规律。

1. 整型转为浮点数

通过“整型转为浮点数”（Integer to floating-point number），LabVIEW 将无符号或带符号整型数转换为最近似的浮点数。

2. 浮点数转换为整型

通过“浮点数转换为整型”（Floating-point number to Integer），LabVIEW 按照“四舍五入法”或“去尾法”的原则进行转换。例如对于连接至 For 循环次数的浮点数，如果其值为 4.5，则按照去尾法取值 4 而非 5；而运算时如果涉及浮点数转换为整型数，则按照“四舍五入”的原则。

3. 将枚举数当无符号整型看待

通过“将枚举数当无符号整型看待”（Enums as unsigned integers），LabVIEW 按照范围将枚举类型匹配至适当的整数类型。当要转换的数在所定义枚举类型的范围内时，采用四舍五入的原则，如果超出范围，则按就近原则取所定义枚举类型范围的上限或下限。例如枚举类型范围为 0 ～ 7，当需要将浮点数 5.2 转换为枚举数时，其值为 5；对 5.6 转换时，其值为 6；对 -2.8 转换时，其值为 0；对 10.8 转换时，其值为 7。

4. 整型数之间的转换

LabVIEW 可以实现“整型数之间的转换”（Integer to integer），如果转换源类型比目标类型范围小，则对有符号整型数来说，LabVIEW 会用符号位补充所有多余位，对无符号整型来说，将在多余位补 0；如果转换源类型比目标类型范围大，则仅取低位部分。表 3-3 以 -2 为例给出了在 U8/I8/U16/I16 之间相互转换的情况。

表 3-3 以 U8/I8/U16/I16 格式显示的 -2 值

源	目标			
	U8	I8	U16	I16
U8 = 254（0xFE）	254（0xFE）	-2（0xFE）	254（0x00FE）	254（0x00FE）
I8 =-2（0xFE）	254（0xFE）	-2（0xFE）	65 534(0xFFFE）	-2（0xFFFE）
U16 = 65 534（0xFFFE）	254（0xFE）	-2（0xFE）	65 534(0xFFFE）	-2（0xFFFE）
I16 =-2（0xFFFE）	254（0xFE）	-2（0xFE）	65 534(0xFFFE）	-2（0xFFFE）

5. 整型、浮点型或定点类型到定点类型之间的转换

在进行整型、浮点型或定点类型到定点类型之间的转换（Integer，floating-point，or fixed-point number to fixed-point number）时，对超出范围的数分别取上限或下限。

虽然设计人员可以在不同数值类型之间进行转换，但在设计时还是经常会用 I32 来代表整型数，用双精度浮点数代表浮点数。单精度浮点数基本上不会节省太多空间和处理时间，还经常会溢出，扩展的浮点数只在必要时才使用。当连接多个不同类型的数据到一个函数时，通常 LabVIEW 会先按照精度较高、范围较大的类型作为目标来转换所有数据类型后再做计算。

在 LabVIEW 的数值操作函数集中还包括一些底层的字节和位处理的一些函数，这些函数对设计与硬件相关的一些应用极其有用。例如在设计与单片机通信的程序或数据报文处理的程序时，使用它们非常灵活。

3.4 布尔

布尔（Boolean）型是最简单的控件类型，有两个可能值，真或假。虽然布尔数据本质上是以单字节整型存储，在存储大小方面没有最小的整型表示法效率高，然而布尔控件非常直观，包括按钮、开关、命令按钮、滑动开关、LED 和单选按钮等。它所定义的两个明确逻辑相反状态和日常生活中很多常见现象类似，因而在设计中广泛使用。

判断是否使用布尔型类型最重要的原则就是所表示的状态是否有明确定义的两种逻辑相反状态。如开和关，是和否，开始和停止等。当有多种而不是相反的选项时，可以使用文本下拉框或枚举框。

当需要用户输入来触发某种操作时，在前面板上使用命令按钮，如触发运行、取消、退出和关闭等操作。虽然 LED 和活动按钮也能实现触发操作的功能，但是实际中并没有人这么做，因为这与日常生活习惯相悖。一般在对某种参数进行配置时使用活动按钮，而需要显示某种状态时使用 LED。

LabVIEW 中对布尔类型数据的操作与各种逻辑操作相关，参见图 3-14。

（1）与（And）、或（Or）、非（Not）、异或（Exclusive Or）。

（2）与非（Not And）、或非（Not Or）、异或非（Not Exclusive Or）和隐含（implies，⇒）。

（3）逻辑混合运算（Compound Arithmetic）。

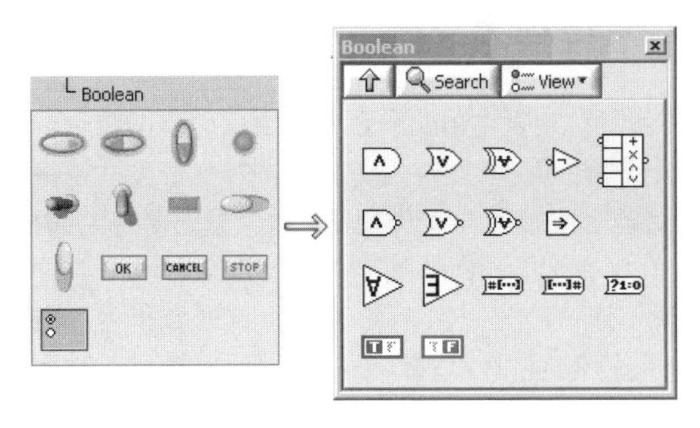

图 3-14 布尔类型控件及其操作

（4）布尔数组的与、或运算。

（5）布尔数组与数字之间的转换运算等。

根据函数的多态性，这里所说的布尔型数据不仅包括布尔控件在后面板的节点，还包括布尔变量、布尔常量、布尔数组等多种形式。例如隐含逻辑运算 Implies（当一个输入为真，另一个为假时，等于假，相当于公式“!X 或 Y”），既适用于布尔控件，也适用于布尔数组。图 3-15 中分别给出了“控件 X Implies Y”的数据操作和布尔数组控件与布尔数值常量进行 Implies 运算的示例。

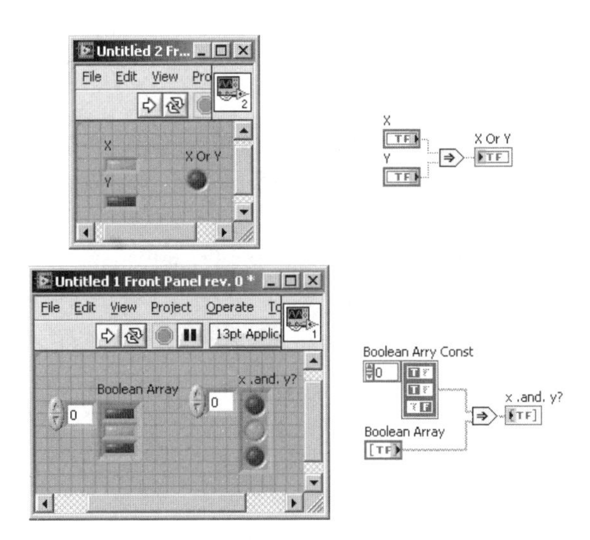

图 3-15 运算示例

对于布尔类型的数据操作来说，有时需要对多个布尔量进行逻辑运算，为了方便处理，可以使用“逻辑混合运算”来简化操作。“逻辑混合运算”可以同时接受多个布尔或数值（多态）输入，当需要添加输入量时，通过拖动图标的尺寸会自动增加，随后通过右键菜单中的“改变模式”（Change Mode）选项来选择操作方法（图 3-16）。

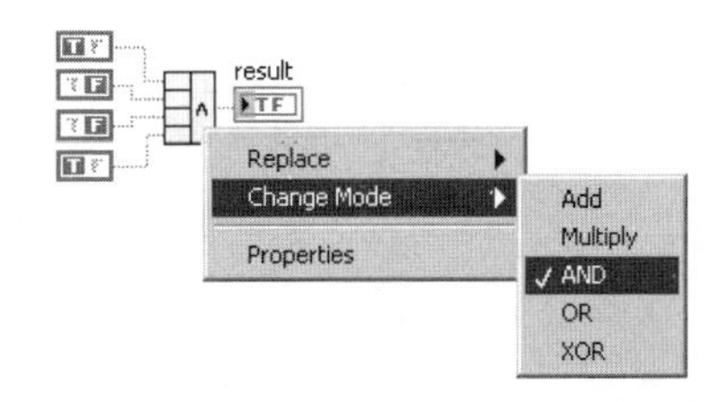

图 3-16 使用“逻辑混合运算”简化逻辑操作

3.5 枚举类型与下拉列表

枚举类型（Enum）和下拉列表（Ring）是基本数据类型的特例。在枚举类型的控件中，开发人员可将所有可能的选项与整型数据关联。一旦为枚举类型控件添加了所有选项，则该控件的类型可以被看作是一个整数类型（其实是整数类型的子集）的控件来操作。

下拉列表是可将数值与字符串或图片建立关联的数值对象。下拉列表控件以下拉菜单的形式出现，用户可在循环浏览的过程中进行选择。下拉列表和图片列表框控件从功能上来看与枚举框类似，也可以将各种选项映射到数值，但是使用枚举框时，数值由系统自动指定，而下拉列表和图片列表框控件中选项对应的数值可由用户指定。枚举类型控件与下拉列表控件的不同之处如下。

（1）枚举类型控件的数据类型包括控件中所有数值及其相关字符串的信息，下拉列表控件仅仅是数值型控件。

（2）枚举类型控件的数值表示法有 8 位、16 位和 32 位无符号整型，下拉列表控件可有其他表示法。

（3）用户不能在枚举类型控件中输入未定义数值，也不能给每个项分配特定数值。如需要使用上述功能，应使用下拉列表控件。

（4）只有在编辑状态才能编辑枚举型控件，可在运行时通过属性节点编辑下拉列表控件。

（5）将枚举类型控件连接至条件结构的选择器接线端时，LabVIEW 将控件中的字符串与分支条件作比较，而不是比较控件的数值。在条件结构中使用下拉列表控件时，LabVIEW 将控件项的数值与分支条件作比较。

（6）将枚举类型控件连接至条件结构的选择器接线端时，可右击结构并选择为每个值添加分支，为控件中的每项创建一个条件分支。如连接一个下拉列表控件至条件结构的选择器接线端，必须手动输入各分支。

其中（5）、（6）为用户使用枚举控件保存各种命令提供了便捷。例如，可以将一些测试命令保存在枚举类型控件中，然后将其链接至分支结构，就可构成功能模块选择器，如图3-17所示。若再进一步将枚举类型通过类型定义将“严格类型定义”封装为组件，就能确保对枚举类型控件更新一次，可同步至所有程序。这种特性为用户开发大型程序的消息或命令选择工具提供了方便。

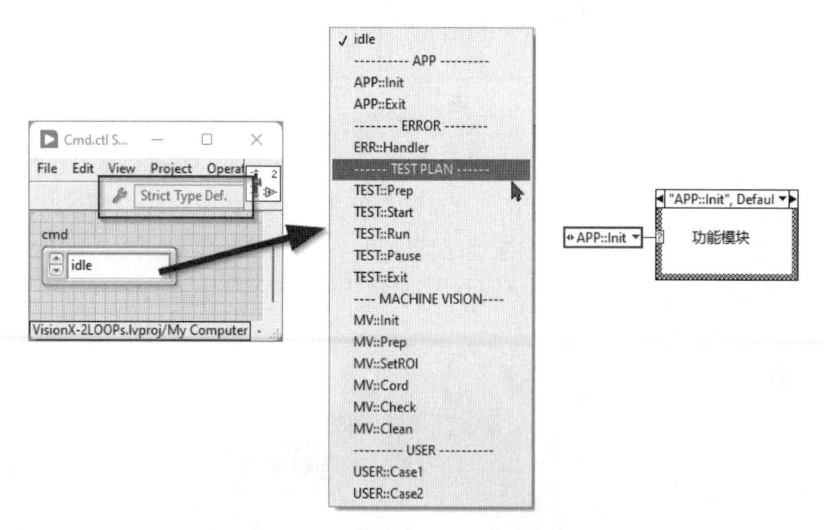

图 3-17 使用枚举类型实现模块选择器

此外，枚举类型控件还有以下几个特别之处。

（1）所有算术运算函数（除递增和递减函数外）都将枚举控件当作无符号整数。

（2）递增函数将最后一个枚举值变为第一个枚举值，递减函数将第一个枚举值变为最后一个枚举值。

（3）将有符号整型强制转换为枚举型时，负数将被转换为第一个枚举值。

（4）超出值域的正数值将被转换成最后一个枚举值，超出值域的无符号整数总是被转换成最后一个枚举值。

（5）如果将一个浮点值连接到一个枚举显示控件，LabVIEW 将把该浮点值强制转换为最接近的数值，在枚举显示控件中显示。LabVIEW 也以上述同样方法处理超出值域的值。

（6）如果将枚举类型控件与任何数值相连，LabVIEW 会将该枚举值强制转换为数值。

（7）如需将枚举输入控件与枚举显示控件连接，显示控件和输入控件中的项必须相互匹配。但是，显示控件的项可以多于输入控件的项。

这些特性使得枚举类型的数据在大型模块化的程序设计中扮演重要角色，后续章节将讲述这些功能在实际中的应用。

3.6 路径和字符串

路径（Path）和字符串（String）在本质上极为类似，路径可以理解为特殊形式的字符串。这使得设计人员在设计时可以根据情况将要处理的路径先转换为字符串，使用字符串处理函数进行处理，随后再将返回的字符串转换为路径即可。图 3-18 显示了 LabVIEW 中字符串和路径操作的函数集。

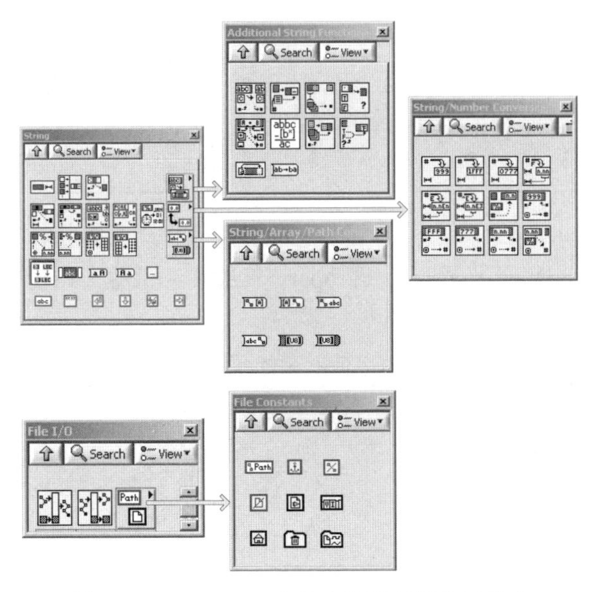

图 3-18 LabVIEW 字符串和路径操作函数集

路径控件用于输入或返回磁盘文件或文件夹的路径。从本质上看，路径控件是特殊形式的字符串，但是它根据程序所运行的平台和文件系统的描述形式，来格式化文件或文件夹的路径字符串。LabVIEW 中的路径有“相对路径”（Relative Path）和“绝对路径”（Absolute Path）之分。绝对路径描述文件或文件夹相对于文件系统根路径的位置，相对路径则描述文件或文件夹相对于文件系统中另一文件或文件夹的相对位置。通常在程序中使用相对路径避免程序在另一台计算机上运行时对路径的修改。例如，程序有一个配置文件 main.ini 存放在一个和主 VI 在同一目录下的 config 文件夹中，就可以用 LabVIEW 的“获取当前 VI 路径”函数配合“路径组合”（Build Path）函数在主 VI 中返回配置文件的路径（图 3-19），这种方法在设计中广为使用。

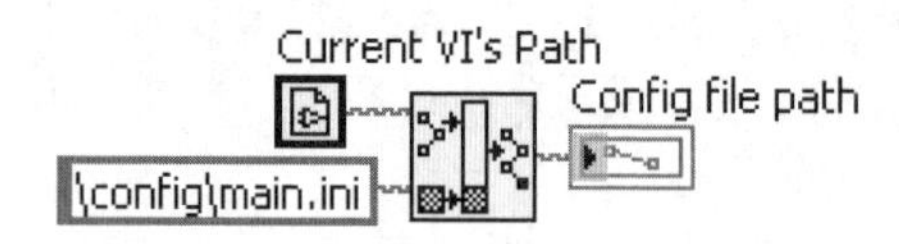

图 3-19 主 VI 中返回配置文件 main.ini 的路径

由于路径是特殊的字符串，因此也可以在将路径转换为字符串后，使用 LabVIEW 的字符串处理函数对其进行处理。LabVIEW 提供几乎可以处理任何问题的字符串函数，这些函数可汇总为表 3-4 中所列的几方面。

表 3-4 LabVIEW 中的字符串处理函数功能

分 类	基 本 内 容
显示（Display）	四种显示类型，见表 3-6
编辑（Editing）和解析（Parsing）	连接组合字符串； 提取子字符串； 变换字符串大小写格式； 旋转或反转字符串
搜索（Searching）和替换（Replacement）	查找或替换字符、数字、语句； 按照指定模式查找或替换字符串； 删除字符、数字、语句； 返回字符串中的一行
格式化（Formating）	字符串与数值之间转换； 字符串与路径之间的转换； 从字符串中扫描数值； 将数值格式化至字符串中

LabVIEW 中的字符串有四种显示方式，这些显示方式可以通过组件的右键菜单中的“显示类型”（Display Type）或“属性”（Property）选项来选择。LabVIEW 可选择的选项如表 3-5 所示。

表 3-5 字符串的显示类型

显示类型	描 述	示 例
正常显示	显示可打印字符； 不可见字符通常显示为方框	例如： There are four display types, \ is a backslash
“\+ 代码”形式	“\+ 代码”形式显示不可见字符	There\HTare\HTfour\HTdisplay\HTtypes.\n\\\HTis\HTa\HTbackslash.
密码形式	每个字符以 * 显示	**************************** ******************
十六进制显示	显示每个字符的 ASCII 码	5468 6572 6520 6172 6520 666F 7572 2064 6973 706C 6179 2074 7970 6573 2E0A 5C20 6973 2061 2062 6163 6B73 6C61 7368 2E

图 3-20 给出了字符串编辑解析的简单示例。在例子中首先使用字符串组合函数将三个字符串 String1、String2 和 String3 组合为字符串 String1String2String3。字符串组合函数可以将多个不同长度的字符串常量或变量连接在一起形成一个字符串。其次，使用获取字符串子集函数（String Subset）获得从第 3 个字符开始（注意第一个字符索引为 0），长度为 8 的子字符串 ring1Str。字符串子集函数获取从指定起始点开始指定长度的字符串。接着，使用“字符串替换”（Replace SubString）函数以 abc 替换从第 2 个字符开始的连续三个字符，得到 rabc1Str。字符串替换函数从指定起始点开始用指定长度的子字符串字符替换字符串中的字符，它不仅返回替换后的结果，还返回被替换的字符。最后，将替换函数返回的结果 rabc1Str 进行反转，得到 rtS1cbar，将被替换的字符 ing转换为全部大写 ING后进行一次旋转输出 NGI。字符串旋转函数会将字符串第一个字符移动到最后一个字符位置，同时将所有其他字符向前移动一位。

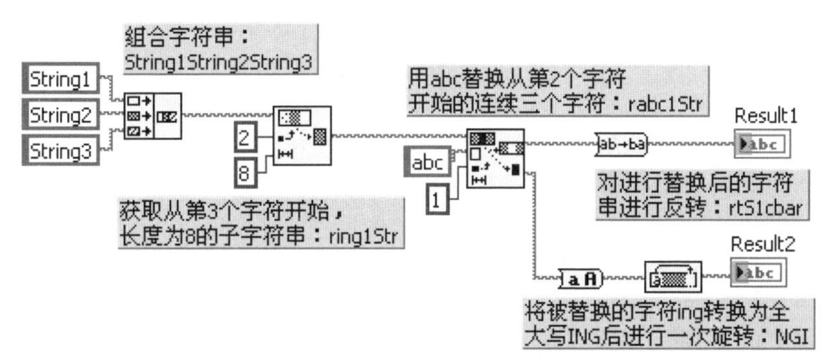

图 3-20　字符串的编辑示例

在上面例子中提到了字符串的替换。子字符串在源字符串中的位置可以通过起始位置和长度来定位，例如获取字符串子集函数和字符串替换函数等。除了通过子字符串定位的方式来获取子字符串外，还可以通过关键字（Key Word）或正则表达式（Regular Expressions）来查找字符串。例如可以在“I love dog.”中查找“dog”，或使用“be?t”查找“bt”和“bet”。“查找并替换字符串”（Search and Replace String）函数一般通过关键字进行查找，如果要进行复杂查找替换操作，它也可以像匹配模式函数和按模式查找替换函数一样使用兼 Perl 语言的标准正则表达式来实现（“查找并替换字符串函数”的右键菜单中选择“Regular Expression”选项进行配置）。“按模式查找”（Match Pattern ）函数、“按模式查找替换”（Search and Replace Pattern）函数和“匹配正则表达式”（Match Regular Expression function）函数均通过正则表达式实现字符串的查找替换；拖长匹配正则表达式函数尺寸可以看到更多返回选项，但相对于按模式查找函数来说其执行速度较慢。

正则表达式中常用的特殊字符含义见表 3-6。

表 3-6　正则表达式中常用的特殊字符

字符	含　义
.	匹配所有字符。例如 l.g 代表 lag, leg, log 和 lug，等等
?	表示对？之前字符的存在或具体值不确定。例如 be?t 代表 bt 和 bet（但不代表 best）

续表

字符	含　义
\	表示取消对特殊字符的解释。例如 \? 代表问号，\ . 代表句号，\\ 代表反斜杠，以下为常用的特殊字符。 \b：删除 \f：结束符 \n：换行 \s：空格 \r：回车 \t：tab \xx：任意字符，x 为 0 ～ F 的十六进制字符
^	如果 ^ 是正则表达式的首字符，则返回 offset 的位置；否则将其当作一般字符
[ ]	用于封装搜索选项。例如 [abc] 代表 a，b 或 c。下面字符在括号中使用时有特殊的意义。 -：代表范围，例如 [0-5]、[a-g]、[L-Q] 等 ～：代表包括非显示字符在内的所有字符，括号中表示范围的字符除外。例如 [～ 0-9] 代表 0 ～ 9 之外的任意字符 ^：代表所有可显示字符（含空格），括号中表示范围的字符除外。例如 [^0-9] 表示除 0 ～ 9 之外所有可显示字符
+	代表至少有一个 + 之前的字符存在。例如 be+t 代表 bet 和 beet（不代表 bt）
*	代表有任意多个 * 之前的字符存在，例如 be*t 代表 bt，bet 和 beet
$	如果 $ 是正则表达式的最后一个字符，则返回字符串的最后一个元素，否则当一般字符处理

字符串的删除操作可以看作是替换函数的特例。将用于替换的字符串设置为空字符就可实现字符串的删除操作。如果在前面的例子基础上对反转后字符串用正则表达式 [0-9] 进行匹配，代码和运行结果如图 3-21 所示。

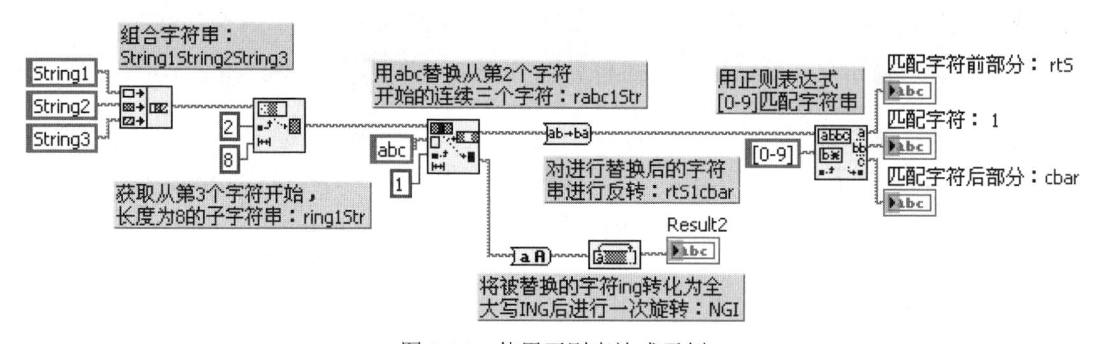

图 3-21　使用正则表达式示例

在程序设计过程中，一方面经常要将数值格式化到字符串中显示给用户或保存到磁盘；另一方面需要将数字从字符串中（如通过网络获取的报文几乎均为字符串）提取出来参与运算，这时需要通过 LabVIEW 的各种字符串格式化函数来进行处理。字符串格式化函数使用“格式化说明符”（Format Specifier）以 % 符号引导，来告诉 LabVIEW 如何进行字符转换，例如 %x 表示将十六进制数转换为字符串。

“格式化至字符串”（Format Into String）函数可将多个数值、枚举、时间戳、布尔甚至路径字符串类型的输入按照格式化说明符的要求格式化为文本。与之相反，“从字符串中扫描”（Scan From String）函数可以从字符串中按照格式化说明符扫描需要的值。以数值为例，如果希望将数字 0.345 保留 2 位小数、1.17 保留 1 位小数、2.756 保留三位小数，并组合成公式“Result=0.34+1.2-2.756”显示给客户，则可以在“格式化至字符串函数”中使用格式化说明符“%.2f”“%.1f”和“%.3f”将数字转换为字符串，并连接字符串“Result=”，和加减符号形成正确的字符串显示给用户。多数情况下，使用以 % 作为引导的格式化说明符就能满足要求，但是这并不意味着只能使用这些特殊字符。为了方便实现，可以在格式化说明符中混合常规字符和特殊字符，如图 3-22（a）所示。图 3-22（b）是从字符串中提取数值的例子。

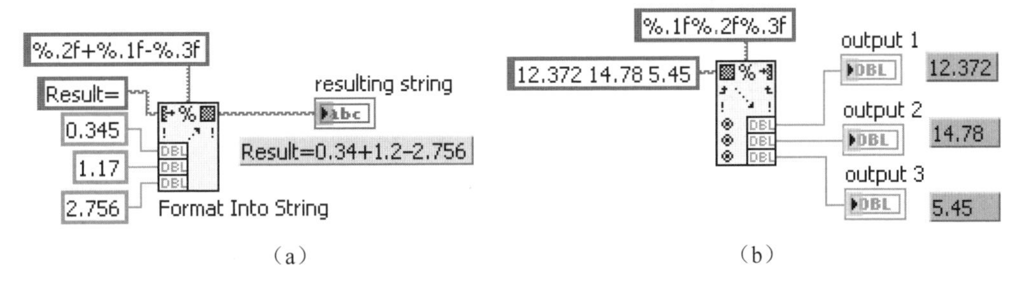

图 3-22　字符串与数值转换

“数组到电子表格的转换”（Array To Spreadsheet String）函数和“电子表格到数组的转换”（Spreadsheet String To Array）函数仅使用一个格式化说明符，即可在任意维数的数组和元素为字符串的电子表格之间转换。电子表格使用 Tab 分隔电子表格的每一列元素，使用平台独立的行结束符（EOL）分隔每一行。对于三维以上数组，使用数组索引来分页。图 3-23 是一个三维数组到电子表格的转换示例。

字符串也可以被看作是被数组封装在一起的一组连续 ASCII 字符，如有必要，也可以在程序中将字符串转换为数组后进行处理。

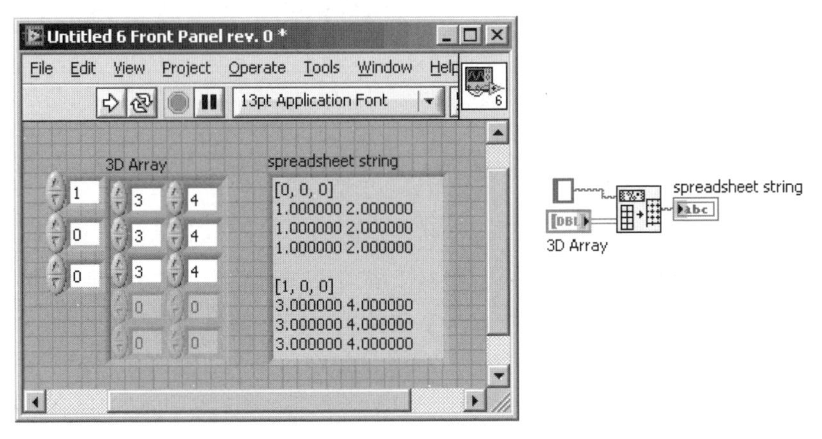

图 3-23　三维数组到电子表格的转换示例

3.7　数组、簇和矩阵

数组（Array）和簇（Cluster）是 LabVIEW 中对数据进行封装的基本方式。数组用来封装同类型的数据，簇则用来封装不同类型的数据。如前所述，字符串可以被看作是特殊类型的数组，它将一串顺序排列的 ASCII 字符封装在一起。图 3-24 是 LabVIEW 中数组和簇的操作函数集。

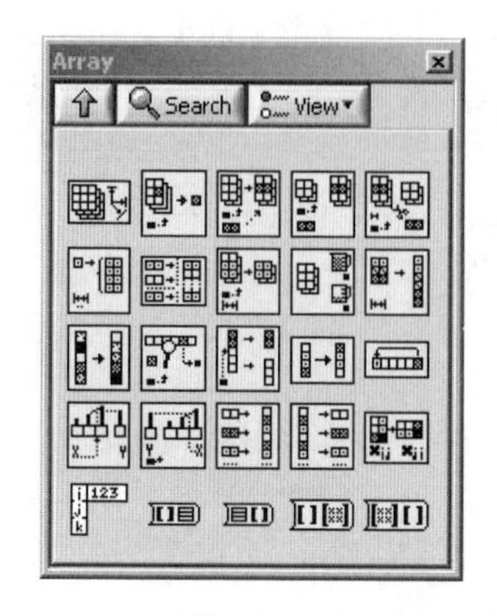

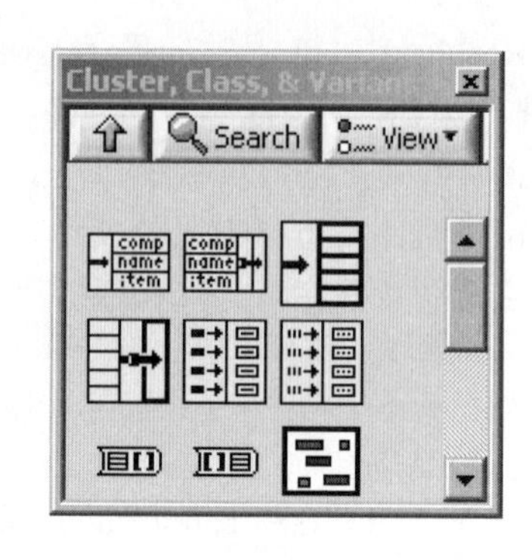

图 3-24 LabVIEW 中数组和簇的操作函数集

数组由数组元素（Elements）和维数（Dimensions）组成。数组元素是组建数组的数据，维数用于说明数组的长度、高度和深度。数组维数可以是一维或多维，如果内存允许，数组每一维的元素可以多达 $2^{31}-1$ 个。例如图 3-25（a）显示了由一路信号的 9 个数据采集点组成的一维数组，其中每个数据元素均对应一个索引；图 3-25（b）显示了每一路 9 个数据采集点的三路信号组成的二维数组。二维数组的组织方式类似于表格，其中每一行和每一列均相当于一个一维数组。二维数组中数据的定位需要同时使用行索引和列索引。三维数组组织方式类似于立方体，其中每一页相当一个二维数组，三维数组元素的定位需要行、列和页面三个索引。

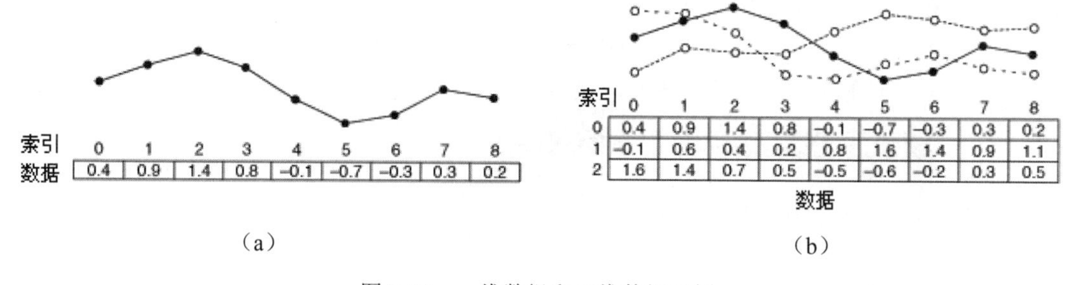

图 3-25 一维数组和二维数组示例

设计人员可以创建包含各种类型元素的数组。数组元素既可以是数值、布尔、枚举和字符串等基本类型，也可以是路径、波形、簇甚至类对象等特殊类型。然而设计人员不能创建元素为数组的元素，这是因为它在本质上与多维数组相同。如果非要体现类似的意义，可以创建元素为簇的数组，其中每个簇包含一个或多个数组。此外，在 LabVIEW 中也不能创建元素为子面板（Subpanel）、Tab、.NET 控件、ActiveX 控件、图表（Charts）或 XY 图（Graphs）的数组。

从对数据封装的角度来看，数组就如同是连续存放同类型数据的容器。这种容器可以在对同类型数据进行重复计算或处理时使用。当程序中每个循环产生一个数组元素或进行数据采集时，使用数组会非常理想。要在数组中定位某个特定元素，需要使用每一维数组的数据索引（Index）。数组每一维索引的起始值均为 0，并按顺序递增。也就是说索引为 0 的元素为第一个元素或维数，1 为第二个，2 代表第三个，直到 N−1（N 为数组元素的总数）。通过数组索引，可以遍历数组的任意元素、行、列以及多维数组的数据页。

簇和 C 语言中的 struct 类似，用来封装不同类型的数据。例如 LabVIEW 中传递错误信息的簇（Error Cluster）就封装了布尔类型、数值和字符串类型的数据。一个簇在后面板上对应一个端子，将多个类型不同但却逻辑相关的数据封装成一个簇后就可以减少后面板上连线的数量，使代码更整洁。另外，如果将簇作为子 VI 的输入或输出，由于每次可以传递多个数据，因此可以极大地减少对子 VI 输入 / 输出端子数量的需求。LabVIEW 中每个子 VI 最多允许连接 28 个输入 / 输出端子，但如果配合上簇的封装能力，如果不考虑内存限制，理论上可实现无穷多个数据到子 VI 的传递。

设计时在前面板创建簇的方法和创建数组的方法类似，也是先将簇的壳拖放至前面板，然后在其中添加数据元素。在簇中不能同时存在控件和显示控件。例如第一个被放入簇中的控件为控件属性，如果后续拖放入簇中的元素属性为显示控件，则系统会按照第一个被拖放入簇中的控件属性自动改变后续控件的属性，以使所有簇中元素属性相同。每个被封装在簇中的数据元素均有一个逻辑编号，这个编号和它在簇中的位置无关，而与在创建簇时数据元素被放入簇中的先后顺序有关，这里所说的“放入”不仅指在前面板设计时在簇中手动放入元素的过程，也指运行时通过代码创建簇时元素的顺序。第一个被放入簇中的元素编号为 0，第二个被放入簇中的元素编号为 1，以此类推。如果向簇中增加或从簇中删除数据元素，系统会自动维护簇中数据元素的编号。如果出于某种原因需要手动改变簇中元素编号顺序，则可以通过选择簇对象的右键菜单中的“重新对簇控件排序”（Reorder Controls In Cluster）选项来修改簇中元素的编号。

程序运行时，有两种方法可以将不同类型元素捆绑（Bundle）成簇或从簇中解除捆绑（Unbundle），一种是按编号进行捆绑或解除捆绑，另一种是按名称进行捆绑或解除捆绑。LabVIEW 提供了对应于这些方法的函数，使用这些函数可以在程序中进行下列操作：

（1）用“按编号捆绑函数”（Bundle）在代码中创建簇。

（2）用“按名称捆绑函数”（Bundle by Name）对已有簇中元素进行修改。

（3）用“按编号解除捆绑函数”（Unbundle）分解出所有簇中元素。

（4）用“按名称解除捆绑函数”（Unbundle by Name）分解出簇中某个或部分元素。

按编号进行捆绑或解除捆绑时，必须指明用于创建簇的所有元素，而按名称进行操作时，可以只对某一个或部分元素进行捆绑或解除捆绑，但它仅用于对已有簇进行修改、访问，同时要求簇中的每个元素都必须有一个唯一的标签。例如，可以通过代码将某被测件（Device Under Test，DUT）的类型、高度和长度信息捆绑成簇，在程序中使用解除捆绑簇来获得 DUT 的类型、高度或长度信息。

图 3-26 给出了一个简单的示例，开始时先将高度为 10、长度为 20 的 TypeA 类型 DUT 信息按编号封装成簇，此时必须同时提供所有簇元素信息。其次，按照名称仅将捆绑成簇中的 DUT 类型信息解除捆绑并显示出来，同时使用按名称捆绑将开始时捆绑好的簇中的 DUT 类型和高度信息进行了更新。注意在使用按名称捆绑和解除捆绑时并不要求同时提供所有簇元素的信息。最后使用按编号解除捆绑的方法将更新后的簇元素信息全部分解出来，由于使用了按编号解除捆绑的方法，因此必须同时将所有元素分解出来。由上可见虽然簇和数组的元素均按顺序编号，但是访问数组元素和访问簇元素的方法却不同。

LabVIEW 包含一个被称为错误簇的特殊簇结构，它包含以下一些元素：

（1）错误状态：布尔值，错误产生时报告 TRUE。

（2）错误代码：32 位有符号整数，以数值方式识别错误。

（3）错误源：用于识别错误发生位置的字符串。

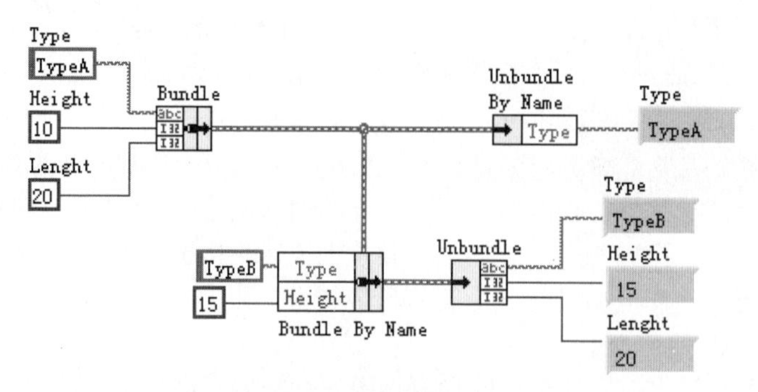

图 3-26 簇捆绑和解除捆绑函数的使用

错误簇通常用于在程序中传递错误信息。图3-27(a)是错误簇在前面板的显示，图3-27(b)是典型的带错误处理的子 VI 代码结构。

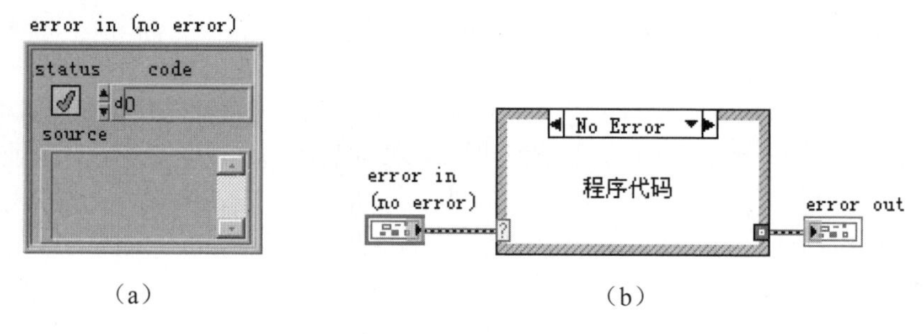

(a) (b)

图 3-27 错误簇的使用

虽然簇操作看起来简单，但是在设计过程却被广泛应用。因为它是创建用户自定义数据类型的有效手段，同时利用它将数据进行封装后可以显著地减少后面板连线的数量，同时有利于数据在 VI 之间的传递。最典型的例子就是在面向对象的程序设计中，类的私有数据均被封装在簇中，而在程序中对私有数据的访问通过公有的数据访问函数来实现。而在这些数据访问函数中，私有数据正是通过以上所讲的按名称捆绑和解除捆绑方法实现的。第 11 章对此将作详细介绍。

矩阵(Matrix)通常替换多维数组来参与算数运算。对于矩阵运算(尤其是一些线性代数运算)，由于矩阵数据类型可以存储实数或复数标量的行或列，因此在矩阵运算中应尽量使用矩阵数据类型，而不是使用二维数组表示矩阵数据。从这一点来看，矩阵数据类型使数学建模更简单。

执行矩阵运算的数学 VI 接收矩阵数据类型并返回矩阵结果，这样数据流后续的 VI 和函数就可执行特定的矩阵运算。如果不执行矩阵运算的数学 VI 可以支持矩阵数据类型，则该 VI 会自动将矩阵数据类型转换为二维数组。如将二维数组连接至默认为执行矩阵运算的 VI，根据二维数组的数据类型，该 VI 会自动将二维数组转换为实数或复数矩阵。由于 LabVIEW 保存矩阵和二维数组的方式相同，这种数据转换并不会影响整体性能。

大多数数值函数支持矩阵数据类型和矩阵运算。例如，乘函数可将一个矩阵与另一个矩阵或数字相乘。通过基本数值数据类型和复数线性代数函数，可创建执行精确矩阵运算的数值算法。

3.8 数组操作

鉴于数组在程序设计中使用比较广泛，我们来着重介绍一下 LabVIEW 中可对数组进行的操作。简要来说，对数组的操作可以归纳为以下几类：

（1）数组的创建、合并和初始化。

（2）数组的插入、替换、添加和删除。

（3）数组元素的索引、比较、变形和一维数组的排序。

（4）一维数组的查找、分割、反转、旋转。

（5）一维数组线性插值、阈值、交错组合和抽取组合。

（6）二维数组的转置。

下面就结合例子来介绍这些函数的功能。

3.8.1　数组的创建和初始化

在设计时，数组创建一般需要通过两步来完成：一是创建“数组外壳”（Array Shell），二是拖放数组元素至外壳中。要在前面板中创建数组控件或显示控件，可以先将控件工具箱中的数组（Array）作为外壳拖放至前面板中，然后选择数据元素（例如数值）添加到数组外壳即可。如果要在后面板创建数组常量，可以使用同样的方法，将数组函数面板中的数组常量（Array Constant）作为外壳拖放至后面板，然后再在外壳中放置数组元素。创建完成后，数组外壳会自动按照数组元素的大小调整尺寸，数组节点在后面板上的颜色会按照所选择数据类型的颜色变化。

图 3-28 显示了在前、后面板中创建一维数值数组的过程。

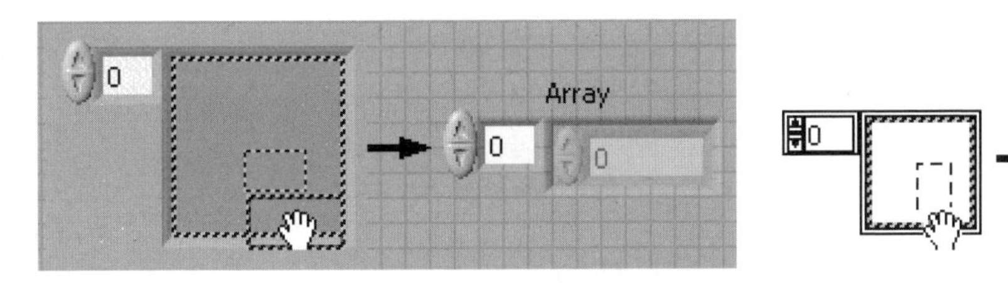

图 3-28　创建数组

如果将前面板中的数组控件或显示控件拖放或复制到后面板中，LabVIEW 会自动将其转换为同类型的数组常量，也可以通过相反的操作将后面板的数组常量转换为前面板的数组控件或显示控件。

多维数组可以在创建一维数组后，通过数组对象右键菜单中的“添加维数”（Add Dimension）选项来生成。也可以通过数组对象右键菜单中的“减少维数”（Remove Dimension）选项来降低多维数组的维数（图 3-29）。

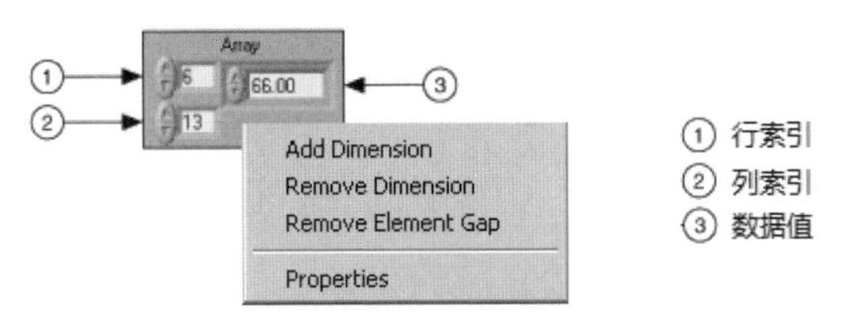

图 3-29　改变数组的维数

默认情况下，在设计时创建的数组会使用与所选数据类型一致的默认值来初始化数组元素。当然，如果需要也可以逐一修改数组元素的值，并使用数组右键菜单中的“设置为默认”选项来手工初始化数组。

在程序运行时也可以动态创建数组或对数组进行初始化。使用“数组构建”（Build

Array）函数可以在程序代码中使用多个常量、变量或数组作为输入创建一个新的数组。开始时，数组构建函数只有一个输入端子，设计人员可以根据需要来改变输入参数的数量。如果要添加其他的输入，可以使用函数右键菜单中的“增加数组输入”（Add Array Input）和“减少输入”（Remove Input）选项，或者通过改变函数图标尺寸来增减输入参数个数。当数组构建函数输入参数均为数组时，可以实现多个数据的链接；用一个数组作为输入参数，多个常量或变量作为其余输入参数可实现数组的动态增长。另外一种动态创建数组的方法是利用循环的自动索引功能。For 循环或 While 循环有一种称为“自动索引”（Indexing）的功能，当数组作为循环的输入时，使用它可以自动地按顺序索引数组元素并输入循环中，供每次循环使用；也可以自动按顺序连续累积每次循环中的常量、变量或数组，将这些数据打包成一个新的数组作为循环的输出，其中常量、变量将组成一维数组，一维数组将组成二维数组，以此类推。默认情况下，对于每个连接到 For 循环的数组都会执行自动索引功能。可以禁止这个功能的执行，方法是在循环数据通道的右键菜单中选择“禁止自动索引”（Disable Indexing）选项。有时需要使用某一个固定值在程序运行时动态创建并初始化数组，可以使用 LabVIEW 提供的“数组初始化”（Initialize Array）函数，通过函数的右键菜单或更改函数图标的尺寸来增加函数的“输入维数”实现一维或多维数组的创建或初始化。

图 3-30 显示了在运行时使用常量创建和初始化数组的两种方法。图 3-30（a）的方法是将 5 个数字常量组合为一维数组；图 3-30（b）的方法是将三组数值常数放入三个一维数值数组，再将这三个数组组成一个二维 3×3 的数组，三列分别是 3，4，7；–1，6，2；5，–2，8。

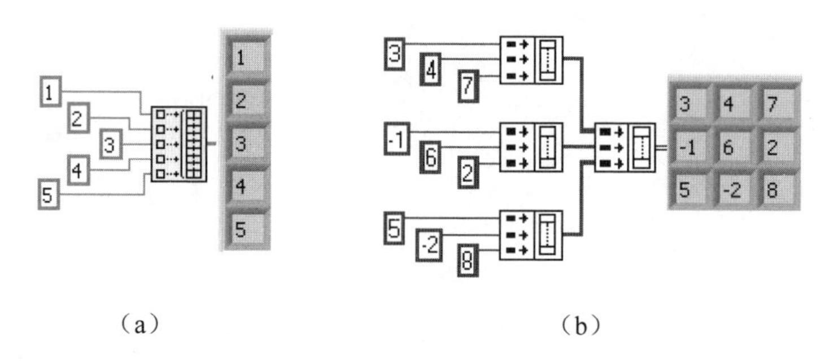

（a）　　　　　　　　　　　　（b）

图 3-30　两种创建数组的方法

图 3-31 给出了运行时用常量 3 对一个 3×4 的数组进行初始化的例子，执行后每个元素的值均等于 3。如果要对更多维数的数组进行初始化，则可以拖动函数图标尺寸，指定数组长度。

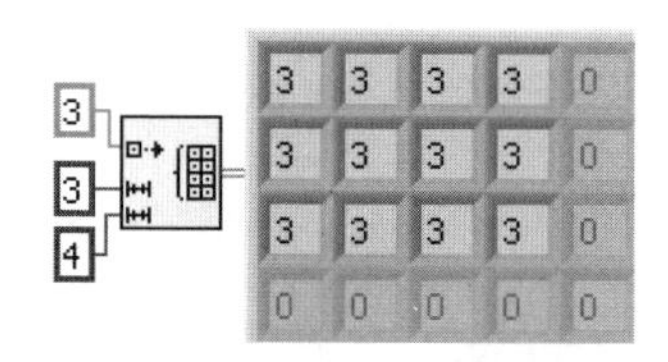

图 3-31　使用常量对数组进行初始化

3.8.2　索引数组元素

数组创建后，就可以在程序中访问数组各元素。通常，可以通过循环的自动索引和“索引数组”（Index Array）函数来访问数组元素。

图 3-32 显示了在运行时使用 For 循环自动索引功能的方法。图 3-32（a）将一维数组作

为输入，使用For循环按顺序取出每个元素，加1后再按顺序组合成新数组，循环结束后新的一维数组中元素为2、3、4、5。图3-32（b）显示了以二维数组作为For循环输入，按顺序取出二维数组的每一行（一维数组）并对其中所有元素加1，随后再将一维数组重新组合成新的二维数组输出。

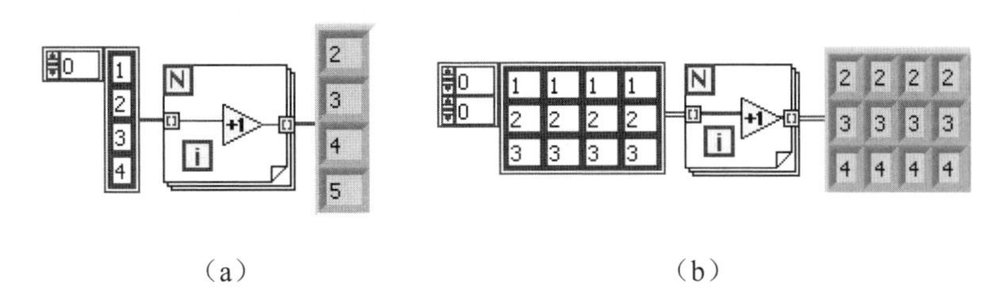

（a）（b）

图3-32 For循环的自动索引功能

另一种方法是通过“索引数组”函数来访问数组中的元素。在程序中可以通过将常量或变量连接到索引端子来访问某个数组的元素。“索引数组”函数会自动按照数组维数扩展其索引端子。例如将一个二维数组与索引数组函数相连，它会包含两个索引端子；将一个三维数组与索引数组函数相连，它会含三个索引端子，以此类推。图3-33（a）显示了索引数组函数访问一维数组第三个元素的例子，图3-33（b）显示了索引数组函数访问二维数组第二行第三列元素的例子。注意，第一个元素的索引为0，故数组中第n个元素的索引为n-1。

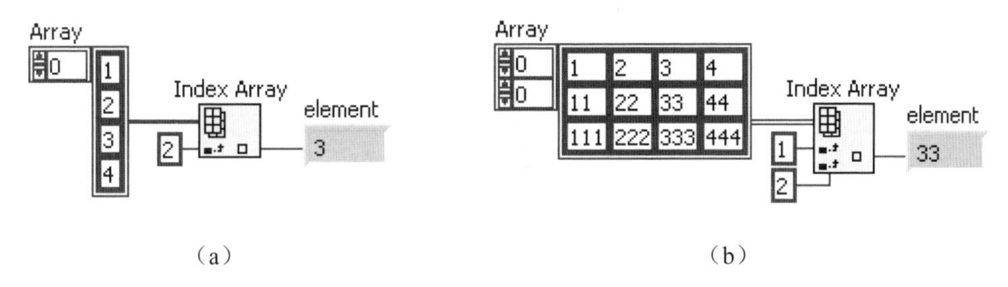

（a）（b）

图3-33 数组元素的索引

索引数组函数允许按照任何维数的组合提取子数组。图3-34显示了如何从一个二维数组中提取一个一维的行或者列数组，其中第一个索引数组函数从二维数组中提取出了第4列，第二个索引数组函数从二维数组中提取出了第3行。

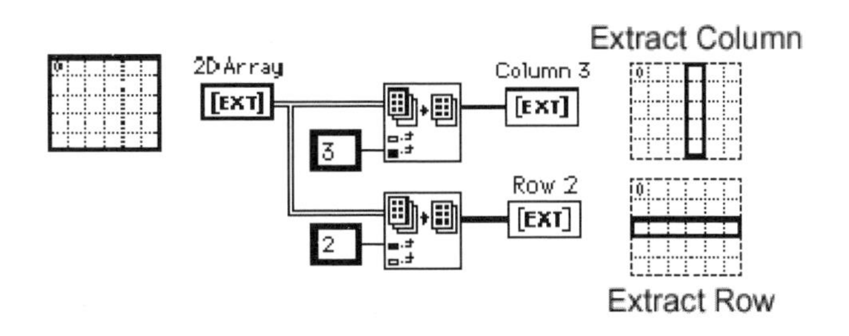

图3-34 从二维数组中索引一维数组

同理，也可以通过禁止两个索引端子，从一个三维数组中提取一个二维数组；或者通过禁止一个索引端子提取一个一维数组。图3-35显示了从三维数组提取数组的各种方法。

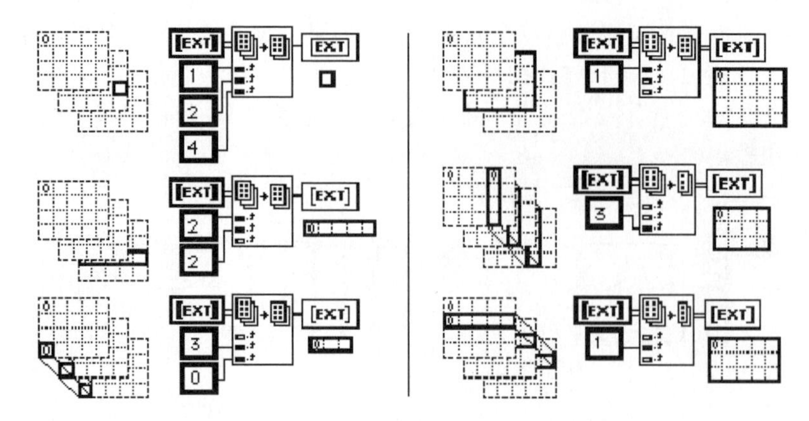

图 3-35　从三维数组提取数组的各种方法

有时需要在程序中选取数组或者矩阵的某个部分，这时可以使用“数组子集”（Array Subset）函数。它可以返回从指定索引开始，指定长度的数组子集作为新数组。图 3-36 中分别给出了从一维数组和二维数组中提取数组子集的例子。

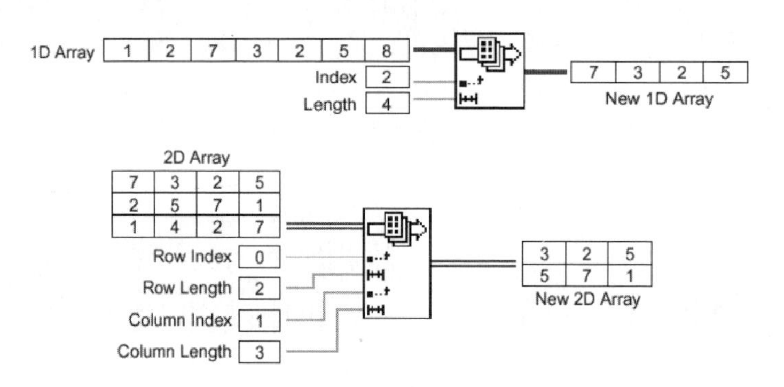

图 3-36　从一维数组和二维数组中提取数组子集

3.8.3　编辑数组

LabVIEW 还提供了对一维数组和多维数组进行插入、替换和删除等操作的函数。图 3-37 显示了用一个一维数组替换二维数组中第二行数据、将一个一维数组插入二维数组中第二列以及删除二维数组第二行数据的例子。需要注意的是，在进行插入、替换和删除操作时，必须按照小于输入数组的整维数进行。例如对二维数组进行这些操作时，所插入、替换或删除的部分必须为同长度的行或者列。此外，如果要在数组最末端添加元素，可以使用组件数组函数。

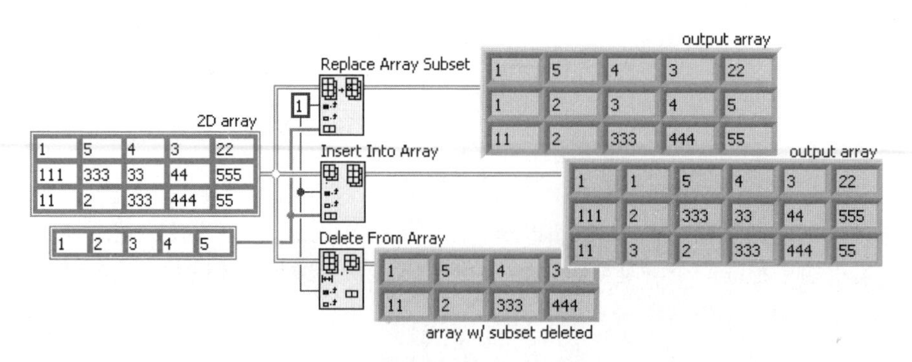

图 3-37　数组的替换、插入、删除操作

如果要在程序中获取数组中的最大、最小值，设计人员无须额外编写比较算法，LabVIEW提供了“数组最值”（Array Max & Min）函数可以方便地返回一维或多维数组元素中的最大值和最小值及其索引。然而，有时仅知道数组元素的最大、最小值还不够，可能还需要对数组中的元素进行排序。如果需要排序的数组是一维数组，则可以使用LabVIEW提供的“一维数组排序”（Sort 1D Array）函数，它可以将输入的一维数组中元素按照升序排列后返回。如果需要排序的数组为多维数组，则需要单独编写排序算法实现排序，或者先使用“数组变形”（Reshape Array）函数将多维数组变形为一维数组后排序，然后再变回多维数组。数组变形函数可以将输入数组按照指定的维数重新变形，例如将含有5个元素的一维数组变为2行3列的二维数组，或者将一个3行5列的二维数组裁剪为2行3列的二维数组，如图3-38所示。在变形过程中，如果原数组元素比变形后数组元素少，则使用数组元素数据类型的默认值填补，如果比变形后的数组元素多，则只按顺序取需要的部分。

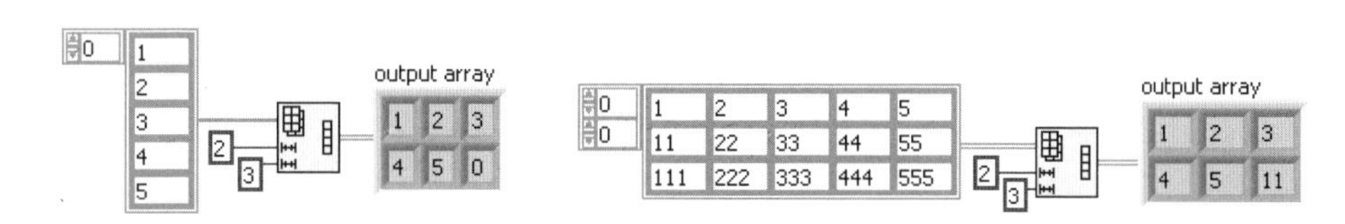

图3-38　数组变形

3.8.4　数组排序

图3-39给出了一种使用数组变形函数对多维数组进行排序的例子。首先，使用“数组大小”（Array Size）函数返回二维数组的大小。该函数可以返回数组的维数和长度，如果输入数组为一维数组，则返回一维数组的长度，如果输入为多维数组，则返回一个一维数组，其元素按顺序列出数组的维数和长度。对这个例子来说，数组大小函数返回一个包含两个元素3和5的一维数组。其次，使用数组索引函数分别取出二维数组的行、列大小，通过行、列数相乘计算出数组中元素的个数。随后，使用数组变形函数将二维数组变形为长度等于二维数组元素个数的一维数组，并对其中元素使用一维数组排序函数进行排序。最后再将排序后的一维数组变形为与原二维数组有相同维数的新二维数组，新数组中的元素按照顺序从大到小进行排序。此外，例子中还演示了使用数组最值函数获取数组元素最大、最小值及其索引的情况。

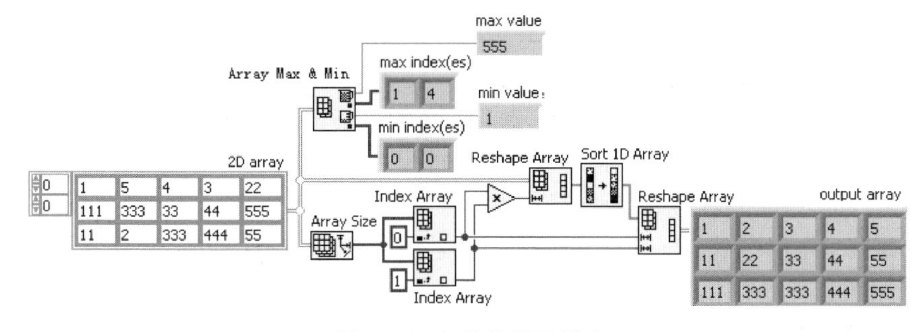

图3-39　多维数组的排序

3.8.5　其他数组操作函数

和图3-40所示例子的原理相同，在对多维数组操作时，可以先将其变形为较低维数的一维或二维数组（降维）进行处理，随后再恢复到原来的维数。对一维数组来说，LabVIEW不仅提供排序函数，还提供了下列处理函数。

1. 搜索一维数组（Search 1D Array）

用于从指定索引位置开始在一维数组中查找某个指定的数据元素，如果找到，则返回元素在数组中的索引，如果要找的元素不存在，则返回 -1。

2. 拆分一维数组（Split 1D Array）

用于从指定的索引位置将一维数组分割为两部分，其中前半部分包括索引从 0 到“指定索引减 1”的部分元素，后半部分为其余元素。

3. 反转一维数组（Reverse 1D Array）

用于将一维数组中元素的顺序前后反转，例如原数组为 [1,2,3]，反转后为 [3,2,1]。

4. 一维数组移位（Rotate 1D Array）

用于对一维数组进行指定次数的移位。如果指定的次数为正数，则向右移位，溢出的元素填补在数组起始位置；若指定的次数为负数，则向左移位，溢出元素填补在数组末端。例如，如果要对一个长度为 N 的一维数组移动 -2 次，则第 3 个元素（索引为 2）变为第 1 个元素，第 4 个元素（索引为 3）变为第 2 个元素，以此类推，而第 N-2 个元素为原索引为 0 的元素，第 N-1 个元素则变为原索引为 1 的元素。相反如果要对一个长度为 N 的一维数组移动 2 次，则旋转方向相反（图 3-40）。

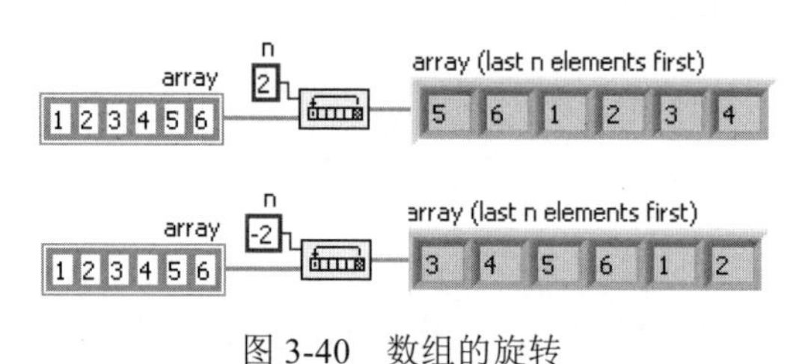

图 3-40　数组的旋转

5. 一维数组插值（Interpolate 1D Array）和一维数组阈值插值（Threshold 1D Array）

一维数组的插值函数根据输入的数组或一组坐标系中的离散点的坐标值，通过线性插值的方法来确定所指定的分数索引或某个在坐标系中 x 轴上的值所对应的 y 值。所谓线性插值方法是指在选定的两点组成的线段上取值的方法。具体来说，假定坐标系中有两点（x_m,y_m）和（x_n,y_n），则用这两点对 $x_m \leqslant x_k \leqslant x_n$ 取线性插值时，y_k 的值按照公式 $y_k = \dfrac{y_n - y_m}{x_n - x_m}(x_k - x_m) + y_m$ 进行计算。

例如，如图 3-41 所示，一维数组中含有元素 0.5、1.5、2、1，如果用数组的索引作为坐标系的 x 值，则各个点在坐标系中的分布如图 3-41（a）所示。如果要根据线性插值方法获取坐标系中 x 轴上值为 1.5 的点对应的 y 值，函数首先根据索引 1.5 找到数组中距其最近的两个元素值，在坐标系中坐标为（1,1.5）和（2,2），此后按照线性插值公式可得 x_k=1.5 时，y_k=1.75。在使用线性插值函数时需要注意：

（1）如果指定的索引或 x 值超出输入数组或坐标系中离散点 x 值的范围，则 y 值取边界点的值，例如图 3-41（b）中函数的索引如果不是 1.5 而是 3.5 时，则输出为索引 3 对应的 y 值 1；

（2）参与线性插值运算的值由数组中距索引点最近的两个元素值确定；

（3）用于线性插值的数组元素既可以是数值也可以是离散点的坐标（用包含 x、y 值的簇作为元素），当数组元素为数值时（作为 y 值），用数组索引作为 x 值。

一维数组的阈值函数是一维数组线性插值函数的逆过程，它从指定的起始位置开始，按照线性插值的逆过程，寻找指定的 y 值所对应的 x 值。开始时，函数先根据给定的 y 值，从起始值开始在数组中寻找连续的两个点，这两个点的 y 值一个比其大，另一个比其小；随后，函数以这两个点作为线性插值逆过程的输入，按照线性插值公式，计算出 y 值对应的 x 值。例如，如果要对图 3-41（a）数组中从第一个元素开始计算 y 值为 1.75 对应的阈值 x，会返回 1.5。

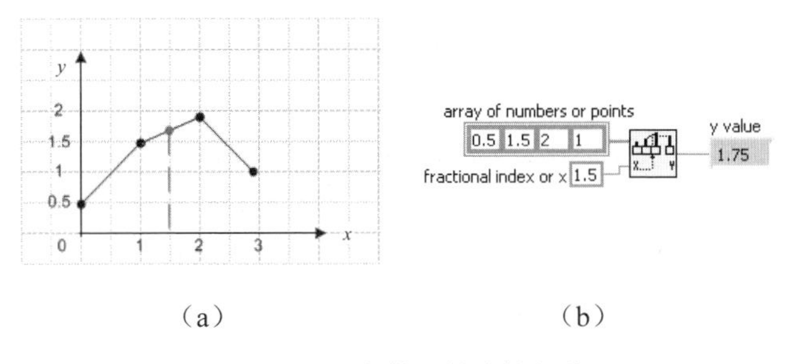

（a）　　　　　　　　　　（b）

图 3-41　一维数组的线性插值

6. 交错一维数组（Interleave 1D Arrays）和抽取一维数组（Decimate 1D Array）

这两个函数互为逆过程，交错函数将输入的多个一维数组元素重新组合为新的一维数组，组合办法是先按顺序取各输入一维数组的第一个元素放入新数组，再按顺序取各输入一维数组的第二个元素追加在由第一个元素组成的数组之后，以此类推。输出数组的长度等于其中最短数组的长度乘以输入数组的个数，如果有多余的数组元素则舍弃。一维数组抽取函数刚好相反，根据要求输出数组的个数，先按顺序从输入数组中取值，填充输出数组的第一个元素，再填充第二个元素，以此类推。输出数组的长度等于输入数组元素的个数除以要求输出数组的个数并取整，如果有多余的数组元素则舍弃。图 3-42 显示了如何使用一维数组交错和抽取函数。

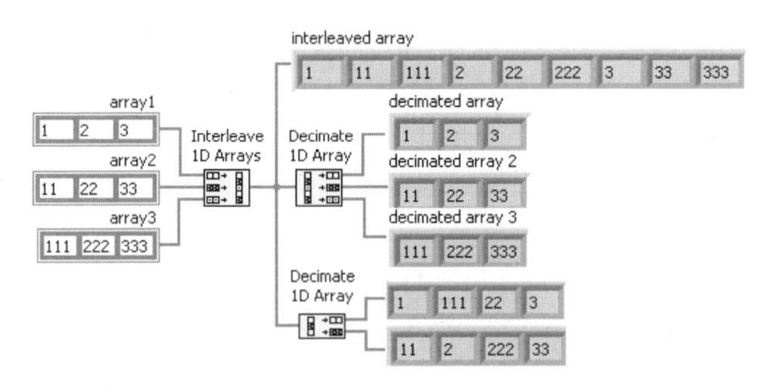

图 3-42　一维数组的交错和抽取

LabVIEW 还提供二维数组的转置函数（Transpose 2D Array），用于实现二维数组元素沿对角线进行反转，以图 3-43 为示例。

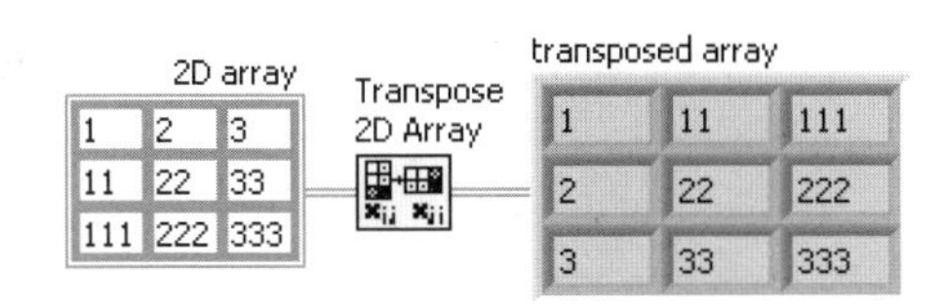

图 3-43　二维数组的转置

3.9　图形和图表

图形（Graph）和图表（Chart）是 LabVIEW 用于图形显示的控件。考虑到以下几点原因，在本章对它们进行简要介绍：

（1）图形显示对于虚拟仪器项目来说非常重要。

（2）图形和图表的操作涉及数组和簇的概念，因此放在簇的讲解之后，更容易使读者接受。

（3）在数组和簇的概念后讲解图形和图表的操作，可以使读者更多地了解数组和簇的使用方法。

在 LabVIEW 的图形显示功能中，图形和图表是两个基本概念，二者的区别在于各自不同的数据显示和更新方式。一般来说，Graph 用于对已采集数据进行事后处理。含有 Graph 控件的 VI 通常先将数据采集到数组中，再将数据绘制到 Graph 控件中。Graph 控件绘制数据过程类似于在 Excel 中绘图，即先存储数据，再生成数据的曲线。数据绘制到 Graph 上时，它不显示之前绘制的数据，而只显示当前的新数据。Graph 一般用于连续采集数据的快速过程。它的缺点是没有实时显示，但是它的表现形式要丰富得多。例如采集一个波形后，经处理可以显示其频谱图。

与 Graph 相反，Chart 用于将数据源（例如采集得到的数据）在某一坐标系中，实时地显示出来。Chart 是把新获得的数据点追加到已显示的数据上形成数据历史记录，因此可反映被测物理量的变化趋势。在 Chart 中，可结合先前采集的数据查看当前读数或测量值。当在 Chart 中新增数据点时，绘制的曲线将会滚动显示，即 Chart 右侧将出现新增的数据点，同时旧数据点在左侧消失。Chart 一般用于每秒只增加少量数据点的慢速过程，这与传统的模拟示波器、波形记录仪非常相似。由于中文图形和图表从字面意义上容易混淆，且较难区分它们在显示和更新方式上的差异，因此建议在实际使用中不对这两种控件名做中文翻译，直接称为 Graph 和 Chart 即可。

LabVIEW 的控件箱中有多种风格的 Graph 和 Chart 控件可供选用，包括“NXG 风格”（NXG Style）、“银色”（Silver）、“经典”（Classic）和“现代”（Modern）风格。这些控件在使用上略有不同，表 3-7 列出了一些常用的控件。由表 3-6 可以看出，Chart 尽管能实时、直接地显示结果，但其表现形式非常有限；相反，Graph 的表现形式虽然丰富，但却牺牲了实时性。

表 3-7 LabVIEW Graph 控件

Graph 控件箱	绘 图 类 型	图表（Chart）	图形（Graph）
	Waveform（波形）		
	XY Graph		
	强度图（Intensity）		
	数字图形（Digital Waveform）		
	混合波形（Mixed Waveform）		
	三维曲面（3D Surface）		
	三维参变量（3D Parametric）		
	三维曲线（3D Curve）		

3.9.1　波形图表和波形图形

波形图表（Waveform Chart）是显示一条或者多条曲线的特殊数值控件，一般用于显示以恒定速率采集的数据。Waveform Chart 会在缓冲区保留历史数据并在历史数据后添加新数据。Waveform Chart 的默认数据缓冲区大小为 1024 个数据点（右击图形表，从弹出的菜单中选择“图形表历史长度”选项可配置缓冲区大小）。在 Waveform Chart 上用户可以实时看到当前的数据和历史数据，向 Waveform Chart 传送数据的频率决定了它重绘的频率。当要显示的数据超出显示范围时，Waveform Chart 控件会自动滚屏，它通常用于处理的数据量较小，但需对数据进行实时查看的情况。

Waveform Chart 有三种刷新模式，如图 3-44 所示。右击控件，在弹出的菜单中选择“高级”→“刷新模式”选项，即可选择以下几种绘图模式。

（1）带状（Strip）：从左到右连续滚动地显示运行数据，类似于纸带表记录器。

（2）示波器（Scope）：当曲线到达绘图区域的右边界时，LabVIEW 将清除已经绘制的图形，并从左边界开始绘制新图形，类似于示波器。

（3）扫描（Sweep）：扫描模式下，显示控件中有一条垂线将右边的旧数据和左边的新数据隔开。类似于心电图绘图仪。

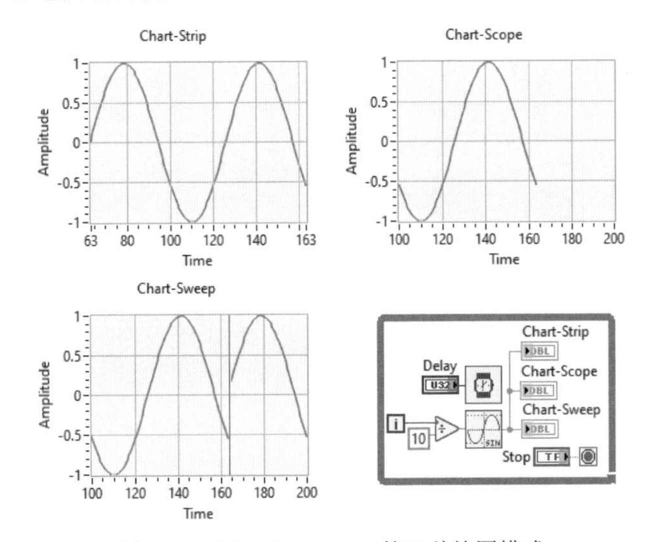

图 3-44　Waveform Chart 的三种绘图模式

有时需要在相同的纵坐标下，将几条曲线显示在同一个图区，这时可以组织出一种纵坐标相同、而有各自横坐标的堆叠式图区，这种情况称为堆叠图表（Stack Plots）。可通过右击图表控件，在弹出的菜单中选择“堆叠图表”选项进入堆叠图表模式。要使用 Waveform Chart 显示多条曲线，可将多条曲线数据捆绑成簇再传递给控件，如图 3-45 所示。

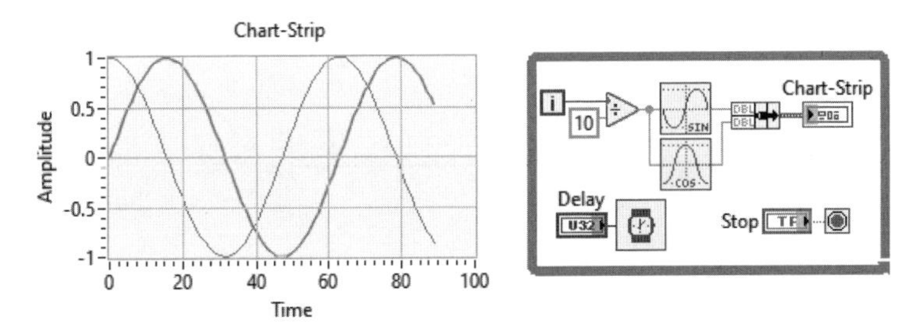

图 3-45　Waveform Chart 中显示多条曲线

波形图形（Waveform Graph）控件的显示和更新方式与 Waveform Chart 不同，它通常先缓冲所有数据至数组中，然后一次性绘图。当数据被绘制后，会丢弃先前绘制过的数据，显示新数据。Waveform Graph 控件支持多种数据类型，可以有效降低数据在显示为图形前进行类型转换的工作量，从而提高程序的运行效率，通常用于在数据连续采集的项目中，进行曲线的快速实时绘制。

在使用 Waveform Graph 控件显示单个曲线时，一般使用数组或包含初始 x 值、x 值的增量信息 dx 和 y 值数组的图形数据簇。对于数值数组，每个数据被视为图形中的点，从 $x = 0$ 开始，以 1 为增量递增 x 索引。 若传递的数据为簇，图形控件就以 x 初始值开始，以增量信息 dx 为步长，将 y 值数组中的值逐个绘制出来。图 3-46 所示实例使用 For 循环生成 y 数值数组，并分别以数组和簇的方式将数据传递至图形控件进行显示。在使用簇方式时，x 轴的初始值为 10，增量 dx 为 2。

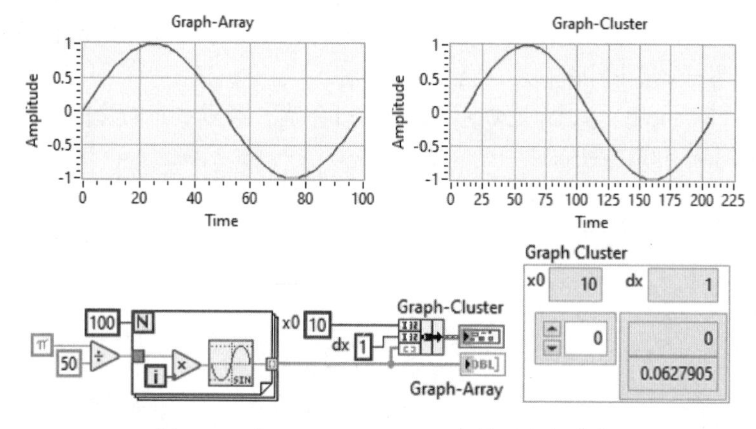

图 3-46　在 Waveform Graph 中显示多条曲线

要在 Waveform Graph 控件中显示多条曲线，可以将代表各条曲线的数据合成多维数组输入至控件进行绘制。具体方法如图 3-47 所示。

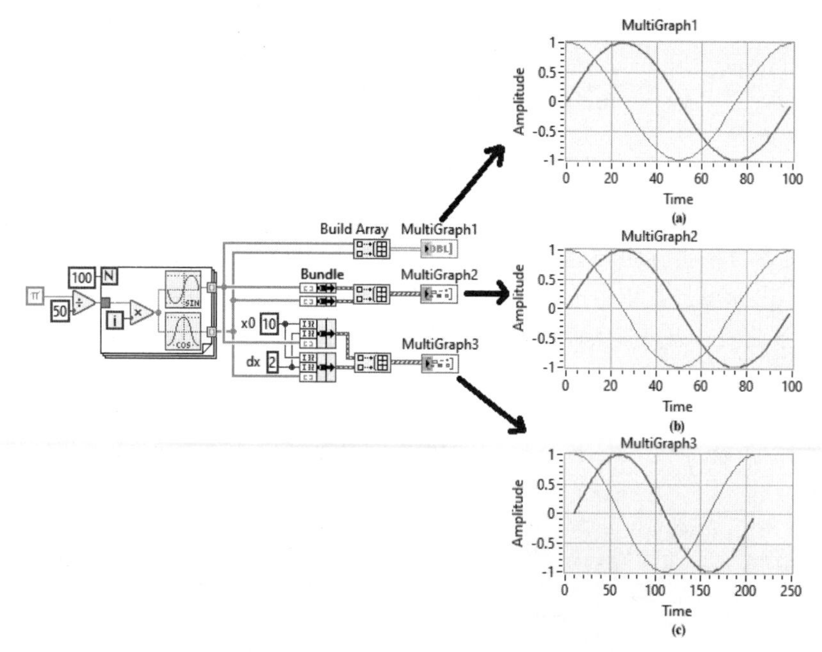

图 3-47　在 Waveform Graph 中显示多条曲线

在 Waveform Graph 控件中显示多条曲线的方法可以概括为以下几种。

（1）将代表各条曲线的数组进一步组合成多维数组传递给 Waveform Graph 控件。数组中的一行即一条曲线，Waveform Graph 将数组中的数据视为图形上的点，从 $x = 0$ 开始，以 1 为增量递增 x 索引（图 3-47（a））。

（2）将代表各条曲线的数组分别打包为簇，再以各簇为元素构建数组传递给 Waveform Graph 控件。曲线数组中每个元素为一个簇，该簇中包含一个 y 数据的一维数组（图 3-47（b））。如果每条曲线所包含的元素个数不同，例如，从几个通道采集数据且每个通道的采集时间不同，那么就应该使用以簇为元素的曲线数组而不是二维数组。这是因为二维数组每行中的元素个数必须相同；而簇数组内部数组的元素个数可以不同。

（3）将包含初始 x 值、dx 及 y 数据数组的簇数组传递给 Waveform Graph 控件。绘制多条曲线时经常使用这种数据类型，用它可灵活指定唯一的起始点和每条曲线的 x 标尺增量（图 3-47（c））。

（4）Waveform Graph 还支持动态数据类型，该数据类型常用于 Express VI。动态数据类型除了包括与信号相关的数据外，还包括提供信号信息的属性（例如，信号名称或数据采集的日期和时间等）。属性指定了信号在图形中的显示方式。当动态数据类型包含多个通道时，图形为每个通道数据显示一条曲线，并自动格式化标绘图例和 x 标尺的时间标识。

特别地，LabVIEW 为信号处理过程中各种图形的显示，提供“波形”（Waveform）数据簇类型，包括模拟波形（Analog Waveform）和数字波形（Digital Waveform），如图 3-48 所示。它们可以在 Express VI 使用过程中转换为动态数据类型。一个波形数据类型的一维数组可表示多个波形。

LabVIEW 在默认状态下以模拟波形数据簇和数字波形数据簇分别表示模拟和数字波形。模拟波形数据簇类型以时间为横轴，同时封装了起始时间和时间增量变化信息，以及各时间点上的 y 值数组。起始时间 t0 是相对于波形中第一个测量点的时间标识，用于同步一个多曲线波形图或多曲线数字波形图上的曲线，并用于指定波形之间的延迟。增量变化信息 dt 是信号中两个点之间的间隔，以秒为单位。y 值数组中的数值用于表示波形的值，其中数据的数量通常与数据采集设备的扫描次数直接对应。

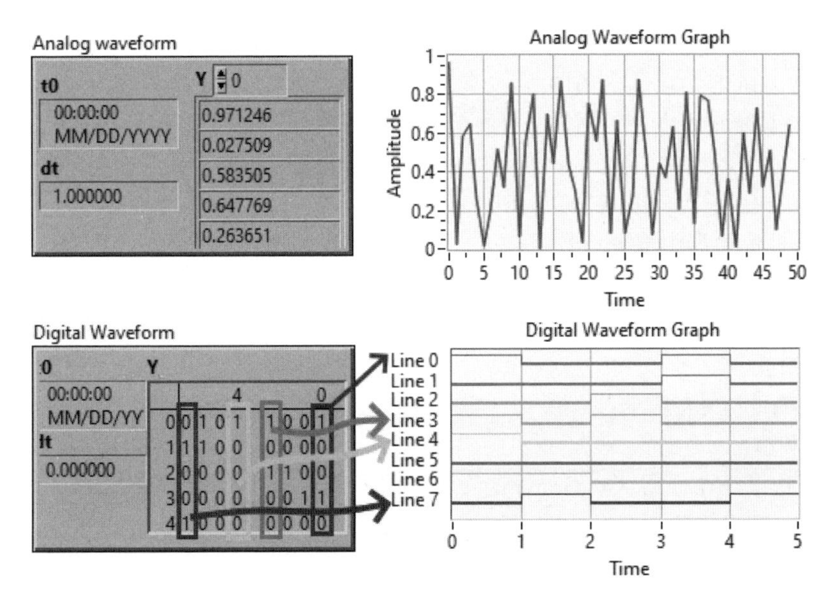

图 3-48　模拟和数字波形数据簇

数字波形数据簇类型包括起始时间、时间增量信息和表格形式表示的数字数据，用于表示一个数字波形。表格数字数据中从右到左的每一列代表一个通道中的数字数据，在数字图形控件中显示为行。波形数据还可以包含信号的各种信息，如信号名称、采集信号的设备等，这些信息成为波形的属性。NI 数据采集软件可自动设置某些属性。LabVIEW 提供专门的 VI，用于访问和操作波形数据及其属性（位于 LabVIEW 的 Programing → Waveform 函数子选版中），以简化与之相关的开发工作，如创建波形数据、读取和设置波形属性等。图 3-49 显示了一个构建带有属性元素波形数据簇的实例。

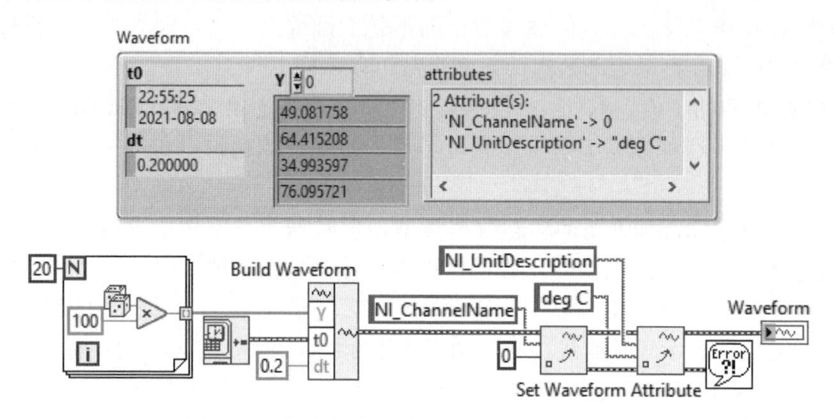

图 3-49 构建带有属性元素波形数据簇的实例

3.9.2 XY 图形

XY 图形（XY Graph）控件是对一维 Graph 图形控件的扩展，可以通过在程序中指定二维曲线的 x、y 的坐标值来画出曲线。这意味着 XY Graph 可用于绘制诸如圆形的多值函数或 x 轴增量不均匀的可变时基波形。XY Graph 可显示任何均匀采样或非均匀采样的点的集合。

XY Graph 接受以下三种类型的数据，以绘制单条曲线：

（1）由 x 值数组和 y 值数组构成的簇表示一条曲线。

（2）用以簇为元素的数组代表一条曲线，其中每个簇元素由单个点的 x 值和 y 值构成。

（3）复数数组，其中 x 轴和 y 轴分别是虚数的实部和虚部。

若要在 XY Graph 中显示多条曲线，则需要将各曲线的数据打包为数组，然后再作为 XY Graph 的输入，具体来说主要包括以下几种方法：

（1）每条曲线数据由包含 x 值数组和 y 值数组的一个簇构成。将多个代表单条曲线的簇作为元素先构成数组，再输入 XY Graph 进行显示。

（2）每条曲线数据由一个点数组构成，每个点是包含该点 x 值和 y 值的簇。将多个代表单条曲线的点数组先分别打包为簇，再作为元素构成数组，输入 XY Graph 进行显示。此处将点数组打包成簇的目的，是为了将可能不同类型和长度的数组先统一为同一类型，这样才能将其作为数组元素。

（3）XY Graph 也接收曲线簇数组，其中每条曲线是一个复数数组，x 轴和 y 轴分别显示复数的实部和虚部。

图 3-50 给出了一个使用 XY Graph 的实例。程序中 For 循环负责生成每个点的 x、y 值，四种图形绘制方法的结果分别显示在不同的 XY Graph 控件中。下面对四种绘制方法分别进行介绍。

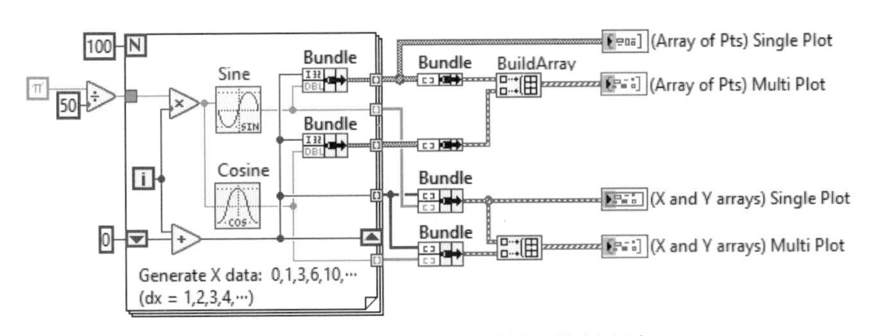

图 3-50　XY Graph 的四种图形绘制方法

（1）将每个点的坐标捆绑为簇，再将代表每个点的簇作为数组元素，构成代表单个曲线的数组，传递给 XY Graph，如图 3-51（a）所示。

（2）将两个与（1）中所述结构类似的数组构成二维数组，传递给 XY Graph，画出两条曲线，如图 3-51（b）所示。

（3）将代表 x 坐标的一维数组和代表 y 坐标的一维数组捆绑为簇，直接传递给 XY Graph，如图 3-51（c）所示。

（4）将两个与（3）中所述结构类似的数组构成二维数组，传递给 XY Graph，画出两条曲线，如图 3-51（d）所示。

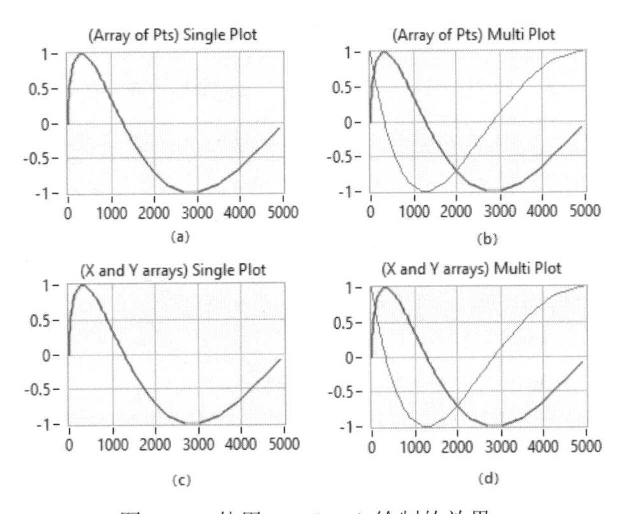

图 3-51　使用 XY Graph 绘制的效果

3.9.3　二维和三维图形

二维图形（2D Graph）控件是一些比较常用的特殊的 XY Graph 控件，主要包括位于 LabVIEW 控件工具箱中 Modern → Graph 选项中的几种，如图 3-52 所示。

（1）罗盘图（Compass Plot）：绘制由罗盘图形的中心发出的向量。

（2）误差线图（Error Bar Plot）：绘制线条图形上、下各点的误差线。

（3）羽状图（Feather Plot）：绘制由水平坐标轴上均匀分布的点发出的向量。

（4）XY 曲线矩阵（XY Plot Matrix）：绘制多行和多列曲线图形。

与一般的 XY Graph 不同，当在前面板添加二维图形控件时，LabVIEW 并不仅仅在后面板上放置与之对应的图标，还会将图标连接至与所选图形对应的一个“助手”（Helper VI）。Helper VI 封装了将输入数据类型转换为 2D Graph 可接受的通用数据类型的处理过程。

这种封装过程基于LabVIEW面向对象程序设计技术，会使用类和对象等高级数据类型和操作，相关细节将在第13章进行讲解。

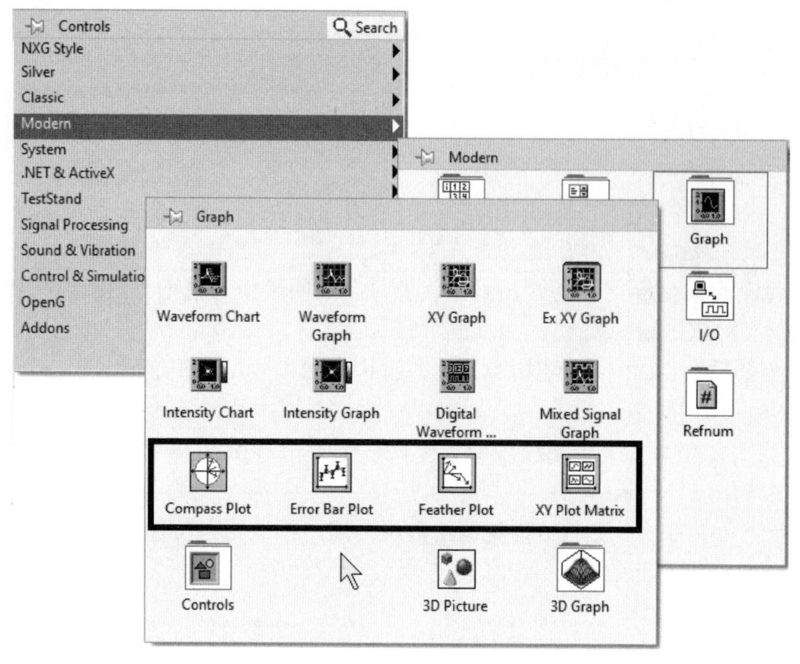

图 3-52 LabVIEW 二维图形控件

使用类和对象对相关实现细节进行封装后，开发人员在使用这些2D Graph时就不必再关心这些细节，只需传递输入数据即可。若要修改2D Graph的显示方式，可以使用程序修改其属性来完成。图3-53显示了2D羽状图的实例。程序先通过属性将羽状线的宽度更改为2，然后再将两个羽状图的数据传递给Plot Helper VI，该VI使用这些数据创建羽状图的类对象，完成数据转换等处理后将两个羽状图先后绘制在同一幅图中。

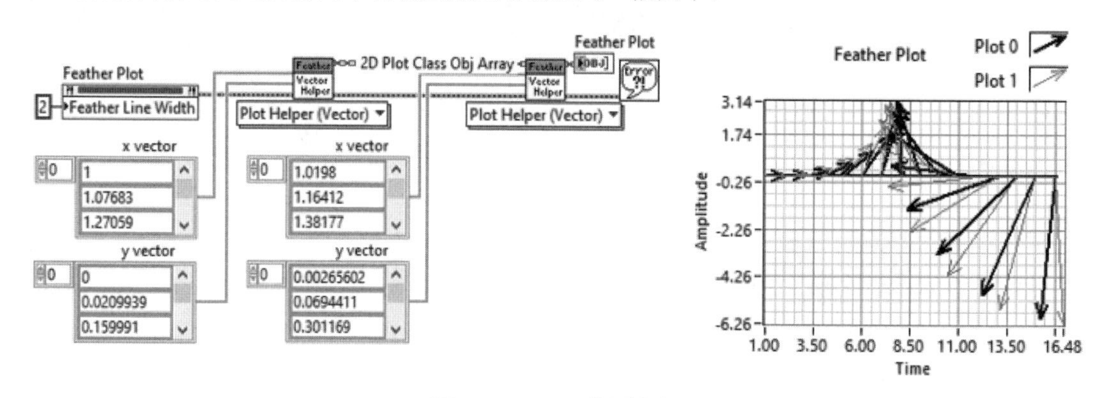

图 3-53 2D 羽状图实例

大量实际应用中的数据，需要在三维空间进行可视化显示。如研究某个平面的温度分布或飞机的运动等。LabVIEW提供两类三维图形（3D Graph）控件，一类基于面向对象技术，另一类基于ActiveX技术。基于面向对象技术的3D Graph控件与2D Graph控件类似，使用类对象封装了数据类型转换和操作过程，以方便开发人员直接使用。这些控件位于LabVIEW控件工具箱Modern → Graph → 3D Graph选项下。基于ActiveX技术的控件位于LabVIEW控件工具箱Classic → Graph选项下。表3-8是对这些控件的汇总及简要描述。

表 3-8 LabVIEW 两类 3D Graph 控件汇总

3D Graph	绘图类型	绘图类型
“Modern>Graph>3D Graph”	散点图（Scatter）	显示两组数据的统计趋势和关系
	柱状图（Bar）	生成垂直条带组成的条形图
	饼图（Pie）	生成饼图
	杆图（Stem）	显示冲激响应并按分布组织数据
	带状图（Ribbon）	生成平行线组成的带状图
	轮廓图（Contour）	绘制轮廓图
	箭头图（Quiver）	生成一般向量图
	彗星图（Comet）	创建数据点周围有圆圈环绕的动画图
	曲面图（Surface）	在相互连接的曲面上绘制数据
	网格图（Mesh）	绘制有开放空间的网格曲面
	瀑布图（Waterfall）	绘制数据曲面和 y 轴上低于数据点的区域
	三维曲面图（3D Surface Graph）	在三维空间绘制数据点，再将这些点连接，形成数据的三维曲面
	三维参数图（3D Parametric Graph）	在三维空间中使用参数函数的参数绘制曲面图
	三维线条图（3D Line Graph）	在三维空间绘制线条，用于显示运动对象的轨迹，如飞机的飞行轨迹
“Classic>Graph”	ActiveX 三维曲面图（ActiveX 3D Surface Graph）	使用 ActiveX 技术，在三维空间绘制数据点，再将这些点连接，形成数据的三维曲面
	ActiveX 三维参数图（ActiveX 3D Parametric Graph）	使用 ActiveX 技术，在三维空间中使用参数函数的参数绘制曲面图
	ActiveX 三维线条图（ActiveX 3D Line Graph）	使用 ActiveX 技术，在三维空间绘制线条，用于显示运动对象的轨迹，如飞机的飞行轨迹

基于面向对象技术的 3D Graph 控件的使用方法与 2D Graph 控件的使用方法类似。当在前面板添加 3D Graph 控件后，LabVIEW 会自动在程序框图上放置相应的 Helper VI，并将其与 3D Graph 控件的图标相连。要绘制的数据传递给控件后，Helper VI 会将输入数据类型转换为 3D Graph 接受的通用数据类型进行绘制。也可以在设计时通过右击控件，从弹出的菜单中选择 3D Plot Property 选项，调出三维图形属性对话框，对绘图过程进行配置。读者可以参考 LabVIEW 自带的 Math Plot-3D 实例（代码也可在本书代码中找到）进一步了解其使用方法，此处不再赘述。图 3-54 显示了 Math Plot-3D 实例的绘图结果。

ActiveX 3D Graph 控件基于 ActiveX 技术进行三维图形的绘制。选择一个 ActiveX 三维图形后，LabVIEW 将在包含 3D Graph 控件的前面板上添加一个 ActiveX 容器。同时还会在程序框图上放置一个对 ActiveX 3D Graph 控件的引用。根据选择的控件不同，LabVIEW 会将该引用连接至 3D Surface.vi、3D Parametric.vi 或 3D Line.vi 这三个 VI 中的一个，完成图形绘制。ActiveX 技术将在第 13 章进行详细介绍，读者可在阅读完第 13 章后，进一步了解 ActiveX 3D Graph 控件的实现原理。即使不了解 ActiveX 技术，也不影响 ActiveX 3D Graph 控件的使用。

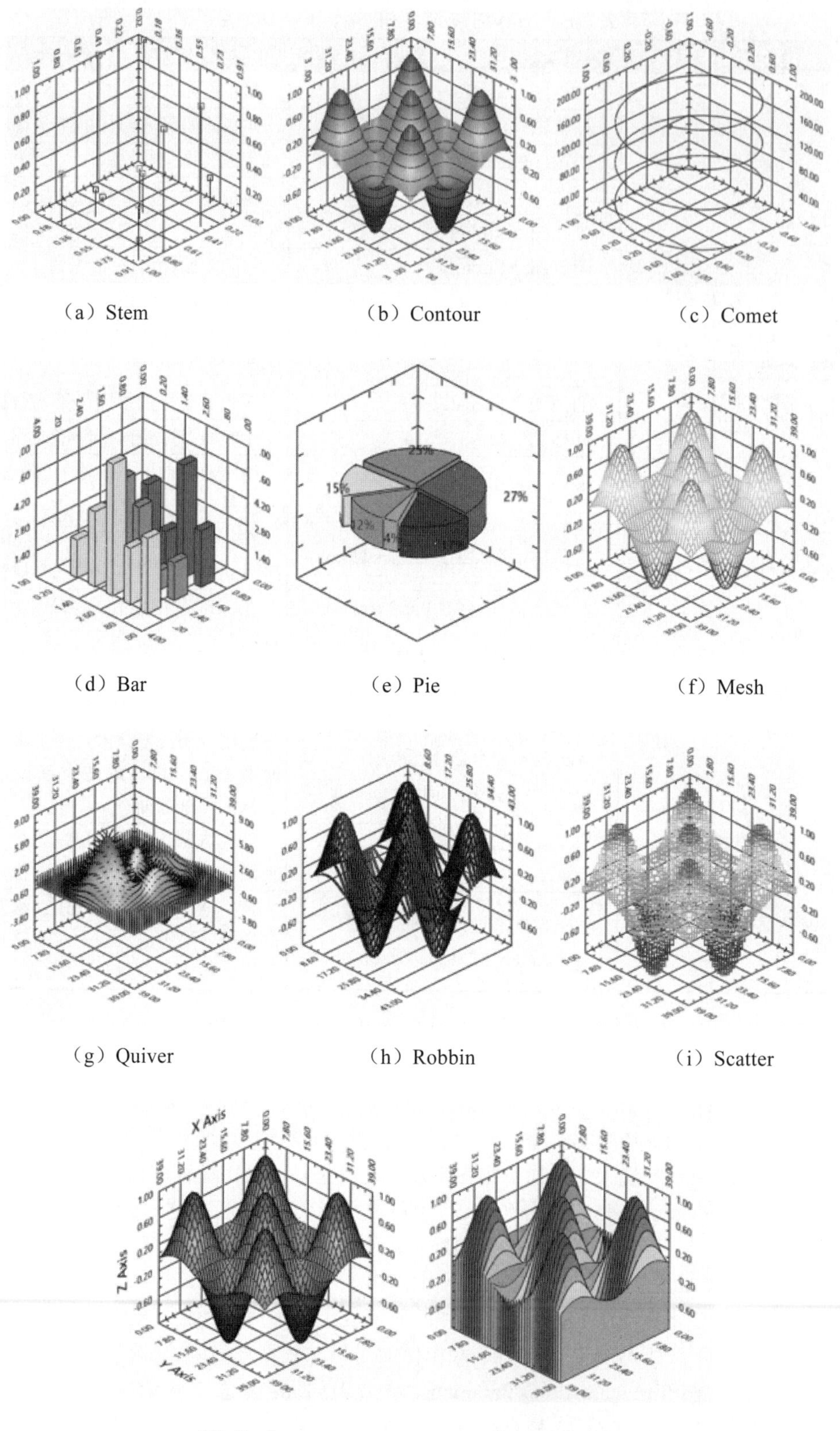

（a）Stem （b）Contour （c）Comet

（d）Bar （e）Pie （f）Mesh

（g）Quiver （h）Robbin （i）Scatter

（j）Surface （k）Waterfall

图 3-54 Math Plot-3D 实例的绘图结果

3.9.4 强度图形和强度图表

强度图形（Intensity Graph）和强度图表（Intensity Chart）通过在平面上放置颜色块的方式在二维图上显示三维数据。例如，温度图和地形图（以量值代表高度）的图形数据。Intensity Graph 和 Intensity Chart 以一个包含颜色索引的二维数组和一个定义颜色映射的一维数组作为输入，其中二维数组索引可表示图形颜色的位置，而每一个数值代表一个特定的颜色。默认情况下，数据行在 Intensity Graph 或 Intensity Chart 上以列的形式显示，数组索引与颜色块的左下角顶点对应，且最多可显示 256 种不同颜色。图 3-55 的实例演示了 Intensity Graph 的显示原理（Intensity Chart 的原理与之相同）。如果希望以行的方式显示数据，可右击该强度图形或图表，从弹出的菜单中选择“转置数组”（Transpose Array）选项进行设置。

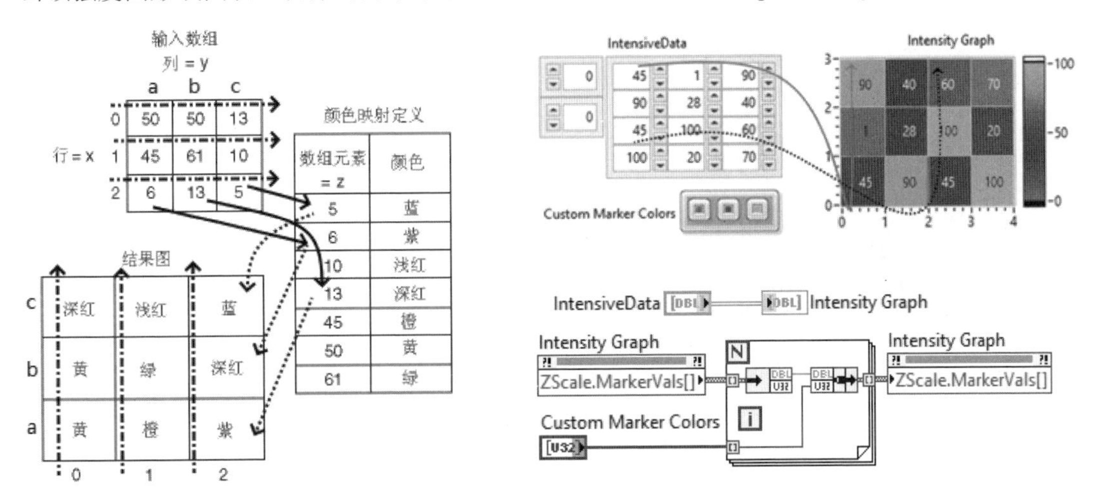

图 3-55　Intensity Graph 显示原理及实例

Intensity Graph 和 Intensity Chart 所显示的颜色与定义颜色映射的一维数组中的数值一一对应。通过 Intensity Graph 或 Intensity Chart 的 Z 标尺标记值属性 ZScale.MarkerVals[ ]，可用编程方式设置其颜色映射。该属性是一个簇数组，其中每一个簇包含一个索引数值和一个与之对应的显示颜色。通常来说，该属性中包括最小、最大和中值索引及它们分别对应颜色的三个簇元素。也可以指定更多元素来更准确地定义颜色映射，但数组中簇元素的个数应至少为两个，包括最小和最大索引及其对应颜色。以这种方式设定颜色映射时，还可通过 Z 标尺的属性设置超出索引范围的颜色属性。包括大于最大索引的颜色（ZScale.HighColor 属性）和低于最小索引的颜色（ZScale.LowColor 属性）。因此，包含两个超出范围的颜色设定值在内，强度图形和强度图表共计可以显示 256 种颜色。除了 Z 标尺中索引指定的颜色外，其他在范围内的索引值对应的颜色会基于这些指定的颜色以插值的方式进行创建。

如需在 Intensity Graph 上显示位图，可用 ColorTable 属性在一维数组中指定一个最多包含 256 种颜色的色码表。根据 Intensity Graph 或 Intensity Chart 的 Z 标尺设定，输入的颜色索引会被映射为该色码表中的不同索引。例如，若颜色标尺的范围为 0 ~ 100，则数据中的 0 被映射为索引 1，而 100 被映射为索引 254，两者之间的索引值则以插值的方式被映射为 1 ~ 254 的数值。任何小于 0 的值被映射为小于范围的颜色（索引为 0，颜色由 ZScale.LowColor 属性指定），而任何大于 100 的值被映射为高于范围的颜色（索引为 255，颜色由 ZScale.HighColor 属性指定）。

图 3-55 显示了一个使用 Intensity Graph 绘制曼德博分形（Fractal）的实例。分形理论由本华 • 曼德博（Benoit B. Mandelbrot）首先提出，目的是描述人们在自然界中观察到的不规

则形状，反映无限的细节、无限的长度和不光滑的曲线特性。能更加趋近复杂系统的真实属性与状态的描述，更加符合客观事物的多样性与复杂性。曼德博集合（Mandelbrot set，或译为曼德布洛特复数集合）是一种在复平面上组成分形（Fractal）点的集合。它与朱利亚（Julia）集合相似，均使用相同的复二次多项式进行迭代。图 3-56 的实例中使用了 LabVIEW 的 MathScript 节点中的文本代码，实现了色彩映射的数学计算，并最终使用计算结果修改强度图的属性。MathScript 节点的使用将在第 12 章进行详细介绍，读者目前可不必纠结本例中文本代码的细节，只需重点了解通过属性实现颜色映射的过程即可。此外，程序中还通过 ZScale.MarkerVals[ ] 和 ZScale.LowColor 属性修改了 Z 标尺标记值和小于最小索引值的对应颜色。

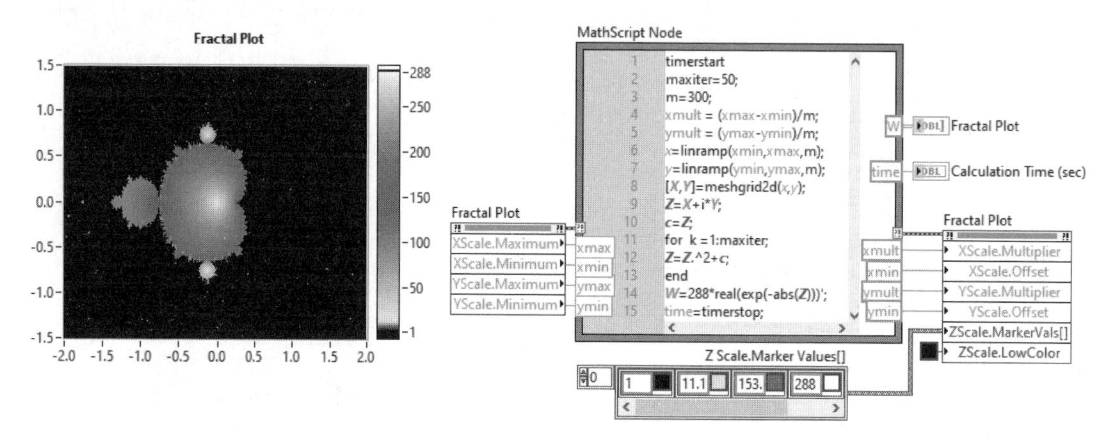

图 3-56　Intensity Graph 绘制曼德博分形实例

Intensity Chart 是图表（Chart）的一种，因此它也具图表的特点。Intensity Chart 有 Strip、Sweep 和 Scope 三种显示模式，在绘制过程中会在缓冲区中保留之前已绘制的历史数据。Intensity Chart 缓冲区的默认大小为 128 个数据点。可通过右击 Intensity Chart，从弹出的菜单中选择历史长度来配置缓冲区大小。Intensity Chart 的显示需要占用大量的内存。如连续运行，历史数据将会越积越多，并要求更多的内存空间。当缓冲区中存满历史数据后，LabVIEW 就停止占用内存。注意，LabVIEW 不会在 VI 重新打开时清除图表的历史数据，若要在程序运行过程中清除强度表的历史数据，可将空数组传递给强度表的历史数据属性节点。图 3-57 是使用强度表扫描模式实时显示 5×5 矩阵中随机数据的实例。

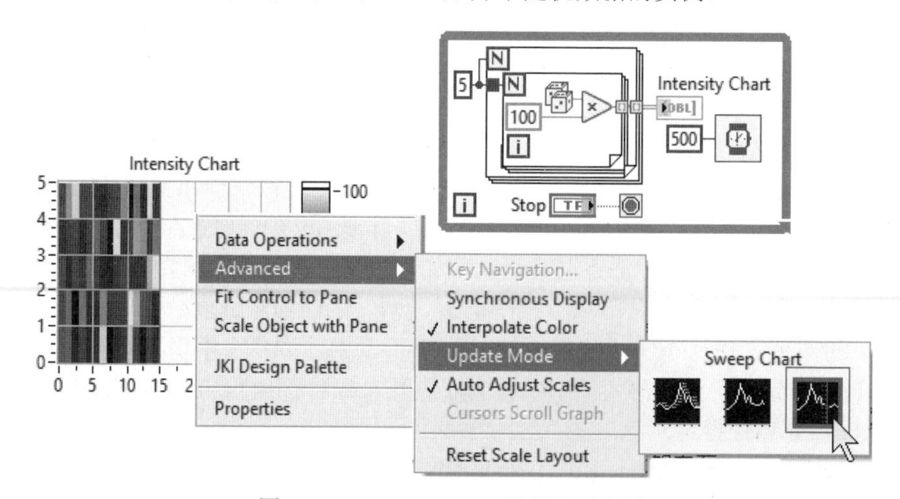

图 3-57　Intensity Chart 数据显示实例

Intensity Graph 和 Intensity Chart 类似，但它并不保存历史数据，也没有像 Intensity Chart 那样的三种刷新模式，并且 Intensity Graph 每次绘制新数据图时，都会先清除旧数据。和其他图形一样，Intensity Chart 也有游标，用来显示某个指定绘制点的 X、Y 和 Z 值。

3.10 本章小结

数据类型说明了所描述的量在计算机中的性质、表示形式、占据存储空间的多少，等等。程序设计时的一项重要工作就是将现实世界中的客观对象抽象为计算机可识别的各种数据类型，并使用各种算法对数据进行操作，实现目标功能。

LabVIEW 支持多种基本的数据类型，如布尔、数值、字符串、数组等，还支持簇、矩阵以及类等高级数据类型。设计人员可以根据所描述对象的类型、范围等选择最符合逻辑并可简化数据操作的数据类型。

无论基于何种类型创建数据对象，最终目的都是希望在程序中对这些数据进行操作。我们不仅可以对 LabVIEW 中的数据进行赋值、转换读写权限、指定作用域等常规操作，还可以完成某个数据类型特有的操作。以数组为例，我们不仅可以创建数组输入控件或数组显示控件，并对其初始化，还可以对其进行排序、搜索、拆分等数组特有的操作。

基于基本的数据类型，可以在 LabVIEW 中使用 Graph 和 Chart 对数据进行可视化。一些 2D 和 3D 的 Graph 基于面向对象类或 ActiveX 技术创建，这些高级的数据类型和技术将在后续章节介绍。

数据类型的选择直接决定程序算法实现的难易程度以及程序的优劣，因此熟悉 LabVIEW 支持的数据类型及各种类型对应的操作函数对于虚拟仪器项目开发至关重要。

第 4 章　基本程序结构

与传统的文本设计语言类似，设计人员在LabVIEW中通过各种程序结构（如分支、循环等）控制程序的运行，并使用各种数据结构及其对应的操作来实现用户的需求。早在 20 世纪 70 年代，BohM 和 Jacopini 的研究就表明，所有程序都可以由三种基本控制结构，即顺序结构（Sequence Structure）、分支结构（Selection Structure）和循环结构（Repetition Structure）的组合来描述，它们的流程图如图 4-1 所示。图中矩形框（又称为执行框）表示各种操作，包括计算、输入和输出操作，箭头表示进行操作的顺序，菱形框（也称判断框）表示条件判断。

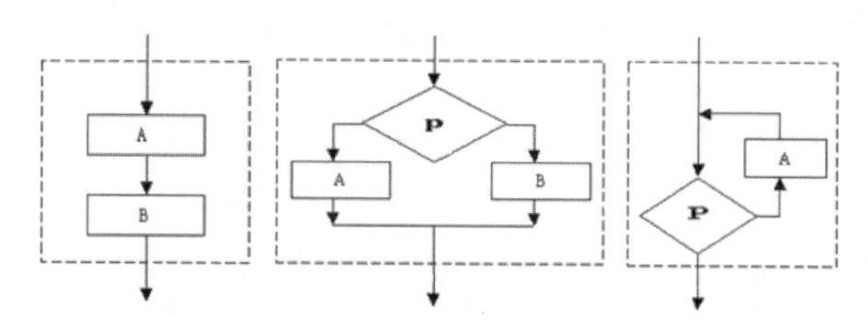

图 4-1　顺序、分支、循环结构的流程图

LabVIEW 中的程序控制结构是传统文本编程语言程序控制语句的图形化表示（图 4-2），使用它们可像文本代码一样控制代码按条件、按特定顺序或控制代码块重复执行。与其他节点类似，程序框图中的程序控制结构也具有可与其他程序框图节点进行连线的接线端。输入数据存在时结构会自动执行，执行结束后将数据提供给输出端。每种结构都含有一个可调整大小的清晰边框，用于包围根据结构规则执行的程序框图部分。结构边框中的程序框图部分称为子程序框图。从结构外接收数据和将数据输出结构的接线端称为隧道（Tunnel）。

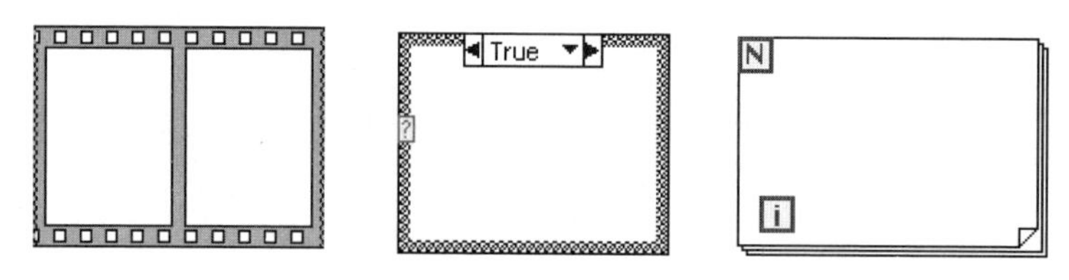

图 4-2　LabVIEW 中的顺序、分支、循环结构

为了程序控制方便，LabVIEW 将三种基本程序结构演化为多种表现形式（图 4-3）。主要包括顺序结构、分支结构、循环结构、事件结构（Event Structure）、公式（Formula）、脚本（Scripts）、禁用结构（Disable Structure）和装饰组件（Decoration）等。虽然种类繁多，但从根本上均能归类到三种最基本的程序结构之一，或看作是基本程序结构的组合。

表 4-1 给出了 LabVIEW 中程序控制结构的分类和说明，表中顺序结构被扩展为平铺式顺序结构（Flat Sequence Structure）和层叠式顺序结构（Stack Sequence Structure）两种形式，它们从功能上没有本质区别，只是在后面板上，一种以类似电影胶片的形式显示，另一种以翻页的形式显示。前者相对后者在后面板上占用较多空间，但可以不用翻页，一次性显示所有子程序框图。分支结构类似 C/C++ 中的 If 或 Switch 语句，可按照各种给定条件选择性地执行子程序框图。循环结构包括 For 循环和 While 循环两种。和 C/C++ 等文本编程语言不同，LabVIEW 中仅保留了 For 循环和 Do-While 循环，这是因为任何其他形式的循环都可以变形为这两种形式，仅使用这两种循环结构可以极大地增强程序的可读性。

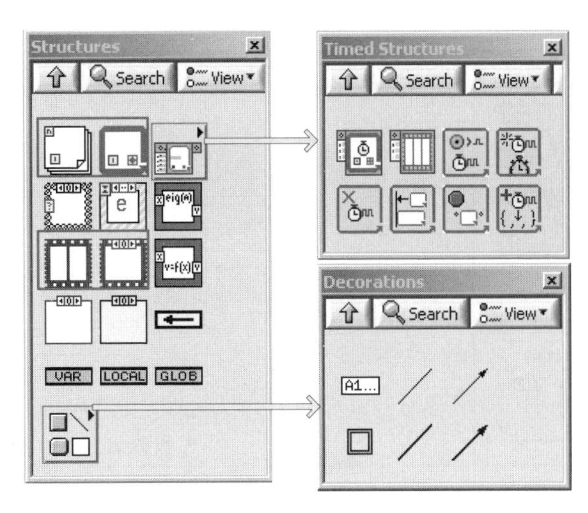

图 4-3 LabVIEW 中的基本程序控制结构

除了顺序、分支和循环三种基本程序控制结构外，LabVIEW 还额外提供事件结构（Event Structure）、定时结构（Time Structure）和禁用结构（Disable Structure）等，用于快速开发高级应用，解决更复杂的问题，这些内容将在本书的后续章节详细介绍。

表 4-1 LabVIEW 程序结构分类说明

分　类	图形代码	名　称	说　明
顺序结构		平铺式顺序结构	以类似电影胶片的形式组织顺序执行的代码
		层叠式顺序结构	以层叠翻页的形式组织顺序执行的代码
分支结构		分支结构	按照输入条件，从多组程序框图中仅选择一组满足条件的执行
循环结构		Do-While 循环	执行子程序框图，直至满足某个布尔条件或出现错误
		For 循环	以固定次数执行一个子程序框图。添加条件接线端后，出现布尔条件或发生错误时循环中止执行
事件结构		事件结构	包括一个或多个子程序框图，在用户交互产生某个事件时执行
定时结构		定时结构	执行一个或多个包括限时和延时的子程序框图
数据传递	GLOB	全局变量	可在多个 VI 之间访问和传递数据
	LOCAL	局部变量	可从一个 VI 的不同位置访问前面板对象
	VAR	共享变量	当不同的 VI 或程序框图的不同位置之间无法用连线连接时，可以使用共享变量实现数据共享
		反馈节点	可保存由上一个 VI 或循环执行而得的数据

续表

分　类	图形代码	名　称	说　明
公式和脚本		数学脚本	用于在 LabVIEW 中执行数学脚本
		公式	一种便于在程序框图中执行数学运算的文本节点
禁用结构		程序禁用结构	包含一个或多个子程序框图，只编译和运行活动的子程序框图
		条件禁用结构	包含一个或多个子程序框图，不编译被禁用的子程序框图，运行时只根据条件配置执行满足条件的子程序框图
装饰		代码装饰组件	对代码进行装饰，以增强可读性

C/C++、Python、Java 以及绝大多数其他文本编程语言都遵循程序执行的“控制流”模式。在这种模式下，程序元素的先后顺序决定程序的执行顺序。与传统的基于文本的程序设计语言不同，LabVIEW 按照“数据流”驱动模式运行程序。只有所有必需的输入数据具备时，程序框图节点才运行。节点在运行时产生输出数据并将该数据传送给数据流路径中的下一个节点。数据流经节点的动作决定了程序框图上 VI 和函数的执行顺序。

使用 LabVIEW 进行设计的过程也就是根据用户需求创建各种数据结构，并利用以上所述的程序控制结构，按照数据流驱动的模式控制各种针对数据结构的操作按照某种方式运行，来实现用户需求的过程。这是一个极富创造性的过程，当然一个重要的前提就是熟悉基本程序结构，本章后续部分着重介绍这些内容。

4.1 数据流驱动

LabVIEW 与传统程序设计语言最主要的不同之处，在于其以“数据流”而不是“控制流”（命令的先后顺序）来决定程序的执行顺序。控制流执行模式由指令驱动程序，数据流执行模式则由数据驱动，又称为数据依赖（Data Dependency）。即需要输入参数的程序框图节点，总是在向它提供参数的程序框图节点执行完毕后才可执行。

在 LabVIEW 程序中，当数据依赖关系不存在时，不要想当然地认为程序的执行顺序是从左到右，自顶向下的。实际上没有连线的程序框图，其各节点可以按照任意顺序执行。图 4-4（a）显示了一个由于数据依赖关系不存在造成数据竞争状态的例子。在程序中，两个加法函数试图并行改变同一个数据资源的值，程序的运行结果取决于变量先执行哪个动作，所以无法确定结果是 7，还是 3。这种数据的竞争状态经常在使用局部变量、全局变量或外部文件时发生，它会引起程序运行的不可预见性。程序设计中当然不能容忍这种随意性发生，必须确保事件顺序有非常明确的定义，以避免程序失控。在 LabVIEW 中，可使用连线实现变量的多种运算，从而避免竞争状态。图 4-4（b）按照自然的数据依赖关系，通过连线连接各函数，以确保程序按照数据流驱动模式安全运行。

当自然的数据依赖关系不存在时，通常需要通过人工数据依赖（Artificial Data Dependency）设定程序的执行顺序。此时，程序框图并不一定将接收到的数据作为参数使用，而是根据数据是否到达来触发程序框图节点的执行。人工数据依赖可以使用数据流参数

（Flow-through Parameters）或顺序结构创建。数据流参数通常为引用句柄或错误簇，它返回与相应的输入参数相同的值。把要执行的前一个节点的输出数据流参数连接到要执行的下一个节点的相应输入，即可创建基于数据流参数的人工数据依赖。如果程序框图节点中没有数据流参数，则必须使用顺序结构来确保数据操作按期望的顺序执行，这一点我们将在4.2节讲解。

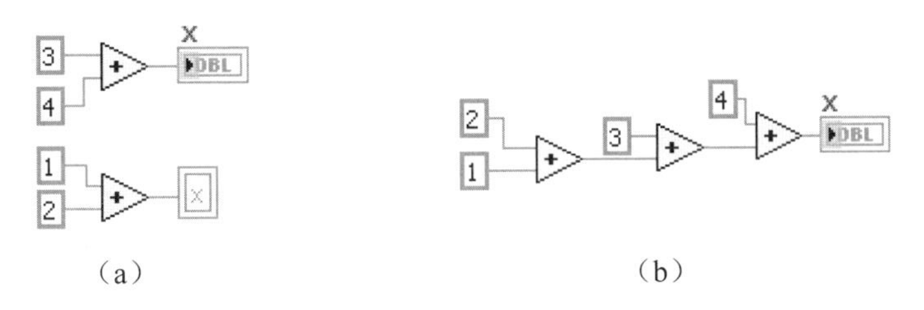

（a） （b）

图4-4 数据竞争

图4-5（a）的程序框图中，读取二进制文件函数和关闭文件函数没有相连，它们之间不存在数据依赖关系。由于不能确定哪个函数先执行，可能导致预想的文件读取功能无法实现。例如，如果“关闭文件”函数先运行，则“读取二进制文件”函数将不执行。图4-5（b）的程序框图中“读取二进制文件”函数的输出连接到“关闭文件”函数，二者建立了数据依赖关系，“关闭文件”函数只有在接收到“读取二进制文件”函数的输出后才能执行。数据依赖关系确保了文件读取功能的实现。

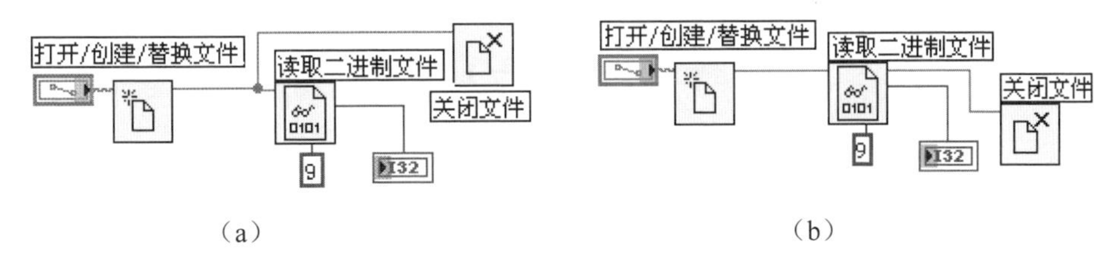

（a） （b）

图4-5 数据依赖

在LabVIEW程序设计中，使用错误簇作为数据流参数创建数据依赖的情况处处可见，图4-6是一个典型的例子。在无明显数据依赖的情况下，错误簇可以用来为程序创建数据依赖关系。错误处理功能是提高程序健壮性的有效手段，优秀的程序设计者会为子VI创建错误处理的能力，因而错误簇就顺理成章地成为驱动程序按照数据流模式运行的选择。一般来说，当VI中出现错误时，VI中代码将不被执行，而错误的状态将通过错误簇继续向下传递。

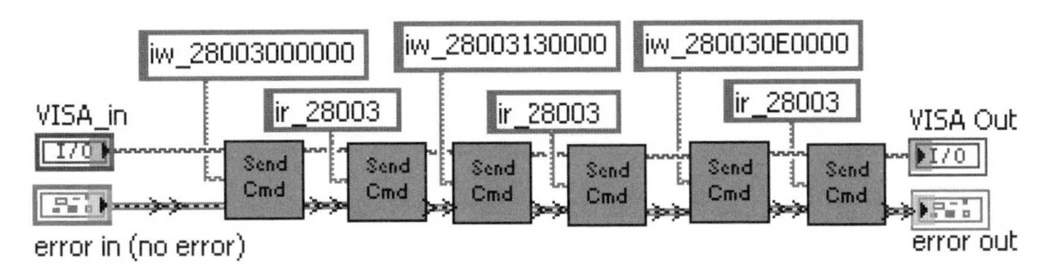

图4-6 错误簇作为数据流参数

从内存管理角度来看，数据流驱动模式比传统的控制流执行模式更简单。这是因为在LabVIEW中，多数情况下无须通过创建变量和对变量赋值来传递数据，而只需创建带有连线的程序框图，来表示数据的传输即可。LabVIEW具有内存自动管理功能。在生成数据的VI和函数中，LabVIEW会自动为该数据分配内存。当该数据不再被使用时，LabVIEW将释放相关内存。若 VI 要处理大量的数据，用户应当了解程序如何分配和释放内存。这些内存管理的相关原则，可帮助用户编写使用更少内存的程序，提高程序运行的速度。

由于 LabVIEW 以数据流来决定程序的执行顺序，因此它与生俱来就有创建并行操作的能力。如图 4-7 所示，在 LabVIEW 中可以同时运行两个 For 循环，以便同时更新前面板上的数据采集和验证结果。数据流驱动模式使得 LabVIEW 能够很容易地实现多线程和多任务程序结构，而这些结构恰恰是虚拟仪器系统能力突飞猛进的重要因素之一，本书在后续章节详细讲解类似的高级程序开发结构和框架。

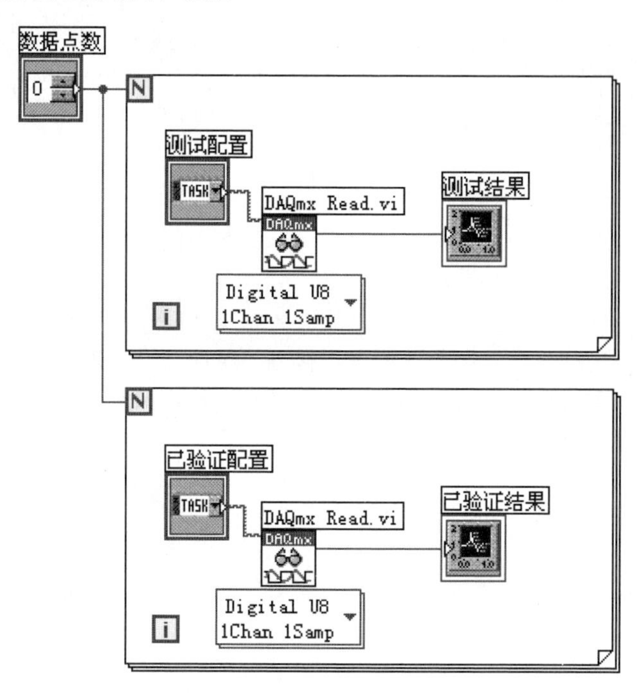

图 4-7 数据流驱动模式与生俱来就支持并行循环

4.2 顺序结构

顺序结构用来控制程序子框图按照顺序执行。顺序结构包含一个或多个按顺序执行的子程序框图（可形象地称为“帧”）。跟程序框图的其他部分一样，在顺序结构的每一帧中，每个节点的执行顺序由数据依赖性来确定。顺序结构有两种类型：平铺式顺序结构和层叠式顺序结构，分别如图 4-8（a）和图 4-8（b）所示。

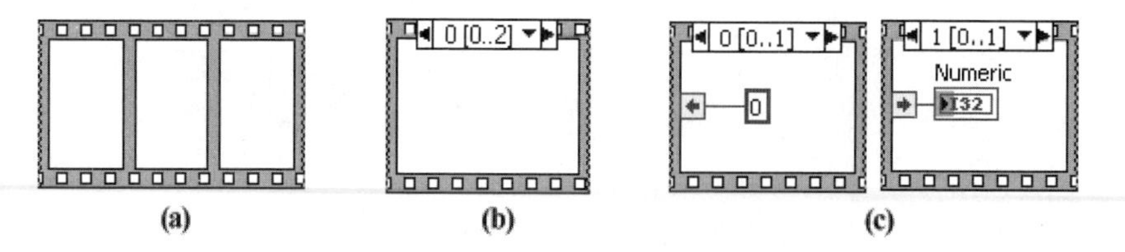

图 4-8 平铺式和层叠式顺序结构

平铺式顺序结构的帧如同电影的胶片，在程序框图上显示每个帧，并按照从左至右的顺序执行每一帧中的代码，这意味着某个帧的输入可能取决于之前某个帧的输出。与平铺式顺序结构不同，层叠式顺序结构将所有的帧依次层叠，每次只能看到其中一帧，并且按照帧 0、帧 1、直至最后一帧的顺序执行，相对于平铺式结构比较节省程序框图空间。如果要在层叠式顺序结构的帧之间进行数据传递，可以在顺序结构中增加“顺序结构局部变量”（Sequence Local）。右击结构边框并在弹出的菜单中选择“添加顺序结构局部变量”选项，可添加一个顺序局部变量。如果将数据连接至顺序局部变量，它的接线端中将出现一个向外的箭头，其后续帧中的接线端将出现向内的箭头，用于表示数据的流向。图 4-8（c）给出了含有顺序结构局部变量的层叠式顺序结构的连续两个帧。使用位于层叠式顺序结构顶端的“帧选择器及标识”（Sequence Selector Identifier），可浏览已有帧或重新安排帧的顺序。单击帧选择器及标识中的递减或递增箭头，可以循环浏览已有帧。单击帧号旁边的向下箭头，可以从下拉菜单中选择跳转至某一个特定的帧。右击帧的边框，从弹出的菜单中选择“将本帧设置为”选项和帧号，将重新安排层叠式顺序结构的顺序。

平铺式顺序结构和层叠式顺序结构之间可以相互进行转换。右击平铺式顺序结构，在弹出的菜单中选择“替换为层叠式顺序结构”选项，可将平铺式顺序结构转换为层叠式顺序结构。如果将平铺式顺序结构转变为层叠式顺序结构，然后再转变回平铺式顺序结构，LabVIEW 会将所有输入接线端移到顺序结构的第一帧中。最终得到的平铺式顺序结构所进行的操作与层叠式顺序结构相同。将层叠式顺序转变为平铺式顺序，并将所有输入接线端放在第一帧中，则可以将连线移至与最初平铺式顺序相同的位置。在层叠式顺序结构中添加、删除或重新安排帧时，LabVIEW 会自动调整帧标签中的数字。

使用顺序结构应谨慎，任何一个顺序结构局部变量都会打破从左到右的数据流驱动模式。因此，在 LabVIEW 程序设计中应尽量避免使用太多顺序结构，这可以通过以下方法来实现。

- 在需控制执行顺序时，尽量使用程序框图节点之间自然的数据依赖性代替顺序结构（图 4-4）。
- 如果不存在自然的数据依赖关系，使用数据流参数（如错误簇）来控制程序执行顺序（图 4-6）。
- 当程序中既没有自然的数据依赖，也没有数据流参数来确定程序执行时，才使用顺序结构来人为创建数据依赖。

图 4-8 给出了利用顺序结构创建数据依赖关系的例子。在图 4-9（a）的程序代码中，While 循环在用户按下 Stop 按钮后结束（该循环的功能在后面章节讲述），While 循环结束后，希望使用“退出 LabVIEW”函数关闭 LabVIEW，但是“退出 LabVIEW”函数与 While 循环之间并无自然的数据依赖关系，因此将 While 循环输出寄存器连接到顺序结构的边框上，创建人为的数据依赖。虽然在顺序结构中并没有将 While 循环输出寄存器的值作为参数，但是这种关系却可以保证“退出 LabVIEW”函数在 While 循环执行完成后才运行。在图 4-9（b）中的程序代码中，Input 的初始化“退出 LabVIEW”函数和 While 循环之间不存在自然的数据依赖，因此使用顺序结构人为约束它们之间的执行顺序，确保程序安全地执行，这种结构也经常用在大型的程序设计中。

顺序结构虽然可以保证程序的执行顺序，但滥用不仅会降低程序的响应能力，还会阻止程序的并行操作能力。这是因为无论顺序结构的哪一帧是否出现错误，顺序结构中的后续帧都要执行。换句话说，一旦顺序结构开始运行，程序就必须等到顺序结构执行完毕才能继续接受用户输入。这种做法阻止了程序运行时的并发处理能力。在设计时，设计人员应尽量避免滥用顺序结构，并竭尽所能充分发挥 LabVIEW 固有的并行机制。例如，如果不使用顺序结构，使用 PXI、GPIB、串口、DAQ 等 I/O 设备的异步任务就可以与其他操作并发运行。

事实上顺序结构在多数情况下可以被分支结构代替，在后续章节会进一步讲解这些技术。

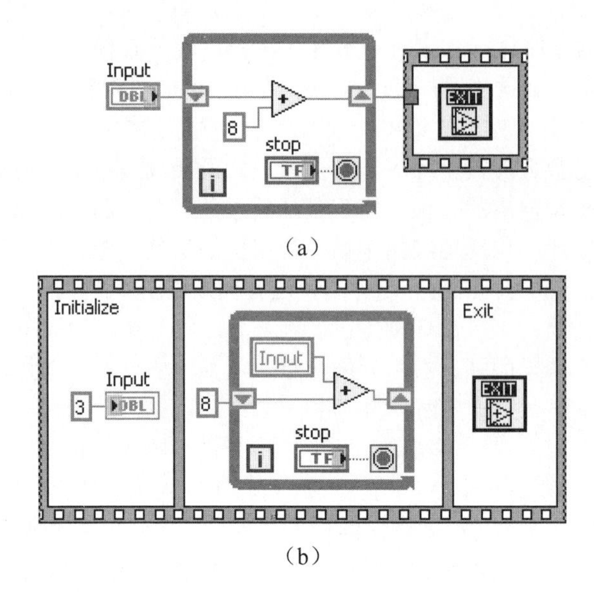

（a）

（b）

图 4-9 利用顺序结构人为创建数据依赖关系

4.3 分支结构

分支结构的功能类似于文本编程语言中的 Switch 语句或 if…then…else 语句，它一般包括两个或两个以上的子程序框图（也称为“分支”），但每次只显示一个子程序框图。分支结构顶部有一个“分支选择器标签”（Case Selector Identifier），它由结构中各个分支对应的选择器值的名称以及两边的递减和递增箭头组成。单击递减和递增箭头可以滚动浏览已有条件分支，也可以单击条件分支名称旁边的向下箭头，并在下拉菜单中选择一个条件分支。

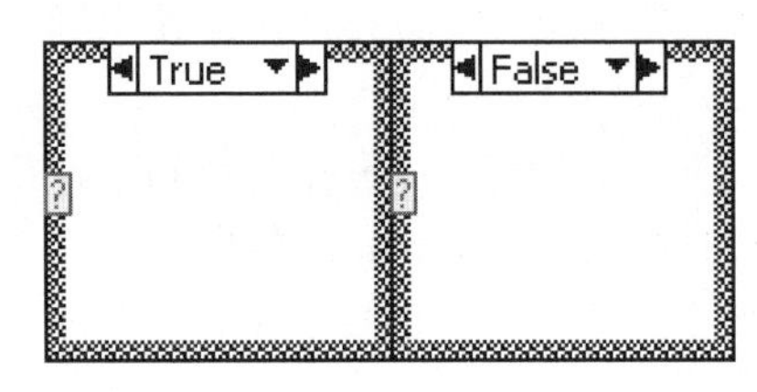

图 4-10 分支结构的两个分支

分支结构根据传递给“分支选择器接线端”（Case Selector Terminal）?的输入值来选择执行相应的分支，它可位于左边框的任意位置，并可以接受整数、布尔值、字符串和枚举型值。如果分支选择器接线端的数据类型是布尔值，则该结构包括真和假两个分支（图 4-10）；如果是一个整数、字符串或枚举型值，则该结构可以包括任意多个分支。

在设计时，一般通过修改分支结构顶端“分支选择器标签”的值来为输入条件指定处理分支。“分支选择器标签”的值既可以是数值，也可以是字符串或枚举值，这由连接到“分支选择器接线端”的数据类型而定。

如果连接到“分支选择器接线端”的数据类型为数值类型，则必须在“分支选择器标签”中指定相应的值与用来选择要执行的分支。“分支选择器标签”中的值可以是单个值、多个值（数值之间用逗号隔开），或者是一个范围或多个范围。如使用数值范围，可以使用符号“..”来声明。例如，要设定 10 ～ 20 的所有数字（包括 10 和 20）作为一个范围，可以输入 10..20。也可以设定开集范围，例如，..100 表示所有≤ 100 的数，100.. 表示所有≥ 100 的数。还可以指定多个范围（范围之间用逗号隔开），如 ..5，6，7..10，12，13，14。当在同一个条件选择器标签中输入的数值范围有重叠时，分支结构会自动以更紧凑的形式重新显示该标签。例如，上例中范围 ..5，6，7..10，12，13，14 会被优化为 ..10，12..14 显示。

图 4-11 给出了一个分支结构的所有分支。其中不仅为输入等于 1 的情况指定了处理分支，

还为输入等于2、3、6的情况指定了同一个分支；不仅为输入为10～20（含10和20）的情况指定了分支，还为输入21～30或大于60的情况指定了同一个分支；最后为所有声明的情况指定了默认的处理分支。

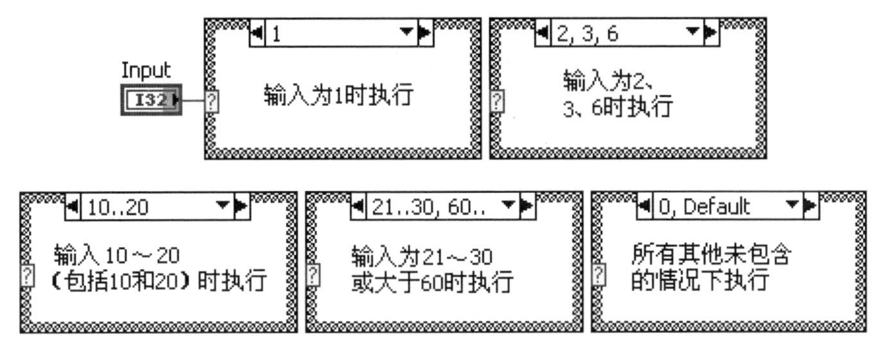

图4-11 分支结构各分支的标签值

与数值不同，在“分支选择器标签”中输入字符串和枚举值时，它们会显示在双引号中，如“red”“green”和“blue”。但是在输入这些值时并不需要输入双引号，除非字符串或枚举值本身已包含逗号或范围符号（“,”或“..”）。在字符串值中，反斜杠（\）用于表示非字母数字的特殊字符，如\r表示回车、\n表示换行、\t表示制表符。LabVIEW通过ASCII值确定字符串的范围，在“分支选择器标签”中，字符串表示范围的方式与数值略有不同。例如"a".."c"表示包括以a或b开头的所有字符串，不包括c。范围"a".."c",c包括结束值c。字符串范围对大小写敏感，例如，"A".."c"和"a".."c"表示不同的范围。

通常情况下，分支结构会包含一个默认的处理分支，用于处理分支选择器接线端的值超限情况。如果未为分支结构指定默认分支，则必须为所有可能的输入值指定分支。例如，如果分支选择器的数据类型是整型，并且已为0、1、2和3指定了相应的分支，则必须指定一个默认分支用于处理当输入数据为4或任何其他有效整数值时的情况。需要注意的是，由于布尔输入只有两种可能值，因此不必为其指定默认分支。

如果连接到“分支选择器端子”的值与“分支选择器标签”中的值类型不同，则“分支选择器标签”中的值显示为红色，这时只有编辑或删除该值后VI才能正常运行。同样由于浮点算术运算可能存在四舍五入误差，因此浮点数不能作为分支选择器的值。如果将一个浮点数连接到“分支选择器端子”，LabVIEW将对其舍入到最近的偶数值。如果在“分支选择器标签中”输入浮点数，VI将无法运行。此外，“分支选择器”的值不能使用定点数，将定点数连接至“分支选择器接线端”时，VI的运行箭头将显示为断开。

当改变分支结构中选择器接线端连线的数据类型时，如果可能，条件结构会自动将条件选择器值转换为新的数据类型。如果将数字值转换为字符串，如19，则该字符串的值为“19”。如果将字符串转换为数字值，LabVIEW仅转换可以用于表示数字的字符串值。而仍将其余值保存为字符串。如果将一个数字转换为布尔值，LabVIEW会将0和1分别转换为FALSE和TRUE，将其他数字值转换为字符串。

分支结构可以包含多个数据输入/输出通道。所有输入通道都可供任何分支选用，分支是不是使用它传递数据则可根据自身情况而定。但是，当在分支结构中使用一个输出通道时，每个分支都要为该通道定义其运行时输出到该通道的值。从图形上看，在某一个条件分支中创建一个输出通道时，所有其他条件分支边框的同一位置上也会出现类似通道。只要有一个输出通道没有连线，该结构上的所有输出通道都显示为白色正方形。一种快速的连线方法是右击输出通道，从弹出的菜单中选择“未连线时使用默认”选项，所有未连线的通道将使用通道数据类型的默认值。

分支结构经常用在程序中进行错误处理。如前所述，将错误簇连接到分支结构时，“分支选择器标签”将显示两个选项：错误和无错误。错误时分支结构边框为红色，无错误时边框为绿色。当发生错误时，条件结构将执行错误子程序框图。

虽然分支结构、层叠式和平铺式顺序结构都包含多个帧，但是它们使用数据通道的方法有本质的区别。顺序结构的通道只能有一个数据源，而输出可以来自任意帧。如使用平铺式顺序结构，则顺序结构的外部数据可在每帧执行时输入该帧，帧执行完毕后将返回该数据。如果使用层叠式顺序结构，只有当所有与结构相连的数据输入后才会开始执行该结构。只有当所有帧执行完毕后，各个帧才会返回所连接的数据。要将数据从一个帧传递给平铺式顺序结构中的其他帧时，可将该帧的隧道与结构中的其他帧相连。可以将帧或帧的输出与其他帧相连接。如图 4-12 所示的例子中，某个用于测试应用程序的 VI 含有一个状态显示控件，用于显示测试过程中当前测试的名称。如果每个测试都是从不同帧调用的子 VI，则不能在每一帧中更新显示控件，层叠式顺序结构中断开的连线便说明了这一点。

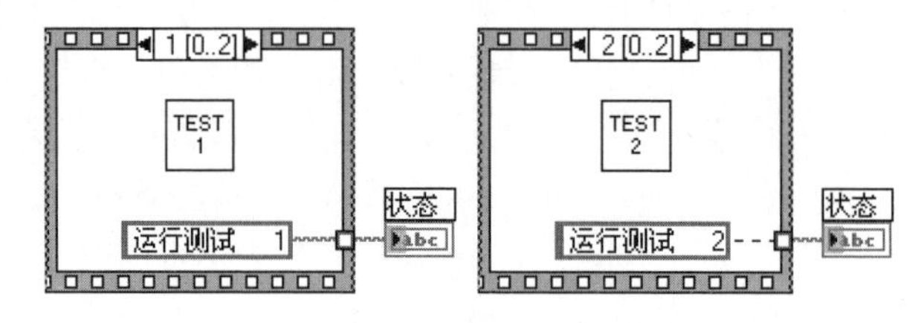

图 4-12　不能在顺序结构每一帧中使用更新数据

与顺序结构不同，分支结构的任何分支都可以输出数据。在如图 4-13 所示的例子中，分支结构中的每个分支都相当于顺序结构中的某一帧。While 循环的每次循环将执行下一个分支。状态显示控件显示每个分支 VI 的状态，由于数据在每个分支执行完毕后输出，因此在调用相应子 VI 选框的前一个分支中将更新状态显示控件。在执行任何分支时，条件结构都可传递数据来结束 While 循环。例如在运行第一个测试时发生错误，条件结构可以将 FALSE 值传递至条件接线端来中止循环，即使执行过程中有错误发生，顺序结构也必须执行完所有帧。

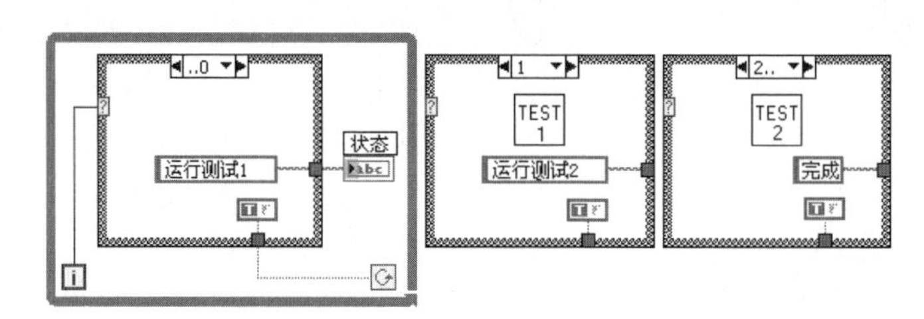

图 4-13　分支结构的任何分支都可以输出数据

4.4　循环结构

循环可用来控制程序中要进行的重复性操作。LabVIEW 中包括 For 和 While 两种形式的循环。

4.4.1　For 循环和 While 循环

For 循环按设定的总次数执行子程序框图，循环总数可以通过将循环外部的数值连接到 For 循环的总数接线端（Count Terminal）N来手动设定或使用自动索引来自动设定，已经执行完成的循环次数由循环计数器接线端（Iteration Terminal）i实时更新输出（图 4-14（a））。

循环总数和循环计数器接线端都是 32 位有符号整数。如将一个浮点数或定点数连接到总数接线端，LabVIEW 将对其进行取整，并将其强制转换到 32 位有符号整数的范围内。如果将 0 或负数连接到总数接线端，该循环将无法执行并在输出中显示该数据类型的默认值。第一次执行循环时，循环计数器接线端会返回 0，随后每次按 1 递增。如果循环计数器的次数超过了 2^{31} 次（计数器的值超过 2147483647），循环计数器接线端将在此后的循环中保持在 2147483647。如果需要使用大于 2147483647 的循环计数器，则需使用表示能力更大的移位寄存器。

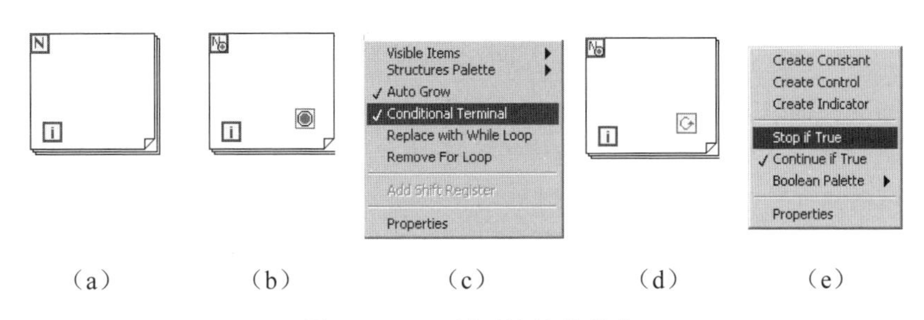

图 4-14 For 循环的几种形式

通常情况下，For 循环运行的总次数通过连接到总数接线端的值来控制，但是有时也可以为 For 循环添加一个条件接线端，来控制 For 循环在满足某种条件时结束循环执行。循环的条件接线端，可以是布尔数据（如一个布尔输入控件或一个比较函数的输出），也可是一个错误簇。如果 For 循环同时含有多个结束条件，将以最先实现的条件为准来控制循环结束。右击循环边框并从弹出的菜单中选择“条件接线端”选项，可为 For 循环添加或删除一个条件接线端。含有条件接线端的 For 循环右下角会包含一个条件接线端子图标（Conditional Terminal），并且计数接线端的外观也会改变，如图 4-14（b）所示。带条件接线端的 For 循环，其条件接线端必须连接，同时循环的总数必须通过总数接线端或自动索引指定。

如果设定条件接线端为“真时停止”（Stop If True），For 循环将在收到 TRUE 值、循环达到总循环数或自动索引的最大次数时停止执行。右击条件接线端并从弹出的菜单中选择“真时继续”（Continue If True）选项，条件接线端的动作和外观均改变（图 4-14（d））。For 循环将执行其子程序框图，直到条件接线端接收到一个 FALSE 值。

包含条件接线端的 For 循环，只有在连接到条件接线端的条件从未出现时，循环的总次数才是循环的最大次数。当使用的循环没有最大循环次数，并且要求它在某个条件出现时停止执行，就可以使用 While 循环。

While 循环类似于文本编程语言中的 Do-While 循环或 Repeat-Until 循环，它持续执行子程序框图直到满足某个指定的条件为止。While 循环与 For 循环都可以包含条件接线端，但由于 For 循环同时还包括一个固定的循环总数，因此即使条件未发生，循环也不会无限运行下去；相反，对 While 循环却不能设定循环执行的总数，因此如果条件未发生，循环会无限地运行下去。另外，与 For 循环不同，任何 While 循环都至少要执行一次。如图 4-15 所示，当 Stop 控件的初始值为 False 时，While 循环将执行一次，循环结束后 Counter 的值为 1。

与 For 循环类似，While 循环也含有“循环计数器接线端”和“循环条件接线端”，而且它的条件接线端也可被设置为“真时停止”（Stop If True）或“真时继续”（Continue If True）。此外，使用 While 循环的条件接线端也可进行基本的错误处理。将错误簇连接到条件接线端时，仅有错误簇中状态参数的 TRUE 或 FALSE 值被传递到该接线端，并且“真时停止”和“真时继续”快捷菜单选项也相应地分别变为“错误时停止”和“错误时继续”。

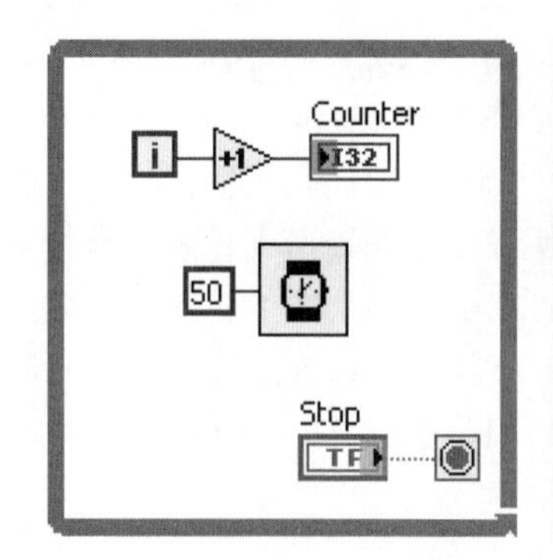

图 4-15 While 循环将执行一次

默认状态下，LabVIEW 尽可能迅速地执行循环和程序框图，但是，有些情况下可能需要控制进程的执行速度，如数据的刷新速度等。此时，在循环中使用“等待”（Wait）函数可指定循环在重新执行之前等待的时间，时间的单位为 ms（毫秒）。当然也可使用定时循环在限定时间和延迟的条件下执行代码。在应用程序中有时候可能包含多个循环，例如使用多个 While 循环创建多通道数据处理程序结构（后续章节详细介绍）来并行处理数据，这时，使用“等待”（Wait）函数为每个 While 循环设置一个时间间隔尤为重要。因为这个简单的举动会取消某个循环对 CPU 的独占，使 CPU 能有机会来处理其他循环的操作请求。

4.4.2 自动索引

LabVIEW 中的 For循环和 While 循环具有自动索引（Indexing）的功能。在设计时，可以为传递至循环中的输入数组或循环的输出数组启用自动索引功能。当为输入数组启用数据索引功能时，无须使用其他数组索引函数，仅通过循环就可以自动识别数组总长度，并可访问和处理数组中的各个元素。循环每执行一次，就会有一个数组元素按顺序进入循环。如果输入数据是一维数组，则循环会从中提取标量，如果是二维数组，则提取一维数组件，以此类推。当为输入数组禁用自动索引时，整个数组将一次性全部传递到循环中。启用数组输出通道的自动索引功能时，该输出数组从每次循环中接收一个新元素，输出一个大小与重复的次数相等的新数组。例如，如循环执行了 10 次，那么输出数组就含有 10 个元素。与输入通道的情况相反，循环中的标量元素会按顺序累积形成一维数组输出，一维数组会累积形成二维数组输出，以此类推。如果禁用输出通道上的自动索引，仅有最后一次循环执行时的值被传递到程序框图上的下一个节点。

For 循环的自动索引功能默认为启用，While 循环的自动索引功能默认为禁用。右击循环外框上的通道，从弹出的菜单中选择“启用索引”（Enable Indexing）或“禁用索引”（Disable Indexing）选项，可以启用或禁用循环的索引功能。已启用了循环的自动索引的边框上将出现方括号。另外，输出通道和下一个节点间连线的粗细也表示循环是否正在使用自动索引。使用自动索引时，连线较粗，因为此时连线上包含一个数组而不是一个标量。

对 For 循环来说，使用自动索引功能可以设置循环的总次数。如果启用自动索引功能，无须设计人员指定，LabVIEW 会自动将循环执行的总次数设置成与数组大小一致。如果有多个通道启用自动索引，或对总数接线端进行连线，实际的循环次数将取其中较小的值。例如，如果两个启用自动索引的数组进入循环，分别含有 10 个和 20 个元素，同时将值 15 连接到总数接线端，这时该循环仍将只执行 10 次，并且会索引第一个数组的所有元素，索引第二个数组中的前 10 个元素。再如，在一个图形上绘制两个数据源，并只需绘制前 100 个元素，这时可将值 100 连接到总数接线端。然而，如果较小的数据源只含有 50 个元素，那么循环将执行

50 次，并且只索引每个数据源的前 50 个元素。

对 While 循环来说，虽然它可以对进入循环的数组采用与 For 循环相同的方式进行索引，但是由于它只有在满足特定条件时才会停止执行，因此它的执行次数并不会受到输入数组大小的限制。当 While 循环的次数超过输入数组的大小时，LabVIEW 会将输入数组元素类型的默认值输入到循环。通过使用“数组大小”函数可以防止将数组默认值传递到 While 循环中。为了避免这种情况发生，可以使用“数组大小”（Array Size）函数设置 While 循环的总次数，使得循环次数等于数组大小时停止执行。

对比 For 循环和 While 循环的自动索引功能可以看出，在不能提前确定输出数组大小的情况下，启用 For 循环的自动索引比启用 While 循环的自动索引更有效。另外，如将 0 或负数连接到 For 循环的总数接线端，或将空数组作为输入连接到 For 循环并且启用自动索引，For 循环将不会执行。

输出通道的自动索引还具有条件输出（Conditionally Writing Values）功能。该功能可以基于某一条件是否被满足，来确定数据值是否被添加到输出通道输出。虽然条件输出功能可以通过 LabVIEW 程序代码以其他方式实现，但是使用它却可以有效简化 LabVIEW 程序代码。例如图 4-16（a）中程序代码仅限定当 Data in 的值大于 0 时，才将其值添加到数组中并输出到 Data out，该程序代码可以很方便地通过图 4-16（b）中的条件输出索引来实现。

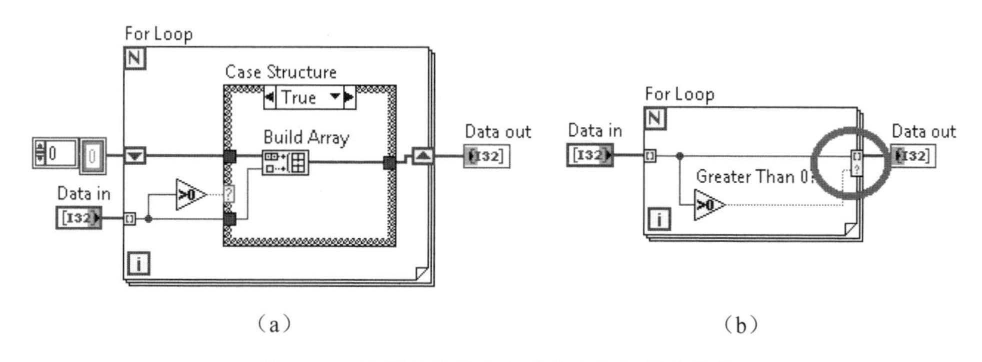

（a）　　　　（b）

图 4-16　使用条件输出自动索引简化程序代码

4.4.3　移位寄存器

在循环中使用移位寄存器（Shift Register）可以将上一次循环的值传递至下一次或后续循环中。移位寄存器以一对接线端的形式出现，分别对称于循环两侧的边框上。LabVIEW 将左侧接线端的数据作为下一次循环的初始值，循环右侧接线端含有一个向上的箭头，用于存储每次循环完成进入下次循环时的数据值。每次循环执行后，数据将从移位寄存器右侧接线端传递到左侧接线端供下次循环使用，该过程在所有循环执行完毕后结束。右击循环的左侧或右侧边框，并从弹出菜单中选择“添加移位寄存器”选项，可以创建一个移位寄存器。移位寄存器可以传递任何数据类型，并自动与其连接的第一个数据对象的类型保持一致。如循环中的多个操作都需使用上一次循环的值，则可以添加多个移位寄存器保存结构中不同操作的数据值。例如在图 4-17（a）所示的程序框图中，右上角的移位寄存器将第一次循环中 0 与 2 之和传递到左上角的移位寄存器接线端，作为加运算第二次循环的初始值。右下角的移位寄存器接线端将第一次循环中 1 与 2 之积传递到左下角的移位寄存器接线端，作为乘运算第二次循环的初始值。第二次循环将 2 和 2 相加，并将结果 4 传递到左上角的移位寄存器接线端，将 2 和 2 相加的结果与 1 与 2 之积相乘传递到左下角的移位寄存器接线端用于第三次循环。整个 10 次循环结束后，右上角的接线端将加运算的最终结果传递到上方的显示控件，右下角的接线端将乘运算的最终结果传递到下方的显示控件。

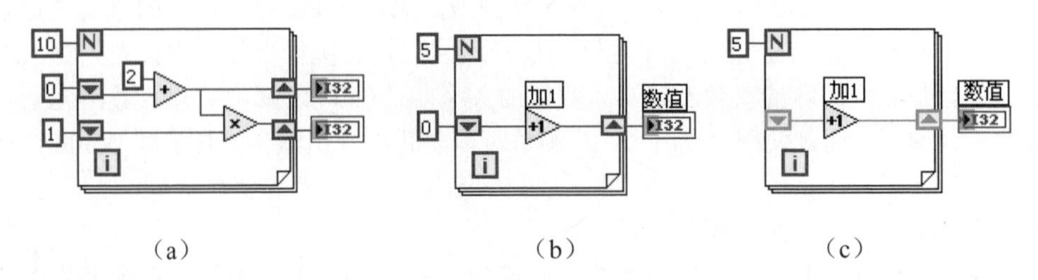

（a）（b）（c）

图 4-17 循环中使用移位寄存器

通过连接输入控件或常数至循环左侧的移位寄存器接线端，可设置第一次传递给循环的值，这称为移位寄存器的初始化。如果未对移位寄存器初始化，在循环未执行过的情况下将使用数据类型的默认值，如果循环之前已经执行过，则使用最后一次执行时写入寄存器的值。如图 4-17（b）所示，移位寄存器的初始值设置为 0，For 循环将执行 5 次，每次循环后，移位寄存器的值都增加 1，5 次循环结束后，移位寄存器会将最终值（5）传递给显示控件并结束 VI 运行。

使用未初始化的移位寄存器可以保留 VI 多次执行之间的状态信息。如图 4-17（c）所示。For 循环将执行 5 次，每次循环后，移位寄存器的值都增加 1。第一次运行 VI 时，移位寄存器的初始值为 0，即 32 位整型数据的默认值。For 循环完成 5 次循环后，移位寄存器会将最终值（5）传递给显示控件并结束 VI 运行。而第二次运行该 VI 时，移位寄存器的初始值是上一次循环所保存的最终值（5）。For 循环执行 5 次后，移位寄存器会将最终值（10）传递给显示控件。如果再次执行该 VI，移位寄存器的初始值则是 10，以此类推。关闭 VI 之前，未初始化的移位寄存器将保留上一次循环的值。

有时需要用到连续几次循环的数据，例如将连续三个采样数据进行平均，这时可以使用层叠式移位寄存器（Stacked Register）。右击循环上的移位寄存器的左侧接线端，从弹出的菜单中选择“添加元素”选项，可以创建层叠式移位寄存器或改变它的个数。层叠式移位寄存器可以保存之前多次循环的值，并将值传递到下一次循环中。它只位于循环左侧，与之对应的右侧接线端仅用于把当前循环的数据传递给下一次循环。如图 4-18（a）所示，层叠式移位寄存器在功能上相当于一个小型的队列缓冲区，寄存器的数量决定了缓冲区的大小，每执行一次循环，缓冲区中的数据自动按照先进先出（FIFO）的原则进行一次更新。在图 4-18（b）中，左侧接线端上添加了数量为 5 的层叠式移位寄存器，则连续 5 次循环的值将传递至接下来的循环中，其中最近一次循环的值保存在最上面的寄存器中，而上一次循环传递给寄存器的值则保存在与之相接的下一个接线端中，以此类推。

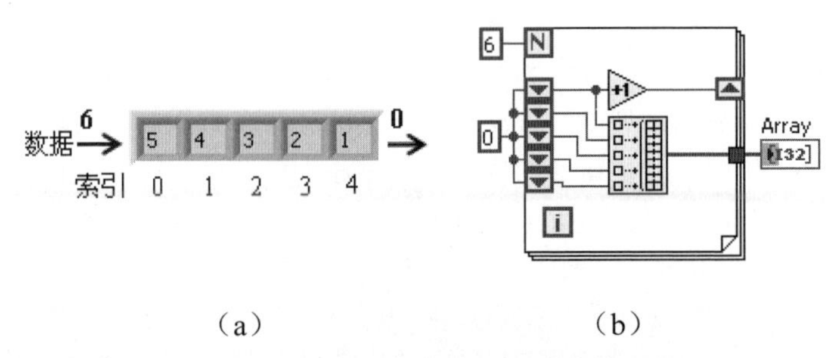

（a）（b）

图 4-18 循环中使用移位寄存器保留多个状态信息

除了使用寄存器外，还可以在循环中使用数据通道，就像在顺序和分支结构中一样传递数据。使用数据通道时，循环中的值不再传递到下一次循环中，而是在循环结束时直接将循环体中对数据的更新结果传递到循环体外。

循环中的移位寄存器节点和数据通道节点可以互相转换。当不再需要将循环中的值传递到下一次循环时，右击移位寄存器，从弹出的菜单中选择“替换为通道”选项，可将移位寄存器替换为数据通道。由于默认情况下 For 循环会为数据通道启用“自动索引功能”，所以连接到循环外部任何节点的连线都将断开。右击隧道并从弹出的菜单中选择“在源处禁用索引”选项，禁用自动索引后会自动纠正断线。如需启用自动索引，必须删除断线和显示控件接线端，重新创建输出类型匹配的显示控件；相反地，如需将循环中的值传递到下一个循环中，可以右击数据通道并从弹出的菜单中选择“替换为移位寄存器”选项，将通道替换为移位寄存器。

4.4.4　反馈节点

反馈节点（Feedback Node）与移位寄存器从实现的功能角度来看相同，但是由于其类似反馈控制理论和数字信号处理中的 z-1 块，而且它能在某些情况下代替移位寄存器简化程序框图，因此 LabVIEW 从 7.0 版本开始引入了反馈节点。与移位寄存器类似，反馈节点在每次循环结束后存储数据，再将数据传递到下一次循环。下一次循环将读取数据进行运算，并将新的数据再次传递到循环中，该过程直到循环完成后中止。但是反馈节点的连线方式与移位寄存器不同，使用时用户不需要将连线从循环的一个边框连接到另外一端。另外，反馈节点不能像移位寄存器那样被扩展为层叠式移位寄存器来保存之前多次循环中的数据。

图 4-19 给出了分别使用反馈节点和移位寄存器实现 4 个 1 相加的例子。两个框图最终实现的功能相同，但是使用移位寄存器时可以将其扩展到层叠形式，保存之前多次循环中的值，而使用反馈节点时仅能保存之前一次循环的值。另外，使用反馈节点不必像移位寄存器那样将连线横跨循环左、右边框。在比较复杂的程序结构中，这可以有效减少贯穿于循环结构上的连线数量，从而有效地增加程序的可读性。然而，需要注意的是，反馈节点与 LabVIEW 数据流从左到右的规则有冲突，而且反馈节点在目前 LabVIEW 中的运行效率不及移位寄存器。

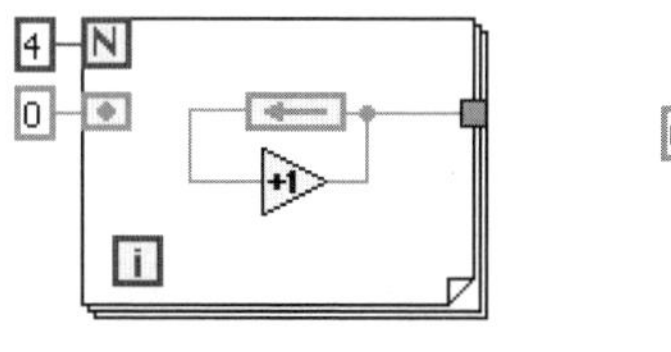

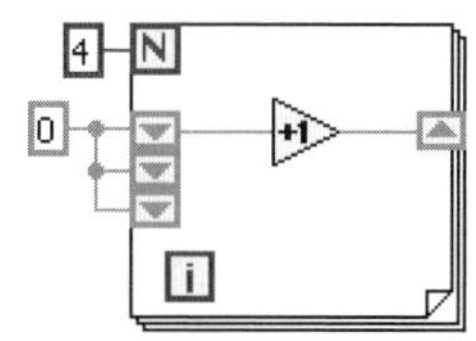

图 4-19　反馈节点和移位寄存器

可以通过图 4-20 所示的两个简单例子来验证移位寄存器和反馈节点的执行效率，在 LabVIEW 8.61 版本中分别运行两个程序后发现，使用反馈节点的程序耗时 12796ms，而使用移位寄存器的程序耗时仅 9728ms。鉴于此原因，除非必要，在设计时笔者通常尽量避免使用反馈节点。

反馈节点的初始化根据初始化接线端位置的不同可分为以下两种情况：

（1）反馈节点的初始化接线端位于循环的左侧。此时在程序中必须为初始化接线端连接一个初始值，同时反馈节点将在循环第一次执行前被初始化。

（2）初始化接线端并不在循环的左侧，而是位于反馈节点下端。此时，反馈节点会被全局初始化（Globally Initialize）。在反馈节点被全局初始化的情况下，反馈节点会按照以下原则运行：

- 如果反馈节点已经设置了初始值，反馈节点将在 VI 的第一次执行中初始化为该值。

- 如果反馈节点没有设置初始值，反馈节点第一次执行的初始输入为适于其数据类型的默认值。第一次运行之后，VI 每次运行时会将上次 VI 运行结束时反馈节点的值作为反馈节点的初始值。

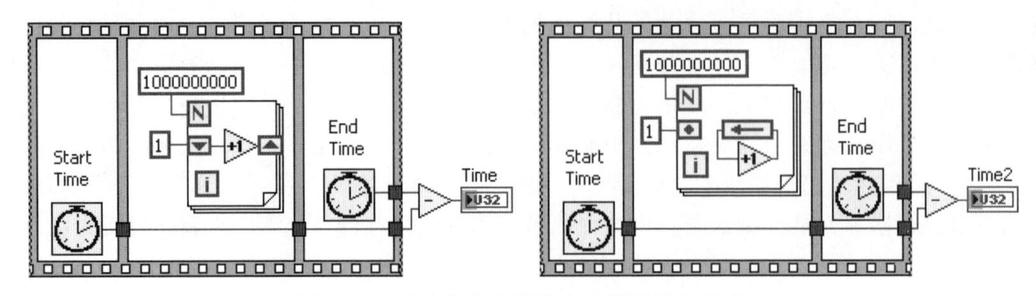

图 4-20　反馈节点和移位寄存器的执行效率

右击反馈节点的初始化接线端，从弹出的菜单中选择“将初始化器移出一个循环”（Move initializer one Loop Out）或“将初始化器移入一个循环”（Move initializer one Loop In）选项，可以移动初始化接线端至循环的左侧（若有多个循环嵌套，可在循环之间移动）。此时，必须为其连接一个初始值，它将在循环第一次执行前初始化。如果初始化接线端在最外层或最内层循环的边框上，如图 4-21 所示，则 LabVIEW 将禁用右键菜单中的“将初始化器移出一个循环”或“将初始化器移入一个循环”选项。

图 4-21 中，尽管反馈节点位于 For 循环内部，但初始化接线端在最外层 While 循环的边框上，于是反馈节点在每次 While 循环执行时被初始化为输入值 2，而加 1 函数的结果在每次 For 循环执行时逐次递增。图 4-22 显示了一个初始化接线端已连线的反馈节点以及一个初始化接线端未连线的反馈节点。在经过数次执行后它们得到的结果完全不同。图 4-22（a）中的反馈节点在第一次执行后被初始化，故每次循环后值不改变。图 4-22（b）初始化接线端未连接初始值，则反馈节点初始化接线端使用了数据类型的默认值 0 作为第一次循环的初始值，且在此后循环中不对反馈节点进行初始化。两个循环的运行结果分别如图 4-22 中所示。

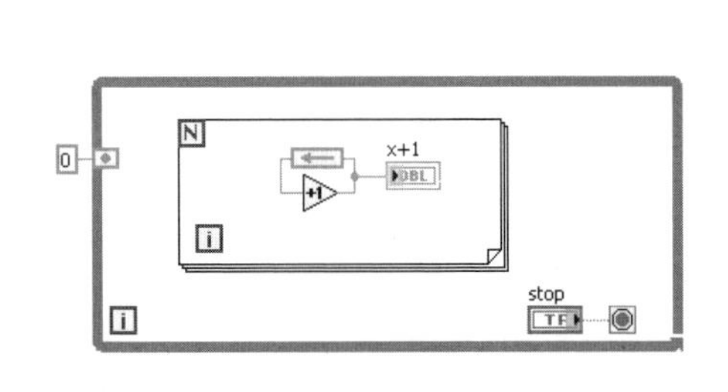

图 4-21　初始化接线端在最外层循环的边框上

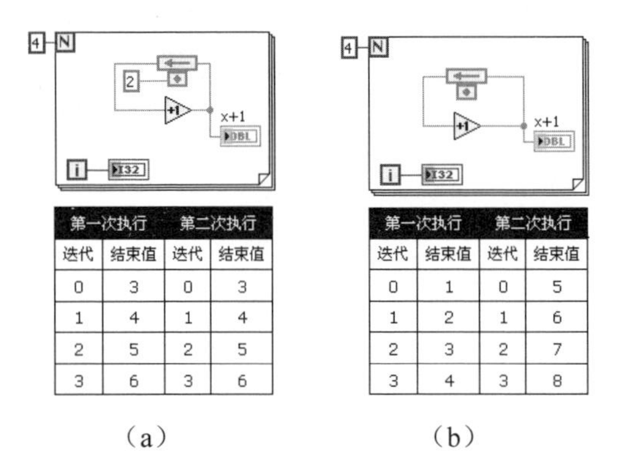

(a)

第一次执行		第二次执行	
迭代	结束值	迭代	结束值
0	3	0	3
1	4	1	4
2	5	2	5
3	6	3	6

(b)

第一次执行		第二次执行	
迭代	结束值	迭代	结束值
0	1	0	5
1	2	1	6
2	3	2	7
3	4	3	8

图 4-22　初始化接线端已连线和未连线的处理结果

虽然在循环和嵌套循环中可将节点和初始化接线端隔开，但不可将初始化接线端移到含有节点的嵌套结构的外部。创建子 VI 时也不能将节点与初始化接线端隔开。

实际开发中，使用顺序、分支和循环三种基本程序控制结构足以对付各种简单的问题。然而现实世界中的问题复杂多变，往往会对设计人员提出更高的要求。为了快速解决更为复杂的问题，LabVIEW 额外提供了事件结构、定时结构和禁用结构。将这些扩展的程序结构与基本的程序结构相结合，再配合上有效的数据传递手段（如消息队列）就可以构建高级的应用程序框架，这些内容将在本书的第 8 章、第 9 章详细介绍。

4.5 本章小结

传统程序设计理论认为，数据类型和算法是程序的核心。数据类型描述数据对象的性质、在计算机中的存储方式，并限定可以对数据对象应用的各种操作。程序结构则用来控制程序中各种对数据操作代码块的运行方式。

LabVIEW 中的程序结构可以分为基本程序结构和高级程序结构。基本程序结构包含顺序结构、分支结构和循环结构。使用它们可以控制程序代码根据条件或特定顺序重复执行。顺序结构可以分为平铺式顺序结构和层叠式顺序结构。在 LabVIEW 程序设计中，由于顺序结构会降低程序的响应能力，因此一般不使用顺序结构，而是尽量使用分支结构。

LabVIEW 中的循环结构有 For 循环和 While 循环两种。For 循环以固定次数执行子程序框图代码，而 While 循环则不断执行子程序框图，直到满足某个结束条件或出现错误为止。在循环结构中可以使用自动索引功能来方便地访问或构建数组。移位寄存器作为一种特殊的存储工具，可用于存储每次循环完成进入下次循环之前的数据值。反馈节点类似反馈控制理论和数字信号处理中的 z-1 块，能在某些情况下代替移位寄存器简化程序框图。

除了基本的程序结构外，LabVIEW 还提供高级的程序结构，如事件结构、定时结构和禁用结构等。使用这些结构可以快速开发高级应用，解决较复杂的问题。

第5章　函数、程序框图和 VI

如果说程序基本结构是构成一个程序“骨骼”的元素，那么数据和对程序的操作就相当于程序的“血和肉”。前面已经对 LabVIEW 程序设计的基本结构、数据类型和前面板组件进行了简单介绍，但是整个程序功能的实现，还必须有各种函数和 VI 的参与。

一般来说，程序设计就是通过基本的程序结构控制各种函数，对数据进行操作来实现用户需要的功能。从这一点来看，衡量开发工具是否强大的一个条件就是看其提供的内置函数库是否丰富。内置函数库是前辈或同行开发经验的总结和积累。越是使用丰富的、经过验证的函数库，开发速度就越快，开发出的产品就越稳定、可靠。这就如同我们要造一辆汽车，没必要从造轮子开始，只需购买零部件进行组装即可。例如，在 Microsoft Visual C++ 中，就以开发库的形式提供了多种内置函数（如标准 C 语言库函数、MFC 等），这些内置函数大大减少了开发人员的重复劳动，提高了开发效率。

LabVIEW 针对虚拟仪器项目的编程开发提供了丰富的标准内置函数库。首先，在编程方面，除了基本的数值（Numeric）运算、逻辑（Boolean）运算和比较（Comparison）运算函数外，还扩充了字符串（String）运算、数组（Array）运算、用户自定义数据类型簇（Cluster）和类操作、文件操作（File I/O）、数据图形（Graphics）显示、声音（Sound）操作以及报表创建等方面的内置函数。其次，根据虚拟仪器项目自身的特点，LabVIEW 还提供虚拟仪器开发过程中测量（Measurement）I/O、信号处理（Signal Processing）、数学（Mathematics）运算、仪器控制（Instruments）I/O、图像处理和机器视觉（Vision）、运动控制（Motion）、数据通信（Data Communication）、数据库链接（Database Connectivity）等专业领域的强大内置函数支持。最后，LabVIEW 还提供开放的函数扩充接口，允许开发人员利用经过验证的第三方函数库，或工作中验证过的函数添加到 LabVIEW 中对函数库进扩展。例如，可以使用 OpenG 的开源函数库增强 LabVIEW 的能力，也可以将常用的、经过验证的函数添加到 LabVIEW 函数面板中，以避免重复工作。

与传统的开发工具一样，使用 LabVIEW 进行虚拟仪器编程的过程，就是通过 LabVIEW 提供的基本程序结构控制各种内置函数对数据进行操作，实现所需功能的过程。通过 LabVIEW 创建的单个程序称为 VI。开发人员创建的 VI，可以显示其前面板，作为与用户交互的界面，也可以隐藏前面板，仅完成某种功能，像内置函数一样被其他 VI 调用。

每个 LabVIEW 的标准内置函数都自带简要的功能和接口说明，供开发人员参考。当开发人员使用 LabVIEW 开发自己的 VI 时，可以非常容易地对所创建的 VI 添加功能和接口描述。开发 VI 时就为其增加描述是一种良好的习惯，不仅可以提高程序的可读性，还可以很容易地基于描述生成开发文档。当然作为图形化的开发工具，也可以使用图标对 VI 进行描述。LabVIEW 的图标编辑器允许用户快速为 VI 创建图形化的描述图标。

本章将概括地介绍 LabVIEW 中内置函数的使用及 VI 的创建。

5.1　LabVIEW 内置函数库

内置函数是 LabVIEW 中最基本的操作元素。内置函数库中的 VI 通常没有前面板或程序框图，用户不能打开或编辑函数。但是这些函数提供输入 / 输出连线端子，供创建程序时使用。

LabVIEW 将内置函数和 VI 在函数选板上分类排列（图 5-1）。默认情况下，LabVIEW

安装完成后，内置的函数类别就会出现在函数选板（在 VI 后面板上右击即可弹出函数选板）上。LabVIEW 中还有非内置类别，这些类别仅在安装了特定模块、工具包和驱动程序后出现。

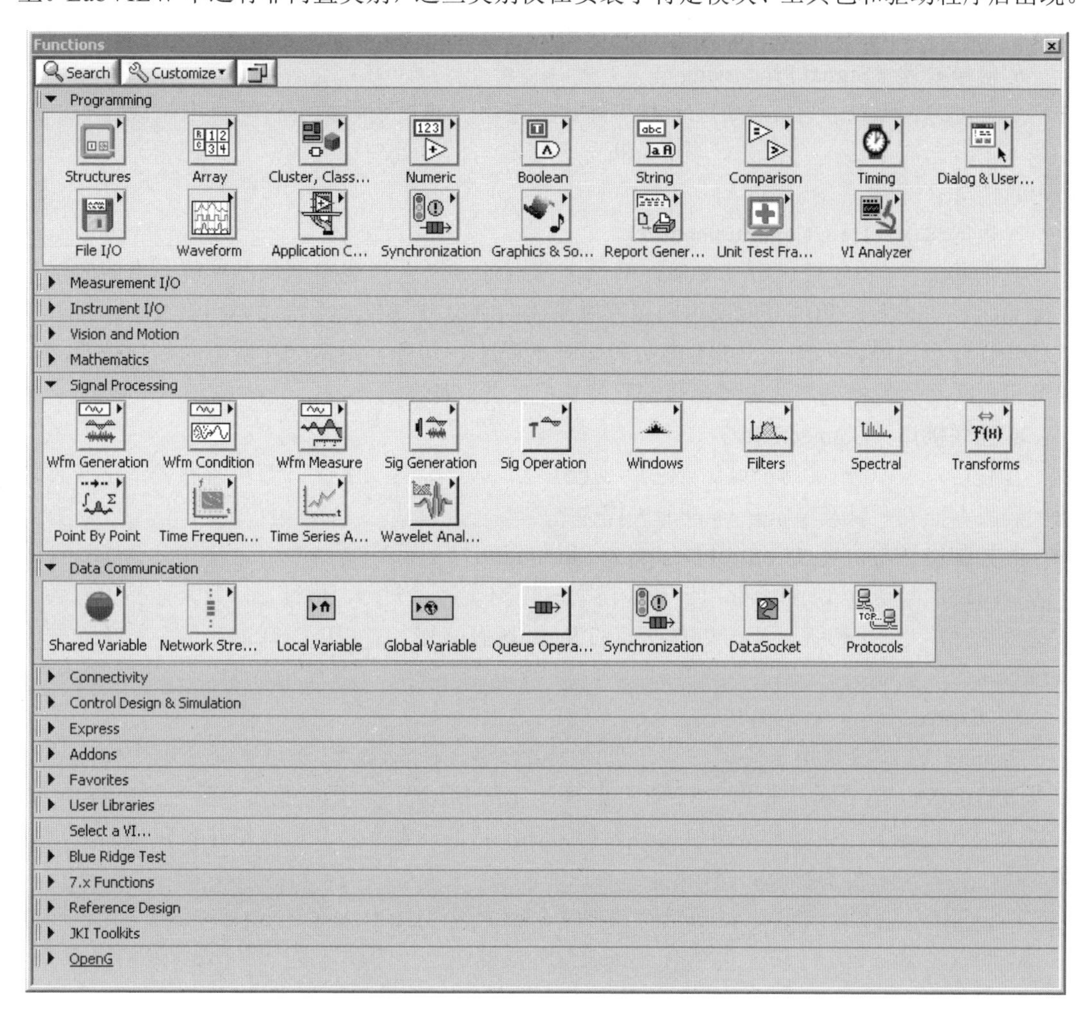

图 5-1　LabVIEW 的函数选板

通常情况下，LabVIEW 的函数选板上包含以下类别。

1. 编程（Programming）

内置的编程函数和 VI 是虚拟仪器编程的基本构件。包含程序基本结构、基本的数据运算、数据类型创建、文件操作和应用程序控制等内置函数或与之相关的扩展 VI。

2. 测量 I/O（Measurement I/O）

测量 I/O 内置函数和 VI 是与数据采集设备通信的接口。它仅显示已安装驱动的硬件 VI 和函数。一般来说，LabVIEW 会附有最常用的 NI 硬件驱动。

3. 仪器 I/O（Instrument I/O）

仪器 I/O 内置函数和 VI 是与 GPIB 仪器、串口仪器、模块化仪器、PXI，以及其他仪器通信的接口。 该函数选板仅显示已安装仪器的驱动程序，例如，GPIB、串口仪器等。

4. 视觉与运动控制（Vision & Motion）

“机器视觉与运动” VI 和函数是与 NI 机器视觉与运动产品通信的接口。 该选板显示已安装 NI 视觉或运动控制产品的 VI 和函数。例如，NI IMAQ Vision、NI Vision Development Module 以及 NI Motion 等。

5. 数学（Mathematics）

数学 VI 用于进行各种数学分析。该选板中的数学算法也可用于在实际数据采集、测量或数据分析任务中参与运算，以解决实际问题。

6. 信号处理（Signal Processing）

信号处理函数选板中的 VI 用于在实际数据采集、测量或数据分析项目中生成信号、进行数字滤波、应用数据窗和进行频谱分析等。多数与信号处理相关的信号调理、滤波等算法都可直接拿来使用。

7. 数据通信（Data Communication）

数据通信 VI 和函数可用于实现在网络上多台计算机之间或同一台计算机上不同应用程序之间的数据交换。用来开发网络应用程序所需的协议 VI 和函数，如 TCP/IP、UDP、串口、红外线、蓝牙、SMTP 等，用于实现在同一应用程序之间进行数据交互所需的局部变量、全局变量、队列、数据同步的内置函数均已经集成在此函数选板中。

8. 互联接口（Connectivity）

互联接口 VI 和函数用于调用 .NET、ActiveX，控制输入设备、计算机寄存器地址或进行源代码版本控制，以及 Windows 注册表操作等。

9. 控制设计与仿真（Control Design & Simulation）

控制设计与仿真 VI 和函数用于基于模型的控制设计、分析、仿真，以及其他相关任务。该选板包括用于 NI 控制设计与仿真产品的 VI 和函数。例如，PID 控制工具包、系统识别工具包等。

10. Express

Express VI 和函数用于快速搭建常见的测量任务。Express VI 是可在对话框中交互式配置其设置的 VI，它在程序框图上以可扩展节点的形式出现，其图标底色为蓝色。Express VI 的最大优点是可交互式配置，即使没有大量编程技巧的开发人员，也可搭建自定义的应用程序，将注意力集中在要解决的问题上。

Express VI 的另一个优点是功能的独立性。在程序框图上放置 Express VI 时，该程序框图上即嵌入了 Express VI 的一个实例。在配置对话框中选择的设置仅影响 Express VI 的实例。如将一个 VI 放置在同一个程序框图上的五个不同位置，结果就产生了该 VI 的五个完全相同的副本。所有五个副本的源代码、默认值和前面板都相同。但是，如将一个 Express VI 放置在程序框图上的五个不同位置，将得到五个独立的 Express VI，名称各不相同，均可独立配置。

11. 附加工具包（Addons）

附加工具包类别中包含安装 LabVIEW 其他模块或工具包后新增加的函数。

12. 收藏（Favorites）

收藏类别用来存放函数选板上常用的项，可以根据自己的开发习惯将函数选板上的常用项集合在这个类别中，以加快开发速度。

13. 用户库（User Libraries）

用户库类别用于将开发人员认为较常用的 VI 添加至函数选板。默认情况下，用户库类别不包含任何对象。如果要向用户选板添加新 VI，可按照以下步骤进行。

（1）将 VI 和控件保存在 labview\user.lib 目录中，labview 代表 LabVIEW 的安装路径。

（2）重新启动 LabVIEW。LabVIEW 重启后，会重新加载 labview\user.lib 目录下的控件和 VI 到相应的选板。

用户库选板包含 labview\user.lib 下所有子目录的子选板、LLB 或选板文件（.mnu）以及 labview\user.lib 下的各文件的图标。通常 user.lib 目录下只保存不修改就可跨项目使用的子

VI。user.lib 中 VI 的路径是相对于 labview 目录的路径。保存在其他位置的子 VI，其路径与其父 VI 相对。

14. 其他类别

LabVIEW 的函数选板上还可能出现其他类别，这些类别往往是在安装了某个特定的工具包后才出现。例如，在安装了 OpenG 的开源工具包后，函数选板上就会出现 OpenG 分类，在安装了 JKI 的状态机工具包后，函数选板上就会出现 JKI Toolkits 的分类。

在开发过程中，可以通过多种方法获得每个 LabVIEW 内置函数或其他对象的基本或详细帮助信息。LabVIEW“即时帮助”（Context Help）窗口可以显示 VI、函数、常数、结构、选板、属性、方式、事件、对话框和项目浏览器中相关项的基本帮助信息。只要将光标移至某对象上，“即时帮助”窗口将显示该 LabVIEW 对象的基本信息。在 LabVIEW 中可通过选择菜单项 Help → Show Context Help 或者按 Ctrl + H 组合键显示或关闭即时帮助窗口。图 5-2 给出了一个在即时帮助窗口中显示文件打开函数说明的例子。

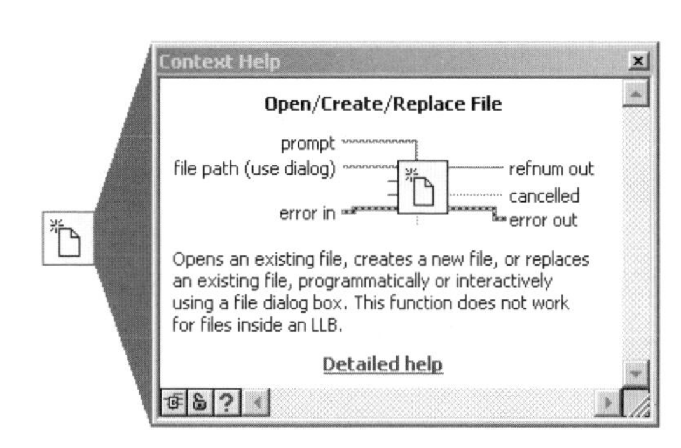

图 5-2 “即时帮助”窗口中显示文件打开函数说明

“即时帮助”窗口中显示的仅仅是函数的基本帮助信息，如果要获取函数的详细说明，还需要参考 LabVIEW 的在线帮助。LabVIEW 的在线帮助为其自带的各个内置标准函数提供了详细说明（图 5-3），包括函数功能说明、各个输入 / 输出参数说明、函数的限制等，是开发人员的必备参考资料。

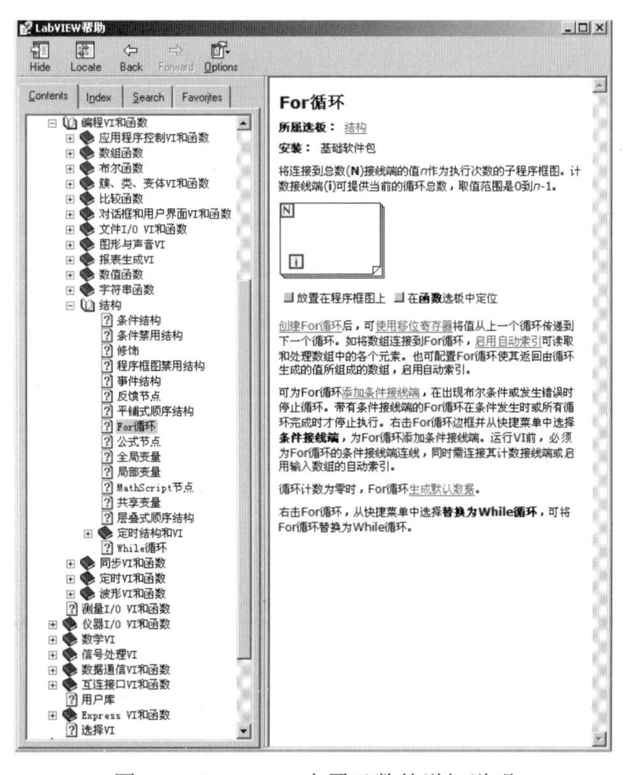

图 5-3 LabVIEW 内置函数的详细说明

5.2　VI的程序框图

一般来说，完成了VI前面板的创建后，就可以使用LabVIEW的内置函数或附加VI来创建VI的程序框图。使用LabVIEW开发时，这个过程实际上是在后面板使用连线连接各种函数输入/输出端子，实现对前面板对象的控制，以满足所需功能的过程。

VI后面板上的程序框图是图形化源代码的集合，又称G代码或程序框图代码，主要包括“接线端子”（Terminal）和“连线”（Wiring）两种对象。程序框图中的接线端子有输入控件和显示控件的接线端子、节点接线端子、常量和用于各种程序结构的接线端子几种类型。使用连线把各种接线端子连接在一起，使数据在各种接线端子之间传递，实现需要的逻辑功能。

输入控件和显示控件的接线端子是前面板上各种对象（如控件等）在程序框图中的表示，也是前面板和程序框图之间信息交换的接口。输入到前面板输入控件的数据值经由输入控件接线端子进入程序框图。运行时，输出数据值经由显示控件接线端子流出程序框图而重新进入前面板，最终在前面板显示控件中显示。接线端子的颜色和符号表明了与之对应的输入控件或显示控件的数据类型（第3章）。

节点接线端子是程序框图上带有输入/输出端，并在VI运行时进行功能运算的对象，类似于文本编程语言中的语句、运算符、函数和子程序。LabVIEW中的节点有以下类型：

（1）函数（Functions）：LabVIEW内置的执行元素，相当于操作符、函数或语句。

（2）子VI（SubVIs）：被另一个VI程序框图调用的VI，相当于子程序。

（3）Express VIs：协助常规测量任务的子VI，通过配置对话框进行配置。

（4）程序结构（Structures）：执行控制元素，如For循环、While循环、条件结构、平铺式和层叠式顺序结构、定时结构和事件结构。

（5）公式节点和表达式节点（Formula and Expression Nodes）：公式节点是可以直接向程序框图输入方程的结构，其大小可以调节；表达式节点是用于计算含有单变量表达式或方程的结构。

（6）属性节点和调用节点（Property and Invoke Nodes）：属性节点是用于设置或寻找类的属性的结构；调用节点是设置对象执行方式的结构。

（7）通过引用节点调用（Call By Reference Nodes）：用于调用动态加载的VI的结构。

（8）调用库函数节点（Call Library Function Nodes）：调用大多数标准库或DLL的结构。

（9）代码接口节点（Code Interface Nodes，CINs）：调用以文本编程语言所编写的代码的结构。

常量是程序框图上向程序框图提供固定数据值的接线端。常量可以分为通用常量和用户自定义常量两种类型。通用常量是指有固定值的常量，LabVIEW中的通用常量包含以下类型：

（1）通用数值常量（Universal Numeric Constants）：高精度和常用数学及物理值的集合，如pi()和Inf(∞)等；

（2）通用字符串常量（Universal String Constants）：常用的无法显示字符的集合，如换行和回车，位于字符串选板上。

（3）通用文件常量（Universal File Constants）：常用文件路径值的集合，如非法路径、非法引用句柄和默认目录，位于文件常量选板上。

用户定义常量是在设计时由用户自定义和编辑的常量，包括布尔、数值、下拉列表、枚举型、颜色盒、字符串、数组、簇和路径等类型。这些值在VI运行时不能被修改。可以通过右击VI或函数连线的输入或输出端，从弹出的菜单中选择“创建”→“常量”选项来创建一个用户定义常量，也可通过将一个前面板控件拖曳到程序框图的方式创建用户自定义常量。

连线用于在程序框图各对象间传递数据。每根连线都只能有一个数据源，但可与多个读取数据的接线端子连接，这与在文本编程语言中传递参数类似。在设计时，必须连接所有需要连接的程序框图接线端子，否则 VI 无法运行。连线的颜色、样式和粗细由其所传递的数据类型而定，这与接线端子以不同颜色和符号来表示相应输入控件或显示控件的数据类型相似。断开的连线显示为黑色的虚线，中间有个红色的 X。

当连线工具移到接线端子上时，数据类型的未连线接线头就会不断闪烁，同时将出现一个显示接线头名称的提示框。连线工具的光标点到之处即为连线开始的位置，当鼠标带着连线连接到目标接线头后，鼠标上所附的连线消失。进行连线时，LabVIEW 会自动在已有对象的周围选择连线路径。LabVIEW 会自动减少连线转折，并尽可能使自动选择路径的连线从控件接线端子（数据源）的右边出来，从显示控件接线端子（数据目标）的左边进入。

下面用一个例子来说明 VI 程序框图的构成。假设要将一串字符“Sample Texts.”写入硬盘上的一个文本文件中，那么可以使用图 5-4 和图 5-5 所示的 VI 来实现。如图 5-5 所示的程序框图，首先使用“文件选择对话框函数”（File Dialog）弹出对话框，让用户指定要保存文本文件的名字，随后使用“文件打开 / 创建 / 替换函数”（Open/Create/Replace File）打开文件。文件打开成功后，“写文本文件函数”（Write to Text File）就把字符串“Sample Texts.”写入文本文件中，最后使用“关闭文件函数”（Close File）关闭打开的文件，操作完成。

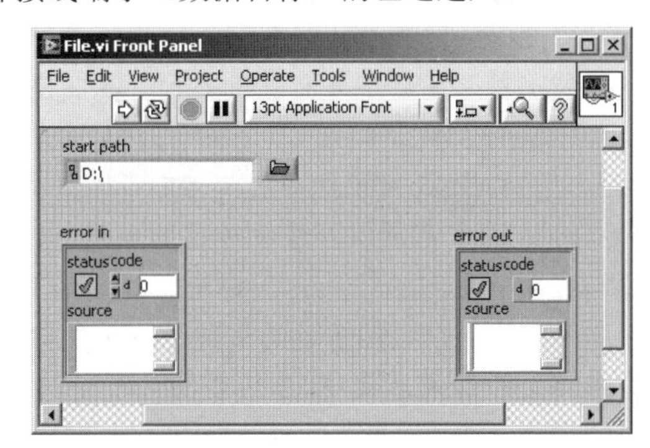

图 5-4　向文本文件写入字符串的 VI 前面板

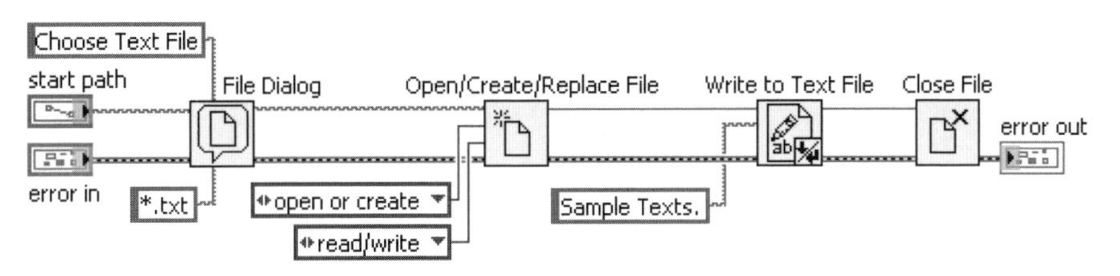

图 5-5　向文本文件写入字符串的 VI 程序框图

在图 5-5 所示的程序框图中，包含以下类型的接线端子。

（1）输入控件和显示控件的接线端子。

输入控件接线端子包含让用户指定文件选择对话框起始路径的路径控件 Start Path 和用来指定输入错误状态（默认为无错误）的错误簇控件 error in 在后面板上的对应接线端。显示控件接线端子只有一个用来向用户显示运行状态的错误指示器 error out。这些输入控件和显示控件的接线端子是 VI 前后面板之间信息交互的主要接口。

（2）函数节点。

如文件选择对话框函数、文件打开 / 创建 / 替换函数、写文本文件函数和关闭文件函数，则开发人员可以从函数选板的“编程”→“文件 I/O”类别中拖放这些文件操作函数到后面板上。

（3）常量。

如用于配置文件选择对话框标题的字符串常量 Choose Text File、用于指定文件选择对话框文件类型的字符串常量 *.txt、用于指定文件打开方式的枚举常量 Open or Create（文件已经存在则打开文件，否则创建新文件）、用于设置文件读写权限的枚举常量 Read/Write 和要写入文本文件的字符串常量“Sample Texts.”，可以通过右击相应函数连线的输入端，从弹出的菜单中选择“创建”→“常量”选项来创建并设置这些常量。

接线端子放置并配置完毕后，使用连线将各个接线端子连接起来即可形成如图 5-5 所示的程序框图。由于 LabVIEW 程序为数据驱动，因此只要从左到右按顺序连接函数，程序就会顺利实现所需功能。

图 5-4 和图 5-5 虽然是一个非常简单的例子，但是显示了 VI 程序框图的基本构成和创建 VI 程序框图的基本方法。实际开发时，读者可以参照此例创建 VI 的程序框图。

LabVIEW 图形化程序设计有较大的自由度，但这并不意味着我们可以随意摆放程序框图中的各种接线端子。在设计程序框图时，我们应遵循以下规范。

（1）使用从左到右、从上到下的框图布局。

LabVIEW 按照数据驱动的方式运行，因此只有连线和结构才能决定执行顺序。换句话说，程序框图中各元素的位置并不是决定执行顺序的关键。虽然如此，我们在设计程序框图时，还是应尽量遵循从左至右、从上到下的布局来放置各种元素，避免从右向左的连线方式，以使程序框图显得有结构，有条理，且易于理解。

（2）通过合理连线，改善程序框图的外观。

LabVIEW 程序按照数据驱动的原则运行，即使连接端子之间的连线是从右到左连接，只要连线端子属性符合连线条件（由输入控件传递数据到显示控件），那么程序就可以正常运行。在实际工作中，虽然杂乱的连线结构可能并不会导致程序发生错误，但却会使程序框图变得难以阅读和调试，或使 VI 从表面看来与其实际不符。因此，对于连线，笔者建议和接线端子的布局一样，也要尽可能遵循从左到右、从上到下的原则。

图 5-6 给出了一个没有按照“从左到右、从上到下”规范进行设计的糟糕的程序框图片段。在这个程序片段中，接线端子随心所欲摆放，连线时而从左到右，时而从右到左，一片混乱。虽然它也能正常运行，但是，任何开发人员去读这样的程序，可能都想直接将其拖放到“回收站”。即使是程序开发者本人，一段时间后重新理解这样的程序，也要花大量的时间，更不用说对其进行维护了。

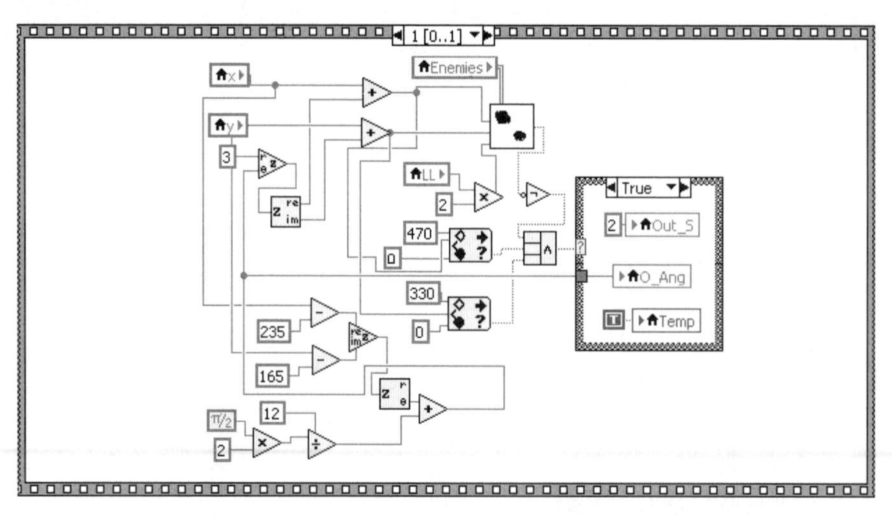

图 5-6　未遵循“从左到右、从上到下”规范的糟糕的程序框图片段

图 5-7 按照“从左到右、从上到下”的规范对其重新进行了调整。先抛开程序功能不谈，单从程序的可读性和可维护性角度来看，调整后的程序更符合人们的阅读习惯，也更容易被读懂。因此，图 5-7 比图 5-6 显示的程序片段要健壮得多。

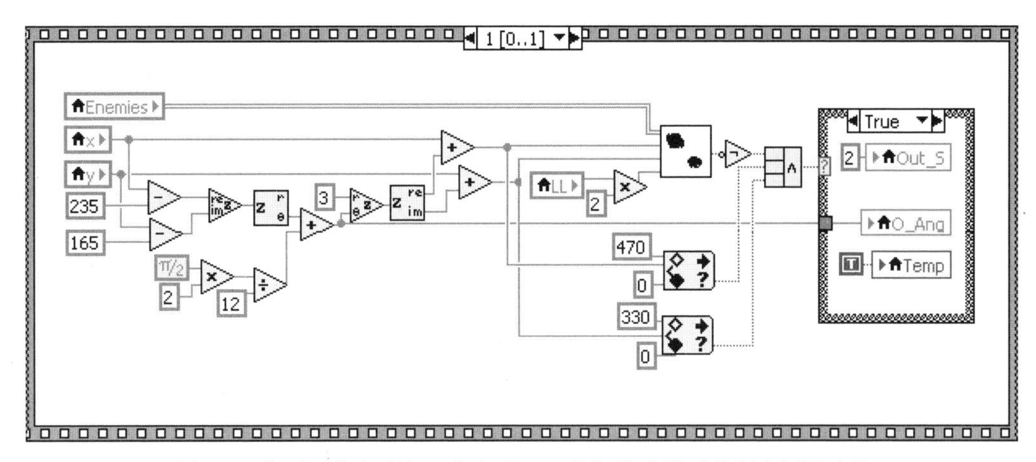

图 5-7 按照“从左到右、从上到下”的规范改进后的程序框图片段

（3）将程序框图限定在一个屏幕显示范围内。

在设计 VI 程序框图时，应尽可能通过子 VI 等方式对程序进行模块化，使任何 VI 的程序框图都能在某屏幕分辨率（如 1280×1024）的一个整屏幕上显示。占用多于一个或两个屏幕的程序框图会为理解和调试带来困难，极大降低程序的可读性。

笔者在进行项目开发时，无论是项目程序的主 VI 还是子 VI程序框图，都一律将其限定在一个分辨率为 1280×1024 的整屏幕内。目前大多数计算机都支持这样的分辨率，因此在不同的计算机上打开程序时，都能一目了然。

（4）使用错误处理，增强程序健壮性。

用户在使用程序的过程中，难免会进行与程序预期有差别的操作，这会导致程序产生错误。在程序设计时，应注意捕获错误，并对错误进行处理，增强程序的健壮性。第 6 章将详细介绍程序的错误处理。

（5）避免对象或连线重叠。

在框图设计时，应避免接线端子、各种程序结构框图和连线之间相互重叠。如果在程序结构或重叠的对象之间进行连线，会造成部分线段被隐藏起来。如果连线之间相互重叠，则容易形成交叉，造成二者之间有数据传递的假象。此外，如果将对象重叠在连线上，也容易造成在连线上的对象之间存在数据传递连接的错觉，而实际上它们之间并没有数据传递。这类问题通常容易在大型的、连线较多的程序中出现。

如图 5-8（a）所示，框图中的分支结构和“OutA”显示控件接线端就叠放在从循环变量 i 到显示控件接线端 OutB 的连线上，这不仅造成部分线段不能被看到，还容易使人误认为循环变量 i 到 OutA 之间存在连线（虽然连线和显示控件之间的数据类型并不一致）。优化后的框图如图 5-8（b）所示。

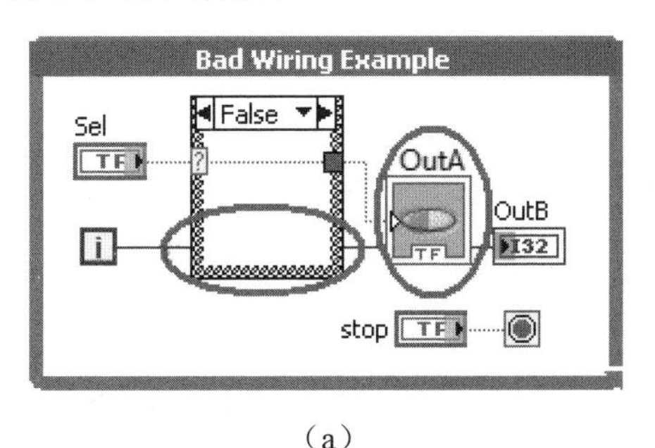

（a）

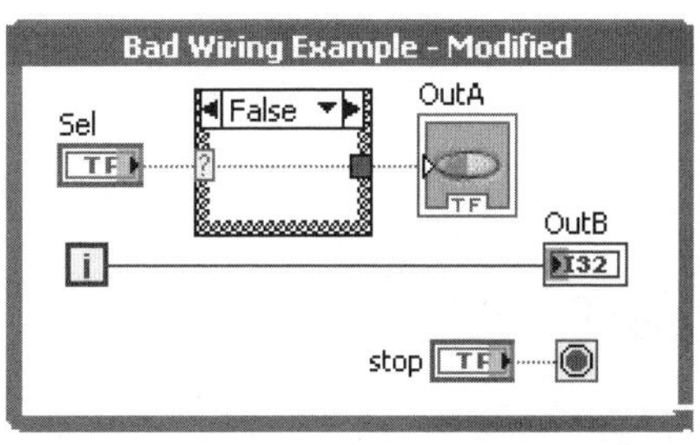

（b）

图 5-8 避免程序框图对象的重叠

（6）对程序进行注释。

对程序进行注释可以增加程序的可读性。在 LabVIEW 程序开发中，通常使用以下两种方法对程序进行注释：

- 使用自由标签对程序框图代码进行功能说明。
- 对较长的连线进行注释。可以使用自由标签（适用于 LabVIEW 2010 之前的版本）或使用连线的标签属性（适用于 LabVIEW 2010 之后的版本），说明较长连线上数据的用途。

（7）使用例子或模板。

基于程序模板或经过验证的成熟例子创建 VI，不仅可以加快开发速度，还可以确保程序风格一致。因此，在实际开发时，可以基于之前保存的成熟例子创建新 VI，也可以从新建对话框中选择 LabVIEW 自带的 VI 模板、第三方的 VI 模板或者使用自定义的程序模板等。

在日常开发过程中，应注意将有通用性功能的 VI 保存为自定义模板，这样每次进行相似操作时，就不必在前面板和程序框图上做重复工作。

图 5-9 是按照以上规范进行设计的一个虚拟仪器项目程序框图实例，它的功能我们将会在后续章节中详细介绍。从图中可以看到，这个程序不仅使用了子 VI，将整个程序限定在一个整屏幕内，还按照从上到下、从左到右的原则进行连线和摆放各个接线端子。不仅使用自由标签对程序功能和注意事项进行了说明，还对关键的连线和 While 循环程序结构进行了注释。此外，程序框图中的各种对象与连线之间都没有重叠。因此，最终程序代码清晰明了，有较强的可读性。

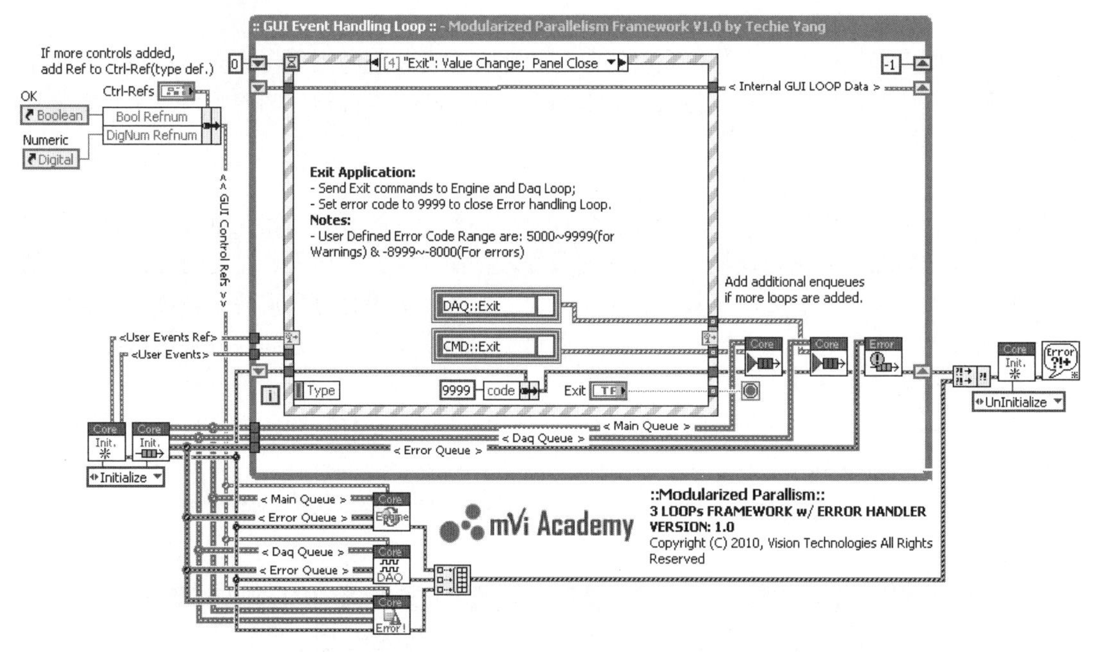

图 5-9　一个符合规范的程序框图实例

5.3　创建子 VI

前面讲解了创建 VI 的程序框图的方法，并总结了创建程序框图时应遵循的几条规范。在程序框图设计时，除了遵循前面提到的几条设计规范外，开发人员还要注意观察程序框图中的代码块是否可以在其他 VI 中被重复使用，或者是否可以构成一个单独的逻辑组件。如符合这些条件，就应该尽量将该程序框图单独封装为一个执行特定任务的子 VI。这样不仅可以对复杂的代码按功能模块化，提高程序的可读性，还可以实现对各个子 VI 的单独调试和维护，从而增强程序的可维护性，加快开发速度。

如果一个 VI 被其他 VI 在程序框图中调用，则称该 VI 为子 VI。创建子 VI 前面板和程序框图的方法与前面讲解的创建普通 VI 前后面板的方法相同。但是由于子 VI 要被其他 VI 调用，因此创建子 VI 时，要比创建一般 VI 多出配置子 VI 输入 / 输出参数连线板的工作。

虽然创建子 VI 前面板的方法和创建普通 VI 的方法相同，但是考虑到多数情况下 LabVIEW 调用子 VI 时，仅使用它来实现某种功能，而并不向用户显示前面板，因此在前面板外观上的设计（如颜色和字体）就不必花费太多时间。对于此类子 VI 的前面板，笔者一般基于图 5-10 所示的模板来创建，这个模板有以下几个特点：

（1）使用了组合框将输入 / 输出控件分成两类，并将输入控件放置在左边，输出控件放置在右边。这种安排可以使设计人员对子 VI 的输入 / 输出参数一目了然，并且使输入 / 输出控件和子 VI 连线板的布局尽量保持一致，也符合数据流驱动“从左到右”的原则。

（2）子 VI 前面板的背景色设置为深灰色，以便和用户界面 VI 进行区分。

（3）为了能在程序发生错误时跳过子 VI 的执行，提高程序响应能力，需要用到子 VI 的错误簇输入参数和错误簇输出参数。因此子 VI 模板的前面板中包含错误簇输入控件和错误簇显示控件，并预先在连线板中对它们进行了配置。

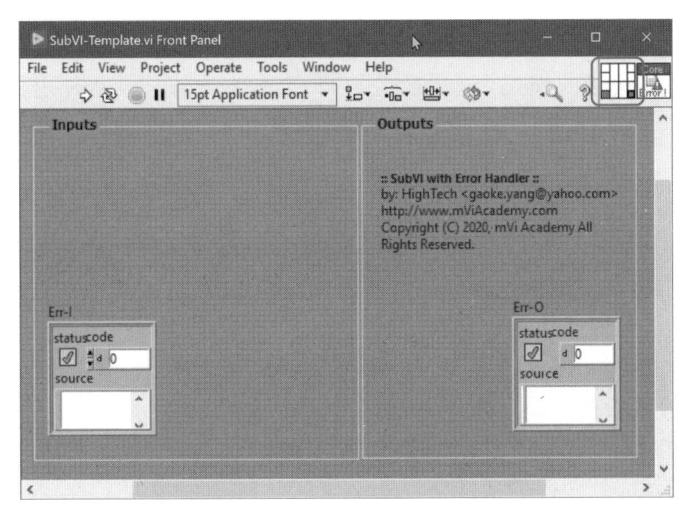

图 5-10　子 VI 前面板设计模板

实际设计时，子 VI前面板上的部分输入控件从调用它的程序框图中接收输入数据，并通过前面板上的部分显示控件将运算结果返回该程序框图。那么基于该模板创建子 VI 前面板时，只需要在输入 / 输出组合框中增加额外需要的控件即可。

当然，如在某些情况下，希望每次调用子 VI 实例时都向用户显示其前面板，那么还是要按照第 2 章提到的用户界面 VI 设计方法来创建子 VI 的前面板。并通过 VI 的菜单选项“文件”→“VI 属性”，从类别下拉菜单中选择窗口外观，单击“自定义”按钮，配置 VI 每次被调用时显示前面板（图 5-11）。

子 VI 前面板创建完成后，就可以着手配置 VI 的连线板，指定子 VI 的输入 / 输出参数。右击 VI 前面板右上角的图标，从弹出的菜单中选择“显示连线板”选项，与该 VI 对应的连线板就显示在图标位置上（图 5-10 中 VI 右上角图标）。VI 的连线板标明了可与该 VI 连接的输入/输出参数，它与文本编程语言中子函数调用的参数列表类似。连线板上的每个单元格代表一个接线端，如果将输入控件（Control）连接到某个单元格，则该接线端就成为子VI的输入参数；相反，如果将显示控件（Indicator）连接到某个单元格，则该接线端就成为子VI的输出参数。调用子VI时，连线板从其输入端接收数据，然后通过前面板输入参数控件将数据传输至程序框图的代码中，从前面板的显示输出控件中接收运算结果，并传递至其输出端，返回到调用它的程序框图中。

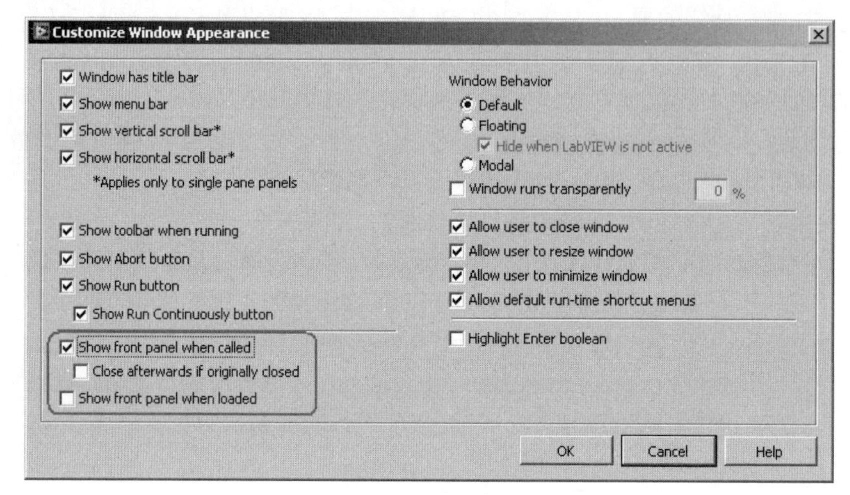

图5-11　配置子VI运行时显示前面板

默认情况下，连线板的模式为4×2×2×4。可右击连线板，从弹出的菜单中选择“模式”选项，可以为子VI选择不同的接线端子数量和布局。在选择VI连线板时应注意以下几个原则：

（1）尽量选用不超过16个接线端的接线板模式。

虽然VI连线板最多可以包含28个接线端，但是接线端较多的连线板连线比较困难。因此，笔者建议选用不要超过16个接线端的接线板模式。如果子VI要传递的数据很多，可以考虑将其中逻辑上相近的对象组合为一个簇，然后将该簇分配至连线板上的一个接线端，来减少对接线板接线端的占用。

（2）选择的接线板接线端应有一定裕量。

为VI选择的接线板应确保连线时的灵活性。如果为VI选择的接线端在连接完所有输入/输出参数后还有部分空闲的接线端，那么如果后续需要增加VI输入/输出端子时，就可以确保对VI层次结构的影响最小。针对这一点，笔者建议，哪怕VI只有一个输入参数和一个输出参数，也选择默认的4×2×2×4连线板模式，除非需要的连线端较多。

（3）确保相关VI之间连线板的一致性。

选择连线板时还应注意相关VI之间连线板的一致性。首先，创建一组经常使用的子VI时，我们通常为子VI的常用输入端创建统一的连线板，将这些输入端固定在相同位置，以帮助用户记住各个输入端的位置。其次，如果创建的子VI生成的输出会被另一个子VI作为输入（例如，引用、任务ID、错误簇），我们就将输入和输出连接端对齐，以简化连线。把错误输入簇放在前面板的左下角，错误输出簇放在右下角就是一个比较好的例子。此外，将接线端分配为输入端或输出端时，要确保将连线板上的接线端分为输入端和输出端两部分。例如要使用4×2×2×4连线板的中间四个接线端，水平或垂直地将其分为两部分。把输入分配给上两个接线端，输出分配给下两个接线端，或者将输入分配给左边两个接线端，输出分配给右边两个接线端。

（4）说明参数对 VI 是否必需。

通过将输入或输出参数设置为“必需”（Required）、“推荐”（Recommended）或“可选”（Optional），可以防止用户忘记连接子 VI 的接线端。如果为子 VI 连线时未连接“必需”输入端（输出接线端不存在“必需”选项），该子 VI 所在的程序框图将出现断线，不能运行。但不连接“推荐”或“可选”输入或输出接线端时，子 VI 所在的程序框图仍然可以执行，并且 VI 不产生任何警告。右击连线板中的某个接线端，从弹出的菜单中选择“接线端类型”（This Connection is），可指定该连线端是否必需。

子 VI 程序框图的创建方法和创建普通 VI 的方法也大同小异。在子 VI 设计时，笔者通常会参照子 VI 前面板的输入 / 输出参数排列和接线板上输入 / 输出参数的布局，将输入参数接线端子均整齐摆放在程序框图的最左和最右边，以便与数据流“从左到右”的逻辑保持一致，同时也和子 VI 内部使用的临时控件进行区分。图 5-12 和图 5-13 给出了一个子 VI 程序框图中输入 / 输出参数接线端子与前面板上输入 / 输出控件，以及子 VI 连线板布局相对应的例子。

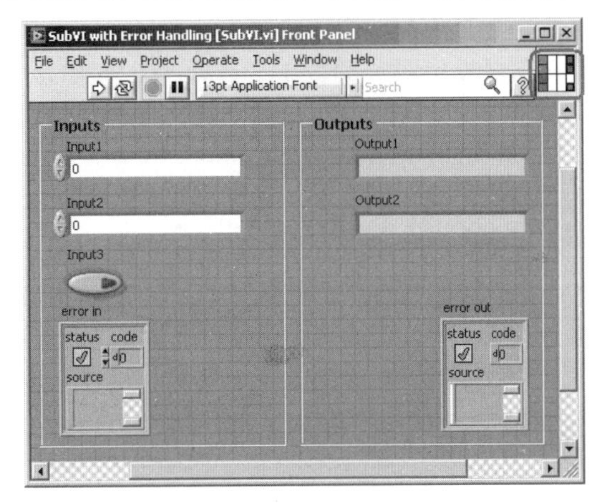

图 5-12　子 VI 输入 / 输出控件与接线板布局保持一致

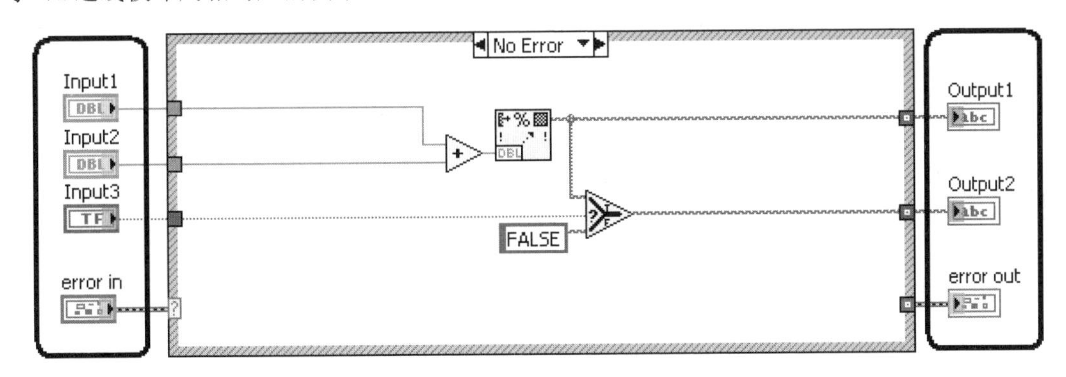

图 5-13　子 VI 输入 / 输出接线端子与输入 /输出控件以及接线板布局保持一致

创建完成的子 VI 被保存后即可被其他 VI调用。可以按照下列步骤，在程序框图上放置一个子 VI。

（1）选择主 VI 的菜单“窗口”→“显示程序框图”选项或者在前面板显示时按 Ctrl + E 组合键，显示 VI 的程序框图。

（2）选择菜单“查看”→“函数选板”选项或者在程序框图上右击，在弹出的菜单中选择“显示函数选板”选项。

（3）单击函数选板上的“选择 VI”选项。

（4）从硬盘上找到要作为子 VI被调用的 VI，确定后即可将其放在程序框图上。

（5）将该子 VI 的接线端与程序框图上的其他节点相连。

从函数调用的角度来看，LabVIEW 图形化设计语言中，子 VI 的调用节点与文本编程语言中子程序调用语句类似。在文本编程语言中，子程序调用语句并不是子程序本身。图形化设计语言中，子 VI 的节点也不是子 VI 本身，程序框图中含有相同子 VI 节点的数目等于该子 VI被调用的次数。

5.4 为VI添加说明和帮助

良好的说明信息有助于提高程序的可读性，方便开发者维护并改进LabVIEW程序。因此，在开发VI时，应注意为VI添加说明信息。可以从对前面板说明、对程序框图注释以及对整个VI进行描述几方面入手对VI添加说明信息。

为VI前面板添加说明信息的最主要目的是向用户提供使用说明，提高用户界面的交互效率。首先，可以在前面板上添加文字，简要说明如何使用程序。例如可以使用自由标签控件在前面板上添加类似于“选择Test → Start开始测试”的程序操作步骤说明。如果文字说明信息较长，可以使用滚动字符串控件代替自由标签控件。如果说明文字占用前面板的位置过多，则可以使用一个帮助按钮，将说明信息放置在另外一个帮助窗口中，单击“帮助”按钮后弹出详细帮助信息。其次，我们还可以为前面板上的控件添加描述，使用户明白各个控件的作用。通常在设计前面板时，一般使用自由标签控件、控件自身的标签、标题或布尔文本向用户显示控件在程序中的作用、默认值等信息。但是为了便于对程序的理解和维护，通常会对所有控件（或者关键控件）添加更详细的说明信息。

右击控件，在弹出菜单中选择“描述和提示”（Description and Tip）选项，即可弹出对控件添加说明和提示的对话框（图5-14）。在为控件添加说明时，应尽量包含以下信息：

（1）控件功能描述。

（2）控件的数据类型。

（3）输入的有效范围。

（4）输入默认值（通常包含在控件的标题中显示给用户）。

（5）对特殊值的响应，如对0、空字符串的响应情况等。

（6）其他信息。

如果必要，可以对控件添加的说明信息进行格式化。例如可以在一段文本信息的前后分别添加<B>和</B>，用粗体显示该段文本信息。或者使用两个回车对“即时帮助”窗口中显示的文本进行分段。

为控件添加了说明信息和提示信息后，当鼠标移动到该控件时，控件的说明信息就会在“即时帮助”窗口中显示出来（图5-15），而控件的提示信息会在鼠标移动到其上之后通过提示框显示给用户。

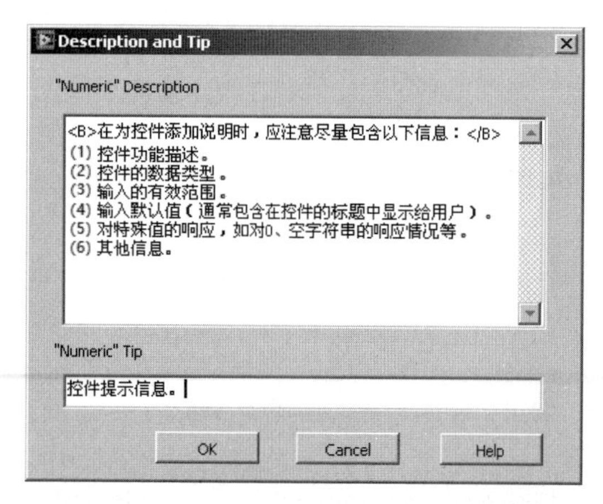

图5-14 对控件添加说明和提示的对话框

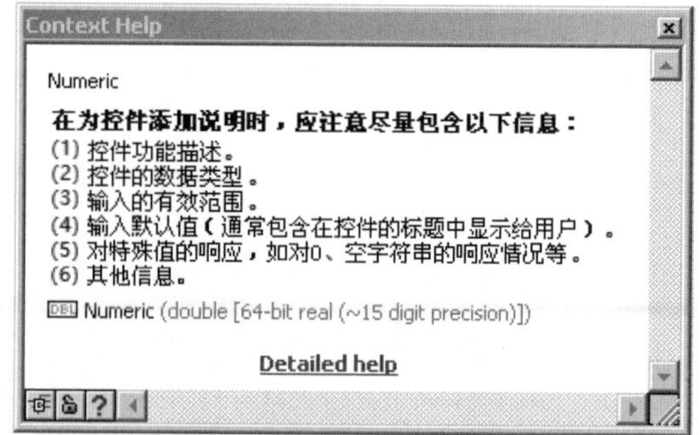

图5-15 控件说明信息会显示在“即时帮助”窗口中

为程序框图添加说明信息的重要性和传统文本语言注释的重要性相同，前面章节已经对使用自由标签和连线标签在程序框图添加说明的方法进行了讲解，此处不再赘述。

在设计 LabVIEW 程序时对 VI 进行说明，可提高程序框图的可读性和可维护性。通常可以通过为 VI 添加帮助信息，并为其创建一个形象的图标来实现。

对已完成的 VI 编制帮助信息，可以向 VI 的用户说明 VI 的使用和操作方法。在 VI 菜单中选择“文件”→“VI 属性”选项，或者在 VI 右上角的图标上右击，在弹出的菜单中选择“VI 属性”选项，弹出 VI 属性对话框，并从“类别”下拉菜单中选择“说明信息”（Documentation），便可创建、编辑和查看 VI 的简要说明（图 5-16）。VI 说明信息的格式化方法和对象说明信息的格式化方法类似，也可以使用 <B> 和 </B> 对其中部分语句加粗。

VI 属性对话框中的“帮助标识符”（Help tag）和“帮助文件路径”（Help path）用来将 VI 链接至 .chm、.hlp、.htm 或 .html 格式的详细帮助文件。只有当这两项中的某一项有内容时，“即时帮助”窗口中才能显示“详细帮助”（Detailed help）链接。至于详细的帮助文档，用户可以自行创建或者使用 VI 的打印功能来生成素材（选择“文件”→“打印”选项可以将 VI 说明信息保存为 HTML、RTF 或文本文件，具体参见 LabVIEW 的相关帮助），然后使用 WinHelp 或 HyperHelp 等工具，将素材编译成 .chm 格式的帮助文件，或者直接使用 .htm 或 .html 格式的文件。为 VI 添加的这些说明信息，有助于项目结束时快速创建项目的帮助文档。

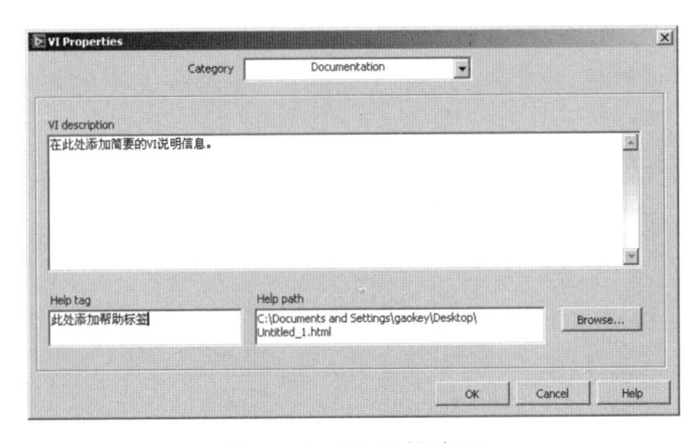

图 5-16　VI 属性窗口

使用图形化设计语言开发时，为 VI 添加说明的另一个办法就是为其创建一个形象的图标。每个 VI 都在前面板和程序框图窗口的右上角有一个图标，它是 VI 的图形化表示。如果将 VI 当作子 VI 调用，该图标就会显示在程序框图上。VI 图标可以包含文字、图形或图文组合。默认情况下，它与 LabVIEW 应用程序图标相似，其中有一个数字表明自从 LabVIEW 启动后打开新 VI 的个数。右击前面板或程序框图右上角的图标，从弹出的菜单中选择“编辑图标”选项，或双击前面板右上角的图标，可弹出 VI 的图标编辑器（图 5-17）。使用图标编辑器可以编辑 VI 图标包含的文字、图形，为 VI创建自定义图标来替换默认图标。

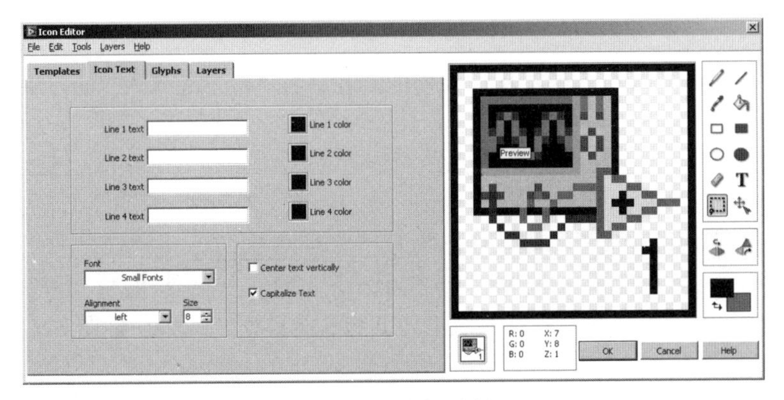

图 5-17　VI 图标编辑器

创建自定义图标时，除了需要先删除 VI 默认图标外，还要注意所创建的图标必须能帮助用户理解子 VI 本身和与之相关的子 VI 或顶层 VI 功能。因此，顶层 VI 及其相关的子 VI 一般使用统一风格的图标。笔者在开发过程中使用类似图 5-18 所示样式的图标。这些图标分为上、下两部分，上半部分全部用大写的简要文字说明子 VI 所属的逻辑功能大类，下半部分用来说明 VI 自身的功能。例如，图标上半部分显示为 CORE 的文字，说明该 VI 从逻辑上属于整个项目内核大类部分，图标下半部分显示为 Frame，说明该 VI 用来构建内核框架。如果整个项目均使用这种风格图标，开发人员就可以非常容易地分辨某个子 VI 在项目中的位置和功能。

在实际进行项目开发时，用户不是每次都从头为每个 VI 创建图标，而是使用模板或现有的图标资源为 VI 快速添加图标。在使用图标编辑器的过程中，可以随时选择菜单“文件”→“保存为…”选项，将新创建的图标保存为模板或图标库中的资源。LabVIEW 使用“C:\Documents and Settings\ 计算机用户名 \My Documents\LabVIEW Data\Icon Templates”和“C:\Documents and Settings\ 计算机用户名 \My Documents\LabVIEW Data\Glyphs”目录分别保存模板和图标库中的图标（使用“文件”→“保存为…”选项保存的图标也分别被置于这些目录中）。默认情况下，这些文件夹中已经有少部分模板和图标，如果需要对其进行扩充，可以直接将自己收集的模板或图标复制到这些文件夹中。当再次打开图标编辑器时，新增加的模板或图标就会显示出来供用户选用。

笔者建议读者可将日常工作中创建的各种模板和图标，分别备份在独立的文件夹中，在安装 LabVIEW 后立刻将它们复制到对应的文件夹中，对图标编辑器的模板和资源进行扩充，以提高 VI 的开发速度。

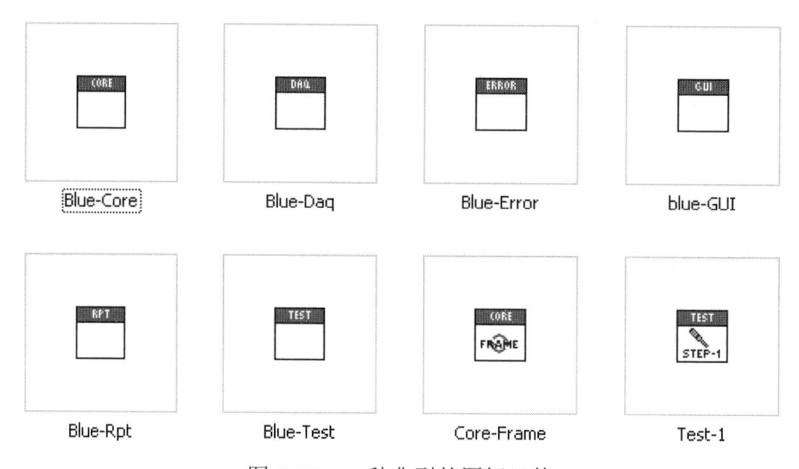

图 5-18 一种典型的图标风格

例如，可以将图 5-18 所示的图标作为模板，复制到“C:\Documents and Settings\ 计算机用户名 \My Documents\LabVIEW Data\Icon Templates\Vision Technologies”文件夹中，当再次打开图标编辑器时，这些图标就会显示在“模板”选项卡中（图 5-19）。使用类似的方法，也可以对图标库进行扩充。

LabVIEW 识别的图标模板和库文件一般为 32×32 像素的 .png 文件。因此，用户可以从网上搜索各种有意义的图片来扩充 VI 图标模板和图标库。实际使用时，只要将其拖放至图标编辑器的编辑区域，或直接从文件系统中将其拖放至前面板或程序框图右上角的图标区域即可。

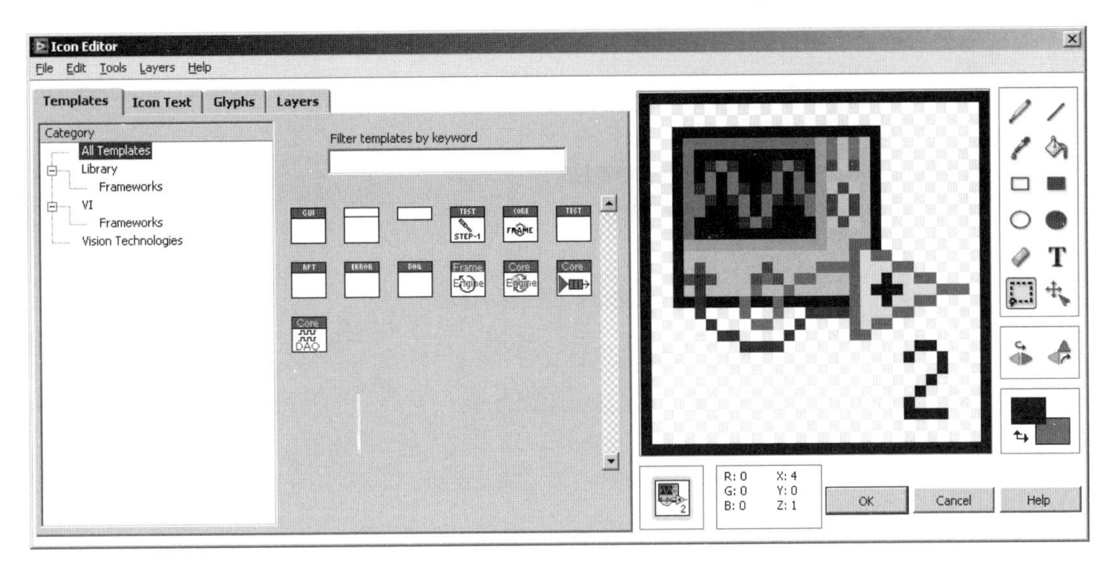

图 5-19　扩充图标编辑器中的图标模板

5.5　可重入 VI、递归 VI 和多态 VI

在 LabVIEW 中创建 VI 时，有几种 VI 比较特殊，分别是可重入（Reentrant）、递归（Recursion）和多态（Polymorphism）VI，这些 VI 均适用于不同的应用场合。

默认情况下，LabVIEW 会在内存中为每个 VI 分配一块存储数据的空间。当程序调用该 VI 时，就会访问存储空间中属于 VI 的数据。如果在程序中有多个不同的线程同时调用该 VI，两个线程会同时对这一块数据地址进行读写，可能会导致数据访问冲突。为避免这种不安全的情况出现，LabVIEW 会调度线程执行的顺序，逐个执行不同线程中的 VI 调用命令。但是这种串行的调度方法往往会成为程序执行效率的瓶颈。例如，若 VI 承担的任务是读取文件或硬件访问等耗时长但 CPU 占用率低的操作，则对多个线程的串行调度会极大降低程序的运行效率。为了解决这一问题，在 LabVIEW 中引入了可重入 VI 的概念。

LabVIEW 在一个程序被调入内存开始运行之前，会为其所有 VI 分配存储空间（包括数据区）。若 VI 并非可重入 VI，LabVIEW 就把这个 VI 运行时局部变量所在的数据区开辟在 VI 所在的空间内。但是若 VI 为可重入 VI，LabVIEW 就会为 VI 的每个实例创建独立的数据存储空间。具体来说，若 VI 为可重入 VI，LabVIEW 会把它的数据区开辟在调用它的 VI 上，这样就可以保证这个可重入 VI 在不同的地方被同时调用时，各个实例使用相互独立的数据区。这不仅避免了数据访问冲突的问题，还允许 LabVIEW 以完全并行的方式调用 VI。如果调用是在多个并行的线程中同时进行，当 VI 被设置为可重入 VI 后，这些线程中可重入 VI 的数据也是安全的。此外，由于每个 VI 的实例有独立的数据存储空间，因此在程序中不同地方调用 VI 时，VI 中同名局部变量的值会单独维护。

例如，图 5-20 所示的例子中，SubVI 用于实现计数器加 1 的功能。在两个并行执行的循环 COUNTER-1 和 COUNTER-2 中，程序都调用了 SubVI。如果没有将 SubVI 设置为可重入，则两个循环中被调用的 SubVI 将共同维护一个数据存储区。而且在两个循环执行时，LabVIEW 将对循环中 SubVI 执行的先后顺序进行串行调度。从程序运行效果来看，Counter1 和 Counter2 显示的计数值将交替增加。如果将 SubVI 设置为可重入 VI，则两个循环中每个 SubVI 就会各自维护一个数据存储区。这使得 LabVIEW 可以真正并行运行两个循环。从程序执行的效果来看，Counter1 和 Counter2 显示的计数值将各自独立递增。由于两个循环的等待时间不同，运行时可以非常清楚地看到这一现象，图 5-20（c）的界面显示了程序运行的某个瞬间。

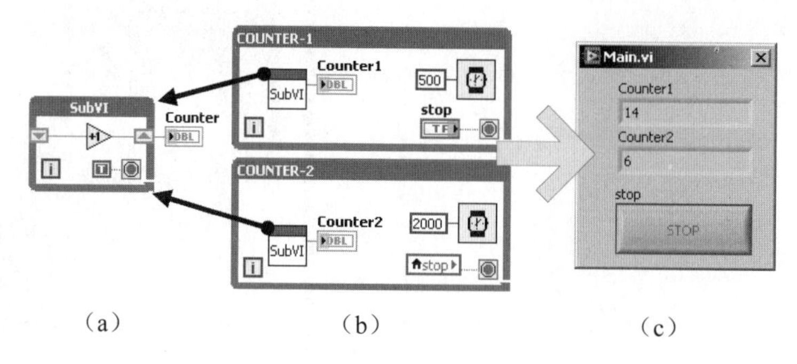

（a）　　（b）　　（c）

图 5-20　可重入 VI 示例

如果要将一个 VI 设置为可重入 VI，可以打开“VI 属性”（VI Property）对话框，并选择“执行”（Execution）类，在对话框中设置 VI “以可重入方式执行”（Reentrant Execution），如图 5-21 所示。

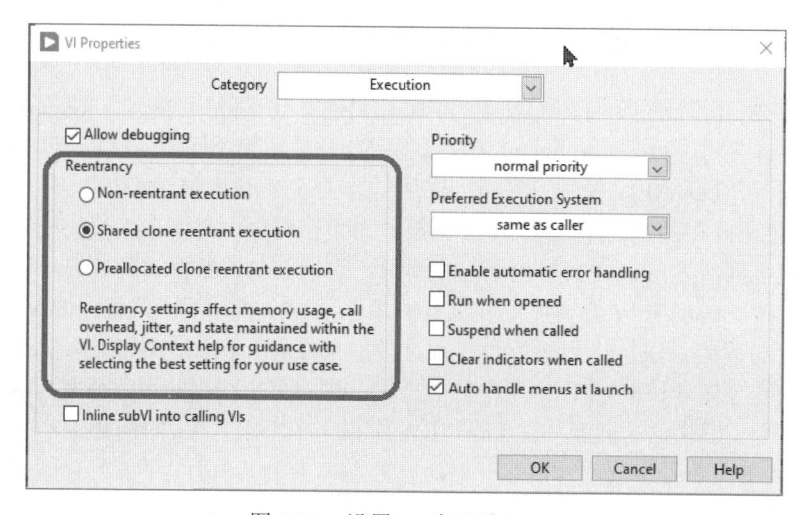

图 5-21　设置 VI 为可重入 VI

可重入 VI 的类型有两种：“实例间共享克隆”（Shared Clone）和“为各实例预分配克隆”（Preallocated Clone）。若将 VI 配置为实例间共享克隆可重入类型，则程序会为可重入 VI 创建一个数据空间池。在最初调用可重入 VI 时，程序只在池中创建两个数据空间（又形象地称为“克隆”），调用者将随机使用其中一个数据空间，并不能确切知道使用的是两个数据空间中的哪个，并且后续调用所使用的数据空间可能与前一次调用所用的并不相同。当池中没有足够的数据空间供一定数量的调用者同时使用时，程序将在池中创建新的数据空间。这里“实例之间共享克隆”中的“共享”意味着数据空间可以由多个调用者在不同时间段重复使用。例如，若有 20 个针对可重入 VI 的调用，但是在这些调用发生的过程中，最多只有两个调用并发进行，则池中就只需有两个数据空间的实例，这两个数据空间实例将在 20 个调用中“共享”。这就允许程序可以仅创建那些必要的数据空间，来减少池中数据空间的数量，优化内存的整体使用。需要注意的是，虽然这种共享数据空间的方式可以提高程序的效率，但是由于同一调用者本次调用所使用的数据空间和下一次调用使用的空间为随机指定（且数据可能被覆盖），本次调用的数据就不能安全地传递到下一次。因此，在对程序执行效率和内存优化要求较高，且不需要调用者调用 VI 的数据传递至下次调用时，可以使用可重入 VI 的实例间共享克隆类型。

若将 VI 配置为“为各实例预分配克隆”类型，则每个调用者都会为可重入 VI 分配单独的数据空间（克隆）。“预分配”的意思是对于 VI 的每次调用，程序都会为 VI 创建该次调用的数据空间。若有 20 次调用 VI，就在调用 VI 时创建 20 个独立的数据空间，并将其添加到数据空间池中。即使在调用过程中仅有两个调用并发执行，在数据池中也会有 20 个独立的数据空间存在。这就使得调用者对可重入 VI 调用时的数据，能安全地在其独立数据空间中，从前一次调用保持到下次调用。由于“实例间共享克隆”类型的可重入 VI 在数据空间池中共享“克隆”，因此它并不具备这种数据保持的能力。然而，可以明显看出“为各实例预分配克隆”类型的这种数据保持能力，是通过牺牲内存空间换来的，因此这种类型应仅在必要时使用。

总体而言，可重入 VI 通过为每个 VI 的实例创建一个相对独立的数据空间，避免了数据访问的冲突和多线程的数据安全，但应当注意到这种好处是通过牺牲内存空间换来的。因此除非十分必要，应尽量避免将 VI 设置为可重入 VI。此外，对于在程序中显示同一 VI 多个前面板的情况，将 VI 配置为可重入 VI 并不会对程序运行效率有帮助。

在程序设计时，经常会遇到 VI 调用自身的情况，例如要计算 N 的阶乘“N!=N*（N-1）!”。虽然使用循环也能完成功能，但如果在这种情况下使用递归（Recursion）VI 却可以大大简化程序代码，缩短编程时间，提高程序可读性。递归 VI 专门为需要从程序框图，包括其子 VI 的程序框图中调用自己的情况而设计，对于解决需要在输出上进行若干次相同操作的情况十分有用。可通过将 VI 设置为可重入且“在多次调用间共享克隆”，然后 VI 程序框图或其子 VI 的程序框图不断调用该 VI 来实现递归。

递归并不是编程必需的程序结构，任何需要使用递归调用的地方，都可以用循环结构来代替。因此除非有非常明显的效果，在设计时应尽量用循环来实现程序功能。此外在有限的计算机资源下，递归次数并非毫无限制，在 32 位平台上，LabVIEW 允许 15 000 次递归调用，在 64 位平台上，LabVIEW 允许 35 000 次递归调用。

在创建 VI 时，经常会遇到下述情况：要求所创建的 VI 根据输入数据类型的不同实现不同的功能。例如 LabVIEW 的加法运算函数，其输入可能是整型或浮点型，函数可以根据输入数据类型的不同实现整型数据或浮点数的求和运算。再例如某个绘图 VI，它可以适应用户自定义的正方形、圆形和三角形簇数据类型，并根据输入的数据绘制不同的形状（图 5-22）。这种可以适应不同数据类型，但可完成逻辑上类似操作的 VI 称为多态（Polymorphism）VI。

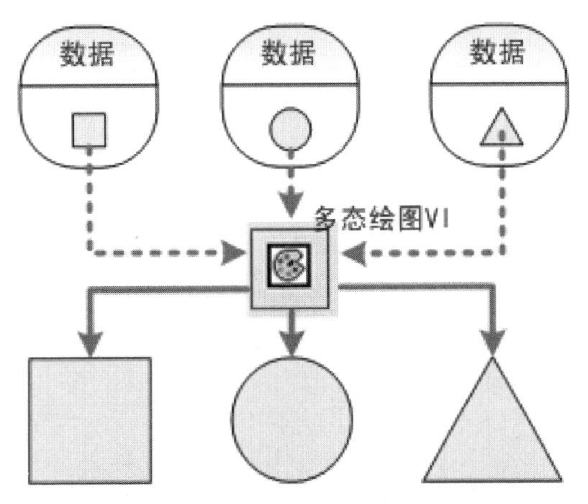

图 5-22　可适应不同数据类型的多态 VI

在 LabVIEW 中，多态 VI 是具有相同模式连线板的子 VI 的集合。集合中的每个 VI 都是多态 VI 的一个实例，每个实例都有至少一个输入或输出接线端接收的数据类型与其他实例不同。多态 VI 使用哪个实例由连接到 VI输入端的数据类型决定。

可以按照以下步骤创建多态 VI。

（1）创建两个或两个以上具有相同连线板模式的 VI。确保连线板与输入和输出接线端一致，如某个 VI 在连线板上的一个接线端是输入，其他 VI 连线板上相应的接线端也必须是输入（除非没有使用）。同理，输出接线端也必须对应。各 VI 不必包含相同的数据类型或相似的子 VI 和函数。

（2）选择菜单“文件”→“新建”选项，打开“新建”对话框，从中选择“多态 VI”打开多态 VI 对话框（图 5-23）。

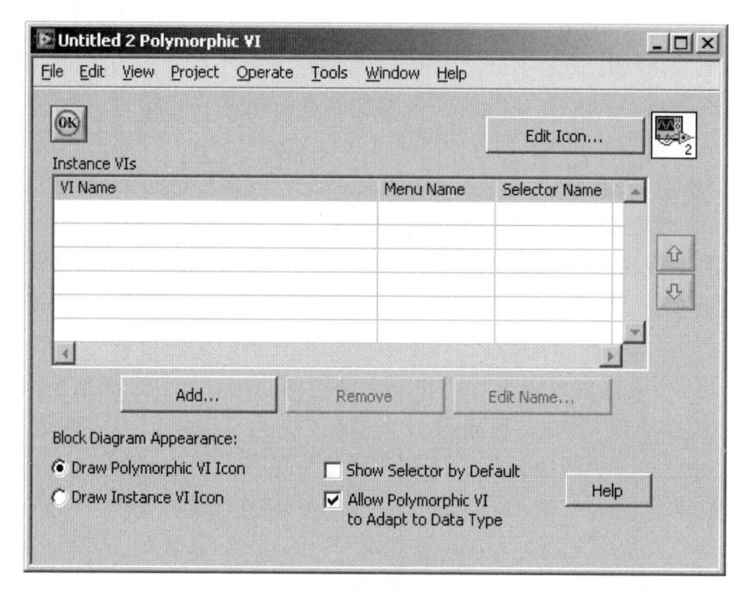

图 5-23　多态 VI 对话框

（3）在多态 VI 对话框中添加或删除多态 VI 的实例。列表中的第一项将成为多态 VI 的默认实例，多态 VI 的默认连线板将由该实例决定。

由 LabVIEW 中多态 VI 的定义和创建过程可以看出，多态 VI 并没有程序框图或前面板，而是多个具有相同模式连线板的 VI 集合。使用多态 VI 时应注意，多态 VI 的每个实例连线板上的输入 / 输出必须与多态 VI 连线板上的输入 / 输出对应。而且多态 VI 不能用于其他多态 VI 中。

5.6　本章小结

前面几章分别介绍了 VI 前面板的开发方法、LabVIEW 程序的基本结构、LabVIEW 支持的数据类型，但是要实现完整的程序功能，还必须有各种函数和 VI 的配合参与。

LabVIEW 是开发虚拟仪器项目的强大工具，它针对虚拟仪器项目的编程开发提供了丰富的标准内置函数库。这些库覆盖基本的程序设计、数据采集、数据分析、数据处理以及数据通信等方面。LabVIEW 还提供开放的函数扩充接口，允许开发人员利用经过验证的第三方函数库或将工作中验证过的函数添加到 LabVIEW 中，对函数库进行扩展。

设计人员完成了 VI 前面板的创建后，就可以使用 LabVIEW 的内置函数或附加 VI 来创建 VI 的程序框图。程序框图主要包括“接线端子”（Terminal）和“连线”（Wiring）两种对象。程序框图中的接线端子有输入控件和显示控件的接线端子、节点接线端子、常量和用于各种程序结构的接线端子几种类型。在 LabVIEW 中进行程序设计的过程实际上就是使用连线连接后面板各种接线端子，实现对前面板对象的控制，完成所需功能的过程。

在进行程序框图设计时，应遵循以下规范：

（1）使用从左到右、从上到下的框图布局。

（2）通过合理连线，改善程序框图的外观。

（3）将程序框图限定在一个屏幕显示范围内。

（4）使用错误处理，增强程序健壮性。

（5）避免对象或连线重叠。

（6）对程序注释。

（7）使用例子或模板。

在设计程序框图时，除了遵循以上几条设计规范，开发人员还要注意观察程序框图中的代码块是否可以在其他 VI 中被重复使用，或者是否可以构成一个单独的逻辑组件。如符合这些条件，就应该尽量将该程序框图单独封装为一个执行特定任务的子 VI。

被其他 VI 在程序框图中调用的 VI 称为子 VI。创建子 VI 前面板和程序框图的方法与创建普通 VI前后面板的方法相同。因为子 VI 要被其他 VI 调用，因此要比创建一般 VI 多出配置子 VI 输入 / 输出参数连线板的工作。默认情况下，连线板的模式为 4×2×2×4。可右击连线板，从弹出的菜单中选择“模式”选项，可以为子 VI 选择不同的接线端子数量和布局。在选择 VI 连线板时应遵守以下几个原则：

（1）尽量选用不超过 16 个接线端的接线板模式。

（2）选择的接线板接线端应有一定裕量。

（3）确保相关 VI之间连线板的一致性。

（4）说明参数对 VI 是否必需。

创建完成的子 VI 被保存后即可被其他 VI 调用。LabVIEW程序框图中含有相同子 VI 节点的数目等于该子 VI 被调用的次数。

在开发 VI 时，还应注意为 VI 添加说明信息。这可以从对前面板说明、对程序框图进行注释，以及对整个 VI 进行描述几方面入手。对前面板进行说明时，可以在前面板上添加文字简要说明如何使用程序，也可以为前面板上的控件添加描述，使用户明白各个控件的作用。如果说明文字占用前面板的位置过多，则可以使用一个“帮助”按钮，将说明信息放置在另外一个“帮助”窗口中。

除了对前面板说明外，对程序框图进行注释和对 VI 进行说明也非常重要。对 VI 进行说明，可提高程序框图的可读性和可维护性，可通过为 VI 添加帮助信息，并为其创建一个形象的图标来实现。图标是 VI 的图形化表示，如果将 VI 当作子 VI 调用时，该图标就会显示在程序框图上。在开发时，可以使用图标编辑器为 VI 创建自定义图标。当然，比较有效的方法是使用图标模板和图标库。开发人员可以使用自己创建或收集的图标对 LabVIEW 图标编辑器的图标模板和图标库进行扩充。

总之，使用 LabVIEW 内置的函数可以快速创建 VI 或子 VI。子 VI 可以被其他 VI 调用，较通用的子 VI还可以作为 LabVIEW 的扩充函数使用。在程序设计时，还应注意可重入 VI、递归 VI 和多态 VI 等特殊 VI 的特点。

第6章 错误处理

应用程序在运行过程中出现错误在所难免。错误可能超出程序员的控制，使得程序运行“南辕北辙”，不仅无法正常完成任务，在某些工业应用中，甚至会导致悲剧发生。有效的解决方法是在程序设计时，人为加入一些错误处理机制，使其能够在运行时捕捉发生的错误，在错误失控之前把错误报告出来并由用户或程序对其进行处理。

错误（Error）是实现某个功能或任务时出现的失误。捕获和处理错误的方法多种多样，最常见的情况是错误处理代码分布于整个项目代码中，可能出错的地方都有进行错误处理的代码。这种方法的好处是阅读代码时能够直接看到错误处理的情况。但这种方法不仅使应用程序的核心代码晦涩难懂，难以看出程序功能是否正确实现，还使代码的理解和维护变得困难。

与常见的错误处理方法不同，LabVIEW 程序的错误处理遵循数据流模式。程序中的函数和 VI 分别以错误代码和输入 / 输出错误簇（Error Cluster）返回错误信息。设计时，从起始函数或 VI 将错误信息一直连接到终点函数或 VI，错误信息就会像数据值一样流经各函数和 VI。默认情况下，LabVIEW 通过挂起、高亮显示出错的子 VI 或函数，并显示“错误信息”对话框的方式自动处理每个错误。这至少为每个虚拟仪器项目提供了错误处理功能，如果开发的项目对错误处理要求不高，就可以直接拿来使用。当然，如果需要以其他方式处理程序发生的错误，例如，在某些工业应用场合中，可能并不希望错误对话框出现，就可以禁用 VI 的自动错误处理功能，在代码中自定义错误处理方式。

通常，禁用了 LabVIEW 的自动错误处理功能后，可以将程序中的各函数和 VI 错误端子连接起来传递错误信息，并使用分支结构在每个执行节点检测错误。把正常执行的代码放置在没有错误发生的分支中，而只通过错误分支传递错误信息。这样在没有发现任何错误时，节点将正常执行。如果 LabVIEW 检测到错误，则该节点的代码并不执行，而是快速地将错误信息传递到下一个节点。以此类推，直到错误信息被传递到终点为止。基于这种原理，用户就不必在每个节点上报告或处理错误，而是将这些工作集中在某些关键的节点或者最终节点之后完成。这种基于数据流模式“分点捕获、集中处理”的错误处理方法可以使程序的主要功能一目了然。在这一点上，它与 C++ 语言中使用 try-throw-catch 进行异常处理的方法有异曲同工之妙。

本章着重讲解 LabVIEW 程序设计的错误捕获、错误报告和错误处理技术。

6.1 错误簇

LabVIEW 程序的错误信息通过错误输入簇和错误输出簇（图 6-1）在各个 VI 和函数节点之间传递。错误输入簇和错误输出簇包含一个布尔量、一个带符号的整数和一个字符串，它们的作用如下。

1. 错误状态

错误状态（Status）是一个布尔类型的量，用于表示是否有错误发生。其值为 TRUE 时表示发生了错误。

2. 错误代码

错误代码（Code）是一个 32 位带符号的整数，可用来索引详细的错误或警告信息。

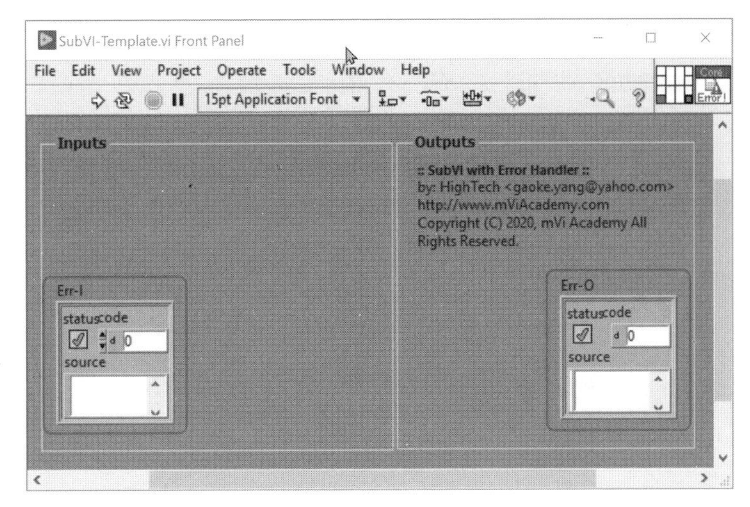

图 6-1　VI 中的错误输入簇和错误输出簇

3. 出错源

出错源（Source）用来说明哪个函数或 VI 发生了错误或者警告。

默认情况下，错误簇的值为 Status=FALSE，Code=0，Source= 空字符串。如果 Status 的值等于 TRUE，则表示发生了错误，此时不等于 0 的 Code 值可以表示错误详细信息索引代码，源字符串用来指明错误发生的确切位置。如果 Status 的值等于 FALSE 并且 Code 的值不等于 0，则表示一个警告。一般来说警告并不会导致严重后果，或者说警告比错误造成的后果要轻一些。图 6-2 分别显示了没有错误发生、出现警告和发生错误时错误簇的值。

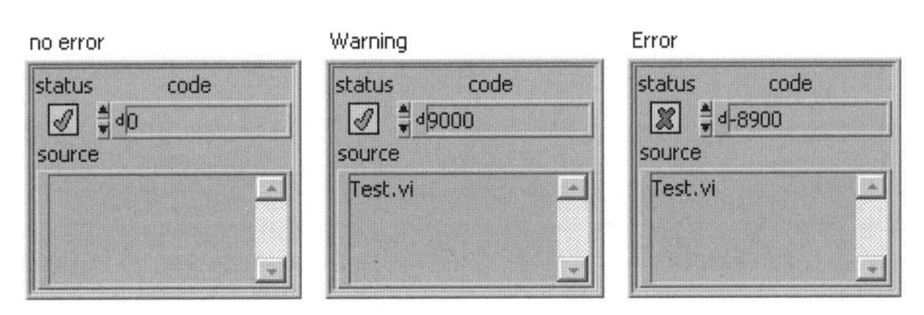

图 6-2　无错误、警告和发生错误时的错误簇

除了上述几种对错误簇信息的分类外，还需参照错误簇中的 Code 值对其提供的信息进行详细解读。LabVIEW 包含一个内置的错误信息数据库，它们分别以 .xml 文件的形式保存在以下目录中：

- C:\Program Files\National Instruments\Shared\Errors。
- C:\Program Files\National Instruments\[LabVIEW 版本]\project\errors。
- C:\Program Files\National Instruments\[LabVIEW 版本]\user.lib\errors。
- C:\Program Files\National Instruments\Shared\LabVIEW Run-Time\[LabVIEW 版本]\errors。

\Shared\Errors 目录中保存大多数 LabVIEW 内置错误，\Project\errors 目录中通常保存 LabVIEW 扩展模块的错误信息，\user.lib\errors 目录中保存用户自定义的错误信息，生成独立安装程序时，会将与程序相关的错误信息文件复制到 \Shared\LabVIEW Run-Time\[LabVIEW 版本]\errors 目录，方便应用程序发布。图 6-3 是以 .xml 文件格式保存的 VISA 错误数据库的片段，可以看出每个错误代码都与 <nierror> 和 </nierror> 标签之间的一个详细描述对应。错误簇的 Code 值也就是 .xml 文件 <nierror> 标签中的 code 值，因此可以通过它索引数据库中的详细错误描述。如果对错误代码文件进行了改动，该更新将在下一次启动LabVIEW时生效。

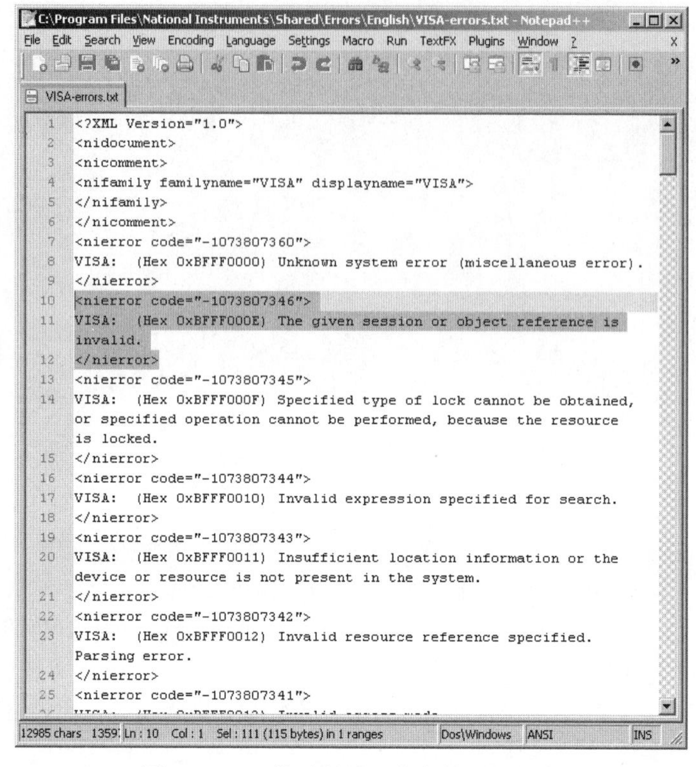

图 6-3 .xml格式的错误信息数据库文件

LabVIEW把错误信息数据库中的错误代码划分成多个码段，不同码段用于索引不同功能模块发生的错误。表6-1列出了LabVIEW错误代码的范围划分和与之对应的功能模块。

表 6-1 LabVIEW 错误代码范围划分和与之对应的功能模块

错误代码范围	错误代码功能
1046 ~ 1050、1053	MATLAB 脚本（MATLAB Script）错误
1158 ~ 1169	实时菜单（Run-Time Menu）错误
16 211 ~ 16 554	SMTP
0	信号处理（Signal Processing）、GPIB、VISA 错误、仪器驱动（Instrument Driver）、公式解析（Formula Parsing）
61 ~ 65	串口（Serial）错误
53 ~ 66、 -2 147 467 263 ~ -1 967 390 460、 108 ~ 113、 1087 ~ 1185	网络（Networking）错误
-1 073 807 360 ~ -1 073 807 192、 1 073 676 290 ~ 1 073 676 457	VISA 错误
-41 007 ~ -41 000	报表生成（Report Generation）错误
-1300 ~ -1210、 -1 074 003 967 ~ -1 074 003 950、 102 ~ 103、 1 073 479 937 ~ 1 073 479 940	仪器驱动（Instrument Driver）错误

续表

错误代码范围	错误代码功能
-23 096 ～ -23 081	公式解析（Formula Parsing）错误
-23 096 ～ -23 000	数学（Mathematics）错误
-20 699 ～ -20 601	信号处理工具（Signal Processing Toolset）错误
-20 999、 -20 103 ～ -20 001、 -20 337 ～ -20 301 20 020、 20 334、 20 351 ～ 20 353	信号处理（Signal Processing）错误
-20 207 ～ -20 201	逐点（Point By Point）错误
-10 943 ～ -10 001	数据采集（DAQ）错误
-1809 ～ -1800、 1800 ～ 1809	波形（Waveform）错误
-1719 ～ -1700	Apple Event 错误
-932 ～ -900	PPC 错误
-620 ～ -600	Windows 注册表访问（Windows Registry Access）错误
1 ～ 20、 30 ～ 41	GPIB 错误
1 ～ 52、 67 ～ 91、 97 ～ 100、 116 ～ 118、 1000 ～ 1045、 1051 ～ 1086、 1088 ～ 1157、 1174 ～ 1188、 1190 ～ 1194、 1196	一般（General）错误
92 ～ 96、 1172、1173、1189、1195、 14050 ～ 14053	Windows 接口互联（Windows Connectivity）错误
-8999 ～ -8000、 5000 ～ 9999、 500 000 ～ 599 999	自定义警告或错误。正值通常用于警告、负值用于错误

从表 6-1 可以看出，LabVIEW 将 -8999 ～ -8000、5000 ～ 9999 和 500 000 ～ 599 999 的代码预留给开发人员用于自定义错误。如果要在 VI 中标记一个 LabVIEW 错误数据库中未定义的错误或警告，就可以选用上述范围内的某个错误代码。通常用该范围内的正值表示警告，用负值表示错误。LabVIEW 错误数据库中的某些错误代码可同时适用于一组或多组 VI 和函数。例如，错误 65 不仅表示串口错误代码（表示串口超时），还可以表示网络错误代码（表示网络连接已建立）。有关错误代码的详细信息，读者可以在开发时参阅 LabVIEW 帮助文档。

6.2　错误捕获

如前所述，建议采用“分点捕获、集中处理”的方法构建 LabVIEW 程序的错误处理功能。首先需要使程序在运行时能检测是否有错误发生，并设法将捕获到的错误信息发送到进行集中报告或处理的地方。

错误捕获的方法多种多样，笔者通常使用以下几种方法：

（1）使用错误信息链顺序传递错误信息。

（2）合并错误信息。

（3）使用移位寄存器捕获所有循环迭代中的错误。

（4）在大型项目中使用队列将错误传递到对其集中报告或处理的地方。

使用错误簇在程序中顺序传递错误信息是最常用的错误捕获手段。大多数 LabVIEW 函数和子 VI 都有输入和输出错误接线端，而且一般都会设计成发生错误时忽略功能代码执行，而仅仅传递错误信息的结构。因此，只要根据程序运行顺序，从起始函数或 VI 依次连接各个节点的输入 / 输出错误簇，就可以在发生错误时，通过错误链快速地将错误信息传递到终点。

图 6-4 给出了一个使用错误簇顺序传递错误信息的例子。它从起始的输入错误簇 error in 开始，逐一将各子 VI 的输入 / 输出错误簇链接起来，形成错误信息链。如果链路上某个子 VI 发生错误，它会快速地将错误信息传送到输出错误簇 error out。用户只要在输出端对错误进行报告或处理即可。

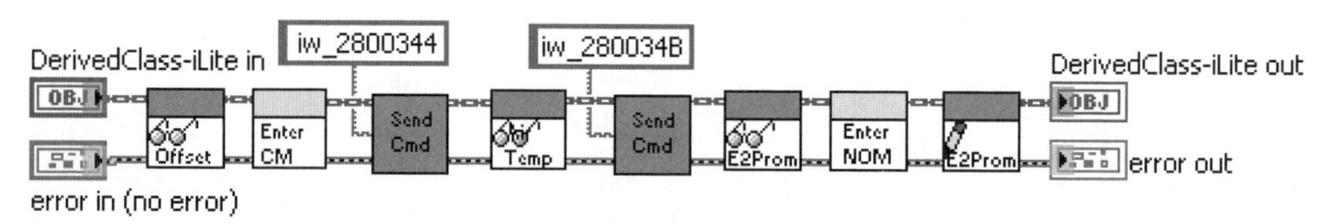

图 6-4　使用错误簇顺序传递错误信息

错误信息链除了传递错误信息外，其本质上会基于数据流构成函数之间的数据依赖关系。也就是说，所有在错误信息链上的函数或子 VI 都会顺序执行。通常，在设计时也基于这一特点，确定那些没有明显数据依赖关系的程序片段的执行顺序。但一定要注意不能仅仅为创建数据依赖而忽略错误信息链报告和处理错误的主要功能。

要使错误信息链能快速传递错误信息，就必须保证错误链上的各节点在发生错误时能及时地将错误信息向后传递。如前所述，大多数 LabVIEW 函数会在错误发生时忽略子 VI 功能代码执行，而仅仅传递错误信息的结构。由于通常功能代码的执行会耗时较多，而且在错误发生时执行功能代码可能会因等待某个正常参数耗费更长的时间，甚至导致不可预料的后果，因此在错误情况下，避免执行功能代码而仅传递错误信息，不仅可以提高函数或 VI 的响应速度，还可以避免因错误引发不可预料的后果。

基于上述理念，笔者建议在创建子 VI 时，基于图 6-5 所示的程序模板来设计。在图 6-5 的模板中，输入错误簇被连接到条件结构的条件选择器接线端，条件选择器标签显示无错误（No Error）和错误（Error）两个选项，同时条件结构的边框颜色错误时变为红色，无错误时变为绿色。如果用户在 No Error 分支添加程序功能代码，那么错误发生时，程序功能代码就不会被执行，错误分支会快速地传递错误信息到下一个节点。

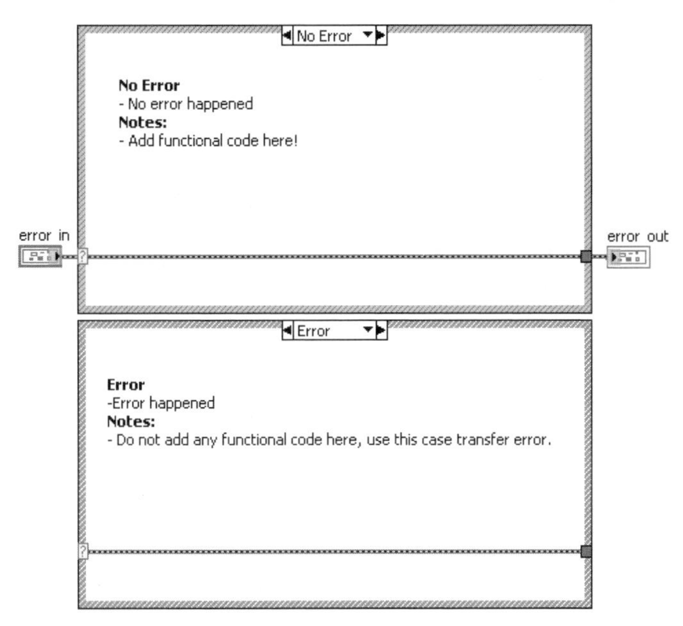

图 6-5 带错误处理的子 VI 程序框图模板

如果程序中同时存在多个错误信息链并行执行，可以使用“合并错误”（Merge Errors）函数将各个错误链中最后一个节点的错误输出端合并。图 6-6 给出了一个包含两个并行运行错误链的例子，其中一个错误链执行文件写操作，一个执行数据采集任务。在两条错误信息链的终点，使用了“合并错误”函数合并错误信息后输出到 error out。

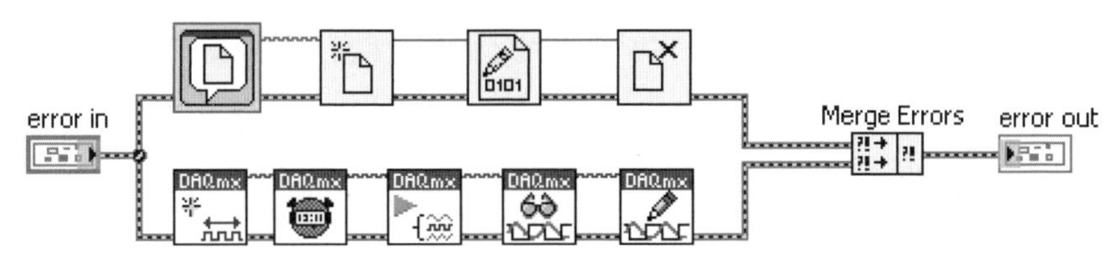

图 6-6 使用合并错误函数合并错误信息

“合并错误”函数可以对连接至其输入端的多个错误信息进行合，合并错误信息时遵循以下原则：

（1）从第一个错误输入（错误输入端 1）开始，依次寻找错误。

（2）如果发现错误，立即返回该错误。例如如果在错误输入端 1 中未发现错误，转而在错误输入端 2 中发现错误时，就立即返回错误输入端 2 中的错误。

（3）如果未发现所有输入端有错误，就从第一个错误输入查找警告，并返回第一个发现的警告。

（4）未发现所有输入端有警告，VI 将返回无错误。

LabVIEW 2010 以后的版本对“错误合并”函数进行了改进。LabVIEW 2010 之前版本和新版提供的“合并错误”函数分别如图 6-7（a）和图 6-7（b）所示。

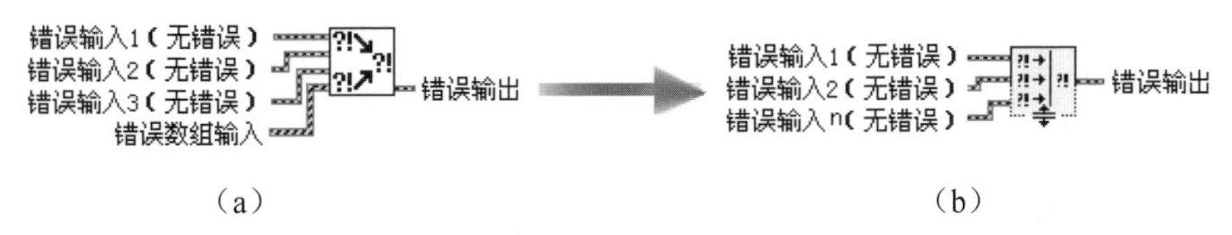

（a）　　　　（b）

图 6-7 LabVIEW 2010 之前版本和新版提供的“合并错误”函数

旧版本中的“合并错误”函数，使用一揽子汇总错误簇信息的方案，其中最多可以有四条连线，前三条连接单独的错误链，第四条连接错误数组。虽然可以合并多条错误信息，但第四条之后的信息链必须先打包成数组才能输入函数中。新版本的“合并错误”函数能够直接汇总尽可能多的错误簇连线，需要增加信息链时，只需要增加函数连接端子即可。不仅如此，新版本函数的每个接线端不仅可以连接单个错误簇，还可以连接错误簇数组。这就相当于只使用一个构图标，代替旧版中的合并错误和构建数组两个函数的图标，从而减少了程序框图的杂乱。图 6-8 所示的程序片段显示了一个使用新版本“合并错误”函数合并多个错误信息的例子。

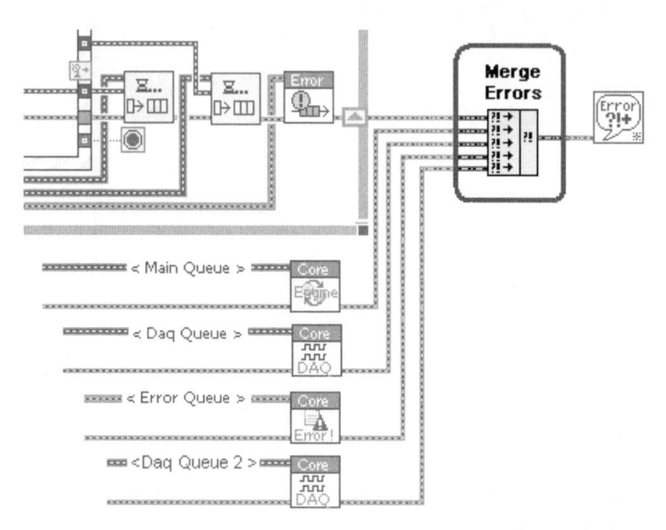

图 6-8　使用 LabVIEW 2010 版本的“合并错误”函数

在循环中捕捉错误需要一点技巧。图 6-9 是从串口连续读取字节的简化程序，程序先打开串口，然后使用 While 循环不断读取串口缓冲区中的字节，直到用户单击 Stop 按钮后停止读取，退出前关闭串口。针对错误捕获，程序直接将“串口打开”函数、While 循环中“读取字节”函数和“串口关闭”函数的输入 / 输出错误簇连接在一起，构成错误信息链。乍一看似乎可以实现错误捕获功能，但是仔细分析会发现 While 循环的错误输入端在每次迭代开始时会用“串口打开”函数的错误输出簇重新赋值；同时，循环的错误输出端在每次迭代结束时都会被“读取字节”函数的错误输出重新覆盖。因此，只有最后一次迭代时的错误信息才会被传递到循环的输出端，这就导致错误链并不能记录下循环中所有可能发生的错误。

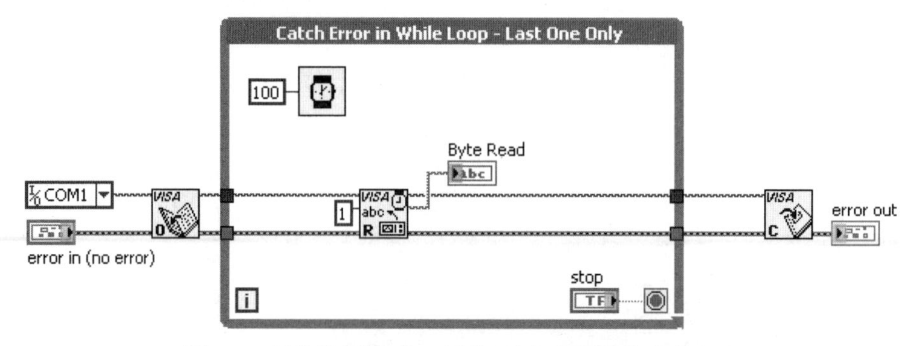

图 6-9　只能捕捉最后一次循环迭代中错误信息的程序

可以使用循环的自动索引功能记录循环迭代中的所有错误。图 6-10 中的例子在图 6-9 的基础上添加了错误输出的自动索引功能，这样每次迭代传递到输出端的错误信息就会被连续积聚成与循环次数相同大小的数组。在循环外，使用合并错误VI将所有数组中的错误进行合并后，再传递到关闭串口函数。然而，由于不能确定用户什么时候结束循环，因此错误数组的大小也就不能确定。如果程序运行时间较长，极可能导致错误信息数组非常大，甚至因此导致系统崩溃。所以，除非必要或者有充足的理由，否则不建议使用循环索引收集错误信息。

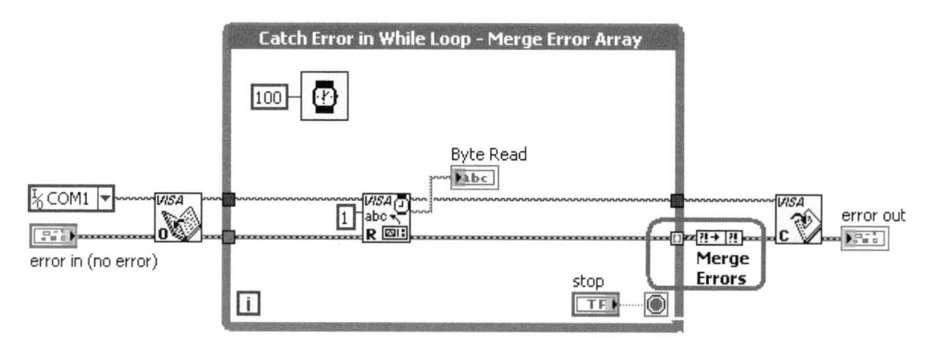

图 6-10 使用自动索引收集循环中的所有错误信息

较为理想的方法是使用移位寄存器传递错误信息，图 6-11 给出了一个简单的例子，与图 6-9 唯一的不同之处在于，图 6-11 用移位寄存器代替循环的错误输入 / 输出连线端子。由于移位寄存器可以将前一次循环迭代结束时的错误输出作为下一次循环迭代的输入，因此，当某个循环迭代中发生错误时，后续迭代中的"读取串口"函数并不执行操作，而只是快速传递错误信息。这不仅保证了所有错误可以被正确捕获，还能使错误信息在 While 循环退出后正确地向后传递。

和 While 循环类似，使用移位寄存器捕获错误信息也是在 For 循环各迭代中传递错误数据的最好方法。一方面，由于大多数节点在错误发生时只传递错误信息，使移位寄存器捕获错误的方法效率非常高；另一方面，使用这种方法时，只有一个错误簇被保存在内存中，因此内存使用效率也非常高。此外，移位寄存器还保证了错误信息在循环迭代时连续传递，每次迭代开始时循环的输入错误都不会被重置。因此，相对于自动索引，在循环中使用移位寄存器捕获错误是首选方案。

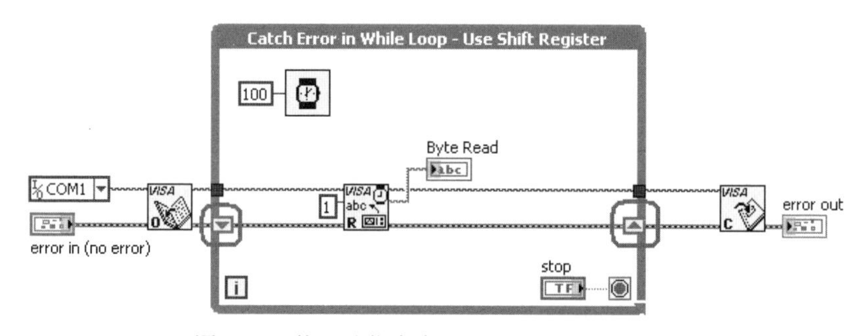

图 6-11 使用移位寄存器传递循环的错误信息

使用错误信息链、合并并行错误信息链和在循环中使用移位寄存器捕获错误的方法在开发一般 VI 时较为常用。但是在为大型虚拟仪器项目构建错误处理机制时，通常会使用队列，把在程序的不同部分捕获的错误发送到错误处理模块集中进行报告和处理。图 6-12 显示了笔者开发的一个多线程程序框架，在框架中创建了一个专门用来传递错误信息的队列（Error Queue）。用户界面线程（GUI Loop）、程序引擎（Core Engine）、数据采集线程（DAQ）中都有一个捕获错误的函数，捕获到错误后，会将相关的错误信息压入队列（Error Queue）等待处理。程序中的错误处理线程会不断从 Error Queue 中取出错误，按照进入队列的先后顺序，对错误进行报告或处理。这种模式不仅可以使大型多线程程序的错误处理有效进行，还可以保证发生错误时，用户可以优雅地结束程序。有关这个程序框架和队列的详细内容，将在后续章节进行介绍。

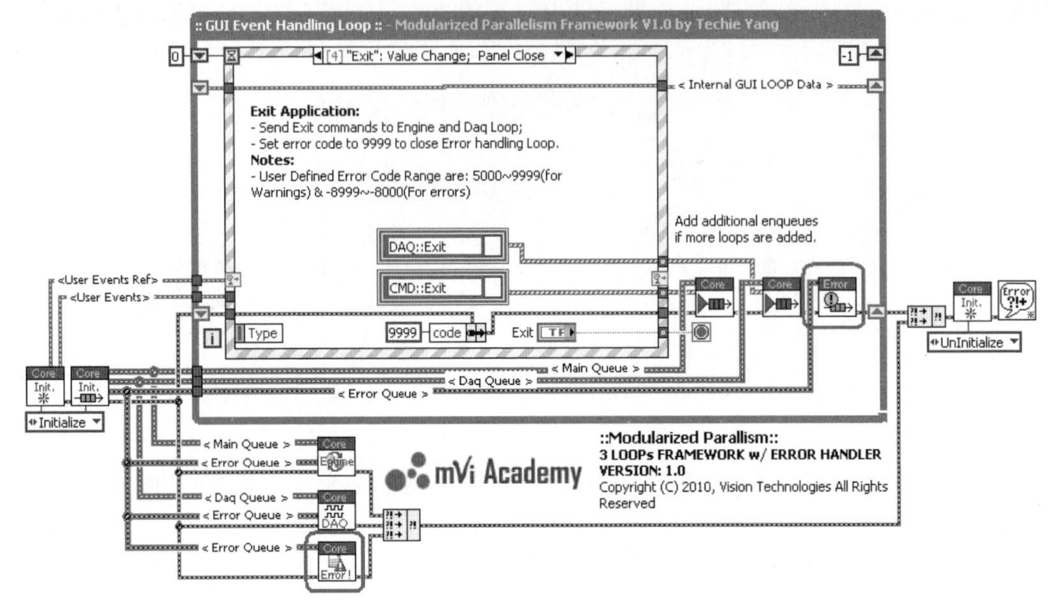

图 6-12　在大型程序中使用队列传递错误信息

6.3　错误报告

捕获到错误后，我们可以将其报告给用户，以便用户采取措施进行纠正。在 LabVIEW 程序中，可以使用以下几种方法报告错误给用户：

（1）使用对话框或主界面上的提示窗口报告错误。

（2）使用错误日志文件报告错误。

（3）使用 E-mail 或短信通知用户。

使用对话框报告错误相对比较容易。LabVIEW 提供两个错误报告函数来支持这种方案，分别是“简易错误处理器”（Simple Error Handler）函数和“通用错误处理器”（General Error Handler）函数。这两个函数都会检测错误输入端的错误，在 LabVIEW 错误代码数据库中查找与错误代码对应的错误描述，并生成包含错误代码、错误源和详细错误描述的对话框，显示给用户。默认情况下，这个对话框需用户确认后才关闭。

“简易错误处理器”函数和“通用错误处理器”函数的详细信息如图 6-13（a）和图 6-13（b）所示。

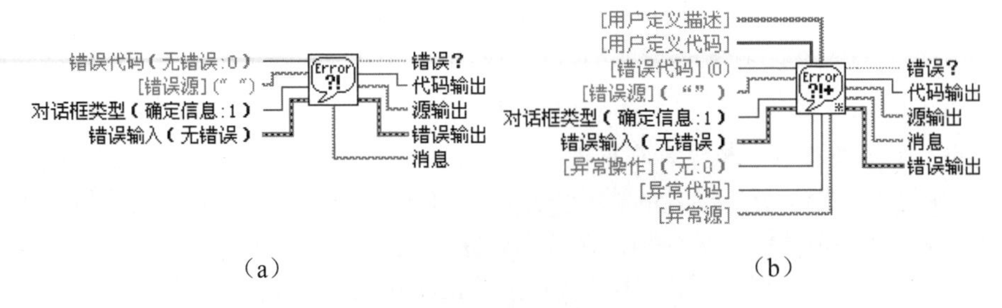

（a）　　　　　　　　（b）

图 6-13　“简易错误处理器”函数和“通用错误处理器”函数

双击“简易错误处理器”函数图标，查看它的程序框图（图 6-14），不难发现它只是使用了较少的输入和输出参数来调用“通用错误处理器”函数，因此本质上只是对“通用错误处理器”函数进行了再次封装。这种简单的封装除了减少部分连接参数外，并没有增加任何其他价值，由于增加了函数调用次数为系统带来不必要的开销。由于“通用错误处理器”函数的参数本来就不多，这种减少参数的封装反而降低了它的灵活性。因此，在使用对话框来报告错误时，笔者强烈建议直接使用“通用错误处理器”函数，使程序更灵活、高效。

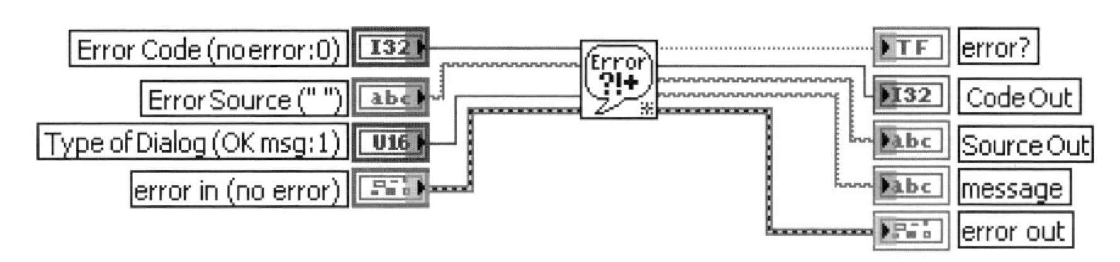

图 6-14　简易错误处理器函数的程序框图

图 6-15 给出了使用“通用错误处理器”函数报告错误的例子。它实际上只是使用了“通用错误处理器”函数替换了图 6-11 中的 error out 控件来直接报告错误。程序选择了对串口 COM8 进行操作，但是可能由于在程序运行的计算机上 COM8 并不存在，因此打开端口时将引发错误代码为 -1073807343 的错误。在用户退出程序之前，“通用错误处理器”函数会按照该错误代码在 LabVIEW 错误数据库中查找与之对应的详细描述，并以对话框的形式报告给用户，直到用户确认为止。报告错误的对话框如图 6-16 所示。

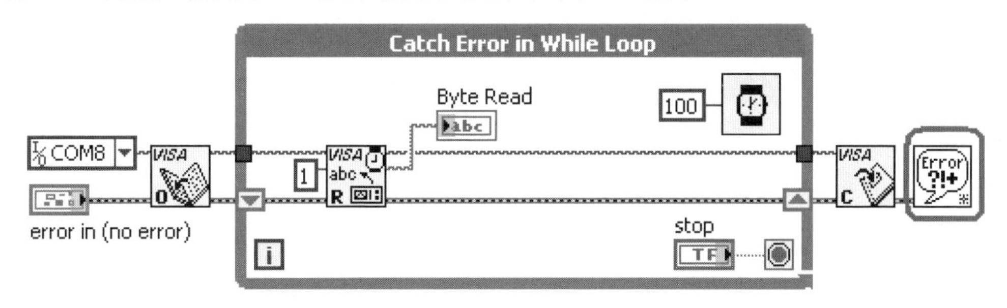

图 6-15　使用“通用错误处理器”函数报告错误

使用错误对话框报告的错误，通常需要用户确认后程序才能继续执行。但是在大型系统中，有时某个部件发生错误可能并不会导致整个系统停止运行（例如在双机热备份的系统中，一个设备发生故障时，另一台作为热备份的机器会接替故障机器的工作），这时就不希望用户立即对错误进行确认，而是将整个系统发生的错误集中报告给某个控制中心的操作员来确认或处理。针对此类情况，用户可以在用户界面上增加一个类似 Windows 事件查看器的错误报告窗口（图 6-17），集中报告程序中的错误。

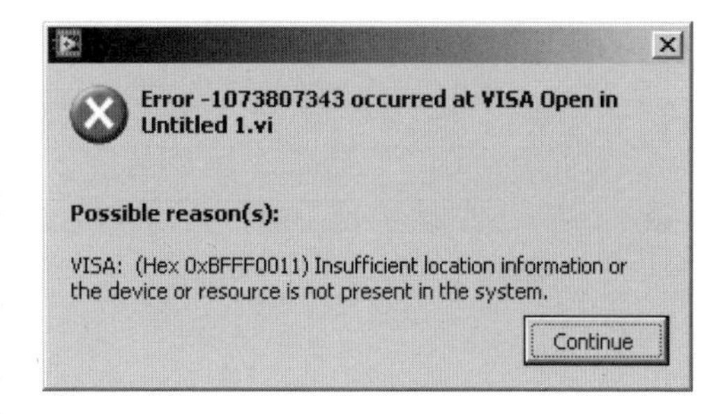

图 6-16　错误处理器”函数报告错误的对话框

在大型应用程序中，主界面上的错误报告窗口只显示重要的错误，如果必要，可以单独增加一个错误报告窗口，并在其中根据错误的类型进行分类，可以允许操作人员对已经处理的错误进行确认清除。图 6-18 显示了某地铁信号控制系统中对各种错误和报警信息的分类方法，它按照列车上安装的设备发生的故障、轨道旁安装的控制设备发生的故障等，将整个控制系统中的错误信息进行了分类。

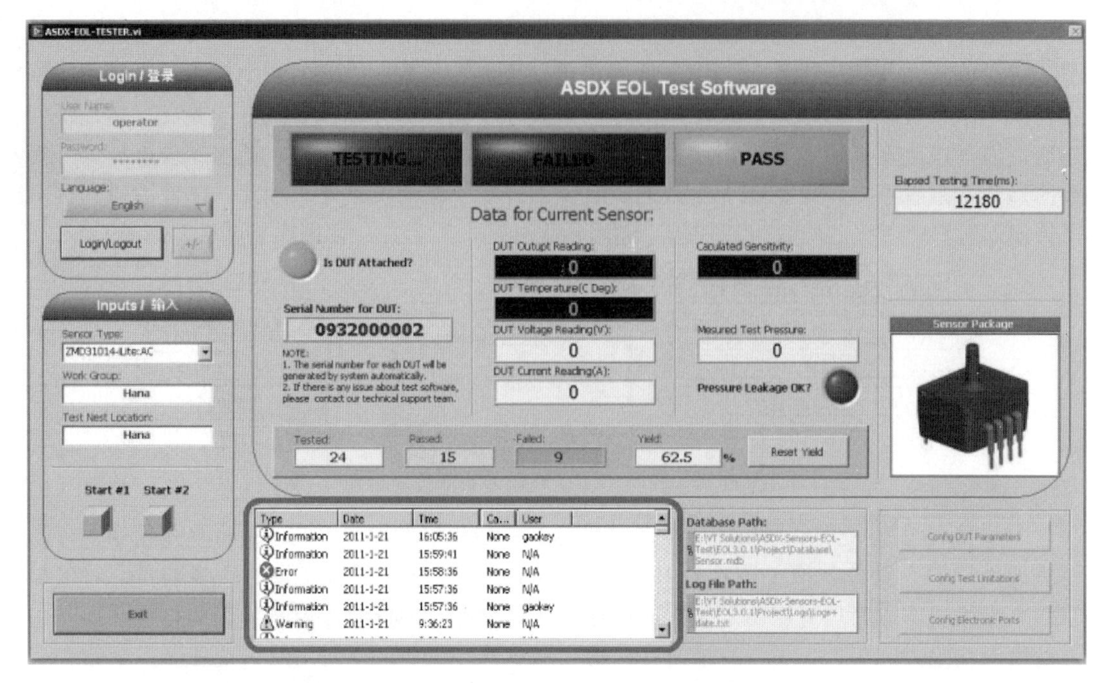

图 6-17　在用户界面集中显示错误信息

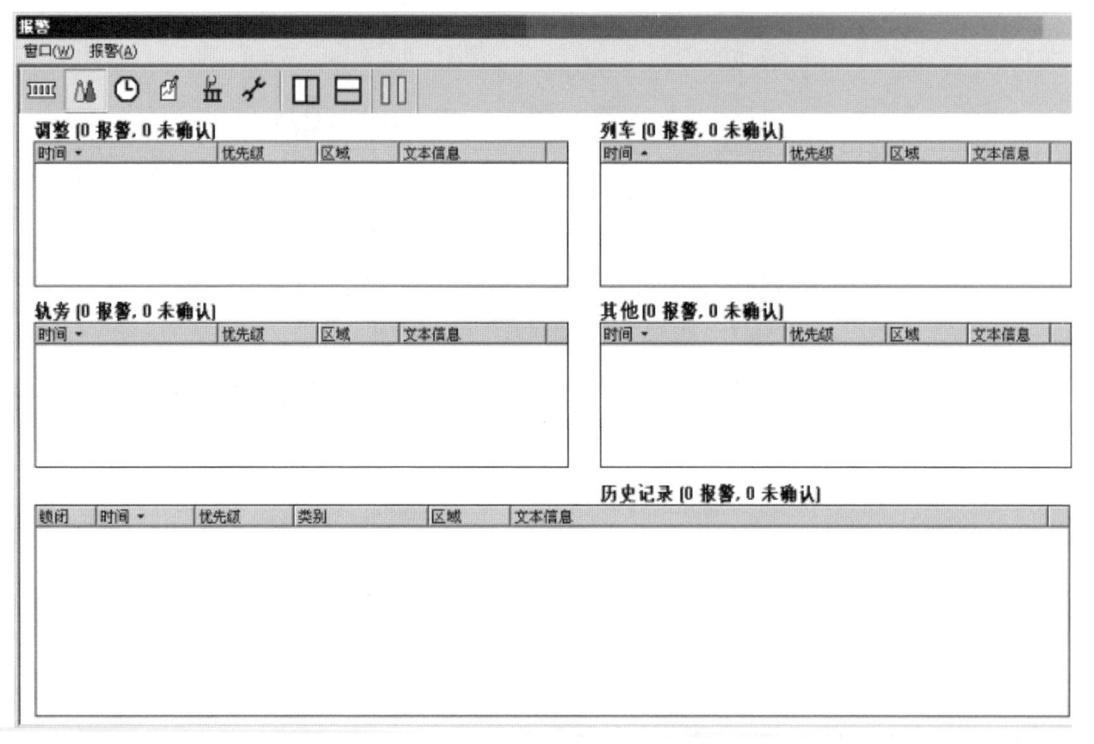

图 6-18　某地铁信号控制系统对错误信息的分类

需要确认的错误对话框有时可能会混淆或妨碍许多用户操作，而且使用时，系统并不会保存报告的错误信息。但是大型项目中的故障记录和回放功能往往非常重要，例如对无人值守或者远程控制的项目，总希望不弹出错误对话框，而是记录故障信息供用户对系统进行诊断或维护。因此，使用错误日志文件保存错误信息就非常重要。

在创建错误日志文件时，通常要至少保存下列与错误相关的信息：

（1）错误发生的时间（日期、时、分、秒等）。

（2）错误源。

（3）错误代码。

（4）错误描述。

（5）错误类别、操作员账号等其他信息。

从程序设计的角度来看，用户可以使用位于 LabVIEW“时间”（Timing）函数选板中的“获取日期/时间”（Get Date/Time String）函数，生成 ASCII 码格式的日期和时间字符串；使用“通用错误处理器”函数获取与错误相关的错误源、错误代码和详细的错误描述，这时一般需要配置它的“对话框类型”（Type of Dialog）输入端为“无对话框”（no Dialog），禁止它弹出对话框。对每个需要报告的错误，把这些信息组合在一起，并使用 Tab 分隔符分开后写入文件中。

图 6-19 显示了一个创建错误日志文件的例子。程序可以分为错误日志格式化和写文件两部分。刚开始，程序使用了“格式化字符串”（Format into String）函数把从“获取日期/时间”函数和“通用错误处理器”函数获得的日期、时间（包含秒）、错误源、错误代码和详细的错误描述格式化为由 Tab（与转义字符 \t 对应）分隔的一个字符串，并在字符串末尾添加回车和换行字符（与转义字符 \r\n 对应）。随后，打开指定的文本格式日志文件，将文件指针移动到文件末尾，并把格式化后的错误信息以 ASCII 码的形式添加到文件末尾。完成后关闭文本文件，退出程序。

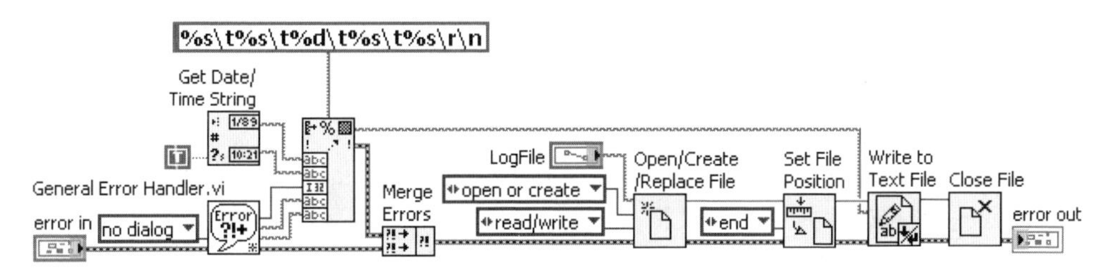

图 6-19 将错误日志保存至文本文件

错误日志文件不仅可以保存为文本格式，也可以保存为二进制数据文件格式或XML格式，它们各有优缺点。文本文件使用 ASCII 码字符或 Unicode（常用于多国语言版本）字符保存错误信息，有较好的可读性，使用任何字处理软件都可以阅读其中的内容。二进制数据文件格式在处理效率上占有优势，但是要阅读其中的内容，必须根据信息保存的格式，开发专用的阅读器。XML 格式最近几年较为流行，它的最大优势在于可以跨平台使用。

针对以二进制方式记录日志，LabVIEW 提供了专门的函数，这些函数位于 LabVIEW 函数选板的“文件 I/O”→“高级文件操作函数（Advanced File Functions）”→“数据日志（Datalog）”选项中（图 6-20）。

图 6-20 LabVIEW 的数据日志操作函数集

使用 LabVIEW 数据日志操作函数，可以快速地以二进制形式保存错误日志。如图 6-21 所示，可以使用“获取包含秒的时间”（Get Date/Time In Seconds）函数获得当前的时间戳，并连同“通用错误处理器”函数获得的错误信息打包组成新的簇，作为数据日志文件要保存的数据格式。并在使用“打开 / 创建 / 替换数据日志文件”（Open/

Create/Replace Datalog）函数打开错误日志文件时，告知它使用该新数据格式进行操作，再将相应的错误日志写入二进制文件后退出程序。数据日志操作函数使用二进制格式存储数据，并通过预先定义好的数据格式描述要操作的数据。使用这种方法编写程序比较容易，而且效率也很高。但是必须按照数据操作格式，设计专门的阅读器才可以查看该日志文件。这种方法通常多用于处理错误信息，而且是需要快速处理或需要对文件内容进行加密的场合。

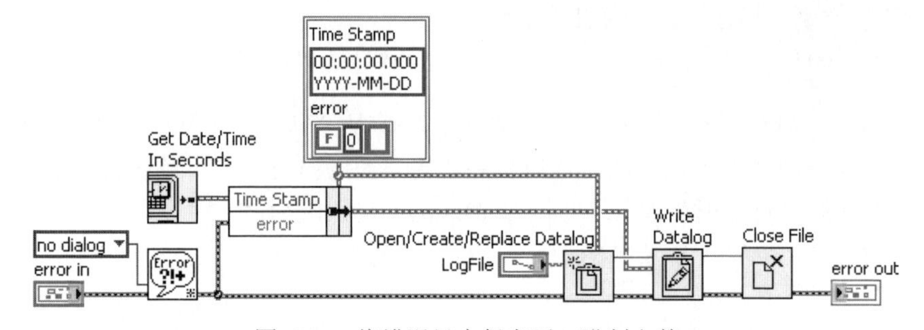

图 6-21　将错误日志保存至二进制文件

随着 Linux、Mac 等平台日益流行，使用 XML 文件保存错误日志的方法也得到了广泛应用。LabVIEW 采用 XML 文件保存错误描述信息。与前面两种方法大同小异，LabVIEW 也提供了对 XML 文件操作的函数集，将在后续章节介绍如何对 XML 文件进行读写。在学习了这些函数的功能后，读者可以参照前面两个例子，自行设计以 XML 文件保存错误日志的程序。

由于对特别大的日志文件操作效率往往较低，而且如果不加控制地向文件中添加纪录，可能会塞满整个硬盘，导致系统崩溃。因此，在使用文件报告错误的方法时，特别要注意控制错误日志文件的大小。通常可以限定错误日志文件保存错误纪录的条目数，当程序向文件中添加条目时，首先检查是否达到最大可记录的条数，可以丢弃最早记录的条目，为新记录腾出空间。

移动通信和互联网技术已经趋向成熟，而且支撑这些技术的基础设施建设也日趋完善。使用 E-mail 或短信报告系统错误不仅变得可行，而且在某些项目招标中，已经变成一项必需的功能。LabVIEW 提供使用 SMTP 协议发送电子邮件的函数集，使用这些函数可以很容易地将错误信息发送到指定的用户邮箱中。这些函数的使用将在后续章节中详细介绍。至于使用短信发送错误信息，可以使用串口连接一部手机，向其发送 AT 命令来发送错误信息，这种方式速度相对较慢。如果需要大量群发短信，可以使用 GSM-SM Modem（俗称短信猫）或通过运营商提供的短信网关来实现，详细方案此处就不做介绍。

6.4 错误处理

捕获错误并报告错误的目的是希望用户或程序能采取适当的措施（如消除错误，使程序恢复运行或结束程序等）处理这些错误，提高程序运行的健壮性，减少错误带来的损失。

笔者将 LabVIEW 程序设计中的错误处理方案总结为以下几种：

（1）使用 LabVIEW 的自动错误处理功能。

（2）使用一些带有布尔量的 VI、函数或基本程序结构来识别错误簇信息。

（3）使用程序代码消除错误。

（4）在大型项目中，对错误进行分级、分类处理。

默认情况下，LabVIEW 为每个 VI 自动进行错误处理。如果激活了该功能，当错误发生时，LabVIEW 就会通过挂起程序执行、高亮显示出错的子 VI 或函数以及显示错误对话框的方式自动处理每个错误。但是LabVIEW的自动错误处理功能有很多不尽人意之处，例如，当在程序框图中把VI的错误输出参数与另一个输入参数或错误输出显示控件连接构成错误信息链，VI的自动处理错误功能就会被禁用，也就是说它不能保证错误信息每次都会报告给用户。因此，多数大型商用项目开发中都会禁用LabVIEW的自动错误处理功能，而通过代码为程序添加错误处理能力。如果要禁用或使用某一个VI的自动错误处理功能，可以选择VI菜单“文件”→“VI属性”选项，并从弹出对话框的“类别”（Category）下拉菜单中选择“执行”（Execution）选项，选择或取消选择“使能自动理错误处理”（Enable automatic error handling）复选框，如图6-22所示。

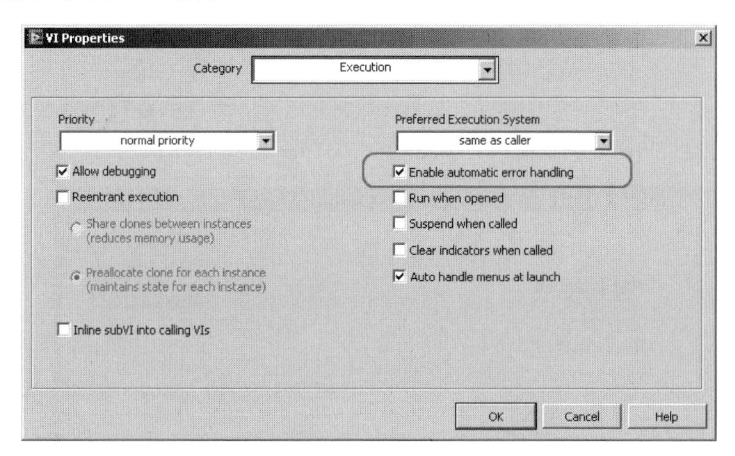

图6-22 使用单个VI的错误处理功能

如果要使用或关闭项目中所有新创建VI的自动错误处理功能，并配置VI在发生错误时弹出或不弹出错误对话框，可以选择菜单“工具”→“选项”选项，从弹出的“选项”对话框的“类别”（Category）列表中选择“程序框图”（Block Diagram），选择或取消选择“在新创建VI中可以自动进行错误处理”（Enable automatic error handling in new VI）复选框和“使用自动处理错误处理对话框”（Enable automatic error handling Dialog）复选框即可，如图6-23所示。

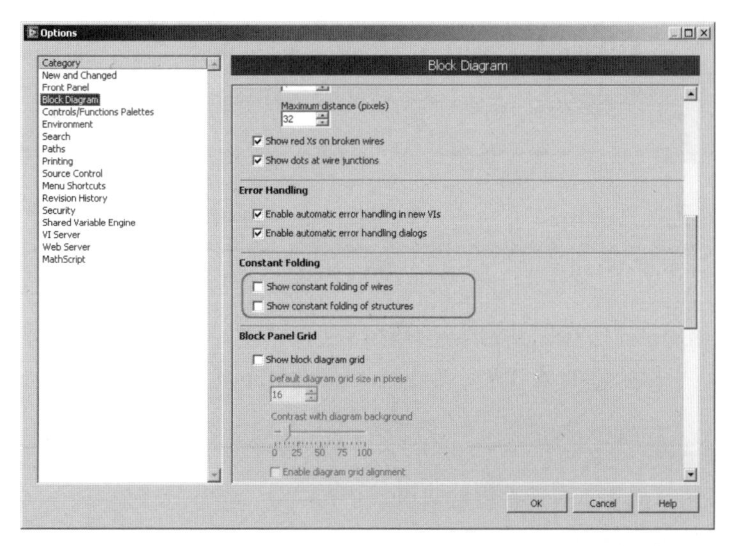

图6-23 使能所有新创建VI的错误处理功能和错误对话框

尽管大多数项目中LabVIEW的自动错误处理功能都会被禁用，但它至少为开发者提供了一种错误报告和处理的备选方案。专业的 LabVIEW 程序错误处理功能，通常在 VI 的程序框图上实现。例如，程序框图出现一个错误时，可能并不希望整个应用程序都停止运行，同时也不希望错误对话框出现，而是过一段时间后重新启动该 VI。而使用 LabVIEW 的自动错误处理功能并不能赋予 VI 诸如此类的错误处理能力。

通过 LabVIEW 程序框图处理错误的一种常见方法是使用一些带有布尔量的 VI、函数或基本程序结构来识别错误簇中传递的错误信息。前面讲过把一个错误簇连接到条件结构的条件接线端，来区分是执行程序的功能代码，还是仅传递错误信息（图 6-5）的方法就是一个很好的例子。虽然处理方法很简单，但却是保证 LabVIEW 程序发生错误时，VI 做出快速响应的基础。

也可以将错误簇连接到循环结构的“停止”接线端，这样当错误发生时，错误簇就会把 TRUE 值传递给它，以使结构停止执行。如图 6-24 所示，将错误簇连接到 While 循环的“停止”接线端，这样当循环中有错误发生时，就会停止 While 循环的迭代。

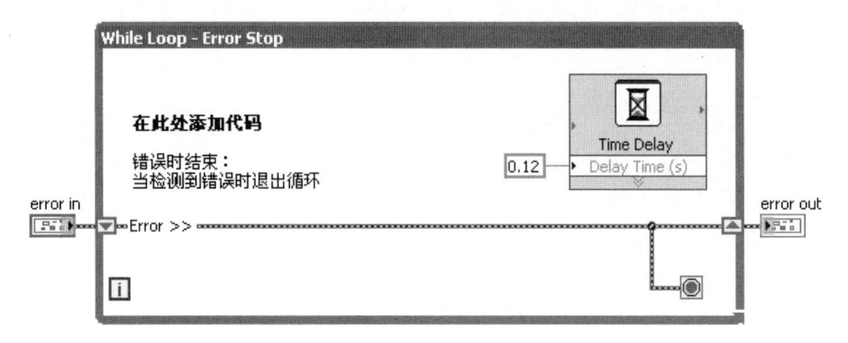

图 6-24　把错误簇传递给 While 循环的停止节点

当然，在实际开发过程中，循环停止执行的条件可能不止一个，可以像图 6-25 那样，使用“复合运算”（Compound Arithmetic）函数将几个并列的条件通过“或”（OR）运算组合在一起。

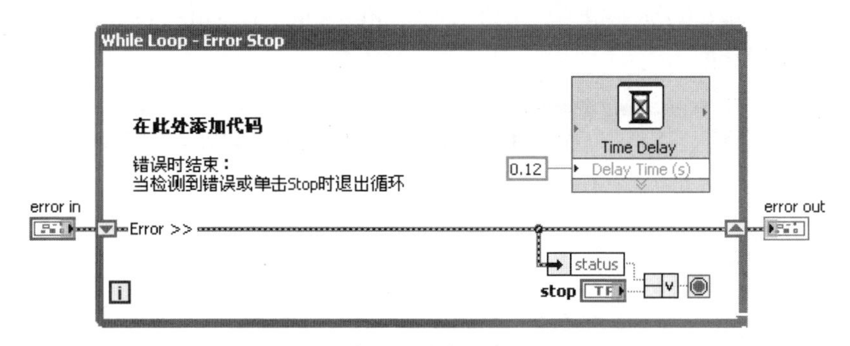

图 6-25　错误发生时结束 While 循环的执行

带条件接线端的 For 循环比 While 循环稍微复杂一点。因此，还必须考虑 For 循环运行的总次数、自动索引能执行的最大次数等因素。如图 6-26 所示的例子中，循环结束的条件就有以下几个：

（1）检测到错误。

（2）所有数组 Array 中的元素均被索引。

（3）达到循环总次数 10 次。

（4）用户按下 Stop 按钮。

虽然循环总次数被设置为 10 次，但由于数组只有 4 个元素，在没有错误发生且用户未按下 Stop 按钮退出循环时，For 循环仅执行 4 次就会结束。

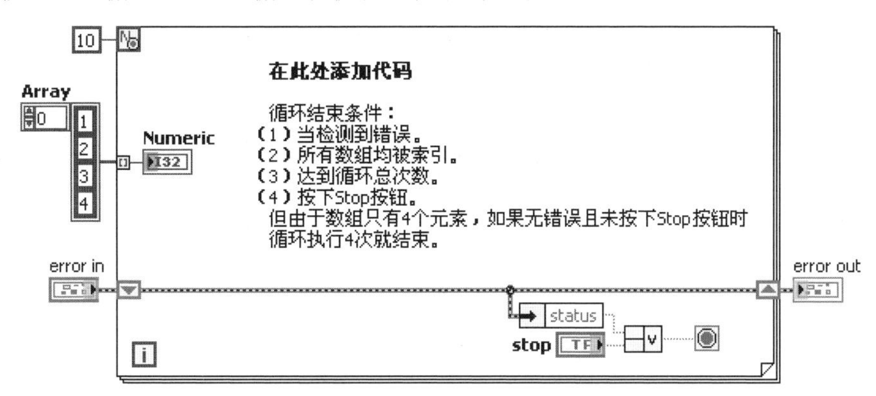

图 6-26　在带条件接线端的 For 循环中进行错误处理

当程序中出现错误时，可以报告该错误，提示用户对引发错误的部分采取适当措施进行纠正。例如当某个被控制的机械手臂因堵塞物被卡死时，可以报告该错误给操作人员。操作人员排除了这些故障后，系统就可以恢复正常状态。在某些情况下，可能需要采取类似措施，让程序代码代替操作人员，根据发生的错误执行相关操作来清除软件自身的错误，以确保程序正常运行。

例如，在图 6-27 所示的队列状态机中，一开始创建了一个名为 MainQ 的队列，并将 CMD::Initialize 命令置入队列，请求执行循环中的初始化分支实现对程序的初始化。初始化代码执行后，又将 IDLE 命令置入队列，请求执行空闲分支，该分支中包含检测用户输入的程序。假设在执行程序初始化模块 Initialize System 时发生了错误，错误信息链上将 IDLE 命令压入堆栈的函数将不会执行，而仅仅传递错误信息。由于循环上的移位寄存器会继续将错误信息传递到下一次循环迭代，因此，从队列取出元素的函数也不会实现取出队列元素的功能，只是继续传递错误信息。此外，循环结束的条件也被放置在一个与队列元素对应的条件分支中，如果因为错误导致队列元素无法被取出，循环结束的条件就无法被检测到，循环也就无法结束。如果我们能让循环进入下一次迭代前处理并清除错误，就可有效避免此类情况发生。

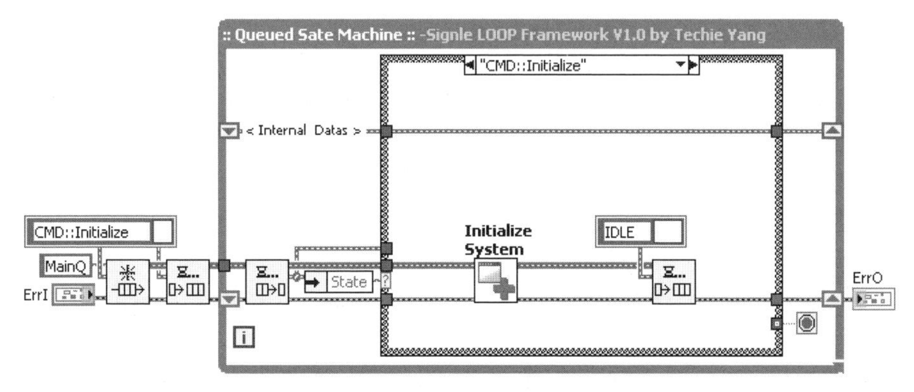

图 6-27　错误可能导致程序进入死循环

使用代码清除错误的基本思想就是针对某一错误进行修复后，将错误簇中各元素的值复位到无错误状态。例如，在图 6-28 所示的 VI 中，如果发现有错误输入，一方面压入堆栈函数（Enqueue Element）会将包含错误信息的错误簇压入堆栈 Error Queue 等待集中处理；另一方面会复位所有错误簇中的元素到无错误状态，并将其值赋给 VI 的错误输出端 error out。

这样对于调用链上的后续 VI 来说，就会像没有发生错误那样继续正常执行。

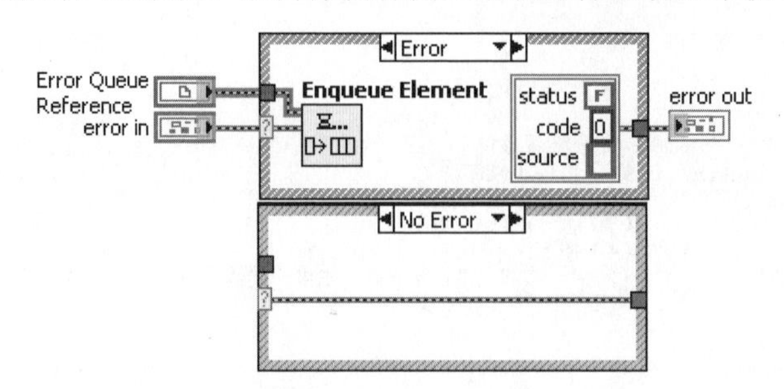

图 6-28　复位错误簇至无错误状态

基于以上思路，用户可以创建更灵活、实用的清除程序错误的 VI。图 6-29 给出了一个典型示例的程序框图。这个 VI 的主要功能是根据不同的输入参数，有选择地将错误簇复位至无错误状态。选择不同的“清除模式”（Clear Mode），可以使 VI 重置所有错误代码或仅重置通过“待清除的错误代码”（Code to Clear）参数指定的错误代码。还可以通过设置“显示错误对话框”（Show Error Dialog）选择错误发生时是否显示提示对话框。清除程序错误的 VI 通常都使用较小的图标，这样可以保证任何连接到 VI 的连线穿过它时不会弯曲。

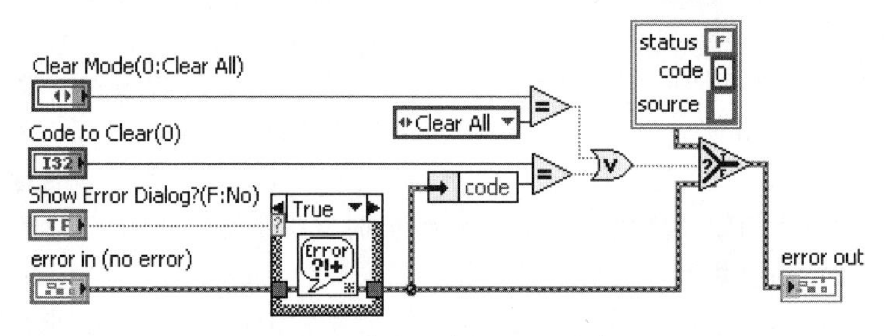

图 6-29　清除程序错误 VI 的框图

在进行大型虚拟仪器项目开发时，往往涉及使用代码对发生的错误进行纠正的自动纠错模块开发。但无论自动纠错模块的功能有多复杂，用户只要把握复位输出错误簇至无错误状态这个核心原则即可。

理论上来讲，对项目中各个模块可能发生的错误追踪、处理得越全面，程序的可靠性就越高。但是在实践中，很少有人会将程序框图中的所有节点都连接到错误信息链上。事实上，由于连线数量多，而且错误处理需求耗时，这样做不仅容易造成程序框图上的连线重叠，还会导致程序运行效率低下。因此，用户要对进行错误处理的模块进行取舍，在运行效率和可靠性之间取得平衡。

那么如何决定模块是否可以舍弃错误处理呢？笔者一般根据模块所实现功能的重要性、错误发生的可能性以及错误可能带来后果的严重性，将不同模块划分为高、中、低三个级别，级别低的模块可以视情况舍弃错误处理功能。事实上，LabVIEW 函数选板中的函数的错误处理就使用了这种思想。访问外部资源的函数（如仪器驱动、文件 I/O 等函数）级别最高，其次是带有错误输入 / 输出端子但不访问外部资源的函数，最后是不带错误端子的函数，如算数计算、逻辑运算函数等。

仪器驱动、文件 I/O 等函数通常会调用设备驱动程序、动态链接库函数、共享库函数、操作系统或其他 LabVIEW 环境外部的资源。这些函数的顺利执行依赖外部的驱动程序或资源是否可用。由于外部资源并不完全受应用程序控制，因此，程序请求对其进行操作时，可能并不能立即获得控制权，这就容易导致操作失败，进而引起应用程序的失常行为。基于这一点，LabVIEW 把涉及外部资源访问的函数划分到高优先级类别。

LabVIEW 把不访问外部资源但带有错误输入 / 输出端子的自带函数划分至中级类别。如同步函数选板中的所有函数、VI 服务器函数、大多数的 Express VI、字符串扫描和格式化函数、算数运算函数等。这类函数一般都有良好的表现，不会引起长时间的等待或造成应用程序崩溃。因此，只在必要时使用这些函数的错误输入 / 输出端子，来诊断这些函数是否发生错误。

优先级别最低的函数包括算数运算、逻辑运算等不带错误输入 / 输出端子的函数。这些函数引发错误的可能性较低，或者程序开发人员在使用它们时很容易发现配置是否正确，因此对这些函数就略去了错误处理的工作。如果出于特殊原因，要对此类函数进行错误处理，则可以使用分支结构对这些函数进行封装。图 6-30 是使用分支结构对延时函数进行封装的例子。这样做可以避免程序发生错误时，封装后的程序进行等待，从而提高程序的响应速度。

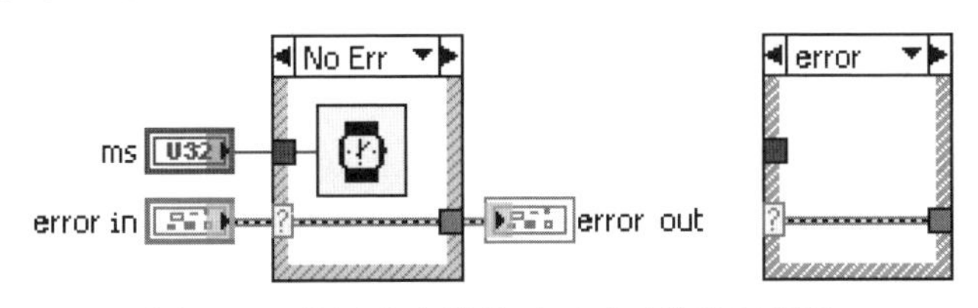

图 6-30 使用分支结构对延时函数进行封装

参照 LabVIEW 对自带函数的分类方法，用户在虚拟仪器项目开发时，也可以将要求执行 I/O 操作的模块划分为优先级最高，把不进行 I/O 操作但需要监测其运行情况的模块划分为中等类别，而忽略相对可靠模块的错误处理。

6.5 自定义错误处理

从虚拟仪器项目开发的角度来看，程序中发生的错误可以被归纳为两大类：LabVIEW 开发平台相关的错误和应用层面的错误。前者与代码中各个函数的执行相关，后者则与程序所实现的功能相关。与平台相关的错误，LabVIEW 提供完善的追踪机制（表 6-1），而对于和所开发应用相关的错误，LabVIEW 预留出了部分错误代码供开发人员使用。LabVIEW 将 -8999 ～ -8000、5000 ～ 9999 和 500 000 ～ 599 999 的代码预留给开发人员，用于自定义错误（正值）和警告（负值）。

对所开发的虚拟仪器项目从应用层面自定义错误代码非常重要。只有为应用定义详细的错误代码表，才能使 LabVIEW 的错误报告系统和自定义的错误报告系统相结合，为所开发的应用构建完善的错误处理机制。在 LabVIEW 中为应用程序自定义错误代码有以下几种方法：

（1）使用“通用错误处理器”（General Error Handler）函数直接定义错误代码。

（2）使用“错误代码文件编辑器”（Error Code File Editor）定义多个错误代码。

（3）创建基于 XML 的错误代码文件。

使用“通用错误处理器”函数在程序中自定义错误代码是报告所开发应用程序错误代码最直接的方法。图 6-31 显示了使用它为自定义错误代码 -8001 和警告代码 5001 添加描述的例子。用户只要在函数的参数“用户定义代码”（User-Defined Codes）数组中输入要自定义的错误代码，并在参数“用户定义代码描述”（User-Defined Descriptions）数组中依次输入对应的描述，即可完成自定义错误代码和其描述之间的映射。

图 6-31 所示的例子还提供验证自定义错误代码的方法，在函数的错误簇输入常量中输入要测试的错误代码并运行 VI，即可看到显示错误代码描述信息的提示对话框（图 6-32）。

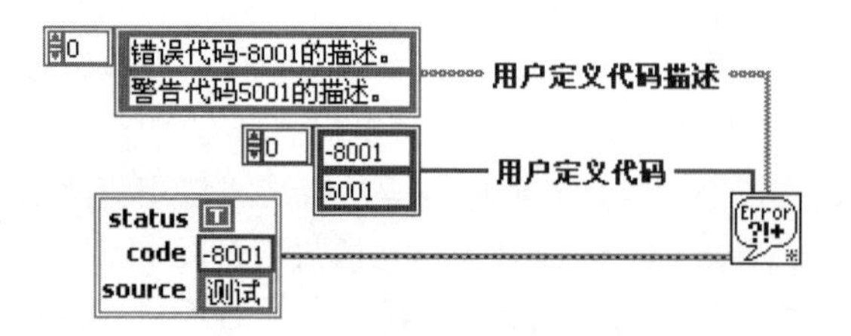

图 6-31　使用“通用错误处理器”函数定义错误代码

图 6-32　包含自定义错误代码描述的对话框

使用“通用错误处理器”函数定义错误代码的优点在于直接、快速，而且程序发布时自定义的代码和描述均包含在程序代码中。正是由于这一点，使得程序不能包含太多的代码定义。特别是在大型项目中，过多的定义会导致程序代码较大，而且不易维护。因此，可以考虑将错误代码的定义单独保存至一个文件中，使程序功能代码与错误代码的定义分离开来。这样做的好处在于：

（1）可以在多个 VI 中使用同一个自定义的错误代码。

（2）便于自定义错误代码的维护以及应用程序的本地化。

（3）便于自定义错误代码随应用程序或共享库一起发布。

一旦为所开发的项目完成自定义错误代码的定义，并将其保存为独立的文件后，所定义的错误代码就如同 LabVIEW 自身的错误代码一样，可以被用于任何项目中的 VI。程序被打包分发给用户后，只要将保存自定义错误代码的文件随之打包一起发布，就可以在运行时显示为这些代码所添加的描述。如果程序要被本地化为多国语言，也只要将文件中与错误代码对应的描述翻译成目标语言即可。

开发时，可以通过LabVIEW提供的“错误代码文件编辑器”直接创建基于XML的文本文件，为项目定义错误代码文件。选择 VI 菜单“工具”（Tools）→“ 高级”（Advanced）“ 编辑错误代码”（Error Code File Editor）选项，可以打开“错误代码文件编辑器”。可以使用它编辑错误代码文件，向其中添加或删除错误代码和说明。图 6-33 显示了使用“错误代码文件编辑器”向文件中添加错误代码及其描述的情况。需要注意的是，错误代码文件编辑完成后，文件名必须符合“×××-errors.txt”的格式（××× 指用户指定的名称），且必须保存至“..\labview\user.lib\errors”目录中。对错误代码文本文件进行的任何改动，只有重新启动LabVIEW后才能生效。

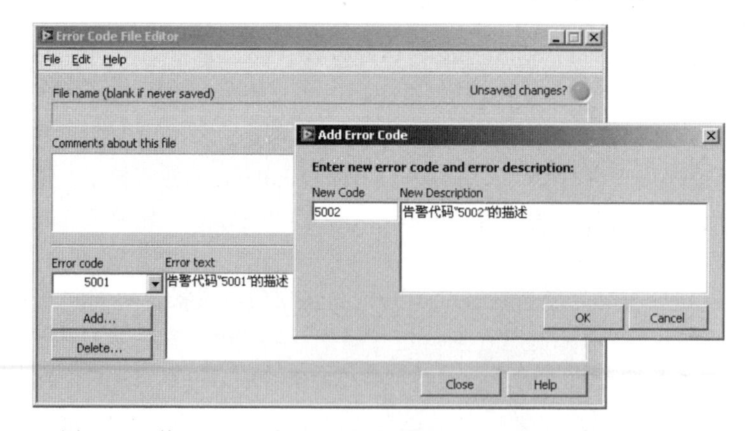

图 6-33　使用“错误代码文件编辑器”添加错误代码及其描述

如果用户使用文本编辑器打开“错误代码文件编辑器”创建的文件，会发现错误代码文件实际上以 XML 的格式保存。图 6-34 显示了只包含一个自定义错误代码的文件。其中 <nicomment></nicomment> 标签之间包含对文件的注释，<nierror> 和 </nierror> 标签用于自定义错误代码。自定义错误代码编号包含在每个 <nierror> 标签的 code 域中，而对错误代码的描述则包含在 <nierror></nierror> 标签之间。

根据上述各个 XML 标签的作用，用户也可以直接创建基于 XML 的文本文件，并将错误代码消息添加到文件中来自定义错误代码。图 6-35 显示了直接在 XML 文件中为自定义错误代码 5000 和 5001 添加描述的例子。与使用“错误代码文件编辑器”所创建的文件一样，文件必须以符合“×××-errors.txt”格式的名称保存至“..\labview\user.lib\errors”目录中，并且重启 LabVIEW 后才能生效。

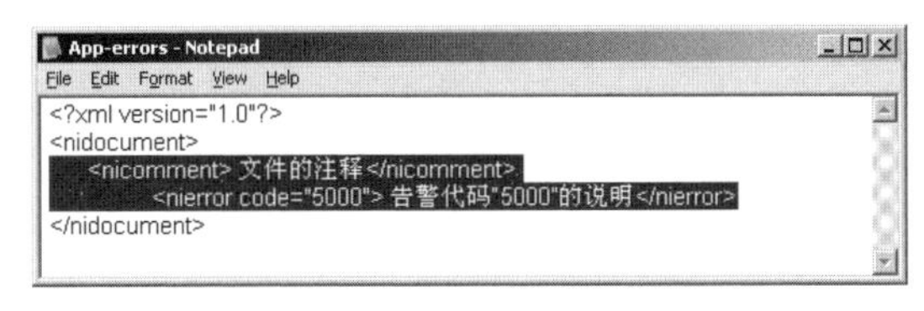

图 6-34 一个简单的错误代码文件

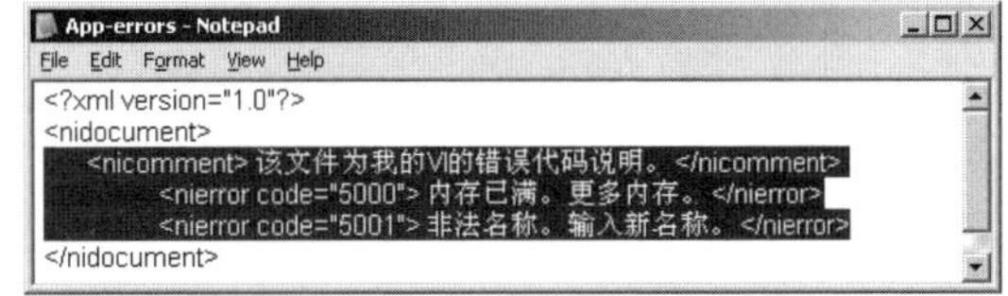

图 6-35 直接在 XML 文件中添加自定义错误代码

如果 VI 使用了基于 XML 文本文件的自定义错误代码，并且要作为独立应用程序或动态链接库的一部分发布给用户，那么只有将这些包含自定义错误代码的文件和应用程序或动态链接库一起发布，错误处理 VI 才能使用这些代码。用户可以在“应用程序属性对话框”（My Application Property Dialog）或“动态链接库属性对话框”（My DLL Property Dialog）的“源文件页”（Source Files）中把错误代码文件添加到“始终包括”（Always Included）列表框，使程序包含自定义错误代码文件（图 6-36）。这些对话框可以通过右击“项目浏览器”（Project Explorer）窗口中的“程序生成规范”（Build Specification）并选择相应选项获得。

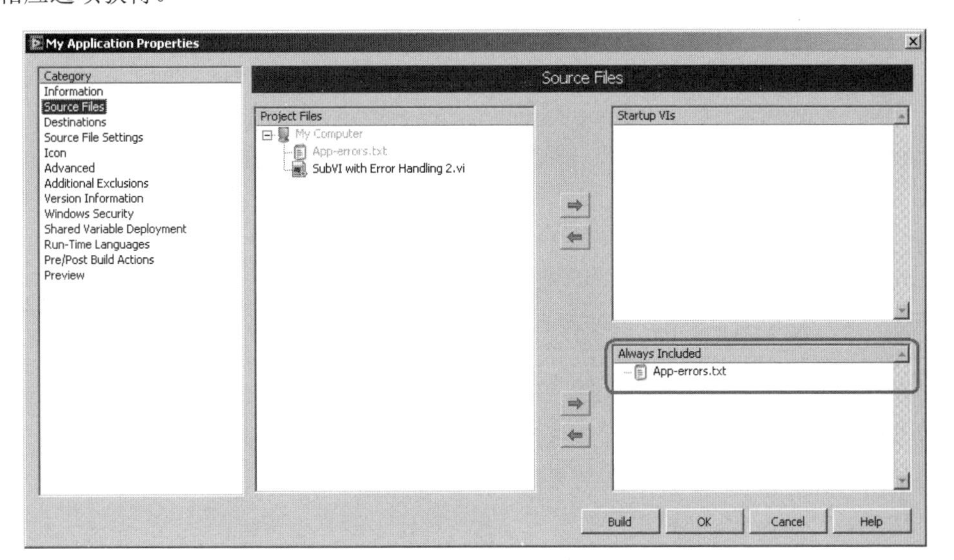

图 6-36 使应用程序包含自定义错误代码文件

某些情况下，在发布应用程序或动态链接库时，除了要包含自定义错误代码文件外，还要包含 LabVIEW 自身的错误代码。用户可以通过在“应用程序属性对话框”或“动态链接库属性对话框”的“高级页”（Advanced）中勾选“复制错误代码文件”（Copy error code files）复选框来实现（图 6-37）。

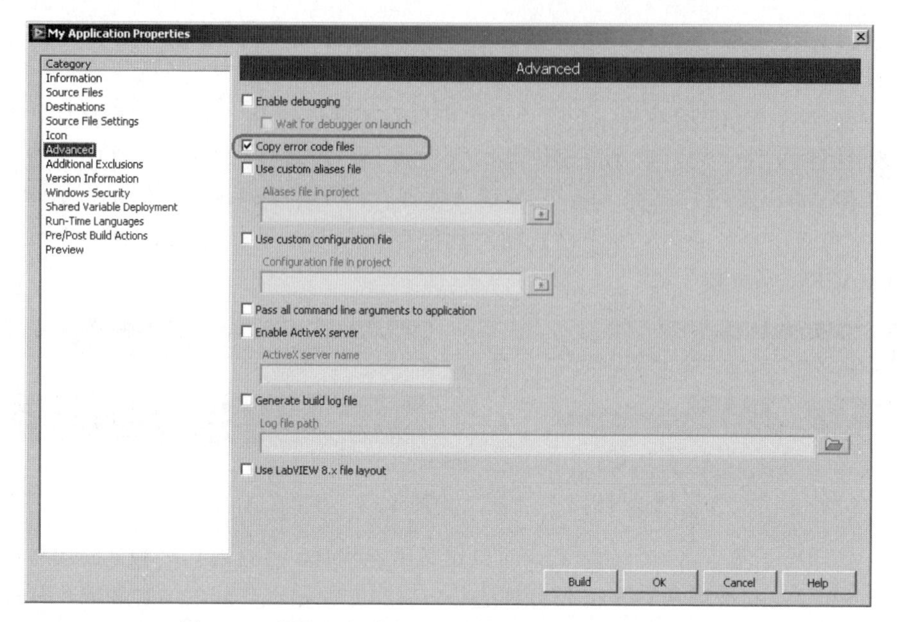

图 6-37 使应用程序包含 LabVIEW 的错误代码文件

如果使用“应用程序生成器”（Installer）为项目创建一个安装程序，用户可以在“安装程序属性对话框”的“高级页”中勾选“安装自定义错误代码”复选框。安装程序生成时就会包括目录“..\labview\project\errors”和“..\labview\user.lib\errors”下的所有错误代码文件，并将这些文件安装在“..\Shared\LabVIEW Run-Time\ ×.× \errors”目录下，其中 ×.× 是所使用的 LabVIEW 的版本号。

6.6 本章小结

应用程序运行时出错在所难免，在程序设计时捕获、报告错误，并由用户或程序对其进行处理可极大地增强程序的可用性。

构建 LabVIEW 程序错误处理功能的理想方法是“分点捕获、集中处理”。进行错误捕获的方法较多，例如可以使用错误信息链顺序传递错误信息，合并错误信息，使用移位寄存器捕获所有循环迭代中的错误，以及在大型项目中使用队列将错误传递到对其集中报告或处理的地方等。

捕获到错误后可以将其报告给用户，以便用户采取措施进行纠正。通常可以使用对话框或主界面上的提示窗口报告错误，或使用错误日志文件报告错误，也可以使用 E-mail 或短信通知维护人员。

LabVIEW 程序的错误处理遵循数据流模式，而错误簇是进行错误处理的必要元件。如果所开发的程序较为简单，可以使用 LabVIEW 的自动错误处理功能，也可使用一些带有布尔量的 VI、函数或基本程序结构来识别错误簇信息，并用程序代码消除错误。在大型项目中，还可以根据模块所实现功能的重要性、错误发生的可能性以及错误可能带来后果的严重性将对错误进行分级、分类处理。

除了以上几种错误处理方法，在项目开发的应用层，通常还需要自定义错误代码。可以使用“通用错误处理器”函数直接定义错误代码，也可以使用“错误代码文件编辑器”，或直接创建基于 XML 的错误代码文件，为项目定义多个错误代码。最后，如果要分发应用程序给用户，还需将这些包含自定义错误代码的文件和应用程序或动态链接库一起发布。

第 7 章　扩展程序结构

第 4 章介绍了三种基本的程序控制结构：顺序结构、选择结构和循环结构。除了三种基本程序结构外，LabVIEW 还提供几种扩展的程序结构：事件结构（Event Structure）、定时结构（Time Structure）、禁用结构（Disable Structure）和元素同址操作结构（In Place Element Structure）等，以增强程序设计的快速和灵活性。掌握这些结构对于构建高级程序结构、处理复杂问题大有帮助。

7.1　事件结构

按照传统的程序设计理论，通过组合这几种基本程序结构控制程序的运行，并使用各种数据结构及其对应的操作，我们就能处理大多数设计过程中遇到的问题。然而，随着操作系统和处理器并行处理能力的不断提高，人们对应用的响应和复杂程度也提出了更高要求，仅使用三种基本的程序结构，明显不能满足客户的需求了。

在 LabVIEW 6.1 版本之前，如果要检测用户是否按下前面板上的某个按钮，程序必须在一个循环中不断轮询前面板按钮的状态，以检查是否发生任何变化。如图 7-1 所示，如果要在 Test 按钮按下时执行程序代码，则必须在循环中不断检测用户是否按下该按钮。

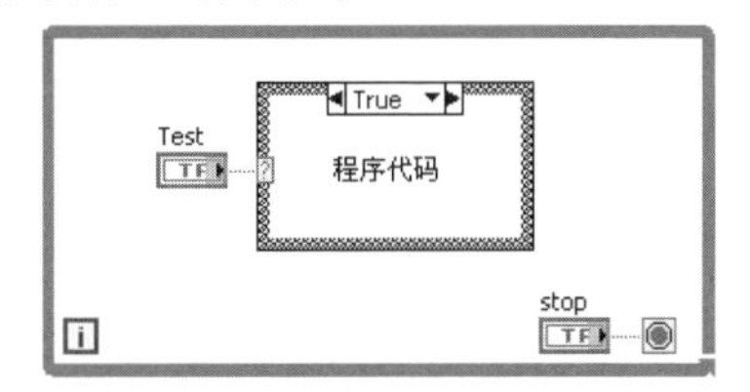

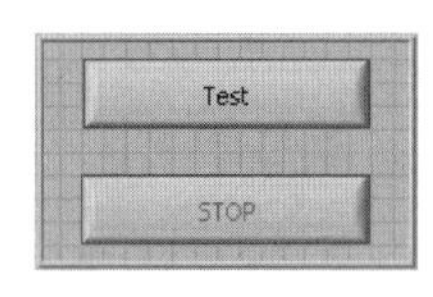

图 7-1　在循环中轮询按钮状态

轮询过程需要消耗较为可观的 CPU 处理时间，而且如果执行太快还可能遗漏部分用户的输入，因此在 LabVIEW 完整版和专业版中引入“事件结构”来提高程序的响应能力（图 7-2）。LabVIEW 本身是一个数据流编程环境，数据流决定了程序框图元素的执行顺序。事件触发编程的功能扩展了 LabVIEW 的数据流环境，使用事件触发创建的程序可以在用户与前面板进行交互的过程中，允许其他的异步活动影响程序框图的执行。

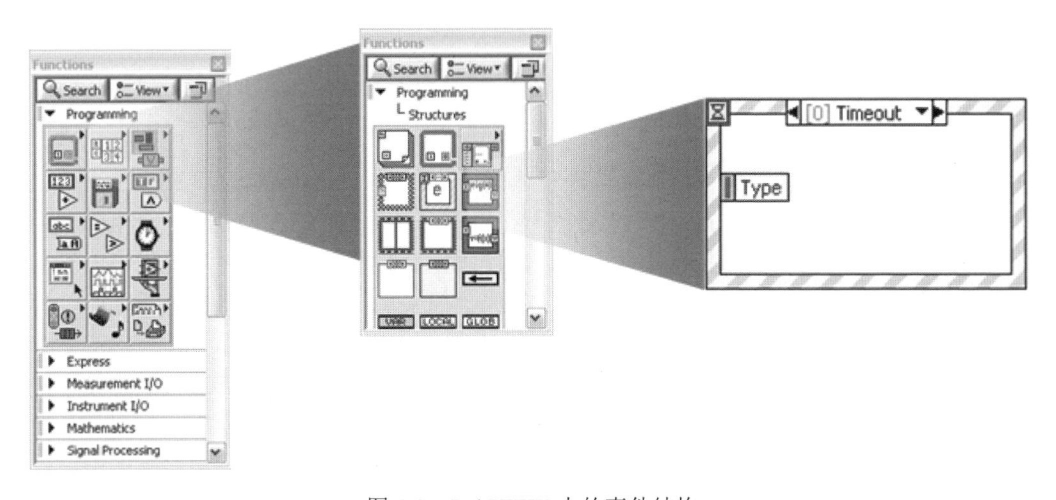

图 7-2　LabVIEW 中的事件结构

通常情况下，可以使用事件结构来处理与用户界面相关的操作。

7.1.1 事件与事件结构

事件是指某件事情已经发生的通知消息，事件可以来自于用户界面、外部 I/O 或由用户自定义。用户界面事件包括鼠标单击、键盘按键等动作；外部 I/O 事件则包含诸如数据采集完成时由硬件发出的信号，或由 ActiveX 和 .NET 生成的事件等。用户还可通过编程，通过程序代码生成与其他程序代码进行通信的自定义事件。

在 LabVIEW 中使用用户界面事件可使前面板上的用户操作与后面板上相应的事件处理程序（Event Handler）相关联。每当用户执行某个特定操作触发相应的事件时，LabVIEW 会主动通知程序中与该事件关联的事件处理程序。通过事件，程序不需要对前面板上的对象状态进行轮询，即可确定用户执行了何种操作，还可以减少程序对 CPU 的需求，简化程序框图代码，保证程序代码对所有用户的操作请求都能作出响应。另外，在程序中使用通过编程生成的自定义事件，不仅可在程序中无数据流依赖关系的不同模块之间通信，还可以在多个事件之间共享相同的事件处理程序，从而更易于实现高级的程序结构，如使用事件的队列式状态机等，这些内容将在本书第 8 章、第 9 章详细介绍。

图 7-3 显示了 LabVIEW 中事件结构（Event Structure）的组成。结构边框正上方的“事件选择器标签”（Event Selector Label）表明触发当前事件处理程序分支执行的事件。结构边框左上角的“超时”（Time Out）接线端用于指定等待事件的时间（以 ms 为单位）。结构左边框内侧的“事件数据节点”（Event Data Node）用于传递事件发生时携带的数据，这些数据与发生的事件相关，如引发事件的源、事件数据类型等。结构右边框内侧的“事件过滤节点”（Event Filter Node）用于将新的数据值连接至这些接线端，以改变事件数据的值，从而达到配置“过滤事件”的目的。结构左边框内侧的动态事件端子用于动态事件的注册。

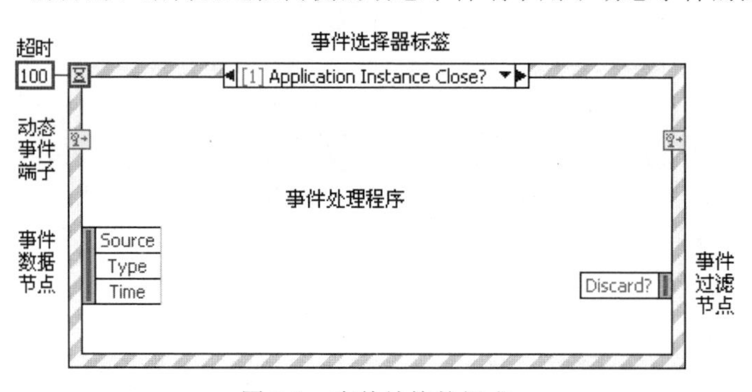

图 7-3 事件结构的组成

事件结构可以包含独立的一个事件处理程序分支（Event Handler Case）或多个事件处理程序分支。每个事件处理程序分支可用于处理一个或多个事件，但每次只允许一个事件发生。程序执行时，事件结构将等待某个事件发生，事件发生后与之对应的事件处理程序分支会被执行。事件处理完毕后，事件结构的执行亦告完成。如果事件结构在等待事件通知的过程中超时，则执行特定的超时事件处理程序分支。

由于事件结构自身每次执行时仅处理一个事件，因此通常将事件结构放在 While 循环中，构成事件驱动（Event Driven）的程序结构，以确保事件结构能够处理所有发生的事件。在过程式程序结构中，代码按预先定义的自然顺序执行，与之相反，在事件驱动的程序中，代码的执行顺序由系统中发生的事件而定。在循环和事件结构组合构成的事件驱动程序结构中，循环不断重复以等待事件的发生，并根据被触发的事件选择执行相应的事件处理代码。事件驱动程序的执行顺序取决于具体发生的事件及事件发生的顺序。程序的某些部分可能因其所处理事件的频繁发生而频繁执行，而其他部分也可能由于相应事件从未发生而根本不执行。这种功能极大地扩展了 LabVIEW 的数据流环境，使程序的响应更接近自然规律。

图 7-4 给出了一个使用事件驱动的程序结构的例子。程序运行时，循环不断重复以等待各种事件的发生。当用户按下前面板上 Test 按钮时，将触发 Value Change 事件，LabVIEW 会通知程序中与这个事件关联在一起的“事件处理代码”执行，从而达到与图 7-1 相同的功能，相比之下这种结构更节省系统资源，同时能毫无遗漏地响应用户的操作请求。

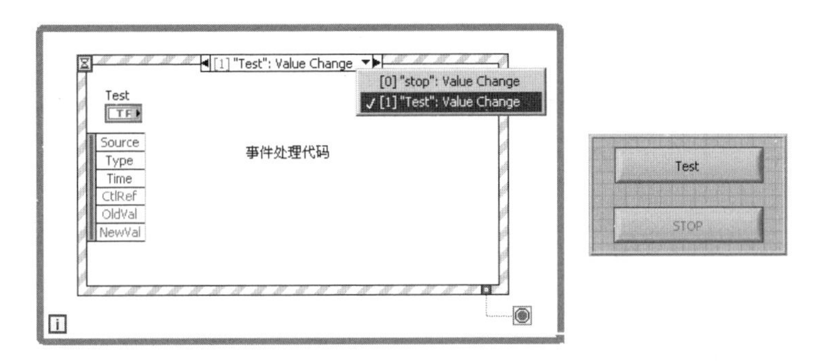

图 7-4　事件驱动的程序结构

如图 7-5 所示的 LabVIEW 的事件源有以下几类：

（1）应用程序（Application）事件：因整个应用程序初始化、运行而触发的事件。例如“关闭应用程序的实例”通知事件和“关闭应用程序的实例？”过滤事件等。

（2）VI 事件（This VI）：对 VI 操作引起的事件。如前面板关闭、按键按下等通知事件和与其对应的过滤事件等。

（3）窗口边框（Panes）事件：对 VI 前面板的窗口边框（如果窗口被分割，则一个前面板可能含有多个边框）操作引起的事件，如窗口边框上的“鼠标按下”通知事件和“鼠标按下？”过滤事件。

（4）窗口分割器（Splitters）事件：因操作窗口分割器产生的事件。

（5）控件（Controls）事件：对控件操作或对其对应的值信号（右键菜单中选择 Value Signal 选项创建）赋值引起的事件，此类最为常见。

（6）用户自定义的动态（Dynamic）事件：用户在程序中通过编程自定义的事件。

设计时，如果要在事件结构中为某一对象的事件指定“事件处理程序”，一般可以使用下面几步：

（1）在事件结构的右键菜单中选择“编辑本分支所处理的事件”或“添加事件分支”选项，打开“事件编辑”对话框，如图 7-5 所示。

（2）选择事件源和事件源产生的特定事件，完成事件到事件处理分支的映射。

（3）将事件结构放在 While 循环中，处理对象事件直至结束。

（4）在生成的事件结构分支中添加或编辑处理事件的代码。

通过以上几步可将某个对象的事件与相应的事件处理程序关联起来。由于使用这种方式设定的事件，在程序开始运行时即被 LabVIEW 注册，且在随后的代码中不能再改变，因此称这种模式为“静态事件注册”（Static Event Registration）。如果在设计时分别为控件及 VI 配置了同一个事件，例如“按键按下”事件，则事件发生的顺序为“先 VI 后控件”。

下面讲解一个静态事件注册的例子。在软件设计时，通常要在软件中实现类似超链接的文本显示，当鼠标放在文字上时，文字显示下画线并变为蓝色，鼠标离开时，文字恢复到默认状态。

根据上述静态事件注册的步骤，打开“事件编辑”对话框，并从中选择包含链接地址的字符串控件 Web 作为数据源，分别选择“鼠标进入”（Mouse Enter）和“鼠标离开”（Mouse Leave）事件（图 7-6），在事件结构中增加两个相应的分支。这样就完成了事件源（Web）与事件处理分支的映射。最后只需要针对不同事件添加程序处理代码即可。对于这个例子来说，为了实现类似超链接的文本显示，需要在“鼠标进入”事件发生时，将字符串的字体颜色设置为蓝色，并显示下画线；而在“鼠标离开”事件发生时，将文本恢复到默认状态。最终设计完成的前面板和后面板如图 7-7 所示。

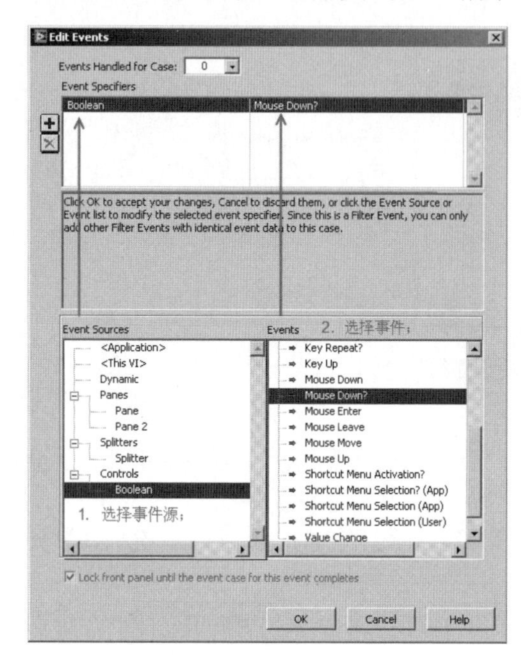

图 7-5 LabVIEW 中的事件源

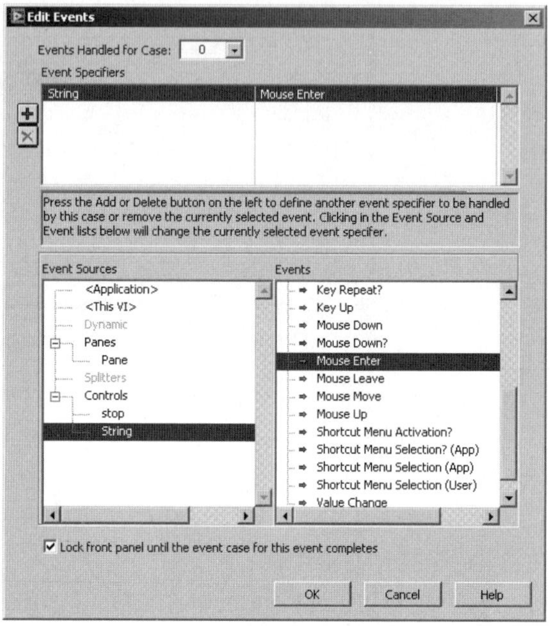

图 7-6 事件与事件处理分支的映射

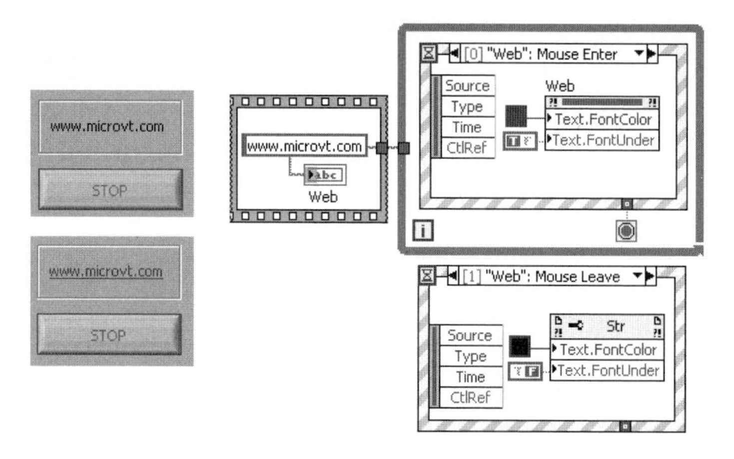

图 7-7 静态事件注册实现超链接文本显示

当含有事件结构的 VI 运行时，LabVIEW 将顶层 VI 及其在程序框图上所调用的子 VI 设置为保留（reserved）状态，同时自动注册所有事件结构中被静态配置的事件。对于这个例子来说，涉及的“鼠标进入”和“鼠标离开”事件在程序刚开始运行时会被静态注册。当顶层 VI 结束运行时，LabVIEW 会将该 VI 及其所有子 VI 设置为空闲状态并自动将注册的事件取消。

7.1.2 事件的静态注册和动态注册

LabVIEW 提供的事件数据包括以下内容：

- 一个时间标识（Time Stamp）。
- 一个已发生事件的枚举标识。
- 一个触发事件的对象的“VI 服务器引用”。

时间标识是一个毫秒计数器，用于计算两个事件的间隔时间或确定事件发生的顺序。“产生事件的对象的引用”与该对象的 VI 服务器类的类型必须严格一致。根据产生事件的对象，如应用程序、VI 或控件，事件被划分为不同的类。如果单个分支处理多个不同 VI 服务器类对象的事件，那么该引用类型必须是所有对象的公共父类。例如，如果将事件结构中某一个分支配置为处理数值控件和颜色梯度控件的事件，由于数值控件和颜色梯度控件都属于数值类，则事件源的控件引用类型为数值型。如果 VI 类和控件类注册了同样的事件，LabVIEW 先产生 VI 事件。簇是仅有的可产生事件的容器对象。除“值改变”（Value Change）事件外，LabVIEW 一般先为簇产生控件事件，再为簇中的对象产生事件。“值改变”事件先为簇中的元素产生事件，再为簇本身产生事件。如果容器对象上的 VI 事件及控件事件的结构分支放弃该事件，LabVIEW 将不再进一步产生事件。

LabVIEW 可产生多种不同的事件，可通过对事件注册来指定希望 LabVIEW 通知的事件，这样就可以避免产生其他不需要的事件。程序框图上的每一个事件结构和“事件注册”函数都具有一个 LabVIEW 用来存储事件的队列。当事件发生时，LabVIEW 会在该事件注册的每一个队列中放置该事件的一个副本。事件结构将处理其队列中的所有事件，以及连接到该事件结构动态事件接线端的所有“事件注册”函数队列中的事件。通过这些队列，LabVIEW 可确保事件被可靠地按其发生顺序传输到每个已注册的事件结构。

默认状态下，当一个事件进入队列后，LabVIEW 将锁定产生该事件的对象所在的前面板。前面板将一直保持锁定状态直至所有事件结构处理完成该事件。前面板锁定时，LabVIEW 将不处理前面板操作，而是将这些操作放入缓冲区，直至前面板解除锁定后才着手处理。例如，用户可能需要事件分支打开一个需要输入文本的应用程序。由于用户已预计到需要进行文本输入，可能在该应用程序前面板出现之前用户便开始了文本输入。一旦应用程序打开并在前面板上出现，LabVIEW 将按按键的发生顺序进行处理。

在 LabVIEW 中有两种事件注册模式：“静态事件注册”（Static Event Registration）和“动态事件注册”（Dynamic Event Registration）。如 7.1.1 节所述，静态注册要求在设计时指定每个事件结构的分支处理何种事件，一旦设定完成，就无法在运行时改变事件结构所处理的事件。因此，只有用户界面事件可进行静态事件注册。LabVIEW 会在 VI 运行时自动注册程序框图中使用到的静态注册事件，同时会使事件结构处于等待状态，直到事件被触发后相应的事件结构分支执行为止。

VI 服务器是一套位于“函数”→“应用程序控制子选板”的函数，如图 7-8 所示，可在本地计算机或在远程计算机上通过程序框图、ActiveX 技术和 TCP 协议访问 VI 服务器，动态控制前面板上的对象、VI 和 LabVIEW 环境。事件的动态注册将事件注册与 VI 服务器（VI Server）相结合，在运行时使用应用程序、VI 和控件的引用（Control Reference），动态指定希望产生事件的对象。动态注册可以更灵活地控制 LabVIEW 所产生的事件的类型和事件产生的时间。它有以下几个明显的优点：

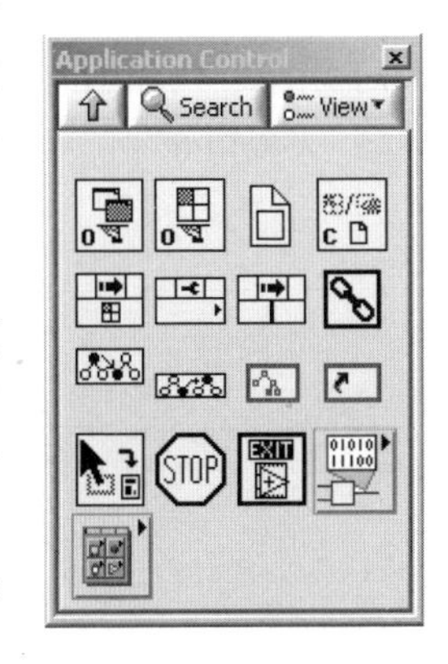

图 7-8 VI 服务器

（1）可使事件仅在应用程序的某个部分发生。

（2）在应用程序运行时改变产生事件的 VI 或控件。

（3）允许程序在产生事件的 VI 和它的子 VI 中处理事件。

动态注册比静态注册复杂，需要在程序框图中使用 VI 服务器引用，使用代码明确地注册和取消注册事件，无法像静态注册那样通过事件结构的配置信息自动处理注册。

在程序中使用动态事件注册主要涉及以下几个步骤：

（1）获取要处理事件对象（事件源）的 VI 服务器引用。

（2）注册事件。可以将 VI 服务器引用连接至“注册事件”（Register for Event）函数注册对象的事件。

（3）将事件注册引用句柄或事件注册引用句柄的簇连接至“动态事件接线端子”（Dynamic Event Terminal）。

（4）将事件结构放在 While 循环中，处理对象事件直至结束。

（5）使用“取消注册事件”（Unregister for Events）函数停止事件发生。

在 7.1.1 节中我们使用静态事件注册的方式实现了字符串超链接文本显示，图 7-9 给出了以动态事件注册的方式实现相同功能的程序代码。下面结合这个例子来讲解动态事件注册各实现步骤中的关键技术。

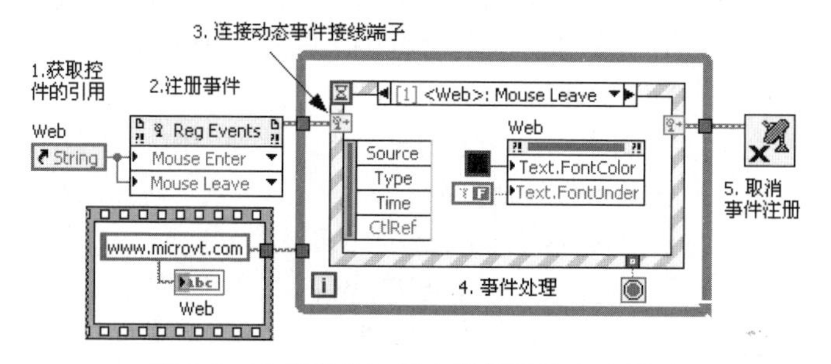

图 7-9　动态事件注册实现超链接文本显示

要动态注册对象事件，必须先获取该对象的 VI 服务器引用。一般来说，应用程序和 VI 的引用可通过“打开应用程序引用”（Open Application Reference）和“打开 VI 引用”（Open VI Reference）函数来获取。对控件来说，最常用的是引用的常量。可以通过右击控件，从弹出的菜单中选择“创建”（Create）→“引用”（Reference）选项来获得。对于字符串超链接文本显示的例子来说，事件源为字符串控件 Web，可以通过常量来获得控件引用，如图 7-9 中的第 1 步。当然，在实际设计过程中仅有控件引用的常量是远远不够的，有时对程序来说，具体要操作的控件只有在程序运行时才能明确，这就需要使用属性节点查询获得控件的引用。例如当需要通过程序代码寻找前面板上标签（Label）等于 Input 的控件，并将其标题（Caption）从英文 Input 改为中文“输入”时，可以用图 7-10 中的代码实现。

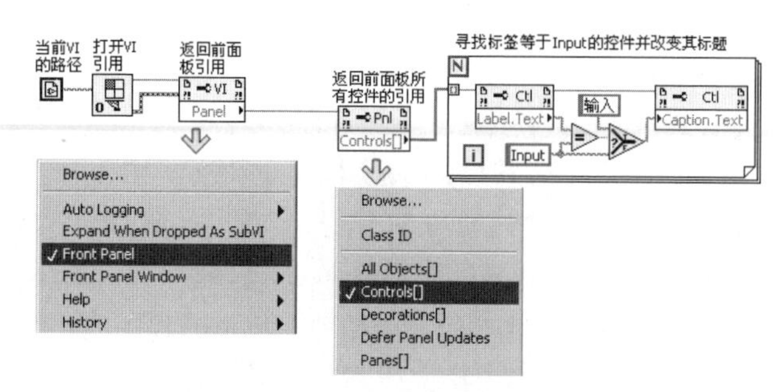

图 7-10　通过程序代码查询前面板上标签等于 Input 的控件

在图 7-10 中的程序框图中，首先使用“打开 VI 引用”函数获得 VI 的引用，并将其传递给后续属性节点。一旦属性节点接收到 VI 引用作为输入，就可以从其接线端子列表中选择与 VI 相关的属性。从属性节点中选择“前面板”作为元素，可以返回前面板的引用。同理，将前面板属性传递给下一个属性节点，可以选择所有与前面板相关的属性，选择“控件集”作为元素可以数组的形式返回所有前面板上控件的引用。然后使用循环逐个索引控件，并取每个组件的标签属性与 Input 比较，找到后就更改控件的标题属性。这种使用属性节点从 VI 到控件逐级别通过查询获得控件引用的方法在设计中被大量使用。此外，只要保证前面板上每个标签的单一性，就能很容易地使用这种方法实现用户界面的多语言支持，这一技术将在后续章节详细介绍。

回到字符串超链接文本显示的例子，获得字符串控件 Web 的 VI 服务器引用后，接下来要使用“注册事件”函数动态注册事件。使用“注册事件”函数时，调整其大小可以显示一个或多个事件源输入接线端。将应用程序、VI 或控件引用连接到每一个事件源输入接线端，然后单击每一个输入接线端，从事件快捷菜单中选择想要注册的事件，即可完成“注册事件”函数的配置。事件快捷菜单中所能选择的事件与静态注册事件在“编辑事件”对话框中出现的事件相同，取决于连接到事件源输入端的 VI 服务器引用类型。如图 7-9 中第 2 步，为字符串超链接文本显示的例子动态注册“鼠标进入”和“鼠标离开”两个事件。当“注册事件”函数执行时，LabVIEW 将对每个事件源相关联的对象上的事件进行注册，随后 LabVIEW 将事件按发生的顺序放入队列，直到事件结构来处理这些事件。“注册事件”函数的输出端是一个事件注册引用句柄，使用该引用句柄将已注册事件的信息传递给事件结构。

“注册事件”函数配置完毕后，将事件注册引用句柄输出接线端连接至事件结构左侧的动态事件接线端子，驱使事件结构对已注册的事件进行处理。可右击事件结构并从弹出的菜单中选择“显示动态事件接线端子”选项，并将事件注册引用句柄或事件注册引用句柄的簇连接到其左接线端。

要使事件结构能处理动态注册的事件，还要使用“事件编辑”对话框将动态事件映射至相应的事件处理分支。“事件编辑”对话框的事件源部分包含一个列出了每个已动态注册的事件源的标题（图 7-11）。选择 Web 作为事件源，选择“鼠标进入”和“鼠标离开”两个事件后，事件结构将相应增加两个事件处理分支。在“鼠标进入”事件处理分支中，增加代码改变字符串的字体颜色为蓝色，并显示下画线，在“鼠标离开”事件处理分支中，将文本恢复到默认状态。

事件处理结束后，要在程序中停止再产生事件。这可通过将事件结构右侧的动态事件接线端连接至“取消注册事件”函数来实现。“取消注册事件”函数一般位于含有该事件结构的 While 循环外，执行时，LabVIEW 将把连接到它的事件注册引用句柄所指定的一切事件注册取消，销毁与其关联的事件队列，并放弃所有还在队列中的事件。如果用户不取消注册事件，且在包含事件结构的 While 循环结束后又执行了可产生事件的操作，那么 LabVIEW 将无限地查询事件，直到 VI 空闲时才销毁事件队列，这将消耗大量的系统资源。因此，强烈建议在程序中，尤其是在长时间运行的应用程序中，不再使用事件时应取消注册的事件。LabVIEW 也会在顶层 VI 运行结束时自动取消所有事件注册。

动态注册相对于静态注册的最大优势在于可以更灵活地控制 LabVIEW 所产生事件的类型和产生的时间，这主要体现在以下两方面。

首先，使用动态事件注册可在程序运行时修改注册信息，以改变 LabVIEW 产生事件的对象。如果希望修改与引用句柄相关的已有注册，可修改连接到“注册事件”函数左上角的事件注册引用句柄。修改后，“注册事件”函数会自动调整大小，以显示在“注册事件”函

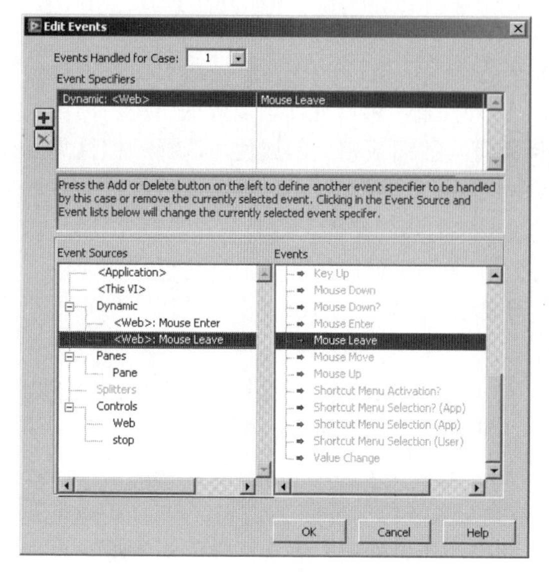

图 7-11　选择动态注册事件

数中指定的相同引用类型的相同事件。当事件注册句柄输入接线端已连好线时，不能再手动改变函数大小来重新对其进行配置。修改连接到“注册事件”函数左上角的事件注册引用句柄，会迫使“注册事件”函数替换为先前事件源注册的所有事件。因此有时候也可以将非法引用句柄常量连接至事件源输入接线端来取消单个事件的注册。

其次，可使用“注册事件”函数在程序运行时改变事件结构内部“动态事件接线端子”的右接线端的值来修改注册事件。“动态事件接线端子”类似于移位寄存器，如果不连接事件结构内部的“动态事件接线端子”右接线端，右接线端的数据将与左接线端相同；如果在事件结构中连接事件注册引用句柄到右接线端，则“动态事件接线端子”的值会被更新，因此可用来在运行时改变 LabVIEW 产生事件的对象。

从使用的角度看，动态事件注册到底能为用户带来什么呢？我们来看一个实际的例子。图 7-12 显示了示例程序的前面板。程序运行之初，前面板上的控件布局如图 7-12（a）所示，随后可通过鼠标任意移动前面板上各控件的位置，图 7-12（b）显示了一种移动控件后的布局。示例的后面板如图 7-13 所示，显示了在运行时如何修改注册的事件。

（a）

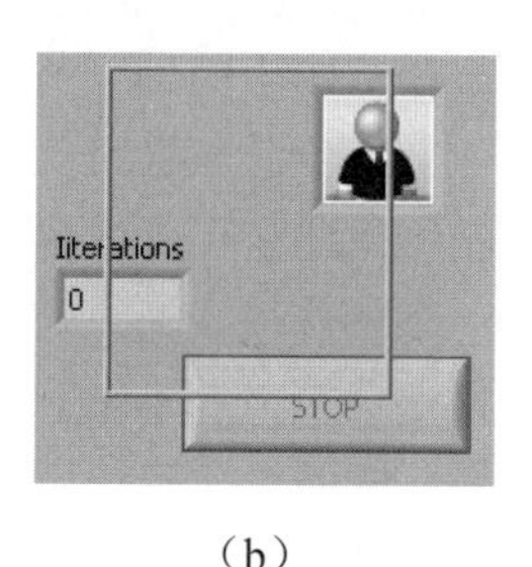

（b）

图 7-12　动态事件注册示例前面板

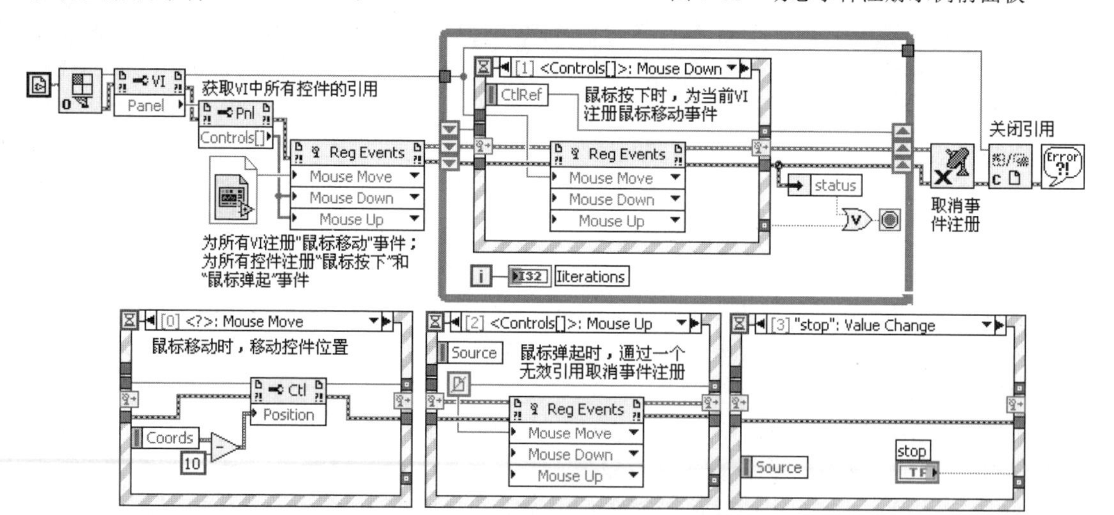

图 7-13　动态事件注册示例后面板

执行程序时，LabVIEW 先获取 VI 中所有控件引用（注意，此时的引用并非指某个特定的 VI 或控件），随后使用“通用的 VI 引用”为所有 VI 注册“鼠标移动”事件，使用“VI 中所有控件的引用”为所有控件注册“鼠标按下”和“鼠标弹起”事件。当把“事件注册函数”

连接到“动态事件端子”后，就可以在“事件编辑”对话框中选择动态事件，如图 7-14 所示，注意事件源为“动态事件”而非“控件”，为所有可能触发该事件的对象创建事件处理分支。

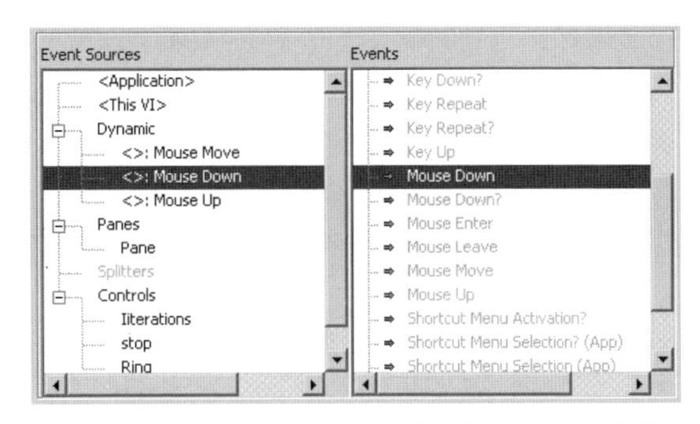

图 7-14　在事件编辑对话框中选择动态注册事件

具体来说，当“鼠标按下”事件发生时，程序通过动态事件注册函数修改已经注册的事件，为当前 VI 明确注册“鼠标移动”事件，同时通过“事件数据端子”中的 CtrlRef 获得触发事件的控件引用。如果用户按住鼠标不放并移动鼠标，则会触发“鼠标移动”事件，该事件处理程序通过“事件数据端子”中的 Coords 获得鼠标在前面板上的坐标，并将控件移动到鼠标位置减去 10 个像素的位置。如果鼠标弹起，程序通过将一个无效引用传递给“事件注册”函数的“鼠标移动”事件端子，取消之前对该事件的注册。最后，当事件处理结束时，使用“取消事件注册”函数取消所有事件的注册。这种先对父类对象进行事件注册，随后再随程序执行明确事件源的动态事件注册使用方法极大地增加了程序设计的灵活性。另外，使用这种方法还有利于程序的模块化，使程序结构更合理，这些内容将在后续章节介绍。

7.1.3　通知事件和过滤事件

LabVIEW 中的用户界面事件可分为两种类型：通知事件（Notify Events）和过滤事件（Filter Events）。

通知事件表明某个用户操作（如用户改变了控件的值等）已经发生，它常用在事件发生且 LabVIEW 已对事件处理后调用相应的事件处理程序对事件作出响应。可为某个对象上同一通知事件配置一个或多个事件结构对事件作出响应。事件发生时，LabVIEW 会将该事件的副本发送到每个并行处理该事件的事件结构。只有当该事件的所有事件分支都执行完毕，LabVIEW 才能通知下个事件。如果某个事件结构改变了事件数据，LabVIEW 会将改变后的值传递到整个过程中的每个事件结构。一般来说，如果仅仅需要知道用户执行了何种操作，并要在操作后做出反应时，可使用通知事件，而如果希望在程序中对用户操作进行控制时使用过滤事件，过滤事件可以是丢弃事件或对“事件数据”进行修改。

过滤事件表明在事件发生后，LabVIEW 调用其对应的事件处理程序之前，用户截获了该事件，并先进行某些自定义操作，通常用于在程序中对用户操作进行控制。例如，可在事件结构中设置“前面板关闭（Panel Close）?”过滤事件，以防止用户通过关闭按钮关闭 VI 的前面板。过滤事件的名称以问号结束，如“前面板关闭（Front Panel Close）?”，以便与通知事件区分（图 7-5）。多数过滤事件都有与之同名的通知事件，但通知事件没有问号且在过滤事件之后才会被处理（如果在过滤事件中设置丢弃其对应的通知事件，则通知事件不会被执行）。一般来说，处理过滤事件的事件结构分支都有一个“事件过滤节点”。可以将新的数据值连接至这些接线端，以改变“事件数据节点”中的值。如果未连接值至“事件过滤节点”的数据项，其默认值等于“事件数据节点”返回的相应项的值。此外，可将“放弃（Discard）?”接线端设置为 TRUE，以达到放弃某个事件的效果。

下面通过两个例子来加深对过滤事件的理解。在 Windows 操作系统中，通常在控件上右击会弹出快捷菜单。如果需要在鼠标左键按下时也弹出控件的快捷菜单，就可以使用“鼠标按下？”过滤事件，在系统发布“鼠标按下”通知事件之前编程实现该功能。图 7-15 给出了程序框图，“鼠标按下？”过滤事件中事件数据 Button 返回值指出了哪个按键被按下，值为 1 时表示左键被按下，值为 2 时表示右键被按下。为了使左键和右键具有相同的响应，只需要在 LabVIEW 处理“鼠标按下”消息之前，使其将按下左键和右键的操作均按照按下右键的操作来看待即可。具体来说，只要在“事件过滤节点”中将 Button 值始终设置为 2 即可。

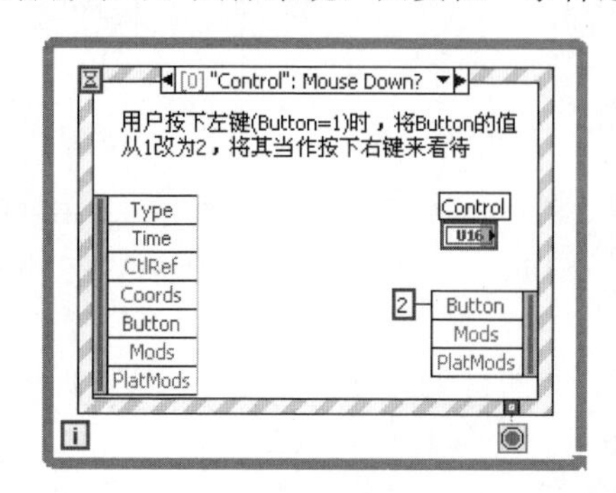

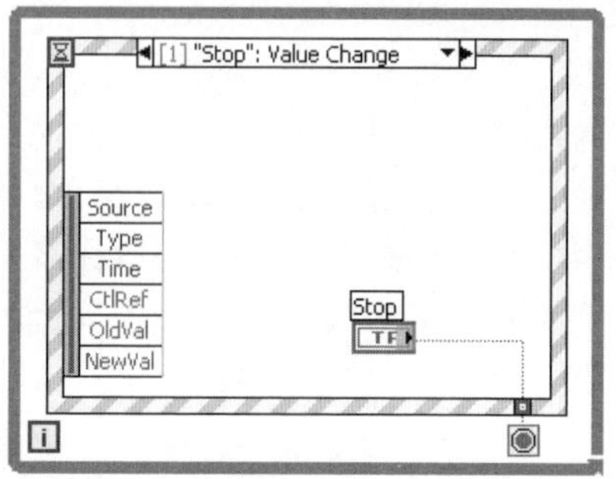

图 7-15　使用“鼠标按下？”过滤事件

进一步考虑，如果要在左键按下时，弹出用户自定义的菜单，而不是 LabVIEW 默认的菜单，要如何实现呢？可使用“鼠标按下（Mouse Down）？”和“快捷菜单激活（Shortcut Menu Activation）？”过滤事件共同完成这个功能。图 7-16 给出了程序代码的主要部分。要在左键单击控件时弹出一个用户自定义的菜单，需要首先根据“鼠标按下？”过滤事件中事件数据 Button 的返回值来修改“事件过滤节点”中 Button 的数据。为了在左键单击时显示即时菜单，需在事件数据 Button 的返回值等于 1 时，将“事件过滤节点”中 Button 的值设置为 2。这样，LabVIEW 就会将左键单击作为右击处理。

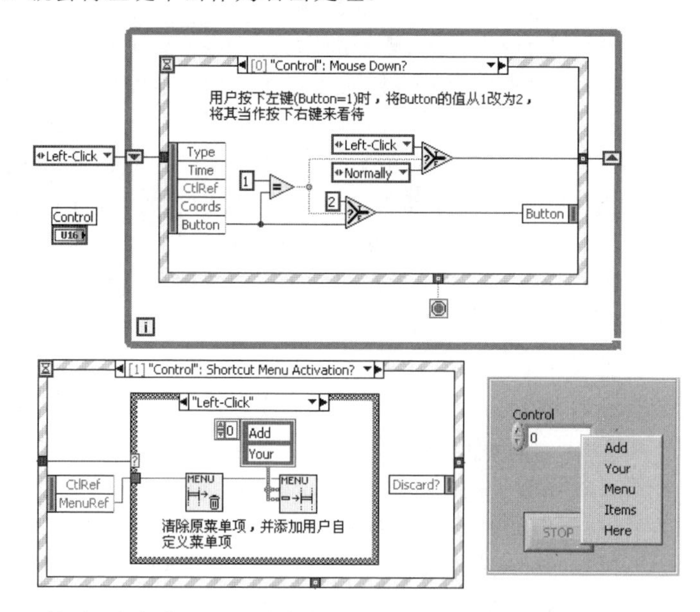

图 7-16　使用“鼠标按下？”过滤事件实现左键按下时，弹出用户自定义的菜单

除此之外，还要使用“快捷菜单激活？”过滤事件，在 LabVIEW 为用户弹出快捷菜单之前改变菜单的条目为自定义条目。在程序中通过“清除菜单项”和“添加菜单项”两个函数来实现。

同通知事件一样，对于一个对象上同一个过滤事件，可配置多个对其响应的事件结构。但 LabVIEW 将按自然顺序将过滤事件发送给为该事件所配置的每个事件结构。LabVIEW 向每个事件结构发送该事件的顺序取决于这些事件的注册顺序。如果某个事件结构丢弃了事件，LabVIEW 便不把该事件传递给其他事件结构。只有当所有已配置的事件结构处理完事件且未放弃任何事件后，LabVIEW 才算完成对触发事件的用户操作的处理。

7.1.4 用户自定义事件

除了用户界面事件外，用户还可通过编程创建自定义事件。LabVIEW 允许在同一事件结构中同时处理用户界面和用户自定义事件，使用用户自定义事件不仅能像用户界面事件一样创建事件驱动程序，还可以用来将用户自定义数据传递至事件处理结构，实现应用程序不同部分之间的异步通信。

用户自定义事件的使用一般涉及以下几个步骤：

（1）定义（Define）用户事件。

（2）使用创建用户事件（Create User Event）函数创建用户事件。

（3）使用注册事件（Register Event）函数注册用户事件。

（4）使用生成事件（Generate Event）函数产生用户事件，触发事件结构中的用户事件处理分支。

（5）取消注册（Unregister）用户事件。

（6）销毁（Destroy）用户事件。

下面结合一个产品信息格式化示例来讲解用户自定义事件使用过程中的关键技术点。假设程序要将用户输入的产品名称格式化为大写，输入的产品序列号自动加 1 后显示，由于相对于传统轮询结构响应快速，且节省系统资源，因此要求使用事件结构实现该要求。设计的程序前面板如图 7-17 所示，用户在左边输入产品名称和编号，单击 Format 按钮后程序将自动按上述要求输出大写的产品名称和自动加 1 后的产品序列号。

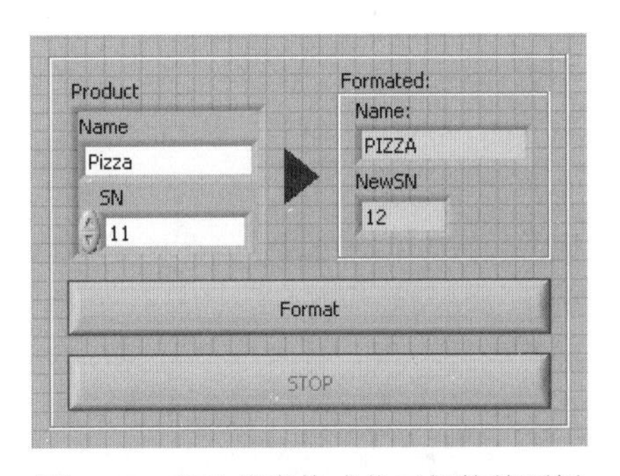

图 7-17 产品信息格式化示例的前面板

程序代码如图 7-18 所示，为了提高程序对用户操作的响应，程序中使用了两个循环来分别驱动用户界面事件（GUI Events）和数据处理（Data Handler）。虽然这个示例中可能很难体会到这样做的好处，但是在大型项目中数据处理需要消耗较长时间时，这种程序结构的优势就显而易见了。

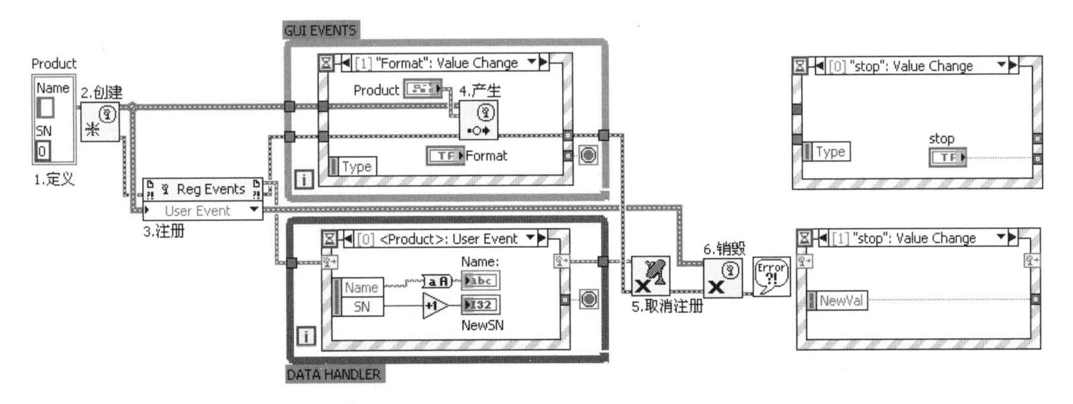

图 7-18 格式化产品信息示例的后面板

程序框图中使用自定义事件在两个事件处理循环之间进行通信。为了实现这一目的，第一步先在程序中定义用户事件。要定义用户事件，一般可将程序框图对象连接到“创建用户事件”函数。程序框图对象可以是前面板对象在后面板上的图标或者其对应的变量或常量。该对象的标签作为用户事件的名称，对象的数据类型定义了用户事件所携带数据的类型。如果数据类型是簇，则簇中每一个字段的名称和类型便定义了用户事件所传送数据的每个字段的类型。如果数据类型不是簇，则用户事件传送该类型的单个值，同时该对象的标签将成为用户事件和单个数据元素的名称。在这个例子中使用了一个标签为 Product 的簇常量来定义用户事件，则用户事件的名称为 Product。由于簇中分别包含一个字符串类型的 Name 字段和数值类型的 SN 字段，因此自定义事件将传递与其同名同类型的数值。

“创建用户事件”函数用于在程序中为事件使用分配内存等，只有使用该函数之后，事件随后才能运作起来。该函数输出一个严格类型的引用，该引用传送用户事件的名称和所携带数据的类型。在程序中需要将它的输出接线端连接到“注册事件”函数的事件源输入接线端。

LabVIEW 允许“注册事件”函数同时接收用户事件和用户界面事件，而且可以采用与处理动态注册用户界面事件同样的方式（不可以静态注册）注册“用户自定义事件”。具体来说，要将“注册事件”函数的“事件注册引用句柄”输出接线端连接到事件结构左侧的“动态事件接线端”，然后通过“编辑事件”对话框配置事件结构中的一个分支来处理事件。在这个例子中，我们将“注册事件”函数的输出连接到数据处理循环中的事件结构，并将其映射到名为 Product 的用户事件处理分支。在用户界面事件处理循环中，指定了 Format 按钮的值改变事件分支。

用户事件注册后，就可以使用“产生用户事件”函数触发用户自定义事件，并将其携带的数据传送到应用程序的其他部分。如果未注册用户事件，“产生用户事件”函数将不会有任何反应。在例子中，当用户单击 Format 按钮时触发该按钮的“值改变事件”。在用户界面事件处理循环中对应它的事件处理分支使用了“产生事件”函数，触发另一个循环中的用户事件处理分支，并将需要处理的数据 Product 簇传送出去。在数据处理循环的用户事件处理分支中，用户事件所携带的数据项出现在事件结构左边框上的事件数据节点中，引用这些数据能很容易地实现数据的格式化和输出。在使用自定义事件时，如果用户事件已注册但没有事件结构等待该事件，那么 LabVIEW 将把该用户事件和数据放入队列，直到有事件结构来处理该事件。也可通过“注册事件”函数多次注册同样的用户事件。在这种情况下，每当“产生用户事件”函数执行时，每个与事件注册引用句柄相关的队列将收到其用户事件及相关事件数据的副本。

用户按下 STOP 按钮时，退出事件处理循环，此时需要取消用户事件注册并销毁用户事件。一般会将取消注册事件函数的错误输出接线端连接到“销毁用户事件”函数的错误输入接线端，来确保这两个函数以正确的顺序执行。此外，当顶层 VI 结束运行时，LabVIEW 将自动取消所有事件注册并销毁已有的用户事件。

本例子中使用并行循环结构，但是用户事件本身为一种通知事件，它与用户界面事件或其他用户事件完全可以共享同样的事件结构分支。例子中使用的这种与事件结构结合的数据传递方式使 LabVIEW 可创建响应快速、高级的并行处理程序架构。而恰恰是这些结构才是处理大型开发项目和复杂问题的有效方法，将在后续章节详细讲解这些结构。

7.1.5 使用事件的注意事项

由于 LabVIEW 是一个图形化编程界面，因此其事件处理和其他编程语言中的事件处理有所不同。下面列出了 NI 官方给出的在 LabVIEW 应用程序中使用事件的说明和建议。笔者对其中的部分说明和建议进行进一步解释。

（1）避免在循环外使用事件结构。

事件结构本身并不具备多次检测事件的能力，放置在循环外的事件结构在处理完一个事件后就结束运行，只有将事件结构和循环结构配合使用，才能持续检测用户事件。

（2）记得在“值改变”（Value Change）事件分支中读取触发事件的布尔控件的接线端。

如果在配置了一个触发机械动作的布尔控件上触发一个事件，则该布尔控件只有在程序框图读取了布尔控件接线端的值之后才重置其默认值。机械动作的正确执行取决于事件分支内接线端的读取。忘记读取触发事件的布尔控件的值，会导致程序运行不正常。

（3）条件结构用于处理触发布尔控件的撤销操作。

如在配置为触发机械动作的布尔控件上进行撤销操作，事件结构将把撤销作为值改变事件处理，这可能会返回非预期的结果。必须在事件分支内使用一个条件结构，才能使撤销操作正确执行。在条件结构的 TRUE 分支中指定如何处理布尔控件；在 FALSE 分支中指定如何处理撤销操作。

（4）将一个条件分支配置为处理多个通知事件的操作时，使用警告信息。

（5）不要使用不同的事件数据将一个分支配置为处理多个过滤事件。

事件结构的一个分支无法处理多个过滤事件，除非事件拥有相同的事件数据，例如“键按下？”和“键重复？”。通过过滤事件可在前面板处理事件数据之前对事件数据进行验证或修改，或完全舍弃事件数据以免因数据的修改而影响 VI。因为用户可以修改数据，所以事件结构将无法再为通知事件合并数据。

（6）如含有事件结构的 While 循环基于一个触发停止的布尔控件的值而终止，则记得在事件结构中处理该触发停止循环的布尔控件。

图 7-19（a）是使用触发停止布尔控件的常见错误。如没有配置事件结构处理触发停止布尔控件，While 循环第一次执行时，While 循环读取“停止”按钮的值，并得到循环结束的条件为 FALSE。事件结构开始执行，并等待事件的产生。用户单击“停止”按钮，产生一个事件并触发事件结构。配置为处理事件的分支开始执行。While 循环重复执行，并推定结束条件。这时结束条件为 TRUE，并通知循环结束当前执行后即停止执行。事件结构开始执行，并等待事件的产生。用户再次单击“停止”按钮，触发事件结构，将执行正确的分支。循环结束执行，VI 也将停止运行。

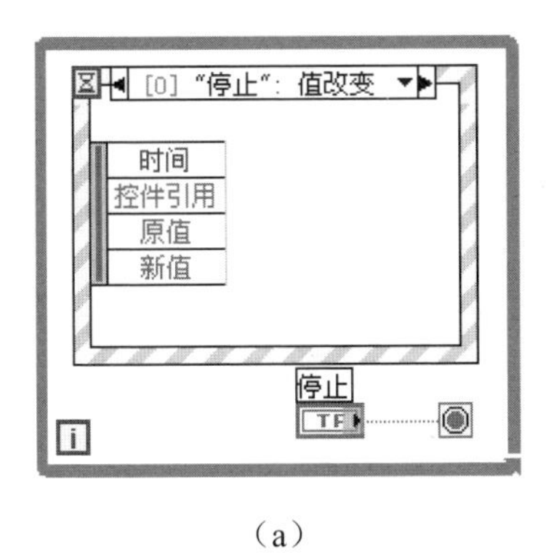

（a）

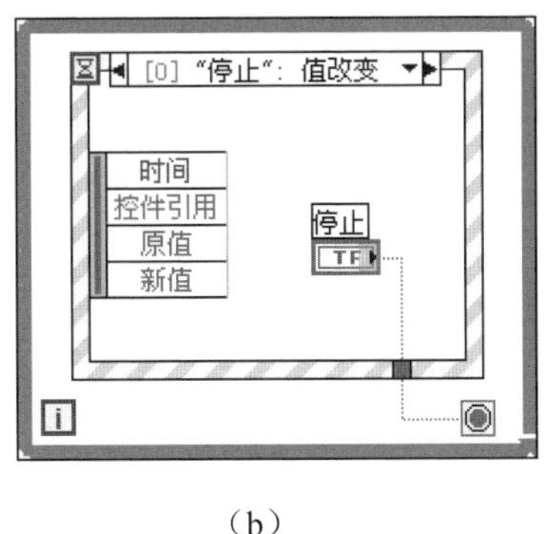

（b）

图 7-19 在事件结构中处理触发终止循环的布尔控件

图 7-19（b）显示了在事件结构中处理触发停止布尔控件的推荐方法。事件结构位于 While 循环内，事件结构中的一个分支被配置为停止布尔控件的“值改变”事件。当停止布尔控件的值变为 TRUE，事件结构执行该事件分支。该分支读取前面板信息，重置“停止”按钮。停止布尔控件被连接至 While 循环的条件接线端，可使循环停止。

（7）如无须通过程序监视特定的前面板对象，考虑使用“等待前面板活动”函数，以节省系统资源。

（8）用户界面事件仅适用于直接的用户交互。

用户界面事件只在用户与动态前面板交互时发生。如使用VI服务器、共享变量、全局变量、局部变量、DataSocket等通过编程改变VI或前面板对象，LabVIEW就不会产生事件。“值（信号）”属性是唯一例外。

（9）避免在一个事件分支中同时使用对话框和“鼠标按下？”过滤事件。

（10）避免在一个循环中放置两个事件结构。

如在同一个循环中放置两个事件结构，只有在两个事件结构都处理了事件后，循环才能继续。如对事件结构启用了前面板锁定，用户与前面板交互时，VI的界面可能会不响应。

（11）使用动态注册时，确保每个事件结构均有一个“注册事件”函数。

如果将事件注册引用句柄连线至多个事件结构，每个事件结构都会处理同一个事件队列的动态事件输出。“注册事件”函数的事件注册引用句柄输入/输出端分为多个分支时将会发生这种情况，这将导致竞争状态。即使在其他事件结构执行前该事件分支已经完成，第一个处理事件的事件结构也会阻碍其他事件结构收到事件。

（12）使用子面板控件时，含有该子面板控件的顶层VI将处理事件。

（13）如需在处理当前事件的同时生成或处理其他事件，考虑使用事件回调注册函数。

（14）请谨慎选择通知或过滤事件。用于处理通知事件的事件分支，并将无法影响LabVIEW处理用户交互的方式。如要修改LabVIEW是否处理用户交互，或LabVIEW怎样处理用户交互，可使用过滤事件。

（15）不要将前面板关闭通知事件用于重要的关闭代码中，除非事先已采取措施确保前面板关闭时VI不中止。例如，用户关闭前面板之前，确保应用程序打开对该VI的引用。或者，可使用“前面板关闭？”过滤事件，该事件在面板关闭前发生。

7.2 定时结构

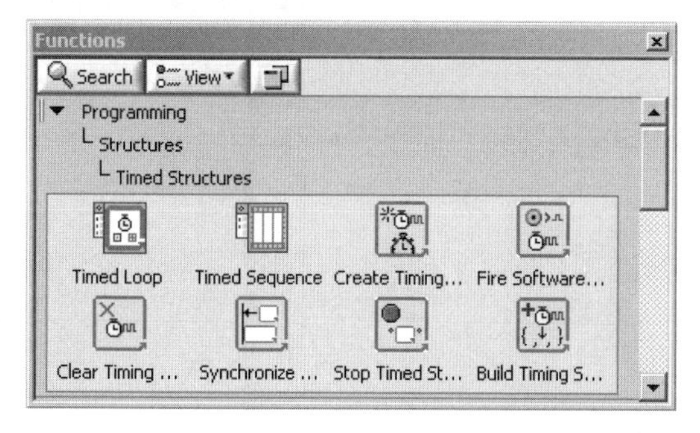

图7-20 LabVIEW提供的与定时结构相关的函数

定时结构（Timed Structures）是LabVIEW提供的另一种扩展程序结构类型，使用它可以控制程序按照某个间隔重复执行指定的代码块，或在限时及延时条件下按特定顺序执行代码。LabVIEW提供的与定时结构相关的函数如图7-20所示，其中包括“定时循环”（Timed Loop）、“定时顺序”（Timed Sequence）两个主要的定时结构，以及其他用于配合这两个结构发挥其强大能力的函数，如同步定时结构开始（Synchronize Timed Structure starts）、创建、清除时钟源等。使用些结构和函数可以构建以下几种程序控制方式。

1. 定时顺序结构

定时顺序结构是平铺式顺序结构的扩展，用于在限时及延时条件下按指定顺序执行单个或多个子程序框图（帧）。

2. 定时循环结构

定时循环结构是While循环的扩展，用于在限时及延时条件下，按照设定的周期循环执行子程序框图，直到满足循环停止条件为止。定时循环又分为“单帧定时循环”和“多帧定时循环”两种。

图 7-21 所示的单帧定时循环结构，每个定时结构都有一个独立的可调整大小的边框，该边框将按照该结构的规则执行的程序框图包围起来。定时结构最左侧的“输入节点”（Input Node）用于配置定时结构参数，如“时钟源”（Timing Source）、“运行周期”（Period）等。帧内左侧的数据节点用于返回各配置参数值并提供当前帧或上一帧的定时及状态信息，如“预计起始时间”（Expected Start Time）、“实际起始时间”（Actual Start Time）等。右侧数据节点用于动态配置下一帧或下一次循环起始帧的参数。输出节点返回由输入节点错误输入端输入的错误信息、执行过程中结构产生的错误信息，或在定时顺序某个帧内执行的子程序框图所产生的错误信息以及最后一帧的定时和状态信息。

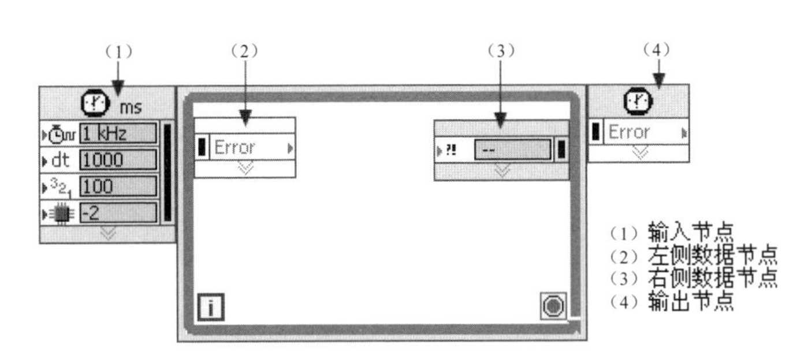

图 7-21　单帧定时循环结构

下面来讲解如何配置和使用这些结构。

7.2.1　定时循环结构

定时循环结构以指定的时间间隔执行一个子程序框图或帧，直到满足停止条件为止。定时循环结构可被看作是 While 循环的一种扩展，一般用来开发重复执行且包括其他功能的 VI，如多速率定时功能、精确定时、动态改变定时功能或者多种执行优先级的 VI。与 While 循环不同，定时循环的条件接线端不一定要连线，但是未连线的定时循环将无限运行下去。定时循环结构又可分为单帧定时循环和多帧定时循环，其中多帧定时循环相当于一个带有嵌入顺序结构的定时循环，用于在限时及延时条件下控制程序按结构中的顺序重复执行代码。由于多帧定时循环的配置方法包含所有单帧定时循环配置涉及的内容，因此下面以多帧定时循环为例介绍循环定时的配置。

图 7-22 显示了一个典型的多帧定时循环。右击结构边框，可从弹出的菜单中选择添加、删除或合并帧选项。默认状态下，定时顺序结构节点不会像图 7-22 显示所有可用的输入端和输出端，但是如果需要，可通过调整节点大小显示所有可用接线端，或右击节点，从弹出的菜单中选择隐藏的接线端。

设计时，可将数值连接到输入节点，或双击输入节点后，在弹出的对话框中输入需要的值来配置定时循环结构。图 7-23 显示了双击输入节点后弹出的“配置定时循环结构”对话框，其中包含大多数配置定时结构涉及的项目。

一般情况下，设置定时结构主要涉及以下配置项目。

（1）定时源（Timing Source）。

定时源控制定时结构的执行节奏、最小时间单位等，如一个 1kHz 的定时源可产生最小 1ms 的时间周期。定时结构的配置选项一般都参照所指定的定时源。

（2）下一帧的起始时间（Start Time）。

下一帧的起始时间是指相对于当前帧“开始时间”设定的下一帧开始运行的时间值，单位与帧定时源的绝对单位一致。

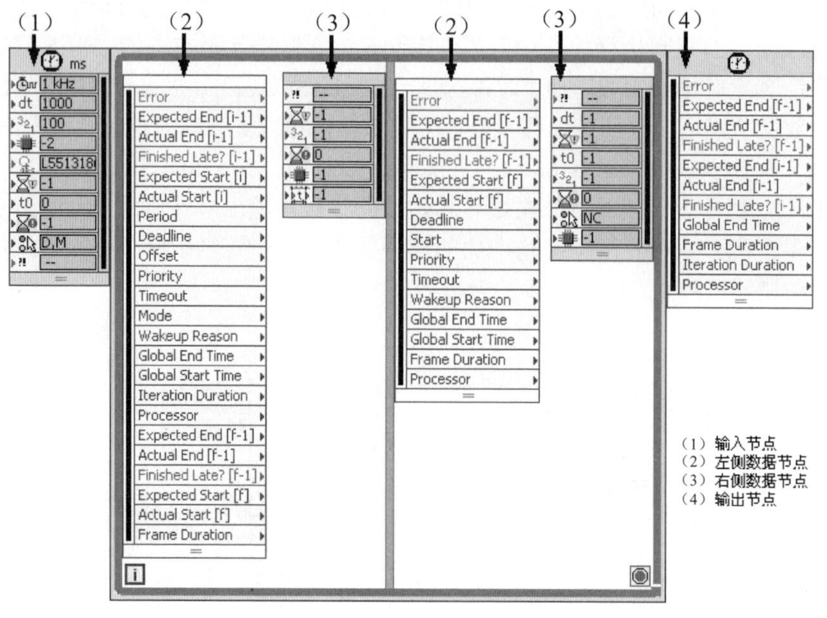

图 7-22 多帧定时循环结构

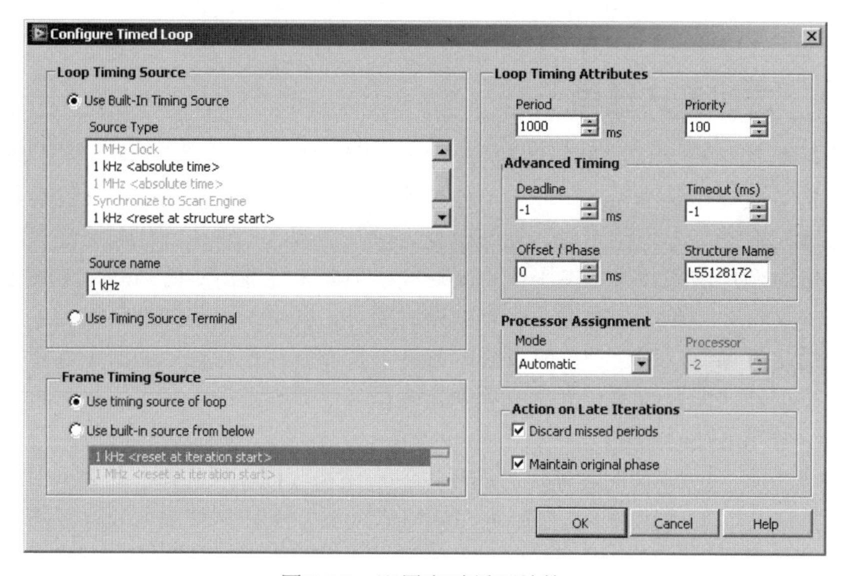

图 7-23 配置定时循环结构

（3）偏移（Offset）。

偏移是指整个定时结构开始执行之前的等待时间，它使用参照定时源的绝对时间，且与定时源的单位保持一致。

（4）执行期限（Deadline）。

执行期限是相对于“起始时间”来说的，一个帧完成其执行的最大时间量，其单位与帧定时源的单位一致。使用执行期限可为子程序框图设置一个参考的执行时间限制，如果帧未能在执行期限之前完成执行，下一帧的左侧数据节点将在“延迟完成（Finished Late）？”输出端返回 TRUE 并继续执行。

（5）超时（Timeout）。

超时是指某一帧（含第一帧）开始执行之前可等待的最长时间，与循环起始时间或上一帧的结束时间相对。如果子程序框图未能在指定的超时之前开始执行，定时循环将在该帧左侧数据节点的“唤醒原因”（Wakeup Reason）输出端中返回“超时”。

（6）周期（Period）。

周期是指定时循环各次循环之间的间隔时间，以定时源的绝对单位为单位。

（7）优先级（Priority）。

优先级是指定多个互相竞争的定时结构之间相对的执行顺序。定时结构的优先级越高，则相对于其他定时结构的执行顺序越靠前。优先级的输入值必须为 1 ～ 65 535 的正整数，数值越大，优先级越高。

（8）定时结构名称（Structure Name）。

定时结构名称是指定每个定时结构在程序框图上的唯一名称，一般用来在程序中编写停止定时结构或同步一组定时结构，以得到相同的起始时间。

（9）指定处理器（Processor Assignment）。

指定处理器用于从多个处理器中（如果有）选择处理定时结构的处理器，以获得更大执行效率。

（10）延迟周期处理（Action on Late Iterations）。

延迟周期处理用于在定时循环的执行迟于预计时间时，设置其处理执行延迟的方式。

为了加深对这些配置项的理解，下面结合图 7-24 讲解定时循环结构如何运行。图中显示了含有三个帧的定时循环结构前两次循环及每次循环中三个帧运行的情况。开始运行后，定时结构首先等待 30ms（偏移），随后第一次循环开始执行。循环中第一帧按照预期开始时间执行，并在指定的执行期限（帧开始运行后的 20ms 时间）内顺利执行完成。第一帧开始运行后 40ms（相对开始运行 70ms 处），定时结构希望第二帧按照预期的起始时间开始执行，但是由于某种原因，第二帧并未在预期的起始时间开始执行，而是推后了大约 5ms 后才开始，幸运的是为这一帧所设置的超时在相对开始运行 80ms 处，因此并未产生超时，最后这一帧在它的执行期限到来之前就顺利执行完成。相对于第二帧开始时间 50ms 后（相对开始运行 120ms 处），结构希望第三帧按照预期的起始时间开始执行，但是由于某种原因，第三帧并未按照此时间执行，甚至在超时后还未开始，因此定时结构叫醒它立即运行，但是第三帧直到执行期限后才运行结束，第一次循环宣告结束。随后间隔一个周期时间后，第二次循环正式开始运行。

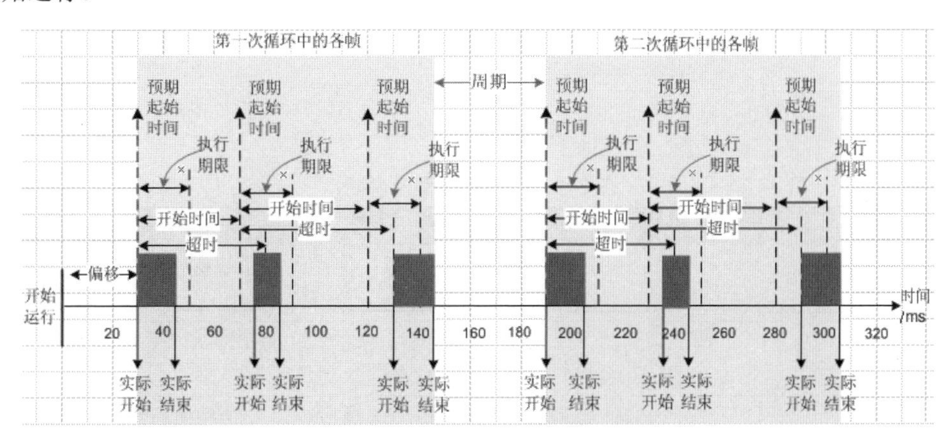

图 7-24　定时循环结构的运行示意

我们来看一个简单的例子。如图 7-25（a）所示，可分别设置两个单帧定时循环结构的周期为 10ms，第一个循环的偏移为 0ms，第二个循环的偏移为 10ms。使用两个数组，将其中一个的值全部初始化为 0，另一个的值全部初始化为 2。每个循环执行 10 次，第一个循环中，将和每一帧执行的实际时间相等的数组元素赋值为 1，第二个循环中，将和每一帧执行的实际时间相等的数组元素赋值为 3。循环结束后将数组元素绘图到 Graph 控件中，得到的波形如图 7-25（b）所示。

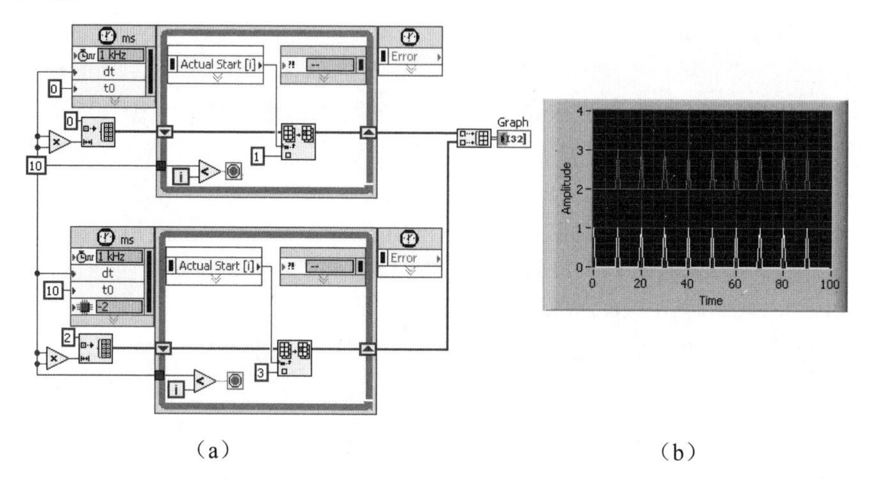

（a）　　　　　　　　　　　　（b）

图 7-25　使用定时循环结构的例子

定时结构的定时源控制了定时结构执行的节奏，虽然多数情况下定时结构的配置选项都直接参照定时源的绝对时间值，但并非全部。例如多帧定时循环和多帧定时序列中，有些时间配置选项以前一帧或当前帧的某个时间选项为参照。我们把参照另一选项的时间称作“相对时间”（Relative Time），而把参照定时源的时间称作“绝对时间”（Absolute Time）。例如在定时结构中，“偏移量”使用绝对时间，“预期开始”“预期结束”“实际开始”和“实际结束”等输出均以绝对时间的单位计算。每一帧的“起始时间”“执行期限”和“超时”都使用相对时间。“起始时间”和“超时”均相对于前一帧执行的“开始时间”，而“执行期限”则相对于当前帧执行的开始时间。

定时结构有三种定时源可供选择。

1. 内部定时源

内部定时源指在配置定时结构的输入节点时所选择的内置定时源，或使用“创建定时源”（Create Timing Source） Create Timing Source (1kHz) VI 创建的内置定时源。可设置的定时源类型如表 7-1 所示。

表 7-1　定时源类型及说明

定时源类型	说　明
1kHz 时钟	定时结构默认定时源，使用操作系统提供的 1kHz 时钟，可创建毫秒精度的定时结构
1MHz 时钟	仅用来在支持它的终端上（如 NI PXI-817 系例和 NI PXI-818x 系列）创建微秒精度的定时结构
1kHz<绝对时间>	与 1kHz 时钟相似，选择后，定时结构所有输入 / 输出节点均使用参照定时源的时间戳。当需要明确指定帧执行的确切的日期和时间时十分有效

续表

定时源类型	说　　明
1MHz<绝对时间>	与 1MHz 时钟相似，选择后，定时结构所有输入 / 输出节点均使用参照开始时间和结束时间的时间戳
1kHz 时钟 <结构开始时重置>	与 1kHz 时钟相似的定时源，每次定时结构开始时重置时钟
1MHz 时钟 <结构开始时重置>	与 1MHz 时钟相似的定时源，每次定时结构开始时重置时钟
与扫描引擎同步	时钟源与 NI 的扫描引擎同步

注意，如果选择“结构开始时重置”特性的定时源，则每次定时结构执行时会重置时钟源。如图 7-26 所示的例子中，外部循环每执行完一次循环（其中的“定时循环结构”完成两次循环），定时源就被复位，指示器 Output 的值归零。如果不使用该特性的定时源，则外部循环每执行完一次循环，其后续循环中 Output 的值将在前一次值的基础上累加。

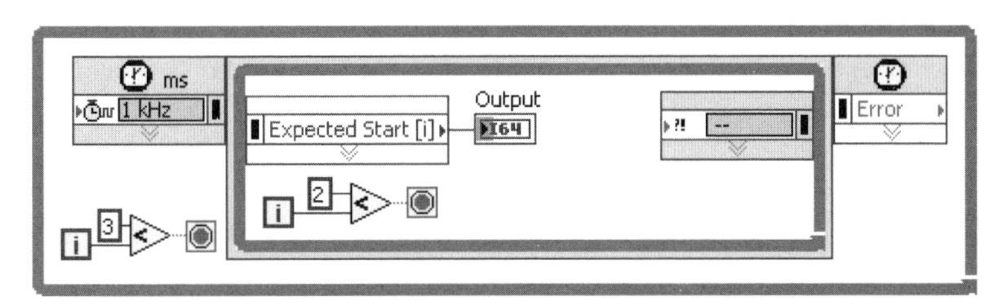

图 7-26　使用“结构开始时重置”的定时源

2. 软件触发定时源

软件触发定时源是指使用“创建定时源”VI，并选择了“创建软件触发定时源”Create Software-Triggered Timing Source 选项后创建的定时源。在使用该定时源时，一般由“发射软件触发定时源”（Fire Software-Triggered Timing Source） VI，通过编程触发定时循环，使用“计时数”（Tickets）作为计数单位。一旦决定使用，则定时结构中的输入 / 输出项均使用设定的 Tickets 作单位。在“发射软件触发定时源”VI 中可以指定每次触发的“计时数量”（Number of Tickets），每执行一次该 VI，就会有指定个数的 Tickets 发送到定时结构。例如设置定时结构的周期为 1 个 Ticket，那么使用“发射软件触发定时源”VI 发射 5 个 Tickets 到定时结构时，会触发定时结构执行 5 次。

通常软件触发定时源有以下用途：

- 可将软件触发定时源当作与实时系统兼容的事件，由程序中某一部分发出消息，由另一部分接收消息，来创建同步多个循环执行的框架。如生产者 / 消费者结构等，将在后续章详细介绍这种结构。
- 用于离散事件仿真。使用“发射软件触发定时源”VI 的“计时数量”指定离散事件之间的间隔事件。“发射软件触发定时源”VI 执行后，定时结构的内部计数器将增加“计时数量”个计数值。如果内部计数器跳过一个或多个定时循环间隔，定时循环将这些间隔作为丢失的间隔。如要通过一次调用“发射软件触发定时源”VI 触发多个定时循环，可取消勾选“放弃丢失周期”（Discard Missed Period）复选框。

3. 外部定时源

外部定时源指通过“DAQmx 创建定时源”VI 所创建的定时源（需要 NI-DAQmx 7.2 或更高版本），使用“DAQmx 创建定时源”VI 可创建以下类型用于控制定时结构的 NI-DAQmx 定时源。

- 频率：创建一个在恒定频率下执行定时结构的定时源。
- 数字边沿计数器：创建一个数字信号边缘升降时执行定时结构的定时源。

- 数字改动检测：创建一个或多个数字线边沿升降时执行定时结构的定时源。
- 任务源生成的信号：创建一个以特定信号指定定时结构执行时间的定时源。

关于这部分的详细介绍可参考相关手册。

有时需要为定时结构中的帧和定时结构本身设置不同的时钟源，例如可能希望为定时结构本身配置 1kHz 的时钟，而为其中的各个帧配置 1MHz 的时钟，以便精确地控制程序执行，这时需要用到二级定时源（Secondary Timing Source），又称为帧定时源（Frame Timing Source）。

通过“配置定时结构”对话框的“帧定时源”选项，可为定时结构配置以下二级定时源方案：

- 使用与定时结构相同的定时源为帧定时。在对话框的“帧定时源”选项中选择“使用循环定时源”（Use Timing Source of Loop）或“使用顺序定时源”（Use Timing Source of Sequence）。
- 使用独立的内置定时源为帧定时。可在对话框的“帧定时源”选项中选择以下内置定时源：
  - ◇ 1kHz 时钟 <结构开始时重置>：与 1kHz 时钟相似，每次定时结构循环后重置为 0。
  - ◇ 1MHz 时钟 <结构开始时重置>：与 1MHz 时钟相似，每次定时结构循环后重置为 0。

定时循环的执行会比“预计开始时间”晚，在这种情况下，极有可能错过其他定时循环或硬件设备生成的数据。例如，当定时循环错过两次循环及当前周期的某些数据，将由缓冲区保存这些错失的数据。换句话说，程序以何种模式处理定时循环的延迟，直接关系到其处理数据的范围，进而影响程序的执行效果。在 LabVIEW 中，可通过“定时结构配置”对话框的“延迟周期处理”（Action on Late Iterations）选项指定处理定时循环延迟的模式，如图 7-27 所示。

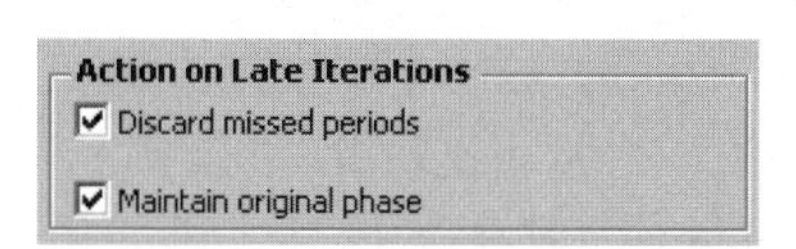

图 7-27 “延迟周期处理”选项

通过选择或取消选择“延迟周期处理”选项框中的复选框，可指定以下几种处理定时循环延迟的模式：

- 忽略错过的循环：勾选“放弃错过的循环”（Discard Missed Periods）复选框。
- 处理错过的循环：取消勾选“放弃错过的循环”复选框。
- 根据原有时间表安排循环执行：勾选“保持原始相位”（Maintain Original Phase）复选框。
- 在当前时刻启用的新时间表：取消勾选“保持原始相位”复选框，新时间表与定时循环第一次循环执行时的时间表相同。

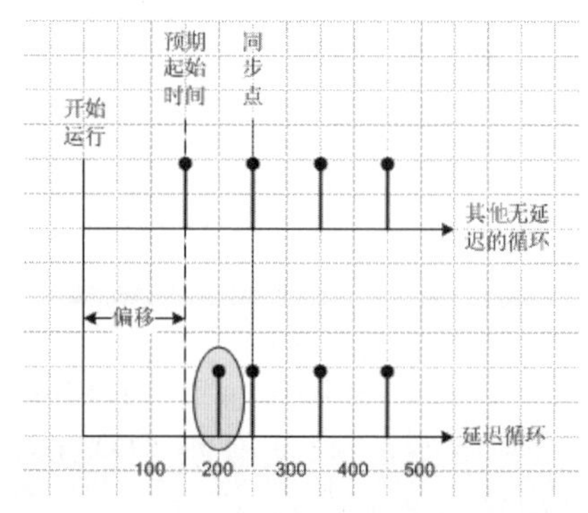

图 7-28 延迟的循环与未延迟循环的同步

例如，图 7-28 中，假定将定时循环周期设置为 100ms 偏移 150ms，则循环将在定时源开始运行后 150ms 开始执行，并以 100ms 为间隔，在第 150ms、第 250ms、第 350ms 时执行后续循环，以此类推。但某些时候，定时循环的第一次执行可能并未按照预期的时间在第 150ms 开始执行，例如可能在第 200ms 时才开始。然而这时其他无延迟的定时循环或硬件设备可能已经根据原来指定的时间表开始运行，如果要使延迟的定时循环与其他循环同步，就必须调整其运行时间表。调整后定时循环的下一次执行应在第250ms时开始运行，并以100ms为间隔，于第350ms、第450ms等时刻与其他循环同步运行。如果定时循环与其他定时循环或硬件设备的运行时刻同步与否并不重要，则可设置其立即运行，并以当前时间为其实际偏移值。这样后续循环将在第300ms、第400ms、第500ms等时刻执行。

默认情况下，定时循环将舍弃错失循环中所生成的数据（勾选"放弃错过的循环"复选框），这时定时循环将忽略缓冲区中保存的循环所遗失的旧数据，仅处理下一周期及后续循环可用最新数据。定时结构输入节点的模式图标将以字母D表示舍弃错失的循环。但是，如果定时循环与指定时间表同步之前错失的数据对用户来说比较重要，就要想办法处理。在设置定时结构时，取消勾选"放弃错过的循环"复选框，定时结构就会处理任何错过的或延迟的循环所生成的数据，这时输入节点的模式输入端的图标为字母P，表示处理延迟的循环所生成的数据。在处理错失循环中的数据时，定时循环可能会产生抖动，而且抖动时循环周期与指定时间不一定一致。

从运行的时间表角度来看，保持原定的运行时间表是定时循环默认设置（勾选"保持原始相位"复选框，定时结构输入节点的模式图标显示字母M），这意味着无论循环产生延迟与否，定时结构均不会调整运行时间表，而是按照原定的时间表运行。如果需要调整循环运行的时间表，则可取消勾选"保持原始相位"复选框，随后定时结构会按照与第一次循环相同的新时间表来执行。

一般来说，LabVIEW会自动指定可用的处理器来处理定时结构的执行。如果系统中有多个处理器，设计人员可以通过"定时结构配置"对话框中"分配处理器"（Processor Assignment）选项的"模式"（Mode）下拉菜单来手动（Manual）选择处理定时结构的处理器。设计人员在"处理器"（Processor）输入框中输入的值必须为0～255的整数，其中0表示系统的第一个可用的处理器。如果输入的值在指定范围外，LabVIEW将其强制转换为一个0～255的值。输入的数量超过可用处理器的数量时，将导致一个运行时错误，且定时结构不执行。如果设计人员在"模式"下拉菜单中选择了"自动"（Automatic）选项，则LabVIEW将自动为结构指定一个处理器，同时处理器的值自动设为-2。如在"模式"下拉菜单中为一页帧或此后的循环选择"无改变"（No Change），LabVIEW将使用处理之前帧或循环的同一个处理器，同时处理器的值自动设为-1。

需要注意的是，以上所述配置项除了通过"定时结构配置"对话框来设计外，还可以使用输入节点中相应的输入端来进行配置。例如，右击"模式"输入端，在弹出的菜单中选择"创建"→"常量"选项或"创建"→"控件"选项，可创建用于选择模式的枚举型常量或控件，随后可使用创建的常量或控件来选择模式。

使用定时结构时，还涉及多个定时结构的起始时间同步的问题，这可通过"同步定时结构开始"（Synchronize Timed Structure Starts）VI来实现。例如，程序框图上有两个定时结构，可使定时结构甲中的循环在定时结构乙的循环之前执行并生成数据，随后定时结构乙在定时结构甲完成循环后处理定时结构甲生成的数据。为了使这两个定时结构中循环的运行步调一致，就必须使它们的开始时间同步，以确保二者具有相同的起始时间。

在LabVIEW中通过创建"同步组"（Synchronization Group）来指定需要同步的结构。只要在"同步定时结构开始"VI中指定"同步组名称"（Synchronization Group Name），并包含需要同步的"定时结构名称"（Timed Structure Names）的数组，就会使数组中所列的定时结构使用相同的起始时间。

如图7-29所示，在程序框图中，"同步开始定时结构"VI创建了一个名为G的同步组，在该组中包括名为 s1 和 s2 的两个定时结构。由于使用 Wait 函数创建了人工数据依赖，因此定时结构 s2 在执行之前必须先等待 3s。如果未使用同步组，则结构 s1 在 s2 等待 3s 的过程中就已经开始执行了，由于使用了同步组，s1 会等待所有组中成员均可开始运行时才一起动作，因此两个循环均会在 3s 后才同时开始执行。

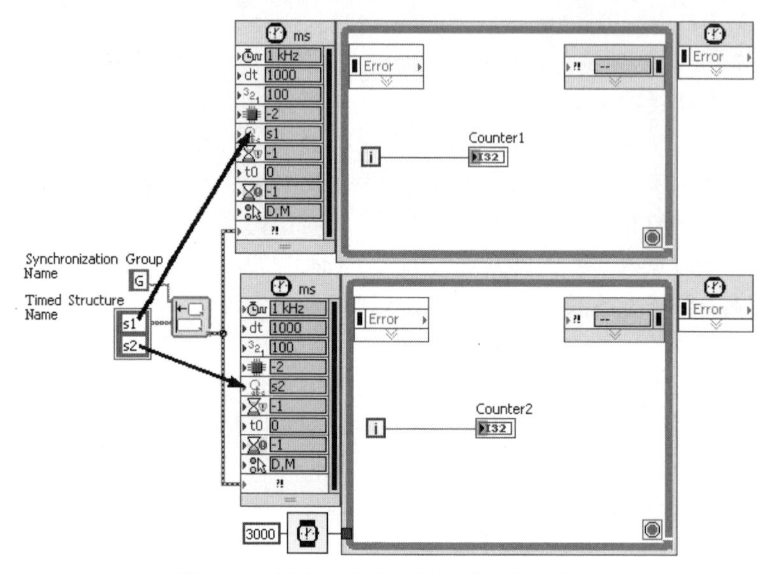

图 7-29　同步两个定时结构的起始时间

7.2.2　定时顺序结构

定时顺序结构是平铺式顺序结构的扩展，它由一帧或多帧组成，并在定时源控制下按顺序执行。与定时循环不同，定时顺序结构的每个帧只执行一次，不重复执行。因此特别适于开发只执行一次的精确定时、执行反馈、定时特征等动态改变或有多层执行优先级的 VI。

图 7-30 显示了一个多帧定时顺序结构的例子。右击定时顺序结构边框，可从弹出的菜单中选择“添加”“删除”及“合并帧”选项。与平铺式顺序结构不同，定时顺序结构执行前，其中每一帧的输入都必须就绪，这些输入由每一帧包含的输入节点进行配置。帧左侧的数据节点用于返回各配置参数值，并提供当前帧及上一帧的定时及状态信息，如“预计起始时间”（Expected Start）、“实际起始时间”（Actual Start Time）及上一帧是否延迟完成等。定时顺序帧的右侧数据节点用于动态配置下一帧或下一次循环。输出节点返回由输入节点错误输入端输入的错误信息、执行中结构产生的错误信息，或在定时顺序某个帧内执行的子程序框图所产生的错误信息，以及最后一帧的定时和状态信息。默认状态下，定时顺序结构节点并不会像图 7-22 中那样，显示所有可用的输入端和输出端，但是如果需要，可通过调整节点大小显示所有可用接线端，或右击节点，从弹出的菜单中选择隐藏的接线端。

与定时循环结构的配置方法类似，在设计时，可将数值连接到输入节点的输入端，或双击节点后，在弹出的对话框中输入需要的值，对定时顺序结构的各种参数进行配置。如时钟源、优先级、偏移、超时、执行期限、结构名称、处理器参数等。

图 7-31 显示了双击输入节点后弹出的“配置定时顺序结构”对话框。由于“定时顺序结构”与“定时循环结构”执行方式和功能不同，因此各自的配置对话框略有差异，例如定时顺序结构对话框中无“循环周期”设置选项，但是，二者涉及的共同参数配置方法完全相同，读者可以参考 7.2.1 节中的相关参数说明对“定时顺序结构”进行配置。

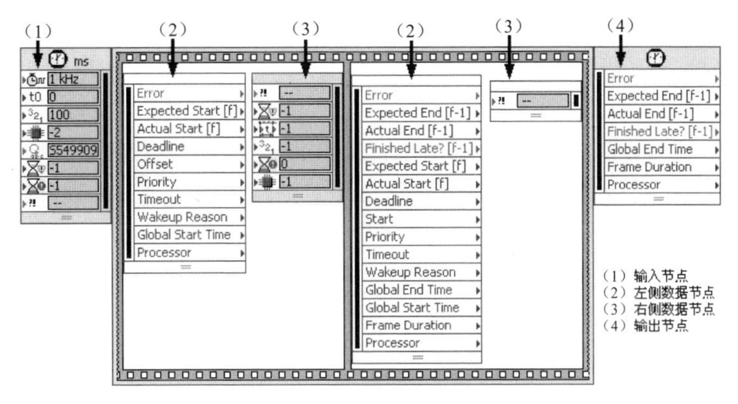

图 7-30　定时顺序结构

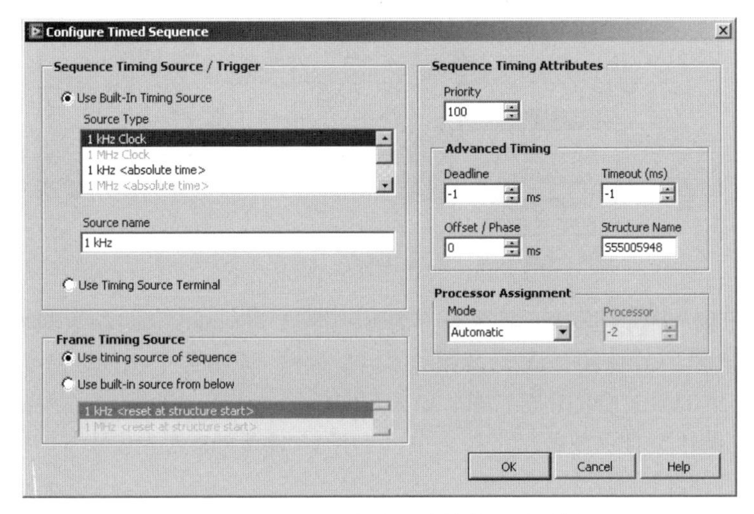

图 7-31　“配置定时顺序结构”对话框

7.3　禁用结构

禁用结构类似于 C/C++ 语言中的条件编译指令，它含有多个子程序框图，但每次只编译执行一个被激活或符合条件的子程序框图，禁用其他子程序框图代码。LabVIEW 有两种禁用结构：

- 条件禁用结构（Conditional Disable Structure）：按照预定条件选择执行分支中代码。
- 程序框图禁用结构（Diagram Disable Structure）：使程序框图上的部分代码失效。

使用“条件禁用结构”可定义部分代码编译和执行的条件。“条件禁用结构”包含一个或多个子程序框图，LabVIEW 在执行时根据子程序框图的条件配置，只使用其中的一个子程序框图，如图 7-32 所示。例如，可能已经为 Windows、Mac、UNIX 系统和 FPGA 终端分别编写了实现某一功能的代码，这时可以将它们放在“条件禁用结构”的不同分支中，按照不同终端为条件索引即可。当针对其中某个平台进行编译时，只要指定“条件禁用结构”的条件为该终端，

图 7-32　条件禁用结构

LabVIEW 就只编译执行符合条件的代码分支。

如何为“条件禁用结构”的分支指定条件呢？可使用“条件禁用符号”（Conditional Disable Symbol）告知结构中分支执行的时机。在“条件禁用结构”的右键菜单中选择“编辑此程序代码条件”（Edit Condition for This Subdiagram）选项可弹出如图 7-33 所示的“条件配置”（Configure Condition）对话框，通过该对话框为条件分支配置“条件禁用符号”。一般来说，“条件禁用符号”包括符号名和符号值，只有实际符号名对应的值和所指定的符号值一致时，LabVIEW 才会编译和执行相应分支中的代码。此外，可使用布尔运算符连接多个表达式（单击 + 或 - 按钮，可增加或减少符号数量），使 LabVIEW 能判断多个条件。如果一个以上条件为 TRUE，则第一个为 TRUE 的条件将决定结构中子程序框图的编译执行。

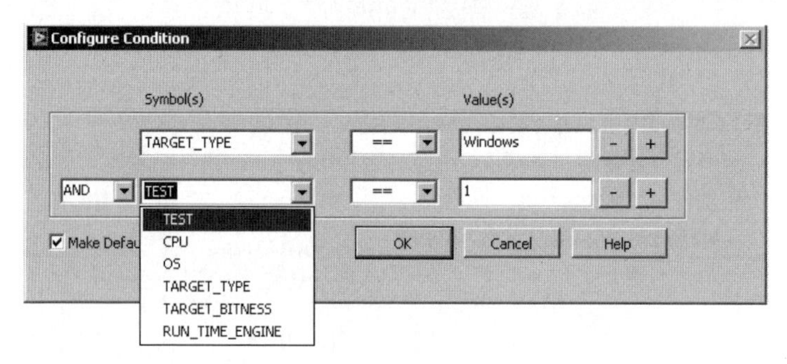

图 7-33　配置“条件禁用符号”

在“条件配置”对话框中可配置表 7-2 所列符号（Symbol）。如果只在 VI 中（VI 未被置于项目管理器中）使用“条件禁用结构”，则只能使用 TARGET_TYPE、TARGET_BITNESS 和 RUN_TIME_ENGINE 符号。如果 VI 在 LabVIEW 项目中使用“条件禁用结构”，则还可通过条件禁用符号页或符号下拉菜单，选择 CPU 或 OS 为列表添加符号。表 7-2 列出了可选符号及其可选值。

表 7-2　“条件禁用结构”中可用的符号、值及描述

符号（Symbol）	值（Values）*	描述（Description）
CPU	PowerPC x86 null	用于说明子程序运行时的处理器，VI 必须在 LabVIEW 项目中才能访问此符号
OS	Windows Mac Linux null PharLap VxWorks	用于说明子程序运行时的操作系统，VI 必须在 LabVIEW 项目中才能访问此符号
RUN_TIME_ENGINE	True False	用于说明当创建使用 LabVIEW Run-Time Engine 的独立程序或共享库时，子程序框图是否运行
TARGET_BITNESS	32 64	用于说明子程序运行时所在平台的位数
TARGET_TYPE	Windows FPGA Embedded RT Mac UNIX PocketPC DSP	用于说明子程序运行时所在平台的类型

续表

符号（Symbol）	值（Values）*	描述（Description）
FPGA_EXECUTION_MODE	FPGA_TARGET DEV_COMPUTER_SIM_IO DEV_COMPUTER_REAL_IO THIRD_PARTY_SIMULATION	用于根据 FPGA VI 中设置的下列执行模式，选择执行不同的分支： ● FPGA target (FPGA_TARGET） ● Simulation (Simulated I/O）(DEV_COMPUTER_SIM_IO） ● Simulation (Real I/O）(DEV_COMPUTER_REAL_IO） ● Third-Party Simulation (THIRD_PARTY_SIMULATION） 注意，VI 必须在项目的部署目标设置为 FPGA 时才能访问这些符号
FPGA_TARGET_FAMILY	VIRTEX2 VIRTEX5 VIRTEX6 SPARTAN3 SPARTAN6 SPARTAN3 SPARTAN6 ZYNQ KINTEX7	用于根据 FPGA VI 中设置的执行模式，选择执行不同的分支，如 Virtex-II or Virtex-5。 注意，VI 必须在项目的部署目标设置为 FPGA 时才能访问这些符号
FPGA_TARGET_CLASS	请参阅 FPGA 部署目标的属性对话框中的“Conditional Disable Symbols”页选择相应的值	设置 FPGA 部署目标的类别
<Custom Symbol>		用户自定义符号

* 符号的值区分大小写。

与“条件禁用结构”不同，“程序框图禁用结构”可用来使程序框图上的部分代码失效，运行时不编译这部分代码。通常可使用“程序框图禁用结构”作为调试工具，注释代码，替换代码，然后编译 VI，而无须删除结构中禁用子程序框图中的代码。

下面分别讲述“程序框图禁用结构”和“条件禁用结构”的示例。

图 7-34 显示了一个“程序框图禁用结构”的示例。在图 7-34（a）中，对数组中三个元素分别加 1 的代码为有效的程序框图，而对数组元素放大 10 倍的代码被禁用。LabVIEW 在编译时只对有效分支中的代码进行编译，而不管被禁用的代码的部分。因此，即使被禁用代码部分放大倍数 10 未与乘法函数连线，也不影响程序的执行。图 7-34（b）中，交换了对元素加 1 代码和放大 10 倍代码的位置，使放大元素的代码为激活状态，因此程序的输出结果进行了改变。在开发过程中，通常使用这种方法在不对代码进行修改的情况下，实现不同算法之间的切换。

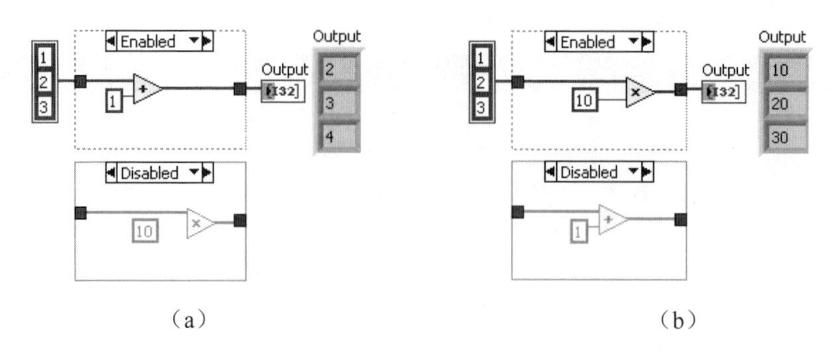

图 7-34 程序框图禁用结构示例

下面再来看“条件禁用结构”的示例。首先创建一个 LabVIEW 项目，在“项目属性”对话框中添加两个自定义的符号 ADD 和 MUL，分别令其值为 TRUE 和 FALSE，如图 7-35 所示。

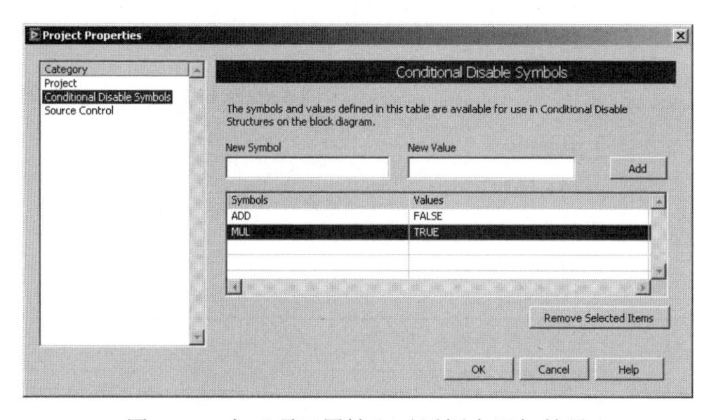

图 7-35 在“项目属性”对话框中添加符号

在项目中添加一个名为 Conditional Disable Structrue.vi 的 VI，在 VI 中放置一个“条件禁用结构”，在使用右键菜单中选项弹出“条件配置”对话框，为每个分支分别选用刚添加的符号和值作为代码执行的条件，如图 7-36 所示。

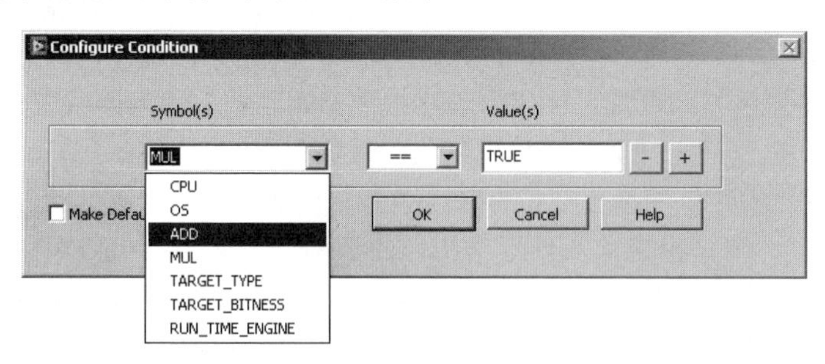

图 7-36 在“条件配置”对话框中选择符号并指定符号值

为指定的条件分支分别添加代码，当 ADD=TRUE 时对数组中元素加 1，当 MUL=TRUE 时，对数组元素放大 10 倍，如图 7-37 所示。

由于最初指定了符号 ADD= FALSE，MUL= TRUE，因此 VI 运行时将选择编译执行对数组元素放大 10 倍的代码。如果在“项目属性”对话框中将两个符号的值更改为 ADD= TRUE，MUL= FALSE，则 VI 运行时将编译执行对数组元素加 1 的代码。这种使用符号控制代码执行的方法对于根据不同平台选择执行不同代码特别有效，例如可分别开发运行在 32 位 Windows 平台、64 位 Windows 平台和 UNIX 平台上的相同功能的代码，然后根据操作系统类型（TARGET_TYPE）选择编译适合于某个平台的代码。

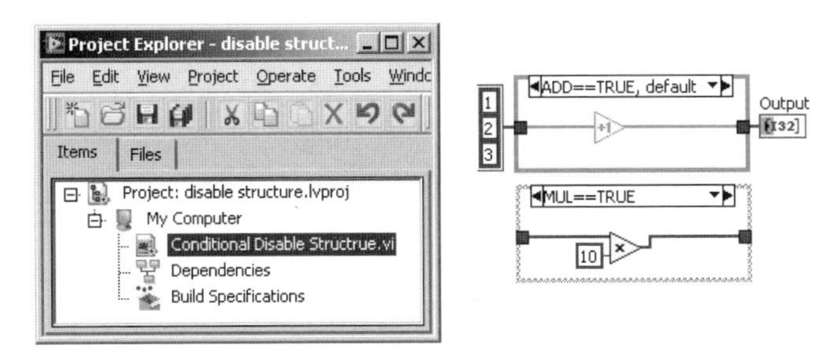

图 7-37　“条件禁用结构”示例的项目和程序框图

7.4　元素同址操作结构

许多 LabVIEW 操作都要求先对数据进行复制再对其进行处理，这不仅降低了执行速度，而且增加了对内存的占用。“元素同址操作结构”（In Place Element Structure）用于控制 LabVIEW 编译器进行常用操作，无须在内存中复制多份数据，可对数据元素在内存的同一个位置进行操作，并将结果返回到相同位置。在这一点上和 While 循环中的移位寄存器有些类似，使用时 LabVIEW 编译器无须在内存中额外保留数据的副本，从而提高内存和 VI 的使用效率。

“元素同址操作结构”位于“函数”→“应用程序控制”→“内存控制”面板中，使用边框节点或与结构的边框相连接的节点进行数据操作。右击结构边框，可从弹出的菜单中选择与所需运算操作相符的节点，可在边框节点左右两侧各放一个接线端。如图 7-38 所示，操作时选择结构边框左侧的元素，然后在结构内对元素进行操作，最后将所得结果连线至结构边框右侧，以取代该位置上原来的值。

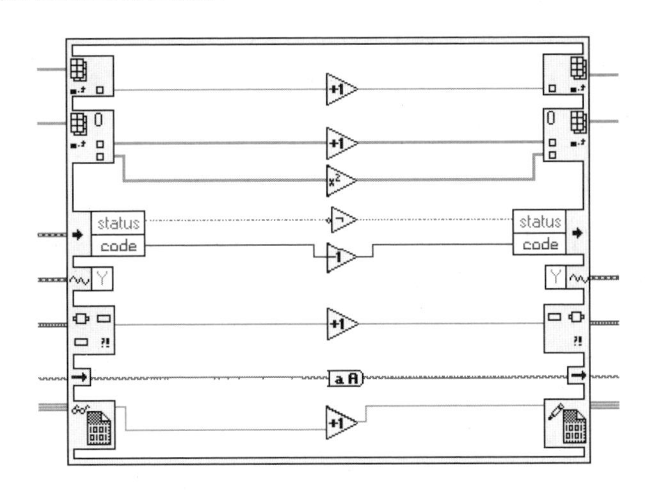

图 7-38　元素同址操作结构中的数据

“元素同址操作结构”相较于传统的操作方法执行效率更高。我们引用 LabVIEW 帮助提供的一个实例来说明如何通过使用“元素同址操作结构”提高 VI 执行及内存使用的效率。图 7-39 中，LabVIEW 对一个 32 位无符号整数数组进行索引，将数组的第三个元素加 1，然后用新元素替换数组中同一位置上的元素。在这个过程中，“替换数组子集”函数要求对数组和数组索引值连线至函数的数组和索引输入端。运行时，LabVIEW 必须为数组生成一个副本并将该副本保存在内存中，以便缓存数据处理结果。

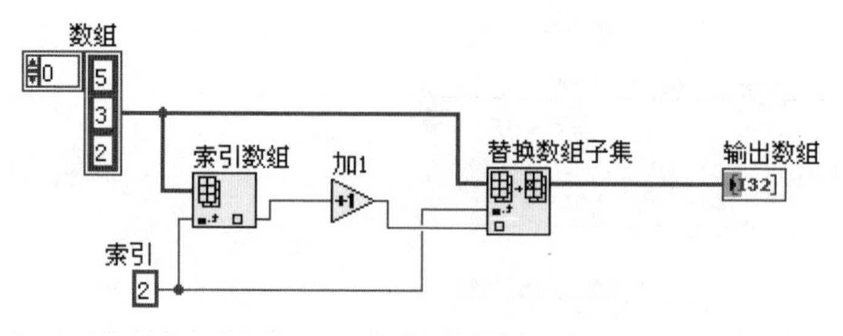

图 7-39　使用传统数据操作方法

使用“元素同址操作结构”可避免额外为数组及其索引值生成副本，如图 7-40 所示。

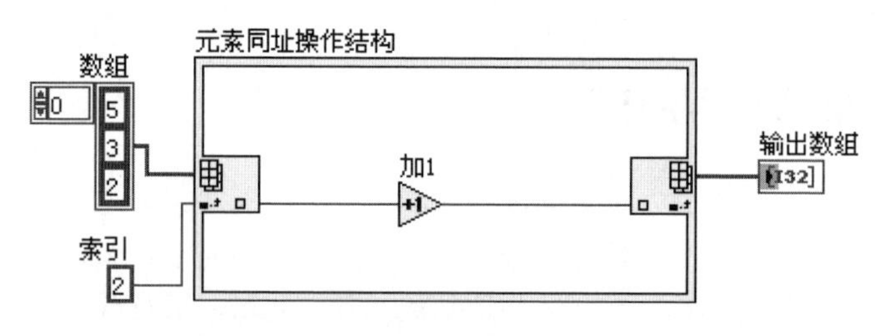

图 7-40　使用“元素同址操作结构”

图 7-40 中，“元素同址操作结构”的“数组索引”和“替换元素”边框节点对一个 32 位无符号整数数组进行索引，将数组的第 3 个元素递增，再将新元素替换数组中原位置上的元素。整个过程与图 7-39 中所示的程序框图类似。然而 LabVIEW 无须创建数组值的副本并将其保存于内存。“元素同址操作结构”将数组中每个已索引的元素以结构右侧的节点取代。由于结构要求取代原有的数组元素，而 LabVIEW 编译器也可识别出需要替换的元素，故 LabVIEW 无须创建或保存数组或数组元素的副本并保存在内存中。

使用“元素同址操作结构”时需要注意以下事项。

（1）以元素同址操作结构的解除捆绑 / 捆绑元素边框节点对一个簇解除捆绑时，任何簇元素的解除捆绑不得超过一次。例如，正在解除捆绑的簇中含有另一个簇，而子簇中的某个元素已解除捆绑。此时不可对整个子簇解除捆绑，因为子簇中的某个元素已解除捆绑。

（2）不要在一个数组、簇、变体或波形使用一个以上边框节点。一个边框节点只可操作一个对象。如在一个数组、簇、变体或波形上使用一个以上边框节点，则内存中将保存整个数组、簇、变体或波形的副本，这将抵消元素同址操作结构对于提高性能的优势。

（3）变体可能含有多种类型的数据，故必须将变体中需替换的数据的数据类型连线至变体与元素转换边框节点的数据类型输入端。如变体不含有连接到数据类型输入端的类型相符的数据，VI 返回错误。

（4）元素同址操作结构可嵌套。使用嵌套的元素同址操作结构可访问多个数据类型复杂的元素。例如，如需访问簇中某个数组的元素，可使用两个嵌套的元素同址操作结构中外面的结构对簇解除捆绑，以里面的结构访问数组中的那个元素。

（5）考虑在元素同址操作结构的节点上启用标记为组合键的快捷菜单项，从而令 LabVIEW 修改连线至该节点的值。例如，动态分配接线端可执行类的层次结构中某个动态分配子 VI 的所有实现。动态分配 VI 的父实现可能不包括运算且未修改数据，但子实现可能修改了数据。如将父实现连线至节点并选择标记为组合键选项，可令 LabVIEW 在类的层次结构中的某个点，对连线至动态分配接线端的值进行修改。使用标记为组合键选项将最大限度地减少 LabVIEW 创建的数据副本，从而使性能优化。

7.5 本章小结

程序的运行是由各种组合在一起的程序结构控制的。除了传统的三种基本程序控制结构：顺序结构、选择结构和循环结构之外，LabVIEW 还提供事件结构、定时结构、禁用结构和元素同址操作结构等几种扩展程序结构，以增强程序的灵活性。

事件是指通知某件事情已经发生的消息，LabVIEW 中事件结构用来处理事件消息。事件结构通常用来处理程序与用户界面的交互信息，由于事件结构自身每次执行时仅处理一个事件，因此通常将事件结构放在 While 循环中，以构成事件驱动的程序结构，并在不同的事件结构分支中处理不同的事件消息。

LabVIEW 中的用户界面事件可分为两种类型：通知事件和过滤事件。通知事件表明某个用户操作（如用户改变了控件的值等）已经发生，常用在事件已发生且 LabVIEW 已对事件处理后调用相应的事件处理程序对事件作出响应。过滤事件表明在事件发生后，LabVIEW 调用其对应的事件处理程序之前，用户截获了该事件，并先进行某些自定义操作，通常用于在程序中对用户操作进行控制。除了用户界面事件外，用户可通过编程创建自定义事件。LabVIEW 允许在同一事件结构中同时处理用户界面和用户自定义事件，使用用户自定义事件不仅能像用户界面事件一样创建事件驱动程序，还可以用来将用户自定义数据传递至事件处理结构，实现应用程序不同部分之间的异步通信。

LabVIEW 有两种事件注册模式：“静态注册”和“动态注册”。 静态注册要求在设计时指定每个事件结构的分支处理何种事件，一旦设定完成，就无法在运行时改变事件结构所处理的事件。动态注册将事件注册与 VI 服务器（VI Server）相结合，在运行时使用应用程序、VI 和控件的引用，动态指定希望产生事件的对象。动态注册相对于静态注册的最大优势在于，可以在运行时更灵活地控制 LabVIEW 事件产生的类型和时间。

定时结构是 LabVIEW 提供的另一种扩展程序结构类型，可用来控制程序按照某个间隔重复执行指定的代码块，或在限时及延时条件下按特定顺序执行代码。LabVIEW 提供“定时循环”和“定时顺序”两个主要的定时结构，以及其他用于配合这两个结构发挥其强大作用的函数。

定时循环结构以指定的时间间隔执行一个子程序框图或帧，直到满足停止条件为止。可看作是 While 循环的一种扩展，一般用来开发重复执行且包括其他功能的 VI，如多速率定时功能、精确定时、动态改变定时功能或者多种执行优先级的 VI。

定时顺序结构是平铺式顺序结构的扩展，它由一帧或多帧组成，并在定时源控制下按顺序执行，特别适于开发只执行一次的精确定时、执行反馈、定时特征等动态改变或有多层执行优先级的 VI。

禁用结构类似于 C/C++ 语言中的条件编译指令，含有多个子程序框图，但每次只编译执行一个被激活或符合条件的子程序框图，禁用其他子程序框图代码。LabVIEW 中包含条件禁用结构和程序框图禁用结构。使用“条件禁用结构”可定义部分代码编译和执行的条件。“程序框图禁用结构”可用来使程序框图上的部分代码失效，运行时不编译这部分代码。

“元素同址操作结构”（In Place Element Structure）用于控制 LabVIEW 编译器进行常用操作，无须在内存中复制多份数据，而是对数据元素在内存的同一个位置进行操作，并将结果返回到相同位置。从而提高内存和 VI 的使用效率。

第8章　单循环程序框架

在第4章和第7章分别介绍了在LabVIEW中控制程序运行的基本结构和扩展结构。虽然使用这些结构已经能完成相当多的虚拟仪器项目，但是如果涉及大型的复杂项目，仅单一使用其中的某种结构就显得力不从心。此外，如果需要并行处理或对程序的响应速度、性能和效率有更高的要求，单一的程序结构就远远不能满足要求。

实际开发中需要解决的问题通常可通过单任务或多任务处理系统来实现。单任务处理系统一般用于解决较为简单的问题，而多任务系统则可以处理相对复杂的并行任务。从程序逻辑结构上来看，无论何种虚拟仪器项目，都可分为三个主要部分。

（1）初始化。对程序中用到的数据、硬件进行初始化，从文件中读取配置信息等。

（2）主程序。实现程序功能的部分，一般至少包括一个循环，直到用户决定退出程序或者由于其他原因（如完成I/O操作），使得程序终止时才停止执行循环。

（3）结束。退出程序前释放程序占用的内存、关闭打开的文件、将配置信息写入磁盘或者将I/O重置为默认状态等。

每个部分都由“简单VI”或“复杂的程序框架”构成。“简单VI”通常不需要用户输入特别的起始或者停止命令，只需要运行即可达到目的。它是应用程序或者程序某些功能模块（子VI）最常见的实现方式。而“复杂的程序框架”则由“单循环程序框架”或“多循环程序框架”驱动。对于简单的应用程序，应用程序主循环通常显而易见，但是当程序包括复杂的用户界面或者多个并行任务（如用户操作、I/O触发等）时，主应用程序部分就变得复杂了。因此对程序结构进行标准化显得尤为重要。

在长期的项目开发实践中，人们会不断地根据开发工具的特点，并综合考虑程序的性能和效率，归纳总结出一些可以解决普遍设计问题的通用程序框架。这些框架往往被作为模板来重用，以缩短开发周期、提高程序质量。同样，LabVIEW也提供一些通用的应用程序框架作为模板，如生产者与消费者模型等，然而，作为开发者，在这几种模板之外，用户还可以根据不同行业不断总结扩充应用程序框架，以缩短项目开发工期，增强LabVIEW在各个领域的应用能力。

通用的程序框架有助于提高代码的质量。如果程序中使用大家所熟知的结构，那么代码的可读性、可维护性和可重用性都会大大提高。在开始程序设计时选用这些通用的模板，随后根据要解决的具体问题略加修改后便可实现自己的目标，这样不仅节省时间，还能保证程序设计风格的统一。此外，如果在一个团队中，所有人都采用标准模板，还能促进团队开发统一标准的软件。

在LabVIEW中单任务处理系统可以通过单循环框架实现，多任务处理系统则对应多循环框架。针对虚拟仪器项目的开发，表8-1列出了笔者在开发中汇总的单循环和多循环程序框架模板，这些程序模板采用的数据通信方式各不相同，因此它们的工作方式和使用范围也有很大区别。这一章先讲解表中所列出的各种单循环程序框架模板使用时的关键技术及其如何构成，第9章再详细讲解与多循环框架相关的技术细节。

表 8-1　程序框架汇总

程序框架	程 序 结 构	数据通信方式	备　注
单循环	轮询	局部变量或全局变量	效率低
	功能全局量	移位寄存器（Shift Register）	可防止数据访问冲突
	经典状态机	移位寄存器	无缓冲
		枚举（Enum）	
	消息状态机	消息数组	带缓冲
	队列状态机	队列数据	
	事件状态机	事件及其携带的数据	带缓冲； 用于响应 GUI 操作
多循环	变量控制并行结构	局部变量或全局变量	资源访问冲突
	同步多循环结构	通知器（Notifier）	无缓冲，同步
		事件发生函数（Occurrence）	
		软件触发定时源 （Software-Triggered Timing Source）	
		同步定时结构起始时间 （Synchronize Timed Structure Starts）	
		集合点（Rendezvous）	
	异步多循环结构	队列数据	带缓冲，异步
		事件及其携带的数据	用于响应 GUI 操作

“单循环程序框架”是指主框架只使用一个 While 循环的程序结构。在主框架的 While 循环中，设计人员不仅可以使用变量传递数据构成轮询结构，还可以使用枚举结构的数据定义各种状态，结合选择结构转换状态，构成经典状态机。如果在经典状态机中仿照枚举量，用数组元素表示各种状态，就可以将经典状态机扩展至消息状态机。当然，单循环框架中最常用、最易于程序框架扩展的数据传递方式还是队列，使用队列可以构建类似带缓冲队列状态机的高级程序框架。

8.1　轮询

轮询（Polling）结构是 LabVIEW 较早版本中较为常用的程序框架，人们通常使用轮询程序框架在程序中连续检测某个控件、变量或部分程序代码的计算结果的变化。轮询程序框架一般由 While 循环或者定时循环、循环延时、错误处理和停止条件等几部分构成。图 8-1（a）和图 8-1（b）显示了一个典型轮询程序框架的前面板和后面板。

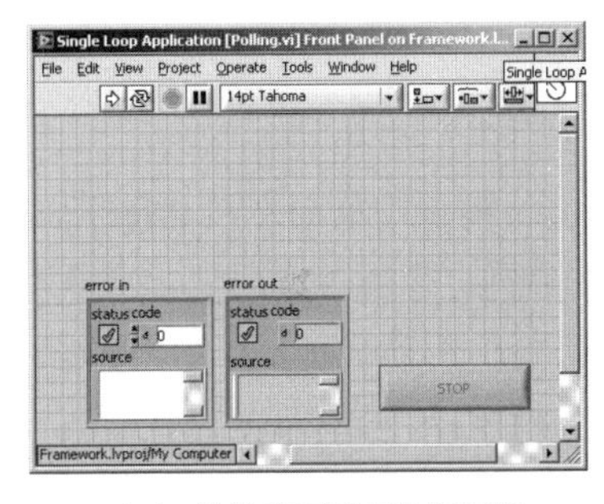

（a）轮询程序框架前面板

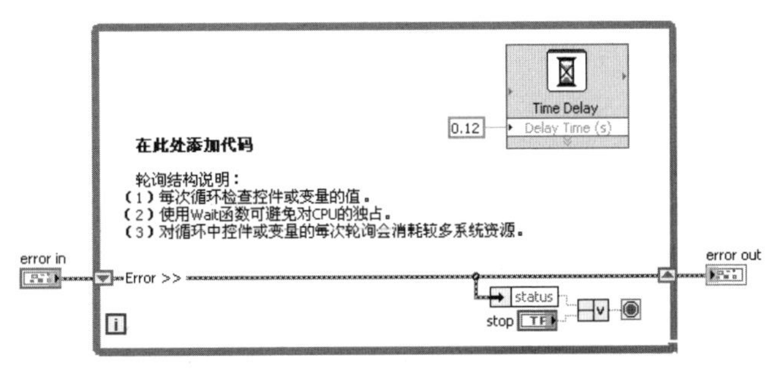

（b）轮询程序框架后面板

图 8-1　轮询程序框架

框架使用移位寄存器传递错误信息，可保证每次循环中的错误都可被捕获。在循环过程中，“错误状态”和“结束按钮”的值会被不断检查，如果某一次循环发生了错误，或者用户单击了“结束”按钮，轮询框架中的循环就会结束。这种结束条件可以保证用户不使用LabVIEW“停止”按钮的情况下，使循环优雅地结束。在实际设计中，循环的结束条件可能是来自用户界面的事件，如一个可以单击的布尔“停止”按钮，或者是一个错误的发生，还可以是最大的时间间隔和迭代次数等。由于循环结束条件可能不仅仅是一个或两个，因此使用了“混合计算函数”（Compound Arithmetic）的OR模式来组合各种条件，这可以使设计人员通过增加混合计算函数的连接端子非常方便地增加循环结束条件。

此外，轮询程序框架中的循环延时极为重要。这是因为，如果不在循环中增加延时，循环就会独占CPU资源，从而降低程序的响应速度，如果增加了延时（即使是5ms），程序就会为系统处理其他用户请求留出时间。

在软件技术发展的早期，轮询结构经常被用来控制对话框程序，曾经红极一时，甚至今天在单片机软件开发等领域还能看到它的影子。然而，由于每次循环都需要对所监测的变量或程序进行访问运算，有时候可能仅仅为了等待某个值的变化，就需要进行上千次甚至上万次的循环，因此这种结构极为消耗系统资源，却收效甚微。另外，对局部变量或全局变量读写时，一般需要通过在程序中创建一个数据的副本来完成。这个操作不仅会消耗额外的内存，还非常容易导致多处程序可对同一变量进行操作的数据访问竞争局面，轮询框架中使用变量传递数据，因此不可避免地会有数据访问竞争的情况。数据访问竞争有可能会导致计算结果产生异常，改善这种竞争访问情况的方法之一是使用移位寄存器传递数据。

8.2 程序框架中的数据传递和功能全局量

在数据传递时，移位寄存器相对于局部变量和全局变量有更高的执行效率和可靠性。这主要是因为LabVIEW为每个移位寄存器只分配一个内存缓冲，而且不允许同时对数据进行读写。在程序框架中经常被用来在框架内部传递数据，构建很多优秀的程序框架。图8-2显示了一个典型的使用移位寄存器的程序框架中传递数据的例子。

相对于轮询结构，图8-2所示的例子增加了一个移位寄存器、一个枚举量Operate和一个选择结构等。其中选择结构分别包括读取和更改移位寄存器数据两个分支，程序运行中执行哪个分支由用户对枚举量Operate的选择而定。当用户选择读取数据时，Data Read指示器中将显示移位寄存器的值；相反，当用户选择更改数据时，控件Write Data的值将被用来更新移位寄存器的值。此后再进行读取操作时，Data Read指示器将显示新数值。

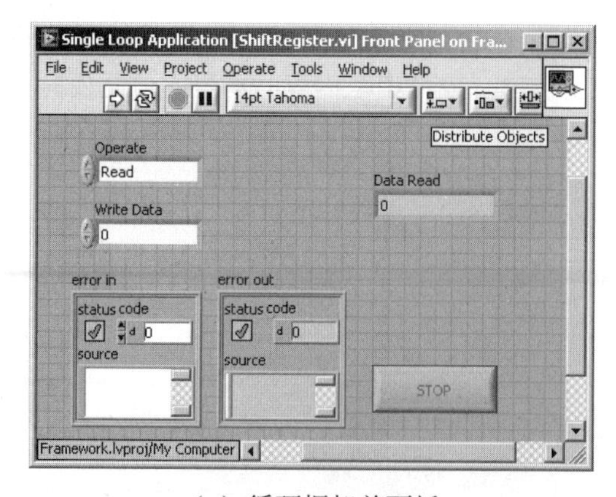

（a）循环框架前面板

图8-2 使用移位寄存器传递数据的循环框架

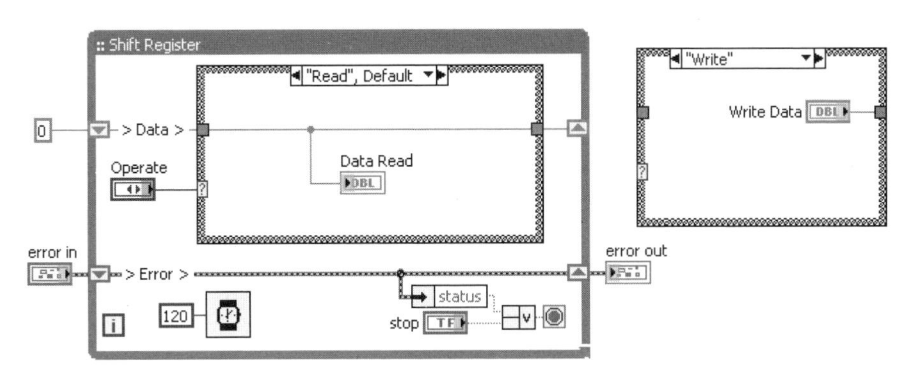

（b）循环框架后面板

图 8-2（续）

正是因为这种框架有助于缓解由于竞争访问带来的冲突问题，同时移位寄存器相对于变量有较高的访问效率，所以在大型项目的设计过程中，往往将移位寄存器集中放置在框架的顶端，并和选择结构配合实现整个框架中对数据的操作。在大型程序中，需要操作的数据很多，而且数据操作还涉及数据构建、数据初始化、数据销毁等，因此有必要对上面的结构进行进一步优化。图 8-3 显示了优化后更为通用的程序框架数据操作方法。

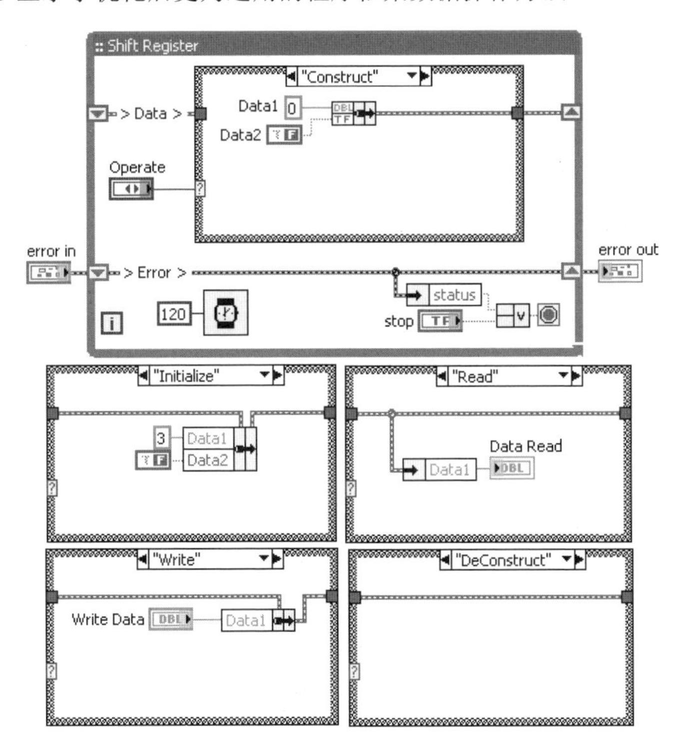

图 8-3　通用的程序框架数据操作方法

相比于图 8-2 中的例子，图 8-3 中的例子有以下变化：

（1）移位寄存器传递的数据由单一浮点数变为簇。这样做的目的在于使用一个移位寄存器在程序中一次性传递多个类型不同的数据。将传递程序框架数据的连线减少至一条，从而使最终的程序框图更整洁。

（2）枚举量和选择结构的元素在原来的“读”（Read）、“写”（Write）的基础上增加了“数据构建”（Construct）、“初始化”（Initialize）和“数据销毁”（DeConstruct）。在“数据构建”分支中可以使用“捆绑”（Bundle）函数将不同类型、不同名称的常量捆绑成簇。这个操作实际上指的是要传递数据的类型和名称，甚至初始值。在“初始化”分支中，使用“按名称捆绑”（Bundle by Name）函数对创建的数据进行初始化。在这个例子中，数据的初始化可以和创建合并，但在大型程序中，往往需要从数据库或文件中读取初始值时，可以先在“数据构建”分支中创建数据，再在初始化分支中对其进行初始化。读取数据时，使用“按名称解除捆绑”（Unbundle by Name）取出需要的数据。写数据的操作与初始化分支的实现方法类似。“数据销毁”（DeConstruct）分支用于对使用完毕的数据进行存盘、清理等操作。

这种使用簇来打包框架数据，使用“数据构建”“初始化”“读”“写”和“数据销毁”分支来操作程序框架数据的方法在大型程序中极为实用。

使用移位寄存器传递数据，还可以创建另一种实用的程序框架——功能全局量（Function Global Variant）。之所以叫“功能全局量”，是因为这种结构具有全局变量的性质。图 8-4 给出了一个典型的功能全局量的前面板和后面板。

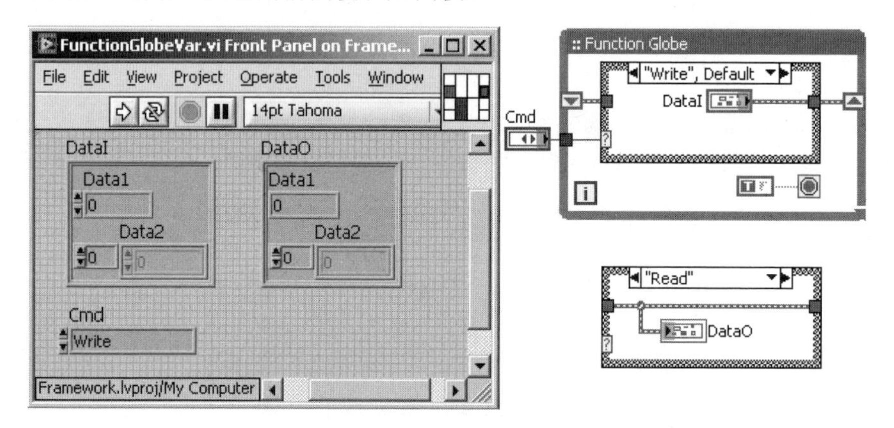

图 8-4　典型功能全局量的前、后面板

功能全局量一般由移位寄存器、选择结构、枚举变量和一个仅仅运行一次的循环构成。在如图 8-4 所示的例子中，程序前面板上有三个变量：输入数据簇 DataI、输出数据簇 DataO 和操作命令枚举量 Cmd。Cmd 的值如果是 Write，则选择结构会将 DataI 中的数据写入寄存器；如果 Cmd 的值是 Read，则选择结构会将移位寄存器中的数据写入 DataO。由于移位寄存器在循环开始执行时（循环最左边）并没有连接任何值，因此一旦执行了数据写入寄存器的操作后，即使该 VI 关闭后再次打开运行，写入寄存器的值也会保留，除非整个项目程序被重启。这个特性使用户可以利用“功能全局变量”VI 在整个项目程序中代替全局变量。

我们来看一个在虚拟仪器项目中使用功能全局量的实际例子。图 8-5 是笔者开发的多循环程序框架模板（关于并行程序框架模板技术细节将在第 9 章详细讲解，此处读者可先不必深究该框架如何构成），其中就使用了功能全局量在程序开始创建并注册项目中需要使用的事件，并在程序结束时取消事件的注册及销毁所创建事件。由于使用了功能全局量，在创建事件和销毁事件之间就省去了连线，使程序框图更简洁。

图 8-6 是该并行框架中所使用功能全局量的具体实现代码。与之前所述功能全局量类似，该 VI 执行的具体操作由 Cmd 枚举变量的值决定，当其值为 Initialize 时，程序将创建 GUI::Initialize 和 GUI::User1 两个事件，并对两个事件进行注册后分别将两个事件及其对应的 Refnum 保存在两个移位寄存器中。由于移位寄存器在循环开始执行时（循环最左边）并没有连接任何值，因此，在程序末尾执行 Uninitialize 操作时，功能全局量 VI 将从移位寄存器中取出初始化时创建的事件及 Refnum，并对其进行取消注册和销毁操作。

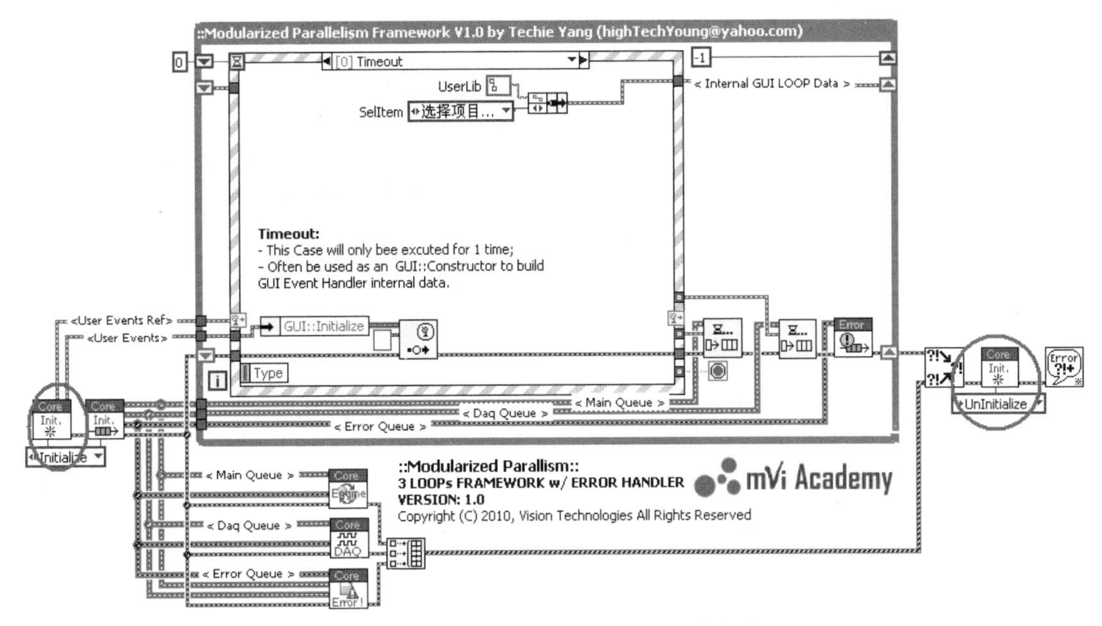

图 8-5　使用功能全局量的并行程序框架

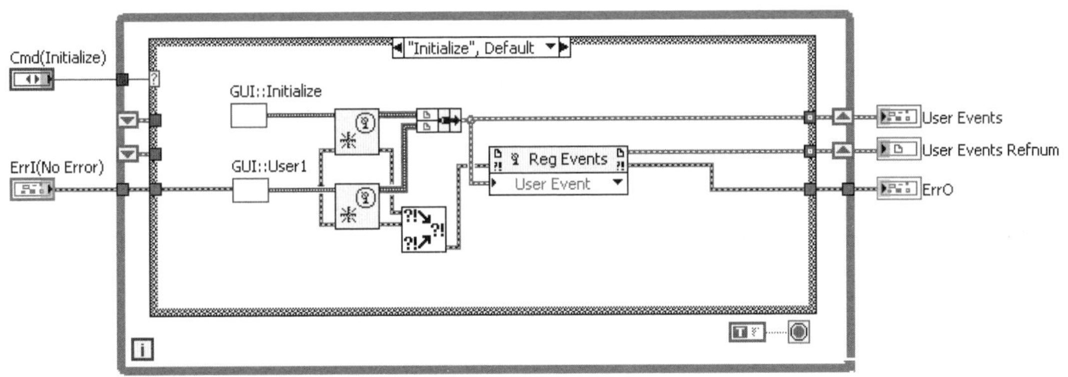

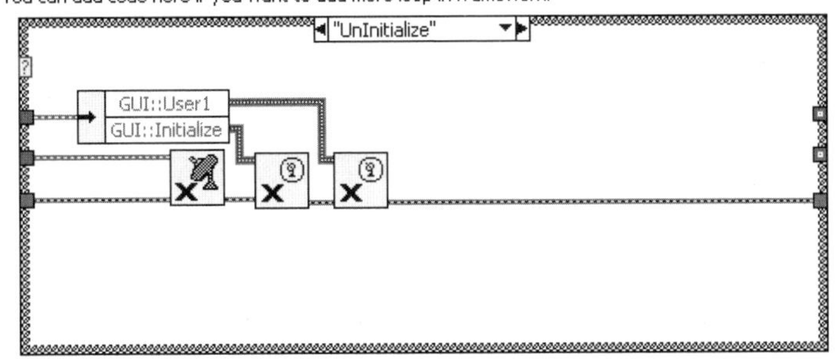

图 8-6　功能全局量 VI 程序框图

在使用功能全局量时，不要把所操作的数据类型仅仅局限在数字上，可以拓宽思路对任何 LabVIEW 支持的数据类型进行操作，如路径、数组、簇等。由于各种数据类型对应的操作多种多样，因此功能全局量也有多种实现形式，在开发时读者只要抓住这种类似全局变量的移位寄存器功能来开发即可。此外，由于功能全局量通常会被重复调用，因此一般将包含它的 VI 设置为“为各实例预分配克隆”（Preallocated Clone）类型的可重入（Reentrant）VI，详情可参见第 5.5 节。

使用移位寄存器可以有效解决数据竞争访问的问题，那么还有没有可能对使用移位寄存器传递数据的程序框架进一步优化呢？仔细观察之前讲解的程序框图，不难发现其中的数据访问多是由枚举量 Operate 控制。如果结合循环中移位寄存器的特点，很容易想到使用移位寄存器来更改循环中枚举量的值，进而由程序自动选择下一步要执行的分支。同时，如果增加枚举量的选项，就可自动控制程序在多个分支中跳转，实现复杂的流程。这种程序框架被称为“经典状态机”。

8.3 经典状态机

状态图是流程图的一种特殊类型，表示了程序的状态和状态间的转换。程序每个状态满足一个条件，并执行一定动作或等待一个事件的发生。状态间的转换可以是条件、行为或使程序转移到下一个状态的事件。图 8-7 给出了一个表示测试过程的简单状态图。测试开始时首先进入“初始化”（Initialize）状态，完成测试前的准备工作。初始化成功后，程序处于“空闲”（Idle）状态，随时准备开始正式测试工作。当开始测试信号到来时（可能是操作员按下“开始”按钮等），程序状态便由空闲转换到“执行”（Execute）状态，这一部分将实现测试流程的要求。单次测试结束后，程序会回到空闲状态，等待下次测试开始。如果用户在空闲阶段单击了“退出程序”按钮或某次测试时出现了错误，则状态转换到“结束”（STOP）状态，一般会在这个状态中实现测试现场的清理工作，并发出退出程序的信号。

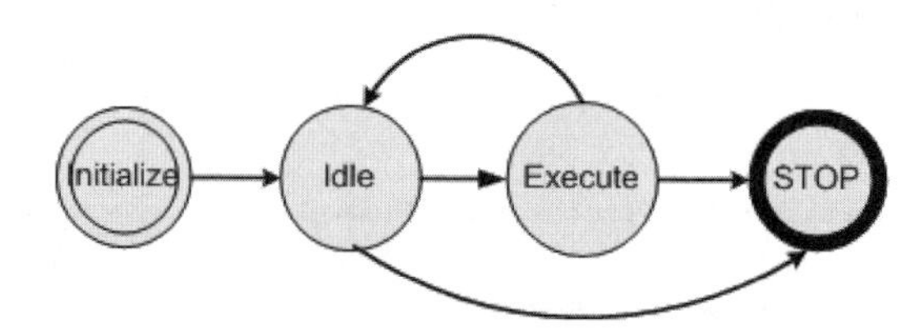

图 8-7 简单的状态图

在项目的规划阶段，设计人员可以根据需求说明、设计文件，或根据经验和直觉来划分状态图的每个状态，并定义各状态之间的转换条件。随着开发的深入，如果发现最初定义的状态不够详细，或者多个状态之间可以共享某一个子状态，可以对状态图进行细化或调整。

“状态机”（State Machine）通常包括一个嵌入于循环中的条件结构，它允许循环每次依据不同的条件执行不同的代码，由于每一个条件分支可定义一种状态，因而得名。状态机是单循环程序框架中较高级的一种。之所以说高级，是因为它能高效、灵活地根据状态图实现实际测试要求的测试流程。状态机的行为由用户输入、采集的信号或者程序逻辑的变化等决定，设计人员可根据需要灵活定义系统的特性，因此对于设计交互系统极为有用。

如图 8-8 所示，在 LabVIEW 软件中，经典状态机包括一个 While 循环、一个条件结构、一个移位寄存器和一个存储状态机各种状态索引的状态量。 状态机的每一个状态对应条件结构的一个条件分支。 在相应的条件分支中放置该状态下应该执行的 VI 和代码。 移位寄存器中存储了应在下一次循环时执行的状态。状态量决定程序执行哪个选择结构的分支，一般由一个带有多个选项的枚举量来保存。当一个枚举量连接到一个选择结构的选择终端时，选择结构每个分支的选择区域会自动以文本标签形式列出相应的枚举选项。

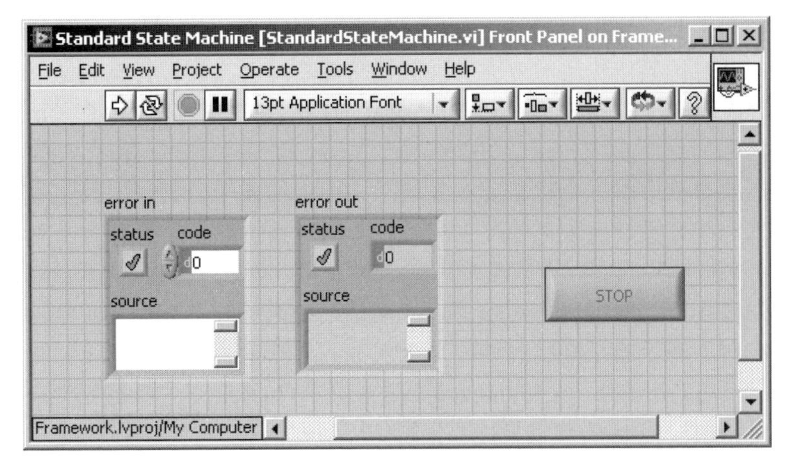

（a）前面板

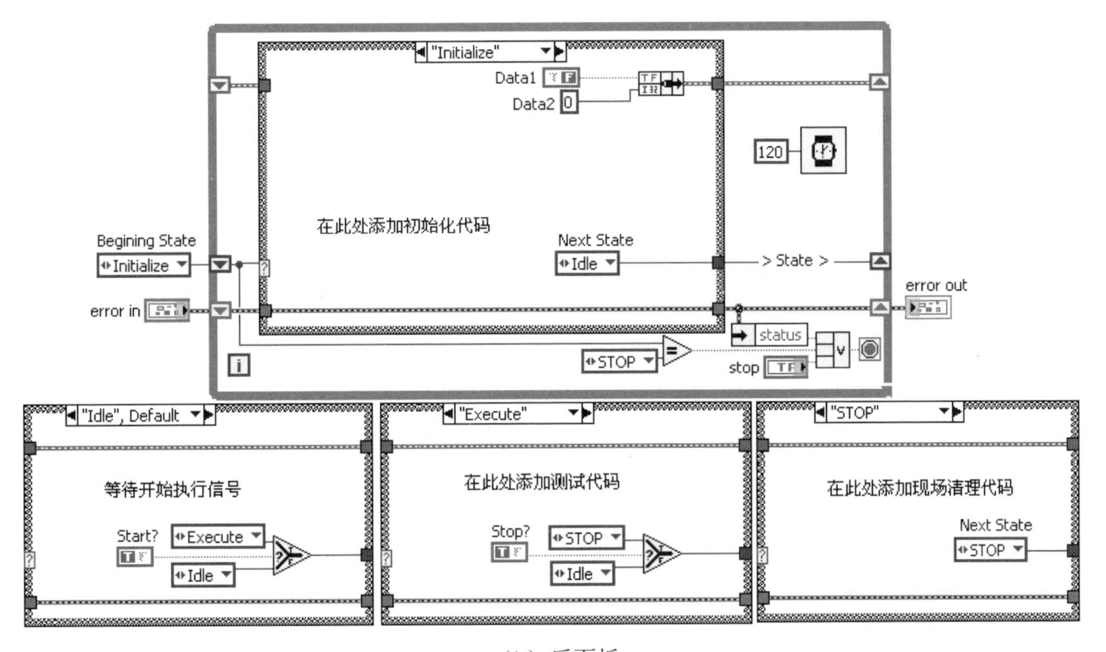

（b）后面板

图 8-8 经典状态机框架

在 LabVIEW 中，由于从“自定义类型”控件创建的常量的类型必须与所定义的控件类型及其中的选项文本保持一致，因此通常在项目开发时会将状态机各种状态保存在一个“自定义的枚举类型”控件中（笔者一般将其保存为“严格的自定义类型”），并单独保存为 *.ctl 文件。这样如果在设计阶段需要增加或者删除某选项，所有项目中对应的状态常量选项都会自动更新，极大地提高程序的可维护性。

在完成了保存状态量的控件定义后，就可以直接将保存的 *.ctl 文件拖放到 VI 的后面板，来创建表示状态机各种状态的控件常量。图 8-8（b）中，状态机初始状态 Initialize 被放置在循环之外，当循环开始执行时，选择结构中代表初始化状态的分支 Initialize 中的代码将被执行，并且代码中另一个状态常量 Idle 将更新移位寄存器的值，这会使下一次循环自动执行选择结构中代表下一个状态的 Idle 分支中的代码。Idle 分支中代码等待测试开始执行的信号，当开始信号到来时，Execute 常量将更新移位寄存器的值，程序状态会被引导至执行阶段；否则，使用 Idle 常量更新移位寄存器的值，程序状态会继续停留在空闲阶段等待开始信号。在程序进入执行状态时，其中代码一方面实现测试功能，另一方面又会检测结束信号，如果接收到要求结束程序的信号，程序的状态在下次循环时将被引导至 STOP 状态，清理测试现场，随后程序退出。

一般来说，状态机中的每个状态会对应选择结构中的一个分支，而且，每个分支包括实现一个状态的代码和定义转换到其他分支的条件。这种结构赋予了设计人员对状态机添加更多的分支和逻辑来扩展其应用程序的能力。

在实际开发过程中，根据用户需求或设计文档的要求构建的状态图可能并不像图 8-7 那么简单。但是，对于基于虚拟仪器的测控系统来说，无论多么复杂的设计，其状态图中的状态大多都可以归结为“初始化”（Initialize）、“空闲”（Idle）、“执行”（Execute）和“结束”（STOP）几大类。不同的项目只需要根据实际情况，对其中各种状态进行进一步细化即可。图 8-9 显示了从需求分析到构建状态图，最后将状态图用代码的形式转化为状态机的整个开发过程。

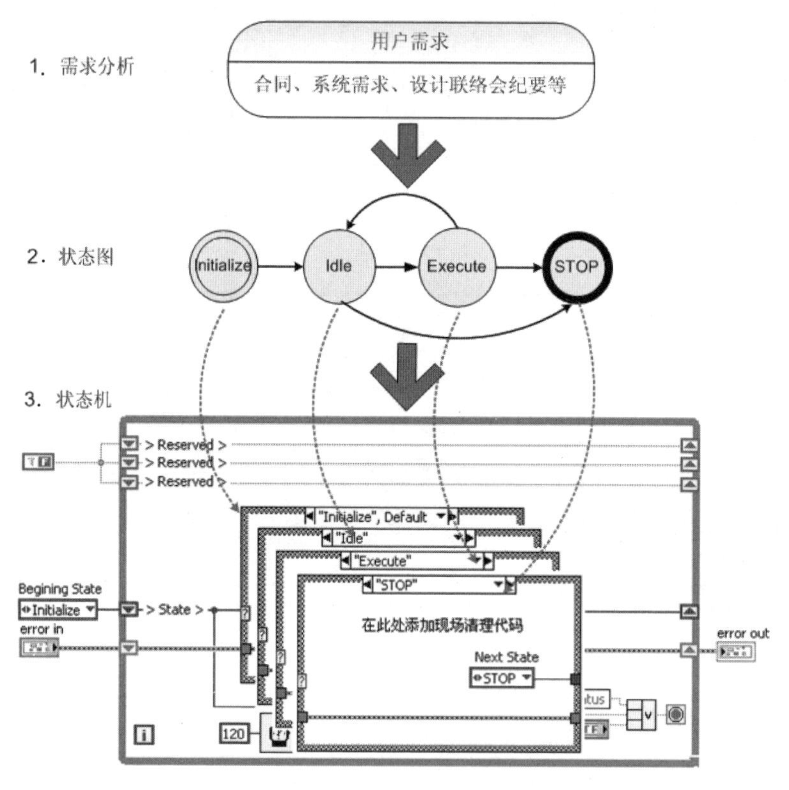

图 8-9 状态机开发过程示意图

经典状态机框架具有很强的灵活性和可扩展性。循环中的移位寄存器允许程序从一个状态跳到任何状态，并且可以在任何状态之后结束程序。设计人员也可以根据程序的状态增加或删除选择结构的分支，轻松地维护代码，而不用改变框图大小。这些强大的功能使经典状态机解决中等规模的问题时几乎不会发生错误。

但是，由于经典状态机不具备程序状态的缓冲能力，因此它在运行过程中可能会跳过某些状态。如果结构中有两个状态同时被调用，它只处理一个状态，而不会执行另一个状态。这将导致难以再现的错误。此外，对于复杂、大规模的问题或者顶层的用户界面 VI，使用经典状态机执行效率并不高。因此有必要使用消息、队列或事件在程序中传递数据，实现效率更高、功能更强的程序框架。

8.4　消息状态机

在经典状态机程序框架中，使用移位寄存器每次只能转换一个程序状态。如果由于某种原因，在代表该状态的程序代码尚未执行之前，移位寄存器的值已被改变，则程序可能会错过一个状态而出现错误。因此程序设计人员必须非常小心认真地组织各种状态之间的转换。此外，在实际应用中，通常需要记录多个连续的状态请求，并确保程序按照记录下来的状态请求顺序逐一执行状态分支中的代码。在这种情况下，就需要考虑使用缓冲区保存多个程序状态。

那么到底该使用哪种方式实现框架中程序状态的缓存呢？此时仅简单地考虑数据存储远远不够，还要考虑缓冲区访问和维护的方便性。因此，不难想到使用数组作为程序状态缓存的工具。LabVIEW 提供大量数组操作函数，这些函数使得设计人员很容易访问和维护数组中的元素。如果用户使用字符串数组代替经典状态机中的枚举量，不仅可以实现另一种基于消息的经典状态机，还可以实现带缓冲的消息状态机框架。

图 8-10 显示了基于消息的经典状态机程序框架，它对应的前面板与图 8-8（a）完全相同，所实现的功能与图 8-8（b）经典状态机实现的功能也相同。但是，图中代码使用字符消息（字符串）代替了枚举量来表示程序的各状态。

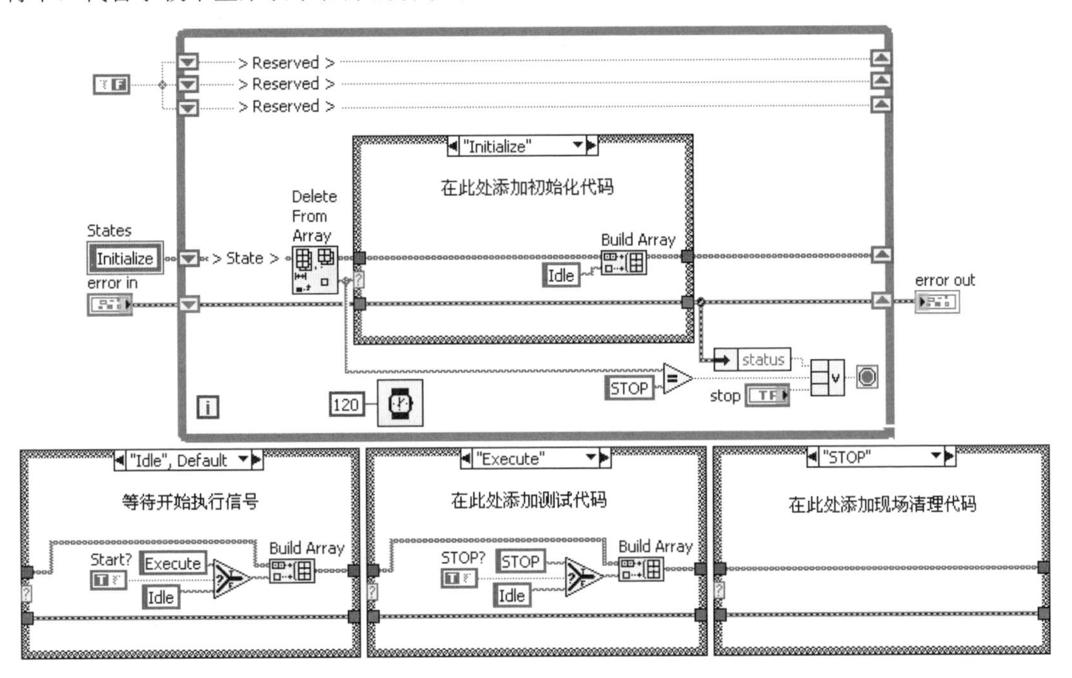

图 8-10　基于消息的经典状态机程序框架

循环外的 States 数组常量作为保存消息的缓冲区，在开始仅包含一个 Initialize 元素，用于引导程序到初始化状态。当循环开始执行时，“从数组中删除”（Delete From Array）函数从数组中取出最后一个元素，用来决定选择结构中哪一个分支应该执行。最初，States 数组中的 Initialize 元素会被取出，代表初始化状态的 Initialize 分支中的代码将被执行。由于在代码中“构建数组”（Build Array）函数添加了索引下一个程序状态的消息 Idle 到数组的末尾，这就使下一次循环自动执行选择结构 Idle 分支中的代码。Idle 分支中代码等待测试开始执行的信号，当开始信号到来时，代表执行测试任务的 Execute 消息会被“构建数组”函数添加到数组末尾，程序状态会被引导至执行阶段；否则，Idle 消息会被添加到数组末尾，程序状态会继续停留在空闲阶段等待开始信号。程序进入执行状态时，其中代码一方面实现测试功能，另一方面又会检测结束信号，如果接收到要求程序结束的信号，程序的状态在下次循环时将被引导至 STOP 状态，清理测试现场，随后退出。

虽然实现的功能相同，但是基于消息传递数据的状态机与基于枚举量传递数据的经典状态机框架还是略有区别，主要体现在以下几点。

（1）循环中选择结构的默认分支扮演的角色略有不同。在基于消息的经典状态机框架中，程序执行哪个状态是由“从数组中删除”函数从数组中取出的最后一个元素决定的。每执行一次，数组中的元素就减少一个。如果没有往数组中及时添加消息，就极有可能出现数组为空的情况。因此有必要对数组为空时的情况进行处理。在图 8-10 所示的框架中，设置了 Idle 分支为默认分支。如果数组中消息为空，Idle 分支会对此种情况进行处理。

（2）循环中选择结构的 STOP 分支中无须添加 STOP 消息到数组中。这主要是由于当“从数组中删除”函数检测到其他状态分支代码中的 STOP 消息后，循环就会退出，即使再向数组中添加 STOP 消息也起不到任何作用。相较而言，在基于枚举量的经典状态机框架中，由于选择结构中输出数据端子不能为空，因此将 STOP 常量连接到数据端子上。从功能上来说，STOP 分支中的 STOP 枚举常量也不起任何作用。

造成这两点差异的根本原因在于使用了数组在框架中传递数据，然而这种改变却赋予了框架缓存消息的能力。程序可以按照状态图，一次性添加多个后续要运行的状态的请求消息到缓冲区（数组）中，循环将逐一处理这些状态请求。这种程序框架通常被称为带缓冲的消息状态机，它比经典状态机功能更强、更灵活。

图 8-11 显示了带缓冲的消息状态机的工作原理，其中缓冲区类似于通常所说的“栈”（Stack），它具有“后进先出”（Last-In-First-Out）的特点。运行时，消息一般由用户的输入、硬件触发转换得来，或者由程序代码指定。消息按顺序被逐一从底部压入栈中。每有一个数据入栈，已经在栈中的数据就自动上移，为新数据腾出位置。当程序需要读取消息时，也是从栈的底部弹出数据，最后一个被压入栈中的消息最先被弹出。缓冲区中的消息一般都会被发送给消息处理代码进行处理，实现程序功能。图 8-11 中，STOP 消息最先被压入栈中，最后一个被处理；Initialize 消息最后被压入栈，最早被处理，这样就实现了后进先出的功能。此外，如果需要改变程序运行顺序，只要改变消息入栈的顺序即可实现所要的功能。

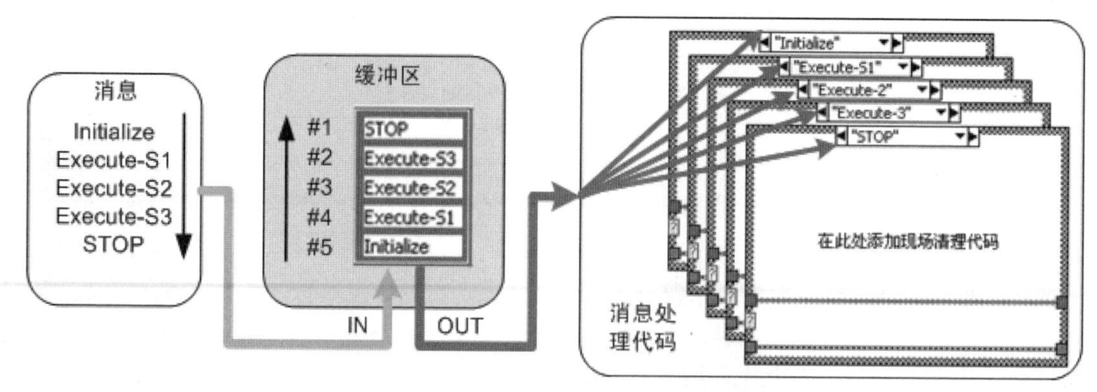

图 8-11　带缓冲的消息状态机工作原理

图 8-12 给出了一个“消息队列状态机”的程序框架示例，它对应的前面板与图 8-8（a）完全相同。从功能角度来看，虽然与图 8-10 实现的功能类似，但仍略有不同。不同点主要体

现在以下几点。

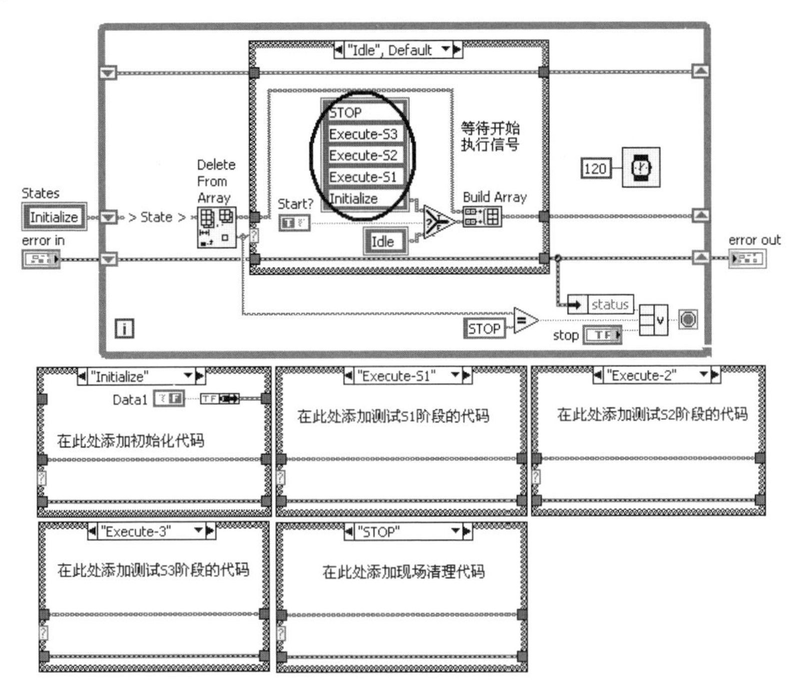

图 8-12 带缓冲的消息状态机

（1）可一次性指定程序执行流程。在经典状态机框架中，移位寄存器上传递的是枚举或字符量，每次只有一个状态可以在框架中传递。但是在消息状态机框架中，由于使用数组作为缓冲区，程序可以一次性按照需要运行的顺序将多个消息存入数组，然后使用移位寄存器在框架之间传递。循环执行时，逐个取出消息执行其对应分支中的代码，就可实现程序功能。如果需要调整程序执行顺序，只要调整存入缓冲区中的消息顺序即可。如图 8-13 所示，如果想将程序执行流程从“流程 1”改变为“流程 2”，只需将缓冲区中 Execute-S1 和 Execute-S2 消息位置进行调换，而不必修改任何其他代码。

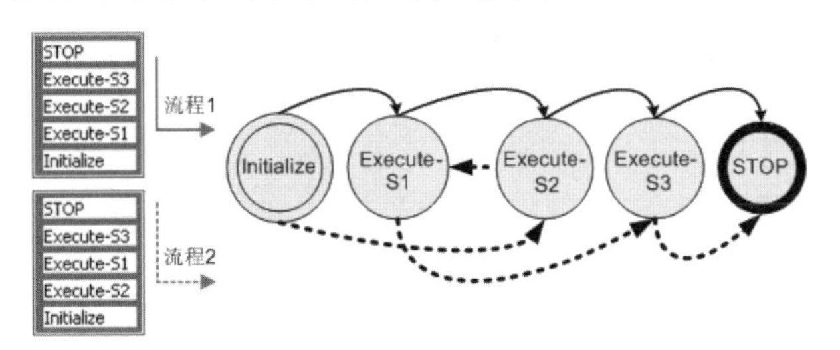

图 8-13 通过调整缓冲区中消息的顺序来调整程序执行顺序

（2）每个分支相对独立，无须在每个分支中指定下一个程序运行状态。由于可以将程序要执行的顺序一次性存入缓冲，随后按顺序进行处理，因此不必在每个状态分支中再指定下一个程序的状态。

带缓冲的消息状态机对经典状态机进行了优化，使其具有缓存多个消息的能力。从功能上来看，它更像一个处理消息的“栈”。此外，由于各个处理分支相对独立，因此使用它设计的程序模块化程度高，便于维护。结合 LabVIEW 的数组操作函数，使用数组传递数据还可以实现状态机的其他变体，例如，如果数组中的元素遵循“先进先出”原则，那么就可以构成“基于消息的队列状态机程序框架”。

图8-14是笔者开发的一个“基于消息的队列状态机程序框架”。相较于之前讲解的框架，它更接近实际虚拟仪器项目，也是笔者比较喜欢的单循环程序框架之一。它有以下几个比较重要的特点。

（1）使用“从数组中删除（Delete From Array）”函数取出程序状态元素（数组的第一个元素）来索引要执行的选择结构的分支；使用“插入数组”（Insert to Array）函数将下一个程序状态元素添加到状态队列（其实为数组）末尾，以“先进先出”的队列形式缓存用户对程序状态的请求。

（2）选择结构的分支按照虚拟仪器项目开发时的通用程序结构来组织。包含“空闲”（IDLE）、“用户命令”（CMD）、“程序内核”（CORE）、“错误处理”（Error Handle）、“用户界面”（GUI）和其他用户定义的程序分支。笔者在开发虚拟仪器项目时发现，80%以上的项目都可以通过这种程序结构来处理。

（3）队列的中的数据采用“类别：：命令”的格式，其中类别说明所请求程序状态的归类，命令说明该类别中的具体分支。类别使用大写，命令使用小写，以示区别。如CMD::Initialize表示用户请求执行“用户命令”部分的“初始化”分支。在开发中如果需要更改程序结构，只要对分支结构中各分支的名称和置入数组的数据进行更改即可，无须调整程序的布局和连线，因此使用这种结构极大地提高了程序设计的灵活性和可维护性。

（4）在“空闲”（IDLE）分支中植入事件处理结构，来处理用户界面事件。虽然状态机是较为高级的程序结构，但如果涉及监测用户界面上某一控件的变化，则还是摆脱不了“轮询”的本质，因此在IDLE分支中植入事件处理结构，可以有效提高程序的效率和响应速度。每当程序执行完用户指定的某个任务回到空闲状态时，事件结构就监测用户界面的变化，并再次触发某个用户的命令请求。例如当用户按下Exit按钮时，用户事件结构会将“CMD::Exit”程序状态置入队列。状态机从队列中取出该命令请求后，会要求执行“CORE::DeConstructor”和“CORE::Exit”命令，先清理现场再完全退出程序。

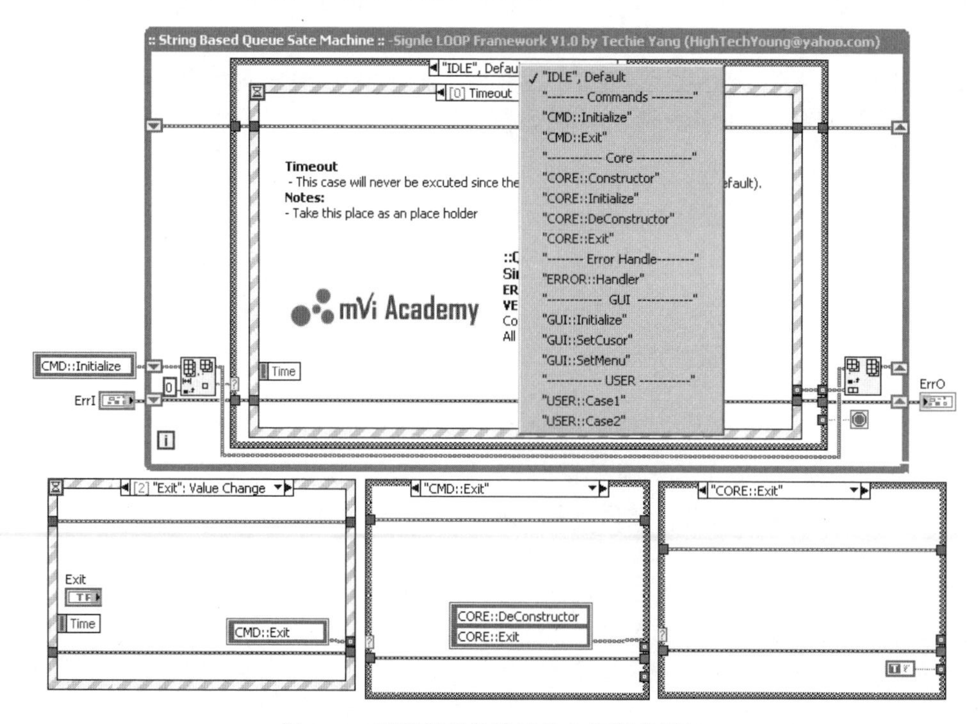

图8-14　基于消息的队列状态机程序框架

与“基于消息的队列状态机程序框架”开发思想不谋而合，美国 San Francisco 的 LabVIEW 项目咨询小组 JKI 在 LabVIEW 开源网站 www.openg.org 上公布的“JKI 基于字符串的队列状态机框架”有极为相似的结构，如图 8-15 所示。但是“JKI 基于字符串的队列状态机框架”采用了更复杂的命令格式，同时支持对命令字符串的处理和解析。此外，“JKI 基于字符串的队列状态机框架”还提出了另外一种应用程序的组织架构，读者可以在 www.openg.org 网站下载该框架模板。

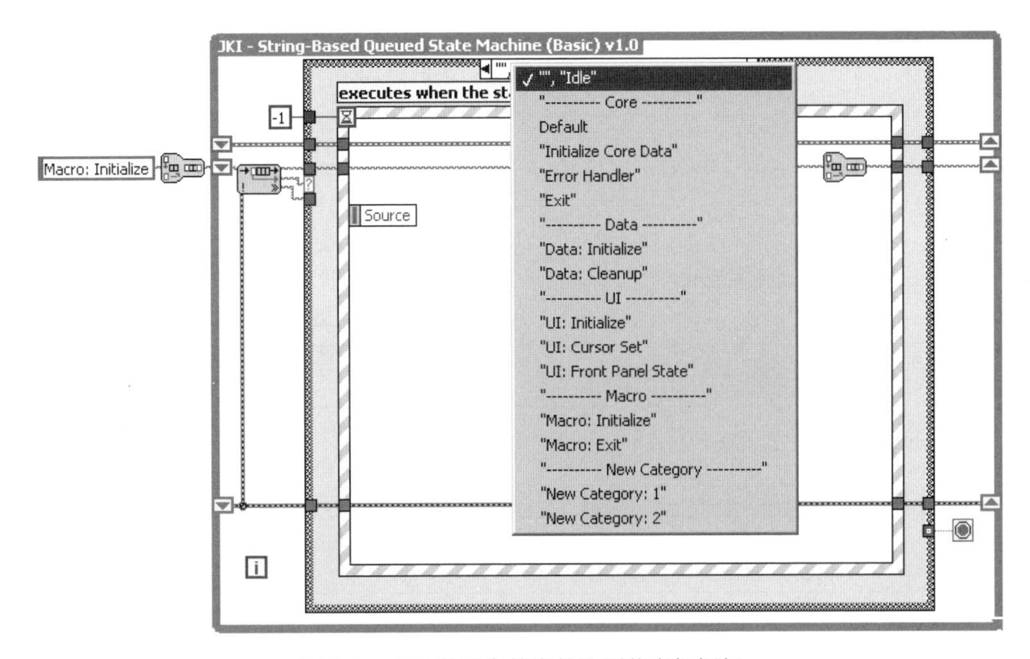

图 8-15　JKI 基于字符串的队列状态机框架

8.5 队列状态机

现实生活中排队现象无处不在，队列（Queue）就是对这种现象的数据抽象，代表“先进先出”的逻辑关系。LabVIEW 提供完整的队列创建和操作函数集，如图 8-16 所示。

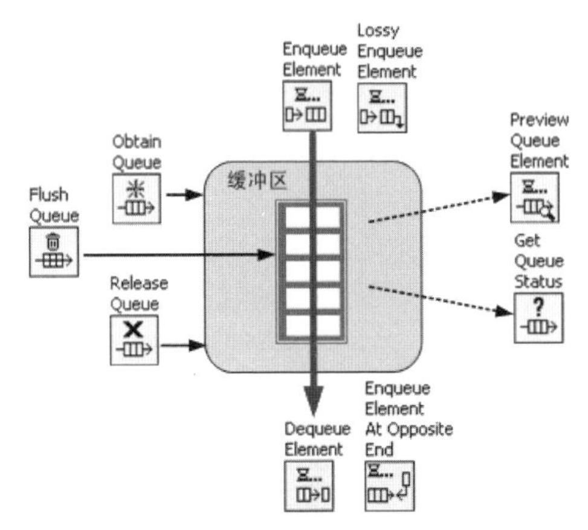

图 8-16　LabVIEW 中的队列创建和操作函数集

想象一下现实生活中的排队现象，几个人为获取某种资源，按先后顺序排成一列，就组成了队列，此后如果有更多人需要这种资源，会把自己添加到已经形成的队列后等待。队伍前面的人获得资源后就离开队列，当然，也有些不守规矩的人会插队，提前获取资源。排队人数代表了队列的长短，每个排队人员代表队列的元素。据此不难抽象出队列数据结构和操作方法。

一般来说，队列的使用遵循“获取队列、操作队列、释放队列”的过程。“获取队列”在缓冲区上创建队列，并返回队列的引用。一旦创建完成，就可以使用队列的引用实现对它的各种操作，如入队、出队、清空队列和队列状态查询等。操作完成后，即可销毁队列，释放所占用的空间。和“栈”不同，LabVIEW 提供的队列操作函数集合，可以使设计人员无须使用数组去构建队列，这使得使用 LabVIEW 开发使用队列的虚拟仪器项目更简单快捷，表 8-2 列出了这些函数的使用说明。

表 8-2　队列操作函数的分类和说明

分　类	函　数	使 用 说 明
创建 / 销毁	获取队列 （Obtain Queue）	在缓冲区上创建队列，并返回所创建队列的引用
	释放队列 （Release Queue）	释放队列占用的空间及其引用
入队	元素入队 （Enqueue Element）	（1）实现在队列后端添加元素功能。 （2）如果队列已满，则函数将在超时前等待队列出现空间。如果出现剩余空间，则函数便将元素插入队列，否则便返回 TRUE 到“超时？”端子。 （3）如果出现队列失效（例如，队列引用被释放）的情况，函数将停止等待并返回错误代码 1122
	有损耗元素入队 （Lossy Enqueue Element）	实现在队列中添加元素功能，但是与元素入队列函数不同，如队列已满，函数将强制删除队列前端的元素，使新元素入队
	在队列最前端插入元素 （Enqueue Element at Opposite End）	在队列前端添加元素。操作方法与元素入队列函数相同
出队	元素出队 （Dequeue Element）	（1）将元素从队列最前端删除并返回该元素。 （2）如队列为空，则函数在超时前等待队列中增加新元素。如果超时前有新元素出现，则函数将从队列中弹出元素，否则“超时？”端子显示为 TRUE。 （3）如果出现队列失效（例如，队列引用被释放），则函数停止等待，并返回错误代码 1122
	清空队列 （Flush Queue）	清除队列中的所有元素，并将队列中剩余的元素以数组的形式返回
队列状态	获取队列状态 （Get Queue Status）	返回队列的当前状态信息（例如，当前队列大小、队列中元素个数等） 队列 返回元素？(F) 错误输入（无错误） 队列最大值 队列名 队列输出 #待处理删除 #待处理插入 错误输出 #队列中元素 元素
	预览队列元素 （Preview Queue Element）	返回队列前端的元素，但是不删除该元素

队列状态机和消息状态机一样，都是高级的带缓冲的状态机程序框架，图 8-17 显示了队列状态机的工作原理。队列状态机使用队列缓冲多个程序状态的请求。由用户输入、硬件触发转换得来，或者由程序代码指定的任何程序的状态请求都可以使用“入队（Enqueue）操作”

函数添加到队尾。每有一个数据入队，已经在队列中的数据就自动前移，为新数据腾出空间。当程序需要读取状态请求时，可以使用“出队（Dequeue）操作”函数每次从队列的队首移出状态请求，最先入队的数据被最早取出。队列中的状态请求一般都会发送给状态请求处理代码进行处理，选择执行与之对应的程序状态分支以实现程序功能。

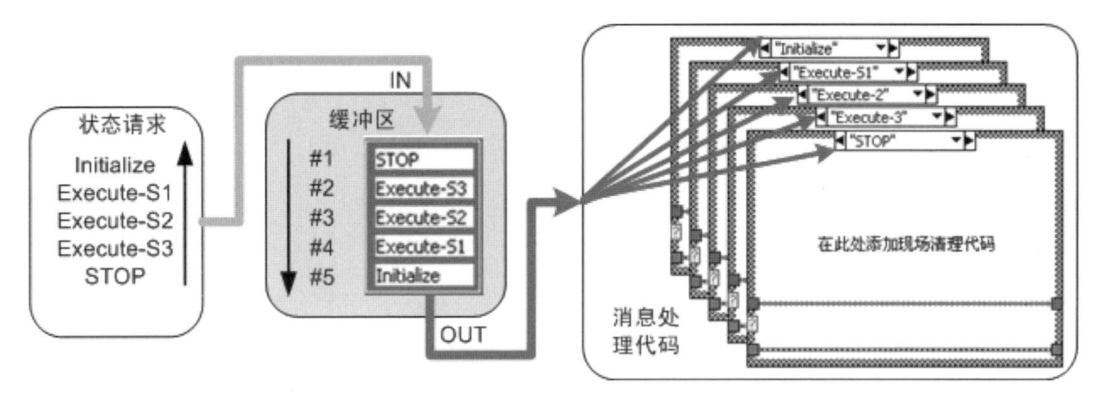

图 8-17　队列状态机工作原理

图 8-17 中，Initialize 请求最先入队，最早被处理；STOP 请求最后入队，最晚被处理。正是由于队列具有“先进先出”的特点，因此，程序能按照队列中的状态请求顺来执行。如果需要更改程序运行顺序，只要改变请求入队的顺序即可实现所要的功能。此外，还可以使用“在队列最前端插入元素”函数将一个状态请求插队到队列最前面，使程序对具有高优先级的状态请求立即响应。由于 LabVIEW 为队列操作提供专门的操作函数集，简化了队列的操作和维护，使队列状态机框架设计相对简单、易于维护，因此甚至比消息状态机的使用更广泛。

图 8-18 给出了 LabVIEW 中实现队列状态机框架的方法。在程序中，首先使用“获取队列函数”创建名字为 StateQueue 的队列。连接到该函数的自定义枚举控件 States 将队列元素的数据类型声明为枚举类型。队列创建成功后，入队函数将初始化状态请求 Initialize 和空闲状态请求 Idle 顺序添加到队列的尾部，于是它们对应的状态就成了状态机中最初执行的两个。在循环时，如果没有错误发生，则首先由放置在选择结构“No Error”分支中的“元素出队”函数取出排在队列最前面的状态请求，再用该状态请求从后续选择结构中选择执行对应的代码分支。例如，当状态请求 Idle 出队时，选择结构中的 Idle 分支中的代码就会被执行；相反，如果出现错误，则选择结构 Error 分支中的“通用错误处理”函数会报告错误，同时枚举常量 STOP 会从后续选择结构中选择执行 STOP 代码分支结束程序。

如上所述，程序开始运行后，循环中的“元素出队”函数会取出初始化 Initialize 和空闲 Idle 状态请求，并按先后顺序执行对应的程序分支。一般来说，在 Initialize 对应的程序分支中对程序进行初始化，随后程序进入空闲状态等待测试开始命令。在图 8-16 所示的程序空闲状态 Idle 对应的代码中，由“元素入队”函数连续添加了四个状态请求 State1、State2、State3 和 STOP 到队列中（当然也可以分开在各个状态请求对应的程序分支中逐个入队），要求程序按照请求入队的顺序执行。随后循环中的“元素出队”函数会逐个取出状态请求，执行各状态请求对应的程序分支。当 STOP 请求对应的程序分支执行完成后程序退出，测试完成。同样，如果需要调整测试顺序，只要重新安排状态请求的入队顺序即可实现。

队列不仅可以传送枚举类型的数据，还可以传送布尔、数值、字符串、数组、变体以及簇等多种多样的数据。这一特点极大地增强了队列状态机的能力，并且减少了程序框图的连线。例如用户可以将包含一个枚举量和一个变体的自定义簇连接到“获取队列”函数，要求队列输传自定义簇类型的数据。簇中的枚举量通常用来代表“状态请求”；变体则用来将一些数据从一个状态传递到另一个状态。与在程序框架中传递数据的移位寄存器相比，使用这种方式可以大量减少程序框图中的连线。此外，当需要在不同程序块或者不同VI中传递数据时，队列这种不需要太多连线的特点有较强的优势。

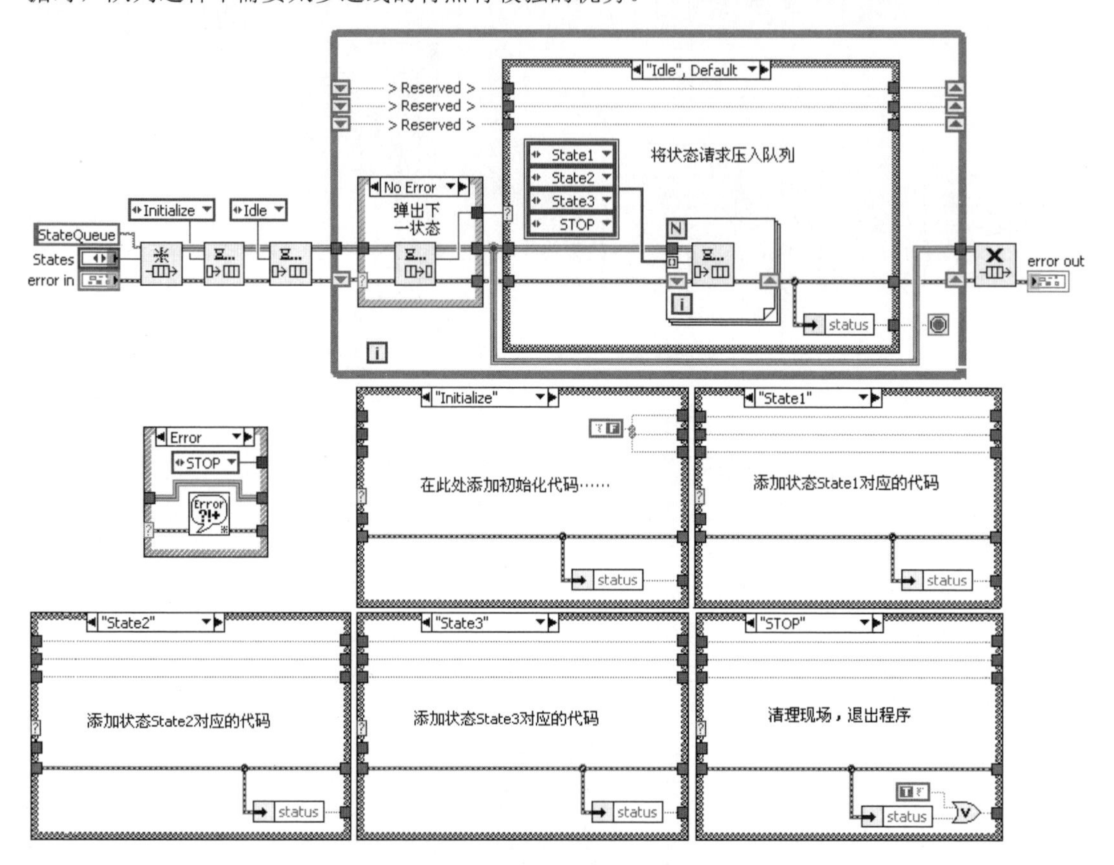

图 8-18　实现队列状态机框架

图8-19所示的框架使用了元素为簇的数组作为队列传递的数据类型，比图8-18所示的框架更为通用。和图8-14给出的基于消息的队列状态机程序框架十分相似，不同点在于它使用了队列缓冲数据，而基于消息的队列状态机程序框架直接使用数组创建缓冲。两种程序框架所创建的程序结构相同，并且都在IDLE分支中使用事件结构处理用户界面事件。从逻辑上看，它们是相同的程序框架，只是实现的方式不同而已。

程序开始运行后，首先创建名字为MainQ的队列，并指定队列传递的数据类型为“元素为簇的数组”，每个簇中又包含一个作为消息的字符串和一个变体结构。由于变体结构的数据可以与其他数据类型相互转换，因此可以用来携带消息数据。创建完成队列后，立即将一个请求初始化的消息CMD::Initialize放入队列，要求进行程序的初始化。在CMD::Initialize分支中，程序又将构建程序内部数据的消息CORE::Constructor、初始化内核数据的消息CORE::Initialize和请求再次进入空闲状态的消息IDLE连续置入队列。随后这三个分支将连续被执行，完成程序的初始化，并再次进入空闲状态，由事件结构检测用户的操作。如果有其他事件被触发，则可以使用类似的方式进行处理。

程序中Command部分的各分支中往往会将多个状态组合后按顺序放入队列，以实现用户需要的某种功能。这样可以清晰地划分程序的功能，提高程序的模块化程度。

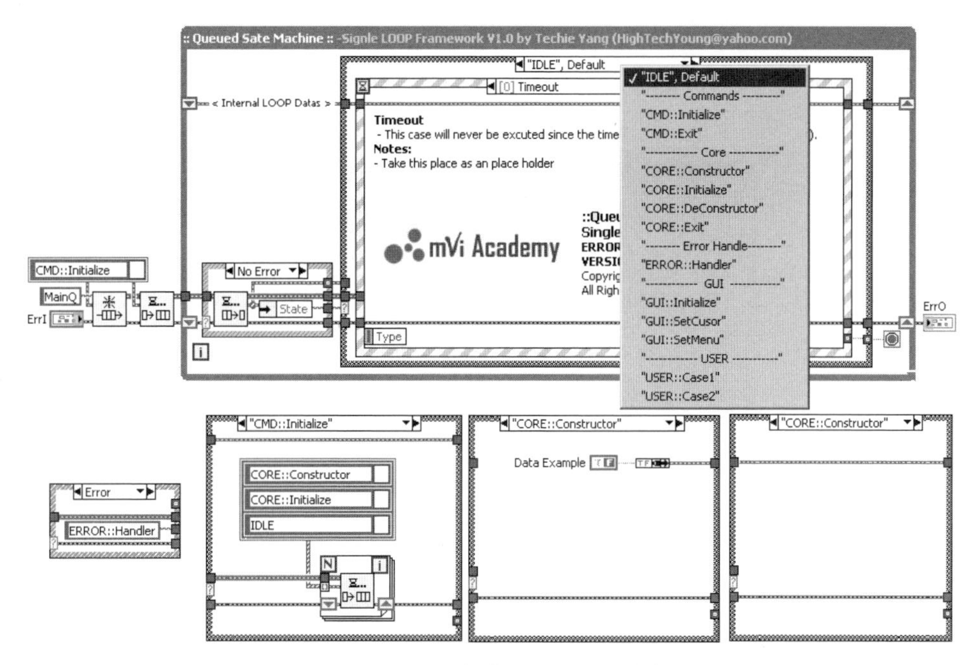

图 8-19 通用的单循环队列状态机

图 8-19 所示的队列状态机和图 8-14 所示的基于消息的队列状态机程序框架是笔者最喜欢的两个单循环程序模板，使用它们可以快速构建处理单任务的虚拟仪器系统。

8.6 事件状态机

如前所述，处理用户界面事件时，如果选用经典状态机、消息状态机和队列状态机框架并不能获得较高的执行效率和响应速度，这主要是因为在这种情况下存在以下两个弊端。

（1）程序本质上还是通过“轮询”的方式监测用户界面的变化。例如，假设要在空闲状态 Idle 对应的程序分支中放置一个“开始”按钮来控制测试流程的开始，则循环必须不断读取“开始”按钮的值，并判断其值是否发生变化，这极消耗系统的资源。

（2）所有的状态要在一个循环中顺序执行，影响程序的响应速度。例如，假设使用空闲状态对应程序分支中的“开始”按钮控制测试执行，一旦测试开始，只有当循环中所有与测试流程相关的状态分支都执行完成，又回到空闲状态时，才能再次检查“开始”按钮的值。此外，如果任何一个状态分支中的代码执行需要消耗较长时间，都会使应用程序在较长时间内无法响应用户界面的操作请求。

如何针对以上两个弊端对程序框架进行优化呢？对于第一个弊端，可使用事件结构处理用户界面事件，避免对用户界面控件的“轮询”，以提高程序的效率。

在第 7 章已经详细介绍了如何使用事件结构来处理用户界面事件。通常，在程序中事件结构都会与循环相结合，以达到连续处理各种事件的目的，图 8-20 给出了这种程序框架的示例。

图 8-20（a）为事件结构处理用户界面事件的程序框架前面板。其中包含三个按钮控件、一个错误输入控件和一个错误输出显示控件。三个按钮控件用于接收用户输入，分别向事件处理循环发送按钮事件。按钮 Button 1 和 Button 2 发送的事件一般用于触发实现某个功能的事件分支，STOP 按钮发送的事件用于触发程序结束的事件分支。

图 8-20（b）所示的程序执行时，循环中的事件结构一直等待 Button 1、Button 2 和 STOP 按钮产生的事件。每次一个事件发生时，事件结构就根据发生的事件自动选择执行对

应的程序分支，然后进入下次循环等待下一个事件的到来。当然，如果没有循环的配合，事件结构将在处理完一个事件后就退出。由于事件框架不必对前面板上的控件进行轮询，因此在处理用户界面事件时效率高、响应快。

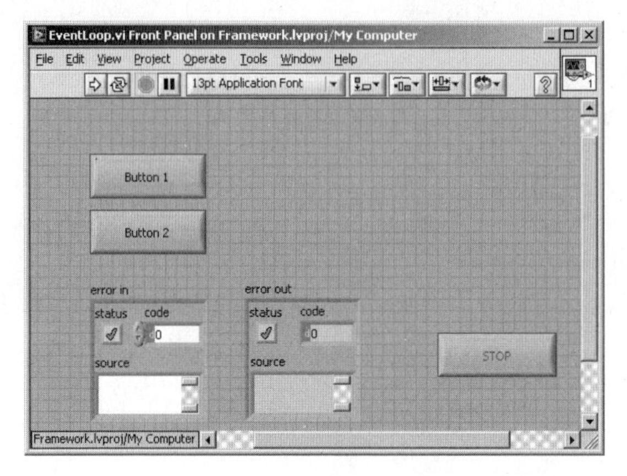

（a）前面板

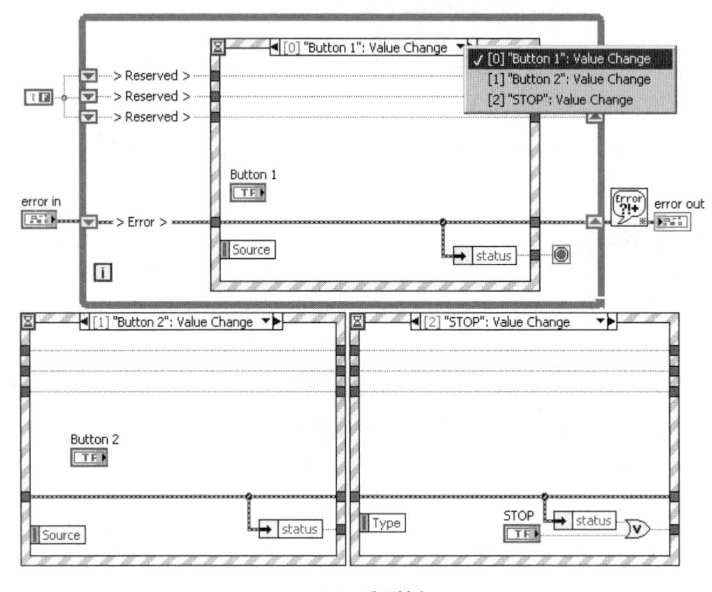

（b）后面板

图 8-20　事件结构处理用户界面事件的程序框架

图8-21是一个实际的例子。为了能避免“轮询”，在程序的后面板数据发送程序分支TX中，并没有直接用“数据发送”按钮 Tx Data 和选择结构结合来检测用户是否按下“开始”按钮，而是使用事件结构来处理用户请求。事件结构是捕获用户界面事件最有效的方式，这是因为事件结构一直处于挂起状态，直到用户进行某项操作时才被激活。这种事件驱动形式能有效节省系统资源，并提高系统的响应速度。图 8-21（b）所示的程序框图中，为了能有效处理用户界面事件，在状态机的 TX 状态分支中插入了一个事件结构。其中 Tx 事件处理分支用于处理由“数据发送”按钮产生的事件、STOP 事件处理分支用来处理“结束”按钮产生的事件。

从图 8-21（b）程序执行的流程来看，在队列创建完成后，程序立即将初始化请求 Initialize 和一个空的变体捆绑成簇放入队列，这使得循环开始后“元素出队”函数能立即从队列中取出该簇，并通过簇成员 State 的值选择执行程序初始化分支。在程序初始化代码分支中，又将另外一个类似的簇常量放入队列，请求进入数据发送程序分支 TX。同样，循环的“元素出队”函数取出该簇后，使用其成员 State 的值选择执行数据发送程序分支。进入数据发送程序分支后，其中的事件结构将检测由“数据发送”按钮和“结束”按钮产生的事件。如果用户单击了“数据发送”按钮 Tx Data，则触发“数据发送事件分支 Tx”的执行。在数据发送事件分支中，用户输入的整型数据被转换为变体，然后和请求程序进入接收状态的枚举量 RX 被捆绑成簇进入队列。随后程序进入数据接收程序分支，先将队列所携带的数据从变体类型还原回整型显示出来，然后再次请求进入数据发送选择分支。循环再次进入数据发送选择分支后，其中的事件结构再次检测由“数据发送”按钮和“结束”按钮产生的事件。如果用户此时单击了 STOP 按钮，则请求进入程序结束状态的请求将进入队列，这将驱动循环进入 STOP 选择分支，清理现场并命令程序退出。当然如果用户没有单击 STOP 按钮，而是再次单击了 Tx Data“数据发送”按钮，则程序将重复数据发送过程。

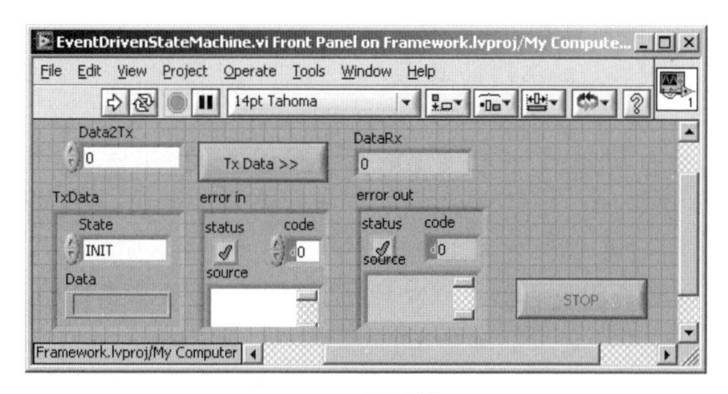

（a）前面板

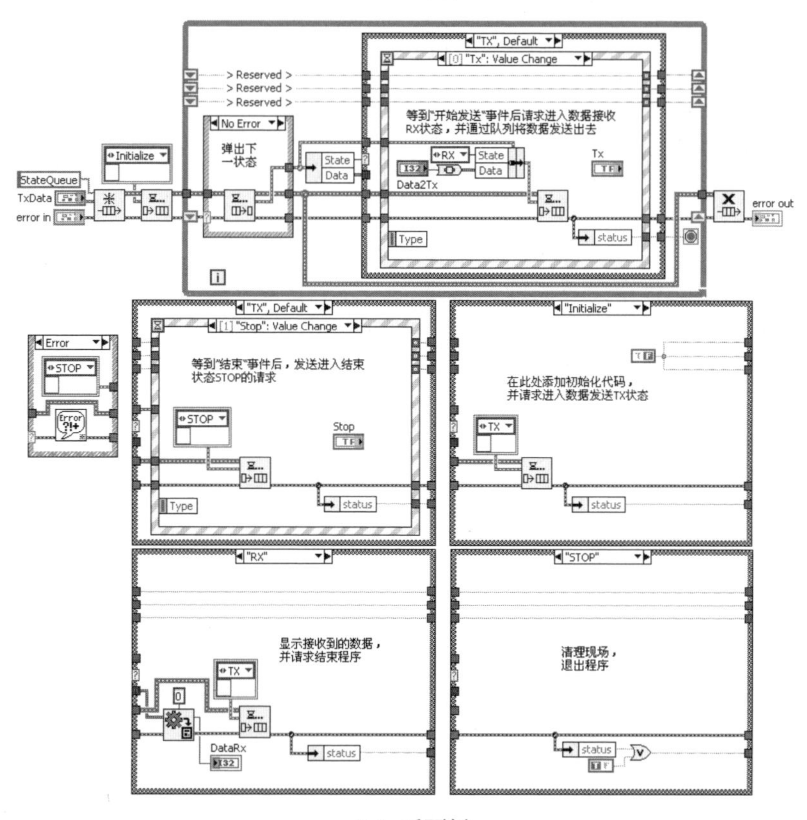

（b）后面板

图 8-21　使用事件驱动的队列状态机示例

这种在状态机的状态分支中插入事件结构的方法在前面两节已经使用过，这种方法可有效避免“轮询”对系统资源的消耗。

我们也可以完全使用事件结构来创建状态机。在前面已经讲解了自定义事件的一般使用方法，即创建事件→注册事件→触发事件→取消事件注册→销毁事件。因此，用户可以将代表状态机各状态分支的选择结构放入事件结构来达到目的。

图 8-22 显示了一种新型的“事件状态机”程序框架。它使用用户事件携带的数据来选择程序状态机的状态。用户事件传递时可以携带事件数据，所携带数据的类型由连接到“创建用户事件”函数的数据类型而定。用户可以在程序中创建用户事件，并在触发事件时，让用户事件携带代表状态机状态的枚举量。只要在用户事件处理代码中取出该枚举量就可以选择下一个要执行的状态分支。循环往复，就可以构成由用户事件驱动的状态机。

在图 8-22（a）所示的前面板中，包含一个用于输入要传送数据的数值控件 TxData，一个用于显示接收到数据的数值显示控件 RxData，一个用于触发数据发送的按钮 Tx 和两个用于传递程序中错误的簇和一个结束程序按钮 STOP。

图 8-22（b）是程序框架代码。一开始，程序先使用“创建用户事件”函数创建用户事件。簇 EventData 中包含一个枚举类型量 State 和一个变体类型的量 Data。将它连接到“创建用户事件”函数可以定义用户事件的名称和事件所携带数据的类型。所创建的事件名由连接到“创建用户事件”函数的事件数据标签而定，事件数据的类型也就是事件所携带数据的类型。事件创建完成后必须在系统中注册才能被使用。

程序循环中的事件结构一共包含了两类分支：用户界面事件处理分支和用户事件处理分支。其中处理 TEST 按钮和 STOP 按钮值变化事件的分支为用户界面事件分支，而包含状态机状态 INIT、TX 和 RX 分支结构的事件分支为用户事件处理分支。程序在用户事件注册完成后立即触发该事件，同时将包含枚举常量 INIT 和空变体常量的常量簇作为事件携带数据传送出去。这可以保证在没有错误的情况下，程序进入循环后立即执行用户事件分支。进入用户事件分支后，程序取出事件所携带的数据 State 和 Data，并用 State 作为索引，选择要执行的状态分支。由于在循环外指定了 State 的值为 INIT，因此先选择执行 INIT 状态分支。在该分支中，程序实现测试的初始化，同时再次触发用户事件。与之前不同，这次用户事件所携带的数据为不同的簇常量，由枚举量 TX 和空变体量构成。随后进入下一次循环，此时事件结构还是进入用户事件处理分支（由于 INIT 代码再次触发了用户事件），由于此时用户事件携带的数据中 State 的值已经变为 TX，因此程序执行数据发送 TX 分支。在其中将枚举量 RX 和要发送的数据 TxData 进行类型转换，并打包后随事件再次发出。同样，由于用户事件被再次触发，循环还是进入用户事件处理分支，由于用户事件这次携带的数据中 State 的值已经变为 RX，程序将取出携带的变体量 Data，将其转换为整型后显示。完成后程序继续循环等待下一个事件到来，如果此时用户单击 Tx 按钮，将触发该按钮的值改变用户界面事件，在其对应的程序分支中，使用代码触发了用户事件，并将枚举和空变体组合成的簇常量作为事件数据传送出去，请求进入用户事件分支中状态机的 INIT 状态分支，此后将重复上述数据发送过程。如果用户单击 STOP 按钮，则程序将结束。

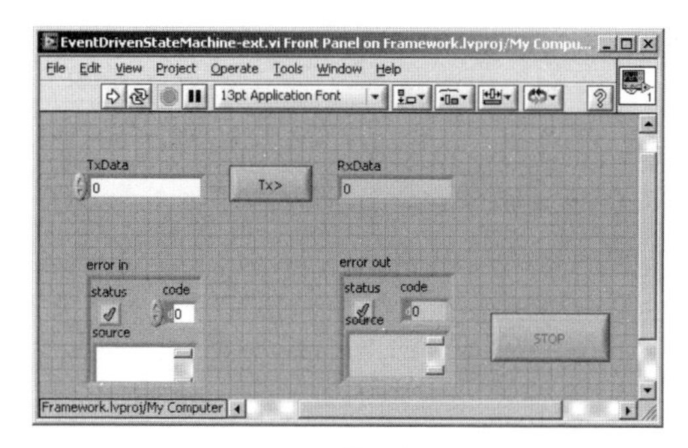

（a）前面板

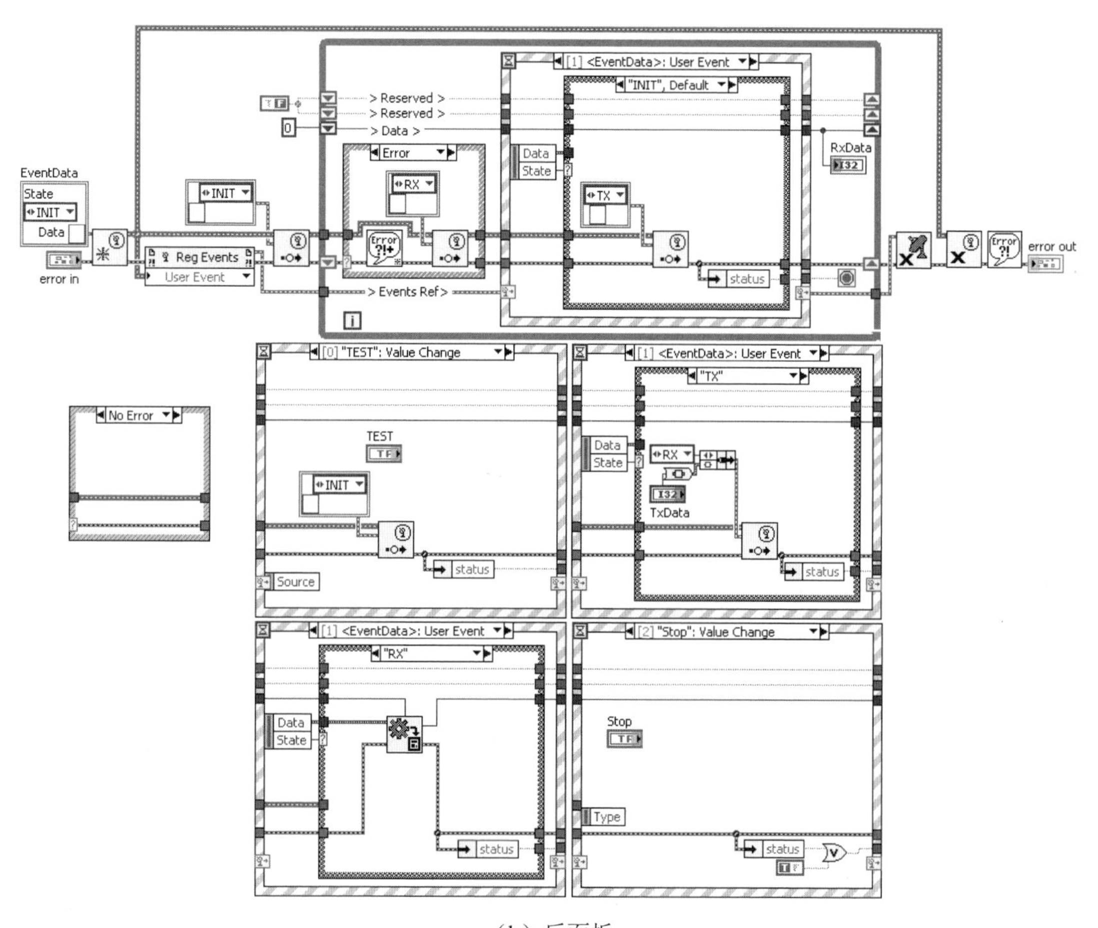

（b）后面板

图 8-22 事件状态机

图 8-22 的例子中使用了“一个用户事件”+“事件数据”的方法来驱动状态机的运行，还可以使用更灵活的“多个事件驱动”方法来实现事件状态机程序框架。程序中可以为每个状态机的状态关联一个用户事件，需要执行某个状态的代码时，只要触发该用户事件即可，这样可以不必关心用户事件所携带的数据，或者让用户事件携带其他更有用的数据。图 8-23 给出了这种程序框架的例子。

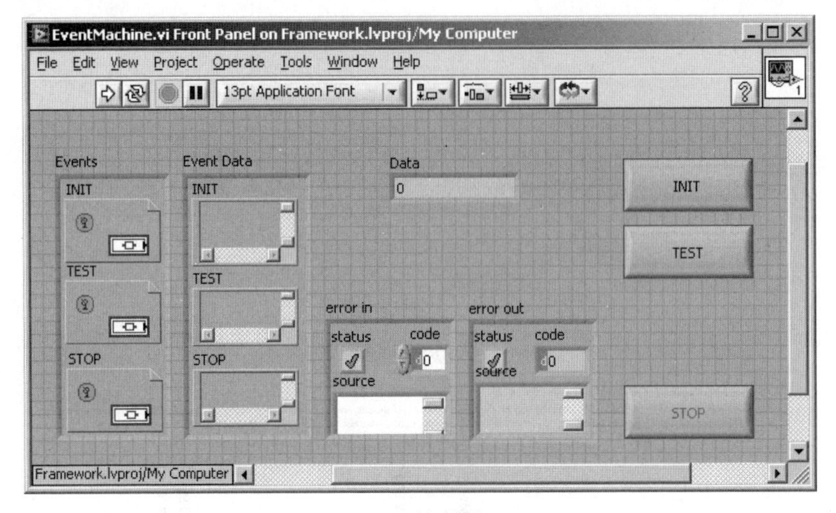

（a）前面板

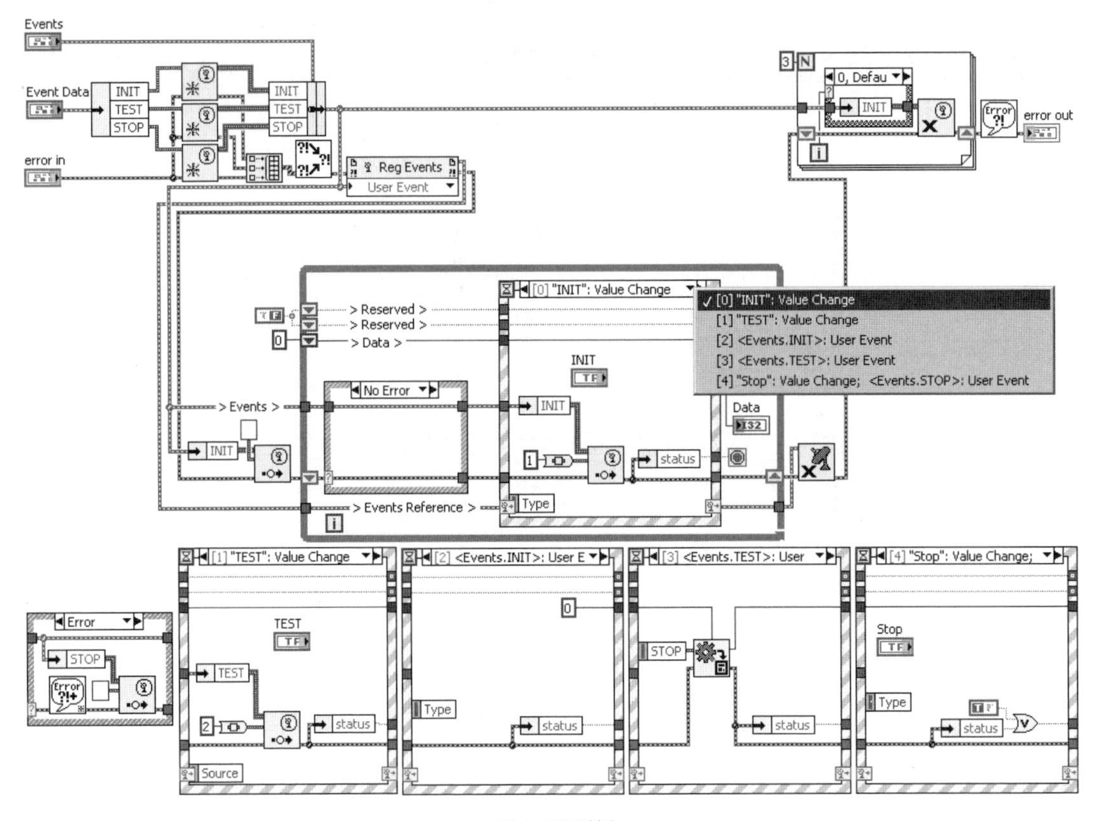

（b）后面板

图 8-23　事件状态机程序框架

在图 8-23（a）所示的前面板中，包含以下几个控件。

（1）簇控件 Events。包含三个元素 INIT、TEST 和 STOP，其中每个元素用于保存由“创建用户事件”函数创建的事件引用。

（2）簇控件 Event Data。包含三个变体类型的元素 INIT、TEST 和 STOP，元素创建自定义事件时，指定事件的名字和其所携带数据的类型。元素标签确定事件的名字，元素数据类型是所创建事件携带数据的类型。

（3）按钮。INIT 按钮用于触发测试的初始化，TEST 按钮用于触发测试，STOP 按钮用于结束程序。

（4）数据显示控件 Data。用于显示用户自定义事件携带的数据。

（5）错误输入和错误输出。用于传递程序中的错误。

图 8-23（b）显示了所实现的事件状态机程序框架后面板。一开始，程序在左上部连续定义了三个用户事件。簇控件 Event Data 包含三个变体类型的元素 INIT、TEST 和 STOP，将它们解包后传递给“创建用户事件”函数，分别创建三个以元素标签命名的自定义事件 INIT、TEST 和 STOP，这三个事件均可携带变体类型的数据。三个创建好的事件引用分别更新保存在 Event 簇中的 INIT、TEST 和 STOP 元素值，然后被传递到“事件注册”函数。“事件注册”函数根据簇中的事件引用注册三个事件。一旦完成事件在系统中的注册，就可以在循环中触发它们实现事件机的功能。循环中的事件结构定义了两类事件，一类对用户界面中的按钮单击动作进行响应；另一类为与程序状态对应的用户事件处理分支。进入循环之前，程序先触发用户事件 INIT。在没有错误发生时，进入循环后，事件结构将最先进入自定义事件 INIT 处理分支。一般在这个程序分支中添加进行测试前准备工作的程序代码，在这个例子中，将数值显示控件的值 Data 初始化为 0。完成初始化后，程序等待下一个事件，如果此时用户单击 TEST 按钮要求进行测试，则用户界面事件“TEST 按钮值改变事件”将会被触发。在其对应的程序分支中，程序代码触发用户事件 TEST，将整型数据 2 转化为变体类型并让该事件携带。当循环进入用户事件 TEST 的处理分支后，取出事件携带的变体类型数据，转换为整型，通过移位寄存器使用数值显示控件 Data 显示。程序中用户界面事件“STOP 按钮值改变事件”和用户事件 STOP 共享一个事件处理分支，当用户点击 STOP 按钮，或者因错误发生触发用户事件 STOP 时退出循环。循环结束后，立即取消三个事件的注册，并销毁事件结束程序。

需要注意的是，可以将用户事件的创建和注册封装在一个子 VI 中，将事件的销毁封装在一个子 VI 中，这样可以增加程序的可读性和可维护性。作为练习，读者可以自行完成这一工作。

与图 8-22 所示的事件状态机和使用队列驱动的状态机相比，图 8-23 所示的事件状态机最大化了事件结构的功能，且灵活性更强，但是它需要花更多的时间来维护，例如增加或删除一个状态分支时，需要修改较多连线。

事件状态机的优势在于其处理用户界面事件的能力极强，而且在单任务系统中，可以相对有效地减少“轮询”。但是在实际项目开发中，由于使用它开发的程序维护工作量很大，而且如果某个事件分支中有耗时较长的任务，还是不能从本质上提高整个应用程序的响应速度。因此在实际开发过程中，很少单独使用事件状态机作为程序框架，而是常常将它和其他程序框架合并一起使用。

8.7　本章小结

本章介绍了如何创建和使用各种开发单任务系统的应用程序模板。具体来说，如果使用局部或全局变量在循环中传递数据，可创建轮询式程序框架。但是轮询结构是一种比较低级、消耗系统资源的程序框架，目前已经较少使用。如果使用移位寄存器和枚举量配合，可对轮询式程序框架进行优化，创建经典状态机。经典状态机可以根据所定义的状态动态配置程序执行流程，因此可以解决很多工业测试流程相关的问题。借鉴经典状态机的优点，并使用消息数组传递数据，可创建消息堆栈（先进后出）或消息队列（先进先出）状态机。消息状态机使用消息数组代替枚举量对经典状态机进行扩展，使得状态机可以缓冲多个状态请求，并且消息数组中的元素可以在程序中动态配置。在 LabVIEW 中有专门维护队列的函数，使用函数能更快速地创建队列状态机。事件状态机往往与其他程序框架合并使用。

将事件结构植入状态机，并在空闲时处理用户界面事件可以减少轮询，提高程序的运行效率。但是如果某个程序分支耗时较长，则整个程序的响应能力会大大下降，解决这个问题的根本方法是开发多任务并行系统，第 9 章将详细讲解多循环程序框架。

第 9 章　多循环程序框架

第 8 章详细讲解了各种单循环程序框架（汇总见表 9-1），开发大多数单任务系统均可使用那些讨论到的模板。但是即使植入了事件结构，单循环程序框架还会在某个程序分支耗时较大时降低程序的响应速度。更重要的是在实际虚拟仪器项目开发过程中，往往需要同时处理多个任务，仅使用单循环程序框架并不能完美地达到目的。例如要设计程序来高效、准确、迅速地控制机械臂自由移动，如果使用单循环框架，则可能出现发送停止运动的命令时，它仍在执行上个循环中的旋转动作，从而导致机械臂或其周围物体的损坏；相反，如果机械臂的每一个可控部分都由一个与之对应的循环来控制，则可以提高用户界面对机械臂的控制速度，减少安全事故。此外，在虚拟仪器项目开发中，一边进行数据采集，一边进行其他仪器控制或数据分析等工作的应用尤为常见。因此，近年来，系统和程序可同时执行多任务、多线程和多处理的能力备受关注，在某些场合下甚至必不可少。

表 9-1　程序框架汇总

程序框架	程 序 结 构	数据通信方式	备　注
单循环	轮询	局部变量或全局变量	效率低
	功能全局量	移位寄存器（Shift Register）	可防止数据访问冲突
	经典状态机	移位寄存器	无缓冲
		枚举（Enum）	
	消息状态机	消息数组	带缓冲
	队列状态机	队列数据	
	事件状态机	事件及其携带的数据	带缓冲； 用于响应 GUI 操作
多循环	变量控制并行结构	局部变量或全局变量	资源访问冲突
	同步多循环结构	通知器（Notifier）	无缓冲，同步
		事件发生函数（Occurrence）	
		软件触发定时源 （Software-Triggered Timing Source）	
		同步定时结构起始时间 （Synchronize Timed Structure Starts）	
		集合点（Rendezvous）	
	异步多循环结构	队列数据	带缓冲，异步
		事件及其携带的数据	用于响应 GUI 操作

多任务、多线程和多处理在 LabVIEW 程序中具体表现为多个循环。对多循环程序框架的研究有助于用户快速开发具有多任务、多线程和多处理能力的应用。多循环程序框架一般使用两个或两个以上的循环分别处理不同的任务，按照多个循环之间逻辑关系不同，多循环程序框架可分为并行结构、主 / 从结构和生产 / 消费结构。无论何种并行结构，要使多个循环之间协调工作，都需要依靠它们之间的通信数据来保证。因此，研究并行结构可从分析多个循环之间使用何种数据通信方式协调运作入手。

控制多循环协调运行的数据通信方式多种多样，但总的来说可归纳为变量控制、同步和异步执行的循环等几大类。使用不同的控制方式创建的程序框架各不相同，各有优缺点。本章就来详细讲解多循环程序框架的构成和使用时的技术特点。首先讲解与多任务系统相关的一些基本概念。

9.1 多任务、多线程、多处理与多循环

多任务（Multitasking）是指操作系统在任务之间快速切换，实现多个任务同时运行的能力。每个应用程序在很短的时间内完成运行，然后运行下一个应用程序。例如，在 Windows 中，任务通常就是一个应用程序，如 Microsoft Word、Microsoft Excel、LabVIEW 等。多任务技术又有协同式多任务（Cooperative Multitasking）技术和抢占式多任务（Preemptive Multitasking）技术之分。使用前者的系统中，正在运行的应用程序定期将处理器的控制权转交给操作系统，而采用后者的系统中，不管应用程序运行处于什么状态，操作系统都可以在任何时候获得处理器的控制权，以更好地保证对用户的响应和更快的数据吞吐率。Windows 2000/XP 采用的就是抢占式多任务技术。

多线程（Multithreads）是将多任务的概念扩展到应用程序中，在单一的应用程序中将特定的操作划分成独立的线程，每个线程理论上能够并行运行。这样操作系统不仅可以给不同的任务（应用程序）分配处理时间，也可以给同一个任务中的每个线程分配处理时间。在进行 LabVIEW 虚拟仪器多线程项目开发时，每个线程表现为程序中的一个循环。通常可以将应用程序分为三个线程：用户界面线程、数据采集线程和仪器控制线程，并对每个线程都指定优先级独立执行，以实现并行的多任务处理能力。

多处理（Multiprocessing）又称为多核编程，是指一台计算机有两个或两个以上的处理器，每个处理器运行一个单独的线程。单线程应用程序一次只能在一个处理器上运行，而多线程应用程序能够同时在多个处理器上运行多个单独的线程。在进行 LabVIEW 虚拟仪器多线程项目开发时，可以分别使不同的线程在不同处理器上运行，而单线程应用程序则会对系统性能造成严重影响。

使用多任务、多线程和多处理的最大优势之一在于控制多处理器计算机的能力。单线程应用程序只能在单个处理器上运行（图 9-1（a）），因此难以发挥多处理器的优势来提高性能。目前多数高端计算机都有两个或两个以上的处理器，以提高运算能力。在多线程应用程序中，可以由系统自动或手动指定不同的线程在不同的处理器上执行，真正在一台多处理器计算机上并行执行任务，从而提高整个系统的性能（图 9-1（b））。

使用多任务、多线程和多处理可以更高效地使用 CPU。在许多 LabVIEW 应用中常需要同时进行多个操作，而完成每个操作又需要花费较长时间。如果使用单线程（单循环）框架，在完成某个操作之前，程序将阻碍或阻止其他操作的运行。多线程技术通过为每个操作分配一个单独的线程来消除这种阻碍，执行任务的多个线程均同时独立地运行，避免了等待。此外，任何线程空闲时，原先由其占用的处理器资源就会被释放出来参加到其余线程的处理中，大幅提高 CPU 的利用率。

使用多任务、多线程和多处理还能确保程序的可靠性，确保其他操作不影响重要操作。例如，在 LabVIEW 多线程应用中，用户界面操作一般被分配到一个固定的用户界面线程（UI Thread），而数据采集、分析以及文件操作等会在其他线程上运行。假定其他线程相对于用户界面线程更重要，则可以将用户界面线程的优先级设置为最低，以确保用户界面操作不会对 CPU 执行其他重要操作带来影响。另外，在进行高速数据采集及显示时，数据采集和显示会相互独立运行，数据采集线程连续运行，并把数据不间断地传到缓冲区，用户界面线程一

旦发现缓冲区中有数据就尽可能快地显示数据。由于数据采集线程优先于用户界面线程，所以当屏幕更新时，不会影响数据采集线程的运行，所以不会造成数据丢失，从而提高了数据的安全性和系统的可靠性。

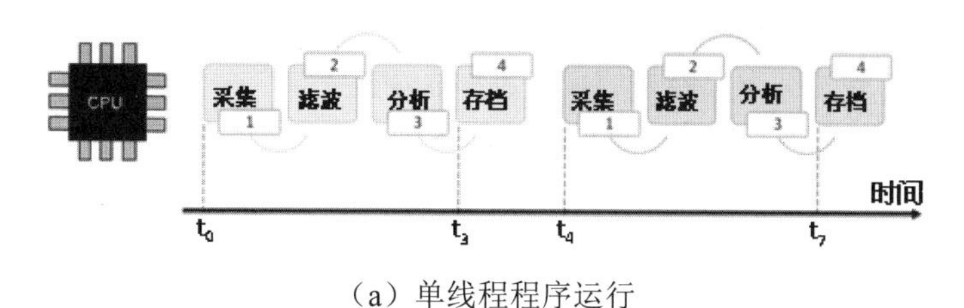

（a）单线程程序运行

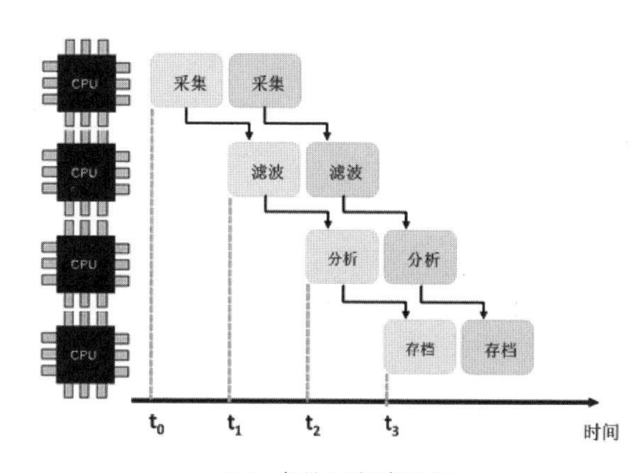

（b）多处理程序运行

图 9-1 程序运行示意图

如前所述，多任务、多线程和多处理在 LabVIEW 程序中表现为多循环。因此，对多循环程序框架的研究有助于快速开发具有多任务、多线程和多处理能力的应用。多循环程序框架一般使用两个或两个以上的循环分别处理不同的任务，循环之间的通信数据可以确保各循环之间协调有序地工作。例如，在进行数据采集和分析时，如果将两个任务和用户界面事件处理放在一个处理循环或状态机中，不仅逻辑上比较混乱，而且任何阻止循环的事件都会影响程序的响应和执行效率；相反，如果将各种任务独立开来，分别为数据采集、数据分析和用户界面事件处理分配独立的循环，并使用数据通信协调三个循环之间的工作，就可以实现响应快速、执行效率高的程序。

在实际设计过程中，根据不同循环之间的逻辑关系，多循环框架的构成可以大致分为以下三种结构。

（1）并行（Parallelism）结构。

并行结构可同时处理多个独立的任务，每个任务由一个独立循环实现，适用于一些简单的菜单型 VI（用户可从多个按钮中选择某一个按钮以执行不同的操作）。并行结构中，对某一操作的响应并不阻碍 VI 对另一个操作的响应。例如，当用户单击一个显示对话框的按钮时，并行循环仍可以继续响应 I/O 任务。这里所说的并行结构并不是完全互不相干，可以通过循环之间的数据通信协调各任务的运行，如图 9-2 所示。

（2）主 / 从（Master/Slave）结构。

主 / 从结构中每个循环以不同的速率执行任务，但一个循环作为主循环，其他循环作为从循环。主循环控制所有的从循环，并且使用数据通信技术在循环之间进行通信，如图 9-3 所示。通常，如果要求 VI 在对用户界面的控件作出响应的同时还可以采集数据，则使用主/从结构比较合适。例如，假设需要创建一个VI，要求其每5s就测量并记录一次缓慢变化的电压值，并且每100ms显示一次采集到的数据，此外还要求用户也可以在界面上改变每次采集的参数，该应用程序就非常适合采用主/从结构。主循环中包含用户界面，采集电压发生在一个从循环中，画图发生在另一个从循环中。主循环负责接收用户界面的控件输入，并驱动从循环。这样不仅保证了独立的采集过程之间互不影响，而且由用户界面引起的任何延时（如显示对话框）都不会导致采集过程的循环操作产生延时。

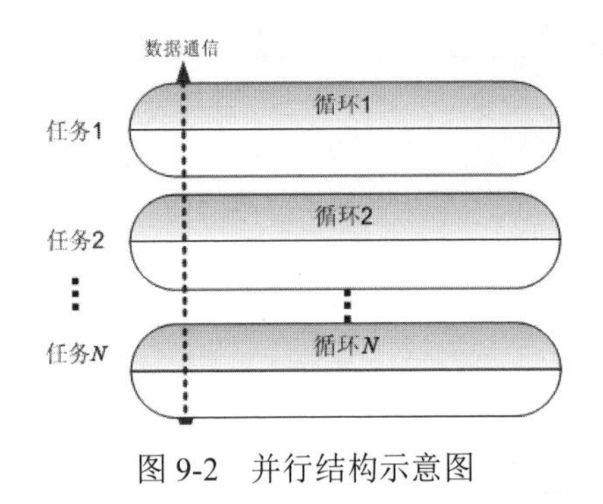

图9-2　并行结构示意图

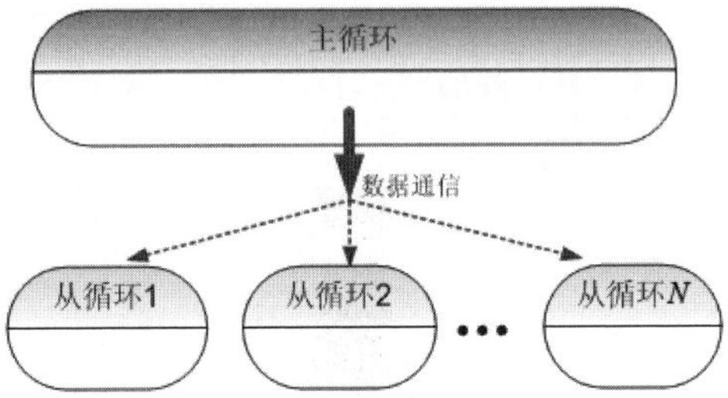

图9-3　主/从结构示意图

一般来说，主/从结构中从循环对主循环的响应时间不能太长。如果从循环正在处理一个来自主循环的请求，而主循环传递了多个消息给从循环，那么从循环只接收最后一个消息（带缓冲的结构另当别论）。这种情况下，使用主/从结构会造成数据丢失。只有在确信每个从循环的执行时间都小于主循环执行时间的情况下，才可以使用主/从结构。此外，在使用主/从结构时，还要避免共享数据冲突的问题，确保同一时间只有一个循环对数据进行访问。

（3）生产者/消费者（Producer/Consumer）结构。

生产者/消费者结构可以看作是主/从结构的升级版本，它提高了不同速率的多个循环之间的数据共享能力。一方面，与主/从结构相似，它将“生产”数据和“消费”数据的任务分开处理，为每个任务分配单独循环；另一方面，它使用缓冲的方式（如队列、栈、消息数组或事件等）在循环之间传递数据（图9-4）。

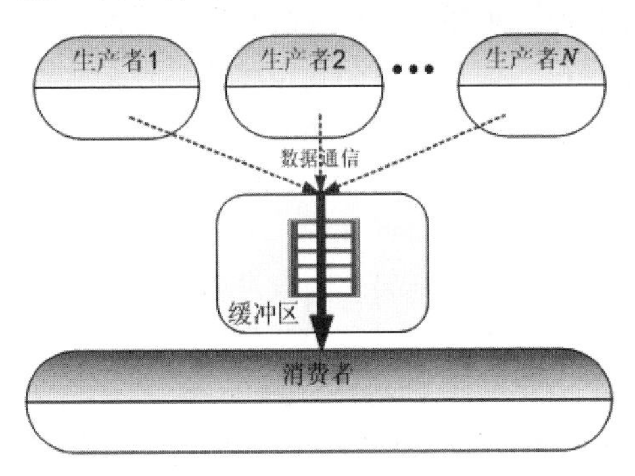

图9-4　生产者/消费者结构示意图

通常，如果要按顺序处理多个数据，则应使用生产/消费结构。生产者/消费者结构在消费循环以固定速度处理数据的同时，允许生产循环继续按顺序生产数据。例如，在对网络数据进行分析时，一般需要两个同时运行但速度不同的循环。其中一个循环不断抓取数据包，另一个循环分析第一个循环抓取的数据包。使用生产者/消费者结构设计程序时，因为第一个循环供给第二个循环数据，因此第一个循环可以看作是数据生产者，而第二个循环分析数据，因此是数据消费者。可以使用队列在两个循环之间缓冲抓取的网络数据包。确保数据分析按顺序进行，且不丢失任何抓取的数据包。

如前所述，研究并行结构可以从分析程序使用何种数据通信方式来控制多个循环协调运作入手。控制多循环协调运行的方式可归纳为以下常用的几类。

（1）变量控制：由布尔、枚举等多种数据类型的局部变量或全局变量来控制多个循环的协调运行。

（2）同步多循环：由事件发生函数（Occurrence）、集合点（Rendezvous）、通知器（Notifier）或软件定时源等控制多个循环同步执行。

（3）异步多循环：使用带缓冲的消息数组、队列、栈或用户自定义事件等控制多个循环的异步执行。

使用变量通信方式控制多个循环的运行，可以很容易地构建多循环程序框架，但是却存在轮询和数据访问冲突的问题。同步多循环一般用于需要多个循环同时执行的情况，并可以有效避免轮询对系统资源的消耗。但是同步多循环一般每次只能对一个触发请求作出响应，而且触发不能被缓冲。带缓冲的消息数组、队列或栈可以在并行循环之间传送异步消息，并且还可以连续缓存多个消息。这种方式可以确保用户请求不会丢失。用户自定义事件也可以按照先进先出的顺序同步多个循环，并可以与消息方式一样携带数据到其他循环中。但是多数情况下事件用于处理用户界面事件，并且事件结构通常具有“一对多”的特点。例如可以使用一个独立的循环和事件结构配合来处理用户界面事件，随后再通知不同的数据处理循环进行数据处理。队列则正好相反，用于处理“多对一”的任务关系，即程序中不同位置的用户请求可以通过队列汇总在一处。下面就根据不同的控制方式讲解多循环结构。

9.2　变量控制多循环

LabVIEW 以数据流驱动的形式决定程序框图元素的执行顺序，因此与生俱来具有创建多循环程序的能力。虽然在这一点上比传统的文本编程工具简单很多，但是要使多个独立运行的循环协作完成任务，还需要循环之间的数据通信来同步。变量可以作为多循环之间最简单、直接的数据通信方式。

LabVIEW 中的变量是程序框图中的元素，通过它可以在另一位置访问或存储数据。变量的类型不同，数据的实际存储位置也不一样。变量通常可分为以下几类。

（1）局部变量：将数据存储在前面板的输入控件和显示控件中。

（2）功能全局变量：将数据存储在 While 循环的移位寄存器中。

（3）全局变量：将数据存储在项目中其他 VI 可访问的区域。

（4）单进程共享变量（Shared Variables）：将数据存储在多个 VI 可以访问的位置。

不管变量将数据存储在何处，所有的变量都可以在不使用连线连接的条件下把数据从一个地方传递到另一个地方，从而不必使用正常的数据流。

图 9-5 显示了使用局部变量在多个循环之间进行通信来控制三个循环同时结束的例子。在图 9-5（b）所示的程序中，第一个循环中的 stop 控件用于控制循环的结束，其他两个循环使用局部变量获取 stop 控件的值，以达到第一个循环退出时也能同时退出的目的。

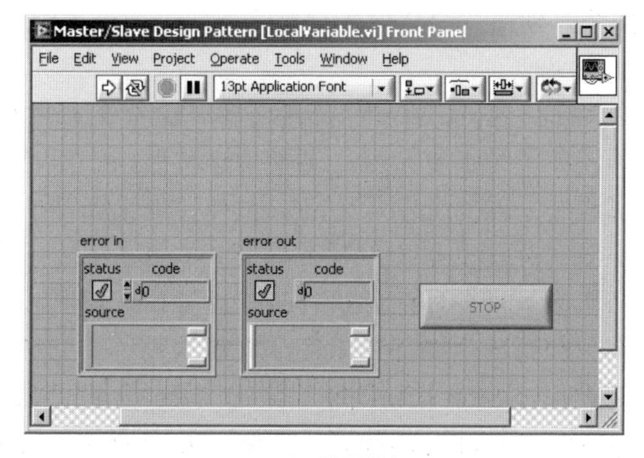

（a）前面板

图 9-5　使用局部变量控制多循环的框架

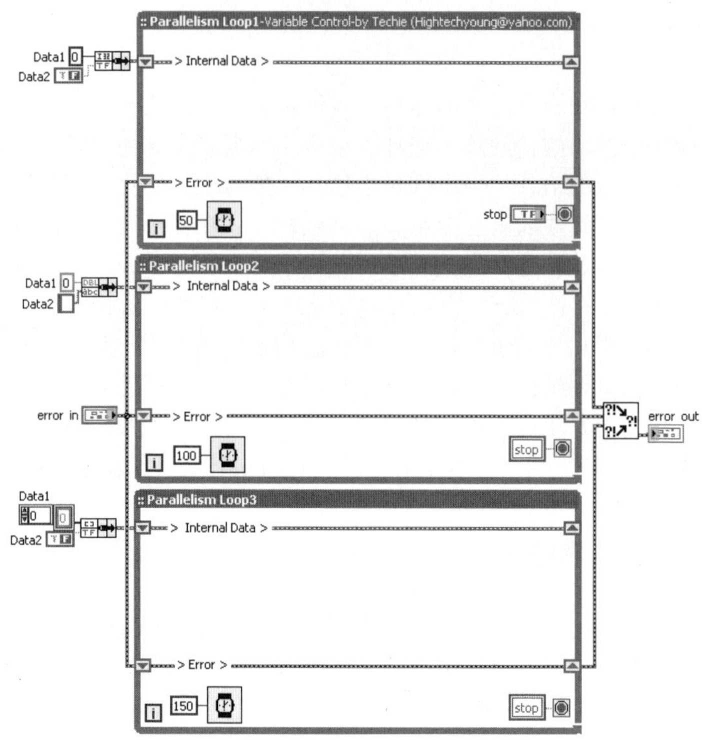

（b）后面板

图 9-5（续）

程序框架还有以下几个需要注意的要点。

1. 每个循环中均使用簇和移位寄存器传递该循环内部的数据

簇的元素可以是任意指定的数据类型。为了说明这一点，例子中分别使用布尔量、整型、浮点型、字符串以及数组来组合在每个循环内部传递数据的簇。读者可能会觉得传递数据的簇显得多余，但是在使用这种框架开发大型项目时，这一特点的优越性就会体现出来。

2. 三个循环的优先级由各个循环中的等待时间决定

LabVIEW 中多个循环并行执行时，相对来说循环的等待时间越少，循环的优先级别越高。在图 9-5 的三个循环中，自上而下的三个循环的优先级依次降低。

3. 使用多循环结构中典型的错误捕获方法

三个循环中的错误捕获分别由三个移位寄存器完成，并在循环结束后由一个“错误合并”函数合并。

使用变量协调并行循环运行的实现方式较为简单。通常在应用程序中，当各循环的执行速度相当，并且处理的任务不是很复杂时，多使用这种结构。但是由于涉及多个循环中对一个变量的访问，因此资源冲突的问题不可避免。此外，如果循环的执行速度差异较大，则执行较慢的循环可能会遗漏对某些变量值变化的监测。如图 9-5 所示的例子中，假定第一个循环执行速度较快，第二和第三个循环由于执行某些任务相对耗时较长，那么如果用户单击 Stop 按钮时，可能恰巧第二和第三个循环还未完成其单次循环要处理的任务。但是当其完成任务读取 Stop 的值时，用户单击 Stop 按钮的动作早已结束，因此会遗漏对用户请求的监测。这一问题的本质其实还是资源访问冲突的问题，实际开发中应尽量避免。如果由于各种条件限制，一定要在多个循环中对某个变量进行访问时，则可以使用“信号量”（Semaphore）规避数据访问冲突的问题。

信号量的思想来源于“旗语”。旗语是古代一种主要的通信方式，常用于战场上调兵遣将。现在海军、铁路等领域还能见到。图 9-6 是海军常用旗语，不同的旗子代表不同的意思（字母、数字或其他意思）。使用时，事先约定不同旗子或其组合代表的意思即可。例如，我国海军约定图中 A 旗代表“潜水员工作中，保持距离”，只要挂出该旗子，其他舰艇就会绕道而行。

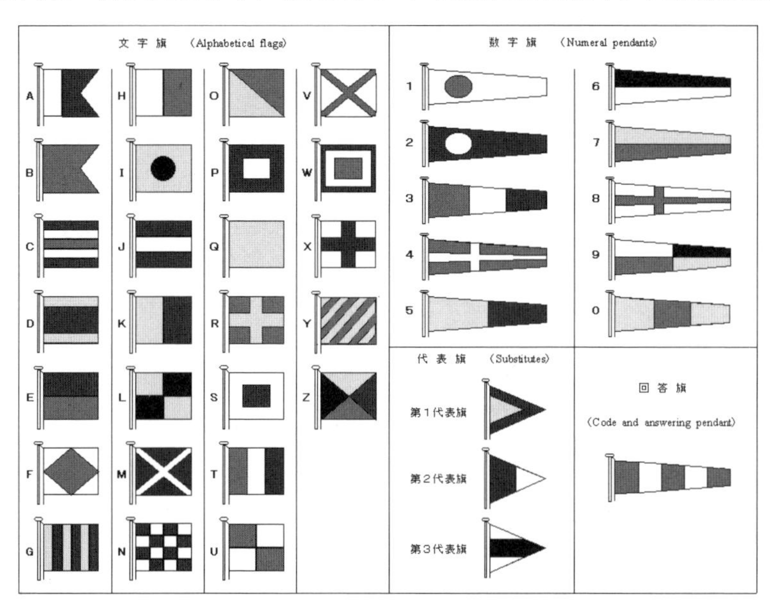

图 9-6　海军常用旗语

类似的方式在早期铁路信号系统中也很常见。如图 9-7 所示，使用多个不同颜色的信号灯将铁路线划分为多个区段，各种颜色的信号灯表示不同含义，就可以通过控制信号灯来有效组织运营。例如，车辆运行时，如遇到绿色信号灯则继续进入下一个区段；遇到黄灯则表示列车可以继续进入下个轨道区段，但是下个轨道区段前面的一个区段中可能有另一辆列车正在运行；列车遇到红灯时，必须停止，以免发生撞车事故。

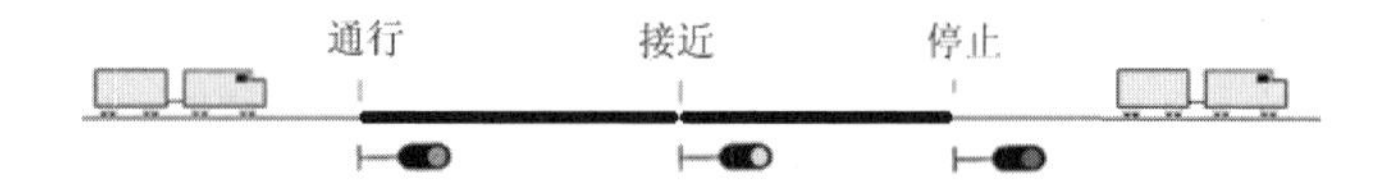

图 9-7　早期铁路信号系统中信号灯的意义

例子中的轨道区段可以被看作是一种共享资源，那么通过控制信号灯就可以控制对这种资源的使用权。同理，我们可以使用信号量有效解决对某个共享变量访问时的冲突问题。LabVIEW 对信号量的操作提供完整的函数集，如图 9-8 所示。

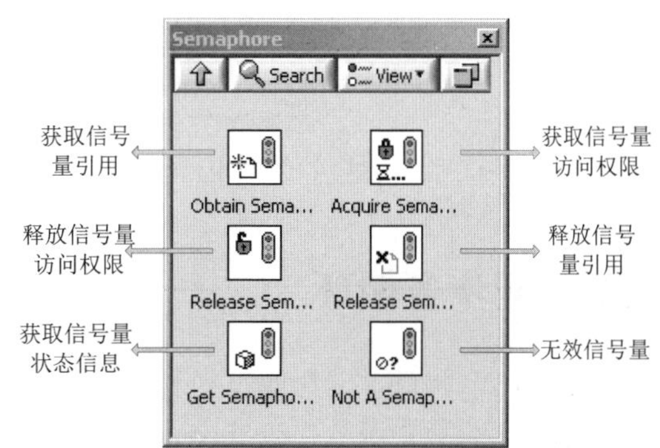

图 9-8　LabVIEW 中信号量的操作函数

LabVIEW 中操作信号量遵循下面步骤：

（1）获取信号量引用（Obtain Semaphore Reference）：要使用信号量，首先要获取对已有信号量的引用，或创建新的信号量。只有获得信号量的引用，才能继续进行信号量的相关操作。

（2）获取信号量的访问权限（Acquire Semaphore）：获得信号量的引用后，就可以申请该信号量的使用权。获得使用权后，就可以用被占用的信号量来表示某个共享资源正在被使用，避免其他操作对共享资源的影响。可以使用“获取信号量状态”（Get Semaphore Status）函数获取信号量的当前状态。

（3）释放信号量的访问权限（Release Semaphore）：对共享资源操作完成后，可以释放信号量使用权，以便允许其他操作申请信号量的使用，从而对共享资源进行操作。

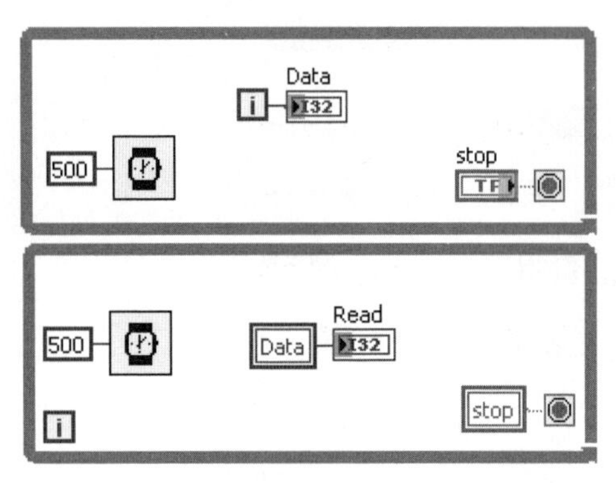

图 9-9 数据访问冲突示例

（4）释放信号量引用（Release Semaphore Reference）：信号量使用完成后，释放其引用。

下面用一个简单的例子来说明 LabVIEW 中使用信号量的重要意义和使用方法。图 9-9 所示的程序中，一个循环对指示器 Data 写入数据，另一个循环读取 Data 的数据，并显示在指示器 Read 中。然而，由于两个循环并行执行，在第二个循环读取 Data 值时，可能第一个循环已经改写了 Data 的值。在设计过程中这种“共享数据”访问冲突的问题极为常见，而且往往会导致程序运行异常（虽然对这个小程序不会带来多么严重的影响）。

图 9-10 显示了如何使用信号量来解决如图 9-9 所示的数据访问冲突问题。在例子中，首先创建一个名为 Sign 的信号量，并返回其引用值。在随后并行执行的两个循环中，均先使用“获取信号量”函数申请信号量的访问权，然后再执行数据读写的操作。只有在获得信号量的使用权后，对应的读写操作才能被执行。数据读写完成后，信号量的访问权将被释放。由于两个循环申请的是同一个信号量的使用权，这就使得其中一个获得权限后，另一个循环必须等待其释放信号量使用权后才能执行。这样就有效避免了并行循环中数据访问冲突的问题。

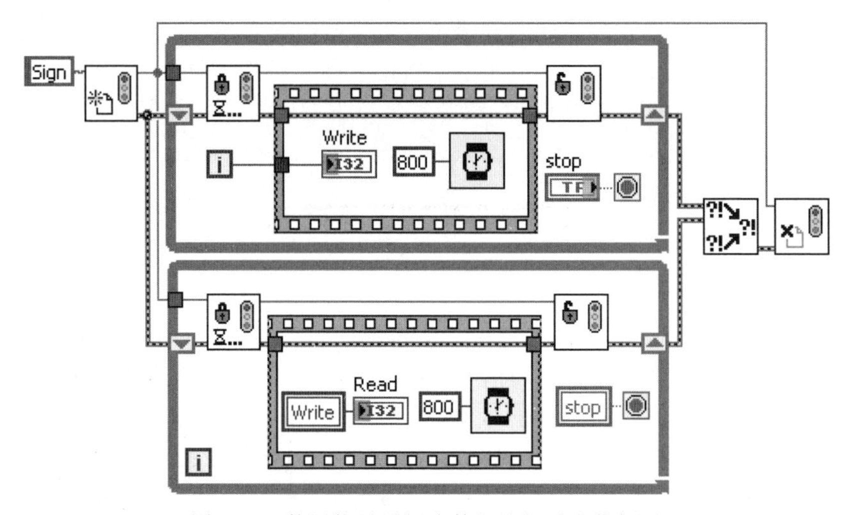

图 9-10 使用信号量解决数据访问冲突的例子

9.3 同步多循环

LabVIEW 提供以下几种方案来同步多个循环的运行：

（1）事件发生函数（Occurrence）。

（2）通知器（Notifier）。

（3）软件触发定时源（Software-Triggered Timing Source）。

（4）同步定时结构起始时间（Synchronize Timed Structure Starts）。

（5）集合点（Rendezvous）。

由于这几种方式都不对消息进行缓冲，因此它们本质上是一种“软触发”的控制方式。

9.3.1　事件发生函数控制多循环

LabVIEW 提供事件发生函数集，如图 9-11 所示。其中包括：

（1）创建事件发生函数（Generate Occurrence）：用户创建可传递至“等待事件发生”函数和“设置事件发生”函数的事件。

（2）等待事件发生函数（Wait on Occurrence）：用于等待“设置事件发生函数”设置某个事件发生。

图 9-11　事件发生函数集

（3）设置事件发生函数（Set Occurrence）：用于设置指定的事件发生，使所有正在等待该指定事件发生的节点停止等待。

使用事件发生函数控制多循环的同步运行方法比较简单，我们以图 9-12 所示的框架为例进行说明。在图 9-12 的程序中，首先使用“创建事件发生”函数生成程序要使用的事件，并将其传递至三个并行执行的循环。三个循环中一个为主控循环 Master，另两个为被控循环 Slave。主控循环中的 Start 按钮用来控制“设置事件发生”函数是否设置事件发生。被控循环中的“等待事件发生”函数一旦发现事件被设置，则立即将循环次数赋值给 Numbers 1 和 Numbers 2 指示器，否则就挂起循环的执行，进入等待状态。如果主循环中的 Start 按钮一直为按下状态，则“设置事件发生”函数就连续设置事件发生。被控循环中的“等待事件发生”函数也会相应地不断执行赋值操作，直到切换 Start 按钮的状态或退出循环为止。程序退出后，必须再运行一次“设置事件发生”函数，以便程序能顺利退出。

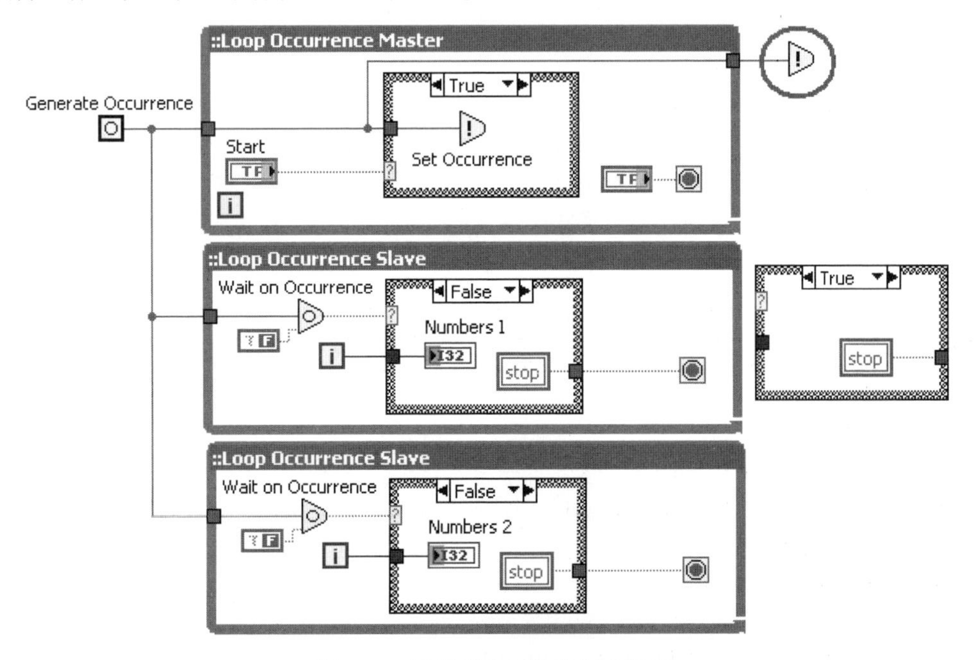

图 9-12　事件发生函数控制多循环

由于程序在被控循环中设置了“等待事件发生”函数的“忽略上一个值”参数为FALSE，因此函数将检查之前是否存在另一个节点已设置过事件发生。如果存在，函数就会执行；相反，如果函数的“忽略上一个值”参数为TRUE，并且另一个节点在该函数开始执行之前已经设置了事件发生，则函数将忽略上一个事件发生而等待另一个事件发生。

需要注意的是，“等待事件发生”函数每次只处理一个事件发生，并不会在内存中保存多个事件发生。而且使用事件发生控制多循环的方法是LabVIEW早期版本使用的技术，目前完全可以使用通知器（Notifier）技术来取代。

9.3.2　通知器控制多循环

在LabVIEW中，通知器操作函数用于挂起部分程序的执行，直到从程序的另一部分收到“通知消息”后才重新启动挂起部分程序的执行。LabVIEW提供的用于实现通知器操作的函数集如图9-13所示。

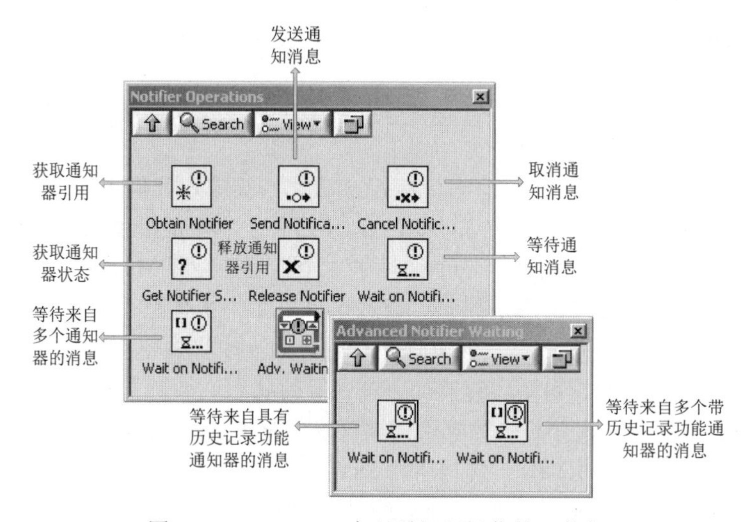

图9-13　LabVIEW实现通知器操作的函数集

通知器的使用方法一般遵循以下步骤：

（1）获取通知器引用（Obtain Notifier）。要对通知器进行操作，必须先获得它的引用。

（2）等待通知消息（Wait On Notification/ from Multiple）。获得通知器的引用后，就可以使用等待通知消息函数来部署需要同步的多个程序块。等待函数会挂起程序执行，直到接收到通知器发来的通知消息为止。为了适应不同的应用，LabVIEW提供四种等待通知消息函数，如表9-2所示。

表9-2　LabVIEW提供的四种等待通知消息函数

等待通知消息函数	通知器个数	有无上次消息记录
等待通知函数 （Wait On Notification）	单个	无
等待具有历史记录功能通知器的消息函数 （Wait On Notification with Notifier History）	单个	有
等待来自多个通知器的消息函数 （Wait On Notification from Multiple）	多个	无
等待来自多个具有历史记录功能通知器的消息函数 （Wait On Notification from Multiple with Notifier History）	多个	有

表 9-2 中的四个函数可以通过“是否支持消息记录”和支持通知器的个数来区分。支持消息记录功能的等待函数会对通知器的最新消息和时间标识符进行跟踪，以防止在与不同的通知器重复进行通信时，发生消息遗漏的情况。另一方面，如果需要同时监测多个通知器的消息，则可以使用支持多个通知器消息的等待函数。

（3）发送通知消息（Send Notifications）。如果要使等待函数停止等待并转为继续执行，则可以通过“发送通知消息”函数向所有等待该通知器通知消息的函数发送通知消息。

（4）释放通知器引用（Release Notifier）。在使用完通知器后，必须释放为其分配的内存等系统资源，可以通过“释放通知器引用”实现。

图 9-14 为使用通知器控制多循环的一种简单程序框架。

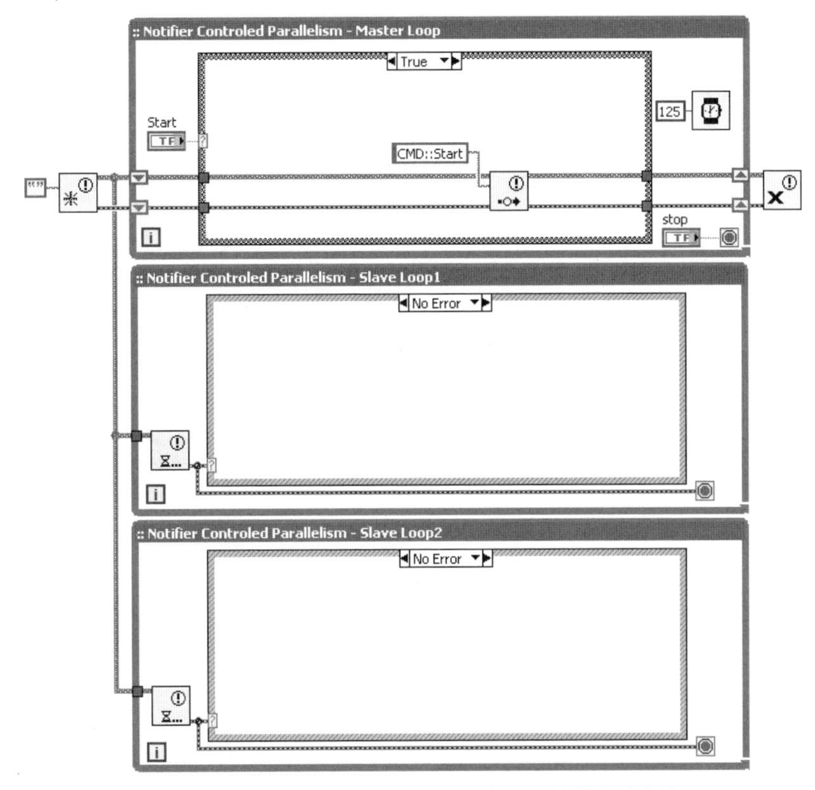

图 9-14　使用通知器控制多循环的一种简单程序框架

程序一开始先使用“获取通知器引用”函数为通知器分配资源，随后将通知器的引用同时传送给三个并行执行的循环。三个循环中第一个循环为主控循环，其他两个为受控循环。当主控循环中的 Start 按钮被按下时，其中的“发送通知消息”函数会发出 CMD::Start 消息。两个受控循环中的“等待通知消息”函数平时处于等待通知器通知消息的状态，并挂起循环的执行。一旦收到主控循环发送的通知消息，就会停止等待、继续执行。同时，选择结构中的代码也将被执行。如果用户按下 Stop 按钮后，主循环退出运行，循环外的“释放通知器引用”函数将释放通知器在内存中的资源。两个从循环中的“等待通知消息”函数将出错，因此两个循环将停止执行，这样就达到了结束程序运行的目的。

LabVIEW 的模板中也提供类似的程序框架，但是比图 9-14 所示的程序少了一个受控循环。这里用同步三个循环的例子来说明通知器的使用，主要的目的是希望读者可以理解这种框架能控制的循环数并不局限在一两个，而是可以扩展到多个循环。

我们还可以对图 9-14 中的程序框架进行一些改进，使其更接近实际项目开发的需求。改进后的程序框架如图 9-15 所示。

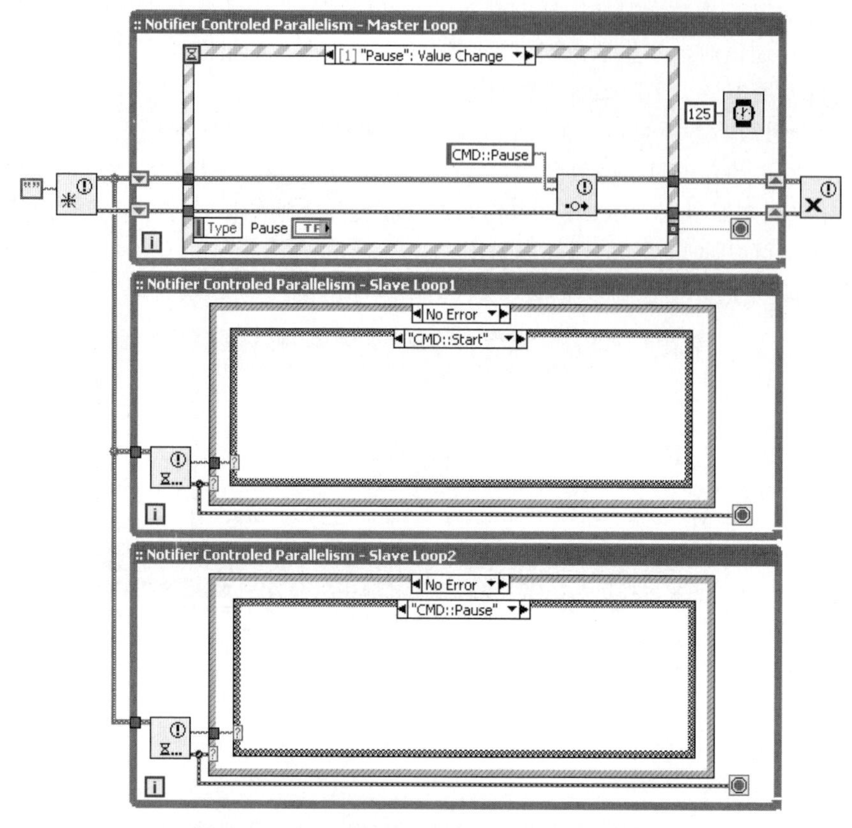

图 9-15　改进后的通知器控制多循环程序框架

相较于图 9-14 所示的程序框架，改进后的程序框架主要有以下两点不同。

（1）主控循环中使用事件结构收集用户的操作请求。如果用户按下 Start 按钮，程序发送 CMD::Start 通知消息；如果用户按下了 Pause 按钮，程序发送 CMD::Pause 命令。

（2）两个从循环不但使用等待通知消息函数来挂起循环执行，同时还增加了处理 CMD::Start 和 CMD::Pause 通知消息的选择结构。这就使得程序在同步循环执行的同时，还可以根据消息内容来选择执行相应的分支。

这两点改进使得通知器控制的多循环架构更接近实际工程开发。但是，通知器操作函数并不缓冲已发送的消息，如果某一通知消息被发出后并没有任何节点在等待，则当另一后续通知消息被发送后前一通知消息将丢失。即使是使用“等待具有历史记录功能通知器的消息”函数或“等待来自多个具有历史记录功能通知器的消息”函数，也仅缓存最近一次的通知消息。由此可见，通知器在本质上类似于单元素、有损耗的绑定队列。此外，通知器无法用于与网络中其他计算机上的 VI 通信，也无法用于 VI 服务器间的通信。

9.3.3　多个定时循环的同步

在前面介绍定时结构时曾提到，可以使用“软件触发定时源”来创建“主 / 从”结构的并行循环，也可以通过编程控制多个定时循环同时开始执行，下面讲解这两种方案的细节。

软件触发定时源是指使用“创建定时源”VI 并选择“创建软件触发定时源”选项后创建的定时源 Create Software-Triggered Timing Source。在使用该定时源时，一般由“发射软件触发定时源”函数（Fire

Software-Triggered Timing Source），通过编程触发定时循环，使用“计时数”（Tickets）作为计数单位。一旦决定使用，则定时结构中的输入/输出项均使用设定的Tickets为单位。在“发射软件触发定时源”VI中可以指定每次发出的“计时数量”（Number of Tickets），每执行一次该VI，就会有指定个数的Tickets发送到定时结构。例如设置定时结构的周期为1个Ticket，那么使用“发射软件触发定时源”VI发射5个Tickets到定时结构时，会触发定时结构执行5次。

可将软件触发定时源当作与实时系统兼容的事件，由程序中的某一部分发出消息，由另一部分接收消息，来创建同步多个循环执行的框架。图9-16是使用这种方案创建的程序框架。程序开始时，先创建了一个触发编号（Trigger ID）为0的软件触发定时源，紧接着指定两个定时结构使用该软件定时源作为其时钟源。程序中设置了两个定时结构的周期，分别为1个“计时数”和2个“计时数”，这意味着定时结构每次执行一次循环，分别需要1个和2个“计时数”来触发。

程序的主循环中放置了事件结构来收集用户的输入。当用户按下Trigger按钮时，“发射软件触发定时源”函数将发射4个“计时数”。一直处于挂起状态的定时循环在收到触发后立即执行。由于两个循环周期的“计时数”分别为1和2，因此一个循环将被执行4次，另一个则仅被执行2次。当用户按下Stop按钮时，主循环将结束运行，随后“清除定时源”函数将释放为软件触发定时源分配的内存。处于等待状态的两个定时结构在定时源内存被释放后会捕捉到错误，从而退出循环的执行，结束整个程序。

在上述程序框架中，有一个关于定时器的设置非常重要。默认情况下，定时结构会“丢弃错失的循环”（Discard missed periods），要使图9-16中的程序框架正常运行，必须设置定时结构不丢弃错失的循环，如图9-17所示。

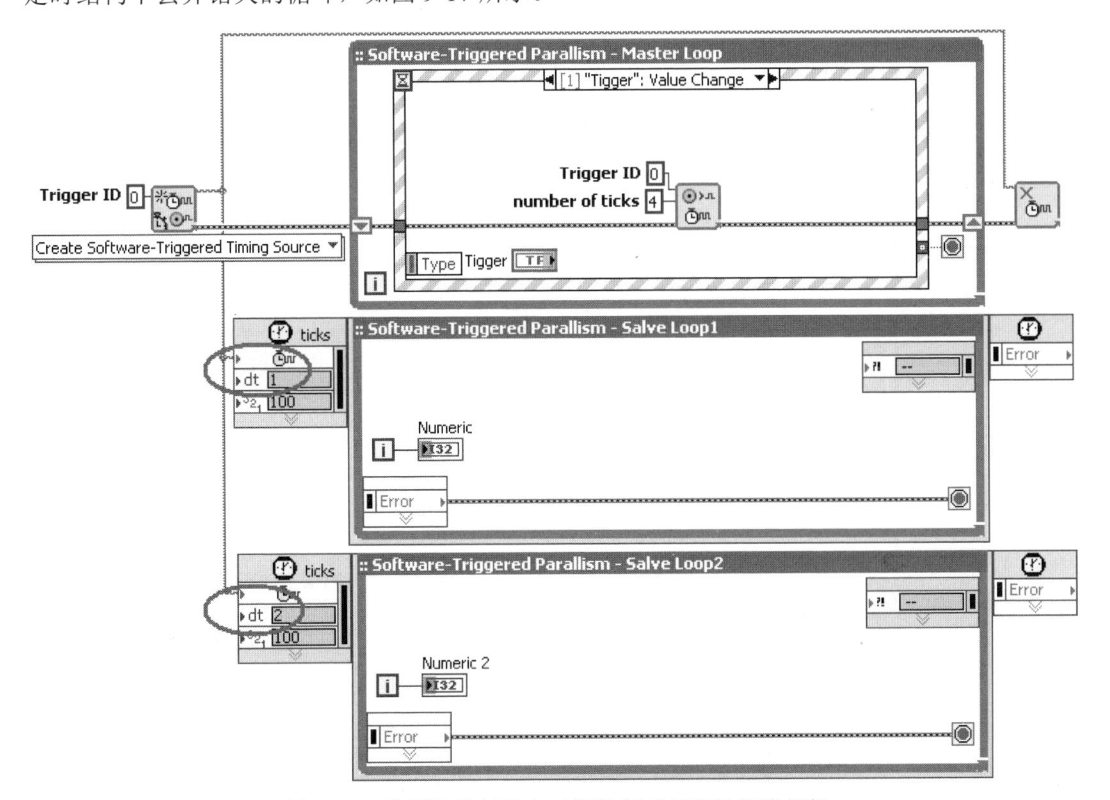

图9-16 使用软件触发定时源控制多循环的程序框架

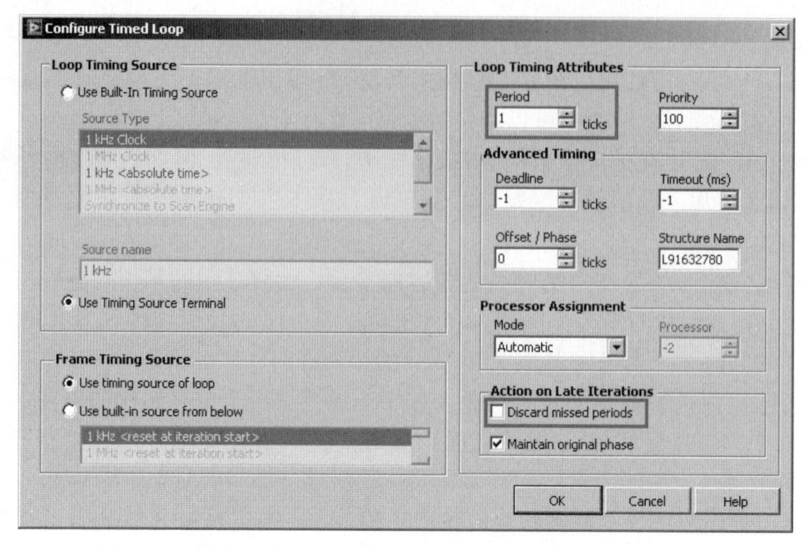

图 9-17　软件触发定时源控制多循环框架中定时循环的设置

另一种同步定时结构的方案是编程控制多个定时循环同时开始执行。LabVIEW 提供的“同步定时结构开始”函数（Synchronize Timed Structure Starts）可以轻而易举地实现这种方案。使用该函数可以创建“同步组”（Synchronization Group）并列出需要同步的“定时结构名称”（Timed Structure Names），就会使所列的定时结构在相同的起始时间开始执行。

基于这种方案创建的同步并行循环框架如图 9-18 所示。程序开始时，先使用“同步定时结构开始”函数创建一个名为 Syn Group 的同步组，并指定三个并行执行的定时循环 S1、S2 和 S3 为该组中需要同步的成员。随后将该函数的错误输出端子分别连接到三个定时循环的错误输入端子，确保只有在同步组创建后才开始循环的执行（数据流驱动）。完成后可使三个循环同时开始执行。

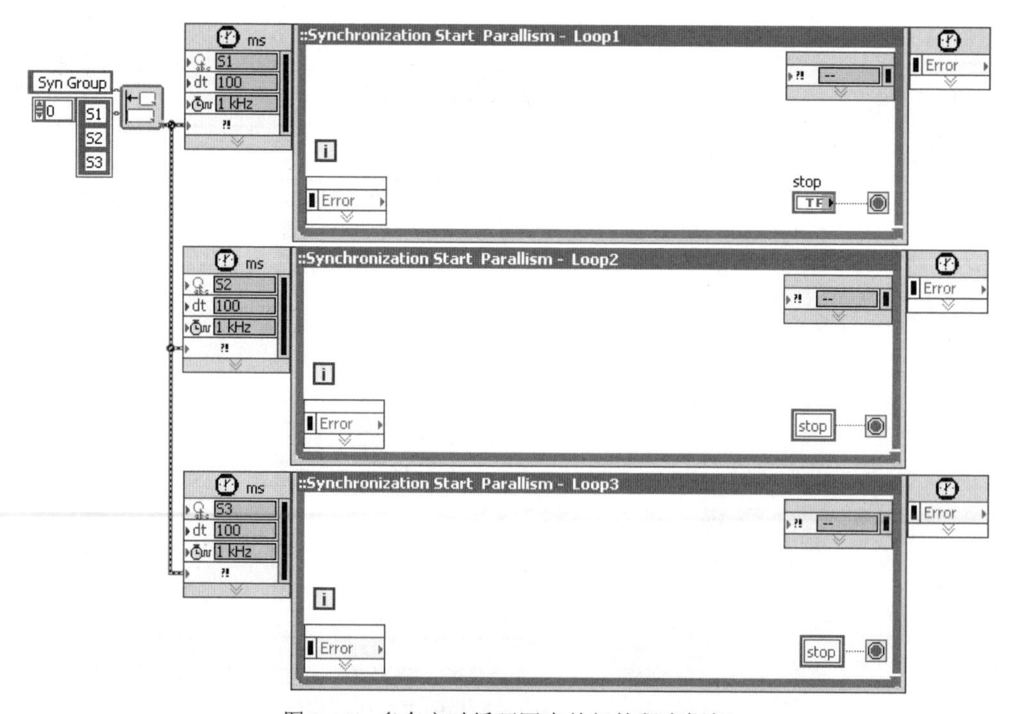

图 9-18　多个定时循环同步并行的程序框架

多个定时循环同时开始执行在某些场合极为有用。例如，可使多个循环同时开始执行，但按照测试的先后顺序设置循环周期的长短，使周期最短的循环执行第一步工作，以此类推，就可以实现基于时间片的测试“流水线”。一般来说，测试流程用状态机实现较为灵活，但是如果项目对时间控制要求较高，定时多循环结构的优越性是无可比拟的。

9.3.4　集合点控制多循环

另一种控制多循环运行的方法是“集合点”（Rendezvous）。集合点模拟了现实生活中“多人同行”的情况。例如大家共同约定在某个地点集合后再出发，不见不散。如果有某个成员晚到，则其他成员会等该成员到来之后才出发。从这一点来看，集合点与通知消息控制多循环的“主/从结构”不同，它更倾向于在某个特定点处同步两个或多个独立并行执行的任务。只有当指定数量并行执行的任务均运行至“等待集合点”函数处时，程序才继续执行，否则程序一直处于等待状态。

LabVIEW 提供的集合点操作函数集合如图 9-19 所示。

集合点的使用步骤如下。

（1）创建集合点（Create Rendezvous）。使用集合点之前必须先创建或查找现有的集合点，并返回其引用句柄作为其他操作函数的参考。在创建集合点时必须设置集合点的大小（默认值为 2），该数值确定了“集合点等待”函数继续执行前需达到的集合点任务数量。

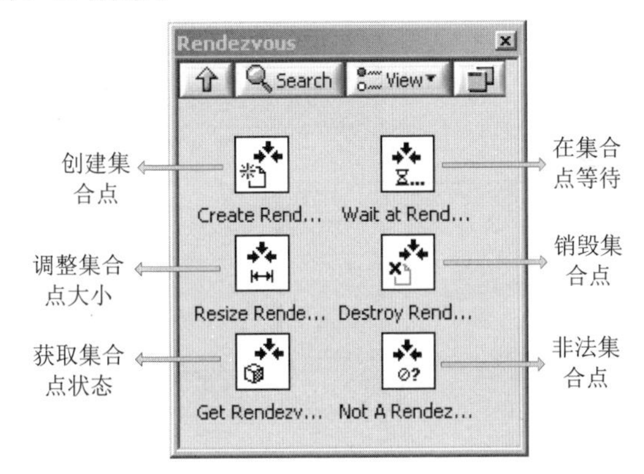

图 9-19　LabVIEW 提供的集合点操作函数集合

（2）部署等待的集合点（Wait at Rendezvous）。集合点创建完成后，就可以在程序中部署“集合点等待”函数。程序中所有被部署“集合点等待”函数的位置在运行时都会等待足够数量的任务到达时才会继续执行，否则将一直处于挂起状态。

（3）销毁集合点（Destroy Rendezvous）。集合点使用完成后，必须释放为其分配的内存。

在使用集合点的过程中，还可以通过程序“调整集合点大小”（Resize Rendezvous）来增加或减少要等待的任务数量，也可以判断引用的集合点是否有效（Not a Rendezvous）或“获取集合点的当前状态”（Get Rendezvous Status）。详细信息可参阅 LabVIEW 在线帮助文档。

使用集合点同步多循环的程序框架如图 9-20 所示。程序开始时先创建了名字为 Sign、大小为 3 的集合点，并将返回的引用句柄传递给三个并行执行的循环。三个循环中分别部署了“在集合点等待”函数，由于集合点的大小被设置为 3，这就使得每个循环都要等待其他两个循环都执行到“在集合点等待”函数处之后才能继续运行，从而达到同步执行的效果。当用户单击 Stop 按钮退出第一个循环后，“销毁集合点”函数将释放为集合点分配的内存，其余两个循环“在集合点等待”函数将出现错误，停止循环执行，整个程序结束运行。

使用集合点、事件发生函数（Occurrence）、通知器（Notifier）、软件触发定时源（Software-Triggered Timing Source）和同步定时结构起始时间（Synchronize Timed Structure Starts）可以创建多种灵活的同步并行循环结构，但是无论哪一种结构都不缓冲已发送的触发信息，这一缺陷使得同步多循环只能用于关心当前消息的情况，很难被用作大型项目的主框架。特别在开发用户界面，处理与数据处理及运动控制相结合的项目时，这一缺点更加突出，有必要寻求更能适应复杂项目的程序框架。

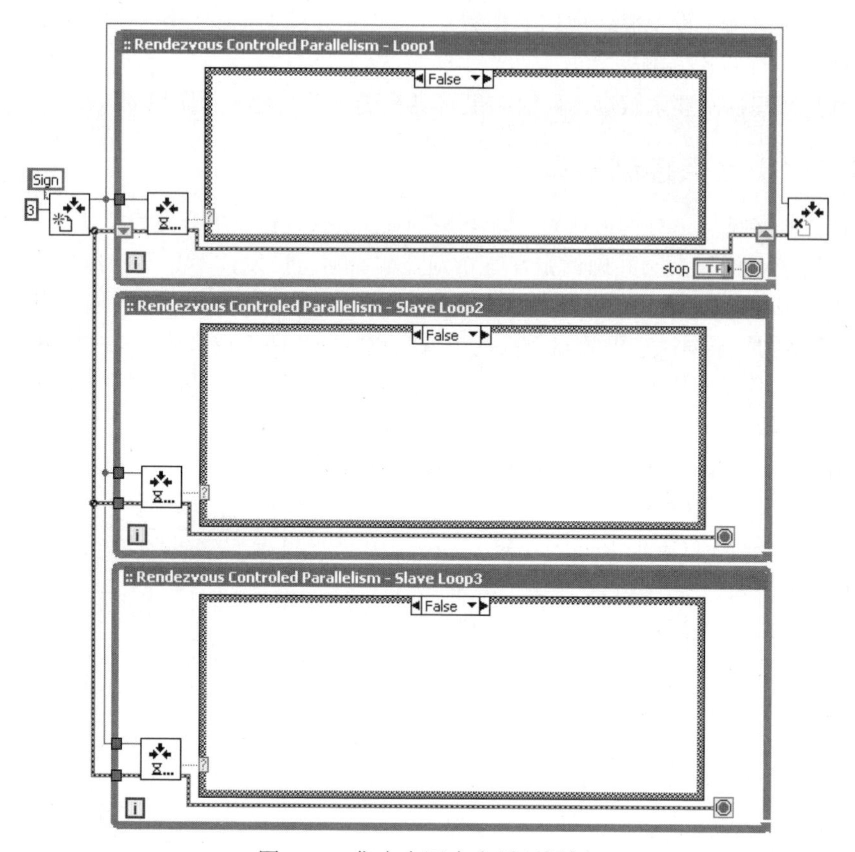

图 9-20　集合点同步多循环框架

9.4　异步多循环

队列和堆栈具有按照“先进先出”及“先进后出”特点缓冲数据的能力，因此可以基于队列和堆栈来创建具有缓冲循环之间传递的消息能力的多循环框架。由于缓冲区中的消息会被排队来逐一处理，因此用户的请求不会丢失，但是也可能造成用户的请求不会被立即响应。因此，基于队列和堆栈的多循环程序框架，本质上是异步、带缓冲的多任务结构。

LabVIEW 会对用户自定义事件和用户界面事件进行缓冲，并以类似队列“先进先出”的形式逐个进行处理。虽然在实现方式上与基于队列的多循环方案有所不同，但是以事件为基础所创建的多循环框架也具有异步、缓冲的能力。

此外，鉴于在实际开发过程中，用户请求总是逐一按顺序提交，也需要按顺序响应，更趋向于队列的特点，因此下面就以队列为代表来讲解具有缓冲能力的异步多循环框架。

9.4.1　生产者 / 消费者结构

生产者/消费者结构是LabVIEW自带的程序模板中较为重要的多循环框架之一(图9-21)。生产者 / 消费者设计模式基于主 / 从设计模式，且提高了不同速率的多个循环之间的数据共享能力。 与主 / 从设计模式相似，生产者 / 消费者设计模式将生产和消费数据速度不同的任务分开处理。一个作为生产数据的循环，另一个作为消费数据的循环。队列可在循环之间传递或缓冲数据。

在图 9-21 所示的程序框架中，一开始“获取队列”函数就指定了队列的数据类型为字符串（可以为任意类型），同时把获取的队列传递给两个并行执行的循环。这两个并行执行的循环中，一个充当生产者，另一个充当消费者。由于生产者循环中的选择结构条件被设置为 TRUE，因此它不断地将字符串 element 放入队列。消费者循环中的“元素出队”函数不断等待生产者循环中放置到队列中的数据，如果有数据到达，则停止等待，继续执行。这种结构与基于通知器的多循环框架十分相似，不同的是可以将消息临时缓冲在队列中。

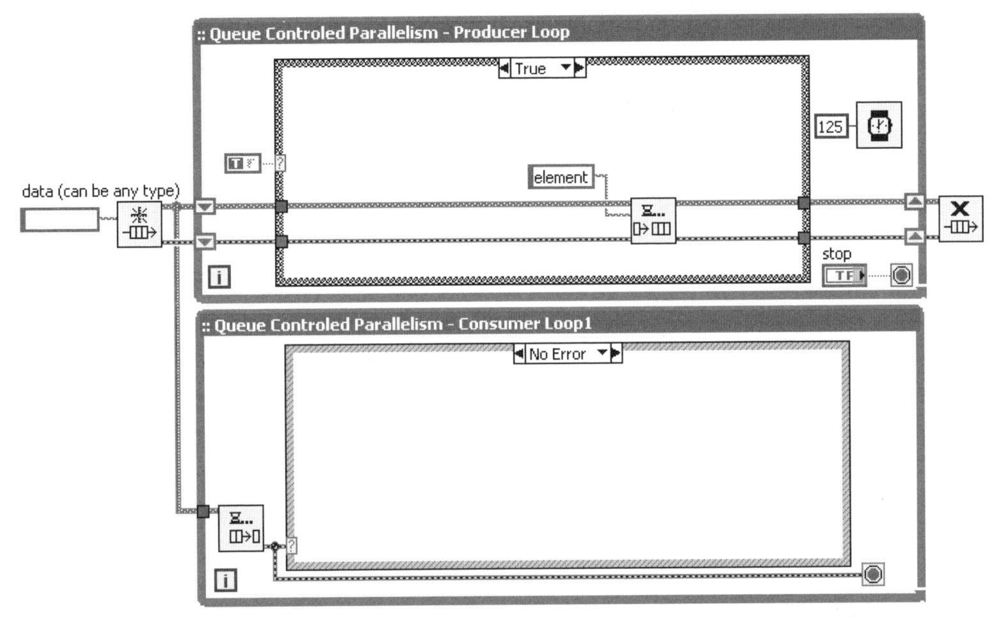

图 9-21 LabVIEW 自带的生产者 / 消费者结构模板

程序结束的方法与前面几个框架的结束方法类似。用户按下 Stop 按钮后先退出生产者循环，再由“释放队列”函数释放与队列相关的内存。这一行为将导致消费者循环中的“队列出队”函数发生错误，从而也停止执行。

LabVIEW 自带的生产者 / 消费者结构的确是不错的程序模板之一，但是面对复杂的大型项目开发，只能起到抛砖引玉的作用，并不能直接拿来使用。为此，笔者根据项目开发经验，对其进行了优化，使得新的程序框架更面向实际应用。优化后的程序框架如图 9-22 所示。

这种程序框架对 LabVIEW 自带的生产者 / 消费者结构进行以下几方面的改进。

1. 使用队列来传递各种控制指令

程序一开始先创建名字为 MainQ 的队列，并指定由一个字符串类型和一个变体类型组成的簇作为队列的数据类型。在这个框架中，队列数据中的字符串作为控制指令，使用 Section::Instruction 作为指令格式。其中 Section 部分用于指出指令要选择的程序块所属逻辑分类，Instruction 指出该类中的相应模块。例如 CMD::Initialize 指令是希望程序执行“响应用户命令” 的程序部分中的“初始化”模块。簇中的变体类型作为指令携带数据的容器。由于变体类型与其他 LabVIEW 数据类型之间可以自由转换，因此可以使用变体类型把需要随指令一起传递的各种数据打包。在程序执行过程中，如果需要程序对哪个命令进行响应，就把这个命令置入队列中，例如，程序在创建好队列后，就立即将初始化指令 CMD::Initialize” 放入队列。如果需要，也可以数组的形式，将多个命令一次放入队列，程序会按照命令入队的顺序逐一进行响应。程序的初始化和退出过程按照这种方法实现，细节可参阅随书附赠的程序代码。

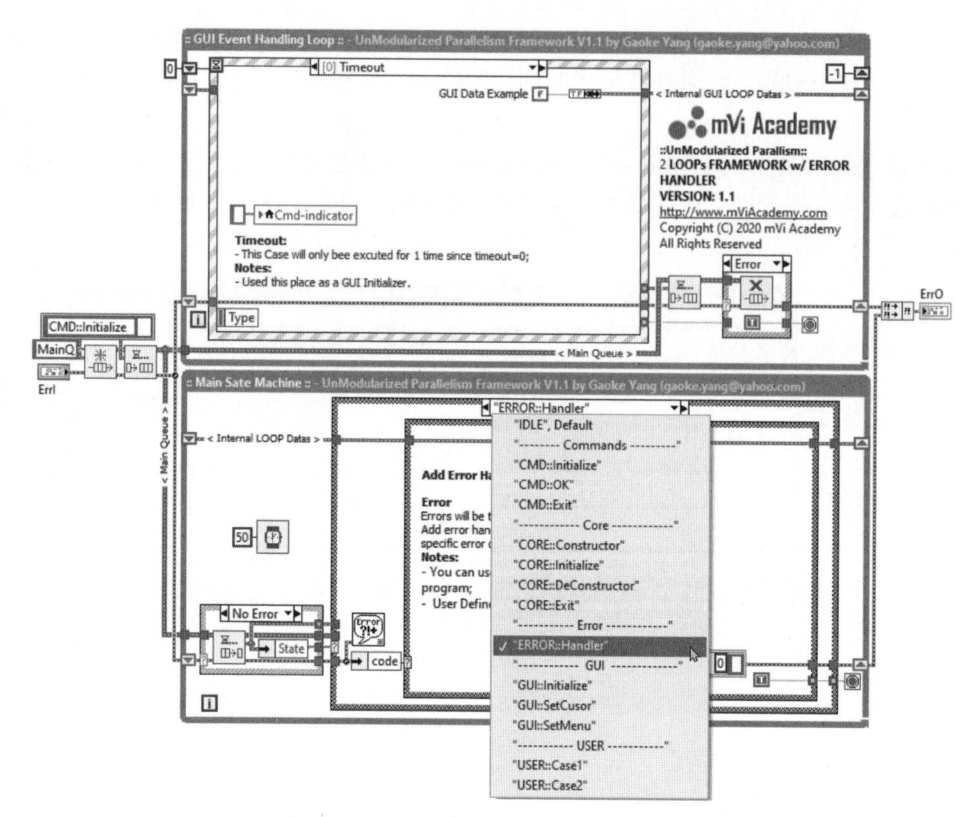

图 9-22 实用的生产者 / 消费者结构模板

2. 使用事件结构收集用户请求事件

程序中共有两个循环，一个作为生产者循环，另一个作为消费者循环。在生产者循环中放置了事件结构收集各种来自用户界面的请求。作为对事件的响应，当某个用户事件发生后，就将与之对应的命令放入队列中等待程序处理。例如，当用户单击 Exit 按钮后，就将用于请求程序结束的指令 CMD::Exit 放入队列，以命令程序各部分进行退出程序的操作。从这一点来说，第一个循环不断根据用户请求生成各种指令数据，因此属于生产者。使用事件结构避免了因轮询对系统资源带来的消耗，同时也为程序提供了扩展更多事件的能力。

3. 使用选择结构的各分支响应各种命令请求

程序中带有事件结构的循环作为生产者生成各种指令并放入队列，另一个循环则不断从该队列中逐个取出数据，并对数据进行解析，然后按照指令字符串选择循环中对应的分支执行。例如，如果从队列取出的簇中，指令字符串值为 CMD::Initialize，则选择结构中的对应分支将被执行，以完成程序初始化。从这一点来看，该循环不断地消耗数据，属于消费者。使用选择结构响应用户命令请求的方法在某种意义上与状态机中的选择结构类似，具有比较强的扩展性。此外按照“空闲”（IDLE）、“用户命令”（CMD）、“程序内核”（Core）、“错误处理”（Error Handle）、“用户界面”（GUI）和其他用户定义的程序分支来区分程序各模块，能有效组织虚拟仪器项目，这与前面介绍的基于消息的队列状态机程序框架类似。

4. 使用移位寄存器和簇传递各循环内部临时数据

和单循环程序框架类似，程序也使用移位寄存器和簇结合的形式来传递循环内部使用的临时数据。对于生产者循环来说，程序先设置了事件超时为 0，随后立即设置事件结构不超时（-1），这就使得事件超时分支仅被执行一次。这种设计允许用户把与消费者循环相关的初始化工作（如初始化用户界面等）安排在超时分支中。根据事件超时分支的这种设计，用户可以在其中指定该循环内部需要使用的临时数据的名字和类型。消费者循环也使用类似机制来传递内部临时数据，不同的是，指定内部数据名字和类型的工作被安排在程序内核部分的 CORE::Constructor 分支中完成（图 9-23）。使用这种方法代替变量在循环内部传递临时数据，不仅提高了程序的执行效率，还有效避免了数据访问冲突的问题。

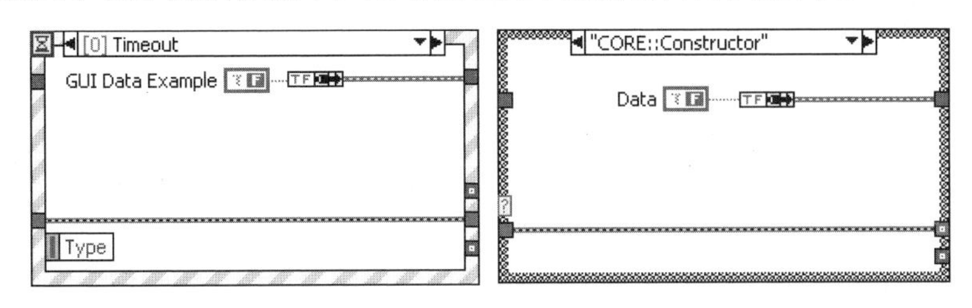

图 9-23　生产者 / 消费者循环中构建内部临时数据

5. 增强了错误处理能力

如果生产者循环中出现错误（一般是由于某种原因导致命令不能放入队列），则程序会释放队列，并退出该循环。这一行为会导致消费者循环中的“出队”函数发生错误。错误发生时“出队”函数返回的数据为空，选择结构的默认分支就会被选择，发生的错误也被传递到下一次循环。当循环检测到错误发生时，会直接进入 ERROR::Handler 错误处理分支，如图 9-24 所示。在错误处理分支中可以集中对所有程序中捕捉到的错误进行处理。例如，在队列被释放后继续使用“出队”函数会返回错误代码 1122，用户可以在错误处理分支中对这个错误进行报告，并做处理。在本框架中，只简单地报告错误，然后清除该错误退出循环。如果要对消费者循环中发生的其他错误进行处理，则只需在错误数据簇处理分支中增加相应的错误处理代码即可，这就极大地增强了程序的扩展能力。

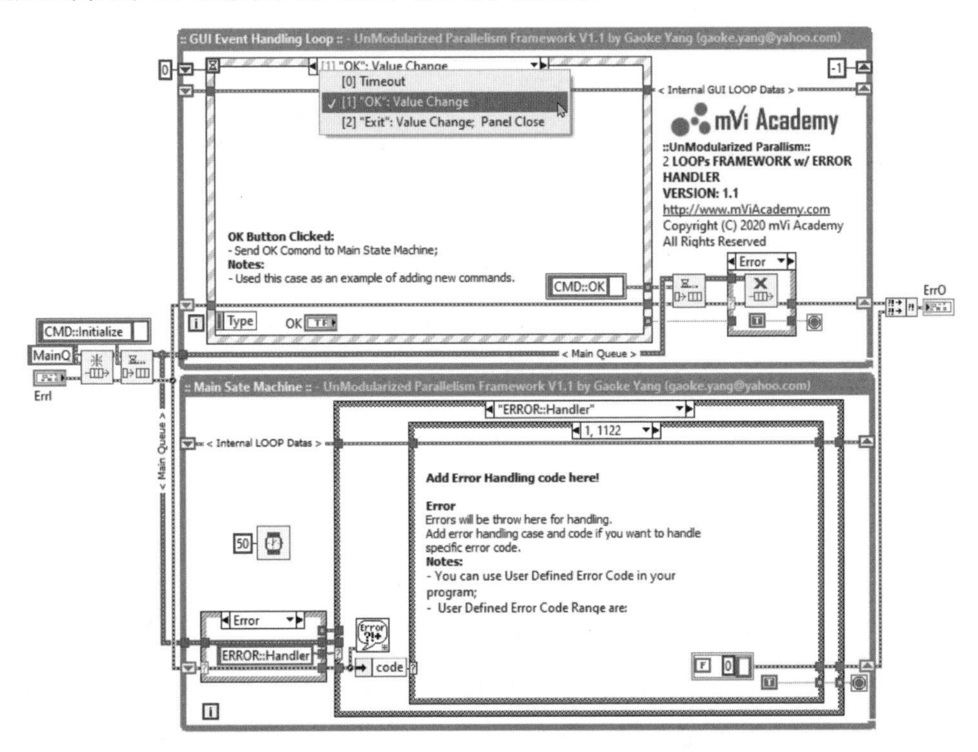

图 9-24　生产者 / 消费者多循环框架中的错误处理

另一种优化后的程序框架常用于解决数据采集或分析类虚拟仪器项目。这种程序框架具有相对于主界面循环独立可控的数据采集循环，如图 9-25 所示（程序源码可在随书附赠资料包中下载）。用户界面循环可以通过与数据采集循环共享的消息队列 DaqQ，发送“开始数据采集”“暂停数据采集”和“结束数据采集”命令，来控制数据采集过程的启动、暂停和退出。

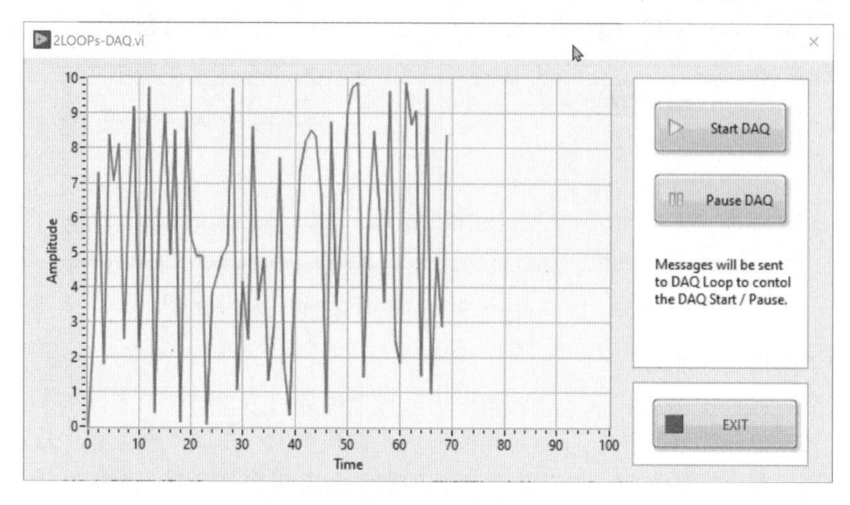

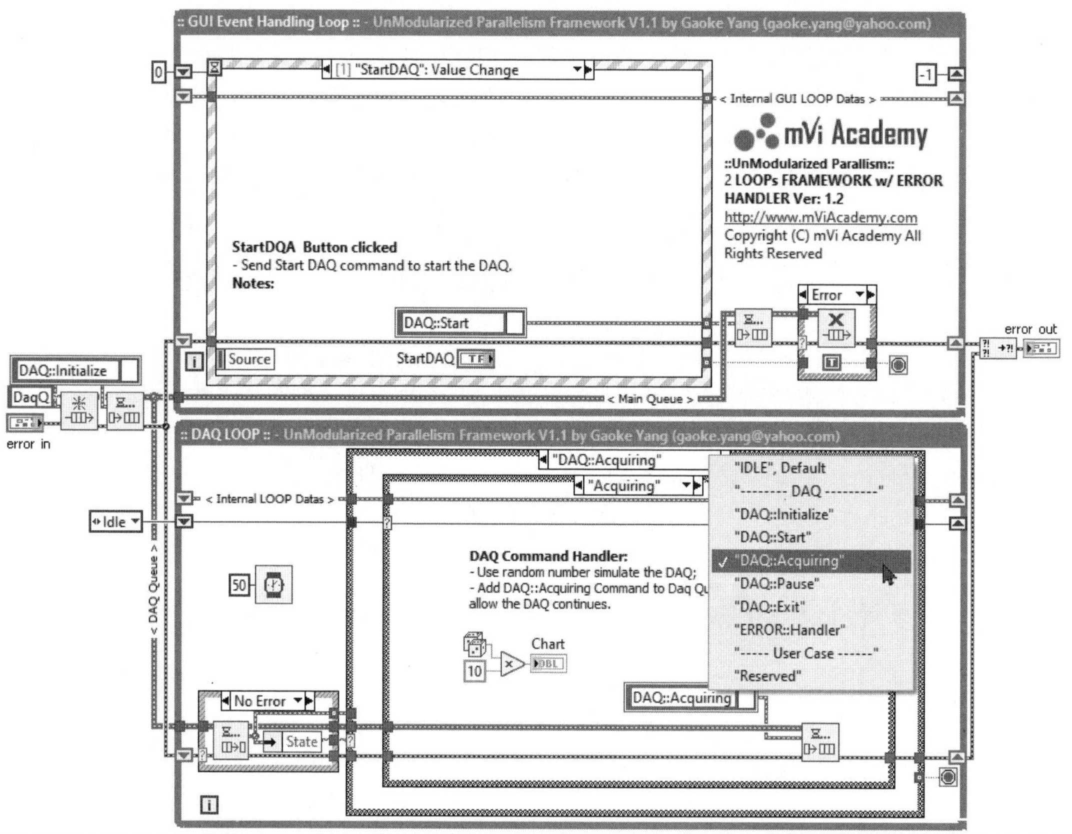

图 9-25　具有独立可控数据采集循环的并行程序框架前后面板

具体来说，程序开始运行并完成各种初始化后，数据采集循环即进入待命状态。此时若用户单击了请求开始数据采集的 Start DAQ 按钮，用户界面循环会捕捉到单击该按钮的事件。在与之对应的 DAQ::Start 事件处理分支中，程序会检测当前数据采集过程的状态。若采集过程处于“空闲”（Idle）状态，程序会将数据采集过程设置为“采集”（Acquiring）状态，并向队列中放入 DAQ::Acquiring 命令，以启动数据采集。若此时程序已经进入数据采集状态，程序将不做任何处理。

当数据采集循环接到 DAQ::Acquiring 命令后，就立刻执行与之对应的条件分支中的程序代码。在该分支中，程序同样会检测当前数据采集过程的状态。若采集过程已经被设置为“采集”状态，程序就会进行一次数据采集（本程序使用 10 以内的随机数来模拟采集数据，并将其在图表中显示），并继续向队列中放入 DAQ::Acquiring 命令，以确保数据采集过程继续进行。若采集过程时处于“空闲”（Idle）状态，程序将忽略该命令。

若在数据采集过程中，用户单击了暂停数据采集的 Pause DAQ 按钮，则用户界面循环会不受数据采集循环的影响，立即捕获到该事件，并暂停将数据采集的命令 DAQ::Pause 放入 DaqQ 队列，要求数据采集循环立即暂停数据采集过程。数据采集循环接收到该命令后，会从数据采集条件分支跳转到暂停数据采集的条件分支。为暂停数据采集，程序同样会根据数据采集的当前状态进行不同处理。若数据采集过程处于“采集”状态，就将其状态变更为空闲，否则将忽略对本次命令的处理。因此，即使队列中仍有 DAQ::Acquiring 命令，程序进入对应分支后，也会因数据采集状态为空闲而不做任何处理，这样就实现了采集过程的暂停。

若用户在数据采集过程暂停之后，又重新单击了开始采集按钮，则程序会再次进入 DAQ::Start 分支，重启数据采集过程。当然，若用户单击了结束数据采集的“退出”按钮，程序就会清空并销毁队列，释放各种资源并退出程序。

经过优化后的生产者 / 消费者多循环框架可作为大型虚拟仪器项目的主框架。与单循环程序框架中的“基于消息的队列状态机”相比较而言，虽然两者都集成了事件结构，且都按照虚拟仪器项目的逻辑归类了各程序模块，但是由于生产者 / 消费者多循环框架对“GUI 事件”和“数据采集”进行并行处理，因此它不会因某个数据采集分支长时间运行，而阻塞程序对用户界面的响应。此外，虽然该框架中只有一个循环作为生产者，一个循环作为消费者，但这并不意味着循环个数不能增加。实际上，必要时可以由几个作用不同的消息队列来协调多个循环，构成更强大的多任务程序框架。

9.4.2　大型多任务结构

前面介绍的生产者 / 消费者多循环框架足以充当多数虚拟仪器项目的主框架。但是有时需要对项目的不同处理模块做进一步分类，将同种类型的工作归为一类，以期获得较高的运行效率。例如可由一个独立的循环来处理 GUI 事件，一个独立的循环进行数据采集，一个独立的循环进行数据处理，以及一个独立的循环进行错误集中处理，等等，这种情况下就需要使用大型多任务框架。

大型多任务框架通常由两个以上独立队列在多个循环之间传递不同类别的数据，以协调各循环完成不同的功能类别。图 9-26 是笔者开发的一种大型多任务结构程序框架。生产者 / 消费者多循环框架相比，框架主要增强了以下几方面的功能。

1. 循环数量从两个增加至四个

除了用于收集用户界面信息的 GUI 循环和主状态机循环外，还增加了数据采集循环和错误处理循环，这四个循环各自独立运行，完成不同的任务。主状态机循环中选择结构各分支的分类与生产者 / 消费者多循环框架中消费者循环中的选择结构各分支分类相同。数据采集循环对数据采集工作按照“初始化数据采集”（DAQ::Initialize）、“开始数据采集”（DAQ::Start）、“数据采集”（DAQ::Acquiring）、“暂停数据采集”（DAQ::Pause）、“清理数据采集现场”（DAQ::UnInitialize）和“结束数据采集”（DAQ::Exit）进行分类。

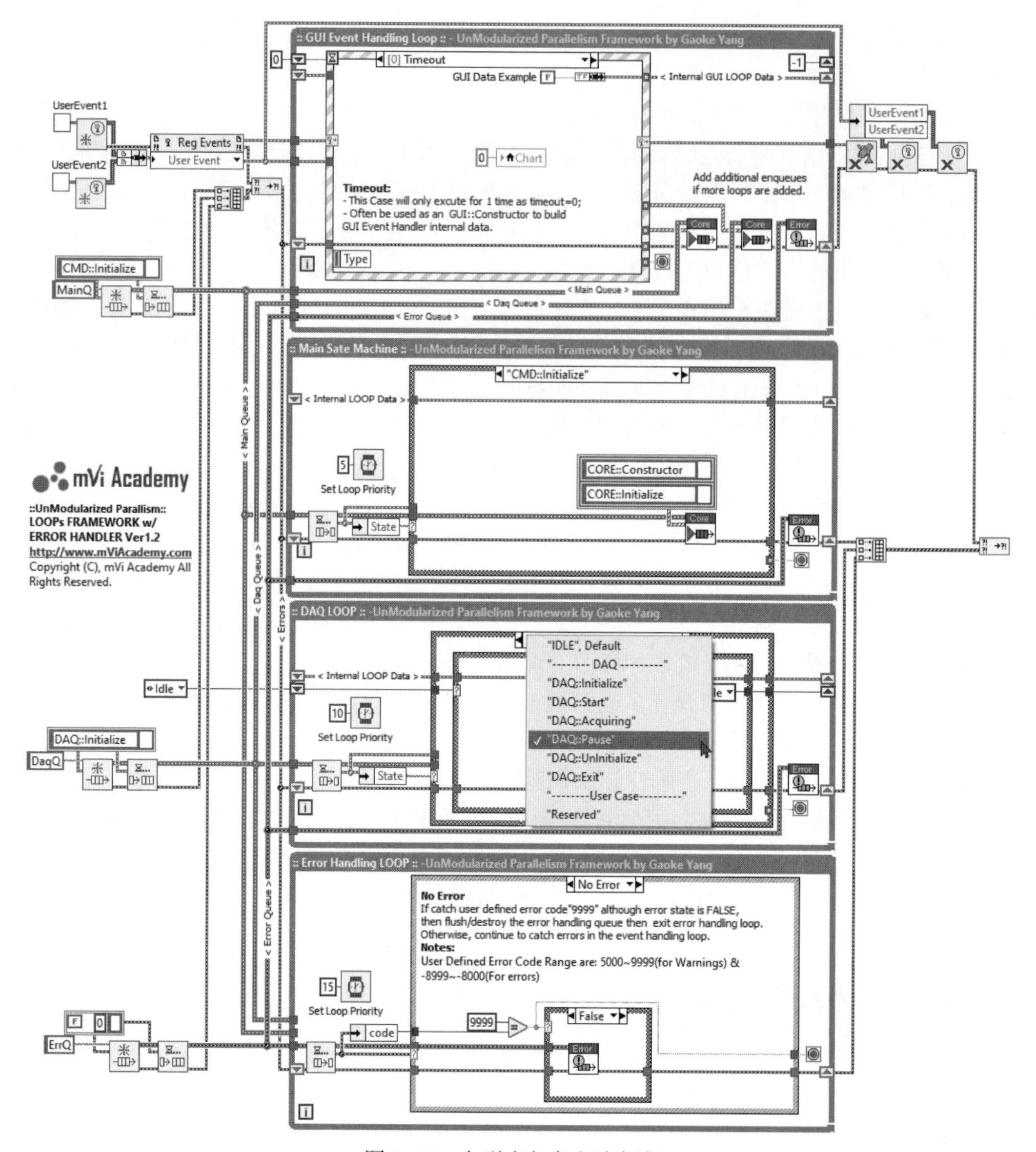

图 9-26　大型多任务程序框架

2. 使用三个独立的队列在循环之间传递数据

队列 MainQ 用于在用户界面循环、主状态机循环和错误处理循环之间传递控制命令。它使用由字符串和变体构成的簇作为数据类型，通常将用户界面循环中的指令传递到主状态机循环中以便处理。队列 DaqQ 可在四个循环之间传递数据，它与 MainQ 使用相同的数据类型，用户界面循环或错误处理循环通常使用它来控制数据采集循环的执行节奏（如开始、暂停或停止等）。例如，当用户单击 Exit 按钮时，命令 CMD::Exit 和 DAQ::Exit 会被分别放入队列 MainQ 和 DaqQ，主状态机循环和数据采集循环分别从 MainQ 和 DaqQ 队列缓冲区中取出数据，并依据指令选择执行退出程序的分支，以结束各循环。队列 ErrQ 以错误簇作为数据类型，用于将户界面循环、主状态机循环和数据采集循环中的错误数据传递至错误处理循环，便于集中进行错误处理。

3. 独立可控的数据采集循环

框架中的数据采集循环 DAQ LOOP 受用户界面循环控制，并在启动后独立于其他循环持续进行数据采集，直到用户界面循环发出暂停或退出指令为止。用户单击用户界面上的开始数据采集按钮 Start DAQ 后，用户界面循环会捕捉到单击该按钮的事件。在该事件处理分支中，程序会检测当前数据采集过程的状态。若采集过程处于“空闲”（Idle）状态，则程序将数据采集过程设置为“采集”（Acquiring）状态，并向队列中放入 DAQ::Acquiring 命令来启动数据采集。若此前程序已经进入数据采集状态，程序将不做任何处理。

数据采集循环接到 DAQ::Acquiring 命令后，同样会检测当前数据采集过程的状态。若采集过程已经被设置为采集（Acquiring）状态，程序会进行一次数据采集，并继续向队列中放入 DAQ::Acquiring 命令，以确保数据采集过程继续进行；相反，若采集过程之前处于“空闲”（Idle）状态，程序将忽略对 DAQ::Acquiring 命令的处理。

若在数据采集过程中，用户单击了暂停数据采集的按钮 Pause DAQ，则用户界面循环会不受数据采集循环的影响，立即捕获到该事件，并将暂停数据采集命令 DAQ::Pause 放入 DaqQ 队列，要求数据采集循环立即暂停数据采集过程。数据采集循环接收到该命令后，会从数据采集条件分支跳转到暂停数据采集的条件分支。为暂停数据采集，程序同样会根据数据采集的当前状态进行不同处理。若数据采集过程处于“采集”（Acquiring）状态，就将其状态变更为空闲，否则将忽略对本次命令的处理。因此，即使队列中仍有 DAQ::Acquiring 命令，程序进入对应分支后，也会因数据采集状态为空闲而不做任何处理，这样就实现了采集过程的暂停。

若用户在数据采集过程暂停之后，又重新单击了开始采集按钮 Start DAQ，则程序会再次进入 DAQ::Start 分支中重启数据采集过程。当然，若用户单击结束数据采集的“退出”按钮，程序就会清空并销毁队列，释放各种资源退出程序。

框架程序运行时的前面板如图 9-27 所示。运行时数据采集循环模拟采集的随机数会不断在框图中显示。若在数据采集过程中，用户单击了暂停数据采集的 Pause DAQ 按钮，则用户界面循环会不受数据采集循环的影响立即捕获到该事件，并将暂停数据采集的命令 DAQ::Pause 放入 DaqQ 队列，要求数据采集循环立即暂停数据采集过程。数据采集循环接收到该命令后，会从数据采集条件分支跳转到暂停数据采集的条件分支，执行其中代码。由于在用户界面循环将暂停数据采集的命令放入 DaqQ 队列但该命令尚未被处理之前，数据采集循环仍在执行，也会不断向 DaqQ 队列中添加要求继续进行数据采集的命令，因此在数据采集循环处理队列中暂停数据采集命令时，队列中该命令之后可能又添加了继续数据采集的命令。这就要求数据采集循环在处理暂停数据采集命令的条件结构分支中，对 DaqQ 队列进行清空，确保后续数据采集处理循环处于等待状态，如图 9-26 中代码所示。

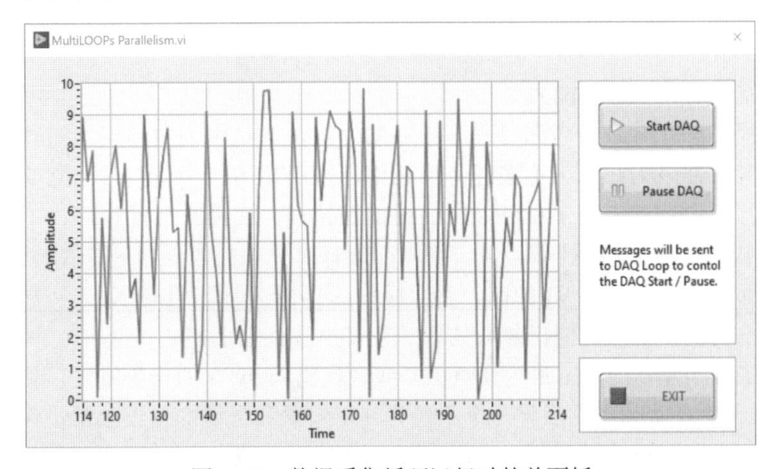

图 9-27 数据采集循环运行时的前面板

4. 对队列入队函数进行了封装，使得每次可放置多个队列元素进入队列

LabVIEW 提供的队列数据入队函数每次只能使一个数据入队，为了方便起见，在程序框架中对它进行封装，使得每次可以放置多个数据到队列中，封装后的 VI 前、后面板如图 9-28 所示。VI 共有三个输入参数和一个错误簇输出参数。输入参数包含一个用于传递队列引用的控件、一个用于传递队列元素的数组（默认值为空）和一个输入的错误簇控件。程序运行时会按照输入的数组大小，将数据逐个放入队列。如果数组为空，则不会执行队列入队操作。

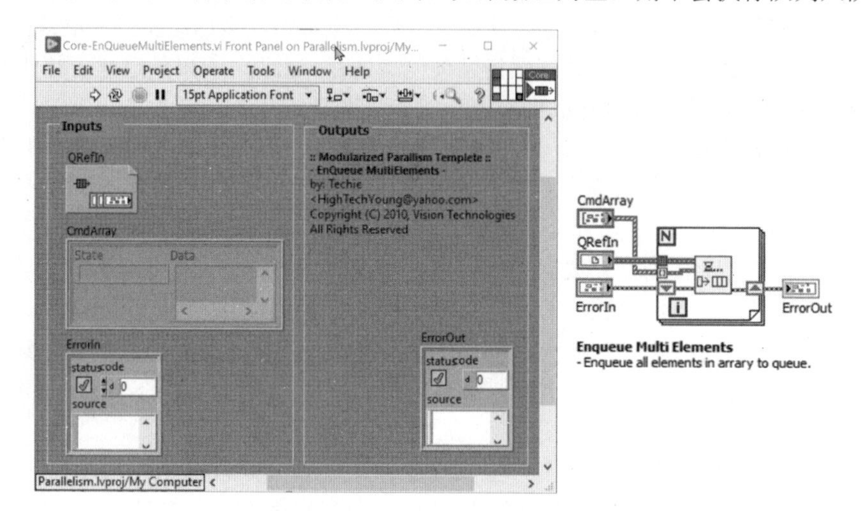

图 9-28　对队列入队函数的封装

5. 使用用户自定义事件复用界面循环中事件结构的代码

程序框架中主状态机循环和数据采集循环中的选择结构各分支可由队列中传递的数据进行选择重复执行。在虚拟仪器项目设计过程中，有时需要重复执行用户界面循环中事件结构的某个分支。例如程序开始运行时的用户界面初始化代码可能和程序退出前恢复界面默认显示值的代码相同，这时就可以在一个用户自定义的事件分支中写代码，在程序初始化和退出前触发该事件即可。为了实现用户界面循环中事件结构代码的重用，程序框架中创建了 UserEvent1 和 UserEvent2 两个用户事件。这两个事件被打包成簇后共同进行注册，随后两个注册事件的引用被连接到事件结构的动态注册端子，以允许用户定义事件。事件簇也被连接到事件结构，便于必要时解包触发需要的事件。如果需要在其他循环中触发事件，也可以将事件簇连接到其他循环中。当用户请求结束循环运行时，程序框架就会取消事件的注册，并销毁所创建的事件。与这两个事件处理的方式类似，用户也可以在框架基础上增加更多自定义事件。

6. 增强了错误捕获和处理能力

虚拟仪器程序设计时必须考虑对程序错误的处理，这是因为对错误的捕获和处理可以有效提高项目的健壮性。为此在大型多任务框架中，专门使用一个队列和独立的循环对程序中发生的错误进行集中处理。为了尽可能全面地捕获错误，在用户界面循环、主状态机循环和数据采集循环中均使用了错误捕获函数，将程序运行时捕获的错误通过 ErrQ 队列发送到错误处理循环进行处理。错误捕获 VI 的前、后面板如图 9-29 所示，其输入参数包含一个 ErrQ 队列的引用和一个错误簇控件，输出参数只有一个错误簇指示器。VI 运行时，如果检测到有错误发生（输入错误簇控件的 Status 为 TRUE）或者代码为 9999 的告警发生，就把输入的错误簇放入 ErrQ 错误处理队列。然后将一个不包含任何错误和告警的错误簇常量作为输出参数的值输出。这样一方面可以清除错误，使捕获错误的循环可以继续运行，另一方面可以将捕获到的错误全部发送到错误处理循环进行集中处理。

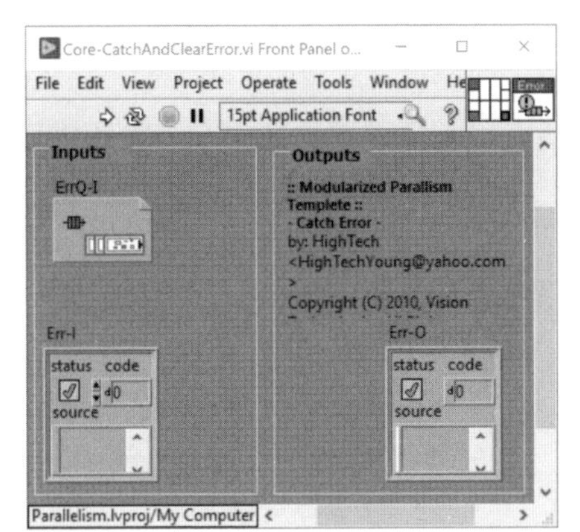

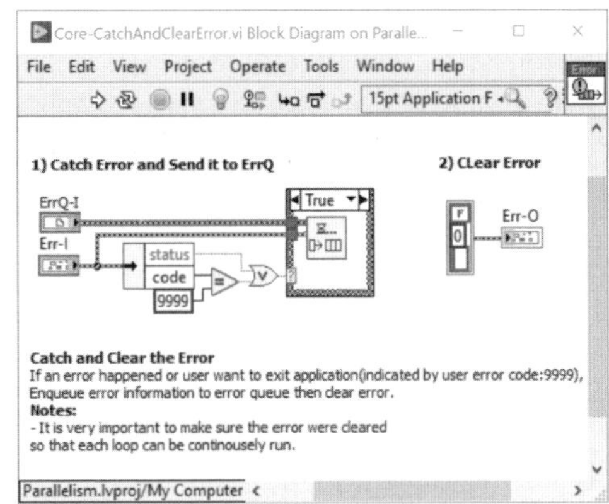

图 9-29 大型多任务程序框架中的错误捕获 VI

7. 设置被多个线程同时调用的 VI 可重入属性

默认情况下，LabVIEW 会在内存中为每个 VI 分配一块存储数据的空间。当程序调用该 VI 时，就会访问存储空间中属于该 VI 的数据。如果在程序中有多个不同的线程同时调用该 VI，两个线程就会同时对这一块数据地址进行读写，就可能导致数据访问冲突。为避免这种不安全的情况出现，虽然 LabVIEW 会调度线程执行的顺序，逐个执行不同线程中的 VI 调用命令。但是这种串行的调度方法往往会成为程序执行效率的瓶颈。

LabVIEW 的可重入（Reentrant）VI 概念能较好地优化和解决这一问题。LabVIEW 在一个程序被调入内存开始运行之前，会为其所有 VI 分配存储空间（包括数据区）。若 VI 并非可重入 VI，LabVIEW 就把这个 VI 运行时局部变量所在的数据区，开辟在 VI 所在的空间内。若 VI 被设置为可重入 VI 的“为各实例预分配克隆”（Preallocated Clone）类型（参见第 5.5 节），LabVIEW 就会为 VI 的每个实例创建独立的数据存储空间。具体来说，若 VI 为可重入 VI，LabVIEW 会把它的数据区开辟在调用它的 VI 上，这样就可以保证这个可重入 VI 在不同的地方被同时调用时，各个实例使用相互独立的数据区。这不仅避免了数据访问冲突的问题，还允许 LabVIEW 以完全并行的方式调用 VI。如果调用是在多个并行的线程中同时进行，当 VI 被设置为可重入 VI 后，这些线程中可重入 VI 的数据也是安全的。此外，由于每个 VI 的实例有独立的数据存储空间，因此在程序中不同位置调用 VI 时，VI 中同名局部变量的值会单独维护。

具体对多线程框架来说，其中用于错误捕获和处理的 Core-CatchAndClearError.vi 和可放置多个队列元素入队的 Core-EnQueueMultiElements.vi 均在多个线程中被调用，因此必须将其设置为可重入 VI 的“为各实例预分配克隆”（Preallocated Clone）形式，以确保框架的执行效率和数据安全。

8. 优雅地退出程序

多任务程序设计中，如何在结束程序前释放相应的资源，并使多个循环同时停止执行，一直是设计人员关心的一个重要问题。时至今日，在很多国内外的技术论坛上，还有很多人在不断讨论这个问题。在图 9-26 所示的大型多任务框架中，正常情况下，如果用户单击 Exit 按钮，则用户界面循环会将请求退出主状态机循环的命令 CMD::Exit 和请求退出数据采集循环的命令 DAQ::Exit 分别放入 MainQ 队列和 DaqQ 队列。当主状态机循环和数据采集循环分别从各自队列中取出这两个命令时，就会清空队列缓冲区中的所有数据，并释放队列资源，结束循环执行。错误循环如何结束呢？当用于请求退出程序时，用户界面循环会将错误簇中的错误代码的值设置为用户自定义错误代码 9999（用户自定义错误代码范围为 5000 ～ 9999 和 -8999 ～ -8000，正值一般用于告警，负值用于错误），并放入 ErrQ 队列，以示告警。当错误处理循环发现收到的错误簇错误代码为 9999 时，就释放该队列的资源，退出错误处理循环，以结束整个程序。如果程序运行时发生了错误，由于每个循环都有一个错误捕获 VI 收集该循环中发生的错误，并发送到错误处理循环。因此，如果所发生的错误已严重到必须退出程序，则只要清除错误，同时向所有循环分别发送退出程序的命令即可（图 9-30）。

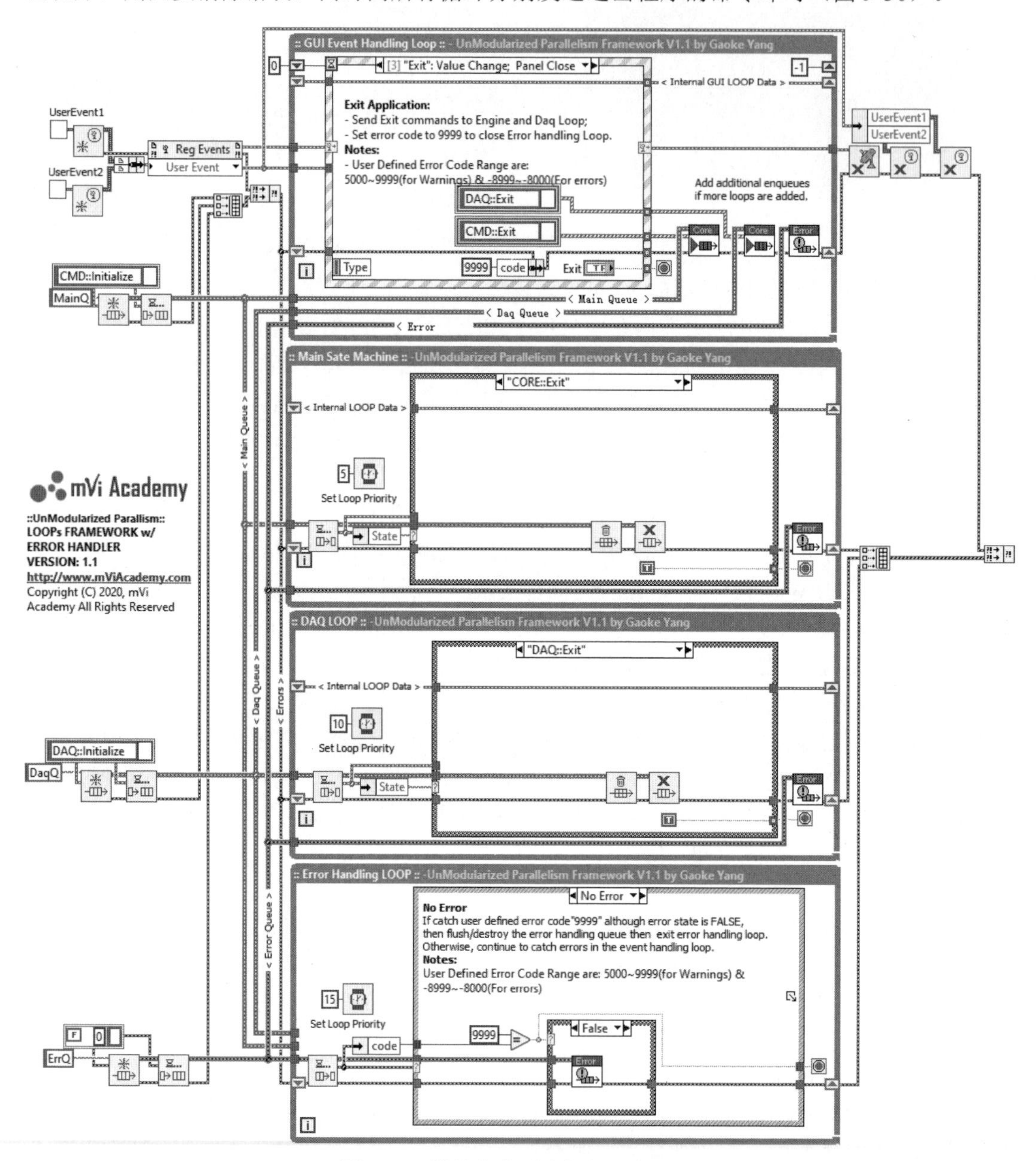

图 9-30 模块化大型多任务程序框架

大型多任务框架可以适应复杂多变的虚拟仪器项目开发。它使用多个循环对不同任务进行分类处理，使程序有极强的可扩展性，并易于维护。LabVIEW 2020 在发布时，自带诸如“生产者 / 消费者”等多循环程序框架。此外，JKI（jki.net）和 Delacor（delacor.com）也提供它们创建的多循环框架。这些框架在原理上与本节所讲解的多循环框架大同小异。

理论上讲，若计算机的配置足够高，可以无限增加需要的循环数量。但是，在实际开发中不可能无限制地增加框架的循环，这是因为，一方面，大型虚拟仪器项目开发工作可能会被分为多个独立模块，由许多研发人员工作完成；另一方面，将不同的功能分开封装到独立的模块中，也能增强程序的可维护性。此外，在显示器的单屏之中显示某个VI的所有程序框图，已经几乎成为LabVIEW的程序设计规范。那么如何才能在满足以上两个条件的情况下，尽可能多地在程序框架中增加处理不同任务的循环呢？一种方法就是对大型多任务程序框架进行模块化。

9.5　模块化的程序框架

模块是构成产品的一部分，功能独立，具有一致的输入/输出接口。相同种类的模块在产品族中可以重用和互换，相关模块的排列组合就可以形成最终的产品。模块并不是一个新的概念，早在20世纪初期的建筑行业中，将建筑按照功能分成可以自由组合的建筑单元的概念就已经存在。随着技术的不断发展，模块的概念又被引入机械制造业和软件行业，并在软件行业中被广泛实践。模块化的产品结构可以提高大型软件系统产品的研发效率、降低开发成本，并能有效增强产品的维护性和可靠性。目前大型软件系统的模块化趋势越来越明显，模块化产品设计的优越性也越来越明显。

首先，模块化的产品设计结构可以提高产品质量、缩短开发周期。大量重用已有的经过试验、生产和市场验证的模块，可以降低设计风险，提高产品的可靠性。模块实现产品功能的分配和隔离，使问题的发现和设计的改进变得容易。模块实现功能的抽象和实现分离，使设计人员容易掌握产品全局，同时设计人员可以屏蔽掉与自身领域无关的细节，从而关注更高层次的设计逻辑。模块功能的独立性和接口的一致性，使模块研究更加专业化和深入，可以通过不断升级自身性能来提高产品的整体性能和可靠性，而不会影响产品的其他模块。

其次，模块化的产品设计结构有利于团队开发。模块功能的独立性和接口的一致性，使得规范不同开发团队间的接口信息更容易，也使得由相对独立的开发团队并行设计、开发、试验、验证不同模块成为可能。标准规范的模块接口定义有利于形成产品的规范，有利于产业分工的细化，促进团队协作开发。

最后，模块化的产品设计结构可以快速满足用户对产品的多样性需求。对成熟模块的不同组合可以快速实现不同功能，产品设计人员使用具体模块时根本不用关心内部实现，更易于产品的配置和变型设计，大大缩短设计周期。

评价模块设计优劣的因素主要有以下三个。

（1）信息隐藏。通常情况下模块的功能和与模块交流的信息仅通过模块的接口（Interface）访问，而模块功能的实现信息则隐藏在模块内部。有效地隐藏模块功能实现的细节，保留访问这些功能的接口是模块化设计的主要工作之一。

（2）内聚与耦合。内聚（Cohesion）是模块内部各成分之间相关联程度的度量。耦合（Coupling）是模块之间依赖程度的度量。内聚和耦合是密切相关的，与其他模块存在强耦合的模块通常意味着弱内聚，而强内聚的模块通常意味着与其他模块之间存在弱耦合。好的模块化设计追求强内聚、弱耦合。

（3）封闭性与开放性。如果一个模块可以作为一个独立体被其他程序引用，则称模块具有封闭性。如果一个模块可以被扩充，则称模块具有开放性。从字面上看，让模块同时具有封闭性和开放性是矛盾的，但这种特征在软件开发过程中是客观存在的，优秀的设计总能在它们之间找到平衡。

依据以上理论，下面接着讲解“大型多循环框架的模块化”。

9.5.1 多循环程序框架的模块化

如前所述，衡量模块化优劣的一个重要因素是看模块的功能是否高度内聚。换句话说，就是看模块内部的代码与外部代码之间的数据耦合关系是否较弱。仔细观察大型多任务程序框架，不难发现其中的每个循环都完成某一项程序任务，与其他循环之间的依赖关系不大。因此可以考虑将各循环作为独立的模块封装成一个VI，这样就可以在一个分辨率为1280×1024的屏幕上，显示尽可能多的任务循环。通常情况下，经过模块化后，一个大型虚拟仪器项目框架所需的所有循环模块均能在一屏上显示。图9-31显示了对9.4节所述的大型多任务循环进行模块化封装后的程序框图。

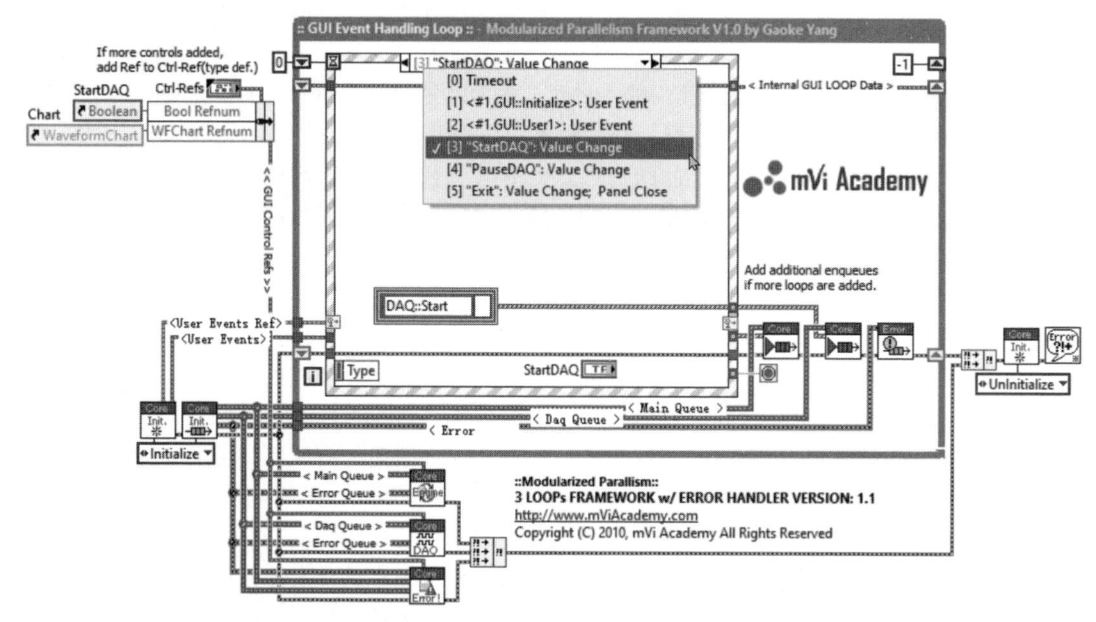

图9-31 模块化封装后的结束大型多任务程序框架

我们先来看对框架中的任务循环进行模块化的过程。通过观察可以发现，各子循环与程序框架其他部分代码之间的数据依赖关系如下。

（1）各子循环使用相应队列的引用和错误簇作为输入。

（2）各子循环将执行过程中捕捉到的错误输出。

（3）程序框架未被模块化时，所有代码均在一个VI中，可以直接使用该VI中的控件和指示器。

在上面的数据依赖关系中，前面两条比较容易解决，只要将队列的引用和错误簇作为输入参数传递到要封装的模块，并将循环执行过程中捕捉到的错误作为模块的输出即可。但是在封装时解决第三条需要一些小技巧。难点在于封装后，原来在一个VI中的代码被拆分到两个VI中，任务循环被作为子模块调用。如果还要在子模块中使用上一级VI中的控件和指示器，则必须设法使子VI能访问它们。

由于通过值传递资源消耗较大，显然不是理想的解决方案。由于在程序框架封装时，不同开发人员在使用框架时可能在主VI中放置的控件和指示器的数量有所不同，所以必须保证控件或指示器能被封装模块访问的同时还具有可扩充的能力，以便设计时不调整框架就能增加模块可访问组件的数量。基于这些需求，很容易想到使用组件的引用和严格类型的自定义簇解决问题。具体来说，可以定义一个“严格类型定义”（Strict Type def）的自定义簇作为子模块的参数，然后在该簇中添加需要在子模块中访问的主界面组件引用，就可以基于这些引用，实现对主界面上组件的操作，如组件的读、写或属性更改等。

图 9-32 显示了用于封装大型多任务框架中任务循环的严格类型定义簇，其中仅包含一个 Bool 组件和一个 WFChart 组件的引用作为示例。由于严格类型定义的簇在发生变化时，所有在项目中用到的地方都会随着变化，因此，在实际工程实践中，若需在子模块中控制更多的主界面组件，只需在严格类型定义的簇控件中添加相应的组件引用保存即可，并不需要逐个对子模块的接口进行更新。此外，簇元素类型的多样性使其可以把各种类型的数据传递到模块中，可以比较完美地解决数据的依赖性问题。

解决了数据的依赖性问题后，就可以对各任务循环进行模块化封装。图 9-33 和图 9-34 分别显示了对主状态机循环进行封装后的前面板和后面板。在前面板中包含 4 个输入参数和一个输出参数。包括主队列 MainQ 的引用、错误状态队列 ErrQ 的引用、严格类型定义的主 VI 控件引用簇和输入 / 输出错误簇。两个队列引用可以使模块内的程序代码在需要的时候将命令或捕获的错误放入相应队列中。严格类型定义的簇用于传递需要在子模块中访问的主 VI 组件引用。输入的错误簇控件和输出错误簇指示器用于传递程序的错误状态。程序后面板中除了输入 / 输出端子外，其余代码（包括选择结构各个分支的组织）都与封装前的主状态机循环代码完全一样。

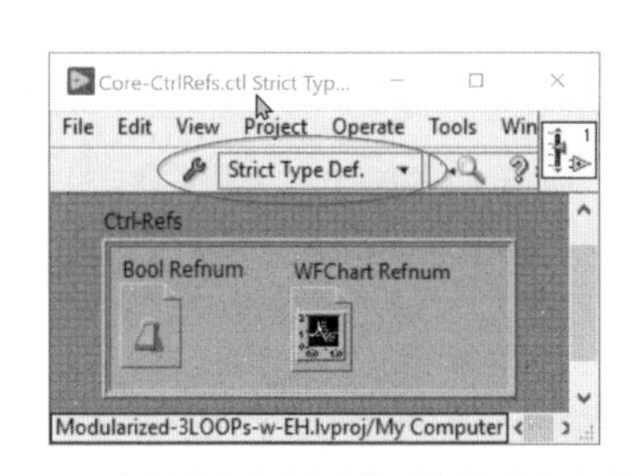

图 9-32 为封装任务循环的严格类型定义簇

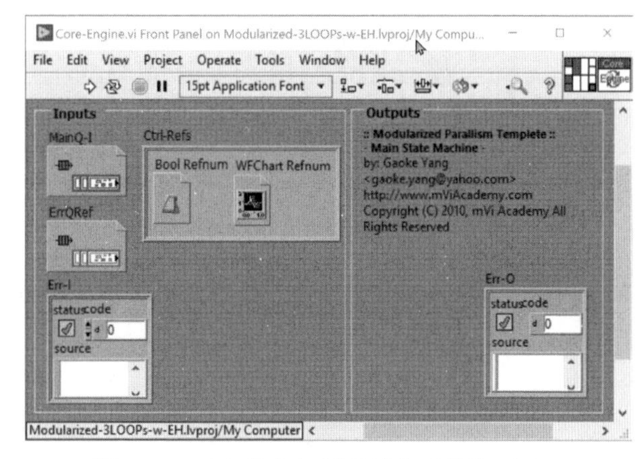

图 9-33 对主状态机循环封装后的前面板

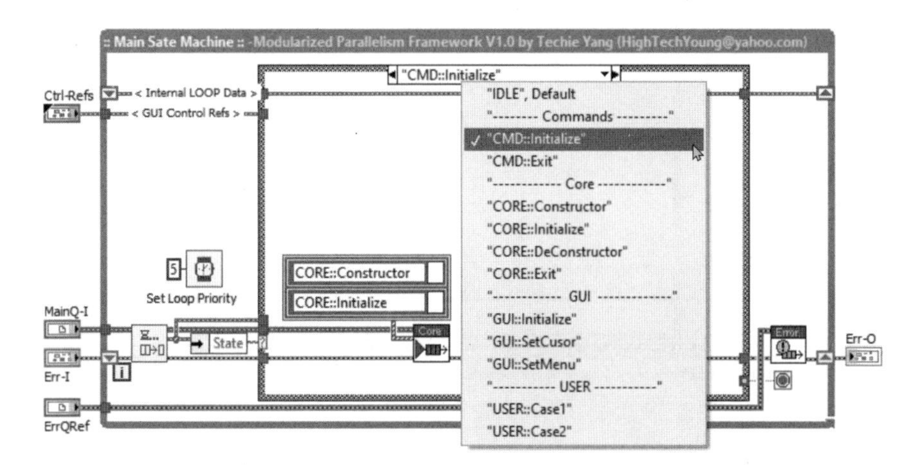

图 9-34 对主状态机循环封装后的后面板

可以使用相同方法解决依赖问题后对框架中的“数据采集循环”和“错误处理循环”进行封装。考虑事件结构处理用户界面操作的优越性，程序框架并未对“用户界面循环”进行封装，而是将它直接作为主界面 VI 的事件处理器。另外，由于通过引用访问组件相较于通过变量或直接访问执行效率较低，因此一般把对界面组件进行频繁操作的代码安排在主界面 VI 中，而只把对主界面组件访问较少的代码安排在模块中。

在把主界面组件的引用簇传递给模块时，可以先在主界面中放置一个“严格类型定义”簇的控件，然后创建需要传递组件引用的常量，并使用“按名称打包”（Bundle by Name）函数更新簇数据并传递到模块中（图 9-31）。如果在设计时需要增加更多传递的组件引用，只要扩展“按名称打包”函数的端子就可以很容易完成代码扩展。一旦组件引用被传递至子模块，就可以直接对其操作。例如，框架中的数据采集模块，要使采集到的数据不断更新主界面上的 WFChart 控件，以图形化的方式显示采集到的数据，此时就可以使用 WFChart 的引用，通过不断更改其数值属性，完成数据的显示任务，如图 9-35 所示。

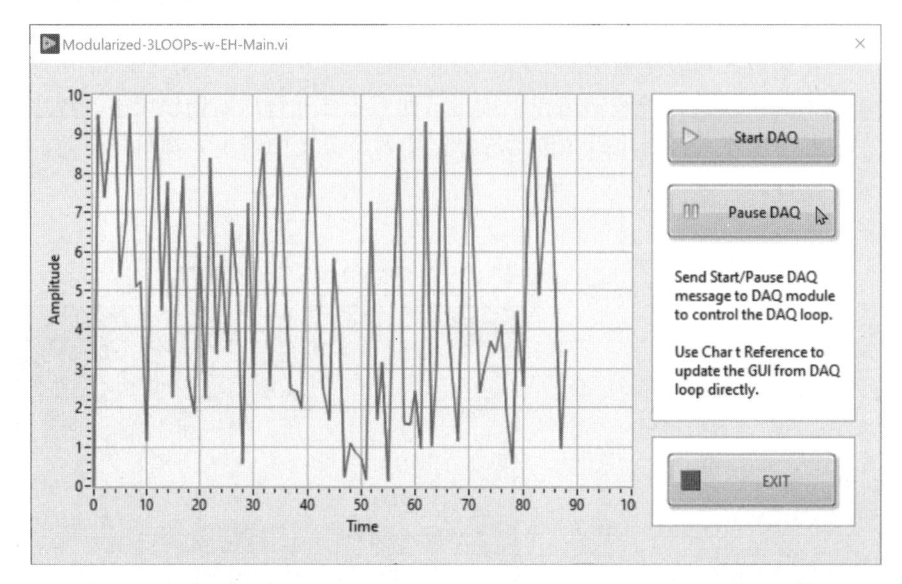

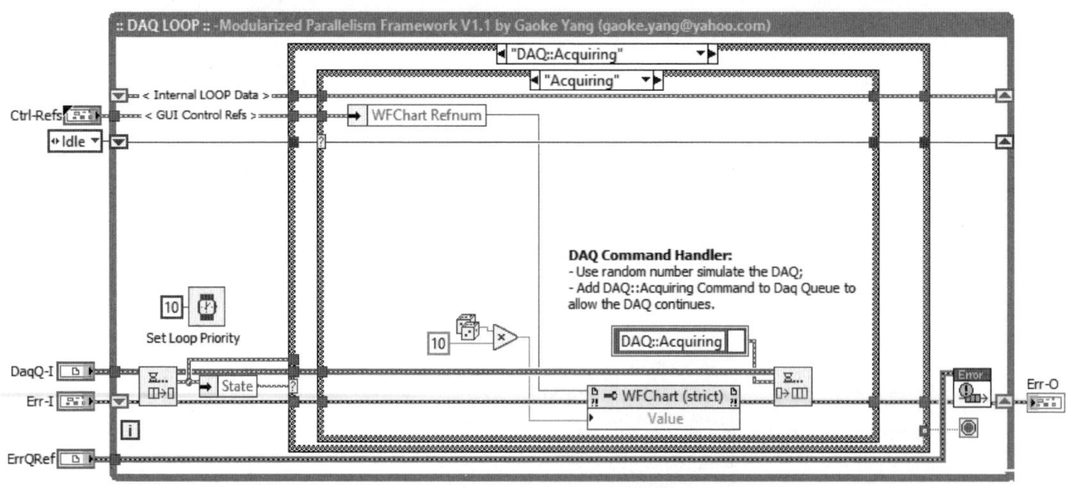

图 9-35　使用引用在数据采集模块中更新主界面组件的值

除了对任务循环进行封装外，程序框架还对队列和事件的创建、注册以及退出时的销毁进行了封装。由于创建和销毁分别在程序运行之初和结束之前执行，为了减少框图连线，使代码更清晰明了、符合逻辑，在封装时使用了功能全局量。

图 9-36 和图 9-37 显示了程序框架使用功能全局量对队列“创建”和“销毁”进行封装后的前面板和后面板。封装后的 VI 有 2 个输入参数和 4 个输出参数。输入参数中的 Cmd 是一个枚举类型的控件，它包含用于初始化的选项 Initialize 和用于销毁的选项 UnInitialize。输出参数中包含三个用于在程序框架各模块中传递数据的队列的引用。输入 / 输出参数中的错误簇用来传递程序执行过程中捕捉到的错误。

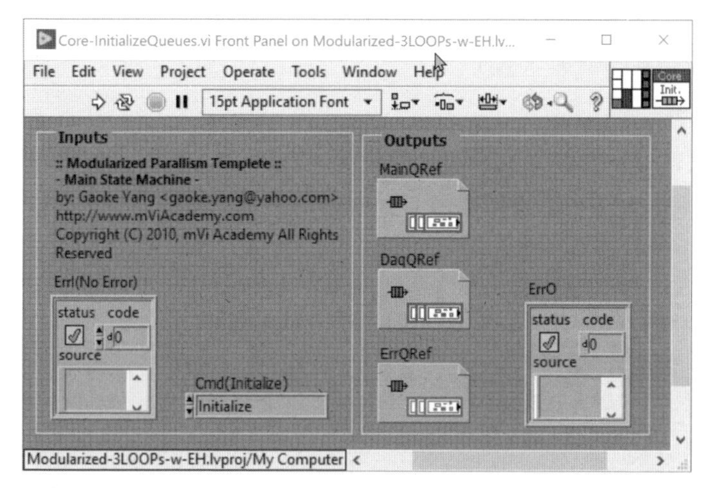

图 9-36 使用功能全局量对队列“创建”和“销毁”进行封装后的前面板

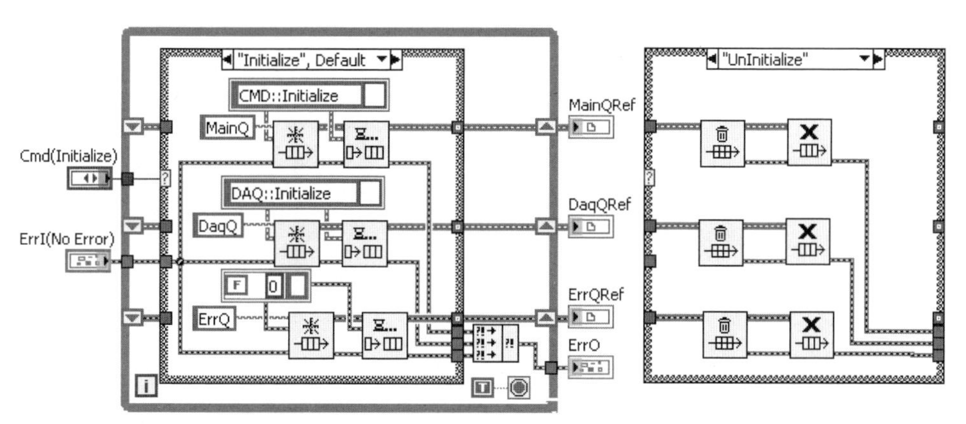

Initialize or Uninitialize the Queues.
- if "Cmd" was set to "Initialize", the Main/DAQ/Error Queues will be created and initialized;
- if "Cmd" was set to "UnInitialize", the vi will delete all elements and then destroy the Main/DAQ/Error Queues;

Notes:
- You can add code here if you want to add more loop in framework.

图 9-37 使用功能全局量对队列“创建”和“销毁”进行封装后的后面板

程序代码由典型的“功能全局量”构成，包含一个只执行一次的循环、三个移位寄存器和一个选择结构等。如果 VI 被调用时，Cmd 被设置为 Initialize，则选择结构的 Initialize 分支会被执行。这个分支中包含创建三个用于在程序框架各模块中传递数据的队列 MainQ、DaqQ 和 ErrQ 的代码，以及向队列中添加初始化命令的代码。循环执行一次结束后，所创建的队列引用通过输出指示器 MainQRef、DaqQRef 和 ErrQRef 输出的同时，被分别保存在三个移位寄存器中。由于代码中没有包含对移位寄存器进行初始化的代码，因此这些保存的引用在 VI 下次被调用时仍然保留。

如果 VI 被调用时，Cmd 被设置为 UnInitialize，则选择结构的 UnInitialize 分支会被执行。

由于使用了“功能全局量”结构，因此程序会使用调用 VI 创建队列时保存在三个移位寄存器中的引用，在 UnInitialize 分支中清空和销毁三个队列 MainQ、DaqQ 和 ErrQ。执行过程中捕获的错误被合并后通过 ErrQ 输出。

使用类似的方法，可以对框架中用户定义事件的创建、注册、取消注册和销毁过程进行封装。封装后的 VI 前、后面板如图 9-38 和 9-39 所示。如果 Cmd 被设置为 Initialize，调用 VI 时将进行事件的创建和注册，并将注册的事件和事件的引用保存在移位寄存器中后输出；如果 Cmd 被设置为 UnInitialize，那么调用 VI 时就会根据保存在移位寄存器中的事件和事件引用，取消对事件的注册并销毁事件。

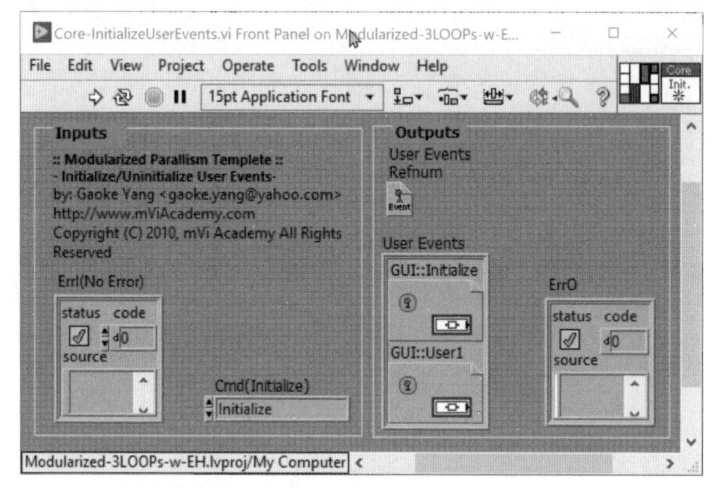

图 9-38 使用功能全局量对用户自定义事件操作进行封装后的前面板

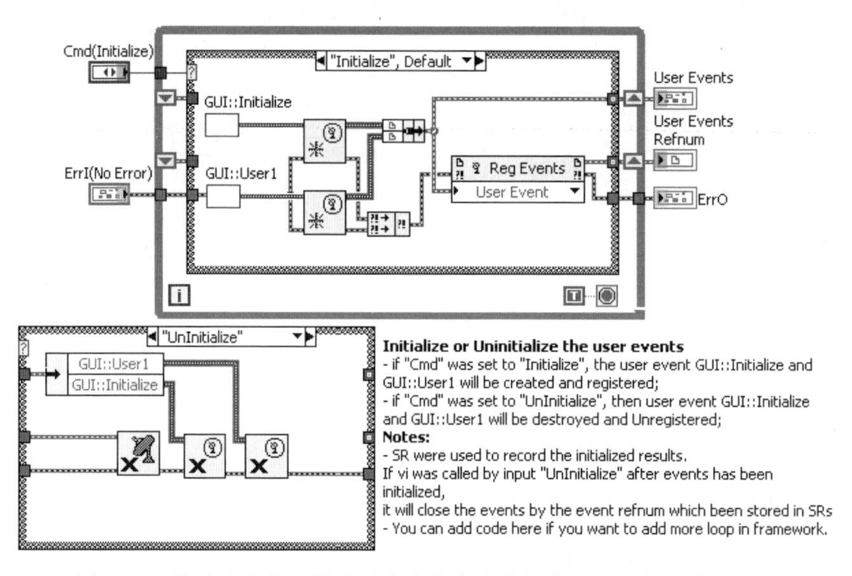

图 9-39 使用功能全局量对用户自定义事件操作进行封装后的后面板

最后，由于用于错误捕获和处理的 Core-CatchAndClearError.vi 和可放置多个队列元素入队的 Core-EnQueueMultiElements.vi 均在不同模块中被调用，因此必须将其设置为可重入 VI，以确保框架的执行效率和数据安全。

模块化后的大型多循环程序框架是笔者开发大型虚拟仪器项目的必选框架之一，它组织的代码可更清晰地表达所实现的功能，有效提高程序的可读性和可维护性。

9.5.2 动态加载

在大型 LabVIEW 虚拟仪器项目开发过程中，还有一种较为常用并能有效提高程序模块化程度的方法：动态加载（Dynamic Load）。

LabVIEW 提供两种形式的 VI 加载方法：静态链接和动态加载。静态链接的 VI 是指放置在程序框图上被直接调用的 VI，它与主 VI 同时被加载到内存中。与静态链接的子 VI 不同，动态加载 VI 只有在打开 VI 引用时才会将其加载至内存。由于只有在需要运行 VI 时才将其加载到内存，在操作结束后又将其从内存中释放，因此动态加载特别适合较大的程序，或者只在运行过程中才确定要调用的 VI 的场合。

动态加载可以使用 VI 服务器（VI Server）功能来实现。VI Server 实际上是一套函数，可通过编程实现动态控制前面板对象、VI 和 LabVIEW 环境的功能（VI Server 技术的细节将在后续章节系统讲解）。针对动态加载，VI Server 提供以下两种实现方法。

（1）使用“通过引用节点调用函数”（Call By Reference Node）动态调用接口相同但功能不同的模块。

（2）使用“调用节点”（Invoke Node）函数和“属性节点”（Property Node）相结合的方式实现多个 VI 的动态调用。

与这两种方法相关的函数如图 9-40 所示。

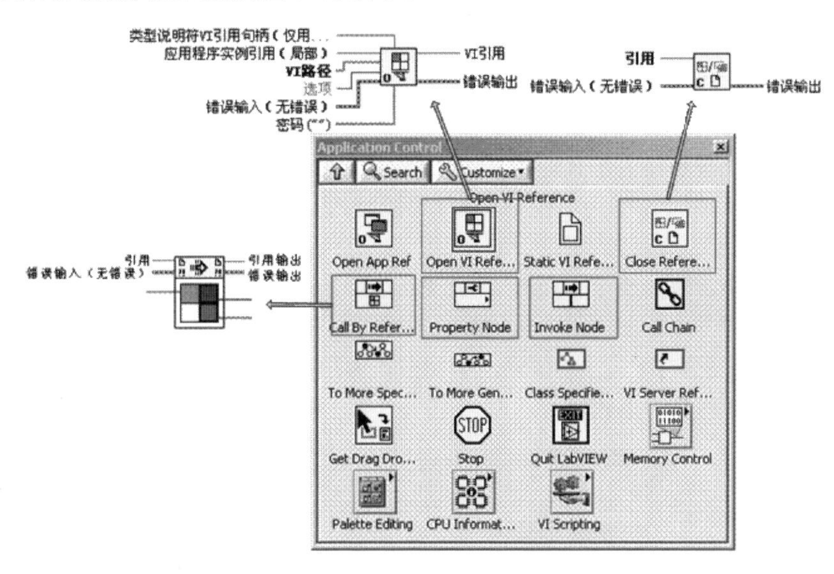

图 9-40 实现动态加载的几个主要函数

使用这些函数实现动态加载的一般步骤如下。

（1）使用“打开 VI 引用”（Open VI Reference）函数获取 VI 的引用。

（2）基于所获取的 VI 引用，使用“通过引用节点调用”（Call By Reference Node）函数或者使用“调用节点”（Invoke Node）函数进行 VI 的动态调用。

（3）VI 执行完成后，使用“关闭 VI 引用”（Close VI Reference）函数释放相关资源。

从程序模块化的角度来看，可以基于动态加载创建具有“插件”（Plugin）功能的程序框架，以便应用程序发布给用户之后，还可为该应用程序扩展更多的功能模块。例如，设计时可以定义模块的接口参数，并约定不同功能模块 VI 所存放的目录，随后将应用程序设计成自动检测这个目录中所有 VI，并动态加载这些 VI 的结构。这样，应用程序就不仅包含发布时所带有的功能模块，还允许用户在目录中添加新的 VI，为用户提供更多功能。

使用“通过引用节点调用”函数实现动态加载时，必须注意以下几个技术要点。

1. 使用“严格类型引用”

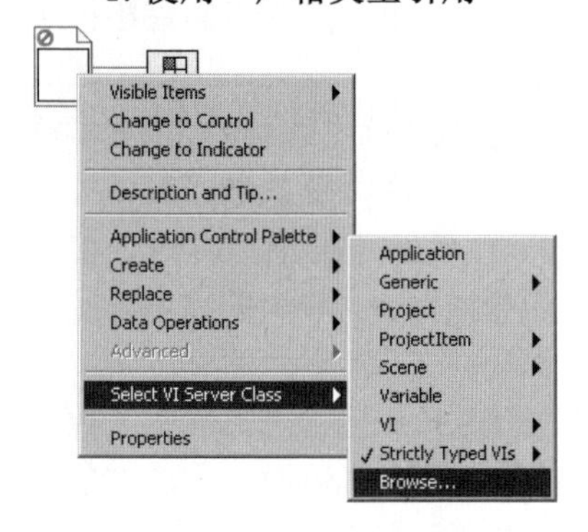

图 9-41　创建严格类型引用

使用“通过引用节点调用”函数实现动态加载，“打开 VI 引用”函数创建的 VI 引用必须是严格类型引用。严格类型 VI 引用可以在“打开 VI 引用”函数的输入端输入用于创建引用的 VI 路径后，再右击“打开 VI 引用”函数的类型说明符输入端，从弹出的菜单中创建常量后对其进行配置来获得。配置时，右击创建的常量，在弹出的菜单中选择“选择 VI 服务器类”（Select VI Server Class）→“浏览”（Browse）选项，在弹出的文件对话框中选择一个 VI，如图 9-41 所示或直接选择一个 VI 的前面板或程序框图窗口右上角的 VI 图标，将其拖放到类型说明符 VI 引用句柄常量即可。配置完成后，引用的左上角将出现一个内有斜线的圆圈，表示该引用为严格类型引用。由于配置过程实际上是在完成模块的接口定义，因此所选 VI 的输入、输出参数端子的配置必须与“打开 VI 引用”函数输入端“VI 路径”参数指向的 VI 的输入、输出端子配置相同。通常使用同一个 VI 完成创建严格类型引用的工作。

2. 被加载的模块应该具有相同的接口

“通过引用节点调用”函数接线端下方的区域是连线端子，其外观与一般 VI 的连线端子相同。使用它可调用任何连线端子与创建严格类型引用时选用的 VI 连线端子相同的 VI。接口不一致的模块会导致错误发生。

3. 被加载的模块按照独占形式运行

如使用“通过引用节点调用”函数将 VI 加载至内存并显示其前面板，则程序框图的其他部分只有在 VI 执行完成后才执行。

4. 被加载的模块常被加载至子面板（Sub Panel）中

为了程序组织的方便，在使用动态加载时通常将加载的模块内嵌到子面板中。

图 9-42、图 9-43 显示了一个使用“通过引用节点调用”函数动态加载模块的 VI 前、后面板，整个程序以类似“插件”的形式运行。

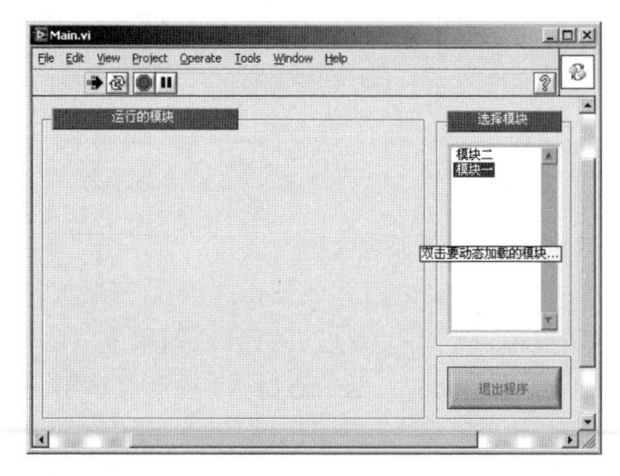

图 9-42　使用“通过引用节点调用”函数进行动态加载的 VI 前面板

在前面板中包含一个列表框、一个子面板和一个退出按钮。程序运行时会在列表框中列出所有被放置在 plugin 目录下的模块名字。子面板用于动态加载模块的前面板。为了使加载的模块和主界面合为一体，不仅将各模块的前面板颜色设置成与主 VI 界面相同的颜色，还将子面板设置为全透明。这样在运行时被加载的模块就好像是主 VI 的一部分。

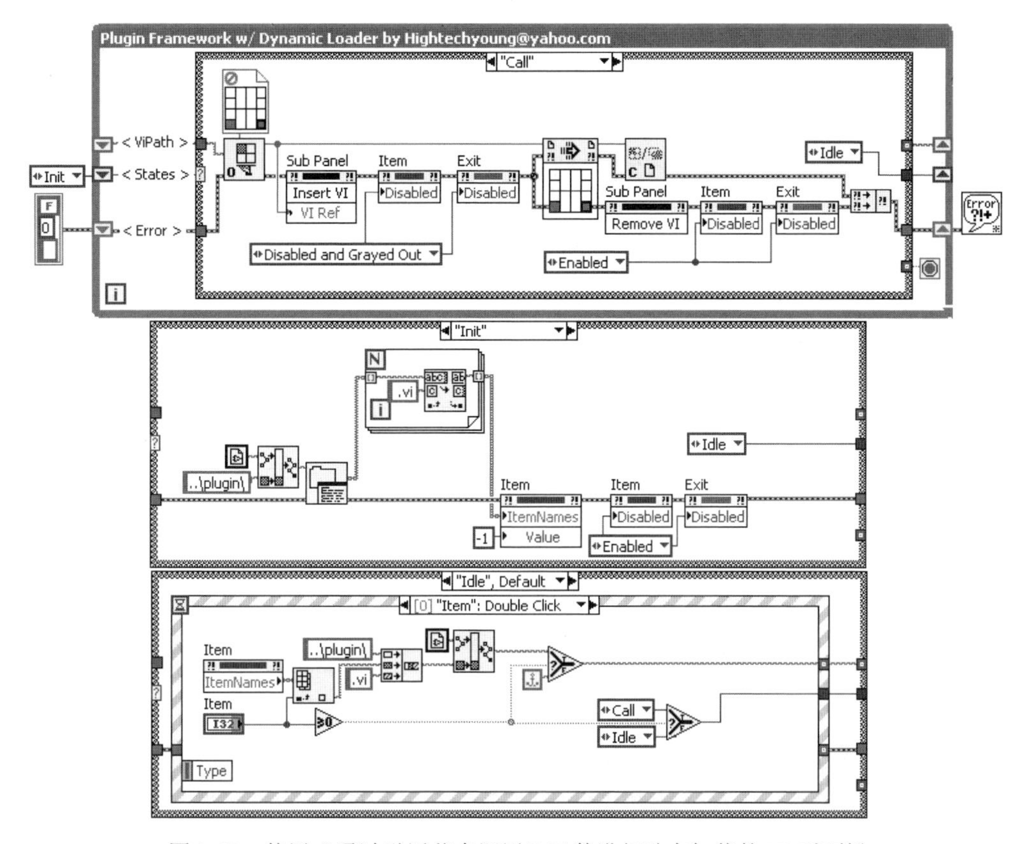

图 9-43　使用“通过引用节点调用”函数进行动态加载的 VI 后面板

程序代码主框架由状态机结构组成，包含四个状态：初始化（Init）、空闲状态（Idle）、动态调用（Call）和结束（Quit）。程序执行时先进入初始化（Init）分支，该分支中的代码会将应用程序目录“\Plugin”中的所有 VI 名称列举出来，并插入列举框中。随后进入空闲状态，并等待用户选择要加载的模块。空闲状态（Idle）分支中的事件结构不断监测列表框的“鼠标双击事件”（Double Click），如果用户并未选择任何模块，则程序将继续在空闲状态等待。当用户双击了列表框中的某个模块名称时，事件分支中的代码会根据所选择的模块名称以及模块所在的目录组合要加载模块所在的路径，并进入动态调用（Call）分支中。该分支中含有根据“空闲状态”（Idle），分支中组合的路径动态加载“\plugin”目录中相应 VI 的代码。动态加载的方法与前面所述“获取 VI 引用”→“通过引用节点调用”→“关闭 VI 引用”的动态加载步骤基本相同，不同点在于，在使用“通过引用节点调用”函数之前，先使用子面板的 Insert VI 方法把要加载的 VI 插入子面板中，VI 运行结束后，使用 Remove VI 将其从子面板中移除。最后，用户如果单击 Exit 按钮，则退出程序。

另外，为了防止用户误操作，在被加载 VI 运行过程中，程序还使用属性节点禁用了列表框和“退出”按钮。这是因为使用“通过引用节点调用”函数加载的 VI 以独占的方式运行，在它未结束运行之前，程序其他部分的代码不能执行，即使不禁用，用户也无法得到响应。

使用“调用节点”函数也可以进行 VI 的动态加载。其本质与在后面板放置子 VI 来调用的方法相同，只是它以程序代码的方式操作，就允许在程序“运行时”动态地调用不同的 VI。与使用“通过引用节点调用”函数加载的方法相比，使用时无须约定模块的接口，但是用来实现动态加载却需要相对较多的代码，更重要的是其执行速度远比不上使用“通过节点调用”函数的方法。

使用“调用节点”（Invoke Node）函数和“属性节点”（Property Node）相结合也可以实现前面例子的功能，程序关键部分如图 9-44 所示。与图 9-43 中的代码相比，状态机 Init、Idle 和退出程序的分支中的代码完全相同。不同的是在动态调用中使用了子面板的 Insert VI、Remove VI 和 Run VI 的方法实现模块的动态加载。

注意，Run VI 方法的“等到完成”（Wait Until Done）参数若设置为 TRUE，其加载的模块和“通过引用节点调用”函数加载的模块一样，都按照独占的方式运行。如果将该参数设置为 FALSE，那么程序并不等待模块运行完成就把控制权交回给主 VI，这样可能就不会在子面板中看到被加载的模块。

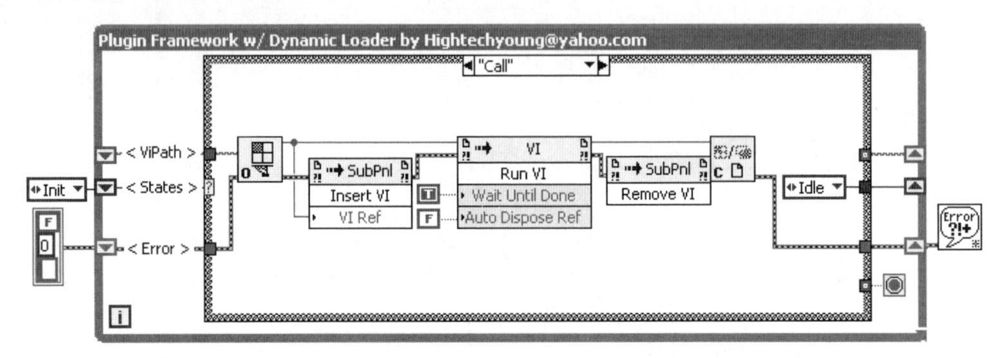

图 9-44 使用“调用节点”函数进行动态加载的程序关键部分

通常情况下，使用“调用节点”函数实现动态加载功能时，并不把 VI 插入子面板中，而是通过对“等到完成”（Wait Until Done）参数的不同设置实现类似“模态”（Modal）或“非模态”VI 的调用。例如，可以将加载的代码部分修改为图 9-45，则“等到完成”（Wait Until Done）参数设置为 FALSE 值，就会使程序以类似“非模态”的方式加载 VI。当然，如果将其中的“等到完成”（Wait Until Done）参数设置为 TRUE，则调用就以类似“模态”的方式运行。两者的微小区别在于“非模态”方式下，程序前面板仍可以与其他前面板相互切换操作，需要注意的是，所有操作均要等到被调用模块执行完成才被响应。

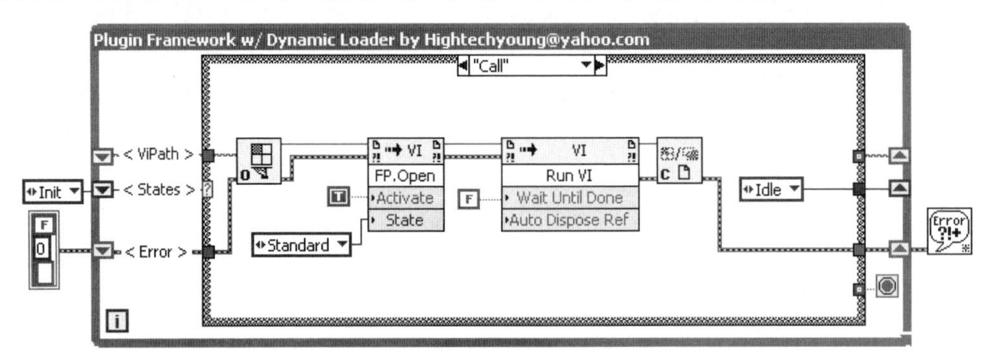

图 9-45 使用“调用节点”函数实现类似“非模态”方式的 VI 动态加载

无论使用前面提到的哪种方法实现动态加载，在程序设计过程中使用时都可以有效地提高程序的模块化程度，提高开发效率。

9.6 本章小结

本章主要对面向多任务的多循环程序框架构成和要点进行讲解。使用多任务、多线程和多处理不仅可以有效利用多处理器计算机的能力，还能为大型、复杂的应用提供高效的解决方案。LabVIEW 中的多任务表现为多循环，对多循环的研究可以从分析多个循环之间使用何种数据通信方式协调运作入手。

根据多循环之间的相互关系，LabVIEW 的多循环框架可归纳为变量控制、同步和异步执行的循环等几大类，相较而言各有优缺点。变量控制的多循环比较容易实现，但是却存在数据访问冲突的问题。对于简单的数据访问冲突问题，可以使用信号量来解决。同步多个循环之间运行的工具有：事件发生函数、通知器、定时循环的同步组和集合点。使用这些工具可以有效地同步多个循环的运行，但是这些工具都不能对触发信息进行缓存，可能导致用户请求丢失。使用队列、堆栈或事件可以缓存触发信息，按照顺序对用户请求进行处理。但是缓存中的信息可能并不会立即得到程序的响应，因此使用这种方式构建的框架会按照异步方式运行。

基于异步多循环框架可以为大型复杂的应用搭建程序框架。在大型复杂的程序框架中，可以按照任务不同，使用多个独立循环分别处理。当然，也可以为不同的任务循环分别创建队列。这些队列的引用被分别传递到需要向队列中添加数据的循环中，在程序运行时，通过引用向队列添加数据协调整个程序的运作。大型多循环框架中的错误处理尤为重要，用户可以在每个独立的任务循环中捕捉错误，通过错误状态队列的引用将捕获的错误发送到错误处理循环集中处理。当然结合错误处理也可以使多循环框架优雅地结束。

为了能在分辨率为 1280×1024 的一个屏幕上显示整个程序框架，有必要对程序框架进行模块化。动态加载是提高程序模块化的一个重要手段。使用模块化的程序结构不仅可以增强可读性和可维护性，还可以有效提高程序的开发效率。

第10章　扩展用户界面

前面几章讲解了LabVIEW程序结构的扩展技术。与之类似，在进行软件界面设计时，也有一些方法可以用来快速构建个性化的VI前面板，为用户提供不同的操作体验。这些方法概括如下：

（1）使用自定义控件扩展LabVIEW控件库及程序能力。

（2）使用Xcontrol组件，创建高级模块化的组件。

（3）为应用程序添加菜单，高效组织程序的各种功能。

（4）为应用程序添加工具栏和状态栏，提高程序的交互能力。

（5）为应用程序的不同状态定义不同的鼠标光标显示。

（6）为程序添加多国语言支持功能，使其可以在使用不同语言的地区发布。

本章主要讲解这些高级用户界面开发技术。

10.1　自定义控件

自定义控件是对LabVIEW现有前面板对象集的扩展。开发人员可以基于内置的LabVIEW输入控件或显示控件，创建与其数据结构相同但外观完全不同的自定义用户界面组件。从资源重用的角度来看，不仅可以将自定义控件保存在某个目录或LabVIEW库文件LLB（LabVIEW Library File）中，还可以为自定义控件创建图标并添加到控件选板，扩展LabVIEW控件库，便于开发其他VI时，能直接使用这些自定义控件，加快用户界面开发速度。

控件的自定义可以使用“控件编辑器”（Control Editor）完成。选择菜单“新建”（New…）并从弹出的对话框中选择“自定义控件”（Custom Control）选项，或者从前面板上控件的右键菜单中选择“高级”（Advanced）→“自定义”（Customize…）选项，即可打开控件编辑器（图10-1）。控件编辑器窗口在外观上与前面板十分相似，但其功能仅限于自定义控件，因此不包含程序框图，也无法运行。

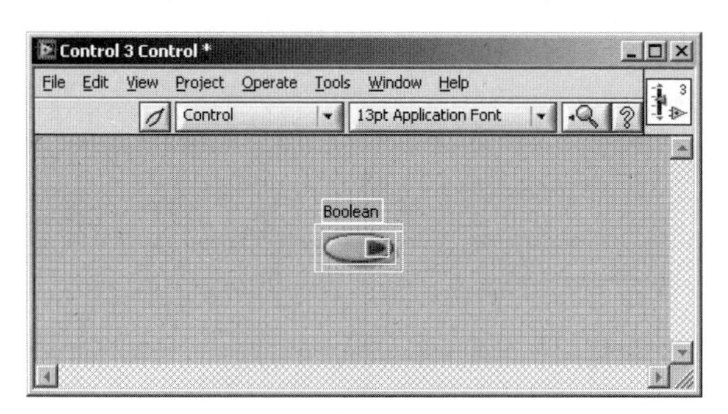

图10-1　控件编辑器窗口

控件编辑器一次只能对一个输入控件或显示控件进行编辑。如果其中包含多个控件，控件编辑器窗口的工具栏上就会出现“无效控件”按钮。单击该按钮，此错误的详细解释就会显示在错误列表窗口中。如果用户要基于自定义的数据结构来创建自定义控件，可以使用数组或簇来完成。由于数组或簇本身就是一个控件，因此在定义时不会产生错误。

控件编辑器默认情况下工作在“编辑模式”（Edit Mode，工具栏上将显示“编辑模式”按钮）。在该模式下，对控件的编辑操作与在VI前面板编辑模式下的操作相同。开发人员可以对控件的大小及颜色进行更改，也可以通过控件的快捷菜单更改相应选项。

控件编辑器也可以工作在“自定义模式”（Customize Mode，工具栏上将显示“自定义模式”按钮），在自定义模式下，构成控件的所有部件均以独立的部件显示，包括在编辑模式中隐藏的任何部件，图10-2中显示的滑动条控件名称标签、标尺和数字显示部件等。

由于控件的各个部件相互脱离，控件中每个部件的右键菜单会有所不同，而且对每个部件进行的修改不会对其他部件造成影响。因此，可以通过对各个部件进行修改，实现对控件外观的大幅度改动。

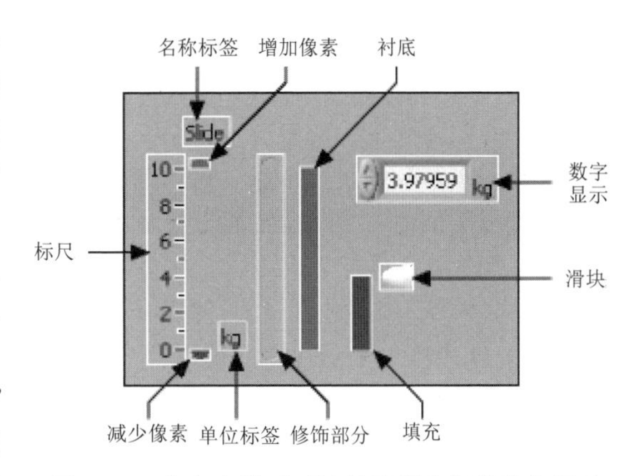

图 10-2　自定义模式下控件的所有部件独立显示

通过单击“编辑模式”按钮或“自定义模式”按钮，可以在两种模式之间自由切换。也可通过选择控件编辑器的菜单“操作”（Operation）选项中的“切换至自定义模式”（Switch to Customize Mode）或“切换至编辑模式”（Switch to Edit Mode）实现模式间的切换。

除了使用控件编辑器在编辑模式或自定义模式下修改构成控件自身的部件外，还可以向控件添加图形、文本或其他装饰元件。一旦完成添加，这些新增对象就会成为控件的一部分，同控件一起在前面板上显示。这些特点允许开发人员创建各种具有个性外观的控件。例如，以布尔控件为基础，创建与 LabVIEW 自带按钮外观不同的按钮控件。

LabVIEW 自带的 Modern 和 Classic 风格布尔控件对应 4 种状态。在自定义控件编辑模式下，选择控件鼠标右键菜单中的“图片项”（Picture Item）即可查看、更改各种状态对应的图片。4 个按顺序（从左至右，从上至下，如图 10-3 所示）排列的图形分别对应鼠标的以下状态：

（1）鼠标正常未被按下的状态（Normal），即按钮值为 FALSE 时的图形。

（2）鼠标被按下时的状态，即按钮值为 TRUE 时的图形。

（3）“释放时切换”（Switch When Release）的图形，即从 TRUE 到 FALSE 的过渡状态。

（4）“释放时触发”（Latch When Release）的图形，即从 FALSE 到 TRUE 的过渡状态。

LabVIEW 自带的 System 风格布尔控件相对于 Modern 和 Classic 风格的按钮表现更强，可以对应 6 种状态。 6 个按顺序（图 10-3 中 1 ～ 6）排列的图片中，前 4 个图片代表的意义与 Modern 和 Classic 风格的按钮相同。第 5 个图片代表鼠标未被按下且悬停在按钮上的状态（Mouse Hover Whilst Undepressed），第 6 个图片代表鼠标已经被按下且悬停在按钮上的状态（Mouse Hover Whilst Depressed）。

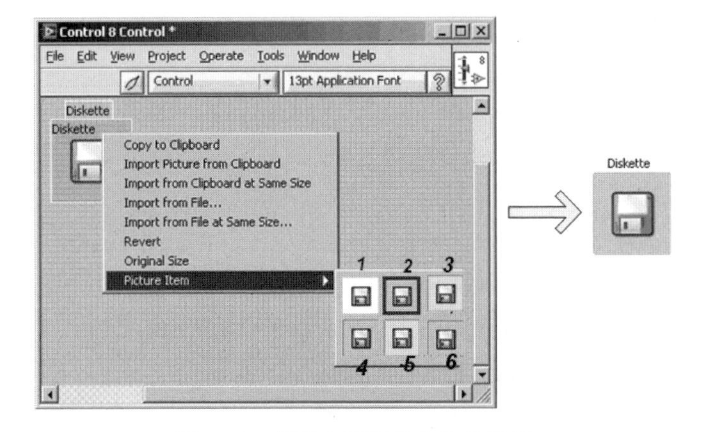

图 10-3　创建文件存盘自定义按钮

如果要基于 4 种状态的 Modern 和 Classic 风格布尔控件创建自定义按钮，则可在任何图像处理软件中针对这 4 个状态分别创建尺寸相同的图形，并在控件编辑器的自定义模式下，通过剪切板逐个替换它们对应的图片，即可实现按钮控件外观的重新定义。图 10-3 显示了创建文件存盘自定义按钮控件的例子。当自定义的按钮控件处于“释放时切换”或“释放时触发”状态时，布尔控件的值将在鼠标按钮被释放时才改变。在单击鼠标按钮和释放鼠标按钮两个动作之间，布尔控件将显示作为过渡状态的第 3 或第 4 个图形。

也可用类似的方法基于 6 种状态的 System 风格按钮创建鼠标悬停时按钮状态变化的自定义控件。例如，若要定义用户界面上常用的交互式按钮（单击后自动弹起），则可以结合按钮在使用时的状态变化过程，只对以下几个图片进行更改：

（1）使用第 1 个图片定义按钮未被按下时的状态，即按钮值为 FALSE 时的状态。

（2）使用第 5 个图片定义用户移动鼠标并将鼠标悬停在按钮上时的状态。

（3）使用第 4 个图片定义鼠标左键按下过程中的状态，即按钮从 FALSE 到 TRUE 的过渡状态。

（4）使用第 6 个图片定义鼠标已经被按下且悬停在按钮上尚未被释放时的状态。

（5）使用第 2 个图片定义鼠标被按下的状态。

如果要基于 6 种状态的布尔控件自定义可在 TRUE 和 FALSE 之间切换的按钮（每种状态需单击鼠标后才切换），则可以结合按钮在使用时的状态变化过程，对以下几个图片进行更改：

（1）使用第 2 个图片定义鼠标被按下的状态，即按钮值为 TRUE 时的状态。

（2）使用第 6 个图片定义鼠标已经被按下且悬停在按钮上尚未被释放时的状态。

（3）使用第 3 个图片定义鼠标左键释放过程中的状态，即按钮从 TRUE 到 FALSE 的过渡状态。

（4）使用第 5 个图片定义用户将鼠标悬停在按钮上时的状态。

（5）使用第 1 个图片定义鼠标离开按钮，且按钮为正常状态，值为 FALSE 时的状态。

在整个过程中，可以使用一个图片模板，不断对其进行复制后略作改动即可。可以将创建的常用自定义控件按照风格、作用分类收集在一起，构成自己的界面开发库。作为对 LabVIEW 开发环境的扩展，还可以把这些自定义的控件添加到控件选板中，以便快速创建具有独特风格的用户界面。图 10-4 显示了由图形代码开源组织 OpenG 创建的 Vista 风格用户界面按钮库被添加至 LabVIEW 控件选板后的情况。

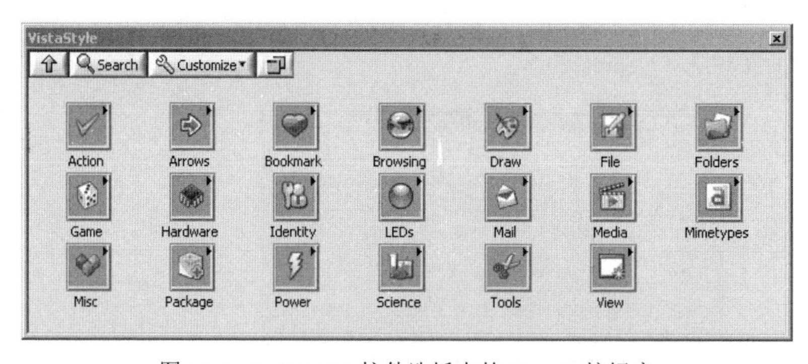

图 10-4 LabVIEW 控件选板中的 OpenG 按钮库

如何将自定义控件添加至 LabVIEW 的控件选板呢？可以通过研究 LabVIEW 文件系统及其保存控件和函数选板的方式获得答案。

LabVIEW 基本文件系统的构成如表 10-1 所示（其中目录是相对于 LabVIEW 安装目录的路径）。根据表中信息，可以获知自定义控件和 VI 通常被保存在 LabVIEW 安装路径下的 user.lib 目录或 menus 目录下的 Categories 或 Controls 文件夹中。因此，可以把收集的自定义控件或函数放在相应的目录下，来实现 LabVIEW 开发组件和库函数的扩充。

表 10-1 LabVIEW 文件系统

类 别	目 录	用 途
库	user.lib	存放用户希望在用户控件或用户库选板上显示的所有控件和 VI。 该目录不会因 LabVIEW 的升级或卸载而变化。但如果要把某个 VI 及其子 VI 复制到另一个目录或另一台计算机，不要把 VI 保存在 user.lib 目录下。这将导致在新位置运行顶层 VI 时，LabVIEW 引用 user.lib 目录中的原始子 VI
	vi.lib	LabVIEW 内置 VI 库。 内置 VI 在 LabVIEW 的函数选板上被分组显示。 不要在 vi.lib 目录下保存文件，LabVIEW 升级或重装时该目录下的文件将被覆盖
	instr.lib	用于控制 PXI、VXI、GPIB、串行和基于计算机仪器的仪器驱动程序。 该目录用于 National Instruments 仪器驱动程序的安装和保存。 LabVIEW 仪器驱动程序选板上将会出现新增的仪器驱动程序
结构和支持	menus	LabVIEW 用于配置控件和函数选板结构的文件。 其中，Categories 存放自定义的函数，Controls 文件夹存放自定义控件
	resource	LabVIEW 应用程序所需的其他支持文件。 仅用于 LabVIEW 系统，LabVIEW 升级或重装时该目录下的文件将被覆盖，因此不要在这个目录下保存文件
	project	保存扩展 LabVIEW 功能的 VI。该目录下的 VI 将在工具菜单上显示
	templates	存放常用 VI 模板
	wizard	LabVIEW 文件菜单中各菜单项的文件
	www	通过 Web 服务器访问的 HTML 文件
学习和指导	examples	范例 VI。 选择“帮助”→“查找范例”选项可浏览或搜索 VI 范例
文档	manuals	PDF 格式的文档
	help	保存所有在帮助菜单中显示的 VI、.hlp 和 .chm 文件。 选择“帮助”→“LabVIEW 帮助”选项可打开 LabVIEW 帮助。 该目录中还包含 LabVIEW 帮助菜单中各菜单项的文件
	readme	LabVIEW 自述文件和所安装模块和工具套件的自述文件

知道了自定义控件在 LabVIEW 中的存放位置，还需要了解 LabVIEW保存控件和函数选板的方式，才能最终确定添加自定义控件和函数到工具选板的方案。针对每个选板上的 VI 或控件，LabVIEW 会为其创建一个图标。此外，对每个子选板，LabVIEW 不仅为其创建图标，还会把与该选板相关的数据以单独的 .mnu 或 .llb 文件保存。通常每个子选板都会被保存为一个单独的子目录，与之对应的 .mnu 或 .llb 文件会被放置在目录中。每次 LabVIEW 重新启动时会检查与选板相关的目录和文件的变化，并自动更新选板的内容。据此，通过获取 LabVIEW 在 .mnu 文件中保存选板的数据结构，可以了解其存放选板的方法。

LabVIEW 自带“读取选板”（Read Palette）、“写入选板”（Write Palette）和“刷新选板”（Refresh Palette）三个选板编辑函数（图 10-5），可用来通过编程方式读取或更新 .mnu 文件中的信息，从而更新控件和函数选板。换个角度来看，也可以通过“读取选板”或“写入选板”函数的参数来查看 .mnu 文件中所存放的选板数据结构。

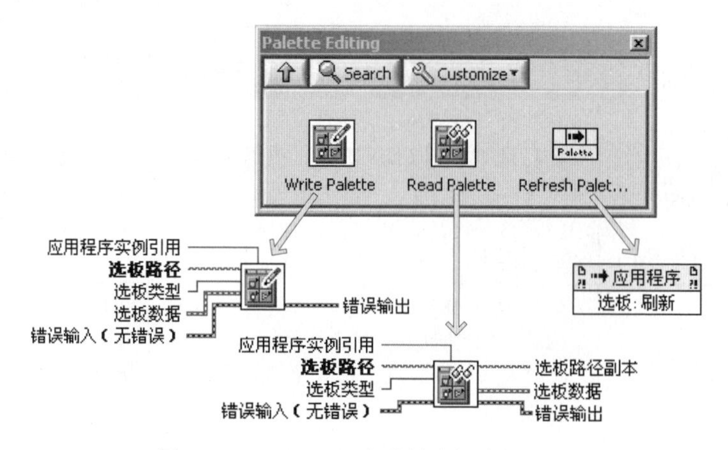

图 10-5 LabVIEW 自带的选板编辑函数

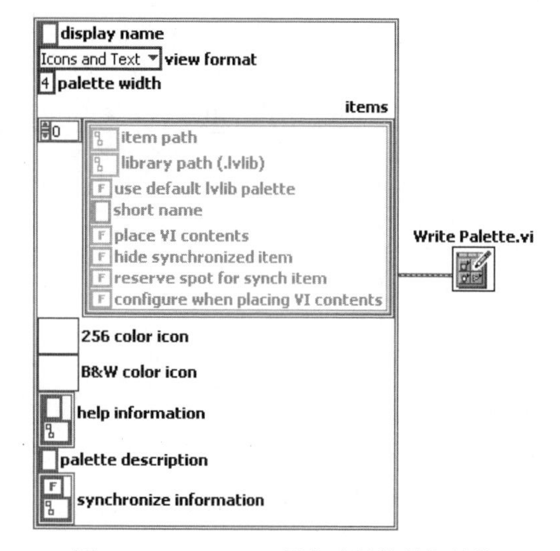

图 10-6 LabVIEW 保存选板的数据结构

图 10-6 显示了通过“写入选板”函数查看选板数据结构的情况。可以看出，每个选板数据都包含鼠标悬浮时的“显示名称”（display name）、用于指定选板项外观的“查看格式”（view format）、选板包含的子选板“项”（Items）、“256 色图标”（256 color icon）、“黑白图标”（B & W color icon）、在即时帮助窗口中显示的“选板说明”（palette description）等域。当 LabVIEW 重新启动时，会在保存选板控件或函数的目录中寻找对应的 .mnu 文件，如果文件存在便从其中读取这些信息，更新控件和函数选板。如果文件不存在，便会加载目录中的选板，并为之创建新的 .mnu 文件。

通过上面的研究，可得出将自定义控件或函数添加至 LabVIEW 控件或函数选板的方案如下。

（1）将自定义控件复制到 user.lib 目录或 menus 目录下的 Controls 文件夹中。

（2）重新启动 LabVIEW，自动按照 .mnu 文件的信息，加载目录中的控件到选板中。如果 .mnu 文件不存在，LabVIEW 在加载控件后会为选板创建 .mnu 文件。

例如，开发人员可以将收集的自定义控件保存在一个名为 CtrlLib 的文件夹中，在 LabVIEW 安装完成后，直接将文件夹复制到 user.lib 目录或 menus 目录下的 Controls 文件夹中，重新启动 LabVIEW，即可在“用户控件”（User Controls）选板或控件选板的分类中看到自定义控件库。

LabVIEW 会为新添加的子选板设置一个默认的图标，如果要更改这个图标，可以选择“工具”（Tools）→“高级”（Advanced）→“编辑选板”（Edit Palette Set）菜单项，在随后弹出的控件集合对应的图标上右击，从弹出的菜单中选择“编辑子选板图标”（Edit Subpalette Icon）选项，更新图标即可。更新子选板其他数据域的方法与此方法类似。编辑完成后的数据将被更新至与子选板对应的 .mnu 文件中保存。

为了便于部署，笔者一般会将 LabVIEW 自动生成的 .mnu 文件连同收集的自定义控件一并保存起来，这样在其他机器上或以后对 LabVIEW 选板进行扩展时，就不必对选板数据的各个域再进行更新，只要复制整个文件夹即可。

自定义控件有3种类型：“控件类型”（Control）、“自定义类型”（Type Def.）和“严格自定义类型”（Strict Type Def.），如图10-7所示。不同类型约定了自定义控件实例与保存它们的文件之间的关系。修改保存自定义控件的文件时，不同类型的自定义控件实例会做出不同的反应。

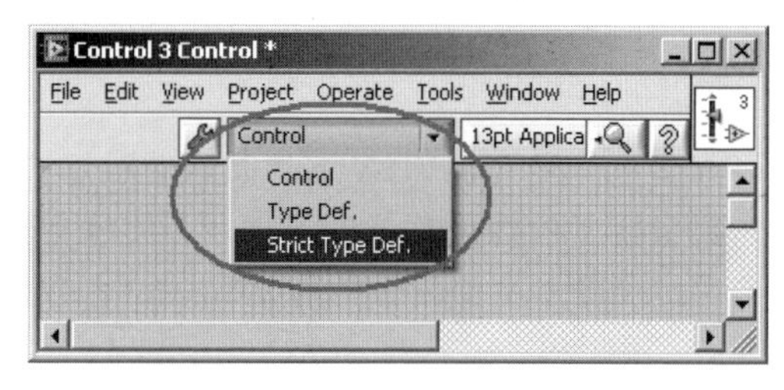

图10-7　自定义控件的3种类型

通常情况下，在VI中使用自定义输入控件或显示控件后，LabVIEW会为它创建一个独立副本的实例。如果控件是控件类型，则该控件实例与保存它的文件之间的链接将不复存在。此时，改变保存自定义控件的文件并不会影响VI中自定义控件的实例。如果需要使VI中自定义控件的实例与保存它的文件相连接，可将自定义控件的类型更改为自定义类型或严格自定义类型。在保存自定义类型或严格自定义类型控件的文件中，对自定义控件数据类型进行任何改动，都将影响所有使用自定义控件的VI实例。而且，对严格自定义类型控件来说，对外观进行任何改动，也都会体现在VI前面板所有自定义控件的实例上。

具体来说，自定义类型只限定了每个自定义控件实例的数据类型，如果数据类型发生改变，则在使用了该自定义类型控件的每个VI中，各实例的数据类型也将随之变化。严格自定义类型则不仅仅限定了数据类型，除标签（Label）、描述（Description）和默认值（Default Value）外，实例的其余部分也会被强制设置为与严格自定义类型相同。

注意，由于自定义类型只限定了控件的数据类型，因此仅与数据类型相关的部分会被更新。例如，下拉列表控件各选项的名称没有包含在其数据类型定义中，因此在自定义类型中对下拉列表控件中各选项的名称进行改动，不会改变自定义类型实例中各项的名称；相反，由于枚举型控件的选项名称也是其数据类型的一部分，因此，更新枚举型自定义类型控件选项时，其各个实例也会随之更新。再如数值控件中的数据范围不属于其数据类型部分，它的自定义类型不会约束控件实例的数据范围，但是如果把自定义控件类型更改为严格自定义类型，则除标签、描述和默认值外，实例的其余部分都会被强制更新。

但是，在将自定义类型或严格自定义类型的实例放置于程序框图上当作常量来使用时，以上约定会稍有变化。修改保存控件的文件时，程序框图上严格自定义类型实例的变化和自定义类型实例的变化一样，只有数据类型相关的部分会发生改变。例如，更新一个严格自定义类型下拉列表控件中的字符串值，LabVIEW不会更新放置在程序框图上该严格自定义类型常量对应的部分，因为字符串值不是下拉列表控件的数据类型的一部分；相反，如果更新枚举类型严格自定义控件选项时，由于枚举型控件的选项名称也是其数据类型的一部分，常量的对应部分也会随之更新。

自定义类型和严格自定义类型的以上特点，使得通过保存控件的文件来集中管理和维护程序中控件的多个实例极为方便。例如：

（1）使用自定义或严格自定义的枚举型控件，集中管理程序中的索引。

状态机中使用的各种状态索引就属于这种情况。当需要对状态机的状态进行更新时，只要变更保存状态索引控件的文件即可。

（2）使用自定义或严格自定义的簇来管理需要集中维护的控件集合或数据类型。

由于可以在程序框图上使用“按名称捆绑”函数及“按名称解除捆绑”函数访问簇的元素，因此，对簇中元素的重新排序、向簇中添加新元素均不会使VI断开。再加上自定义和严格自定义控件对数据的约束特性，只要对保存控件的文件进行修改更新，即可完成对整个程序的更新。在前面讲解多循环程序框架时，已经列举了这种情况，读者可以参考。

10.2 XControl

NI 公司在 LabVIEW 8.0 以后的版本中增加了 XControl 的功能，用于让开发者设计和创建比自定义控件更复杂的控件。自定义控件可用于创建与内置 LabVIEW 控件外观不同的用户自定义界面组件，而使用 XControl 不仅可以自定义控件外观，还可以自定义控件的动作和功能。因此，在 VI 中使用 XControl 不仅可以创建高级的用户界面，还可极大地简化程序框图。

以 LabVIEW 自带的例子 Simple Dual Mode Thermometer（以下简称 DMT 示例）为例，它演示了如何开发和使用一个可在华氏度和摄氏度之间进行转换的 XControl 控件。该示例位于 LabVIEW 安装目录下的 LabVIEW x.0\examples\general\xcontrol\Dual Mode Thermometer 文件夹中。如果运行文件夹中的 Dual Mode Thermometer XControl.vi，并改变 VI 界面上 XControl 输入控件 DMTC 的输入，则另一个 XControl 显示控件 DMTI 的值会相应变化。它的表现不仅和 LabVIEW 自带的控件类似，还具有可通过复选框改变显示模式以及右键菜单等新定义的控件动作和高级功能，如图 10-8 所示。

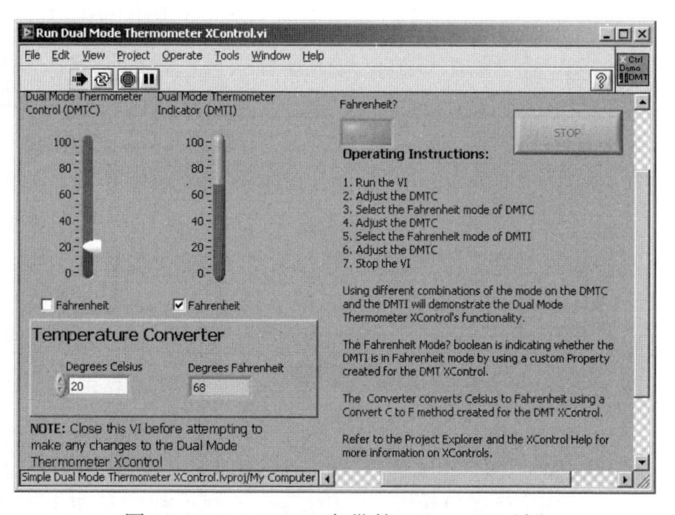

图 10-8 LabVIEW 自带的 XControl 示例

图 10-9 显示了在项目浏览窗口打开该示例后的情况。可以看出，XControl 的功能由其“能力”（Abilities）、“属性”（Property）和“方法”（Method）构建而成。能力实际上是一些定义 XControl 数据类型和功能的 VI 或控件（.ctls），它们保证了 XControl 的正常运行。XControl 的属性和方法允许用户为控件添加配置选项。开发人员以编程的方式为控件增加实现配置功能的选项，可以非常有效地增强控件的易用性。当然并不一定要为所有 XControl 定义属性和方法。

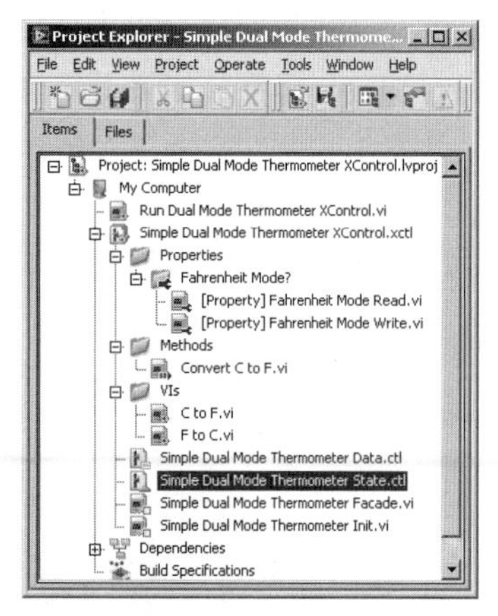

图 10-9 项目浏览窗口中的 Simple Dual Mode Thermometer 示例

下面结合 DMT 示例讲解 XControl 控件的开发方法。

10.2.1 XControl 的能力

在 LabVIEW 中，选择“新建（New）…”菜单，然后从弹出对话框的列表框中选择“其他文件”（Other Files）→ XControl 选项，就可以生成 XControl 控件模板。创建 XControl 时，LabVIEW 将自动创建其必需的能力。如图 10-10 所示，一个典型的 XControl 包含四个必需的能力。

（1）数据（Data）。

数据对应文件 Data.ctl，定义了 XControl 的数据类型。双击文件可以打开并修改数据自定义类型。

（2）状态（State）。

状态也称为显示状态，对应文件 State.ctl。定义了所有记录控件显示外观变化的临时数据（除 XControl 的数据外）。在任意时间，XControl 通过数据和状态两个能力更新其外观。双击 State.ctl 文件，可以打开并修改状态自定义类型。

（3）外观（Facade）。

外观对应文件 Facade.vi，用于定义 XControl 的外观及其如何响应用户事件。它是 XControl 功能定义的核心，修改 Facade.vi 的过程就是定义 XContol 功能的过程。

（4）初始化（Init）。

初始化对应 Init.vi，用于对控件在显示前进行初始化并控制 XControl 的版本。

除了以上的必需能力之外，XControl 还包含两个附加的可选能力：

（1）保存前转换状态（Convert State For Save）。

（2）反初始化（UnInit）。

可以右击项目浏览窗口中的 XControl 库文件，选择弹出菜单中的“能力”（Abilities）选项，通过弹出的“选择能力”（Select Ability）对话框（图 10-11），添加可选能力。

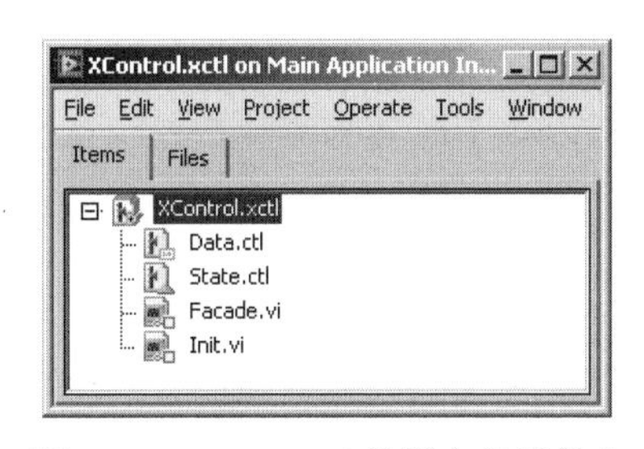

图 10-10　XControl 的四个必需能力

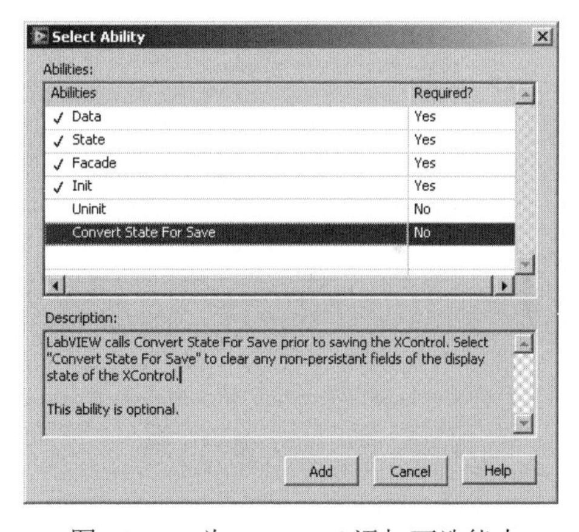

图 10-11　为 XControl 添加可选能力

在项目浏览窗口中双击文件 Simple Dual Mode Thermometer Data.ctl，可以查看定义该 XControl 数据类型的 VI（图 10-12）。该 VI 确定了在程序中使用 XControl 时，应传递给它的数据是何种类型。开发人员既可以为 XControl 指定一个简单类型的数据类型，也可以为其指定类似簇或 Waveform，甚至类等复杂结构的数据类型。在这个例子中使用了“双精度”（Double）类型的数据结构。

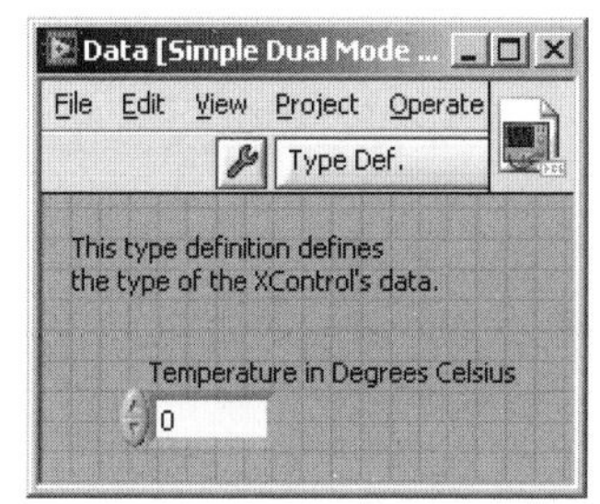

图 10-12　定义 XControl 数据类型的 VI

在项目浏览窗口中双击文件 Simple Dual Mode Thermometer State.ctl，可以查看用来控制 XControl 显示状态的数据结构（图 10-13）。在该 VI 中所定义的数据结构并不影响最终生成的 XControl 数据类型，而在某种程度上只相当于文本编程中的临时变量的类型，用来记录 XControl 的显示状态。在这个例子中，自定义类型的簇中包含一个布尔（Boolean）类型量，用来指示控件是否以默认的华氏度模式显示数值。在最终创建完成的控件中，用户可通过一个复选框确认显示模式。

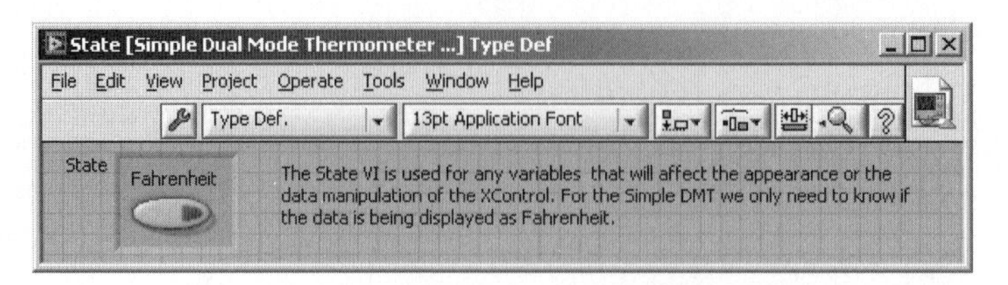

图 10-13　定义 XControl 显示数据类型的 VI

在项目浏览窗口中双击文件 Simple Dual Mode Thermometer Init.vi，可以查看控制 XControl 初始化的 VI，图 10-14 和图 10-15 分别显示了本例中控制 XControl 初始化的 VI 前、后面板。当 XControl 被第一次放在前面板，或当包含 XControl 的 VI 被加载到内存时，LabVIEW 会使用 XControl 的初始化能力对控件在显示前进行初始化。同时，在加载包含 XControl 的 VI 时，LabVIEW 将调用“初始化”功能并检查自 VI 上次保存之后其版本是否存在更新。如果版本被更改，则可在初始化能力中添加对应版本的代码，以实现对控件显示外观的更新。

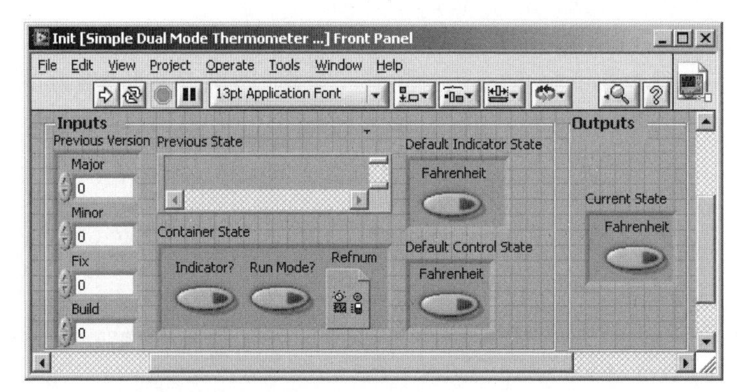

图 10-14　控制 XControl 初始化的 VI 前面板

Init is called by LabVIEW to get the initial display state.
- It is called when the XControl is loaded into memory as a result of loading the front panel containing the XControl or when dropped on the front panel from the palette or when copied.
- Use this VI to handle versioning of XControls. XControl instances saved in a previous version can be updated here by converting the state from an older format to the current one.
- Allocate any resources needed by the XControl here. The resources can then be deallocated in the UnInit ability.
Parameters:
- Previous Version: the version in which the XControl instance was saved.
- Previous State: display state that was saved with the XControl instance in variant form. If the XControl is dropped from the palette, the variant is empty. If you use Convert State For Save ability, the value of the variant is what was written by the ability.
- Container State: state of the instance. Use this to figure if the instance is a control or an indicator.
- Current State: initial display state used by the Facade VI to update the appearance of the XControl.

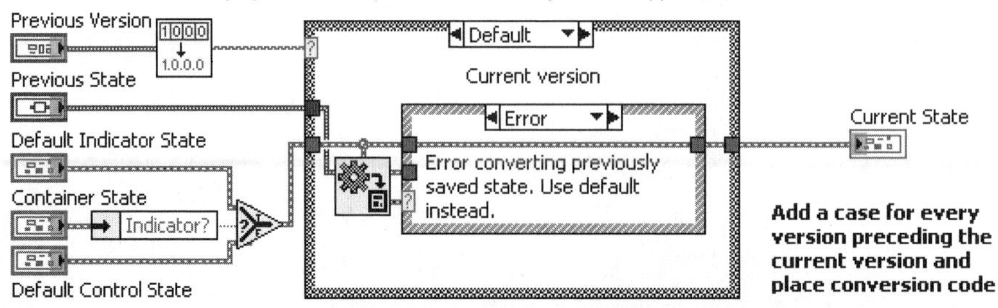

图 10-15　控制 XControl 初始化的 VI 后面板

在项目浏览窗口中双击文件 Simple Dual Mode Thermometer Facade.vi，可以查看实现

XControl 核心功能的 Facade VI。Facade VI 不仅定义了控件的外观，还定义了控件的行为。

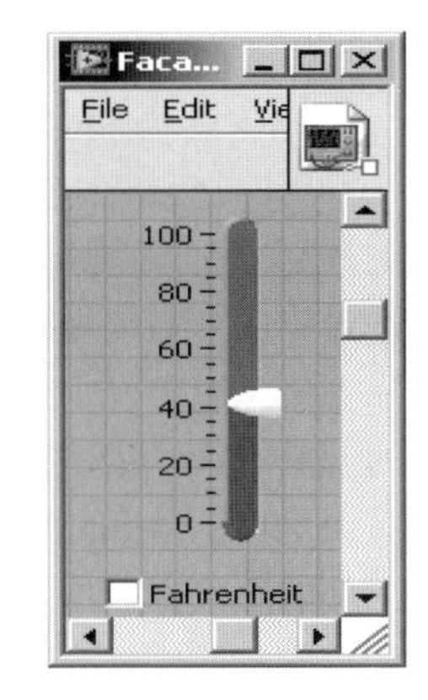

图 10-16　Facade VI 的前面板

针对 XControl 的外观，通常可以通过在 Facade VI 的前面板上添加或删除控件，实现对 XControl 控件外观的修改。也可以通过对该 VI 的前面板大小的更改，实现对 XControl 尺寸的维护。如果要创建同时具有输入控件特性和显示控件特性的 XControl，可以把构成 XControl 控件的各个输入控件与显示控件一一对应重叠起来，并在程序代码中控制其可见性来进行转换。图 10-16 显示了 DMT 示例中用于定义 XControl 外观的 Facade VI 的前面板，VI 包含一个滑杆输入控件、一个滑杆显示控件和一个复选框。其中的滑杆输入控件和显示控件重叠在一起，用来创建同时具有输入控件和显示控件特性的 XControl。复选框用来选择显示模式。

当用户与 XControl 进行交互时，LabVIEW 就会调用 Facade VI 对用户事件进行处理。由 Facade VI 的后面板（图 10-17）可以看出，XControl 的核心功能由一个大的事件结构控制三个输入参数和三个输出参数实现。其中三个输入参数为：

（1）数据输入（Data In）：代表 XControl 的当前数值。

（2）显示状态输入（Display State In）：用于控制 XControl 外观的当前显示状态信息。

（3）容器状态（Container State）：该参数用于说明 XControl 是以输入控件还是显示控件被使用，正处于编辑状态还是运行状态，并提供一个容纳 XControl 各个组成部分的容器（多数情况下是指 Facade VI 的前面板）引用。

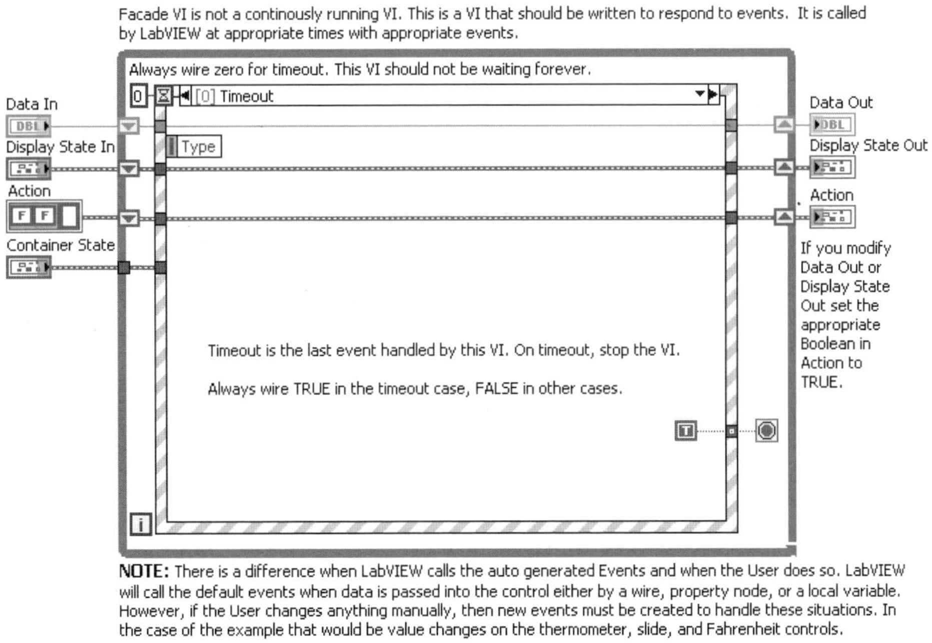

Facade VI is not a continously running VI. This is a VI that should be written to respond to events. It is called by LabVIEW at appropriate times with appropriate events.

Always wire zero for timeout. This VI should not be waiting forever.

[0] Timeout

Data In

Display State In

Action

Container State

Type

Data Out

Display State Out

Action

If you modify Data Out or Display State Out set the appropriate Boolean in Action to TRUE.

Timeout is the last event handled by this VI. On timeout, stop the VI.

Always wire TRUE in the timeout case, FALSE in other cases.

NOTE: There is a difference when LabVIEW calls the auto generated Events and when the User does so. LabVIEW will call the default events when data is passed into the control either by a wire, property node, or a local variable. However, if the User changes anything manually, then new events must be created to handle these situations. In the case of the example that would be value changes on the thermometer, slide, and Fahrenheit controls.

图 10-17　Facade VI 的后面板

三个输出参数为：

（1）数据输出（Data Out）：更新后的 XControl 值，执行下次循环时，由“数据输入”参数传入，以更新 XControl 的数值。

（2）显示状态输出（Display State Out）：更新后的 XControl 显示状态，执行下次循环时，由“显示状态输入”参数传入，以更新 XControl 的显示状态。

（3）动作（Action）：用于指示 Facade VI 本次循环执行中发生的动作，供后续循环使用。这对开发具备“取消”或“重复”功能的控件极为有用。

在开发的 XControl 被某个 VI 使用并有用户事件等待处理时，LabVIEW 才会调用 Facade VI，通过它的执行对事件做出响应，以实现 XControl 的功能。Facade VI 共包含 4 个必需的事件分支和其他由开发人员视情况自行添加的事件分支。

Facade VI 程序框图中几个必需的事件分支及其功能如下。

（1）超时（Time Out）事件分支。

超时事件分支是 Facade VI 中的事件结构处理的最后一个分支。由于该 VI 并非连续运行，而只是在某个事件发生时才被 LabVIEW 调用，对用户事件处理。一旦完成事件处理，Facade VI 就必须退出执行，以准备处理下一事件。因此，程序不能允许任何会阻塞事件结构的代码出现。基于这一原因，超时分支的参数必须设置为 0，而且其中还需包含能使 VI 退出的代码，以便在对某个事件做出响应后立即结束执行。超时分支的代码可参见图 10-17。

（2）数据变化（Data Change）事件分支。

当用户通过 VI 前面板、局部变量或属性节点为 XControl 赋值时，数据变化事件分支会被调用，它通常与显示状态（Display State）参数结合完成 XControl 控件数值显示的更新。对 DMT 示例来说，当 XControl 的赋值发生变化时，它首先会检查控件是否工作在华氏度显示模式，若是则将数值由摄氏度转换为华氏度进行显示，否则直接显示摄氏度数值。相应程序如图 10-18 所示。

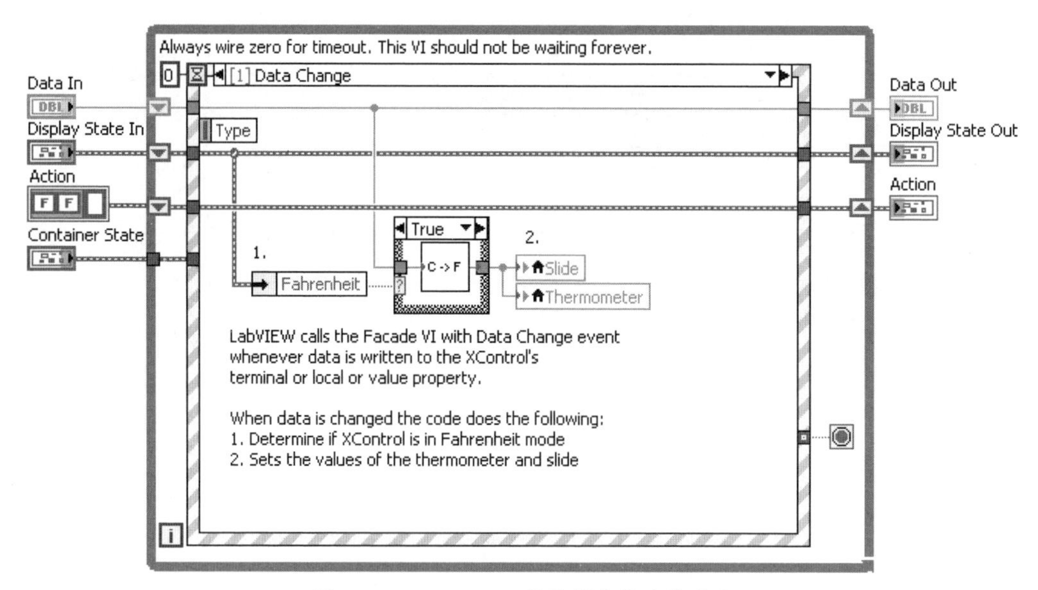

图 10-18　Facade VI 的数据变化事件分支

（3）方向变化（Direction Change）事件分支。

当用户在 XControl 的输入控件和显示控件属性之间切换时，方向变化事件分支会被执行，通常与容器状态（Container State）参数结合完成 XControl 控件外观的更新。对 DMT 示例来说，如果用户请求切换 XControl 的输入控件或显示控件属性，则程序会检测当前 XControl 控件是否为显示控件属性，如果是则设置前面板上显示控件 Thermometer 的可见性（Visibility）为 TRUE，否则就设置输入控件 Slides 的可见性（Visibility）为 TRUE，从而实现控件方向的切换。相应程序代码如图 10-19 所示。

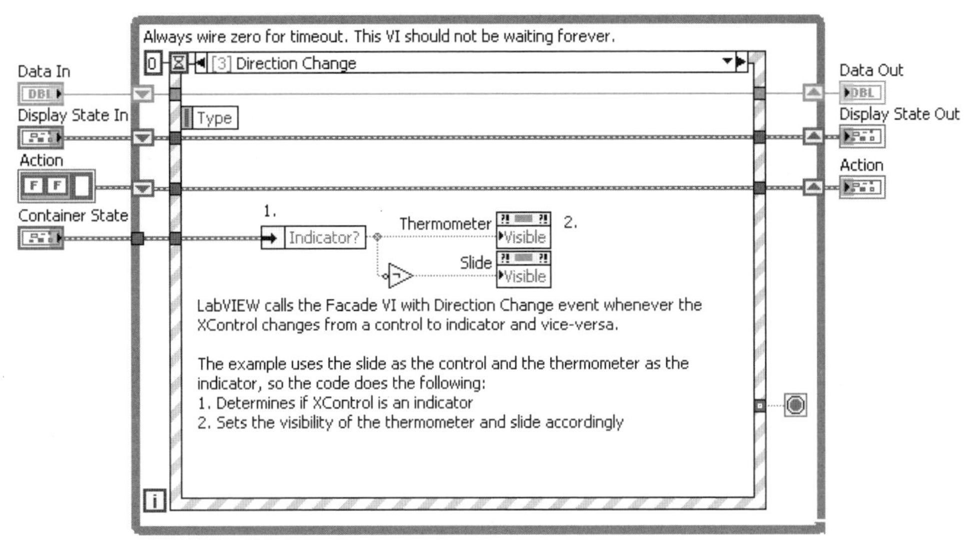

图 10-19 Facade VI 的方向变化事件分支

（4）执行状态变化（Execute State Change）事件分支。

当使用 XControl 的 VI 从设计状态切换至运行状态时，执行状态变化事件分支会被执行，该分支可以禁止运行时 XControl 在输入控件属性和显示控件属性之间切换。对 DMT 示例来说，只允许用户在设计时指定显示控件的值，而 VI 运行时并不希望用户可对控件的数值进行任何更改。因此，在程序处于运行模式时，将禁用 Thermometer 显示控件；否则，启用（Enable）Thermometer 以便开发人员指定其数值。程序代码如图 10-20 所示。

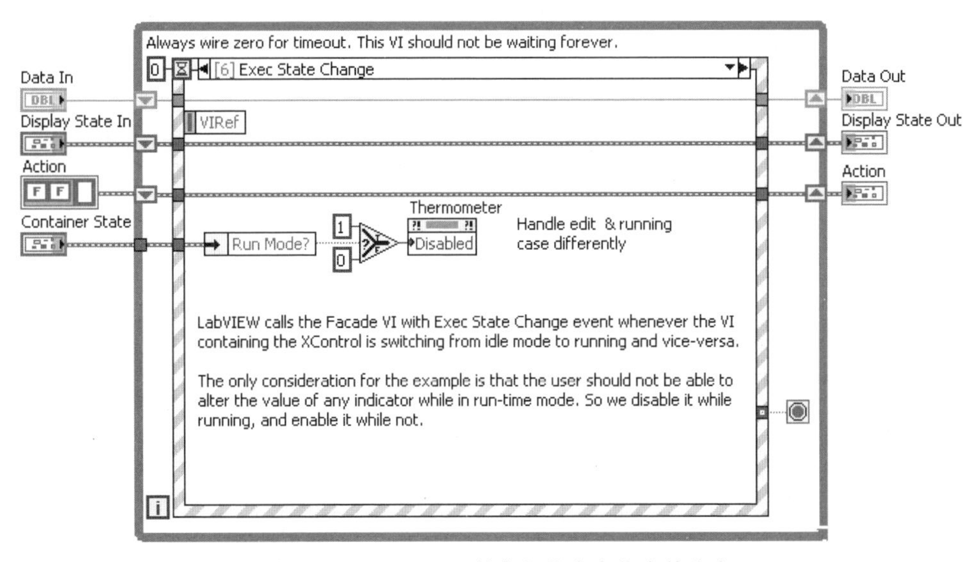

图 10-20 Facade VI 的执行状态变化事件分支

（5）显示状态变化（Display State Change）事件分支。

当用户通过调用 XControl 的属性（Property）或方法（Method）试图改变其显示状态时，显示状态变化事件分支会被执行。对 DMT 示例来说，如果用户试图通过以上方式更改 XControl 的显示状态，程序首先会检查控件是否工作在华氏度显示模式，如果是则将数值由摄氏度转换为华氏度进行显示，否则直接显示摄氏度数值。相应程序代码与数据变化事件分支代码类似，如图 10-21 所示。

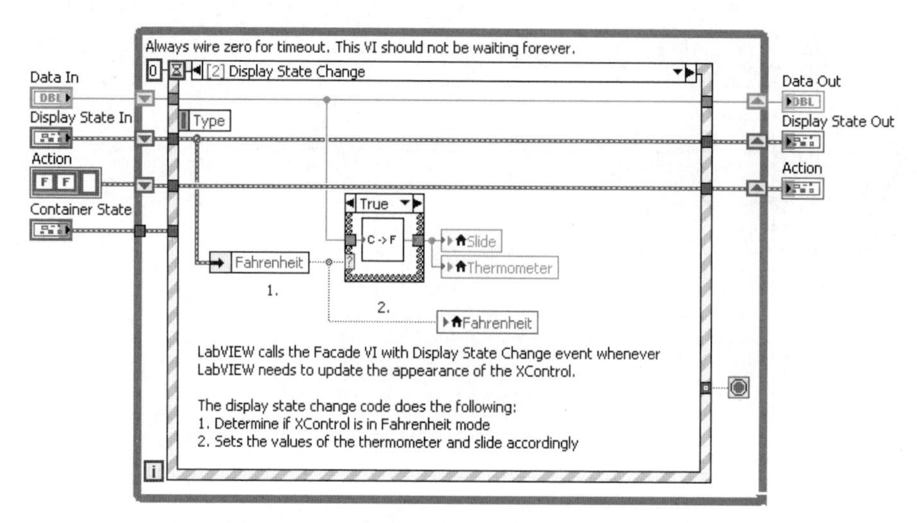

图 10-21 Facade VI 的显示状态变化事件分支

以上几个必需的事件分支用于处理由 LabVIEW 自动生成的事件。当程序通过连线、属性节点或局部变量传递数据到控件时，LabVIEW 会自动按照情况生成相应的事件，并调用 Facade VI 对其进行处理。但是只有 LabVIEW 自动生成的事件还不足以实现功能丰富的控件，多数情况下还需要处理用户操作请求的事件配合。例如，如果用户更改了 XControl 的数值，则必须添加事件分支处理这种变化情况。

对于 DMT 示例来说，在几个处理 LabVIEW 自动生成事件的必需分支上增加了以下用户事件分支。

（1）控件数值变化（Value Change）事件分支。

如果由于用户在界面上的操作引发了 XControl 数值变化，与之对应的数值变化事件分支会被调用。控件处于输入模式时和显示模式时的数值变化事件处理代码相同，如图 10-22 所示。程序首先检测控件是否处于华氏度显示模式，并根据当前模式，用新的数值以华氏度或摄氏度更新控件显示。其次，程序还使用新的数值更新输出参数 Data Out。最后，还必须通过设置输出参数 Action 的“Data Changed?”域为 TRUE，告知 LabVIEW 程序在本次循环对控件的数值进行了更新。LabVIEW 获得此信息后，才会在用户界面线程中根据新的数值更新前面板上控件的显示。

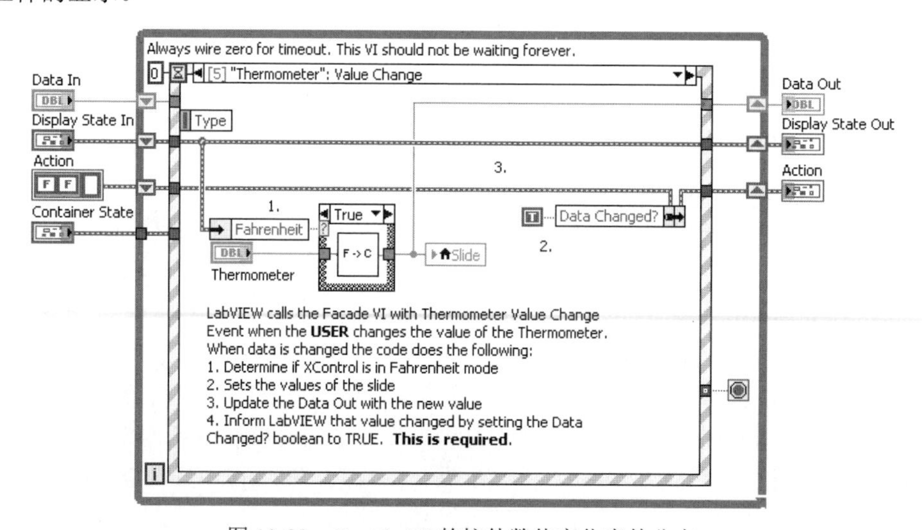

图 10-22 Facade VI 的控件数值变化事件分支

（2）显示模式选择事件分支。

在 DMT 示例中，若要使用户可通过界面上的复选框切换温度显示模式，还要为 Facade VI 程序中的事件结构添加复选框数值变更事件。程序如图 10-23 所示。与 XControl 数值变化事件类似，程序首先检测控件是否处于华氏度显示模式，并将当前数值根据所选模式进行转换。其次，程序还更新了事先定义好的，用于记录控件显示状态的 Display State Out 中的 Fahrenheit 域。最后，还必须通过设置输出参数 Action 的“State Changed?”域为 TRUE，告知 LabVIEW 程序在本次循环切换了控件的显示模式。LabVIEW 获得此信息后，才会在用户界面线程中更新前面板上控件的显示。

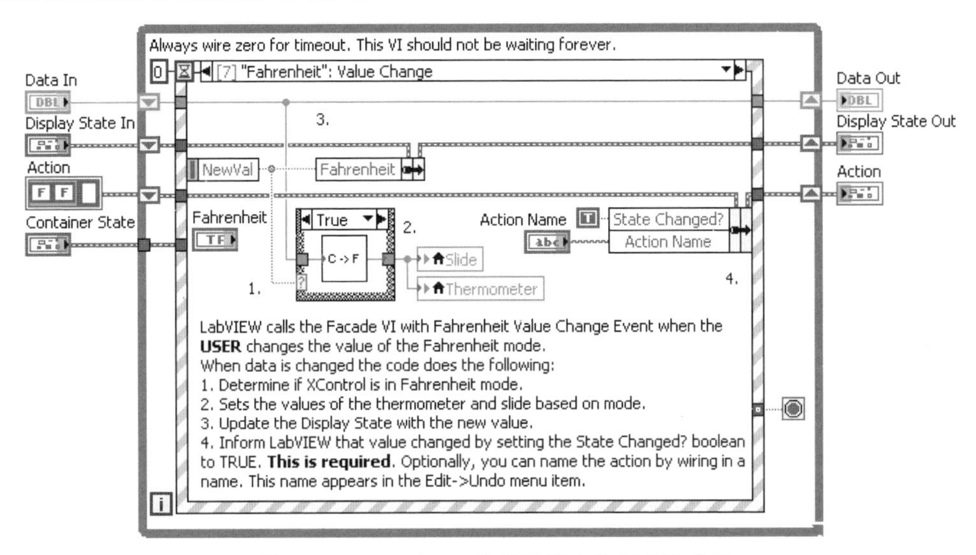

图 10-23 Facade VI 的显示模式选择事件分支

10.2.2 XControl 的属性和方法

XControl 和其他 LabVIEW 自带的控件类似，不仅要允许用户通过其属性节点（Property Node）读取或设置控件的值，还要允许用户通过调用节点（Invoke Node）执行控件的方法。当用户使用属性节点或调用节点对控件进行操作时，LabVIEW 会调用 Facade VI。具体来说，当使用属性节点读取控件值时，LabVIEW 会调用 Facade VI，返回控件的当前数值；如果使用属性节点更新控件值时，LabVIEW 会反过来调用 Facade VI 更新 XControl 控件的显示，并生成“显示状态变更”（Display State Change）事件。与属性操作类似，如果用户调用某个控件的方法来更新控件的显示，LabVIEW 会调用 Facade VI 更新其显示，并生成“显示状态变更”事件。

在开发时，XControl 的属性和方法实际上通过与之对应的 VI 来定义。由于控件的属性有“只读”（Read）、“只写”（Write）和“读和写”（Read And Write）三种，因此控件的属性也分三个 VI 来定义。控件的每个方法可以由一个单独的 VI 来定义。

DMT 示例中控件的属性和方法定义情况可参见图 10-9。可以通过项目浏览窗口中 XControl 库的右键菜单为控件添加属性或方法。通常代表 XControl 各种属性和方法的 VI 分别被放置在“属性”（Property）和“方法”（Method）文件夹中。每个 XControl 的属性文件夹仅仅包含一个代表只读属性和一个代表只写属性的 VI。设计时，双击 VI 并在其后面板中用 XControl 对应的数据类型替换模板中原有的输入控件或显示控件，即可完成属性的定义，程序如图 10-24 所示。当用户使用属性读取某个值时，“按名称解除捆绑”（Unbundle By

Name）函数会从簇中获取相应的值并显示给用户；反过来，如果要设置某个数值，“按名称捆绑”（Bundle By Name）函数则会使用新的值更新簇中对应的域。

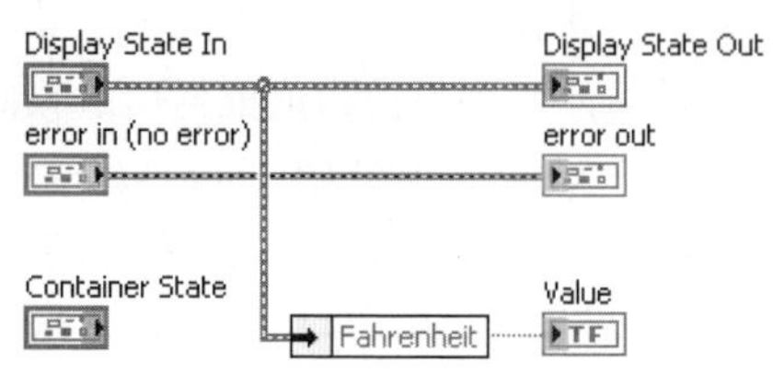

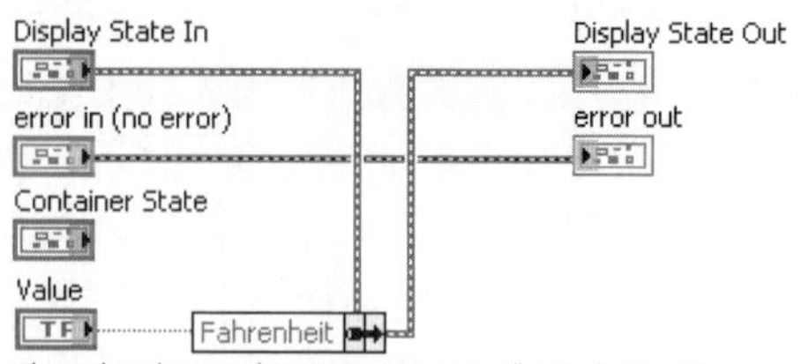

图 10-24　XControl 的读写属性 VI 程序框图

定义 XControl 方法的过程和定义属性的方法类似。双击与 XControl 方法对应的 VI 后，可先在前面板中增加控件，为所定义的方法添加输入 / 输出参数，然后在后面板中添加代码，定义方法所实现的功能。通常 XControl 库中与控件方法对应的 VI 包含状态显示（Display State）和错误簇控件作为输入 / 输出参数、容器状态（Container State）输入参数（图 10-25）。

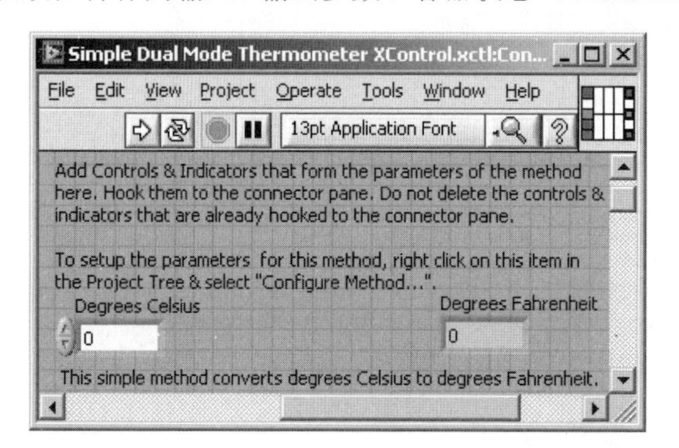

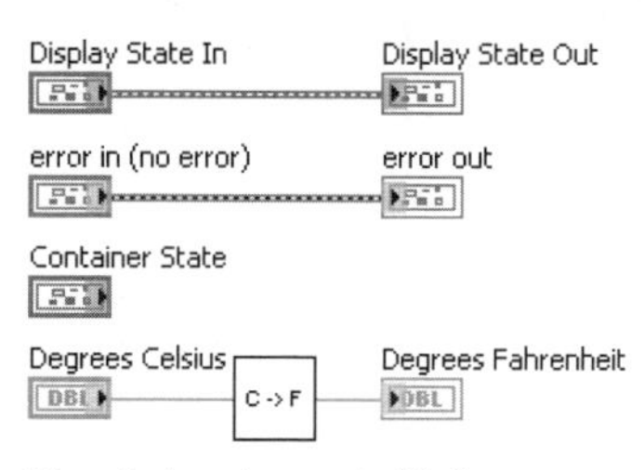

图 10-25　XControl 的参数

由于 LabVIEW 使用这几个参数传递 XControl 正常工作的信息，因此设计时不能删除这几个控件。若要为定义的方法添加输入 / 输出参数，可以直接在 VI 上添加控件。参数的名字由控件的名字决定，输入控件对应输入参数，显示控件对应输出参数。如果既是输入参数又是输出参数，则可以使用一对数据类型相同的输入控件和显示控件，并设置 VI 的连线板来完成。对 DMT 示例来说，只定义了一个将摄氏度转换为华氏度的方法。除了几个必需的参数外，只增加了一个输入摄氏度的参数和一个返回华氏度的输出参数。在 VI 后面板上，使用了子 VI 实现摄氏度到华氏度的转换。

10.2.3　XControl 的快捷菜单、尺寸和位置

除了为 XControl 添加属性和方法外，还可以在 Facade VI 中为 XControl 定制快捷菜单，实现对控件的动态操作（如配置控件等）。例如可以开发一个 XControl 控件菜单，允许用户使用右键菜单对菜单条目进行定制。具体来说，为了实现控件的快捷菜单功能，需要在用户右击控件时，为控件注册“Shortcut Menu Activation?”事件，通过代码修改弹出的菜单选项内容。如果用户选择了某个菜单项，则可调用相应的菜单项功能。

对于 DMT 示例来说，若用户在最终生成的 XControl 任何处右击，会弹出 DISPLAY_TEMPERATURE 快捷菜单项，选择该菜单项，就会在弹出的对话框中以摄氏度和华氏度查看当前温度。为了实现此功能，首先需要在 Facade VI 中注册“Shortcut Menu Activation?”

事件，并在事件处理分支中使用“插入菜单条目”（Insert Menu Item）函数为构成 XControl 控件的各组件（Slide、Thermometer 和 Fahrenheiit）快捷菜单添加一个分隔线和一个菜单项 DISPLAY_TEMPERATURE（图 10-26）。由于“Shortcut Menu Activation?”事件在用户右击控件弹出快捷菜单前被激活，因此，菜单弹出时，用户就可以看到代码执行的结果，也就是被插入到快捷菜单的选项。

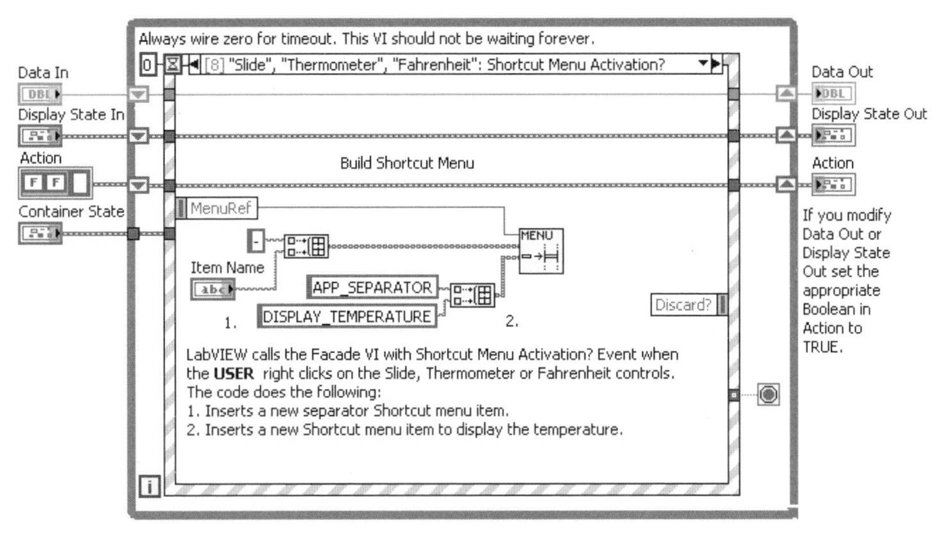

图 10-26　在控件快捷菜单中添加选项

若要对选择的快捷菜单项做出响应，还需要处理构成 XControl 控件的各组件对应的菜单选择事件 Shortcut Menu Selection。在事件分支中，用分支结构将所选择的菜单项（Item Tag）与功能映射即可。若用户选择 DISPLAY_TEMPERATURE 菜单项，则使用对话框显示格式化后的摄氏和华氏温度（图 10-27）。

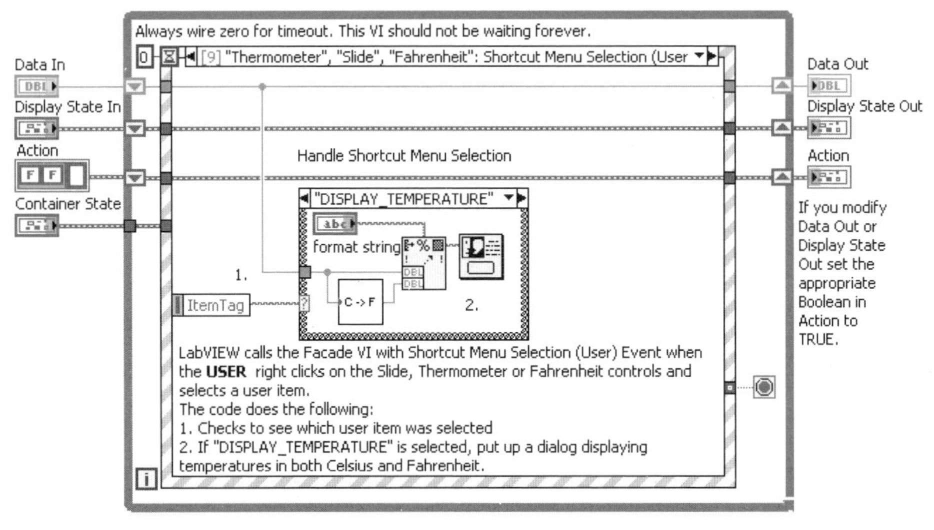

图 10-27　用户选择的菜单项功能

虽然 DMT 示例中只为控件定义了一个菜单项，但它所演示的方法却是通用的。在进行复杂的 XControl 开发时，可以为控件添加多个快捷菜单项，实现各种高级功能。

使用 XControl 控件的基本方法和使用其他 LabVIEW 自带控件的方法一样，可以直接将其拖放至 VI 的前面板构建用户界面。由于用户在使用 XControl 时可能会根据用户界面的需要调整控件的大小，这就要求开发的 XControl 必须能根据用户的操作自动缩放控件大小。

由于 XControl 的大小由 Facade VI 的前面板大小决定，因此可以设法控制 Facade VI 的前面板，实现控件的自动缩放。常用的方法有以下两种。

（1）把 Facade VI 的前面板大小调整到和控件大小一致，然后设置其前面板中的所有对象随前面板尺寸自动缩放（Scale all objects on front panel as the window resizes），如图 10-28 所示。这是一种简单但相对较为粗放的方法。使用这种方法时，控件只能被按比例缩小或放大，无法适应特殊情况下的控件调整需求。如放大控件时要求构成控件的某个组件只调整尺寸到某个确定比例的情况等。对于此类情况可以使用程序代码控制的方法。

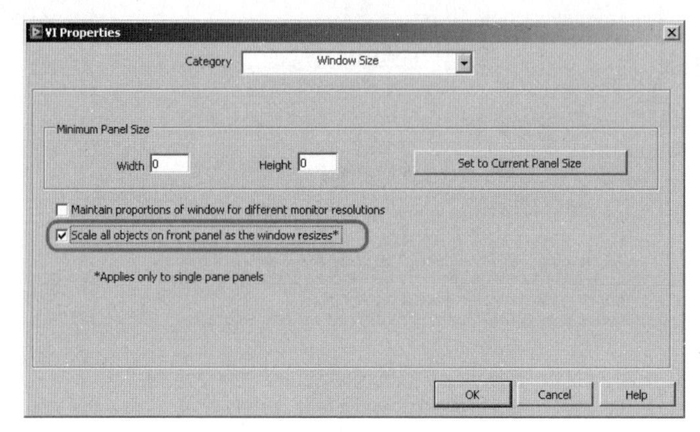

图 10-28　设置 Facade VI 的前面板中对象随其尺寸变化自动缩放

（2）在 Facade VI 的代码中注册并处理前面板尺寸变化事件 Panel Resize。在事件分支中，可以使用代码控制控件的整个尺寸或构成控件的各个组件的尺寸。

有时候只改变控件的尺寸还不能满足需求，可能还要随着程序的运行，动态改变 XControl 在前面板上的位置或构成控件的各组件的位置，可以参照第二种方法，在 Facade VI 的代码中注册并处理相应事件来完成。

例如，若要开发一个类似 Office XP 风格的菜单控件 XMenu，要求如下。

（1）可以使用右键菜单对菜单项进行编辑，包括设定菜单项是否被选中、为菜单项设置图标等。

（2）当用户对 XMenu 的宽度进行调整时，构成控件的各组件必须能自动匹配用户选定的宽度。

开发完成的 XMenu 控件如图 10-29 所示。

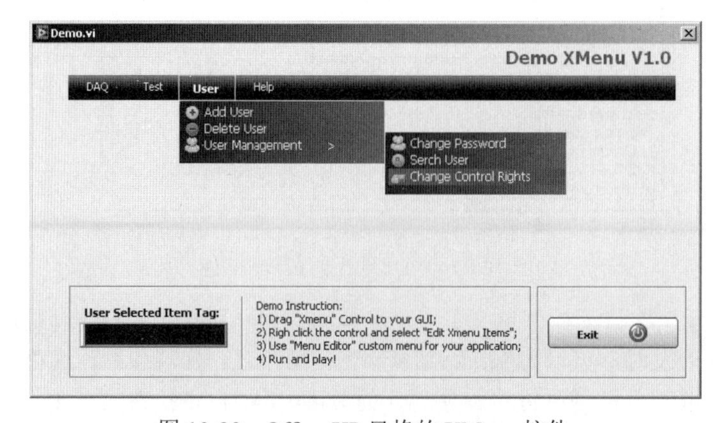

图 10-29　Office XP 风格的 XMenu 控件

在设计状态下可通过控件右键菜单调用菜单编辑器（图 10-30）对菜单条目进行编辑。

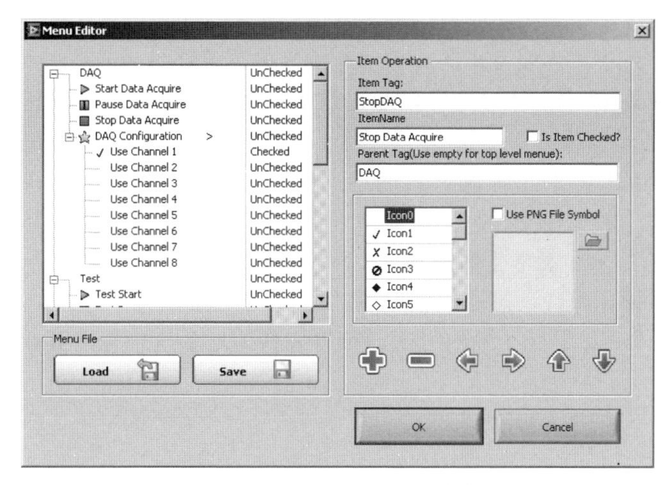

图 10-30　XMenu 控件的菜单编辑器

为了能使构成控件的各组件在用户缩放 XMenu 宽度时自动进行调整，在 Facade VI 中注册了前面板尺寸变化事件 Pane Size。如果用户在使用时改变了 XMenu 的宽度，则会引发该事件。在事件处理分支中，首先获取 Container State 簇中 XControl 容器的引用，其次使用属性节点读取该容器的宽度，并用其值设置构成 XMenu 控件的元素宽度。由于此处容器的宽度就相当于 XMenu 在前面板的宽度，因此依据容器尺寸对控件元素的尺寸调整就能达到自动调整尺寸的目的。图 10-31 显示了实现该功能的程序框图片段，关于 XMenu 的源码，读者可以在随书附赠代码第 10 章对应的例子中找到。

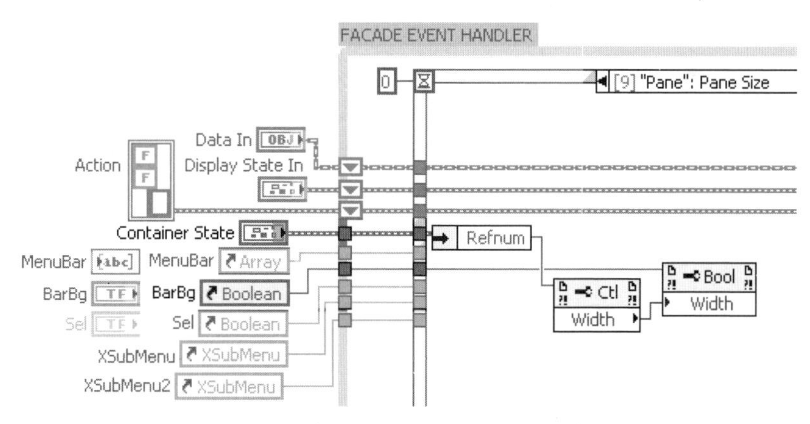

图 10-31　为 XMenu 注册 Pane Size 事件

从行为上看，XControl 与 ActiveX 和 .Net 组件非常类似，因此，也可在前面板上添加 ActiveX 和 .Net 组件构建 Windows 风格的软件界面。由于 XControl、ActiveX 和 .Net 封装了实现其自身功能的代码，因此它们还是有效的代码复用工具。有关 LabVIEW 中使用 ActiveX 和 .Net 组件的技术，将在后续章节介绍。

10.3　菜单

菜单最初指餐馆为了方便客人选择而提供的列有各种菜肴的清单，后被引入程序设计，使用菜单在用户界面上列出功能选项方便用户对软件进行操作。几乎所有的 Windows 程序都包含菜单。菜单通常有以下两类。

（1）应用程序主菜单：固定于应用程序界面顶部，菜单项一般不会随程序运行而变化。

（2）快捷菜单：程序界面上不同对象对应不同的菜单项，一般右击后弹出。

在进行 LabVIEW 程序设计时，可以通过以下几种途径为应用程序和各种用户界面上的控件定义菜单。

（1）使用 LabVIEW 的菜单编辑器创建菜单，并在设计时手工关联菜单到应用程序或控件。

（2）使用代码将 .rtm 菜单文件关联到主程序或控件。

（3）使用菜单操作函数动态更改菜单项。

通过这些静态或动态定义菜单的方法，可以方便地增加应用程序菜单的功能，提高应用程序的可操作性。

10.3.1 主菜单

应用程序主菜单固定在程序的顶部，且多数情况下菜单选项不会随程序的运行而变化。在进行虚拟仪器项目开发时，即可在 VI 设计时以手工方式为程序创建并关联菜单，也可以在 VI 运行时通过编程方式为其指定菜单。

无论采用以上哪种方式，要在程序中使用菜单，都必须先取消菜单栏的隐藏属性。选择 VI 的“文件”→“ VI 属性”菜单项，在“类别”下拉框中选择“窗口外观”，单击“自定义”，在弹出的对话框中勾选或取消勾选“显示菜单栏”（Show menu bar）复选框，即可显示或隐藏菜单栏（图 10-32）。

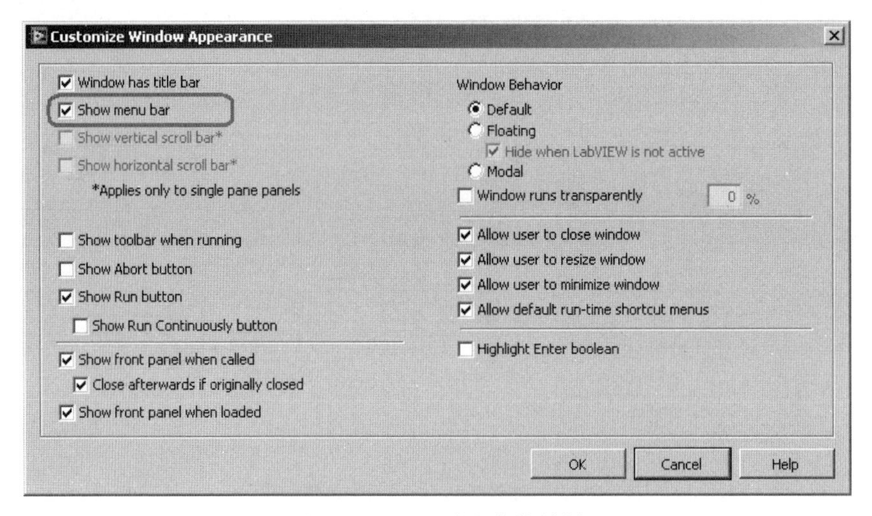

图 10-32　显示或隐藏菜单栏

默认情况下，若设置菜单栏为显示状态，则 VI 会使用 LabVIEW 默认的应用程序菜单栏。但大多数情况下，默认应用程序菜单栏中很多菜单项对新开发应用程序的操作帮助并不大，有时它们的存在反而会干扰用户对软件功能的理解，因此有必要为程序创建独立的菜单。

选择 VI“编辑”（Edit）→“运行时菜单”（Run-time Menu…）菜单项，可调用菜单编辑器对话框（图 10-33）。其创建的菜单既可以包括 LabVIEW 在默认菜单中所提供的应用程序菜单项，也可以包括用户自己添加的全新菜单项。也就是说，开发人员创建菜单时既可从头创建全新的菜单，也可以基于 LabVIEW 的默认菜单进行修改。或者在创建全新菜单过程中，复制 LabVIEW 默认菜单中的某一菜单项来快速创建菜单。

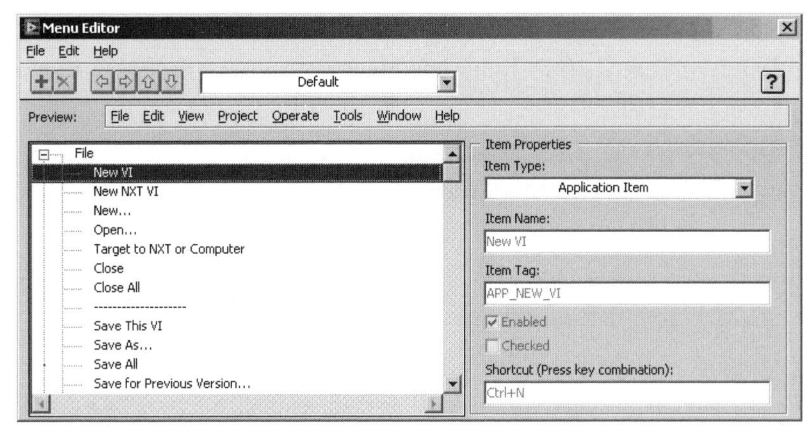

图 10-33 菜单编辑器对话框

在菜单编辑器对话框中编辑每个菜单项时可以为其设置以下信息。

（1）项名称（Item Name）。

项名称指在菜单上显示的字符串。如果要为菜单项定义热键（即使用 Alt 键和其组合来引用菜单项的键，通常在其字母下面有下画线），可在字母热键的键名之前输入下画线即可。如果菜单项中需要显示下画线字符，且不希望它下面再有一个下画线时，可连续使用两个下画线。LabVIEW 将移除第一个下画线，保留其他下画线。 此外，如果在项名称的开始位置输入两个下画线，LabVIEW 将不为菜单项分配热键。

（2）项标识符（Item Tag）。

每个菜单项必须有一个唯一的、区分大小写的标识符，LabVIEW 程序使用该字符串识别用户选中了哪一个菜单项。LabVIEW 忽略标识符前后的空白字符。 如输入的标识符无效或不唯一，LabVIEW 会用红色高亮显示标识符。同样，LabVIEW 会为每个默认菜单项分配唯一标识符，这些标识符一般由大写字母和下画线组成，如 APP_NEW_VI 等。用户在自定义菜单项时就不能再使用这些标识符了。

（3）启用（Enable）。

启用决定该菜单项是否对用户可用。选中复选框时表示该菜单项可用，取消选中复选框将禁用该菜单选。

（4）选中（Checked）。

选中复选框将在菜单项旁边出现 √ 符号。已选中的操作会连续运行，直至取消选中菜单项为止。

（5）快捷键（Shortcut）。

快捷键用于创建键盘快捷方式。F1 ～ F24 功能键可直接使用，但 Ctrl 键作为菜单键必须与其他键组合使用。

编辑完成的菜单会以 .rtm 格式的文件保存，因此在菜单编辑器对话框中要编辑全新菜单时，最好新建菜单文件。退出菜单编辑器时，LabVIEW 会询问是否把创建好的菜单文件设置为 VI 的运行时菜单，如果选择是，则菜单文件就与 VI 进行关联，替换 LabVIEW 的默认菜单。需要注意的是，创建并保存 .rtm 文件后，必须保证运行时 VI 和 .rtm 文件之间的相对路径与保存时的相对路径一致。这是因为在运行时，VI 会按照为其关联菜单时的路径去寻找菜单文件，并从 .rtm 文件中加载菜单。

也可以通过编程的方式为应用程序关联菜单。如果已经通过菜单编辑器事先定义了 .rtm 菜单文件，或从其他项目中复制了可复用的菜单文件到当前项目，不仅可以直接使用菜单编辑器在设计时将菜单文件关联到 VI，也可以在运行时使用属性节点自动把菜单关联到 VI。例如可以在程序初始化时设置 VI 的 Run-Time Menu Path 属性，把存放在 E:\menu 目录下的菜单文件 AppMenu.rtm 自动关联到当前 VI，如图 10-34 所示。

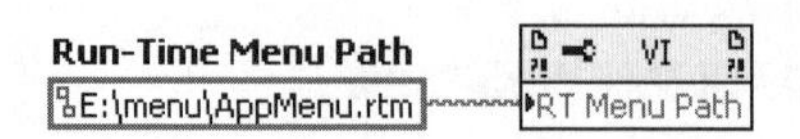

图 10-34 设置 Run-Time Menu Path 属性为 VI 关联菜单

有时需要在运行时才构建应用程序菜单，或根据程序运行所处的阶段对菜单中的某些项进行编辑，如增加部分菜单项或禁用部分菜单项等。为此，LabVIEW 提供完善的菜单操作函数集（图 10-35），用于在运行时通过编程自定义菜单，在现有菜单中插入、删除、修改用户菜单项或者添加或删除默认应用程序菜单项（由于 LabVIEW 已经定义了默认应用程序菜单项的操作和状态，因此用户只能添加或删除这些项）。

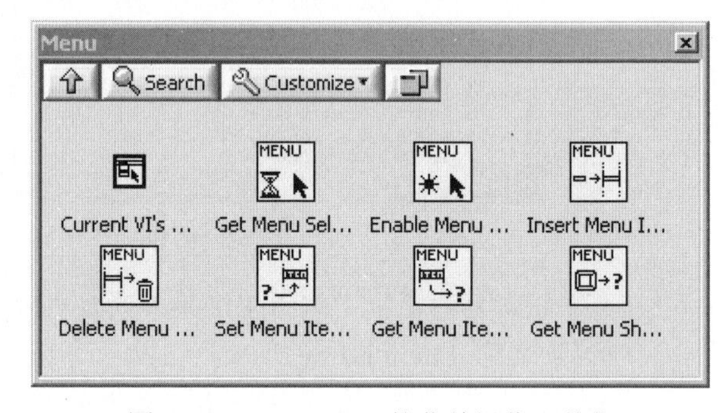

图 10-35 LabVIEW 的菜单操作函数集

图 10-36 显示了使用菜单操作函数为 VI 创建菜单的例子。程序首先使用函数“当前 VI 菜单栏”（Current VI's Menubar）函数获得当前 VI 的菜单栏引用，紧接着使用“删除菜单项”（Delete Menu Items）函数清除所有默认菜单项，随后程序连续使用两个“插入菜单项”（Insert Menu Items）函数分别为 VI 添加主菜单栏和子菜单栏，并使用“设置菜单项信息”（Set Menu Item Info）函数为子菜单项 Add 设置 Ctrl+A 快捷键。从图中所示代码可以看出，如果在菜单项的名称字符串前加了下画线，则下画线后面的字符就是该菜单项的热键。另外，如果要为某个菜单项添加子菜单，可以在插入菜单项函数中指明菜单项的标识。如图 10-36（a）所示，第二个插入菜单项函数为菜单项 User 插入了子菜单，最终为 VI 定制的菜单如图 10-36（b）所示。

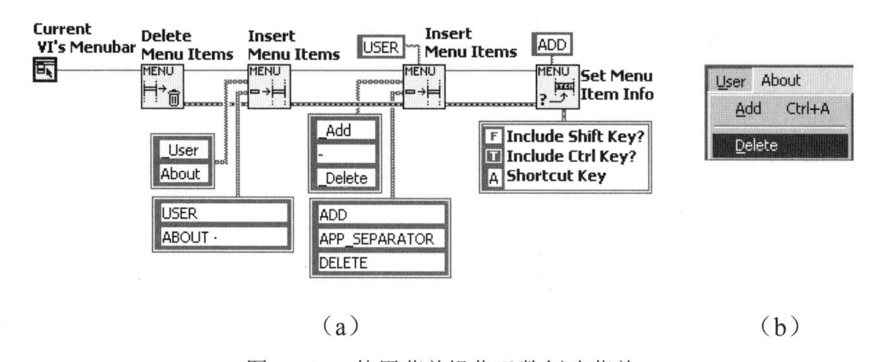

（a） （b）

图 10-36 使用菜单操作函数创建菜单

由于每个菜单项会被分配一个唯一的、区分大小写的项标识符（Item Tag），因此当用户选择了某个菜单项，就可以使用“获取所选菜单项”（Get Menu Selection）函数获得该选项的标签，并依据该标签调用菜单项的处理程序。LabVIEW 在后台默认为应用程序菜单中的每一个菜单项定义了处理程序，如果使用其中的菜单项，开发人员一般就没有必要在程序框图中为这些菜单项添加实现菜单项功能的代码。用户选择这些菜单项时，LabVIEW 会调用事先定义好的处理程序对其进行响应。但如果不是 LabVIEW 默认应用程序菜单中的菜单项，而是用户自定义的菜单项，就必须在程序框图根据菜单标识符为这些菜单项添加处理代码。

在 LabVIEW 程序设计中，有两种可以对菜单选择进行处理的程序结构。一种通过 While

循环和条件结构结合来实现；另一种使用事件结构来处理菜单事件。使用 While 循环和条件结构结合的方法较为简单，它一般使用“获取所选菜单项”函数读取用户选择的菜单项，并将该菜单项传递给条件结构，从而在条件结构中执行该菜单项的处理程序。图 10-37 显示了一个使用 While 循环和条件结构结合实现菜单处理的例子。

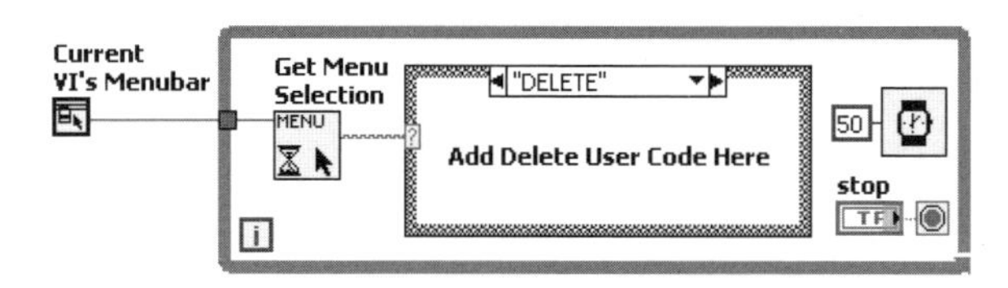

图 10-37　使用 While 循环和条件结构结合实现菜单处理

使用事件结构实现菜单处理的方法更简单，可以在事件结构中注册“菜单选择”（Menu Selection）事件，并在其处理分支中通过项标识符 Item Tag 参数获得用户已经选择的菜单项，从而在条件结构中执行该菜单项的处理程序。“菜单选择”事件又被分为“应用程序菜单选择”（Menu Selection-App）事件和“用户定义菜单选择”（Menu Selection-User）事件。前者对应 LabVIEW 默认应用程序菜单项选择事件，后者对应用户自定义的菜单项选择事件。如果用户在程序代码中注册了“应用程序菜单选择”事件，并为 LabVIEW 默认的应用程序菜单项添加了代码，则运行时程序不仅会为该菜单项调用 LabVIEW 的处理程序，还会执行新增加的处理程序。例如图 10-38 使用事件结构实现菜单处理，当用户选择了 VI 默认的应用程序菜单“新建…”项时，不仅会调用 LabVIEW 新创建 VI 的功能，还会弹出一个对话框。对于自定义菜单选择，使用事件结构对其进行处理的方法类似。

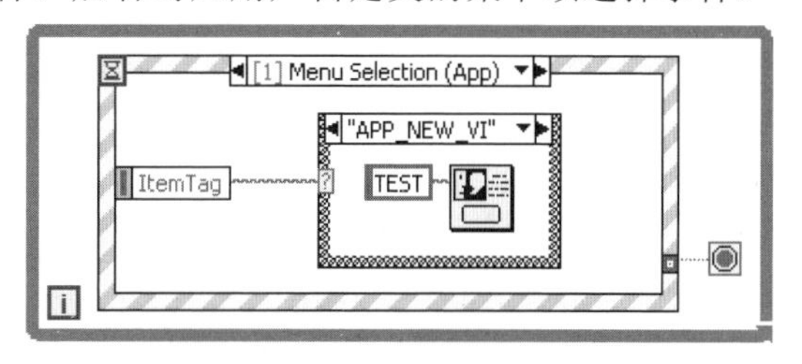

图 10-38　使用事件结构实现菜单处理

如果预先知道某个菜单项的处理时间较长，可将一个布尔控件连接到“获取所选菜单项”（Get Menu Selection）函数的“阻止菜单”（Block Menu）输入端。设置该布尔控件为 TRUE，使菜单栏无效，这样用户在 LabVIEW 处理该菜单项时就阻止了用户选择菜单上的任何其他选项。当 LabVIEW 处理完该菜单项后，再将 TRUE 连接到“启用菜单跟踪”（Enable Menu Tracking）函数的“启用”（Enable）参数，恢复对菜单选择的跟踪。图 10-39 显示了禁用 / 启用菜单选择跟踪的代码片段。

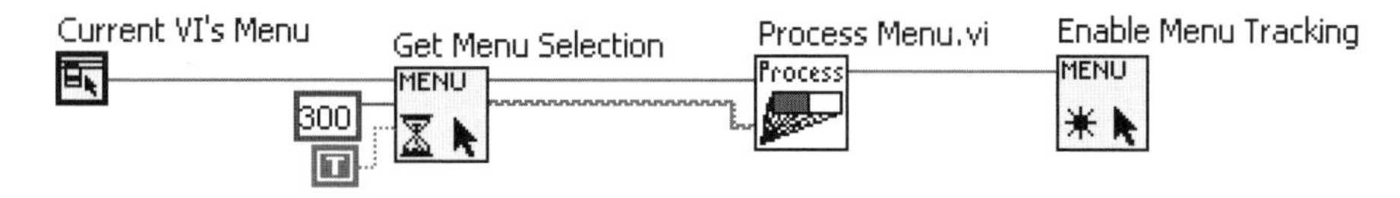

图 10-39　禁用 / 启用菜单选择跟踪

10.3.2　快捷菜单

VI 运行时，所有前面板对象都有一套精简的默认快捷菜单。可通过右击弹出快捷菜单项，实现剪切、复制、粘贴对象的内容，将对象的值恢复为默认值或查看该对象的说明等功能。一些复杂的控件还具有附加的菜单项。例如，旋钮的快捷菜单中包含添加指针、修改刻度显示等菜单项。也可以不使用默认快捷菜单，为 VI 前面板或其中的控件自定义全新的运行时快捷菜单，或自定义默认快捷菜单项和自定义菜单项混合的快捷菜单。

定义快捷菜单和定义应用程序主菜单的方法基本相同，也可分为编辑时手动定义方式和使用程序动态定义两种。若要在编辑时通过手动方式自定义快捷菜单，可以右击控件并从快捷菜单中选择“高级”（Advanced）→“运行时快捷菜单”（Run-Time Menu…）→“编辑”（Edit）选项，显示“快捷菜单编辑器”对话框，为控件手动编辑，并关联默认快捷菜单或自定义快捷菜单文件（.rtm）。编辑和关联快捷菜单的方法和10.3.1节所述的应用程序主菜单编辑关联方法相同。

图10-40显示了使用快捷菜单编辑器为一个字符串输入控件定义快捷菜单的情况。其中不仅使用了剪切、复制和粘贴三个控件默认的快捷菜单项，还自定义了两个用户菜单User Item1和User Item2，并使用分割条将默认的快捷菜单项和自定义的两个用户菜单项分割开。

当使用快捷菜单编辑器完成控件的快捷菜单编辑并保存时，系统会询问以何种方式保存快捷菜单（图10-41）。既可以像保存主菜单一样把快捷菜单信息保存在独立的.rtm菜单文件中，也可以把快捷菜单信息当作控件的一部分，连同控件一起保存。保存完成后，快捷菜单就自动关联到控件。注意，如果以.rtm文件的方式保存快捷菜单，则菜单文件存放的位置必须和使用它的VI保持相对不变，否则自定义的菜单就不能被加载，右击时会弹出默认快捷菜单。

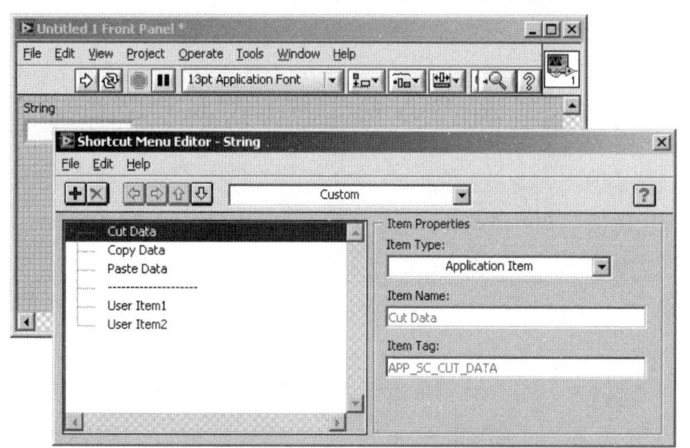

图10-40 快捷菜单编辑器

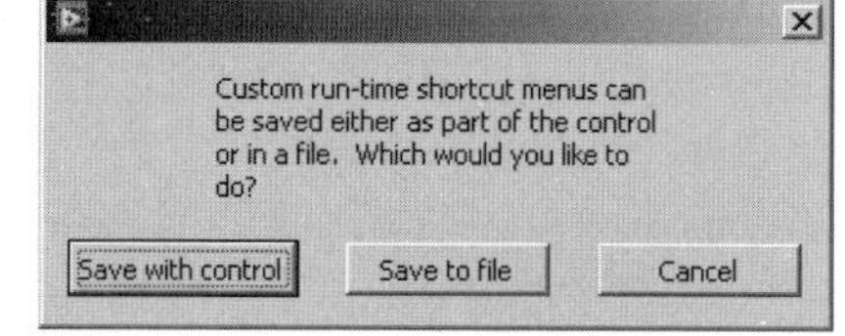

图10-41 保存控件快捷菜单

也可通过编程的方式动态定义快捷菜单，一般通过注册并处理表10-2中自定义快捷菜单项和LabVIEW默认应用程序快捷菜单项的事件来实现。具体来说，如果需要处理自定义快捷菜单项，首先需要注册“快捷菜单激活？”（Shortcut Menu Activation?）过滤事件。由于过滤事件发生在用户右击后、显示快捷菜单前，因此开发人员有机会在这段时间里构建或修改快捷菜单。其次，当用户选择某个自定义菜单项后，需要注册“用户快捷菜单选择”（Shortcut Menu Selection-User）事件，对菜单操作进行响应。

表10-2 编程方式创建快捷菜单应注册的事件

快捷菜单项类型	菜单显示前的过滤事件	选择菜单项后的事件
自定义快捷菜单项	快捷菜单激活？ Shortcut Menu Activation?	用户快捷菜单选择 Shortcut Menu Selection（User）
LabVIEW默认应用程序快捷菜单项	快捷菜单选择？ Shortcut Menu Selection（App）?	应用程序快捷菜单选择 Shortcut Menu Selection（App）

相反，如果需要处理LabVIEW默认应用程序快捷菜单项，则需要先注册“快捷菜单选择？”（Shortcut Menu Selection?）过滤事件。它与自定义快捷菜单的“快捷菜单激活？”

过滤事件类似，发生在默认应用程序快捷菜单显示之前，开发人员可以在菜单显示之前的一段时间添加额外功能。其次，当用户选择某个默认应用程序的快捷菜单项后，还需要注册“应用程序快捷菜单选择”（Shortcut Menu Selection（App））事件，在 LabVIEW 预先定义的处理之外，为程序添加额外功能。

LabVIEW 自带示例目录 LabVIEW\examples\general\ 下的 Left-click Shortcut Menu VI 例子很好地说明了使用代码动态创建快捷菜单的方法。运行这个程序并单击 Left-click This Control 控件，会弹出一个用户自定义的快捷菜单，如图 10-42 所示。

图 10-42 运行 Left-click Shortcut Menu VI 后的用户情况

Left-click Shortcut Menu VI 示例的程序如图 10-43 所示。由于控件的快捷菜单在右击时才弹出，而该示例却要实现单击后弹出快捷菜单，因此程序注册了“鼠标按下？”过滤事件，并在该过滤事件处理分支中把单击时的 Button 参数值从 1 改为 2（鼠标左键的值为 1，鼠标右键的值为 2）这样，LabVIEW 就会将单击当作右击来处理。

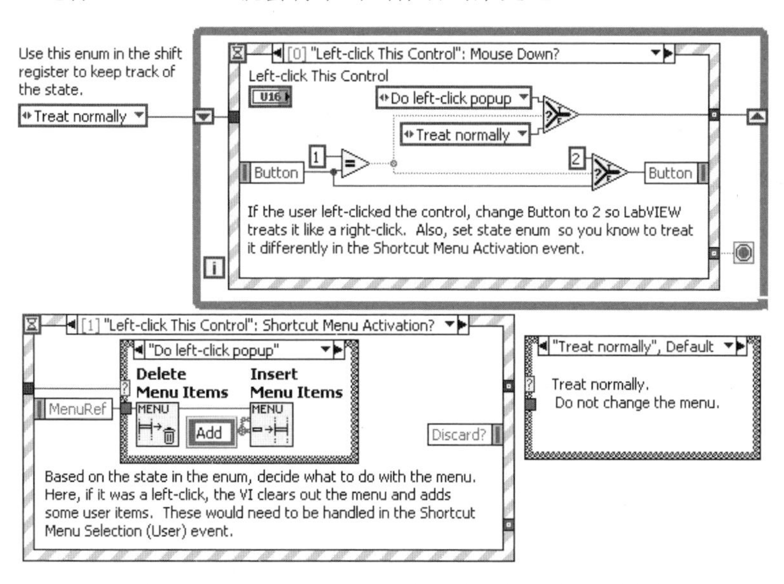

图 10-43 使用代码动态创建快捷菜单示例程序框图

从程序的结构来看，该示例使用了一个经典状态机结构，在“鼠标按下？”过滤事件中，程序会判断鼠标左键是否被按下，如果是，则将状态机移位寄存器的值设置为 Do Left-click popup，否则设置为 Treat normally。随后在“快捷菜单激活？”（Shortcut Menu Activation?）过滤事件中，根据状态机移位寄存器记录的值选择不同的操作。如果鼠标左键被按下，则先使用“删除菜单项”函数删除控件默认快捷菜单，再使用“插入菜单项”函数为控件构建全新的快捷菜单。若按下的是鼠标右键，则按照默认操作进行处理，也就是说按下鼠标右键时，不对 LabVIEW 提供的默认菜单进行修改。

如果要在鼠标右键按下时用自定义的快捷菜单替换 LabVIEW 默认的快捷菜单，则可以直接在“快捷菜单激活？”（Shortcut Menu Activation?）过滤事件处理分支中，先使用“删除菜单项”函数删除控件默认快捷菜单，再使用“插入菜单项”函数为控件构建全新的快捷菜单。也可以使用相同的方法为 VI 前面板动态创建快捷菜单。如果在程序运行时不希望显示快捷菜单，可选择“文件”→“VI 属性”选项，从“类别”下拉菜单中选择“窗口外观”，在弹出的对话框中单击“自定义”按钮，打开“自定义窗口外观文件”对话框，取消选中“允许使用默认运行时快捷菜单”（Allow default run-time shortcut menus）复选框，禁用 VI 中所有运行时快捷菜单，禁止用户通过右击 VI 中的对象改变控件的外观（图 10-44）。也可以从控件的快捷菜单中选择“高级”→“运行时快捷菜单”→“禁用”选项，对某一个控件禁用运行时快捷菜单。

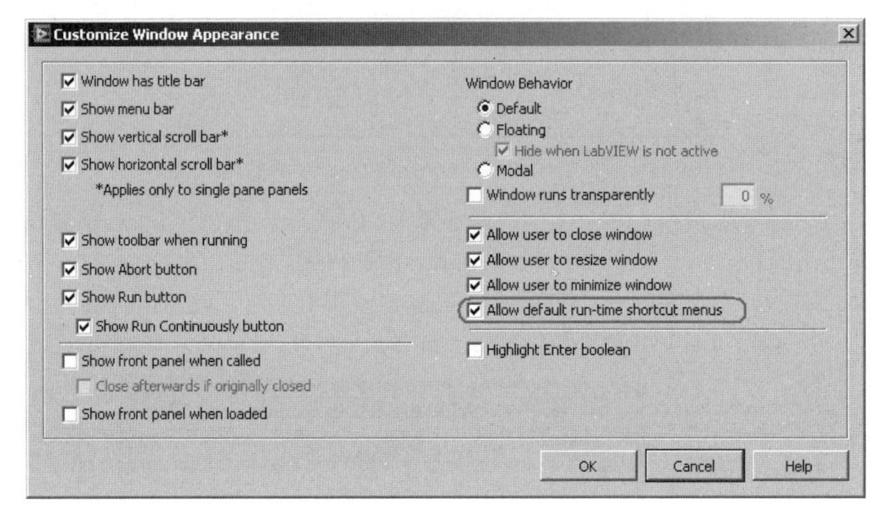

图 10-44　禁用 VI 中所有运行时快捷菜单

10.4　工具栏和状态栏

工具栏和状态栏是软件中常用的用户界面组件。工具栏位于程序操作界面顶端，是包含一列位图式按钮的工具条。其中每个按钮对应一种程序功能，方便用户使用。在这一点上工具栏相当于菜单项，如果某个菜单项和工具栏按钮对应的功能相同，可以使用同一个程序对其进行处理。状态栏是包含文本输出窗格或“指示器”的控制条，通常位于程序操作界面的最底端，作为消息行或程序运行的状态指示器。

在 LabVIEW 中创建工具栏和状态栏时需要使用分隔栏（Splitter Bar）。分隔栏可将前面板分隔为多个独立的窗格。每个窗格都类似于一个前面板，有独立的面板坐标和控件。在程序运行时可分别操作各个窗格的滚动条。创建新的空 VI 时，前面板只有一个大小与窗口一致的窗格。前面板拥有该窗格并作为父窗格。每次在窗格上放置分隔栏时，分隔栏将替换前面板对象层次结构中的窗格并创建两个新的子窗格。分隔栏属于前面板，两个子窗格属于分隔栏。如在其中一个子窗格中放置一个新分隔栏，新分隔栏将替换该子窗格，并作为两个新子窗格的父窗格。层次结构类似一个二叉树，前面板则是树的顶点。例如 LabVIEW 目录中自带的例子 labview\examples\general\controls\splitter.llb\Status Bar using Splitter Bars.vi 就将前面板分隔成三部分（图 10-45）。

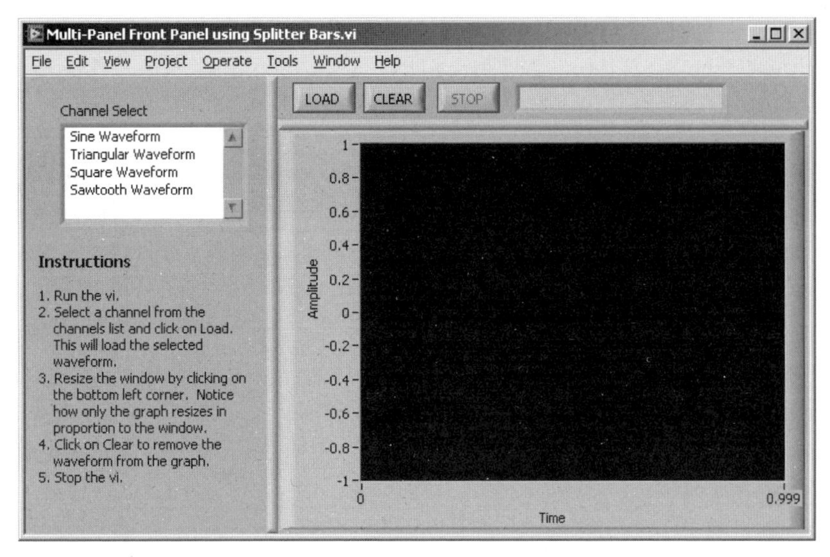

图 10-45　分隔栏示例

虽然分隔栏将 VI 中的控件分隔在不同的窗格中，但是所有控件的接线端都被放置在同一个程序框图上。这就允许用户在前面板中为某一组逻辑上关联的操作划分独立功能区，而在后面板程序中对它们进行集中处理。因此使用分隔栏可以非常容易地创建工具栏和状态栏。

具体来说，可以按照下列方法为 VI 创建工具栏。

（1）在 VI 前面板的“容器”（Containers）选板中选择“水平分隔栏”（Hor Splitter Bar），将其置于前面板窗格中靠近顶部的位置。分隔栏将前面板分隔为两个可滚动的窗格。如果不希望用户看到分隔条，可以调整其宽度到最小。

（2）右击分隔栏，从弹出的菜单中选择“锁定”（Locked）选项，然后再次右击分隔栏，从弹出的菜单中选择“调整分隔栏”（Splitter Sizing）→“分隔栏保持在顶部”（Splitter Sticks Top）选项，确保调整前面板窗口的大小时，分隔栏的位置始终保持在前面板窗口的顶部。

（3）右击分隔栏，从弹出的菜单中选择“上窗格”（Upper Pane）→“水平滚动条”（Horizontal Scroll Bar）→“始终关闭”（Always Off）选项，然后再次右击分隔栏，从弹出的菜单中选择“上窗格”（Upper Pane）→“垂直滚动条”（Vertical Scroll Bar）→“始终关闭”（Always Off）选项，隐藏上窗格的所有滚动条。

（4）将用于构建工具栏的控件置于上窗格中，调整控件的排列和对齐方式，并在后面板中为这些控件添加处理代码。

创建状态栏的方法与创建工具栏的方法极为相似，不同之处在于创建状态栏时，水平分隔栏必须始终保持在前面板窗口的底部，而且用于构建状态栏的控件也必须放置在最下面的窗格中。

图 10-46 显示了一个使用分隔栏创建工具栏和状态栏的例子。程序使用了两个分隔栏将前面板分为三个窗格，最上面一个窗格用于构建工具栏，其中包含 Start Test、Stop Test 和 User 三个按钮，最下面一个窗格用于构建状态栏，其中包含一个字符串显示控件 Status 和一个进度条显示控件 Slides。所有这些分布在不同窗格中的控件的接线端子均

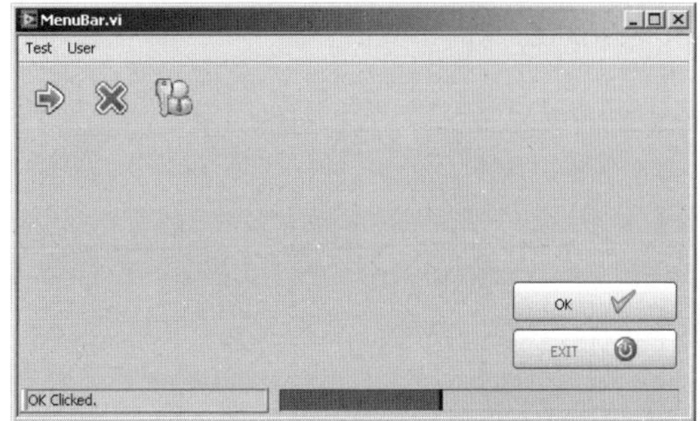

图 10-46　创建工具栏和状态栏

在同一个 VI 后面板的程序框图中（图 10-47），因此只要对它们进行集中处理即可。例如在 OK 按钮的值变化事件中，就可以改变状态栏上 Status 和 Slide 的值，这样当按钮按下时，状态栏上就会显示相应信息。

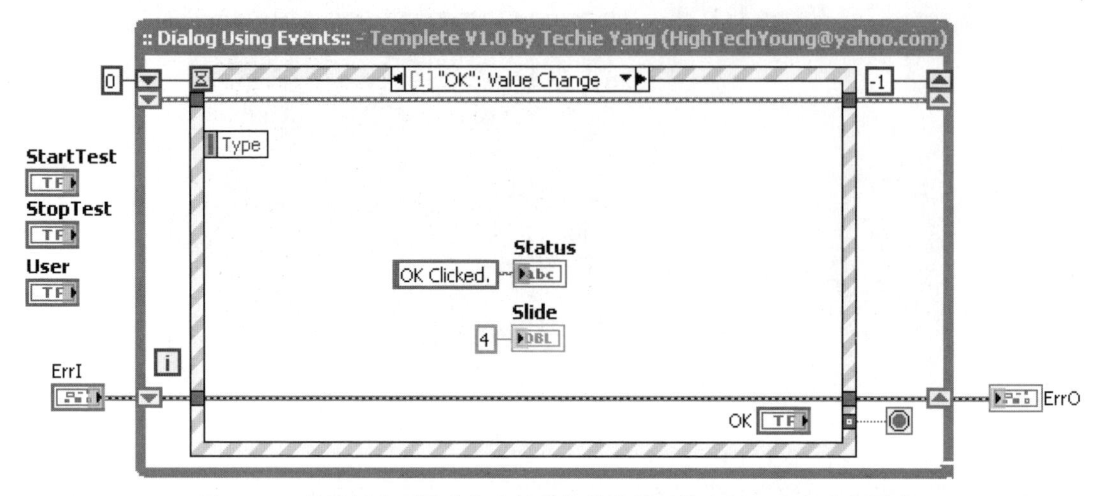

图 10-47 前面板上不同窗格中控件的接线端子均在同一个程序框图中

与构建工具栏和状态栏的方法类似，也可以使用分隔栏创建一些个性化的用户界面。例如可以按照图 10-48 所示的方法组织程序界面中的内容，在界面最上面的窗格中显示程序的名称、标题（一般使用图片等装饰主界面）；在最左边部分通过多个按钮或列表框创建软件的主要功能选择列表；在最右边显示软件的主要内容，在最下面的窗格显示状态栏。图 10-49 就是按照这种方法创建的一个软件界面示例。针对这种形式的界面组织结构，可以在编程时使用动态加载（Dynamic Load，参见第 9 章的相关介绍）技术，根据用户对功能选择列表中的条目的选择，在内容显示区域中动态显示不同 VI，以展现更多丰富的界面内容。

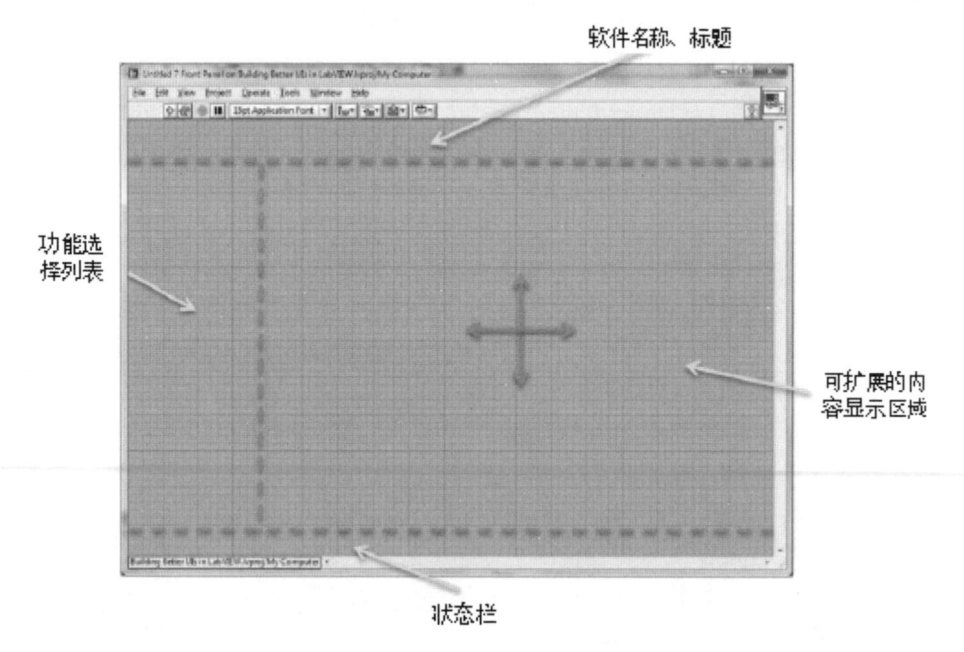

图 10-48 使用分隔栏创建、组织程序界面内容

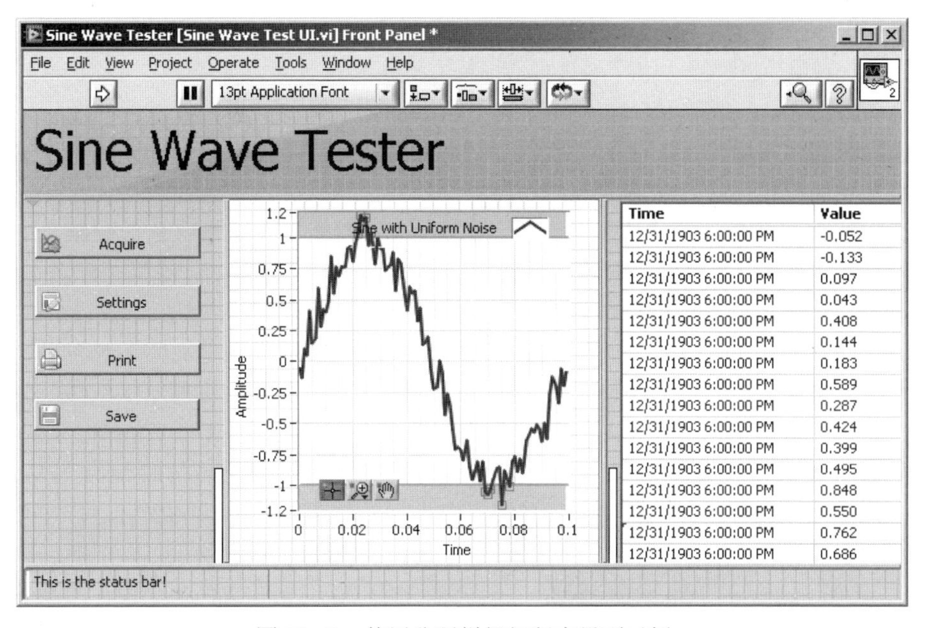

图 10-49　使用分隔栏组织程序界面示例

另外一种使用窗格创建的个性化界面常见于软件安装程序，如图 10-50 和图 10-51 所示。可以使用分隔栏将整个前面板从上到下或从左到右分隔成几部分，并在最上面或最左面的窗格中放置静态的标题或提示文字，而在其他区域显示操作内容。

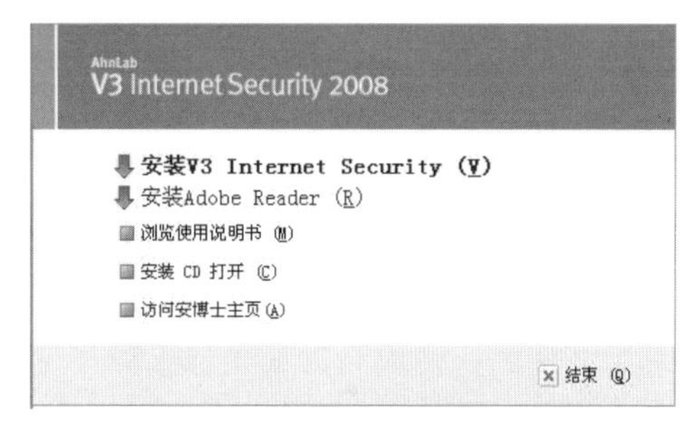

图 10-50　使用分隔栏创建安装程序界面示例 1

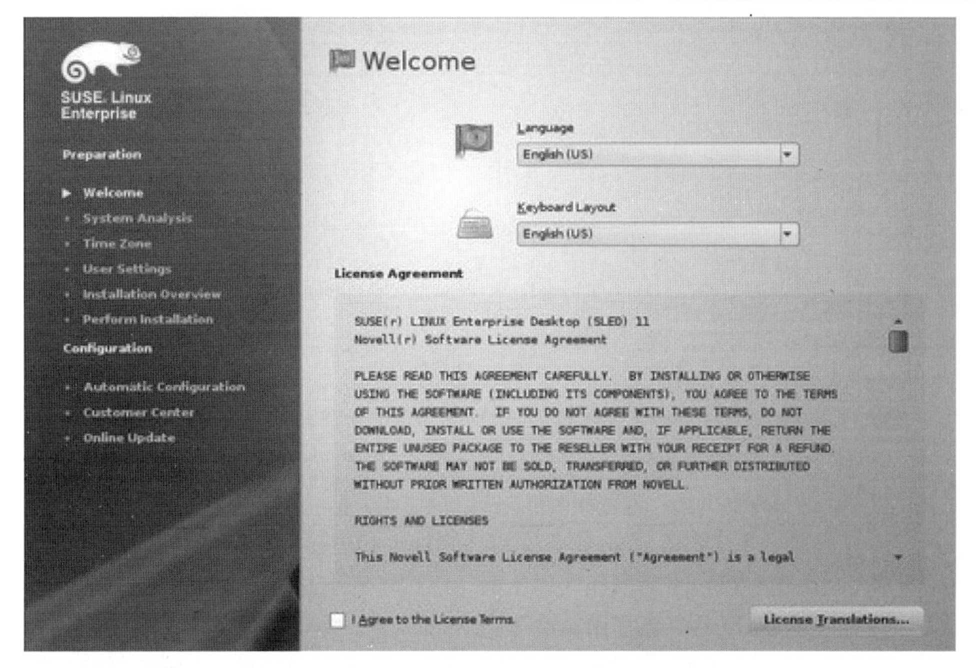

图 10-51　使用分隔栏创建安装程序界面示例 2

10.5 光标

光标（Cursor）是指示用户输入位置的图标，可以是指示鼠标当前位置的图标，也可以是键盘输入时指示将要输入文字的位置的小动态图标。程序运行过程中，光标图像的变化可以形象地告知用户程序运行状态。例如，当程序正在采集或分析数据而不接受用户输入时，可以将光标的外观变为沙漏或钟表状，表示程序忙。当VI完成采集或分析数据，可重新接受用户输入时，再将光标恢复为默认图标。

Windows平台上的光标通常分为两类，一类是动画光标，保存为*.ani文件；另一类是静态光标，保存为*.cur文件。光标大小有16×16，32×32以及自定义大小等多种。在进行程序开发时，不仅可以使用系统自带的光标，还可以从网络上下载各种光标，甚至使用图标设计软件（如ArtCursors、MicroAngelo等）创建个性光标文件供应用程序使用。

LabVIEW为光标操作提供了一套函数集（图10-52），可以非常方便地改变VI前面板中光标的外观。使用该函数集，开发人员既可以自由地在操作系统光标之间切换，也可以为VI设置保存在光标文件中个性化的动态或静态光标。当然，如果要显示程序忙，可以快速将光标设置为漏斗状。

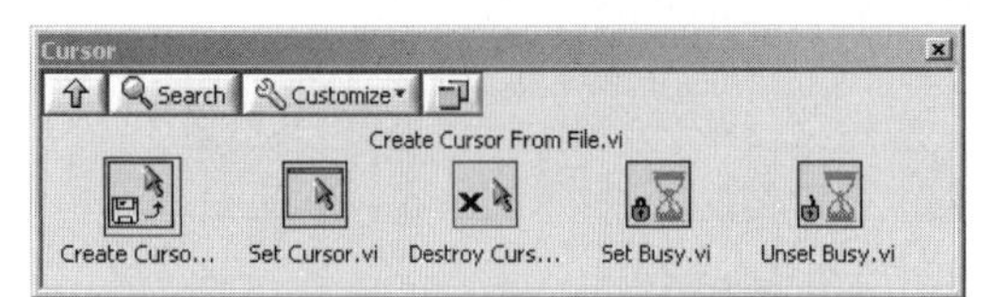

图10-52 LabVIEW光标操作函数集

图10-53显示了使用动态光标文件个性化程序光标显示的过程。由程序可以看出，当用户单击OK按钮触发值变化事件时，程序先使用“从文件创建光标”（Create Cursor From File）函数返回位于动态光标文件AppStarting.ani中光标的引用，随后使用“设置光标”（Set Cursor）函数将从文件中读取的光标设置给当前VI。程序退出前，使用“销毁光标”（Destroy Cursor）函数关闭光标的引用并使光标转换为默认光标。如果运行程序，并单击OK按钮，会发现光标变为一只会飞的蓝色蝴蝶，该示例程序代码可以在随书所赠代码中找到。

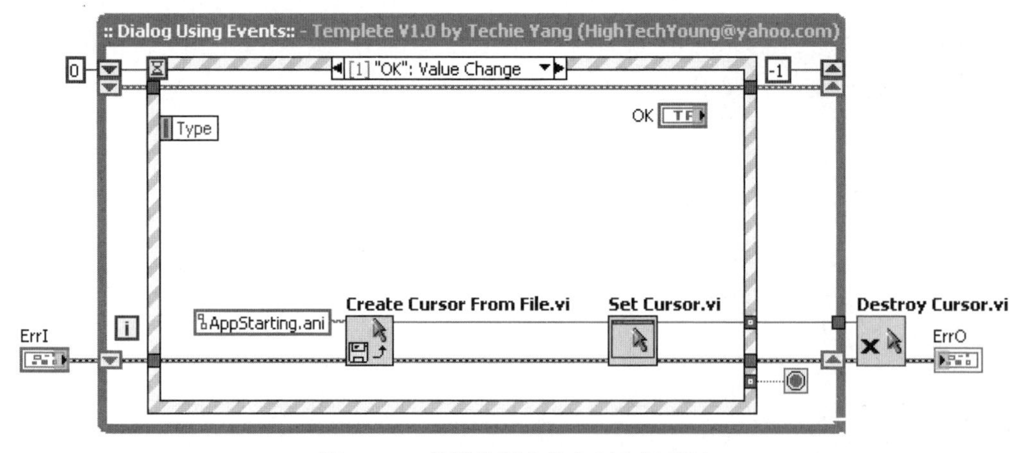

图10-53 使用光标文件定制光标显示

如果要为程序设置系统自带的光标，则可以使用“设置光标”函数的另一个变体版本。“设置光标”函数是一个多态性质的VI，它可以根据连接的参数不同实现不同的功能。当输入参数是光标引用时，可以将引用所指向的光标文件设置为当前光标。如果输入参数为数值，则可以将系统光标或LabVIEW光标设置给VI。

可以使用数值0～32作为“设置光标”函数的参数，为VI设置LabVIEW自带的各种光标。各个数值所代表的图标如图10-54所示（从左至右、从上至下排序，数值为0～32排序），其中 0 代表使用 LabVIEW 默认的光标。在为 VI 设置这些光标时，直接把光标对应的数字连接到“设置光标”函数即可。

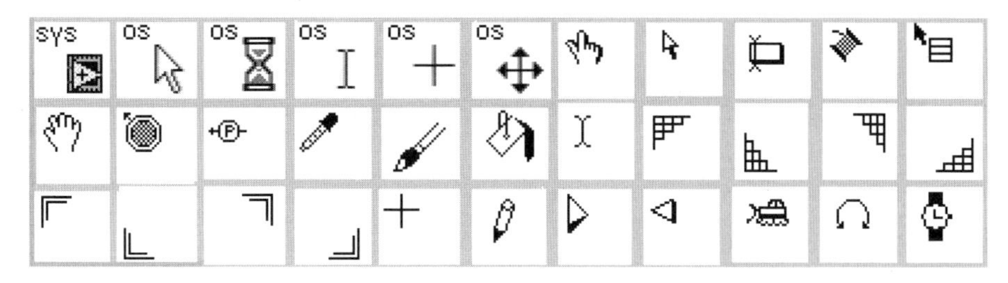

图 10-54 LabVIEW 自带光标

把 VI 前面板中的光标更改为系统繁忙时的光标也比较常用，这可以使用“设置光标为忙碌状态”（Set Busy）和“取消设置光标忙碌状态”（Unset Busy）两个函数实现。图 10-55 为将光标设置为忙碌状态的简单例子。

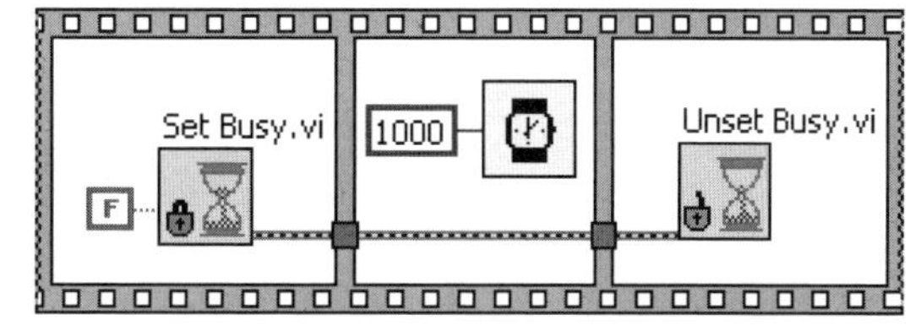

图 10-55 设置光标为忙碌状态

程序首先调用“设置光标为忙碌状态”VI，然后等待 1s。在等待过程中用户可以看到鼠标的光标被更改为沙漏。等待结束后，“取消设置光标忙碌状态”VI 恢复光标至默认状态。从效果上看，“取消设置忙碌状态”VI 的作用类似于使用设置光标 VI 并连线至图标输入端。注意，在例子中“设置光标为忙碌状态”VI 的“禁用单击”（Disable Click）参数必须设置为 FALSE，如果设置为 TRUE，则前面板中鼠标和键盘的操作会被禁用。“取消设置忙碌状态”VI 可使光标改回默认的 LabVIEW 光标，并使鼠标再次启用，这对于在某个程序执行过程中实现鼠标和键盘的禁用功能极其有用。

10.6 多语言支持

如果软件的目标客户比较明确，那么在软件设计时就可以直接按照目标客户的使用习惯和语言编写程序。但是有时软件可能被不同语言的客户使用，因此必须考虑软件本地化的问题。软件本地化是指为适合目标市场的特定文化习惯和文化偏好，而对软件产品的部分功能、用户界面（UI）、联机帮助和文档资料等进行改编的工作。为软件提供多语言支持是进行软件本地化工作的重要部分。

在 LabVIEW 程序中进行多语言支持功能开发时，首先要确保正在使用的 LabVIEW 版本已经激活了对 Unicode 字符的支持。Unicode 是为了解决传统的字符编码方案的局限而产生的，它为每种语言中的每个字符设定了统一并且唯一的二进制编码，以满足跨语言、跨平台进行文本显示、转换和处理的需求。可以按照以下步骤修改 LabVIEW.ini 配置文件，来激活 LabVIEW 对 Unicode 字符的支持。

（1）打开 LabVIEW.ini 配置文件，通常位于 LabVIEW 安装目录下，例如 C:\Program Files(x86)\National Instruments\<LabVIEW>\LabVIEW.ini。

（2）在打开的文件中添加 UseUnicode=TRUE 至其中的新行。

（3）保存并关闭文件，然后重启 LabVIEW，LabVIEW 对 Unicode 的支持激活完成，包括输入、粘贴 Unicode 字符等。

如果要支持的语言与所使用的操作系统语言不一致，还应更改操作系统区域语言选项中非 Unicode 程序的默认语言设置。例如，若在英文版 Windows 操作系统中使用英文版 LabVIEW 开发中文界面的程序，有时即使已经激活了 LabVIEW 对 Unicode 的支持，中文可能还会显示为乱码。这时就要检查 Windows 操作系统是否已经将区域语言的格式和非 Unicode 程序的默认语言设置为中文，如图 10-56 所示。注意，图 10-56 中的第 4 步不要勾选。

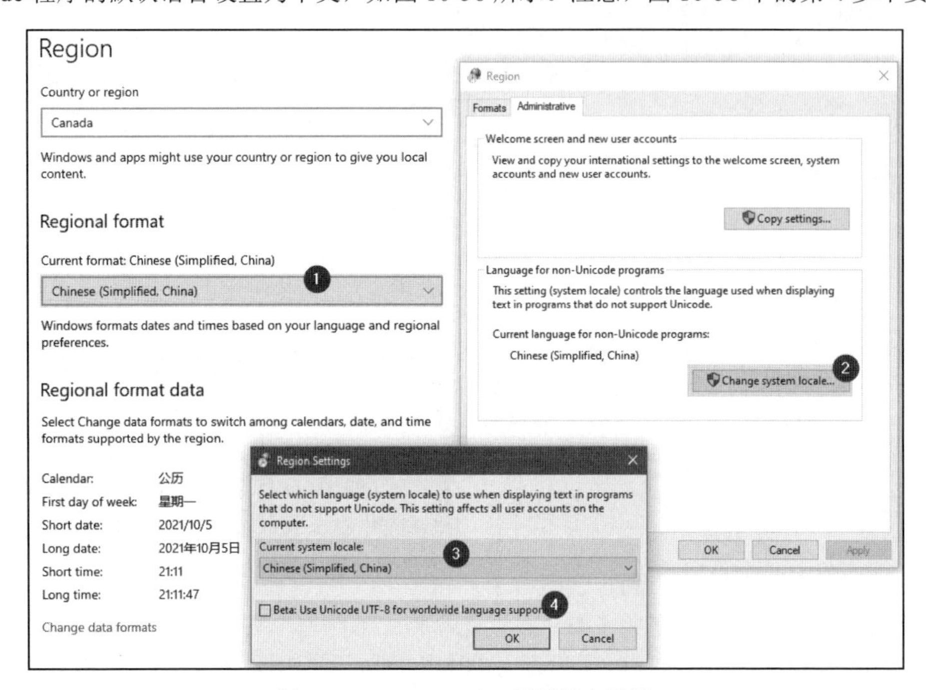

图 10-56 Windows 10 区域语言设置

此外，如果已经激活了 Unicode，那么在生成需要 Unicode 字符的可执行文件（exe）时，必须将 UseUnicode=TRUE 也添加到和可执行文件（.exe）一并生成的 <应用程序>.ini 文件中。激活了对 Unicode 字符集的支持后，就可以通过以下两种方法为 LabVIEW 程序提供多语言支持：

（1）在设计时导出 VI 中的字符串，翻译后再导入 VI。

（2）在运行时使用代码，动态更新用户界面中的字符串。

使用第一种方法的优点是可以对 VI 前、后面板中的字符串进行较彻底的翻译，但翻译之后，必须重新打包并分发软件。使用第二种方法时，程序可以根据用户的选择动态加载本地化语言包，但相对第一种方法而言，必须为程序本地化编写代码，而且多数时候只对 VI 前面板进行本地化。

10.6.1 导出 / 导入语言包

考虑为软件提供多语言支持时，最容易想到的解决方案就是按照目标客户使用的语言和习惯为其提供软件包。但如果实现同样功能的软件被使用多种不同语言的客户使用，则每种语言会对应一个软件包。作为开发人员就需找到一种既能方便软件维护，又能支持多语言的方法。

图 10-57 显示了一种较好的解决方案。这种方法只维护一个软件的内核，但维护多个可以被该内核加载的语言包。当针对某个地区或国家的用户发布软件时，加载相应的语言文件，重新生成独立的软件分发包，分发给该用户群使用。因此每个用户群会有一份独立的软件安装包，而用户只需维护一份软件源码即可。

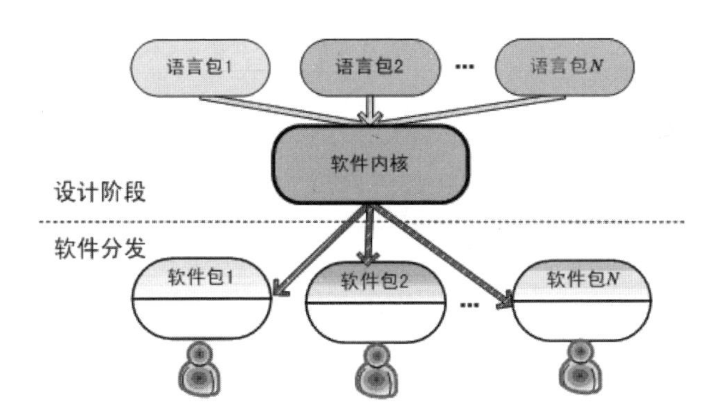

图 10-57　支持多语言的软件集中维护

LabVIEW 很好地支持这种集中维护软件源码和多个语言包的方案。在设计时，可以将 VI 字符串导出到一个带标记的文件中，并在翻译后将文件导入 VI，实现 VI 的本地化过程。由于各种 LabVIEW 的本地化版本使用同一份源代码，因此多个本地化版本相互兼容。

具体来说，当 VI 的核心版本开发完成后，可以选择 VI“工具”（Tools）→“高级”（Advanced）→“导出字符串”（Export Strings）菜单项，将 VI 中的字符串导出至字符串文件。翻译完该文件后再选择 VI 的“工具”（Tools）→“高级”（Advanced）→“导入字符串”（Import Strings）菜单项，将字符串导入 VI，完成本地化工作。

在设计时尽可能地在前面板使用控件的“标题”（Caption）为用户显示文本。虽然控件“标签”（Label）和标题都有显示文本的功能，但标签一旦被设定为控件的名字，就不能再被更改。仅出现在前面板的标题却可以在软件代码设计完成后，被随意更改而不影响程序的逻辑。因此，应尽可能使用标题作为在界面上显示文本的工具，这样就可以在维持程序逻辑不变的情况下，通过导入不同的语言标记文件，更新标题，实现 VI 本地化。

在对 VI 进行本地化时，可以翻译的 VI 字符串如下：

（1）VI 窗口标题和描述。

（2）对象标题和描述。

（3）自由标签。

（4）默认数据（字符串、表格、路径、数组的默认数据）。

（5）私有数据（列表框选项名称、表行首和列首、图形名称、图形光标名称以及图形注释名称）。

（6）程序框图字符串（自由标签和字符串常量）。

VI 字符串文件又称为“语言标记文本”文件，包含 VI 标题、说明、控件标题、控件说明及其他控件私有数据的信息等。因为控件标签一旦被设定就无法更改，因此在 VI 字符串文件中，每个控件都包含一个标题信息。同时在将文件导入 VI 时，控件的标签会被标题替代来显示文本。

VI 字符串文件以类似 HTML 文件的标记语言保存信息，对每个元素均以一个“< 标记 >”起始标记和一个“</ 标记 >”结束标记进行标记。除非在文本中，LabVIEW 忽略空格字符。由于字符“<”已经用于表示一个标记的开始，“>”表示结束标记，因此 LabVIEW 在文本中使用“<<”表示小于号，“>>”表示大于号，用 两个引号““代替双引号，用 <CR>、<CRLF> 和 <LF> 分别表示回车、回车换行和换行符。在文件中，空格用于分隔每个标记的各种属性，因此属性名称与其后的等号之间、等号与属性值之间都不允许出现空格。

表 10-3 汇总了 VI 字符串文件中所使用的标记类型及其语法解释，表中标记从上至下对应 VI 字符串文件中由外到内的包含关系。

表 10-3 VI 字符串文件的标记类型和语法

<table>
<tr><th>标记分类</th><th>标 记 类 型</th><th>标 记 语 法</th></tr>
<tr><td rowspan="7">VI 字符串文件框架</td><td>[VI string file]</td><td><VI [vi attributes] > [vi info] </VI></td></tr>
<tr><td>[VI attributes]</td><td>syntaxVersion=5 LVversion=nnn revision=nnn name="text"</td></tr>
<tr><td>[VI info]</td><td>[vi title] [description] [content] [bdcontent]</td></tr>
<tr><td>[VI title]</td><td><TITLE>text</TITLE> | <TITLE><NO_TITLE></TITLE></td></tr>
<tr><td>[description]</td><td><DESC>text</DESC></td></tr>
<tr><td>[content]</td><td><CONTENT>[grouper] [objects]</CONTENT></td></tr>
<tr><td>[bd content]</td><td><BDCONTENT>[bd objects] </BDCONTENT></td></tr>
<tr><td rowspan="6">自由标签及对象自带标签、标题标签、属性</td><td>[content]</td><td><CONTENT>[grouper] [objects]</CONTENT></td></tr>
<tr><td>[grouper]</td><td><GROUPER>[parts]</GROUPER></td></tr>
<tr><td>[objects]</td><td>（[control] | [label]） *</td></tr>
<tr><td>[control]</td><td><CONTROL [control attributes]> [control info] </CONTROL></td></tr>
<tr><td>[label]</td><td><LABEL>[style text] </LABEL></td></tr>
<tr><td>[style text]</td><td><STEXT> 格式化的文本 </STEXT></td></tr>
<tr><td rowspan="8">包含数据的对象</td><td>[control]</td><td><CONTROL [control attributes]> [control info] </CONTROL></td></tr>
<tr><td>[control attributes]</td><td>ID=xxx type="Boolean" name="switch"</td></tr>
<tr><td>[control info]</td><td>[description] [tip strip] [parts] [privData section] [defData section] [content]</td></tr>
<tr><td>[tip strip]</td><td><TIP>text</TIP></td></tr>
<tr><td>[parts]</td><td><PARTS> [part]*</PARTS></td></tr>
<tr><td>[part]</td><td><PART [part attributes]> [part info] </PART></td></tr>
<tr><td>[part attributes]</td><td>partID=nnn partOrder=nnn</td></tr>
<tr><td>[part info]</td><td>[control] | [label] | [multiLabel]</td></tr>
<tr><td rowspan="11">字符串、表格、数组及路径默认值</td><td>[defData section]</td><td><DEFAULT> [defData] </DEFAULT></td></tr>
<tr><td>[defData]</td><td>[str def] | [table def] | [arr data] | [path data]</td></tr>
<tr><td>[str def]</td><td>[string] | <SAME_AS_TEXT></td></tr>
<tr><td>[table def]</td><td>[strings]</td></tr>
<tr><td>[arr data]</td><td><ARRAY nElems=n> [arr element data] </ARRAY></td></tr>
<tr><td>[arr element data]</td><td>[clust data] | [str data] | [non-str data]</td></tr>
<tr><td>[str data]</td><td>[string]</td></tr>
<tr><td>[non-str data]</td><td><NON_STRING></td></tr>
<tr><td>[clust data]</td><td><CLUSTER nElems=n> [clust element data] </CLUSTER></td></tr>
<tr><td>[clust element data]</td><td>[clust data] | [str data] | [non-str data] | [arr data] | [path data]</td></tr>
<tr><td>[path data]</td><td><PATH type ="absolute"> a<SEP> system </PATH></td></tr>
<tr><td rowspan="7">私有数据</td><td>[privData section]</td><td><PRIV> [privData]* </PRIV></td></tr>
<tr><td>[privData]</td><td>（[strings] | [col header] | [row header] | [cell fonts] | [plots] | [cursors] | [path privData] | [tab control privData]）</td></tr>
<tr><td>[strings]</td><td><STRINGS> [string]* </STRINGS></td></tr>
<tr><td>[string]</td><td><STRING> text </STRING></td></tr>
<tr><td>[col header]</td><td><COL_HEADER> [string]* </COL_HEADER></td></tr>
<tr><td>[row header]</td><td><ROW_HEADER> [string]* </ROW_HEADER></td></tr>
<tr><td>[cell fonts]</td><td><CELL_FONTS> [cell font]* </CELL_FONTS></td></tr>
</table>

续表

标记分类	标 记 类 型	标 记 语 法
私有数据	[plots]	<PLOTS> [string]* </PLOTS>
	[cursors]	<CURSORS> [string]* </CURSORS>
	[cell font]	[row# col#][font]
	[font]	<FONT name="font name" size='x' style='BIUSO' color=000000>
	[path privData]	<PROMPT>text</PROMPT> <MTCH_PTN>TEXT</MTCH_PTN> <STRT_PTH>[path data]</STRT_PTH>
	[tab control privData]	<PAGE_CAPTIONS>[string]*</PAGE_CAPTIONS>
	[tab control page]	<PAGE> [description] [tip strip] [objects] </PAGE>
程序框图中的字符串	[bd content]	<BDCONTENT> [bdobjects]</BDCONTENT>
	[bd objects]	（[control] | [label] | [node]）*
	[node]	<NODE [node attributes]>[node info]</NODE>
	[node attributes]	ID=xxx type="Sequence"
	[node info]	[description] [bd content]

由表 10-3 可以看出，VI 字符串文件中的标记可以分别用来标识以下内容：

（1）标识 VI 字符串文件框架。

（2）标识自由标签及对象自带标签、标题标签、属性。

（3）标识包含数据的对象。

（4）标识字符串、表格、数组及路径默认值。

（5）标识私有数据。

（6）标识 VI 程序框图中的字符串等。

框架标识用于构建整个 VI 字符串文件的框架，包括对 VI 的基本信息、标题、VI 的描述，以及 VI 的内容部分的标记。其中 VI 的内容部分包含在标记 <CONTENT></CONTENT> 之间，并由对字符串、自由标签、路径、数据等的标记构成。以下是一个非常简单的 VI 字符串文件内容框架示例。在进行本地化时，只要翻译夹在各种标记之间的内容即可。

```
<VI syntaxVersion=5 LVversion=4502007 revision=10 name="Demo.vi">
   <TITLE>
         VI 的标题
   </TITLE>
   <DESC>
         对 VI 的描述
   </DESC>
   <CONTENT>
         …
   </CONTENT>
</VI>
```

在对前面板中的自由标签及对象自带标签、标题标签、属性进行标记时，可以在 <STEXT> 和 </STEXT> 间使用 <FONT> 标记及其属性对字体进行格式化，与其他元素不同，<FONT> 没有结束标记，其格式如下：

```
<FONT name="font name" size='3' style='BIUSO' color=00ff00>
```

例如，可按下列方式对文本“标签”进行描述，最终的效果是第一个字为粗体，第二个字为斜体。

```
<LABEL>
   <STEXT>
        <FONT name="times new roman" size=12 style='B'>标<FONT
                   style='I'>签
      </STEXT>
   </LABEL>
```

<GROUPER></GROUPER>标记包含了属于同一组的前面板对象。这些标记还包含了通过分隔栏配置的每个窗格。由于前面板总是至少包含一个窗格，VI字符串文件总是至少包含一个<GROUPER></GROUPER>标记集。

在标记包含数据的对象时，可以使用MLABEL（Multi-Label的缩写）标记指定下拉列表控件上的多个选项或按钮上的字符串。一个字符串即对应一个选项或按钮四个状态中的一个状态。例如可以使用下面的代码描述标题为Ring且包含Load、Unload、Open和Close四个选项的下拉列表控件。

```
<CONTROL ID=87 type="Ring" name="RINGcontrol">
    <DESC>ring control</DESC>
    <PARTS>
      <PART ID=12 order=0 type="Ring Text">
        <MLABEL>
          <STRINGS>
            <STRING>Load</STRING>
            <STRING>Unload</STRING>
            <STRING>Open</STRING>
          <STRING>Close</STRING>
        </STRINGS>
      </MLABEL>
    </PART>
    <PART ID=82 order=0 type="Caption">
       <LABEL>
        <STEXT>
          <FONT color=FF0033 size=12>Ring
        </STEXT>
      </LABEL>
    </PART>
  </PARTS>
</CONTROL>
```

在标记字符串、表格、数组及路径默认值时。使用 <SAME_AS_LABEL> 这一特殊标记可表示字符串的默认数据与字符串部件列表上的文本标签相同，这样使用时就无须为文本标签和字符串默认数据重复输入同样的值。对于路径控件的默认数据 [path data]，可以使用起始标记 <PATH> 的 Type 属性，指定路径类型是“绝对路径”（absolute）还是“相对路径”（relative）。<SEP> 标记用来分隔 <PATH> 与 </PATH> 标记之间的路径段。例如，在 Windows 平台上，绝对路径 c:\windows\temp\temp.txt 可表示为 <PATH type="absolute">c<SEP>windows<SEP>temp<SEP>temp.txt</PATH>。

如前所述，在进行 VI 的本地化工作时，并不需要从头创建 VI 的字符串文件，而是使用 LabVIEW 的字符串导出工具自动生成。就如同网页设计一样，开发人员只要认识各种标记，知道应该翻译哪些标记中间的文字即可。翻译完成后将文件再导入 VI 中，重新编译生成开发包，分发给用户即可。

下面以一个非常简单的例子来说明使用静态导出 / 导入方法对程序进行本地化的方法。假定有如图 10-58 所示的英文版本 VI，其前面板中有一个标题为 String Caption 的字符串控件和一个标题为 Ring Caption 且包含 Load、Unload、Open 和 Close 四个选项的下拉列表控件；VI 的后面板除了以上两个控件对应的接线端子外，还包含一个注释字符串 Block Diagram Comments。如果要将 VI 前、后面板中英文版本的字符串本地化为中文，则可以在设计时先将英文字符串导出到 VI 字符串文件。

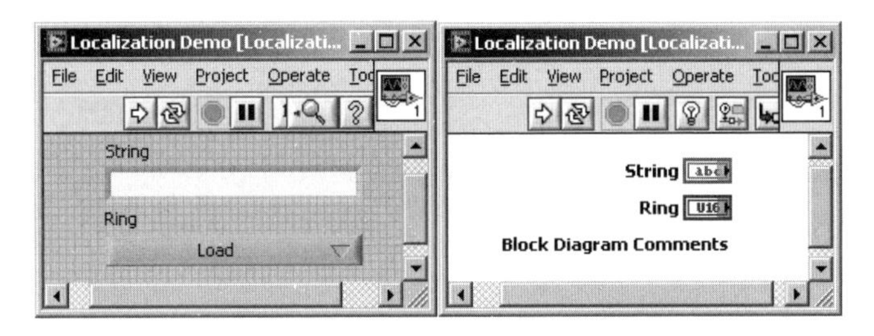

图 10-58 英文版本的 VI 前、后面板

导出的英文版 VI 字符串文件如下：

```
  <VI syntaxVersion=11 LVversion=10008000 revision=8 name=
"Localization-StaticDemo.vi">
     <TITLE>Localization Demo</TITLE>
     <HELP_PATH></HELP_PATH> <HELP_TAG></HELP_TAG>
     <RTM_PATH type="default"></RTM_PATH>
     <DESC> Localization Demo</DESC>
     <CONTENT>
       <GROUPER><PARTS></PARTS></GROUPER>
     <CONTROL ID=87 type="Ring" name="Ring">
           <DESC>Ring Input</DESC>
           <TIP>Ring Tip</TIP>
           <PARTS>
                 <PART ID=12 order=0 type="Ring Text">
                 <MLABEL><FONT predef=DLGFONT>
                   <STRINGS>
```

```
                <STRING>Load</STRING>
                <STRING>Unload</STRING>
                <STRING>Open</STRING>
                <STRING>Close</STRING>
              </STRINGS>
            </MLABEL>
        </PART>
            <PART ID=82 order=0 type="Caption">
            <LABEL><STEXT>Ring</STEXT></LABEL>
        </PART>
      </PARTS>
    </CONTROL>
    <CONTROL ID=81 type="String" name="String">
        <DESC>String input</DESC>
        <TIP>String input</TIP>
        <PARTS>
            <PART ID=11 order=0 type="Text">
            <LABEL><STEXT></STEXT></LABEL>
          </PART>
            <PART ID=82 order=0 type="Caption">
            <LABEL><STEXT>String</STEXT></LABEL>
          </PART>
        </PARTS>
        <DEFAULT><SAME_AS_LABEL></DEFAULT>
    </CONTROL>
  </CONTENT>
  <BDCONTENT>
     <LABEL><STEXT><FONT style='B'>Block Diagram Comments</
STEXT></LABEL>
  </BDCONTENT>
  </VI>
```

将文件复制一份，然后对上述文件内容中粗体部分进行翻译，然后导入 VI，即可实现本地化，如图 10-59 所示。

图 10-59　中文版本的 VI 前、后面板

10.6.2　动态加载语言包

使用VI字符串文件进行软件本地化，只能在设计时静态进行，而且加载新的语言包后，虽然软件的内核没有变化，但还是必须重新编译分发给用户，这使得软件分发和维护的工作量较大。另一种动态加载语言包的软件本地化的方法可以适当减少软件分发和维护的工作量，如图10-60所示。

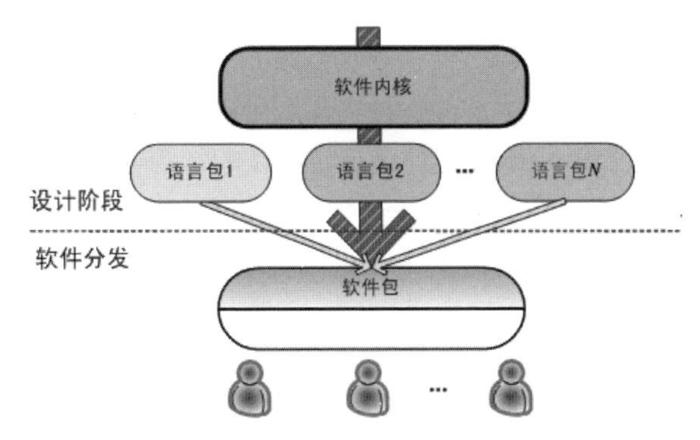

图10-60　动态加载语言包的软件本地化方法

动态加载语言包的软件本地化方法只需要将一个核心的软件包和所有语言包一起分发，使用不同语言的用户可以根据需要在软件运行过程中动态加载语言包。也可以把核心软件包和语言包分开，只将核心软件包分发给所有用户，而将语言包放在网站上，或在软件中提供下载功能，让用户根据需要下载并加载适合自己的语言包。

在LabVIEW中实现动态加载语言包的方法相对于导入/导出方法工作量有所增加，设计人员需要在程序中编写额外的功能代码，但使用LabVIEW的VI Server功能可以轻而易举地完成工作。以下就以一个简单的例子对这种方法进行说明。

假定需要将图10-61（a）所示的英文软件界面本地化为图10-61（b）所示的中文界面，并且在程序运行时，可由用户通过界面上提供的列表框选择希望显示的语言。为此，可以使用.ini类型的文件作为资源文件，分别保存中文和英文的界面控件字符串，并在用户从下拉列表框改变语言时，读取文件并更新界面显示。

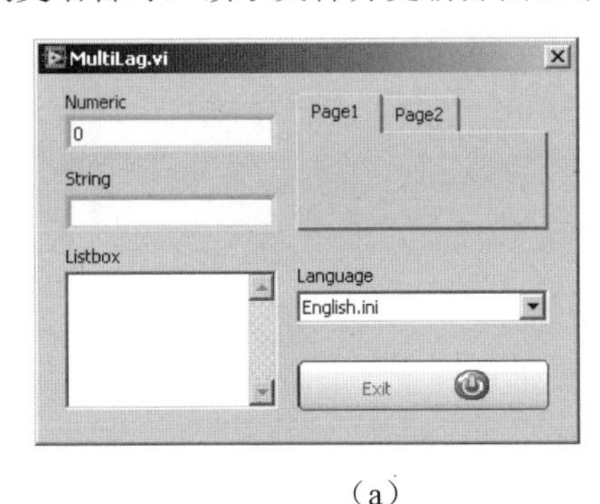

（a）

（b）

图10-61　动态加载语言包的例子

由于控件的标签是唯一的，而标题却可以被改写，因此可以使用每个控件的标题（Caption）显示文本，这样就可以在程序运行过程中，通过控件标签索引不同的语言文本，更新控件的标题，实现语言资源的动态加载。可以使用.ini文件保存软件界面的字符串，其中控件的标签作为每一个Key的名字，而在不同的语言文件中，翻译后的字符串可作为Key的值。当需要更换界面显示的语言时，可直接使用控件的标准作为Key名，从.ini文件中读取Key值，更新控件标签。图10-62显示了例子所用的英文和中文版本INI资源文件的内容。

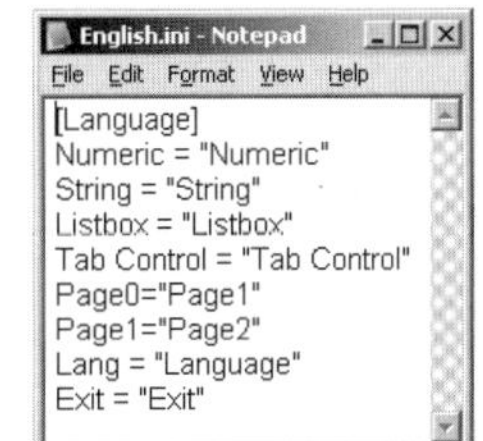
English.ini - Notepad

File Edit Format View Help

```
[Language]
Numeric = "Numeric"
String = "String"
Listbox = "Listbox"
Tab Control = "Tab Control"
Page0="Page1"
Page1="Page2"
Lang = "Language"
Exit = "Exit"
```

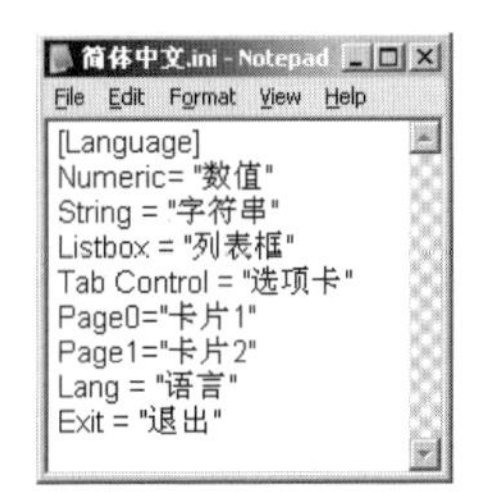
简体中文.ini - Notepad

File Edit Format View Help

```
[Language]
Numeric= "数值"
String = "字符串"
Listbox = "列表框"
Tab Control = "选项卡"
Page0="卡片1"
Page1="卡片2"
Lang = "语言"
Exit = "退出"
```

图10-62　英文和中文版本INI资源文件

图10-63给出了动态更新VI前面板语言显示

的核心程序框图。程序一开始先获得需要被本地化的 VI 的引用，随后通过 VI 的 Panel → Controls 属性获得前面板上所有控件的引用。For 循环会逐个索引获得的引用，并在其中以控件的标签为 Key 名，从指定的 .ini 资源文件中读取 Key 值来更新控件的文本显示。在更新控件文本时，需要注意所操作控件的类型，这可以通过控件所属的类 ID（ClassID）来进行识别。默认情况下，程序只对控件的标题进行更新。但是如果正在处理布尔按钮，且希望改变按钮上的文本而不是标题，则可在检测到控件的类 ID 值为 8 时，将对象引用具体化为布尔控件引用，并改变按钮文本属性的值。也可以使用相同的方法对选项卡的页标题进行处理，当检测到控件的类 ID 值为 55 时，将对象引用具体化为选项卡控件引用，并对每个页面中的 TabCaption 属性进行修改。注意，必须将选项页的 IndependentLabel 属性设置为 TRUE，才能在编程时修改页面中的 TabCaption 属性，否则程序会报错。

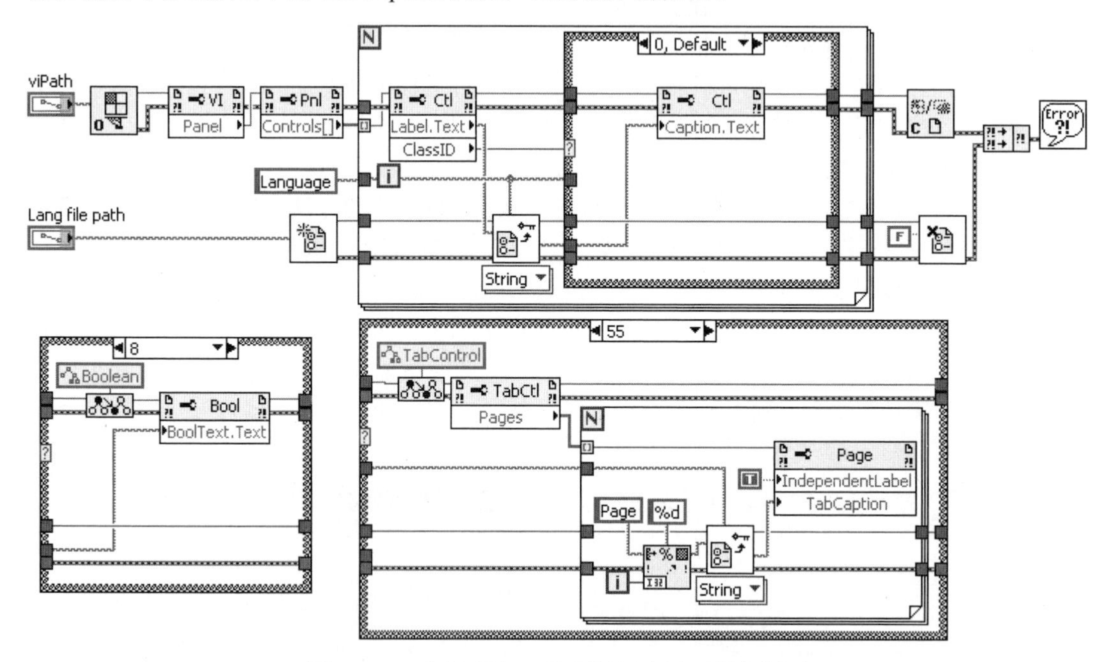

图 10-63 动态更新 VI 前面板语言显示程序框图

总之，可以在程序中使用默认程序分支，对大多数只需要更新标签的控件进行处理，而对于需要单独处理的控件，则可以使用类 ID 和属性节点结合，在对应分支中做特殊处理。LabVIEW 控件所属类和类 ID 的对应关系如表 10-4 所示。

表 10-4 LabVIEW 控件所属类和类 ID 的对应关系

类ID	控件所属的类	类ID	控件所属的类	类ID	控件所属的类	类ID	控件所属的类
3	Generic	11	Path	19	NamedNumeric	27	String
4	Decoration	12	ListBox	20	ColorRamp	28	IOName
5	Text	13	Table	21	Slide	29	ComboBox
6	Control	14	Array	22	GraphOrChart	30	Cluster
7	ColorBox	15	Picture	23	WaveformChart	31	Panel
8	Boolean	16	ActiveXContainer	24	WaveformGraph	32	Knob
9	RefNum	17	Numeric	25	IntensityChart	33	NumWithScale
10	Variant	18	Digital	26	IntensityGraph	34	Ring

续表

类ID	控件所属的类	类ID	控件所属的类	类ID	控件所属的类	类ID	控件所属的类
35	Enum	41	ColorScale	47	MeasureData	53	TabControl
36	GObject	42	GraphScale	48	BVTag	54	Page
37	Plot	43	ColorGraphScale	49	DAQName	55	TabArrayTabControl
38	Cursor	44	TypedRefNum	50	VISAName	56	ConPane
39	NumericText	45	OldKnobScale	51	IVIName		
40	Scale	46	MCListbox	52	SlideScale		

图 10-64 显示了动态更新 VI 前面板语言显示实例的程序结构。程序开始运行后，由于 Timeout 事件分支的超时参数被设置为 0，并在执行一次后被设置为 -1，因此可以在 Timeout 事件分支中进行程序的初始化。对这个示例来说，程序枚举了 \Language 目录中已有的语言资源文件，随后按照语言选择下拉列表控件的值，读取相应的 INI 资源文件，并调用前述改变程序界面语言显示的核心程序，刷新主界面文本字符串。如果用户改变了语言选择下拉列表框控件的值，则下拉列表框的值改变事件会被触发，只要在该事件的处理分支中再次按照语言选择下拉列表控件的值，调用 INI 资源文件刷新程序界面即可。

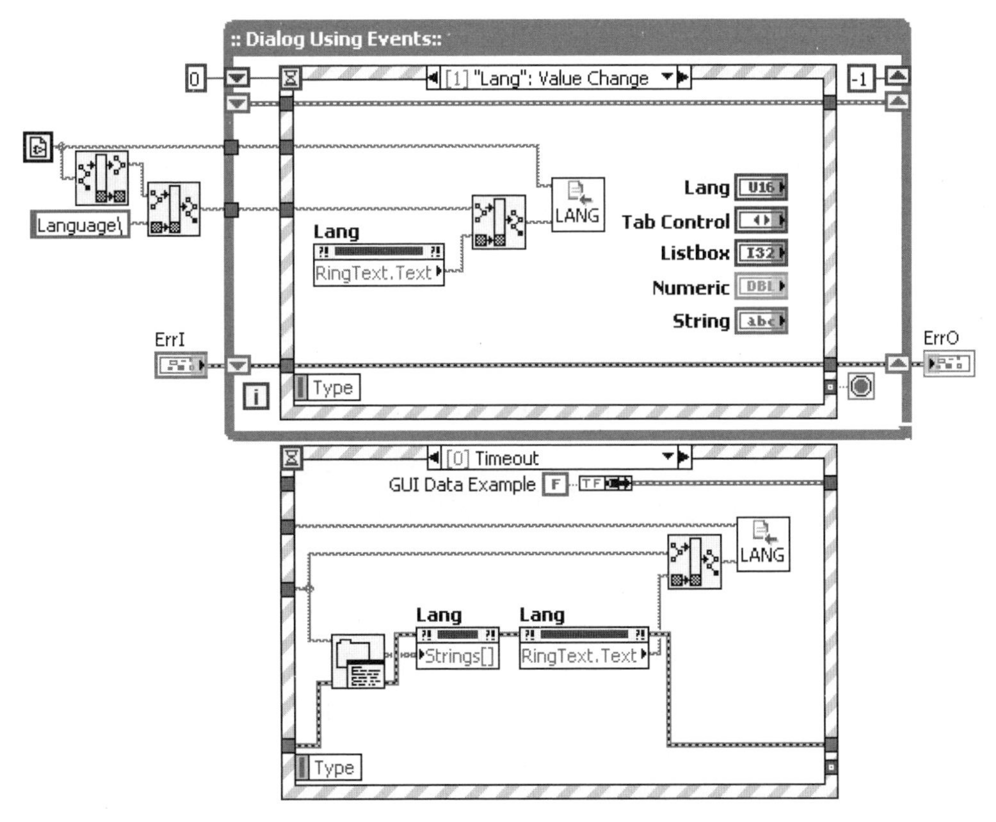

图 10-64 使用程序改变软件界面显示语言

10.6.3 LCE 工具包

使用 INI 文件作为资源文件对于小型程序来说比较方便，但在进行大型程序开发时，由于 INI 文件结构相对松散，作为语言文件会降低程序的可维护性。此时可以考虑使用 XML

文件代替 INI 文件作为资源文件。

LCE（Localization Configuration Editor）是一个免费的为 VI 提供多语言支持的本地化工具包。可以从 http://zone.ni.com/devzone/cda/epd/p/id/6257 下载最新版本（随书附赠代码中包括该工具）。LCE 由资源编辑器和 LCE API 函数两部分组成，LCE 资源编辑器是用 LabVIEW 2009 开发出来的应用程序，可以用于创建并修改 XML 资源文件中控件和菜单在各种语言下的名称。LCE API 文件是可以在 LabVIEW 中使用的一系列函数库，可用于动态调用各种语言下对应项目的字符，然后通过属性节点赋给各个菜单或控件。

安装 LCE 时，需要解压并安装 lce_installer_101.zip 和 lce_lib_installer_b.zip 两个文件，前者对应 LCE 编辑器，后者用于调用资源文件 API。注意，由于 LCE 编辑器是用 LabVIEW 2009 编写的，所以对于 2009 之前的版本，可能需要 LabVIEW 2009 的运行引擎 Run-Time Engine 的支持，可以从 http://joule.ni.com/nidu/cds/view/p/id/1383/lang/zhs 下载。LCE API 库文件只能在 LabVIEW 8.6.1 或之后的版本中才能使用。安装完这些文件后，会在 LabVIEW 的函数选板中的用户库中找到这些 LCE 的 API。

使用 LCE 工具包为软件提供多语言支持的第一步，就是在设计时使用 LCE 编辑器创建 XML 格式的多语言资源文件。运行 LCE 编辑器后可立即填入需要支持的语言种类，然后就可以在左边的树形结构下使用右键菜单创建资源（Resource）。每个资源都有一个唯一的名称，并可为每种语言定义字符串，供以后在程序中调用，如图 10-65 所示。

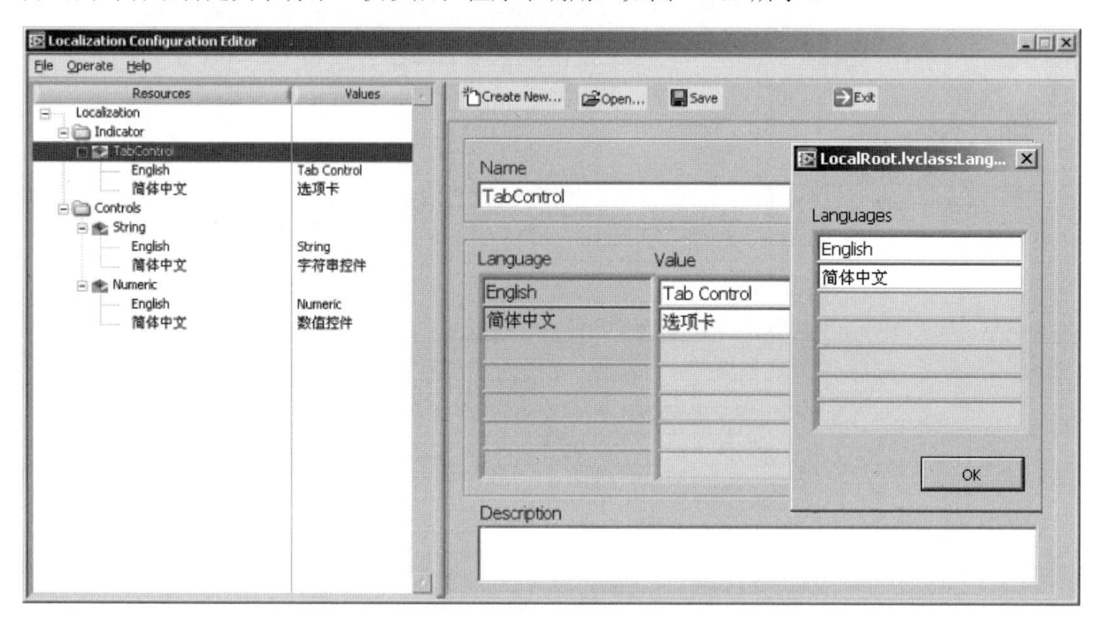

图 10-65 使用 LCE 编辑器创建资源文件

使用编辑器创建的文件以 XML 格式保存，图 10-66 即为使用 LCE 编辑器为一个数值控件定义中文和英文字符支持后的 XML 文件，相对于 INI 文件来说结构更紧密，且更符合思维逻辑。

有了资源文件，只要在程序运行时，根据用户请求从资源文件获取相应语言的文本字符串，更新程序界面显示即可。LCE 为资源文件的获取提供了几个简单易用的 VI，通常只要使用图 10-67 所示的 Load LCE Resource List.vi 和 LCE_Get Resource Value.vi 两个函数就够了，前者用来指定资源文件的路径，后者使用指定资源的名称和语言种类获取需要显示的字符串。

```
<?xml version="1.0" encoding="UTF-8" ?>
<LocalRoot>
    <Name>Localization</Name>
    <Description></Description>
    <languages>English</languages>
    <languages>xBCxF2xCCxE5xD6xD0xCExC4</languages>
    <resource>
        <Name>Numeric</Name>
        <Description></Description>
        <language>
            <Name>English</Name>
            <Description></Description>
            <Value>Numeric</Value>
        </language>
        <language>
            <Name>xBCxF2xCCxE5xD6xD0xCExC4</Name>
            <Description></Description>
            <Value>xCAxFD.xBF□xFE</Value>
        </language>
    </resource>
</LocalRoot>
```

图 10-66　使用 LCE 编辑器创建的 XML 文件

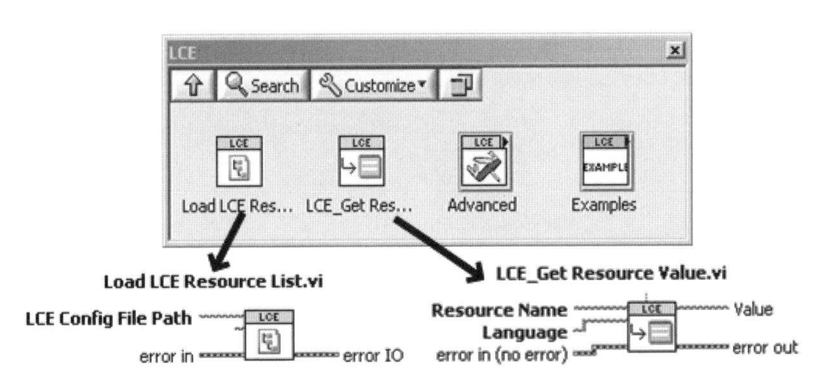

图 10-67　常用的 LCE API 函数

使用 LCE 工具实现软件本地化的方法和动态加载 INI 资源文件的方法本质上类似，只是 XML 格式的文件更容易组织各种程序中出现的对象，而且容易操作。读者亦可以自行开发基于 XML 资源文件的 VI 本地化程序。使用 LCE 工具实现软件本地化的方法可以被看作是基于 XML 资源文件的示例。在具体处理时，既可以把所有语言字符串集中保存在一个 XML 语言资源文件中，也可以为每种语言创建单独的资源文件，逻辑结构如图 10-68 所示。

同样地，由于控件的标签是控件的唯一标识，而控件标题可以在程序运行时被更改，因此在前面板上让控件显示标题，改变语言显示时只要改变控件的标题即可。注意，必须确保控件被添加到前面板后其标题至少显示过一次，否则通过程序改变控件标题时 LabVIEW 将会报错。

为了将控件和资源文件中的资源一一对应，设计时一般将资源名和控件的标签关联起来。例如，如果一个 OK 按钮的标签为 btn_OK，则在资源文件中编辑时可以把按钮对应的资源名命名为 btn_OK。这样在 VI 中就可以通过控件的标签属性来查找资源文件中对应的资源，从而取出需要显示的语言字符串。查找语言字符串的工作可由 LCE_Get Resource Value.vi 完成，随后再用属性节点更改控件的标题。

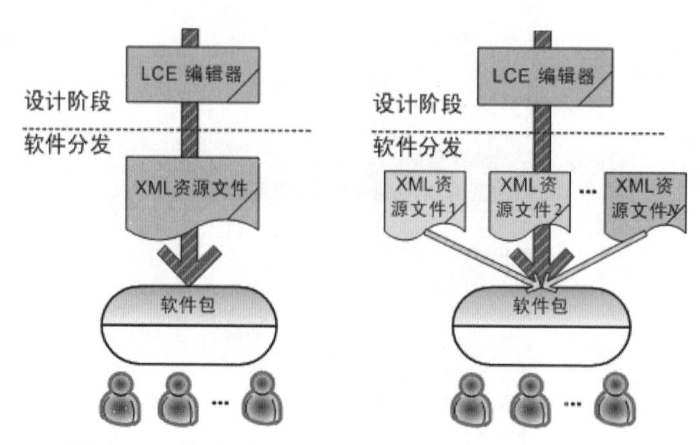

图 10-68 使用 LCE 工具包实现本地化的逻辑结构示意

在 LCE API 中的 LCE_Get Resource Value and Update Ref.vi，可以一次性完成显示语言字符串的查找和控件标题的更改工作。例如，图 10-69 中就使用了该函数，根据控件标签文本查找语言字符串，并更新传递给它的引用所指向控件的标题。

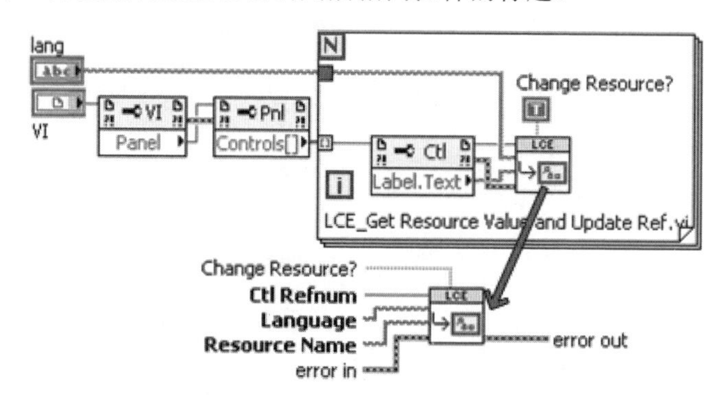

图 10-69 使用 LCE_Get Resource Value and Update Ref.vi

对程序中其他对象进行翻译的方法与此类似。例如对菜单来说，每个菜单项对应一个唯一的菜单标识和菜单项名称，它们分别和控件的标签和标题类似，因此只要把菜单项的标识符和资源名对应，然后用对应的语言字符串更新菜单项名称即可。

使用 LCE 工具免去了开发人员重新编写对 XML 文件进行处理代码的烦恼，LCE 经过了充分测试，可以在项目中直接使用，快速为应用提供本地化功能。

10.7 本章小结

本章主要介绍用于扩展程序界面开发的组件创建和程控技术，包括自定义控件、XControl、菜单、工具栏、状态栏和光标等。此外还对软件界面的多语言进行了讲解。

使用自定义控件和 XControl 可在 LabVIEW 自带控件基础上，有效扩展构建前面板的组件。自定义控件除了可修改构成控件自身的部件外，还可以向控件添加图形、文本或其他装饰元件，创建各种具有个性外观的控件。开发人员通常把常用的自定义控件按照风格、作用分类收集在一起，构成自己的界面开发库，并添加至 LabVIEW 的控件选板上，加快开发速度。使用 XControl 不仅可以自定义控件外观，还可以自定义控件的动作和功能，是有效的代码复用工具之一。

菜单作为用户界面中常用的组件，可以有效组织软件的各种功能。菜单可以分为应用程序主菜单和对象快捷菜单两类。在进行 LabVIEW 程序设计时，既可以手工为程序创建、关联菜单，也可以使用菜单操作函数在程序运行过程中动态更改菜单项。LabVIEW 提供手工编辑菜单项的菜单编辑器，开发人员既可以 LabVIEW 的应用程序菜单为出发点，通过修改创建菜单，也可从头创建全新菜单。编辑后的菜单信息会保存在 .rtm 格式的菜单文件中。LabVIEW 为其自带的应用程序菜单项预先定义了操作，开发人员可以直接拿来使用。但对于自定义菜单项，必须编程为其添加处理代码。在程序运行过程中，可以在“菜单激活？”过滤事件中动态创建、修改菜单项，对这些菜单项，可以注册“菜单选择”事件等进行处理。

工具栏和状态栏是软件中常用的用户界面组件。在 LabVIEW 中可使用分隔栏分隔 VI 前面板，创建工具栏和状态栏。虽然分隔栏将 VI 中的控件分隔在不同的窗格中，但是所有控件的接线端却被放置在同一个程序框图上，以方便在程序中对它们集中处理。使用类似工具栏和状态栏的创建方法，也可以使用分隔栏构建个性化的软件界面。

光标是指示用户输入位置的图标。Windows 平台上的光标可分为保存为 *.ani 文件的动画光标和保存为 *.cur 文件的静态光标两类。LabVIEW 为光标操作提供一套函数集，用户可以根据需要改变 VI 前面板中光标的外观。

提供多语言支持是软件本地化工作的重要部分。在进行虚拟仪器项目开发时，既可以在设计时使用 LabVIEW 的导入 / 导出字符串工具，对 VI 前面板进行翻译后再根据目标用户群单独分发，也可以在运行时使用代码，动态更新用户界面中的字符串。在动态更新方法中，既可以使用 INI 文件或 XML 文件作为资源文件，XML 文件相对于 INI 文件组织结构更紧密，更易于操作，而且还有免费的 LCE 工具为其提供支持。

除了以上方法外，也可在前面板上添加 ActiveX 和 .Net 组件。由于有大量的 ActiveX 和 .Net 组件可用，因此可作为 LabVIEW 自带组件的扩充。有关 LabVIEW 中使用 ActiveX 和 .Net 组件的技术，将在后续章节介绍。

第 11 章　数据类型扩展与面向对象

衡量一个开发工具的优劣时，不仅要看它所支持的基本数据类型是否便于开发，还要看使用它是否支持用户快速便捷地自定义数据类型。此外，随着面向对象程序开发方法的广泛应用，开发工具对面向对象开发方法的支持，也成为衡量其是否强大的重要指标之一。

LabVIEW 不仅自带多种用于虚拟仪器项目开发的基本数据类型，还提供簇和面向对象编程方法，方便开发人员构建自定义数据类型。簇类似于 C 语言中的结构体（Struct），使用它可以将不同类型的数据元素捆绑为一个新的数据类型。开发人员可以根据程序的需要，使用簇自定义需要的数据类型。LabVIEW 面向对象的开发方法使用 C++ 和 Java 等面向对象编程的概念，包括类、封装、继承等。由于在类中不仅可以定义和对象相关的数据，还可以定义对数据进行操作的方法，因此，可以使用面向对象的概念，在 LabVIEW 中自定义包括对象数据和操作方法的新数据类型，增强程序的可维护性。

11.1　自定义数据类型

第 3 章介绍了 LabVIEW 的基本数据类型和操作。虽然这些基本数据类型可以满足部分程序开发的需要，但在大型项目开发过程中，往往还是要根据项目实际情况自行定义数据结构。例如在开发一个测试系统时，可能需要将测试元件的 ID、名称、型号等信息汇集在一起，定义一个新的被测件数据结构，方便编程。这时可以把自定义控件和簇的概念结合来完成这一任务。

簇是 LabVIEW 中自定义数据类型的基本控件，可用来将各种 LabVIEW 基本控件组合在一起形成新的数据类型（组合方法请参见第 3 章中簇的构建相关介绍）。从表现形式上来说，新数据类型即可以对应 LabVIEW 中的自定义输入控件、显示控件或程序后面板上的簇常量。例如，要开发一个用户验证模块，对登录至测试系统的用户进行身份验证及授权，可以使用簇将用户 ID 编号（User ID）、用户名（User Name）、用户密码（Password）和用户所属的组（Group ID）信息打包成新的数据结构 UserInfo。该数据结构可以输入控件、显示控件或常量的形式出现在 VI 中，如图 11-1 所示。

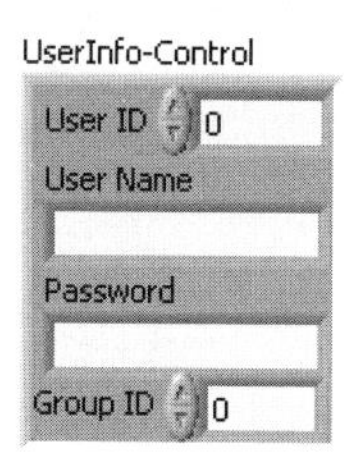

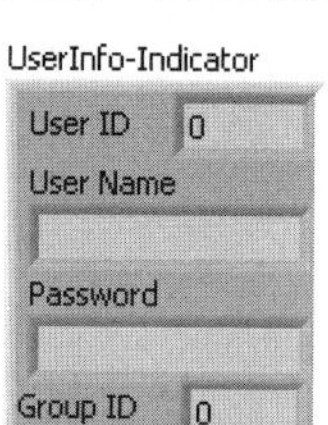

图 11-1　自定义数据结构可以控件或常量的形式出现

通常情况下，自定义数据类型会在 LabVIEW 项目中保存为自定义簇控件，存放在以 .ctl 为后缀名的文件中。换句话说，可以在 LabVIEW 中通过新建自定义控件，并设置所创建的自定义控件类型为需要的簇来创建新的数据类型。新创建的自定义控件保存为 .ctl 文件后，项目中的其他 VI 就可以使用这些数据类型。

如果在其他 VI 中将自定义数据类型实例化为输入控件、显示控件或常量后，则该 VI 中自定义数据类型的实例与 .ctl 文件之间的连接将不复存在。由于每个自定义数据类型的实例都是一个独立的副本，因此，改变保存自定义数据类型的 .ctl 文件，并不会影响正在使用该自定义数据类型实例的 VI。如果需要使自定义数据类型的实例与保存它的 .ctl 文件同步更新，可将保存自定义数据类型的控件保存为一个自定义类型（Type Def.）或严格自定义类型（Strict

Type Def.）。此后对 .ctl 文件所做的任何数据类型改动，都将对所有使用这些自定义类型或严格自定义类型的 VI 实例造成影响。

图 11-2 显示了自定义类型和严格自定义类型的异同点。如果对保存自定义类型的 .ctl 文件数据部分进行改动，则自定义类型和严格自定义类型的所有实例均会受到影响；如果改动的是控件的界面部分，则只有严格自定义类型的实例会受到影响。可以根据这一特点，将数据新的类型保存在 .ctl 文件中，集中进行维护。

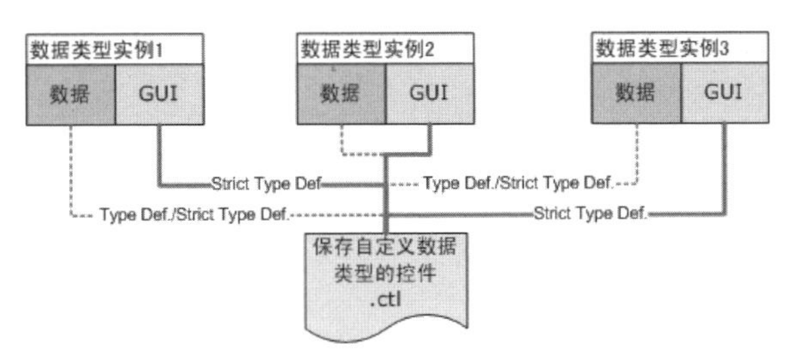

图 11-2 Type Def. 和 Strict Type Def.

除了使用簇和基本数据类型创建自定义簇结构外，还可以将簇作为自身的元素，或将其与数组、队列或堆栈相结合使用，创建复杂数据结构。表 11-1 列出了使用簇与其他数据类型结合，创建复杂数据结构的情况。

表 11-1 使用簇与其他数据类型结合创建复杂数据结构

输入一	输入二	输　出
簇	基本数据类型	自定义簇结构
	簇	包含簇数据元素的复杂自定义簇结构
	数组	以簇为元素数组
	队列 / 堆栈	以簇为数据元素的队列 / 堆栈
	事件结构	簇作为事件数据

仔细观察表 11-1 所列出的几种情况，不难发现它们其实不过是 LabVIEW 基本数据类型及函数的组合应用，然而这些简单的组合却能简化大型应用程序开发。例如，要为某学校开发一个包含用户验证模块的应用程序，对登录至系统的用户进行身份验证及授权，则可以使用簇将学生或教师的编号（ID）、姓名（Name）、密码（Password）信息打包成新的数据结构 Student 和 Teacher，如图 11-3（a）所示。在进行算法设计时，可能要将多个学生信息加载至内存，这时可以使用数组对新的数据结构进行序列化，以便可以使用 LabVIEW 提供的数组函数进行处理。如果需要将学生和教师作为一个整体，并要求记录学生和教师的总人数，就可以将 Student 和 Teacher 两个簇与一个整型数据元素打包为新的簇，方便程序中的数据访问。图 11-3（b）显示了使用数组及簇对已有簇进行再次封装。

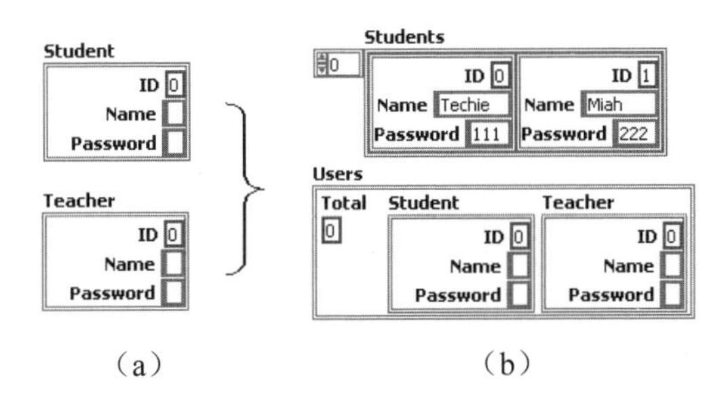

图 11-3 使用簇创建复杂数据结构

除了表 11-1 列出的几种组合方式外，在实际开发过程中还有很多更复杂的创建新数据类型的组合方式。例如可以用簇封装数组后，再将其作为数组的元素创建出包含不同长度数组的新数据结构。图 11-4 给出了一个创建包含复杂簇数据结构的数组示例。首先将字符串数组置入簇中创建一个包含数组的簇结构，此后再将该结构作为数组的元素创建一个以复杂簇结构为元素的数组。通过这种封装，就允许最终创建的数组中各元素（簇）内所包含的数组长度可以不同。从数据操作的角度来看，仍然可以将复杂簇数据结构作为数组元素，使用 LabVIEW 的数组操作函数对其进行各种操作。诸如此类的组合还有很多，但无论何种组合，都应以方便程序的处理和数据操作为目的，读者可以在实际开发中加以揣摩。

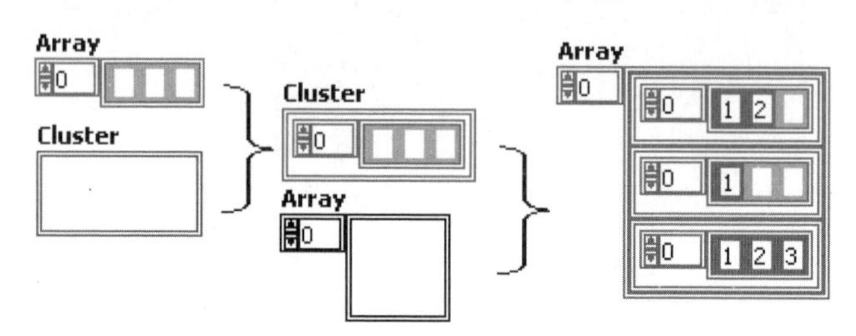

图 11-4 包含复杂簇数据结构的数组

也可以将簇作为队列、堆栈或事件结构中传递的数据元素，创建复杂的程序结构。开发人员应注意不要将目光只集中在 LabVIEW 的基本数据类型上，还要意识到队列、堆栈和事件结构中可以传递包括基于簇的复杂数据类型在内的所有数据类型。在第 8 章和第 9 章讲解单循环和多循环程序框架时，已经讲解过与此相关的示例，此处不再赘述。

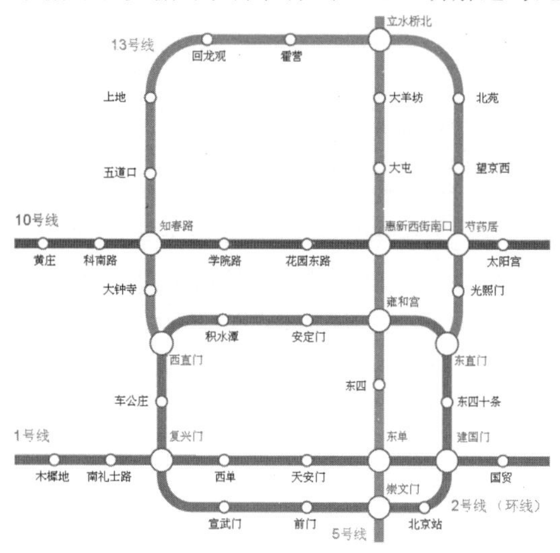

图 11-5 北京地铁局部图

另外，将自定义数据结构与队列、堆栈等函数结合，也有助于解决与链表、树或图等数据结构相关的算法问题。例如，图 11-5 是由北京地铁简化而来的一张局部示意图。其中包含终端站、中间站和换乘站（如在复兴门站可以进行 1 号线和 2 号线的换乘），也包括单线和环线（既没有终点也没有起点，如 2 号线）。如果要求编写一个 VI，在其中输入起点和终点站后，计算出两站之间的最短站数（例如南礼士路为起点站，西单为终点站，则最小站数为 2，即复兴门、西单两站）。如果假定换乘不做任何加权（可以认为换乘没有花任何多余时间和站点），则可以使用队列和自定义数组结合，为此问题提供一种解决方案（当然可能还有其他更好的方法，此处旨在说明自定义数据结构的使用方法）。

程序一开始可以先考虑将线路图描述为表 11-2 所示的一些信息，其中包含 39 个车站的编号、车站名称、与车站相邻的站点信息。

完成对图的描述后，可以将其实例化为 LabVIEW 可识别的数据类型，可以使用数组来描述表中信息。考虑到每个站点可能包含的相邻站点数量并不相同，因此可以使用簇先封装包含相邻站点信息的数组，并对其使用数组再次进行封装，构成可以包含不同长度数组的复杂数组结构。为了减少程序查找字符串的故障率，还可以使用一个二维字符串数组将中文站名与其缩写一一映射，如图 11-6 所示。

表 11-2 北京地铁简化图的抽象

编 号	站 名	相 邻 站 点
0	木樨地	南礼士路
1	南礼士路	木樨地，复兴门
2	复兴门	南礼士路，宣武门，西单，车公庄
3	宣武门	复兴门，前门
⋮	⋮	⋮
38	光熙门	芍药居，东直门

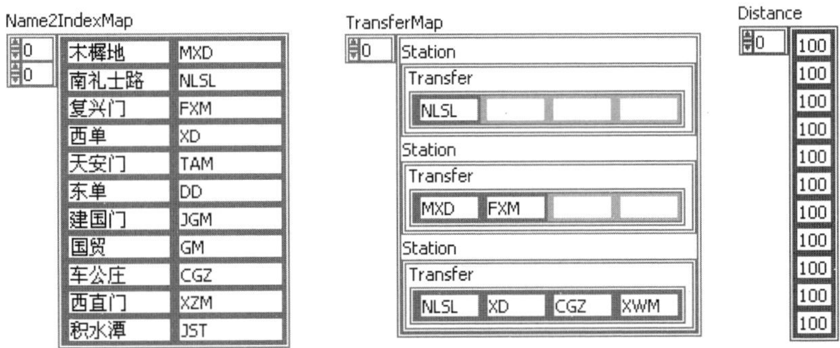

图 11-6 使用 LabVIEW 数据结构描述北京地铁简化图

在图 11-6 对图描述的数据结构中，使用编号将两个数组元素包含的信息关联起来，使其可以完整地描述线路图中的信息。此外，还定义了一个等长度的数组 Distance，在其中包含计算起始站到终点站之间的距离信息，其初始值设为无穷大。由于对此程序来说，没有距离超过 100 个站点数的情况，因此可以使用 100 代替无穷大。

随后，可以基于这些数据编写算法。最简单的方法是从起始站开始由近到远逐级寻找终点站。例如，如果要寻找“南礼士路”到“西直门”的最短线路，可以先标记起始站“南礼士路”的距离为 0（使用 0 替换数组中对应项的值）。此后在与起始站连接的“木樨地”“复兴门”两个邻站中寻找是否包含终点“西直门”（通过对比字符串来识别）。如果未找到，则将两个邻站对应的距离标记为 1，并继续以它们为基础，再从与其相邻的站点中查找终点，如果还未找到，则标记这些站点距离为 2，如此往复查找并标记距离，直到找到终点站为止。在查询时应注意已经查过的站点不应再次检查（如以南礼士路站为起始站，在检查“复兴门”站的邻站中是否包含终点站时，就不必包含“南礼士路”），以免程序进入死循环。

根据以上思路，很容易想到使用队列处理这一问题。此外，为了处理方便，还需要定义一个在程序中临时保存前一个已经检查过的站点和当前检查站点信息的簇结构。查找时，先将起始站点压入队列，检查与它可以换乘的几个车站中是否已经包含终点站。如果没有，就将当前检查的站点标记为已经检查过的站点，将所检查的各个换乘站标记为当前正在检查的站点，打包成簇后逐个压入堆栈，并标记这些站点的距离。随后使用循环按顺序逐个取出堆栈中的数据，重复以上操作，直到找到终点站。为了避免重复检查，程序在对每个邻站进行检查时，应首先查看之前是否已经对其进行过检查，只有没有检查过的站点信息才被压入堆栈。图 11-7 显示了该算法的查找过程。

图 11-8 显示了实现该算法的程序框图，读者可以从随书附赠代码中找到该示例程序的源代码。

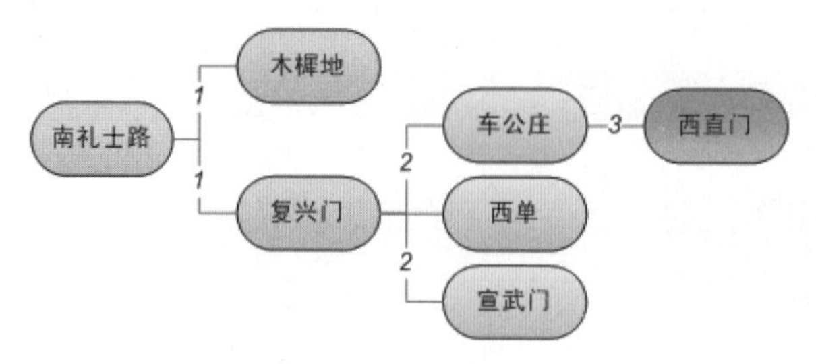

图 11-7 查找南礼士路至西直门之间的最少站数

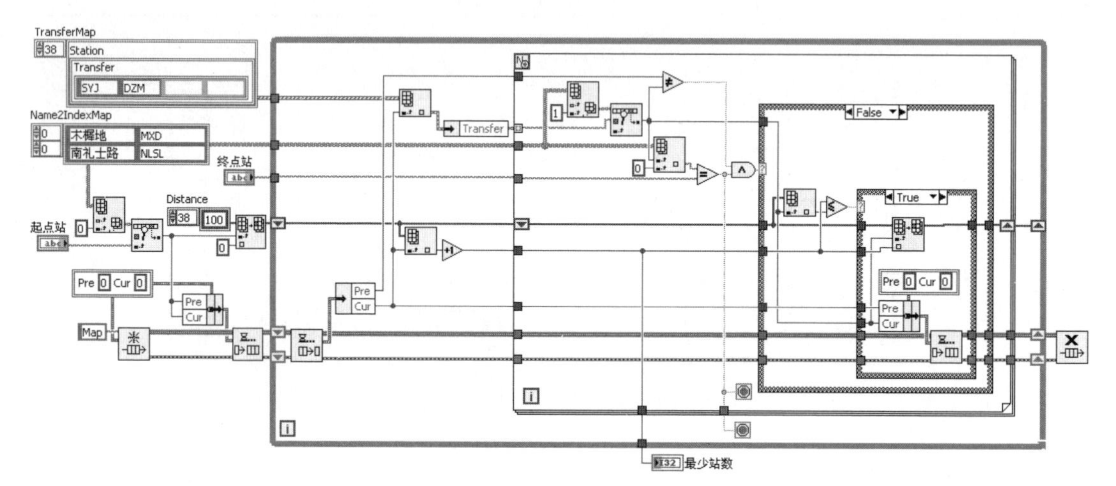

图 11-8 查找两站间最少站数的程序框图

11.2 面向对象编程

面向对象程序设计（Object-Oriented Programming，OOP）思想起源于 1967 年挪威计算中心的 Kristen Nygaard 和 Ole Johan Dahl 开发的 Simula 67 语言（第一次引入了数据抽象和类的概念）。它历经多年发展至今，其理论已十分完善，并已被多种面向对象程序设计语言实现。面向对象程序设计是一种以对象为中心，以类和继承为构造机制，来认识、理解、刻画客观世界并设计、构建软件系统的方法论。

传统的结构化程序设计方法是一个线性的开发过程，它以过程为中心进行功能组合，因此软件的扩展性和复用能力都较差。当程序规模变大时，极难管理和维护。结构化程序设计的另一个缺点在于它对客观世界对象的描述与软件结构的不一致性。面向对象程序设计方法可以较好地克服这一问题。它以对象为基础，利用软件工具直接完成从对象描述到软件结构之间的转换，缩短了开发周期。此外，面向对象程序设计方法所涉及的类、对象、封装、继承和多态等要素，使得它与生俱来就有极强的灵活性和可维护性。

对象（Object）是对现实世界实体的模拟和抽象，可以看作是数据（属性）和对数据进行的操作（方法）封装成的实体。在面向对象的程序设计中，通常通过类来定义，是类的特定实例。类（Class）可以看作是对象的模板，是对一组有相同数据和相同操作的对象的定义。一个类所包含的方法和数据定义用来描述一组对象的通用属性和行为。类是在对象之上的抽象，可以父类、子类等形式出现，构成类的层次结构。

例如，要设计一个描述汽车的类，可以在其中定义各种汽车的通用特性。汽车类的对象可以是某一辆特定的汽车，对汽车类的定义决定了该汽车对象的特点和行为。现实生活中有多种类型的汽车，包括小轿车、卡车、公共汽车等。汽车硬件包含车门、发动机引擎，车门的数量和发动机的排量信息都是汽车的属性。汽车还可加速或刹车，这些对汽车的操作都是汽车的行为（或称为方法）。将汽车相关的数据和方法进行封装就构成了汽车类的定义。

面向对象程序设计的方法包含三个主要特征：封装、继承和多态。

封装（Encapsulation）是一种信息隐蔽技术，它把逻辑上高度相关的数据和可对其进行的操作（方法）组织在一起，形成一个独立性很强的模块（类），使用户只能见到对象的外部接口，而对象的内部特性（保存内部状态的私有数据和实现数据操作的算法）对用户进行隐藏。封装主要体现在类的定义说明部分，主要目的在于把对象的设计者和对象的使用者分开，使用者不必知晓行为实现的细节，只需用设计者提供的消息访问该对象。

继承（Inheritance）是子类自动共享父类之间数据和方法的机制。它由类的派生功能体现。一个类可以直接继承父类的描述，并可以对其进行修改和扩充。继承分为单继承（一个子类只有一父类）和多重继承（一个类有多个父类），并具有传递性。由于类的对象各自封闭，如果没有继承性机制，则类对象中数据、方法就会出现大量重复。因此，继承机制不仅有效提高了系统的可重用性，还促进了系统的可扩充性。

多态（Polymorphism）是允许将父对象设置为和一个或多个其子对象相等的技术。使能够利用相同（基类）类型的指针来引用不同类的对象，以及根据所引用对象的不同，以不同的方式执行逻辑上相同的操作。从效果上看，当不同对象接受同一消息时，可能产生完全不同的行动。例如，Print 消息被发送给图或表时调用的打印方法，与将同样的 Print 消息发送给文本文件调用的打印方法完全不同。

多态性的实现受到继承性的支持，利用类继承的层次关系，把具有通用功能的协议存放在类层次中尽可能高的地方，而将实现这一功能的不同方法置于较低层次，这样，在这些低层次上生成的对象就能给通用消息以不同的响应。在面向对象程序设计语言中可通过在派生类中重定义基类函数（定义为重载函数或虚函数）来实现多态性。

在面向对象方法中，对象和对象之间所传递的数据分别表现事物及事物间的相互联系。类和继承是适应人们一般思维方式的描述范式，方法是允许作用于该类对象上的各种操作。这种对象、类、消息和方法的程序设计范式的基本点在于对象的封装性和类的继承性。通过封装能将对象的定义和对象的实现分开，通过继承能体现类与类之间的关系，以及由此带来的动态联编和实体的多态性，从而构成了面向对象的基本特征。按照 Bjarne Stroustrup（C++之父）的说法，面向对象的编程范式为：

（1）决定需要的类。

（2）给每个类提供完整的一组操作。

（3）明确地使用继承来表现共同点。

由这个范式可以看出，面向对象程序设计就是根据需求决定所需的类、类的操作以及类之间相互关联的过程。

从数据类型定义的角度来看，面向对象程序设计方法中的类还是对程序复杂数据类型的有效扩展。面向对象程序设计方法有很多优点，但面向对象设计方法需要一定的软件支持才可以应用。另外在大型的管理信息系统开发中，如果不经自顶向下的整体划分，而是一开始就采用自底向上的面向对象的设计方法开发系统，同样也会造成系统结构不合理、各部分关系失调等问题。所以面向对象设计方法目前仍需要结构化方法的支持和配合，在系统开发领域内与其取长补短，相互依存。

11.2.1 封装

LabVIEW 8.2之前的版本，程序设计主要依靠数据流驱动的、面向过程的开发方法。因此，开发人员不可避免地会碰到前述传统开发方法存在的弊端。那时开发人员编写程序更多关注的是按流程实现功能，而不是程序功能模块的划分。因此LabVIEW程序划分出来的不同块之间，可能会共用很多全局变量或子VI，它们的存在降低了程序各模块的独立性。当程序规模大到一定程度，尤其需要多名开发人员共同参与时，编写的程序会越来越杂乱无章，使得程序的调试、维护和升级都变得非常困难。因此，对于大型项目开发来说，引入面向对象的开发方法势在必行。

从LabVIEW 8.2版本开始，正式引入了面向对象的程序设计思想。从概念上来说，LabVIEW面向对象编程和其他面向对象编程语言相似，也是通过类、对象、封装、继承和多态等技术来实现其编程思想。

通过LabVIEW类，可以封装与对象相关的数据和方法，创建用户自定义的复杂数据类型。具体来说，可以在项目浏览器窗口中右击“我的电脑”图标，从弹出的菜单中选择“新建LabVIEW类”选项，并输入类名称，LabVIEW将创建一个包含私有数据控件的类库文件（.lvclass）。其中私有数据控件用于声明类成员数据，而类方法需要通过类库的右键菜单逐一添加。与类相关的所有数据成员和方法VI都会被保存在类库文件中。图11-9显示了把测试数据（包含测试时间和测试结果）和对这些数据可进行的操作（数据初始化和显示）封装成Test Results类的情况。

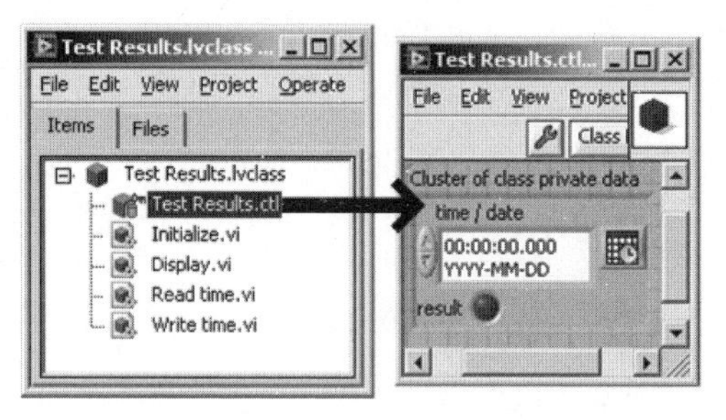

图11-9 Test Results类的库文件

用于声明类数据成员的私有数据控件通常对应唯一的类库文件，其名称为“类名.ctl”，如Test Results.ctl。从数据类型角度来看，它是一个用于构建新数据类型的簇。由此看来，LabVIEW的类可以说是在簇的基础上发展而来的。这一点与C++中的类从Struct发展而来有些类似。在C++中，除了函数默认的权限不同，类和Struct等效，而在LabVIEW中，簇和类的区别比较明显。簇中只有数据，而类不仅包括一个声明类成员的数据簇，还包含用于操作该簇中数据的成员VI（方法）。例如，Test Results类中除了测试数据，还封装了测试数据初始化（Initialize.vi）、测试数据显示（Display.vi）、测试时间读取（Read time.vi）和测试时间修改（Write time.vi）四个用于对数据进行操作的方法VI。通过这种将数据和方法封装在一起的方法，可创建模块化的代码，提高代码的灵活性。

使用类对数据和方法封装后，还要设法为这些数据的访问提供手段。C++类中的数据成员既可以是私有的（Private），也可以是公有的（Public）。与C++不同，LabVIEW中所有的数据成员都是私有的，这些数据对于不属于该类成员的VI来说是隐藏的。也就是说，只有属于该类的成员VI才能访问这些私有数据。

图11-10显示了读写Test Results类中“测试时间”的成员VI的程序代码。由程序可以看出，类在VI前面板上被实例化为类对象输入或显示控件的形式，在后面板上显示为OBJ形式的图标。为了对类进行实例化，可以把LabVIEW项目浏览器中的类，直接拖放至VI的前面板或后面板来完成。若拖放至前面板，则类实例会以类对象的输入控件或显示控件的形式显示；若拖放至后面板，则类实例会以类对象“常量”的形式出现。注意，虽然类实例在后面板上以“常量”的形式出现，但并不意味着类对象实例中的数据不能被更改，它只是类

实例在后面板上的存在形式而已。实例化的类对象包含了在私有数据控件中定义的类数据，它通常作为类中成员 VI 的参数。如果仅考虑类数据成员，而不考虑类方法和类中其他信息，则类对象与簇相同。LabVIEW 中的类对象按照值而不是引用来传递，并且按照簇和数组的操作规则操作数据。例如，如果要读取测试数据，可以使用簇解除捆绑函数，从类对象中获取该数据成员的值；相反，如果要修改该值，可以使用新值替换类对象数据中原有的值。

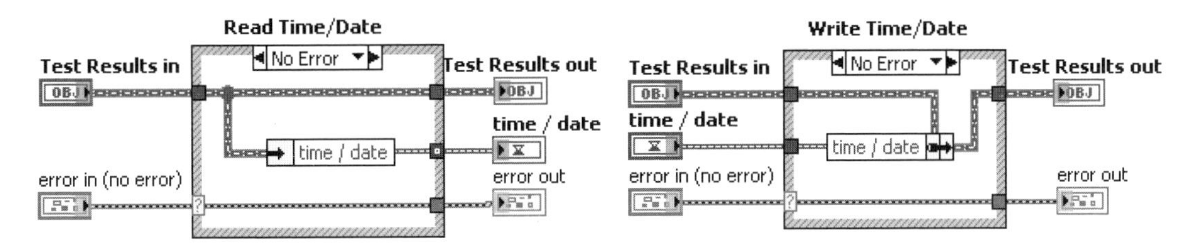

图 11-10　类数据成员读写

在面向对象程序设计中，还必须设法让类外部的对象有途径（接口）操作类的私有数据，类的封装才能体现其模块化的意义。通过设置成员 VI 的访问范围间接设置对类数据的访问权限，是一个不错的解决方案。在 LabVIEW 中，可以按照表 11-3 所列的等级设置类成员 VI 的访问权限。由表中描述可以看出，公有成员 VI 可以看作是类与外部的接口，任何 VI 都可以调用，对类的私有数据间接进行操作。

表 11-3　LabVIEW 成员 VI 的访问权限

编　号	类　别	说　明
1	Public（公有）	任何 VI 皆可将该成员 VI 当作子 VI 来调用
2	Community（库内）	只有类中 VI、类的友元或类的友元库中的 VI 可调用成员 VI。 在项目浏览器窗口中，库内成员 VI 图标中有一个深蓝色的钥匙符号
3	Protect（保护）	仅该成员 VI 所在类及其子类中的 VI 可以调用该成员 VI。 在项目浏览器窗口中，受保护的成员 VI 图标中有一个暗黄色的钥匙符号
4	Private（私有）	仅该成员 VI 所在类中的 VI 可以调用该成员 VI。 在项目浏览器窗口中，私有成员 VI 图标中有一个红色的钥匙符号
5	Not Specified（未指定）	仅当选中一个文件夹时，显示该选项。 文件夹的访问范围未指定时，其访问范围默认为公有。 默认情况下，如未对类中的文件指定访问范围，则这些文件夹的访问范围为公有

如果要更改某个类成员 VI 的访问权限，可右击成员 VI 所在类的图标，从弹出的菜单中选择“属性”选项，并从弹出的“类属性”对话框右侧类别列表中选择“项设置”（Item Settings），即可在右侧对成员 VI 的访问权限逐一进行设置。如果设置对象为文件夹，则设置结果对文件夹中所有 VI 有效。图 11-11 显示了将一个名为 Test Results Base Class 类中 public 文件夹中的 VI 访问权限设置为公有属性的情况。完成此设置后，程序中任何 VI 皆可把文件夹中的 VI 当作子 VI 调用。

经过对类数据封装并对成员 VI 设置访问权限后，除了类的成员函数外，程序中非类的成员函数只能通过类中的公有成员 VI 间接访问 LabVIEW 类中的数据。然而在某些情况下，对成员函数多次调用时，由于参数传递、类型检查和安全性检查等要消耗大量时间，因此程序的运行效率会受到较大影响。

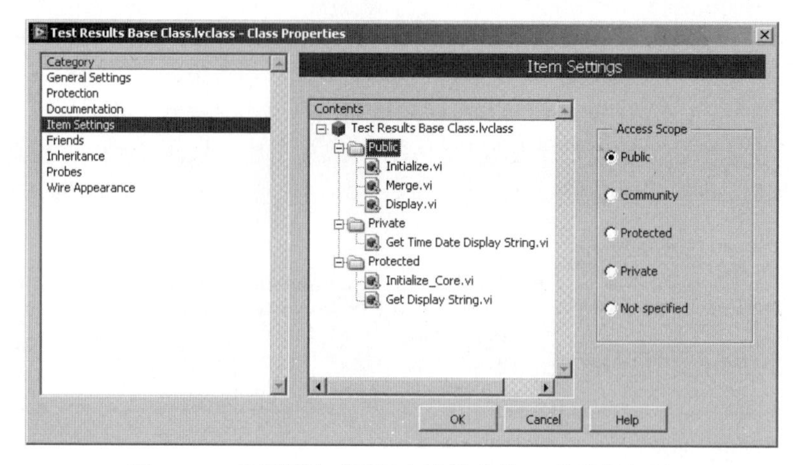

图 11-11 在类属性对话框中设置成员 VI 的访问权限

为了解决这一问题，提出一种使用友元（Friends）的方案。友元是一种定义在类外部的普通 VI 或类，在类定义时，如果声明某个非类成员 VI 或类是正在定义类的友元，该 VI 或类就具有了调用所创建类内部任何成员 VI 的权限。

在 LabVIEW 项目浏览器窗口中，右击类图标，在弹出的菜单中选择“属性”选项，然后在弹出的“类属性”对话框左侧列表中选择“友元”，即可在右侧窗口中为该类添加或删除友元（如图 11-12 所示）。

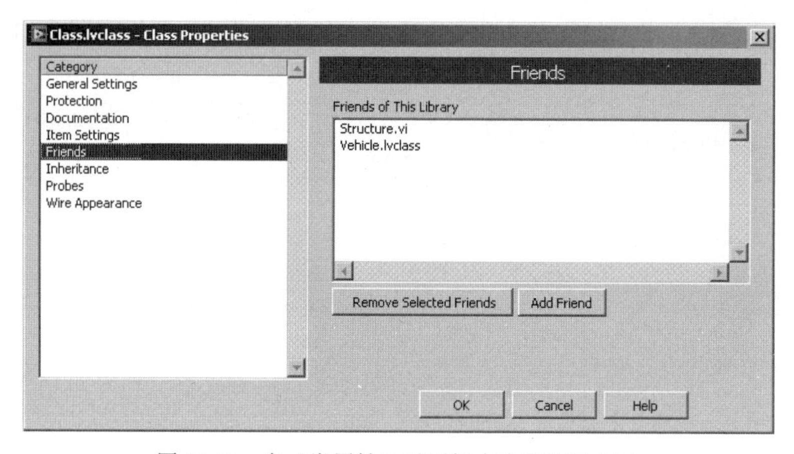

图 11-12 在“类属性”对话框中为类添加友元

友元关系不具有传递性。例如，类 A 为类 B 的友元，类 B 为类 C 的友元，则类 A 并不能作为类 C 的友元。除非将类 A 设置为类 C 的友元，否则类 A 不能访问类 C 的成员 VI。另外，如果访问权限为 Community 的库指定某个类为友元，虽然该类的成员 VI 可以访问库的 VI，但是友元关系不延续至类的子孙类。

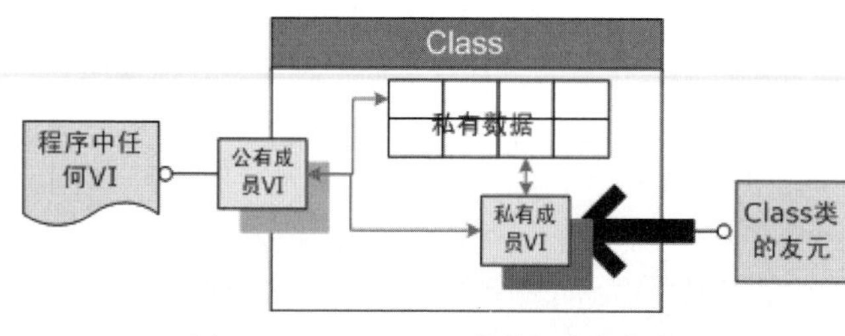

图 11-13 LabVIEW 类数据访问框架

根据以上描述，不难总结出图 11-13 所示的类数据访问框架。由于在类的内部，任何成员 VI 的程序框图上，都可以使用私有和受保护的成员 VI 操作类私有数据，而且公有成员 VI 对程序中任何不属于类的 VI 开放，因此可以使用公有成员 VI 作为间接访问类私有数据的一个接口。如果要对类的入口点进行限制，提高程序的运行效率，可以使用独立于类的 VI 作为类的友元，调用类内部的成员。友元并不是类的成员，但是却可以访问类中的私有成员，它从某种程度上破坏了类的封装性和隐藏性，所以在使用友元时，应在程序封装和效率的重要性之间做出权衡。

下面通过一个例子对 LabVIEW 类封装进行讲解。假定在 LabVIEW 中定义了两个类 Test Results Base Class 和 Widget Test Results Class，后者从前者派生而来，是它的子类。两个类的成员函数和结构示例如图 11-14 所示。

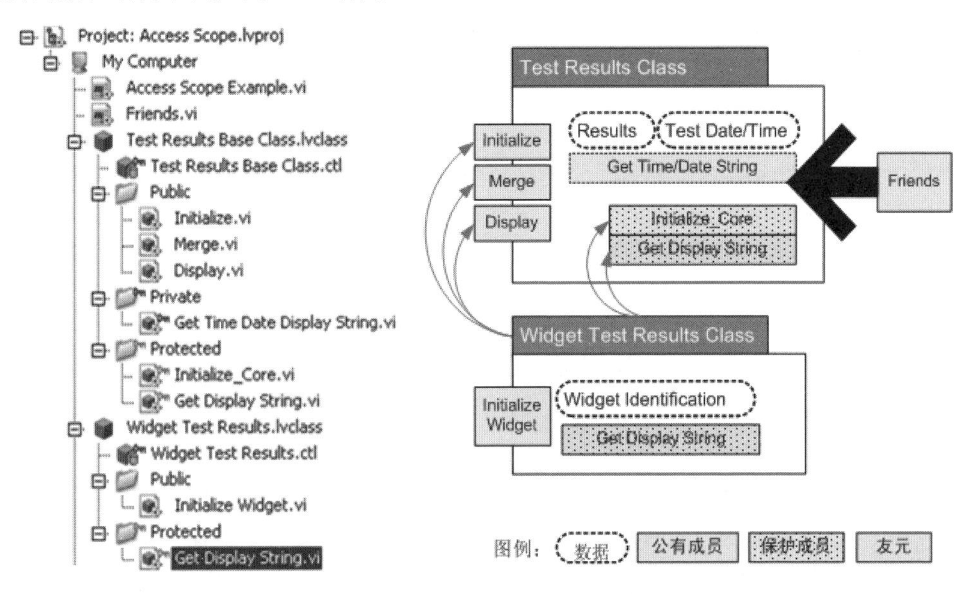

图 11-14 LabVIEW 类封装示例

在 Test Results Base Class 类中，定义测试时间 Test Date/Time 和测试结果 Results 为私有数据，获取测试时间字符串的 Get Time/Date Display String VI 为私有方法，只能被属于该类自身的成员 VI 访问。三个保存在 Public 文件夹中的方法 Initialize、Merge 和 Display 为公有属性，可以作为该类与外部的接口，被任何 VI 调用，实现测试数据的初始化、合并和显示。Initialize_Core 和 Get Display String 被定义为保护型成员，可以被其他成员 VI 以及该类的派生类调用，实现程序内核初始化和字符串的显示。Friends.vi 被设置为 Test Results Base Class 类的友元，因此可以访问类中任何成员。

Widget Test Results Class 类是从 Test Results Base Class 类派生而来的新类。这种从一个类衍生出另一个新类的方法，涉及面向对象的另一个重要概念——继承。

11.2.2 继承

继承是 LabVIEW 面向对象程序开发的另一个重要特点，旨在提高代码的复用。程序中不同的类可能有共同的属性和方法，这些共性可以被抽取出来成为基础类，通过继承基础类的属性和方法，创建新的派生类。若以一个已有的类为基础创建一个新类，则这个新类不仅可以使用原来类中“公有”及“保护”型的成员 VI，还可以在继承的资源基础上，添加自己的数据和成员 VI。

LabVIEW 面向对象编程中，“LabVIEW 对象 Object”（在 LabVIEW 控件和函数选板中可以找到对应组件，如图 11-15 所示）是所有用户创建的 LabVIEW 类的基类，位于 LabVIEW 类继承树的根部。默认状态下，任何使用 LabVIEW 创建的类都是从“LabVIEW 对象”

继承而来的。这就允许开发人员在 LabVIEW 程序中，对多个从“LabVIEW 对象”派生来的类执行通用的操作。

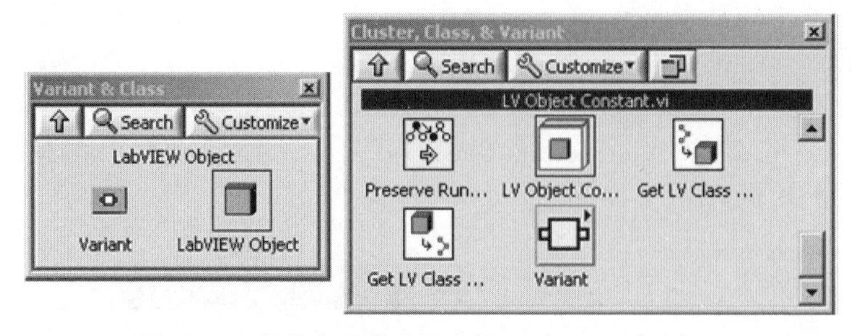

图 11-15 控件和函数选板中的“LabVIEW 对象”

例如，若要在程序中把多个不同的类对象封装成数组，如果这些类对象有共同的基类，就可以使用该基类作为数组元素的类型。但是在程序中，往往这些类对象并不一定有共同的基类（如包含元素为动物类、手机类等，它们并不属于同一大类），如果还想使用数组对这些类对象进行操作，应该怎么办呢？

答案是寻找一个可以统统容纳这些类的、更为通用的类作为元素构建数组。LabVIEW 开发者将“LabVIEW 对象”作为任何在 LabVIEW 创建的类的基础，这如同定义它为“宇宙”，可容纳 LabVIEW 程序中的“万事万物”一样。从数据类型的角度来看，如果一个类是另一个类的基础，那么这个类就可以兼容其衍生出的新类型，基于这一点，如果定义一个数组，使其中元素为“LabVIEW 对象”，那么就可以把任何在 LabVIEW 中创建的类对象作为数组元素的值。完成这样的封装后，就可以使用任何 LabVIEW 的数组函数简化程序操作。

如前所述，默认状态下所有在 LabVIEW 创建的类都以“LabVIEW 对象”为基类。如果要更改一个类的继承关系，必须在创建该类之后更改它的继承关系。可以通过 LabVIEW 项目浏览器窗口中类图标的右键菜单选项调出“类属性”对话框，从左侧类别列表框中选择“继承”选项，就可以在右侧窗口中查看或修改类的继承关系（图 11-16）。由于每次只能为创建的新类指定唯一的基础类，因此可以看出 LabVIEW 的类只支持单继承，这与 Java\C# 相似，而与 C++ 的类支持多继承不同。

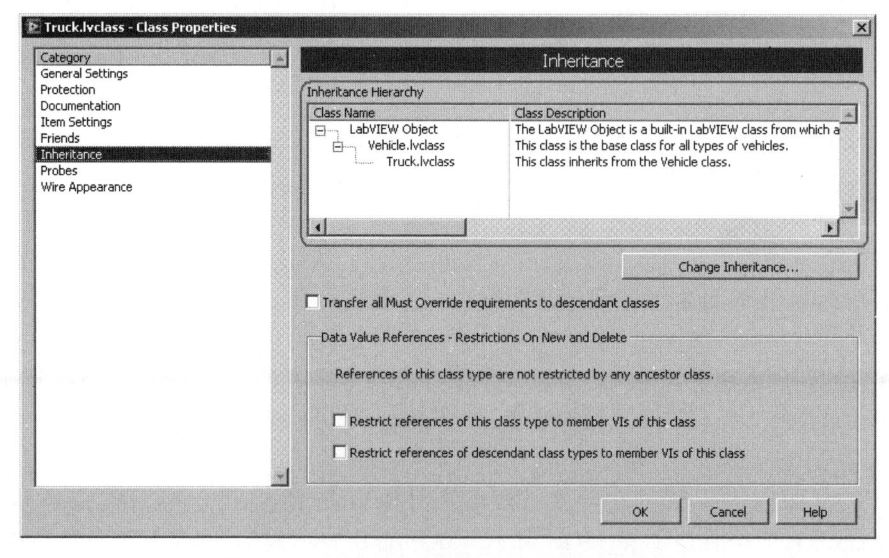

图 11-16 在类属性对话框中修改类继承关系

在层次结构中，类通常会归为表 11-4 所示的几种类型。例如一个项目中定义了 Animal 和 Vehicle 两个类，又分别从这两个类派生出 Dog、Cat、Car 和 Train 四个子类。其中 Dog、Cat 以 Animal 为父类，Car 和 Train 是 Vehicle 的子类。Dog 和 Cat、Car 和 Train 又两两互为兄弟类。在这样的层次关系中，所有父类和“LabVIEW Object”都是相应子类的祖先，而所有子类都是其父类和“LabVIEW Object”的子孙。

表 11-4　类层次结构中的类型

类　别	描　述
父类	供其他 LabVIEW 类继承数据、“公有”型成员 VI 和“保护”型成员 VI 的 LabVIEW 类
子类	继承父类的公有和保护型成员 VI 的 LabVIEW 类。 除非父类提供访问 VI，否则子类不继承父类的私有数据
兄弟类	继承自同一个父类的不同 LabVIEW 类
祖先类	一个 LabVIEW 类的上一层（父类）、上二层（父类的父类）、上三层等。 “LabVIEW 对象”是所有 LabVIEW 类的始祖
子孙类	一个 LabVIEW 类的下一层（子类）、下二层（子类的子类）、下三层等

可以在 LabVIEW 中选择“查看”（View）→“LabVIEW 类层次”（LabVIEW Class Hierarchy）菜单项，查看项目中各个类之间的继承关系。也可以在某个类图标的右键菜单中选择“显示类层次”（Show Class Hierarchy）选项，显示与这个类相关的层次。查看前述示例 LabVIEW 项目中类的层次结构如图 11-17 所示。由图中可以看出，虽然在创建类时没有提到“LabVIEW 对象”，但最终创建的类自动以它为继承层次的根。图中每个类都按照表 11-4 所描述的那样，约定了其访问范围。

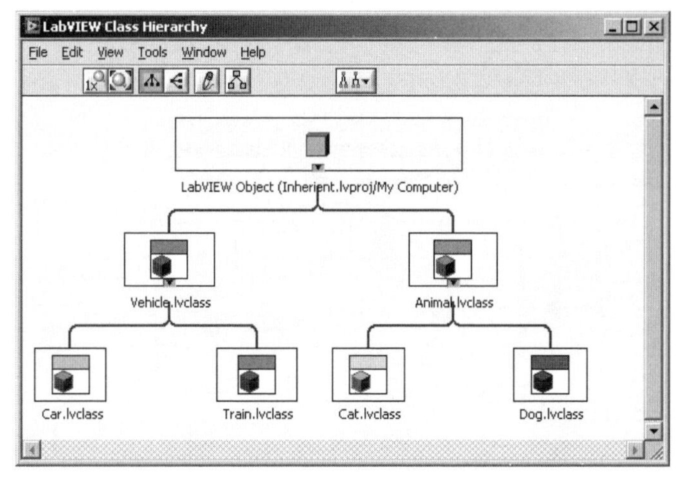

图 11-17　类继承示例的类层次

LabVIEW 限定一个类的“私有”类型成员只能由这个类中的其他成员 VI 调用。换句话说，任何 LabVIEW 类不可以调用其他类的“私有”型成员 VI，即便是父类也不可以调用子类的“私有”型成员 VI。通常 LabVIEW 类的祖先类数据是私有的，必须使用属于它自身的成员 VI 才能访问这些数据。子孙类的成员 VI 可以直接调用祖先类中任何“公有”型成员 VI，就像调用 LabVIEW 中的其他 VI 一样。若指定一个祖先类成员 VI 为“保护”型，则其任何子类的成员 VI 也可以调用其方法，但该类继承层次结构以外的任何其他 VI 都不能调用其方法。

回到图 11-14 所示例子中，Widget Test Results Class 类是 Test Results Base Class 类的子类，因此在它的成员 VI 中可以直接调用其父类（基类）Test Results Base Class 中所有公有和保护

成员 VI，包括 Initialize、Merge、Display、Initialize_Core 和 Get Display String。不仅如此，Widget Test Results Class 类还增加了一个用来标识测试物件的私有数据 Widget Identification 以及两个方法 Initialize Widget.vi 和 Get Display String.vi。

Initialize Widget.vi 方法的程序如图 11-18（a）所示，用于对物件测试进行初始化。一开始，程序先在程序框图上创建一个常量 Widget Test Results.lvclass，实现类对象的实例化。紧接着在程序中调用父类 Test Results Base Class 的保护类型成员 Initialize_Core.vi，对存放在父类中的私有数据“测试时间”和“测试结果”进行初始化，如图 11-18（b）所示。最后程序对子类中新增加的物件标识字符串私有数据进行更新。

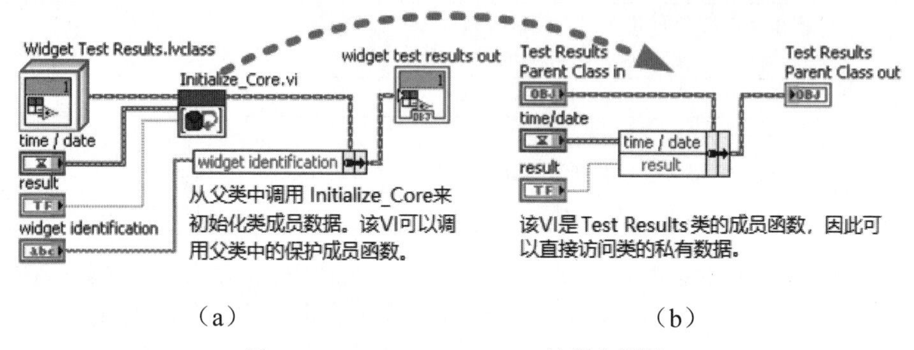

图 11-18　Initialize Widget.vi 的程序框图

Get Display String.vi 方法的程序如图 11-19（a）所示，用于显示测试相关的字符串。仔细观察程序代码，可以发现 VI 首先调用父类中和它同名的保护型成员 VI（图 11-19（b）），并将其返回的字符串和格式化后的物件标识连接在一起输出。该方法所调用的父类中与其同名的成员函数，调用了父类中私有成员函数 Get Date Time Display String.Vi（图 11-19（c））返回其中的“测试时间”私有数据。

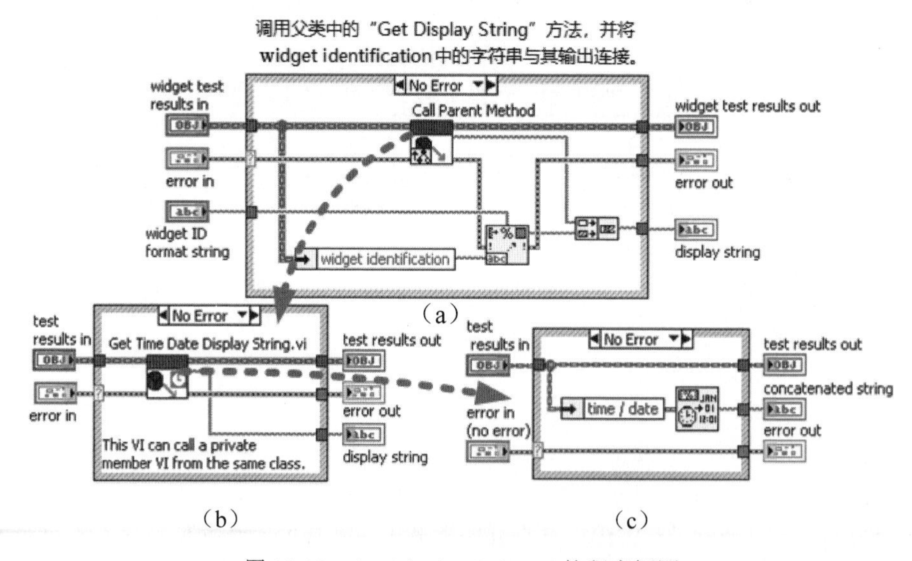

图 11-19　Get Display String.vi 的程序框图

在上面的方法中调用父类中与其同名的成员 VI 时，使用了子类对象作为其参数。由于父类可以兼容子类对象，因此这种参数传递从类型检查上并不会有什么问题。但是，为什么传递的是子类对象，却仍旧可以独立实现父类成员 VI 的功能呢？为了解决这个疑问，还需要进一步学习 LabVIEW 面向对象程序设计的第三个特点——多态。

11.2.3　多态

多态最早是一个遗传学的概念，源自同一祖先的不同生物会表现出多种不同的形态。在第 5 章曾介绍过多态 VI，它是指具有相同模式连线板，可以适应不同数据类型，实现逻辑上类似操作的一组 VI 集合。在面向对象中，多态是指同一个方法，在不同子类中有不同的表现方式的一种编程机制，它可以有效地简化编程，LabVIEW 面向对象程序设计也支持多态。

一个 LabVIEW 类继承另一个 LabVIEW 类时，子类将继承父类中定义的所有“公有”和“保护”型的成员。那么如果在子类中创建和父类成员 VI 相同名称的成员 VI，并在运行时根据传递的类对象选择在不同类中实现的 VI，就可以实现多态机制。

在 LabVIEW 类中，成员 VI 在私有数据上执行各种操作，这些操作又称为类的方法。如果在类层次结构中使用多个同名的 VI，定义同一种名字的多个类方法，就称这些方法为“动态分配”（Dynamic Dispatching）方法。动态分配方法直到运行时才能根据输入接线端的数据，确定调用类层次结构中的哪一个成员 VI。

在 C++ 类中，可以在子类中对父类中声明为虚函数的成员函数进行重写，运行时程序会根据类对象从类层次中有选择地执行与之对应的成员函数。与虚函数类似，在 LabVIEW 程序中，可以对 LabVIEW 类中某一个名字的方法，在继承层次结构中的每一层，为该方法定义一个动态分配 VI。如果同时在父类和子类中定义了动态分配成员 VI，则子类的执行将覆盖或扩展父类的执行。这样如果程序使用的子类对象不同，就会调用不同的动态分配 VI。

在子类中使用动态分配 VI 覆盖父类中的方法时，要注意以下几个问题。

（1）假如父类中定义了一个动态分配 VI，但是该 VI 并未定义任何功能，只是约定了 VI 的接口规范和属性（类似于 C++ 类中的虚函数），则每个子类都必须覆盖该父 VI。例如，假定有一个“图形”父类，包含“绘图”动态分配成员 VI，它本身并不做任何图形绘制的工作，只是约定绘图函数的接口规范。可以在其子类“圆形”“三角形”和“正方形”中，重新定义同名称的“绘图”动态分配 VI，分别完成这三种形状的绘制工作。由于父类可以兼容子类对象，因此在程序中，可以使用父类接收传递的参数，而根据运行过程中传递来的子类对象，绘制不同的几何图形。

（2）如果由于从父类派生的子类并非某个具体的子类，而导致子类无法覆盖父类中成员 VI 的功能，则用户可以对该子类进行配置，将所有其父类的覆盖要求向下传递，以避免在该类中创建空的成员 VI。假设前述“图形”类包含的子类并非“圆形”“三角形”和“正方形”，而是“圆形”“三角形”和“四边形”。其中四边形子类又包含“正方形”和“长方形”两个孙类，那么在知道具体的四边形形状前，绘图函数不可能绘制出图形。在这种情况下，就可以对“四边形”子类进行配置，让它向下传递“图形”类中“绘图”成员 VI 的覆盖要求，以避免在该类中创建空的成员 VI。设置的方法是，使用子类的右键快捷菜单中的选项，打开“对象属性”对话框，并在继承页上选中“将全部重写要求传递至子孙类”（Transfer all Must Override Requirements to descendant classes）复选框。如图 11-20 所示。

（3）如子类的 VI 覆盖了父类的 VI，子类的 VI 必须和父类的 VI 在以下方面吻合：重入设置、首选执行设置、优先级设置、连线板接线端、连线板模式，以及访问范围。

“静态分配”（Static Dispatching）与动态分配相对，类似于 C++ 中的静态成员函数。如果某方法可以用单个成员定义，就称其为静态分配方法。换句话说，由于 LabVIEW 通过单个 VI 定义静态分配方法，因此在类层次结构中，子类成员 VI 的名称不可与祖先类的静态分配成员 VI 名称相同。每次要执行静态分配方法定义的操作时，LabVIEW 都会去找那个固定的成员 VI，与调用普通子 VI 没有任何区别。通常把类层次中通用的操作定义为静态分配方法。

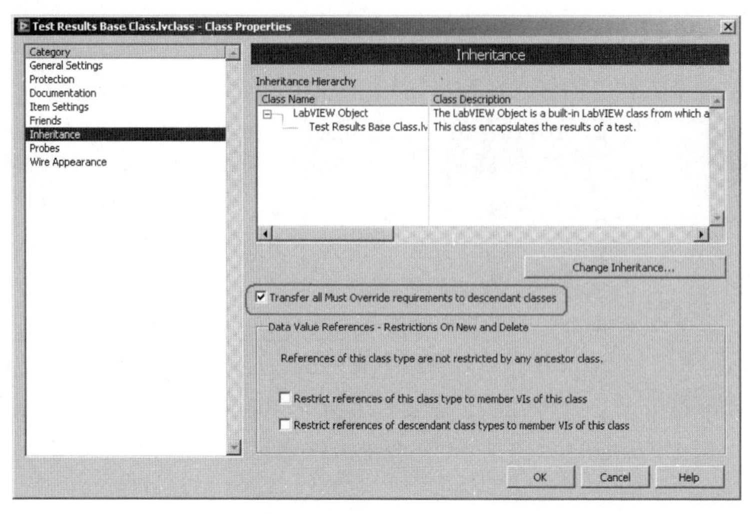

图 11-20 配置类将全部重写要求传递至子孙类

例如，前述“图形”父类中包含一个记录绘图总次数的数据成员，可以在父类中定义“读取绘图总次数”和“修改绘图总次数”的静态分配成员 VI，则在“圆形”“三角形”和“四边形”三个子类，以及长方形和正方形两个孙类中，就无法将名称为“读取绘图总次数”和“修改绘图总次数”的 VI 作为其成员 VI。如果三个子类及两个孙类继承了静态分配成员 VI，则“读取绘图总次数”和“修改绘图总次数”方法就相当于在各个子孙类上已经定义过。如果在程序框图中为各个子孙类调用这两个方法，就会去调用静态分配成员 VI，实现对父类中私有数据“绘图总次数”的读写。图 11-21 显示了前述动态分配和静态分配成员 VI 在类继承层次结构中的调用关系。

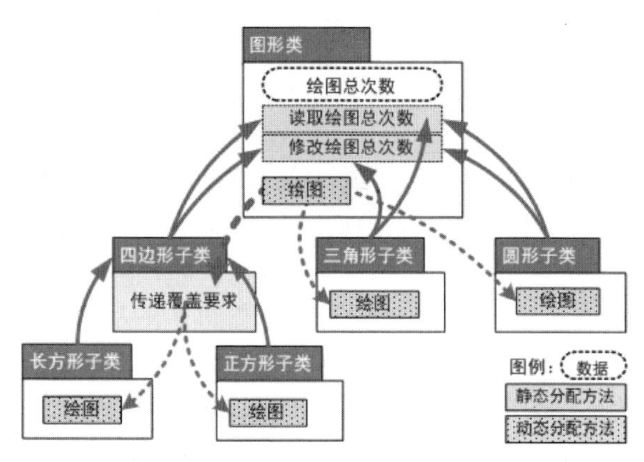

图 11-21 动态分配和静态分配成员调用示意图

在 C++ 中，可以使用关键字 static 和 virtual 声明函数为静态成员函数或虚函数，而在 LabVIEW 图形化编程环境中，则通过设置成员 VI 的连线板属性，将成员 VI 设定为静态分配或动态分配。成员 VI 是静态分配还是动态分配，取决于 VI 是否包含被配置为动态分配输入接线端子。如果连线板上包含一个动态分配的输入接线端，则该成员 VI 属于动态分配方法的一部分；反之，如连线板上没有动态分配输入接线端，则该成员 VI 定义了一个静态分配方法。

也可将 LabVIEW 类的输出接线端设置为动态分配。但是，将输出接线端设置为动态分配和将输入接线端设置为动态分配的作用却截然不同。将一个含有动态分配输出端的 VI 作为子 VI 调用时，动态分配输出端的数据将转换为与动态分配输入端相同的类型。例如，将“图形”类连接到一个动态分配输入接线端，则该成员 VI 的动态输出数据类型将和“图形”类相同。为了确保 LabVIEW 类运行时的安全，动态分配输入端的数据必须流出所有动态分配输出端。

如果要将某个接线端设置为动态分配输入或输出接线端，可以从端子的右键菜单中选择“接线端类型”（This Connection Is）→“必需的动态分配输入”（Dynamic Dispatch Input Required）选项。如图 11-22 所示。如果已经明确知道成员 VI 的程序框图中，LabVIEW 类的输出数据类型不同于输入数据类型，则必须确保连线板上的 LabVIEW 类动态输出接线端设置为“推荐”（Recommend），而不是“推荐的动态分配输出”（Dynamic Dispatch Input Recommend）。

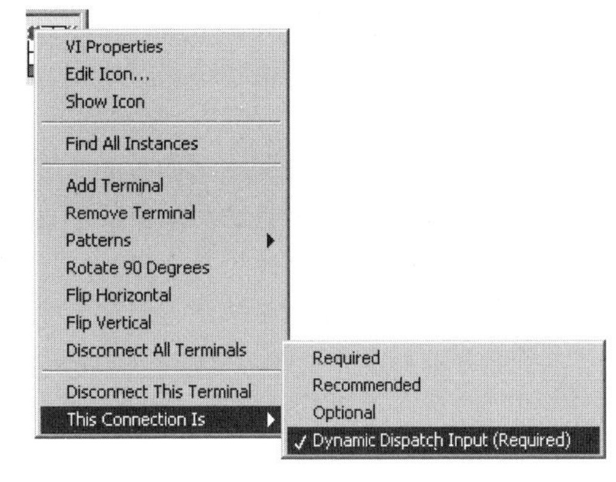

图 11-22　将接线端设置为输入动态分配端子

在使用动态分配方法实现多态时，通常要在 LabVIEW 父类和子类之间进行转换。这可以通过“转换为通用的类”（To more Generic Class）函数和“转换为特定的类”（To more Specific Class）函数将 LabVIEW 类向上或向下转换。这些函数还可用于对包含继承层次结构的引用数据类型（例如 VI 服务器控件引用）进行操作，功能是一样的。使用“转换为通用的类”函数并不改变数据内容，但数据的类型将被改变。对那些按照严格代码规范需要避免数据转换的程序员而言，“转换为通用的类”函数提供了一种消除强制转换点的方法。

“转换为特定的类”函数的主要用途是对父类的值做类型检查。“转换为特定的类”函数不改变数据，除非出现错误。如运行时连线上的数据不是更为特定的类，则该函数将返回一个错误，并且输出数据将是连线类型的默认值。通常将同一个父类连接到多个“转换为特定的类”函数，每一个连线导向一个更为特定的类，哪个“转换为特定的类”函数不报错，便执行该函数之后的代码，从而实现根据类型检查结果运行不同的代码。这种方法相当低效。如需用这种方法做类型检查，并拥有修改父类的权限，可在父类添加一个动态成员 VI，并让每一个子类根据功能需要重写这个动态成员 VI。

如 LabVIEW 在运行时检测到用户将子类对象连接至本应连接父类对象的子 VI，LabVIEW 将自动把子 VI 输出向下转换为子类对象。自动向下转换不必使用“转换为特定的类”函数。但是，只有 LabVIEW 确保连接至子 VI 的类对象与子 VI 预期的输入兼容时，自动向下转换才发生。例如，将类对象保存在变体中，然后将变体数据连接至子 VI，LabVIEW 不能确保子 VI 包含的数据与变体原本存储的数据为同一种类型。使用保留运行类函数帮助 LabVIEW 检查连接至子 VI 的类对象与子 VI 预期的类对象为兼容对象。如两个对象不兼容，函数将返回错误，并将类的输出数据设置为子 VI 预期的父对象。也可将该函数与数据值引用配合使用。数据值引用读取 / 写入元素边框节点必须预留运行类型。可使用“保留运行类”函数检查连接至“数据值引用写入”节点的类对象是否与连接至“数据值引用读取”边框节点的类对象相互兼容。

11.2.4　LabVIEW 类的开发和使用

前面几节对 LabVIEW 面向对象编程的概念进行了介绍，有了这些理论基础，就可以在程序中开发或使用 LabVIEW 类。通常来说，根据 LabVIEW 类的生命周期，可以把相关的程序员划分为两类。

1. LabVIEW 类开发人员

这类人员开发 LabVIEW 类，供其他开发人员及程序员使用。他们拥有丰富的面向对象编程经验，同时非常理解 LabVIEW 类及其机制。

2. LabVIEW 类用户

这类人员使用 LabVIEW 类开发人员所创建的类，但可能并不需要了解类是如何被创建的。他们只关心应用程序中通过类定义的数据类型应当如何使用，LabVIEW 类相关的调试信息，以及 LabVIEW 类的新版本如何影响已经生成的应用程序。

以下以图 11-14 所示的类层次为例来说明 LabVIEW 类的创建和使用过程。假定要开发程序对生产的某个物件进行测试，要求如下：

（1）记录对物件进行测试的时间、测试结果（Pass/Fail）以及物件的产品标识。

（2）可以显示被测件的测试时间和标识。

（3）可以显示测试结果。

（4）可以合并测试结果，返回第一个发现的故障对象。

考虑测试对象为一个个物件，因此可以使用面向对象的方法进行程序设计。对以上测试需求进行分析，可以发现要求记录的测试时间和测试结果对每个测试对象都适用，而对象的标识则各不相同。根据类继承和封装的特点，可以把对每个测试对象都适用的公共数据封装在一个名为 Test Results 的基类中，再从这个基类派生出一个子类 Widget Test Results，并在其中定义属于测试对象独有的对象标识。类数据定义如图 11-23 所示。

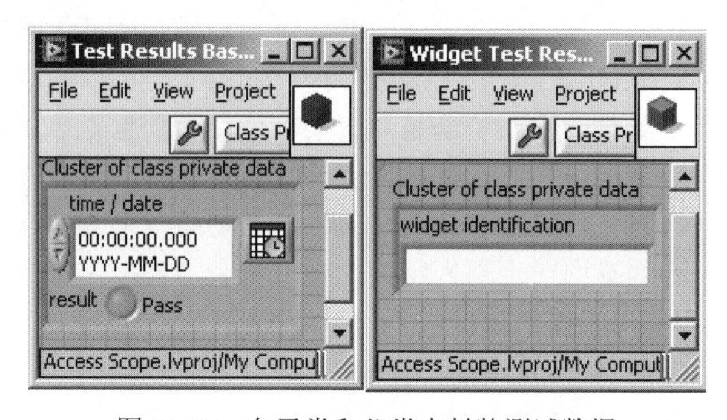

图 11-23 在子类和父类中封装测试数据

完成测试数据的封装后，可以考虑如何对这些数据进行操作，以实现测试的功能。为此可以在两个类中分别添加各种方法。在现实测试中，一般都要在测试前进行测试准备工作，这一过程可对应于程序中测试数据的初始化。由于测试数据又被分为封装在父类中的公共数据和子类中的测试对象专有数据，而且各类中的数据只能被属于类自身的成员 VI 访问，因此必须在父类和子类中分别添加初始化成员 VI，对封装在其中的数据进行初始化。

LabVIEW 面向对象编程中构造函数和析构函数是隐含的。不需要调用构造函数来对 LabVIEW 类数据进行初始化。每当需要对一个类进行初始化时，LabVIEW 会调用一个默认的构造函数。通常情况下，类在前面板的相应控件或程序框图的相应常量中进行初始化。LabVIEW 用私有数据控件中设定的默认值对类的值进行初始化。当不再需要 LabVIEW 类中的信息时，LabVIEW 将以类似处理簇和数组一样的方法进行内存释放。如需将类数据设定为其他值，必须创建一个成员 VI 对类数据设定新值。

为了能显示被测对象的测试时间和标识，需要设法分别获得测试时间和对象的标识字符串，然后再将它们连接在一起进行显示。同样由于数据被分别封装在父类和子类中，要分别使用各自类成员才能获取这些数据。考虑 Test Results 和 Widget Test Results 之间的父子继承关系，可以先在父类中定义一个动态分配成员 Get Display String VI，用来返回测试时间字符串。进而可以在子类中覆盖这个动态分配成员 VI，一方面调用父类中同名 VI 获取测试时间字符串；另一方面将封装在子类中的物件标识和测试时间连接在一起显示给用户，满足系统需求。

要使子类能访问（继承）父类中的成员 VI，必须将其访问权限设置为公有或保护。但对于父类中的 Get Display String VI 来说，由于它只能返回测试时间，因此完全开放它的访问权限意义不大。可以将它设置为保护类型，仅供子类继承覆盖。另外，父类中的 Get Display String

VI 还调用了对测试时间进行格式化的私有成员 Get Time Date Display String VI，该 VI 只能被父类本身的成员 VI 访问。与初始化和测试数据显示相关的程序代码可在前面两节中找到。

对于测试结果显示与合并来说，因为测试结果数据被封装在父类中，而且无论在类层次中哪个级别查看或合并测试结果时，都可以调用同一个 VI 实现功能，因此可以直接在父类中添加公有的静态分配成员 VI。图 11-24 和 11-25 分别显示了在父类中显示、合并测试结果的静态分配成员 VI 的程序框图。

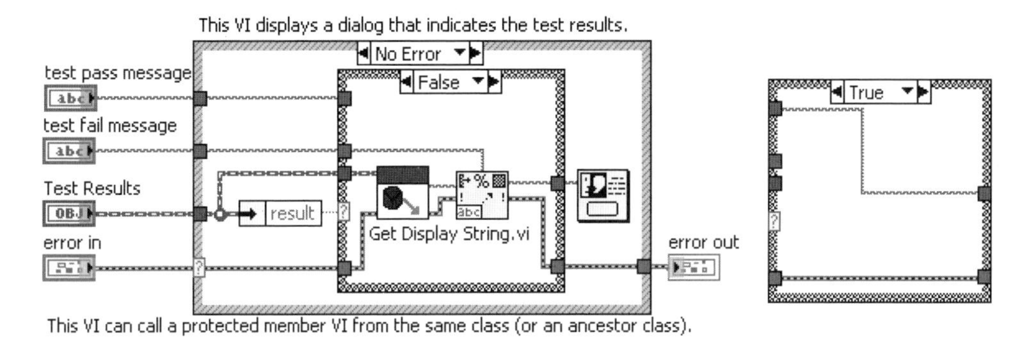

图 11-24　父类中显示测试结果的成员 VI 程序框图

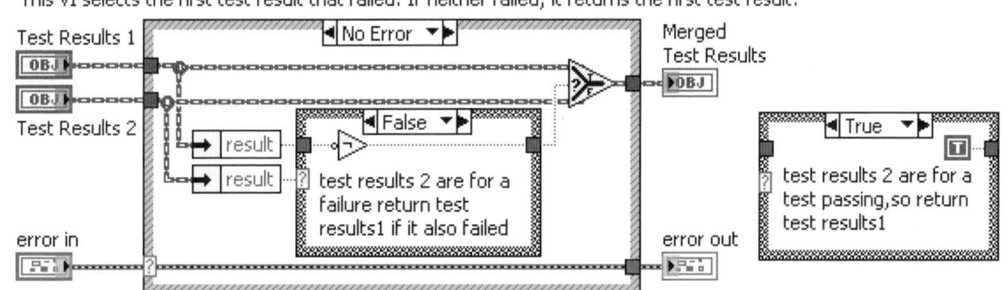

图 11-25　父类中合并测试结果的成员 VI 程序框图

显示测试结果的程序比较简单。如果测试通过，直接使用对话框向用户显示测试信息，否则调用类中保护成员 Get Display String VI，返回测试时间，并将其与测试失败的提示合并后显示给用户。

合并测试结果的目的在于从两个连续被测对象中，找出第一个发生故障的对象，如果两个对象均测试通过，则返回首个对象的测试结果。为此，程序首先检查第二个被测对象是否测试通过。如果是，则无论第一个对象是否测试通过，都直接返回其测试结果；否则，就根据第一个对象的检测结果选择返回第一个被测对象的结果还是第二个，如果第一个对象未通过检测，就返回第一个，否则返回第二个。

至此，就基本上完成了类的设计。可以看出，把项目需求转换为 LabVIEW 类的关键在于从项目需求中抽象出对象。这项工作实质上就是面向对象程序设计的核心，做得越到位，程序架构就越紧凑，代码实现就越贴近现实逻辑。

类设计完成后，LabVIEW 类开发人员就可以向其他类开发人员和类用户发布 LabVIEW 类。开发人员可设置多种访问权限来发布 LabVIEW 类。当用应用程序生成器创建 zip 文件以发布一个或多个类时，即可以在发布之前锁定 LabVIEW 类，限制 LabVIEW 类用户对私有数据和成员 VI 的访问，也可以完全放开用户对类的访问。锁定 LabVIEW 类有助于防止将错误引入应用程序中。

类用户收到保存类的文件以及使用说明后，可以直接将其添加至自己的项目中使用。具体来说，可以在 VI 前、后面板上创建类控件或常量，对类进行实例化并调用类中开放的接口 VI，实现程序功能。图 11-26 显示了使用前面例子中所创建类的情况，程序首先通过两个类的初始化 VI 创建两个类对象，并调用合并测试结果 VI 对测试数据进行合并。如果两个对象的测试结果均被初始化为 Fail，则返回第一个测试对象的测试失败信息。

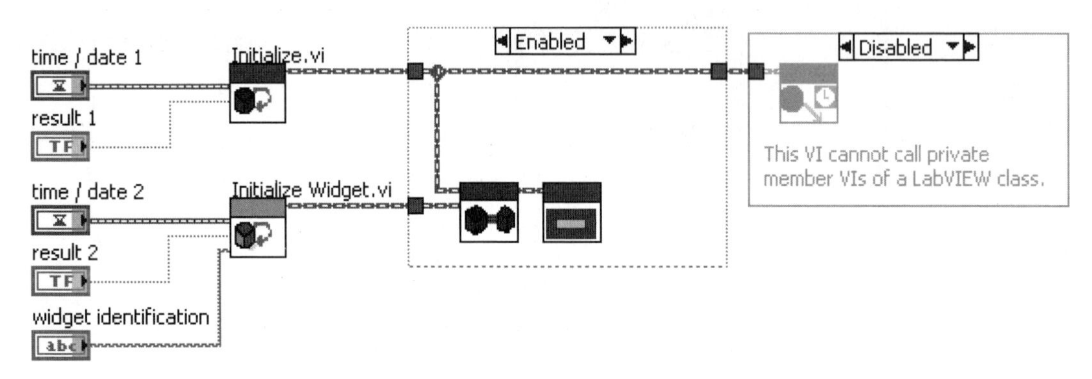

图 11-26 使用 LabVIEW 类

上述 VI 还通过示例对 LabVIEW 类的访问范围进行了说明。如果激活代码中已经被禁用部分代码，就会发现 VI 变为不可运行。这是因为在程序中越界调用了类的保护和私有成员 VI。

最后，由于 LabVIEW 是数据流驱动的图形化编程环境，因此 LabVIEW 面向对象程序中对类数据的操作和交互，以及类代码的调试方法和其他语言有所不同。但是仍然可以使用探针。

11.3 本章小结

本章从 LabVIEW 程序中数据类型扩展的角度分别讲解了 LabVIEW 自定义数据类型和 LabVIEW 面向对象程序设计的关键技术。

簇是 LabVIEW 中自定义数据类型的基本控件，可以将各种 LabVIEW 基本控件组合在一起形成新的数据类型。自定义数据类型一般在 .ctl 控件中以自定义类型或严格自定义类型的控件保存。如果对保存自定义类型的 .ctl 文件数据部分进行改动，则自定义类型和严格自定义类型的所有实例均会受到影响，而如果改动的是控件的界面部分，则只有严格自定义类型的实例会受到影响。

除了使用簇和基本数据类型创建自定义簇结构外，还可以将簇作为自身的元素，或将其与数组结合创建复杂数据结构。将自定义数据结构与队列、堆栈等函数结合，也有助于解决与链表、树或图等数据结构相关的算法问题。

面向对象程序设计方法利用软件工具直接完成从对象描述到软件结构之间的转换，不仅可以缩短开发周期，还赋予程序极强的灵活性和可维护性。使用面向对象程序设计中的类，不仅可以对逻辑相关的数据进行封装，创建大型数据结构，还能把对数据的操作与数据集成在一起形成独立的模块。

与 C++ 类不同，LabVIEW 类中的数据成员均为私有数据，只能被类自身的成员访问。为了能为外部 VI 提供访问类的私有数据的途径，可以在类中添加成员，并设置这些成员 VI

的访问范围来实现。LabVIEW 的成员 VI 可以被设置为公有、库内、保护、私有和未指定 5 种访问范围，各种范围限定了 VI 可以被调用的范围。其中公有和保护 VI 可以被其子类继承。

友元用于解决对成员 VI 调用时，由于参数传递、类型检查和安全性检查等引起的耗时较长的问题。它本身是一种定义在类外部的普通 VI 或类，但它具有调用所创建类内部任何成员 VI 的权限。

继承是 LabVIEW 面向对象程序开发的另一个重要特点，它旨在提高代码的复用。LabVIEW 面向对象程序设计中，子类不仅可以继承父类中“公有”及“保护”型的成员 VI，还可以在继承来的资源基础上，添加自己的数据和成员 VI 来丰富功能。

LabVIEW 面向对象程序设计也支持多态。多态是指同一个方法在不同子类中有不同的表现方式的一种编程机制，可以有效简化程序。LabVIEW 使用动态分配方法实现多态，类似于 C++ 类中的虚函数。在 LabVIEW 图形化编程环境中，通过设置成员 VI 的连线板属性，将成员 VI 设定为静态分配或动态分配。如果连线板上包含一个动态分配的输入接线端，则该成员 VI 属于动态分配方法的一部分；反之，则该成员 VI 定义了一个静态分配方法。

定义为动态分配的方法，可以被其子类使用同名的成员 VI 重新定义。所谓重新定义，是指不仅可以调用该方法的代码，还可以在其基础上添加额外的功能代码。在使用动态分配方法实现多态时，通常要通过“转换为通用的类函数”和“转换为特定的类函数”将 LabVIEW 类向上或向下转换。

经过数据封装，并基于继承和多态特点完成类成员 VI 的定义后，就基本完成了从设计需求到面向对象类设计的过程，即可将类分发给类用户使用。类用户可以直接在自己的项目中创建类对象实例，并根据访问范围调用类成员 VI，实现程序功能。

第 12 章　扩展程序代码

LabVIEW 提供的图形化函数和 VI 可以满足几乎所有应用的需求。但是在某些情况下，可能希望使用其他基于文本方式的程序或数学运算脚本。例如，可能希望在程序框图中调用 C 语言或 Python 编写的图像处理算法，或者调用在 MATLAB 中编写的 .m 格式的复杂数学运算脚本。这时就希望文本编程语言和图形化编程语言能无缝结合，既能使用 LabVIEW 图形编程语言的直观优点，又能使用其他工具提供的强大功能，实现程序代码的扩展。

LabVIEW 中可以使用以下几种方法扩展程序代码：

（1）使用公式节点、表达式节点和脚本节点简化复杂数学运算编程。

（2）使用 CIN 调用 C 语言编写的代码。

（3）使用 C 节点调用 C 标准库函数或 C 分析库函数（仅适用 LabVIEW NXG）。

（4）使用 Python 节点调用 Python 编写的代码。

（5）使用 VI Server 和 VI Scripting 功能动态控制前面板对象、VI 和 LabVIEW 环境。

这些方法不仅使开发人员可以自由调用文本格式的程序，还可以使程序在运行过程中使用代码动态创建 VI，或更改各种程序对象属性，增强运行时程序的控制能力。

12.1　简化数学运算

使用图形化编程语言编写数学运算的算法时，一般需要通过连线连接各种算术函数。对于简单的方程来说，这种方法比较简单，但如果要使用复杂的方程式，逐个连接大量算术函数就显得比较烦琐，需要寻找简单、快捷的方法来提高编程效率。

LabVIEW 提供了公式节点、表达式节点和脚本节点（MathScript、MATLAB 脚本）等来简化复杂的数学运算编程。借助这些节点，在 LabVIEW 中使用复杂的方程时，用户可以在熟悉的开发环境中编写、验证方程后，再将方程并入应用程序中。图 12-1 是其在 LabVIEW 函数选板中对应的图标。

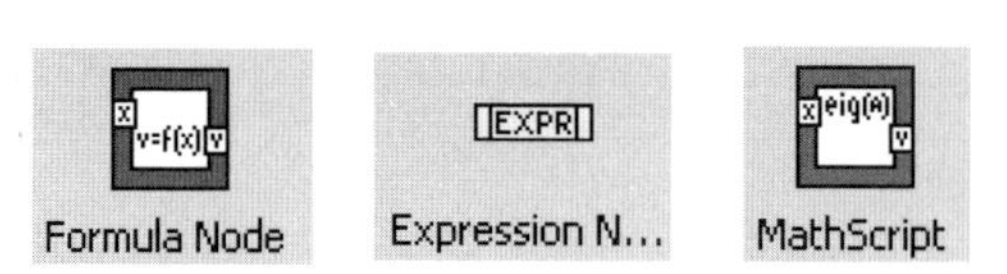

图 12-1　公式节点、表达式节点和 MathScript 脚本节点

12.1.1　公式节点和表达式节点

公式节点（Formula Node）是一个大小可改变的方框形程序结构元件。利用公式节点，开发人员可直接在程序框图上执行数学运算的文本节点，而不必在其他开发环境中编写文本代码，也不必连接任何 LabVIEW 图形化算术函数。公式节点尤其适用于含有多个变量或较为复杂的方程，以及对已有文本代码的重用情况。可通过复制、粘贴的方式将已有的文本代码移植到公式节点中，而不必通过图形化编程的方式重新创建相同的代码。

公式节点中没有子程序框图，其语法与 C 语言类似。可接受类似 C 语言中的 if 语句、while 循环、for 循环和 do 循环语句，每个语句由分号隔开。还可以使用“/**/”或“//”符号对文本添加注释。表 12-1 显示了根据 Backus-Naur 范式（BNF 表示法）汇总的主要公式节点语法。

表 12-1　根据 Backus-Naur 范式汇总的主要公式节点语法

<table>
<tr><th>语句类型</th><th>语　　法</th><th>说明 / 范例</th></tr>
<tr><td>数据类型</td><td>int，int8，int16，int32，uInt8，uInt16，uInt32；
float，float32，float64</td><td></td></tr>
<tr><td>单目运算</td><td>++、--</td><td></td></tr>
<tr><td>算术运算</td><td>算术运算符：+ – * / ^
关系运算符：!= == > < >= <=
逻辑运算符：! && ||
位运算符：>> << ～ | ^ &
求余：%
幂运算：**</td><td>// 计算 t 的 3 次幂
y=t**3;</td></tr>
<tr><td>赋值运算</td><td>= 、+=、–=、 *=、/=
>>=、<<=
&=、^=、|=、%=、**=</td><td></td></tr>
<tr><td rowspan="2">控制语句</td><td>break</td><td>break 关键词用于在公式节点中从最近的 do、for 或 while 循环以及 switch 语句中退出</td></tr>
<tr><td>continue</td><td>continue 关键词用于在公式节点中将控制权传递给最近的 do、for 或 while 循环的下一次迭代</td></tr>
<tr><td rowspan="2">条件语句</td><td>if-statement:
  if (assignment) statement</td><td rowspan="2">if (y==x && a[2][3]<a[0][1]) {
  int32 temp;
  temp = a[2][3];
  a[2][3] = y;
  y=temp;
  }
else
  x=y;</td></tr>
<tr><td>if-else-statement:
  if-statement else statement</td></tr>
<tr><td rowspan="3">循环语句</td><td>do statement
while (assignment)</td><td>do {
  int32 temp;
  temp =--a[2]+y;
  y=y-1;
  }
while (y!=x && a[2]>=a[0]);</td></tr>
<tr><td>for ([assignment] ; [assignment] ; [assignment]) statement</td><td>for (y=5; y<x; y*=2) {
  int32 temp;
  temp =--a[2]+y;
  x-=temp;
  }</td></tr>
<tr><td>while (assignment) statement</td><td>while (y!=x && a[2]>=a[0]) {
  int32 temp;
  temp =--a[2]+y;
  y=y-1;
  }</td></tr>
</table>

续表

语句类型	语　　法	说明 / 范例
switch 语句	switch (assignment) { case-statement-list }	switch(month){

	case-statement-list:
	　case-statement
	　case-statement-list case-statement
		case 2: days = evenyear?29: 28; break;
		　case 4:case 6:case9: days = 30; break;
		　default: days = 31; break;

	case-statement: 　case number : statement-list 　default : statement-list	}

在公式节点中定义变量和在 C 语言中定义变量的作用域规则相同。例如，在由一对大括号界定的程序块中定义的变量，仅可被这对大括号中的程序访问。所有公式节点的输入接线端都将作为其文本语言最外层（未用括号封闭）程序块中的变量，并且不可在最外层程序块中再次定义同名的变量。LabVIEW 允许定义不与任何输入接线端同名，且尚未在最外层程序块中定义过的输出接线端。同时，它总是将最外层程序块中定义的变量以相同的变量名匹配到输出接线端。

图 12-2 显示了一个使用公式节点的简单例子，该示例用来绘制方程 $y1 = x^3 - x^2 + 5$ 和 $y2 = mx + b$ 的曲线。程序使用公式节点的右键菜单添加了三个输入参数 m、b 和 x，两个输出参数 $y1$ 和 $y2$。公式节点中使用了两行文本语句对方程进行描述，并使用“//”和“/**/”添加了注释。

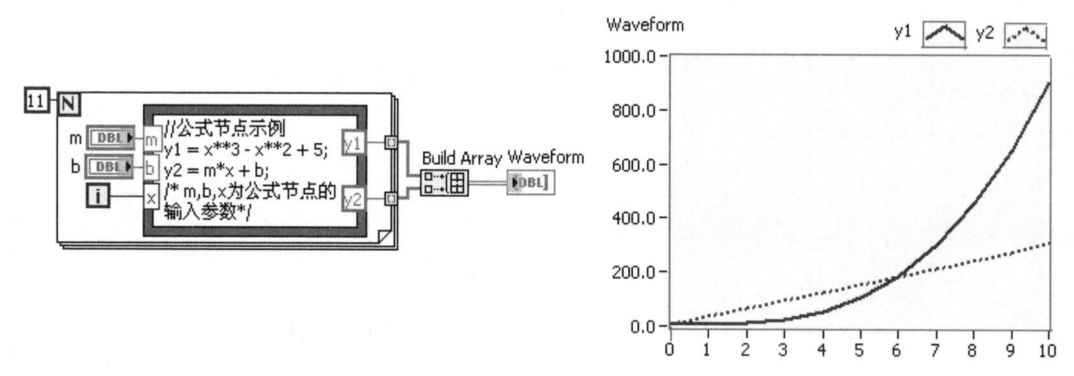

图 12-2　一个简单的公式节点示例

图 12-3 显示了一个使用公式节点进行较复杂方程计算的程序片段。该程序用于某集成电路传感器测试项目中，根据采集到的外界压力等参数计算芯片的敏感系数和桥压。公式节点首先计算下面方程的值：

$$\text{Sensitivity} = \frac{|\text{OutAtP} - \text{Offset}| \Big/ 4096 \times \text{PreGain}}{\text{DeltP} \times 1000}$$

随后，程序根据输入参数 type 的值进行不同的计算，如果其值为 1，则使用下面的公式：

$$0.96 \times \text{Polarity} \times \text{Offset} \Big/ 4096 \times \text{PreGain} \times 1000^{-\text{Sensitivity} \times \text{Patm}}$$

否则，使用下面的公式：

$$0.96 \times \text{Polarity} \times \text{Offset} \Big/ 4096 \times \text{PreGain} \times 1000$$

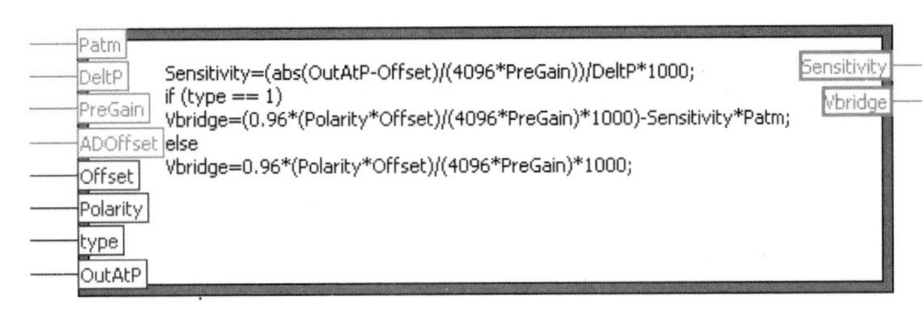

图 12-3　较复杂的公式节点示例

表达式节点（Expression Node）可以看作是公式节点的特殊形式，它用于计算只含有一个变量的表达式。表达式节点使用仅有的一个输入参数作为该变量的值，并由输出接线端返回计算结果。表达式节点具有多态性，连接到其输入接线端的控件或常量决定了其变量和输出节点端的数据类型，可以是任何非复数标量数值、非复数标量数组或非复数标量簇。如果输入参数是数组或簇，则表达式节点会将该表达式应用于输入数组或簇中的每个元素。

例如，对于方程 $y = x^2 + \sin x + 5(x+3)$，如果有一组输入的 x 值，可以使用如图 12-4（a）所示的程序来计算；但如果使用表达式节点，则可以将程序简化为图 12-4（b）。

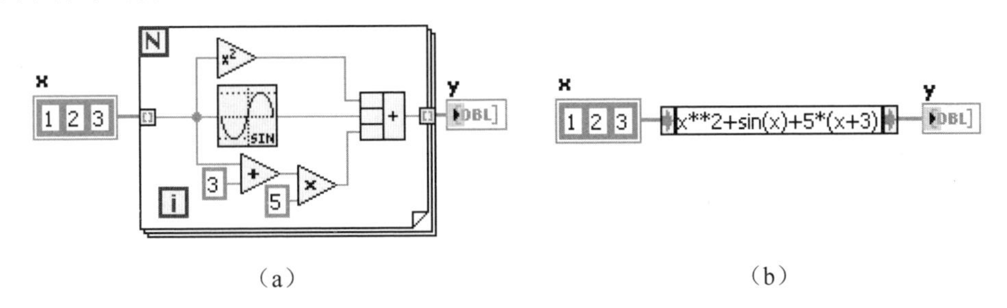

（a）　　　　（b）

图 12-4　表达式节点示例

在公式节点和表达式节点中也可以使用类似 C 语言的内置数学函数，如 abs、sin、cos 等。表 12-2 列出了公式节点中可以使用的函数及其相关说明，其中所有内置函数的名称都必须为小写。

表 12-2　公式节点中可使用的数学函数

序　号	函　数	相应 LabVIEW 函数	说　明
1	abs(x)	绝对值	返回 x 的绝对值
2	acos(x)	反余弦	计算 x 的反余弦，以弧度为单位
3	acosh(x)	反双曲余弦	计算 x 的反双曲余弦
4	asin(x)	反正弦	计算 x 的反正弦，以弧度为单位
5	asinh(x)	反双曲正弦	计算 x 的反双曲正弦
6	atan(x)	反正切	计算 x 的反正切，以弧度为单位
7	atan2(y,x)	反正切（2 个输入）	计算 y/x 的反正切，以弧度为单位
8	atanh(x)	反双曲正切	计算 x 的反双曲正切
9	ceil(x)	向上取整	将 x 舍入为较大的整数（最小整数≥ x）
10	cos(x)	余弦	计算 x 的余弦，其中 x 以弧度为单位
11	cosh(x)	双曲余弦	计算 x 的双曲余弦
12	cot(x)	余切	计算 x 的余切，即 1/tan(x)，其中 x 以弧度为单位

续表

序　　号	函　　数	相应 LabVIEW 函数	说　　明
13	csc(x)	余割	计算 x 的余割，即 1/sin(x)，其中 x 以弧度为单位
14	exp(x)	指数	计算 e 的 x 次幂
15	expm1(x)	exp(Arg)–1	计算 e 的 x 次幂，结果减去 1，即 (e^x) – 1
16	floor(x)	向下取整	将 x 舍入为较小的整数（最大整数≤ x）
17	getexp(x)	尾数与指数	返回 x 的指数
18	getman(x)	尾数与指数	返回 x 的尾数
19	int(x)	最近数取整	将 x 四舍五入至最近的整数
20	intrz(x)	—	将 x 舍入到 x 至 0 之间的最近的整数
21	ln(x)	自然对数	计算 x 的自然对数（以 e 为底）
22	lnp1(x)	自然对数 （Arg +1）	计算（x + 1）的自然对数
23	log(x)	底数为 10 的对数	计算 x 的对数（以 10 为底）
24	log2(x)	底数为 2 的对数	计算 x 的对数（以 2 为底）
25	max(x,y)	最大值与最小值	比较 x 和 y 的大小，返回较大值
26	min(x,y)	最大值与最小值	比较 x 和 y 的大小，返回较小值
27	mod(x,y)	商与余数	计算 x/y 的余数，商向下取整
28	pow(x,y)	x 的幂	计算 x 的 y 次幂
29	rand( )	随机数（0 ～ 1）	在 0 ～ 1 产生不重复的浮点随机数
30	rem(x,y)	商与余数	计算 x/y 的余数，商四舍五入
31	sec(x)	正割	计算 x 的正割 1/cos(x)，其中 x 以弧度为单位
32	sign(x)	符号	如 x 大于 0，返回 1；如 x 等于 0，返回 0；如 x 小于 0，返回 0
33	sin(x)	正弦	计算 x 的正弦，其中 x 以弧度为单位
34	sinc(x)	sinc	计算 x 的正弦除以 x ，即 sin(x)/x，其中 x 以弧度为单位
35	sinh(x)	双曲正弦	计算 x 的双曲正弦
36	sizeOfDim(ary,di)	—	返回为数组 ary 指定的维数 di
37	sqrt(x)	平方根	计算 x 的平方根
38	tan(x)	正切	计算 x 的正切，其中 x 以弧度为单位
39	tanh(x)	双曲正切	计算 x 的双曲正切

12.1.2　脚本节点

除了可以使用公式节点、表达式节点在程序框图上简化数学运算，LabVIEW 还支持面向数学计算的 MathScript 脚本节点和其他类似的第三方脚本节点，如 MATLAB 脚本节点等。脚本节点通常兼容被保存为 .m 格式文件的脚本语法，这种语法被诸如 MathWorks 公司的 MATLAB 等模拟和计算软件广泛支持。

MathScript 的核心是高级文本化编程语言，尤其适合简化数学计算、信号处理和分析等相关任务。包括线性代数、曲线拟合、数字滤波器、微分方程、概率及统计等应用于数学、信号处理和分析的 600 多种内置函数。开发人员也可以基于这些函数自行开发新的自定义函数。在复杂数学运算方面，常采用矩阵和数组作为基本的数据类型，并具有现成的数据创建、数据访问和其他内置的操作符。MathScript 与 MathWorks 公司的 MATLAB 等第三方软件兼容，

都支持 .m 文件脚本语法（不需要在第三方软件中额外编译），这极大地提高了代码的复用性。

在 LabVIEW 程序中使用 MathScript 节点，意味着可以在 LabVIEW 图形化编程的基础上增加文本化编程方式，把第三方软件的强大分析计算无缝结合进来。无论是进行信号分析还是机器视觉系统算法开发，都可以自由选择计算的语法，复用之前开发的 .m 文件脚本。使用 MathScript 节点既可以从头创建基于 LabVIEW MathScript 语法的脚本，也可以调用 LabVIEW MathScript RT 引擎处理之前编写的 MathScript 和其他第三方的文本脚本。

要使 MathScript 脚本正常运行，需要脚本服务器或引擎的支持。例如在 LabVIEW 中使用 MathScript 脚本时，需要先安装 MathScript RT 模块引擎；要调用第三方软件 MATLAB 脚本服务器来执行文本脚本，就必须在计算机上安装 MATLAB 6.5 及以上版本（实际上用 ActiveX 技术执行 MATLAB 脚本节点）。如果计算机上安装了多个脚本服务器引擎，则在设计时也可以通过脚本节点的右键菜单改变与 LabVIEW 通信的引擎。注意，LabVIEW MathScript RT 模块也会在计算机中安装一个脚本服务器引擎，这个引擎不能被更改。

脚本节点和公式节点参数传递方法类似，由脚本中表达式的结构决定变量是输入变量还是输出变量。例如，语句 $y = 2x+\sin(x)$ 表示 x 为输入变量，y 为输出参数。脚本节点还允许用户从右键菜单中导入已有的文本脚本，并在 LabVIEW 中通过调用第三方脚本服务器运行导入的脚本。

图 12-5 是一个 LabVIEW 中使用 MathScript 的简单例子。程序将一个包含三个元素的数组常量作为 MathScript 节点的输入参数，并在其中计算各数组元素的平方，将结果保存在一个新数组 y 中。在脚本中，还对数组 x 和 y 按照公式 $x \bullet y = \sum_{i=0}^{n-1} x_i y_i$ 进行了点积运算。需要注意的是，在脚本节点中访问数组元素时，数组的下标从 1 开始，而在 LabVIEW 程序框图中访问数组时，下标从 0 开始。因此，程序中脚本节点中 $y(1)$ 的值对应数组首个元素，而脚本节点外的程序框图中，$y(1)$ 的值其实对应数组第二个元素。示例还显示了如何在脚本节点中添加注释，所有注释均以“%”开头。

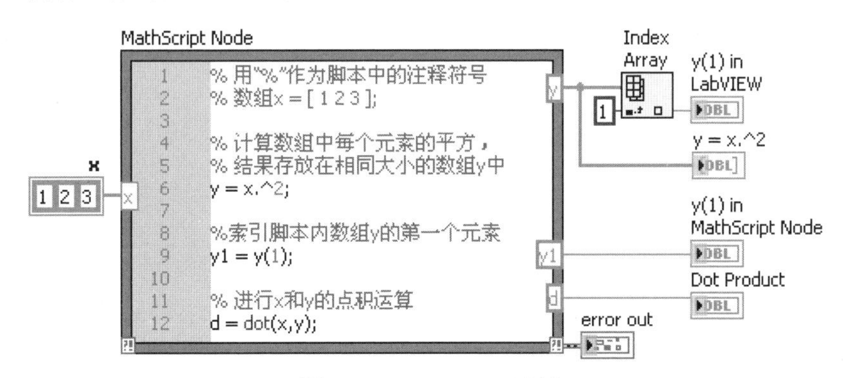

图 12-5　MathScript 示例

LabVIEW 中最常被调用的第三方脚本要属 MATLAB 脚本，它的执行方式与其在 MATLAB 软件环境中的执行方式相同。如果已经安装 MATLAB 6.5 及以上版本，就可以在函数选板上找到 MATLAB 脚本节点。将节点放置至程序框图后，即可在节点中输入脚本，也可以右击节点边框，在弹出的菜单中选择导入文本至节点。

MathScript 节点可根据连接至输入参数的控件类型自动确定节点内输入 / 输出变量的数据类型，但是 MATLAB 脚本节点却无法自动完成该工作。默认情况下，任何新添加的输入或输出参数的默认数据类型均为 Real 类型，因此，在使用时必须手动将控件和脚本节点的输入/输出参数类型进行匹配。可通过右击接线端，从弹出的菜单中重新选择数据类型来完成。表 12-3 列出了 LabVIEW 数据类型、MathScript 脚本数据类型与 MATLAB 中相应的数据类型的映射关系，供读者参考。

表 12-3 LabVIEW、MathScript 脚本和 MATLAB 脚本数据类型的映射

数据类型	环境		
	LabVIEW	MathScript 脚本	MATLAB 脚本
双精度浮点数（Double floating-point）	DBL	标量 > DBL	Real
双精度浮点复数（Complex double floating-point）	CDB	标量 > CDB	Complex
双精度浮点型一维数组（Double floating-point 1D Array）	[DBL]	一维数组 > DBL 1D	1-D Array of Real
双精度浮点型复数一维数组（Complex double floating-point 1D Array）	[CDB]	一维数组 > CDB 1D	1-D Array of Complex
双精度浮点型多维数组（Double floating-point nD Array）	[DBL]	矩阵 > Real Matrix（2D only）	2-D Array of Real
双精度浮点型复数多维数组（Complex double floating-point nD Array）	[CDB]	矩阵 > Complex Matrix （2D only）	2-D Array of Complex
字符串（String）	abc	标量 > String	String
路径（Path）		N/A	Path
字符串一维数组（1D String Array）	[abc]	一维数组 > String 1D	N/A

如果确定要在LabVIEW中使用第三方脚本，则最好先在第三方程序环境中运行调试脚本，再将脚本导入 LabVIEW。此外，还可以为输入和输出端创建控件，用于监测在 LabVIEW 和脚本服务器引擎之间传递的数据。如脚本节点计算的值出现错误，用户便能迅速找到出错位置，进行纠正。当然也可以在脚本节点中创建错误输出显示控件，以便在运行时查看生成的错误信息。

12.2 调用 CIN

在用 LabVIEW 开发大型项目的过程中，有时候传统的基于文本的开发工具在实现某些功能时可能相对容易些（如开发对运行时间要求很苛刻的自动控制或图像处理算法），或者有些任务不能通过调用 LabVIEW 的函数直接实现。这时可以考虑使用 LabVIEW 的 CIN（Code Interface Node）或者 CLN（Call Library Function Node）来调用在文本开发工具中开发的代码。目的和优点主要有以下几方面。

（1）代码的复用。

对一个项目开发团队来说，整个团队使用的开发工具可能不止一种。从横向来看，团队中负责各子系统的开发人员可能使用的开发工具不尽相同。从纵向来看，整个团队多年来可能已经用过多种不同的开发工具。为了能减少重复工作，共享代码或重复利用以前的代码，可以用 CIN 将 C 代码或者用 CLN 将其他工具创建的 DLL 集成到 LabVIEW 项目中来。

（2）提高项目集成开发效率。

虽然用LabVIEW为项目提供解决方案，其效率相对于基于文本的传统开发工具大大提高，

但是有时用传统的开发工具实现某些功能却比 LabVIEW 更容易。例如，开发与底层硬件交互或者开发对运行时间要求很苛刻的程序时，Visual C++ 可能比 LabVIEW 更方便。或者开发者需要某种特殊的算法，而且这种算法用传统的开发工具实现要比 LabVIEW 开发容易些（如图像处理的一些算法等）。这时开发者就可以用 CIN 或者 CLN 把传统开发工具的长处和 LabVIEW 的长处结合在一起，共同为项目提供解决方案。

（3）完成 LabVIEW 不能胜任的工作。

LabVIEW 提供了很多函数和开发的工具集（Toolkit），但是这并不意味着 LabVIEW 可以完成任何事情。例如操作系统 API 提供的某些功能，LabVIEW 的函数库中就没有提供。那么开发者就可以用 CIN 或者 CLN 来扩展 LabVIEW 功能，为项目提供高度集成的解决方案。

但是必须注意到，在 LabVIEW 项目执行外部代码时，执行的线程会被独占，直到执行节点返回为止。也就是说，如果线程正在执行外部代码，那么它将不会处理其他任务，当然用户也将不能中断此执行过程。开发人员在将外部代码集成到项目中时，一定要考虑代码完成任务的执行时间，如果耗时较长，就要慎重处理。

CIN 可以被看作是 LabVIEW 扩展自身开发能力的一种方法，它通过将 Visual C++ 或 Symantec C（在 Linux 平台上可以是 GCC）编写的代码集成到程序框图中来扩展 LabVIEW 自身能力的不足。

在 LabVIEW 项目中使用 CIN，一般需要按照以下步骤来实现。

（1）指定参数类型和传递方式。

（2）创建 C 代码。

（3）编译代码为 LSB 格式。

（4）加载调试代码。

本节将结合一个实际例子按照以上步骤讲解 CIN 的关键技术。有关 CLN 的使用，将在第 13 章一并讲解。为了把重点放在 CIN 调用步骤的说明上，示例只简单使用 CIN 完成两个数值的求和。

12.2.1　指定参数类型和传递方式

从函数选板中选取 CIN 放在后面板上（图 12-6）。默认情况下，CIN 只有一个输入端口和一个输出端口，用户可以通过拖动图标的边框，或者通过选择节点端口右键菜单中的“添加参数”或“删除参数”（Add Parameters/Remove Parameters）选项来编辑参数数量。增加的参数会成对出现，每增加一个输入或输出端口，都会有一个与之对应的输出或输入端口出现。

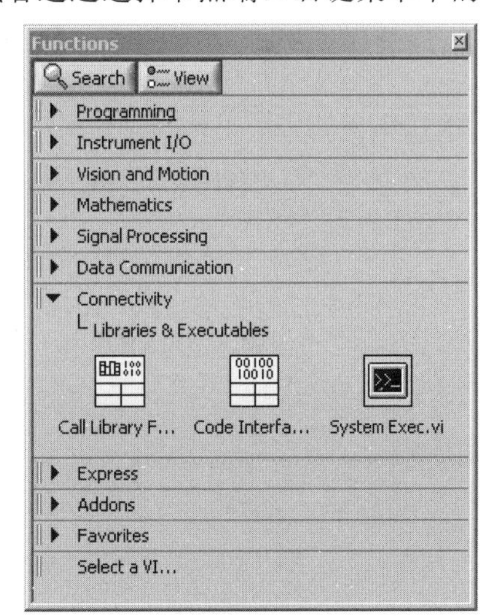

图 12-6　函数选板中的 CIN

CIN 输入/输出参数的数据类型由连接的控件决定。输入参数的类型由连接的输入控件数据类型决定，输出参数的类型取决于与其连接的显示控件数据类型。CIN 的参数传递方式可以分为“输入 / 输出”（Input-Output）和“仅输出”（Output Only）两种类型。不同的连接方式表示了不同的参数传递方式。

默认情况下，LabVIEW 中 CIN 的参数传递方式为 Input-Output，用来传递指向参数的指针。节点左边连接输入参数，右边连接输出参数。例如图 12-7（a）中不仅连接一个 32 位整型控件作为输入参数，还连接一个

32位的整型显示控件作为输出参数。在VI调用CIN时，LabVIEW只将输入参数的指针传递给CIN目标代码，CIN代码执行完毕后，LabVIEW会将输入参数指针指向的值传递给输出显示控件。在这种情况下，LabVIEW认为CIN代码可以修改连接到输入端控件的值。此时就要注意，如果VI中有其他地方也需要调用CIN，并且可能更改输入控件的值，就必须在调用CIN前复制控件的值，否则就有可能出错。

在使用Input-Output方式传递参数时，也可以只在输入端连接控件，输出端悬空。例如图12-7（b）所示，连接一个32位整型Control作为输入参数，输出端悬空。这时LabVIEW会认为CIN不会修改传递给它的参数值。如果VI中有其他地方也需要访问CIN输入参数中的值，就不必在调用CIN前保存控件的值。

如果用户只想用一对连接端子连接一个输出参数，可以通过选择端子右键菜单中的Output Only选项，将参数传递类型设置为"仅输出"类型。设置成功后端子对应的输入端就会变成灰色，如图12-7（c）所示。对于Output Only类型的参数，LabVIEW会为其分配专门的空间存放返回值，然后将指向分配空间的指针传递给CIN，一旦CIN执行完成，就会按照与其连接的显示控件数据类型将返回值显示出来。但是在某些情况下，可能会将同一个输出连接到多个具有不同数据类型的显示控件上，这时对LabVIEW来说就有可能出现判断数据类型错误的情况。为了解决此问题，可以将一个控件连接到与输出对应的输入端子上，输出端子将会使用该控件的数据类型，如图12-7（d）所示。

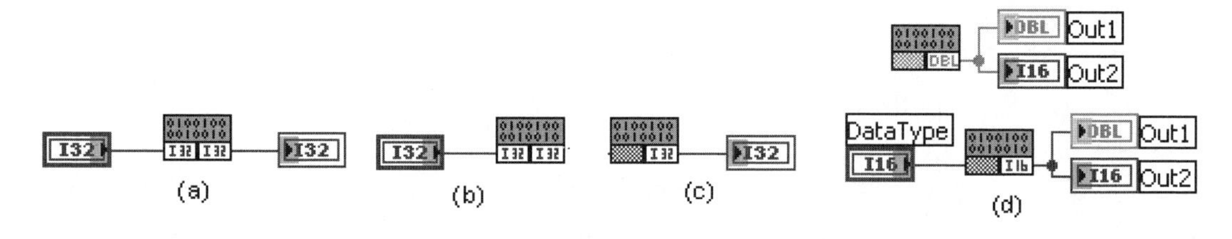

图12-7 CIN参数传递方式

对于求和的例子来说，我们指定两个8位的整型量作为输入参数，指定一个8位的整型量作为输出参数，如图12-8所示。

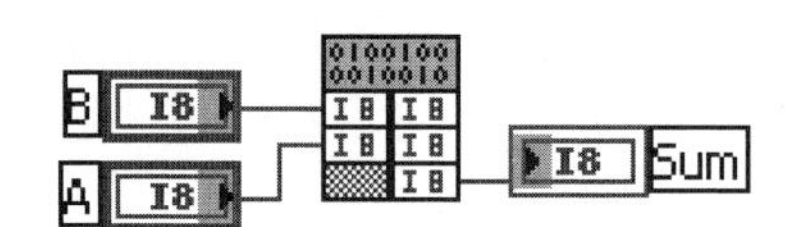

图12-8 求两数之和示例的CIN参数

12.2.2 创建C代码

为CIN设定好输入/输出参数后，可以通过选择节点右键菜单中的"生成C语言文件"（Create.c File）选项创建CIN源代码的模板。用户在生成的C语言模板的基础上添加CIN要完成功能的代码。为数值求和示例创建的C语言源代码模板如下。

```
/* CIN source file */
#include"extcode.h"
MgErr CINRun (int8 *A, int8 *B, int8 *Sum) ;
MgErr CINRun (int8 *A, int8 *B, int8 *Sum)
{
```

```
    /* Insert code here */
    return noErr;
  }
```

创建的C语言源代码模板会自动包含LabVIEW程序目录下Cintools目录中的extcode.h文件。这个文件不仅定义了CIN使用的基本数据类型和函数原型，还定义了可能与系统头文件中定义有冲突的一些常量。Cintools目录中还有一个hosttype.h文件，此文件用于解析系统头文件和extcode.h之间的差异，同时也包含了给定平台的通用头文件。

通常应始终在C源文件的起始位置包含extcode.h文件。如果代码对系统进行了调用，则一般应在extcode.h文件后立刻包含hosttype.h文件，然后再将系统的头文件包含进来。对给定的系统来说，hosttype.h只包含了部分头文件，如果用户需要的系统头文件没有包含在内，则可以在它之后包含需要的头文件。

在生成的C源文件模板中，除CINRun函数必须存在外，还有其他7个可选择使用的现场维护函数：CINLoad、CINSave、CINUnload、CINAbort、CINInit、CINDispose和CINProperties。LabVIEW在运行到CIN时会调用CINRun函数，CINRun函数会从输入/输出参数接收数据。7个用于清理现场的函数只有在特定的情况下才会被调用。例如，LabVIEW在第一次加载VI时会调用CINLoad函数，如果用户要在第一次加载VI时完成某种特殊的任务，就可以在CINLoad函数中添加相应的代码。下面代码给出了一个在CINLoad中添加代码的模板：

```
CIN MgErr CINLoad (RsrcFile reserved)
{
      Unused (reserved) ;
      /* Insert code here */
      return noErr;
}
```

一般来说，在C源代码文件中只需要编写CINRun函数就可以了，只有在某些特殊情况下（如完成某些初始化，预分配空间或者维护交叉调用的信息）才调用现场维护的函数。

对于两个数求和的例子来说，我们可以在CINRun函数的 /* Insert code here */ 处添加如下代码：

```
/* CIN source file */
#include"extcode.h"
MgErr CINRun (int8 *A, int8 *B, int8 *Sum) ;
MgErr CINRun (int8 *A, int8 *B, int8 *Sum)
   {
   /* Insert code here */
*Sum = *A + *B;
   return noErr;
   }
```

12.2.3 编译代码为 LSB 格式

完成了代码编写后就可以着手将代码编译成 LabVIEW 可识别的 .lsb 文件格式。LabVIEW 支持不同平台上的编译器（Windows 平台的 Visual C++、Symantec C、Linux 平台的 gcc，以及 Mac 平台上的 xCode 等）编译 CIN。开发平台和编译器不同，编译的方法也不同。对于 Linux 和 Mac 平台上 CIN 的编译，用户可以参考 LabVIEW 的操作手册，这里只对在 Windows 平台上使用 Visual C++ 编译 CIN 的方法做详细讲解。

CIN 的编译其实并不复杂，但是 LabVIEW 手册中提供的编译方法（特别是基于 Make 文件的编译方法）并不是很完美，使得很多开发人员几乎为此忙到崩溃（笔者曾经在论坛中见到好多朋友为此花了大量的时间求救）。下面提供两种在 Win32 平台下使用 Visual C++ 6.0 编译 CIN 的方法：Make 文件法和 Visual C++ IDE 法。

使用 Make 文件法编译 CIN 的步骤如下。

（1）创建 Make 文件。

在 C 源文件的目录中创建一个与 C 源文件同名且后缀名为 .mak 的文件（如 add.mak），包含内容如下：

```
name = C 源文件去掉后缀的部分
type = CIN
cinlibraries = Kernel32.lib
CINTOOLSDIR=Cintools 目录的路径
!include <$（CINTOOLSDIR）\ntlvsb.mak>
```

例如，为两数求和示例所创建的 add.mak 文件内容如下：

name = add

type = CIN

cinlibraries = Kernel32.lib

CINTOOLSDIR=d:\cintools

!include <$（CINTOOLSDIR）\ntlvsb.mak>

注意，文件中 CINTOOLSDIR 是指向 LabVIEW 安装目录中 cintools 目录的路径。但是由于编译器不识别长文件名，所以此处的路径必须是 DOS 操作系统的路径名（即目录和文件名 8 字符、后缀名 3 字符的格式），否则编译器将不能识别。建议将整个 cintools 目录复制到一个容易用 DOS 命名方式表达的路径下使用，如 d:\cintools。

（2）使用 Visual C++ 新项目包装 Make 文件。

Make 文件创建后，使用 Visual C++ 打开（注意不要打开工作空间），此时会跳出对话框，询问是否生成新的项目来包装 Make 文件（图 12-9），并要求用户选择 Make 文件支持的平台（图 12-10）。对于多数 CIN 来说，选择 Yes 和 No 按钮即可。

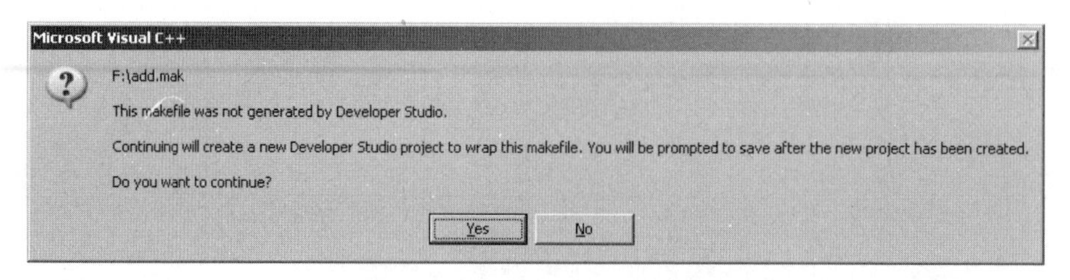

图 12-9 包装 Make 文件的对话框

最后，保存项目并从 Visual C++ 的菜单中选择 Build 菜单项，生成 LabVIEW 支持的 LSB 格式文件。当然，也可以使用 Visual C++ IDE 来生成 LSB 文件，这种方法可以按照下面的步骤来完成。

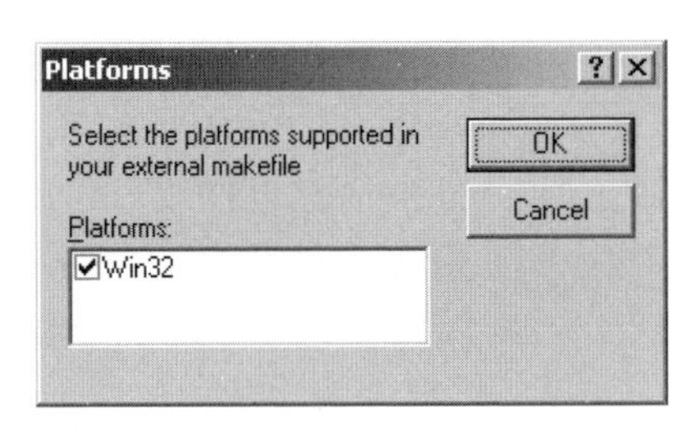

图 12-10 选择 Make 文件支持的平台

（1）创建新的 DLL 项目。

在 Visual C++ 中选择“文件”(File)→“新建”(New)…菜单项，以“Win32 动态链接库）”（Win32 Dynamic-Link Library）作为要创建项目的类型创建项目（图 12-11），随后再选择“空 DLL 项目”（An Empty DLL Project），生成一个 DLL 项目。

（2）为创建的项目添加需要的目标文件和库文件。

选择“项目”（Project）→“添加至项目”（Add To Project）→“文件”（Files）…菜单项，添加 cintools 目录中的下列 4 个文件：cin.obj、labview.lib、lvsb.lib 和 lvsbmain.def 到项目中。

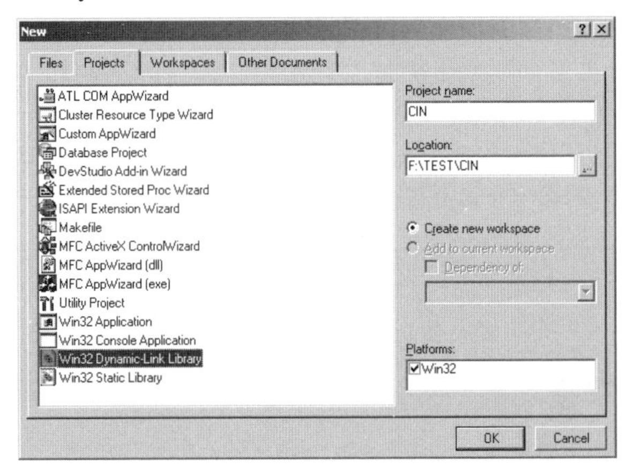

图 12-11 创建 DLL 项目

（3）将 cintools 添加到包含路径。

选择“项目”（Project）→“设置”（Settings）…菜单项，在弹出的 Project Settings 对话框中把“设置项目”（Settings For）下拉列表框切换到“所有设置”（All Configurations），选择选项卡“C/C++”，把“类别”（Category）下拉列表框切换到“处理器”Preprocessor 然后在“其他包含目录”（Additional Include Directories）域中输入 cintools 所在的路径，如图 12-12 所示。

（4）设置结构成员对齐方式。

选择“项目”（Project）→“设置”（Settings）…菜单项，在弹出的 Project Settings 对话框中把“设置项目”（Settings For）下拉列表框切换到“所有设置”（All Configurations），选择选项卡“C/C++”，把“类别”（Category）下拉列表框切换到“代码生成”（Code Generation），从“结构成员对齐方式”（Struct member alignment）下拉列表框中选择 1 Byte，如图 12-13 所示。

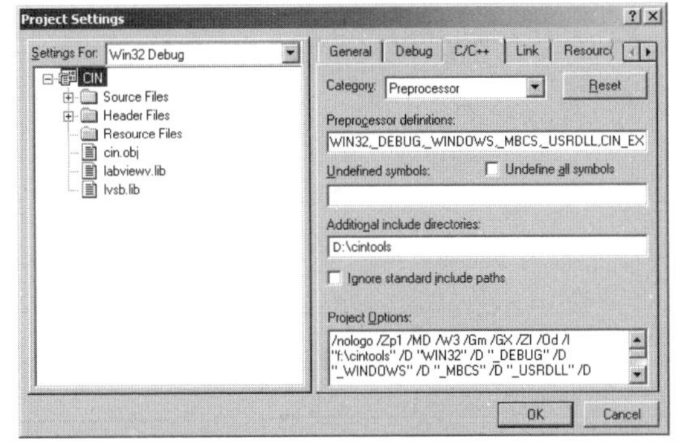

图 12-12 将 cintools 添加到包含路径

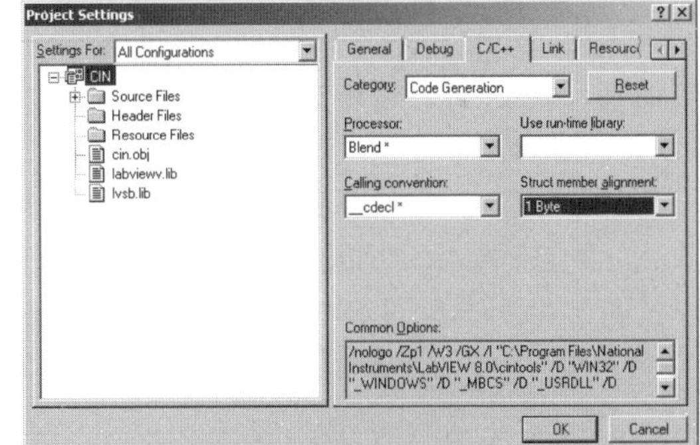

图 12-13 设置结构成员对齐方式

（5）设置运行库以多线程方式运行。

选择“项目”（Project）→“设置”（Settings）…菜单项，在弹出的 Project Settings 对话框中把“设置项目”（Settings For）下拉列表框切换到“所有设置”（All

Configurations），选择选项卡“C/C++”，把“类别”（Category）下拉列表框切换到“代码生成”（Code Generation），从“使用运行库”（Use run-time library）下拉列表框中选择“多线程DLL”（Multithreaded DLL），如图 12-14 所示。

（6）为 lvsbutil 设置 Custom Build 命令。

选择“项目”（Project）→“设置”（Settings）…菜单项，在弹出的 Project Settings 对话框中把“设置项目”（Settings For）下拉列表框切换到“所有设置”（All Configurations），选择选项卡“自定义生成”（Custom Build），在 Commands 域中填写以下内容（其中␣代表空格）：

```
<cintools 目录的路径 >\lvsbutil␣$（TargetName）␣–d␣$（WkspDir）\$（OutDir）
```

例如，D:\cintools\lvsbutil $（TargetName） –d $（WkspDir）\$（OutDir）。

完成 Commands 域的填写后，在 Outputs 域中填写以下内容：

```
$（OutDir）$（TargetName）.lsb
```

为两数求和示例进行的配置如图 12-15 所示。

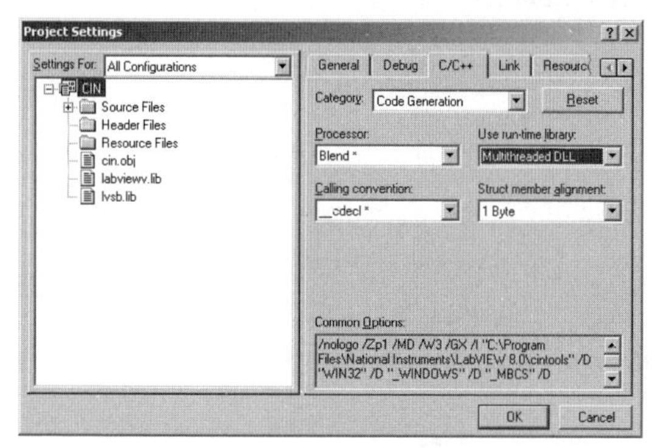

图 12-14　设置运行库以多线程方式运行

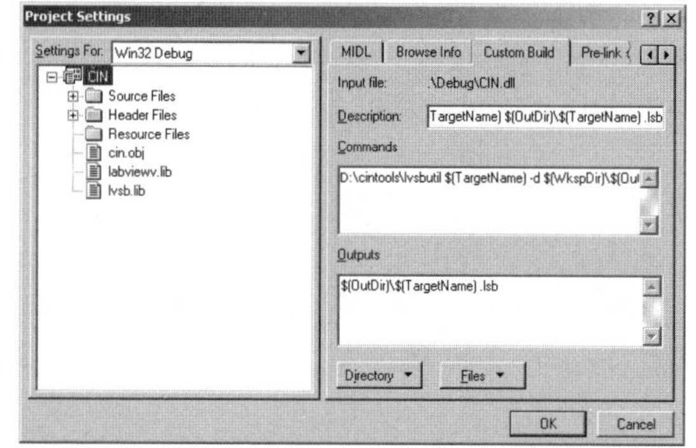

图 12-15　两数求和示例的配置

最后只需将 C 源文件添加入项目中进行编译，成功后即可生成 .lsb 文件。

12.2.4　加载、调试代码

为了在 VI 中调用 CIN，还要完成最后一步加载 CIN 目标代码。可以通过选择 CIN 右键菜单中的“加载代码源”（Load Code Resource）…菜单项来加载相应的 LSB 文件。一旦加载成功，此 VI 就可以脱离源文件单独运行了。如果用户升级了代码，只需要重新加载新的 LSB 文件即可。

编写复杂的 CIN 代码很难一次成功，一般需要反复调试。调试 CIN 可以使用以下两种方法。一种是使用 DbgPrintf 函数显示变量运行时信息；另一种通过配置 Visual C++ 开发环境，以便能在设计时就可以用它对代码调试。DbgPrintf 函数与 SPrintf 函数类似，其函数原型如下：

```
Int32 DbgPrintf（CStr cfmt,…）;
```

在运行时，第一次执行时，会弹出一个窗口显示传递给该函数的值，随后的调用会在窗口中添加新的行。如果传递参数 NULL 给该函数时，窗口会关闭。

若要使用 Visual C++ 调试 CIN，则必须按照下面介绍的方法来执行。

（1）在 CIN 源代码中设置中断。

中断必须在 CIN 被加载进内存后设置。这可以通过在 CINLoad 函数中添加 asm int 3 汇编代码来进行，代码如下：

```
CIN MgErr CINLoad (RsrcFile reserved)
{
    Unused (reserved) ;
    asm int 3;
    return noErr;
}
```

在 Windows 2000/XP 平台上可以使用 DebugBreak() 代替汇编代码行，但是应该包含 windows.h 头文件，代码如下：

```
#include <windows.h>
CIN MgErr CINLoad (RsrcFile reserved)
{
   Unused (reserved) ;
   DebugBreak() ;
return noErr;
}
```

（2）重新创建带有中断的 CIN。

如果用户使用 Make 文件编译项目，只要在 .lvm 文件中添加下面两行代码，然后重新创建项目。

```
...
DEBUG = 1
cinLibraries = Kernel32.lib
...
```

若用户使用 Visual C++ IDE 编译项目，则需要先指定 LabVIEW 为调用所调试 DLL 项目的可执行程序。可以通过下述方法完成：选择“项目”（Project）→“设置”（Settings）…菜单项，在弹出的 Project settings 对话框中把“设置项目”（Settings For）下拉列表框切换到“Win32 Debug”，选择 Debug 选项卡，将类别下拉列表框设置为通用，并在“在调试时可执行”（Executable for debug session）域中输入（或浏览）LabVIEW 可执行文件的路径，然后选择 OK 按钮。其次，还需要配置 Win32 Debug 项。可以通过下述方法完成：选择“生成”（Build）→“设置活动配置”（Set Active Configuration）菜单项，设置 Win32 Debug 项为 Active Configuration，并选择 Win32 Debug，然后单击 OK 按钮，关闭 Set Active Project Configuration 窗口，再重新创建项目即可。

（3）最后，如果用户使用 Make 文件编译项目，正常运行程序，当其运行到中断处时会弹出如下信息：

```
   Click Cancel to launch the debugger, which attaches to LabVIEW,
searches for the DLLs, then asks for the source file of your CIN.
```

此时用户便可以调试源文件了。如果用户使用 Visual C++ IDE 编译项目，则可以在源文件中任意位置设置断点，将项目配置设置为 Debug，然后运行即可调试。

要出色地完成 CIN 开发，除了掌握上述内容外，还有以下几方面的知识点需要了解。

（1）使 LabVIEW 以多线程方式运行 CIN。

如果 LabVIEW 将以多线程方式运行 CIN，则 CIN 节点的颜色为黄色，否则为橙色。为了让 LabVIEW 以多线程方式处理 CIN，用户要在 C 源文件中添加如下函数的原型声明和代码。

```
CIN MgErr CINProperties (int32 prop, void *data) ;
…
CIN MgErr CINProperties (int32 prop, void *data)
{
switch  (prop)
{
case kCINIsReentrant:
* (Bool32 *) data = TRUE;
return noErr;
}
return mgNotSupported;
}
```

（2）使 CIN 为线程安全。

CINProperties 只能保证 LabVIEW 以多线程的方式运行 CIN，至于 CIN 是否能真正保证线程安全，则取决于 C 代码的编写。下面给出一些基本的代码线程安全特点。

- 代码不含有未受保护的全局数据（如全局变量、文件）。
- 代码不访问硬件（即不含有寄存器一级的代码）。
- 代码不调用非线程安全的函数、DLL 或者驱动。
- 代码使用信号量或者互斥量来保护全局量。
- 代码不用 CIN 的现场管理函数访问全局资源等。

（3）LabVIEW 管理函数。

LabVIEW 有一套移植性很好的函数集，可以通过 CIN 调用，其实 LabVIEW 本身就是基于这些函数来实现用户需求的。这些函数包括内存管理、文件管理以及其他的支持函数（如位操作、字节转换等）。用户可以通过调用这些函数开发与平台无关的程序。此外，LabVIEW 的分析函数主要基于 CIN 创建，所以用户可以直接调用这些函数。

除了 CIN 节点，LabVIEW 还提供可以调用动态链接库的 CLN（Call Library Function Node）。相较而言，CLN 比 CIN 具有以下优势。

- DLL 更节省存储空间。

DLL 可以被许多程序同时共用，因此只需保存一份 DLL 文件，而 CIN 则不能被复用，若多个程序使用同一个 CIN，则需将 CIN 复制多份。

- DLL 更容易维护。

当 DLL 内某一函数被修改，若其输入和输出不变，则不必在 LabVIEW 程序中重新链接 DLL，也不必重新编译程序。但若是更改了 CIN 中某一函数，则必须重新编译并链接 CIN。

- 有更多的开发环境支持 DLL。

几乎所有新一代的开发环境都支持 DLL。但 LabVIEW 对 CIN 的构建只支持极少的开发环境。

正因如此，从 LabVIEW 7.x 之后的版本就逐渐淡化了 CIN 的作用，鼓励用户更多地使用 CLN。关于 CLN 的更多技术细节，将在第 13 章详细介绍。

12.3　LabVIEW NXG 中的 C 节点

值得一提的是，LabVIEW NXG 中引入了“C 节点”（C Node）函数，用于调用 C 标准库函数（ANSI C）和 C 分析库函数，来编写和执行 C 程序代码，如图 12-16 所示。C 节点编译器的默认语言支持带有 GNU 扩展（部分 C99）的 C89 规范，即 GNU89，但应注意 LabVIEW NXG 中的 C 节点不支持下列功能：

- 函数定义和声明。
- 第三方库（不支持 #include 指令）。
- 外部变量和静态变量。
- 标准输入。
- 标准输出，cnode_printf 除外。
- 返回语句。
- exit、atexit、abort、signal 和 raise ANSI C 函数。
- 创建线程。

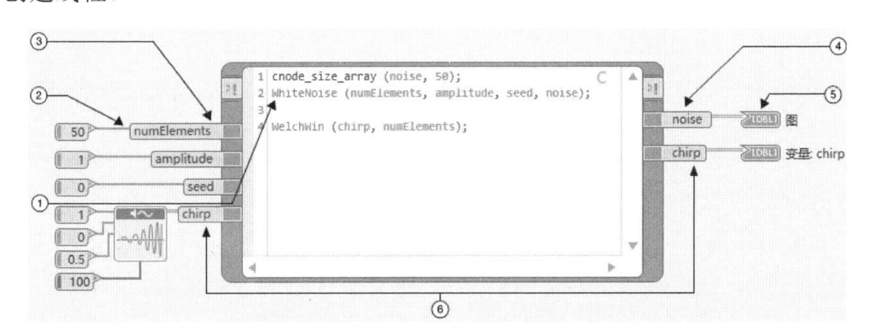

图 12-16　LabVIEW NXG 中的 C 节点

① 函数。输入内置函数的名称。在节点内按 Ctrl+Space 组合键，获取所有可用函数的概述。

② 连线。图形化程序的数据经连线进入输入接线端，并流出 C 节点的输出接线端。

③ 输入接线端/输入接线端的名称。如要在 C 代码中使用图形化程序的数据，右击节点框，在弹出的菜单中选择“新建”→“输入”菜单项，添加输入接线端。然后将输入接线端的名称用作代码的变量。无须在 C 代码中声明该变量。

④ 输出接线端/输出接线端的名称。如要在 C 节点外使用 C 代码的变量值，右击节点框，在弹出的菜单中选择“新建”→“输出”菜单项，添加输出接线端。无须在 C 代码中声明该变量。

⑤ 输出值。C 节点输出的值可用于后续图形化程序。

⑥ 输入/输出接线端。这些接线端作为 C 节点输入和输出的值。如要使用这些接线端，创建输入和输出接线端并对它们使用相同的接线端名称。其他变量情况相同，因此无须在 C 代码中声明变量。

C 节点内的代码可以使用标准 C 数据类型进行开发，但 C 节点对应的输入/输出接线端的变量类型则必须为“有符号或无符号整型”“字符（8 位整数）型”“双精度型”“布尔型”“字符串类型”或任意上述类型的一维数组。若要与字符串、数组或错误处理信息输入/输出接线端进行交互，还需要在 C 节点内部使用表 12-4 所列的函数或宏定义，关联并设置数组或字符串的大小，或对错误进行处理。

表 12-4　C 节点内部函数与宏

函数或宏	说　明
cnode_error_check	检查错误的输入表达的宏。如结果为负，宏将其设置为 C 节点错误并跳转至 Error 标签。必须定义 Error 标签以使用该宏
cnode_error_code	错误输入和错误输出簇接线端中表示错误状态的整型变量。该变量被自动设置为 cnode_error_check 和 cnode_null_check
cnode_error_set	设置 C 节点错误代码和状态的宏。传输第一个参数中的整型错误代码及第二个参数中的布尔错误状态（1 或 0）。非 0 状态指示发生错误，0 指示其他
cnode_error_source	错误输入和错误输出簇接线端中表示错误状态的字符串变量。该变量被自动设置为 cnode_error_check 和 cnode_null_check
cnode_error_status	错误输入和错误输出簇接线端中表示错误状态的布尔变量。变量为 TRUE 时设置错误，变量为 FALSE 时不设置错误。该变量被自动设置为 cnode_error_check 和 cnode_null_check
cnode_get_array_length	返回 array C 节点数组接线端中的元素数量
cnode_null_check	检查输入表示法是否为 NULL（零）的宏。如该表达式为 NULL，则该宏设置 C 节点错误，指示内存分配失败并跳转至 Error 标签。使用该宏必须定义 Error 标签
cnode_printf	打印至输出窗口
cnode_size_array	重新调整 array C 节点数组接线端，以保持 size 个元素数量。如成功，返回非 0 值；如失败，返回 0
cnode_size_string	重新调整 string C 节点字符串接线端，以保持包含中止 NULL 字节的 size 字节。如成功，返回非 0 值；如失败，返回 0

在 C 节点内可以直接使用 C 标准库函数或 C 分析库函数，LabVIEW NXG 的帮助文档中提供了这些函数的详细参考信息。在 C 节点内编写代码时，可以按 Ctrl+Space 组合键，获取所有可用函数的提示信息，在代码编写过程中，也会有函数的提示信息自动出现。

图 12-17 是一个使用 C 节点计算输入的字符串数据和整型数据之和，然后又分别以字符串和整型输出求和结果的实例程序。除错误输入 / 输出参数外，程序中 C 节点分别有两个输入参数和两个输出参数，分别为整型和字符串类型。在 C 节点的代码中，为了能将输出字符串参数 strOut 与代码关联，使用了 cnode_size_string 函数，并声明字符串长度为 12。随后使用了 ANSI C 标准库函数 atoi，先将输入数据字符串参数 strIn 转换为整型，并在与另一个整型输入参数求和后直接赋值给输出参数 intOut。为了能以字符串的形式输出求和结果，代码还调用了 sprintf 函数，将求和结果转换为字符串，存入输出参数 strOut。

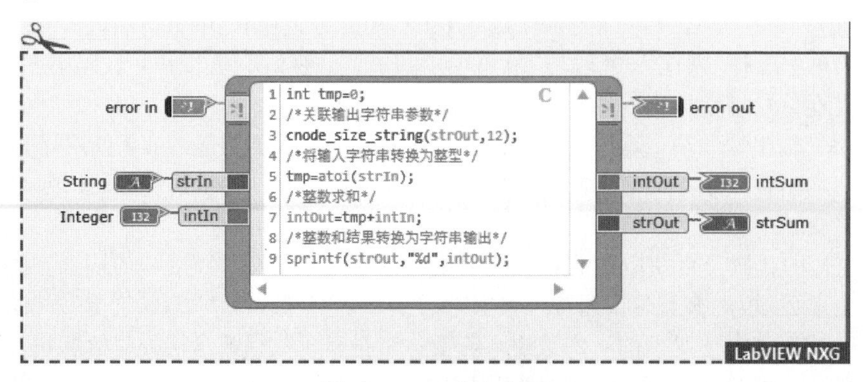

图 12-17　C 节点实例

C 节点中代码运行时与调用它的 LabVIEW 程序处于同一进程。因此，在使用时注意 C 节点中代码的内存管理，避免影响进程的执行。例如，若在代码中分配内存后未及时释放，多次运行程序就会占用大量系统内存，甚至会导致系统崩溃。

12.4 Python 节点

LabVIEW 自 2018 版本开始引入“Python 节点”函数，可用于在 LabVIEW 中直接调用 Python 程序，以实现程序代码的扩展和复用。这些函数位于 Functions → Connectivity → Python 函数选板中（图 12-18），包括 Open Python Session、Python Node 和 Close Python Session 三个函数。

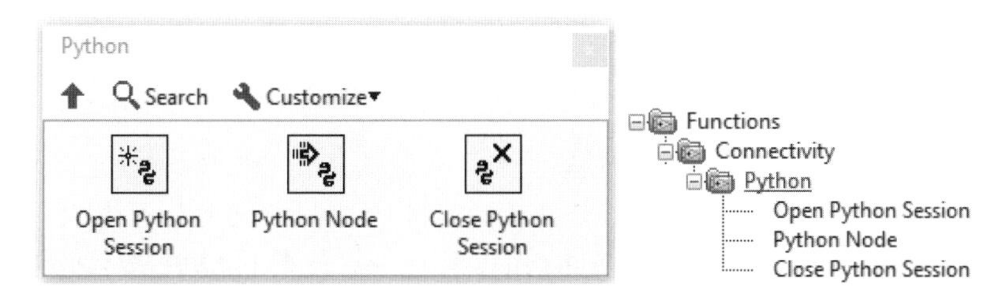

图 12-18 Python 节点函数

Open Python Session 函数用于打开、执行由某一版本 Python 所创建程序的会话。LabVIEW 2020 可支持基于 Python 2.7 和 Python 3.6 打开会话。尽管某些情况下用其他版本的 Python 所创建的代码也能执行，但为安全起见，还是建议使用这两个版本。

一旦建立了 Python 会话，就可以使用 Python Node 函数来直接调用指定路径下 Python 程序文件模块中的函数。Python Node 函数中带有可扩展的输入 / 输出端子，用于配置所调用 Python 函数的输入 / 输出参数。输入 / 输出端子可支持数值、数组（含多维）、字符串、簇和布尔数据类型，并会将它们转换为 Python 程序中对应的数据类型。其中数组会被转换为 Lists 或 NumPy，簇则被转换为 Tuples。当 Python 程序执行完成后，可用 Close Python Session 函数关闭打开的会话。

图 12-19 是一个使用 Python 节点函数调用 Python 程序的实际例子。其中 Python 程序中定义了一个带有成员变量 Value 和成员函数 GetValue 的类。随后又定义了一个 getClassData 函数，用于在其中基于之前定义的类创建一个对象 newClassObject。在创建对象时，基于构造函数对成员变量进行初始化。随后该函数调用类成员函数，返回其值。

在 LabVIEW 程序中，先调用 Open Python Session 函数创建基于 Python 3.6 解释器的会话。然后由 Python Node 函数从保存前述 Python 程序的模块文件 class.py 中，调用函数 getClassData，以获取类成员变量的值。

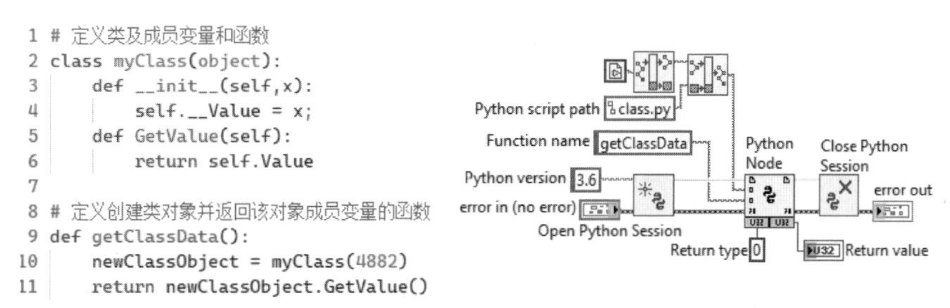

图 12-19 Python 节点实例

注意，在使用Python节点调用脚本时，应确保所使用的Python程序位数与LabVIEW的位数匹配。例如，要在32位的LabVIEW中应使用32位的Python程序；在64位的LabVIEW程序中应使用64位的Python程序。若所使用的Python位数与LabVIEW的位数不一致，会导致带有错误代码1663的错误。

LabVIEW的Python节点直接支持的数据类型有：布尔（Boolean）、数值（Numerics）、一维数组（1D Array）、多维数组、字符串（String）、簇（Cluster）。在调用Python函数时，该节点会将整型、字符串和布尔值转换为Python中对应的数据类型，将簇转换为元组（Tuples），将数组转换为Python的列表类型（List）或NumPy数组类型。默认情况下，Python节点会将数组转换为列表，若要将连接到输入参数的数组转换为NumPy数组，可通过选择节点右键菜单中的“Marshal to NumPy Array”选项来实现。

12.5 以编程方式控制VI

前面两节主要讲解了如何把LabVIEW图形开发方式和传统文本编程方式无缝结合，以扩展LabVIEW代码的能力。除此之外，LabVIEW的VI Server还允许开发人员以编程的方式动态控制VI前面板对象、VI本身和LabVIEW环境，这使得LabVIEW代码的灵活性成倍增长。

VI Server实际上是位于应用程序控制子选板的一套函数集（图12-20），它的操作既可在本地计算机上进行，也可通过网络远程执行。也就是说开发人员既可以连接到本地机器，也可以连接到任何网络机器上对允许访问的VI进行操作。当然，也可以通过配置，使某个新开发的VI为其他网络上的程序提供服务，然后在客户端通过ActiveX技术、TCP协议或者程序框图（VI Scripting）访问这些服务，这也是这套函数被称为VI Server的原因。

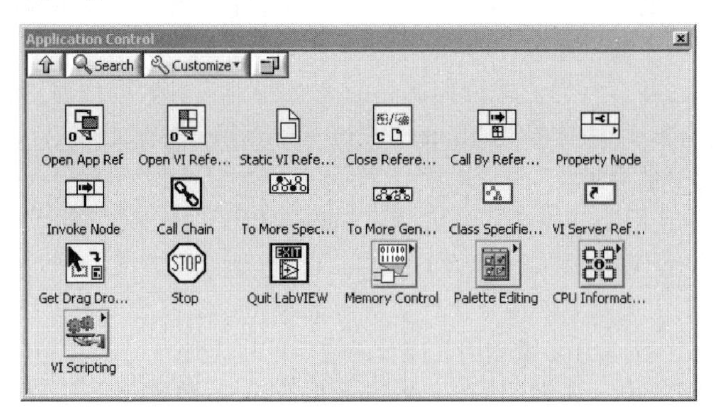

图12-20 支持VI Server的函数集

VI Server通常用于以下场景。

（1）动态访问或控制VI或LabVIEW的属性。

例如，可使用代码代替用户手工操作，动态设定VI窗口的位置，移动前面板的滚动条，显示部分窗口，或以编程方式定制个性化的前面板，并将任何改动保存到磁盘等。另外，如果不想手动打开每个VI修改其属性，且要更新多个VI的属性，也可以使用VI Server技术。

（2）动态调用，降低内存整体开销。

打开一个VI时，无须加载所有的子VI。只有当其他VI需要调用时，再使用代码将所需VI动态加载到内存中。也可以为应用程序创建一个Plugin架构，以便在将应用程序发布给用户之后，还可为该应用程序添加功能。例如，有一套具有相同参数的数据滤波VI。如果将应用程序设计成允许在内嵌目录中动态加载这些VI，应用程序可以仅包含这些VI的部分设置；同时可在内嵌目录中添加新的滤波VI，为用户提供更多的滤波选择。

（3）远程调用VI。

可以将某个LabVIEW应用程序实例配置成具有导出VI功能的服务器，其他LabVIEW应用程序实例可通过网络调用这些VI。例如，支持远程采集和记录数据的数据采集应用程序，可在本地计算机上不定期地对该数据采样。在LabVIEW的选项对话框中或编程配置VI Server后，即可访问这些VI，所以传递最新数据和动态VI调用一样简单。VI服务器可处理网络连接，还可跨平台工作，使客户端和服务器能够在不同平台上运行。

（4）获取系统信息。

在程序中使用代码获取诸如LabVIEW平台环境信息、软件版本号等信息。

客户端可以通过以下三种方法调用服务器端提供的服务。

（1）通过ActiveX调用LabVIEW服务。

LabVIEW为其服务提供了ActiveX接口，在其他编程环境，如Visual Studio、Borland C++中，通过ActiveX调用这些服务。

（2）使用TCP/IP。

可以创建基于TCP/IP的服务器和客户端程序，通过网络使用VI Server。

（3）VI Scripting。

VI Scripting是最常用的一种使用VI Server的方式，通过LabVIEW的属性节点和调用节点在程序中动态控制对象的属性。常用于在运行时控制用户界面或动态加载并运行VI。

下面主要讲解VI Server应用程序开发的关键技术。

12.5.1　VI Server程序

LabVIEW的VI Server应用程序均基于对象或应用程序的引用句柄来完成。引用句柄本质上是指向对象的临时指针，它是对象在程序中的唯一标识。当在程序中创建或打开一个对象时，LabVIEW会为对象创建临时指针，此后，若需要对该对象进行操作，就可使用指针来识别对象。由于引用句柄是一个打开对象的临时指针，因此仅在对象打开期间有效。如果关闭对象，LabVIEW就会将引用句柄与对象分开，引用句柄随即失效。如果再次打开对象，LabVIEW将创建新的引用句柄，并为引用句柄指向的对象分配内存空间，关闭引用句柄，该对象就会从内存中释放。

LabVIEW可以记住每个引用句柄指向的所有信息，如读取或写入对象的当前地址和用户访问情况，因此，可以对单一对象执行并行但相互独立的操作。如一个VI多次打开同一个对象，那么每次的打开操作都将返回一个不同的引用句柄，VI结束运行时，LabVIEW会自动关闭引用句柄。为了能最有效地利用内存空间和其他资源，在程序中不再使用引用句柄时，应当立即将其关闭，不要等到VI结束时由LabVIEW自行处理。

在VI Server程序中，主要通过两类对象的引用句柄调用VI Server的各项功能：应用程序对象引用和VI对象引用。应用程序对象引用可指向一个本地或远程应用程序的实例，可用于获取如LabVIEW工作平台、版本以及内存中所有VI列表等环境信息。还可进行信息设置，如设置可被其他应用程序使用的导出VI列表。因为可一次打开多个应用程序实例，因此，在某个应用程序实例中使用VI服务器的属性和方法，或需要与另一个应用程序实例交互时，都必须使用应用程序对象引用。

VI对象引用句柄指向应用程序实例中的某个VI。创建或打开VI对象引用句柄时，LabVIEW会将该VI加载至内存中，直到关闭引用。通过VI对象引用句柄，可动态更改VI

属性，如前面板窗口的位置等，也可通过编程打印 VI 说明信息，保存 VI 到另一地址，或导出 / 导入字符串，并将其翻译为其他语言。

根据上述引用句柄的特点，不难想到图 12-21 所示的 VI Server 应用程序模式。通常操作的第一步是打开对象，并返回执行对象的引用句柄。可以使用“打开应用程序引用”（Open Application Reference）函数打开本地或远程应用程序实例，或使用“打开 VI 引用”（Open VI Reference）函数获取指向本地或远程 VI 对象引用句柄。随后，只要将引用句柄作为其他 VI 的参数，就可以在这些 VI 中使用“属性节点”（Property Node）和“调用节点”（Invoke Node）设置操控各种对象，或使用“引用节点调用”（Call by Reference Node）函数动态加载 VI。最后，无论是指向应用程序对象引用句柄，还是指向 VI 对象引用句柄，都应在使用完毕后立即使用“关闭引用”（Close Reference）函数关闭，以便从内存中释放为对象分配的空间。

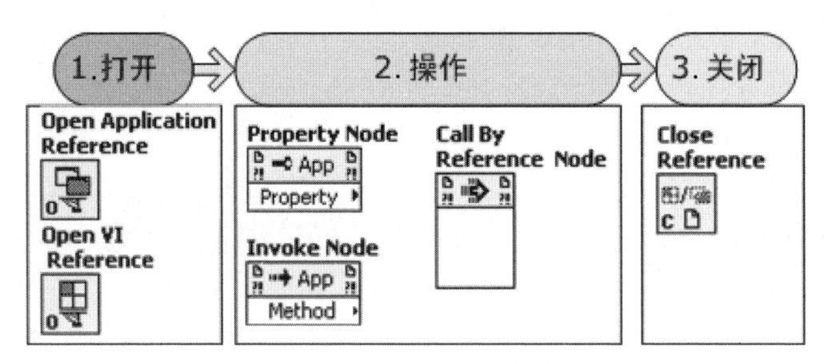

图 12-21　VI Server 应用程序模式

属性（Property）是指对象（如控件、VI 或应用程序等）的特性，它相当于 C++ 类中的数据，有“只读”“只写”或“可读写”几种操作方式。在 LabVIEW 程序中，属性节点右边的箭头表明当前属性可达，左边的箭头表明当前属性可写。对于既可读又可写的属性，右击属性节点中的某个属性，从弹出的菜单中选择“转换为读取”或“转换为写入”菜单项，即可切换其读写方式。

一个属性节点可以包含多个属性项。使用定位工具改变属性节点的大小，即可在当前属性节点中增加新的接线端。包含多个属性项的属性节点按从上到下的顺序执行。默认情况下，如果某个属性节点中某个属性发生错误，LabVIEW 将会忽略其他属性，跳过属性节点的执行。可以右击属性节点，在弹出的菜单中选择“忽略节点内部错误”菜单项，即使节点内有错误发生，LabVIEW 也会执行其他属性项，并返回属性节点内的第一个错误。

属性节点分为显式链接和隐含式链接两种。显式链接需要通过输入到它的引用句柄才能链接至某个对象，而隐含式链接的属性节点无须引用输入端即可和前面板对象连接。通过 VI Server 函数集中的属性节点函数在程序框图上创建的属性节点即为显式链接属性节点，而隐含式链接的属性节点则一般通过右击对象，从弹出的菜单中选择“创建”→“属性节点”菜单项创建。图 12-22 分别显示了包含多个属性项的显式和隐含式链接布尔控件的属性节点。

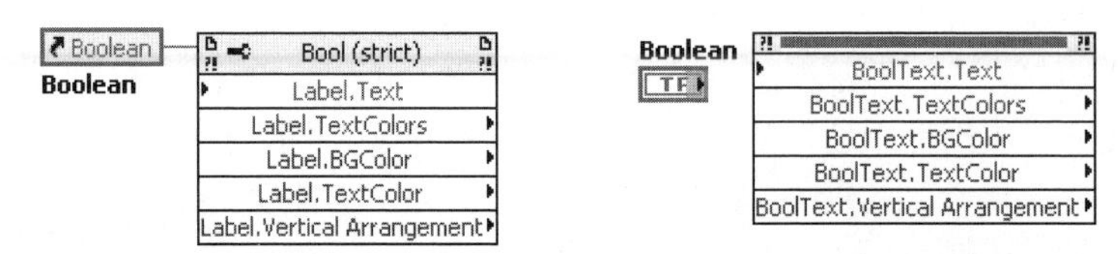

图 12-22　包含多个属性项的显式和隐含式链接布尔控件的属性节点

方法是指在对象上进行的操作，它类似于 C++ 类中的成员函数。开发人员可通过“调用节点”（Invoke Node）函数来使用本地或远程对象的方法。调用节点的第一个参数指明了所调用对象方法的名称，其余参数为调用方法需要的输入参数和方法执行结束后的返回值。与属性节点类似，调用节点也有显式和隐含式之分，但一个调用节点在同一时刻只能执行一个方法。图 12-23 显示了布尔控件 GetImage 方法的显式和隐含式调用节点。

图 12-23 布尔控件 GetImage 方法的显式和隐含式调用节点

除了使用属性节点和调用节点外，还可以使用“引用节点调用”（Call by Reference Node）函数动态加载 VI。动态加载是相对于设计阶段，直接在程序框图上放置子 VI 的静态链接方式而言。与静态链接方式不同，动态加载并不是在程序调用 VI 时加载其中所有子 VI，而是只在打开 VI 引用时，VI 的调用程序才会将其加载至内存中。由于在运行 VI 之前并不需要加载，而且在操作结束后又可将其从内存中释放，因此，采用动态加载 VI 的方式可以节省加载时间和内存。“引用节点调用”需要有一个严格类型 VI 引用句柄存在。这是因为严格类型 VI 引用句柄可识别所需调用 VI 的参数（参见第 9 章）。

下面结合一个实例来说明 VI Server 应用程序的开发模式。假定在一台网络远程机器上分别有一个采集正弦信号的 Acq1.vi 和另一个采集余弦信号的 Acq2.vi，若要根据用户选择在本地通过网络调用这两个 VI，就可以将远程机器设置为服务器，将本地机器作为客户端，使用 VI Server 技术来实现。

首先，需要确保客户端想要调用 VI 时，该 VI 已经被加载至服务器端内存中。图 12-24 显示了服务器端的程序。程序首先使用打开 VI 引用函数将两个在客户端要远程调用的 VI 加载至内存。一旦 VI 加载完成，While 循环就会持续运行，确保 VI 一直保留在服务器的内存中，这样就允许客户端可以在服务器端程序退出之前随时调用 VI 提供的数据采集服务。循环结束后，关闭引用函数会关闭 VI 引用句柄，并将 VI 从内存中释放，此后客户端将不能再获得服务。

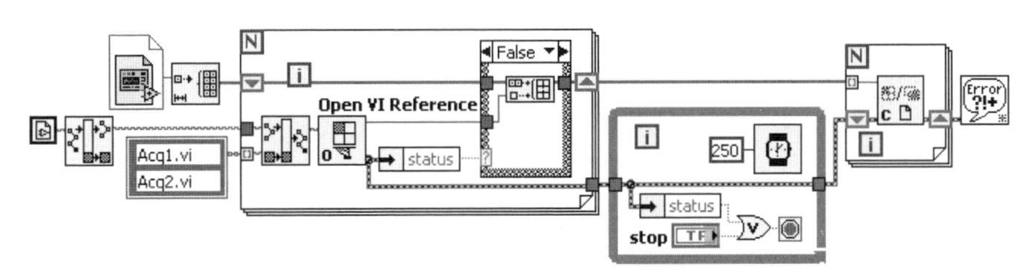

图 12-24 服务器端程序

默认情况下，VI Server 的配置允许在客户端以 ActiveX 方式调用服务，但并不允许以 TCP/IP 协议的方式访问相关服务。但是多数 VI Server 程序是基于 TCP/IP 工作的，因此，通常要先选择“工具”→“ 选项”菜单项，从弹出对话框的“选择列表”中选择“VI 服务器”，选中 TCP/IP 复选框，启用 VI 服务器的 TCP/IP 设置后程序才能正常工作。

其次，客户端要想获得服务器端的服务，必须得到 VI Server 的授权。还要配置“机器访问列表”（Machine Access List）和“导出 VI 列表”（Exported Vis List）选项才能完成授权设置。机器访问列表用于设定网络上哪些机器可以访问服务器端提供的服务，必须以机器的域名或 IP 地址的形式出现。也就是说，即使是在局域网上使用 VI Server，也必须以诸如“ser1.microvt.com”或“10.0.0.4”等形式的字符串来描述机器访问列表中的机器名。VI 访问列表用于指定VI服务器上允许远程客户端访问的VI列表。在本示例中，为了允许远程客户机（IP:10.0.0.4）可以访问服务器端的Acq1.vi和Acq2.vi，就必须在服务器端机器访问列表中添加远端机器名，在导出VI列表中添加两个VI的名字，并设置它们的权限为“允许访问”（Allow access），如图12-25所示。

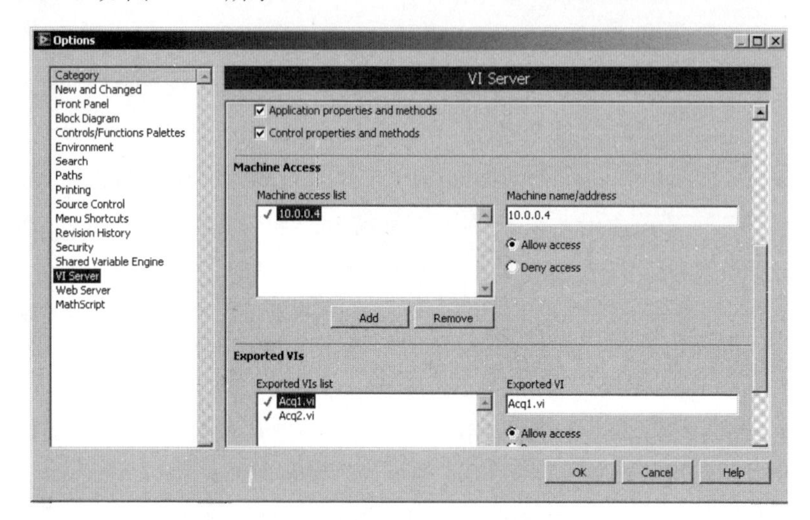

图12-25 在“选项”对话框中设置VI Server

除了在VI的“选项”对话框中对客户端进行授权设置外，还可以直接在程序中通过代码完成VI Server的设置。使用代码对客户端进行授权设置时，涉及以下服务器端的参数。

（1）TCP/IP访问列表。

“TCP/IP访问列表”（TCP/IP Access List）说明了可访问VI服务器的远程客户端TCP/IP地址，相当于“选项”对话框设置方法中的“机器访问”列表。可在地址字符串之前使用“+”和“-”分别表示允许访问和拒绝访问，并可以使用*作为通配符。例如，字符串“+*.site.com，-private.site.com”表示允许访问site.com域中除了private.site.com以外的所有主机。

（2）VI访问列表。

“VI访问列表”（VI Access List）说明了VI服务器中允许被远程客户端访问的VI，也可以使用“+”和“-”表示允许访问和拒绝访问。

（3）端口。

端口（Port）用于获取或设置VI Server的端口。

（4）TCP监听器激活。

TCP监听器激活（TCP Listener Active）指定用于VI服务器的TCP接口当前是否接受连接。

（5）记录启用。

记录启用（Logging Enabled）参数指定用于VI服务器的TCP接口是否将操作记录至文件。

（6）服务名。

服务名（Service Name）参数获取或设置用于LabVIEW VI服务器的服务名称。

图12-26显示了在服务器端代码中对客户端进行访问授权的设置情况，基于图12-20中的代码，并在其基础上增加了授权部分代码。程序首先使用应用程序属性节点保存服务器端原有的参数，以便退出程序前可以恢复至服务器的初始状态。随后，程序设置LocalDomain域中的所有机器可以通过端口3363访问服务器端的Acq1.vi和Acq2.vi两个VI。需要注意的是，必须激活TCP监听器，服务器端才能接收客户端的连接。

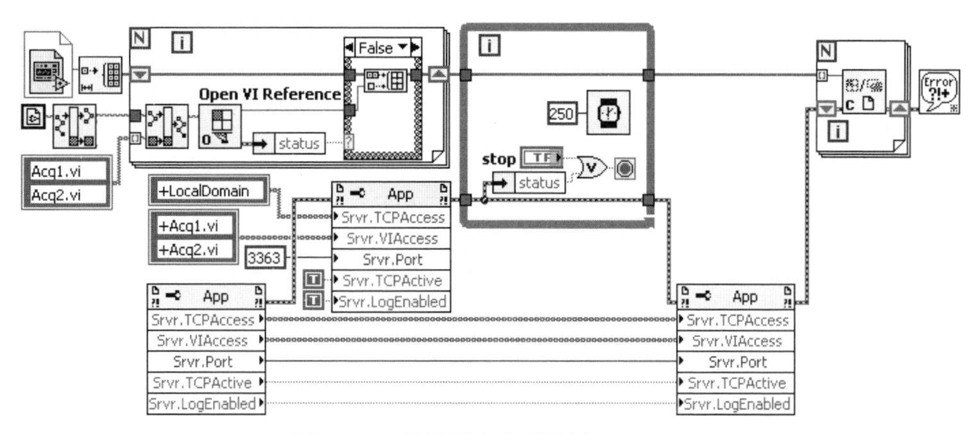

图 12-26 使用程序代码设置 VI Server

完成服务器端程序和授权设置后，就可以在客户端访问 VI Server 提供的服务了。所谓服务，其实就是被加载至服务器端内存中的 VI。虽然 VI 服务器在操作远程对象时，通过网络传送操作命令和执行结果，但从应用层来看，用户并不会体会到这种方式带来的差异，对用户来说，打开和操作远程对象的引用句柄与打开本地对象的引用句柄操作类似。

图 12-27 显示了在客户端远程调用 VI 的情况。程序先使用“打开 VI 引用”函数获取应用程序句柄。由于没有指定远程服务器的机器名，函数默认返回本机上 VI Server 应用程序的句柄。允许服务器程序和客户端程序在一台机器上运行。参考返回的应用程序句柄，可以使用 Exported VI List 属性参数获得在 VI Server 上被导出的可用的 VI 列表。For 循环中的“打开 VI 引用”函数会逐一按照列表中的名称获取 VI 引用句柄，并在组合成数组后传递至 While 循环中。While 循环中的代码会根据用户选择的 Enum 值索引相应的 VI 句柄，并动态调用该句柄指向的 VI，把执行结果绘制到 Chart 中，直到退出循环为止。由于涉及动态调用，因此所有可被动态调用的 VI 均应有相同的参数，而且在打开 VI 引用时使用了“严格类型控件引用句柄”。

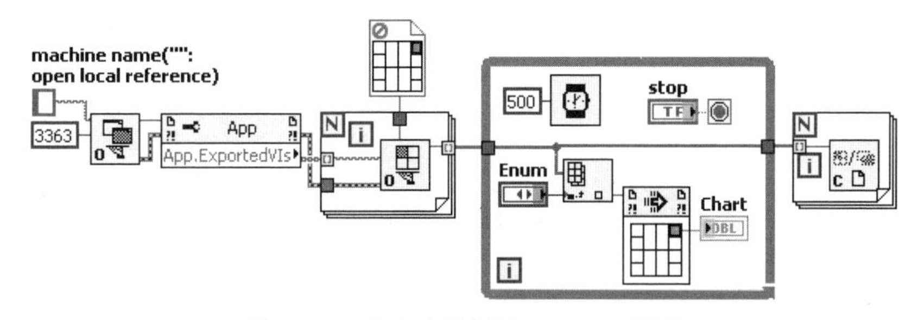

图 12-27 在客户端调用 VI Server 服务

LabVIEW 的 VI Server 功能极大地增强了程序设计的灵活性。使设计人员在运行时可以使用代码动态控制程序的运行，而不必在设计阶段进行所有配置。事实上，某些程序功能也只能在程序运行时使用代码来动态实现，如根据用户选择动态加载不同 VI 等。

12.5.2 VI Scripting

VI Scripting 是 VI Server 技术的一部分，它允许开发人员以编程的方式生成 LabVIEW 代码。运行时，VI Scripting 的指令会经过 VI Server 解释后传给 LabVIEW 执行。用户可以使用 VIScripting 选板上的函数和相关的属性、方法，通过程序动态创建、编辑和运行 VI。通过这种技术，不仅允许程序在运行时通过代码生成新的 VI，还可以极大地减少开发人员的重复工作。例如，在创建多个类似 VI、对齐和布置多个控件并显示或隐藏控件标签时，都能高效地完成任务。

VI Scripting 在 LabVIEW 6.0 以后的版本中被引入，但无论在哪个版本中，使用之前都需先进行激活。在安装了 LabVIEW 2010 版本后，默认情况下 VI Scripting 函数就已经被安装在机器中，只要选择"工具"→"选项"菜单项，并从弹出对话框中选中"显示 VI Scripting 函数，属性和方法节点"复选框即可激活（图 12-28）。

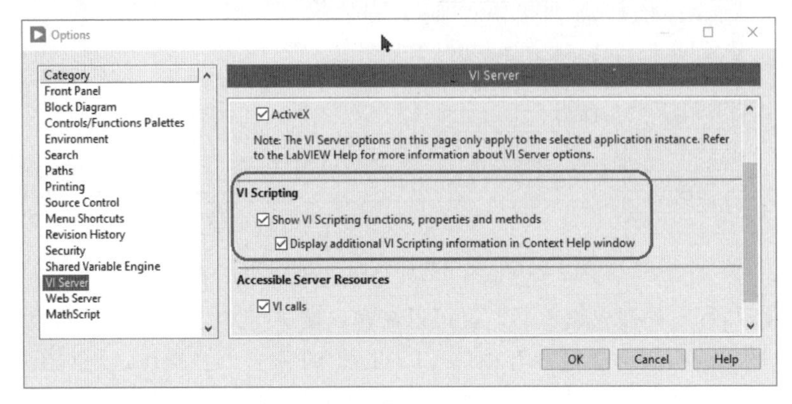

图 12-28 激活 LabVIEW 2010 的 VI Scripting 功能

对于 LabVIEW 2010 之前的版本，要激活 VI Scripting 功能，必须先单独安装相应的安装包，读者可以登录 http://decibel.ni.com/content/groups/labview-apis 下载。然后可以按照下面的步骤激活 VI Scripting 功能。

（1）打开 NI 证书管理器（NI License Manager）。

（2）展开本地授权（Local Licenses），并从 LabVIEW 的 Toolkit 项中找到 Scripting Development。

（3）从 Scripting Development 项的右键菜单中选择"激活"（Active）菜单项，打开 NI 激活向导。

（4）在确保网络畅通的情况下，选择自动激活即可。若需要序列号，填写 L12S86758 即可。

激活 VI Scripting 后，在函数选板中会出现相应的函数集合，如图 12-29 所示。这些函数可以与应用程序控制选板上的 VI 和函数配合使用，以创建 VI 脚本应用程序。

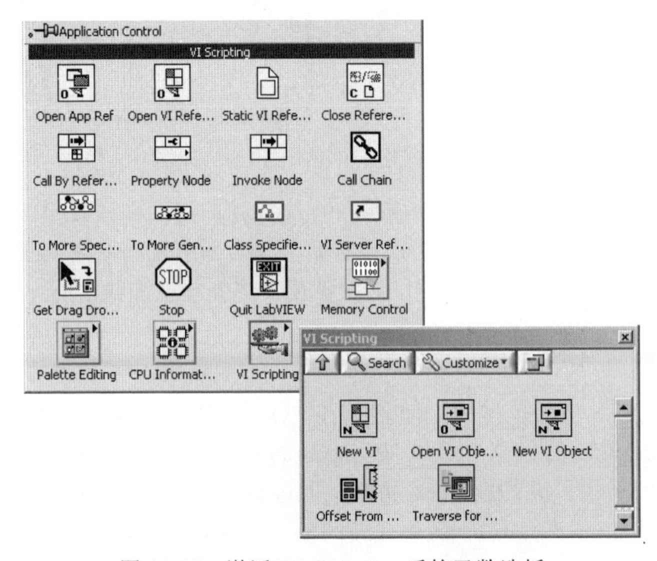

图 12-29 激活 VI Scripting 后的函数选板

对于每个 VI Scripting 应用程序，必须先获取要创建或修改的对象的引用句柄。获取对象引用最常见的方法是先获取包含该对象的 VI 的引用。可新建一个 VI，然后使用“新建 VI”函数获取 VI 引用，或使用“打开 VI 引用”函数获取对现有 VI 的引用。获取 VI 引用后，可将 VI Scripting 选板上的 VI 和函数与应用程序控制选板上的 VI 和函数配合使用，对 VI 前面板和程序框图对象或者对象特定部分的属性或方法进行操作。几乎 LabVIEW 的每个功能都有对应的 VI Scripting 属性和方法，因此可以在 LabVIEW 的运行时期，通过代码实现任何设计时想实现的功能。

图 12-30 的程序片段显示了使用 VI Scripting 函数获取 VI 引用，然后获取 VI 程序框图对象引用的方法。程序首先获取 VI 引用，并将其传递给“遍历图形对象”（Traverse for GObject）函数，该函数根据指定的类返回 VI 中所有该类对象的引用句柄。随后在 For 循环中，逐一转换对象句柄的类型为控件接线端类型，并使用属性节点修改标签的可见性为真。由此可见，只使用一个程序就可以完成所有 VI 中对象标签可见性的设置，减少了大量的重复工作。

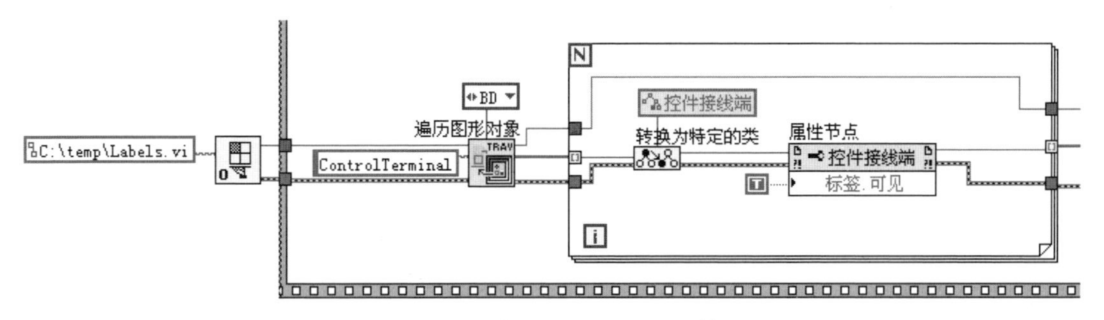

图 12-30 使用 VI Scripting 函数

VI Scripting 最振奋人心的功能在于其支持对象的动态创建，这允许开发人员在程序运行过程中动态改变用户界面或自动生成新程序代码并执行。

图 12-31 中的例子显示了如何使用代码新创建一个 VI，并先在其前面板上添加一个簇，再向簇中放置一个数值控件按钮。在使用代码创建 VI 对象时，可以在“新建 VI 对象”函数中指明新创建 VI 的父对象（Owner），这样就可以将新建的对象放置在指定的父对象当中。另外，还要注意工作完成后关闭打开的对象和 VI 的引用句柄，以释放资源。

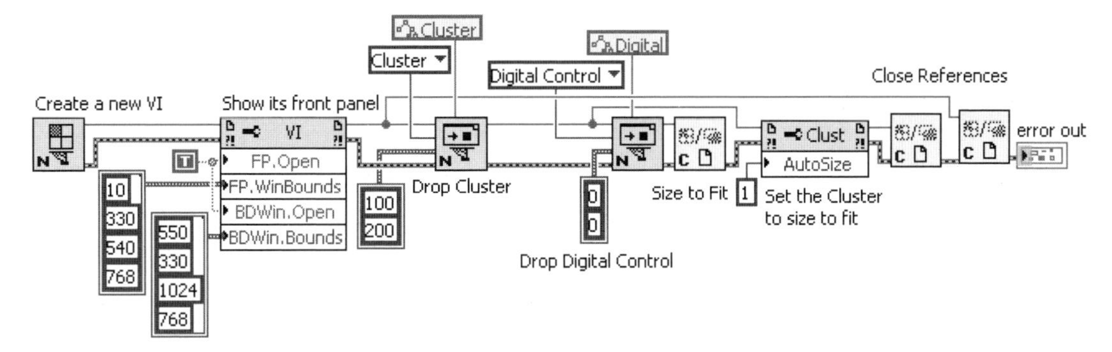

图 12-31 使用代码创建 VI，并在前面板上添加按钮

也可以使用类似的方法创建程序框图对象。图 12-32 显示了使用代码在程序框图上放置 For 循环后，在其中添加加法运算符，并将两个常量连接至加法运算输入端的例子。

程序一开始先使用“创建新 VI”函数生成一个新 VI，并通过设置属性节点打开该 VI 的前、后面板。在打开的后面板上，程序先放置一个 While 循环，紧接着以 While 循环为父对象，在其中添加一个常量和一个加法函数。在 VI 的前面板上，程序创建了一个数值控件，并设置其值为7。数值被设置为4的常量和数值控件的“接线端引用句柄”(Terminal)被传送给“连线”(Connect Wire)方法进行连线。该方法的“连线源”参数指明了控件和常量应连接的目的地，“连线指标”(Wiring Specs)用于说明常量与加法函数用 x 还是 y 参数连接。在进行说明时应注意参考加法函数的参数名。最终生成的程序如图 12-33 所示。作为练习，读者可以在程序的基础上为加法运算添加输出端，为 For 循环添加结束按钮。

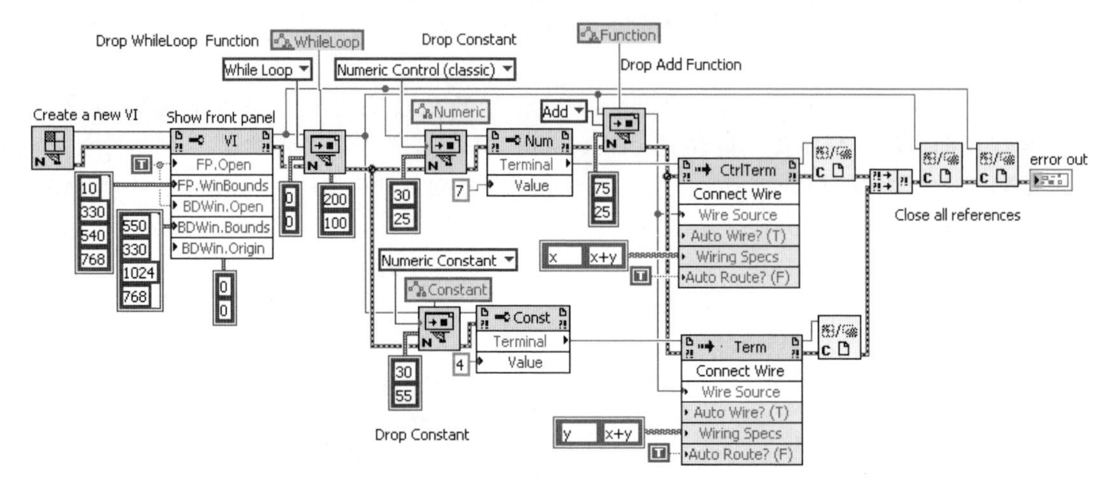

图 12-32 使用代码创建 VI，并添加后面板元素

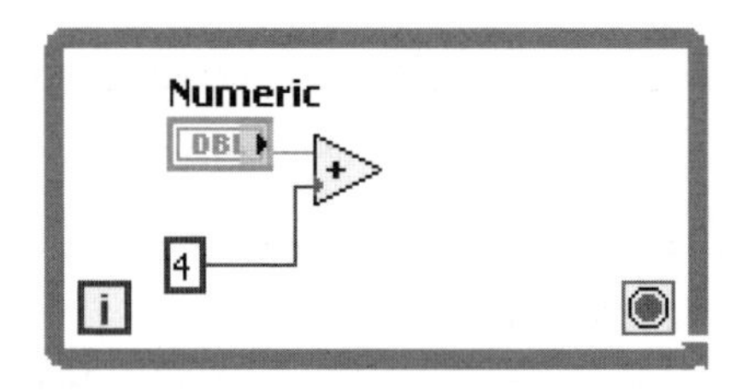

图 12-33 自动生成的程序框图

看完以上例子，读者可能会觉得使用 VI Scripting 创建程序代码并不方便，那为什么还要使用呢？其实正如前面所述，VI Scripting 的优势在于其动态控制程序的能力，而且在同时操作多个 VI 或多个控件属性时，可以有效减少重复工作。

12.6 本章小结

本章主要介绍了在 LabVIEW 中扩展程序代码的方法。不仅可以将传统文本格式的代码集成到 LabVIEW 中，还可以通过 VI Server 增强程序的动态控制能力。

在集成文本代码方面，公式节点、表达式节点和脚本节点不仅可以对复杂数学运算的烦琐程序框图进行简化，还可以在第三方程序环境中运行调试脚本，再将脚本导入 LabVIEW。这意味着可以在 LabVIEW 图形化编程的基础上增加文本化编程方式，并把第三方软件的强大分析计算无缝结合进来。事实上，这几种简化数学运算节点的主要用途正是在于复用在其他以文本方式编程的分析工具中创建的代码，如 MATLAB 等。

另一种集成文本代码的方法是 CIN。如果使用文本编程工具进行开发相对容易，或不得不使用文本工具开发某个算法时，则可考虑先在文本编程工具中编写算法，调试完成后再使用 CIN 将其集成到 LabVIEW 程序中，以提高开发效率。由于 LabVIEW 项目执行外部代码时，执行的线程会被独占，因此，开发人员在将外部代码集成到项目中时，一定要考虑代码完成任务的执行时间。

除了以上方法外，也可以使用 ActiveX、.Net 和 DLL 集成文本格式的代码，这些方法将在第 13 章进行讨论。

VI Server 允许开发人员以编程的方式控制 VI 前面板对象、VI 本身和 LabVIEW 环境，这使得开发人员不仅可以在设计时通过绘制框图控制程序，还可以在程序运行时动态控制程序运行。VI Server 实际上是位于应用程序控制子选板的一套函数集，它的操作既可在本地计算机上进行，也可通过网络远程执行。VI Server 应用程序均基于对象或应用程序的引用句柄来完成，只要将引用句柄作为其他 VI 的参数，就可以在这些 VI 中使用属性节点和调用节点设置操控各种对象，或使用引用节点调用函数动态加载 VI。

VI Scripting 是 VI Server 技术的一部分，它允许开发人员以编程的方式生成 LabVIEW 代码，在程序动态控制、同时操作多个 VI 或多个控件属性时尤为有用。

第13章 代码复用

避免从头编写新的代码而重复使用之前的成熟代码是软件项目开发过程中重要的技术之一。在理想情况下，一个新的项目可通过组合已有的、可复用的组件来完成，这样不仅可以降低成本，增加代码的可靠性，还可以降低开发难度，提高代码的一致性。

在一个软件的生命周期中，开发人员应尽量将时间花在对代码进行维护、修改和测试以及编写开发文档方面，而不是耗费在编码上。在项目开发时，一定要时刻记得自己的目标是按时完成项目的各项需求，而不是进行基础研究工作。从这个角度来说，在编写商业应用时，应该尽量复用已有的代码，而不是为一个新任务编写一个和原来代码区别不大的新代码。如果市场上已经有能够满足需求的软件，购买软件要比从头开发一个等价产品更能降低项目成本。

如果一个模块代码已经被使用过，则可以认为是已经通过测试的。因此使用现有的成熟代码通常要比新开发的代码更可靠。另外，在开发时，编写一段能够和系统其他部分接口和风格保持一致的代码往往要花很大力气，而如果重复使用运行在系统其他部分的代码，一致性就不成问题。除了这些优点外，重复使用代码还有利于节省时间，缩短项目工期。

在 LabVIEW 中进行代码复用的手段很多，表 13-1 显示了一些主要方法。在之前的章节中，已经讲解过 XControl、MathScript、CIN、Python 节点、C 节点以及面向对象的类方法，这一章主要讲解另外三种代码复用技术。

表 13-1 LabVIEW 中主要的代码复用方法

复用方法	说明
用户代码库	将已经验证的 LabVIEW 代码按功能收集在一起，供以后开发同类项目时使用
XControl	将内聚性高的部分代码连同界面打包成 XControl 控件，开发时可将其当作相对独立的组件用于项目中
MathScript	可复用在第三方文本编程环境（如 MATLAB）中编写的脚本，或调用之前已经测试的复杂数学运算脚本
CIN	可复用在第三方 C 语言编程环境（如 Visual C++）中编写的文本代码
Python 节点	调用 Python 代码
C 节点	调用 C 标准库函数或 C 分析库函数（仅适用于 LabVIEW NXG）
调用 DLL	可复用在其文本编程环境中创建的动态链接库 DLL
ActiveX 和 .NET	可复用在其文本编程环境中创建的 ActiveX 或 .NET 组件
面向对象的类	将数据和对数据的操作封装成模块，项目开发时直接将其集成至项目即可

13.1 OpenG 和 MGI 代码库

在工作过程中，开发人员可以将经过验证、通用性较强的模块收集起来构成自己的开发库。或者采用开源的 labVIEW 开发库或第三方的商业库函数，以加快项目进度。

在 10.1 节中曾介绍过 LabVIEW 文件系统，以及在 LabVIEW 控件或函数选板中添加自定义函数或控件的方法。开发人员可以在重新安装 LabVIEW 后，按照介绍的方法将自己收集的开发库添加到函数选板中，以增强 LabVIEW 的能力。这些库通常都是开发人员或团队多年行业开发经验的总结。

当然也可以使用开源的 labVIEW 开发库或第三方的商业库函数，下面介绍几个常用的开源 LabVIEW 开发库。

开源软件（Open Source Software）通常在开源软件协议约束下发布，以保障软件用户自由使用及接触源代码的权利。这同时也保障了用户自行修改、复制以及再分发的权利。常见的开源软件协议有“BSD 许可协议”（Berkeley Software Distribution License）和“GNU 通用公共许可协议”（GNU General Public License，简称 GNU GPL 或 GPL）。

GPL 许可协议授予接受人自行修改、复制以及再分发源代码的权利，但要求使用源代码的新作品也受 GPL 的约束，必须进行开源，这种机制被称为 Copyleft（相对于 Copyright）。换句话说，如果使用开源代码的新产品却不开源，就要受到 GPL 的相关条款约束。源代码拥有者可以采取法律手段，要求侵权者支付高达几十倍的罚金。当然，如果想使用源代码却不想自己的新产品开源，则可以按照 GPL 协议规定，预先支付部分费用给源代码拥有者。这种方式不仅可以保护开发人员的权利，还允许使用源代码的任何开发人员修复软件中的 Bug，并在开源社区内最大限度地共享技术经验，提高所有从业人员的工作效率。

与 GPL 许可协议相比，BSD 许可协议相对较为宽松。只要遵守 BSD 许可协议（一般是保留源码的版权说明等），则允许源代码用作商业用途，甚至新开发的软件可以变成专有软件，不公开源码。事实上，BSD 许可协议被认为介于 Copyright 与 GPL 的 Copyleft 之间，因此也被称为 Copycenter。

OpenG 是由 JKI（http://jki.net）的领导者 Jim Kring 创建的 LabVIEW 开发环境下的开源软件开发包，它遵循 BSD 许可协议进行发布。因此使用该工具包开发的新作品，只要保留原有 VI 的版权声明等，开发人员可以不公开源码。所有 OpenG 库中的函数几乎都是基于 LabVIEW 内置函数开发或通过 CIN 或 DLL 调用实现的。

可以登录 http://www.openg.org，或者从随书附赠的资料包中获得 OpenG 库。在安装 OpenG 时需要通过 JKI 的 VIPM 工具（VI Package Manager）来完成。VIPM 是由 OpenG 组织开发的 VI 安装包管理器，用于管理 OpenG 设计的 VI，使用 VIPM 安装 OpenG 开发库的步骤如下。

（1）从 http://jki.net/vipm 下载 VIPM 工具的安装包并安装。

（2）安装完成打开 VIPM，单击工具栏上的版本输入框，输入当前 LabVIEW 的版本，以及 VIPM 和 LabVIEW 的通信端口，以便正确安装 OpenG 开发库。

（3） 连接至网络后，先用 VIPM 连接至服务器检查可用的 VI 安装包，随后下载这些 VI，并选择右键菜单中的安装选项，即可安装这些 VI。

VIPM 一般将 VI 打包成后缀名为 .ogp、.vip 或 .vipc 的安装包文件，因此也可以打开单个安装包文件，完成对应 VI 的安装。默认情况下，VIPM 通过网络下载的安装包会存放在目录 C:\Documents and Settings\All Users\Application Data\JKI\VIPM\cache 下，如果不希望每次从服务器上下载最新版的开源 VI，则可以复制这些安装包单独保存。

图 13-1 显示了使用 VIPM 安装 OpenG 函数库的情况。安装成功后，打开 LabVIEW 就可以在其函数选板上找到 OpenG 函数集，如图 13-2 所示。OpenG 函数库设计的初衷是对 LabVIEW 内置函数库进行扩展。浏览函数选板不难发现，OpenG 函数库的组织方式尽量向 LabVIEW 内置函数库的组织方式靠拢，这些函数要么是对 LabVIEW 的内置函数进行封装，以增强函数功能或错误捕获能力，要么是一些 LabVIEW 内置函数库中不提供，但在开发时却比较常用的函数。

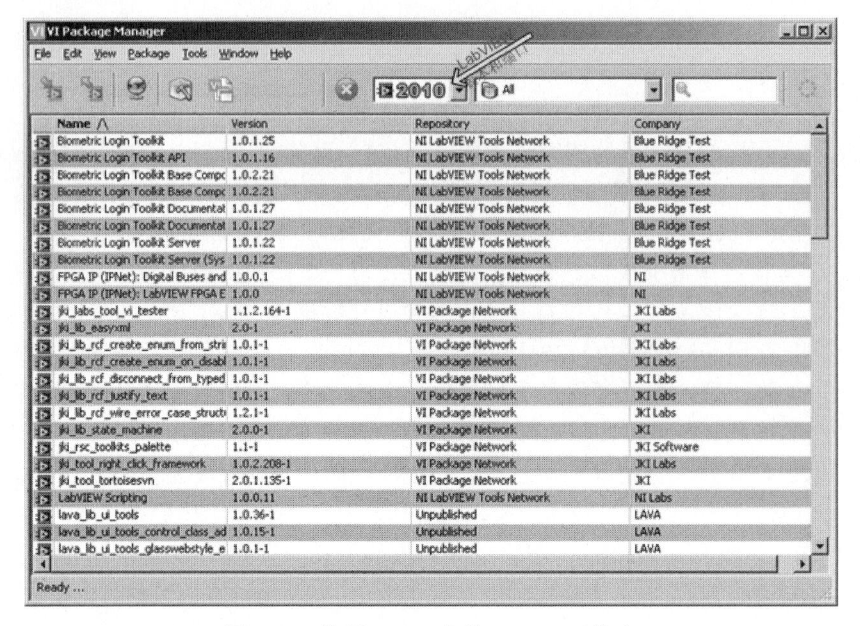

图 13-1　使用 VIPM 安装 OpenG 函数库

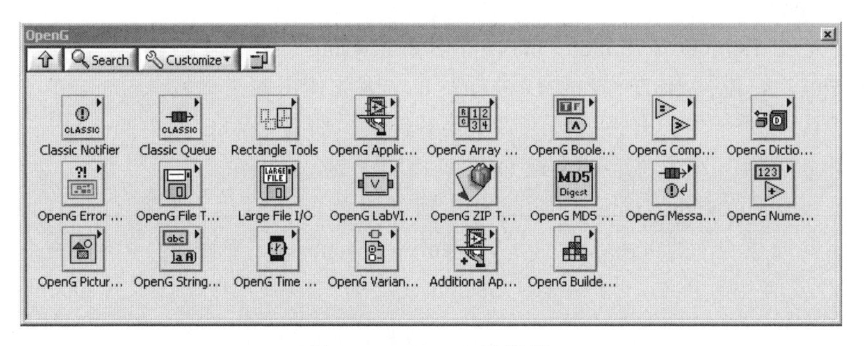

图 13-2　OpenG 函数库

一个典型的例子是 OpenG 中的 Wait 函数，它通过对 LabVIEW 的内置 Wait 函数进行封装，使函数具备错误捕获能力，使用更灵活。函数的程序如图 13-3 所示。默认情况下，如果有错误传递到该函数，则函数并不会进行等待，除非函数的布尔参数 Wait On Error 被设置为 TRUE。还可以通过参数 milliseconds to wait 指定错误时等待的时长。

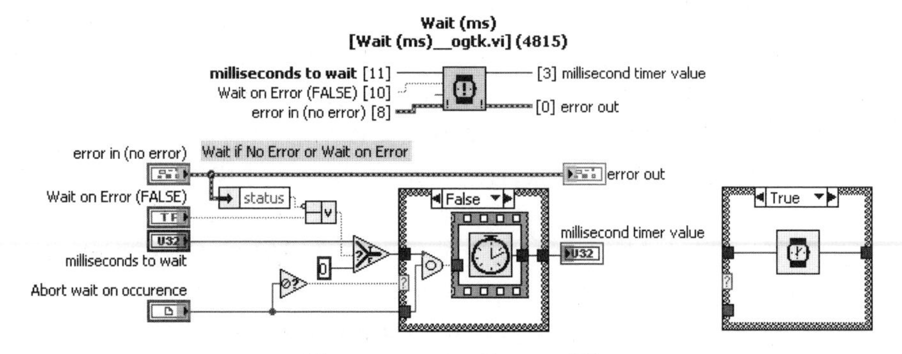

图 13-3　OpenG 的 Wait 函数

除了类似 Wait 的功能增强型函数外，大多数 OpenG 的函数都可以被看作 LabVIEW 内置函数的补充。例如，OpenG 就在 LabVIEW 内置数组操作函数库的基础上增加了一维数组过滤、删除冗余元素以及二维数组操作函数等（图 13-4）。类似的还有数值操作、布尔操作、字符串操作、文件操作、大型文件操作、数据压缩等函数集合。此外，OpenG 还提供用于数据加密解密的 MD5 算法等 LabVIEW 没有的函数集合。关于这些函数的使用，可以参考在线帮助。

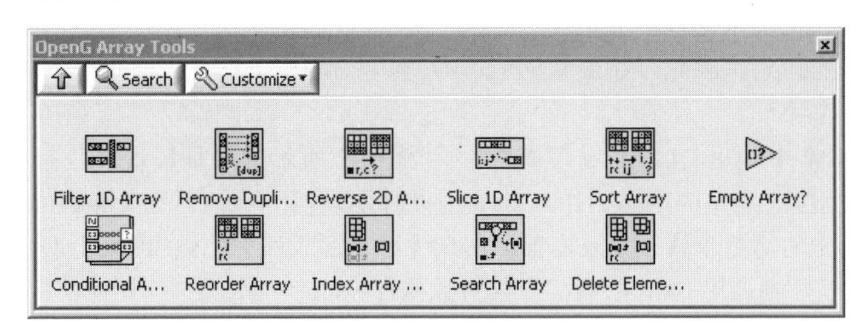

图 13-4 OpenG 的数组操作函数库

另一款非常好的免费开发库是 Moore Good Ideas，它是由 INC 提供的 MGI 开发库。与 OpenG 类似，MGI 开发库的源码也完全开放，而且不受 BSD 以及 GPL 许可协议的约束，开发人员可以完全自由地用于任何目的。MGI 库的安装包保存为 VIPM 支持的安装包类型，因此如果需要安装 MGI 安装包，也需要先安装 VIPM。读者可以从 http://www.mooregoodideas.com 或随书附赠资料包中获得 MGI 安装包。

安装完 MGI 库后，即可以在 LabVIEW 函数选板上找到 MGI 函数集，如图 13-5 所示。它所包含的 VI 作用大致与 OpenG 相同，都是对 LabVIEW 内置函数集进行扩充，只是实现的方式和功能不同而已。读者可以参考其在线帮助文档选择使用。

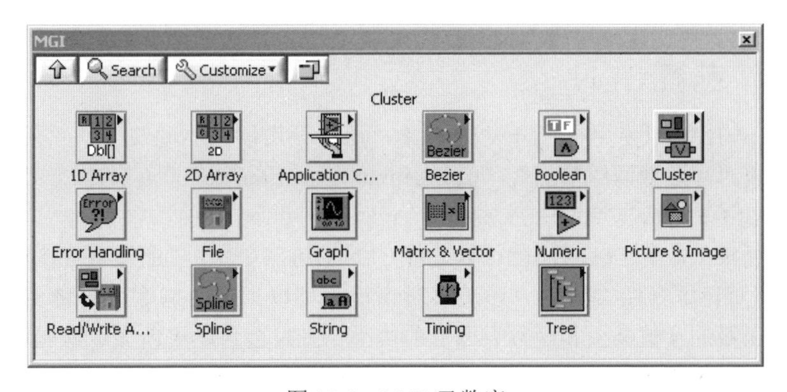

图 13-5 MGI 函数库

13.2 调用 DLL

动态链接库（Dynamic Link Library，DLL）是包含可被多个程序同时使用的代码和数据的库，程序可以在运行时根据需要，动态调用这些不属于其可执行代码部分的外部代码或数据。在程序设计时，一般将相对独立的组件打包为 DLL，以获取更高的运行效率和可维护性。

动态链接库的模块化和动态加载特性，使得使用它的软件项目不仅易于管理和维护，而且节省内存。由于很多开发工具都可以开发和调用 DLL，因此还可以通过 DLL 在不同平台和开发工具之间共享资源和代码，提高代码的复用效率。例如，在一个开发小组中，可能一部分开发人员使用 LabVIEW 进行开发，另一部分使用 C++、Java 或 Python 进行开发。若要共同完成一个项目，则可以按照功能模块进行分工，将不同模块打包为 DLL，并最终在某个工具中集成即可。如果之前已经有相应的DLL，也可直接拿来使用。

LabVIEW也可以像其他开发工具一样调用DLL，这使得开发人员可以复用文本编程工具创建的代码，并把它们与LabVIEW图形代码无缝结合，快速构建应用。前面曾讲解过调用文本代码的CIN技术，事实上相对于CIN技术，NI更推荐用户使用DLL来共享基于文本编程语言开发的代码。因此，在最新的LabVIEW版本中，CIN已经被隐藏，需要额外的步骤激活后才能使用。

在LabVIEW中调用DLL一般可以汇总为表13-2所示的几种情况，包括调用操作系统API、调用用户自己开发的动态链接库和调用硬件驱动等。应注意在LabVIEW中调用DLL执行时，DLL中的函数未执行完成之前，用户无法中断VI的执行。因此若DLL中封装的函数执行时间较长，则调用DLL的线程在其函数执行完成前，不能执行其他任务。

表13-2 在LabVIEW中调用DLL的情况

使用场景	说明
调用操作系统API	Windows API以DLL形式存放，可以直接调用这些操作系统提供的函数
调用自己开发的DLL	该方法可以通过以下步骤实现： （1）在LabVIEW中定义DLL原型。 （2）生成C或C++文件，完成实现函数功能的代码，并为函数添加DLL导出声明。 （3）通过外部IDE（如Visual C++）创建DLL项目，并编译生成.dll文件。 （4）在LabVIEW项目中调用DLL中的函数
调用硬件驱动DLL	硬件供应商一般会提供对硬件进行操作或管理的函数或驱动，这些服务硬件的函数以DLL形式保存，可以直接调用

13.2.1 配置CLN

无论在LabVIEW中使用自己开发的DLL，还是调用硬件驱动或操作系统提供的API，都需要通过配置“库函数调用节点”（Call Library Function Node，CLN）来完成。函数选板中的CLN如图13-6所示。

在程序后面板上放置CLN后，就可以选择CLN右键菜单中的“配置(Configure…)”选项，打开CLN配置对话框（图13-7）。通过该对话框，可以指定动态库存放路径、调用的函数名以及传递给函数的参数类型和函数返回值的类型。CLN会自动更新显示来展示用户的配置。在调用DLL的CLN配置完后，只要所调用的函数原型（Function Prototype）接口不变，开发人员就可以随意更新DLL内部的代码，而不影响LabVIEW程序的执行。

CLN配置对话框中的“函数”(Function)选项卡用来对所调用的函数进行最基本的配置。其中“库名称或路径”（Library Name or Path）输入框中可以指定要调用函数所在DLL文件的路径。通过此处指明的DLL将会被静态加载到程序中，也就是说，当调用了这个DLL的VI被装入内存时，DLL也会同时被装入内存。如果所调用的DLL存放在Windows的系统路径，则直接输入文件名即可，否则需要指明完整的路径。如果选择了Specify path on diagram，则Library name or path中的输入就变为无效。取而代之的是CLN多出的一对输入/输出，用于指明需要使用的DLL路径。这样当VI被打开时，DLL不会被装入内存，只有当程序运行到需要使用DLL中的函数时，才被动态装入内存。

“线程”（Thread）组合框可以指定所调用DLL的运行范围。默认情况下，LabVIEW以Run in UI thread的方式调用DLL，调用的函数会从其所在线程切换至用户界面线程中运行。另一种方式允许所调用函数“在任何线程中运行”（Run in any thread），这时调用的函数将在当前VI所在的线程中被调用执行。当然，此时需要确保函数可以同时被多个线程调用。注意，若在 UI 线程中执行由 Specify path on diagram 方式指定的 LabVIEW 所构建的共享库，将会导致 LabVIEW 程序执行被挂起。换句话说，所有对 LabVIEW 构建的共享库的调用，都应采用“在任何线程中运行”（Run in any thread）方式。

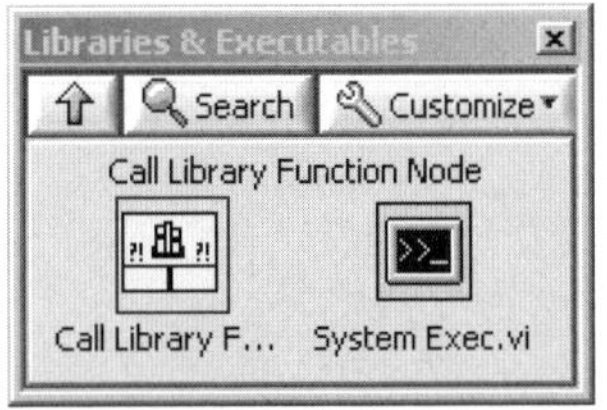

图 13-6　函数选板中的 CLN

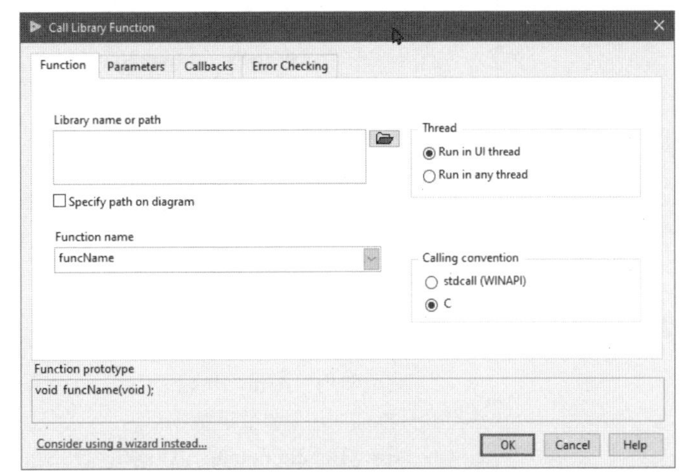

图 13-7　CLN 配置对话框

“函数名”（Function Name）输入框用于输入要调用函数的名称。

函数选项卡中的“调用方式”（Call conventions）组合框用来指定以何种方式调用 DLL 中的函数。可以指定调用方式为“C 方式”（默认方式，函数声明中包括 __cdecl 关键字）或 Windows 标准调用方式 stdcall（又称为 Pascal 或 WinAPI 方式）。二者之间的区别在于，使用 C 方式时，由调用者清理堆栈，使用 stdcall 时，由被调用者负责清理堆栈。通常情况下，标准 C 的库函数大多使用 C 方式调用，而 stdcall 常作为调用 Windows API 或硬件驱动 API 的方式（函数声明中包含 __stdcall 关键字）。调用方式的设置极为重要，调用方式设置错误时，可能会引起 LabVIEW 崩溃。所以若 LabVIEW 调用 DLL 函数时出现异常，一般首先要检查该设置是否正确。

“参数”（Parameter）选项卡用来指定调用函数的输入参数类型和返回值的类型（图 13-8）。默认情况下 CLN 没有输入参数，而且只有一个 void 类型的返回参数。该参数由 CLN 第一对连接点的右端返回，代表 CLN 执行结果。如果返回参数的类型是 void 类型，则 CLN 连接点为未启用状态（保持为灰色）。CLN 的每一对连接点代表一个输入或输出参数，若要传递参数给 CLN，则将参数连接至相应连接点的左端，若要读取返回值，则将相应连接点的右端连接到显示控件。

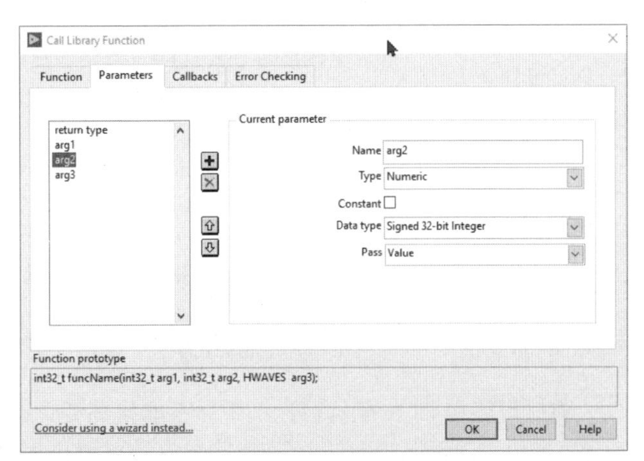

图 13-8　CLN 的参数配置选项卡

可以在参数选项卡中添加、删除或编辑所调用 DLL 中函数的输入参数类型。每添加一个参数，都可以在列表框右侧对其数据类型、传递方式（使用 Pass 列表框选择传递值还是传递指针）等进行详细配置。表 13-3 列出了可以设定的输入参数类型及其详细数据类型信息。

表 13-3 CLN 输入参数的类型

参数类型	说 明
Numeric	包括以下几种数据类型： （1）8、16、32 和 64 位带符号和无符号整型（Signed or Unsigned Integer）。 （2）4 字节单精度类型（4-byte Single）。 （3）8 字节双精度类型（8-byte Double）。 （4）和指针大小相同的带符号整型（Signed Pointer-sized Integer）。 （5）和指针大小相同的无符号整型（Unsigned Pointer-sized Integer）。 其中最后两项可容纳由 void* 指针转换而来的整型数据，通常用于地址比较等
Array	Array 型参数的数据类型同 Numeric 型参数的数据类型。 通过 Dimensions 指定数组的维数。 Array Format 有以下几种选项： （1）Array Data Pointer：指向数组数据的指针。 （2）数组句柄（Array Handle）：一个指向特殊指针的指针，其中所指向的特殊指针又指向“4 字节数组数据”。 （3）Array Handle Pointer：指向数组句柄的指针
String	用 String Format 下拉列表框选择字符串类型： （1）C String Pointer：以空字符 Null 结束的字符串，多数 Win32 API 使用这种字符串类型的指针。 （2）Pascal String Pointer：指向字符串的指针，指针前会附一字节说明长度。 （3）字符串句柄（String Handle）：指向字符串指针的指针（pointer to a pointer to the string），指针前会附 4 字节来提供长度信息。 （4）String Handle Pointer：指向字符串句柄的指针（pointer to a pointer to the string），指针前会附 4 字节来提供长度信息。 多数标准库使用 C String 或 Pascal String，若库函数是专门为 LabVIEW 写的，则通常使用 String Handle
Waveform	Waveform 类型的参数默认类型为 8-byte Double，因此一般没有必要为其指定数据类型。但是必须为其指定维数，如果参数为单独的 Waveform，则指定 Dimensions 为 0，如果参数为 Waveform 数组，则指定 Dimensions 为 1。 注意，LabVIEW 不支持超过 1 维的 Waveform 数组
Digital Waveform	如果参数为 Digital Waveform 数组，则指定 Dimensions 为 1, 否则为 0。 注意，LabVIEW 不支持超过 1 维的 Waveform 数组
Digital Data	如果参数为 Digital Data 数组，则指定 Dimensions 为 1, 否则为 0。 注意，LabVIEW 不支持超过 1 维的 Digital Data 数组
ActiveX	Data Type 下拉列表框中有以下选择： （1）ActiveX Variant Pointer：传递一个指向 ActiveX 数据的指针。 （2）IDispatch* Pointer：传递一个指向 ActiveX 自动化服务器 IDispatch 接口的指针。 （3）IUnknown Pointer：传递一个指向 ActiveX 自动化服务器 IUnknown 接口的指针
Adapt to Type	用来传递 LabVIEW 独有的数据类型给 DLL

有时可能在 CLN 配置对话框中并不能找到要传递给它的参数类型，在这种情况下可以通过下面的方法来解决。如果参数不含指针，则可以通过 Flatten to String 函数将参数转换为字符串，并将此字符串指针传递给函数。其他技巧请参见 LabVIEW 使用手册。

CLN 返回参数的类型可以是 Void、Numeric 或 String 三种类型。只能为返回参数指定 Void 类型，不能指定输入参数为 Void 类型。调用的函数没有返回值时，指定 CLN 的返回参数类型为 Void 类型。即使参数有确定类型的返回值，也可以指定 CLN 的返回类型为 Void，但是此时函数的返回值将被忽略。

如果调用的函数返回值并不是以上三种类型，则可以使用与以上三种类型中有相同大小的一个来代替。例如，若调用的函数返回一个 Char 类型数据，则可以用一个“8-bit Unsigned Integer”的数值类型来代替。此外，由于 LabVIEW 中没有指针，因此调用 DLL 中的返回指针的函数似乎不可能。但是可以设定返回值类型为一个与指针有相同大小的 Integer 类型，LabVIEW 将把地址当作整型值来看待，用户可以在以后的调用中直接使用。表 13-4 列出了常用 C 语言数据类型与 LabVIEW 数据类型的映射关系。

表 13-4 常用 C 语言数据类型与 LabVIEW 数据类型对应表

C 数据类型	LabVIEW 数据类型	C 数据类型	LabVIEW 数据类型	C 数据类型	LabVIEW 数据类型
BOOL	I32	cmplxExt	CXT	int	I32
BOOLEAN	U8	CStr	abc	long	I32
BYTE	U8	float32	SGL	short	I16
CHAR	abc	float64	DBL	unsigned char	abc
COLORREF	U32	floatExt	EXT	unsigned int	U32
DWORD	U32	int8	I8	LVBoolean	TF
FLOAT	SGL	int16	I16	uInt8	U8
HWND	U32	int32	I32	uInt16	U16
INT	I32	LStrHandle	abc	uInt32	U32
LONG	I32	UCHAR	abc	1-D Array	[ ]
SHORT	I16	UINT	U32	2-D Array	[ ]
SIZE_T	U32	ULONG	U32	3-D Array	[ ]
SSIZE_T	I32	USHORT	U16	1-D Array Handle	[ ]
unsigned long	U32	WORD	U16	2-D Array Handle	[ ]
unsigned short	U16	char	abc	3-D Array Handle	[ ]
cmplx64	CSG	double	DBL	自定义类型	
cmplx128	CDB	float	SGL		

在创建参数时，开发人员可以参考表 13-3 对所调用函数进行配置，配置结果将实时显示在“函数原型”（Function Prototype）文本框中，以便检查设定是否正确。

“回调”（Callback）页（图 13-9）用于为 DLL 设置一些回调函数。如果为 Reserve 项选择了一个回调函数，那么当一个新的线程开始调用这个 DLL 时，就会首先调用该回调函数。类似地，若为 Unreserve 项选择了一个回调函数，则在线程结束时，会先去调用 Unreserve 中指定的回调函数。可以使用这些回调函数在特定的情形下完成线程中数据的初始化、现场清理等工作。Abort 中指定的函数会在 VI 非正常结束时被调用，比如按 Abort 按钮让 VI 非正常停止等。通常这几个回调函数必须由 DLL 的开发者按照特定的格式实现，函数原型会在

Prototype for these procedures 显示框中列出。如果使用的 DLL 并不是专为 LabVIEW 设计的，一般不用考虑这些回调函数。

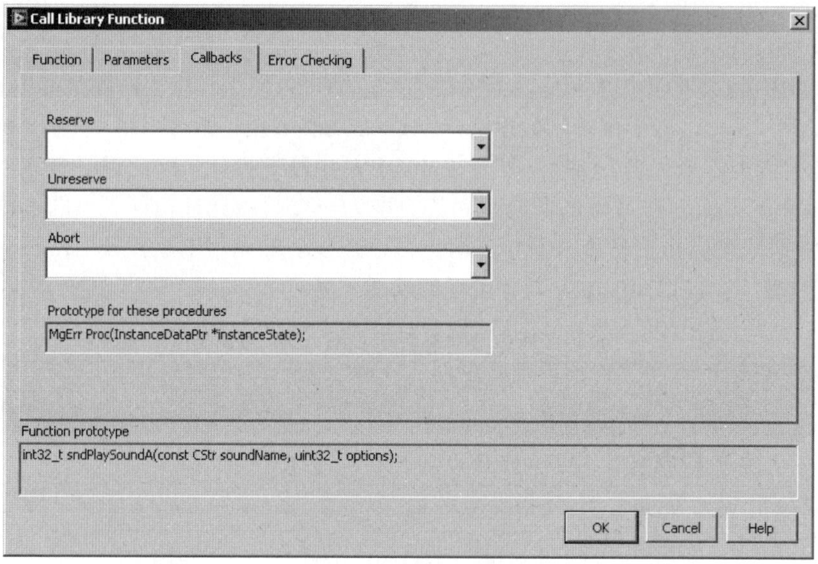

图 13-9　Callback 配置页

配置完成的 CLN 在执行时并非为“异步”执行方式。也就是说，一旦 CLN 开始运行，调用它的 VI 并不能直接中断其执行，而是必须等到其执行结束，才能重新拿到执行权。因此，在使用 CLN 调用 DLL 时，应注意尽量避免在 DLL 中执行耗时较长的操作，以提高程序的响应速度。

13.2.2　调用自己开发的 DLL

在大型项目开发过程中，通常会把功能相同或相近的函数封装成 DLL，并最终将这些 DLL 集成为完整的应用。这种方式不仅有利于代码的维护，还有助于提高代码的复用率。这主要涉及 DLL 自身的开发和 DLL 中函数的调用两方面。

要开发在 LabVIEW 中使用的 DLL，最常用的方法是先通过 LabVIEW 创建 DLL 框架，然后在外部 IDE 中完成代码编码，并编译生成供项目使用的 DLL。下面就以一个数组求和程序为例讲解这种开发方法。

通过 LabVIEW 创建 DLL 框架，可以确保 DLL 中函数被顺利调用。这是因为通过这种方式创建的框架，可以事先使用 LabVIEW 已知的数据类型声明 DLL 中函数的参数类型。下面以对一个数组元素求和为例，讲解创建并调用 DLL 的过程。DLL 的编译配置，以 Visual Studio 2019 为例进行说明。

（1）完成 CLN 基本配置。

在 LabVIEW 的 Diagram 面板上添加一个 CLN，并通过其右键菜单打开 CLN 的配置对话框。使函数选项卡中的 Library Name or Path 输入框为空，并指定函数名 Function Name 和调用方式 Calling Conventions，分别为 arraySum 和 C。线程设为用户界面线程 Run In UI Thread。

（2）配置 CLN 参数。

切换至“参数”选项卡，重命名返回参数的名称为 error，并指定其类型为 Numeric 的 Signed 32-bit Integer。然后添加第一个输入参数 ptr，指定其类型为 Array 的 4-byte Single，并设定 Array Format 为 Array Data Pointer。数组为一维数组，并且对最小数值未作限制。继续添加第二个输入参数 Size，指定其类型为 Numeric 的 Signed 32-bit Integer，并设置参数传递方式为 Value。最后添加第三个输入参数 Sum，指定其类型为 Numeric 的 4-byte Single，并设置参数传递方式为 Pointer to Value。完成后的配置对话框如图 13-10 所示。此时如果返回程序后面板，会发现 CLN 变为 。

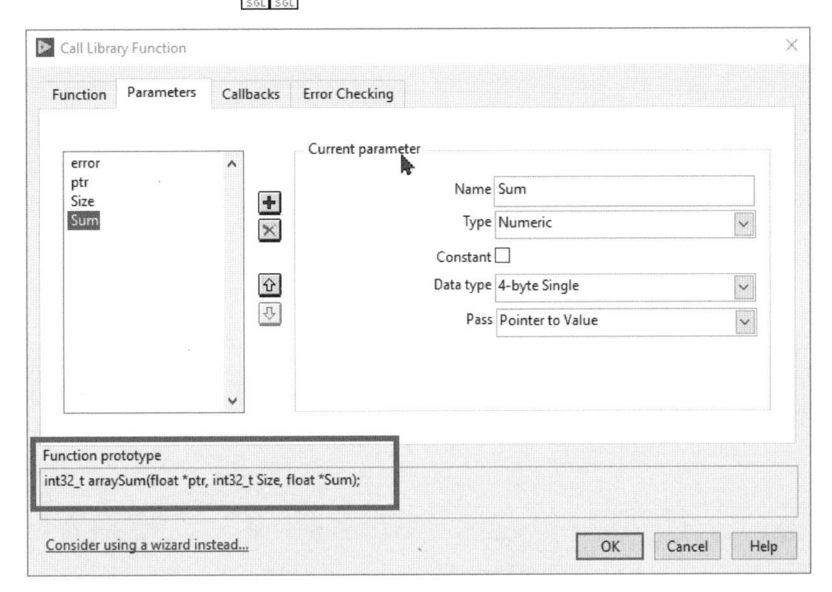

图 13-10 CLN 的配置结果

（3）生成 .c 文件。

在 CLN 上通过右键菜单选择“Create .c File…”生成 mydll.c 文件。打开生成的 mydll.c 文件，其中由 LabVIEW 自动生成的内容如下：

```
/* Call Library source file */
#include"extcode.h"

int32_t arraySum (float ptr[], int32_t Size, float *Sum) ;
int32_t arraySum (float ptr[], int32_t Size, float *Sum)
{
        /* Insert code here */
}
```

（4）函数导出声明和编译器对 C++ 命名的修饰问题。

若此时使用 Visual Studio 将 LabVIEW 生成的代码进行编译，可生成包含 arraySum 函数的动态链接库文件 mydll.dll。但是由于代码中的函数声明并未要求编译器导出函数，因此，LabVIEW 作为外部程序还不能访问 DLL 的内部函数。为了能导出 DLL 的内部函数，便于 LabVIEW 从外部进行访问，需要使用 `declspec (dllexport)` 对函数声明和定义进行标记。

此外，为了能正常导出函数，还需要解决编译器对 C++ 命名的修饰问题。Visual Studio 在对 C++ 文件进行编译时，通常会在输出的代码中对函数名做适当修改（如增加一些特殊字符等），以实现多态函数，或便于后续处理。这就导致使用 Visual Studio 将生成的 mydll.c

文件当作 C++ 文件编译时，外部程序无法定位 DLL 内部函数的问题。为解决此问题，可以在函数声明时添加 `extern "C"` 标记，阻止编译器对函数名进行修改。对函数做导出标记，并阻止编译器对函数名装饰的代码如下：

```
/* Call Library source file */
#include"extcode.h"

extern"C"_declspec (dllexport) int32_t arraySum(float ptr[], int32_t Size, float *Sum);
_declspec (dllexport) int32_t arraySum(float ptr[], int32_t Size, float *Sum)
{
  /* Insert code here */
}
```

另一种从导出 DLL 中导出函数的方法是在 .def 文件中声明要导出的函数。.def 文件是一个链接器，用于判定导出量的文本文件，其文件名应和项目名称相同，格式如下（下画线部分应按实际情况替换）：

```
LIBRARY<Name of DLL>
DESCRIPTION"<Description>"
EXPORTS
<First export>@1
<Second export> @2
<Third export>@3
...
```

对于本实例来说，定义的 myDll.def 文件内容如下：

```
LIBRARY         myDll
DESCRIPTION     "CLN DLL Example"
EXPORTS
arraySum        @1
```

.def 文件一般放在项目文件夹内，链接器在链接时会自动在项目文件夹内搜索与项目名称相同的 .def 文件完成链接过程。如果要更改 .def 文件的保存路径，可以在项目属性对话框中选择 Linker → Module Definition File，然后指定 .def 文件的路径，如 /DEF: d:\DLL\myDll.def。

（5）添加函数实现代码并指定函数调用方式。

至此要导出的函数框架已经基本搭建完成，接下来可以在函数中 `/*Insert code here*/` 注释后添加实现函数功能的代码。默认情况下，DLL 中被导出的函数会被外部程序以 C 方式 __cdecl 调用，也可以在项目属性对话框中的 C/C++ → Advanced 选项下将导出函数的调用方式更改为标准的 __stdcall 调用方式。当然，也可以在程序代码中使用 __cdecl 或 __stdcall 标记对导出函数进行约束。本例中采用 C 方式导出 DLL 中的函数，最终代码如下：

```
/* Call Library source file */
#include"extcode.h"

extern"C" __declspec(dllexport) int32_t __cdecl arraySum(float
ptr[], int32_t Size, float* Sum);

__declspec(dllexport) int32_t __cdecl arraySum(float ptr[],
int32_t Size, float* Sum)
{
  /* Insert code here */
  int i;
  float tmpSum = 0;
  if(ptr != NULL)
  {
        for(i = 0; i < Size; i++)
              tmpSum = tmpSum + ptr[i];
  }
  else
        return(1);
  *Sum = tmpSum;
  return(0);
}
```

（6）在 Visual Studio 中创建 DLL 项目，并配置、编译生成 DLL 库文件。

以 Visual C++ 2019 为例，首先需要创建一个新的 DLL 项目，若在 DLL 中没有使用 MFC，则选择创建 Dynamic-Link Library（DLL），否则选择 Windows Desktop Wizard，对此例来说选择前者，如图 13-11 所示。选定后进入下一步填写项目名称和保存路径，然后完成一个空的 DLL 项目创建。创建的空 DLL 项目中会包含一个 dllmain.cpp 文件，其中包含每个 DLL 必需的 DllMain 函数。DllMain 函数代码如下，它是 DLL 的入口，通常情况下无须对其中的代码进行改动。

```
BOOL APIENTRY DllMain( HMODULE hModule,
                       DWORD  ul_reason_for_call,
                       LPVOID lpReserved
                     )
{
    switch(ul_reason_for_call)
    {
    case DLL_PROCESS_ATTACH:
       // Initialize once for each new process.
       // Return FALSE if fail DLL load.
        break;
```

```
        case DLL_THREAD_ATTACH:
            // Thread-specific initialization.
            break;
        case DLL_THREAD_DETACH:
            // Thread-specificcleanup.
            break;
        case DLL_PROCESS_DETACH:
            // Perform any necessary cleanup.
            break;
        }
        return TRUE;
    }
```

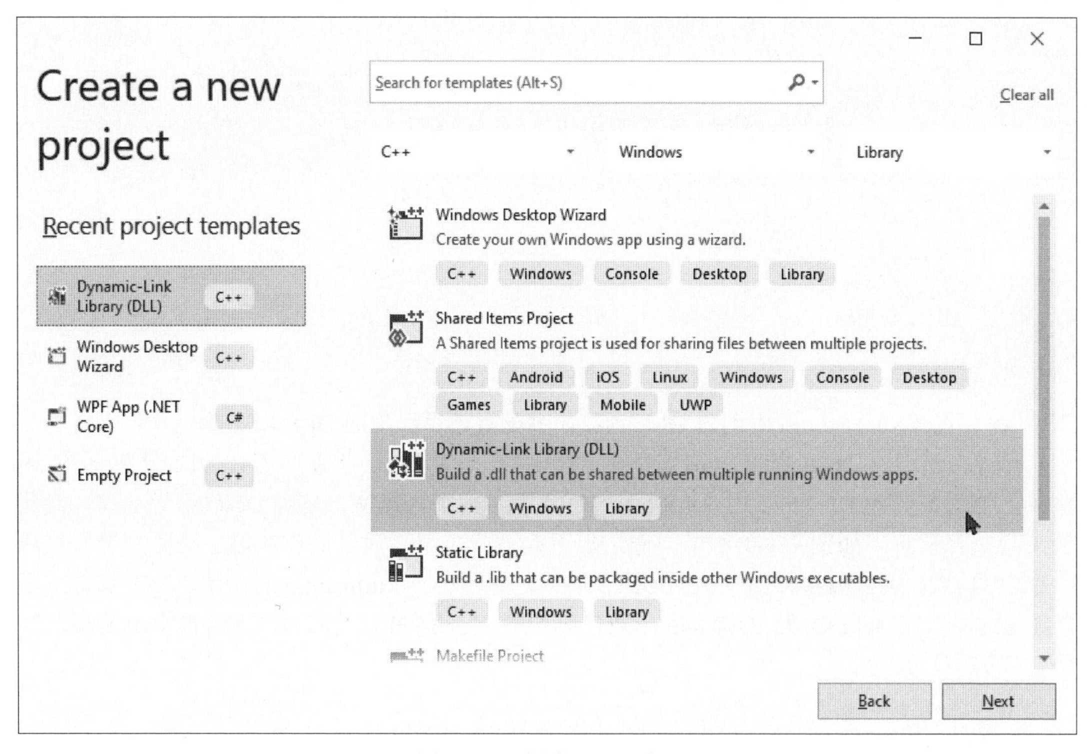

图 13-11　创建 DLL 项目

（7）将 myDll.c 文件添加至 DLL 项目，并对项目进行配置、编译、生成 DLL 库文件。

通过菜单 Project → Add Existing Item 添加 myDll.c 到创建的 DLL 项目中。由于 myDll.c 文件中包含 extcode.h 头文件，因此还要告诉编译器该头文件的位置。extcode.h 头文件位于 LabVIEW 安装目录下的 cintools 文件夹中。因此需要在项目属性对话框中包含该文件夹的路径，以方便编译链接过程找到这些文件，如图 13-12 所示。当然，也可以直接将该文件夹中的文件复制到实例项目文件夹中，简化配置过程。

为了能使 DLL 支持多线程，还需要在项目属性对话框中将所有配置生成的运行时库设置为 Multi-threaded DLL（/MD）。这可以通过项目属性对话框中 C/C++ → Code Generation 类目下的 Runtime Library 选项来完成，如图 13-13 所示。

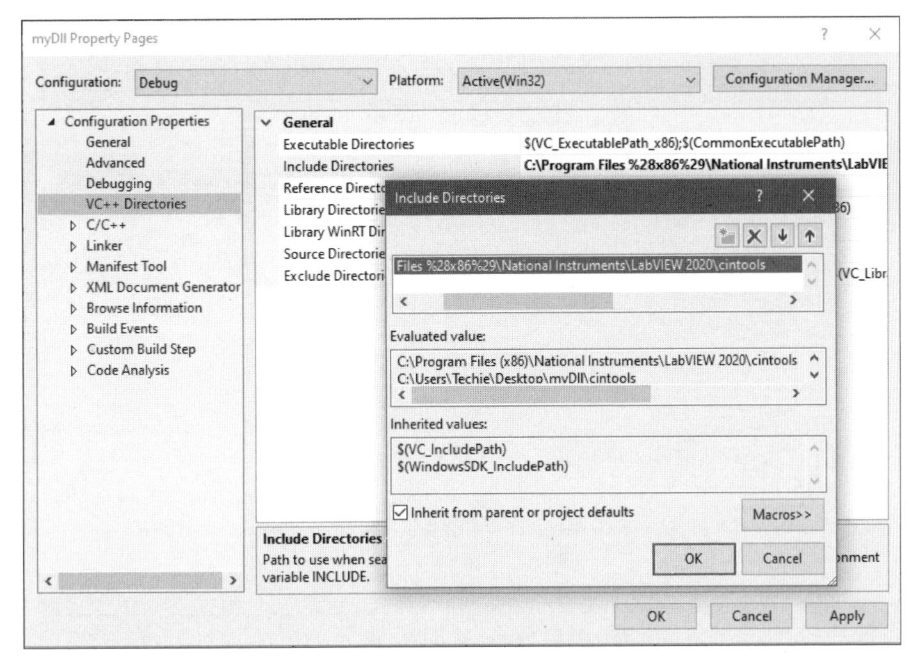

图 13-12 包含 cintools 文件夹路径

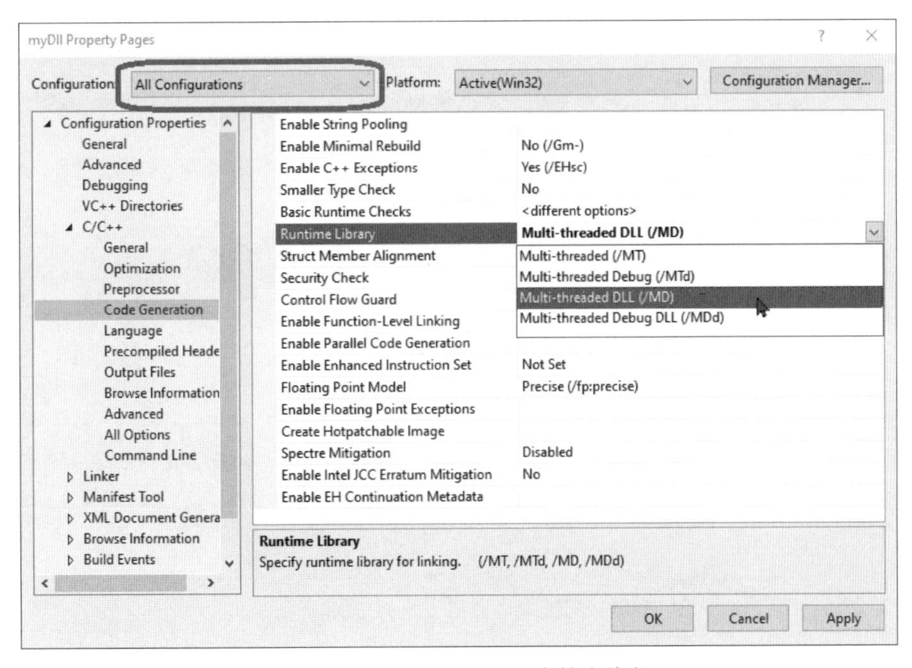

图 13-13 配置 DLL 项目支持多线程

最后，在开始编译前还要禁用预编译头的使用，并确认编译器将以 C++ 的方式对所有文件进行编译（包括 myDll.c）。Visual Studio 默认情况下会使用预编译头文件对项目进行编译，可以在项目属性对话框中的 C/C++ → Precompiled Headers 选项下禁止对预编译头的使用，如图 13-14 所示。Visual Studio 默认情况下会以 C++ 的方式对所有项目源文件进行编译。若要明确指定该设置，可在项目属性对话框中的 C/C++ → Advanced 类目下更改 Compile As 选项的值为 Compile As C++ Code（/TP），如图 13-15 所示。

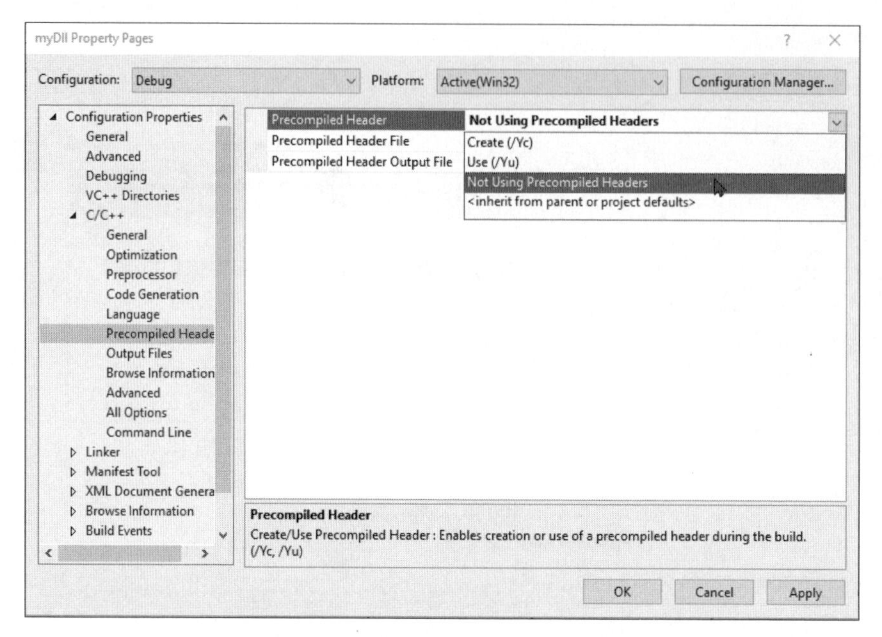

图 13-14　禁止使用预编译头文件

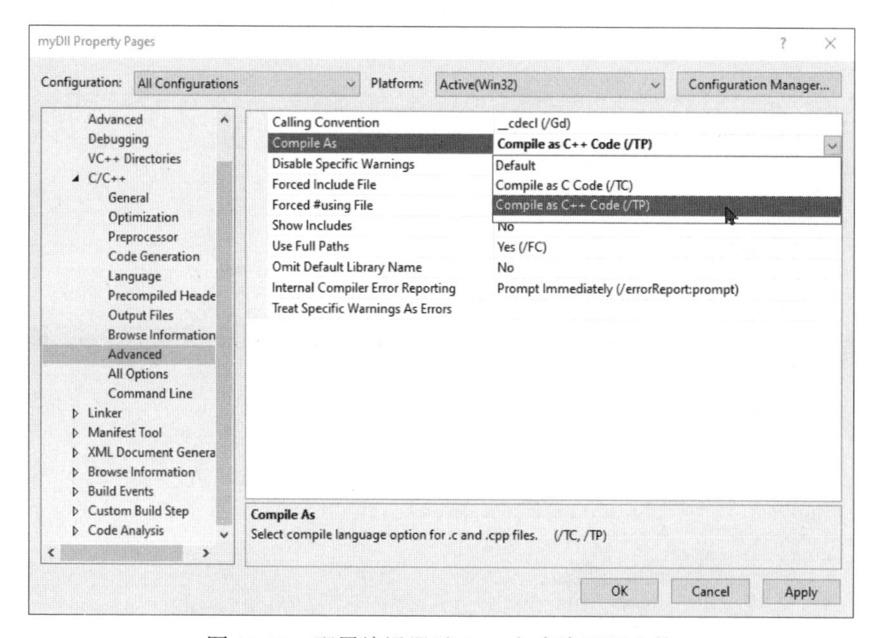

图 13-15　配置编译器以 C++ 方式编译源文件

所有配置完成后对代码进行编译，即可在目标文件中生成 DLL 文件。将生成的 DLL 文件添加到开发的 LabVIEW 项目中，就可以在项目中使用 CLN 调用这些函数。在调用 DLL 中的函数时，对 CLN 的参数配置与生成 C/C++ 格式时对 CLN 的配置类似，唯一不同之处在于需要在 Library Name or Path 路径输入框中说明要调用 DLL 文件所在的路径。

对于本例来说，可以创建如图 13-16 所示的 VI，在完成 CLN 节点的配置后，即可连接输入控件和显示控件到 CLN 的节点完成程序框图的连接。在 VI 中，Array 为 Single 类型的数组，Sum 为 Single 类型的显示控件，error 为 Long 类型的显示控件。运行后可以看到通过调用 DLL 中的函数实现数组求和的结果。

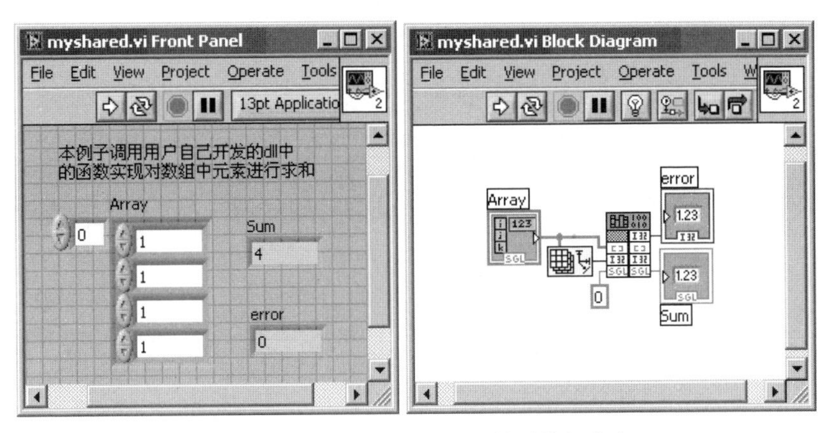

图 13-16 调用 DLL 中的函数对数组求和

13.2.3 调用硬件驱动或 Win32 API

在 LabVIEW 中使用 CLN 调用 Win32 API 或者硬件供应商提供的驱动程序方法，理论上与调用自己开发的 DLL 类似。通过调用这些函数，用户通过与操作系统进行交互，或者利用第三方供应商提供的函数来扩展项目的功能。下面以调用 Win32 API 中的 MessageBox 函数显示一个警告消息对话框为例，说明在 LabVIEW 中使用 CLN 调用硬件驱动或 Win32 API 的方法。

要在 LabVIEW 项目中调用硬件驱动或 Win32 API，首先要知道所调用 API 函数的原型以及其在 .dll 文件中的名字。对于硬件驱动函数原型，可以通过硬件供应商提供的说明文档获得。对于 Win32 API，则可以参考 Microsoft Software Development Kit （SDK）、MSDN 的相关文档，或者参阅《新编 Windows API 参考大全》的电子版（可以从网上下载或从随书附赠资料中获得）。

对于本例来说，从相关文档中找到 MessageBox 函数的原型如下：

```
int MessageBox (HWND hWnd,                    // 父窗口的句柄
LPCTSTR lpText,                               // 消息窗中显示的文本
LPCTSTR lpCaption,                            // 消息窗的标题
UINT uType) ;                                 // 消息窗的类型
---- Requirements: ----
Windows: Requires Windows 98 or later.
Windows CE: Requires version 1.0 or later.
Header: Declared in winuser.h.
Import Library: Use user32.lib.
Unicode: Implemented as Unicode and ANSI versions on Windows.
```

找到这些信息后，就可以在后面板上添加 CLN，并对其按照要调用的函数进行配置。在这个过程中，最重要的工作就是硬件驱动或 Win32 API 函数参数与 LabVIEW 所支持数据类型之间的映射。通常硬件驱动或 Win32 API 函数会使用多种非标准 C 的数据类型，这给在 LabVIEW 中调用它们带来一些麻烦。幸运的是，这些函数所用的非标准数据类型往往只是标准 C 数据类型的别名。例如，上面例子中 MessageBox 函数使用的参数类型与标准 C 的参数类型有以下关系：

```
HWND        =    int * *
LPCTSTR     =    const char *
UINT        =    unsigned int
```

可直接将LPCTSTR和UINT映射为LabVIEW支持的类型。LPCTSTR与C语言字符串等价，UINT等价于LabVIEW的U32数据类型。但是映射HWND稍微有点麻烦，HWND是指向整型数指针的指针。观察MessageBox函数中HWND的作用，可以看出此参数仅仅用来标识消息对话框父窗口的句柄。因此，用户没有必要知道句柄本身的值，只要关注HWND参数本身。考虑HWND是指向整型数指针的指针，因此可以将它看作32位无符号整型量(U32)即可。在Windows SDK中有很多以H开头的量（句柄），一般来说，在开发过程中，都可以将其看作32位无符号整型量（U32），而不必关心其本身的值。如果不能确定API函数参数数据类型所对应的标准C语言数据类型，可以在头文件windef.h中查找相应的#define或typedef定义。

除了变量的类型映射，还要关注函数中的常量与LabVIEW支持的数据类型之间的映射关系。在Visual Studio中，编程人员一般并不直接使用常量的值，而是使用预定义的常量名，但在LabVIEW中却必须使用实际的值。例如，对于MessageBox函数来说，代表消息窗类型的参数uType可以使用表13-5中显示的几个常量。

表13-5　MessageBox函数中uType的值

常　　量	说　　明
MB_ABORTRETRYIGNORE	带有Abort、Retry、Ignore按钮的消息窗
MB_CANCELTRYCONTINUE	Windows 2000上可替代MB_ABORTRETRYIGNORE量，具有Cancel、Try Again、Continue按钮的消息窗
MB_HELP	Windows 2000/XP上为消息窗添加Help按钮，并在用户按下此按钮时发送WM_HELP消息给父窗口的消息窗
MB_OK	默认值只有一个OK按钮的消息窗
MB_ICONWARNING	带有警告图标的消息窗

通过在SDK文档中查找到的信息（Header: Declared in winuser.h），可以获知这些常量在头文件winuser.h中的定义如下：

```
…
#ifdef UNICODE
#define MessageBox MessageBoxW
#else
#define MessageBox MessageBoxA
#endif
…
#define     MB_OK                        0x00000000L
#define     MB_ABORTRETRYIGNORE          0x00000002L
#define     MB_ICONWARNING               MB_ICONEXCLAMATION
#define     MB_ICONEXCLAMATION           0x00000030L
…
```

在 SDK 文档中，常量通常取位域中的某一位作为其值。位域通常指一个每一位控制某种属性的单个整型量。通过或运算（|）可以将多个常量组合起来达到多种需要的效果。从逻辑运算角度来讲，进行或运算等价于选择了位域中的多个控制位。例如将 MB_ABORTRETRYIGNORE（值为 0x02）和 MB_ICONEXCLAMATION（值为 0x30）经或运算后（值为 0x32），作为参数 uType 的值传递给 MessageBox 函数，就可以创建一个同时带 Abort、Retry、Ignore 按钮和一个警告图标的消息对话框。但是 LabVIEW 却不支持这种形式的参数传递，因此必须将常量表达式转换为 LabVIEW 支持的形式。这可以通过表达式来实现。注意其中数值均为十六进制数。

最后还要根据所开发项目是 ANSI 项目还是 Unicode 项目，并参照 SDK 文档选择合适的函数。由于多数 LabVIEW 字符串均为 ANSI 标准字符串，因此 LabVIEW 项目通常为 ANSI 项目。对于此处的例子来说，通过参看从 SDK 文档中获取的信息可知，MessageBox 函数有 ANSI 和 Unicode 两种版本（Unicode: Implemented as Unicode and ANSI versions on Windows）。查看头文件 winuser.h 中的内容可知，对于 ANSI 类型的项目应选择函数名 MessageBoxA。实际上在库文件 user32.dll（在 Windows 中相对于静态库文件，一般都存在一个同名的动态库文件）中，只存在函数 MessageBoxA 和 MessageBoxW，并没有 MessageBox 函数的实体。

综上所述，要调用 API 实现一个同时带 Abort、Retry、Ignore 按钮和一个警告图标的消息对话框，可对 CLN 完成如图 13-17 所示的配置。

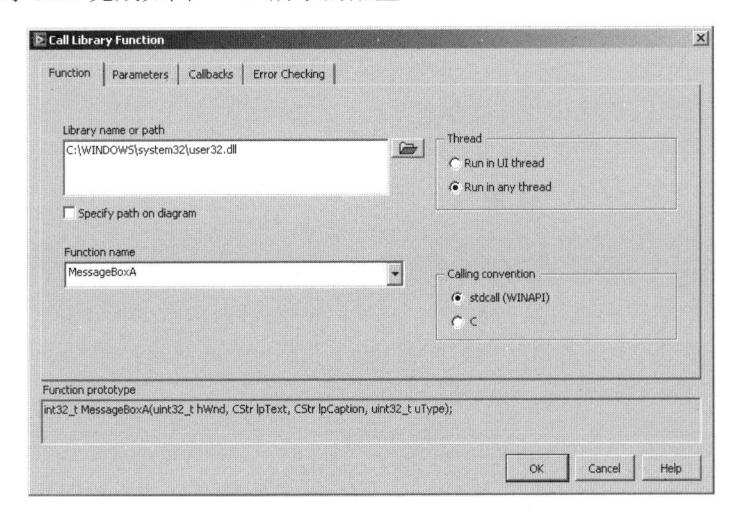

图 13-17 CLN 的配置

配置完成并连接输入 / 输出参数至 CLN 的 VI 后面板以及程序运行结果如图 13-18 所示。

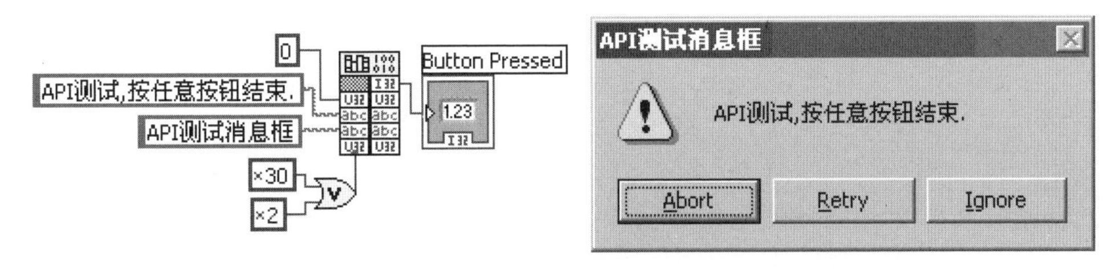

图 13-18 VI 的后面板和运行结果

调用硬件驱动的方法与调用 Win32 API 的方法类似，通常需要先获得所调用函数的原型，然后根据函数的原型对 CLN 进行配置，并使用 stdcall 的方式调用驱动程序中的函数。

13.3 ActiveX 和 .NET 组件

ActiveX 是微软于 1996 年推出的一系列基于 COM（Component Object Model）的代码复用及集成技术的统称，它是微软 OLE （Object Linking and Embedding）技术的扩展。ActiveX 控件是基于这种理论开发出来的动态链接库，它基于 COM 服务器进行操作，且与开发平台无关。因此，在一种编程语言上开发的 ActiveX 控件可以无须任何修改，即可在另一种编程语言中使用，其效果如同使用 Windows 通用控件一样。例如，在 Visual C++ 中开发的 ActiveX 控件，不做任何修改即可应用于 VB、Borland C++、Delphi 等其他开发工具中。

因为 ActiveX 控件的可复用性，加上 Internet 的普及，ActiveX 控件得到了极大的发展。目前，从 Internet 上可以得到相当多的 ActiveX 控件，品种繁多，所完成的任务几乎无所不包。获得这些控件文件（*.OCX）后，只要在系统中完成对控件的注册（可使用 Regsvr32.exe 程序对 ActiveX 控件进行注册），就可以在自己的程序中使用。由此可见，通过使用 ActiveX 控件，可以快速实现小型的组件复用与代码共享，从而提高编程效率。

.NET 是指微软的 XML Web Services 服务平台。XML Web Services 允许应用程序通过 Internet 进行通信和数据共享，而不管采用的是哪种操作系统、设备或编程语言。.NET 平台基于 XML 和 Internet 行业标准构建，提供从开发、管理、使用到体验 XML Web 服务的每个方面。.NET 框架（.NET Framework）是 .NET 环境的编程基础，通过该框架微软将 COM 的优点整合进来，为开发人员提供一整套开发工具（另一种形态的组件集合而已）。使用这些工具可以快速而轻松地创建最先进的应用程序和 XML Web Services。

和其他开发工具类似，也可以在 LabVIEW 中采用 ActiveX 或 .NET 技术进行代码复用或访问其他基于 Windows 的应用程序提供的服务。LabVIEW 不仅可以作为 ActiveX 服务器为其他基于 Windows 的应用程序提供可访问的对象、命令和函数集合，也可以作为客户端，通过 ActiveX 容器调用其他程序提供的 ActiveX 服务。如果已经安装了 .NET Framework 2.0 或更高版本，就可以在 LabVIEW 中通过 .NET Framework 访问 Windows 服务，例如，性能监视器、事件记录、文件系统以及语音识别等高级 Windows API。LabVIEW 可作为 .NET 客户端，用于访问与 .NET 服务器相连的对象、属性和方法。也可在 VI 前面板上使用 .NET 用户界面控件。LabVIEW 不能作为 .NET 服务器，但是因为 .NET 支持 COM 对象，所以可以通过 LabVIEW ActiveX 服务器与 LabVIEW 进行远程通信。

13.3.1 调用 ActiveX

LabVIEW 既可作为 ActiveX 客户端，访问与其他 ActiveX 应用程序相关的对象、属性、方法和事件，也可以作为 ActiveX 服务器，让其他应用程序访问 LabVIEW 的对象、属性和方法。

当 LabVIEW 访问与其他支持 ActiveX 的应用程序相关联的对象时，LabVIEW 就是一个 ActiveX 客户端。LabVIEW 通过“自动化引用句柄控件”或“ActiveX 容器”访问 ActiveX 对象（两者都是前面板对象）。ActiveX 引用句柄可指向任何 ActiveX 对象，而 ActiveX 容器可指向可显示的 ActiveX 对象，并将其放在前面板上。两种对象在程序框图上都显示为“自动化引用”。

在 LabVIEW 中使用自动化引用句柄进行 ActiveX 操作时，也遵循打开引用句柄、进行对象操作并在最后关闭引用句柄的三步骤原则。LabVIEW 提供对应 ActiveX 操作的每一步函数集（图 13-19）。要访问支持 ActiveX 的应用程序，在程序框图上使用“自动化引用句柄”控件创建一个该应用程序的句柄。将该控件连接到“打开自动化”函数，打开调用程序。使用属性节点选择和访问该对象的属性。使用调用节点选择与该对象相关的方法。使用关闭引用函数关闭对该对象的引用，把该对象从内存中移除。

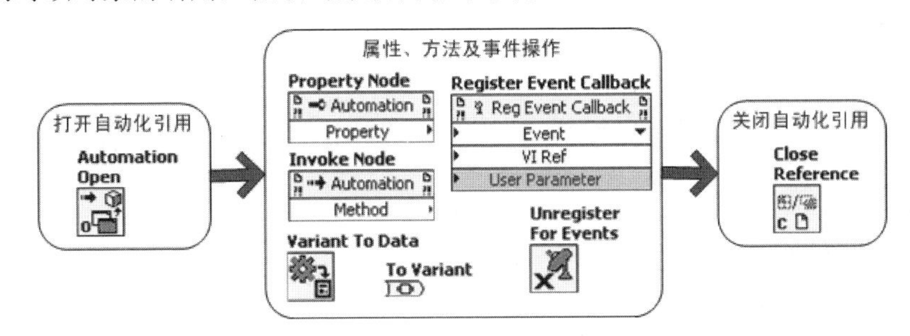

图 13-19 LabVIEW 中操作 ActiveX

如果使用ActiveX容器操作控件，则不必将程序框图上的ActiveX引用句柄控件连接到“打开自动化”函数，或使用“关闭引用”函数关闭该对象的引用。可以直接连接到调用节点或属性节点，这是因为 ActiveX 容器将该调用应用程序嵌入 LabVIEW 中。但是，如果 ActiveX 容器含有返回其他 ActiveX 引用句柄的属性或方法，则必须关闭这些其他的引用。

ActiveX 技术基于 COM 进行操作。LabVIEW 创建应用实例时，LabVIEW 会将实例与 COM 返回的接口正确匹配。虽然一个对象的实例可有多个接口，但 LabVIEW 的“打开自动化引用”函数返回默认接口。可以使用 LabVIEW 提供的“变体至数据转换”函数将接口转换为其他需要的类型。

ActiveX 作为客户端使用时，通常有以下两种用法：

（1）与其他支持 ActiveX 自动化的程序（如 Microsoft Office）进行通信，调用其功能。

（2）使用 ActiveX 容器在前面板中插入 ActiveX 控件。

第一种方法类似于使用 Microsoft Visual Studio 开发时的 OLE 自动化。例如，若需要将 LabVIEW 的字符串数组（假定字符串内容为周一到周日）添加到一个 Excel 表中，就可以由 LabVIEW 控制 Excel 的运行，并在其中创建新表、自动输入字符串以及关闭序程。

使用 ActiveX 技术完成上述示例代码的逻辑过程与手工使用 Excel 的过程类似。首先需要启动程序，并在程序的工作区（Workbook）中创建工作表（Sheet）。实现这一过程的代码如图 13-20 所示，程序首先使用打开自动化函数打开 Excel 程序，并通过属性节点设置程序对用户可见。随后使用属性节点得到打开应用程序的工作区引用，调用 Add 方法在工作区中添加工作表，并选中第一个工作表。由于选中工作表的 Item 方法返回参数默认为变体类型，因此需要使用 Variant to Data 函数将其转换为类型更明确的 Excel 工作表引用，以便于后续函数使用。

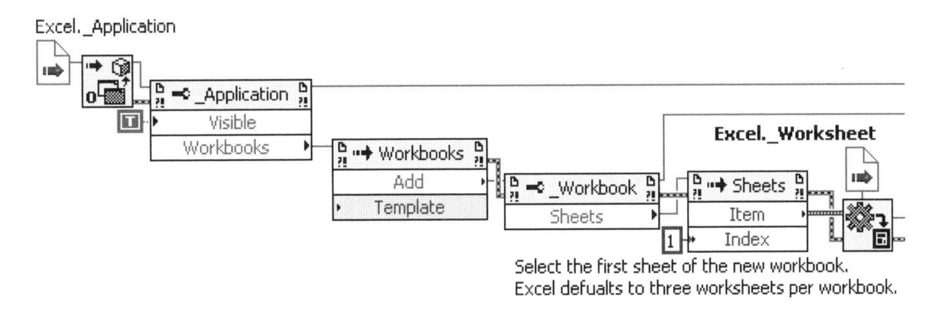

图 13-20 打开 Excel 工作表代码

在工作区中添加完工作表后，就可以逐一输入记录，不过这个过程并不需要手工完成，可以通过如图 13-21 所示的程序片段自动实现。程序使用循环在打开工作表的第一列，按顺序逐个输入星期日到星期六的字符串。

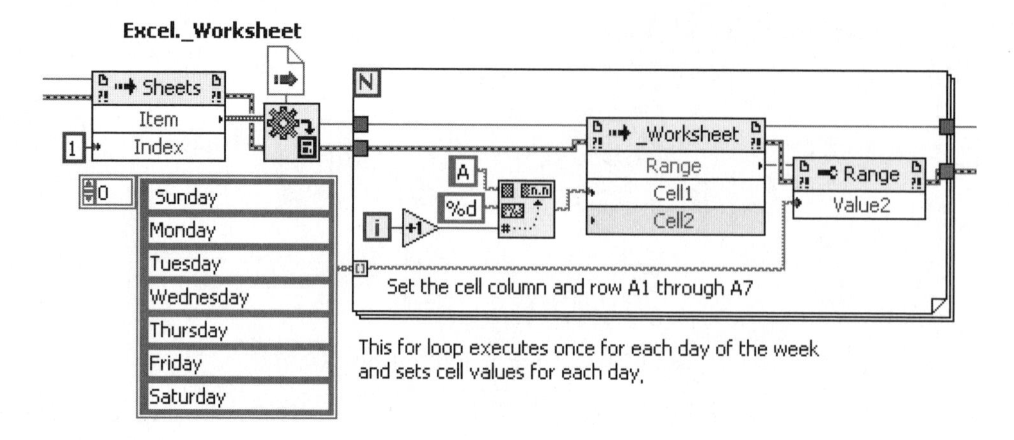

图 13-21　在工作表中添加记录

退出程序的过程与打开过程正好相反，需要按顺序关闭工作表、工作区和应用程序，并关闭打开的应用程序引用，以释放资源（图 13-22）。

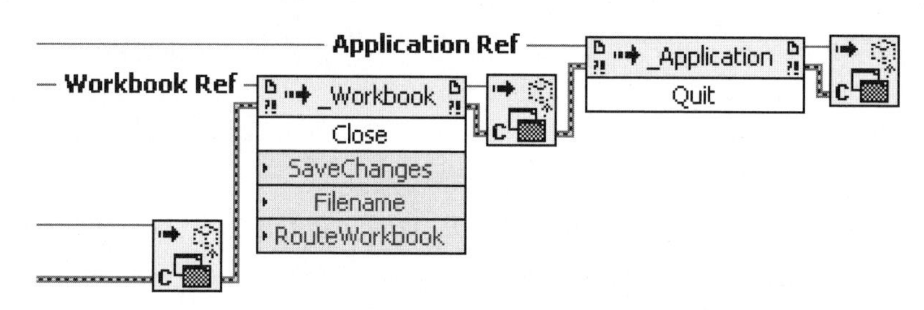

图 13-22　关闭打开的工作表、工作区和应用程序

读者可以在随书附赠代码中找到该示例的完整程序。运行程序后，其结果如图 13-23 所示。

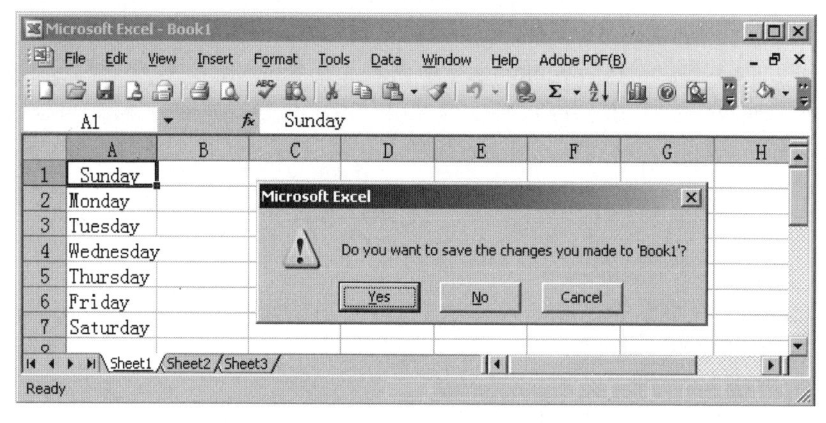

图 13-23　使用 ActiveX 控制 Excel 示例运行结果

在前面板中插入 ActiveX 控件的方法最为常用，例如，可以在前面板中插入 Web 浏览器控件，为应用程序快速添加网页显示功能。图 13-24 显示了在前面板中插入 Web 浏览器控件的例子，可以单击 Load 按钮，加载 URL 地址栏中所输入网页地址指向的网页。每当所加载网页的标题变化时，Title 显示控件会显示所加载网页的标题，Location Name 显示控件会显示当前网页的位置信息。此外，如果加载网页的地址为 www.×××.com，则程序会对其进行屏蔽；单击 Blocked Site 按钮，会显示被屏蔽的网址。

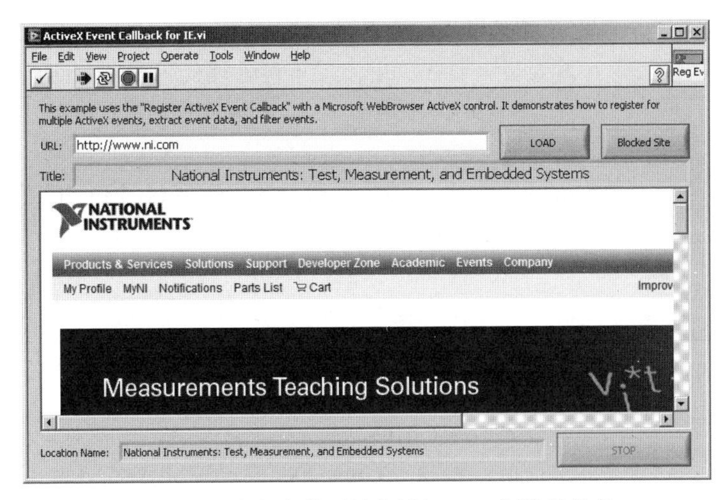

图 13-24 在程序前面板中插入 Web 浏览器控件

该示例的主要程序代码如图 13-25 所示。在前面板上插入的 Web 浏览器控件以 ActiveX 控件引用句柄的形式出现在后面板上。参考这个引用句柄，不仅可以使用属性节点访问网页的位置信息，还可以通过注册 ActiveX 事件，高效地实现所需功能。

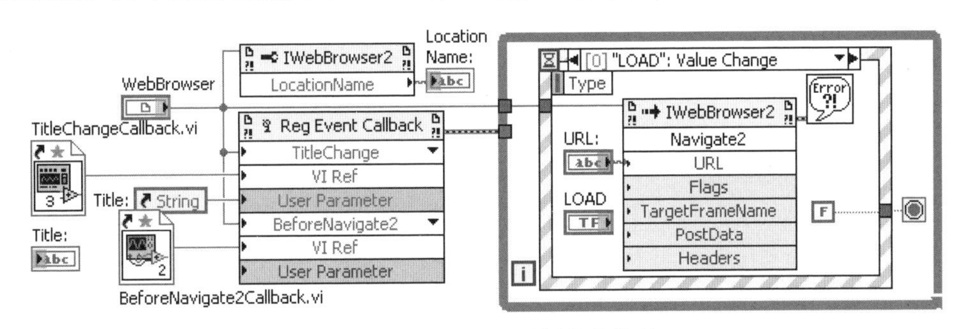

图 13-25 ActiveX 示例程序代码

ActiveX 事件注册与动态事件注册类似，但 ActiveX 事件 VI 与使用事件结构进行事件处理的架构不同。事件结构可以捕获发生的事件，并使用事件分支中的代码完成对事件的处理，而 ActiveX 事件结构却使用回调函数完成对事件的处理，处理步骤如下：

（1） 获取 ActiveX 对象的引用句柄或 ActiveX 容器中的对象。

（2）使用事件回调函数注册需生成事件的类型。

（3）在回调函数中编写处理指定事件的代码。

与注册事件函数类似，事件回调注册节点是一个可以处理多个事件的可扩展节点。将一个 ActiveX 对象的引用连接到事件回调注册节点，并指定该对象产生的事件，就注册了 ActiveX 对象的事件。在注册该事件后，可以使用右键菜单创建一个回调 VI 模板，并在其中添加处理该事件的代码。不同的事件具有不同的事件数据格式。由于在创建回调 VI 后修改事件可能导致程序框图断线，所以应在创建回调 VI 前确定要处理的事件。事件使用完成后，应取消注册事件。这是因为如果不执行这一动作，只要 VI 运行，即使没有事件结构等待处理事件，LabVIEW 也将继续生成和排列事件。这不但消耗内存，还会在前面板事件锁定后被启用时导致 VI 挂起。

如前所述，使用 ActiveX 事件的代码，必须创建一个回调 VI 处理来自 ActiveX 控件对象的事件。事件发生时，回调 VI 中的代码将被执行。回调 VI 必须是可重入 VI，而且对该 VI 的引用类型也必须严格定义。可以通过事件回调注册节点上 VI Ref 项的右键菜单创建回调函数模板。LabVIEW 会自动根据事件的类型在回调 VI 模板中添加相应的输入 / 输出参数。有了包含这些参数的模板，开发人员只要在其中添加事件处理代码即可。回调函数主要包括以下输入 / 输出参数。

1. 事件通用数据输入参数

事件通用数据（Event Common Data）输入参数的数据类型如图 13-26 所示，其中事件源（Event Source）是用于说明事件来源（例如，LabVIEW、ActiveX 或 .NET）的数值控件。1 表示 ActiveX 事件，2 表示 .NET 事件。事件类型（Event Type）指定发生哪一种事件。对于用户接口事件该值是一个枚举类型，对于 ActiveX、.NET 和其他事件源则是一个 32 位无符号整数类型。对于 ActiveX 事件，事件类型代表被注册事件的方法代码或编码。对于 .NET，可以忽略这个元素。时间标识（Time Stamp）用于指定事件发生时的时间标识，以毫秒为单位。

图 13-26 事件通用数据输入参数

2. 控件引用输入参数

控件引用（Control Ref）指向发生事件的 ActiveX、自动化引用句柄或 .NET 对象。

3. 事件数据输入参数

事件数据（Event Data）是回调 VI 所处理事件的特定参数簇。当从事件回调注册函数选择一个事件时，LabVIEW 将自动选取与该事件对应的事件数据。如果事件没有任何关联数据，LabVIEW 将不会为回调 VI 创建该参数。换句话说，事件数据的类型与所选择的事件相关，不同的事件可能对应不同的事件数据。

4. 用户自定义输入参数

用户自定义输入参数（User Parameter）是当对象产生事件时，用户需要传送到回调 VI 的数据，其类型根据使用场合的不同有所差异。有时也可以不使用这个参数。

5. 事件数据输出参数

事件数据输出（Event Data Out）参数是特定于回调 VI 所处理事件的可修改的参数簇。只有当事件有输出参数时才会出现该接线端。

图 13-27 和图 13-28 显示了前面例子中所调用的两个回调 VI：TitleChangeCallback.vi 的前、后面板和 BeforeNavigate2Callback.vi 的程序框图。其中 TitleChangeCallback.vi 作为“标题改变事件”的回调 VI，当浏览网页的标题改变时就会被调用，并使用事件数据中返回的标题字符串更新前面板上控件的值，显示新标题给用户。BeforeNavigate2Callback.vi 在用户每次浏览新网页之前，先捕获要浏览的地址（URL），并检查该地址是否为被禁止访问的地址（http://www.×××.com），如果是，就提示用户该地址已经被禁止访问，否则允许用户继续浏览。

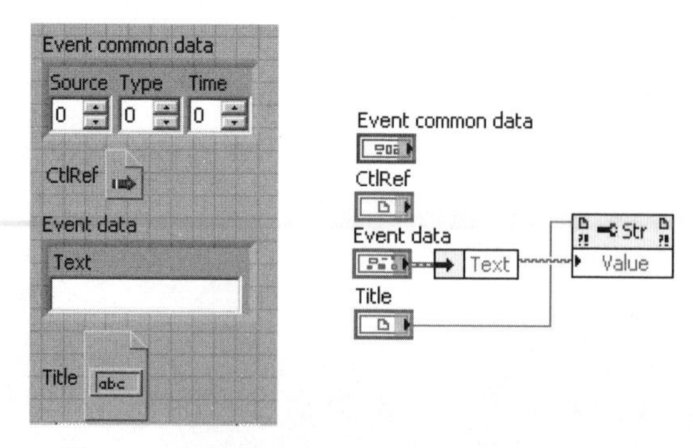

图 13-27 TitleChangeCallback.vi 的前、后面板

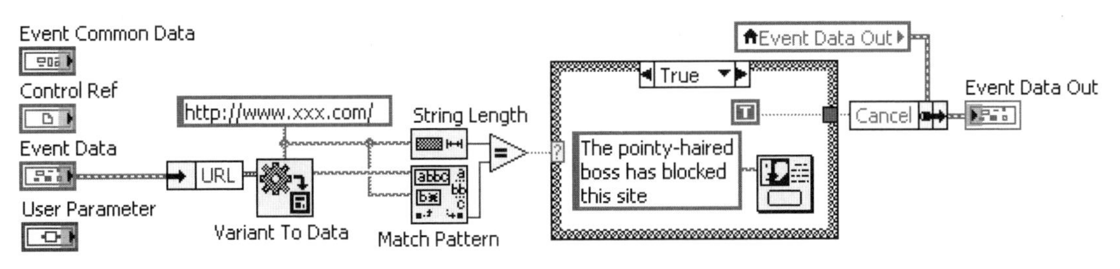

图 13-28 BeforeNavigate2Callback.vi 的程序框图

在 LabVIEW 中使用 ActiveX 控件时，还涉及 ActiveX 数据类型和 LabVIEW 数据类型之间的转换。例如，要把属性节点返回 ActiveX 的数据显示在 LabVIEW 显示控件中时，只有完成数据类型的转换，才能正确解释和显示数据。表 13-6 列出了 ActiveX 数据类型与 LabVIEW 数据类型之间的映射关系。可以按照表中的对应关系创建常量或变量，设置 ActiveX 参数。

表 13-6 ActiveX 数据类型与 LabVIEW 数据类型的映射

ActiveX 数据类型	LabVIEW 数据类型	ActiveX 数据类型	LabVIEW 数据类型
char	I8, U8	float	SGL, EXT
short	I16, U16	double	DBL
long	I32, U32	BSTR	abc,
hyper	I64, U64		

13.3.2 调用 .NET

.NET 是指微软的 XML Web Services 服务平台，开发人员可以使用微软提供的 .NET Framework 开发各种 .NET 程序。.NET 主要由以下几部分组成。

（1）CLR。

CLR（Common Language Runtime）是一套用于运行时服务的库，如语言整合、安全性增强、内存管理、无用信息的收集、进程管理和线程管理等。为了帮助 .NET 与各种程序进行通信，CLR 提供了一个跨语言和跨平台的数据类型系统。开发者使用 CLR 将该系统作为一个数据类型和对象的集合来处理，而不是作为内存和线程的集合。CLR 需要 CLR 中间语言（CLR IL）元数据格式信息，该信息由编译器和链接器生成。所有 .NET 编程语言编译器都生成 CLR IL 代码，而不是汇编代码。

（2）.NET 类库。

.NET 类库是一组提供标准功能的类，如输入和输出、字符串操作、安全管理、网络通信、线程管理、文本管理、用户接口设计等。这些类与 Win32/COM 系统提供的功能一致。在 .NET Framework 中，可以将一个在 .NET 语言中创建的类用于另一个 .NET 语言中。

（3）程序集。

程序集类似于 COM 组件 DLL、OCX 或可执行程序的开发单元。程序集是使用 .NET 编译器创建的 DLL 和可执行程序。程序集可以由一个或多个文件组成。程序集中包含一个程序清单，其中包括程序集名称、版本信息、发布者安全信息、组成该程序集的文件列表、相关程序集、资源和导出数据类型。

（4）GAC。

全局程序集缓存（Global Application Cache）是系统的公共程序集列表，类似于 COM 所使用的注册表。

如前所述，LabVIEW 可作为 .NET 客户端，在 VI 的前面板上使用 .NET 用户界面控件，或者在后面板中通过引用句柄访问与 .NET 服务器相连的对象、属性和方法。为此，LabVIEW 提供完整的 .NET 操作函数集，如图 13-29 所示。

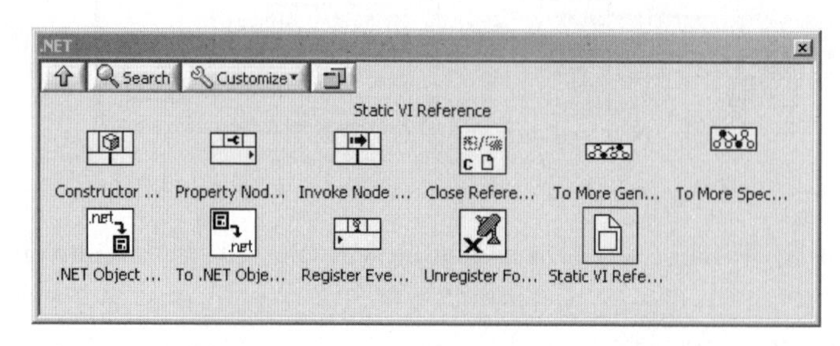

图 13-29　LabVIEW 中的 .NET 操作函数集

在 LabVIEW 中使用 .NET 的方法与使用 ActiveX 的方法类似，也遵循打开引用句柄、进行对象操作和关闭引用句柄的三步骤原则。在程序前面板上的 .NET 容器中插入 .NET 控件，或者使用 LabVIEW 提供的构造器节点（常用于创建不需要界面的 .NET 对象实例），即可在程序框图上得到 .NET 引用句柄。此后，就可以参考获得的引用句柄，使用属性节点和调用节点访问 .NET 的属性或方法。

“转换为通用类”（To More Generic Class）函数和“转换为特定类”（To More Specific Class）函数可以使引用（例如，控件或自定义类型）在类继承层次结构中对“更为通用的类”与“更为具体的类”之间进行强制转换。例如，类 A 继承自类 B，则父类 B 的变量可保存子类 A 的值，可以使用“转换为特定类”函数从父类 B 向下转换为子类 A，或者使用“转换为通用类”函数，强制将子类 A 转换为父类 B。“至 .NET 对象”（To .NET Object）和“.NET 对象至变体转换（.NET Object to Variant）”两个 VI，可以实现数值（不包括扩展精度和浮点）、字符串、布尔、时间标识、路径、.NET 引用句柄或数组等数据类型到 .NET 对象的转换，或者使 .NET 对象转换为 LabVIEW 变体类型数据。这种转换可以完成 LabVIEW 与 .NET 的无缝集成。

.NET 事件是发生在 .NET 对象上的动作或操作，如单击鼠标、按下键盘键或接收通知（如内存已满、任务已完成等）。无论何时在对象上产生这些操作，该对象都会发送一个带有特定事件数据的事件来通知 .NET 容器。在应用程序中使用 .NET 事件的方法与使用 ActiveX 事件的方法类似，先通过事件回调注册函数注册事件，再在回调 VI 中添加事件处理代码。由于不同的事件具有不同的事件数据格式，因此，对不同事件创建的回调 VI，所携带的输入/输出参数也有差异。

事件和句柄使用完成后应及时释放所占用的资源。利用“取消事件注册”（Unregister For Event）函数和“关闭引用”（Close Reference）函数释放注册的事件，或关闭打开的 VI、VI 对象、应用程序实例以及 .NET 对象的引用句柄。

图 13-30 显示了在 LabVIEW 中调用 .NET 服务计算两个数乘积的简单例子。程序一开始使用“构建节点”（Construct Node）创建 .NET 计算器的实例，随后通过返回的句柄调用“求乘积”方法，计算 3 和 10 的乘积，完成后关闭打开的引用。在使用构建节点时，可以通过其右键菜单打开 .NET 构建器，从中选择程序集合计算其对象，如图 13-31 所示。

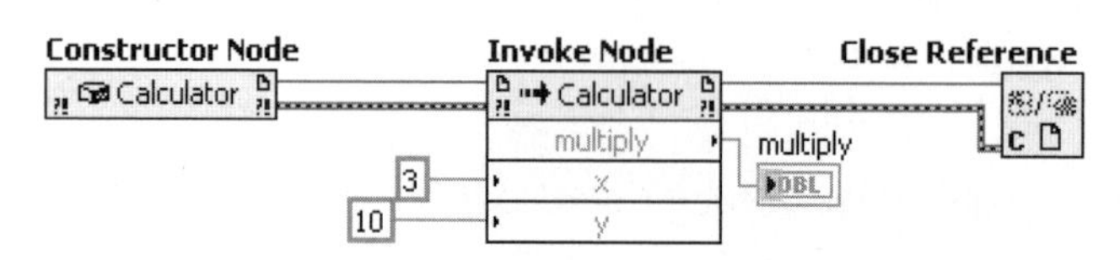

图 13-30　调用 .NET 计算器服务

图 13-32 显示了使用 .NET 中“System.Windows.Forms（2.0.0.0）”程序集“月历控件”（MonthCalendar）的例子的前面板。如果运行程序，并在月历控件中重新选择日期，新选择的日期就会显示在右边的 Date 显示控件中。

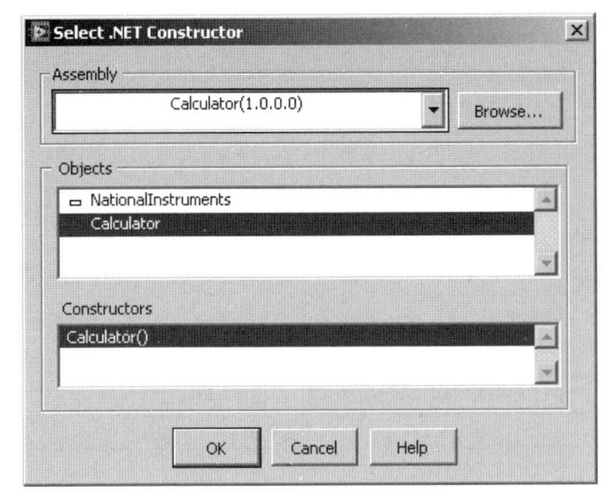

图 13-31 .NET 对象构建器

图 13-32 .NET 月历控件示例的前面板

在设计前面板时，需要先在前面板放置一个“.NET 容器”。从 .NET 容器的右键菜单中选择“插入 .NET 控件”（Insert .NET Control）选项后会弹出如图 13-33 所示的“.NET 控件选择”对话框。选中“System.Windows.Forms（2.0.0.0）”程序集中的日历控件后，日历选择器就会出现在前面板上。如果切换至程序框图，会发现该控件对应的引用句柄已经以图标形式显示出来了。

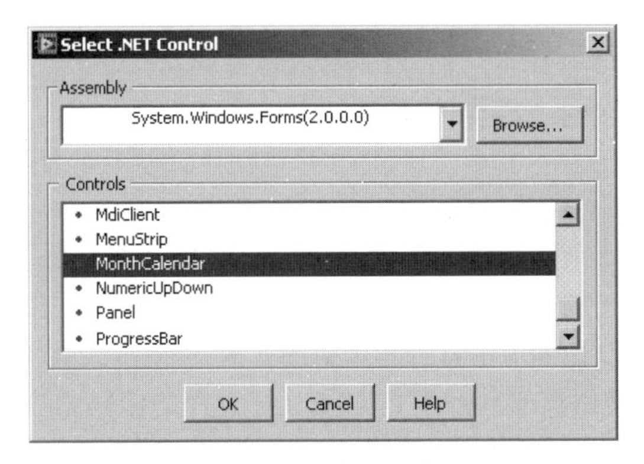

图 13-33 “.NET 控件选择”对话框

图 13-34 显示了 .NET 月历控件示例的程序框图。一开始，代码基于月历控件的引用句柄，注册了“日期变化”（DateChanged）事件，并把 Date 显示控件的引用作为用户参数传递给处理事件的 VI。LabVIEW 中对 .NET 事件的处理架构与对 ActiveX 事件的处理架构一样，都是使用回调 VI 实现对事件的响应。

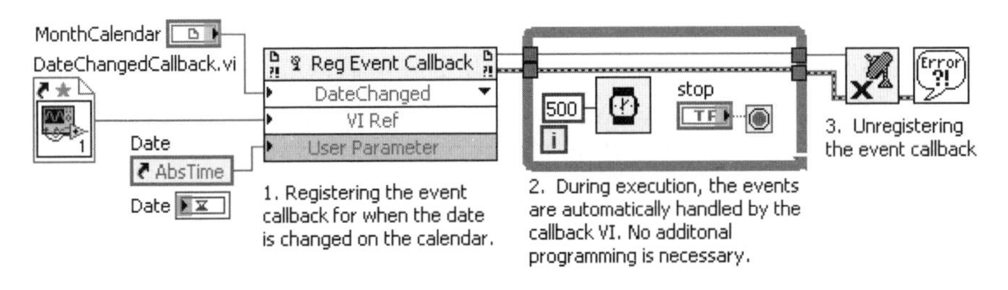

图 13-34 .NET 月历控件示例的程序框图

程序框图中的DateChangedCallback.vi就是日期变化事件的回调VI，其前、后面板如图13-35所示。创建该回调函数的方法与创建ActiveX事件回调函数的方法类似，可以先创建回调函数模板，再基于模板编写实现程序功能的事件处理程序。在此处，程序从事件数据中抓取新选择的日期，并通过用户参数传递过来的Date显示时间句柄，将新日期显示在Date控件中。因此，每当用户在日历控件中选择新日期时，日期事件就会被触发，对应的回调函数就会被执行，最终用户就可以看到Date显示控件中显示值的变化。

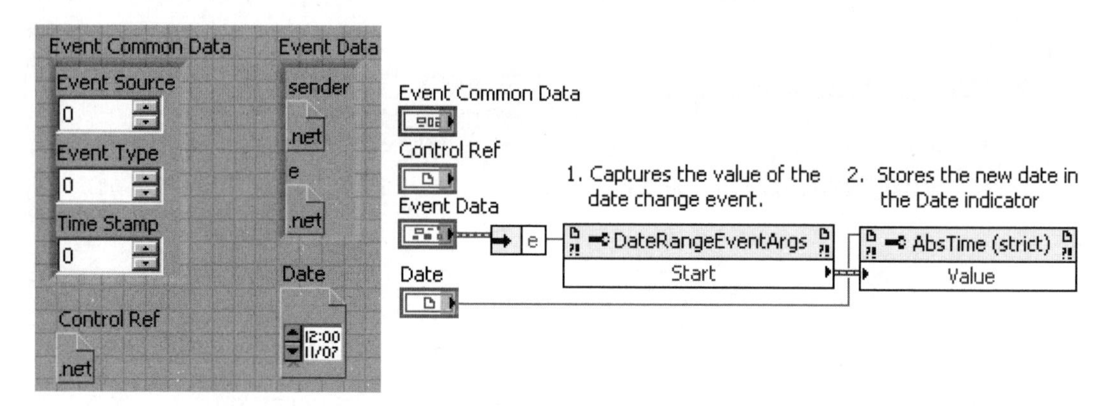

图13-35 .NET月历控件示例回调VI的前、后面板

13.4 本章小结

代码复用是软件开发过程中较为常用的重要技术之一，在LabVIEW中，实现代码复用的方法很多，本章着重介绍了使用用户代码库、调用DLL和在LabVIEW中使用ActiveX及.NET三种代码复用的方法。其中，通过DLL进行代码复用是NI公司推荐的在LabVIEW中调用文本编程语言编写代码的方法。

开发人员不仅可以构建自己的开发库，还可以采用开源的LabVIEW开发库或第三方的商业库函数，以增强代码的可靠性，并加快项目进度。OpenG是遵循BSD许可协议的LabVIEW开源开发包，是对LabVIEW内置函数的有效补充。只要保留原有VI的版权声明等，开发人员几乎可以随意使用该软件开发包。MGI开发库的源码也完全开放，而且不受BSD以及GPL许可协议的约束，开发人员可以完全自由地将其用于任何目的。

动态链接库是包含可由多个程序同时使用的代码和数据的库，进程可以在运行时根据需要动态调用这些代码或数据。在LabVIEW程序开发过程中，可以通过配置CLN轻而易举地调用DLL。所调用的DLL不仅可以完全由开发人员自行开发，也可是Windows或硬件供应商提供的API。无论是哪种类型的动态链接库，都可极大提高程序的可集成度。

ActiveX和.NET是微软推出的新技术，也是进行代码复用的有效手段。通过使用ActiveX控件或.NET组件，可以快速实现组件复用、代码共享，从而提高编程效率。在LabVIEW中调用ActiveX控件或.NET，遵循打开引用句柄、进行对象操作和关闭引用句柄的三步骤原则。如果要处理ActiveX或.NET对象的事件，则可以使用回调VI对事件进行响应。由于ActiveX和.NET目前已经被广为使用，而且可以从网络上获得很多免费的ActiveX控件，因此，即使仅使用这些组件也能构建功能非常强大的应用。

第 14 章　数据存储与表达

对于 LabVIEW 虚拟仪器项目来说，数据存储和数据表达是必不可少的功能模块之一。对于数据存储而言，可以根据不同的应用和项目需求，选择不同的数据存储方式。文件是最常见的数据存储方式，它将数据以特定格式直接保存在计算机内部或外部的存储介质上。数据库是另外一种数据存储的方式，它与文件相比，不仅支持分布式网络，还提供各种易于数据访问和表达的手段，特别适用于大中型网络项目。为了增强数据的安全性和传递的有效性，还可以对存储的数据进行加密或压缩，使用时进行解密或解压，恢复数据即可。

数据的表达方式也有很多种，最常见的方式为图表、数据报表以及打印的图表或报表。图 14-1 汇总了涉及数据存储和表达的一些关键技术，本章主要讲解 LabVIEW 中与数据存储相关的文件操作、数据压缩、加密，与数据表达相关的报表生成、打印等技术。由于 LabVIEW 中数据库存储技术有较强的独立性，因此单独在第 15 章讲解。

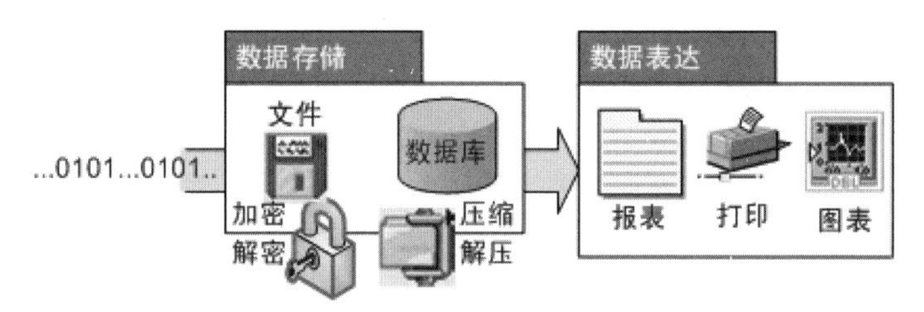

图 14-1　数据存储与数据表达

14.1　文件操作

LabVIEW 程序设计过程中，可用于存储数据的文件格式非常多，常见的文件格式如表 14-1 所示。

表 14-1　LabVIEW 程序中常见的文件格式

文 件 格 式	常见后缀	归　类
文本文件（Text File）	.txt	文本
配置文件（Configuration File）	.ini	文本
电子表格文件（Spreadsheet File）	.xls	文本
二进制文件（Binary File）	.dat	二进制
数据记录文件（Datalog file）	.log	二进制数据记录
波形文件（Waveform File）	.dat/.txt	二进制 / 文本数据
基于文本的测量文件（Measurement File）	.lvm	文本数据
二进制 TDM（Technical Data Management）文件	.tdm	二进制数据记录
二进制 TDMS（Technical Data Management Streaming）文件	.tdms	二进制数据记录
XML 文件	.xml	文本

虽然类型繁多，但从本质上来看，还是可以归结为文本文件、二进制文件和数据记录文件三种类型。只不过为了虚拟仪器项目开发的方便，从数据存储的方便性和效率方面对文件操作函数进行了再次封装。例如，TDMS 文件其实不过是为了数据存取方便，提供的一种特

殊的二进制数据文件格式。

LabVIEW 为这些文件的操作均提供简单易用的函数集（图 14-2）。使用这些函数对文件进行操作时，基本上都遵循“文件创建 / 打开”“数据读写”和“文件关闭”这样的规范流程。不仅大大提高了程序的可读性，还缩短了程序的开发周期。

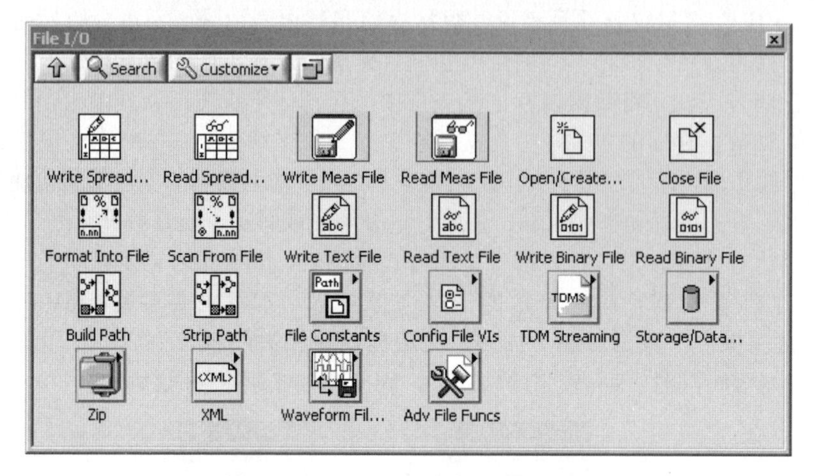

图 14-2 LabVIEW 文件操作函数集

那么在测试时到底应该选用何种文件格式保存数据呢？ NI 为此提供了以下标准。

（1）如需在其他应用程序（如 Microsoft Excel）中访问这些数据，使用最常见且便于存取的文本文件。

（2）如需随机读写文件或读取速度及磁盘空间有限，使用二进制文件。在磁盘空间利用和读取速度方面，二进制文件优于文本文件。

（3）如需在 LabVIEW 中处理复杂的数据记录或不同的数据类型，使用数据记录文件。如果仅从 LabVIEW 访问数据，而且需存储复杂数据结构，数据记录文件是最好的方式。

下面讲解 LabVIEW 程序中较常见的几种格式文件的操作方法。

14.1.1 文本文件

文本文件是程序中最为常见的文件类型之一，几乎适用于任何计算机。如果磁盘空间、文件的 I/O 速度和数值精度相对于可读性不是主要考虑因素时，可以使用文本文件。例如，如果需要通过其他字处理或电子表格应用程序访问数据，且无须对文件进行随机读写时，就可以使用文本文件存储数据，方便其他用户或应用程序读取文件。

文本文件是由若干行字符构成的计算机文件，根据文本存储方式的不同，又有多种格式，如 DOC、TXT、RTF 等。通常文本文件是指能够被系统终端或者简单的文本编辑器访问的格式。对通用的英文文本文件而言，ASCII 码是最为常见的编码标准；如果需要存储带重音符号的英文或其他的非 ASCII 字符，则必须选择其他字符编码，如 UTF-8。

尽管 ASCII 标准使得只含有 ASCII 字符的文本文件可以在 UNIX、Macintosh、Microsoft Windows、DOS 和其他操作系统之间自由交互，但是在这些操作系统中，行结束符（End-of-Line，EOL）并不相同，处理非 ASCII 字符的方式也不一致。

行结束符是一种加在文字字符最后位置的特殊字符，可以确保下一个字符出现在下一行。在 RISC OS、UNIX 或与之兼容的系统（GNU/Linux、macOS X、…）中，使用 LF（Line Feed，0x0A）作为行结束符；Apple II 家族操作系统使用 CR（Carriage Return，0x0D）作为行结束符；而 Windows 系统和大多数非 UNIX 操作系统使用 CR+LF 作为行结束符。

LabVIEW 中的文本文件读写通常使用图 14-3 所示的“打开 / 创建 / 替换文件”（Open/Create/Replace File）、“写文本文件”（Write To Text File）、“读文本文件”（Read From Text File）和“关闭文件”（Close File）四个函数完成。

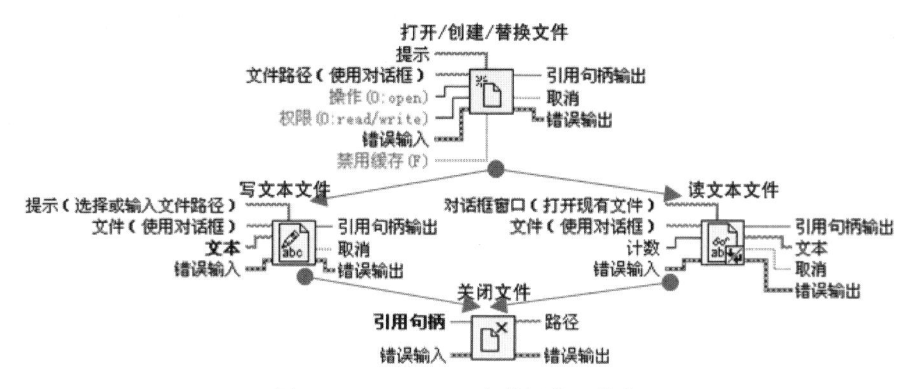

图 14-3　LabVIEW 文件操作函数集

图 14-4 显示了一个写文本文件的例子。该示例在 E 盘根目录下的文本文件的末尾添加 1 条记录，该记录格式为：“当前日期”+“空格”+“当前时间”+“空格”+“Text　Sample”+“回车换行”。文本文件的名字为“当前日期 .txt”。

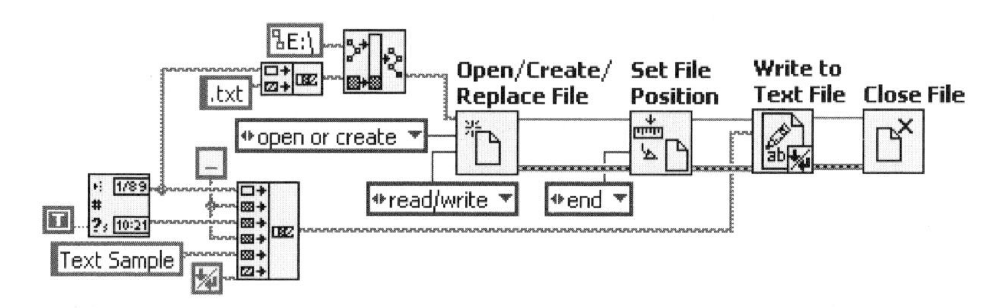

图 14-4　在文本文件末尾添加 1 条记录

程序开始先构建文件保存的路径和要写入文件的字符串，随后可使用“打开 / 创建 / 替换文件”函数打开要写的文件。如果要打开的文件不存在，就自动创建一个新的文件。文件打开后，使用“设置文件位置”（Set File Position）函数将文件的操作位置移动到文件末尾，再使用“写文本文件”函数将构建好的文本记录添加到文件末尾，完成后关闭文件。

文件的打开和关闭对于数据安全十分重要。如果用完文件后没有关闭，则在程序退出前，LabVIEW 并不关闭打开的文件，这极可能导致数据文件被破坏。另一方面，这一特点可以用在连续对文件写入多个记录时来提高文件的操作效率。

例如基于图 14-4 所示的例子，要求写入文件的记录并非 1 条，而是 3 条，则可以使用如图 14-5 所示的代码。程序在完成所有记录的写入操作前，并没为每条记录的写入频繁打开、关闭文件，而是在文件打开后，连续写完所有记录后再关闭文件，这种方式极大地提高了程序的运行效率。

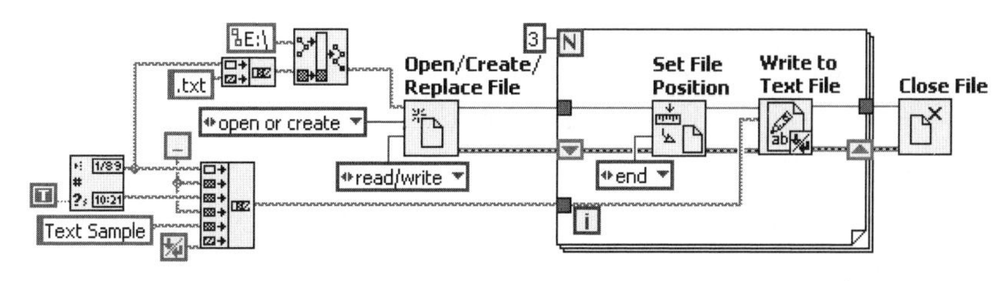

图 14-5　在文本文件末尾添加 3 条记录

还有一点需要注意，在“读 / 写文本文件”函数的右键菜单中有一个“转换行结束符”（Convert EOL）选项。当选择了该选项后，“写文本文件”函数将把所有基于平台的行结束符转换为 LabVIEW 的行结束符，例如，会将 UNIX 或 macOS 系统中单独的“\r”和“\n”行结束符转换成“\r\n”；而“读文本文件”函数则会把所有基于平台的行结束符转换为换行符，如将“\r”和“\r\n”转换为“\n”。

读文本文件的过程和写文本文件的过程类似。不同的是“读文本文件”函数有一个 I32 类型的“计数”（Count）输入端，表示要从文本文件中读取的字节数（Bytes）。当设置为 -1 时，表示读取整个文本文件的内容。由计数参数的类型可知，该函数能读取的最大字节数就是 I32 范围的上限，如果文件大小超过 I32 的最大范围，则必须分段读取文件。此外，“读文本文件”函数的右键菜单中有一个“读取整行”（Read Lines）选项，选择后函数将以行（而不是字节）为单位读取文本文件。

文本文件内容的清空也是编程人员经常遇到并讨论的热点问题之一。通常可以通过以下两种方法实现文件内容的清空。

（1）新创建的一个文件替换已有数据文件。

可以通过使用“打开 / 创建 / 替换文件”函数，将“操作”（Operation）参数设置为“替换并创建”（Replace Or Create）来实现。

（2）设置已有文件的大小为 0。

可以通过使用“设置文件大小”（Set File Size）函数将已有文件的大小设置为 0，丢弃原有数据来实现。与第一种方法相比，这种方法不需要重新关闭再打开文件就可以直接使用。图 14-6 是一个典型例子。虽然程序将字符串“Sample Text”写入了文本文件，但随后通过“设置文件大小”函数又清空了文件内容，因此，如果打开 E 盘根目录下的“Clearn.txt”文件，会发现其中并无任何字符。

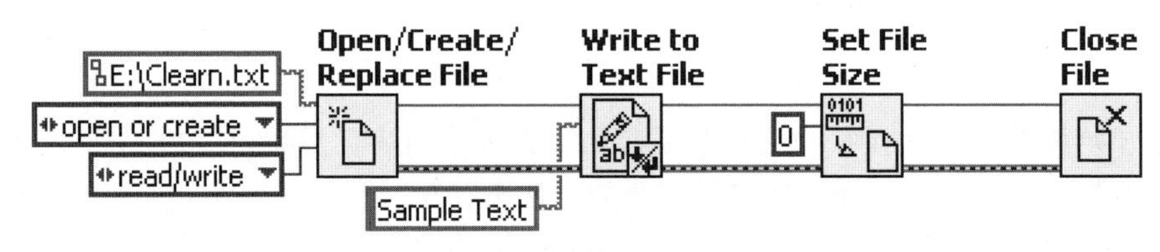

图 14-6 清空文件内容

文本文件最大的优点在于其可读性和易用性。但是由于数据的 ASCII 码表示通常要比数据本身大，因此，如果使用文本格式存储其他非文本格式的数据（如图形或图表数据等），就会占用较大的存储空间。例如，将 -123.4567 作为单精度浮点数保存时只需 4 字节，而如果使用 ASCII 码表示，需要 9 字节，每个字符占用 1 字节。

另外，很难随机访问文本文件中的数值数据。尽管字符串中的每个字符占用 1 字节的空间，但是将一个数值表示为字符串所需要的空间通常是不固定的。如需查找文本文件中的第 9 个数值，LabVIEW 必须先读取和转换前面 8 个数值。

更糟糕的是，将数值数据保存在文本文件中可能会影响数值精度。计算机将数值保存为二进制数据，通常情况下数值以十进制的形式写入文本文件。因此将数据写入文本文件时，可能会丢失数据精度。二进制文件并不存在这种问题，因此，研究虚拟仪器项目中用于数据存储的其他文件格式十分必要。

14.1.2　二进制文件

与文本文件不同，二进制文件基于二进制值编码，而不是字符编码。可以在程序中随机访问二进制文件中任何位置的内容。二进制文件相对来说占用的磁盘空间较少，且存储和读取数据时无须在文本表示与数据之间进行转换，因此存储效率更高。另外，由于二进制文件的存储格式与数据在内存中的格式一致，无须转换，所以读取文件的速度更快。但是二进制文件不能像文本文件那样直接被人阅读，只能通过机器读取。

二进制文件的操作方式与文本文件类似，也满足打开文件、读写数据和关闭文件的三步流程。LabVIEW 为二进制文件的操作提供专门的“读二进制文件”（Read From Binary File）和“写二进制文件”（Write To Binary File）函数。编程时，也可以使用打开文件、读写数据和关闭文件的三步流程。

图 14-7 和 14-8 给出了一个读写二进制文件的例子。该例子将一个 I32 和一个 DBL 类型的数值打包成簇后写入二进制文件。在从文件中读取数据时，又将文件中所有包含 I32 和 DBL 元素的簇数据全部读出。

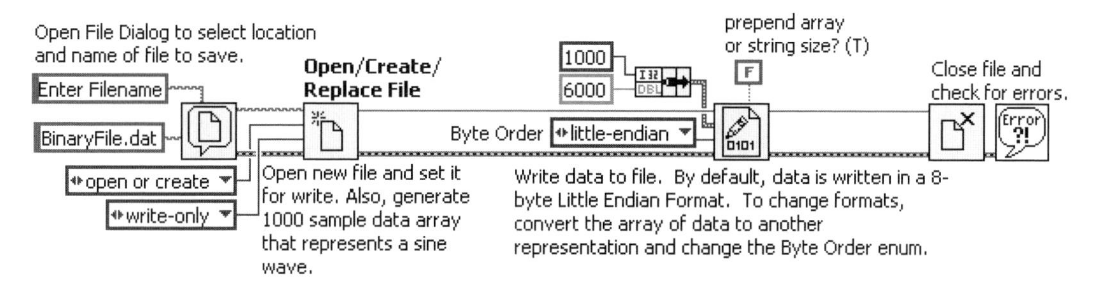

图 14-7　二进制文件写入

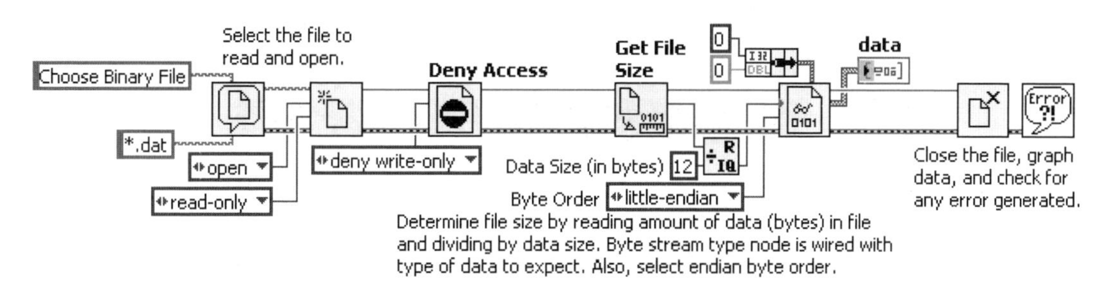

图 14-8　二进制文件读取

由程序可知，二进制文件是根据其数据组织方式的不同进行操作的。在上例中，自定义了簇来组织写入文件的数据，读取时必须以该簇类型为单元读取文件中的数据。再如 BMP 格式（图 14-9）的文件规定了文件各字节段 / 块的含义，只需要按照相应的编码方式进行解码，就可以得到 BMP 文件的内容。因此，使用记事本无法查看 BMP 文件的内容，只能使用可以阅读 BMP 格式文件的工具来查看。

由以上程序可知，可以自由地按照任何自定义的数据结构和文件组织方式在二进制文件中保存数据，但是这种自由是通过为数据读取提供相应的解码模块换来的。此外，二进制文件读 / 写函数中有两个参数比较重要，一个是写二进制文件函数中的“在文件前增加数组或字符串的大小”（Prepend array or string size）参数，另一个是“字节顺序”（Bytes Order）。

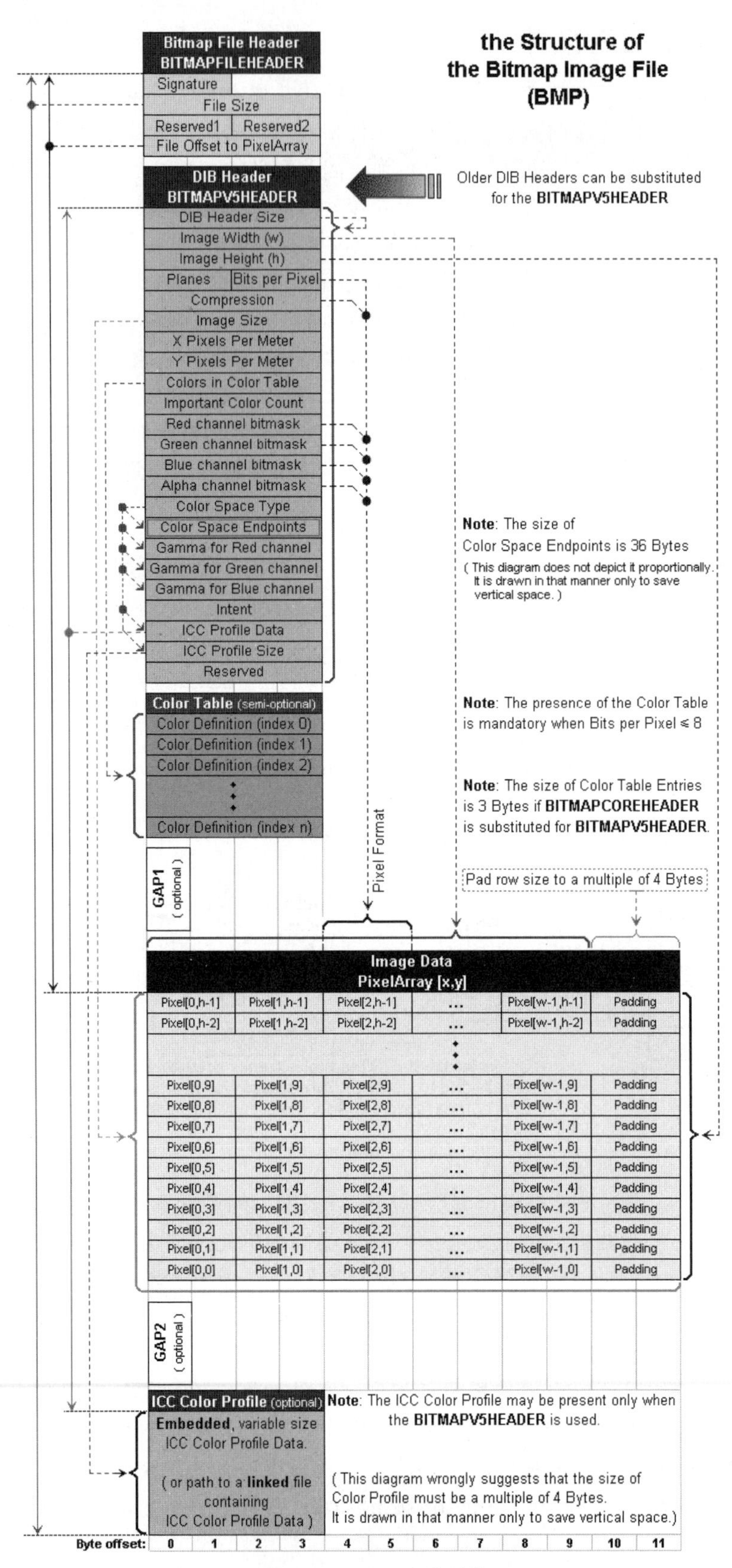

图 14-9　BMP 文件结构

参数“在文件前增加数组或字符串的大小”表示当输入端的数据类型是数组或字符串时，是否在文件首部添加一个32Bits（4 Bytes）的整型数，来记录该数组的大小或字符串的长度。默认情况下该参数的值是True，表示会在写二进制文件时，将数组或字符串大小或长度信息写入文件头，这意味着整个文件的大小会多出4字节。例如，如果将前述例子中的数据簇改为数组，则最终生成的文件大小将是数组长度再加上4。

参数“字节顺序”用于约定由多个字节组成的数据是按照高字节在前、低字节在后的顺序表示（即最高有效字节占据最低的内存地址），还是按照相反的顺序表示。前者通常被称为Big-endian或“网络顺序”（Network Order），后者被称为Little-endian。LabVIEW还提供一种称为“主机顺序”（Host Order）或“本地顺序”（Native Order）的数据访问方式，这种方式可以根据程序运行环境，自动选择文件读写时的字节顺序，可以有效提高文件读写速度。

在各种计算机体系结构中，字节、字等的存储机制有所不同，这使得按照何种字节顺序存储或在通信时传递数据极为重要。如果不约定一致的规则，将无法进行正确的编 / 译码，从而导致存储或通信失败。例如Windows、Linux和ARM终端使用“Little-endian”字节顺序，而在Mac OS X读取其他平台上写入的数据时，应使用“Big-endian”格式。

总之，二进制文件有存储速度快、效率高等优点，但是通常无法被常用的字符处理程序直接读取，必须通过专用的应用程序读取。对特有的数据结构而言，需要了解数据单元的组织结构，才能够快速、准确地检索和定位数据在二进制文件中的位置。此外，为了识别二进制文件的基本信息，往往会在文件的头部增加一些基本的头文件信息，用来描述文件的组成。如BMP格式文件在头部使用14字节表示文件信息，用40字节表示位图信息，这些信息使得程序员可以快速获取BMP文件的字节大小、位图像素、分辨率、颜色等相关信息。

14.1.3 数据记录文件和电子表格文件

在二进制文件中，可以按照自定义的文件组织结构和数据结构来组织和存储数据。但是在测试测量系统开发过程中，大多数情况需要被保存的数据记录是同类型数据，只是这些数据类型比较复杂而已。这时就希望以一种相对简单的文件组织方式来保存数据，以便能提高文件读写的速度，简化文件操作。

数据记录文件以相同的结构化数据记录序列存储数据，每行均表示一个记录。数据记录文件中的每个记录必须是相同的数据类型（通常是簇）。LabVIEW会将每个记录作为含有待保存数据的簇写入该文件。每个数据记录可由任何数据类型组成，并可在创建该文件时确定数据类型。图14-10对数据记录文件存储方式进行了说明。图中每行数据是一个类型相同的复杂数据簇结构，由四个不同的元素Element1 ～ Element4组成，这种方式与电子表格比较类似。

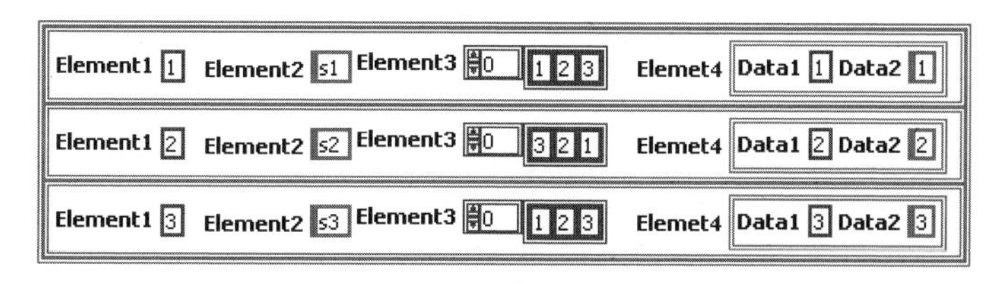

图14-10　数据记录文件存储方式

数据记录文件将原始数据块作为一个记录读取，如果要访问文件中某个数据记录，并不需要读取该记录之前的所有记录，只需要记住该记录的编号即可（创建数据记录文件时，

LabVIEW 会按顺序给每个记录分配一个记录号）。因此使用数据记录文件简化了数据查询过程，可以更快、更简便地随机访问数据记录文件。但是一旦更新了读写数据记录文件的数据类型，VI 就无法再读写以旧版本数据类型创建的数据文件。

与其他文件操作类似，LabVIEW 也提供读、写数据记录文件的函数，使用这些函数可以非常快速、方便地操作数据记录文件。图 14-11 和 14-12 是读、写数据记录文件的示例。

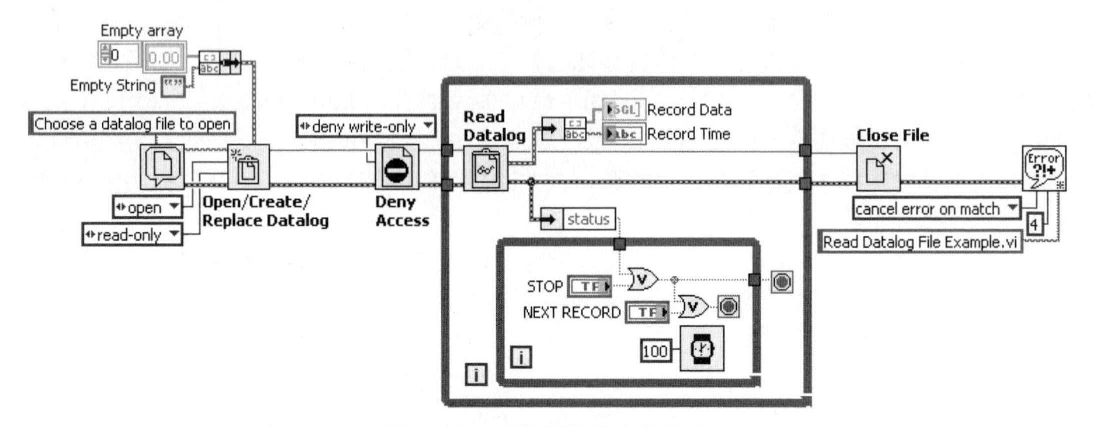

图 14-11　读数据记录文件示例

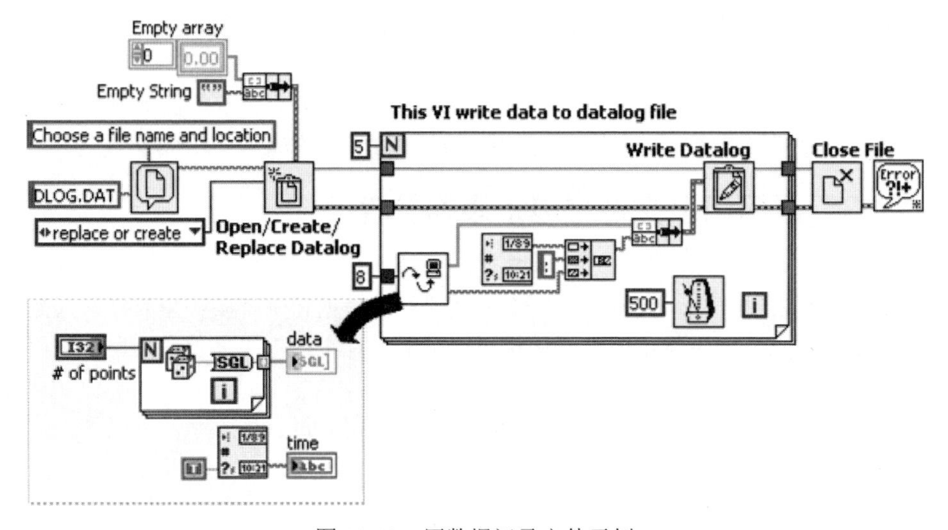

图 14-12　写数据记录文件示例

在写数据记录文件的程序代码中，程序先打开数据记录文件。与其他文件打开方法不同，在打开数据记录文件时，必须说明要写入数据记录文件的数据类型。打开文件后，程序通过 For 循环将 5 个数据记录连续写入文件中。这些数据均为同种簇类型，由数值数组和字符串构成。其中数值数组中的数据元素为随机生成的 SGL 类型。每写完一个数据记录后，LabVIEW 会自动将文件读写的地址，按照数据类型包含的总字节数为单位，向下移动一个单元。因此，使用 For 循环连续写数据记录时，无须使用代码维护文件游标的位置。数据记录写完后关闭文件即可。

图 14-11 是逐个读取数据记录文件中数据记录的例子。程序一开始先打开数据记录文件，并在打开文件时说明了文件中保存数据记录的数据类型。注意，这个数据类型必须与写入文件的数据记录类型相同，才能正确读取。程序使用 While 循环实现数据记录的浏览，每单击一次 NEXT RECORD 按钮，程序就读取下一个数据记录，直到浏览到文件末尾，或用户单击

了 STOP 按钮为止。循环退出后，文件关闭。

由以上例子可以看出，在使用数据记录文件存储数据时，无须按照特定的文件结构对数据进行组织，只要在读取或写入数据记录文件时，事先指定数据记录的类型即可。数据记录文件中可包含各种数据类型，具体使用何种数据类型，由数据记录到文件的方式决定。

LabVIEW 还提供一种与数据的组织方式与数据记录文件类似的文件格式：电子表格文件（后缀名为 .xls）。可以用来把一维或二维字符串、带符号整数或双精度数的数组写入文件。它使用含有分隔符（如制表符）的字符串保存数据，最终生成的数据类似于表格，可以在字处理软件中查看或导入 Excel。因此，其内部组织数据的方式与数据记录文件的组织方式有相似之处。

但是电子表格文件与数据记录文件在数据存储方式上有本质的区别。电子表格文件属于文本文件，而数据记录文件属于二进制文件。由于文本文件使用 ASCII 码保存数据，而二进制文件直接使用二进制编码保存数据。这意味着如果要在电子表格文件中保存带符号整数或双精度数的二维或一维数组，必须先将其转换为字符串，才能将其写入新的字节流文件，或添加至现有文件。如果涉及的数据量很大，则电子表格文件要比数据记录文件的效率低。

此外，数据记录文件可以支持的数据类型远远比电子表格文件多。电子表格文件只支持一维或二维字符串、带符号整数或双精度数的数组，而数据记录文件中的数据类型可以是任何自定义的复杂类型。但是由于电子表格文件有很好的可读性，而且在 LabVIEW 中操作起来非常容易，因此在数据量较小时，经常使用。

图 14-13 显示了 LabVIEW 提供的读、写电子表格文件函数。这两个函数为高度封装的多态函数。使用这两个函数时，开发人员甚至不用添加代码打开和关闭文件。这些工作都被封装在 VI 中，可以通过查看 VI 的代码来证实这一点。

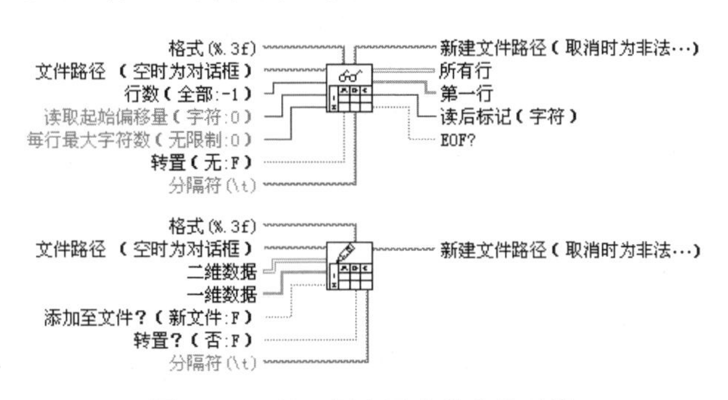

图 14-13　读、写电子表格文件函数

图 14-14 显示了读、写电子表格文件的例子。由程序可以看出操作极容易，但是一定要记住这种方便性是通过牺牲存储效率获得的。

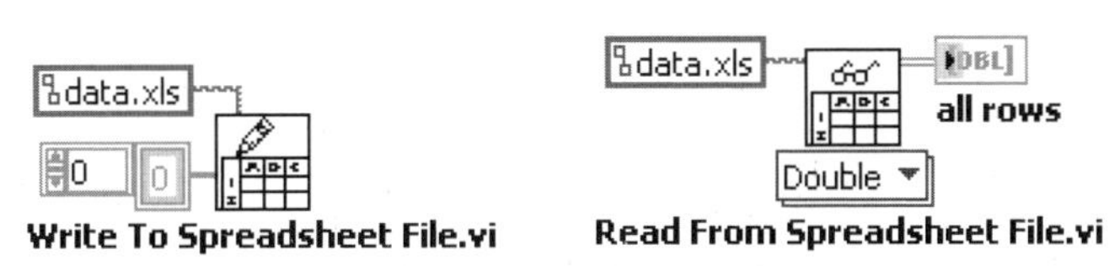

图 14-14　读、写电子表格文件示例

14.1.4　配置文件

配置文件是一种以特定方式组织操作系统或软件配置信息的文本文件。在 Windows 系统中，配置文件后缀名为 .ini（因此通常又将配置文件称为 INI 文件），最早出现在 Windows 3.x

平台中，用于统管 Windows 的各项配置。在 Windows 95 操作系统中，注册表取代了 INI 文件对系统配置进行管理。但是 INI 文件的理念却被广泛使用到其他操作系统和各种应用软件中，用于保存用户对应用程序的配置参数，如记录仪器的地址、报表路径等。

```
Language.ini - Notepad
File Edit Format View Help
;中文界面信息
[GUI_CH]
User = "用户名: "
Pwd = "密码: "
Login = "登入/登出"
Lang = "语言:"

;英文界面信息
[GUI_EN]
User = "User Name:"
Pwd = "Password:"
Login = "Login/Logout"
Lang = "Language:"
```

图 14-15 INI 文件示例

Windows 配置文件由段（Section）、键名（Key）和键值（Value）组成文本文件。各段的名称位于方括号中，段又包括由等号（=）隔开的一对键名（Key）和键值（Value）。文件中的每个段和键名必须唯一。键名代表配置选项，键值代表该选项的设置。图 14-15 显示了一个用于保存软件语言配置信息的 INI 文件，其中以“;”开头行为注释。“[GUI_CH]”和“[GUI_EN]”之间的文本为一段，“[GUI_CH]”到文件结束为另一段。每段又包含 User、Pwd、Login 和 Lang 四个键名，不同段中的每个键值不同。

INI 文件对格式有一定的要求。例如要求文件中每一行必须为空、段名、键名及键值或注释中的一种，具体要求如表 14-2 所示。

表 14-2 INI 文件对格式的要求

段 名	键 名	键 值
（1）段名至少为一个字符。 （2）名称中不要使用右括号。 （3）不要使用不可打印字符。 （4）使用左括号作为第一个非空白字符。 （5）在文本行结束位置使用右括号。 （6）所有字符在一行内	（1）应该与键值共同构成一行。 （2）键名后应跟一个等号。 （3）键名至少为一个字符。 （4）键名不要以分号为首字符。 （5）键名中不要出现等号。 （6）键名不要以左括号为首字符。 （7）键名不要以空白字符开始。 （8）键名不要以空白字符结束。 （9）键名不要使用不可打印字符	（1）保持数据类型的一致性。 （2）不要以空白字符开始。 （3）不要以空白字符结束

LabVIEW 提供一组用于操作配置文件的函数集（图 14-16）。使用这些函数可以方便地进行创建配置文件、查询、编辑键值以及删除段等操作。其中两个主要函数“读取键值”（Read Key）和“写键值”（Write Key）都是多态函数，可以支持字符串、路径、布尔、64 位二进制双精度浮点数、32 位二进制有符号整数和 32 位二进制无符号整数等多种数据类型。

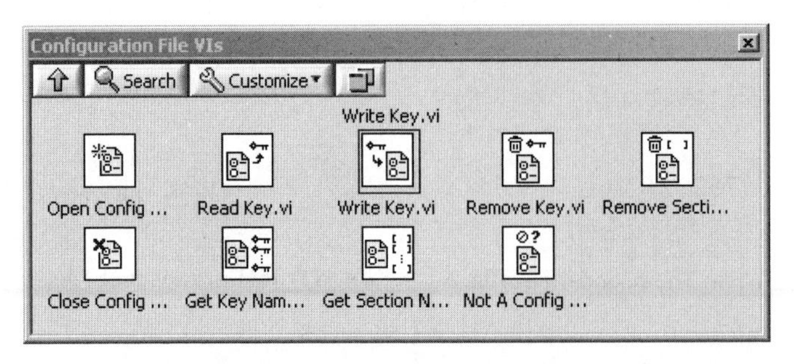

图 14-16 INI 文件操作函数集

由于 INI 文件本质上是文本文件，所以这些函数实际上是通过对文本文件操作函数进行再次封装后得到的。可以通过双击后面板上这些函数的图标，查看其程序代码得到证实。

图 14-17 显示了一个写 INI 文件的例子。程序在一个新建的 INI 文件中，分别添加了两

个 Section，并在各段中写入键名、键值。生成的 INI 文件内容如图 14-18 所示。如果要读取所创建 INI 文件中的内容，可以使用如图 14-19 所示的代码。

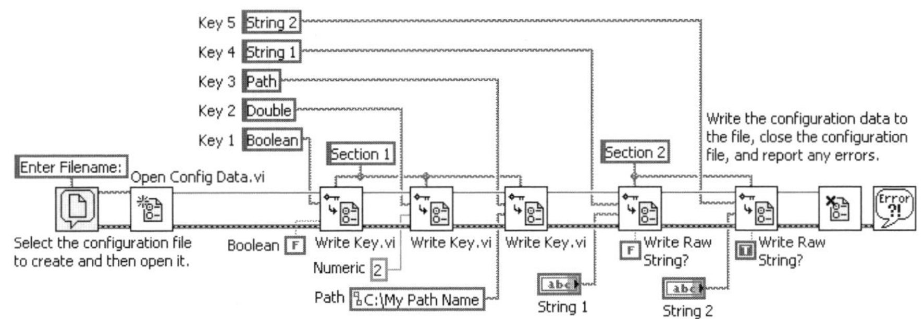

图 14-17 写 INI 文件示例

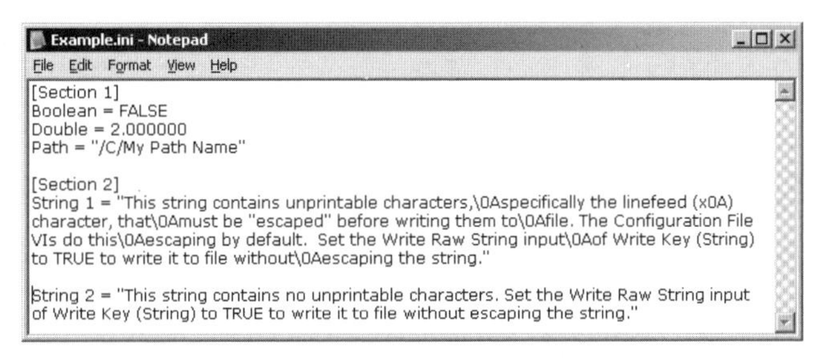

Example.ini - Notepad

File Edit Format View Help

```
[Section 1]
Boolean = FALSE
Double = 2.000000
Path = "/C/My Path Name"

[Section 2]
String 1 = "This string contains unprintable characters,\0Aspecifically the linefeed (x0A) character, that\0Amust be "escaped" before writing them to\0Afile. The Configuration File VIs do this\0Aescaping by default.  Set the Write Raw String input\0Aof Write Key (String) to TRUE to write it to file without\0Aescaping the string."

String 2 = "This string contains no unprintable characters. Set the Write Raw String input of Write Key (String) to TRUE to write it to file without escaping the string."
```

图 14-18 生成的 INI 文件内容

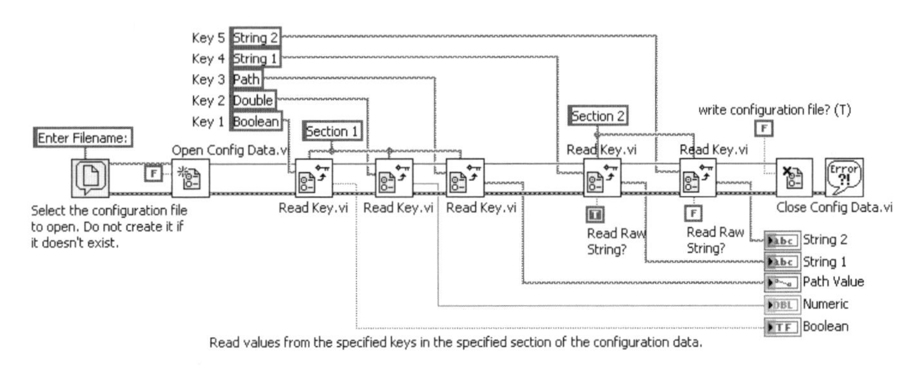

图 14-19 读 INI 文件示例

由程序可以看出，INI 文件操作方法与其他文件操作方法类似，都遵循打开、读写和关闭的三步原则。读、写 INI 文件键值的函数为多态函数，可以适应多种不同类型的数据。此外，在读写字符串函数时，有一个“读、写原始字符串（Read/Write Raw String）?”的参数，用于指定读取或写入的字符串是否包括不可打印字符或反斜杠（\）字符。如值为 FALSE（默认值），VI 将反斜杠（\）转换为两个反斜杠（\\），并通过反斜杠和十六进制字符（\××）保留不可打印字符（例如，<Esc>）。如值为 TRUE，VI 不对字符串中的不可打印字符进行转换。

14.1.5 TDMS 文件

TDMS（Technical Data Management Streaming）文件是 NI 公司主推的一种用于存储测量数据的二进制文件。TDMS 文件可以看作是一种高速数据流文件，它兼顾了高速、易存取和方便等多种优势，能够在 NI 公司的各种数据分析软件（如 LabVIEW、LabWindows CVI、Signal Express、NI DIAdem）、Excel 和 MATLAB 之间进行无缝交互，也能够提供一系列 API 函数供其他应用程序调用。

TDMS 文件基于 NI 公司的 TDM 数据模型。该模型从逻辑上分为文件（File）、通道组（Channel Groups）和通道（Channels）三层，每个层次上都可以附加特定的属性（Properties）。设计时可以非常方便地使用这三个逻辑层次定义、查询或修改测试数据。在 TDMS 文件内部，数据是通过一个个数据段（Segment）保存的。当数据块被写入文件时，实际上是在文件中添加了一个新的数据段。图 14-20 显示了 TDMS 文件的逻辑结构和物理文件中数据段的构成。

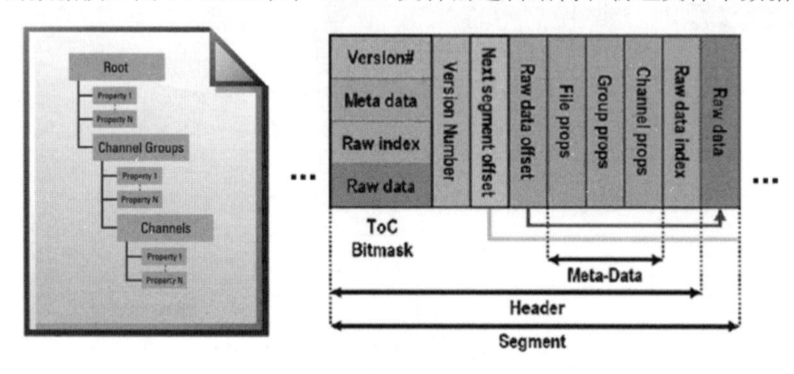

图 14-20　TDMS 文件的逻辑结构和物理文件中数据段的构成

TDMS 文件中的数据段又可以被分为“数据头”（Header，由 ToC Bitmask 和 Meta data 组成）和“原始数据”（Raw data）。数据段中主要域的含义如表 14-3 所示。

表 14-3　TDMS 数据段中主要域的含义

域	含　义
ToC Bitmask	32 位整型数，表示该数据段是否包含 Meta data、Raw data
Version Number	表示数据段的版本，使用它可以确保兼容一些旧的 TDMS 文件版本
Next Segment Offset	表示下一个数据段的偏移字节
Raw data offset	表示本段中原始数据的偏移字节
Meta data	属性存储字段
Raw data	原始数据

TDMS 文件的这种数据段组织结构使得二进制测量文件保存数据的精度更高，占用的磁盘空间更少，而且操作方便。虽然物理上数据被分散保存在各个数据段中，但是由于每个数据段被贴上“组、通道以及属性”标签，因此读取数据时就可以按照这些“标签”，将逻辑上相同的数据全部筛选出来。当然，如果希望直接读取原始数据而并不关注属性时，也可以利用 Raw data offset 参数中的信息，直接获得原始数据。由于在 TDMS 中写入数据时，实际上是添加了新的数据段，因此不必关心新数据之前的内容。这就使得写 TDMS 文件的速度与 TDMS 文件的大小无关，提高了存取效率。TDMS 物理结构中的数据段与逻辑结构并没有一一对应关系。可能一个通道对应着多个数据段，也可能一个数据段中包含多个通道。

LabVIEW 为 TDMS 文件操作提供了完整的函数集，这些函数又被分为标准 TDMS 函数和高级 TDMS 函数。标准 TDMS 函数用于常规 TDMS 文件操作，而高级 TDMS 函数则用来执行类似于 TDMS 异步读取和写入等高级操作。但是错误使用高级 TDMS 函数可能损坏 .tdms 文件。图 14-21 显示了 LabVIEW 提供的标准 TDMS 函数和高级 TDMS 操作函数。

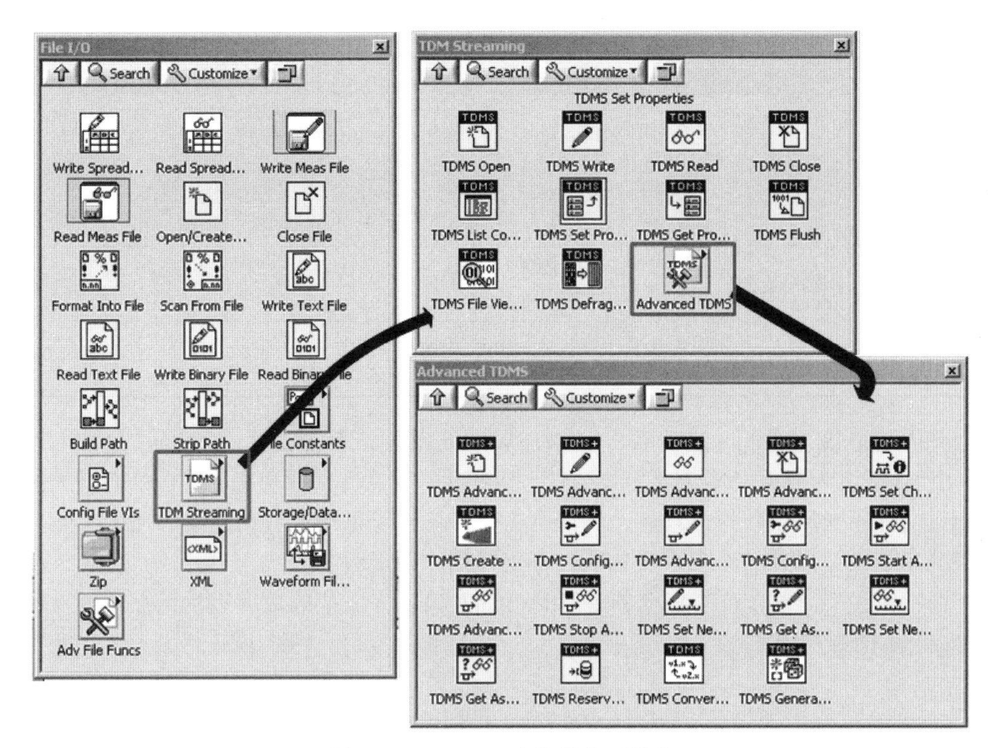

图 14-21　TDMS 文件操作函数集

多数情况下，在 LabVIEW 中操作 TDMS 文件时，使用标准 TDMS 函数就够用了，这些标准函数的功能描述如表 14-4 所示。

表 14-4　TDMS 标准文件操作函数

函　数	说　明
打开 TDMS 文件（TDMS Open）	打开用于读写操作的 .tdms 文件。 该 VI 也可用于创建新文件或替换现有文件。 通过该函数创建 .tdms 文件时，还可创建 .tdms_index 文件。 使用 TDMS 关闭函数可关闭文件的引用
读取 TDMS 文件（TDMS Read）	读取指定的 .tdms 文件，并以数据类型输入端指定的格式返回数据。 如数据包含缩放（Scaling）信息，VI 可自动换算数据。 总数和偏移量输入端用于读取指定的数据子集
关闭 TDMS 文件（TDMS Close）	关闭用 TDMS 打开函数打开的 .tdms 文件
获取 TDMS 属性（TDMS Get Property）	返回指定的 .tdms 文件、通道组或通道的属性。 连线至组名称或通道名输入端，该函数可返回组和 / 或通道的属性。 如果输入端不包含任何值，则函数返回指定 .tdms 文件的属性值
列出 TDMS 文件内容（TDMS List Content）	列出 TDMS 文件输入端指定的 .tdms 文件中包含的组名称和通道名称
设置 TDMS 属性（TDMS Set Property）	设置指定的 .tdms 文件、通道组或通道的属性。 如果连接组名称（Group Name）和通道名（Channel Name），函数可在通道中写入属性。 如果只连接组名称，函数可在通道组中写入属性。 如未连接组名称和通道名，属性由文件确定。 如只连接通道名，运行时发生错误

续表

函　　数	说　　明
刷新 TDMS（TDMS Flush）	写入所有 .tdms 数据文件的缓冲至 .tdms 文件输入指定的文件
TDMS 碎片整理（TDMS Defragment）	对文件路径输入端中指定的 .tdms 文件数据进行碎片整理。.tdms 数据较为杂乱或需提高性能时，可使用该函数对数据进行整理
文件查看器（TDMS File Viewer）	打开文件路径指定的 .tdms 文件，在 TDMS 文件查看器对话框中显示文件数据
TDMS 写入（TDMS Write）	使数据写入指定的 .tdms 文件。组名称输入和通道名输入的值可确定要写入的数据子集

当完成 TDMS 文件写入操作后，LabVIEW 会自动生成两个文件：*.tdms 文件和 *.tdms_index 文件。前者为数据文件（或主文件），后者为索引文件（或头文件）。二者最大的区别在于索引文件不含原始数据，只包含属性等信息，这样可以增加数据检索的速度，并且利于搜索 TDMS 文件。该文件是自动生成的，不需要程序员干预。

下面举例说明。假定要对三个通道 Ch1、Ch2 和 Ch3 采集的数据进行保存，可以使用如图 14-22 所示的程序来实现。

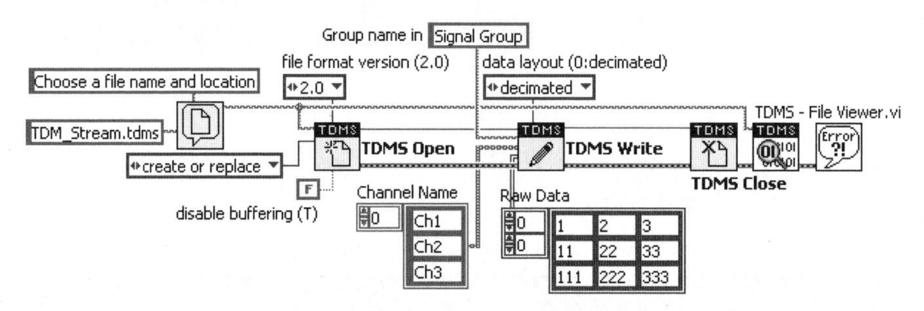

图 14-22　使用 TDMS 文件保存采集的数据

从 LabVIEW 2009 开始，NI 公司进一步改进了 TDMS 格式，将版本从 1.0 升级到 2.0，并且提高了对高速流盘（Streaming）和 DAQmx 的支持，比上一版本的 TDMS 文件在速度方面至少有 4 倍的提升。上面的例子就使用了 TDMS 2.0 文件格式，并在写入数据时将三个通道逻辑上归类至 Signal Group 组。随后使用“TDMS 写入”函数将数据写入 TDMS 文件。

TDMS 文件支持的数据类型有以下几种。

（1）模拟波形或一维模拟波形数组。

（2）数字波形。

（3）数字表格。

（4）动态数据。

（5）一维或二维数组（数组元素可以是有符号或无符号整数、浮点数、时间标识、布尔量或不包含空字符的由数字和字符组成的字符串）。

对于本例来说，使用了数组作为写入的数据类型。三个数据通道名称保存在字符串数组中，并与原始数据二维数组中每个一维数组元素对应。当然，如果要写入的数据是单通道的，则只要使用字符串命名通道，使用一维数组代替通道数据即可。写入 TDMS 文件的数据逻辑结构如图 14-23 所示。

如前所述，TDMS 文件每个逻辑层（文件、组和通道）都可以包括相应的属性。图 14-24 显示了前面例子中通道 1 的属性。可以看出通道 1 中数据来自数组的第一列（NI_

ArrayColumn=0），且通道中的数据共有 3 个（NI_ChannelLength=3），通道中数据类型为 NI 数据类型 3（NI_DataType=3，代表 32 位二进制整数）。

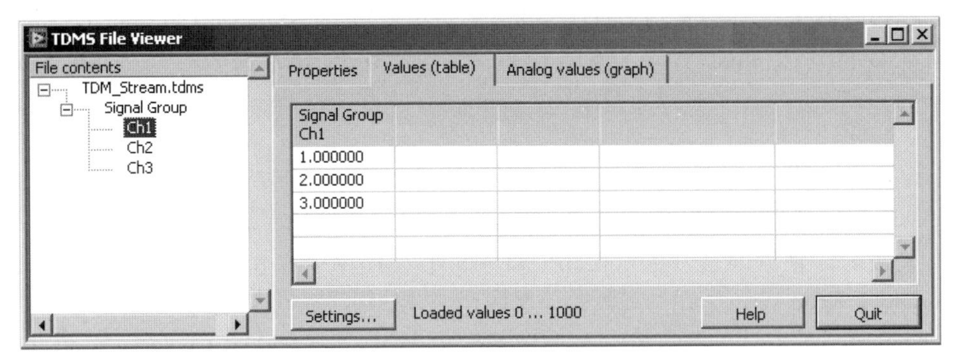

图 14-23　TDMS 示例文件中数据的逻辑结构

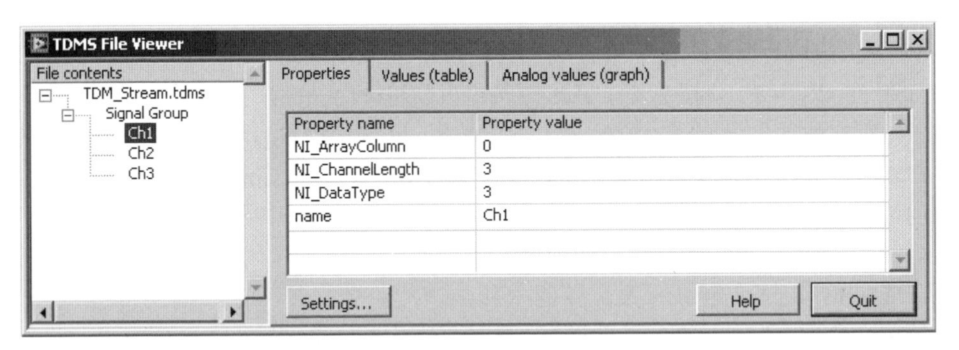

图 14-24　TDMS 示例文件中通道 1 的属性

读取 TDMS 文件的程序比较简单，如图 14-25 所示。读取数据时，如果不指定组和通道名，则“读 TDMS 文件”函数会将所有组和通道的数据都读出来。图 14-25 所示的代码中，由于指定了这些参数，程序只读出 Signal Group 组中通道 Ch1 的数据。在读写 TDMS 文件的函数中，均有一个用来指定 LabVIEW 是否禁用系统缓冲区来打开、创建或替换 .tdms 文件的参数 Disable Buffering。默认情况下，该参数的值为 TRUE，表明函数禁用系统缓存。另外，在某些特定情况下，禁用系统缓存可以加快数据传输。例如，如果使用冗余的磁盘阵列（RAID）存储数据，不使用缓存可极大地提高数据传输的速度。由于只有在大量传输数据时，才能体现缓存对传输速度的影响，因此，如果应用涉及重复读取计算机中的数据，可以考虑启用缓存。

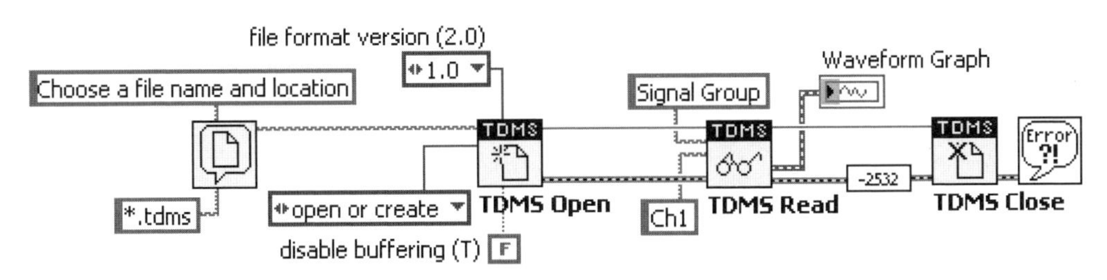

图 14-25　读取 TDMS 文件示例

除了标准函数集外，LabVIEW 还提供高级 TDMS 文件操作函数集合，这些函数主要用于执行诸如 .tdms 异步读写等高级操作。与标准 TDMS 函数相比，高级 TDMS 函数有下列优点。

（1）独立写入元数据和原始数据。

将数据写入 .tdms 文件时，数据中包含元数据（即数据的组、属性等信息）和原始数据。标准 TDMS 函数只能同时记录元数据和原始数据。高级 TDMS 函数则可独立写入元数据和原始数据。具体操作时，可以使用“TDMS 设置通道信息”（TDMS Set Channel Information）函数将元数据写入 .tdms 文件，然后使用“高级 TDMS 异步写入”（TDMS Advanced Asynchronous Write）函数将原始数据写入 .tdms 文件。

（2）异步读写数据。

在 Windows 平台上，标准 TDMS 函数只能同步读取或写入数据。当缓存大小有限或有大量数据需读取或写入时，同步读取或写入的速度较低。高级 TDMS 函数既支持同步读写，也支持异步读写。可以使用“TDMS 配置异步读取 / 写入”（TDMS Configure Asynchronous Read/Write）函数在后台分配缓存，并使用“启动 TDM 异步读取”（STDMS Start Asynchronous Read）函数和“高级 TDMS 异步读取”（TDMS Advanced Asynchronous Read）函数读取数据，或直接使用“高级 TDMS 异步写入”（TDMS Advanced Asynchronous Write）函数写入数据。

（3）随机读写数据。

与标准 TDMS 函数不同，高级 TDMS 函数可以随机读写 .tdms 文件中的数据。使用“TDMS 设置下一个读取位置”（TDMS Set Next Read Position）函数可以设置下一个读取数据的位置。使用“TDMS 设置下一个写入位置”（TDMS Set Next Write Position）函数可以指定写入现有数据的偏移量，从而覆盖该位置上的已有数据。

（4）写入数据前预留文件大小。

高级 TDMS 函数可预留写入文件的文件大小，避免文件系统层的文件分隔。“使用 TDMS 预留文件大小”函数在写入数据至 .tdms 文件之前预留文件的磁盘空间。

以下结合使用高级 TDMS 函数异步操作文件的例子，说明使用高级 TDMS 函数进行文件操作的方法。图 14-26 显示了使用高级 TDMS 函数异步写入文件的程序代码。

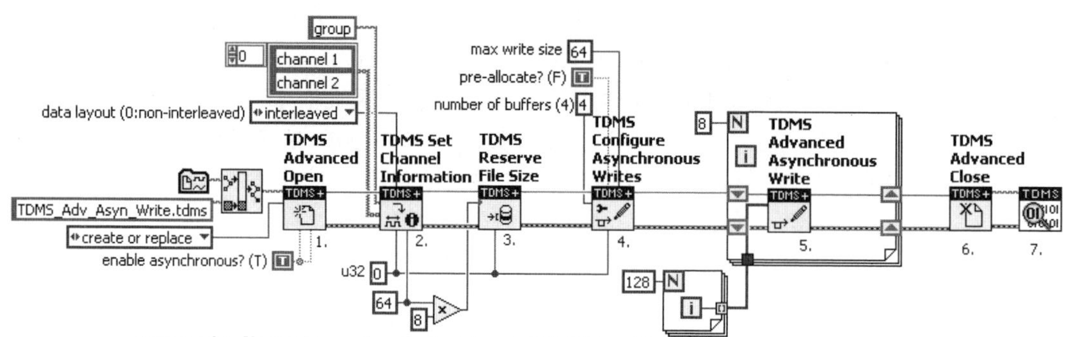
group
channel 1
channel 2
max write size
pre-allocate? (F)
number of buffers (4)
data layout (0:non-interleaved)
interleaved
TDMS Advanced Open
TDMS Set Channel Information
TDMS Reserve File Size
TDMS Configure Asynchronous Writes
TDMS Advanced Asynchronous Write
TDMS Advanced Close
TDMS_Adv_Asyn_Write.tdms
create or replace
enable asynchronous? (T)
u32
Write a .tdms file synchronously using the Advanced TDMS VIs and functions
1. Create a .tdms file with asynchronous mode enabled and buffering disabled.
2. Set the channel information. This VI creates a data group with two channels of data with the interleaved layout. The data type of each channel is unsigned 32-bit integer. This VI writes 64 values to each channel each time the TDMS Advanced Asynchronous Write function runs.
3. Reserve File Size, we want to write 8 times.
4. Configure Asynchronous Writes to configure that we have 4 asynchronsous writes and pre-allocate the write size.
5. Write asynchronously to the tdms file in for loop.
6. Close file.

图 14-26 使用高级 TDMS 函数异步写入文件

由程序可以看出，写入数据至 .tdms 文件的操作通常遵循以下步骤。

（1）使用“高级 TDMS 打开”（TDMS Advanced Open）函数打开 .tdms 文件，并通过设置参数 Enable Asynchronous 为 TRUE，激活对文件异步操作的支持。

（2）使用“TDMS 设置通道信息”（TDMS Set Channel Information）函数，设置原始数据的通道 Channel 1 和 Channel 2，并将其逻辑上归为组 Group。

“TDMS 设置通道信息”函数中的参数“数据布局”（Data Layout）指定了要通过流写入 .tdms 文件的数据格式，同一组中的通道必须使用相同的数据布局。数据布局有两种形式：交叉（interleaved）和非交叉（non-interleaved）。如果使用交叉形式，则在文件中会首先列出所有通道的第一个采样，然后列出所有通道的第二个采样，以此类推；如果使用非交叉方式，则在文件中会首先列出第一个通道的所有采样，然后列出第二个通道的所有采样，以此类推。另外，通过参数“数据类型”（Data Type）还可以指定文件操作的数据类型，输入可以是整数、浮点数或时间标识。

（3）使用“TDMS 预留文件大小”（TDMS Reserve File Size）函数预留写入的磁盘空间。

预留文件大小以采样为单位。预留文件大小 × 数据类型的字节数 = 函数预分配的实际大小上限，以字节为单位。例如，预留文件大小为 512，数据类型为无符号 16 位整数，则函数预分配的实际最大空间为 512×（16÷8） = 1024 字节。对于此例来说，预分配的空间大小为 64×8×（32÷8）=2048 字节。

（4）使用“TDMS 配置异步写入”（TDMS Configure Asynchronous Write）函数配置和分配异步写入的缓存。

函数中参数“写入大小上限”（Max Write Size）只有在参数“预分配”（Pre-allocate）的值为 TRUE 时有效，它指定了每个异步写入操作的上限。该参数以采样为单位，计算方法与预留文件大小中实际分配空间大小计算方法相同。如果通过“高级 TDMS 打开”函数禁用了系统的缓存打开、创建或替换文件，则实际的最大空间为磁盘扇区大小的倍数，以字节为单位（通过“高级 TDMS 打开”函数可获取磁盘的扇区大小）。对此例来说，虽然设定空间上限为 64×（32÷8）=256 字节，但是由于“高级 TDMS 打开”函数禁用了系统缓存，因此实际分配的空间大小为磁盘扇区大小的倍数。

参数“异步写操作数量上限”（Max Asynchronous Writes）指定了可同时进行异步写入操作的最大数量，默认值为 4，该输入的值必须小于 64。

（5）使用“高级 TDMS 异步写入”函数将采集到的数据通过数据流方式写入 .tdms 文件。

（6）使用“高级 TDMS 关闭”函数在异步写入进程结束后关闭 .tdms 文件。

图 14-27 显示了使用高级 TDMS 函数异步读取文件的程序代码。由程序可以看出，操作步骤基本上与写文件操作步骤类似。不同之处在于，使用“TDMS 配置异步读取”函数配置和分配异步读取的缓存后，需要先使用“TDMS 开始异步读取”函数把数据读取至缓存，才能使用“高级 TDMS 异步读取”函数从缓冲区中取出数据。在取出数据过程中，可以使用“TDMS 设置下一个读取位置”函数设置要开始读取数据的任意文件位置，也可以使用“TDMS 停止异步读取”函数停止读取数据，还可以使用“TDMS 获取异步读取状态”函数检测包含可用数据的缓冲区数量。

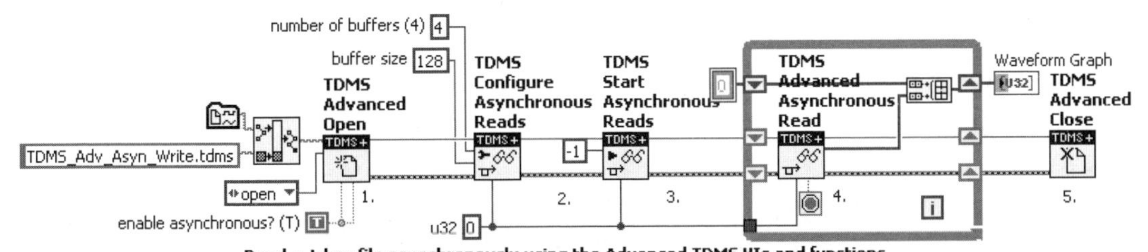
number of buffers (4)
4
buffer size
128
TDMS Advanced Open
TDMS Configure Asynchronous Reads
TDMS Start Asynchronous Reads
TDMS Advanced Asynchronous Read
Waveform Graph
TDMS Advanced Close
TDMS_Adv_Asyn_Write.tdms
open
enable asynchronous? (T)
u32
-1
1.
2.
3.
4.
5.
Read a .tdms file asynchronously using the Advanced TDMS VIs and functions
Run the TDMS Advanced Asynchronously Write example VI to generate a .tdms file before running this example.
1. Open the .tdms file with asynchronous mode enabled and buffering disabled.
2. Configure the asynchronous reads to use four buffers.
3. Start the asynchronous reads.
4. Use the TDMS Advanced Asynchronous Read function in a While Loop to read out the data until the read process finishes.
5. Close the file.

图 14-27　使用高级 TDMS 函数异步读取文件

不要认为 TDMS 高级函数只为异步文件操作而设计，它同样支持类似标准 TDMS 函数的同步文件操作。图 14-28 和图 14-29 显示了使用高级 TDMS 函数同步写/读文件的例子。可以看出使用高级 TDMS 函数不仅可以实现同步操作，还能将其他高级函数提供的功能与文件操作结合起来使用，使程序功能更强大。

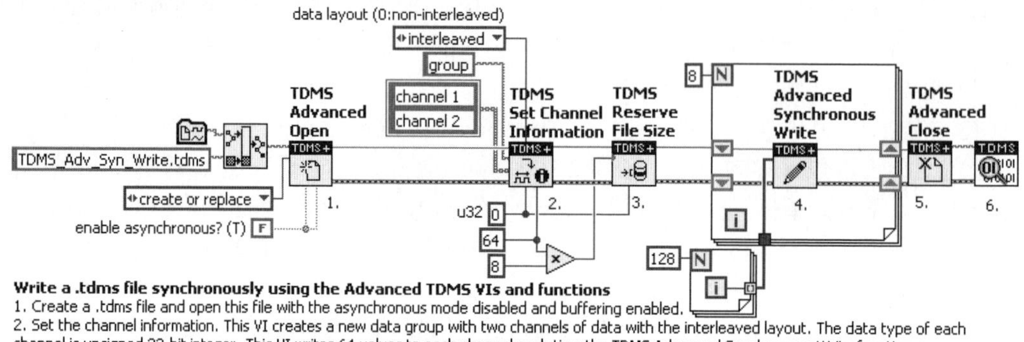
data layout (0:non-interleaved)
interleaved
group
channel 1
channel 2
TDMS Advanced Open
TDMS Set Channel Information
TDMS Reserve File Size
TDMS Advanced Synchronous Write
TDMS Advanced Close
TDMS_Adv_Syn_Write.tdms
create or replace
enable asynchronous? (T)
u32
64
8
128
1.
2.
3.
4.
5.
6.
Write a .tdms file synchronously using the Advanced TDMS VIs and functions
1. Create a .tdms file and open this file with the asynchronous mode disabled and buffering enabled.
2. Set the channel information. This VI creates a new data group with two channels of data with the interleaved layout. The data type of each channel is unsigned 32-bit integer. This VI writes 64 values to each channel each time the TDMS Advanced Synchronous Write function runs.
3. Reserve the file size.
4. Write data synchronously to the .tdms file in a For Loop.
5. Close the file.
6. Launch the TDMS File Viewer VI to display the file.

图 14-28 使用高级 TDMS 函数同步写入文件

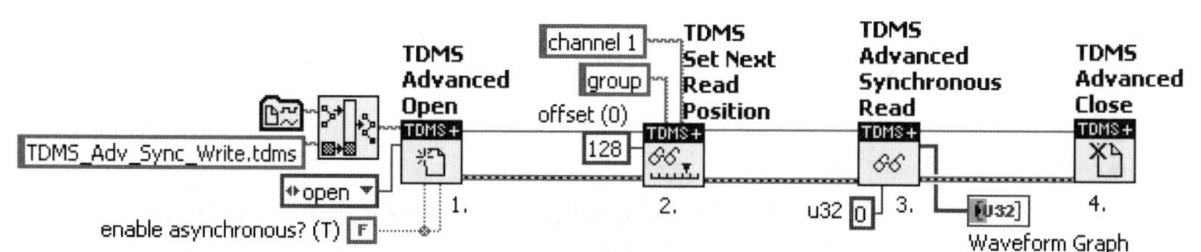
channel 1
group
TDMS Set Next Read Position
TDMS Advanced Open
TDMS Advanced Synchronous Read
TDMS Advanced Close
offset (0)
128
TDMS_Adv_Sync_Write.tdms
open
enable asynchronous? (T)
u32
Waveform Graph
1.
2.
3.
4.
Read a .tdms file synchronously using the Advanced TDMS VIs and functions
Run the TDMS Advanced Asynchronously Write example VI to generate a .tdms file before running this example.
1. Open the .tdms file with synchronous mode and don't use disable buffering.
2. Set of the next read position to the 128th sample of channel 1 in group.
3. Read the data from the specified position synchronously and display the data in a waveform graph.
4. Close the file.

图 14-29 使用高级 TDMS 函数同步读取文件

TDMS 高级函数集合中，还有一个“TDMS 创建换算信息”（TDMS Create Scaling Information）函数，它可以对文件中的数据创建换算信息，并将该信息写入 .tdms 文件。采集到原始数据时，需要使用如线性、多项式、表格、倒数或者各种传感器（热电偶、RTD、应变、热敏电阻）的关系对某些通道的数据进行转换，但要注意该改变是不可逆的。

LabVIEW 中还有两种可以保存测量数据的文件格式：“TDM 二进制文件”（.tdm）和“基于文本的测量文件”（.lvm）。TDM 二进制文件通过基于 XML 的格式保存波形属性，以及包含该波形数据的二进制文件的链接。它是 TDMS 文件之前的版本，可以使用“读/写测量文件 Express VI”或“存储/数据插件 VI”对 TDM 测量文件进行读取或写入数据的操作。

基于文本的测量文件（.lvm）可用于保存“写入测量文件 Express VI”函数生成的数据。该文件是用制表符分隔的文本文件，可在电子表格应用程序或文本编辑应用程序中打开。.lvm 文件不仅包括 Express VI 生成的数据，还包括该数据的头信息，如生成数据的日期和时间等。在 .lvm 文件中，LabVIEW 保存 6 位精度的数据。.lvm 文件用逗号作为小数的分隔符，如果需将 .lvm 文件中的数据从字符串转换为数值，可通过本地化代码格式说明符将“点”指定为小数点分隔符。与 .lvm 文件相比，二进制测量文件（.tdm 或 .tdms）的精度更高，占用的磁盘空间更少，比 LabVIEW 测量数据文件（.lvm）更快。

当然，TDMS 文件也有一些缺点。如速度上并没有 Win32 Streaming API 快，不支持删除某个通道或通道组，以及只支持 Windows 操作系统和 VxWorks、Phar Lap 等实时平台。总体而言，TDMS 文件格式兼顾了速度、逻辑组织、易用性等多方面，在数据存储方面是一种非常不错的选择。

14.1.6 XML 文件

XML（eXtensible Markup Language）即可扩展标记语言，它与 HTML 一样，都是标准通用标记语言（Standard Generalized Markup Language，SGML）。XML 是 Internet 环境中跨平台的、依赖于内容的技术，使用一系列简单的标记描述数据，是当前处理结构化文档信息的有力工具，是用标记描述数据的格式化标准。

XML 文件本质上是一种文本文件，可以使用浏览器或字处理器打开，或用任何一个文本编辑工具修改。在虚拟仪器项目中，XML 文件通常被用来保存应用程序的配置文件和参数，与 INI 文件的作用类似。对 INI 文件来说，由于它仅仅是一种两层的结构体系，因此无论怎样设计 section 和 key，始终无法条理清晰、准确地表述树形结构。虽然 XML 文件没有二进制文件速度快，但它逻辑性强、易于掌握，再加上本身多层次设计的特点，完全能够胜任此类任务。

例如，如图 14-30 所示的测试信息需要保存在 XML 文件中，就可以使用如图 14-31 所示的 XML 文件进行描述。

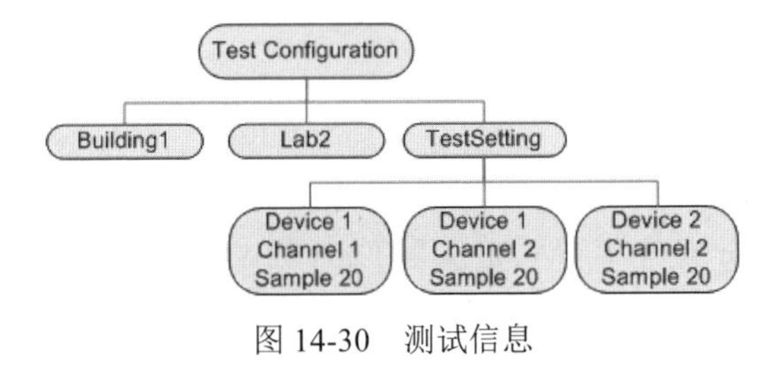

图 14-30 测试信息

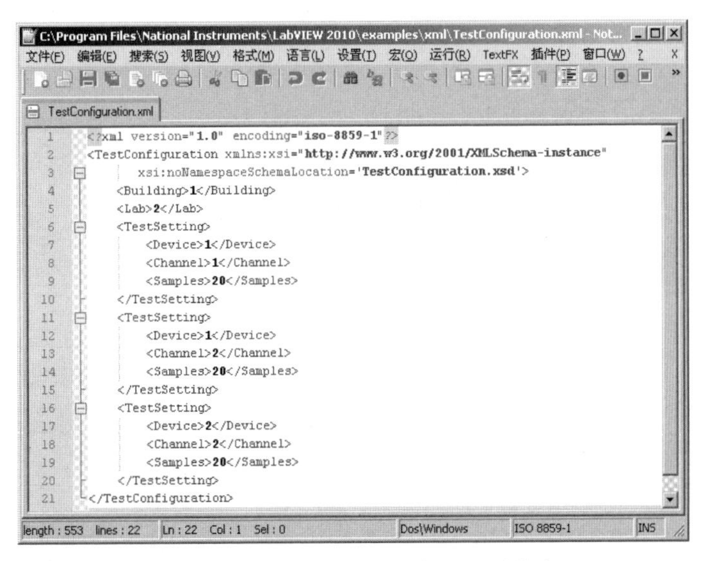

图 14-31 使用 XML 文件描述测试信息

每个 XML 文档都由 XML 序言开始，即代码中的第一行 <?xml version="1.0"encoding="iso-8859-1"?>。这一行代码告诉解析器和浏览器，该文件应按照何种 XML 规则进行解析。第二行代码 <TestConfiguration…> 与最后一行代码呼应，构成了文档元素，它是文件中最外面的标签。其他标签必须包含在这个标签之内，组成一个有效的 XML 文件。XML 文件的第二行并不一定要包含文档元素；如果有注释或者其他内容，文档元素可以迟些出现。在文档元素之后，可以根据名称、值和类型对数据进行分类（也可以只包含名称）。例如，下面代码就指明了配置设备 1 的通道 1 采样 20 个点数据。

```
<TestSetting>
  <Device>1</Device>
  <Channel>1</Channel>
  <Samples>20</Samples>
</TestSetting>
```

当需要扩展内容时，只要增加相应的数据。因此，相对于 INI 文件，XML 文件在描述比较复杂的文档结构时具有非常明显的优势。

LabVIEW 提供两类处理 XML 文件的 VI：“LabVIEW 模式 VI”（LabVIEW Schema）和“XML 解析器 VI”（XML Parser），如图 14-32 所示。前者在 LabVIEW 数据类型（如 waveform、string、array、cluster 等）和标准的“LabVIEW XML 模式”（LabVIEW XML Schema）字符串之间转换，并可以将这些字符串写入文件或从文件中读出。后者使用基于文档对象模型（Document Object Model）的 Xerces 2.7 解析器来解析非 LabVIEW 程序创建的 XML 文件。

在将数据保存到文件时，如果使用“平化至 XML”（Flatten To XML）函数将 LabVIEW 数据转换成标准的 LabVIEW XML Schema 格式的字符串，则可根据描述数据的标识符，方便地识别数值、名称和数据类型。在进行转换时，LabVIEW 会根据保存在 <LabVIEW>\vi.lib\Utility\LVXMLSchema.xsd 文件中预先定义的 LabVIEW XML Schema 进行转换。LabVIEW 的当前版本并不支持自定义的 LabVIEW XML Schema，也不支持 LabVIEW 对某个数据的自定义标记。“从 XML 还原”（Flatten From XML）函数可以执行“平化至 XML”函数的反过程。它根据 LabVIEW XML Schema 将 XML 格式的字符串转换成 LabVIEW 数据类型。

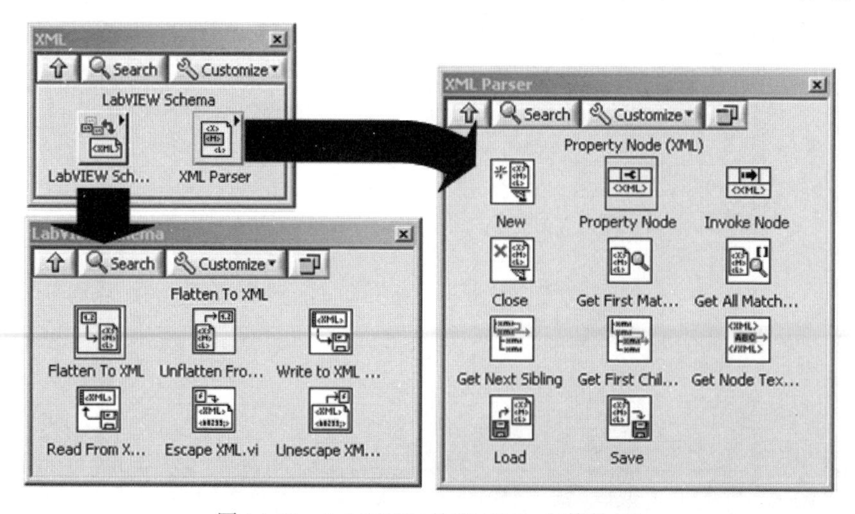

图 14-32　LabVIEW 处理 XML 文件的 VI

在将 LabVIEW 数据以 XML 形式写入文件时，还经常涉及一些特殊字符的转换，如<、>、& 等。LabVIEW 提供了两个专门用于执行特殊字符转换的函数：“转换特殊字符至 XML”（Escape XML）和“从 XML 还原特殊字符”（Unescape XML）函数，这两个函数可以将<、>、&、’、”等特殊字符转换为<、>、&、&apos、" 等 XML 标记，或者执行转换的反过程。

数据转换完成后即可将数据写入 XML 文件。LabVIEW 提供了非常容易使用的 XML 文件读写函数，用户可以轻而易举地完成文件读写。图 14-33 给出了使用 XML 文件保存 LabVIEW 数据的例子。

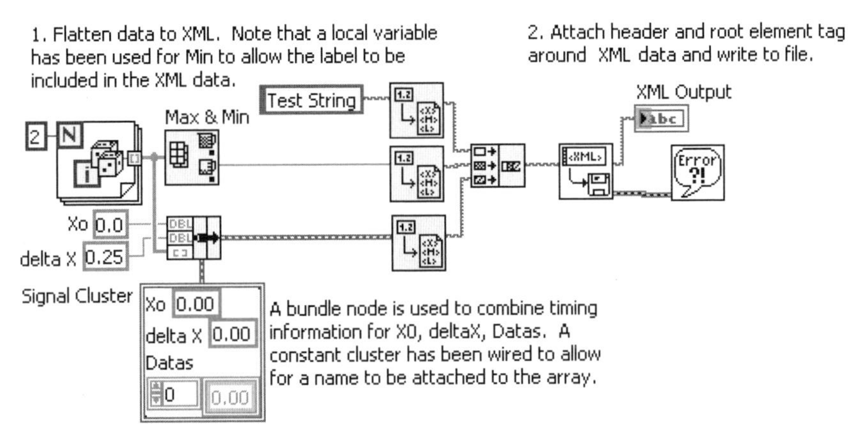

图 14-33　使用 XML 文件保存 LabVIEW 数据

在上面保存 LabVIEW 数据的程序中，首先会根据 LVXMLSchema.xsd 中的约定，自动将 LabVIEW 字符串、DBL 和 Cluster 转换为标准 LabVIEW XML Schema 格式字符串（程序员无法自定义数据转换的具体方式和内容），然后将这些字符串组合在一起，使用“写入 XML 文件”（Write to XML File）函数直接写入 XML 文件中。

程序中的“写入 XML 文件”函数可以支持字符串或字符串数组，但是字符串必须符合标准的 LabVIEW XML Schema。这意味着多数情况下，即使是 LabVIEW 中的字符串数据类型，也要先使用“平化至 XML”函数将其转化为标准的 LabVIEW XML Schema 字符串，才能确保此后数据解析和读取的正确性。在文件写入时，也可以使用“XML 编码”（XML Encoding）指定 XML 文件的编码体系是属于 ANSI 还是多字节编码体系。示例最终生成的 XML 文件如下。

```
<?xml version='1.0' standalone='yes' ?>
<LVData xmlns="http://www.ni.com/LVData">
<Version>10.0</Version>
  <String>
        <Name></Name>
        <Val>Test String</Val>
  </String>
  <DBL>
        <Name></Name>
        <Val>0.73608945600662</Val>
  </DBL>
  <Cluster>
```

```
            <Name>Signal Cluster</Name>
            <NumElts>3</NumElts>
            <DBL>
                  <Name>Xo</Name>
                  <Val>0.00000000000000</Val>
            </DBL>
            <DBL>
                  <Name>delta X</Name>
                  <Val>0.25000000000000</Val>
            </DBL>
            <Array>
                  <Name>Datas</Name>
                  <Dimsize>2</Dimsize>
                  <DBL>
                        <Name>Data</Name>
                        <Val>0.73608945600662</Val>
                  </DBL>
                  <DBL>
                        <Name>Data</Name>
                        <Val>0.91928838438428</Val>
                  </DBL>
            </Array>
      </Cluster>
   </LVData>
```

如果要读取以标准的 LabVIEW XML 模式保存在 XML 文件中的数据，可以使用“读取 XML 文件”（Read XML File）函数。图 14-34 给出了读取上面例子创建的 XML 文件中数据的例子。由于数据以 LabVIEW XML Schema 字符串保存在文件中，因此可以使用读取 XML 文件函数解析出所有数据对应的字符串，然后使用“从 XML 还原”函数将数据转换为指定的 LabVIEW 数据类型，显示给用户。

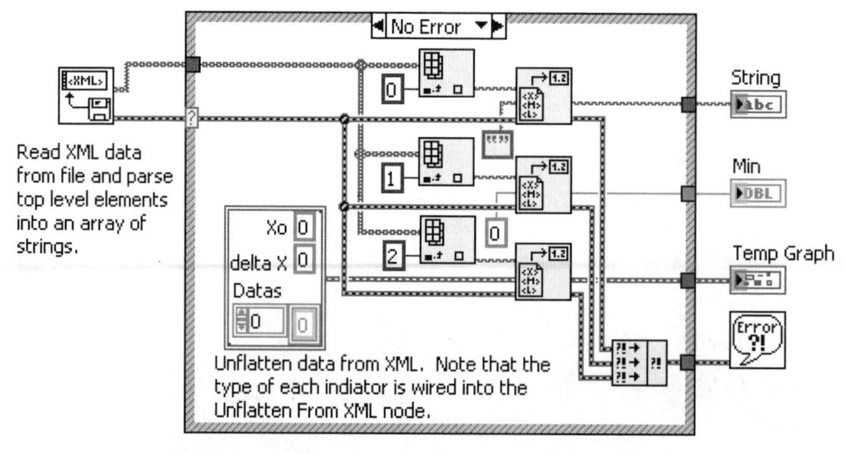

图 14-34 读取 XML 文件中保存的 LabVIEW 数据

从以上例子可以看出，读写符合 LabVIEW XML Schema 的 XML 文件非常容易，但是如何操作非 LabVIEW 生成的 XML 文档呢？答案就使用 XML 解析器函数集（图 14-32）。

XML 解析器函数集使用基于文档对象模型（DOM）的 Xerces 2.7 解析器操作 XML 文件。DOM 核心规范定义了创建、读取和操作 XML 文档的编程接口，以及 XML 解析器必须支持的属性和方法。因此，使用它可以读取和操作数据，而不必直接转换 XML 格式。图 14-35 给出了一个解析图 14-31 所示的 XML 文件中测试设置 TestSetting 的程序。

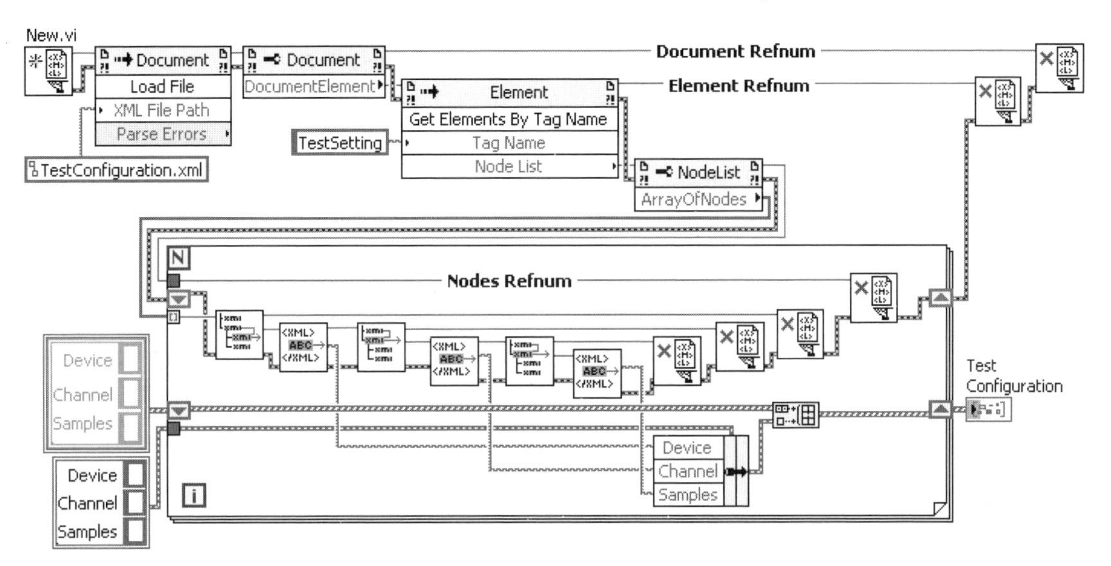

图 14-35　解析 XML 文件示例

程序中 New.vi 打开一个 XML 解析器会话，并返回一个 XML 文件引用。“加载文件”（Load File）方法将 TestConfiguration.xml 文档加载至 XML 解析器。如果文档解析时发生错误，则解析错误输出端将显示该错误。加载至解析器后，就可以使用 DOM 模型访问 XML 文档元素。使用文档句柄和“按照元素标记名查找”（Get Elements By Tag Name）方法可以列出所有标记为 TestSetting 的元素句柄。For 循环中的代码可以参考这些元素的句柄，逐一对这些元素进行进一步的解析。

LabVIEW 对 XML 中的元素进行解析时，通常使用“获取第一个非文本子节点”（Get First Non-Text Child）函数、“获取下一个同辈非文本节点”（Get Next Non-Text Sibling）函数与“获取节点文本内容”（Get Node Text Content）函数相结合的搜索方法。

构成 XML 文件中元素的节点通常分为“文本节点”（Text Node）和“非文本节点”（Non-Text Node）两部分，如图 14-36 所示。非文本节点指定元素中某个域的名称，由成对的标签构成，如 <Device></ Device >，而文本节点指定为该域设定的值，如为 Samples 项设定的值 20。

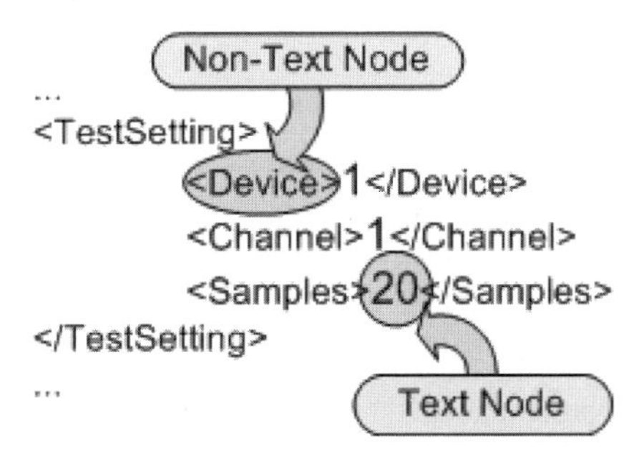

图 14-36　XML 元素的文本节点和非文本节点

解析 XML 元素时，首先使用“获取第一个非文本子节点”函数，根据元素项的名称找到第一项。找到后，参考返回的句柄使用“获取节点文本内容”函数可以得到该项的值。“获取下一个同辈非文本节点”函数可以参考第一个找到的项，返回下一项的句柄，同样可以再使用“获取节点文本内容”函数获得该项的值。如果还有多个元素，则可以继续使用“获取下一个同辈非文本节点”函数和“获取节点文本内容”函数取得其值，如此往复即可遍历所有项。文档解析完成后应释放所有打开的引用句柄。

LabVIEW 还提供了另外可以返回第一个或所有匹配“XPath 表达式”的节点函数：“获取第一个匹配节点”（Get First Matched Node）函数和“获取所有匹配节点”（Get All Matched Nodes）函数。这些 VI 使用用户指定的上下节点查找节点。上下节点描述查询 XML 文档中数据的相对或绝对 XML Path 表达式。XML Path（XPath）是定位 XML 节点（例如，元素、属性、文本等）的语言 XML Path。目前 LabVIEW 支持 World Wide Web Consortium（W3C）制定的 XPath 1.0 标准（可参阅网站 http://www.w3.org/TR/xpath）。

LabVIEW 中的 XML 解析器是一个验证解析器。验证解析器会根据文档类型定义（Document Type Definition，DTD）或文档模式（Schema）检验 XML 文档，并报告找到的非法项。使用验证解析器可省去为每种文档创建自定义验证代码的时间。例如，可以配置 XML 解析器来验证某个 XML 文档是否有效，如果文档与预先指定的外部词汇表相符合，则该文档为有效文档。在程序中如果发现文档非法，则可以停止程序执行，提高程序的响应速度。在 LabVIEW 解析器中，外部词汇表可以是 DTD 或 Schema。

可以通过“XML 文档”（XML Document）类的属性来配置 XML 解析器。如果查看 LabVIEW 解析器函数集中的“加载”（Load）VI 代码，可以看到实际是在打开一个 XML 解析器会话后，通过配置 XML 文档类属性，对 XML 解析器进行配置，再加载 XML 文件实现加载功能，如图 14-37 所示。

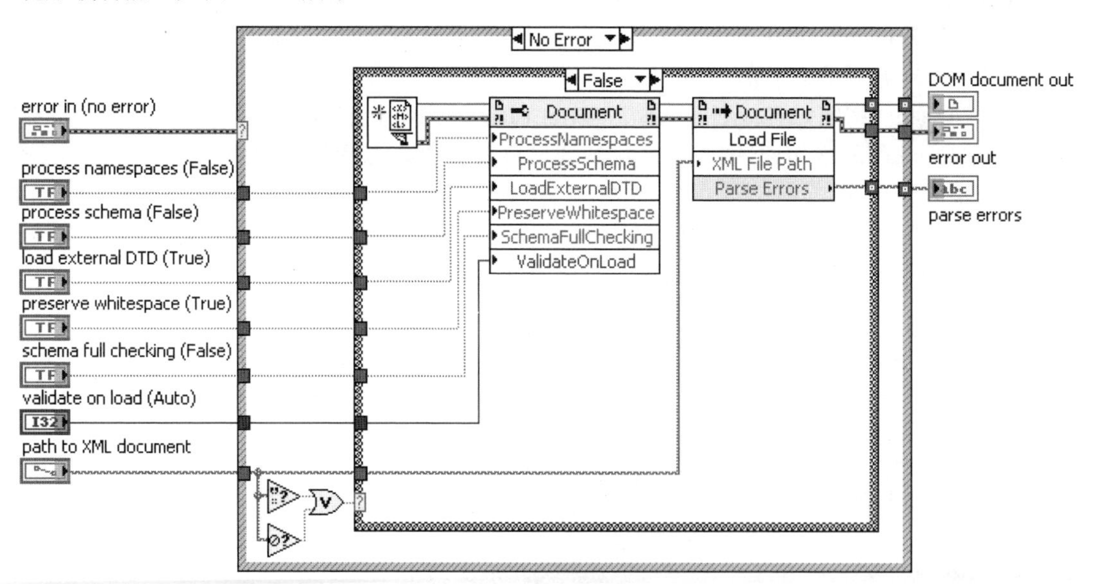

图 14-37　XML 解析器加载 VI 的代码

XML 文档（XML Document）类包括下列属性和方法。

（1）处理命名空间。

处理命名空间（Process Namespaces）参数允许用户启用或禁用 XML 解析器处理命名空间。默认为 TRUE，即 XML 解析器执行其名称空间规范的限制条件。

（2） 处理模式。

参数处理模式（Process Schema）允许用户启用或禁用 XML 解析器处理模式（Schema）。默认为 FALSE，即 XML 解析器不处理任何模式。如该属性设置为 TRUE，必须启用处理名称空间。

（3）加载外部 DTD。

参数加载外部 DTD（Load External DTD）允许用户启用或禁用外部 DTD 的加载。默认为 TRUE，即 XML 解析器允许用户加载外部 DTD。如果设置“加载时验证”属性为始终或自动，则无论该属性被设置为何值，解析器都会加载 DTD。

外部 DTD 文件一般保存在后缀名为 .xsd 的文件中（关于 XSD 文件的格式，请参阅相关 XML 文档），同时可以在 XML 文件中，把保存 DTD 的文件路径（绝对路径或相对路径）作为 xsi: SchemaLocation 的值，以便与 XML 文件联系在一起。当通过 DTD 对 XML 文件的有效性进行验证时，解析器会通过 XML 文件的这个路径找到 XSD 文件，并以它为标准，判断当前 XML 文件是否符合预先定义的模式。图 14-38 给出了一个 TestConfiguration.xml 文件关联 DTD 的例子。

图 14-38 关联 XSD 文件中的 DTD 到 XML 文件

（4）加载时验证。

参数加载时验证（Validate on Load）允许用户设置 XML 解析器使用的验证方法。可以是自动（Auto）、从不（Never）或始终（Always）三种方法中的一种。使用自动方法时，如果解析器检测到任何内部或外部 DTD 子集时，就开始检查；如果选择从不或始终，则关闭或一直启用验证功能。如果将该属性设置为“从不”，且将“加载外部 DTD”属性设置为 TRUE，LabVIEW 将解析文档，但不返回验证错误。

（5）保留空格。

参数保留空格（Preserve Whitespace）允许用户指定验证解析器是否将可忽略的空格作为文本节点。默认为TRUE，即将可忽略的空格作为DOM树中的文本节点。如将该属性设置为FALSE，XML解析器将忽略所有空格，不将这些空格加入DOM树中。只有进行验证时，XML解析器才忽略空格。其他情况下，解析器将空格作为子节点。例如，标记的第一个子元素可能为空格，而不是下一个元素。

（6）完整模式检查。

允许用户设置完整模式检查。只有将“加载时验证”属性设置为始终或自动时，该属性才有效。默认为FALSE，即运行部分限制检查。完整模式检查消耗的时间和内存较多。

XML本身就是一种内涵丰富的语言，开发人员可以用来存储和传输具有复杂结构的数据。虽然XML在很多方面都优于INI文件，而且随着互联网技术的发展得到了广泛应用，但是由于INI文件操作更容易，因此在配置数据量较小时，仍然被大量使用。

14.2 数据压缩和加密

数据压缩是指在不丢失信息的前提下缩减数据量，或按照一定的算法对数据进行重新组织，减少数据的冗余和存储的空间，提高其传输、存储和处理的效率。数据加密是指通过加密算法和加密密钥将明文转变为密文的过程，而数据解密则是通过解密算法和解密密钥将密文恢复为明文。数据加密利用密码技术对信息进行加密，实现信息隐蔽，从而起到保护信息安全的作用。

图14-39是数据压缩和加密在系统中的使用方法。通常压缩和加密都会有解压缩和解密的反向过程与之对应。数据压缩和加密旨在提高数据存储或传输的效率及安全性。

在现实数据世界中，大多数情况下都存在数据冗余。例如，图14-40所示的图像中，无论是背景还是圆角长方形内部，都有许多像素是相同的。如果逐点存储这幅图像，就会浪费许多存储空间，这种数据冗余称为空间冗余。又如，在电视和动画的相邻序列中，只有运动物体有少许变化，仅存储差异部分即可，这称为时间冗余。此外还有结构冗余、视觉冗余等，正是由于这些数据冗余的存在，数据压缩才应运而生。

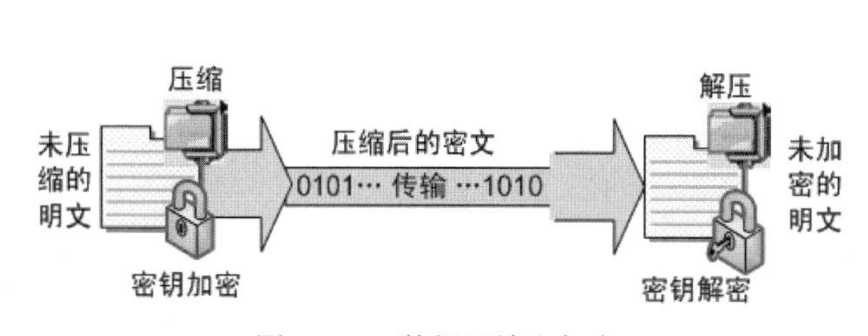

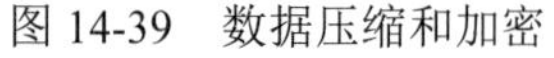

图14-39　数据压缩和加密

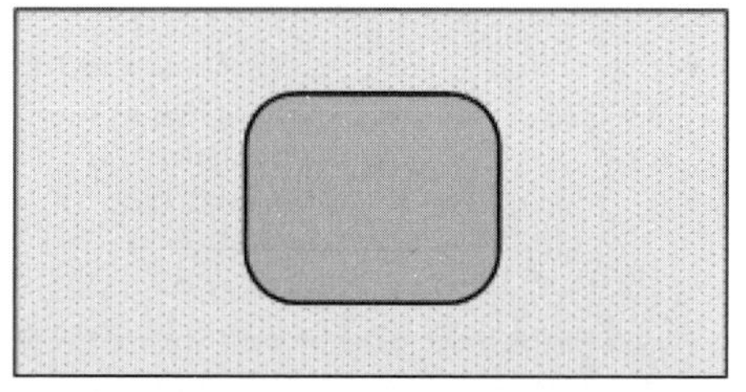

图14-40　存在数据冗余的图像

数据压缩的理论基础是信息论。从信息的角度看，压缩就是去除信息中的冗余，即去除确定的或可推知的信息，而保留不确定的信息，也就是用一种更接近信息本质的描述来代替原有的冗余的描述，这个本质的东西就是信息量。

解压缩是数据压缩的逆向过程。根据解压缩后数据是否可以重构原有数据，可以把数据压缩分为有损压缩或无损压缩。无损压缩可以使用压缩后的数据重构原有数据；有损压缩使用压缩数据重构的数据与原数据有所不同，但却不会影响原始资料所表达的信息。因此，只要能从压缩数据重构原始数据表达的信息，数据压缩就是有效的。

数据压缩的算法非常多，较简单且常用的有游程编码、冗余度编码、香农编码和霍夫曼编码等几种（请参阅相关数据压缩的文献）。以游程编码（又称为行程长度编码或运行长度编码）为例，该算法采用一个符号值或串长度代替具有相同值的一连续符号（连续符号构成了一段连续的“行程”，行程编码因此而得名），使符号长度少于原始数据的长度。例如，555555777773332222111111 行程编码为（5，6）（7，5）（3，3）（2，4）（1，7）。可见，游程编码的位数远远少于原始字符串的位数。由于通过压缩后的数据可以完全恢复原有数据，因此游程编码属于一种统计无损压缩编码方法。图 14-41 显示了使用游程编码对二进制数据串编码的例子。

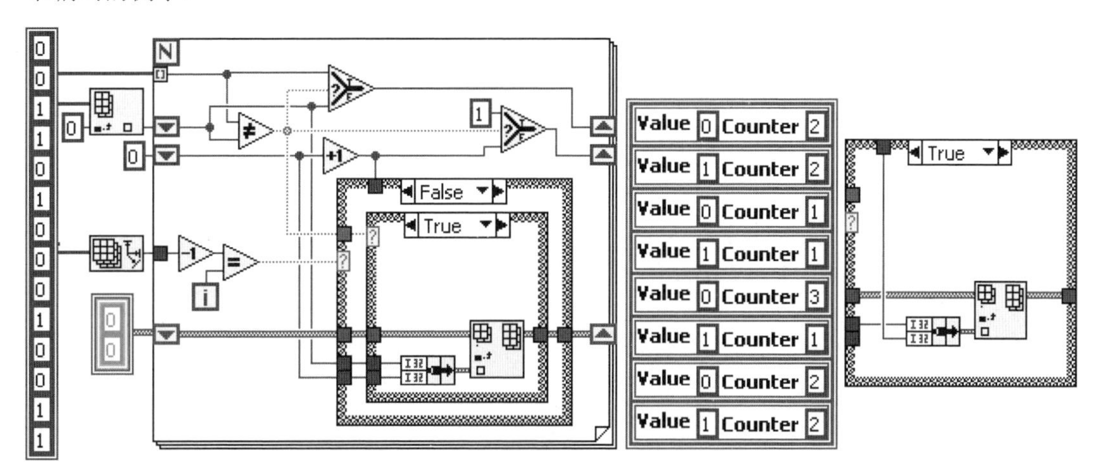

图 14-41　游程编码

LabVIEW 提供了 Zip 数据压缩 VI（图 14-42），可用在程序中像 Winzip 一样对文件进行打包。

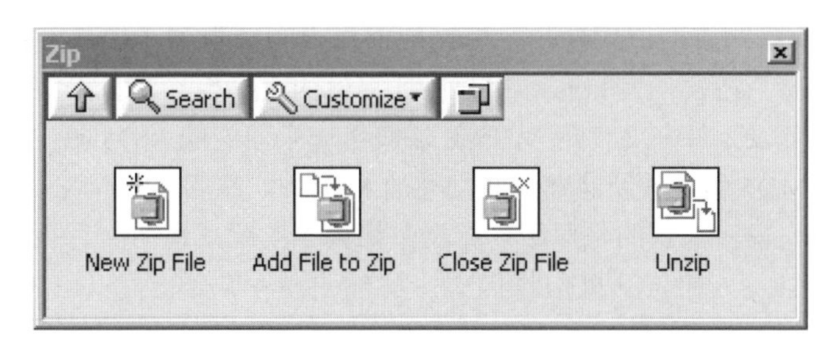

图 14-42　Zip 数据压缩 VI

例如，如图 14-43 所示的程序中，使用“新建 Zip 文件”（New Zip File）VI 在当前 VI 所在路径中新建一个 target.zip 文件，随后使用“添加文件至 Zip 文件”（Add File to Zip）VI 将当前目录中的 Original.txt 文件添加至 Zip 文件中。在添加文件时，需要指定被压缩的文件在 Zip 包中的保存路径和名字。由于此例子只给出了文件名，则被压缩文件会出现在 Zip 包的根目录中。添加完文件后，使用“关闭 Zip 文件”（Close Zip File）VI 关闭 Zip 文件。

在执行解压缩时，使用“解压缩”（Unzip）VI 可以将压缩包中的文件解压缩至指定的目录。也可以设置该 VI 的“预览”（Preview）参数为 TRUE，在进行解压缩前预览压缩文件中文件的列表。

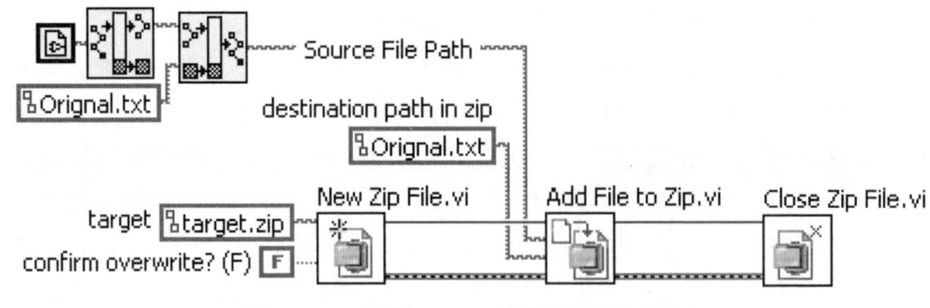

图 14-43 使用 Zip VI 进行数据压缩程序

在数据存储或传输过程中，可能会被某些别有用心的人截获。如果数据传递的信息比较重要，不希望其他人获取数据传递的信息，可以对数据进行加密。

例如，有一个字符串 abc，代表用户的密码（明文），可以在保存密码之前，对字符串中的每个字符的 ASCII 码加 1（加密密钥），这样就将明文加密为密文；解密时，可以通过对密文中字符的 ASCII 码减 1（解密密钥）恢复明文。这种简单的方法可以避免其他人员读取用户密码。但是如果有人通过源程序知道了加密算法，则很容易就能推算出用户密码。

随着计算机安全技术的不断发展，人们不断研发出各种各样的数据加密算法，如 MD5、HAVAL-128、 MD4 和 RIPEMD 等，其中 MD5 最为典型。MD5 的全称是 Message-Digest Algorithm 5，在 20 世纪 90 年代初由麻省理工计算机科学实验室（MIT Laboratory for Computer Science）和 RSA 数据安全公司（RSA Data Security Inc）的 Ronald L. Rivest 开发出来，经 MD2、MD3 和 MD4 发展而来。它可以将任意长度的字节串（注意是字节串，而非字符串，变换只与字节的值有关，与字符集或编码方式无关）通过 Hash 算法变换成一个 128 位的定长整数。

MD5 算法是一个不可逆的字节串变换算法。也就是说，即使你看到源程序和算法描述，也无法将一个 MD5 的值恢复到原始的字符串。从数学原理上讲，是因为原始的字符串有无穷多个，这有点像不存在反函数的数学函数。

正是由于 MD5 算法的不可逆性，使其在数据加密领域得到了广泛使用。最为常见的是文件校验和密码存储。在软件发布时，为了保证文件的正确性，防止一些人盗用程序，或在文件上捆绑木马，可以为每个文件用 MD5 算法算出一个固定的 MD5 码。用户拿到这个程序文件后，可以再用 MD5 算法重新计算这些文件的 MD5 码，并和发布者公布的 MD5 码比较。如果文件未做修改，说明拿到的是原版；相反，如果不匹配，说明文件被其他人动过手脚。当然如果再有一个第三方的认证机构收集文件发布过程，那么还可以用 MD5 防止篡改文件的人“抵赖”，这就是所谓的数字签名应用。

MD5 还广泛用于软件的登录认证。例如，在 UNIX 系统中用户的密码是以 MD5（或其他类似的算法）经 Hash 运算后存储在文件系统中。当用户登录时，系统把用户输入的密码进行 MD5 Hash 运算，然后再与保存在文件系统中的 MD5 值进行比较，进而确定输入的密码是否正确。通过这样的步骤，系统在并不知道用户密码的明码的情况下，就可以确定用户登录系统的合法性。这可以避免用户的密码被具有系统管理员权限的用户知晓。这一方法也常见于各种数据库应用系统或网站的用户密码保存。

与此类似，也可以为软件设置一个序列号，用 MD5 加密后将其附加在程序文件中，软件运行时根据用户输入的序列号计算新的 MD5，并与软件保存的序列号对比，以判断用户是否对软件有使用权。

MD5 将任意长度的“字节串”映射为一个不可逆的 128 位的大整数，所以，如果不得不获取某个用户的权限，则可以用这个系统中的 MD5 算法重新设一个密码，再用生成的 MD5

Hash 值覆盖原来的 Hash 值即可（必须有覆盖的权限才行）。

MD5 算法虽然不可逆，但并非不能破解。2004 年 8 月 17 日，在美国加利福尼亚州的国际密码学会议（Crypto' 2004）上，来自山东大学的王小云教授并未被安排发言。她拿着自己的研究成果找到会议主席，没想到慧眼识珠的会议主席破例给了她 15 分钟时间来介绍自己的成果（通常发言只有两三分钟的时间）。王小云在该会议上首次宣布了她及她的研究小组近年来的研究成果——对 MD4、MD5、HAVAL-128 和 RIPEMD 等四个著名密码算法的破译结果。在公布到第三个成果时，会场上已经是掌声四起，报告不得不一度中断。报告结束后，所有与会专家对他们的杰出工作报以长时间的掌声，有些学者甚至起立鼓掌以示祝贺和敬佩。这也宣告了固若金汤的世界通行密码标准 MD5 的堡垒轰然倒塌，引发了密码学界的轩然大波。

MD5 虽然可被破解，但是对于大多数普通应用程序来说，要破解 MD5 的密码成本可能比应用本身还要高，因此 MD5 算法目前还在广泛使用。对 LabVIEW 开发人员来说，如果要使用 MD5 算法，没有必要从头编写算法，可以直接使用开源工具包 OpenG 提供的 MD5 函数或查看其源码（图 14-44）。

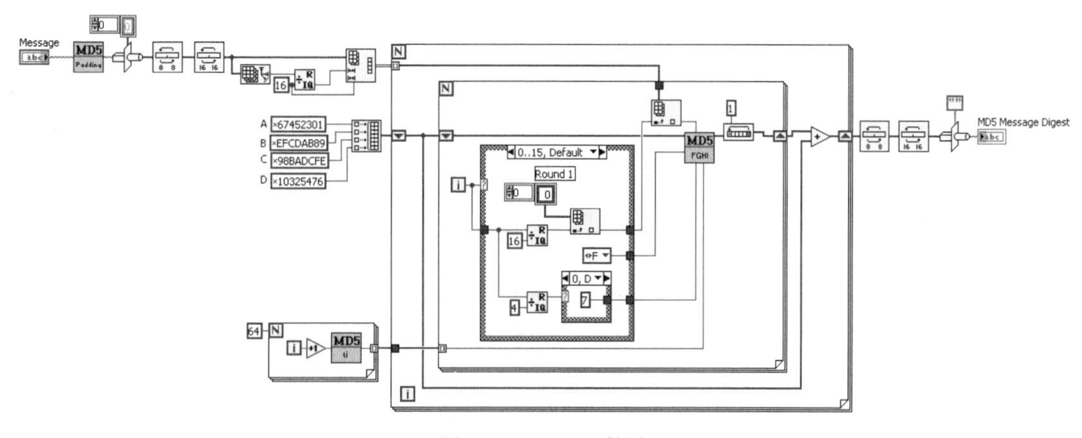

图 14-44 MD5 算法

数据压缩和加密涉及数学、信息学等多个学科，更为详细的资料可以参阅相关技术文献和资料。

14.3 数据表达

在虚拟仪器项目中，数据除了可以在屏幕上以各种图形、图表展现给用户外，还可以报表的形式被打印出来供阅读或存档。LabVIEW 为各种报表的生成提供完整的函数集合，如图 14-45 所示。

借助 LabVIEW 的报表生成函数，不仅可以直接在程序中动态创建简单的数据报表，还可以使用模板自动生成报表。最终生成的报表可以保存为 HTML、Word、Excel、PowerPoint 或 PDF 等多种格式。

LabVIEW 自带的内置函数只能创建简单的文本或 HTML 格式数据报表。这些简单 VI 提供了两种生成报表的方式：使用 Express VI 对话框配置全部报表参数或输出生成报表（图 14-46），或者通过编程创建一份报表。LabVIEW 自带大量使用这些内置函数的示例，读者可以参阅帮助文档学习这些方法。

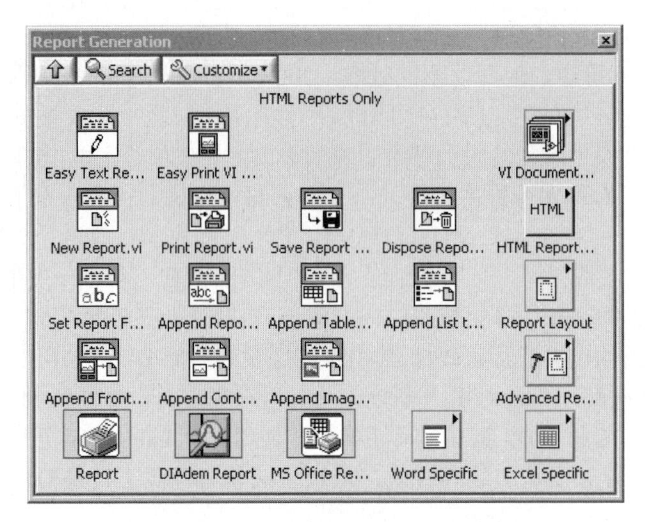

图 14-45 LabVIEW 的报表生成函数

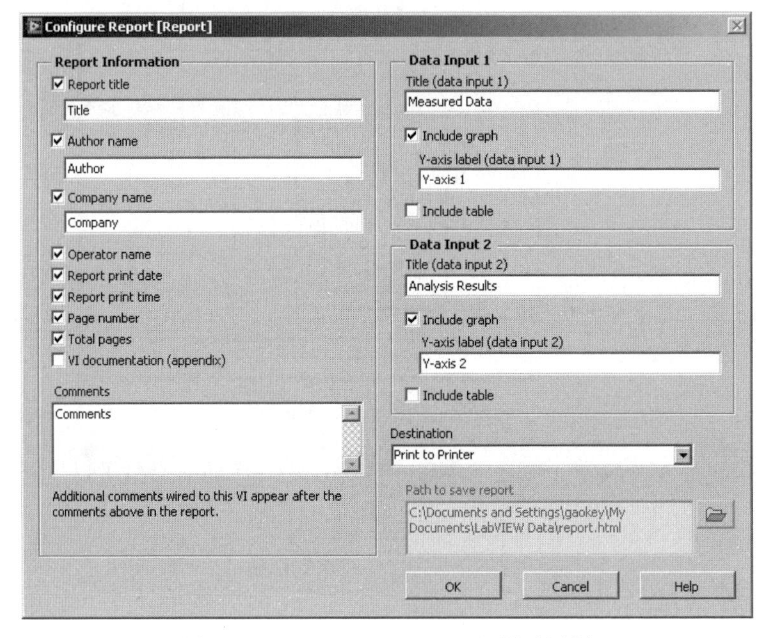

图 14-46 Report Express VI 配置对话框

如果要创建更高级的数据报表，如 Microsoft Excel 和 Word 格式，可以使用 ActiveX 或用于 Microsoft Office 的 NI LabVIEW“报表生成工具包”（Report Generation Toolkit），通过编程来实现。“报表生成工具包”抽象化了与 Excel 和 Word 交互的复杂性，能让开发人员将注意力集中在实际报表的设计上。使用这些 VI，能轻松地将标题、表格和图形添加至 Microsoft Office 文档，还能在 Word 和 Excel 中创建模板，然后在 LabVIEW 中调用这些模板，实现更加自动化和标准化的报告功能。

LabVIEW 程序中最为常用的报表格式为 Word 或 Excel 格式，几乎所有自动化项目都要求支持这两种格式的报表。NI 提供报表生成工具包来支持这两种格式报表的创建。只要在安装 LabVIEW 后再安装报表生成工具包，就可以在 LabVIEW 的函数选板中看到创建这两种格式报表的函数（图 14-47）。使用这些函数不仅可以直接创建报表，还可以先创建模板，再在其中添加数据、表格以及图表等。

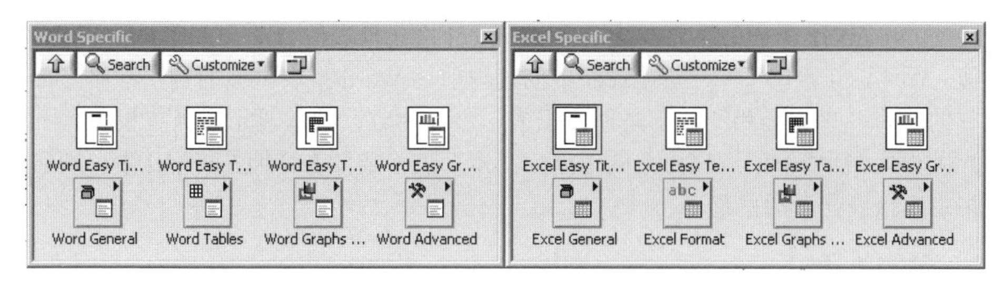

图 14-47　创建 Word、Excel 报表的函数

图 14-48 显示了使用“报表生成”函数直接创建的 Word 格式报表，创建该报表的程序代码如图 14-49 所示。

程序首先使用“新建报表”（New Report）VI 创建一个报表，紧接着使用“简易 Word 标题”（Word Easy Title）VI 为报表添加标题，使用“简易 Word 文本”（Word Easy Text）VI 在报表中添加文本内容，使用“简易 Word 表格”（Word Easy Table）在报表中添加表格。添加文本内容时，可以设定文本的格式、背景和前景颜色、对齐方式等。添加表格时，不仅可以设定表格中文字的格式，还可以对表格自身的格式进行设定，如为表格添加表头等。

在报表中添加图表的方式比较特殊，分为添加图表、设定颜色以及完成添加三个步骤。可以使用“简易 Word 图表”（Word Easy Graph）VI 在报表中添加图表，并设置图表的类型（支持几十种图表格式）、标题等，随后可以使用“设置 Word 图表颜色”（Word Set Graph Color）VI 设置图表的颜色，完成后需要使用“退出 Word 图表”（Word Quit Graph）VI 完成图表的添加。完成报表内容添加后，还需要使用“Word 图表置于最前”（Word Bring to Front）VI 将创建的报表置于屏幕显示的最前端，最后通过“处置报表”VI 释放创建报表时分配的内存，以节省资源。有的程序并不需要显示报表（如只要保存报表的情况），这时可以通过设置处置报表函数的“关闭报表”（Close Report）为 TRUE 来实现。

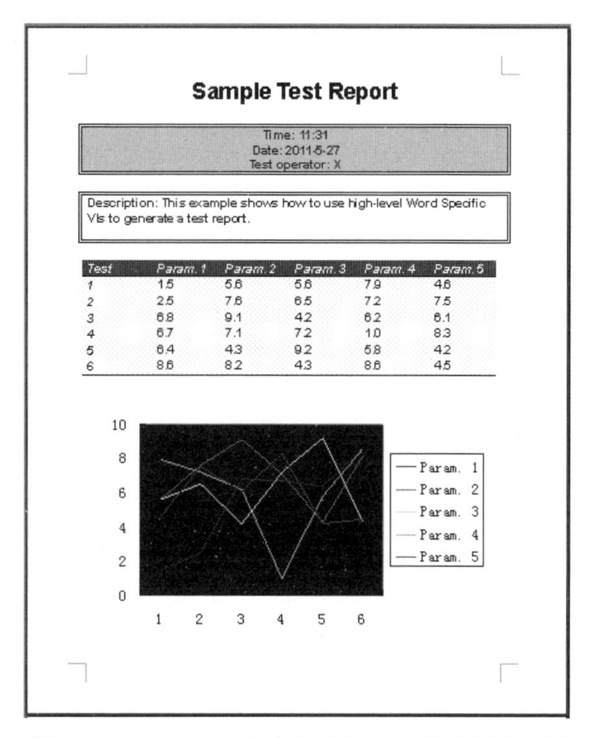
Sample Test Report

Time: 11:31
Date: 2011-5-27
Test operator: X

Description: This example shows how to use high-level Word Specific VIs to generate a test report.

Test	Param. 1	Param. 2	Param. 3	Param. 4	Param. 5
1	1.5	5.6	5.6	7.9	4.6
2	2.5	7.6	6.5	7.2	7.5
3	6.8	9.1	4.2	6.2	6.1
4	6.7	7.1	7.2	1.0	8.3
5	6.4	4.3	9.2	5.8	4.2
6	8.6	8.2	4.3	8.6	4.5

图 14-48　LabVIEW 程序创建的 Word 格式报表示例

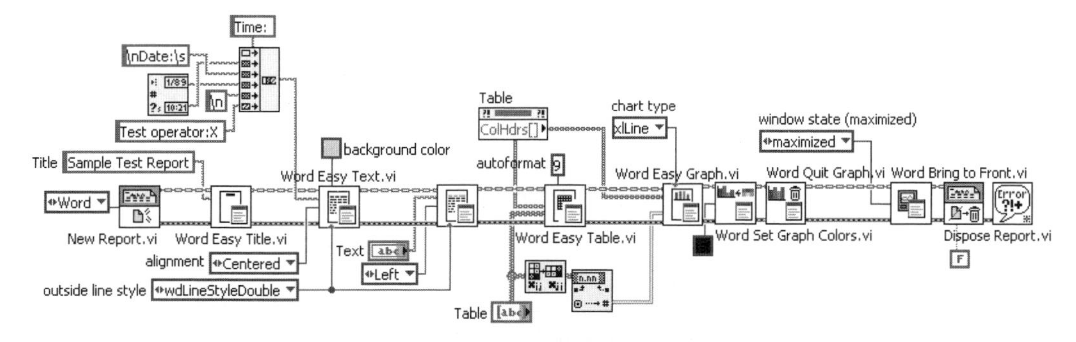

图 14-49　创建 Word 格式的报表示例的程序

直接使用 LabVIEW 报表生成工具包创建 Excel 格式报表的方法与创建 Word 格式报表的方法类似。图 14-50 给出了一个在 Excel 中创建与前述 Word 报表类似的例子程序。可以看出程序运行的逻辑几乎完全相同，都是创建报表、添加内容，然后显示或处置报表。不同点在于 Word 中按照添加内容的顺序由上向下排列文本、表格或图表；而在 Excel 中，则通过表格的位置指定各报表元素的位置。

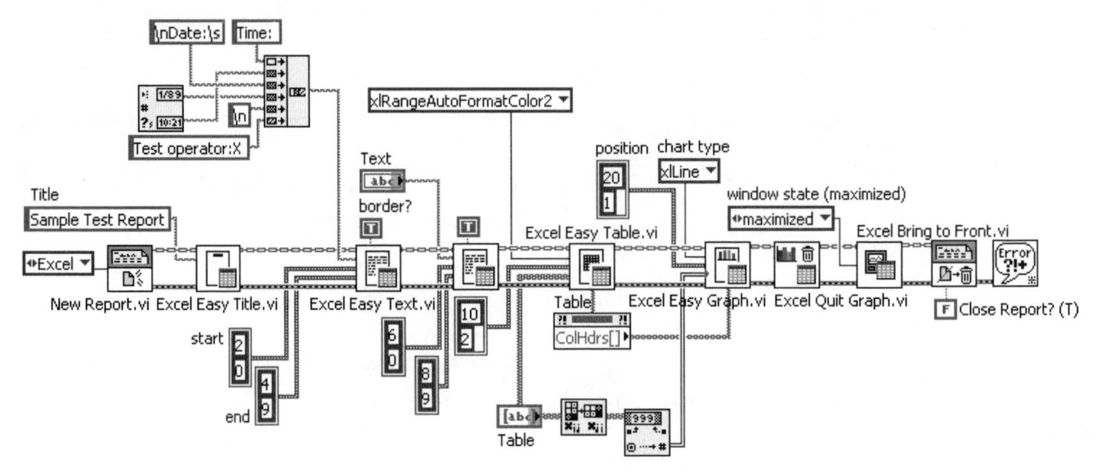

图 14-50　创建 Excel 格式的报表示例程序

如前所述，除了在程序中直接生成报表外，也可以调用模板，把程序数据加入其中来生成报表。以下通过一个调用 Word 模板生成报表的例子，来说明使用 LabVIEW“报表生成工具包”创建报表的方法。

假定要创建如图 14-51 所示的 Word 格式报表，要求根据程序运行时的试验类型、测试时间、测试温度、产品型号及产品编号、操作者以及测试到的“时间 - 压力”等数据动态生成报表。为此，可以先在 Word 中创建报表模板，再通过 LabVIEW 程序代码调用该模板，并将数据添加至模板，自动完成报表的创建。

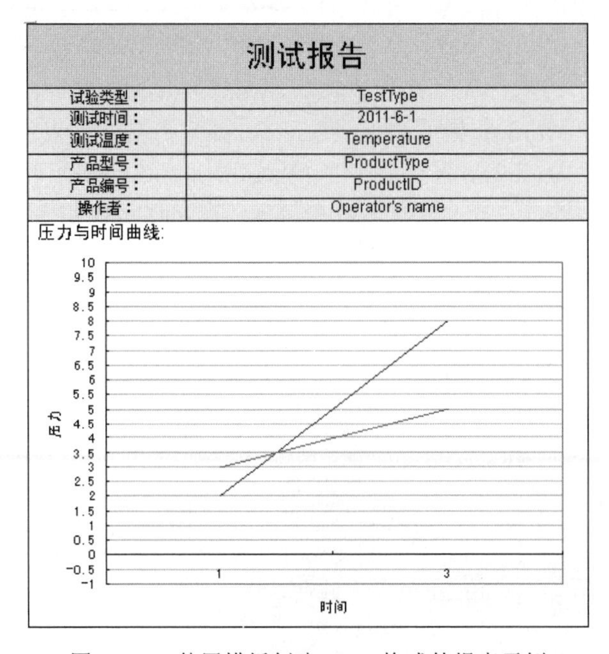

测试报告

试验类型：	TestType
测试时间：	2011-6-1
测试温度：	Temperature
产品型号：	ProductType
产品编号：	ProductID
操作者：	Operator's name

压力与时间曲线:

图 14-51　使用模板创建 Word 格式的报表示例

在基于模板创建Word格式的报表时，LabVIEW通过在Word模板(.dot格式)中预先添加的“书签(Bookmark)”，将程序中的数据和报表模板联系在一起来动态创建报表。具体来说，在Word模板中希望出现某个数据的地方，可以插入与该数据对应的书签。然后在程序中使用添加报表内容的函数将数据添加到对应的标签位置即可。例如，对于上面要创建的报表，可以在Word模板中添加如图14-52所示的书签。

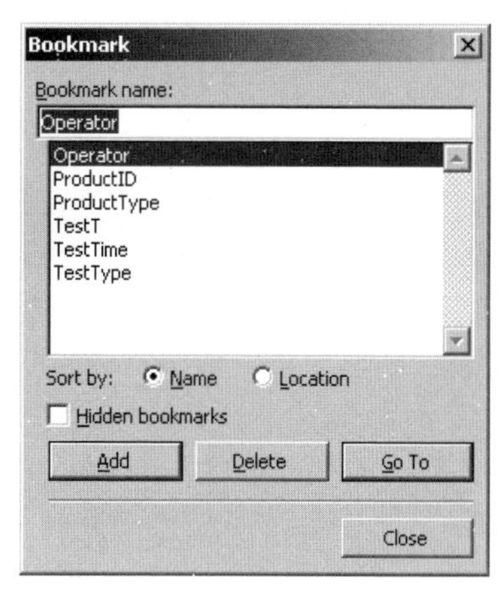

图14-52 在Word模板中添加书签

在Word中创建好模板后，就可以在程序中将需要显示在报表中的数据添加到模板中。图14-53给出了添加数据的程序示例。一开始，程序通过设置“新建报表”VI的报表类型为Word，并指定模板所在路径，创建了一个新的要定制的报表。然后通过“添加报表文本”（Append Report Text）VI将数据逐一添加到模板中相应的书签处。“添加报表文本”VI的MS Office Parameter参数设定了要将数据添加到哪个书签。“更新Word图表”（Word Update Graph）VI可以对模板中的图表进行更新，更新后使用“退出Word图表”（Quit Word Graph）VI释放不再使用的资源，再使用“Word报表置于最前”（Word Bring to Front）VI把报表显示在屏幕最前端。

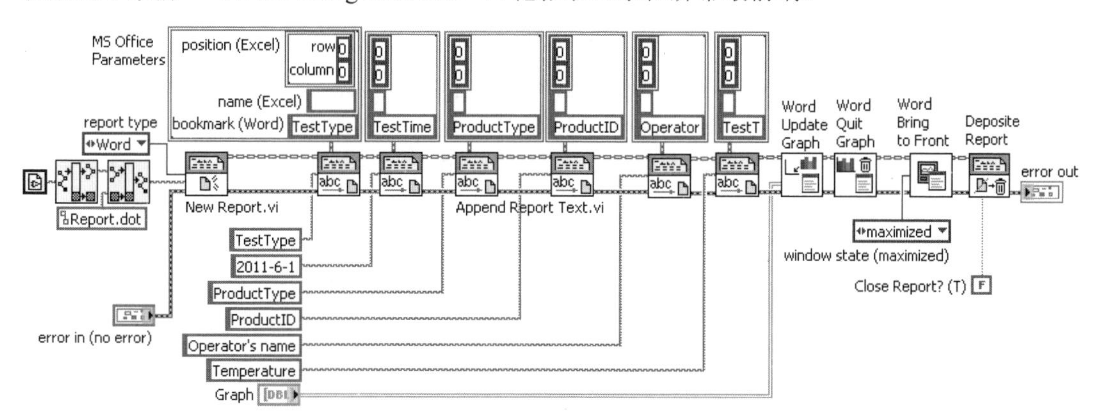

图14-53 将数据添加至Word报表模板程序示例

使用Excel模板创建报表的方法与使用Word模板创建报表的方法类似。不同点在于Word模板使用书签关联程序数据，而Excel使用表格的行列坐标或单元格的名称关联数据，如图14-53中“添加报表文本”VI的MS Office Parameter参数所示。在Excel中单元格A1的坐标为（0，0），且可以通过“插入”→“名称”菜单项为单元格命名。

有时用户可能并不想编写太多代码，就希望生成可以在MS Office中阅读的报表，这时可以使用MS Office Report Express VI，通过交互的方式直接创建报表，如图14-54所示。在该VI的配置对话框中，可以指定生成的报表是基本类型还是自定义类型。如果是基本类型，就会基于LabVIEW的自带模板创建报表；如果是自定义类型，则需要指定模板存放的位置。有了模板，即可在其中添加文本、表格和图形。从逻辑上和使用程序创建报表的方式相同。

除了使用Microsoft Office，还可以使用NI DIAdem数据管理软件，以交互方式创建包含图形、表格和图像的报表模板，并在LabVIEW中通过“DIAdem报表Express VI”调用这些模板来创建报表（要在LabVIEW中使用这些功能，必须先安装NI DIAdem和NI LabVIEW DIADem Connectivity Toolkit）。

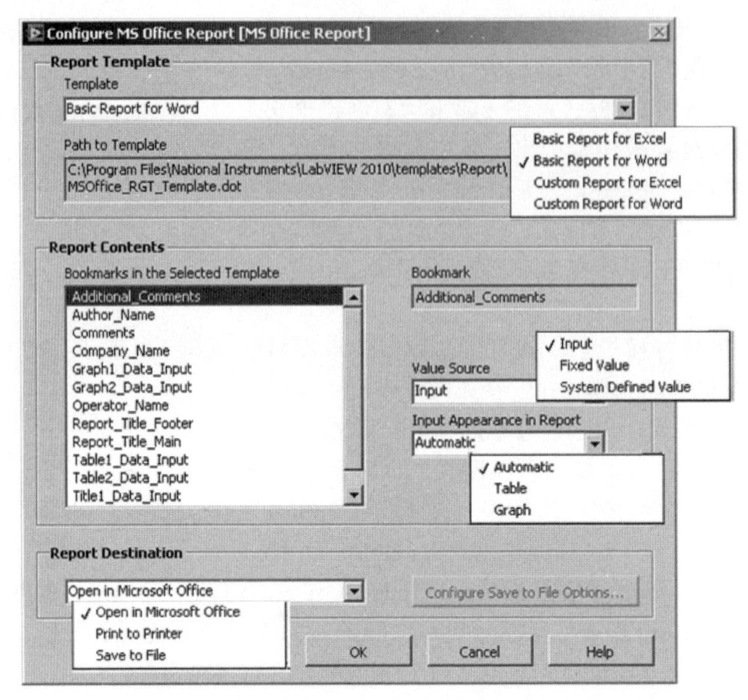

图 14-54 使用 MS Office Report Express VI 创建报表

一旦创建了模板，只需在数据源中进行连线并运行应用程序，模板就会更新数据，并且输出至PowerPoint或PDF等常用格式的文件中。由于NI DIAdem报告引擎专为大量数据设计，用户可以将数据纳入报告而不受数据量的限制。有关NI DIAdem的使用，请参阅NI的相关文档。

由于使用LabVIEW报表生成工具创建的报表格式多为通用格式，有大量成熟的软件可以支持这些格式，因此报表的打印不存在任何问题，这大大减少了程序开发的工作量，缩短了项目开发的工期。

14.4 本章小结

本章主要讲解LabVIEW中数据存储和数据表达相关的技术。

和大多数应用程序一样，在LabVIEW中，可以使用各种文件或数据库存储数据。在一些通用的开发工具中，文件通常只分为文本文件和二进制数据文件两种类型。但是在LabVIEW中，却为虚拟仪器项目的开发专门定制了多达十多种格式的文件，这些文件可以归结为文本文件、二进制文件和数据记录文件三种类型（数据记录文件其实也是二进制文件）。对这些文件操作时，基本上遵循“文件创建/打开”“数据读写”和“文件关闭”的规范流程。

保存数据时，采用何种文件格式，要综合可读性、读取速度和效率来综合考虑。如果对数据的可读性要求远远高于读写效率，则可以选择文本方式保存数据。如果要求可以随机读写文件，并且要求读写的速度较快，则可以采用二进制文件。当然对于LabVIEW程序来说，如果要处理的数据类型比较复杂，则可以使用数据记录文件。

LabVIEW支持的多种文件格式各有所长。例如，可以使用XML和INI文件保存程序的配置信息，XML文件适合保存复杂的树形配置信息，而INI文件则适合保存数据量较小、结构简单的配置信息。电子表格文件可以较高的可读性存储以数组方式组织的同种类型数据，但是由于它是文本文件，因此数据必须先转换为字符串才能保存，这不仅影响数据存储的效率，还影响数据的精度。数据记录文件可以类似电子表格文件的方式组织数据，但能保存比电子表格文件更复杂的自定义数据类型。虽然数据都以类似表格的方式组织在一起，但电子表格文件中的数据往往只能是 LabVIEW 基本数据类型，而数据记录文件中的数据类型却可以是自定义的簇。另外，数据记录文件本质上是二进制文件，因此比电子表格文件的效率和数据存储精度都要高。

TDMS 文件是 NI 公司主推的一种用于存储测量数据的二进制文件，可以被用于创建高速数据流盘项目。TMDS 文件兼顾了高速、易存取和方便等多种优势，能够在 NI 的各种数据分析软件、Excel 和 MATLAB 中进行无缝交互，也能够提供一系列 API 函数供其他应用程序调用。TDMS 文件基于 NI 公司的 TDM 数据模型。该模型从逻辑上分为文件、通道组和通道三层，每层上都可以附加特定的属性。这种逻辑分层结构使得程序可以更快速灵活地访问数据。

与数据存储相关的另外两个话题是数据压缩和数据加密。数据压缩和加密旨在提高数据存储或传输的效率及安全性。在 LabVIEW 中，开发人员不仅可以自己开发数据压缩和加密算法，还可以使用 LabVIEW 内置的 Zip 工具包或开源工具包 OpenG 中的 MD5 算法对数据进行压缩或加密。

在 LabVIEW 程序中，除了通过程序界面表现数据外，还可以使用报表的方式打印或存档数据。开发人员不仅可以使用 LabVIEW 内置的报表 VI，创建文本或 HTML 格式的简单报表，还可以在安装 NI LabVIEW Report Generation Toolkit、NI DIAdem 和 NI DIAdem Connectivity Toolkit 报表生成工具包后，利用它们创建 Word、Excel、PDF 格式的报表。在使用报表生成工具包时，开发人员通常通过编程直接动态生成报表，或基于模板创建报表。如果不想编写太多代码，还可以使用 MS Office Report Express VI 以交互的方式生成报表。

数据存储、数据表达是自动化项目中必不可少的模块。在 LabVIEW 虚拟仪器项目中，除了以文件的方式存储数据外，还可以使用数据库存储数据，由于篇幅限制，数据库相关的技术在第 15 章进行讲解。

第15章 数 据 库

20 世纪 60 年代，第一个数据库管理系统（DBMS）发明以前，数据记录主要通过磁盘或穿孔卡片，那时无论是数据的管理、查询还是存储，都是非常痛苦的事。随着计算机开始广泛地应用于数据管理，数据共享要求也越来越高，传统的文件系统已经不能满足人们的需要，能够统一管理和共享数据的数据库管理系统应运而生。第一个数据库 IDS（Integrated Data Store）是美国通用电气公司 Bachman 等人在 1961 年开发成功的，它奠定了数据库的基础，并在当时得到了广泛的应用。

随后，在 1970 年，IBM 的研究员 E. F. Codd 博士在 *Communication of the ACM* 上发表了一篇名为 *A Relational Model of Data for Large Shared Data Banks* 的论文，提出了关系模型的概念，奠定了关系模型的理论基础。这篇论文被认为是数据库系统历史上具有划时代意义的里程碑。后来 Codd 又陆续发表了多篇文章，论述了范式理论和衡量关系系统的 12 条准则，用数学理论奠定了关系数据库的基础。

1974 年，IBM 的 Ray Boyce 和 Don Chamberlin 将 Codd 提出的 12 条准则的数学定义以简单的关键字语法表示出来，提出了具有里程碑意义的 SQL（Structured Query Language）语言。SQL 语言的功能包括查询、操纵、定义和控制，是一门综合的、通用的关系数据库语言，同时又是一门高度非过程化的语言，只要求用户指出做什么，而不需要指出怎么做。SQL 语言的这个特点使其成为一门真正的跨平台和跨产品的语言。

如今数据库技术已经发展得比较成熟了，著名的数据库管理系统有 SQL Server、Oracle、DB2、Sybase ASE、Visual ForPro、Microsoft Access 等。Microsoft Access 是在 Windows 环境下非常流行的桌面型数据库管理系统，作为 Microsoft Office 组件之一，安装和使用都非常方便，并且支持 SQL 语言。因此本章将基于 Microsoft Access，介绍在 LabVIEW 中通过 NI LabVIEW 数据库连接工具包（Database Connectivity Toolkit）对数据库进行访问的技术。通过本章的学习，读者将了解以下知识点：

（1）数据库基础知识和通用数据访问平台 UDA。

（2）使用 NI LabVIEW 数据库连接工具包进行数据库的基本操作，包括创建、删除数据表，添加、删除、更新或查询数据记录等。

（3）进行数据库的高级操作。如执行普通和带参数的 SQL 语句、存储过程以及进行数据记录浏览等。

（4）使用 NI LabVIEW 数据库连接工具包中的数据库工具函数获取数据库属性信息、处理数据库事务以及将数据保存至文件等。

鉴于市面上讲解数据库的书很多，所以在详细讨论 LabVIEW 的数据库程序设计技术之前，本章只对数据库的基本知识进行总结性叙述。如果读者还不具备数据库的基础知识，建议先通读本章，再按照本章的内容框架，查阅相关资料充实数据库相关的知识。

15.1 数据库基础

数据库由有组织的数据集合组成。众所周知，目前最流行的数据库管理系统用数据表（Table）来存放数据。数据表又可分为记录集（Records，也就是表格的行 Rows，每行作为一个记录）和域（Fields，也就是表格的列 Columns，每个数据记录中的一个单元称为一个字段）。数据库中的每个表和域都必须有唯一的名字，每个域都有自己的数据类型。图 15-1 是数据库的构成示意图。数据库可以分为关系数据库（Relational Database）和非关系数据库（Non-Relational Database）。非关系数据库将所有数据以某种方式组织在一起（如 Windows 注册表的树形组织），而关系数据库通常用多个相关的表组织数据。

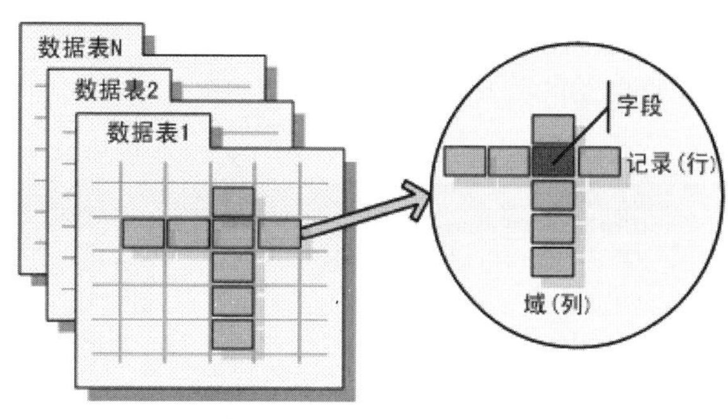

图 15-1 数据库构成示意图

数据库的操作一般包括数据定义（定义数据库结构和访问权限）和控制、数据维护（更改、添加或删除数据）以及数据查询。应用程序访问数据库目前通常遵循 ODBC（Open Database Connectivity）或 OLE DB（Object Linking and Embedding Database）两种标准。SQL 语言作为一种结构化的查询语言也在应用程序中被广泛使用。

ODBC 是由多个公司联合开发的一个访问数据库的标准。ODBC 1.0 在 1992 年 12 月发行，包括一些 API 定义、驱动包标准、基于 ANSI SQL 的 SQL 扩展和 DSN（Data Source Name）的定义和维护。通过为每个数据库定义 DSN，用户可以在 ODBC 驱动程序的支持下连接到要访问的本地或远程数据库。

ODBC 仅仅用来访问关系数据库，然而在某些情况下，非关系数据库对项目可能更适合。为了对各种数据库都能进行访问，微软公司开发了称为通用数据访问的 UDA（Universal Data Access）平台，通过该平台应用程序可以在 Intranet 或 Internet 上交换关系型或非关系型的数据。UDA 主要解决从多个数据源中操作数据的问题，通过一个公共的界面集合访问不同的数据源。既可以操作关系数据库（如 SQL Server、Oracle），也可以操作非关系数据库，如文本文件、电子邮件、目录服务中的目录系统、Office 文档等。

MDAC（Microsoft Data Access Component）是微软 UDA 方案的一个实例。以 MDAC 2.5 为例，包括 ODBC、OLE DB 和 ADO（ActiveX Data Objects）。其中 OLE DB 是系统访问数据库的编程接口，ADO 是应用程序访问数据库的编程接口。

OLE DB 标准定义了支持各种数据库关系的系统服务 COM（Microsoft Component Object Model）的接口规范。通过这些接口，应用程序可以从底层对数据库进行访问。OLE DB 本质上是一套 C++ API，可以用来开发具有 UDA 特性的数据库应用。OLE DB 通常包含以下三部分。

（1）OLE DB 提供者。

OLE DB 提供者（OLE DB Provider）又称为数据服务器（Data Server），通常用来访问数据库的软件驱动等。一般来说，凡是透过 OLE DB 将数据提供出来的就是数据提供者。如 SQL Server 数据库中的数据表，或 Access 数据库文件等，都是数据提供者。

（2）OLE DB 消费者。

OLE DB 消费者或使用者（OLE DB Consumer）又称为数据客户端（Data Client），通常指使用 OLE DB 提供者访问数据库的应用程序、组件等。

（3）OLE DB 服务组件。

OLE DB 服务组件（OLE DB Service Component）通常是一些可选组件（如游标等），用于扩展 OLE DB 提供者的功能。数据服务组件可以执行数据提供者以及数据使用者之间数据传递的工作，数据使用者向数据提供者请求数据时，通过 OLE DB 服务组件的查询处理器执行查询工作，查询到的结果由指针引擎管理。

通过 OLE DB 访问不同的数据库时，可以使用不同的 OLE DB 数据提供者，常见的 OLE DB 数据提供者如表 15-1 所示。

表 15-1 常见的 OLE DB 数据提供者

关系数据库	非关系数据库
• OLE DB Provider for ODBC • OLE DB Provider for SQL Server • OLE DB Provider for Oracle • OLE DB Provider for Jet	• OLE DB Provider for AS/400 • OLE DB Provider for Index Server • OLE DB Provider for Internet Publishing • OLE DB Provider for Active Directory • OLE DB Provider for Microsoft Exchange • OLE DB Provider for OLAP （Online Analytical Processing）

图 15-2 显示了通过 OLE DB Provider for ODBC、OLE DB Provider for Oracle 和 OLE DB Provider for SQL 访问关系数据库的方式。使用 OLE DB Provider for ODBC 访问数据库时，OLE DB 通过调用 ODBC API 与数据库的驱动程序交互来访问数据。而使用 OLE DB Provider for Oracle/SQL 时，OLE DB 数据提供者将直接访问数据库。因此如果通过 OLE DB 访问 ODBC 数据库，本质上还是通过调用 ODBC API 来实现，只不过这种封装换来了更强的数据访问通用性。

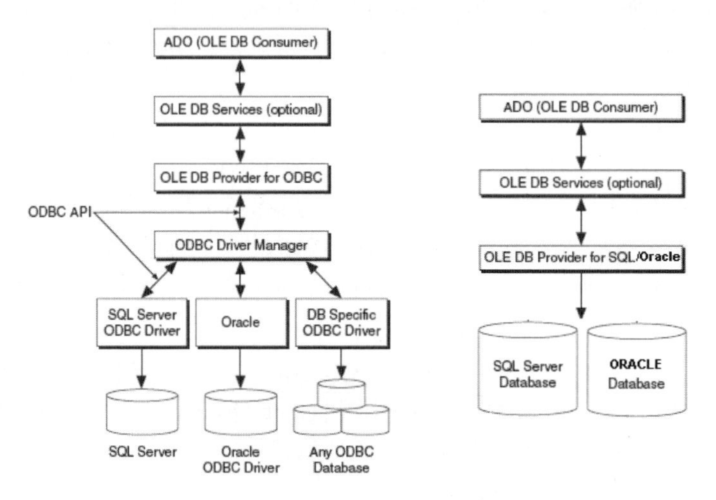

图 15-2 通过数据提供者访问数据库

ADO 位于应用层，用来访问各种数据库的编程接口。相对于 ADO，OLE DB 充当了提供者的角色，反过来 ADO 又是 OLE DB 的消费者。从实际开发角度来看，只要为应用程序配置好 OLE DB 提供者，即可以直接通过 ADO 对数据库进行操作。ADO 通过对 OLE DB 进行 ActiveX 封装，可以使任何支持 COM 的编程语言访问 OLE DB。ADO 对象模型主要由数据连接（Connection）、命令（Command）和记录集（Recordset）三个主要的 COM 对象组成，如图 15-3 所示。

数据连接对象代表一个已经打开的、连接到 OLE DB 数据源的对象，含有设置连接超时和调用连接相关维护信息的方法。命令对象的主要用途是依靠已经打开的 Connection 对象，执行 SQL 语句以获得记录集对象或者调用存储过程。记录集对象代表一组记录，可用来维护数据源中的数据，或控制游标和记录集的锁定模式。

除了以上三个主要的对象外，ADO 还包含一些其他对象。记录（Record）代表记录集中一个单行的记录，和数据流（Stream）及记录集配合，可以实现数据浏览。字段（Field）代表记录集中单独的一列，用来表示记录集对象的默认属性，因此在代码中很少用到它的名字。

数据流通常代表以 Unicode 存放的二进制数据。属性（Property）指数据提供者提供给 ADO 对象的属性，除其本身外的其他 ADO 对象都可使用属性对象。错误（Error）指访问过程中发生的错误，参数（Parameter）代表命令对象的参数。

需要说明的是，ADO 虽然是基于 Windows 平台的技术，但是只要有相应的数据提供者或 ODBC 驱动，数据库服务器就可以运行在任何平台上。例如，若在一台连接到网络的 UNIX 计算机上安装 Oracle，在网络上的另一台 Windows 系统的计算机通过 OLE DB Provider for Oracle 就可以访问它，这也是微软 UDA 方案的初衷。

OLE DB Provider for Jet 通过微软 Jet 数据库引擎（Microsoft Jet Database Engine）访问 Microsoft Access 和基于索引顺序访问方法（Indexed Sequential Access Method，ISAM）的数据库，如 Paradox、dBase、Btrieve、Excel 和 FoxPro 等，如图 15-4 所示。

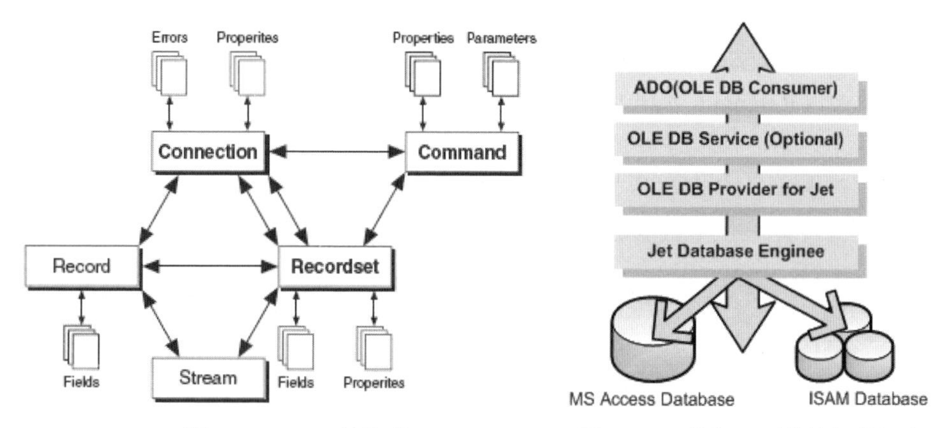

图 15-3 ADO 的构成　　　　图 15-4 通过 Jet 引擎访问数据库

Jet 引擎带有一个数据访问对象 DAO（Data Access Objects）的编程接口，利用该接口，用户可以灵活地通过 Jet 引擎访问数据库。DAO 是基于 COM 的对象模型，它不依赖于某种语言，只要支持 OLE 自动化的工具，都可以使用。由于 DAO 的安全性等特点，目前还在广泛使用。虽然 DAO 和 ADO 都提供编程接口 API，但是二者还是有本质区别。DAO 是专门使用 Jet 引擎访问数据库的编程接口，而 ADO 是微软 UDA 方案的一部分，用于应用程序之间通过网络进行数据共享，也是通过 OLE DB 访问数据库的应用程序接口。

微软 UDA 方案还允许用户为自己的数据源开发 OLE DB 提供者，这样能扩展除关系数据库和已有 OLE DB Provider 数据库外更多的数据源（关于开发自定义 OLE DB Provider 的方法，可以参考 http://www.microsoft.com/data）。例如，可以为个人地址簿、Windows 注册表、计划任务以及共享内存等数据源开发 OLE DB Provider 来访问这些数据。

综上所述，无论是关系数据库还是非关系数据库，都可以使用位于应用层的 ADO 来访问，前提是需要对 ADO 设置好 ODBC 或 OLE DB 驱动。当然也可以直接使用 ODBC API 访问数据库，但仅限于关系数据库。此外，从应用的角度来看，开发数据库应用时，只要知道数据的保存、修改、删除和查询即可，不必去研究复杂的关系模型、抽象的关系代数、艰深的数据库设计等。使用 NI LabVIEW 数据库连接工具包（NI LabVIEW Database Connectivity Toolkit），开发人员可以在应用层非常方便地操作数据库。

NI LabVIEW 数据库连接工具包是 LabVIEW 的附加产品（LabVIEW 安装包本身并不包括该工具包，用户必须在安装完 labVIEW 软件后，再单独安装该工具包，才能进行数据库程序开发），提供一套简单易用的数据库操作工具，开发人员不但可以进行一般的数据操作，还可以完成高级的数据库任务。总的来说，LabVIEW 数据库连接工具包主要包括以下几方面的功能。

（1）无须进行结构化查询语言（SQL）编程，就可以执行表的创建或数据记录的查询、插入、更改以及删除等诸多常用的操作。

（2）提供与本地或远程常见数据库（如 Microsoft Access、SQL Server 和 Oracle 等）直接交互操作的能力；支持任何符合 ADO 标准的 Data Provider，以及符合 ODBC 或 OLE DB 的数据库驱动，因此只要有相应的驱动，就可以访问数据源。

（3）提供完整的 SQL 功能，使开发者可以在程序中实现高级的数据库功能。

（4）可以使用 ADO 技术操作大多数常用数据库的功能。

（5）较强的可移植性。多数情况下，只要更改连接数据库的参数，即可将应用程序移植到另一个数据库上。

LabVIEW 数据库连接工具包需要安装 MDAC 2.5 以上版本（可以从 http://www.microsoft.com/data 下载），如果系统中没有安装 MDAC 或版本旧，则在安装 LabVIEW 数据库连接工具包时，会自动安装 MDAC 2.5。此外，由于新的 LabVIEW 数据库连接工具包中，代表连接的数据（Refnum）使用 I32 数据类型，而旧版本的数据库工具包（SQL Toolkit）中此值的数据类型为 I16，因此建议在使用 LabVIEW 数据库连接工具包的新版本前，先删除旧版本的 SQL Toolkit，否则在应用程序中混合使用新旧两种代表连接的数据（Refnum），会导致连接中断。图 15-5 所示是 LabVIEW 中数据库连接工具包函数集。

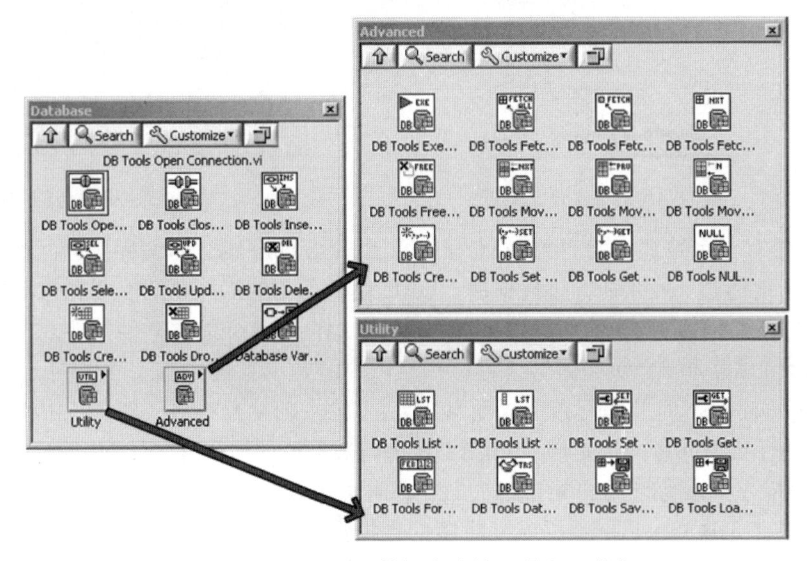

图 15-5 LabVIEW 数据库连接工具包函数集

使用 LabVIEW 数据库连接工具包访问数据库时，一般遵循如图 15-6 所示的连接数据库、操作数据库和断开数据库连接的流程。以下就主要讨该过程中的关键技术。

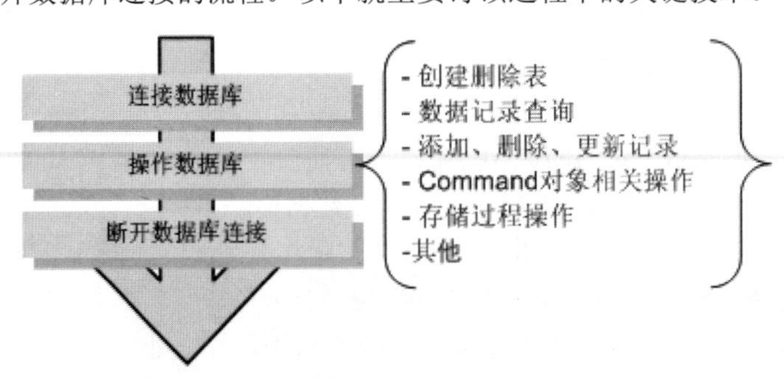

图 15-6 使用 LabVIEW 数据库连接工具包访问数据库流程

15.2 连接数据库

操作数据库的前提是已经建立与数据库的连接。只有在建立与数据库的连接后才能对其中数据进行各种操作。建立与数据库的连接往往也是数据库程序中容易出错的地方，这是因为不仅不同的数据库管理系统（DBMS）对连接使用不同的参数和安全级别，而且不同的标准使用不同的方法连接数据库。在LabVIEW数据库程序设计过程中，可以基于ODBC或ADO来访问数据库。ODBC标准通过DSN（Data Source Names）连接数据库，ADO和OLE DB则使用UDL（Universal Data Links）连接数据库。LabVIEW数据库连接工具包中的DB Tools Open Connection VI支持各种数据库的连接方法。

15.2.1 使用DSN连接数据库

DSN是指要连接的数据源或数据库的名字，包含ODBC驱动和其他与数据库连接相关的属性，如路径、安全信息和数据库的读写权限等。DSN分为两种类型：机器DSN（Machine DSN）和文件DSN（File DSN），如图15-7所示。机器DSN被保存在系统注册表中，既可被系统中所有用户使用，也可以只由某个用户使用。被所有用户使用的机器DSN称为系统DSN（System DSN），只被某个用户单独使用的DSN则称为用户DSN（User DSN）。文件DSN是一个后缀名为.dsn的文本文件，其中保存所有与数据库连接相关的信息。文件DSN并不局限于某个用户或某种系统，只要有合适的权限，任何人都可以使用。

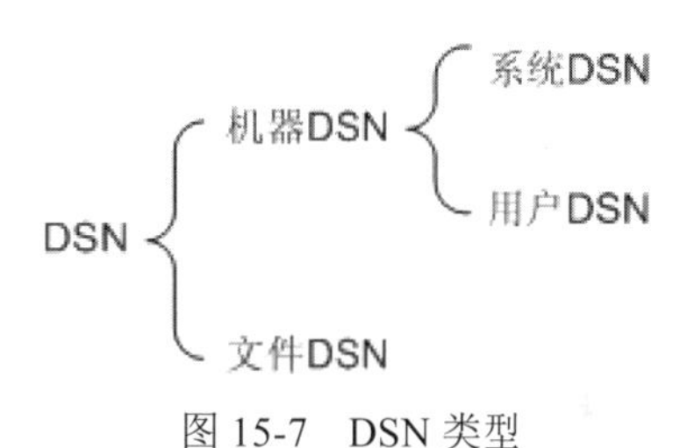

图15-7 DSN类型

在开发应用程序时，可以使用“ODBC数据源管理器”（ODBC Data Source Administrator）在系统中注册并配置某个数据库的驱动，使该数据库成为应用程序的数据源，如图15-8所示。ODBC数据源管理器位于Windows控制面板的“管理工具”→“数据源”中。使用ODBC数据源管理器创建的机器DSN或文件DSN最终将保存在系统注册表或文件中。当程序要连接数据源时，就可以通过该DSN的名字连接数据源。在对SQL Server和Oracle数据库的ODBC驱动进行配置时，还需要通过弹出的对话框配置服务器的信息、用户ID、密码等。对Access数据库的配置相对简单（图15-9），可以通过该对话框选择存放数据的Access数据库文件，如果文件有密码，也可以通过该对话框设置密码。

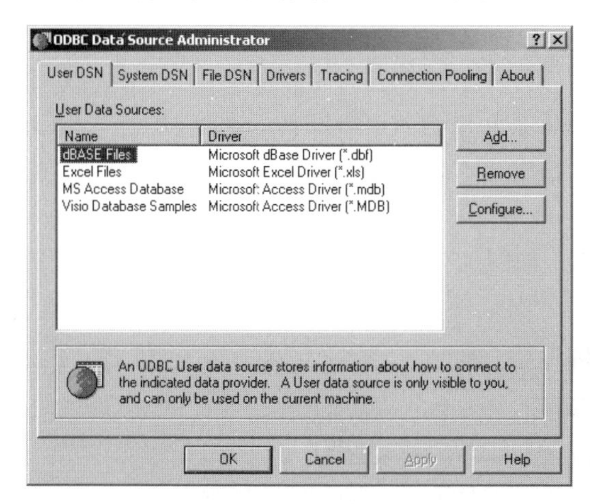

图15-8 ODBC数据源管理器

图15-9 配置Access数据库的DSN驱动

LabVIEW 数据库连接工具与 ODBC 标准兼容，因此只要数据源有相应的 ODBC 驱动，就可以使用工具包进行访问。虽然 LabVIEW 数据库连接工具包中并没有针对各种数据库的驱动，但是可以使用 MDAC 包含的 ODBC 驱动来访问数据库，这也是在使用 LabVIEW 数据库连接工具包之前要安装 MDAC 的原因。具体来说，如果对数据源配置了相应的 DSN，就可以使用 DB Tools Open Connection VI 连接该数据源。

图 15-10 和图 15-11 分别显示了连接机器 DSN 和文件 DSN 的程序代码。图 15-9 中的字符串 MS Access 就是在 ODBC 数据源管理器中创建的机器 DSN 的名字（可以是系统 DSN 或用户 DSN），而图 15-10 中路径所指向的文件 access.dsn 就是在 ODBC 数据源管理器中创建的文件 DSN。这些 DSN 都需要与访问的 Access 数据库文件连接。

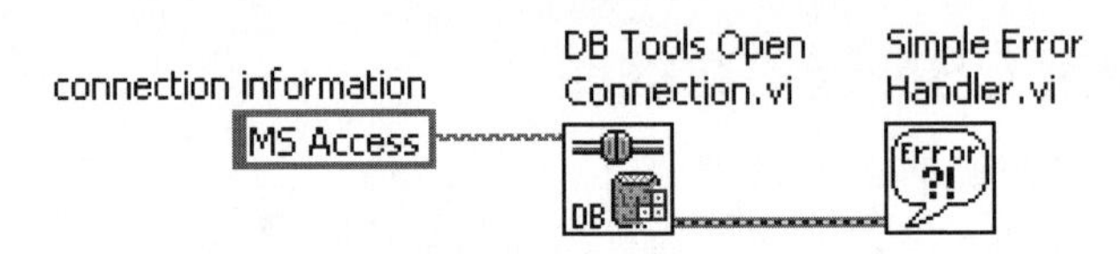

图 15-10　通过机器 DSN 连接 Access 数据库

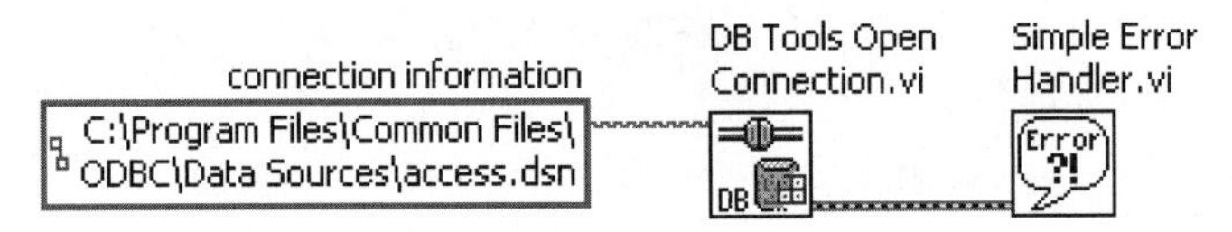

图 15-11　通过文件 DSN 连接 Access 数据库

图 15-12 显示了通过系统 DSN 连接 Oracle 数据库的例子。由图中可以看出，在连接 Oracle 数据库时，不仅需要提供在 ODBC 数据源管理器中创建的系统 DSN 的名字 ORCL，还要提供访问数据库的用户名和密码。在连接 Oracle 或 SQL Server 等大型数据库时，通常需要提供用户名和密码，具体情况需根据数据库管理系统（DBMS）中的设置而定。

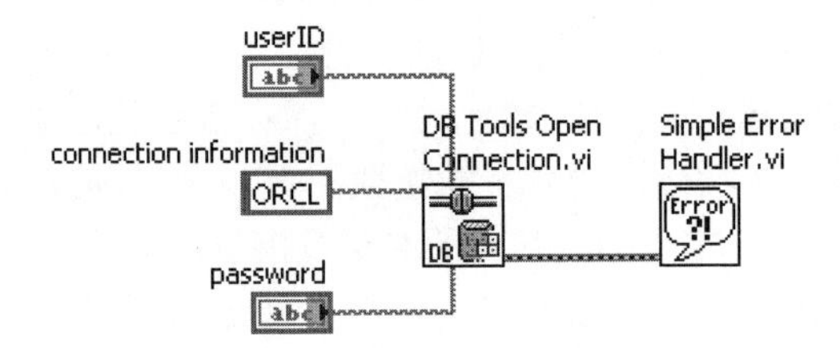

图 15-12　通过系统 DSN 连接 Oracle 数据库

15.2.2　使用 UDL 连接数据库

UDL 与文件 DSN 类似，也是在一个文件中设定数据源使用何种 OLE DB 提供者、服务器信息、用户名和密码、默认数据库及其他相关信息。不同的是 DSN 用于 ODBC，只能访问关系数据库，而 UDL 则用于 ADO 和 OLE DB，既可以访问关系数据库，也可以访问非关系数据库。使用 UDL 连接数据库的程序比较简单，如图 15-13 所示，其中 access.udl 是创建的 UDL 文件名。

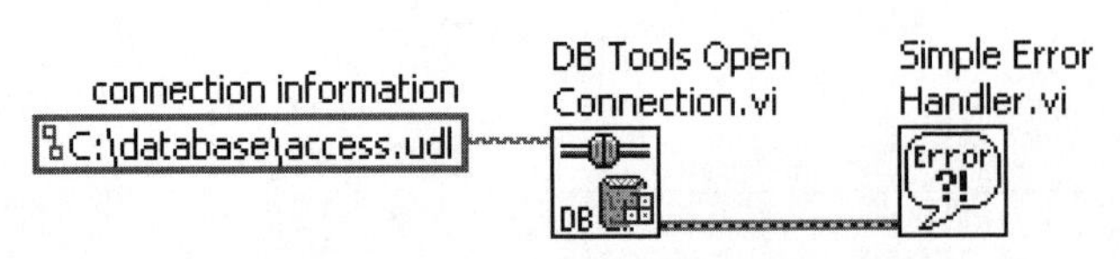

图 15-13　通过 UDL 连接数据库

创建到数据源的 UDL 有以下几种方法。

（1）在 LabVIEW 中选择“工具”（Tool）→“创建数据连接”（Create Data Link）选项，通过“数据连接属性”对话框创建 UDL。

（2）在任意文件夹或桌面上右击，在弹出的菜单中选择“新建”（New）→“文本文档”（Text Document）选项，创建一个文本文件，并将其重命名为后缀为 .udl 的文件。双击该文件，通过弹出的“数据连接属性”对话框创建 UDL。

（3）设置 DB Tools Open Connection VI 的 Prompt 参数为 TRUE（图 15-14），通过该 VI 运行时弹出的“数据连接属性”对话框创建 UDL。

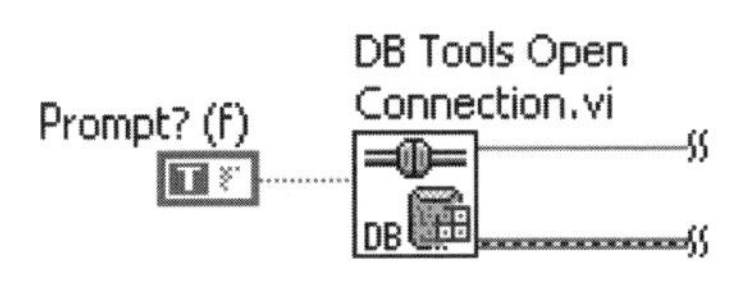

图 15-14 设置 DB Tools Open Connection VI 的 Prompt 参数

无论哪种方法，最终都是通过调用“数据连接属性”对话框（图 15-15）来创建 UDL。在数据连接属性对话框中，可以为数据源选择数据提供者、设置数据源的连接信息以及其他与数据源相关的高级属性。

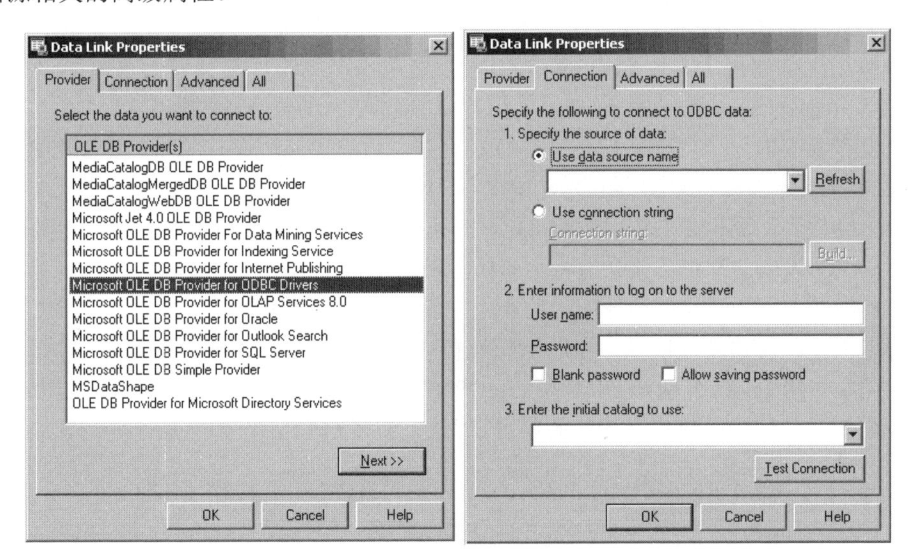

图 15-15 通过“数据连接属性”对话框创建 UDL

LabVIEW 数据库连接工具包可以连接到符合 ODBC、ADO 和 OLEDB 等多种标准的数据库，为了便于理解和对比，将这些标准和连接数据库的方法汇总在表 15-2 中。

表 15-2 数据库标准和连接方法汇总

标准 / 方案	描 述	连 接 代 码
ODBC	（1）仅用于访问关系数据库。 （2）使用 DSN 连接数据库 DSN：机器DSN（系统DSN、用户DSN）；文件DSN	connection information: MS Access → DB Tools Open Connection.vi → Simple Error Handler.vi connection information: C:\Program Files\Common Files\ODBC\Data Sources\access.dsn → DB Tools Open Connection.vi → Simple Error Handler.vi

续表

标准 / 方案	描　述	连 接 代 码
OLEDB	（1）微软提供的到各种数据源的系统级接口。 （2）是一组 C++ API 函数，允许从较低层访问数据库。 （3）UDA 方案的一部分，可作为 ADO 的数据提供者	
ADO	（1）应用层编程接口。 （2）可连接关系或非关系数据库。 （3）是对 OLEDB 的 ActiveX 封装，任何支持 COM 的程序均可通过 ADO 使用 OLEDB。 （4）使用 UDL 连接数据库	connection information C:\database\access.udl DB Tools Open Connection.vi Simple Error Handler.vi
UDA	微软的数据共享方案，可用来在网络共享关系型和非关系型数据	

15.2.3　增强数据库程序的可移植性

比较 DSN 和 UDL 两种连接方法，不难发现，每当程序移植到另一台计算机上时，一般要重新为数据库创建用于连接的 DSN 或 UDL。这是一个比较烦琐且容易出错的过程，特别是对要在多台计算机上分发的程序来说，用户拿到程序后还要手动添加配置，才能使程序正常运行，没有耐心的用户可能就放弃了。有没有办法可以避免程序移植后，重新创建 DSN 和 UDL 的工作呢？这需要从 UDL 和 DSN 中保存的信息入手。

前面已经提到，无论是 DSN 还是 UDL，其本质上都是将各种配置好的用于连接数据库的信息保存在注册表或文件中。如果能将这些信息随程序移动而自动更新，那么就能避免移植时的重新配置问题。由于涉及自动更新的功能，一般需要在程序代码中完成。因此，想到可以通过在代码中根据程序移动的位置，自动更新连接数据库的信息，才能解决问题。

图 15-16 和图 15-17 分别是 UDL 和 FileDSN 文件内容示例。可以看出，如果忽略注释，剩余部分全部是各种用于数据库连接的信息。理论上有了这些信息就能实现到数据库的连接。

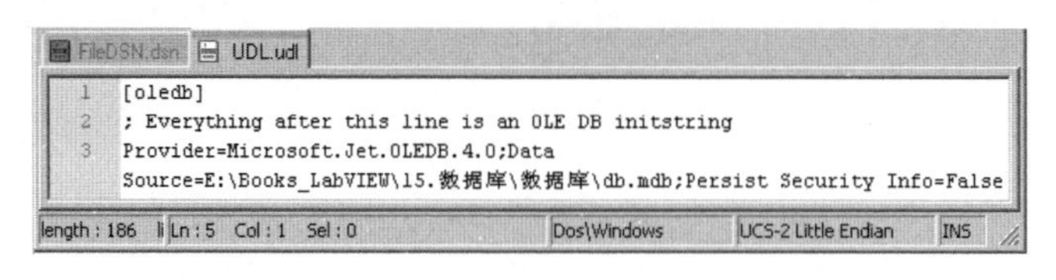

```
[oledb]
; Everything after this line is an OLE DB initstring
Provider=Microsoft.Jet.OLEDB.4.0;Data Source=E:\Books_LabVIEW\15.数据库\数据库\db.mdb;Persist Security Info=False
```


图 15-16　UDL 文件内容示例

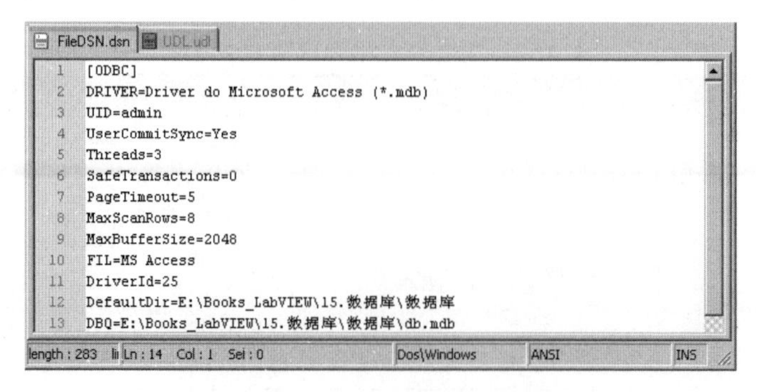

```
[ODBC]
DRIVER=Driver do Microsoft Access (*.mdb)
UID=admin
UserCommitSync=Yes
Threads=3
SafeTransactions=0
PageTimeout=5
MaxScanRows=8
MaxBufferSize=2048
FIL=MS Access
DriverId=25
DefaultDir=E:\Books_LabVIEW\15.数据库\数据库
DBQ=E:\Books_LabVIEW\15.数据库\数据库\db.mdb
```


图 15-17　FileDSN 文件内容示例

事实的确如此，如果将这些信息以字符串的方式直接传递给 DB Tools Open Connection VI，就可以实现到数据库的连接。唯一需要注意的是，FileDSN 文件中各个字段的信息需要使用分号分隔，而 UDL 文件中除了注释外的字符串可以直接拿来使用。图 15-18 是使用字符串信息连接数据库的例子。

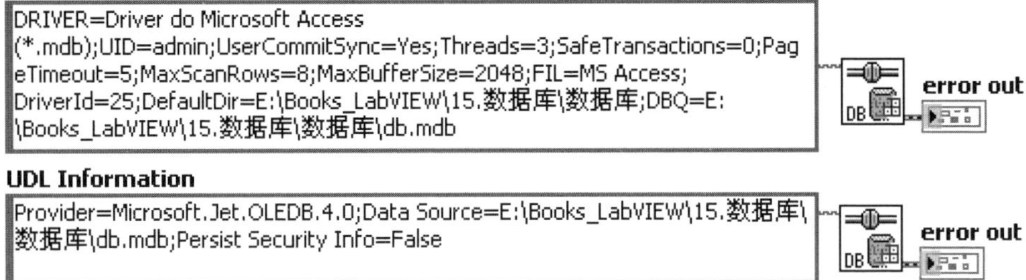

图 15-18 使用字符串信息连接数据库

至此已经找到了移植问题的解决方案。在实际开发中，只要使用程序代码动态组合图 15-18 中的字符串信息，就可以避免手动重新配置 DSN 或 UDL，而由程序自动完成配置工作。例如，以使用 UDL 文件保存的信息连接数据库来说，可以使用如图 15-19 所示的代码解决移植问题。程序使用代码，以 VI 所在位置为参考，自动获取数据库文件的保存路径，并将该路径与其他连接数据库的信息字符串组合在一起，构成完整的连接数据库的信息后传递给 DB Tools Open Connection VI，实现数据库连接。

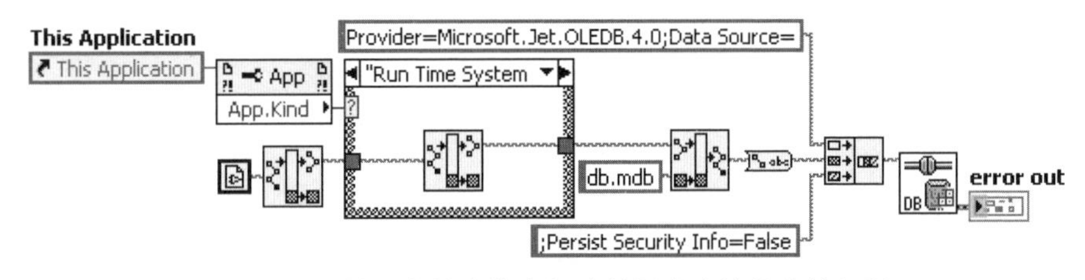

图 15-19 使用字符串信息解决数据库连接的移植问题

由于 LabVIEW 在开发阶段和运行阶段组合路径的方法不同（运行阶段需要多一个获取目录的函数），程序使用了应用程序的 App.Kind 属性判断当前处在开发阶段还是打包后运行阶段，并根据不同情况组合路径。由程序可以看出数据库文件和 VI 保存在同一目录中。

对于文件 DSN 来说，操作的方法类似。这种方法的意义在于极大地增强了程序的可移植性，并减少了用户对程序的维护工作量。应注意，对于机器 DSN 来说，由于其内容保存在注册表中，因此一般不对其对应的数据库在代码中进行自动维护连接信息。事实上，机器 DSN 本身的目的就是将数据库与某个系统或用户关联在一起，因此没有必要考虑其移植性。

在实际开发过程中，为了减少组合字符串时出现的错误，用户可以先使用“ODBC 数据源管理器”或“数据连接属性”对话框手工创建文件 DSN，并在单击“测试连接”（Test Connection）按钮测试通过后（图 15-20），再对照生成的文件内容，组合数据库连接字符串，以降低出错的概率。

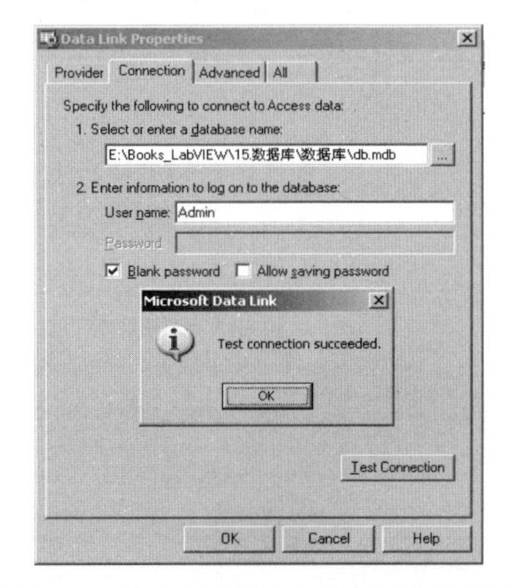

图 15-20 测试到数据库的连接信息是否正确

15.3 数据库基本操作

成功连接数据库后，就可以对其中的数据进行操作了。对数据库的基本操作通常包括在数据库中创建或删除数据表，在数据表中添加记录、删除记录、更新记录或查询记录等。LabVIEW 数据库开发包为这些基本操作提供了函数，开发人员不必使用 SQL，就能轻而易举地实现功能。

15.3.1 创建、删除数据表

大多数数据库系统使用表来组织数据。在数据库创建之初，通常先定义数据表的结构，包括表所包含的各个域的名称、所用的数据类型、精度等。这个过程可以在数据库管理系统（如 SQL Server 或 Access）中手工完成，也可以使用程序代码来完成。图 15-21 为在 Access 中自定义的名为 Users 的数据表结构的情况。

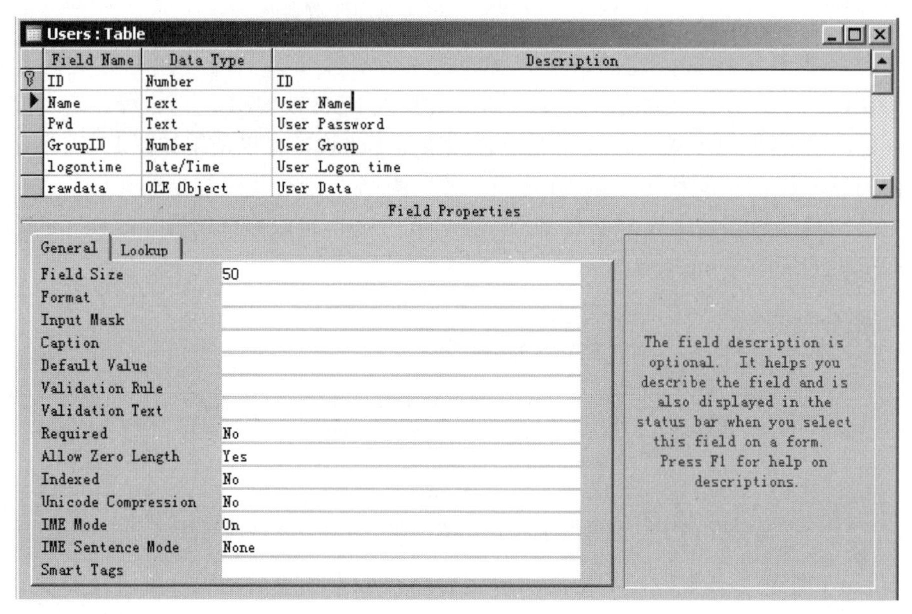

图 15-21 在 Access 中设计数据表结构

使用 LabVIEW 数据库连接工具包中的函数，可以通过代码实现创建数据表的功能。例如，要创建一个结构与图 15-21 相同的数据表，可以用图 15-22 所示的代码实现，其中 ConnectDB.vi 的代码如图 15-23 所示。

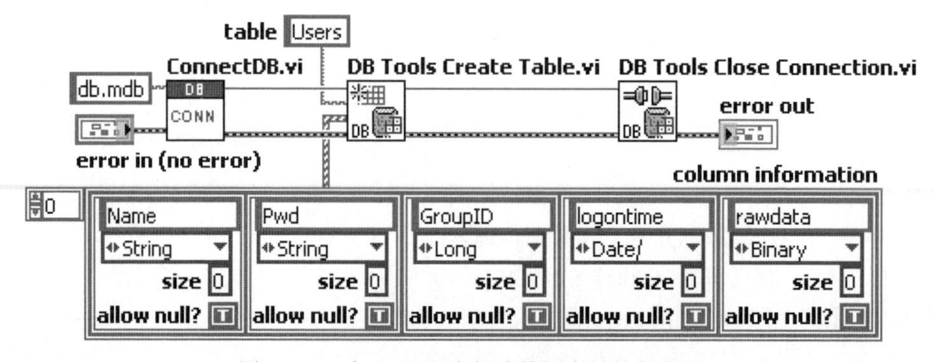

图 15-22 在 Access 中创建数据表结构的代码

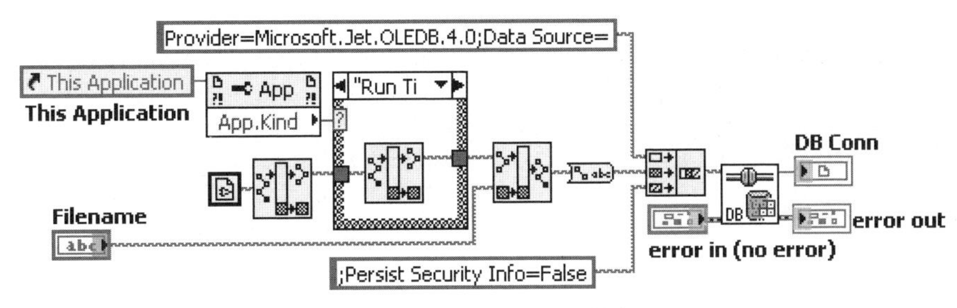

图 15-23 ConnectDB.vi 的代码

程序先使用 ConnectDB.vi 连接到与其保存在同一目录下的数据库文件 db.mdb，然后使用 DB Tools Create Table VI 创建数据表，完成后使用 DB Tools Close Connection VI 断开与数据库的连接。在创建数据表时，column information 参数可以指定表中各列的名字、数据类型、数据长度，以及是否允许数据记录中该字段为空。应特别注意，数据列的名字中不能使用 Password、Time 等系统保留的关键字，否则程序会出错。很多开发人员经常因此花费大量的调试时间。数据长度只对字符串类型的数据列有效，如果设置长度为 0，则系统使用字符串的最大长度。

数据列的数据类型只能是字符串（string）、长整型（long，I32）、单精度型（single，SGL）、双精度型（double，DBL）、日期 / 时间（date/time）或二进制数据（binary）中的一种。通常来说，数据类型的丰富程度直接决定程序开发的效率，那么为什么 LabVIEW 数据库开发包只支持这 6 种数据类型呢？这是因为这 6 种数据类型是大多数数据库管理系统都支持的数据类型，将各种复杂多样的数据类型映射到这几种“通用”的数据类型，有助于提高 LabVIEW 数据库连接工具包对各种 DBMS 的兼容性，如图 15-24 所示。

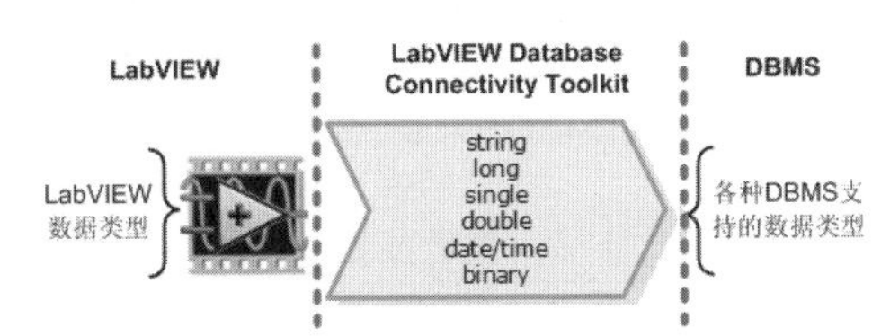

图 15-24 通过 6 种数据类型增强数据库开发工具包的兼容性

表 15-3 列出了 LabVIEW 数据库连接工具包所支持的 6 种数据类型与 Access 和 SQL Server 中数据类型的映射，其中重点对相应的 SQL 数据类型进行了介绍。

表 15-3 数据库连接工具包与 DBMS（Access、SQL Server）数据类型的映射

数据库连接工具包数据类型	Access 数据类型	SQL Server 数据类型	说　明
string	Text	CHAR(x), VARCHAR(x)	（1）CHAR 指定长字符串，不足字符用空格填充。 （2）VARCHAR 指可变长字符串，不足字符不用空格填充。 （3）长度由 x 指定，如 VARCHAR(32)
long	Long Integer	INTEGER	（1）INTEGER 的精度依据 SQL 应用而定。 （2）数据库开发人员不能直接设定确切的数据精度
single	Single	REAL	单精度浮点数
double	Double	DOUBLE RECISION	双精度浮点数

续表

数据库连接工具包数据类型	Access 数据类型	SQL Server 数据类型	说　明
date/time	Date/Time	DATE, TIME (p)	（1）DATE 格式为 YYYY-MM-DD。 （2）TIME 格式为 HH:MM:SS.SSS
binary	OLE Object	BINARY (n), VARBINARY (n)	（1）BINARY 指定长二进制字符串。 （2）VARBINARY 指可变长二进制字符串。 （3）对应 Access 中的 OLE Object

LabVIEW 支持多达几十种数据类型，与数据库连接工具包各种数据类型的映射关系如表 15-4 所示。在使用 LabVIEW 数据库开发包设计应用程序时，可以根据映射关系表将各种 LabVIEW 数据类型映射到 6 种类型中的一种。例如，可以把 8 位有符号（signed）、无符号（unsigned）整型数或 8 位枚举（enum）整型数统统映射为长整型数，以便与 DBMS 兼容。由于 long 整型数的范围为 –2 147 483 648 ～ 2 147 483 647，因此对于超出该范围的整数（32 位无符号整数和 64 位整数）均以字符串来保存，使用时再转换为数值即可。所有无法在数据库中表达的数据类型都可以映射为 binary 类型，如一个包含复杂数据结构的簇，就可以使用 binary 来代表。需要注意的是，虽然可以将 LabVIEW 中的引用直接映射为 binary，但是实际中引用值通常为临时量，用完后就不再有意义，因此通常并不会在数据库中保存。如果非要保存，也是先将它转换为整型量再写入数据库。

表 15-4　LabVIEW 与数据连接工具包数据类型的映射

LabVIEW 数据类型	数据库连接工具包数据类型	说　明
8 位整型数（8-bit integer）	long	包括 8 位有符号（signed）整数、无符号（unsigned）整数及枚举（enum）整型数
16 位整型数（16-bit integer）	long	包括 16 位有符号（signed）整数、无符号（unsigned）整数及枚举（enum）整型数
≤ 2 147 483 647 的 32 位整型数	long	（1）包括 32 位有符号（signed）整数、无符号（unsigned）整数及枚举（enum）整型数。 （2）32 位有符号整数范围为 –2 147 483 648 ～ 2 147 483 647。 （3）32 位无符号整数范围为 0 ～ 4 294 967 295
> 2 147 483 647 的 32 位整型数	string	
64 位整型（64-bit integer）	string	（1）包括 64 位有符号（signed）整数、无符号（unsigned）整数及枚举（enum）整型数。 （2）64 位有符号整数范围为 –1e19 ～ 1e19。 （3）64 位有符号整数范围为 0 ～ 2e19
单精度浮点数（single）	single	
双精度浮点数（double）	double	
布尔型（boolean）	string/long	可以映射为字符串或数值
字符串（string）	string	
日期 / 时间（date/time）	date/time	
时间戳（time stamp）	date/time	

续表

LabVIEW 数据类型	数据库连接工具包数据类型	说　明
路径（path）	string	
I/O 通道（I/O channel）	string	
引用（refnum）	binary	所有无法在数据库中表达的数据类型都可以使用 binary 来代替
复数（complex）		
扩展类型数（extended numeric）		
图片控件（picture control）		
数组（array）		
簇（cluster）		
变体（variant）		
波形（waveform）		
数字波形（digital waveform）		
离散数据（digital data）		
WDT		
定点数（fixed-point numeric）		

图 15-25 显示了在创建的数据表中添加数据记录的情况。数据表的每一行表示一条记录（Record）；每一列表示记录中的字段（Field），也就是记录中的一项内容。能够唯一标识表中某一行的属性或属性组，叫主键（Primary Key），一个表只能有一个主键，但可以有多个候选索引。因为主键可以唯一标识某一行记录，所以可以确保执行数据更新、删除时不会出现错误，图 15-25 中字段 ID 为主键。

	ID	Name	Pwd	GroupID	logontime	rawdata
	0	Operator	Operator	0	2011-6-2	Bitmap Image
	1	Engineer	Engineer	1	2011-6-3	Bitmap Image
	2	admin	admin	100	2011-6-5	Bitmap Image
▶	0					

图 15-25　包含数据记录的数据表

删除数据比较简单。只要连接到数据库，并通过 DB Tool Drop Table VI 删除指定的数据表即可。完成后断开到数据库的连接，如图 15-26 所示。

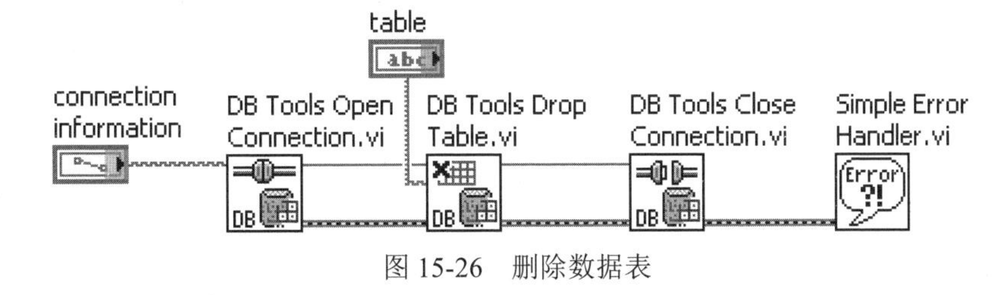

图 15-26　删除数据表

15.3.2　操作数据记录

创建了数据表后就可以在其中添加数据记录、删除记录、查询记录或对数据记录的内容进行更新。

图 15-27 是在数据库中添加记录的例子。程序与数据库建立连接后，使用 DB Tools Insert

Data VI 在已经创建好的表中添加数据记录。添加的数据记录可以针对表中每个字段（列），或针对其中某个字段。如果针对所有字段添加数据，可以不用在 DB Tools Insert Data VI 中指定各数据列的名字。但需指定表的名字，并使用簇将数据按照各个字段在表中的顺序捆绑在一起作为该 VI 的参数。如果只在某个字段中添加数据，则不仅要指定表名，还要说明要插入数据的字段，如程序中在 Name 字段添加数据 Engineer。

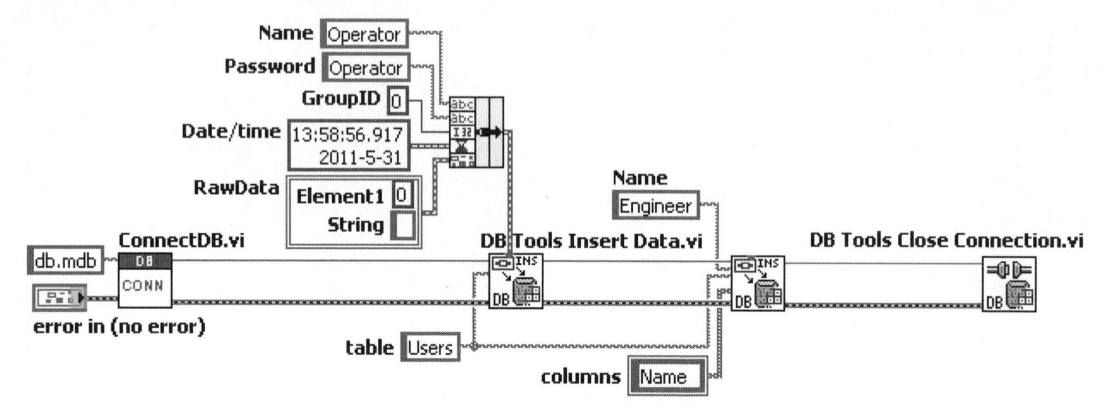

图 15-27　在数据库中添加记录

可以使用 DB Tools Select Data VI 从数据表中选择要读取的记录。图 15-28 是读取数据记录的例子。程序首先读取表 Users 和 Test 中的所有记录，显示在 data1 显示控件中。随后再从表 Test 中读取所有满足 ProductID 为 A001 的记录，只把该记录中的 Results 字段显示出来。由程序可以看出，在连接到数据库后，程序不仅可以从数据库中某一个数据表中读取数据，也可以同时从多个数据表中读取记录，还可以限制读取数据记录的字段，或者使用 SQL 语句筛选出部分记录，进行显示。

默认情况下，从数据库中读出的数据均以变体类型(Variant)显示，通常是变体类型的数组。如果需要按照 LabVIEW 中其他类型显示数据，可以使用 Database Variant To Data 或 Variant To Data 函数，将某个以变体显示的字段转换为该 LabVIEW 数据类型。例如图 15-28 中就将从数据库中读出的 Results 字段转换为字符串。

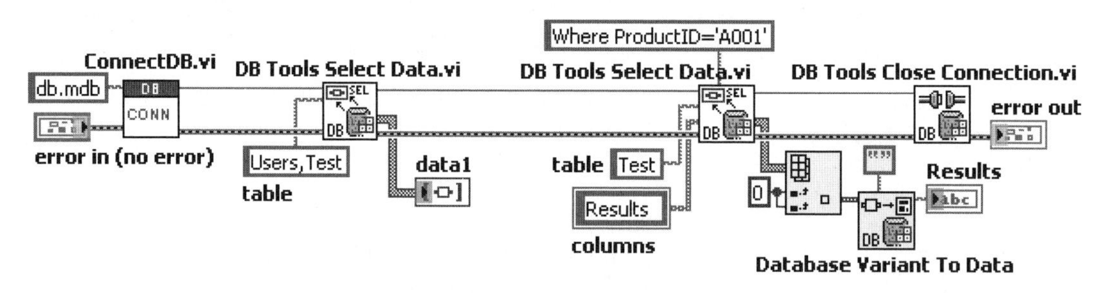

图 15-28　读取数据库中的记录

可以使用 DB Tool Update Data 函数更新数据库中的某一条或多条满足某种条件的数据记录。该函数的使用与数据记录读写函数类似，不同之处在于需事先设定要更新记录的范围（可以指定表中某个字段，或者通过 SQL 语句说明要更新的记录）。

在操作数据库中的记录时，应特别注意对“日期 / 时间”（date/time）、“无效或空数据”（NULL）、“货币”（Currency）以及“布尔”（boolean）等类型数据的处理。

在操作“日期 / 时间”数据时，最常见的是记录日期的格式不统一的问题。例如有些国家或个人习惯使用“年 / 月 / 日”的方式记录时间，而有的国家或个人则习惯用“月 / 日 / 年”

的格式记录时间。不仅如此，不同的 DBMS 系统可能使用的日期格式也不尽相同，这会导致使用相同的程序从不同的 DBMS 获取的时间格式可能千差万别。

在 LabVIEW 应用程序中，可以使用两种方法对数据库中定义为“日期 / 时间”类型的字段进行处理。一种是直接将“时间戳”（time stamp）连接到数据库连接工具包函数的“date/time”参数，另一种是先使用 DB Tools Format Datetime Str VI 将时间数据格式转换为特殊格式（在时间字符串前添加一个“\01date/time\01”报文头）的字符串，再写入数据库中类型为 date/time 的字段。这两种方法都可以被多数 DBMS 兼容。图 15-29 显示了两种操作日期 / 时间数据的例子。

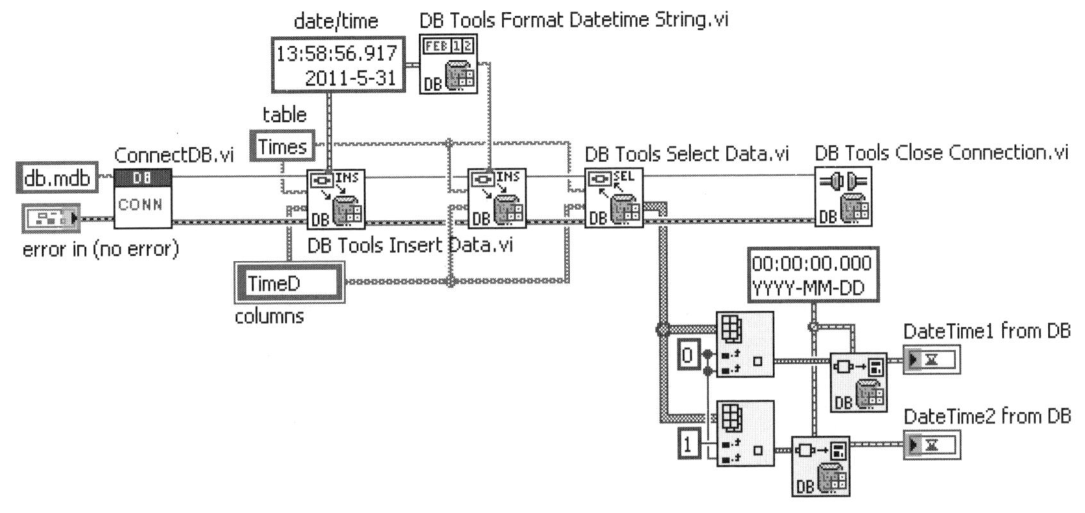

图 15-29 操作日期 / 时间数据

程序连接到数据库后，先以“时间 / 日期”格式在数据表 Times 中的 TimeD 字段添加一个记录。紧接着程序使用 DB Tools Format Datetime Str VI 把时间戳数据转换为特殊格式的字符串（在字符串首部添加标识数据类型的报文头“\01Date/Time\01”，用于使数据与数据库中要求的格式匹配），也把其添加到 TimeD 字段中。使用两种方法添加到数据库中 date/time 类型字段的数据均可以被数据库识别。如果使用 DB Tools Select Data VI 读取该字段中的记录，函数将以变体类型返回保存的时间值（注意，添加在字符串首部的报文头会被去掉），使用 Database Variant To Data VI 将其转换为 LabVIEW 的日期时间类型进行显示即可。

处理数据库中的空字段（NULL）也需要技巧。在数据库中，数据记录中的空字段表示该处没有数据。但是在 LabVIEW 中，却常用 NULL 代表控件的默认值。例如用来表示字符串控件为空、数值控件为 0、布尔控件为 FALSE 等。因此，在将数据库中为 NULL 的数据赋值给 LabVIEW 控件时，字符串为空，而数值则为 0。这就导致用户不能分辨数值字段处是否有数据。例如，若某显示控件值为 0.0，就不知道该值在数据库是有效数据 0.0，还是代表该记录为空（NULL）。

数据库中的 NULL 数值通常会以“变体”类型被读出，并被映射为 LabVIEW 的空字符串，或对应数值 0。可以利用这一特点来避免上述 NULL 对数值记录的影响。具体来说，可以先将读出的变体数据转换为字符串，再编写程序将字符串转换为数值。转换时可以检查字符串是否为空，当字符串为空时，说明该记录为 NULL，此时可以使用 NaN 代替 0 来显示，如图 15-30 所示。

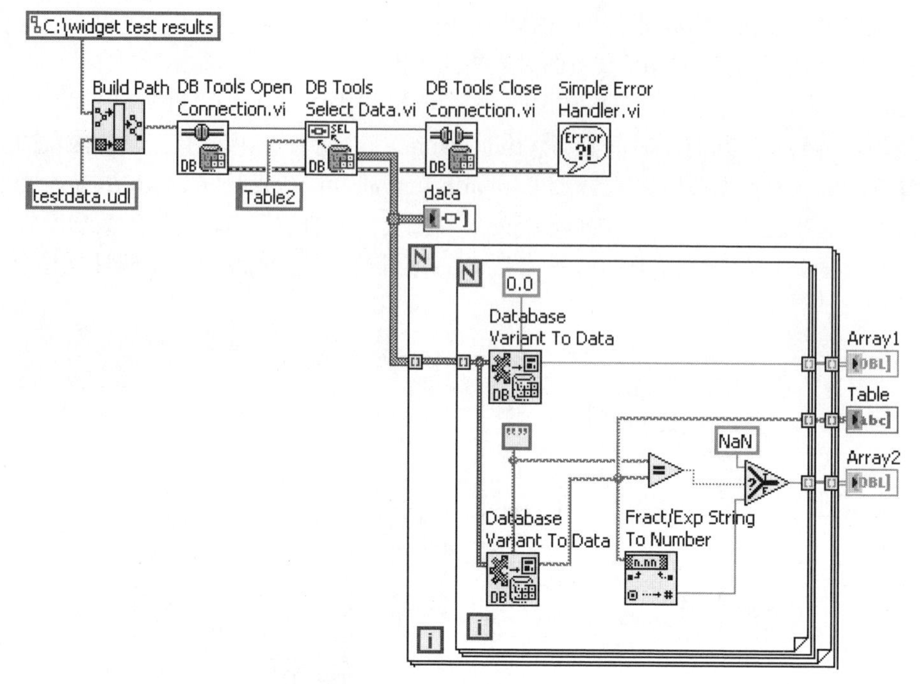

图 15-30　处理 NULL 数据

数据库中的“货币”和“布尔”类型量也需要进行特别处理。这是因为虽然这些数据类型在LabVIEW程序中比较常见，但是由于在一些DBMS系统中（如Oracle）没有这些数据类型，所以LabVIEW数据库连接工具包并不直接支持这两种数据库中的数据类型。可以在程序中先将这些数据转换为字符串，再通过数据库连接工具包函数写入数据库中。数据库中的“货币”和“布尔”类型会兼容这些字符串。

图 15-31 是使用字符串处理“货币”和“布尔”类型数据的例子。程序连接至数据库后，先将布尔量和货币量转换为字符串，写入数据库中被定义为“货币”和“布尔”类型的字段，然后再将这些数据从数据库中读取出来。被读取的数据均为变体类型，其中布尔量用 TRUE 或 FALSE 代表真假，货币量用无货币符号的字符串代表金额。可以使用 Database Variant To Data VI 将其转换为 LabVIEW 支持的布尔或货币量显示。

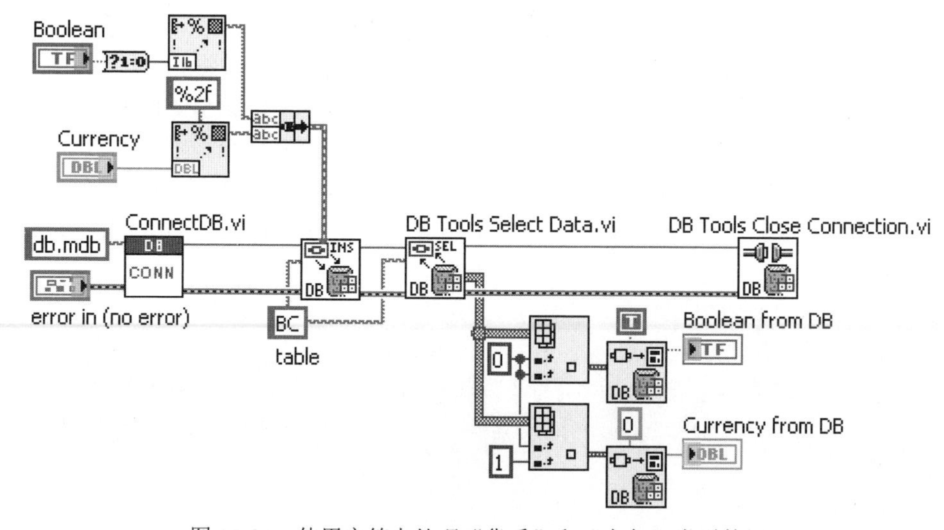

图 15-31　使用字符串处理“货币”和“布尔”类型数据

15.4 数据库高级操作

通常使用数据库基本操作函数就可以满足多数情况下的程序开发要求，但是有时却需要对数据库的读写进行更强的控制。例如，在程序中执行 SQL 语句，实现数据添加、数据修改、数据删除、数据查询和数据浏览功能，或执行带参数的 SQL 语句、执行存储过程等，这时可以使用 LabVIEW 数据库开发工具包提供的高级 VI 来满足开发需求。图 15-32 显示了数据库高级 VI 可以实现的主要功能。

15.4.1 执行 SQL 语句

结构化查询语言（SQL）是一种用于关系数据库中的数据表维护、数据访问以及查询、更新和管理的数据库查询和程序设计语言。SQL 最早是由 IBM 公司的圣约瑟研究实验室为其关系数据库管理系统 SYSTEM R 开发的一种查询语言，它的前身是 SQUARE 语言。SQL 自 1981 年推出以来，就因其结构简单、功能强大、简单易学，得到了广泛应用。如今无论是 Oracle、Sybase、DB2、Informix、SQL Server 这样的大型数据库管理系统，还是 Access、Visual Foxpro、PowerBuilder 这些个人计算机常用的数据库开发系统，都支持 SQL 语言作为查询语言。

1992 年，国际标准化组织（ISO）和国际电工委员会（International Electrotechnical Commission，IEC）发布了 SQL 国际标准，称为 SQL-92。随后美国国家标准协会（ANSI）发布了与该标准相对应的美国标准 ANSI SQL-92（有时被称为 ANSI SQL）。虽然不同的关系数据库使用的 SQL 版本稍有差异，但大多数都遵循 ANSI SQL 标准。SQL Server 使用 ANSI SQL-92 的扩展集，称为 T-SQL。

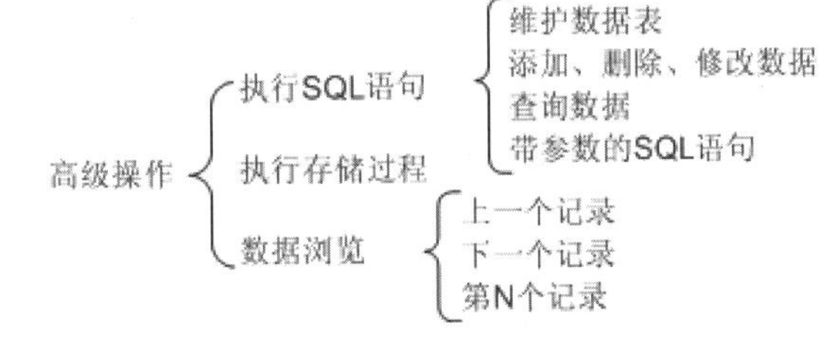

图 15-32 数据库高级 VI 可以实现的主要功能

表 15-5 显示了常用的 SQL 语句格式。SQL 语句包含以下四部分。

（1）数据定义语言（Data Definition Language，DDL），如 CREATE、DROP、ALTER 等语句。

（2）数据操作语言（Data Manipulation Language，DML），如 INSERT（插入）、UPDATE（修改）、DELETE（删除）语句。

（3）数据查询语言（Data Query Language，DQL），如 SELECT 语句。

（4）数据控制语言（Data Control Language，DCL），如 GRANT、REVOKE、COMMIT、ROLLBACK 等语句。

表 15-5 常用的 SQL 语句

分　类	命　令	语法说明及示例
DDL	CREATE TABLE	语法： CREATE TABLE table_defn (column_defn,column_defn, …) 说明：创建新的数据表。 示例： CREATE TABLE tab1(col1 NUMBER(6,2), col2 CHAR(12) NOT NULL,col3 DATE)
	DROP TABLE	语法：DROP TABLE table_defn 说明：删除数据表。 示例： DROP TABLE tab1

续表

<table>
<tr><th>分　类</th><th>命　令</th><th>语法说明及示例</th></tr>
<tr><td rowspan="4">DML</td><td>INSERT INTO</td><td>语法：
INSERT INTO table_defn[options] [(col_name,col_name,…)]
VALUES (expr,expr,…)
说明：在数据表中插入数据记录（行）或字段，options 指某些数据库的特殊要求。
示例：
INSERT INTO tab1(col1, col2,col3) VALUES (1, 'abcd', {2/21/2011})</td></tr>
<tr><td>ALTER TABLE</td><td>语法：
ALTER TABLE table_defn
[ADD column_name datatype]
[DROP COLUMN column_name]
[ALTER COLUMN column_name datatype]
说明：在已有数据表中添加、删除数据列或修改某一列的数据类型。
示例：
ALTER TABLE User ADD WifeBirthday date
DROP COLUMN Title ALTER COLUMN Birthday year</td></tr>
<tr><td>UPDATE</td><td>语法：
UPDATE table_defn[options]
SET col_name =expr, …
[WHERE where_clause]
说明：修改现有数据记录中字段的值。WHERE 语句用于限定要更新的数据记录。
示例：
UPDATE tab1 SET col1 = (col1 *1.5) WHERE col1 <1000</td></tr>
<tr><td>DELETE</td><td>语法：
DELETE FROM table_defn [WHERE where_clause]
说明：从数据表中删除记录，WHERE 语句用于限定要删除的数据记录。
示例：
DELETE FROM tab1 WHERE col1>= 12345</td></tr>
<tr><td>DQL</td><td>SELECT</td><td>语法：
SELECT [ALL|DISTINCT|DISTINCTROW|TOP] {* |col_expr, col_expr,…}
[INTO new_table] FROM {from_clause} [WHERE {where_clause}]
[GROUP BY{group_clause,…}] [HAVING{having_clause,…}]
[ORDER BY{order_clause [DESC/ASC]}]
[FOR UPDATE [OF {col_expr,…}]]
[LIMIT [offset,] rows]
说明：从数据表中查询信息。
示例：
SELECT col1, col2 FROM tab1 WHERE col1 >=(2 * col2) ORDER BY col3 ASC</td></tr>
</table>

SELECT 是 SQL 语句中使用最为频繁的语句之一，它根据各种条件从数据表中查询并

组织返回的数据。SELECT 语句中的 FROM 和 WHERE 子语句设定了查询数据的条件。SELECT 语句的 INTO 子语句把从 FROM 子语句所指定的数据表中选取的数据插入另一个新表中，常用于备份数据表或者对数据记录进行存档。例如，下面的 SQL 语句会创建一个名为 Users_Order_Backup 的新表，其中包含了从 Users 和 Orders 两个表中取得的信息：

```
SELECT Users.LastName，Orders.OrderNo
INTO Users_Order_Backup FROM Users
INNER JOIN Orders ON Users.Id_P=Orders.Id_P
```

GROUP BY 和 HAVING 子语句常与合计函数 SUM() 结合使用，根据一个或多个列对查询结果进行分组和筛选。ORDER BY 子语句用于根据指定的列对查询结果进行排序。默认情况下按照升序（Ascending，ASC）对记录进行排序，如果希望按照降序对记录进行排序，可以使用 DESC（Descending）关键字。下面举一个例子，假定有如表 15-6 所示的一个 Orders 订单数据表，如果希望查看每个客户的订单金额总和，并按照金额总和由大到小的顺序排列，就可以使用下面的 SQL 语句，查询结果如表 15-7 所示。

```
SELECT Customer,SUM(OrderPrice) FROM Orders
GROUP BY Customer ORDER BY SUM(OrderPrice) DESC
```

表 15-6 Orders 订单数据表

O_Id	OrderDate	OrderPrice	Customer
1	2008/12/29	1500	Bush
2	2008/11/23	1600	Carter
3	2008/10/05	700	Bush
4	2008/09/28	300	Bush
5	2008/08/06	2000	Adams
6	2008/07/21	100	Carter

表 15-7 查询结果

Customer	SUM（OrderPrice）
Bush	2500
Adams	2000
Carter	1700

如果省略 GROUP BY 和 ORDER BY 子语句，而使用“SELECT Customer，SUM(OrderPrice) FROM Orders”SQL 语句，会出现什么情况呢？由于 SELECT 语句指定了 Customer 和 SUM(OrderPrice) 两列。SUM(OrderPrice) 返回的是一个单独的值（所有客户 OrderPrice 列的总计），而 Customer 返回 6 个值，每个值对应 Orders 表中的每行。因此，我们得不到每个客户订单金额总和的正确结果（表 15-8），使用 GROUP BY 语句却能很好地解决这个问题。

表 15-8 查询结果

Customer	SUM（OrderPrice）
Bush	5700
Carter	5700
Bush	5700
Bush	5700
Adams	5700
Carter	5700

在SQL执行过程中，每个语句往往会产生多个数据的临时视图，因此从效率角度来看，用于数据筛选和组织的子语句执行顺序非常重要。开发人员应本着逐渐缩小临时视图数据量的原则安排子语句的顺序。通常应按照如下顺序安排数据筛选和组织子语句：WHERE>GROUP BY>HAVING>ORDER BY。WHERE子语句首先将原始记录中不满足条件的记录删除，这样可以减少后续分组的次数，然后通过GROUP BY子语句指定的分组条件，将筛选得到的视图进行分组，接着根据HAVING子语句指定的筛选条件，将分组后的临时视图中不满足条件的记录筛掉，最后再按照ORDER BY子语句对视图进行排序，这样就可以高效地得到最终结果。

SELECT语句中的LIMIT子语句可以返回从offset开始的rows行数据记录，通常用于对查询到的数据进行分页显示。例如，SQL语句“SELECT * FROM Students ORDER BY Score DESC LIMIT $StartRow，$PageSize”，首先对学生成绩按照由高到低的顺序排列，随后返回从“$StartRow”开始的“$PageSize”个数据记录。其中“$StartRow”和“$PageSize”为变量，假设它们的值分别为3和10，则表示按顺序返回成绩排名第三及以后的10个学生信息。改变变量的值可以轻松地对数据分页浏览。

FOR UPDATE和FOR UPDATE OF子语句可使开发人员在对选定的数据更新前，先锁定数据所在的表或行。这对于在多线程、多用户程序中先选择数据，再更新数据的情况特别有用。因为通过锁定选择的表或行，可以确保其他线程不会对数据进行修改。FOR UPDATE和FOR UPDATE OF对于在单个表中查询数据的情况效果相同。但如果在多个数据表中查询数据并更新数据时，这两个子语句却有不同表现。FOR UPDATE OF能够锁定多个数据表中的某个表或某个表的数据行，而FOR UPDATE则直接锁定所有数据表。表15-9汇总了二者的区别。

表15-9 FOR UPDATE和FOR UPDATE OF子语句的区别

表的数量	FOR UPDATE		FOR UPDATE OF table1.Col1	
	有WHERE语句	无WHERE语句	有WHERE语句	无WHERE语句
单个表	锁定条件中指定的数据行	锁定数据表	锁定条件中指定的数据行	锁定记录所在数据表
多个表	直接锁定所有表		锁定table1中满足WHERE条件的数据行，不锁定其他表	锁定数据表table1，不锁定其他表

与其他数据库应用程序开发工具一样，也可以在LabVIEW程序中通过DB Tools Execute Query VI执行各种SQL语句，进行高级数据操作。例如可以执行SELECT语句，将查询到的数据返回记录集（Recorderset），然后使用DB Tools Fetch Recordset Data或DB Tools Fetch Next Recordset VI获取记录集中的数据，也可以使用DB Tools Fetch Element Data VI获取记录集中的某个数据，如图15-33所示。

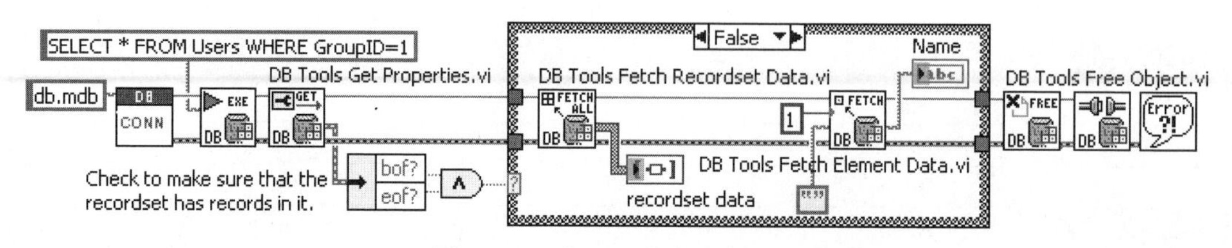

图15-33 从记录集中获取数据

有时程序中 SQL 语句中的条件并不是某个固定的值，而是随用户的输入动态变化，这时可以使用带参数的 SQL 语句来处理。例如，在前述例子中，可以将 WHERE 语句中的 GroupID 值作为 SQL 语句的参数，在查询时，用户可以通过界面上的控件指定该参数的值，并由程序动态生成要执行的 SQL 语句。

在 LabVIEW 中，可以使用 DB Tools Create Parameterized Query VI 创建带参数的 SQL 语句，使用 DB Tools Execute Query VI 执行带参数的 SQL 语句。图 15-34 是一个执行带参数 SQL 语句的例子。

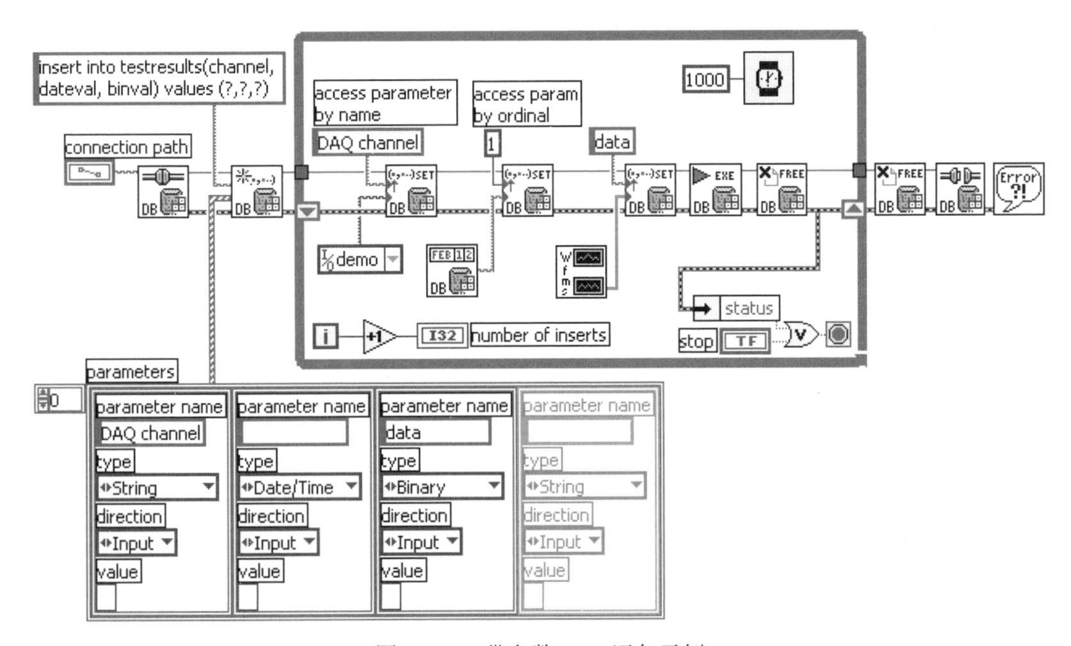

图 15-34 带参数 SQL 语句示例

程序在连接到数据库后，使用 DB Tools Create Parameterized Query VI 创建带参数的 SQL 语句。在该 VI 的 SQL 语句中，使用“？”代表需要输入的参数，并在 Parameters 参数中，逐个说明 SQL 参数的名字、数据类型以及输入 / 输出的性质。SQL 参数的数据类型必须与数据库中数据列的类型相同。例如，例子中的“INSERT INTO testresults (channel，dateval，binval) VALUES (?，?，?)”语句说明数据库中的数据表 testresults 包含三列：channel、dateval、binval，INSERT INTO 语句在数据表中插入记录时，该三列的值通过 VALUES 后面的三个参数指定。将该 SQL 语句连接到 DB Tools Create Parameterized Query VI 的 SQL 输入端，并在其 Parameters 参数中按照数据列在数据库中的类型，逐个说明这些 SQL 参数的数据类型以及输入 / 输出性质，即可完成带参数 SQL 语句的创建。

带参数的 SQL 语句创建完成后，就可以在程序中通过 DB Tools Set Parameter Value VI，按照参数名字（在 DB Tools Create Parameterized Query VI 的 Parameters 中指定的名字）或按照顺序指定参数的值。正是由于在这个 VI 中可以用控件或函数指定 SQL 语句的参数，才使得程序用户可以动态生成不同条件的 SQL 语句。参数指定完成后，只要使用 DB Tools Execute Query VI 执行该 SQL 语句即可。

如果从 ADO 对象引用（后续章节详细介绍）的角度来看这个例子，一开始 DB Tools Open Connection VI 创建了一个数据库“连接”（Connection）对象引用，DB Tools Create Parameterized Query VI 基于该连接对象创建了一个“命令”（Command）对象引用。命令对象引用经过几个 DB Tools Set Parameter Value VI 传递到 DB Tools Execute Query VI 后被转换

为“命令 - 记录集”（Command-Recordset）对象引用，并返回命令对象引用。第一个 Free Object VI 释放“命令 - 记录集”引用相关的资源后返回命令对象引用，第二个 Free Object VI 释放命令引用相关资源后，返回连接对象引用。最后 DB Tools Close Connection VI 释放连接相关的资源。由程序可以看出，每当一个 ADO 对象的引用被打开时，都需要一个相应的 DB Tools Free Object VI 来关闭。

另一种在程序中实现类似带参数的 SQL 语句的方法是字符串组合法。图 15-35 是这种方法的一个简单例子，程序使用字符串组合的方法构造要执行的 SQL 语句。由于用户可以通过前面板动态地执行参数值，因此其功能本质上与带参数的 SQL 语句实现的功能类似。

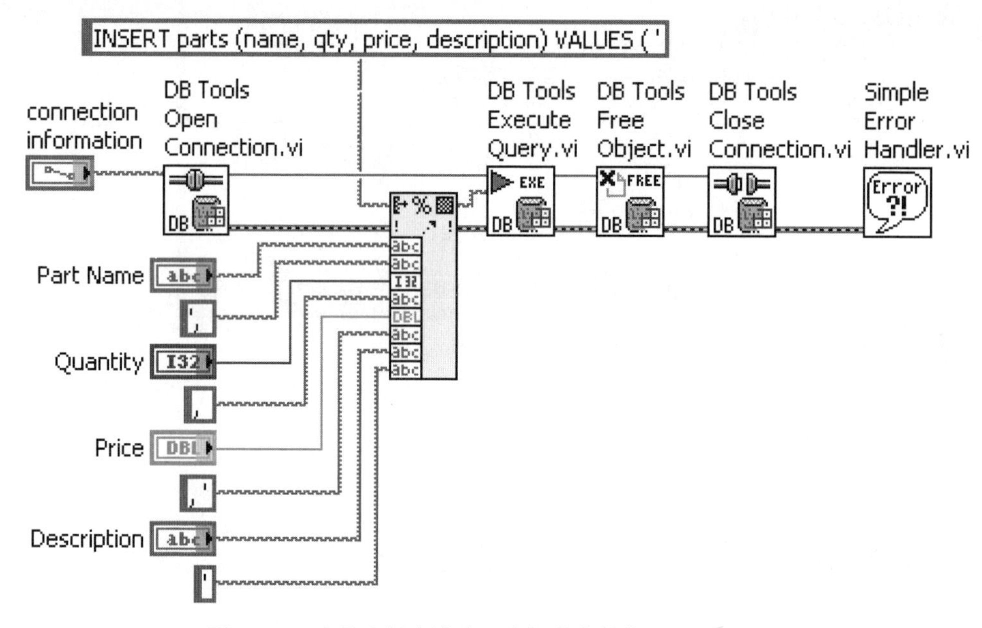

图 15-35 字符串组合法实现类似带参数的 SQL 语句功能

15.4.2 浏览数据记录

使用 SQL 语句查询到的数据，以行的方式组织成临时视图（记录集）。在某些情况下，需要逐行处理记录集中的数据，或对所有临时视图中的数据进行操作，这会严重影响程序的执行效率或交互性。例如，若在网络应用程序中对所有记录集进行操作，程序的响应速度会很慢。但是如果只对数据集中关心的某一行数据进行处理，程序运行速度就能得到极大改善。在数据库中，可以使用“游标”（Cursor）方便地定位临时数据视图中各个记录（行）。

从本质上来看，游标是系统中一个存放临时数据的缓冲区，它由指向记录集中数据行的位置信息和临时数据组成，实现从记录集中逐条提取数据记录的功能。游标允许应用程序对 SELECT 语句返回的记录集中的每一行进行相同或不同的操作，而不需要每次都对整个记录集进行同一种操作。游标把面向集合的数据库管理系统和面向行的程序设计联系在一起，使两种数据处理方式能够相互沟通。

从游标临时缓冲区所处的位置来分，可以分为“服务器端游标”（Server-side Cursor）和“客户端游标”（Client-side Cursor）。客户端游标的临时缓冲区位于本地客户终端上。这意味着与操作相关的整个记录集会通过网络被传送到本地机器上，因此客户端游标的操作速度很快。但是这种速度上的优势是通过花费大量时间事先将数据从服务器端下载下来换得的。如果操作的数据库较大，就会消耗大量客户端的内存。此外，客户端游标仅支持静态游标。

服务器端游标的临时缓冲位于服务器端。只把请求的数据返回客户端，因此当通过网络处理大型数据库时，其性能要优于客户端游标。通常情况下，使用服务器游标就可以实现绝大多数的游标操作。客户游标常常作为服务器端游标的辅助，来完成服务器游标不支持的Transact-SQL语句或批处理。

基于以上原因，LabVIEW数据库连接工具包只支持使用服务器端游标对数据库操作。

服务器端游标有4种类型，如表15-10所示。不同的游标类型决定了应用程序在记录集数据行之间前后移动的能力、是否能在浏览记录时实时监测其他用户对数据库的更改，以及系统资源的使用。开发人员通常根据程序要更改数据还是仅仅查看数据来选择游标。如果仅仅需要从头到尾查看数据，可以选择forward-only或static游标；如果返回的记录集中包含大量数据，而仅仅需要对其中少量几个记录进行处理，此时可选择keyset游标；如果需要记录集实时同步地显示其他用户对数据库的更改，则可以选择dynamic游标。总之，选择游标应遵循适用性原则，以免浪费系统资源，除非必要，不应频繁改变游标类型。

表15-10 服务器端游标类型

游标类型	功能
仅向前 （forward-only）	（1）仅允许在记录集中向前移动浏览记录。 （2）在浏览数据期间，不能看到其他用户对数据库的更改。 （3）在当前行处理结束后，立即检查数据库是否有变化（动态性）。 （4）使用系统资源最少、性能最高的游标
键集 （keyset）	（1）允许前后两个方向移动。 （2）可以看到其他用户添加到数据库中的记录。 （3）其他用户删除的数据库记录暂时不会从当前记录集中移除。 （4）常用于在数据量较大的记录集中操作少量记录
动态游标 （dynamic）	（1）允许前后两个方向移动。 （2）可以实时监测其他用户对数据库的任意更改
静态游标 （static）	（1）允许前后两个方向移动。 （2）在浏览数据期间，不能看到其他用户对数据库的任何更改。 （3）显示记录集刚生成时的情况，此后不再变化。 （4）常用于不需要检查数据库变化和不需要浏览数据记录的情况

在LabVIEW数据库程序设计时，服务器游标的类型可以通过DB Tools Excecute Query VI的cursor type参数设置，如图15-36所示。但是要注意，并非所有数据库提供者都支持全部4种类型的游标。例如，Jet 4.0 OLE DB Provider for Microsoft Access数据库不支持动态游标。如果为相应的数据库选择了动态游标，数据提供者实际上返回静态游标。

了解了游标的概念及工作原理，就可以据此来设计数据记录浏览程序。在LabVIEW中，可以使用“数据库工具—移动到前一个记录”（DB Tools Move To Previous Record）、“数据库工具—移动到下一个记录”（DB Tools Move To Next Record）和“数据库工具—移动到第N个数据记录”（DB Tools Move To Record N）三个VI来实现数据记录的浏览。图15-37是一个浏览数据记录的程序框图。

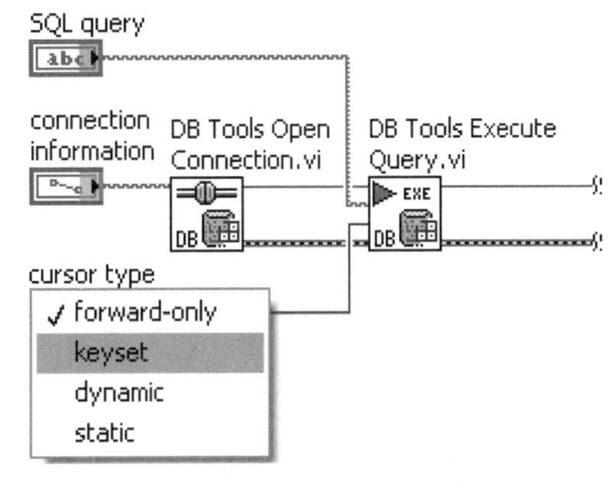

图15-36 选择游标类型

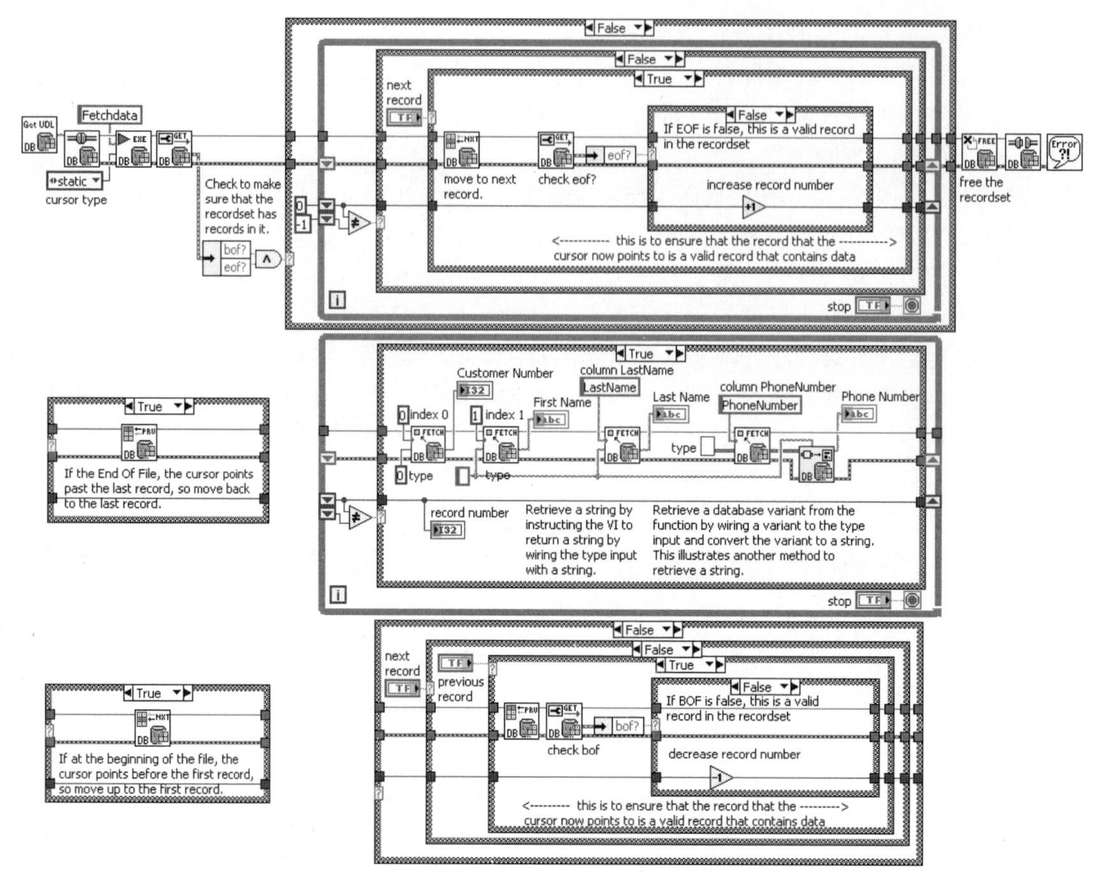

图 15-37 浏览数据记录

在例子中，程序首先使用 DB Tools Open Connection VI 连接到数据库，然后使用 DB Tools Execute Query VI 返回数据表 Fetchdata 中的所有数据至记录集，且为记录集选择 Static 类型的游标（由于在整个数据浏览过程中，游标必须前后移动，且无须实时监测其他用户对数据库的更改，故选择静态游标）。DB Tools Get Properties VI 可以返回数据库的“开始标记 BOF”（Beginning of File）和“结束标记 EOF”（End of File），如果这两个标记同时为 TRUE，则说明记录集中没有任何记录。因此可以使用其进行判断，仅在记录集中有记录时才执行浏览数据的代码。

在进行数据浏览时，如果用户单击 Next Record 按钮请求浏览下一个记录，程序会使用 DB Tools Move To Next Record VI 将游标向前移动一个位置，指向下一个记录。同时，还会使用 DB Tools Get Properties VI 检查是否已经到了记录集的结束标记 EOF 处。如果是，则使用 DB Tools Move To Previous Record VI 将游标从结束标记 EOF 处后退到最末尾一条记录处；相反，如果用户单击 Previous Record 按钮请求浏览当前记录之前的一条记录，程序会调用 DB Tools Move To Previous Record VI 使游标后退一个位置。同时，还会使用 DB Tools Get Properties VI 检查是否已经到了记录集的开始标记 BOF 处。如果是，则使用 DB Tools Move To Next Record VI 将游标从 BOF 标记处向前移动到第一条记录处。当然，如果知道记录在记录集中的确切位置，也可以使用 DB Tools Move To Record N VI 直接移动游标到该条记录。

15.4.3 使用存储过程

存储过程（Stored Procedure）与宏类似，是一组为了完成特定功能预先编译过的存储在数据库中的 SQL 语句。存储过程是数据库中的一个重要对象，它由流控制和 SQL 语句编写而成。存储过程经编译和优化后存储在数据库服务器中，可由应用程序调用，并允许用户声明变量。存储过程可以包含输入 / 输出参数、返回执行存储过程的状态，也可以嵌套调用。不同的数据库系统和数据提供者支持存储过程的方式不同。例如，虽然可以基于 Jet 4.0 Provider 创建存储过程，但是却不能在 Access 中通过正常的用户界面执行（Access 不支持存储过程）。存储过程有以下优点。

（1）高性能。存储过程只在创造时进行编译，以后每次执行存储过程都不必再重新编译，而一般 SQL 语句每执行一次就编译一次，所以使用存储过程可提高数据库的执行速度。

（2）可维护性。当对数据库进行复杂操作（如对多个表进行 UPDATE、INSERT、QUERY、DELETE）时，可将此复杂操作用存储过程封装起来，与数据库提供的事务处理结合使用，以便将数据库系统问题与应用程序分隔开。

（3）重复使用。存储过程可以重复使用，可减少数据库开发人员的工作量。

（4）安全性高。可设定只有某些用户才具有对指定存储过程的使用权。

存储过程的缺点也很明显，具体如下。

（1）调试麻烦。在编写存储过程时，需要多次对 SQL 语句集合进行调试并编译。

（2）移植问题。存储过程中的代码与数据库相关。不同数据库系统之间的存储过程可能并不兼容。

（3）重新编译问题。程序所调用的存储过程均是运行前编译的，如果带有引用关系的对象发生改变时，受影响的存储过程都需要重新编译。

（4）如果在一个程序系统中大量地使用存储过程，会导致程序交付后新需求的实现和系统维护难度增加。

在数据库中创建存储过程的 SQL 语法如下，[ ] 内的内容是可选项。

```
CREATE PROC[EDURE] procedure_name [;number]
[{@parameter1 data_type}][VARYING][= default][OUTPUT]]
…
[{@parameter1024 data_type}][VARYING][= default][OUTPUT]]
[WITH {RECOMPILE|ENCRYPTION|RECOMPILE,ENCRYPTION}]
[FOR REPLICATION]
AS
sql_statement […n]
```

其中存储过程不能超过 128MB，每个存储过程中最多设定 1024 个参数。对于 SQL Server 7.0 以上的版本来说，存储过程的参数定义格式如下：

@ 参数名 数据类型 [VARYING] [= 默认值] [OUTPUT]

每个参数名前要有一个“@”符号，每一个存储过程的参数仅为该程序内部使用。OUTPUT 表明参数是返回参数。也就是在调用存储过程时，如果所指定的参数值不仅需要输入，同时也需要输出结果，则该项必须为 OUTPUT。如果只是作输出参数用，可以用 CURSOR。VARYING 参数说明输出参数支持的结果集由存储过程动态构造，内容可以变化，仅适用于游标参数。

例如，下面语句建立一个名为 order_tot_amt 的存储过程，它根据用户输入的订单 ID 号码（@o_id）从订单明细表 orderdetails 中计算该订单销售总额：单价（Unitprice）× 数量（Quantity），并通过 @p_tot 参数输出给调用这一存储过程的程序。

```
CREATE PROCEDURE order_tot_amt
@o_id int,
@p_tot int OUTPUT
AS
SELECT @p_tot = sum (Unitprice*Quantity)
FROM orderdetails
WHERE ordered=@o_id
```

存储过程可以在数据库 DBMS 中创建，也可以在 LabVIEW 程序中通过 DB Tools Execute Query VI 执行相应的 SQL 语句来创建。图 15-38 显示了一个在 SQL Server 数据库中创建存储过程的例子。该程序创建了一个名为 show_Dauthors_books 的存储过程，该过程显示所有数据库中作者名字中包含字母 D 的书名等信息。

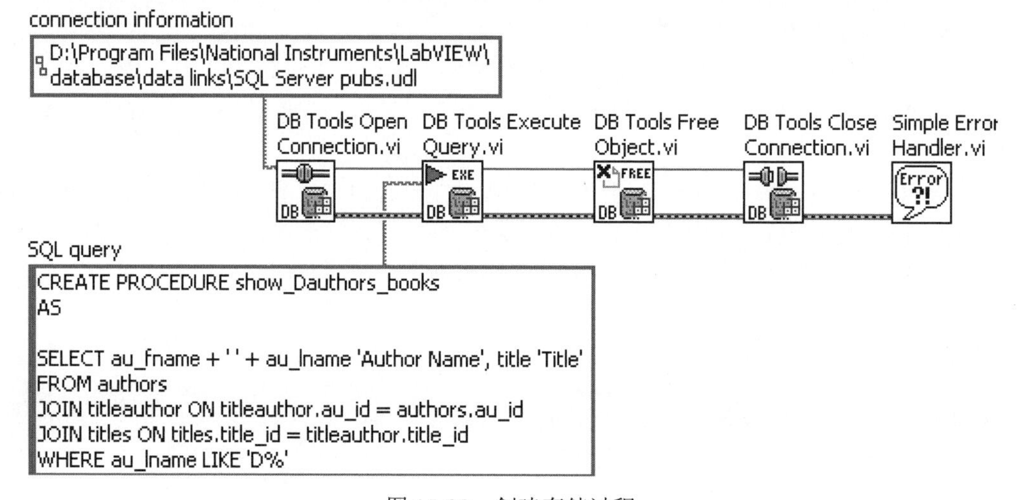

图 15-38 创建存储过程

要运行已经创建的存储过程，只要将其名称传递给 DB Tools Execute Query VI 即可，也可以执行带参数的存储过程。例如，有如下名为 AddPart 的存储过程，就可以使用如图 15-39 所示的组合法，或如图 15-40 所示的 DB Tools Create Parameterized Query VI 执行该带参数的存储过程，其原理本质上与执行带参数的 SQL 语句相同。

```
CREATE PROCEDURE AddPart
@part_name char (40) ,
@part_qty int,
@part_price money,
@part_descr varchar (255)  = NULL
AS
INSERT parts (name, qty, price, description)
VALUES (@part_name, @part_qty, @part_price, @part_descr)
```

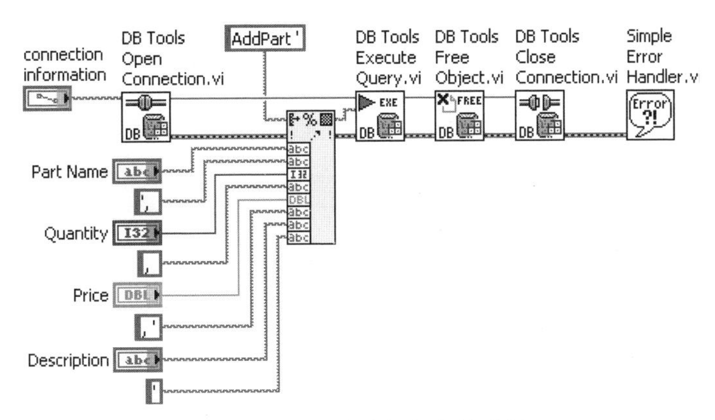

图 15-39 组合法执行存储过程

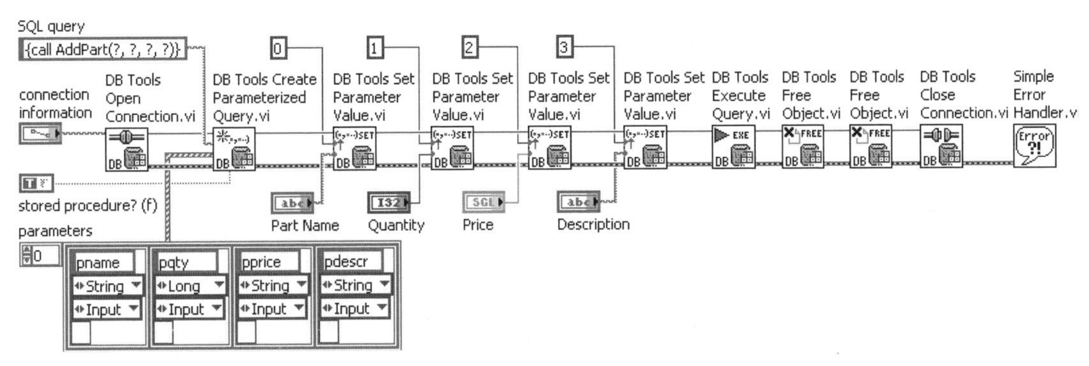

图 15-40 使用带参数的 SQL 执行存储过程

注意，两种执行存储过程的方法略有不同。前者直接使用存储过程名和参数列表，后者则需要使用 Call 语句，并用？代表参数。

15.5 数据库工具函数

除了对数据库中记录进行操作外，LabVIEW 数据库连接工具包还提供了进行其他数据库操作的工具函数。使用这些函数可以获取数据库信息、设置数据库属性、进行数据库事务处理或数据格式转换以及保存数据到文件等操作。与数据库基本操作函数类似，在程序中直接使用数据库工具函数就可以实现以上功能，不需涉及 SQL 语句等数据库高级操作。

15.5.1 数据库属性信息

有时在程序中操作的数据库可能并不是开发人员自己创建的（可能由其他团队成员负责创建），开发人员对数据库的结构并不熟悉。此时就可以使用数据库工具函数 DB Tools List Tables 获得数据库包含的数据表名字，使用 DB Tools List Columns VI 返回数据表中所包含字段（列）的字段名、数据类型以及数据范围等信息。

图 15-41 是一个 LabVIEW 自带例子中获取数据库信息的程序片段。程序在与数据库建立连接后，分别使用 DB Tools List Tables 和 DB Tools List Columns VI 返回数据库中包含的表、数据表中包含的所有数据字段的属性信息，包括字段名、字段使用的数据类型和数据的范围等。

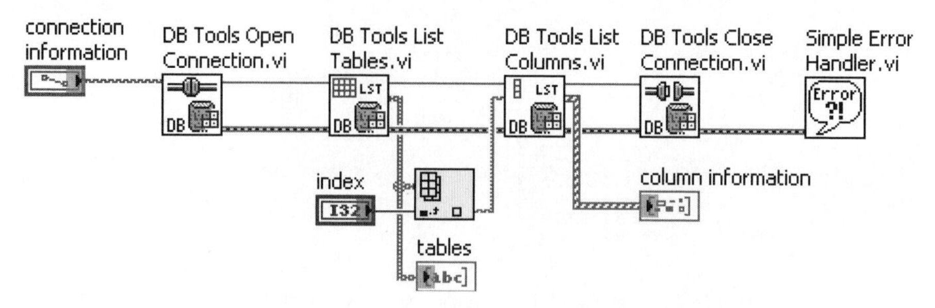

图 15-41　获取数据库及数据表的信息

值得注意的是，使用 DB Tools List Columns VI 返回的数据字段的类型并不是在数据库 DBMS 中定义的类型，而是被映射为 LabVIEW 数据库连接工具包支持的 6 种数据类型中的某一种（图 15-42）。另外，如果返回的数据表不止一个，则可以使用循环逐个读取每个数据表中各字段的属性信息（图 15-43）。

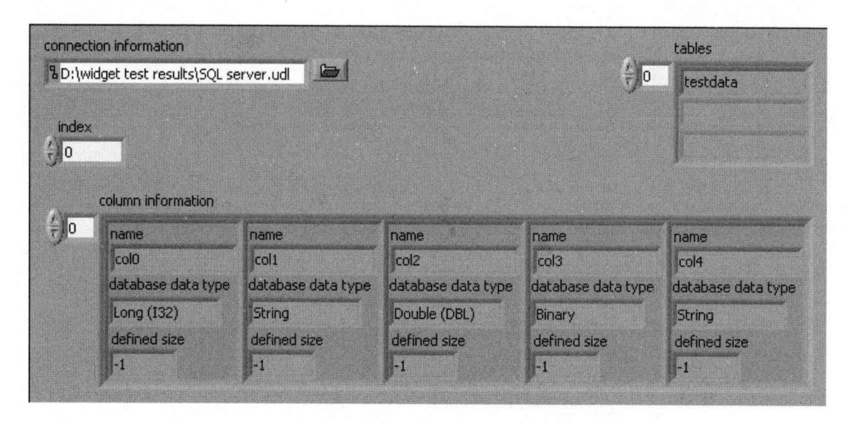

图 15-42　获取数据库 / 表信息示例

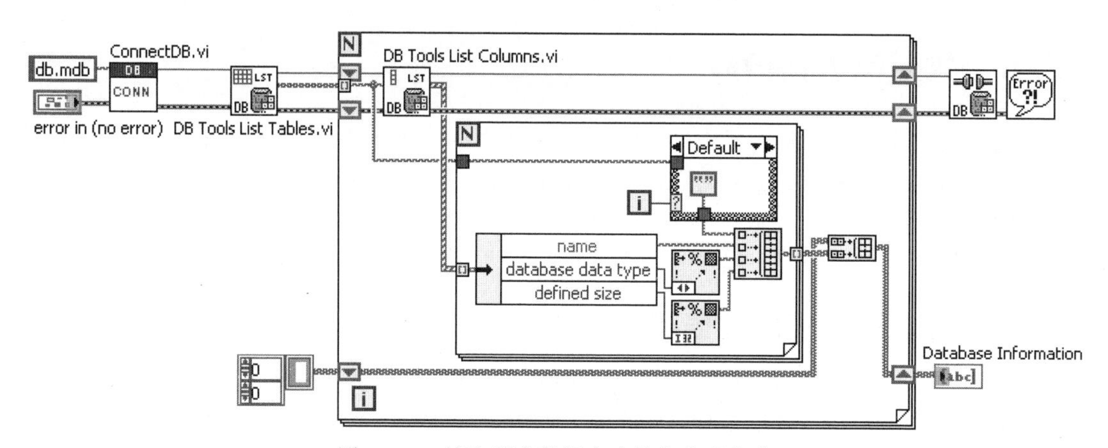

图 15-43　读取所有数据表中的各字段信息

若谈及某个确切数据库的属性，则必须将它与数据库对象联系在一起。LabVIEW 数据库连接工具包中除了支持“数据库连接（Connection）对象”“命令（Command）对象”和“记录集（Recordset）对象”的三种常见 ADO 引用外，还支持一种称为“命令—记录集”（Command-Recordset）的特殊对象引用，用于将关系非常密切的 ADO 记录集和命令集捆绑在一起进行处理。

表 15-11 列出了几种 LabVIEW 数据库连接工具支持的数据库对象及其描述。表中所显示

的对象数据类型显示了可以通过其引用访问的信息。例如，通过查看表中的Connection对象数据类型可知，开发人员能在程序中通过连接对象的引用，设置或访问与数据库连接相关的OLE DB Provider、数据库连接字符串、默认数据库以及命令超时时间等参数。

表 15-11 几种 LabVIEW 数据库连接工具支持的数据库对象

对　象	数据类型及创建方式举例	描　述
连接 Connection	DB Tools Get Properties.vi connection properties command timeout (s) connection string default database provider	（1）通过该对象的引用，设置或获取与数据库连接相关的参数信息。 （2）使用完该对象后，应使用DB Tools Free Object VI释放资源
命令集 Command set	DB Tools Create Parameterized Query.vi command properties parameter count command text command timeout (s)	（1）使用该对象执行SQL命令或获取存储过程返回的参数。 （2）通过该对象的引用，设置或获取与命令相关的参数信息。 （3）数据库连接成功后，使用DB Tools Create Parameterized Query VI创建该对象。 （4）使用完该对象后，应使用DB Tools Free Object VI释放资源
记录集 Recordset	DB Tools Fetch Recordset Data.vi recordset properties column count record index record count bof? eof? cursor type forward-only cache size closed state	（1）使用该对象操作数据。 （2）通过该对象的引用，设置或获取与记录集相关的参数信息（参见数据类型）。 （3）数据库连接成功后，使用DB Tools Execute Query VI创建该对象。 （4）使用完该对象后，应使用DB Tools Free Object VI释放资源
命令记录集 Command-Recordset	DB Tools Create Parameterized Query.vi command properties parameter count command text command timeout (s)	（1）当共同使用记录集和命令集时使用该对象。 （2）通过该对象的引用，既可设置记录集参数，也可设置命令集参数。 （3）使用完该对象后，应使用DB Tools Free Object VI释放资源

LabVIEW程序中的命令记录集比较特殊，通常在需要共同使用记录集和命令集的场合使用。例如，在与数据库建立连接后，可能需要先使用DB Tools Create Parameterized Query VI创建一个带参数的SQL语句，随后使用DB Tools Execute Query VI来执行。前一个VI创建命令对象引用，后一个VI创建“命令记录集”对象引用。基于“命令记录集”对象引用，通过DB Tools Get Database Properties VI获取数据库属性时，可以在该VI的右键菜单中选择具体的数据库对象，如图15-44所示。此外，关于ADO对象引用的创建，可以参考15.2节相关内容。

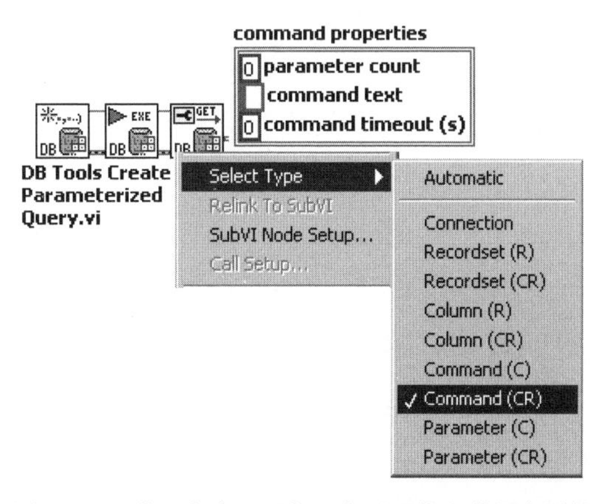

图 15-44 基于命令记录集对象引用获取数据库属性

15.5.2 处理数据库事务

数据库事务（Database Transaction）是指一系列被当成一个逻辑单元执行的操作。这些操作要么全部成功执行，要么都不执行，是不能分割的整体。例如，如果客户需要将A账户的10万元转入B账户，则这个过程可以分解为“从A账户转出10万元”和“向B账户转入10万元”两个步骤，二者就可以看成一个整体事务来操作。当两步都成功执行后实现转账操作；如果任何一步操作失败，都不能达到转账的目的，因此应撤销事务相关的所有操作。从本质上看，数据库事务为一系列数据库操作是否最终生效，提供了一种确认手段。如果操作均成功，则结果生效，否则撤销这些操作。这使得应用程序更加可靠，并能简化出错时对数据的恢复操作。

数据库事务必须同时满足以下所述的ACID特性，即原子性（Atomic）、一致性（Consistency）、隔离性（Isolation）和持久性（Durability）。

（1）原子性。

原子性是指组成数据库事务的多个操作是一个不可分割的原子单元，只有所有操作执行成功，整个事务才提交，事务中任何一个操作失败，已经执行的所有操作都必须撤销，让数据库回到初始状态。

（2）一致性。

一致性是指事务应确保数据库的状态在“一致状态”之间转换。“一致状态”的含义是指数据库中的数据应满足完整性约束。例如，从A账户转账10万到B账户，不管操作成功与否，A账户和B账户的存款总和不变，即数据不会被破坏。

（3）隔离性。

隔离性是指多个事务并发执行时，一个事务的执行不应影响其他事务的执行。在并发数据操作时，不同的事务拥有各自的数据空间，其操作不会对其他事务产生干扰。数据库规定了多种事务隔离级别，不同的隔离级别对应不同的干扰程度，隔离级别越高，数据一致性越好，但并发性越弱。

（4）持久性。

事务一旦提交成功，对数据库中数据的改变应该是永久性的，接下来的其他操作或故障不应对其有任何影响。

在LabVIEW中可以使用DB Tools Database Transaction VI控制数据库事务的执行。包括何时开启（Begin）数据库事务、提交（Commit）数据库操作以及撤销操作并回滚（Rollback）数据到原来状态。图15-45是一个演示数据库事务操作的例子。程序在建立数据库连接后，立即开启数据库事务。数据库事务包含一个创建数据表格的操作，用户可以在弹出的对话框中选择提交（Commit）或撤销并回滚（Rollback）该操作。如果撤销并回滚操作，数据库中还是事务包含的操作未被执行前的状态。在实际开发时，可以用这个例子的思想将一组逻辑上相关的操作组合在数据库事务中，并根据操作是否被成功执行，确认执行或撤销这些操作。

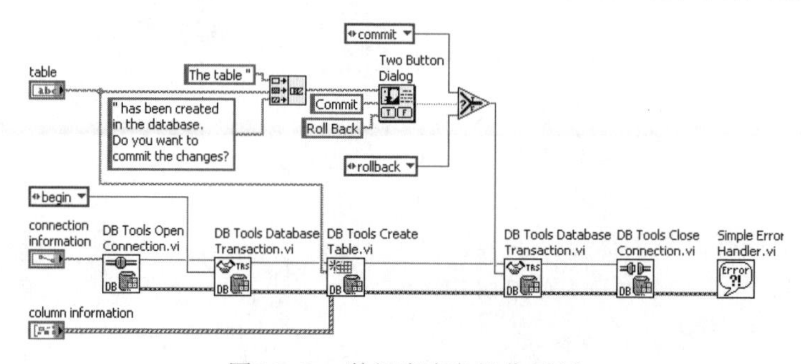

图15-45 数据库事务操作示例

数据库事务通常与锁（Locking）机制结合使用，以防止在事务执行时有其他用户也对数据库进行操作，破坏数据的完整性。在进行数据库操作时，可能同时会有多个用户访问同一个数据库，这就极易造成并发的数据访问冲突，甚至在某些场合下导致致命错误。如果从数据库事务内部一系列操作的数据访问一致性角度来看，因并发访问带来的问题主要汇总为表 15-12 中的几类。

表 15-12 并发访问带来的问题

问题类型	说明
脏读（Dirty Read）	事务 A 正在修改数据，但尚未将修改结果提交到数据库中，如果此时事务 B 也读取该数据，则可能导致事务 B 使用这个数据所做的操作不正确
不可复读（Unrepeatable Read）	事务 A 要多次读取同一数据，但在这个事务还没有结束前，事务 B 修改了该数据，则事务 A 中多次读取的数据结果可能不同，称为不可复读
虚读 / 幻象读（Phantom read）	事务 A 要多次读取数据，事务 A 完成一次读取操作后，事务 B 新增或删除了数据，事务 A 再次读取数据时，发现数据有增减
回滚丢失（Rollback Lost）	事务 A 和事务 B 同时访问同一个数据，事务 B 先提交修改，事务 A 回滚操作，导致事务 B 的修改丢失
覆盖丢失（Overwrite Lost）	事务 A 和事务 B 同时访问同一个数据，事务 B 先提交修改，事务 A 再提交，导致事务 B 的修改被覆盖

锁机制可以在并发访问的情况下通过一种对资源访问的限制机制，确保数据库中数据的完整性。使用时，如果锁定一个数据源，就为该数据源添加一定的访问限制，只有解锁后这种访问限制才能解除。虽然各种大型数据库所采用的锁机制理论基本一致，但具体实现和分类方法上却稍有差异。这些分类出来的不同锁类型，直接决定其他用户对数据的具体访问权限。表 15-13 列出了 SQL Server 中锁的分类方法。由表 15-13 可以看出，使用不同类型的锁锁定数据时，有的不允许其他用户在锁定期间访问数据，有的则只对用户开放数据读取限制。

表 15-13 SQL Server 中锁的分类

分类方法	锁类型	说明
从数据库角度来分	独占锁（Exclusive Lock）	（1）独占锁锁定的资源只允许执行锁定操作的程序使用，其他任何操作均不被接受。 （2）执行数据更新命令 INSERT、UPDATE 或 DELETE 时，SQL Server 会自动使用独占锁。 （3）当对象上有其他锁存在时，无法对其加独占锁。 （4）独占锁一直到事务结束才能被释放
	共享锁（Shared Lock）	（1）共享锁锁定的资源可以被其他用户读取，但其他用户不能修改它。 （2）SELECT 命令执行时，SQL Server 通常会为对象进行共享锁锁定。 （3）通常加共享锁的数据页读取完毕后，共享锁就会被立即释放
	更新锁（Update Lock）	（1）更新锁是为了防止死锁而设立的。 （2）当 SQL Server 准备更新数据时，首先对数据对象进行更新锁锁定，避免数据被修改，但可以读取。等到确定要进行数据更新操作时，会自动将更新锁换为独占锁。 （3）当对象上有其他锁存在时，无法对其进行更新锁锁定

续表

分类方法	锁类型	说明
从程序角度来分	乐观锁（Optimistic Lock）	（1）乐观锁在处理数据时，假定不需要在应用程序的代码中做任何事情就可以直接在记录上加锁，即完全依靠数据库来管理锁的工作。 （2）一般情况下，当执行事务处理时，SQL Server会自动对事务处理范围内要更新的表做锁定
	悲观锁（Pessimistic Lock）	悲观锁忽略DBMS的自动锁管理，需要程序员直接管理数据或对象上的加锁处理，并负责获取、共享和放弃正在使用的数据上的任何锁

尽管可以通过SQL语句执行事务并实现锁机制，但是在实际开发时，直接使用SQL为事务添加锁机制，管理起来非常麻烦。因此，数据库系统通常通过称为隔离级别（Isolation Level）的一揽子方案来简化操作。只要用户指定事务的隔离级别，数据库系统就会分析事务中的SQL语句，然后自动为事务操作的数据资源添加合适的锁定策略。

表15-14列出了常用的数据库隔离级别。在所列出的隔离级别中，“混乱 / 不启用”级别最低，“序列化”隔离级别最高。隔离级别越高，使用的事务锁定策略越复杂、要求越严格。严格的事务锁定策略，本质上是通过降低用户并发访问数据的可能性来获得的，当然，牺牲并发访问能力换来的是高的数据一致性。

表15-14　常用数据库隔离级别

级别	隔离方式	脏读	不可复读	幻象读	回滚丢失	覆盖丢失	说明
1	混乱 / 不启用（Chaos/None）	—	—	—	—	—	不启用锁机制，事务执行处于混乱局面，数据极不安全
2	读未提交（Read Uncommitted）	√	√	√	√	×	（1）可以读取已被其他事务修改但尚未提交的数据。 （2）只为数据修改启用锁机制，读取数据不用
3	读已提交（Read committed）	×	√	√	√	×	（1）只能读取已由其他事务修改且提交的数据。 （2）读操作完成后，无须等到其所在事务结束就立即解锁数据，而写操作则要等到其所在的事务结束后才解锁数据
4	可重复读（Repeatable Read）	×	×	√	×	×	（1）只能读取已由其他事务修改且提交的数据。 （2）其他事务不能在当前事务中的读取操作完成前修改数据。 （3）非修改数据的操作完成后，无须等到其所在事务结束就立即解锁数据，而写操作则要等到其所在的事务结束后才解锁数据

续表

级别	隔离方式	脏读	不可复读	幻象读	回滚丢失	覆盖丢失	说　明
5	序列化（Serializable）	×	×	×	×	×	（1）只能读取已由其他事务修改且提交的数据。 （2）其他事务不能在当前事务中的读取操作完成前修改数据。 （3）其他事务不能在当前事务结束前，在数据表中插入或删除数据记录。 （4）所有读、写操作均需等到其所在事务结束后才解锁数据

注：√为允许，×为不允许，—为不适用。

在LabVIEW程序中使用时，可以通过DB Tools Database Transaction VI来指定事务所采用的隔离级别（图15-46）。一旦选定某个隔离级别，则与之对应的数据锁定策略就会自动应用到事务包含的操作中。

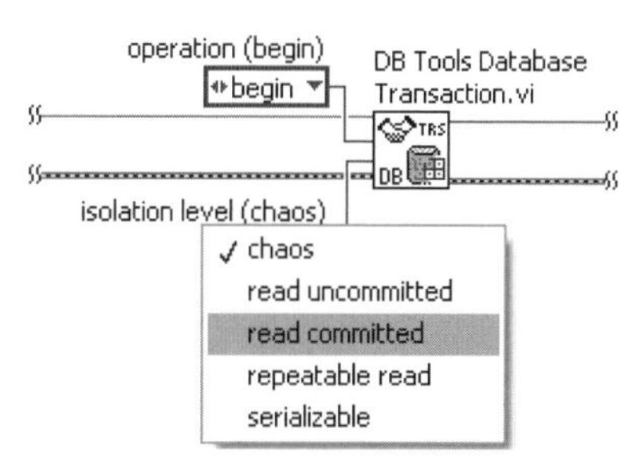

图15-46　选择事务隔离级别

15.5.3 使用文件保存数据

在数据库应用程序中，有时需要使用文件保存查询到的数据，或者需要将保存在文件中的数据读入LabVIEW程序中。这时可以使用DB Tools Save Recordset To File或DB Tools Load Recordset From File VI来实现这些功能。

下面通过示例来说明该功能。图15-47显示了将数据写入文件的例子。程序在与数据库建立连接后，首先通过执行SQL语句从数据库中获得数据，再将数据保存至dbfile.xml文件中。完成后释放资源，断开与数据库的连接。

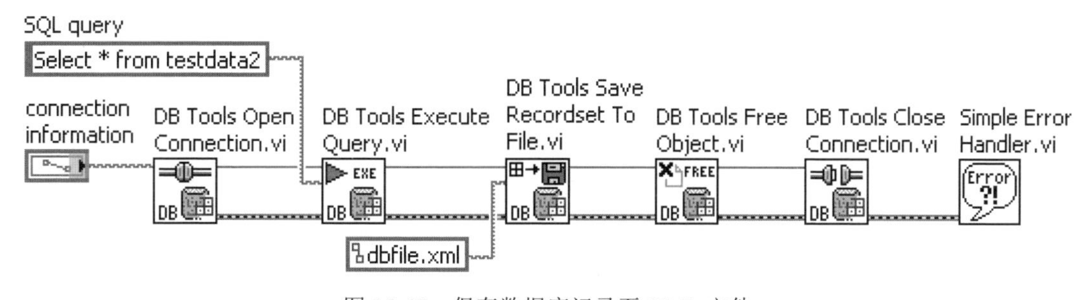

图15-47　保存数据库记录至XML文件

使用DB Tools Save Recordset To File VI可以将数据库记录以及数据记录的结构和属性保存至XML或ADTG（Advanced Data Table Gram）格式的文件中。ADTG格式是微软公司提出的一种二进制文件格式，它能以一种紧凑的格式保存二进制数据，因此文件相对较小。另外，使用其保存数据的速度要比使用XML格式的速度快。

从文件读取数据至程序中的代码如图15-48所示。与数据库建立连接后，直接通过DB Tools Load Recordset From File VI将文件中保存的数据读入程序即可。LabVIEW会根据文件中保存的数据记录及其结构和属性重构数据。

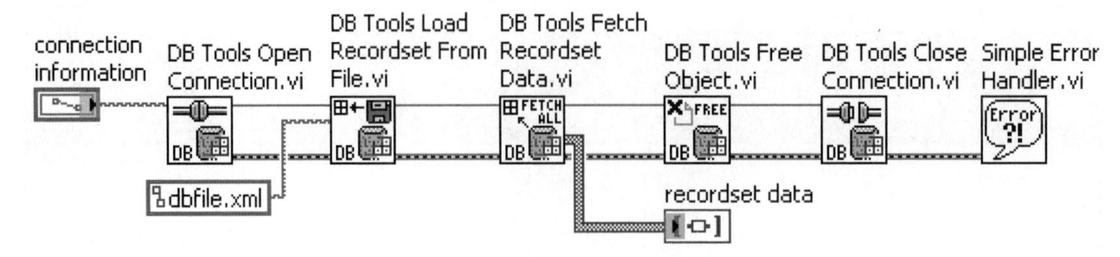

图 15-48 从 XML 文件读取数据至程序

值得一提的是，将 LabVIEW 数据保存至文件的功能并不是 LabVIEW 数据库连接工具包独有的功能。该功能实质上由 ADO 和 OLE DB 提供，LabVIEW 数据库连接工具包只是对该功能进行了封装。

15.6 本章小结

本章以 NI LabVIEW 数据库连接工具包为基础，主要讲述了 LabVIEW 数据库程序开发的关键技术。使用 NI LabVIEW 数据库连接工具包进行数据库程序开发，一般遵循连接数据库、操作数据和断开数据库连接的流程。

在程序中可以使用 DSN、UDL 连接数据库。DSN 是指要连接的数据源或数据库的名字，包含 ODBC 驱动和其他与数据库连接相关的属性，如路径、安全信息和数据库的读写权限等。DSN 包含机器 DSN 和文件 DSN 两种类型。机器 DSN 被保存在系统注册表中，文件 DSN 被保存在一个后缀名为 .dsn 的文本文件中。UDL 与文件 DSN 类似，在一个文件中设定数据源使用何种 OLE DB 提供者、服务器信息、用户名和密码、默认数据库及其他相关信息。只要创建了 DSN 或 UDL，就可以直接通过它们的名字或文件名连接到数据源。在连接数据源时，可以参考文件 DSN 或 UDL 文件中包含的数据库连接信息，在程序中动态生成连接数据库的字符串，就可以有效提高数据库程序的可移植性。

连接到数据库以后，就可以执行各种数据库操作。在程序中，可以直接使用 NI LabVIEW 数据库连接工具包中的函数，创建或删除数据表，在数据表中添加记录、删除记录、更新记录或查询记录。用户可以在不熟悉 SQL 语言的情况下，进行这些基本的数据库操作。当然，除了进行基本的数据库操作，LabVIEW 数据库开发工具包还提供了 VI 来执行数据库高级操作。可以用来在程序中执行 SQL 语句，实现数据添加、数据修改、数据删除、数据查询和数据浏览功能，或执行带参数的 SQL 语句以及存储过程等。此外，LabVIEW 数据库连接工具包中还包含数据库工具函数。使用这些函数可以获取数据库信息，设置数据库属性，进行数据库事务处理或数据格式转换，以及保存数据到文件等操作。注意，在数据处理完成后，必须释放相关资源，断开到数据源的连接。

NI LabVIEW 数据库连接工具包只是 LabVIEW 开发数据库应用程序的工具包之一。在实际开发过程中，还可以选择使用开源的 LabVIEW 数据库开发包 LabSQL 来创建应用程序。虽然 LabSQL 开发包中各 VI 的功能划分与 LabVIEW 数据库连接工具包中的 VI 不同，但是也是基于 ADO 来访问数据库。因此熟悉 LabVIEW 数据库连接工具包后，可以轻而易举地在程序中使用。关于 LabSQL 开发包的更多信息，可以参见其官方网站 http://jeffreytravis.com/lost/labsql.html。

第16章 网络通信

通信是指信源和信宿之间通过信道收发信息的传输过程。信源和信宿之间可以“一对一”或“一对多”的形式被连接在一起，信源负责信息的发送，信宿负责信息的接收。通信时，信源侧的发送机通过编码调制，将信息转化成适合在信道上传输的信号，通过信道发送给接收机。接收机负责从信道上接收信号，进行解调和译码，将信息恢复后传送给信宿。数据通信是大型虚拟仪器项目集成的基础。对于分布式虚拟仪器项目来说，用于完成数据和控制命令传输的通信子系统，相当于人体的血管和神经网络，确保整个系统协同有序地工作。

网络是为达到资源共享而互相连接的通信设备。网络通信是指在网络设备中以可靠且高效的手段传输数据信息。根据传输的介质和信道，网络通信可分为有线通信和无线通信两类。有线通信一般通过串行线、网线、光纤等物理介质传输数据；无线通信则通过红外、蓝牙、WiFi、微波、无线蜂窝集群进行数据传输。在虚拟仪器项目开发过程中，开发人员要寻找可靠且高效的方案，来解决各种不同网络设备之间的数据传输问题。如基于 RS-232C、RS-422、RS-485、USB 等串行总线的数据通信；基于各种工业总线的数据通信；与蓝牙和红外设备之间的无线通信，以及基于互联网各层协议进行数据通信等。图 16-1 列出了虚拟仪器项目涉及的常见网络通信方式。

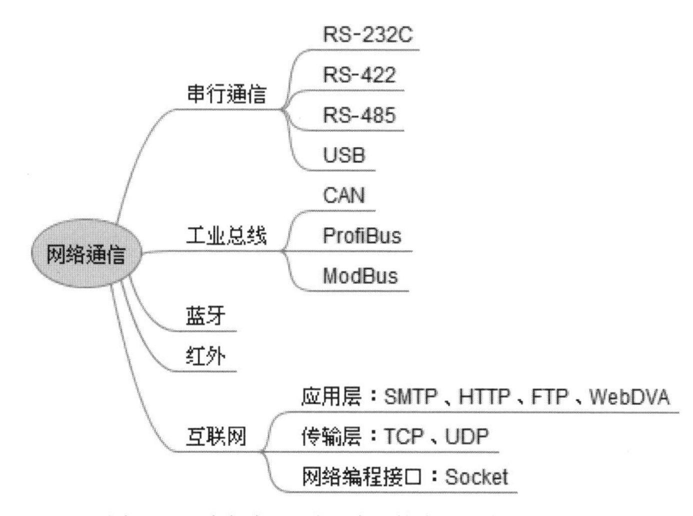

图 16-1　虚拟仪器项目涉及的常见网络通信方式

LabVIEW 支持多种数据通信方法，不同的方法适用于不同的场景。若用户要在程序框图之间传输数据，可以通过数据连线、移位寄存器、反馈节点或通道线等，以传输数据流的方式传输数据。若要在单机内部或网络上无损传输数据或控制命令，则可以使用缓冲区，确保数据不丢失或被覆盖。当然，如果在程序运行过程中，更关心某一变量的最新状态，并可接受少量数据损失，则可在单机内部或网络上直接传输变量的值。

为确保在应用程序中使用正确的数据通信方法，对 LabVIEW 手册中的各种场景下应使用的数据传输方式进行了汇总，如表 16-1 所示。对于程序框图之间、单机和终端内部的各种数据传输方法，之前的章节都已进行了详细介绍。因此，本章将着重介绍 LabVIEW 的网络通信功能。

表 16-1 LabVIEW 支持的数据传输方式

通信方式	数据流元素	缓冲区为接口	变量为接口
应用场景	在多数程序框图对象之间传送数据	在不同位置间无损传送数据，要求避免数据丢失或被覆盖	对内存中某变量的最新值最感兴趣，谨慎使用以避免数据竞争状态
范例	从 VI 输出传输数据至 VI 输入	发送消息或命令； 波形采集； 流输出图像	监控当前温度； 监控系统状态
类别	• 连线 • 移位寄存器 • 反馈节点 • 通道线	（1）单机或终端内部 • 队列 • RT FIFO • 用户事件 • 异步消息通信库（AMC） （2）网络 • 网络流 • TCP • TCP 消息传递简化库（STM） （3）FPGA 内部 • 终端范围的 FIFO • VI 定义的 FIFO • DRAM （4）FPGA 与主机之间 • DMA FIFO （5）FPGA 之间 • 点对点（P2P） FIFO	（1）单机或终端内部 • 局部和全局变量 • 功能全局变量（FGV） • 单进程共享变量 • 数据值引用 • 当前值表格（CVT） （2）网络 • 网络发布共享变量 • 编程共享变量 API • Web 服务 • UDP （3）FPGA 内部 • 全局变量 • 存储器项 • 寄存器项 （4）FPGA 至主机之间 • 读 / 写控件 • NI 扫描引擎和变量 • 用户定义 I/O 变量

16.1 网络参考模型和通信协议

网络通信中最重要的就是网络通信协议，是指通信双方为完成通信或服务，所遵循的规则和约定。用来约定通信过程中数据单元使用的格式、信息单元应该包含的信息与含义、连接方式、信息发送和接收的时序等，以确保网络中数据可靠或高效地传送到目的地。在计算机网络通信中，通信协议用于实现计算机与网络之间连接的标准，对通信过程中的数据格式、同步方式、传送速度、传送步骤、检验纠错方式以及控制字符等进行了统一规定。

20 世纪 60 年代以来，计算机网络得到了飞速发展。各大厂商为了在数据通信网络领域占据主导地位，纷纷推出了各自的网络架构体系和标准，如 IBM 公司的 SNA、Novell 公司的 IPX/SPX 协议、Apple 公司的 AppleTalk 协议、DEC 公司的 DECnet，以及广泛流行的 TCP/IP 协议。同时，各大厂商针对自己的协议提供不同的硬件和软件。各个厂商的共同努力促进了网络技术的快速发展和网络设备种类的迅速增长。但由于多种协议的并存，也使网络变得越来越复杂；而且各厂商之间的网络设备大部分不兼容，很难进行通信。

为了解决网络之间的兼容性问题，帮助各厂商生产出具有兼容性的网络设备，国际标准化组织（ISO）于1984年提出了“开放系统互连参考模型”（Open System Interconnection Reference Model）。ISO/OSI的参考模型采用分层结构，定义了一个七层的通信协议规范集，包括应用层、表示层、会话层、传输层、网络层、数据链路层和物理层（图16-2）。协议集中的各层完成一定的功能，通信在对应层之间进行。ISO/OSI的参考模型中的各层（由低到高）功能简述如下。

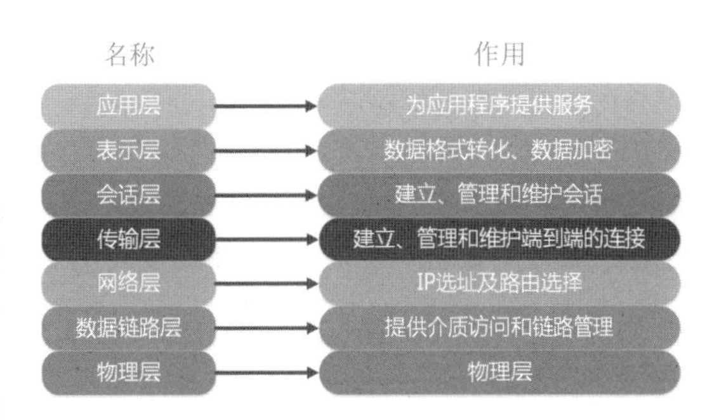

图16-2　ISO/OSI七层参考模型

（1）物理层。

物理层约定了信号如何以比特流的形式通过物理介质传输。规定了信号电压、接口、线缆标准、传输距离等机械特性、电气特性和功能特性。在这一层，数据没有经过任何组织，仅作为原始的比特流或电气电压处理。常用传输介质（各种物理设备）有集线器、中继器、调制解调器、网线、双绞线、同轴电缆。常见的规范有EIA/TIA、RS-232、RS-422、RS-485、RJ-45、IEEE 802.1A、IEEE 802.2～IEEE 802.11等。

（2）数据链路层。

数据链路层负责数据链路的建立、维护与拆除，并将网络层的数据拆分或包装成帧，进行无差错的帧同步、传输和流量控制。交换机和网卡是该层最常见的设备。数据链路层又分为两个子层：逻辑链路控制（LLC）子层和媒体访问控制（MAC）子层。常见的协议有SDLC、HDLC、SLIP、CSLIP、PPP、MTU等。

（3）网络层。

网络层又叫IP协议层，通过IP选址建立两个节点之间的网络最佳路由。网络层将数据链路层提供的帧组成数据包，并添加含有发送端和接收端逻辑地址信息的网络层包头。常用的协议包括IP、ICMP、ARP、RARP等。路由器是该层最常见的设备。

（4）传输层。

传输层用于建立主机端到端的链接，为上层协议提供端到端的、可靠和透明的数据传输服务，包括处理差错控制和流量控制等问题，确保数据的完整性。该层向高层屏蔽了下层数据通信的细节，使高层用户看到的只是在两个传输实体间的一条主机到主机的、可由用户控制和设定的、可靠的数据通路。常见的TCP、UDP协议就属于这一层，应用程序中提到的端口号即是这里所说的“端”。

（5）会话层。

会话层负责建立、管理和终止表示层实体之间的通信会话。该层的通信由不同设备中的应用程序之间的服务请求和响应组成。

（6）表示层。

表示层提供各种用于应用层数据的编码和转换功能，确保一个系统的应用层发送的数据能被另一个系统的应用层识别。如果必要，该层可提供一种标准的表示形式，用于将计算机内部的多种数据格式转换成通信中采用的标准表示形式。数据压缩和加密也是表示层可提供的转换功能之一。

（7）应用层。

应用层是ISO/OSI参考模型中最靠近用户的一层，是终端与用户之间的接口，为用户直接提供各种网络服务。该层常见的网络服务协议包括HTTP/HTTPS、FTP、POP3/SMTP、

IMAP、TELNET 等。

IOS/OSI 参考模型具有对等层通信的特点。为了使数据分组从发送端传送到接收端，OSI 模型发送端的每一层都必须与接收端的对等层使用该层的协议进行通信。例如，若在发送端的数据链路层将数据拆分为多帧，就应当在接收端的数据链路层，按照本层协议，将数据帧进行组合恢复数据。整个过程如图 16-3 所示。

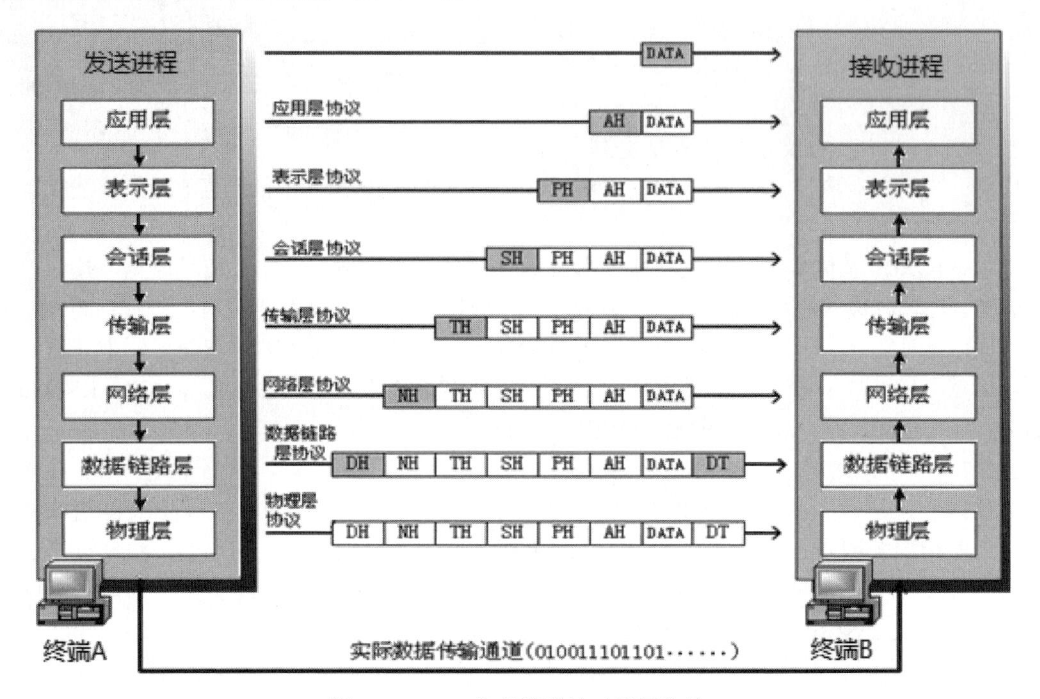

图 16-3 OSI 参考模型的对等层传输

ISO/OSI 参考模型在设计时应遵循以下几个重要原则。

- 确保各层之间有清晰的边界，实现特定的功能。
- 层次的划分有利于国际标准协议的制定。
- 层的数目应该足够多，以避免各层功能重复。

为方便使用，图 16-4 提供了 ISO/OSI 参考模型通信协议集与其各层的映射关系。OSI 参考模型和协议相对复杂、较难实现。它更多是被通信的思想所支配，很多选择不适于计算机与软件的工作方式。例如，会话层和表示层在大多数应用中很少用到，寻址、流量与差错控制在每层中几乎都重复出现，大大降低了系统效率。因此，OSI 参考模型并未得到广泛应用。

在网络发展过程中，TCP/IP（Transfer Control Protocol / Internet Protocol，传输控制协议 / 网际协议）模型因其开放性和易用性，在实践中得到了广泛应用，逐渐成为网络通信的主流协议。TCP/IP 模型是一个四层的体系结构，包括应用层、传输层、网络层、网络接口层。由于 TCP/IP 模型中的网络接口层并无实质意义，因此在实际工程开发中，往往使用结合 OSI 模型和 TCP/IP 四层模型优点的五层网络参考模型，如图 16-5 所示。五层网络参考模型中的应用层对应 OSI 模型中的应用层、表示层和会话层；数据链路层和物理层则对应 TCP/IP 四层模型中的网络接口层。

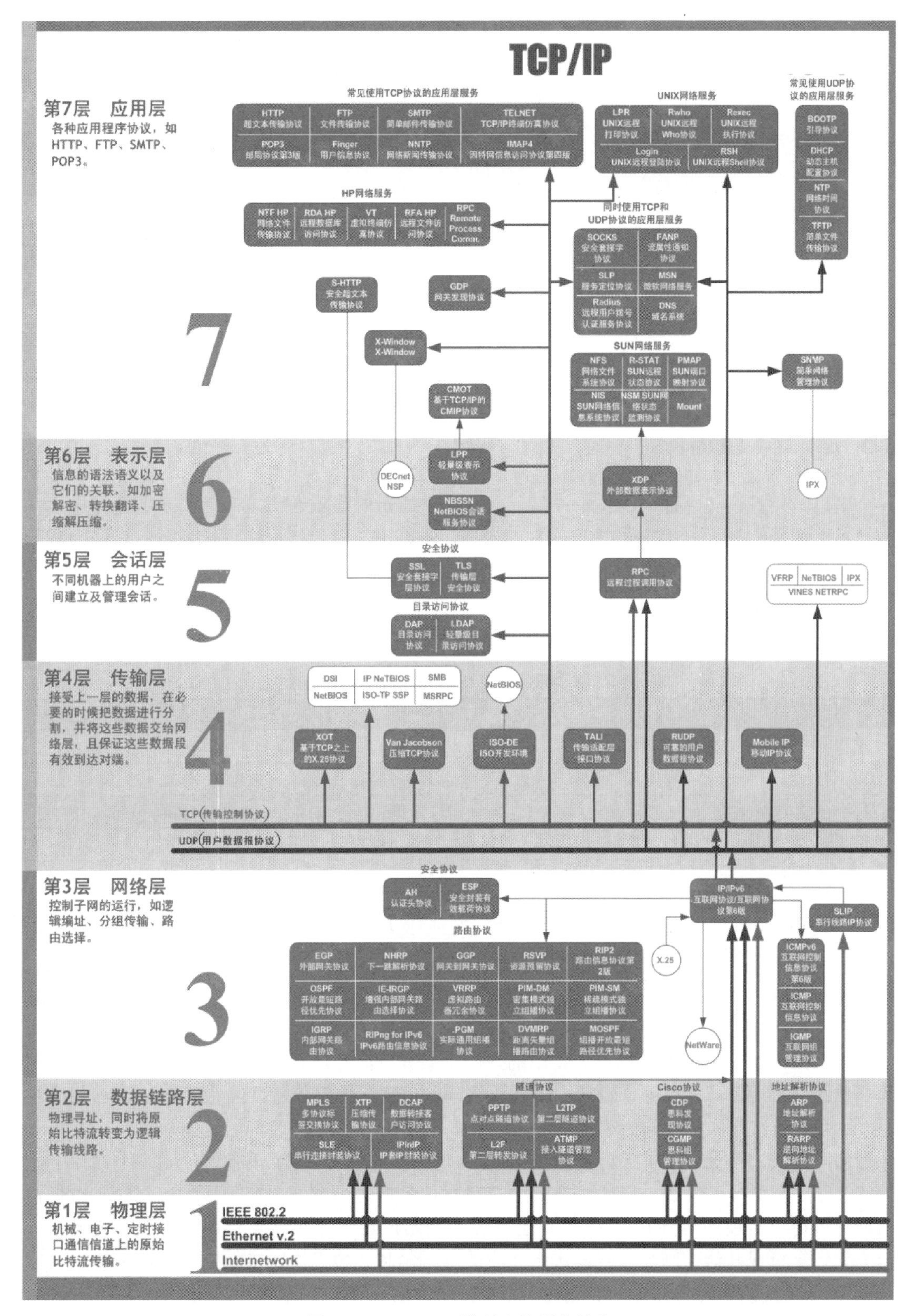

图 16-4 ISO/OSI 模型中的通信协议

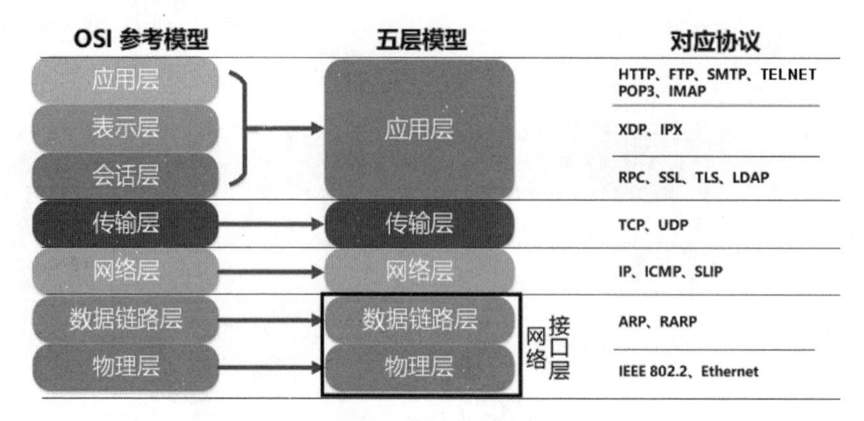

图 16-5　OSI 和五层网络参考模型

16.2　串口通信

串口是计算机和各种仪器仪表设备上一种非常通用的设备通信接口。大多数计算机或仪器设备上都带有基于 RS-232C 规范的串行接口。RS-232C 串行接口通过转换器可转换为基于 RS-422 和 RS-485 规范的接口。由于 RS-232C、RS-422 与 RS-485 标准只在连接件的接口电气特性方面不同（表 16-2），不涉及接插件、电缆或协议，因此使用它们以串行通信方式，实现诸如远程设备控制或数据采集等应用时，软件编程极为相似。

表 16-2　RS-232C、RS-422 和 RS-485 的区别

标　　准	RS-232C	RS-422	RS-485
工作方式	单端	差分	差分
节点数	1 发 1 收	1 发 10 收	1 发 32 收
最大传输电缆长度	15m	1219m	1219m
最大传输速率	20Kb/s	10Mb/s	10Mb/s
传输线数量	9（DB9/DB25）	5	2/4

RS-232C（ANSI/EIA-232 标准）应用广泛，如连接鼠标、打印机或者调制解调器，也可应用于工业仪器中。由于线驱动程序和电缆的改进，应用程序常常能提高 RS-232C 的性能，并超越标准中列出的距离和速度。RS-232C 仅限于实现个人计算机的串口和设备之间的点对点连接。

RS-422（AIA RS-422A 标准）使用的是一个差分电信号，而不是 RS-232C 中使用的不平衡（单端）接地信号。差分传输使用了两根线同时传输和接收信号，因此和 RS-232C 相比有更好的噪声抗扰度和更长的传输距离。

RS-485（EIA-485 标准）是 RS-422 的变体，最多允许将 32 个设备连接到一个端口上，并定义了必要的电气特性，以确保在最大负载时信号电压足够大。有了这种增强的多点传输功能，就可以创建连接到 RS-485 串口上的设备网络。对于那些需要将许多分布式仪器和一台个人计算机或其他控制器联网，从而完成数据采集和其他操作的工业应用程序来说，噪声抗扰度和多点传输功能使 RS-485 成为一个有吸引力的选择。

串行通信的概念非常简单，它通过串口逐位（bit）分 8 次发送和接收字节数据。尽管比按一次即可传送一字节（Byte）的并行通信慢，但是更容易实现，并且能够进行较远距离通信。例如 IEEE 488 规定并行通信设备线总长不得超过 20m，并且任意两个设备间的长度不得超过

2m；而对于串口而言，长度可达 1200m。此外，相对于并行通信来说，串行通信使用的线缆要少。它通常使用串口中的发送、接收和地线，即可实现数据传输。其他线用于握手或流量控制，在通信过程中并不是必需的。

串行接口规范中 RS-232C 最常用，它定义了数据终端设备（Data Terminal Equipment，DTE）和数据通信设备（Data Communication Equipment，DCE）间按位串行传输的电气和物理接口。常用的物理接头有两种，一种是 9 针串口（简称 DB-9），一种是 25 针串口（简称 DB-25）。每种接头都有公头和母头之分，其中带针状的接头是公头，带孔状的接头是母头。DB-9 和 DB-25 接头中各端子的定义如图 16-6 所示。

缩写	说明	DB-9 引脚	DB-25 引脚
DCD	数据载波检测	1	8
RXD	数据接收	2	3
TXD	数据发送	3	2
DTR	数据终端就绪	4	20
GND	信号地线	5	7
DSR	数据设备就绪	6	6
RTS	请求发送	7	4
CTS	清除发送	8	5
RI	振铃指示	9	22

图 16-6　DB-9 和 DB-25 接头中各端子的定义

RS-232C 对电器特性、逻辑电平和各种信号功能都做了规定。在 TXD 和 RXD 数据线上采用与地对称的负逻辑表示数字量，逻辑 1 信号的电压为 -15 ～ -3V，逻辑 0 信号的电压为 3 ～ 15V。在 RTS、CTS、DSR、DTR 和 DCD 等控制线上，有效信号（ON 状态）的电压为 3 ～ 15V，无效（OFF 状态）信号的电压为 -15 ～ -3V。由此可见，RS-232C 是用正负电压表示逻辑状态，与晶体管集成电路（TTL）以高低电平表示逻辑状态的规定不同。因此，若要与 TTL 器件连接，必须使用转接器完成 RS-232C 协议与 TTL 电路之间的电平和逻辑关系的变换。

串行通信从数据的传送方向来看，可分为单工（Simplex）、全双工（Full Duplex）和半双工（Half Duplex）三类，如图 16-7 所示。单工只允许数据向一个方向传送；全双工则允许同时进行双向传送数据，要求两端的通信设备具有完整和独立的发送和接收能力；半双工介于单工和全双工之间，允许数据向两个方向中的任一方向传送，但同一时刻只允许一个终端进行数据发送。

串行通信有同步和异步两种常用的数据传输方式。串行同步通信（Synchronous Data Communication，SYNC）是指在约定的通信速率下，发送端和接收端以一致（同步）的时钟频率和相位传输数据。串行同步通信把多个数据字符组成信息帧（图 16-8），并在数据开始传送前，先用同步字符来指示（常约定 1 ～ 2 个）时钟实现发送端和接收端的同步。即检测到规定的同步字符后，就连续按顺序传送信息帧中的数据，直到所有数据传

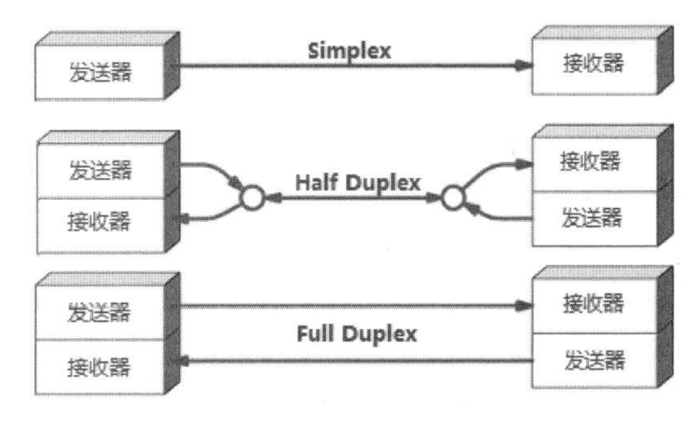

图 16-7　串行通信中的单工、半双工和全双工

送完毕。多数情况下，同步通信会在信息帧后添加循环冗余校验（Cyclic Redundancy Check，CRC），检查传输过程中是否出现错误，以保证传输的可靠性。同步通信传送信息的位数几乎不受限制，通信效率较高，一次通信传输的数据可达几十至几千字节。但要求在通信中始终保持严格的时钟同步，以确保数据传输的正确性，多数情况下要求发送端和接收端使用同一时钟源。同步通信一般用于对传输速率要求较高的场合，但发送器和接收器比较复杂，成本也较高，因此实际中常使用串行异步通信方式。

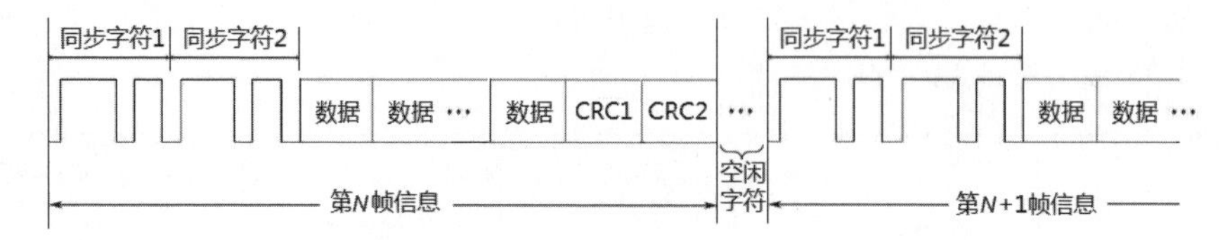

图 16-8　串行同步通信的帧格式

串行异步通信（Asynchronous Data Communication，ASYNC）以 ASCII 码字符为单位进行传输，字符之间没有固定的时间间隔要求，每个字符中的各位则以固定的时间传送。异步通信规定字符由起始位（Start Bit）、数据位（Data Bit）、奇偶校验位（Parity）和停止位（Stop Bit）组成，如图 16-9 所示。收发双方通过在字符格式中设置起始位和停止位的方法来实现同步，具体来说就是在一个有效字符正式发送之前，发送器先发送一个起始位，然后发送有效字符位，在字符结束时再发送一个停止位，起始位至停止位构成一帧。停止位至下一个起始位之间是不定长的空闲位，并且规定起始位为低电平（逻辑值为 0），停止位和空闲位都是高电平（逻辑值为 1），这样就保证了起始位开始处一定会有一个下降沿，由此就能很容易地实现字符的界定和同步。

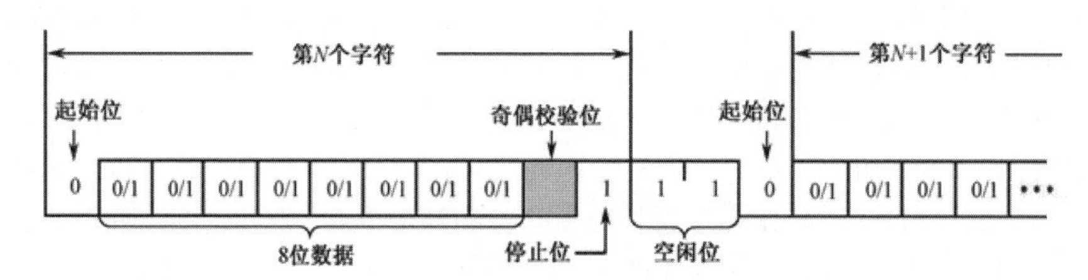

图 16-9　串行异步通信的帧格式

在异步通信中，每接收一个字符，收发双方都要重新同步一次，所以发送端和接收端可由各自的时钟控制数据的发送和接收，时钟信号并不需要严格同步，只要在一个字符的传输时间范围内能保持同步即可。这意味着对时钟信号漂移的要求要比同步通信低得多，硬件成本也因此相应较低。虽然异步通信传送一个字符要增加大约 20% 的附加信息位，传送效率较低，但异步通信方式简单可靠，也容易实现，故广泛地应用于各种系统中。

在实际工程实践中，需要配置发送端和接收端的通信参数，确保两个通信设备之间的通信参数一致，才能确保异步串行通信成功。其中较为重要的参数包括波特率（Baud Rate）、起始位、数据位、停止位和奇偶校验位，这些参数的功能如下。

（1）波特率。

波特率是衡量通信速率的参数。它表示每秒传送比特的个数。例如 300 波特表示每秒发送 300 个比特。时钟频率通常与波特率一致（或是其 16 或 64 倍），例如，若通信需要使用 4800 波特率，那么时钟频率就可选用 4800Hz，这也意味着串口通信在数据线上的采样率为 4800Hz。通常电话线的波特率为 14 400、28 800 或 36 600。波特率可以远远大于这些值，但是波特率和距离成反比。高波特率常用于放置较近仪器间的通信，如 GPIB 设备的通信等。

（2）起始位。

异步串行通信线路上没有数据传送时，处于逻辑 1 的状态。发送设备在发送字符数据前，首先会发送一个逻辑 0 的信号，这个逻辑低电平就是起始位。起始位通过通信线传向接收设备，当接收设备检测到这个逻辑低电平后，就开始准备接收数据信号。因此，起始位所起的作用就是表示字符传送开始。

（3）数据位。

紧接起始位后传送的多个比特即数据位，它可以是 5 位、6 位、7 位或 8 位。数据是按低位在前（Big-endian）还是高位在前（Little-endian）的方式传送，由使用的系统而定。例如，Windows、 Linux 和 ARM 终端使用 Little-endian 的顺序，而 Mac OS 系统读取其他平台写入的数据时，则使用 Big-endian 格式（参见第 14 章）。数据位的设置取决于需要传送的信息。例如，标准的 ASCII 码是 0 ～ 127（7 位）。扩展的 ASCII 码是 0 ～ 255（8 位）。

（4）奇偶校验位。

奇偶校验位用于数据传送过程中的数据检错，数据通信时通信双方必须约定一致的奇偶校验方式。在串口通信中，常见的 4 种奇偶校验方式为奇校验、偶校验、高位校验和低位校验。对于奇校验和偶校验，将设置数据位后面的一位为校验位，用于和所传输的数据一起，配齐逻辑高位的个数为偶数个或奇数个。例如，若数据是 01101100，那么对于偶校验，校验位则为 0，确保逻辑高位总数为偶数；若使用奇校验，则校验位为 1，这样就会配齐 5 个逻辑高位。高位校验和低位校验并不真正进行数据检查，只是简单将校验位设置为逻辑高位或逻辑低位。这样接收设备就能够知道位的状态，并有机会判断是否有噪声干扰了通信，或者是否传输和接收数据不同步。校验位并非必需的，有些场合可以不用校验位。

（5）停止位。

奇偶校验位或数据位后是停止位，停止位可以是 1 位，也可以是 1.5 位或 2 位。接收端收到停止位后，就认为上一字符数据已传送完毕，同时也为接收下一字符数据做好准备。若停止位后不是紧接着传送下一个字符数据，则线路将保持为逻辑 1 的空闲状态，直到下一字符的起始位为止。存在空闲位是异步通信的典型特性之一。停止位不仅用于表示传输结束，还可提供校正时钟同步的机会。用于停止位的位数越多，对不同时钟同步的容忍程度越大，数据传输率越慢。

LabVIEW 为简化串口通信程序的开发，提供了简单易用的函数（图 16-10）。这些函数基于“虚拟仪器软件架构规范”（Virtual Instrument Software Architecture，VISA）实现，函数封装了各种底层复杂操作，使开发人员可以更快速地为虚拟仪器项目实现串口通信功能。VISA 是由 35 家仪器仪表公司组成的系统联盟，统一制定了 VXI 即插即用（VXI plug & play）I/O 软件接口标准和规范。基于该规范实现的函数库，以统一接口标准在计算机与仪器之间进行通信，以实现对仪器的控制。VISA 对于测试软件开发者来说，是一个可调用的操作函数集，本身并不提供仪器编程能力，它只是一个高层 API，通过调用低层的驱动程序实现对 VXI、GPIB、RS-232C、USB 等不同类型仪器的控制。

使用 VISA 进行仪器控制时，一般遵循设备配置、读信息、写信息和关闭设备等几个主要过程。大多数的 VISA 功能模块使用 VISA 资源名称（VISA Resource Name）参数来标识通信设备、端口和用于 I/O 操作的配置信息。VISA 资源名称一般可在 NI MAX 软件中设置和查询。对于串口通信开发来说，可以先使用 VISA Configure Serial Port 函数对端口进行配置，然后再使用 VISA Read 和 VISA Write 函数进行数据接收和发送。在进行数据收发的过程中，还可以使用 Bytes at Port、Break、Set Buffer Size 和 Flush Buffer 等辅助函数和属性节点，读写通信参数或控制字符缓冲区。通信结束后，则要使用 VISA Close 函数关闭之前打开的通信设备和端口。

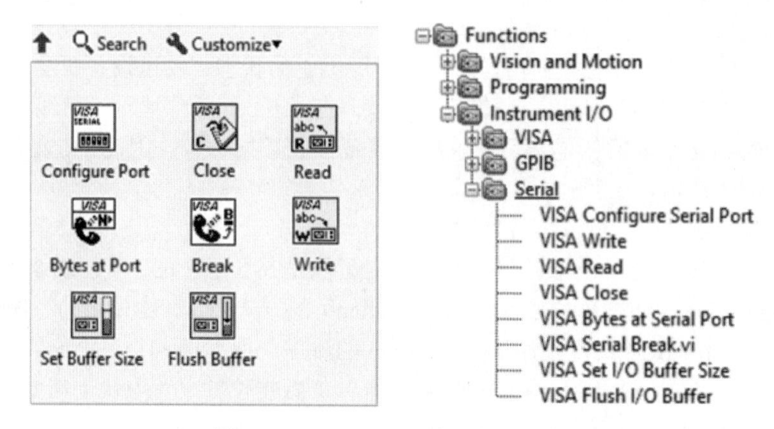

图 16-10　LabVIEW 串口操作函数

图 16-11 是一个简单的串口通信实例，该实例通过串口实现单次消息的发送和接收。程序一开始先使用 VISA Configure Serial Port 函数对串口通信的波特率、数据位、校验位等参数进行配置，并打开通信端口。紧接着使用 VISA Write 函数通过 VISA Resource Name 参数指定的串口，将 Command 控件中的字符串发送给通信设备，等待消息发送完成后调用 VISA Read 函数读取通信设备发送到串口缓冲区的消息。属性节点 Bytes at Port 用于检测串口缓冲区中的字节数量。收发完成后，由 VISA Close 函数关闭打开的串口，释放占用的系统资源，结束整个通信过程。

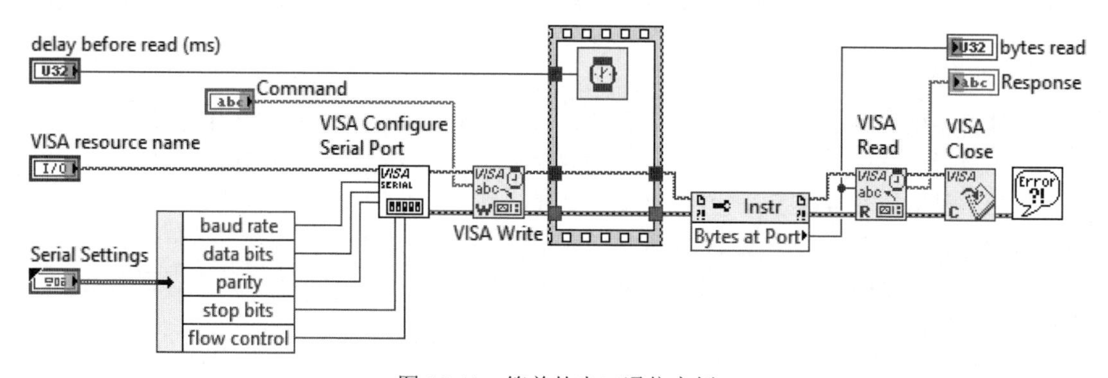

图 16-11　简单的串口通信实例

实际开发中，往往需要进行消息的多次收发或者连续传递，来控制通信终端的行为或动作。数据在两个串口之间连续传输时，常会因两台终端的处理速度不同而导致数据丢失。如在台式机与单片机之间通信时，若接收端数据缓冲区已满，则后续发送来的数据就可能被丢弃。这种情况下就需要用到数据流控制（Data Flow Control）机制来有效解决问题。当接收端不能及时处理数据时，会发出“不再接收”信号，发送端就暂停发送，直到收到“可以继续发送”的信号为止，这样就可以控制数据传输的进程，避免数据丢失。

常用的流控机制有硬件流控制和软件流控制两种。硬件流控制又分为 RTS/CTS（请求发送 / 清除发送）流控制和 DTR/DSR（数据终端就绪 / 数据设置就绪）流控制。硬件流控制必须将串口端子上相应的电缆线连上。例如，在使用 RTS/CTS 流控制时，应将通信设备两端的 RTS、CTS 线对应相连。数据终端设备（如计算机）使用 RTS 来启动调制解调器或其他数据通信设备的数据流，而数据通信设备（如调制解调器）则用 CTS 来启动和暂停来自计算机的数据流。在程序中，可根据接收端缓冲区大小设置一个高位界限（如为缓冲区大小的 75%）和一个低位边界（如为缓冲区大小的 25%），当缓冲区内数据量达到高位界限时，在接收端将 CTS 置为低电平（逻辑 0），当发送端的程序检测到 CTS 为低后，就停止发送数据，直到接收端缓冲区的数据量低于低位界限，再将 CTS 置为高电平。RTS 则用来标明接收设备有没有准备好接收数据。

由于电缆线的限制，在普通的控制通信中一般用软件流控制代替硬件流控制。软件流控制通过 XON/XOFF（传送继续 / 传送停止）字符来实现。当接收端的输入缓冲区内数据量超过设定的高位界限时，就向数据发送端发出 XOFF 字符（通常为 ASCII 码 19 或 Ctrl+S，具体参考设备说明书），发送端收到 XOFF 字符后立即停止发送数据；当接收端的输入缓冲区内数据量低于设定的低位时，向数据发送端发出 XON 字符（通常为 ASCII 码 17 或 Ctrl+Q），发送端收到 XON 字符后立即开始发送数据。

图 16-12 是一个串口连续读写的实例。程序一开始先使用 VISA Configure Serial Port 函数对串口通信的波特率、数据位、校验位等参数进行配置，并打开通信端口。与图 16-11 所示的简单串口通信实例不同，该实例可设置使用软件流控制机制。因此，在 VISA Configure Serial Port 函数后，程序使用属性节点设置了软件流控制机制中 XON/XOFF 控制字符的值。某些串行通信设备在接收消息时要求使用“结束字符”（Termination Characters）来指示消息接收完成。在和此类串行设备通信时，可以设置在每次发送的消息后自动添加结束字符。这可以通过将属性节点 ASRL End Out 设置为 TermChar、Send End En（Enable）设置为 True，并且由 TermChar 指定终结字符来实现。当然也可以通过字符串连接函数，在发送的消息后增加终结字符。注意，如果仅设置 TermChar En（Enable）为 True，并由 TermChar 指定终结字符，则终结字符只对接收过程有效。

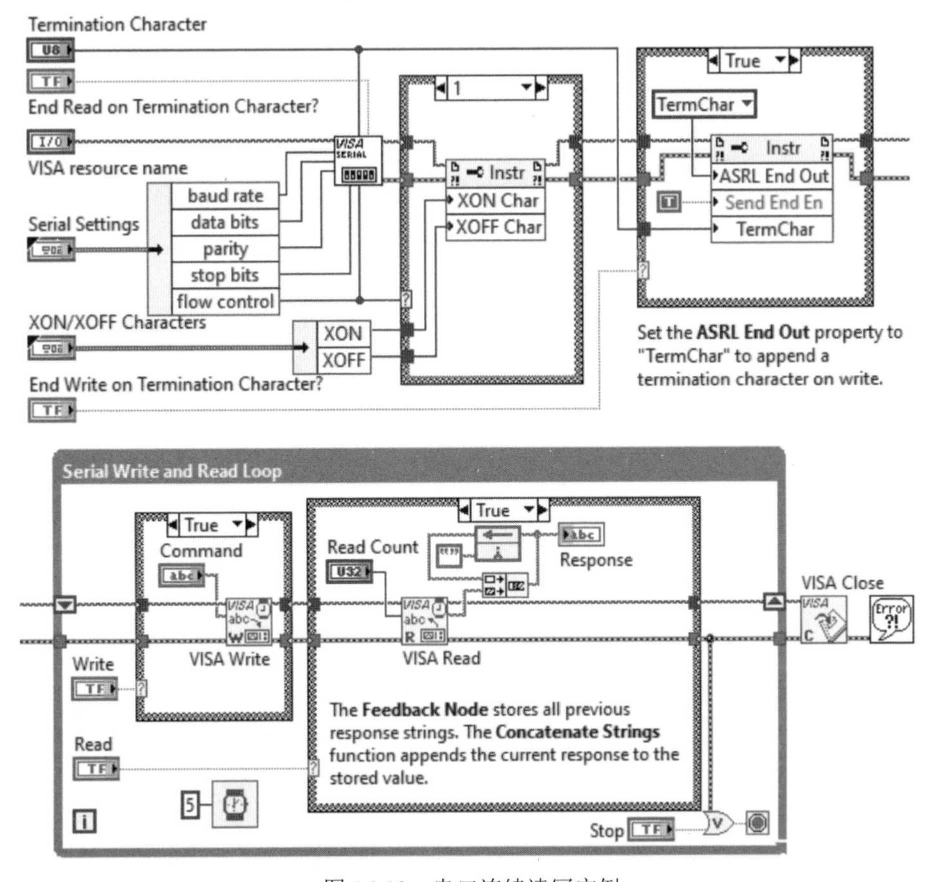

图 16-12　串口连续读写实例

对串口设置完成后，即可通过 While 循环连续发送或接收消息。在图 16-12 中，若 Write 和 Read 按钮均按下，则循环会先使用 VISA Write 发送 Command 按钮中的字符串，随后调用 VISA Read 函数，从端口读取 Read Count 控件指定数量的字符。该读取和发送过程将一直持续，每次读取到的消息将连接到上次循环收到的消息之后，一并在控件 Response 中显示，直到用户按下 Stop 按钮结束循环为止。在循环结束后，VISA Close 函数将关闭打开的串口，释放占用的系统资源，结束整个通信过程。

实际工程实践中，串口连续读写过程可能需要比图 16-12 中更加灵活的控制。在这种条件下，可以将上述各串口函数，与第 8 章和第 9 章介绍的单循环或多循环程序框架集成，创建更灵活的串口控制应用。此外，若需要相对远距离或高速的串行通信，还可以采取将 RS-232C 转为 RS-485 或 USB 接口的方式。例如，若要在 PC 和远程的 51 单片机、AVR 单片机或 STM-32 单片机上进行远程通信，就可以先将 RS-232C 转换为 RS-485，再在远端将 RS-485 转换为与单片机异步通信口 UART 匹配的电平进行串行通信。还可以在 PCUSB 接口与单片机 UART 之间增加转换芯片，在 PC 上虚拟出串口，利用 USB 物理链路与单片机进行数据交换。此外，串口通信中传输的数据大多基于 ASCII 码，为便于工程实践过程中参考，图 16-13 列出了 ASCII 码字符集。

ASCII码控制字符			ASCII码可打印字符						ASCII码扩展字符							
00	NULL	(Null character)	32	space	64	@	96	`	128	Ç	160	á	192	└	224	Ó
01	SOH	(Start of Header)	33	!	65	A	97	a	129	ü	161	í	193	┴	225	ß
02	STX	(Start of Text)	34	"	66	B	98	b	130	é	162	ó	194	┬	226	Ô
03	ETX	(End of Text)	35	#	67	C	99	c	131	â	163	ú	195	├	227	Ò
04	EOT	(End of Trans.)	36	$	68	D	100	d	132	ä	164	ñ	196	─	228	õ
05	ENQ	(Enquiry)	37	%	69	E	101	e	133	à	165	Ñ	197	┼	229	Õ
06	ACK	(Acknowledgement)	38	&	70	F	102	f	134	å	166	ª	198	ã	230	µ
07	BEL	(Bell)	39	'	71	G	103	g	135	ç	167	º	199	Ã	231	þ
08	BS	(Backspace)	40	(	72	H	104	h	136	ê	168	¿	200	╚	232	Þ
09	HT	(Horizontal Tab)	41	)	73	I	105	i	137	ë	169	®	201	╔	233	Ú
10	LF	(Line feed)	42	*	74	J	106	j	138	è	170	¬	202	╩	234	Û
11	VT	(Vertical Tab)	43	+	75	K	107	k	139	ï	171	½	203	╦	235	Ù
12	FF	(Form feed)	44	,	76	L	108	l	140	î	172	¼	204	╠	236	ý
13	CR	(Carriage return)	45	-	77	M	109	m	141	ì	173	¡	205	═	237	Ý
14	SO	(Shift Out)	46	.	78	N	110	n	142	Ä	174	«	206	╬	238	¯
15	SI	(Shift In)	47	/	79	O	111	o	143	Å	175	»	207	¤	239	´
16	DLE	(Data link escape)	48	0	80	P	112	p	144	É	176	░	208	ð	240	≡
17	DC1	(Device control 1)	49	1	81	Q	113	q	145	æ	177	▒	209	Ð	241	±
18	DC2	(Device control 2)	50	2	82	R	114	r	146	Æ	178	▓	210	Ê	242	‗
19	DC3	(Device control 3)	51	3	83	S	115	s	147	ô	179	│	211	Ë	243	¾
20	DC4	(Device control 4)	52	4	84	T	116	t	148	ö	180	┤	212	È	244	¶
21	NAK	(Negative acknowl.)	53	5	85	U	117	u	149	ò	181	Á	213	ı	245	§
22	SYN	(Synchronous idle)	54	6	86	V	118	v	150	û	182	Â	214	Í	246	÷
23	ETB	(End of trans. block)	55	7	87	W	119	w	151	ù	183	À	215	Î	247	¸
24	CAN	(Cancel)	56	8	88	X	120	x	152	ÿ	184	©	216	Ï	248	°
25	EM	(End of medium)	57	9	89	Y	121	y	153	Ö	185	╣	217	┘	249	¨
26	SUB	(Substitute)	58	:	90	Z	122	z	154	Ü	186	║	218	┌	250	·
27	ESC	(Escape)	59	;	91	[	123	{	155	ø	187	╗	219	█	251	¹
28	FS	(File separator)	60	<	92	\	124	|	156	£	188	╝	220	▄	252	³
29	GS	(Group separator)	61	=	93	]	125	}	157	Ø	189	¢	221	¦	253	²
30	RS	(Record separator)	62	>	94	^	126	~	158	×	190	¥	222	Ì	254	■
31	US	(Unit separator)	63	?	95	_			159	ƒ	191	┐	223	▀	255	nbsp
127	DEL	(Delete)														

图 16-13　ASCII 码字符集

16.3　蓝牙和红外

蓝牙（Bluetooth）是一种使用 2.4GHz 无线射频进行设备通信的无线通信技术，已被广泛应用于各种移动设备。基于蓝牙的通信具有距离短、灵活、功耗低、成本低等特点。视设备和环境条件不同，低功耗蓝牙连接的范围为 10 ～ 12m。在 LabVIEW 中，两个运行在不同设备上的 VI，可基于蓝牙进行数据通信。

与蓝牙通信方式类似，LabVIEW 也可基于 IrDA 技术，通过无线红外接口实现设备间的数据通信。两个运行在不同设备上的 VI，可利用内置 IrDA 函数进行数据交互。例如，可在某一设备上运行测试 VI，获得测试结果，再将测试结果通过红外接口传输至中控计算机。

16.3.1 蓝牙通信

蓝牙技术规定，一对设备进行蓝牙通信时，必须一个为主端（Master），另一个为从端（Slave），才能进行通信。主端一般充当“服务器”的角色，从端则充当“客户端”的角色。主从两端必须先进行配对，成功建立通信链路后才能进行数据通信。

理论上，一个蓝牙主设备，可同时与 7 个蓝牙从设备进行通信。通信时，主端首先搜索本地可用的蓝牙设备，并选择某一可用的蓝牙设备，创建将向客户端提供的“服务”，然后主端便进入监听等待状态，等待从端的配对请求。从端在主端监听等待过程中发出配对请求，主从设备便进入配对阶段。必要时，主从双方还需确认配对密码，才能完成配对过程。配对完成后，主从设备之间即可发出数据通信请求，建立数据通信链路，进行双向的数据交互，直至主端或从端发起断开连接的请求或连接丢失。

LabVIEW 支持使用微软蓝牙驱动程序的蓝牙设备进行通信。用于快速创建主从两端蓝牙通信程序的函数集位于 LabVIEW 函数面板中的 Data Communication → Protocols → Bluetooth 子面板中，包括蓝牙设备搜索，蓝牙监听器（服务器）创建、端口监听、打开蓝牙连接、数据读写、断开连接等子 VI，如图 16-14 所示。在实际工程实践中，多数蓝牙设备会使用专有的蓝牙驱动程序，若需在 LabVIEW 中使用此类设备，必须设法将其驱动切换至微软蓝牙驱动。支持微软蓝牙驱动程序的蓝牙设备，可在微软的官方网站查询。

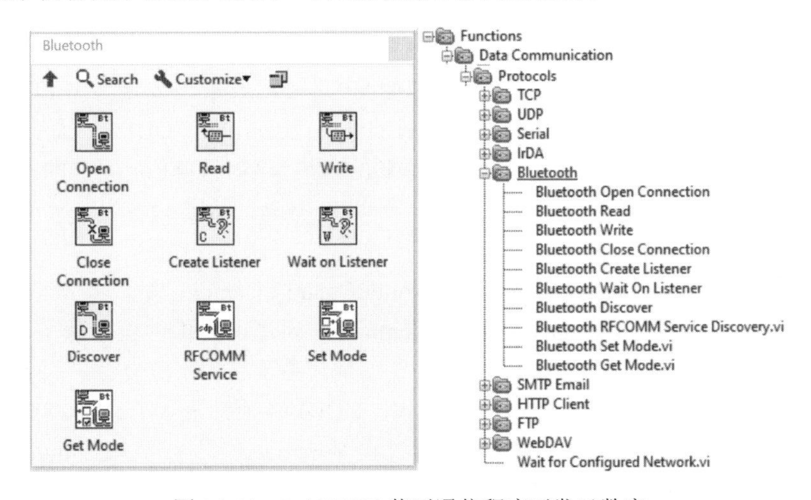

图 16-14　LabVIEW 蓝牙通信程序开发函数库

图 16-15 和图 16-16 是 LabVIEW 自带的蓝牙通信实例程序。其中图 16-15 为运行在主端设备上的蓝牙“服务器”程序，图 16-16 为运行在从端设备上的蓝牙“客户端”程序。

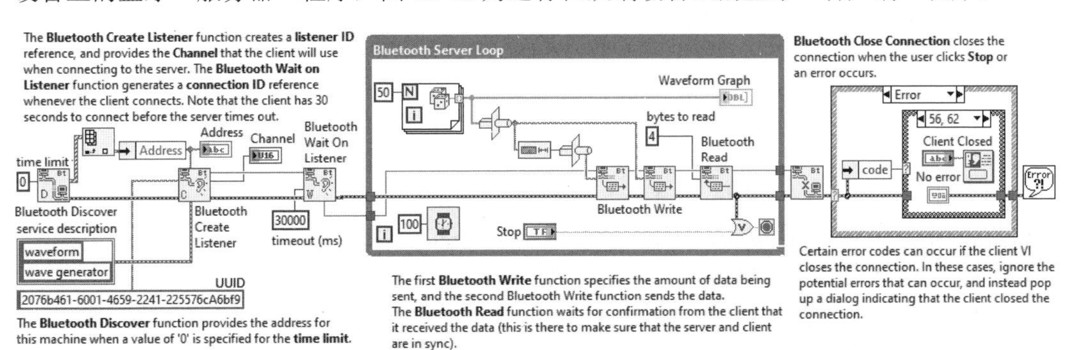

图 16-15　蓝牙通信实例——主端

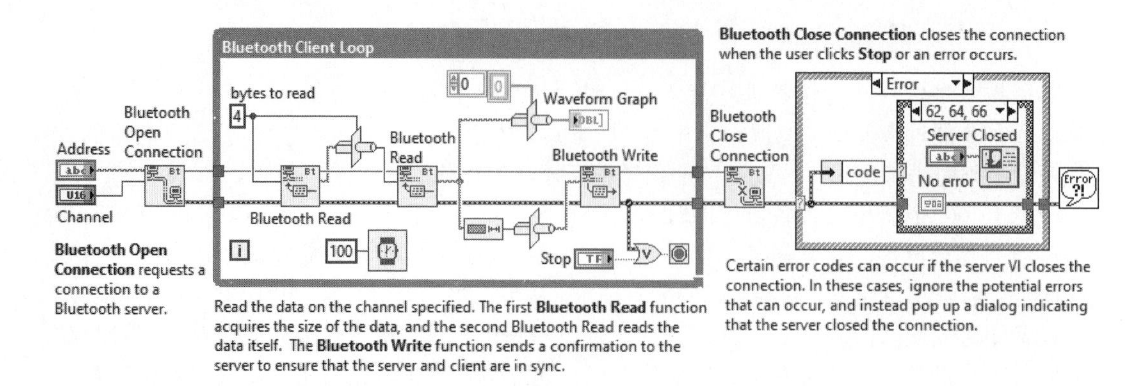

图 16-16 蓝牙通信实例——从端

主端程序先使用 Bluetooth Discover VI 搜索可用的蓝牙设备，并返回蓝牙设备地址作为蓝牙“服务器”地址。蓝牙设备地址是一个以十六进制字节为单位（通常由“:”分开）的 48 位序列，例如 9C:B6:D0:8D:CE:A8。蓝牙地址分为三部分（图 16-17），包括 24 位地址低端部分（Lower Address Part，LAP）、8 位地址高端部分（Upper Address Part，UAP）和 16 位不重要地址部分（Non-significant Address Part，NAP）。其中 NAP 和 UAP 共同组成了需要通过 IEEE 注册机构付费才能获得的生产厂商标识码（Organizationally Unique Identifier，OUI），而 LAP 则由生产厂商自由设定。对于某一厂商生产的蓝牙设备来说，其 NAP、UAP 是固定的，可变的只是 LAP 部分。生产厂商制造其各个蓝牙设备时，会用 0 ～ 2^{24} 的数值为各设备分配 LAP，以保证各设备地址的区别。

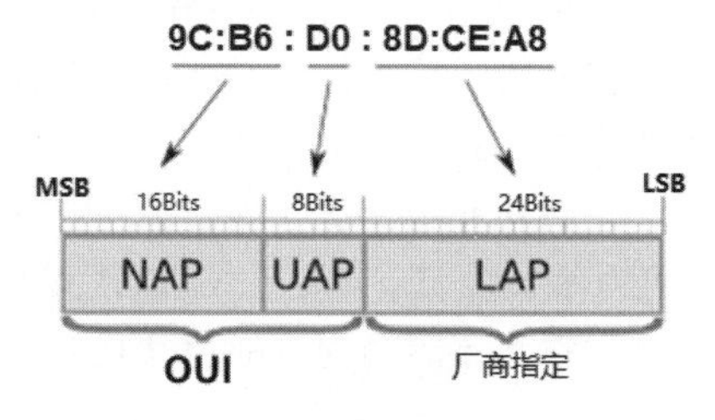

图 16-17 蓝牙地址格式

主端程序搜索到蓝牙设备后，将调用 Bluetooth Create Listener 函数，基于蓝牙地址和“通用唯一识别码 UUID”（Universally Unique Identifier）创建可提供的蓝牙服务。UUID 是根据一定算法，计算得到的一长串不会重复的数字序列。由于它的不重复性，因此常用于作为分布式计算环境中网络设备或服务的唯一标识。UUID 必须为形如 B62C4E8D-62CC-404b-BBBF-BF3E3BBB1374 的 GUID 格式，可以通过在 Windows 命令行中执行 uuidgen.exe 命令得到，或通过一些提供 UUID 计算的网站（如 www.uuidgenerator.net）得到。

在蓝牙通信过程中，UUID 用来标识蓝牙设备提供的服务，蓝牙设备本身则由蓝牙地址标识。一个蓝牙设备可以提供多种服务，如 A2DP（蓝牙音频传输）、HEADFREE（免提）、PBAP（电话本）、SPP（串口通信）等，每种服务都对应一个 UUID。在蓝牙协议栈里，这些默认提供的服务都有对应的默认 UUID。例如，对于 SPP，00001101-0000-1000-8000-00805F9B34FB 就是一个常见的默认 UUID，通常蓝牙开发板修改的 UUID 在修改前会是这个值。所以，如果是与一个蓝牙开发板进行串口通信，而蓝牙侧又不是自己可以控制的，就可以试试这个值。当然，若蓝牙通信时主从两端均自由可控，则可以使用自己生成的 UUID。图 16-15 的程序中，Bluetooth Create Listener 函数就在创建蓝牙服务时，使用了自己的 UUID 来标识自定义的 wave generator 服务。

主端程序成功创建蓝牙服务后，会离开调用 Bluetooth Wait On Listener VI，将主端置于监听状态，并等待从端程序在 30s 超时前进行连接。若在另一蓝牙设备上的从端程序中（图 16-16），为 Bluetooth Open Connection VI 指定蓝牙服务器设备的地址（Address）和通道（Channel）后运行，即可实现与主端蓝牙设备的连接。

主从蓝牙设备连接完成后，两设备之间就可以进行数据传送。图 16-15 所示主端程序的 While 循环中，程序一次性生成了一个包含 50 个随机数的数组，然后将数组及数组长度转换为字符串，由 Bluetooth Write VI 逐字节发送出去。相应地，图 16-16 所示从端程序的 While 循环中，Bluetooth Read VI 先读取 4 字节，并将其转换为 32 位整型数，得到主端程序发送的字节总量，然后再按照该数量读取所有主端程序发送的字符。注意，LabVIEW 的蓝牙读写 VI 以单个字符进行数据交互，在传递不同类型的数据时，应注意数据类型转换。从端程序在批量接收完字符后，会将收到的字符量发送回主端作为校验。主端程序在读取到该值后，与发送的字符总量比对，可以确保数据通信过程中无信息丢失。

若主从两端任意一端结束数据交互，程序就会调用 Bluetooth Close Connection VI 断开蓝牙连接，结束通信过程。若任何一端断开连接，另一端程序均会运行至错误处理分支，弹出对方已断开连接的对话框警示，并退出程序。

在实际工程实践中，基于蓝牙传送的数据可按照应用的需求被赋予不同的意义。对这些预先赋予意义的数据进行处理、展示，即可实现各种用户要求的功能。

16.3.2 红外通信

在 LabVIEW 中，两个运行在不同设备上的 VI 可利用 IrDA 技术，通过无线红外接口进行通信。例如，可在一台计算机上运行数据采集 VI，采集到的数据通过红外光束传输至另一台计算机进行数据处理。LabVIEW 基于 IrDA 红外接口的通信编程与蓝牙通信编程极为类似。但是，由于 IrDA 是动态网络，且设备会频繁地出入网络，故不存在固定的 IrDA 地址供客户端与服务器建立通信时使用。IrDA 用设备名标识每个网络中的设备（通常由用户指定），并会动态生成唯一的 32 位设备 ID。

通过红外通信时，主端 IrDA 设备作为服务器，监视网络上试图建立通信的从端红外设备。主端会创建监听器以监听所有试图接入网络的设备。监听器通过访问服务器端的“信息访问服务（Information Access Service，IAS）数据库”中的空闲条目来创建相关服务。IAS 数据库最多可包括 128 个条目，其中每个服务均会与一个 ID 和一个范围在 0 ～ 127 的逻辑服务访问点选择器（Logical Service Access Point Selector，LSAP-SEL）关联。客户端通过服务 ID 查询数据库找到 LSAP-SEL 后，设备间的通信即可开始。

例如，在温度数据传输过程中，服务器端可监听客户端的温度服务请求。客户端通过温度服务 ID 向服务器查询 IAS 数据库中与温度服务相对应的空闲 LSAP-SEL，以与服务器建立连接。连接建立后，服务器便向客户端发送温度数据，并接收来自客户端的数据。

LabVIEW 为基于红外接口的通信程序开发提供如图 16-18 所示的函数库，位于 LabVIEW 函数面板中的 Data Communication → Protocols → IrDA 子面板中。使用这些函数不仅可以在服务器端快速创建红外服务，并监听网络中的红外客户端设备的服务请求，还能创建客户程序，以搜索红外服务设备并与其提供的服务建立连接，然后进行数据交互，直到断开连接为止。

图 16-19 和图 16-20 是 LabVIEW 自带的红外通信实例程序。其中图 16-19 为运行在主端设备上的红外“服务器端”程序，图 16-20 为运行在从端设备上的红外“客户端”程序。

主端程序先使用 IrDA Create Listener VI 创建监听器，并使用标识 IrDA-Service 创建提供的服务。IrDA Wait On Listener VI 使监听器在 30s 超时前，不断监听网络中的客户端请求。若客户端程序在 30s 超时前，调用 IrDA Discover VI 搜索并返回网络中的红外服务器设备 ID，然后由 IrDA Open Connection VI 根据服务器端的服务标识与红外服务器建立连接，两个设备之间的红外通信链路即建立成功。

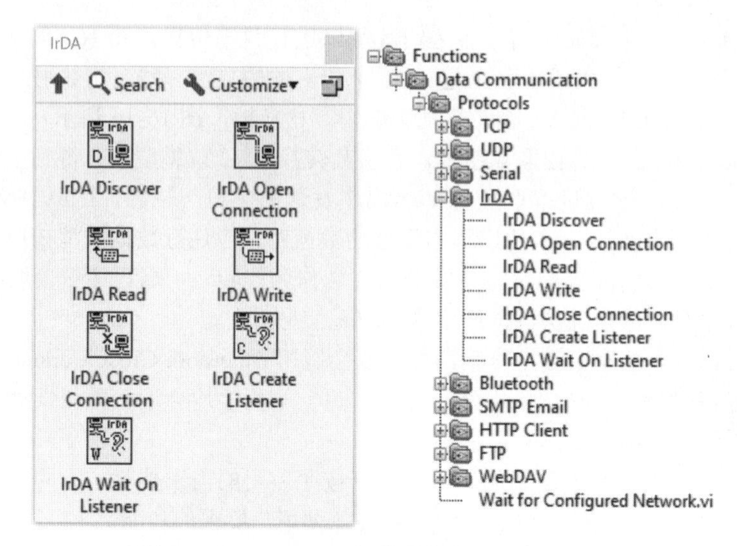

图 16-18 LabVIEW 红外通信程序开发函数库

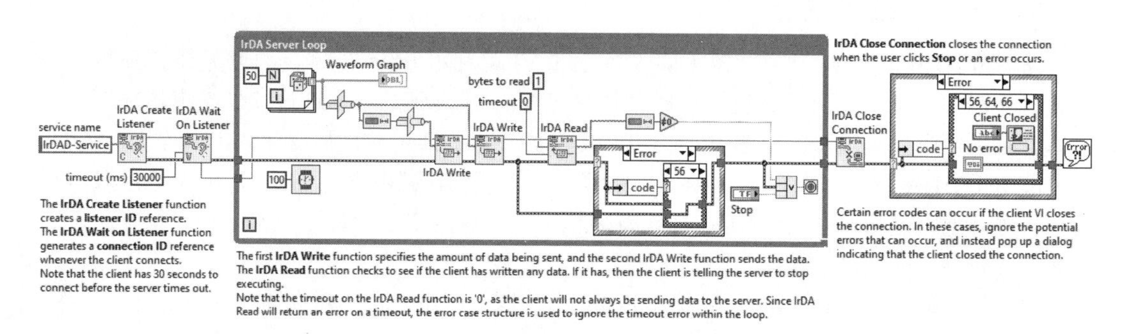

图 16-19 红外通信实例——“服务器端”程序

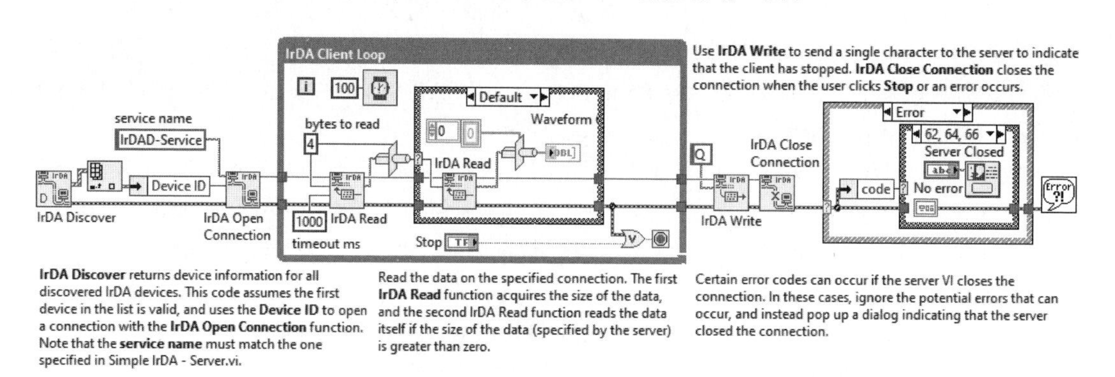

图 16-20 红外通信实例——“客户端”程序

通信链路建立后，服务器端和客户端就能顺利使用 IrDA Read 和 IrDA Write 红外数据读写 VI 进行数据交互。与蓝牙通信程序类似，LabVIEW 的红外数据读写 VI 也以单个字符进行数据传送，在传递不同类型的数据时，应注意数据类型转换。客户端在接收完数据后，会发送 Q 字符通知服务器端数据传送结束。随后服务器端退出循环，并调用 IrDA Close Connection VI 断开连接，结束通信过程。若通信过程中任何一端发生故障断开连接，另一端程序均会运行至错误处理分支，弹出对方已断开连接的对话框警示，并退出程序。

16.4 TCP/IP与UDP

传输控制协议（Transmission Control Protocol，TCP）、网际协议（IP）和用户数据报协议（User Datagram Protocol，UDP）因其开放性和易用性得到了广泛应用，逐渐成为局域网和Internet通信的主流协议。如16.1节所述，IP协议位于ISO/OSI或TCP/IP网络模型中的网络层，TCP和UDP协议则位于模型中的传输层。传输层中的TCP和UDP协议均基于网络层中的IP协议进行通信，实际工程应用中很少直接基于IP协议进行数据传输，多数情况下使用TCP或UDP协议。

TCP是一种可靠的、基于连接的协议。它提供错误检测，能确保数据按顺序并且不重复地进行传递。TCP通信提供简单的用户界面，在降低复杂度的同时还能确保网络通信的可靠性。因此常用于需要确保数据可靠性的场合。常见的基于TCP协议的应用层协议有HTTP、SMTP、FTP、TELNET和POP3等。

UDP协议并不是基于连接的协议，它只将UDP数据以数据报的形式整包推送至目标设备的某个端口，并不像TCP协议那样拆分数据包后以字节流形式通过阻塞控制流程传送。因此，使用UDP可以实现组播功能，但也可能出现数据包丢失的情况。但是正是由于UDP不通过额外的工作确保数据传送的可靠性，因此它的速度相较于TCP要快，适合数据传送量大，但可靠性要求不高的场合。常见的基于UDP协议的应用层协议有TFTP、SNMP、DNS、DHCP、RIP和VOIP等。TCP与UDP的对比如表16-3所示。

表16-3 TCP与UDP对比

类型	特点				性能		报文头	应用场景
	链路	可靠性	传输形式	组播	速度	资源消耗		
TCP	基于连接	可靠有序	字节流	否	慢	多	20～60字节	要求数据可靠
UDP	无连接	不可靠无序	数据报	能	快	少	8字节	要求传输速度

16.4.1 TCP/IP

通常所说的TCP/IP协议是指TCP和IP两个协议的联合使用，IP协议负责数据的传输，TCP协议负责数据的可靠性。TCP/IP协议采用分组交换的通信方式，数据在传输时分成若干段（每个数据段称为一个数据包），然后各个数据包作为基本传输单位，以字节流的形式传输至接收端。

具体来说，TCP协议把数据分成若干数据包，并通过对每个数据包添加包含通信端口、数据包编号等信息的TCP报文头（图16-21）对其进行封装，以便于接收端把数据段还原成完整的数据。

TCP协议将数据包在传输层封装完成后，会进一步向下交由网络层的IP协议封装。IP协议会在TCP数据包的基础上，添加包含发送地址和目标地址等信息的IP报文头，并利用路由算法选择最佳路由传输数据。图16-22是IPv4报文头的格式及其包含的详细信息。IPv4是IP协议的第四版，目前仍在广泛使用。IPv4的地址位为32位，最多支持2^{32}个设备连接至网络。近10年来由于互联网的蓬勃发展，IP地址的需求量愈来愈大，各项资料显示全球IPv4地址空间将被耗尽，在这种情况下IPv6协议应运而生。

IPv6采用128位地址长度，几乎可以不受限制地为网络设备提供地址。此外，IPv6还对IPv4进行了优化，解决了IPv4中端到端IP连接、服务质量（QoS）、安全性、组播、移动性和即插即用等情况下的问题。IPv6优化后的报文头和IPv4的报文头格式不同，图16-23是两种报文头之间的对比。

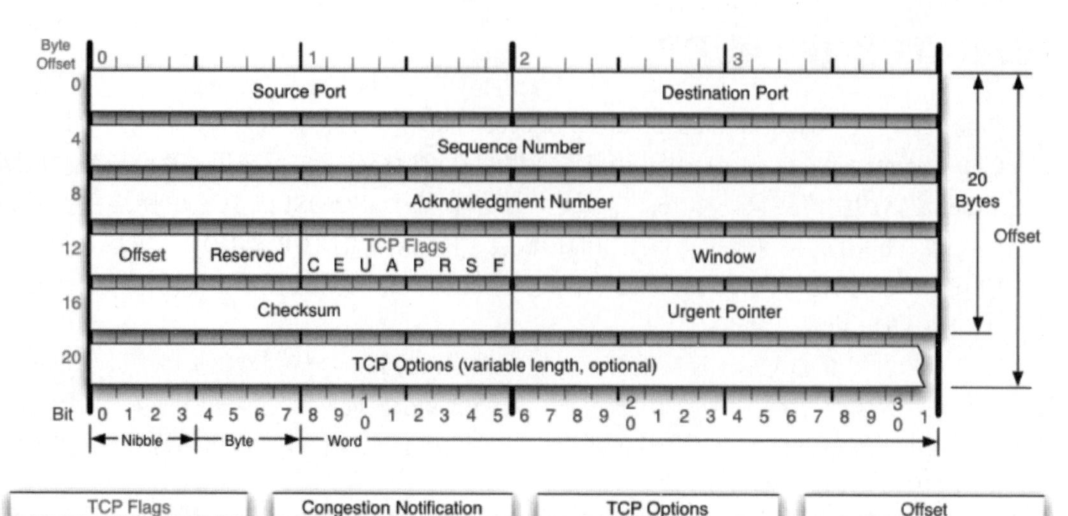

TCP Flags

C E U A P R S F

Congestion Window
C 0x80 Reduced (CWR)
E 0x40 ECN Echo (ECE)
U 0x20 Urgent
A 0x10 Ack
P 0x08 Push
R 0x04 Reset
S 0x02 Syn
F 0x01 Fin

Congestion Notification

ECN (Explicit Congestion Notification). See RFC 3168 for full details, valid states below.

Packet State	DSB	ECN bits
Syn	0 0	1 1
Syn-Ack	0 0	0 1
Ack	0 1	0 0
No Congestion	0 1	0 0
No Congestion	1 0	0 0
Congestion	1 1	0 0
Receiver Response	1 1	0 1
Sender Response	1 1	1 1

TCP Options

0 End of Options List
1 No Operation (NOP, Pad)
2 Maximum segment size
3 Window Scale
4 Selective ACK ok
8 Timestamp

Checksum

Checksum of entire TCP segment and pseudo header (parts of IP header)

Offset

Number of 32-bit words in TCP header, minimum value of 5. Multiply by 4 to get byte count.

RFC 793

Please refer to RFC 793 for the complete Transmission Control Protocol (TCP) Specification.

图 16-21　TCP 报文头

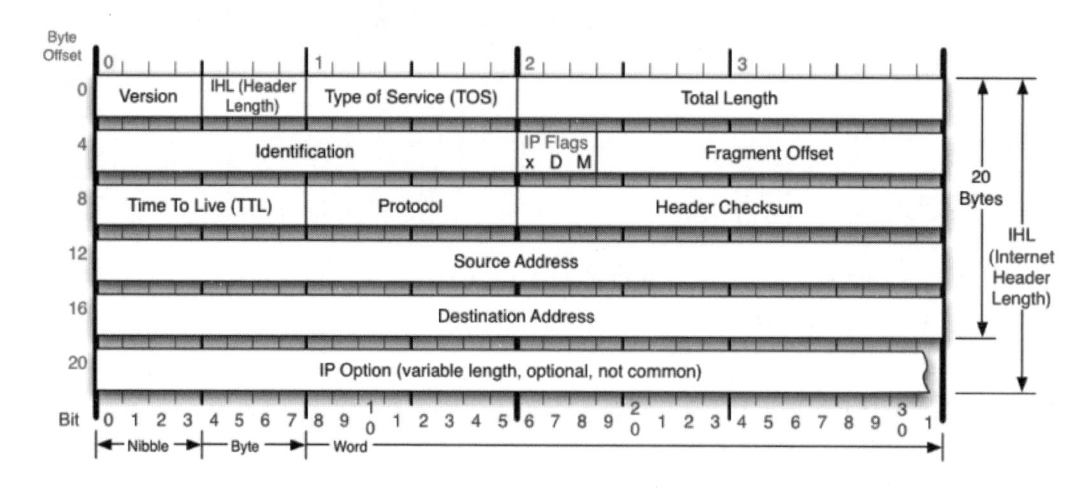

Version

Version of IP Protocol. 4 and 6 are valid. This diagram represents version 4 structure only.

Header Length

Number of 32-bit words in TCP header, minimum value of 5. Multiply by 4 to get byte count.

Protocol

IP Protocol ID. Including (but not limited to):

1 ICMP	17 UDP	57 SKIP
2 IGMP	47 GRE	88 EIGRP
6 TCP	50 ESP	89 OSPF
9 IGRP	51 AH	115 L2TP

Total Length

Total length of IP datagram, or IP fragment if fragmented. Measured in Bytes.

Fragment Offset

Fragment offset from start of IP datagram. Measured in 8 byte (2 words, 64 bits) increments. If IP datagram is fragmented, fragment size (Total Length) must be a multiple of 8 bytes.

Header Checksum

Checksum of entire IP header

IP Flags

x D M

x 0x80 reserved (evil bit)
D 0x40 Do Not Fragment
M 0x20 More Fragments follow

RFC 791

Please refer to RFC 791 for the complete Internet Protocol (IP) Specification.

图 16-22　IPv4 报文头

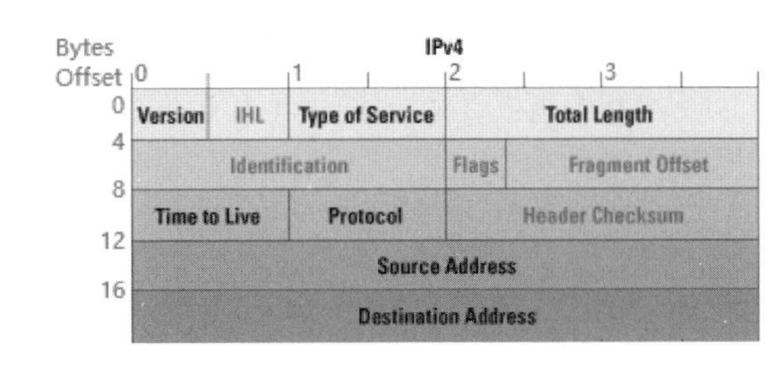

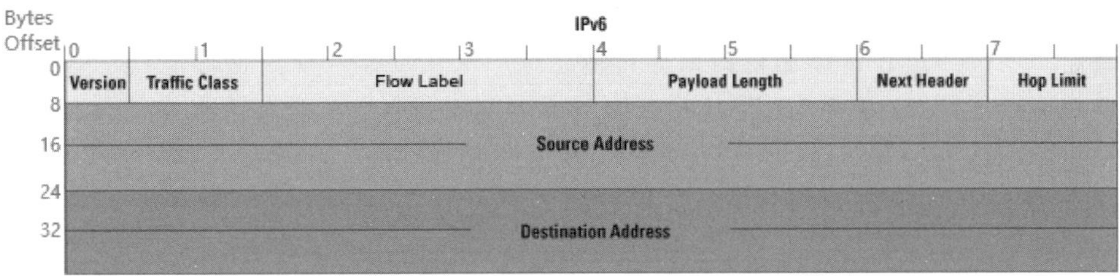

图 16-23 IPv4 与 IPv6 报文头对比

由于数据包可能通过不同的传输途径（路由）进行传输，再综合考虑时延等其他影响因素，传输过程中极可能出现数据包顺序颠倒、数据丢失、数据失真以及数据重复等问题。TCP 协议会检查和处理这些错误，必要时还可以请求发送端重发数据，以确保数据传输的可靠性。

IP 协议通常会和网络层的“因特网控制报文协议”（Internet Control Message Protocol，ICMP）结合使用，用于在 IP 主机之间传递控制消息，如网络是否通畅、主机是否可到达、路由是否可用等。这些控制消息虽然不包含用户数据，但是对于用户数据的传递却至关重要。

ICMP 与数据链路层用于完成 IP 地址到 MAC 地址映射的“地址解析协议”（Address Resolution Protocol，ARP）不同，它必须基于 IP 协议才能完成任务，可以看作是 IP 协议的一个组成部分。ICMP 报文通常包含在 IP 数据包中，其报文头一般在 IP 报文头之后。所以一个 ICMP 报文包括 IP 报文头、ICMP 报文头和 ICMP 报文。IP 报文头的 Protocol 值为 1 时，表示是一个 ICMP 报文，ICMP 头部中的类型域（Type）用于说明 ICMP 报文的作用及格式，代码域（Code）用于详细说明某种 ICMP 报文的类型，所有数据都在 ICMP 报文头之后，如图 16-24 所示。

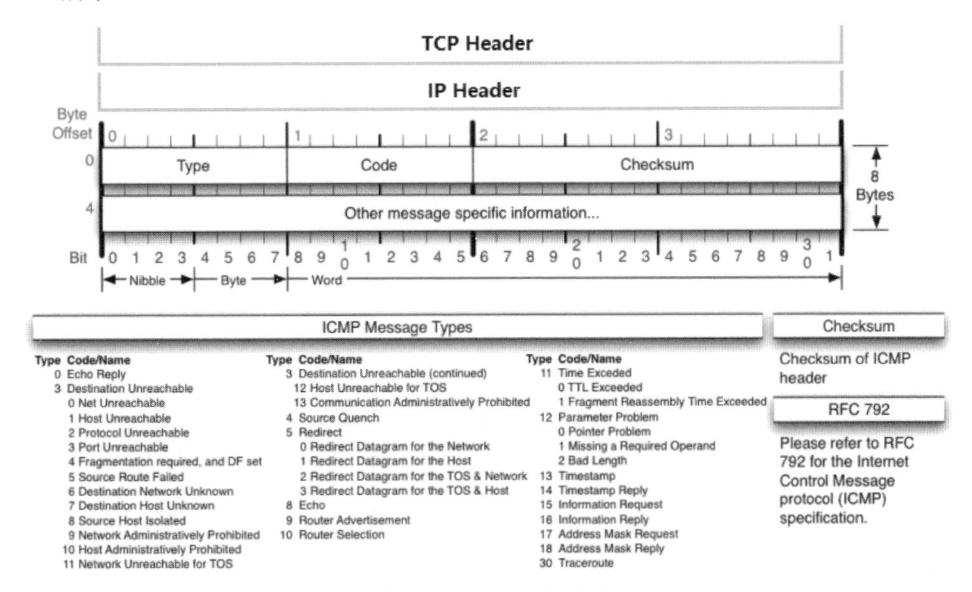

图 16-24 ICMP 报文头

由于 TCP 协议基于连接且能安全可靠、有序地以字节流送方式传送数据，因此在使用 TCP 协议传送数据时，可以不用担心要传送数据的大小和数据的丢失。例如，可以直接使用 TCP 协议传输尺寸较大的图像文件。

LabVIEW 为开发人员提供基于 TCP 通信的程序函数库，用户可调用位于函数子面板 Data Communication → Protocols → TCP 中的 VI（图 16-25），快速完成应用程序开发，无须过多考虑底层实现。在设计上，基于 TCP 通信的 LabVIEW 程序多采用 Client/Server（客户端 / 服务器）通信模式，服务器负责监听客户端的连接请求，单个或多个客户端可请求与服务器建立连接，进行数据通信。数据传输完成后关闭连接，结束传输过程。为方便基于 TCP 的通信程序开发，LabVIEW 还将在服务器端创建监听器和设置监听状态的过程封装在 TCP Listener VI 中，并增强了该过程中的错误诊断和处理能力，开发人员可直接使用。

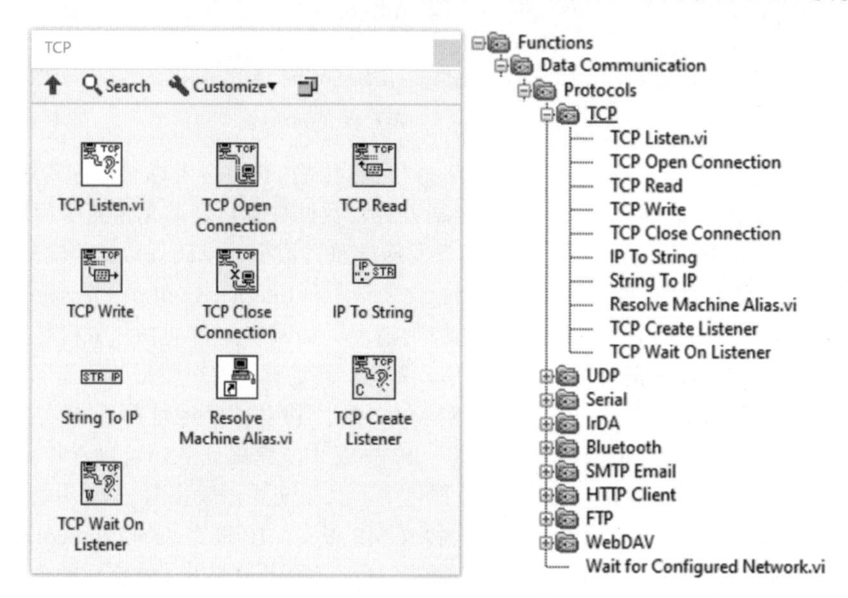

图 16-25 LabVIEW TCP 函数集

图 16-26 和图 16-27 给出了一个基于 LabVIEW 的基本 TCP 通信实例程序，其中图 16-26 为“服务器端”程序，图 16-27 为“客户端”程序。服务器端程序先使用 TCP Create Listener 创建监听器，并调用 TCP Wait On Listener 使服务器端程序处于监听状态。若客户端在限定的 30s 超时前，使用 TCP Open Connection 连接指定地址（可以是计算机网络名或 IP 地址）和端口的服务器，就可以成功与服务器建立 TCP 连接。

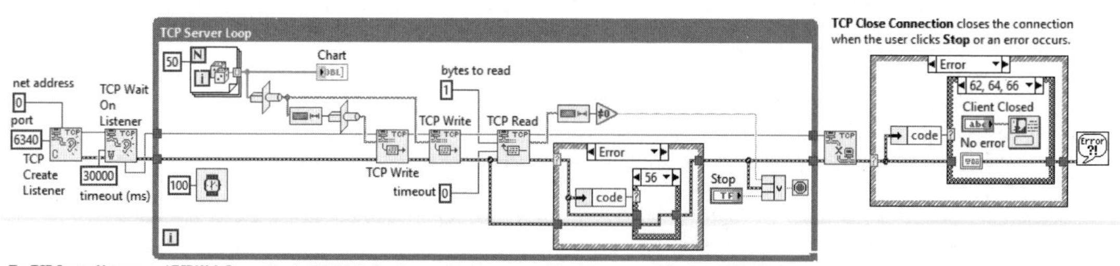

图 16-26 基本 TCP 通信程序——服务器端

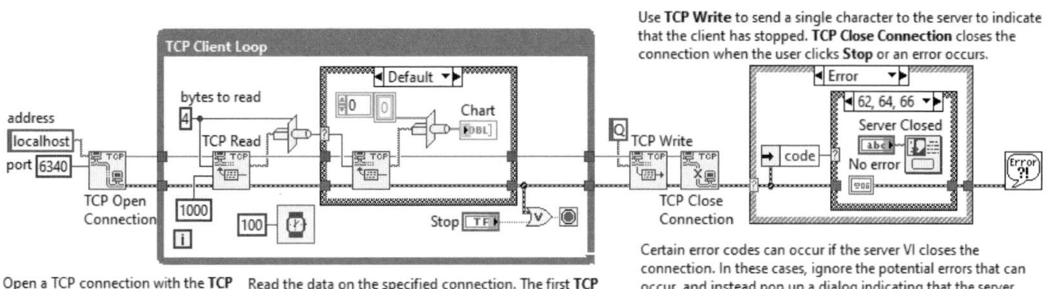

图 16-27　基本 TCP 通信程序——客户端

TCP 连接建立后，客户端与服务器端即可进行数据交互。由于 TCP 协议通过字节流传输数据，因此 TCP Write 和 TCP Read 发送或接收的数据均为字节（字符），发送前后要进行适当的类型转换，才能正常使用。根据 TCP 协议的特点，在发送数据时可以不用担心要发送数据的大小。客户端在接收完数据后，会发送 Q 字符通知服务器端结束数据传送。随后服务器端退出循环，并调用 TCP Close Connection VI 断开连接，结束通信过程。若通信过程中任何一端发生故障断开连接，另一端程序均会运行至错误处理分支，弹出对方已断开连接的对话框警示，并退出程序。TCP 服务器可以接受多个客户端的连接请求，实现一对多的网络通信。这种情况下，服务器会针对每个客户端的连接请求创建连接，并基于各个连接与客户端分别进行数据通信。

图 16-28 是一个基于并行循环程序框架（参见 9.4.1 节）的多连接 TCP 通信实例程序服务器端代码。程序运行后，服务器初始化命令立即被置入消息队列 SrvQ 中。这将触发服务器消息处理循环初始化分支中的代码，对内部数据进行初始化，并调用 Create TCP Listener VI 创建 TCP 监听器，以备后用。初始化工作完成后，程序主循环和服务器消息处理循环均会进入待命状态。若用户此时单击前面板上的运行服务器 Run 按钮，主循环中的对应事件处理分支就会将 SRV::Conn 命令压入消息队列，请求服务器消息处理循环对该命令进行处理。

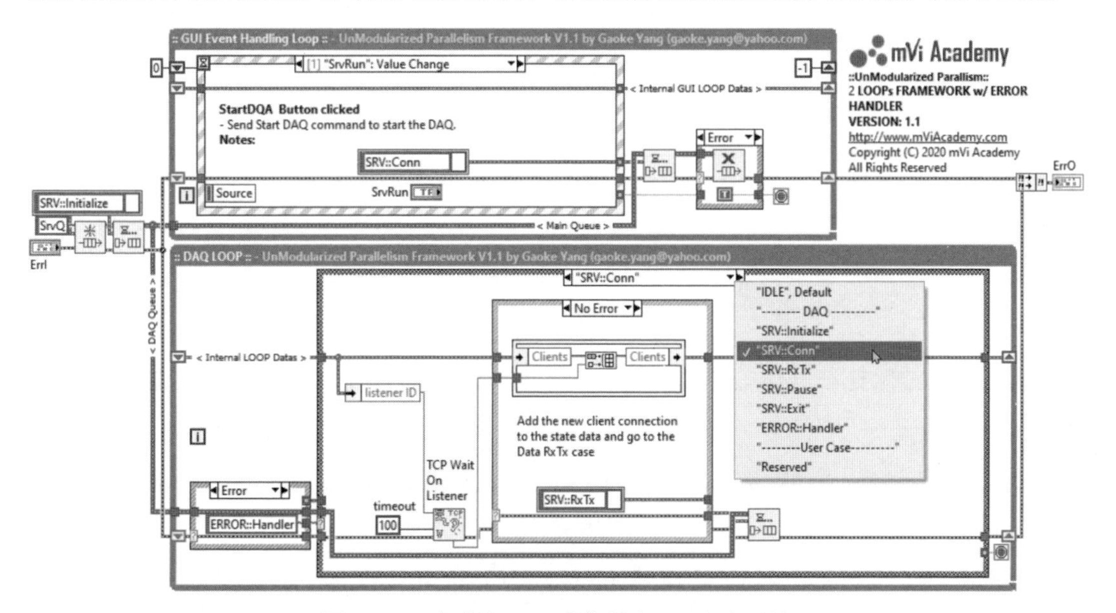

图 16-28　多连接 TCP 通信程序——服务器端

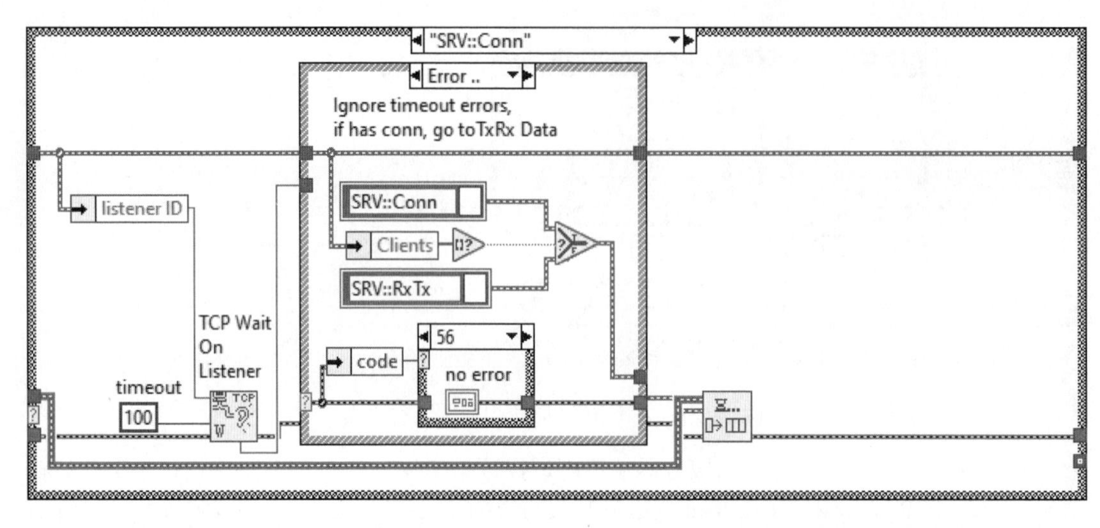

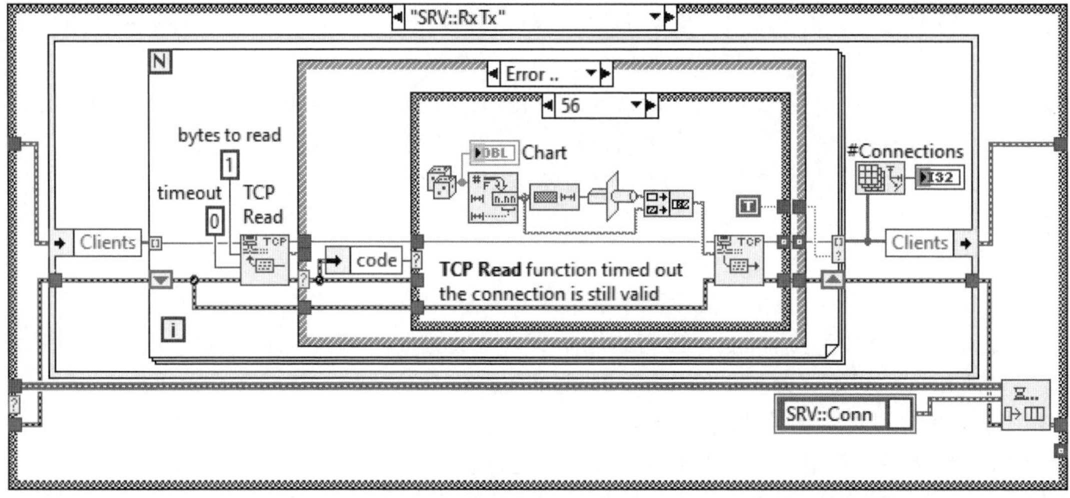

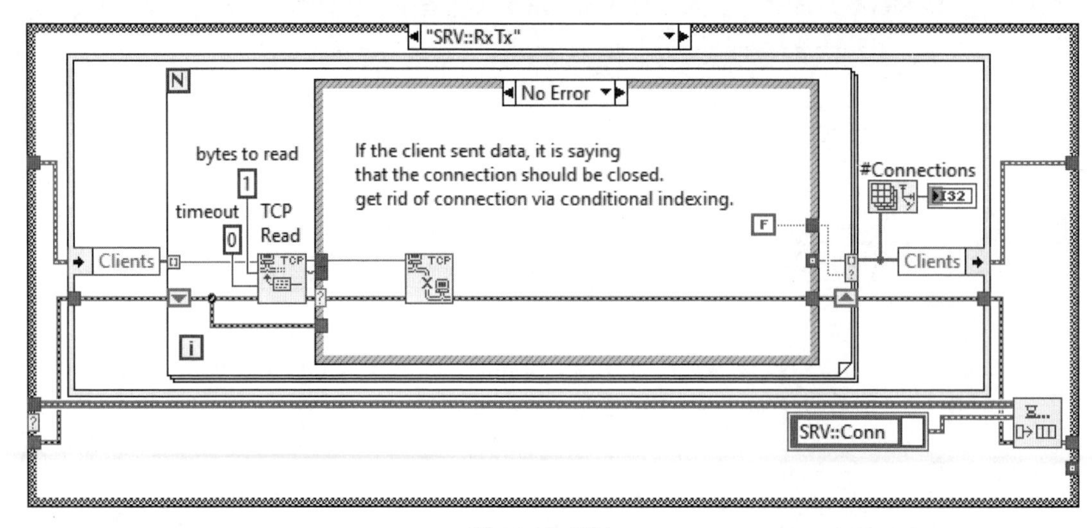

图 16-28（续）

服务器消息处理循环接到该消息后，就会调用 SVR::Conn 分支结构中的 TCP Wait On Listener 函数，监听 100ms 内是否有来自客户端的连接请求。若在 100ms 超时前有来自客户端的连接请求，就将创建的连接引用添加到维护的有效连接的数组中，并要求服务器立即进行一次数据收发消息 SRV::RxTx 的处理；相反，若 100ms 内并无任何客户端请求连接，且有效连接数组为空，则程序会要求继续执行 SVR::Conn 分支中的代码，等待客户端的连接；但是若有效连接数组中已有之前成功创建的连接存在，则程序会转入数据收发消息处理分支 SRV::RxTx 中。

在数据收发消息 SRV::RxTx 中，For 循环会遍历有效连接数组中的所有成员，先从每个客户端读取 1 字节，若从某一客户端成功读到其发送来的断开连接请求字符 Q，程序就断开与该客户端的连接，并从有效连接数组中去除该连接。若在超时（25s）前并未收到任何断开连接的请求字符，则程序就以字符形式向客户端发送一个随机数。在完成一次数据收发消息处理后，程序会要求再次转入 SVR::Conn 分支，循环往复监听来自客户端的请求，并与各客户端进行数据收发，以确保服务器的运行状态。由于数据收发过程需要频繁进行，因此程序使用元素同址结构（In Place Element Structure）来提高数据访问的速度和效率。

在服务器运行过程中，若用户单击前面板上的 Pause 按钮，请求暂停服务器运行，则主循环会发送 SRV::Pause 消息到服务器消息队列中。服务器消息处理循环接到消息后会清空消息队列，并将消息循环置于等待消息状态。这种情况下服务器将不再继续监听来自客户端的请求，也不会再进行数据收发，直到用户再次单击“服务器运行”按钮为止。若用户在程序运行期间单击了“退出”按钮，则程序会清空并销毁消息队列，断开各连接，销毁监听器，然后退出。

多连接 TCP 通信程序运行时前面板和客户端代码如图 16-29 所示。当服务器端程序运行且服务器处于监听状态时，若某一客户端程序启动，调用 TCP Open Connection 函数请求并与服务器端程序建立连接，则两端就可以进入数据交互过程。服务器端程序前面版 Chart 会实时显示发送给客户端的数据，而客户端前面板 Chart 则显示接收到的数据。服务器在处理数据收发过程中，会同时监听其他客户端的连接请求。若运行多个客户端程序，则服务器就向各客户端分别实时发送数据，直到程序退出为止。

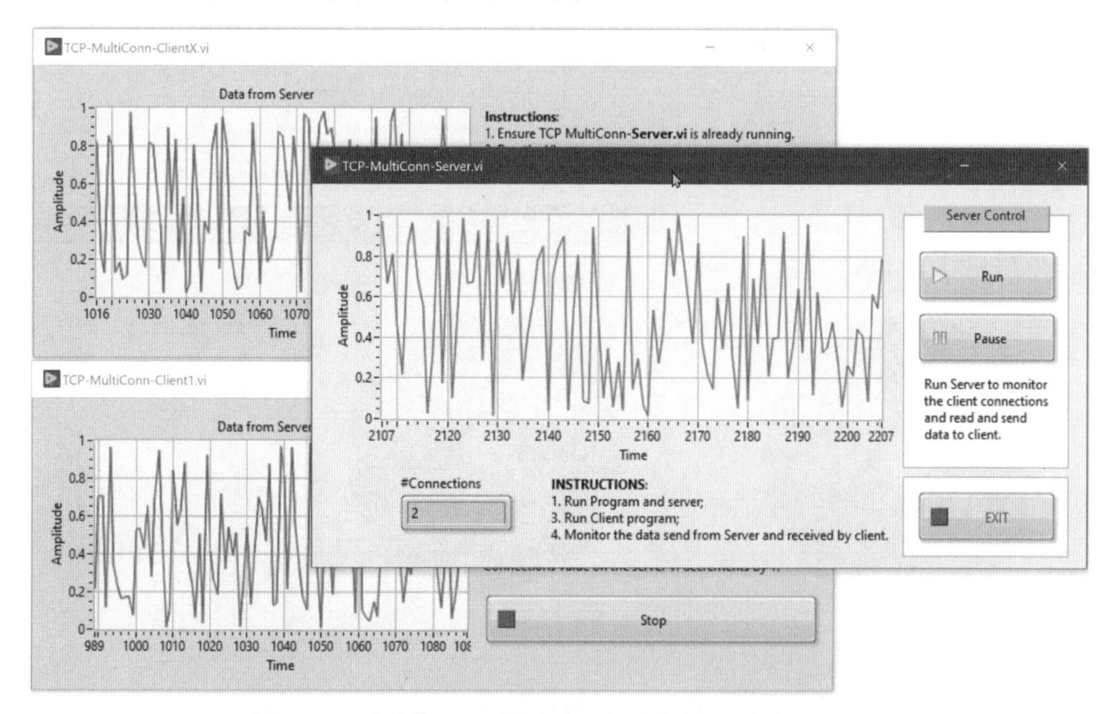

图 16-29 多连接 TCP通信程序运行时前面板和客户端代码

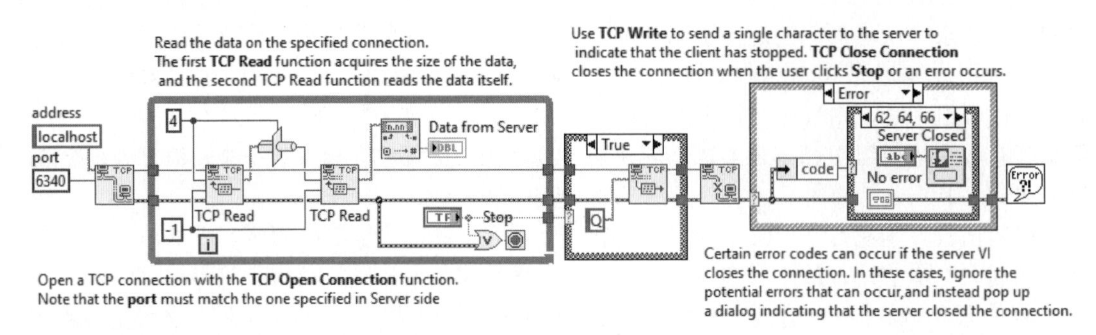
Read the data on the specified connection.
The first TCP Read function acquires the size of the data, and the second TCP Read function reads the data itself.
Use TCP Write to send a single character to the server to indicate that the client has stopped. TCP Close Connection closes the connection when the user clicks Stop or an error occurs.
address
localhost
port
6340
Data from Server
TCP Read
TCP Read
Stop
True
Error
62, 64, 66
Server Closed
code
No error
Open a TCP connection with the TCP Open Connection function.
Note that the port must match the one specified in Server side
Certain error codes can occur if the server VI closes the connection. In these cases, ignore the potential errors that can occur,and instead pop up a dialog indicating that the server closed the connection.

图 16-29　（续）

在 LabVIEW 中使用 TCP 协议传输图像时，应注意根据 TCP 协议传输字节流的特点，对程序做适当调整。一是要注意使用 Flatten to String 函数或 IMAQ Flatten Image to String 函数将图像平滑为字节字符串（有时候还需要先对其进行压缩）再进行传送，另外还要注意发送平滑后图像字符串的长度，以方便接收端进行处理，以及使用 Unflatten from String 函数恢复图像。由于 TCP 协议会将大的报文数据拆分成多个包以安全地发送给接收端，并会在接收端按顺序组包，因此使用 TCP 协议传输图像时，图像的大小不受限制。

图 16-30 是一个基于 TCP 协议传输图像的实例程序代码和运行时服务器（发送端）及客户端（接收端）的前面板。服务器程序一开始先监听来自客户端的连接请求，若客户端程序此时运行并与服务器端程序成功建立连接后，服务器端程序就会逐个读入 Rotate 文件夹中所有 JPG 图像文件，循环不断用 IMAQ Flatten Image to String 函数将其平滑为字符串后发送给客户端。由于 TCP 以字节流形式传输数据，因此在传送图像字符串之前，先将其长度转换为字节发送，以便客户端接收和恢复图像。

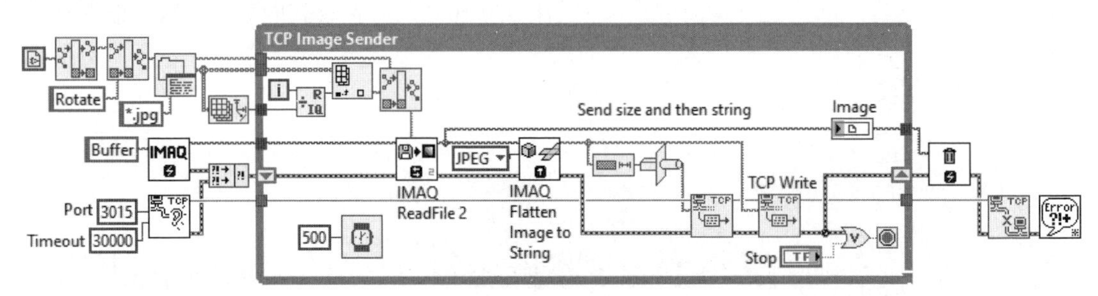
TCP Image Sender
Rotate
*.jpg
Buffer
Port
3015
Timeout
30000
Send size and then string
Image
JPEG
IMAQ ReadFile 2
IMAQ Flatten Image to String
500
TCP Write
Stop

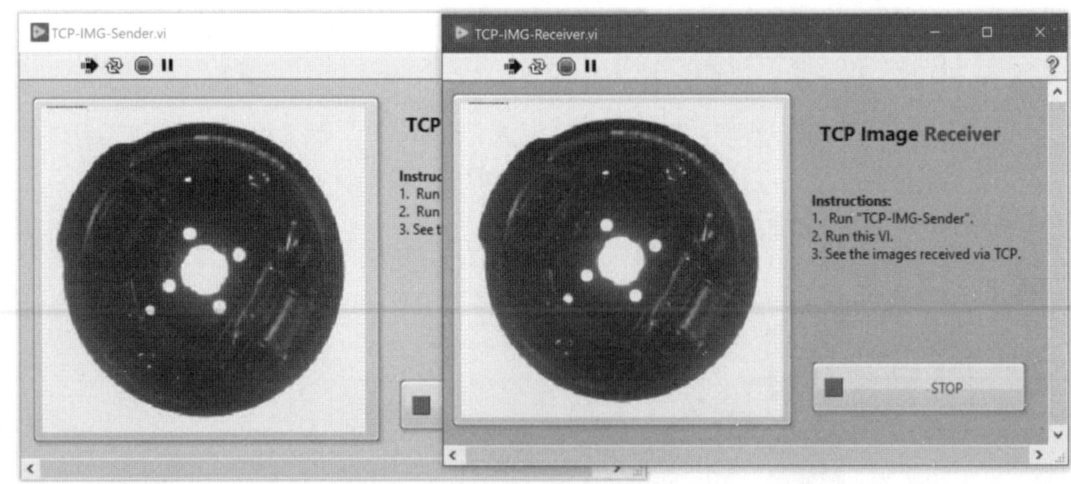
TCP-IMG-Sender.vi
TCP-IMG-Receiver.vi
TCP Image Receiver
Instructions:
1. Run "TCP-IMG-Sender".
2. Run this VI.
3. See the images received via TCP.
STOP

图 16-30　使用 TCP 协议传输图像的程序及运行时的前面板

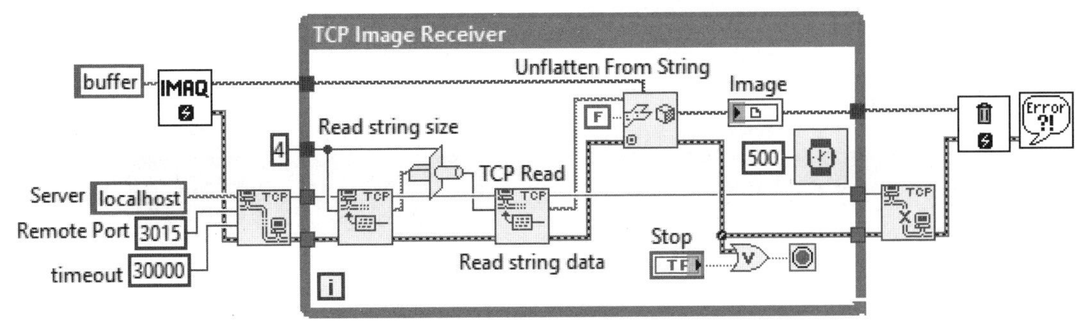

图 16-30（续）

客户端程序与服务器建立连接后，先读取 4 个表示图像字符串长度的字节，将其转换为整型数据后，传送给后续的 TCP Read 函数，以便其从字节流中获取完整的图像字符串。得到的图像字符串进而由 Unflatten from String 函数恢复为原图进行显示。TCP 协议的特点保证了所有图像数据可以无丢失地被传送到客户端。

16.4.2　UDP

如前所述，UDP 与 TCP 不同，它不能确保数据传输的可靠性，常用于对传输速率要求较高，但可容忍少部分数据丢失的场合。例如视频传输类程序，要求应用程序以足够高的速率向目标端传输数据，但少部分图像帧的丢失对程序来说无关紧要。

UPD 协议并不把数据拆分成数据包，而是直接将整包数据加上如图 16-31 所示的 UDP 报文头，然后交由网络层处理。网络层的 IP 协议在添加 IP 报文头后逐层向下传递，直至数据发送至目标设备的指定端口。若目标设备上指定端口并未打开，UDP 会丢弃所推送的数据。

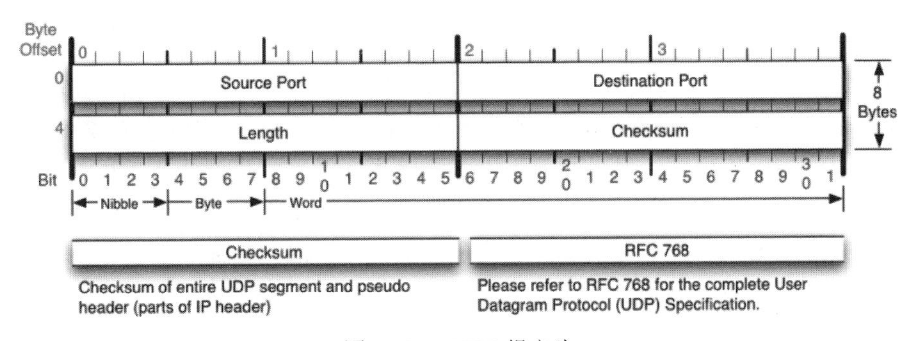

图 16-31　UDP 报文头

UDP数据报的最大长度根据操作环境的不同而不同。从理论上说，包含报头在内的数据报的最大长度为 65 535 字节（64KB）。在开发过程中应尽量确保 UDP 数据包不超出此范围，这样数据包就不会有在 IP 层被拆分或重组（IP 层最大数据包为 1500 字节）发生的错误。也就是说实际中 UDP 报文的长度应尽量限定在 65 507 字节之内（65 535-IP 头（20）-UDP 头（8））。例如，在使用 UDP 协议传输较大图像时，就要将单个图像分成多个小于限定值的“切片图”，逐个进行发送。

IP 层数据报文最大尺寸可由如图 16-32 所示的以太网数据帧的大小确定。由于以太网最大的数据帧是 1518 字节，这样减去以太网帧的帧头和 CRC 校验部分，剩下承载 IP 层报文的 Data 域最大只能有 1500 字节，这个值被称为最大传输单元（Maximum Transition Unit，MTU）。对于 TCP 协议来说，MTU 的大小为 1460 字节 =1500 字节 -IP 头（20 字节）-TCP 头（20 字节）。如果在传输层 TCP 报文的大小超过了 MTU，就会在 IP 层被拆分传送。

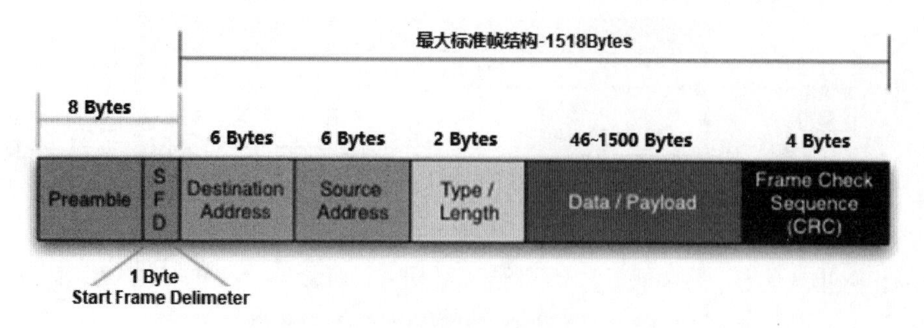

图 16-32 以太网数据报报文头

由于无须像 TCP 那样通过连接来确保数据传输的可靠性，UDP 协议支持主机向网络上多个设备推送消息的组播（Multicast），或向所有设备推送消息的广播（Broadcast）传输模式。与 TCP 协议面向连接的一对一传输模式相较而言，广播模式需要的系统资源更少，数据传输速度更快，当然数据传输的可靠性也较低，不同客户端接收的数据都相同。

UDP 协议使用 IP 地址区分单播（Unicast，一对一的数据传输）、组播和广播。在 IPv4 标准中，组播地址范围为 224.0.0.0 ～ 239.255.255.255，通常将该范围内的地址称为 D 类地址。

实际上，该范围内的部分地址已为特殊用途预留，如 224.0.0.0 ～ 224.0.0.255 范围内的地址为 IGMP 协议或一跳组播预留，239.0.0.0 ～ 239.0.0.255 范围内的地址为私有组播地址预留，因此，实际上只能在 225.0.0.0 ～ 238.0.0.255 范围内选择组播地址。

进行组播时，服务器端向该范围内的某一组播地址推送消息，如某客户端需要接收该消息，则需要读取来自该组播地址的消息。例如，服务器可以向组播地址为 234.5.6.7 的某一指定端口推送消息，所有监听该组播地址上对应端口的客户端，均可接收到来自服务器的消息。类似地，若要向全网广播消息，则可以向目的地址 255.255.255.255 发送数据。相对于广播方式来说，组播因其具有针对性，从而效率要高很多。

LabVIEW 为开发人员提供了基于 UDP 通信的程序函数库，用户可调用位于函数子面板 Data Communication → Protocols → UDP 中的 VI（图 16-33），快速完成基于 UDP 的单播、组播或广播应用程序开发，而无须过多考虑底层实现。在设计上，基于 TCP 通信的 LabVIEW 程序多采用 Client/Server（客户端 / 服务器）通信模式，服务器负责向某一客户端、某一网段或全网设备的指定远程端口推送数据，而客户端则通过其本地端口获取推送的数据。数据传输完成后关闭 UDP 通信，结束传输过程。

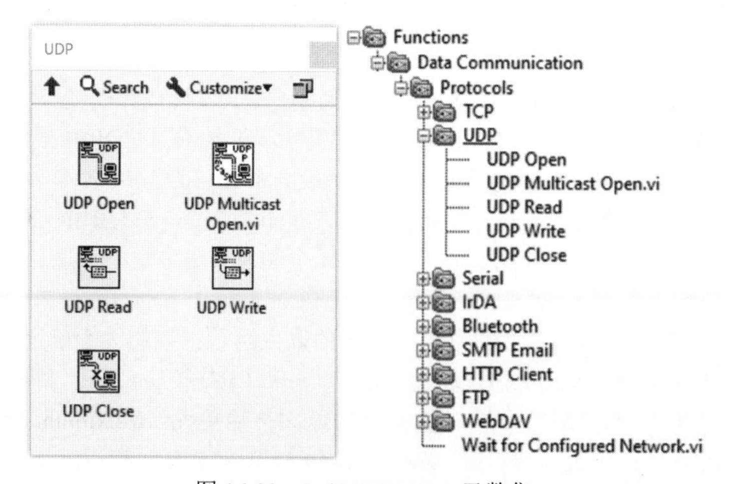

图 16-33 LabVIEW UDP 函数集

图 16-34 和图 16-35 是一个基于 LabVIEW 的 UDP 单播通信实例程序，图 16-34 为服务器端程序，图 16-35 为客户端程序。服务器端程序先使用 UDP Open VI 在服务器端口 61556 上建立 UDP 通道，随后由 While 循环中的 UDP Write VI 不断向指定地址的客户端（程序使用本机地址 localhost 来模拟远程客户端）远程端口 61557 推送数据，直到数据推送结束为止。为确保 UDP 报文传输相对可靠，限定了 UDP Write VI 在以太网环境下，单次最大可传送报文的长度为 8192 字节。

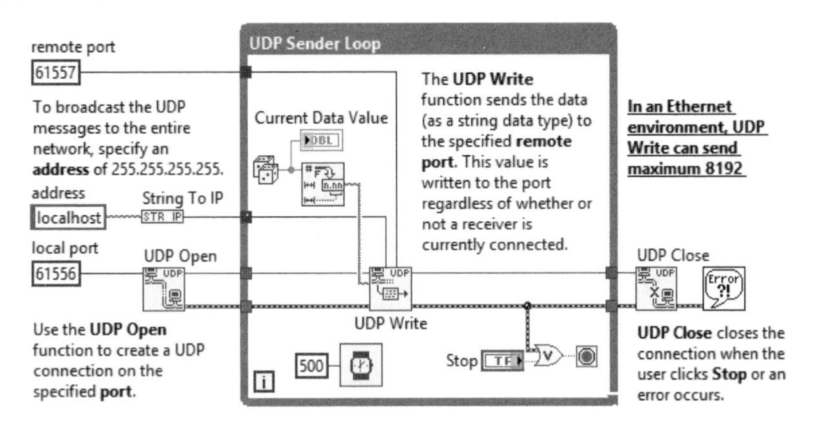

图 16-34 UDP 单播通信实例——服务器端

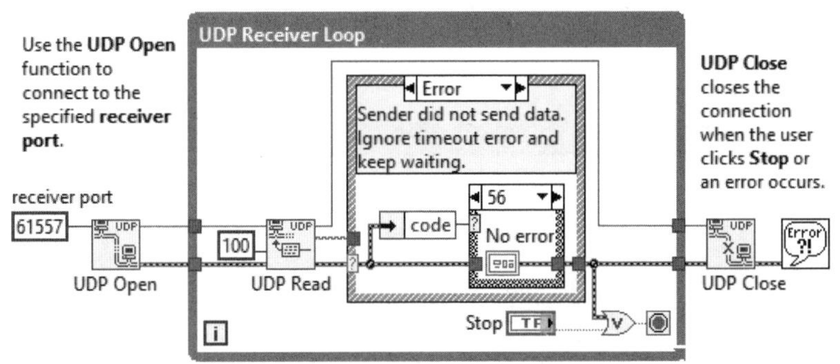

图 16-35 UDP 单播通信实例——客户端

为了接收服务器端推送的数据，客户端程序调用 UDP Open VI 在其本地端口 61557 上建立 UDP 通道，并由 While 循环中的 UDP Read VI 不断从该端口取回数据（每次取回 100 字节）。若服务器端并未向客户端发送任何数据，客户端程序会忽略发生的超时错误“56”，等待直到有数据推送至端口，或某一端结束通信过程为止。通信过程结束后，程序会调用 UDP Close VI 关闭 UDP 通道，结束程序。注意，UDP Read VI 在 Windows 环境下，单次最大可接收报文的长度为 548 字节，对于尺寸较大数据，应注意“分段”传送。例如，若要基于 UDP 协议传送图像文件，就需要将尺寸较大的图像数据压缩并分成小的数据段（称为“切片”），编号后逐个发送，并在接收到这些数据后重新按顺序恢复为原图。

图 16-36 和图 16-37 是一个基于 UDP 协议发送和接收图像的实例程序。图 16-36 发送程序首先使用 UDP Open VI 在服务器端口 61556 上建立 UDP 通道。随后由 While 循环中的程序逐个读入 Rotate 文件夹中所有的 JPG 图像文件，再使用 IMAQ Flatten Image to String 函数对数据进行压缩并平滑为字符串后，由 TxImgSlice.vi 发送给接收端。

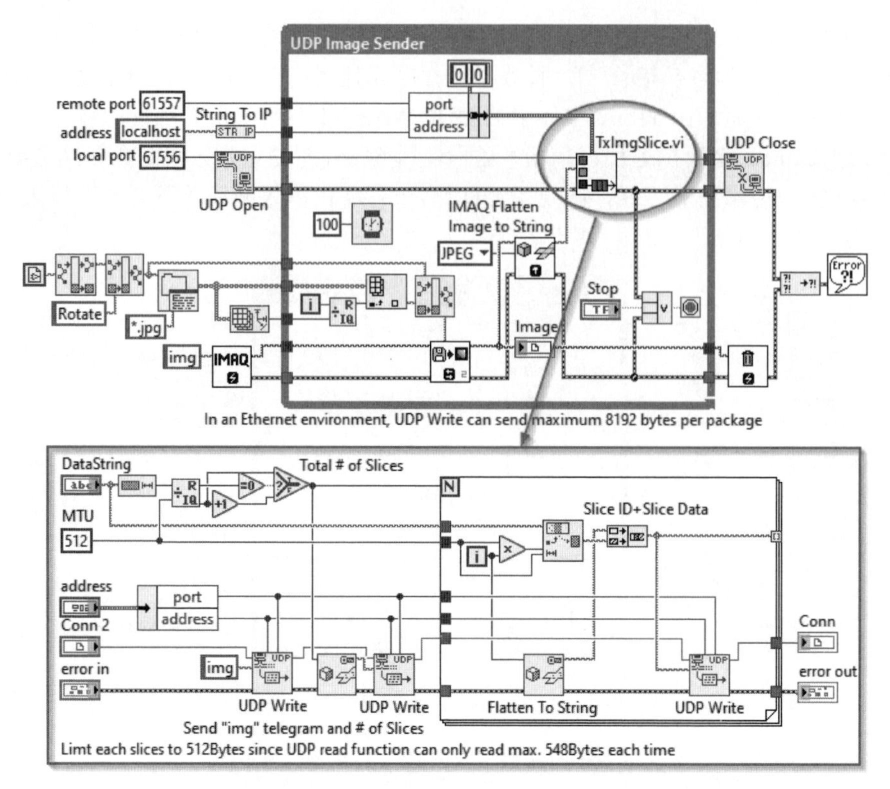

图 16-36　UDP 图像传送实例——发送端

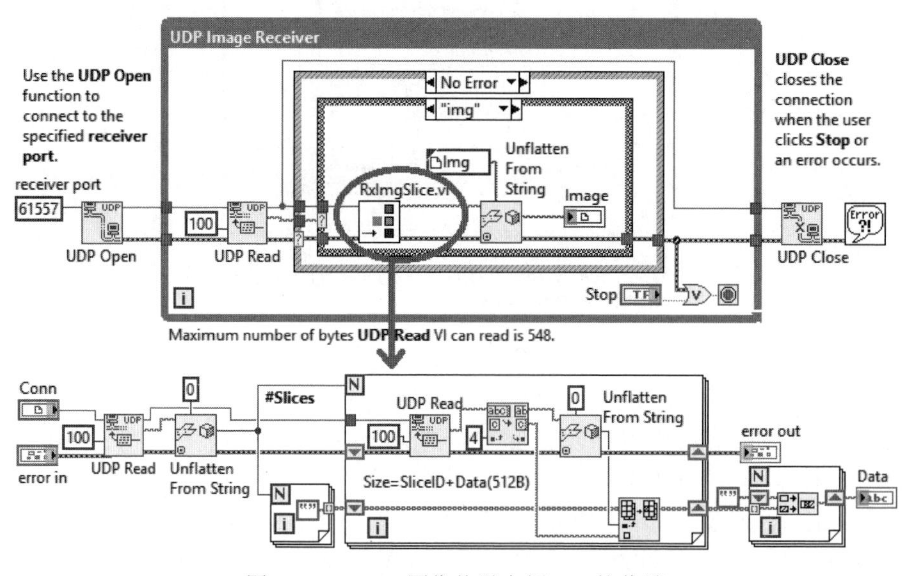

图 16-37　UDP 图像传送实例——接收端

在 TxImgSlice.vi 中，程序先以 512 字节为单位，计算图像数据可分为“切片”的总数。同时调用 UDP Write 分别发送 img 指令和切片总数给接收端。For 循环中的代码将每个“切片”的编号用 Flatten To String 函数平滑为字符串后，添加到“切片”数据的首部，以整报文的形式发送给接收端。

图 16-37 所示的接收端程序调用 UDP Open VI 在其本地端口 61557 上建立 UDP 通道，并由 While 循环中的 UDP Read VI 先读取 img 指令。发送端传来的 img 指令用来说明随后的数据为一幅图像的多个“切片”数据。接收端在收到该指令后，就调用 RxImgSlice.vi 读取图像数据。

在 RxImgSlice.vi 中，程序先读取图像中所包含的“切片”总数，然后创建一个长度与切片总数相同的空字符数组。由于 UDP 协议并不能保证报文的有序传送，因此使用 For 循环中的代码读取单个“切片”的编号和数据后，将其放置在字符数组中的对应位置。在所有切片均读取完成后，再由 For 循环将各切片数据按顺序恢复为一幅完整图像的字符串。该字符串最终被 Unflatten From String 函数恢复为图像进行显示。

基于 UDP 进行组播的程序结构与单播的例子类似。不同之处在于组播时，服务器需要向组播地址（如 234.5.6.7）和指定的端口推送数据，而不是定向对某个单独设备推送。相应地，客户端需要从组播地址和对应的端口获取数据，才能成功完成 UDP 数据交互。

图 16-38 和图 16-39 是基于 UDP 组播通信的实例程序，其中图 16-38 为服务器端程序，图 16-39 为客户端程序。服务器端程序首先使用 UDP Multicast Open-Write Only VI 在服务器端口 58431 上建立仅用于数据发送的 UDP 组播通道，随后由 While 循环中的 UDP Write VI 不断向组播地址 234.5.6.7 和远程端口 61557 组播数据，直到数据推送结束为止。

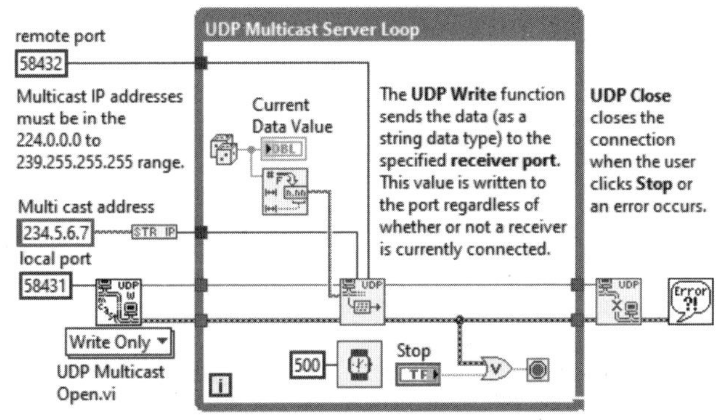

图 16-38　UDP 组播通信实例——服务器端

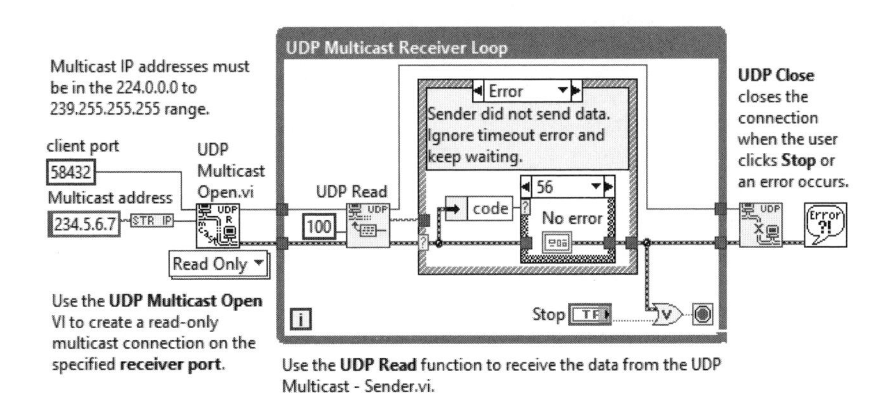

图 16-39　UDP 组播通信实例——客户端

客户端程序则使用 UDP Multicast Open-Read Only VI 和组播地址及客户端的数据接收端口信息，以只读方式建立 UDP 通道，并由 While 循环中的 UDP Write VI 以每次 100 的速度字节不断从端口取回数据。若服务器端并未向客户端发送任何数据，客户端程序会忽略发生的超时错误“56”，等待直到有数据推送至端口，或某一端口结束通信过程为止。通信过程结束后，程序会调用 UDP Close VI 关闭 UDP 通道，结束程序。

使用 LabVIEW 开发 UDP 组播程序时，应注意将 LabVIEW.ini 文件中的 SocketSetReuseAddr

字段设置为 TRUE，并重启 LabVIEW 程序，以允许 UDP 通道支持多个客户端。LabVIEW.ini 通常位于“C:\Program Files\National Instruments\LabVIEW ×.×”文件夹中，其中 ×.× 为 LabVIEW 的版本号。

此外，值得一提的是 TCP 和 UDP 通信程序开发时，通信端口的选择应尽量避免使用常规网络服务使用的通信端口，如 FTP 服务端口 21，HTTP 服务端口 20 等。根据 IANA（Internet Assigned Numbers Authority，https://www.iana.org）公布的网络服务分配情况来看，端口 0 ～ 1023 均已被常规服务占用；端口 1024 ～ 49151 均被注册；只有 49152 ～ 65535 的端口为可动态分配使用的端口。图 16-40 显示了 IANA TCP/UDP 端口分配的情况。

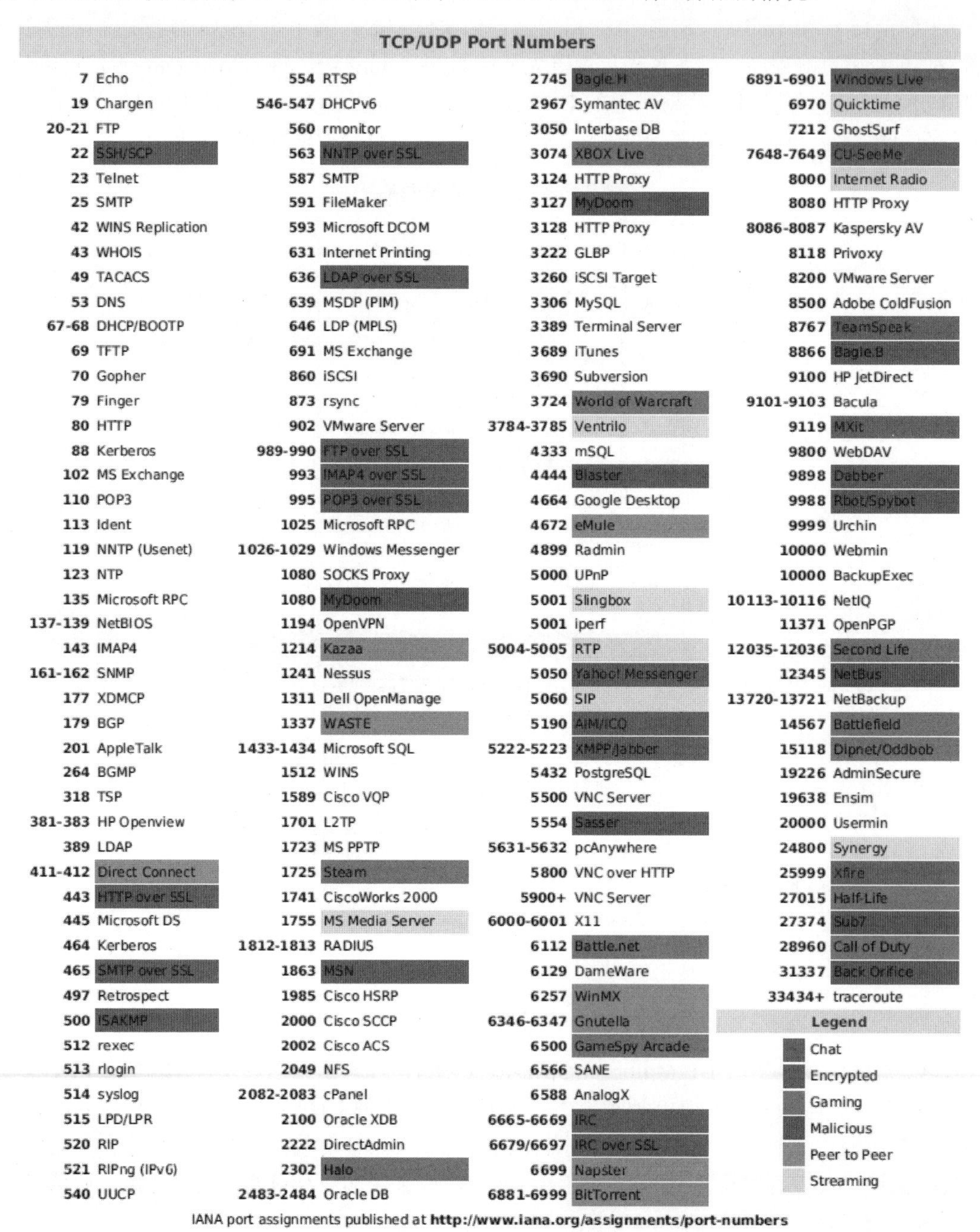

TCP/UDP Port Numbers

Port	Service	Port	Service	Port	Service	Port	Service
7	Echo	554	RTSP	2745	Bagle.H	6891-6901	Windows Live
19	Chargen	546-547	DHCPv6	2967	Symantec AV	6970	Quicktime
20-21	FTP	560	rmonitor	3050	Interbase DB	7212	GhostSurf
22	SSH/SCP	563	NNTP over SSL	3074	XBOX Live	7648-7649	CU-SeeMe
23	Telnet	587	SMTP	3124	HTTP Proxy	8000	Internet Radio
25	SMTP	591	FileMaker	3127	MyDoom	8080	HTTP Proxy
42	WINS Replication	593	Microsoft DCOM	3128	HTTP Proxy	8086-8087	Kaspersky AV
43	WHOIS	631	Internet Printing	3222	GLBP	8118	Privoxy
49	TACACS	636	LDAP over SSL	3260	iSCSI Target	8200	VMware Server
53	DNS	639	MSDP (PIM)	3306	MySQL	8500	Adobe ColdFusion
67-68	DHCP/BOOTP	646	LDP (MPLS)	3389	Terminal Server	8767	TeamSpeak
69	TFTP	691	MS Exchange	3689	iTunes	8866	Bagle.B
70	Gopher	860	iSCSI	3690	Subversion	9100	HP JetDirect
79	Finger	873	rsync	3724	World of Warcraft	9101-9103	Bacula
80	HTTP	902	VMware Server	3784-3785	Ventrilo	9119	MXit
88	Kerberos	989-990	FTP over SSL	4333	mSQL	9800	WebDAV
102	MS Exchange	993	IMAP4 over SSL	4444	Blaster	9898	Dabber
110	POP3	995	POP3 over SSL	4664	Google Desktop	9988	Rbot/Spybot
113	Ident	1025	Microsoft RPC	4672	eMule	9999	Urchin
119	NNTP (Usenet)	1026-1029	Windows Messenger	4899	Radmin	10000	Webmin
123	NTP	1080	SOCKS Proxy	5000	UPnP	10000	BackupExec
135	Microsoft RPC	1080	MyDoom	5001	Slingbox	10113-10116	NetIQ
137-139	NetBIOS	1194	OpenVPN	5001	iperf	11371	OpenPGP
143	IMAP4	1214	Kazaa	5004-5005	RTP	12035-12036	Second Life
161-162	SNMP	1241	Nessus	5050	Yahoo! Messenger	12345	NetBus
177	XDMCP	1311	Dell OpenManage	5060	SIP	13720-13721	NetBackup
179	BGP	1337	WASTE	5190	AIM/ICQ	14567	Battlefield
201	AppleTalk	1433-1434	Microsoft SQL	5222-5223	XMPP/Jabber	15118	Dipnet/Oddbob
264	BGMP	1512	WINS	5432	PostgreSQL	19226	AdminSecure
318	TSP	1589	Cisco VQP	5500	VNC Server	19638	Ensim
381-383	HP Openview	1701	L2TP	5554	Sasser	20000	Usermin
389	LDAP	1723	MS PPTP	5631-5632	pcAnywhere	24800	Synergy
411-412	Direct Connect	1725	Steam	5800	VNC over HTTP	25999	Xfire
443	HTTP over SSL	1741	CiscoWorks 2000	5900+	VNC Server	27015	Half-Life
445	Microsoft DS	1755	MS Media Server	6000-6001	X11	27374	Sub7
464	Kerberos	1812-1813	RADIUS	6112	Battle.net	28960	Call of Duty
465	SMTP over SSL	1863	MSN	6129	DameWare	31337	Back Orifice
497	Retrospect	1985	Cisco HSRP	6257	WinMX	33434+	traceroute
500	ISAKMP	2000	Cisco SCCP	6346-6347	Gnutella		**Legend**
512	rexec	2002	Cisco ACS	6500	GameSpy Arcade		Chat
513	rlogin	2049	NFS	6566	SANE		Encrypted
514	syslog	2082-2083	cPanel	6588	AnalogX		Gaming
515	LPD/LPR	2100	Oracle XDB	6665-6669	IRC		Malicious
520	RIP	2222	DirectAdmin	6679/6697	IRC over SSL		Peer to Peer
521	RIPng (IPv6)	2302	Halo	6699	Napster		Streaming
540	UUCP	2483-2484	Oracle DB	6881-6999	BitTorrent		

IANA port assignments published at **http://www.iana.org/assignments/port-numbers**

图 16-40　IANA TCP/UDP 端口分配表

16.5 NI STM

NI STM（Simple Messaging Reference Library，简单消息传递参考库）是一套基于 LabVIEW 自带的 TCP、UDP 和串口通信协议函数开发的网络应用程序开发库（图 16-41）。相对于一般的 TCP、UDP 和串口通信协议函数，进一步封装了网络通信的实现细节，使用格式化的数据包使消息传递和解析更易于管理，并最大限度地减少重复数据的传输，从而提高了数据传递的吞吐量。基于简单消息传递参考库开发的分布式系统，有较好的性能、可用性（Usability）、可维护性（Maintainability）和可扩展性（Scalability），且能在分布式系统中与其他语言（如 C/C++、Java 等）开发的应用进行通信。

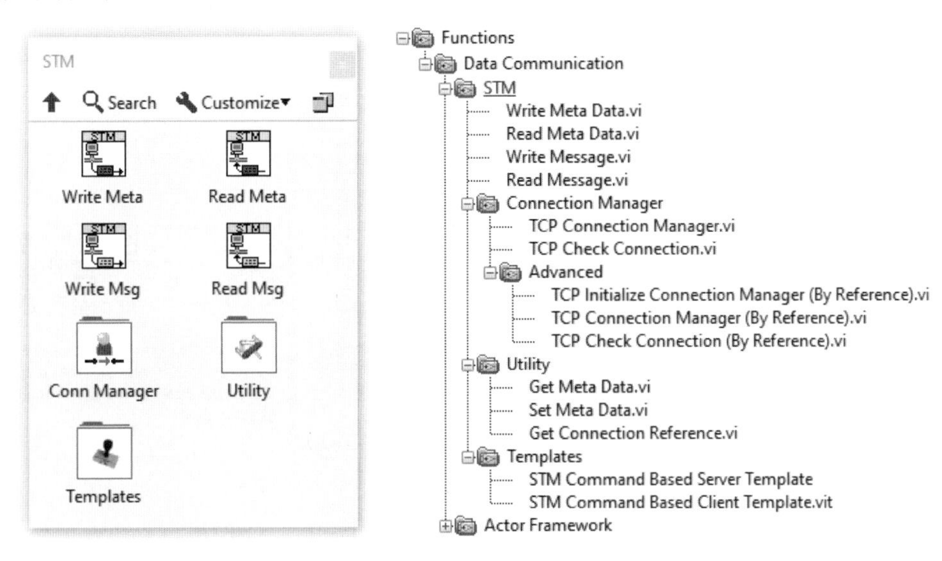

图 16-41 NI STM

NI STM 以 LabVIEW Add-On 的形式发布，可在 NI 官网或者 https://www.vipm.io 网站下载，通过 VIPM（VI Package Manager）工具完成安装。在本书编写过程中，NI STM 的最新版本为 3.1.0.9。安装后的库函数位于 Function → Data Communication → STM 函数选板中，包括发送和接收标记或消息的函数、连接管理函数、设置和返回标记的函数以及客户端和服务器端模板程序。其中发送和接收标记或消息的函数均为多态函数，可以根据输入参数的不同在 TCP、UDP 和串口通信协议间自动选择。

基于 NI STM 可以快速开发基于 TCP、UDP 和串口通信协议的各类网络通信程序。如最基本的客户端和服务器通信程序，基于 UDP 的广播消息程序，以及将其与多循环程序框架相结合的分布式网络控制程序等。

图 16-42 是一个基于 NI STM 开发的简单客户端和服务器 TCP 通信程序。服务器端程序首先监听来自客户端的 TCP 连接请求。一旦连接建立，就使用 Write Meta Data.vi 函数将两个通信过程中要使用的标记发送给客户端，其中 RandomData 表示发送的是随机生成的数据，Iteration 表示是第几次发送随机数据。标记发送后，服务器端程序就进入主循环。在主循环中，程序将随机数据与 RandomData 标记对应的 ID（注意并非标记自身，而是标记的 ID）打包，将发送次数与 Iteration 标记对应的 ID 打包，然后分别发送给客户端，直到服务器端或客户端要求退出为止。

客户端程序一开始即请求与服务器建立连接（注意此处使用的 localhost 可被替换为服务器的 IP 地址）。连接建立后立刻使用 Read Meta Data.vi 读取服务器发送的标记，然后进入客户端主循环接收服务器端的消息。Read Message.vi 每读取一个消息，循环中的代码便根据消息中包含的对应标记，从字符串中恢复服务器发送过来的随机数据或发送次数，直到循环结束为止。

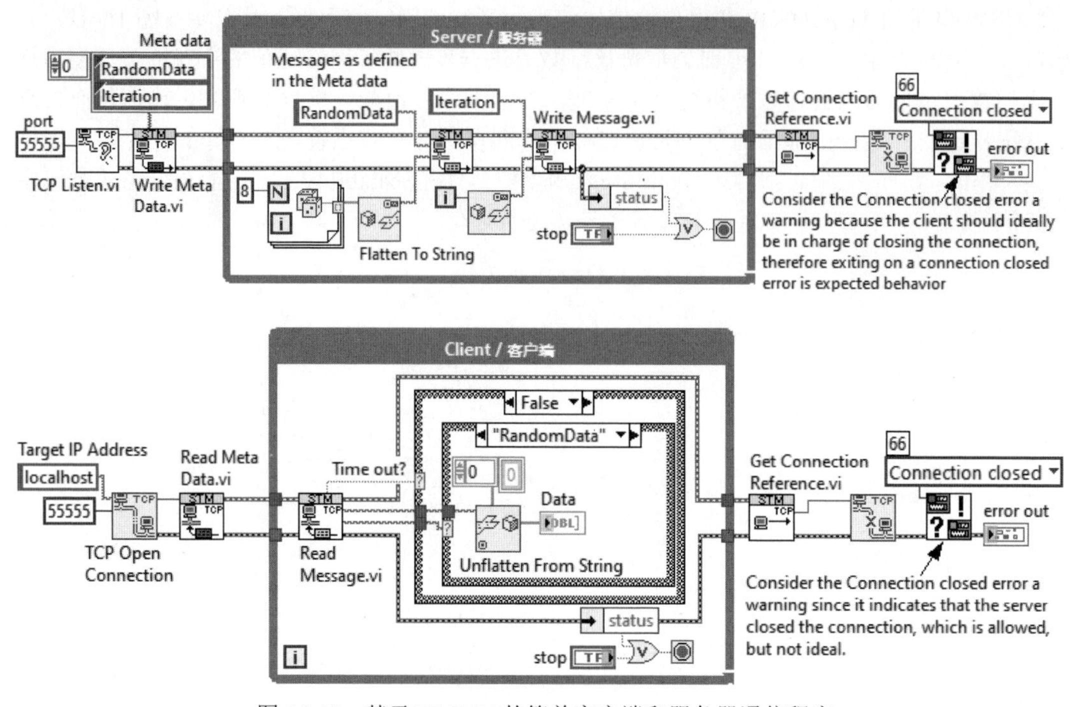

图 16-42　基于 NI STM 的简单客户端和服务器通信程序

查看 NI STM 基于 TCP 的标记发送函数 Write Meta Data.vi（图 16-43）和标记接收函数 Read Meta Data.vi（图 16-44）代码可以发现，其使用了 LabVIEW 自带的 TCP 报文发送接收函数，封装了发送过程中标记的长度和标记信息的打包，以及接收过程中的拆包处理，以方便开发过程中标记的发送。

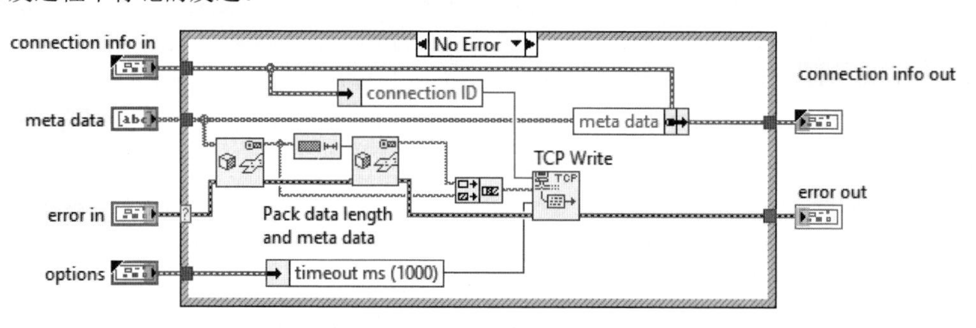

图 16-43　NI STM 标记发送程序

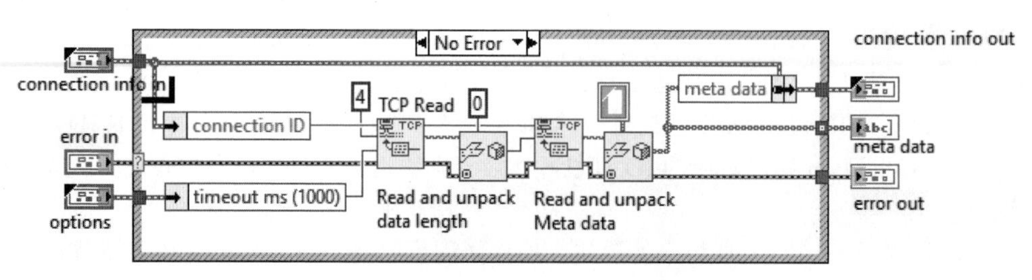

图 16-44　NI STM 标记接收程序

类似地，NI STM基于 TCP 的消息发送函数 Write Message.vi 和消息接收函数 Read Messages.vi 也在消息发送前后对数据的打包和拆包过程进行了封装。具体来说，在消息发送前从标记数组中找到与数据对应标记的 ID，然后将该 ID 与数据进行打包（图 16-45）。在收到消息后，则先提取数据对应标记的 ID，恢复对应的标记，然后在程序中依据该标记对接收到的数据进行相应处理（图 16-46）。

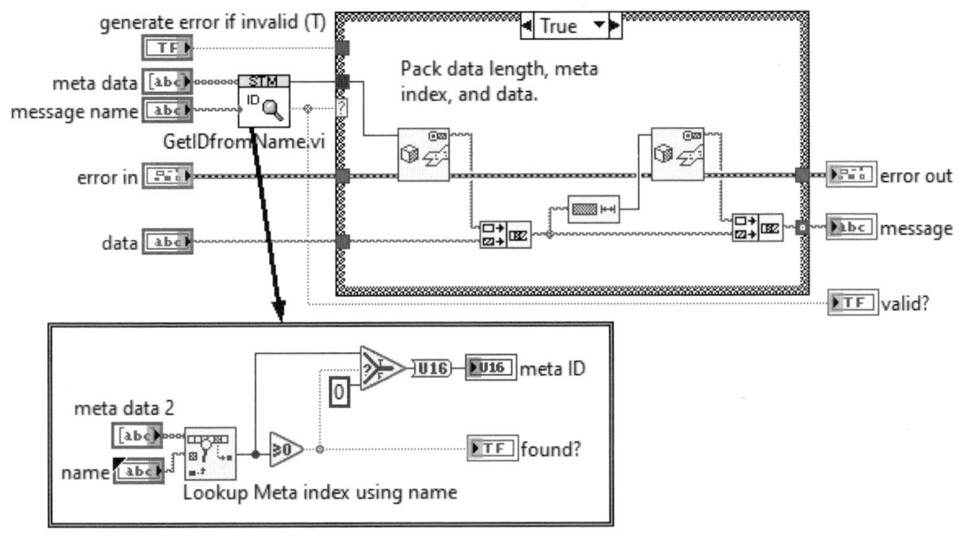

图 16-45 NI STM 消息打包程序

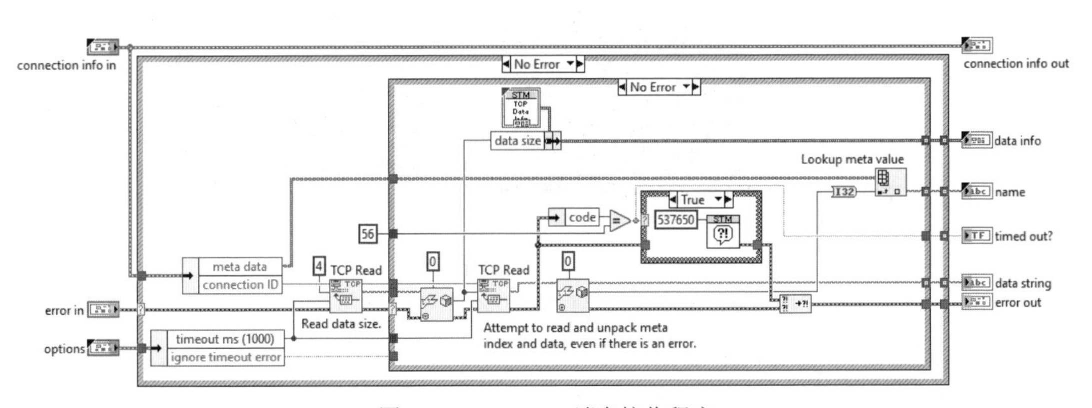

图 16-46 NI STM 消息接收程序

为了更快速地进行开发，NI STM 开发库还提供了将多循环程序框架和 NI STM 库函数相结合的客户端和服务器端程序模板。图 16-47 和图 16-48 给出了一个使用上述模板开发的网络通信程序的客户端和服务器端代码。该实例可由客户端程序根据用户选择的频率和窗函数类型信息，向服务器端请求发送相应的数据，并在客户端接到后进行显示。

客户端程序（图 16-47）一开始即请求与服务器建立连接（注意此处使用的 localhost 可被替换为服务器的 IP 地址）。连接建立后先调用 Read Meta Data.vi 读取服务器发送来的标记，便于后续程序使用。紧接着由 Write Message.vi 依据设置频率标记 Set frequency 和窗函数类型标记 Window，向服务器端发送客户端默认选择的窗函数类型和频率信息。发送完毕后，客户端就进入两个并行运行的循环中，包含事件结构的循环用于处理客户端用户界面事件，另一个循环用于接收服务器端发送来的数据。

若用户在客户端界面中对频率或窗函数的类型进行了重新选择，则用户界面事件处理循环中的程序就使用 Write Message.vi 向服务器端发送新的信息。服务器端收到这些更新的信息后，会根据该选择发送新的正弦波模拟采样数据，以及对这些数据加窗函数并进行 FFT 变换后的频域数据给客户端。在客户端的另一个循环中，Read Message.vi 会不断读取并解析服务器端发来的信息，并根据数据消息中所附加的标记，来判断收到的数据是模拟采样数据还是频域数据，然后分类显示。

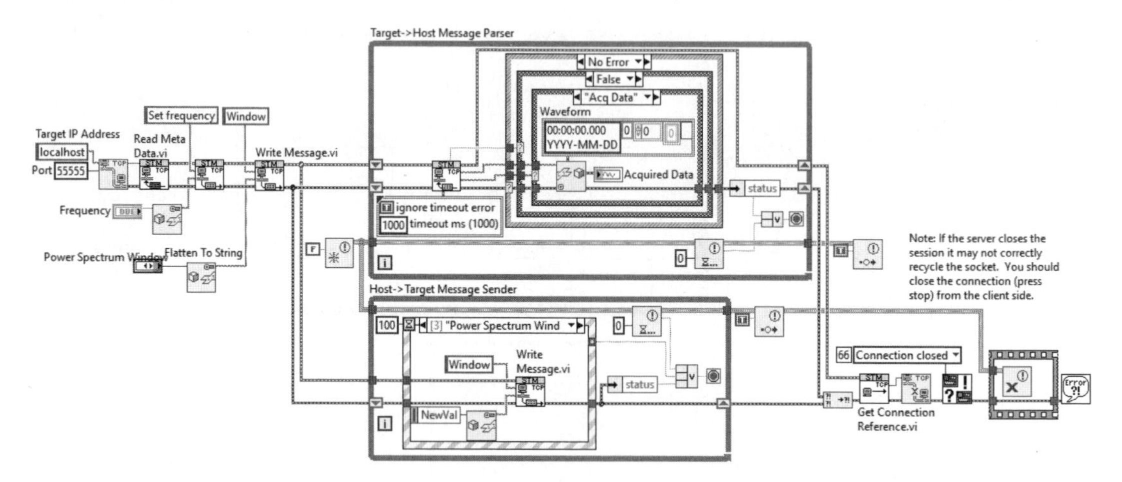

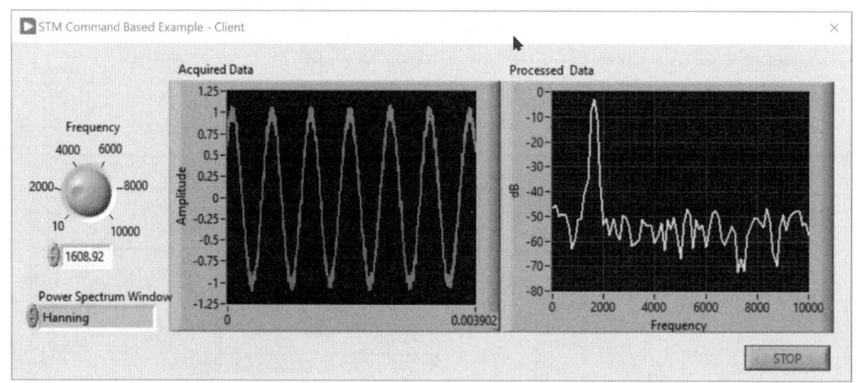

图 16-47 多循环框架与 NI STM 结合创建的网络通信程序——客户端

服务器端程序（图 16-48）首先监听来自客户端的连接请求。一旦连接建立，就使用 Write Meta Data.vi 函数将五个通信过程中要使用的标记发送给客户端。随后程序调用 Init Queues Command Based on Example.vi 创建用于在多个循环之间传送数据的队列 Data Queue 和传送频率信息的队列 Frequency Queue。队列创建完成后，服务器端程序就进入三个并行运行的循环中。

服务器端程序的三个并行循环分别用于解析客户端发来的窗函数类型和频率消息、生成要发送的数据和发送生成的数据及其 FFT 结果给客户端。客户端发送来的窗函数类型和频率消息，由循环 Host → Target Message Praser 中的 Read Message.vi 读取。若消息用于更新信号的频率，则循环就将解析出来的频率数据压入 Frequency Queue 队列中，传送给数据生成循环 Data Generator 使用。若消息用于更新窗函数类型，则循环直接更新窗函数显示控件 Window 的值，该数值会以局部变量的形式传递给数据发送循环 Host → Target Message Sender 使用。

数据生成循环 Data Generator 中的代码会从 Frequency Queue 队列中读取消息解析循环压入队列的频率信息。若队列中有客户端发来的新频率信息，就将 Shift 寄存器的值更新为该新

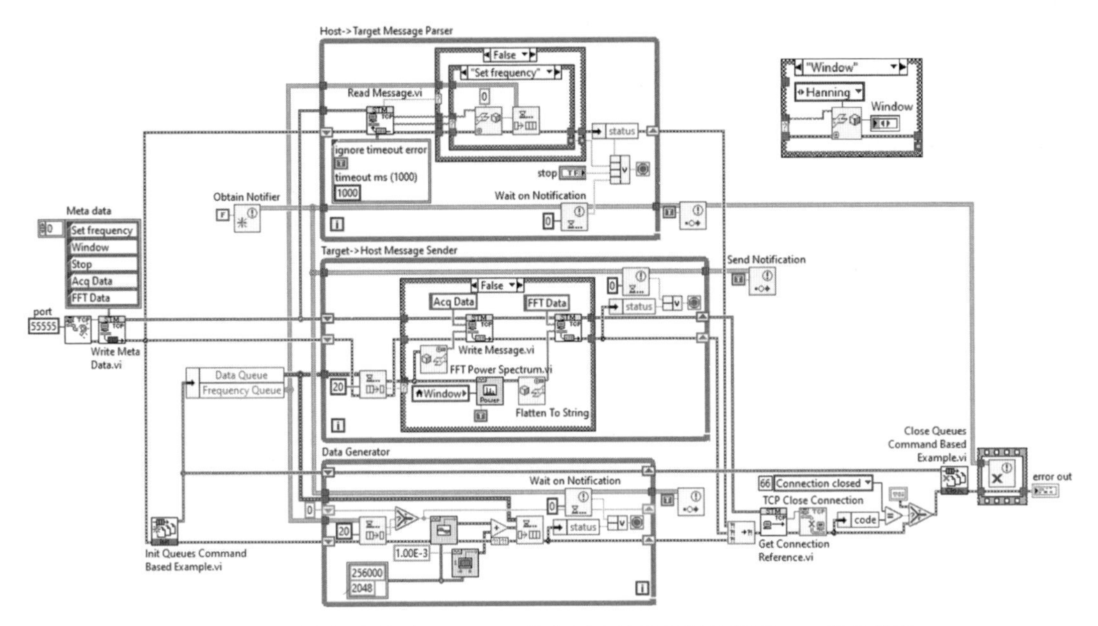

图 16-48　多循环框架与 NI STM 结合创建的网络通信程序——服务器端

值，否则继续使用 Shift 寄存器中原有的值生成正弦信号。为了模拟的真实性，数据生成循环先为正弦信号叠加白噪声，然后将其经过队列 Data Queue 不断传送给消息发送循环。消息发送循环中的代码会先从 Data Queue 队列中取出模拟的采集数据，然后一方面将其转换为字节串后连同标记 Acq Data 打包发送给客户端；另一方面对数据施加窗函数并做 FFT 后，再连同 FFT Data 标记一起发送。

客户端和服务器端多个循环的退出由通知器统一协调。通知器在程序运行之初被创建，此后在每个循环中均有一个 Wait On Notification 函数接收来自通知器的通知。一旦某个许愿出现错误或退出，就会发出通知给其他循环，要求其退出。

以上例子虽然基于 TCP 协议，但是使用 NI STM 开发基于 UDP 或串行通信协议的应用程序时，开发逻辑与基于 TCP 协议的开发逻辑完全类似。

16.6　DataSocket

套接字（Socket）是网络应用层与 TCP/IP 协议族传输层通信的中间软件抽象层，如图 16-49 所示。Socket 并不是一种协议，而是封装了 TCP/IP 协议族的应用程序编程接口（API），通常表现为开发网络通信应用程序的接口函数。

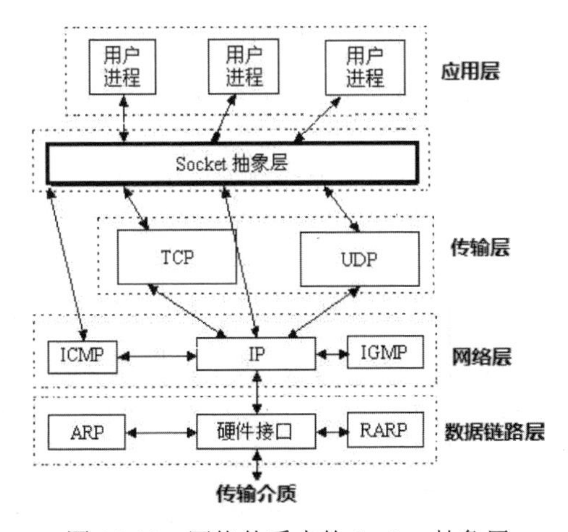

图 16-49　网络体系中的 Socket 抽象层

DataSocket 是为方便用户测试测量、自动化应用程序共享和发布数据，专门开发的一套高性能、易使用的网络通信应用程序开发接口函数。虽然通过 TCP/IP 协议可以进行可靠的数据通信，但是通过它面向多个客户端进行数据传输时，要编写代码维护与每个客户端的链接。此外，由于 TCP/IP 协议以字节流的形式传输数据，因此通常在发送端和接收端都需要进行应用程序数据结构或类型到字节流的转换，才能进行传输。而 DataSocket 则封装并优化了通信连接的维护和数据类型的转换工作，仅保留打开链接、数据读写和关闭链接等适当的编程接口（图 16-50），以方便用户在大型测控网络中的不同应用程序，以及数据源之间的数据共享和交换。

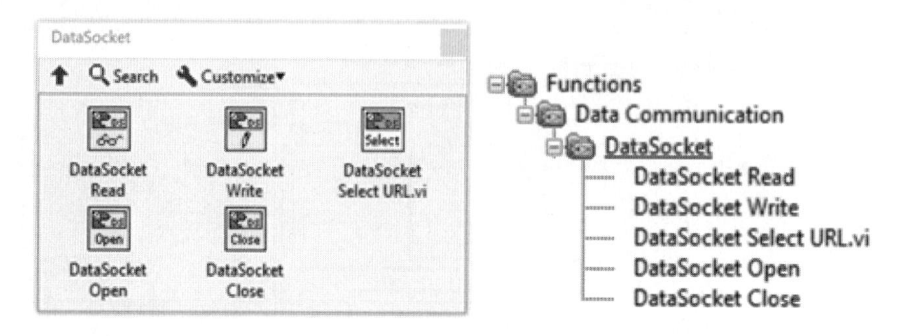

图 16-50　NI DataSocket 函数集

相较于其他类型的通信方式来说，DataSocket 具有以下典型特性。

（1）DataSocket 用于动态数据传输。

虽然有多种技术支持在不同应用之间共享数据，包括 TCP/IP、DDE 等，但这些工具中的大部分不是用来传输动态数据的，而 DataSocket 是专门用来在测量与自动化应用中传输或发布动态数据。

（2）DataSocket 是一种 Internet 编程与通信工具。

虽然可以使用一般的文件 I/O 函数、TCP/IP 函数和 FTP/HTTP，在不同的应用程序之间、应用程序与文件之间或者不同的计算机之间传输数据，但是必须编写大量的程序代码。DataSocket 通过为这些低层通信协议提供统一的 API，极大地简化了数据通信工作，无须用户为不同的数据格式和通信协议编写具体的程序代码，或基于复杂的底层协议编程，就可以通过 Internet 有效地传输原始数据，并响应多个用户的请求。使用 DataSocket 在计算机之间传输数据就像在 Internet 上用浏览器浏览 Web 页面一样简单。

（3）数据定位简单。

DataSocket 用类似于 Web 中的统一资源定位器（Uniform Resource Location，URL）定位数据源，URL 不同的前缀表示不同的数据类型，字段可代表数据源服务器和数据条目。

（4）数据类型简单。

DataSocket 使用一种增强数据类型来交换测量数据，即数据属性，这种数据属性可以是采样率、操作者姓名、时间及采样精度等。当 DataSocket 从数据源加载了新的数据时，会将数据存放在一个本地的 CWData 对象中，该对象包括数据及其属性。DataSocket API 会自动将用户的测量数据转换为发送到网络上的字节流，并在需要时将字节流转换为原来的格式，使用人员不必关心数据的格式与通信协议。

（5）通用性强。

DataSocket 是一个基于 URL 的、用于连接分布于任何地方（本地计算机或网络计算机）的测量与自动化数据的统一的用户端 API，它是与协议无关、与语言无关、与操作系统无关的 API，可以是 ActiveX 控件，一个 LabWindows/CVI 的函数库或 LabVIEW 的子 VI 库，因此，可以用在任何编程环境中。

DataSocket 由 DataSocket 服务器和 DataSocket API 两部分组成。DataSocket 服务器通过管理 TCP/IP 通信，为用户提供简单易用的网络通信服务，DataSocket API 则提供了可通过多种方式或编程语言访问不同类型数据的编程接口。DataSocket 数据通信体系结构涉及三种角色：服务器、数据发布者和接收者，数据发布者和接收者通过服务器进行数据交互，图 16-51 是 DataSocket 的体系结构。

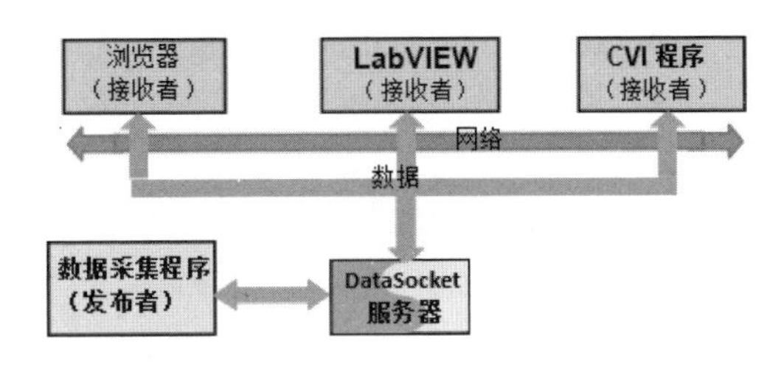

图 16-51 DataSocket 的体系结构

通过 NI DataSocket Server Manager 应用程序，可以对 DataSocket 数据通信网络进行设置，包括设定网络设备的角色、设备的访问权限、预定义数据对象和配置服务器参数等。一个 DataSocket 服务器最多可支持 1000 个客户端，通过 NI DataSocket Server Manager 应用程序，可以限定服务器的最大连接数（不超过 1000）。在 NI DataSocket Server Manager 应用程序中，还可以设定网络通信设备的角色和数据访问权限，如可指定某个设备是数据发布者、接收者，或者 DataSocket 网络管理员，如图 16-52 所示。

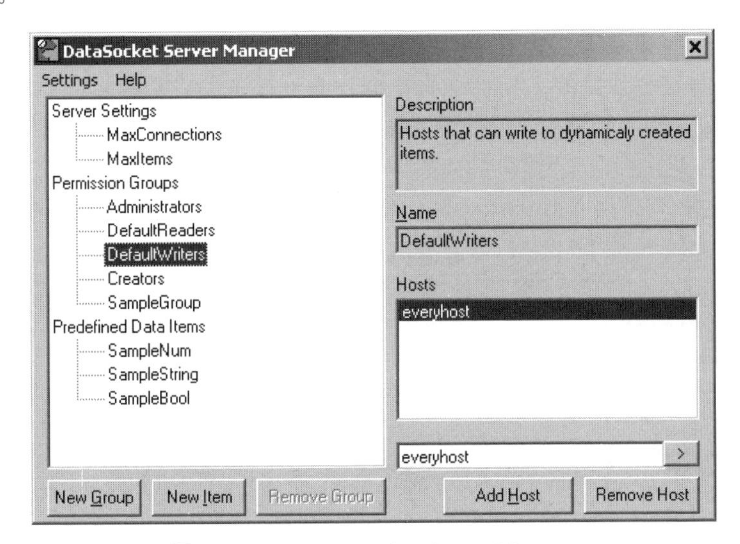

图 16-52 NI DataSocket Server Manager

DataSocket 通过 URL 定位数据源和目标，其中数据源可以来自以下类型的服务器：

- HTTP 服务器。
- FTP 服务器。
- 本地文件服务器。
- OPC（OLE for Process Control）服务器。
- DSTP（DataSocket Transfer Protocol）服务器。

DataSocket URL 格式通常包括协议标识、数据源位置和数据标识，如图 16-53 所示。其中协议标识用于确定数据传输时采用的协议，可支持的协议包括 http（Hyper Text Transfer Protocol）、ftp（File Transfer Protocol）以及 dstp（DataSocket Transfer Protocol）等几种。数据源位置可以为网络上的设备名或 IP 地址，数据标识则用于标记存放数据的缓冲区。

DataSocket 支持以下几种访问模式（Access Mode）：

- 只读数据（Read）。
- 只写数据（Write）。
- 读写数据（Read Write）。

- 缓存只读（Buffered Read）。
- 缓存读写（Buffered Read Write）。

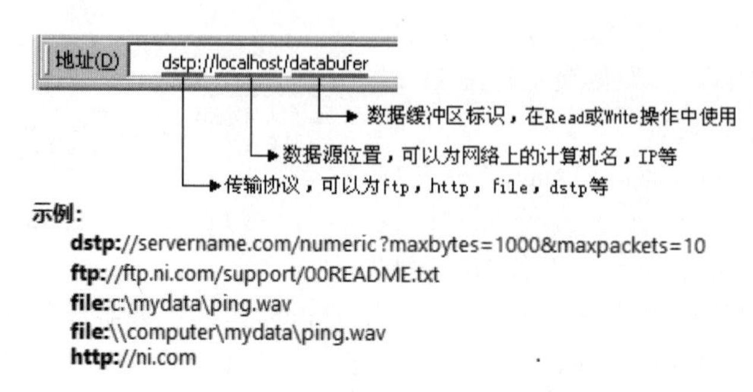

图 16-53 DataSocket URL 格式

如前所述，DataSocket 数据发布端和接收端通过服务器进行数据交换。数据发布端将数据写入服务器，再由服务器将数据发送至接收端。图 16-54 是一个无缓冲的 DataSocket 数据单向读写实例程序源码。其中数据发送端以只写的方式打开 DataSocket 链接后，会不断产生不同频率的正弦波数据，并将这些数据发布到服务器。数据接收端以只读方式打开 DataSocket 链接后，则不断从服务器读取数据，将其显示在 Data Read 绘图控件中。若用户单击了“退出”按钮，则两端程序就会调用 DataSocket Close 函数，关闭链接后退出程序。实例程序中读写过程均使用“dstp://localhost/ware”URL 来确定所访问数据的位置。

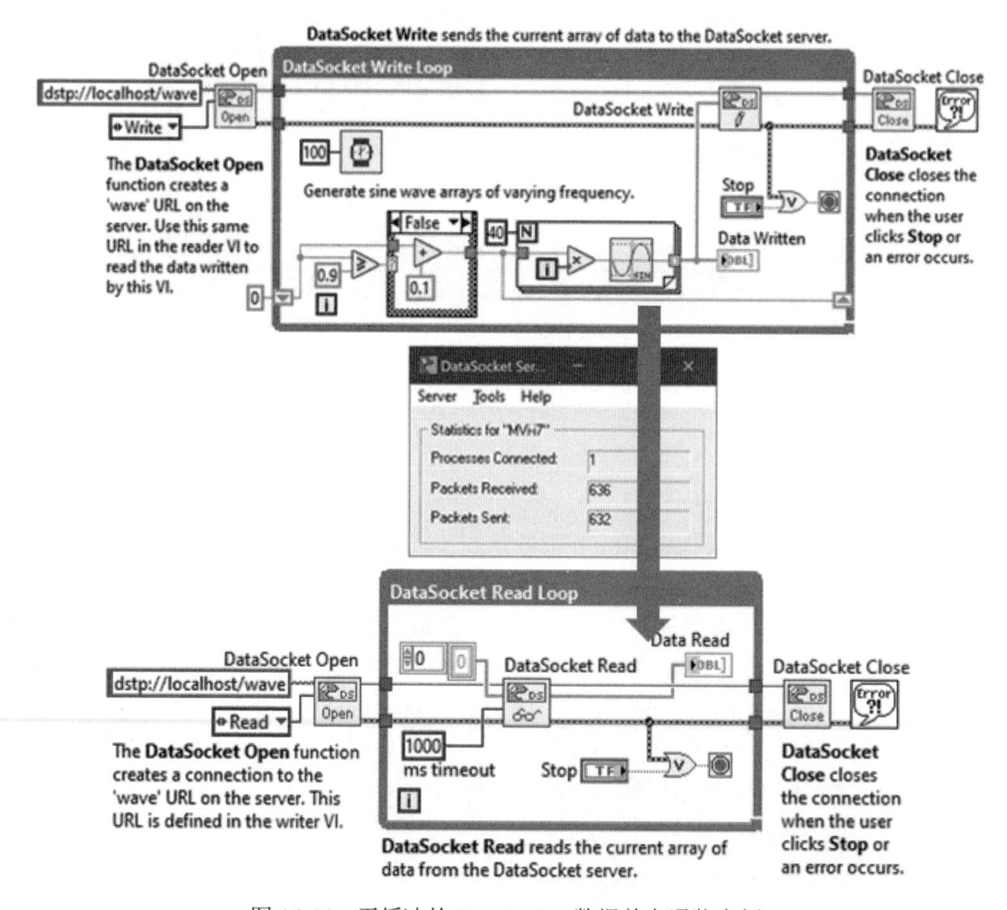

图 16-54 无缓冲的 DataSocket 数据单向通信实例

数据读写直接在无缓冲的情况下进行时，接收端收到的数据始终是发布端发送到服务器的最新数据值。若数据发布端写入服务器的速度比服务器向数据接收端发送的速度快，服务器端未处理的旧数据就会在被发送前被新的数据覆盖，从而造成数据丢失。类似地，若接收端对来自服务器的数据处理速度较慢时，也会造成数据丢失。

若应用无法接受服务器端或客户端的数据丢失情况，就要通过缓存读写或缓存只读函数确保数据安全。具体来说，要在客户端执行带缓冲的数据读取操作，可以在打开 DataSocket 连接后，通过连接的属性设定缓冲区的大小（也可以直接在 URL 后添加参数最大字节和最大包数量来直接设置，如 dstp://server/numeric?maxbytes=1000&maxpackets=10），并在数据读取过程中通过 BufferUtility 属性监控缓冲区的使用情况，必要时对缓冲区大小进行调整。若要使服务器端同样具有缓存数据的能力，则需要通过 NI DataSocket Server Manager 应用程序对服务器进行相应配置。

图 16-55 是一个带缓冲的 DataSocket 双向通信实例程序源码。其中管理机在打开 DataSocket 链接 dstp://localhost/cmd 后，先发送 SelfTest 命令到远程客户端，要求其进行自检，然后等待客户端通过链接 dstp://localhost/cmd-ACK?maxbytes=1024&maxpackets=256 返回的自检完成确认消息 SelfTestOK。只有远程客户机自检完成发回确认信息后，管理机才能继续后续操作。程序使用了两种方法设置消息缓冲区，一种是使用连接属性来设置，另一种则直接在 URL 中使用参数直接设置。

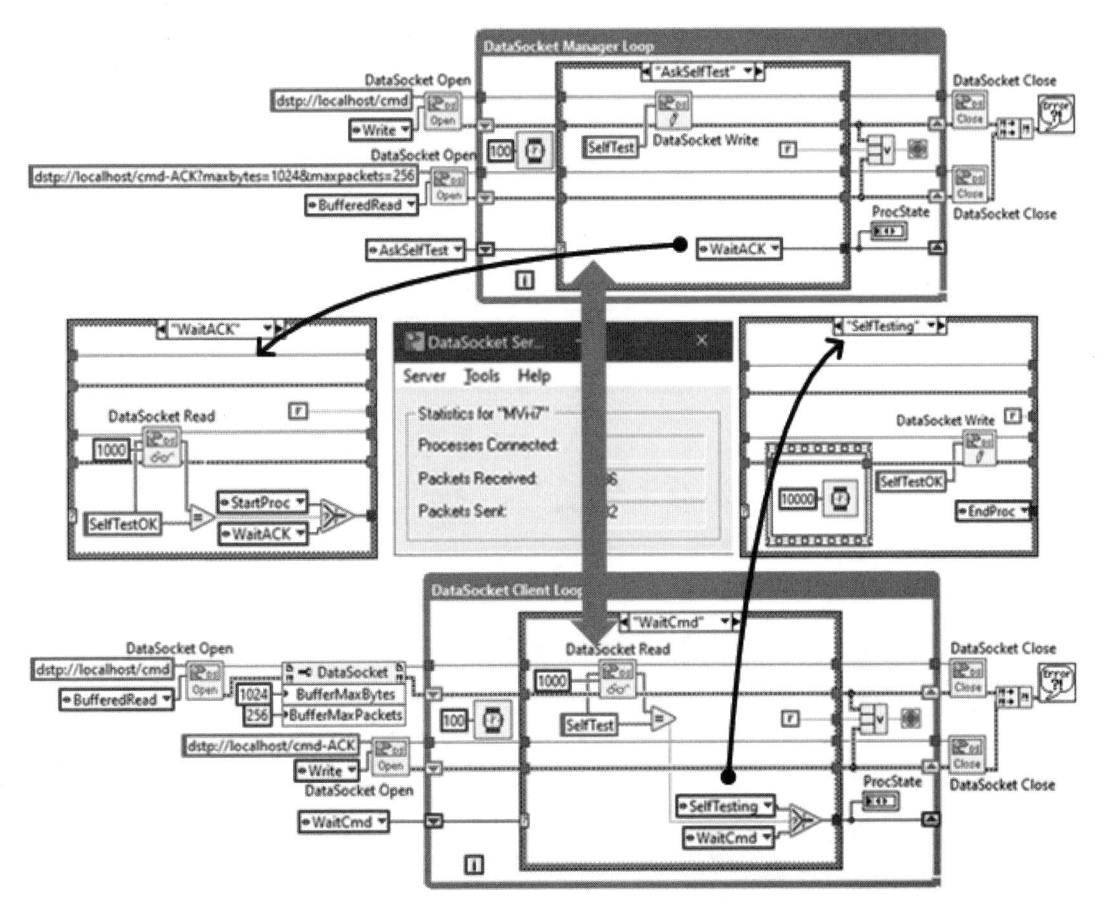

图 16-55 带缓冲的 DataSocket 双向通信实例

DataSocket 信息发送者和接收者之间有明确的消息时效性，在数据交互过程中应注意发送和接收消息的时序。例如，对于单次发送接收或通信过程中的首次发送接收，应注意数据接收动作与发送者发送消息之间的时间延迟，如果过早去读取消息，则可能无法收到服务器发来的正确消息。

此外，通过 DataSocket 传输图像时，需要先使用 Flatten to String 函数或 IMAQ Flatten Image to String 函数将图像平滑为字节字符串，然后再通过 DataSocket 写函数传输至接收端。接收端收到数据后，则使用 Unflatten from String 函数将数据恢复至原图。若直接将图像控件或机器视觉函数的输出连接到 DataSocket 写函数，则实际上传输的是指向图像的指针或引用。当然，如果要保证较好的图像传输帧率，还要采用一些图像压缩算法对图像进行压缩（如转换为 JPEG 格式），再做平滑然后进行传输。具体实现时，在发送端可用 NI 机器视觉开发包中的 IMAQ Flatten Image to String 函数替代 Flatten to String 函数，一次性完成图像的压缩和平滑过程后进行传送，在接收端只需由 Unflatten from String 函数将数据恢复至原图即可。

图 16-56 是一个基于 DataSocket 传输图像的实例程序代码和运行时发送端和接收端的前面板。发送端程序在 DataSocket 连接建立后，会遍历 Screw 文件夹中的所有 PNG 图像，循环不断用 IMAQ Flatten Image to String 函数逐个将其压缩为 JPEG，并平滑为字符串后发送到 DataSocket 服务器。接收端则不断从服务器端接收发送的字符串数据包，使用 Unflatten from String 函数将数据恢复至原图后显示。

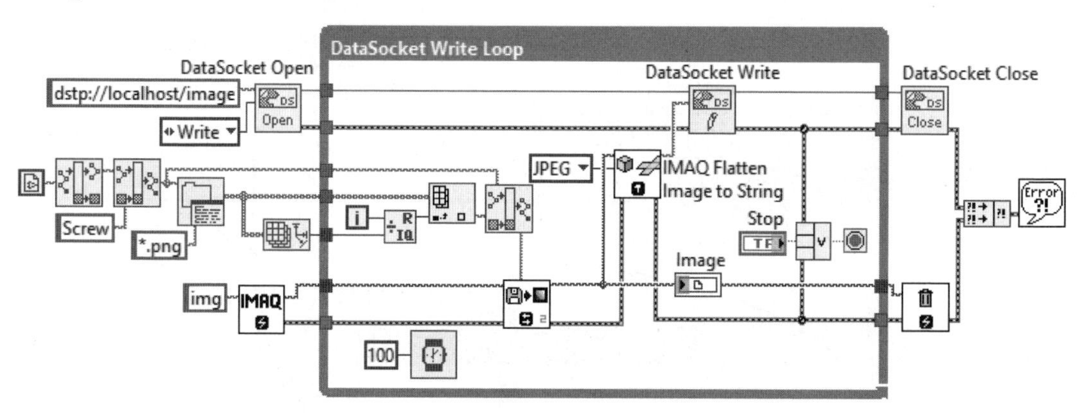

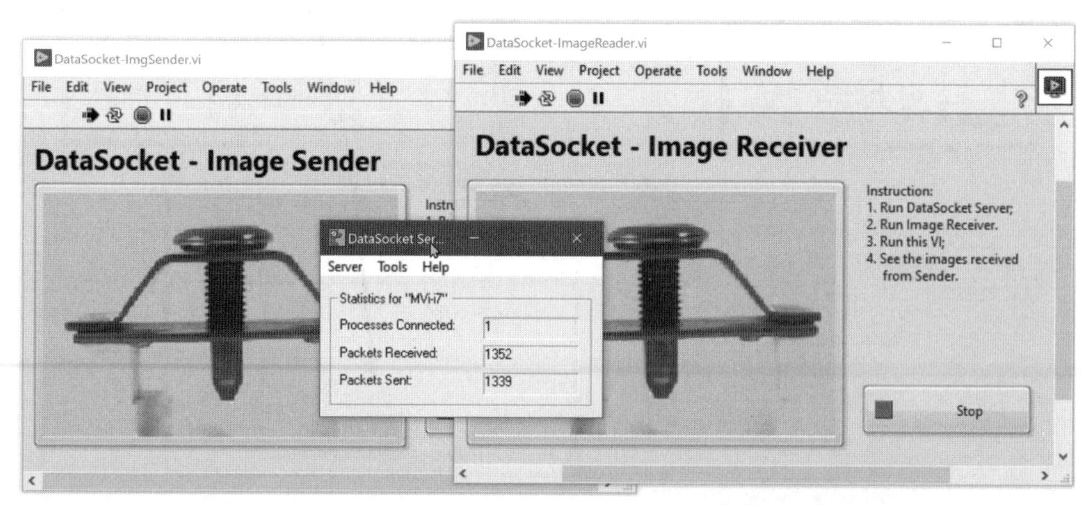

图 16-56 DataSocket 传输图像的程序代码及发送、接收前面板

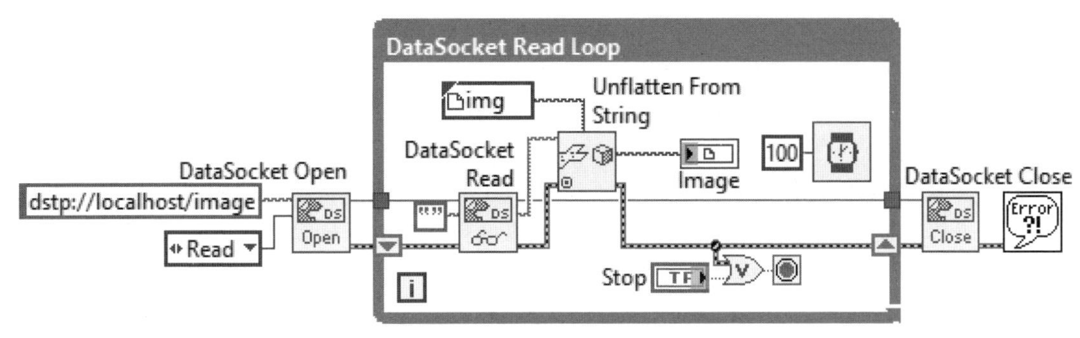

图 16-56（续）

由程序可以看出，DataSocket 与 TCP 协议传输图像的方式略有不同，它将整个图像平滑后的字符串整包发送和接收，而 TCP 则是以字节流形式传输。换句话说，DataSocket 无须向 TCP 协议传输图像那样，先传送图像字符串的大小以确保图像的接收；反之，TCP 协议却可以保证所有数据无损传输，而 DataSocket 却在某些情况下会出现丢帧现象。从这一点来看，Datasocket 更类似于 UDP 协议，只是相较于 UDP 协议而言，它没有数据报文尺寸的限制，在传输大图像时，无须像 UDP 那样对图像切片，而是可以直接将图像数据整包发送。

DataSocket 可基于一对多或多对多方式的网络拓扑结构工作，非常适合在大型测控网络中实时协调各功能计算机的工作，获取各功能计算机的当前工作状态，发布下一步的操作指令。这种情况下一般采用主从结构循环收发方式，管理计算机为信息发布源，要确认各功能计算机收到后才能进行后续工作，各功能计算机为信息接收者，收到后要通知管理计算机，才能进行后续工作。随着网络性能以及测控技术的日益发展，该技术将会得到广泛应用。

16.7 FTP 和 SMTP

文件传输协议（File Transfer Protocol，FTP）和简单邮件传输协议（Simple Mail Transfer Protocol，SMTP）属于 TCP/IP 模型中的应用层协议，LabVIEW 也集成了对它们的支持。

16.7.1 FTP

FTP 用于控制网络上文件的双向传输，可以用来在本地计算机与网络上的 FTP 服务器之间建立连接，浏览、下载服务器上的文件，或者把本地计算机的文件上传到 FTP 服务器。一般来说，使用 FTP 时必须先登录，在远程主机上获得相应的权限后，方可下载或上传文件。有些可匿名登录的 FTP 服务器，允许未注册用户使用用户名 Anonymous 连接到远程主机，进行文件下载。

FTP 支持两种工作模式：主动 PORT 模式和被动 PASV 模式。两种模式下，客户端均与 FTP 服务器的 TCP 端口 21 建立连接，用于传送控制命令。主动 PORT 模式下，当客户端有与服务器进行数据交互的需求时，客户端会发送 PORT 命令给服务器。PORT 命令包含客户端接收数据的端口信息，服务器在接收到 PORT 命令后，会通过自己的 TCP 端口 20 与该客户端端口建立数据传输通道，专门用于数据交互。

被动 PASV 模式下，当客户端有与服务器进行数据交互的需求时，客户端并不发送 PORT 命令，而是发送 PASV 命令给服务器。FTP 服务器收到 PASV 命令后，会随机打开一个位于 1023 ～ 65535 的临时端口（又叫自由端口），并且通知客户端在这个端口上进行数据传输。客户端随后连接此端口，与其进行数据传送。由此可见，主动模式与被动模式最主要的区别在于，主动模式由服务器负责联系客户端建立连接，而被动模式则由客户端负责联系服务器建立连接。

FTP 的数据传送方式包括“ASCII 码传输模式”和“二进制数据传输模式”两种。使用“ASCII 码传输模式”传输数据文件时，FTP 通常会自动将数据转换为接收端计算机存储文本文件的 ASCII 码格式，这对传送文本文件来说极为方便。但是，若在 ASCII 方式下传输二进制数据文件，即使不需要，FTP 也仍会将二进制数据转译为 ASCII 码。由于在大多数计算机上，ASCII 方式一般假设每一字符的第一有效位无意义（因为 ASCII 字符组合不使用它），而对二进制数据文件来说，所有的位都有效且有意义，因此，使用 ASCII 方式传输二进制数据文件，不仅会使传输过程变慢，还会损坏数据，使文件变得不可用。

二进制数据传输模式会确保文件的位序，以便原文件和复制文件逐位一一对应。这种对应关系不会受接收端计算机数据存储方式的影响，而是强制性的要求保持一致。例如从 macOS 操作系统中以二进制方式传送数据文件到 Windows 系统中，其数据位序仍按 macOS 操作系统中的方式排列。当然，若已知发送端和接收端的系统相同，则二进制方式对文本文件和二进制数据文件传输均有效。

为方便开发人员在程序中快速集成文件传输功能，LabVIEW 对 FTP 协议进行了封装，提供简单易用的程序函数库，包括从 FTP 服务器获取（Get）文件或上传（Put）文件到服务器，以及 FTP 状态读取和连接控制等，如图 16-57 所示。这些函数位于 Functions → Data Communication → Protocols → FTP 函数子面板中。

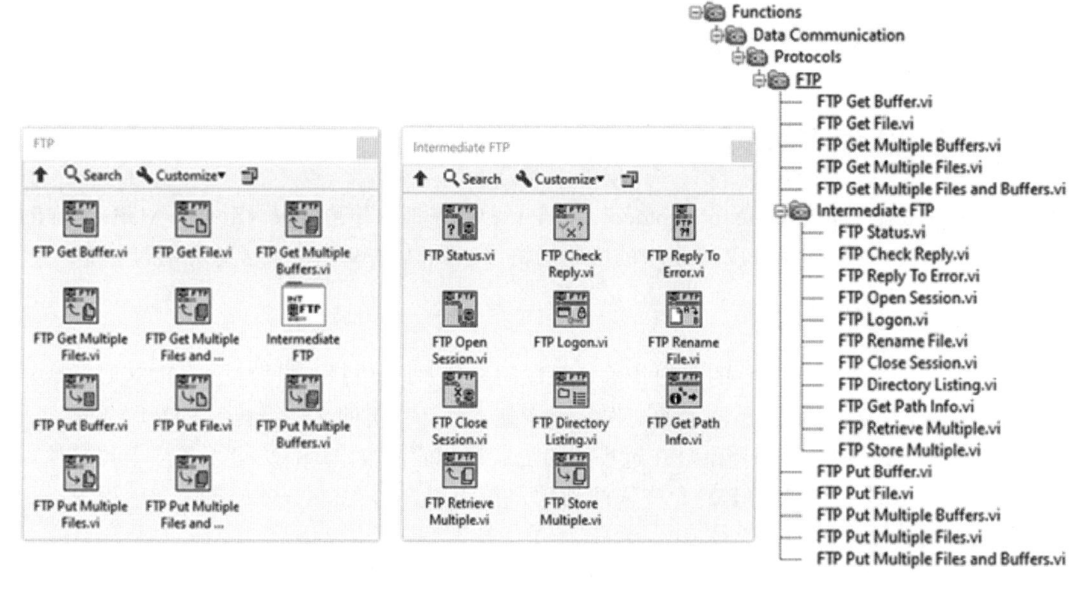

图 16-57　FTP 函数集

图 16-58 显示了一个 LabVIEW 开发的 FTP 实例程序。程序首先生成 10 个随机数，并将它们写入二进制数据文件中，然后使用 FTP Put File 函数，以二进制数据传输模式将其上传到 ftp.ni.com FTP 服务器上的 incoming 文件夹中。程序随后又从该 FTP 服务器的 Support 文件夹中，以二进制数据传输模式将文本文件 00README.txt 下载到本地，读取其内容后显示在文本框中。

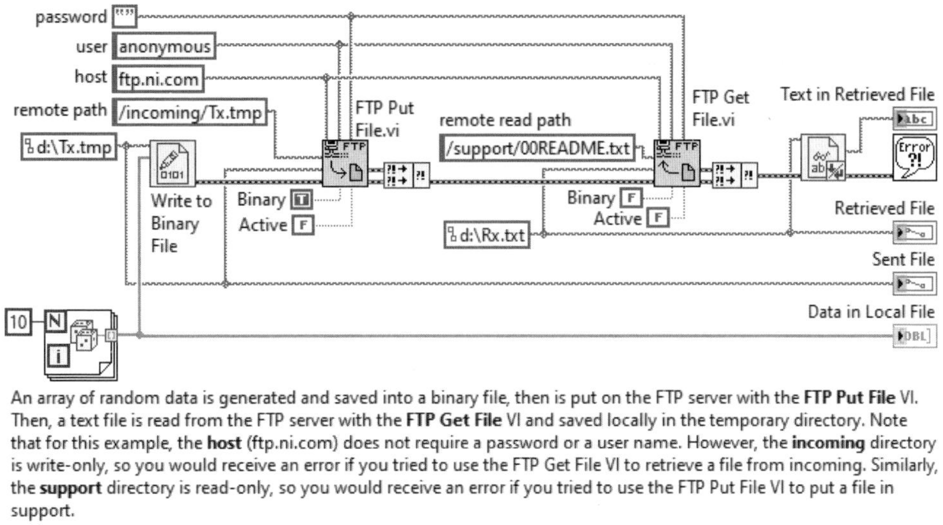

password
user
anonymous
host
ftp.ni.com
remote path
/incoming/Tx.tmp
d:\Tx.tmp
FTP Put
File.vi
Write to
Binary
File
Binary
Active
remote read path
/support/00README.txt
FTP Get
File.vi
Binary
Active
d:\Rx.txt
Text in Retrieved File
Retrieved File
Sent File
Data in Local File
10
N
i
An array of random data is generated and saved into a binary file, then is put on the FTP server with the FTP Put File VI. Then, a text file is read from the FTP server with the FTP Get File VI and saved locally in the temporary directory. Note that for this example, the host (ftp.ni.com) does not require a password or a user name. However, the incoming directory is write-only, so you would receive an error if you tried to use the FTP Get File VI to retrieve a file from incoming. Similarly, the support directory is read-only, so you would receive an error if you tried to use the FTP Put File VI to put a file in support.

图 16-58 FTP 实例程序

在实际使用 FTP 函数时，应特别注意选择其工作模式。网络中很多防火墙都被设置为不接受外部发起的连接，因此防火墙后的客户端将不能用 PORT 模式连接 FTP 服务器，这是因为服务器的 TCP 端口 20 无法和防火墙后的客户端建立数据传输连接，从而无法工作。当然，若 FTP 服务器上的防火墙禁用了接受外部连接，则其后的 FTP 服务器也将不能支持 PASV 模式。这主要是因为客户端无法穿过防火墙，打开 FTP 服务器的端口。此外，由于网络中的客户端多数情况下位于内网中，没有固定的公网 IP 地址，若工作在 PORT 模式下，即使客户端防火墙开放连接，FTP 服务器也无法与客户端建立连接，因此 PASV 模式在日常工作中更常见。

例如，若将如图 16-58 所示的 FTP 实例程序中的 FTP Put File 函数的工作模式改为 PORT，即将其 Active 参数设置为 TURE，运行程序时就会出现如图 16-59 所示的错误提示。这是因为服务器未能与客户端成功建立连接造成的。若非要使用 PORT 工作模式，则可以打开防火墙 1024 以上的高端端口来解决这个问题。

password
user
anonymous
host
ftp.ni.com
remote path
/incoming/Tx.tmp
d:\Tx.tmp
FTP Put
File.vi
Write to
Binary
File
Active
10
N
i
Error 0 occurred at FTPOpen Data Connection:
Could not establish connection
Possible reason(s):
LabVIEW: (Hex 0x0) Error connecting to GPIB driver or device. The NI-488.2 driver may not be installed.
=========================
Error connecting to driver or device. The NI-488.2 driver may not be installed.
=========================
VISA: (Hex 0x0) Operation completed successfully.
Search ni.com for error
Continue
An array of random data is generated and saved into
Then, a text file is read from the FTP server with the FTP Get File VI and saved locally in the temporary directory. Note that for this example, the host (ftp.ni.com) does not require a password or a user name. However, the incoming directory is write-only, so you would receive an error if you tried to use the FTP Get File VI to retrieve a file from incoming. Similarly, the support directory is read-only, so you would receive an error if you tried to use the FTP Put File VI to put a file in support.

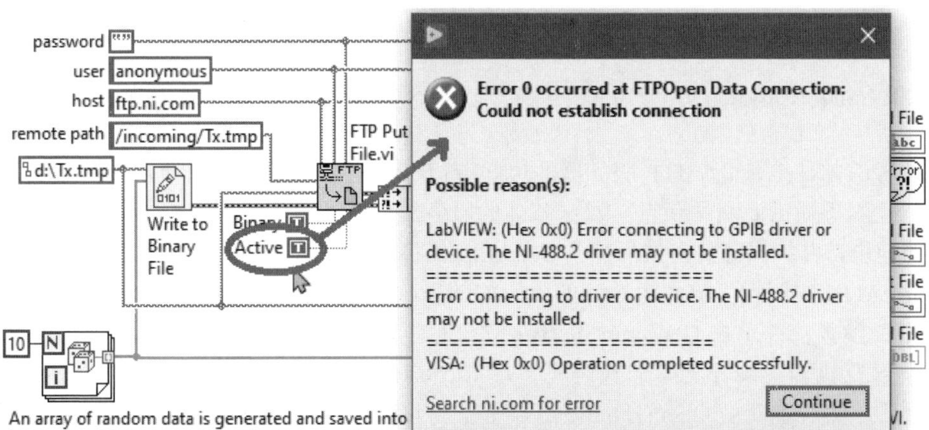

图 16-59 FTP 实例程序常见问题

此外，研究 FTP Put File 和 FTP Get File 函数的程序代码，可以发现这些函数均基于 TCP 函数集创建，这也再次说明 FTP 是基于 TCP 的应用层协议这一事实。关于 FTP 协议的详细规范，由于各种资料已很完备，本书就不再赘述。

16.7.2 SMTP

SMTP 称为简单邮件传输协议（Simple Mail Transfer Protocol），目标是向用户提供高效、可靠的邮件传输。它的一个重要特点是能够通过不同网络上的主机接力式传送邮件。SMTP 通常工作在两种场景下：一种是邮件从客户机传输到服务器；另一种是邮件从某一个服务器传输到另一个服务器。SMTP 是一个请求响应式协议，它监听 25 号端口，用于接收用户的邮件请求，并与远端邮件服务器建立 SMTP 连接。

使用 SMTP 协议的设备常可被分为发送端或接收端。SMTP 发送端在接收到用户的邮件请求后，会判断此邮件是否为本地邮件，若是则直接投送到用户的邮箱，否则就向 DNS 查询远端邮件服务器的 MX 记录，并与远端的 SMTP 接收端之间建立双向 TCP 连接通道。一旦传送通道建立，SMTP 发送端会先发送 HELLO 命令标识发件人的身份信息，然后发送 MAIL 命令请求进行邮件发送。若 SMTP 接收端可以接收邮件，就返回 OK 作为响应，表明已准备就绪。随后 SMTP 发送端会再发出 RCPT 命令来标识该电子邮件的计划接收人，接收端则回应是否愿意为收件人接收邮件。若回应为肯定，发送者就会用 DATA 命令进行邮件发送，接收端收到并成功处理了整个邮件后，会返回 OK 作为确认。发送完成后，使用 QUIT 命令断开连接，结束整个邮件发送过程。

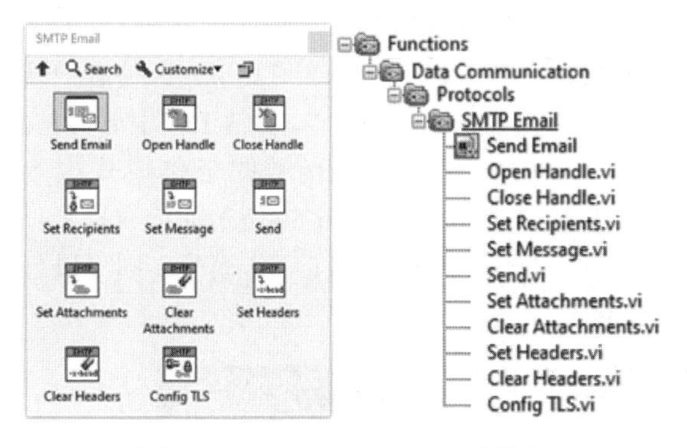

图 16-60 LabVIEW SMTP 函数集

LabVIEW 提供了封装上述基于 SMTP 发送邮件的函数库，包括连接通道的建立和关闭、收件人和邮件设置、邮件附件处理以及邮件发送等。函数库位于 Functions → Data Communication → Protocols → SMTP 函数子面板中，如图 16-60 所示。

图 16-61 是一个基于 LabVIEW 开发的简单邮件发送实例程序的前面板。可以先在该前面板左侧的输入框中输入 SMTP 发送端的相关参数，然后单击 Configure Server 按钮对发送邮件的服务器进行配置。包括发送者的邮件地址、SMTP 服务器地址和端口、用户名和密码等。通常这些参数可以通过查询邮件服务提供商网站获得。发送邮件的服务器配置完成后，即可在右边输入框中填写收件人的地址，并编辑邮件，然后单击 Send Email 将邮件发出。

上述 SMTP 实例程序前面板对应的代码如图 16-62 所示。当用户在前面板中填写完邮件服务器相关参数，并单击 Configure Server 按钮时，While 循环中事件结构的配置服务器分支就会被触发执行。该分支中的代码先调用 Close Handle 函数，关闭所有之前未被关闭的 SMTP 会话，然后重新由 Open Handle 函数基于用户输入的服务器配置参数创建新的 SMTP 会话。注意，此时程序仍尚未与邮件服务器建立连接通道，而只是将创建的 SMTP 会话保存在寄存器中以备后用。紧接着，若用户编辑完成邮件并单击邮件发送按钮 Send Email 后，While 循环中事件结构的邮件发送分支就会被触发执行。其中代码先基于寄存器中保存的 SMTP 会话，调用 Set Recipients 函数设置收件人邮件地址，调用 Set Message 函数设置邮件主题和内容，然后由 Send 函数与邮件服务器之间建立连接，发送邮件并在完成后关闭与服务器的连接。注意，同一个 SMTP 会话中，可以多次调用 Send 函数。

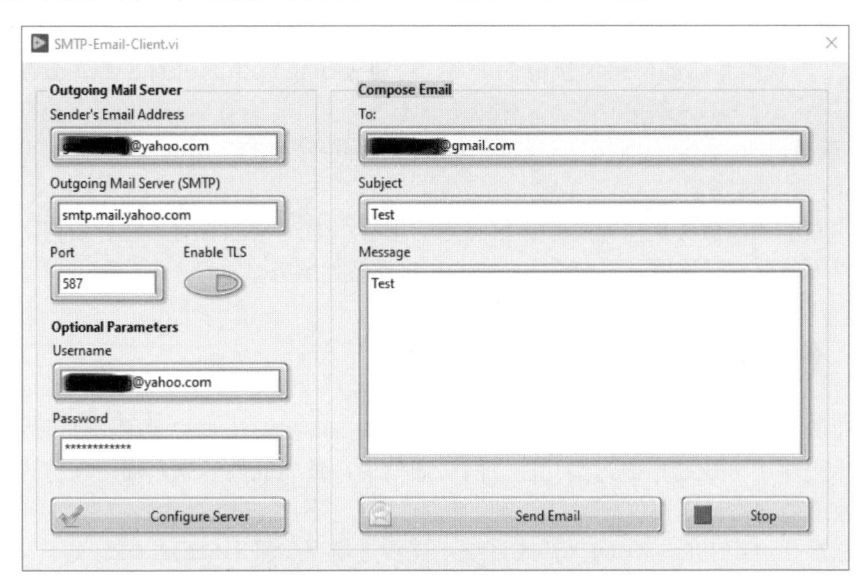

图 16-61 SMTP 实例程序前面板

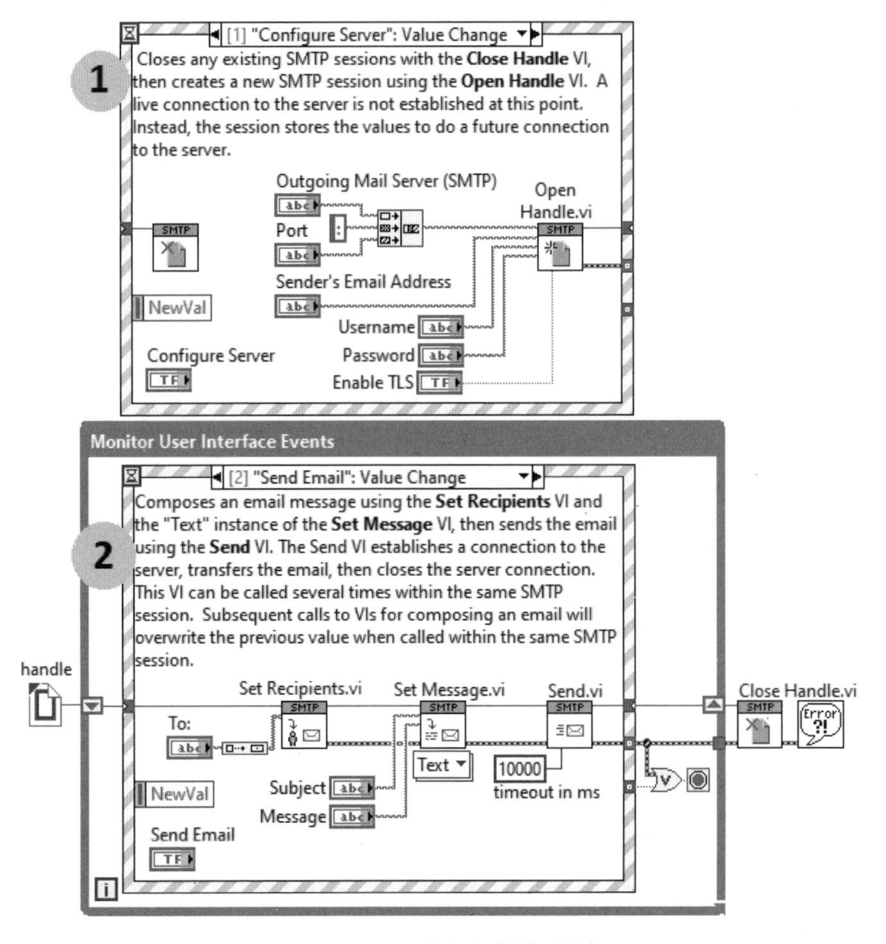

图 16-62 SMTP 实例程序前面板代码

使用SMTP协议编写邮件发送程序时，应注意检查以下几点，以避免带来的程序运行错误。

（1）注意设置操作系统防火墙，以允许 LabVIEW 程序访问 Internet。

（2）注意检查系统的网络连接是否正常，可通过 ping 命令测试到 SMTP 服务器的连接是否正常。

（3）确保本地系统的网络端口 25（SMTP）、465（SMTP over SSL）和 587 （SMTP Submission）允许被访问。

此外，某些邮件服务提供商会禁止第三方应用程序通过 SMTP 对其进行访问，应注意在账户内对相关参数进行设置，以允许 LabVIEW 访问邮件服务。

16.8 本章小结

网络通信是在网络设备中传输数据信息的手段。LabVIEW 支持多种网络通信功能，开发人员在应用程序中可快速集成这些功能。网络通信中最重要的内容就是通信双方为完成通信或服务所遵循的网络通信协议。

国际标准化组织 ISO 提出的“开放系统互连参考模型”采用分层结构定义了一个七层的通信协议规范集，包括应用层、表示层、会话层、传输层、网络层、数据链路层和物理层，每层完成一定的功能，通信在对应层之间进行。TCP/IP 模型是一个四层的体系结构，包括应用层、传输层、网络层、网络接口层。由于 TCP/IP 模型中的网络接口层并无实质意义，因此在实际工程开发中，往往使用结合 OSI 模型和 TCP/IP 四层模型优点的五层网络参考模型，其中的应用层对应 OSI 模型中的应用层、表示层和会话层；数据链路层和物理层则对应 TCP/IP 四层模型中的网络接口层。

串行通信通过串口按位（Bit）分 8 次发送和接收字节数据，其规范中 RS-232C 最为常用。串行通信从数据的传送方向来看，可分为单工、全双工和半双工三类，从传输方式上可分为同步和异步两类。在实际工程实践中，需要配置发送端和接收端的通信参数，确保两个通信设备之间的通信参数一致，才能确保异步串行通信成功。其中较为重要的参数包括波特率、起始位、数据位、停止位和奇偶校验位等。在 LabVIEW 中利用其提供的函数，可快速集成串口通信功能。

蓝牙是一种使用 2.4GHz 无线射频进行设备通信的无线通信技术，LabVIEW 蓝牙通信程序遵循主端和从端先进行配对建立通信链路，再进行数据通信的开发模式。与蓝牙通信方式类似，LabVIEW 也可基于 IrDA 技术，通过无线红外接口实现设备间的数据通信。两个运行在不同设备上的 VI，可利用内置 IrDA 函数进行数据交互。

TCP 和 UDP 协议位于 ISO/OSI 模型中的传输层，它们均基于网络层中的 IP 协议进行通信。实际工程应用中很少直接基于 IP 协议进行数据传输，多数情况下使用 TCP 或 UDP 协议。TCP 是一种可靠的、基于连接的协议，通常用于需要确保数据可靠性的场合。UDP 协议并不是基于连接的协议，它只将 UDP 数据整包以数据报文段的形式推送至目标设备的某个端口，并不像 TCP 协议那样将数据包拆分，以字节流形式通过阻塞控制流程传送，适合数据传送量大，但可靠性要求不高的场合。

基于 TCP 通信的 LabVIEW 程序多采用 Client/Server（客户端 / 服务器端）的通信模式，服务器负责监听客户端的连接请求，单个或多个客户端可请求与服务器建立连接，进行数据通信。由于 TCP 协议通过字节流传输数据，因此在程序开发时应注意发送前后要进行字节与适当数据类型之间的转换。例如在传输图像数据时，就要注意使用 Flatten to String 函数或 IMAQ Flatten Image to String 函数将图像平滑为字节字符串（有时候还需要先对其进行压缩）

再进行传送，并在接收端利用字符串的长度，使用 Unflatten from String 函数恢复图像。由于无须像 TCP 协议那样通过连接来确保数据传输的可靠性，UDP 协议不仅支持主机向网络上多个设备推送消息的组播，或向所有设备推送消息的广播传输模式，还能整包传送报文，而无须将报文转换为字节流传输。UDP 协议每次发送或接收数据包的大小，由所使用的操作系统决定，但最大不能超过 65 535 字节。建议程序中的 UDP 包的大小不超过 1024 字节，以免其交由 IP 协议处理时被拆分传输，从而增加丢包的概率。

DataSocket 是 NI 公司为方便测试测量和自动化应用程序共享和发布数据，而专门开发的一套高性能、易于使用的网络通信应用程序开发接口函数。它封装并优化了通信连接的维护和数据类型转换工作，仅保留打开链接、数据读写和关闭链接等适当的编程接口，以方便用户在大型测控网络的不同应用程序和数据源之间进行数据共享和交换。DataSocket 与 TCP 协议传输图像的方式略有不同，它将整个图像平滑后的字符串整包发送和接收，而 TCP 则以字节流形式传输。也就是说，DataSocket 无须向 TCP 协议传输图像那样，先传送图像字符串长度，以便于接收端接收和恢复图像；反之，TCP 协议却可以保证所有数据无损传输，而 DataSocket 却在某些情况下会出现丢帧现象。

除了对 ISO/OS 模型中低层协议的支持，LabVIEW 也支持应用层各种协议，如文件传输协议 FTP 和简单邮件传输协议 SMTP，以及超文本传输协议 HTTP 等。

第 17 章 信号与传感器

测控系统一般是依据对测控对象某些物理参数的检测结果，按照预期的目标对其实施测量或控制。随着电子和计算机技术的飞速发展，现代的测控系统一般都会将被测物理量转换为电信号，由电子电路或计算机进行检测。虚拟仪器测控系统基于于计算机，将传感器、采集设备和运动控制模块等硬件与软件相结合来完成测控任务。其中将物理量转换为计算机可识别数据的数据采集过程，对虚拟仪器系统能否可靠完成任务至关重要。

数据采集过程会对输入的物理信号进行一系列转换或处理，将其转换为计算机可识别的数据，由应用软件完成分析处理。通常将这一系列的转换或处理称为“信号链”（Signal Chain），包括传感器、信号调理、模 - 数转换和驱动软件等主要过程，如图 17-1 所示。

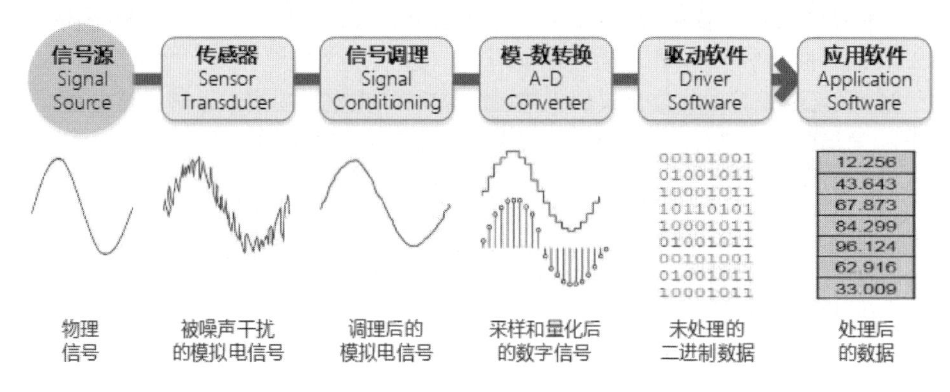

图 17-1　数据采集过程中的信号链

工业中常见的待检测物理量有温度、光、位移、速度和加速度、压力和压强、振动、声音以及流量等。产生或发出与这些物理量所对应信号的目标物称为信号源。使用传感器可以将物理信号转换为可测量的电信号，如电压、电流或可变电阻量。传感器输出的电信号有时并不能立即参与数字化，必须对其进行一些优化，才能简化后续的数字化过程，并确保其输出的准确性。这些在数字化前的优化准备工作称为信号调理（Signal Conditioning），通常包括信号类型转换、信号放大或衰减、噪声滤除等。经调理后的模拟信号进一步被转换为数字信号，最后才由驱动软件交给计算机中的应用软件完成分析处理。

图 17-2 显示了基于 NI 公司的软硬件产品的数据采集或测量系统组成。其中传感器用于对自然界的物理现象进行检测。信号调理模块对传感器输出信号进行调理，以便数据采集模块可有效地对信号进行采样和量化，将有效数据经驱动软件交给计算机内的软件分析处理。NI-DAQmx 是用于控制 NI 数据采集设备的驱动程序软件，它包含可从 LabVIEW、LabWindows/CVI 以及 Visual Studio 等软件中调用的库函数，以对设备进行编程控制。这样即可通过软件控制数据采集测量系统，通知设备何时通过哪个通道获取或生成数据。软件也可用于分析原始数据，通过图形或图表显示数据或生成报表。

NI Measurement&Automation Explorer（简称 NI-MAX）和 NI DAQ Assistant（NI 数据采集助手）会随 NI-DAQmx 自动安装。使用 NI-MAX 可查看系统中现有设备信息并对其进行配置，包括创建和编辑通道、任务和接口，或对系统进行快速诊断等。NI DAQ Assistant 可在 NI-MAX 或 LabVIEW、SignalExpress、LabWindows/CVI、Measurement Studio 等软件中打开使用。可以用来创建或编辑数据采集任务或虚拟通道，测试或保存自定义配置等。

本章着重介绍信号链上的信号，以及将其转换为电信号的各类传感器使用技术。与数据采集和滤波相关的技术将在第 18 章进行讲解。

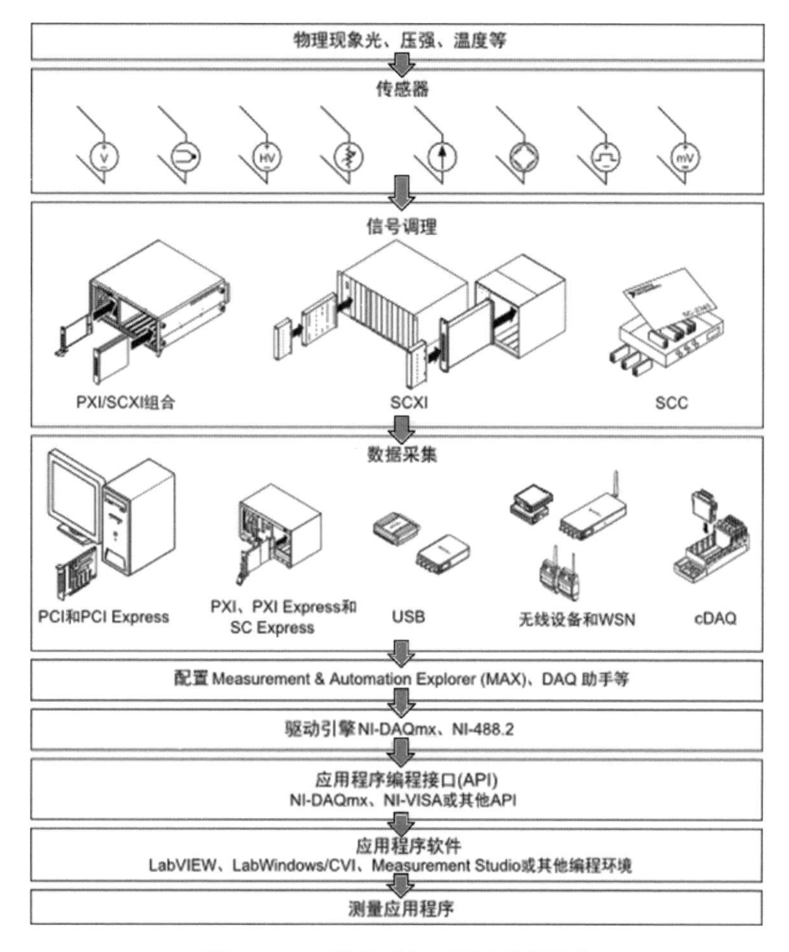

图 17-2　NI 数据采集、测量系统组成

17.1　信号

在现实世界中，信号是指可传递有关某一现象信息的随时间或空间变化的物理量（Physical Quantity），如声音、视频、图像、动作或手势等。在电子工程、通信和信号处理等技术领域中，信号被定义为“传递某一现象信息的函数”（Signal is a function that conveys information about a phenomenon）。这意味着信号可以表示为相对于一个或多个变量变化的函数，如模拟电路中随时间变化的电压，黑白图像中随着空间变化的亮度，以及视频中随着空间和时间变化的像素等。

在信号处理领域，常根据信号函数值及其自变量特性的不同，对信号进行各种分类，如图 17-3 所示。按照信号变化的方式是否确定，可以将信号分为确定信号（Determinate Signal）和随机信号（Random Signal）两类。确定信号按照预知的方式变化，可由确定的函数描述；随机信号则不可预知，只能通过大量试验测出它在某些确定时刻上取值的概率分布。由于随机信号在某段时间内的变化规律相对比较确定，可近似为确定信号，因此通常都先着重研究确定信号，然后在其基础上根据随机信号的统计规律研究随机信号。

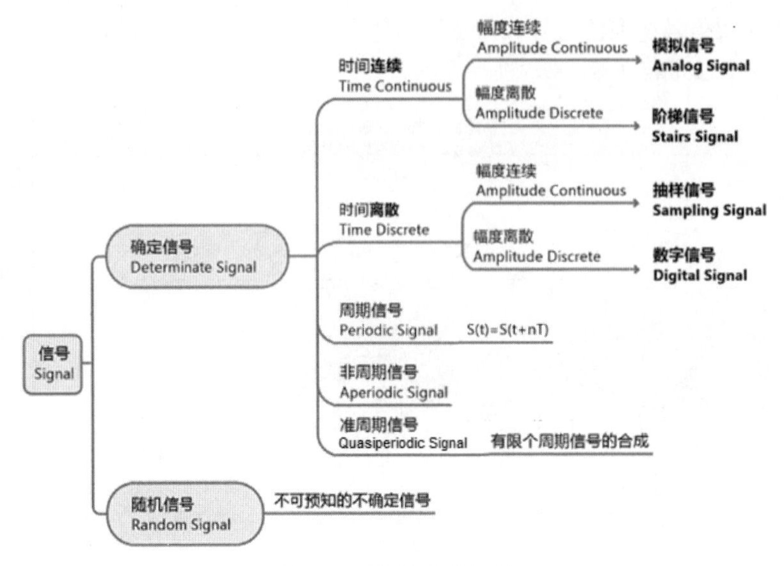

图 17-3 信号分类汇总

确定信号按照自变量的周期性，分为周期信号（Periodic Signal）、非周期信号（Aperiodic Signal）和准周期信号（Quasiperiodic Signal）。周期信号是按某一固定时间重复出现的信号，非周期信号则在时间上具有瞬变性，不具有周而复始的特性。准周期信号由有限个周期信号组合而成，但各周期信号频率之间并非公倍数关系，且合成信号也不再是周期信号。

无论周期还是非周期的确定信号，按照自变量的取值是否连续，可将信号分为连续信号（Continuous Signal）和离散信号（Discrete Signal）。若自变量的取值为连续区间上的任意点，则信号为连续信号；反之，若自变量的取值为某一区间内的离散点，则信号为离散信号。换句话说，对于自变量的取值范围内的任意取值（除第一类间断点外），连续信号都能给出确定的函数值。离散信号只在自变量取值范围内某些不连续的离散取值处，才有确定的函数值。

需要说明的是，自变量连续或离散的信号，其函数值可以连续，也可以离散。当自变量连续，但信号函数值离散分布时，信号为阶梯信号（Stairs Signal）。若信号在所有维度上（所有自变量及函数值）均连续时，称为模拟信号（Analog Signal）。当自变量离散，但信号函数取值连续时，信号为抽样信号（Sampling Signal）。若信号在所有维度上均离散时，则称为数字信号（Digital Signal）。图 17-4 以自变量为时间 t 的信号为例，以图形方式显示时间和信号函数值（常称为幅度）连续或离散的情况下，不同类型信号的特点。

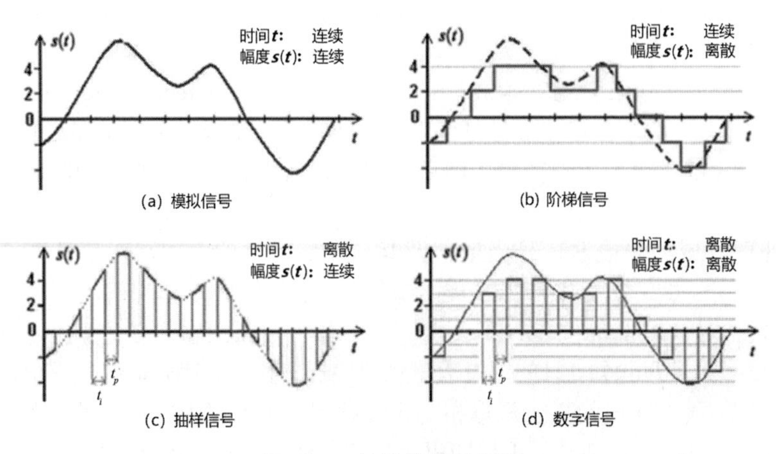

图 17-4 几类信号示意图

幅度（Amplitude）、相位（Phase）、周期（Period）和频率（Frequency）是信号最重要的几个特性。幅度代表信号偏离参考点的大小；相位是对信号波形变化的度量，用于标记信号特定时刻在幅度最大和最小值（波峰和波谷）之间的位置，通常以角度为单位，也称作相角；周期则是指信号重复出现的最小时间跨度，常用 T 表示。

信号的幅度可以用线性刻度（Linear Scale）或分贝刻度（Decibel Scale）的方式表示。线性方式直接标注信号幅度的大小，分贝方式则通过参考量将线性刻度转换为对数形式：

$$\mathrm{dB}=10\lg\frac{P}{P_r}=10\lg=\frac{A^2}{{A_r}^2}=20\lg\frac{A}{A_r}$$

其中 P 为信号功率；A 为信号幅度；P_r 为信号参考功率；A_r 为信号参考幅度。在实际应用中，通常选择以下几种参考值：

（1）对电压信号，以单位均方根（Root Mean Square）电压 $1\mathrm{V_{rms}}$ 为参考值，得到对数形式的单位为 dBV。均方根电压对交流电来说，一般是指交流电在做功能力方面等效于均方根电压，因此又称为等效电压，与交流电信号其他值之间的关系为

$$a.\begin{cases}V_{rms}=\dfrac{V_{pk}}{\sqrt{2}}=0.7071V_{pk}, V_{pk}\text{为电压峰值}\\ V_{rms}=\dfrac{V_{pk-pk}}{2\sqrt{2}}=0.3536V_{pk\text{-}pk}, V_{pk\text{-}pk}\text{为电压峰峰值}\\ V_{rms}=\dfrac{\pi V_{avg}}{2\sqrt{2}}=1.11V_{avg}, V_{avg}\text{为电压均值}\end{cases}$$

（2）对功率信号，以单位均方根电压的平方 $1\mathrm{V_{rms}^2}$ 为参考值，得到对数形式的单位为 dBV。

（3）对音频信号，以 600Ω 负载上的 1mW 为参考值，对应的参考电压约为 0.7746V。

（4）对射频信号，以 50Ω 负载上的 1mW 为参考值，对应的参考电压约为 0.2236V。

频率（常用 f 表示）则表示单位时间内信号重复发生的次数。若某一 t 时间段内信号重复发生了 k 次，则其频率为 $f=\dfrac{k}{t}$，单位为 Hertz（简写为 Hz）。又因为周期 T 是信号重复出现的最小时间间隔，故频率也可以表示为每秒内出现的周期数（Cycles/Second），即周期的倒数：$f=\dfrac{1}{T}=\dfrac{k}{t}$。

在实际工程应用中，经常可以见到模拟频率（Analog Frequency）、模拟角频率（Analog Frequency in Radians）、数字频率（Digital Frequency）和归一化频率（Normalized Frequency）。模拟频率 f 是指信号每秒重复的周期数，模拟角频率则是以弧度为单位的模拟频率值，可表示为 $\omega=2\pi f=\dfrac{2\pi}{T}=\dfrac{2\pi k}{t}$。数字频率是指单个采样所对应的信号周期数（cycles/sample）。若模拟信号的频率为 f，对其进行采样频率为 f_{s}，则数字频率 $f_d=\dfrac{f}{f_{\mathrm{s}}}=\dfrac{T_{\mathrm{s}}}{T}$，其中 T_{s} 为采样间隔时间。相应地，以弧度表示的数字频率 $\omega_{\mathrm{d}}=\dfrac{2\pi f}{f_{\mathrm{s}}}=\dfrac{2\pi T_{\mathrm{s}}}{T}$。可以看出数字频率实际上是信号频率 f 相对于采样频率 f_{s} 的归一化处理，因此也常把数字频率称为归一化频率。此外，根据以上讲解可知，数字频率的倒数即表示单个周期内信号被采样的次数 n（samples/cycle），若 k 个周期内的采样数为 N，则数字频率为 $f_{\mathrm{d}}=\dfrac{k}{N}$。因此数字频率可以综合表示为 $f_{\mathrm{d}}=\dfrac{f}{f_{\mathrm{s}}}=\dfrac{T_{\mathrm{s}}}{T}=\dfrac{1}{n}=\dfrac{k}{N}$，弧度形式为 $\omega_{\mathrm{d}}=\dfrac{2\pi f}{f_{\mathrm{s}}}=\dfrac{2\pi T_{\mathrm{s}}}{T}=\dfrac{2\pi}{n}=\dfrac{2\pi k}{N}$。鉴于虚拟仪器项目程序开发过程

中常使用数字频率，图 17-5 对模拟频率和数字频率的特点进行了分类汇总。

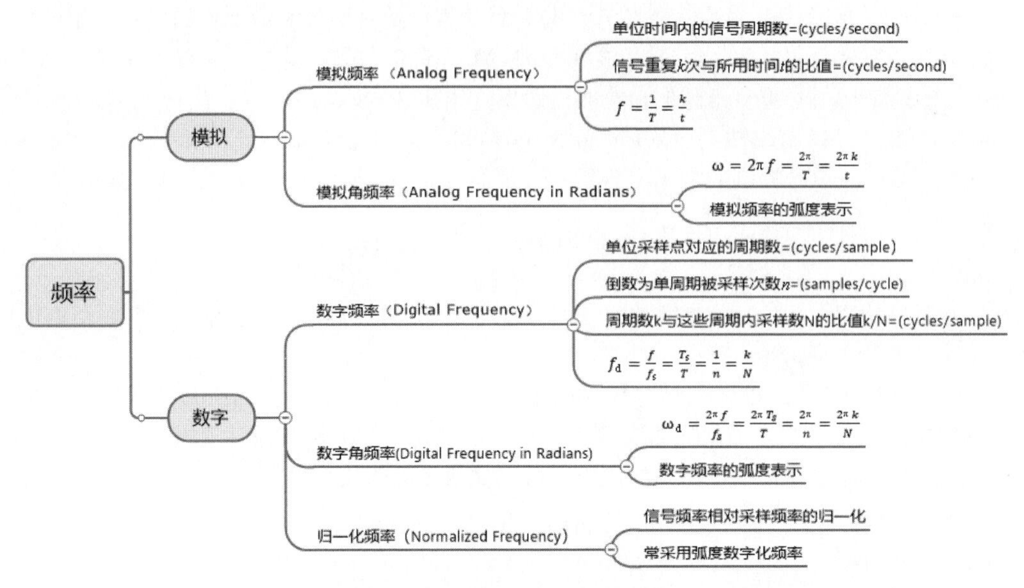

图 17-5 模拟频率和数字频率

综上所述，在实际工程实践中，可通过周期数与这些周期数内采样点数的比值得到数字频率。例如，若 2 个周期内对信号的采样数为 100 点，则可计算得到数字频率为 $f_{\mathrm{d}}=\frac{2}{100}=0.02(\mathrm{cycles/sample})$，也就是说每个信号周期内有 50 个采样点。当然，也可以直接使用信号的频率来计算数字频率，这时要注意使用每秒的采样点数，即

$$f_{\mathrm{d}}=\frac{f}{f_{\mathrm{s}}}=\frac{\mathrm{cycles/second}}{\mathrm{samples/second}}=\mathrm{cycles/sample}=\frac{1}{\mathrm{samples/cycle}}=\frac{1}{n}=\frac{k}{N}$$

其中，n 为单个周期内信号被采样的次数（samples/cycle）；N 为 k 个周期内信号被采样的次数。

为什么要用数字频率呢？这主要是因为在对模拟信号进行数字化时，采样频率的影响不可忽视，例如，对不同的模拟信号使用不同的采样频率进行数字化，可能会得到完全相同的数字信号，如图 17-6（a）所示。而对相同的信号使用不同的采样频率采样时，则可能得到完全不同的采样结果，如图 17-6（b）所示。由此可见，在对数字信号频率进行描述时，必须综合使用原模拟信号频率和对其采样的频率。

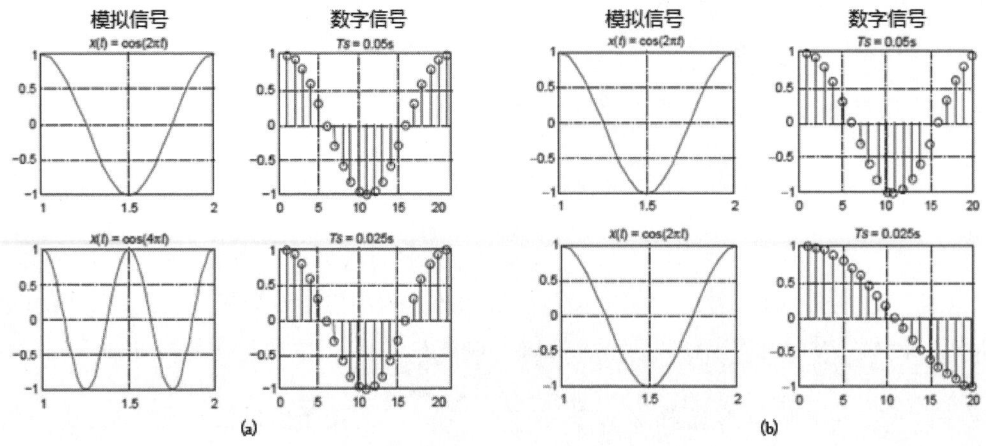

图 17-6 采样频率对数字信号的影响

对虚拟仪器系统来说，几乎所有要处理的信号均可归为模拟信号或数字信号两大类，且以电压或电流的形式出现。包括常见的模拟输入（Analog Input）、模拟输出（Analog Output）、数字输入（Digital Input）和数字输出信号（Digital Input）等。模拟信号用于监测各种测量值可能会连续变化的物理现象，如温度、压力、流量、速度等。数字信号则一般仅有两个值（如高电平和低电平），用于表征开关量、真假结果等。

17.1.1 典型测试信号

虚拟仪器系统开发过程中，经常要用一些由程序生成的信号对系统算法进行测试。这些测试信号包括正弦波（Sine Wave）、方波（Square Wave）、三角波（Triangle Wave）、锯齿波（Sawtooth Wave），各种类型的噪声以及由正弦波叠加组成的多音信号（Multitone Signals）等。LabVIEW 为此提供了专门的“信号生成”（Signal Generation）和“波形生成”（Waveform Generation）函数。其中信号生成函数用于创建描述特定波形的一维数组，而波形生成函数则用于创建各种类型的单频和混合单频信号、函数发生器信号及噪声信号，且以“波形数据簇 Waveform”的格式输出。

LabVIEW 提供的“信号生成”函数位于 Signal Processing → Signal Generation 函数选板中，如图 17-7 所示。这些函数总体上可分为“典型测试信号生成”函数和“噪声生成”函数两类。

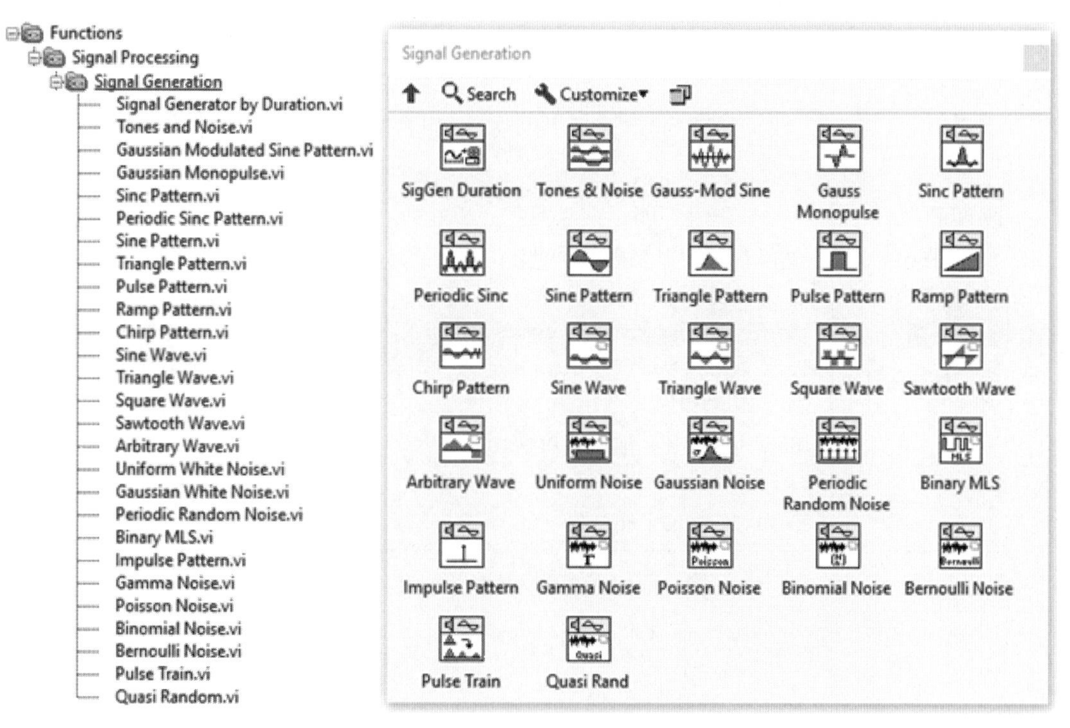

图 17-7 LabVIEW 信号生成函数

表 17-1 对典型测试信号的数学表达式和关键特点进行了汇总。大多数信号生成函数均需要归一化数字频率作为输入，若已知模拟频率，则需要结合采样率等计算或转换得到“每采样对应周期数”（cycles/sample）形式的数字频率，再传递给 VI。此外，还应注意采样率必须大于信号频率的两倍，以符合 Nyquist 定律，也就是说采样点数与持续时间的比值需要大于信号模拟频率的两倍；否则，就需要通过增加采样点数、减少持续时间或降低频率的方式，使采样率满足 Nyquist 定律。

表 17-1 典型信号的生成函数

<table>
<tr><th>信　号</th><th>数学表达式</th><th>说　明</th></tr>
<tr><td>正弦序列
（Sine Pattern） 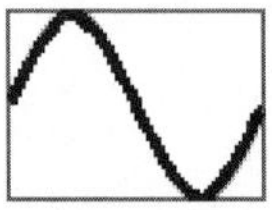</td><td>$y_i = A \cdot \sin\left(\frac{2\pi k}{N} + \frac{\pi\varphi}{180}\right)$
A 为幅度；
k 是信号中周期的个数；
φ 为初始相位；
$i = 1, 2, \cdots, (N-1)$；
N 为对信号的采样总数</td><td>● 根据指定的参数生成包含正弦序列信号的数组
● 余弦序列可通过将正弦序列相位右移 90° 获得</td></tr>
<tr><td>正弦波
（Sine Wave 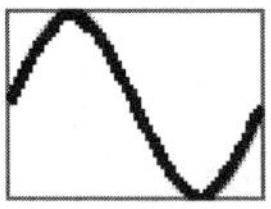 ）</td><td>$y_i = A * \sin(f_d * 360 * i + \varphi)$
A 为幅度；
f_d= 信号频率 / 采样率（cycles/sample），为归一化数字频率；
φ 为初始相位；
$i = 1, 2, \cdots, (N-1)$；
N 为对信号的采样总数</td><td>● 生成含有正弦波的数组
● 初始相位可以重置或使用上一次执行时的输出值
● 为可重入 VI，可被连续调用生成重复波形序列
● 正弦波只有单一频率分量
● 可用于测量谐波失真（Harmonic Distortion）、互调失真（Intermodulation Distortion）和频率响应</td></tr>
<tr><td>方波
（Square Wave） 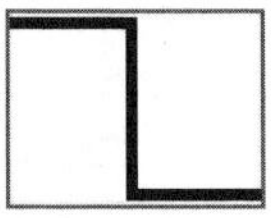</td><td>$y_i = A * \text{Square}(f_d * 360 * i + \varphi) = \begin{cases} A, 当 0 \leqslant p < \left(\frac{\text{duty}}{100} 360\right) 时 \\ -A, 当 \left(\frac{\text{duty}}{100} 360\right) \leqslant p < 360 时 \end{cases}$
$p = (f_d * 360 * i + \varphi) \bmod 360$；
A 为幅度；
f_d= 信号频率 / 采样率（cycles/sample），为归一化数字频率；
φ 为初始相位；
duty 为占空比，取值为 0 ～ 100；
$i = 1, 2, \cdots, (N-1)$；
N 为对信号的采样总数</td><td>● 生成含有方波的数组
● 为可重入 VI
● 初始相位可以重置，或使用上一次执行时的输出值
● 可被连续调用生成重复波形序列
● 方波由多个基频奇次谐波的正弦波叠加而成，其中每个谐波的幅度与其频率成反比
● 可用于抖动测试</td></tr>
<tr><td>三角序列
（Triangle Pattern） 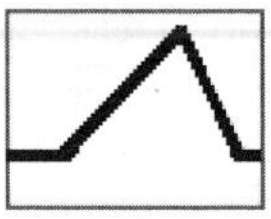</td><td>$y_i = \begin{cases} \frac{A * X_i}{w * k}, 当 0 \leqslant X_i < w * k 时 \\ \frac{A * (w - X_i)}{w * (1-k)}, 当 w * k \leqslant X_i < w 时 \\ 0, 其他 \end{cases}$
$X_i = \text{d}t * i - \text{delay}$；
A 为幅度；
w 为宽度；
k 为不对称度，是三角形两斜边在底边投影的比值；
dt 为采样间隔；
delay 为延迟；
$i = 1, 2, \cdots, (N-1)$；
N 为对信号的采样总数</td><td>根据指定参数生成包含三角序列信号的数组</td></tr>
</table>

续表

信　　号	数学表达式	说　　明
三角波 （Triangle Wave）	$y_i = A*\text{Tri}(f_d*360*i+\varphi) = \begin{cases} A*\left(\dfrac{p}{90}\right), 0 \leqslant p < 90\text{时} \\ A*\left(2-\dfrac{p}{90}\right), 90 \leqslant p < 270\text{时} \\ A*\left(\dfrac{p}{90}-4\right), 270 \leqslant p < 360\text{时} \end{cases}$ $p=(f_d*360*i+\varphi)\bmod 360$； A 为幅度； f_d 为归一化数字频率 = 信号频率 / 采样率（cycles/sample）； φ 为初始相位； $i=1,2,\cdots,(N-1)$； N 为对信号的采样总数	• 生成含有三角波的数组 • 为可重入 VI • 初始相位可以重置或使用上一次执行时的输出值 • 可被连续调用生成重复波形序列 • 包含频率是基频倍数的谐波分量
锯齿波 （Sawtooth Wave）	$y_i = A*\text{Sawtooth}(f_d*360*i+\varphi) = \begin{cases} A*\left(\dfrac{p}{180}\right), 0 \leqslant p < 180\text{时} \\ A*\left(\dfrac{p}{180}-2\right), 180 \leqslant p < 360\text{时} \end{cases}$ $p=(f_d*360*i+\varphi)\bmod 360$； A 为幅度； f_d 为归一化数字频率 = 信号频率 / 采样率（cycles/sample）； φ 为初始相位； $i=1,2,\cdots,(N-1)$； N 为对信号的采样总数	• 生成含有锯齿波的数组 • 为可重入 VI • 初始相位可以重置或使用上一次执行时的输出值 • 可被连续调用生成重复波形序列 • 包含频率是基频倍数的谐波分量
斜坡模式 （Ramp Pattern）	$y_i = \dfrac{\text{end}-\text{start}}{N}*i-\text{start}$； start 为斜坡序列信号的第一个值； end 为斜坡序列信号的最后一个值； $i=1,2,\cdots,(N-1)$； N 为对信号的采样总数	根据指定的参数生成包含斜坡序列信号的数组
冲激函数 （Impulse Pattern）	$y_i = \begin{cases} A, \text{当} i=\text{delay}\text{时} \\ 0, \text{其他} \end{cases}$ A 为幅度； delay 为延迟； $i=1,2,\cdots,(N-1)$； N 为对信号的采样总数	• 根据指定的参数生成包含冲激信号的数组 • 包括对于给定的采样率和样本数可以表示的所有频率 • 可用于测量频率响应
脉冲序列 （Pulse Pattern）	$y_i = \begin{cases} A, \text{当delay} \leqslant i < (\text{delay}+w)\text{时} \\ 0, \text{其他} \end{cases}$ A 为幅度； w 为宽度； delay 为延迟； $i=1,2,\cdots,(N-1)$； N 为对信号的采样总数	• 根据指定的参数生成包含脉冲序列信号的数组 • 可用于过冲、欠冲和上升下降时间的测量

续表

信　　号	数学表达式	说　　明
脉冲序列（Pulse Train）	$y_i = \sum_{m=0}^{N-1} A_m * \text{Pulse}(\text{d}t * i - D_m)$ A_m 为第 m 个脉冲的幅度； Pulse 为原型脉冲函数； dt 是脉冲序列的采样间隔； D_m 为第 m 个脉冲的延迟； $i = 1, 2, \cdots, (N-1)$； N 为对信号的采样总数	• 依据原型脉冲生成合并一系列脉冲得到的数组 • 该 VI 依据指定的插值方法生成脉冲序列 • 两个相邻脉冲延迟之差（D_i-D_j）小于原型脉冲的宽度时会出现脉冲交叠现象 • 脉冲序列的采样与原型脉冲采样在时间上不完全一致时，使用指定的插值方法（线性、最近邻、样条或 Cubic Hermite 方法）获得脉冲序列的采样
高斯单脉冲（Gaussian Monopulse）	$y_i = 2\pi A\sqrt{\text{e}}\left(\text{d}t * i - \text{delay}\right) * \text{e}^{-2[\pi f_c(\text{d}t*i-\text{delay})]^2}$ A 为幅度； dt 是采样间隔； delay 为延迟； f_c 为中心频率（Hz）； $i = 1, 2, \cdots, (N-1)$； N 为对信号的采样总数	生成含有高斯单脉冲的数组
Sinc 序列（Sinc Pattern）	$y_i = A * \sin c(\text{d}t * i - \text{delay}) = A * \dfrac{\sin[\pi(\text{d}t * i - \text{delay})]}{\pi(\text{d}t * i - \text{delay})}$ A 为幅度； dt 是采样间隔； delay 为延迟，用于移动 Sinc 信号的峰值； $i = 1, 2, \cdots, (N-1)$； N 为对信号的采样总数	• 根据指定的参数生成包含 Sinc 序列信号的数组 • Sinc(x) 函数的主瓣位于区间上 • |x|=1 时，Sinc(x)=0，因此主瓣位于 Sinc 函数的第一组零点之间 • x=0 时，Sinc 函数出现峰值 • 可用于插值
周期 Sinc 序列（Periodic Sinc Pattern）	$y_i = \begin{cases} A * (-1)^{k(N-1)}, \text{当} (\text{d}t * i - \text{delay}) = 2k\pi, k \text{为整数} \\ A * \dfrac{\sin[N(\text{d}t * i - \text{delay})/2]}{N * \sin[(\text{d}t * i - \text{delay})/2]}, \text{其他} \end{cases}$ A 为幅度； dt 是采样间隔； delay 为延迟，用于移动 Sinc 信号的峰值； $i = 1, 2, \cdots, (N-1)$； N 为对信号的采样总数	生成包含周期 Sinc 信号的数组

续表

信　号	数学表达式	说　明
啁啾序列 （Chirp Pattern）	$y_i = A * \sin[(0.5 * p * i + q) * i]$ $p = \dfrac{2\pi(f_{d1} - f_{d2})}{N}$ $q = 2\pi f_{d1}$ A 为幅度； f_{d1} 为归一化的开始数字频率（cycles/sample）； f_{d2} 为归一化的结束数字频率（cycles/sample）； $i = 1, 2, \cdots, (N-1)$； N 为对信号的采样总数	● 生成包含 chirp 信号的数组 ● 从起始频率扫描到终止频率的正弦波，可在整个给定频率范围内产生能量 ● 在特定范围内有离散频率，该离散频率由采样率、起止频率及样本数决定 ● 多用于频率响应测量
高斯调制正弦波 （Gaussian Modulated Sine Pattern）	$y_i = A * e^{-k(dt*i-\text{delay})^2} \cos[2\pi f_c(dt*i-\text{delay})]$ $k = \dfrac{5\pi^2 b^2 f_c^{\,2}}{q * \ln 10}$ A 为幅度； dt 是采样间隔； delay 为延迟； f_c 为中心频率（Hz）； b 为归一化带宽； q 为衰减； $i = 1, 2, \cdots, (N-1)$； N 为对信号的采样总数	● 生成含有经高斯调制的正弦波的数组 ● 功率谱密度在中心频率 f_c 处有峰值 $\sqrt{\pi / k}$ ● 功率谱密度在 $f_c \pm \dfrac{b * f_c}{2}$ 处衰减至 q 分贝 峰值 $= \sqrt{\pi / k}$　衰减　q 带宽 $*f_c$
任意波形 （Arbitrary Wave）	$y_i = A * WT\left(\dfrac{(p_i \bmod 360) * m}{360}\right)$ A 为幅度； $p_i = (f_d * 360 * i + \varphi) \bmod 360$； f_d= 信号频率 / 采样率（cycles/sample），为归一化数字频率； φ 为初始相位； WT 是基于任意波形表 WaveTable 的函数，若未选用插值方式，则 $WT(x) = \text{WaveTable}[\text{int}(x)]$，选用插值方式时为 $WT(x) = \text{WaveTable}[\text{int}(x)]$ 与 $WT(x) = \text{WaveTable}[\text{int}(x)+1]$ 的插值； m 是波形表的大小； $i = 1, 2, \cdots, (N-1)$； N 为对信号的采样总数	根据指定的参数生成包含任意波形的数组

此外，表 17-1 所列的信号中，部分有“序列”（Pattern）和“波”（Wave）两种生成方式，如正弦序列和正弦波。它们的区别在于，序列生成方式一般用于只需生成单次信号的情况，而波生成方式则常被重复调用，以便将输出拼接为更长的波形序列。在 VI 设计时，波生成方式的 VI 被设置为可重入（Reentrant）VI 的“为各实例预分配克隆”（Preallocated Clone）类型（图 17-8），且可通过功能全局量跟踪所生成信号的相位，在下一次重复调用时将其作

为输入相位。有关可重入 VI 和功能全局量的详细内容，可参阅 5.5 节和 8.2 节。

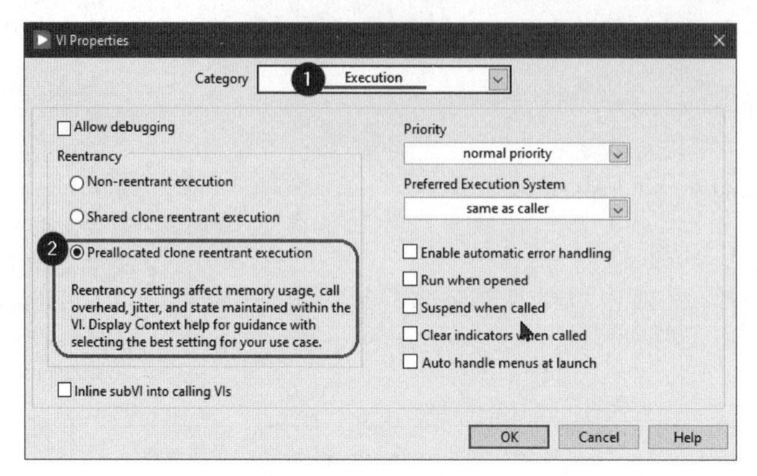

图 17-8　设置可重入 VI 为预分配克隆类型

图 17-9 是典型测试信号及其频谱生成实例。程序除了在 Tab 控件的各页面上列出了典型信号的数学表达式，还给出了各典型参数配置下的波形图。该实例源码可在随书附赠的资源文件中找到。

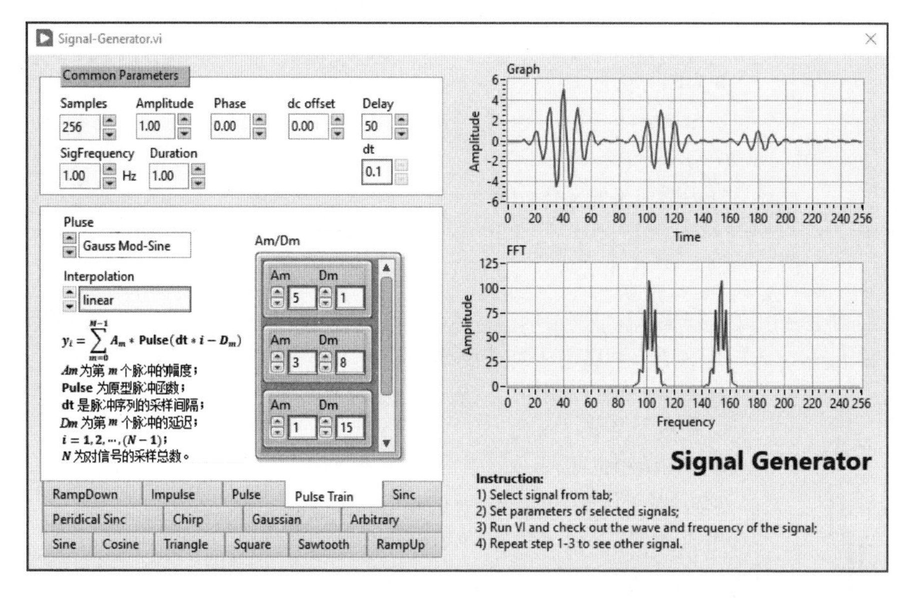

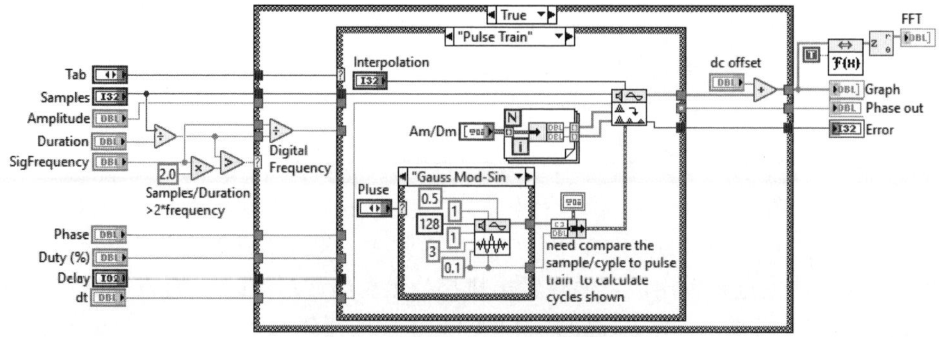

图 17-9　典型测试信号及其频谱生成实例

在典型测试信号中，除了正弦波外，其他信号的频谱是不受用户控制的。正弦信号因其只有单一可控频率分量，常被用于测量谐波失真（Harmonic Distortion）、互调失真（Intermodulation Distortion）和频率响应（Frequency Response）。将单个正弦信号输入系统，可以确定系统中引入的其他谐波分量。也可将多个幅度、相位和频率可明确分开的两个或多个正弦信号组合叠加在一起构成双音信号（Dual-Tone Signal）或多音信号（Multitone Signal），用来测量系统的互调失真（Intermodulation Distortion）或频率响应。双音或多音信号通常包含多个频率对应正弦波的整数个周期，且不同频率均位于独立的频带内互不交叠。这种特点使其能快速有效地在任意频段进行频率响应测试。

多音信号中各频率分量所对应正弦信号的相位也可以连续或随机变化。若其中各频率分量对应正弦信号的相位逐个从0°～360° 连续变化，会生成具有较低波峰系数（Crest Factor）的多音信号。波峰系数是信号幅度峰值与有效值（又称为均方根值，RMS-Root Mean Square）的比值。由于有效值可以等效地计算信号的能量，因此对于有相同峰值的信号，较大波峰系数意味着信号的能力较小。当然也可以随机变化多音信号各频率分量所对应正弦波的相位，将其施加至测试系统。

在某些情况下，正弦扫频（Swept Sine）方法却可能比多音信号合适。这种方法将正弦信号连续地施加至系统，并连续不断改变正弦信号频率，或者将某个频率的正弦信号施加至系统一段时间后再改变频率，重新施加至系统进行频率响应测试。这种方式比使用多音信号进行测试要慢，但是多音信号中的每个频率分量信号的能量却低于单个正弦波的能量，因此它们对噪声更敏感。

17.1.2 常用噪声和随机信号

噪声信号常被用于进行频率响应测试或模拟测试。常用的噪声信号有均匀白噪声（Uniform White Noise）、高斯白噪声（Gaussian White Noise）、周期性随机噪声（Periodic Random Noise）及符合某种概率分布的随机噪声等。表17-2对常见噪声信号的数学表达式和关键特点进行了汇总。

表 17-2 常见噪声信号的生成函数

信号	数学表达式	说明
均匀白噪声（Uniform White Noise）	$y_{n+1}=\left(\frac{A_{n+1}}{30\,269}+\frac{B_{n+1}}{30\,307}+\frac{C_{n+1}}{30\,323}\right)\text{mod }1$ $A_{n+1}=(171*A_n)\text{mod }30\,269$ $B_{n+1}=(171*B_n)\text{mod }30\,307$ $C_{n+1}=(171*C_n)\text{mod }30\,323$ $y_0=A_0=B_0=C_0$，为种子(Seeds) 概率密度函数PDF(x)如下，其中A为幅度： $\text{PDF}(x)=\begin{cases}\frac{1}{2\lvert A\rvert}, & -\lvert A\rvert\leqslant x\leqslant\lvert A\rvert\\ 0, & \text{其他}\end{cases}$	• 由Wichmann-Hill生成器通过线性组合不同短周期随机数生成器的输出产生长周期的伪随机（Pseudo Random）数序列 • 功率谱密度为常数，在相同宽度的频段上功率相同 • 伪随机序列产生约6.95×10^{12}个采样后才会重复出现 • 可作为激励用来测量放大器和电子滤波器的频率响应 • 可通过“初始化”参数控制是否继续使用种子，以生成较长的噪声序列

续表

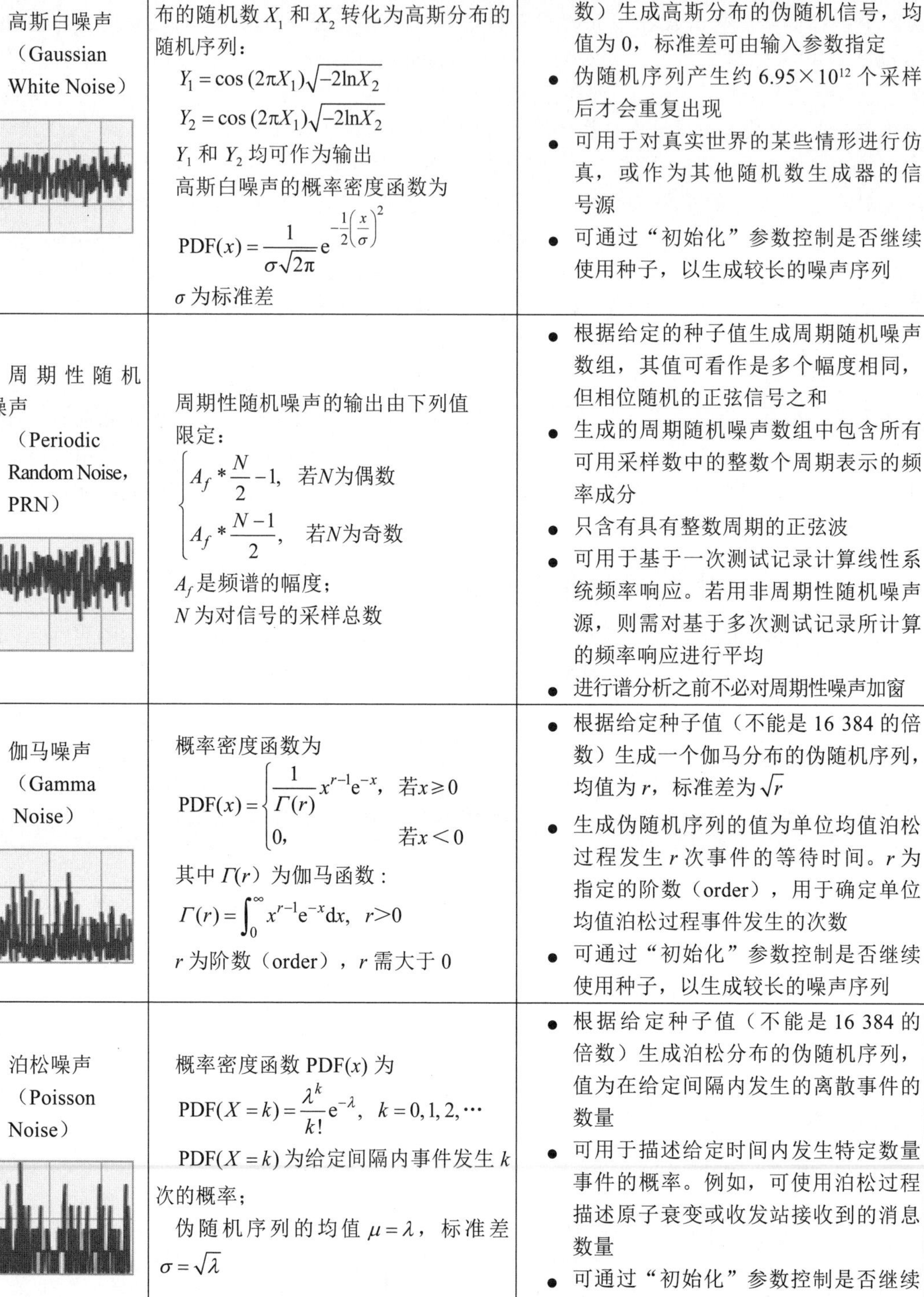

信　号	数学表达式	说　明
高斯白噪声（Gaussian White Noise）	通过改进的 Box-Muller 方法，将 Wichmann-Hill 生成器生成的、均匀分布的随机数 X_1 和 X_2 转化为高斯分布的随机序列： $Y_1=\cos(2\pi X_1)\sqrt{-2\ln X_2}$ $Y_2=\cos(2\pi X_1)\sqrt{-2\ln X_2}$ Y_1 和 Y_2 均可作为输出 高斯白噪声的概率密度函数为 $\mathrm{PDF}(x)=\dfrac{1}{\sigma\sqrt{2\pi}}\mathrm{e}^{-\frac{1}{2}\left(\frac{x}{\sigma}\right)^2}$ σ 为标准差	• 根据给定种子值（不能是 16 384 的倍数）生成高斯分布的伪随机信号，均值为 0，标准差可由输入参数指定 • 伪随机序列产生约 6.95×10^{12} 个采样后才会重复出现 • 可用于对真实世界的某些情形进行仿真，或作为其他随机数生成器的信号源 • 可通过“初始化”参数控制是否继续使用种子，以生成较长的噪声序列
周期性随机噪声（Periodic Random Noise，PRN）	周期性随机噪声的输出由下列值限定： $\begin{cases}A_f*\dfrac{N}{2}-1, & 若N为偶数\\ A_f*\dfrac{N-1}{2}, & 若N为奇数\end{cases}$ A_f 是频谱的幅度； N 为对信号的采样总数	• 根据给定的种子值生成周期随机噪声数组，其值可看作是多个幅度相同，但相位随机的正弦信号之和 • 生成的周期随机噪声数组中包含所有可用采样数中的整数个周期表示的频率成分 • 只含有具有整数周期的正弦波 • 可用于基于一次测试记录计算线性系统频率响应。若用非周期性随机噪声源，则需对基于多次测试记录所计算的频率响应进行平均 • 进行谱分析之前不必对周期性噪声加窗
伽马噪声（Gamma Noise）	概率密度函数为 $\mathrm{PDF}(x)=\begin{cases}\dfrac{1}{\Gamma(r)}x^{r-1}\mathrm{e}^{-x}, & 若x\geqslant0\\ 0, & 若x<0\end{cases}$ 其中 $\Gamma(r)$ 为伽马函数： $\Gamma(r)=\int_0^{\infty}x^{r-1}\mathrm{e}^{-x}\mathrm{d}x,\ r>0$ r 为阶数（order），r 需大于 0	• 根据给定种子值（不能是 16 384 的倍数）生成一个伽马分布的伪随机序列，均值为 r，标准差为 $\sqrt{r}$ • 生成伪随机序列的值为单位均值泊松过程发生 r 次事件的等待时间。r 为指定的阶数（order），用于确定单位均值泊松过程事件发生的次数 • 可通过“初始化”参数控制是否继续使用种子，以生成较长的噪声序列
泊松噪声（Poisson Noise）	概率密度函数 PDF(x) 为 $\mathrm{PDF}(X=k)=\dfrac{\lambda^k}{k!}\mathrm{e}^{-\lambda},\ k=0,1,2,\cdots$ $\mathrm{PDF}(X=k)$ 为给定间隔内事件发生 k 次的概率； 伪随机序列的均值 $\mu=\lambda$，标准差 $\sigma=\sqrt{\lambda}$	• 根据给定种子值（不能是 16 384 的倍数）生成泊松分布的伪随机序列，值为在给定间隔内发生的离散事件的数量 • 可用于描述给定时间内发生特定数量事件的概率。例如，可使用泊松过程描述原子衰变或收发站接收到的消息数量 • 可通过“初始化”参数控制是否继续使用种子，以生成较长的噪声序列

续表

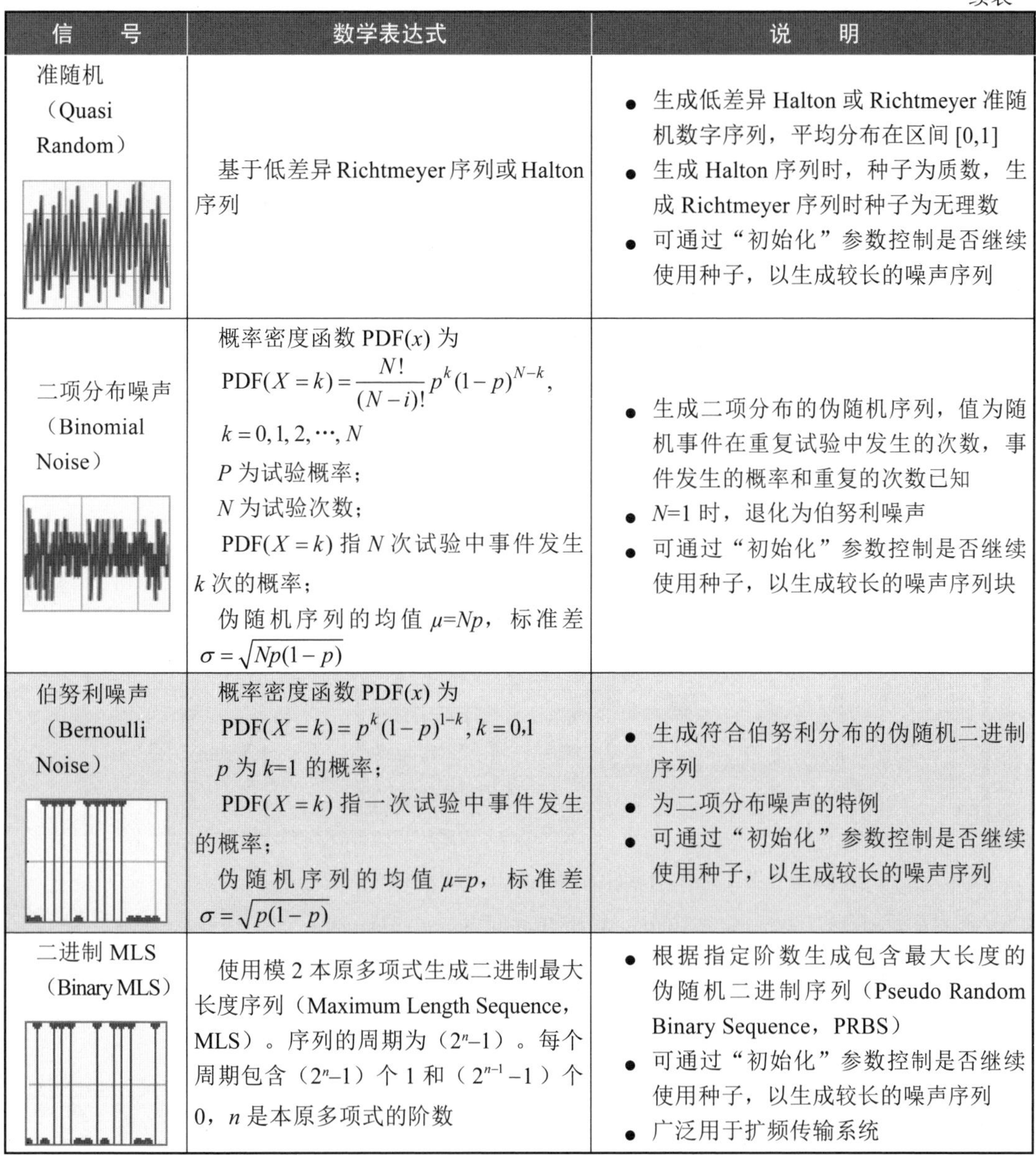

信　号	数学表达式	说　明
准随机（Quasi Random）	基于低差异Richtmeyer序列或Halton序列	● 生成低差异 Halton 或 Richtmeyer 准随机数字序列，平均分布在区间 [0,1] ● 生成 Halton 序列时，种子为质数，生成 Richtmeyer 序列时种子为无理数 ● 可通过“初始化”参数控制是否继续使用种子，以生成较长的噪声序列
二项分布噪声（Binomial Noise）	概率密度函数 PDF(*x*) 为 $\mathrm{PDF}(X=k)=\frac{N!}{(N-i)!}p^k(1-p)^{N-k}$, $k=0,1,2,\cdots,N$ P 为试验概率； N 为试验次数； $\mathrm{PDF}(X=k)$ 指 N 次试验中事件发生 k 次的概率； 伪随机序列的均值 $\mu=Np$，标准差 $\sigma=\sqrt{Np(1-p)}$	● 生成二项分布的伪随机序列，值为随机事件在重复试验中发生的次数，事件发生的概率和重复的次数已知 ● N=1 时，退化为伯努利噪声 ● 可通过“初始化”参数控制是否继续使用种子，以生成较长的噪声序列块
伯努利噪声（Bernoulli Noise）	概率密度函数 PDF(*x*) 为 $\mathrm{PDF}(X=k)=p^k(1-p)^{1-k}, k=0,1$ p 为 k=1 的概率； $\mathrm{PDF}(X=k)$ 指一次试验中事件发生的概率； 伪随机序列的均值 $\mu=p$，标准差 $\sigma=\sqrt{p(1-p)}$	● 生成符合伯努利分布的伪随机二进制序列 ● 为二项分布噪声的特例 ● 可通过“初始化”参数控制是否继续使用种子，以生成较长的噪声序列
二进制 MLS（Binary MLS）	使用模 2 本原多项式生成二进制最大长度序列（Maximum Length Sequence，MLS）。序列的周期为（2^n–1）。每个周期包含（2^n–1）个 1 和（$2^{n-1}-1$）个 0，n 是本原多项式的阶数	● 根据指定阶数生成包含最大长度的伪随机二进制序列（Pseudo Random Binary Sequence，PRBS） ● 可通过“初始化”参数控制是否继续使用种子，以生成较长的噪声序列 ● 广泛用于扩频传输系统

在实际工程开发过程中，噪声也常与多音信号叠加，然后作为某些系统输入，以完成测试。这一过程可由位于 Signal Processing → Signal Generation 函数选板中的 Tones & Noise VI 完成。图 17-10 是基于该 VI 的源代码创建的波形和频谱查看程序。该 VI 的程序代码可以为用户设计信号生成 VI 提供一些建设性的指引。

程序的输入参数包括采样点数、采样频率、多个正弦信号频率、幅度、相位组成的数组和噪声的均方根值等。这些参数传递至由 While 循环构成的功能全局量中，以进行进一步处理。功能全局量中的代码会先检查噪声的均方根值是否非 0，若非 0 就使用 Gaussian White Noise VI 生成高斯白噪声。在 VI 生成噪声过程中，程序检测以下“初始化条件”中任意一个是否满足：

（1）VI 是否被第一次调用。

（2）Reset Signal 参数是否被设置为 True。

（3）要求叠加的信号数量相较前一次调用是否有所改变。

若任意一个条件为真，程序就通过设置 Gaussian White Noise VI 的初始化参数为 True，来要求其使用新的种子值（Seed）生成噪声。

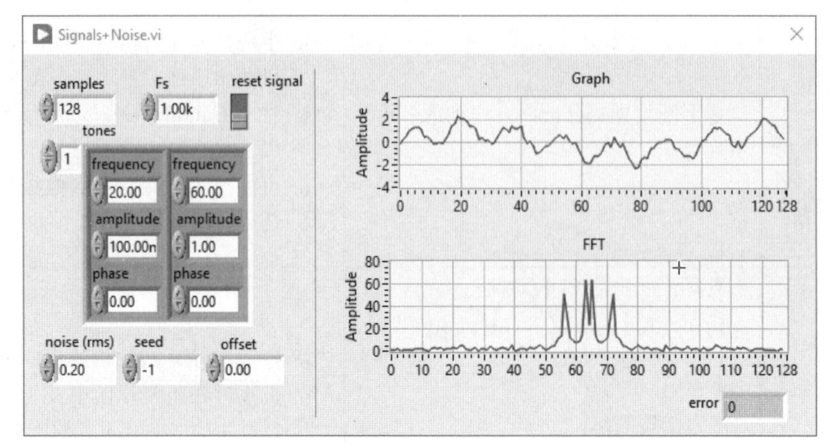

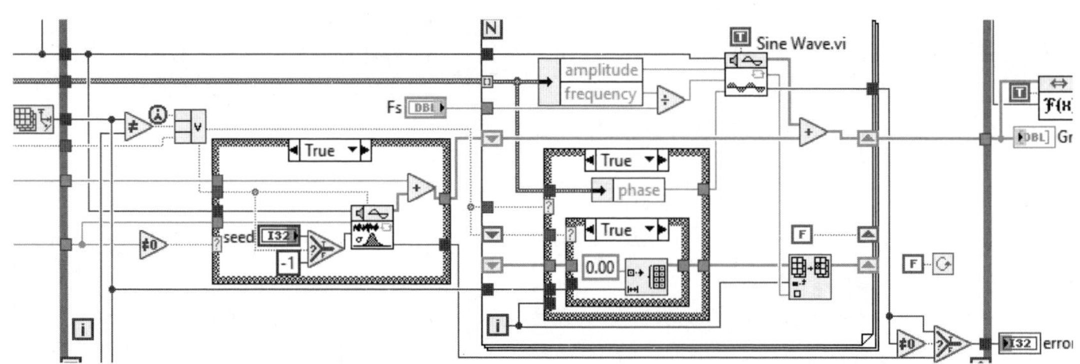

图 17-10　Tones & Noise VI 波形和频谱查看程序

要叠加的正弦信号的参数由 For 循环从数组 Tones 中逐个取出，做相应转换后传递给 Sine Waves VI 来生成正弦波。其中幅度会被直接传递，频率会与采样频率 F_s 相除，转换为数字频率后再做传递，每个正弦信号的相位会被记录在数组中，并由 For 循环和寄存器构成的功能全局量进行保存。

在 VI 时，若前述“初始化条件”满足，则相位数组会被重置，否则将继续沿用上次调用的值。程序最后显示了多音信号和噪声叠加后的波形，以及其幅度谱。

17.1.3　模拟波形

模拟波形生成 VI（图 17-11）用于生成各种类型的单频和混合单频信号、函数发生器信号及噪声信号等。从本质来看，模拟波形生成 VI 是对典型测试信号生成 VI 的进一步封装，同时以 Waveform 簇数据格式输出生成的波形，以便开发人员能更方便快速地使用 LabVIEW 提供的 Waveform 操作处理 VI，完成信号处理工作。

各模拟波形生成 VI 的封装源代码极其相似，因此可用图 17-12 所示的模拟正弦波形生成 VI 源代码为例，来研究封装过程中的关键技术点。一方面可以指导 VI 的使用，另一方面还能将这些技术用于其他信号处理 VI 的设计过程中。如图 17-12 所示的模拟正弦波形生成 VI 以信号幅度、频率、相位、采样信息、重置参数和错误信息等作为输入。若无输入错误信息，则程序先由 Trap Fgen Errors VI 中的代码来判断采样频率是否大于信号频率的两倍（Nyquist 采样定理），若满足，程序便执行 While 循环中的代码。

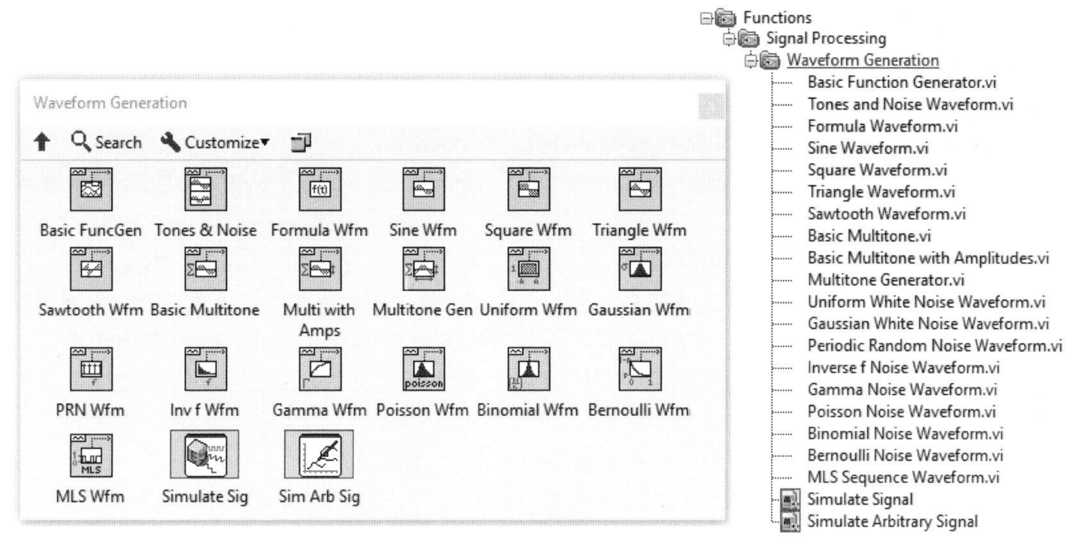

图 17-11　模拟波形生成函数

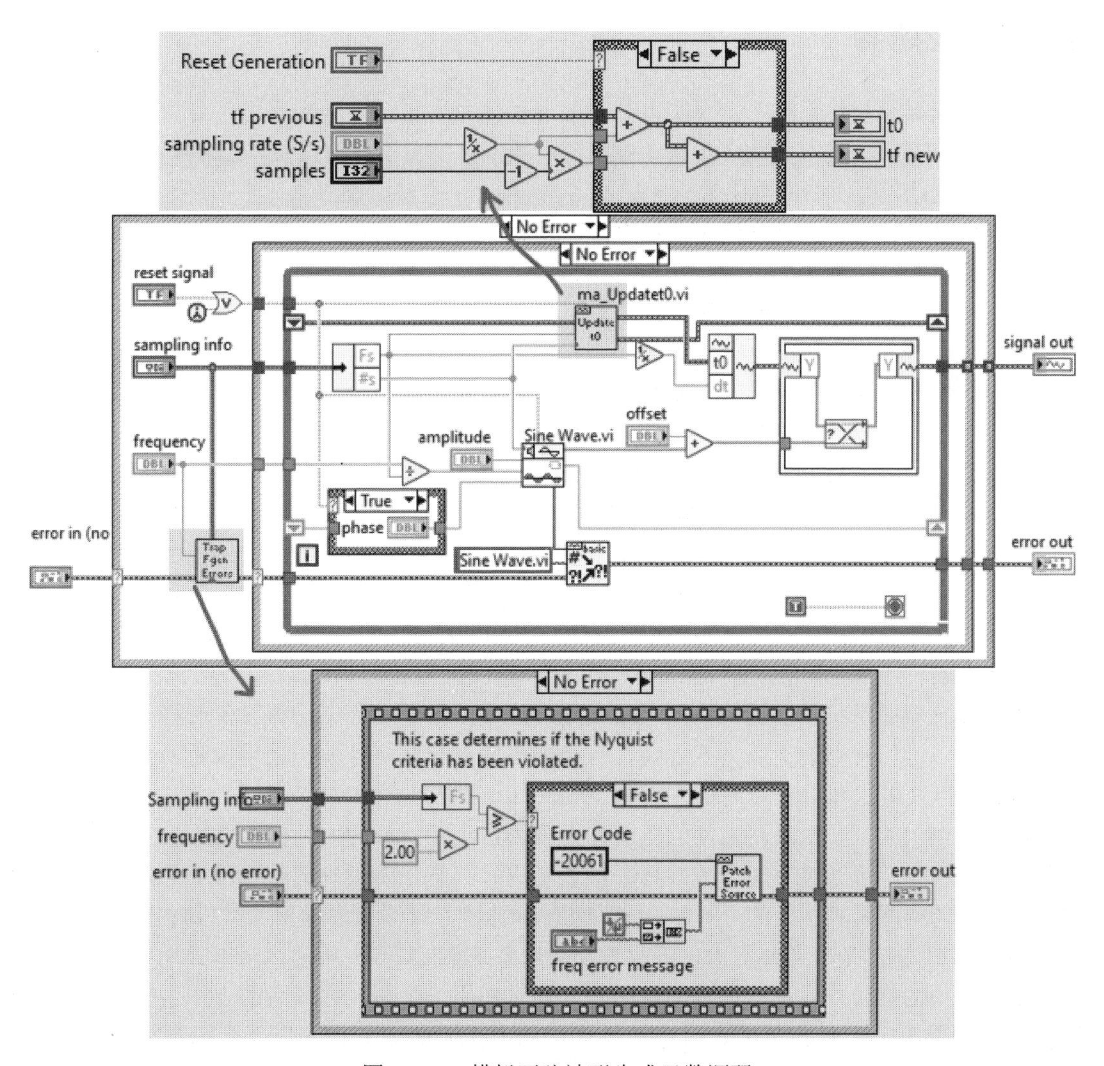

图 17-12　模拟正弦波形生成函数源码

While 循环中的代码会根据输入的信号频率和采样信息计算数字频率，并将结果输入至 Sine Wave.vi 正弦信号生成函数，生成代表信号的一维数组。与此同时，代码中的 ma_Update0.vi 函数会维护更新每次调用的时间戳，以方便下次 VI 的调用。最后程序将时间戳、采样间隔和代表信号的一维数组捆绑成 Waveform 格式输出。

模拟正弦波形生成 VI 源代码封装过程中使用了 While 循环和寄存器组成的功能全局量来记录生成信号的相位和时间戳。若 VI 不是第一次被调用或未被要求重置信号，功能全局量就会将前一次执行的相位和时间戳结果作为其输入带到下一次执行中。此外，为了提高程序的执行效率，在进行 Waveform 格式数据打包时，采用了数据原址操作结构来替换簇中的数组。元素同址操作结构无须在内存中复制数据，而是对数据元素在内存的同一个位置进行操作，并将结果返回到相同位置。对于数组等大块的数据操作来说，使用元素同址操作结构可以快速完成计算。

与正弦波形生成 VI 类似，其他波形生成 VI 也采用了类似的封装，以简化波形信号的生成。包括方波、三角波、锯齿波以及各类噪声和随机信号波形。由于这些波形的生成均是基于典型测试信号或常用的噪声和随机信号，因此输入参数的选择与 VI 的使用也大同小异。

17.2 传感器

在虚拟仪器和测控系统中，现实世界中的各种信号通常会被转换为电信号进行测量或处理。传感器（Sensor）是可将物理量按一定规律转换成可测量信号的设备，它通常输出电信号，如电压、电流或阻值可变的电阻等。

传感器种类繁多，分类方法也多种多样。根据输出信号的类型不同，可将传感器分为模拟和数字两大类。实际中大多数传感器为模拟传感器，这类传感器通过输出的模拟电信号表示测量的信号。数字传感器则通过一组离散（通常为二进制）数值表示信号。根据工作时是否需要外部电源，可将传感器分为无源和有源两类。无源传感器需要依赖外部电源来工作，同时通过改变流经它们的电流来反映物理信号，有源传感器则可产生电流或电压，无须外部电源就能反映被测物理信号。也可按照工作原理不同，将传感器分为压电式、光电式、吸附式、压阻式、热点式等几类。此外还可按照制造材料和工艺不同，将传感器分为金属、聚合物、半导体、陶瓷、混合物、集成、薄膜等类别。

依据传感器所检测物理量对传感器进行分类的方法在实际中最常见。被测物理量如温度、应变、力、压强、声音、振动、加速度、位移、流量和光强等，与这些物理量对应的传感器可将其转换为电压或电流信号，以供后续测量。图 17-13 显示了常见物理量与能将其转换为可测量信号的传感器之间的对应关系。

由于传感器通常将物理量转换为电压或电流信号，再作为数据采集设备的输入被测量，因此在研究各类传感器的使用方式之前，有必要先简要介绍信号源与采集设备的接地类型、连接方式，以及电压和电流测量相关的基础知识。

电压是电气或电子电路两点间的电势差，分为直流和交流两类。传感器输出的电压信号多数为直流电压，可通过万用表或数据采集设备进行测量。为正确测量电压信号，应先明确电压信号源的类型是“接地信号（Grounded Signal）源”还是“浮地信号（Floating Signal）源”。接地信号源的地线通常与大地或建筑物接地系统连接，因此电压信号以大地为参照点。浮地信号源中的信号一般不以大地为参照点，通常使用一个与大地隔离的点作为参照点。浮地信号源的常见示例包括电池、用电池供电的信号源、热电偶、变压器、隔离放大器等。图 17-14 是两种信号源的示意图。

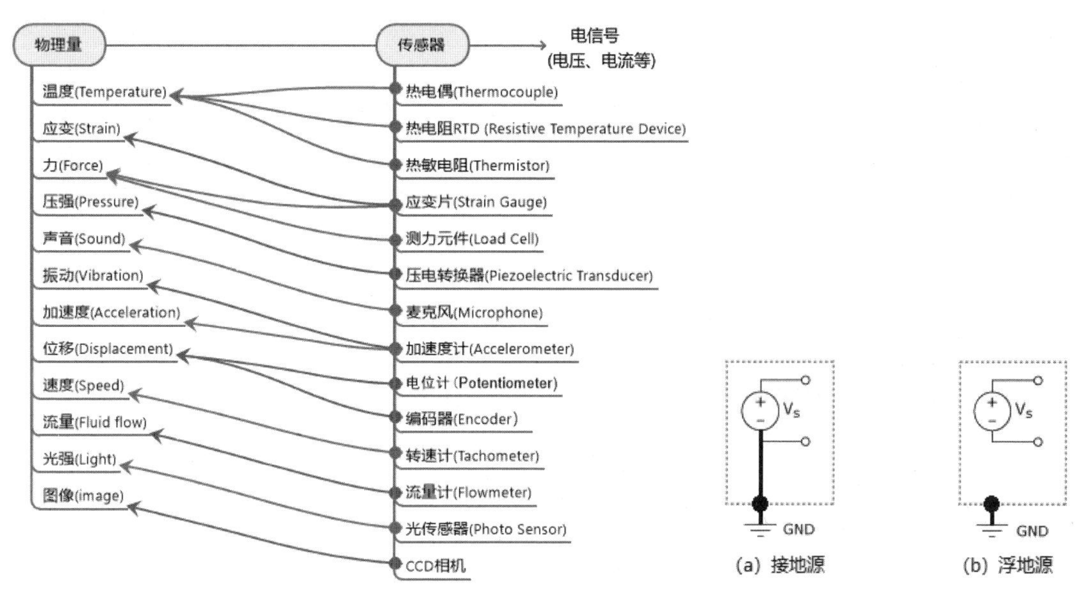

图 17-13　物理量与传感器对应　　　图 17-14　信号源类型

将信号源与数据采集系统连接采集数据时，需要特别注意采集系统的参考点电压。根据参考点不同，数据采集系统与信源的连接方法可分为“单端接地参考”（Single-End Ground Referenced，RSE）、“单端非接地参考”（Single-End Non-Referenced，NRSE）和“差分”（Differential，DIFF）三种类型，如图 17-15 所示。RSE 方式所有通道均以公共地为参考进行信号采集；NRSE 方式所有通道均以外部输入信号 AI SENSE（Analog Input Sense）为参照进行数据采集；DIFF 方式则直接以 AI+ 和 AI- 两个输入端进行数据采集，因此其所需通道数量通常是单端类型的两倍。

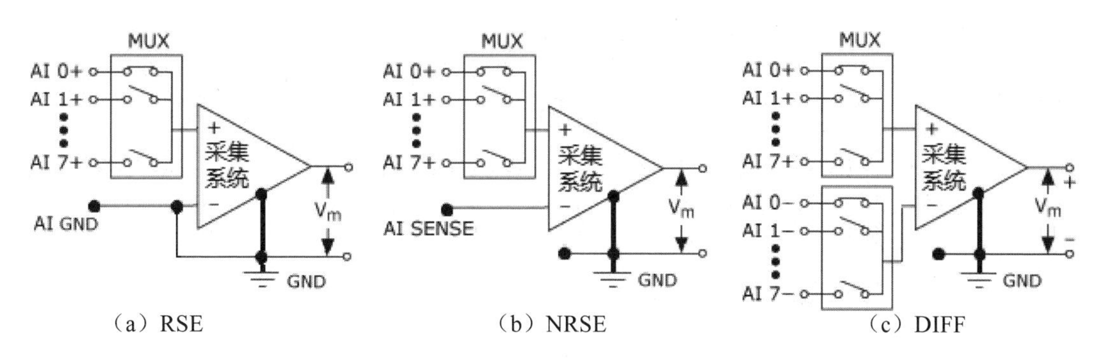

图 17-15　采集系统类型

在进行信号采集时，选择正确的设备连接方式至关重要。通常来说，接地信号最好由 DIFF 或 NRSE 方式进行采集。若使用 RSE 方式对接地信号进行测量时，信号源接地点和采集系统接地点之间通常会存在波动的接地电势差（10 ～ 200mV），该接地电势差一方面会叠加在采集结果上，另一方面会引入噪声，从而导致不准确的采集结果。当使用 DIFF 或 NRSE 方式时，接地电势差会作为采集系统的共模电压从采集信号中被扣除。

浮地信号源可通过 DIFF、NRSE 或 RSE 方式进行采集。但是，使用 DIFF 或 NRSE 方式的采集系统时，应注意确保被采集的浮地信号的电压在采集系统的有效共模输入范围内。为此，一般会在输入电压的负电压端（或参考端）与采集系统地之间接一个 10 ～ 100kΩ 的偏置电阻（Bias Resistor），以将被测信号绑定至采集系统参考地；否则，将导致采集系统的输出不稳定或饱和。偏置电阻值的选取不仅要能继续使被采集电压相对于采集系统的接地端子浮地（要足够大，不增加信号源的负载），又要能将被测电压保持在采集设备的输入范围内（也应足够小）。通常对于低阻抗信号源，如热电偶和信号调理模块输出等，10Ω ～ 100kΩ的偏置电阻就比较合适。

RSE 方式也可用于测量浮地信号，由于这种方式下浮地信号直接连接至采集设备地，并以其为参考，因此不会形成接地回路。但是这种方式相对于 DIFF 和 NRSE 方式，对噪声的抑制能力较弱。一般若被采集信号大于 1V，且在噪声较小的环境中短距离（小于 3m）传输时，可考虑使用 RSE 或 NRSE 方式进行采集，否则就要考虑使用 DIFF 方式。此外，由于 RSE 或 NRSE 方式要求所有多个通道的信号都要共同参考同一接地或参考信号，因此当这一条件不能满足时，也要考虑采用 DIFF 方式。表 17-3 对几种不同电压采集设备连接方式进行了汇总和比较。

表 17-3　电压采集设备连接方式汇总和比较

<table>
<tr><th></th><th>浮 地 信 号</th><th>接 地 信 号</th></tr>
<tr><td>RSE</td><td>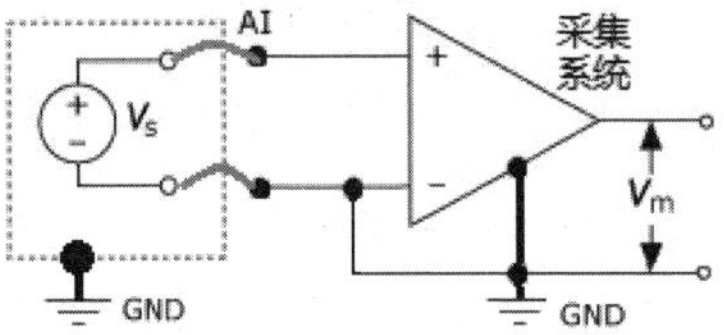

• 无接地回路
• 比 NRSE 易受噪声干扰</td><td>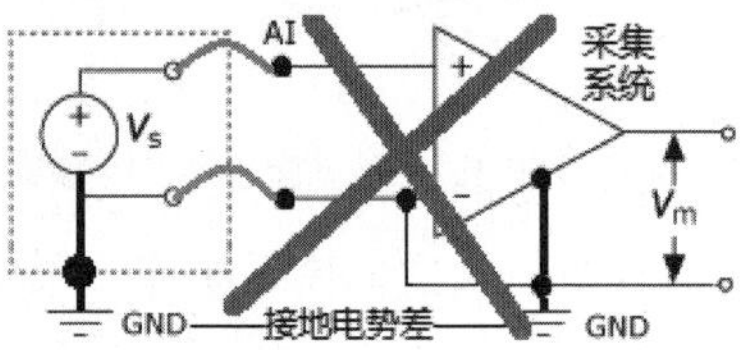

• 不建议使用
• 两接地端电势差会导致接地回路
• 测量结果将受接地电势差和噪声干扰</td></tr>
<tr><td>NRSE</td><td>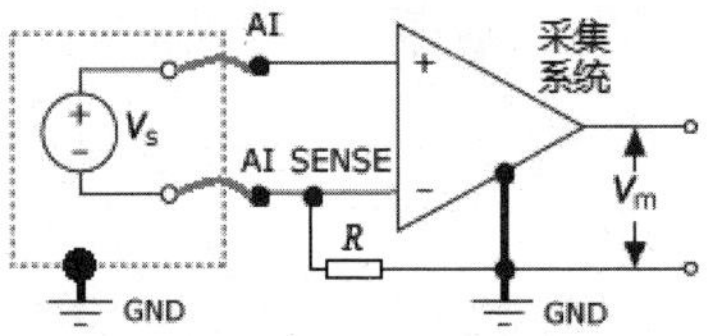

• 10kΩ<*R*<100kΩ
• AI SENSE 由被测的外部信号提供
• 信号源为交流时，各输入端和 AI SENSE 均需接等值电阻 *R*</td><td>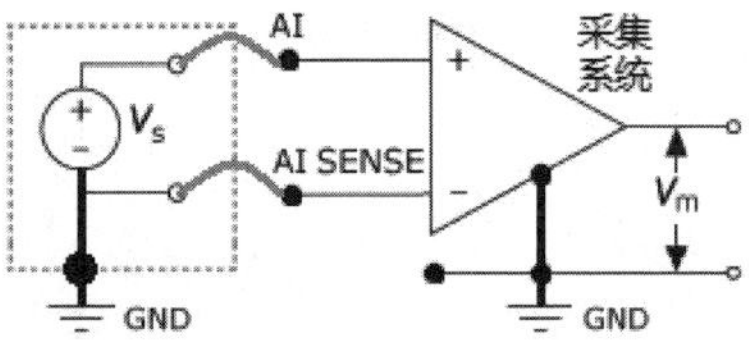

• AI SENSE 由被测的外部信号提供
• 各路被测信号均以 AI SENSE 作为参考</td></tr>
<tr><td>DIFF</td><td>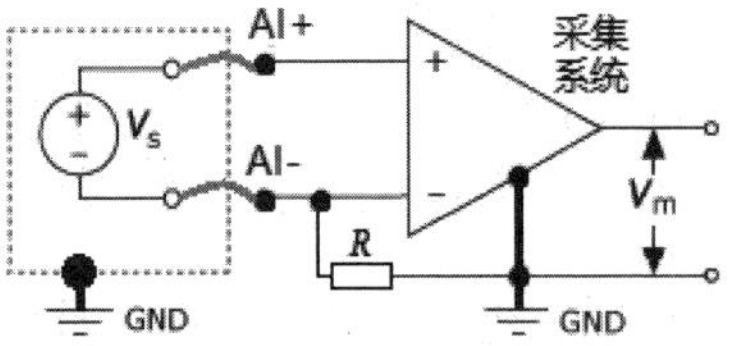

• 10kΩ<*R*<100kΩ
• 信号源为交流时各对输入端均需接等值电阻 *R*</td><td>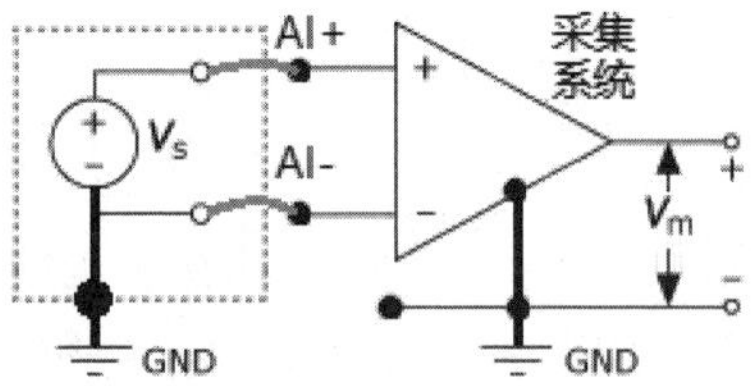

• 各路被测信号成对出现</td></tr>
</table>

电流是指单位时间内通过导线某一截面的电荷，若每秒通过导线某截面的电荷量为 1C，则称电流强度为 1A。测量电流的方法很多，但最常用的方法是根据欧姆定律，通过测量精密电阻上的电压来间接计算流过电阻的电流（图 17-16）。多数电流测量设备都通过一个内部电阻来测量电流，当内部的电阻无法测量更大的电流时，可在外部并联一个分流电阻（Shunt

Resistor），使大部分电流经过分流电阻，只让小部分电流经过测量设备，从而达到测量更大电流的目的。

测量时，电流计和分流电阻应作为整体与电路串联，并且不应成为电路的负担。分流电阻的阻值应尽可能小，以最小化对现有电路造成的干扰。但是，电阻越小时，测量设备的输入也会越小，因此在选取电阻值时，必须在电路干扰和测量设备的输入分辨率之间进行平衡取舍。

此外，电流测量可在低压侧或高压侧进行。在低压侧进行电流测量时，分流电阻会被放在有源负载和地之间。这种方式实现成本低，且被检测信号工作在低压区，不需要共模抑制。但是，低压侧的分流电阻通常会导致负载不再以地为参考，而是在其与地之间会有几 mV 的电压。在高压侧测量电流时，分流电阻常被插入电源和有源负载之间。与低压侧测量相比，高压侧电流测量具有两个关键优势：一是很容易检测负载内部对地产生的短路，因为产生的短路电流将流过分流电阻器，在其两端产生更高的电压；二是这种测量技术不参考接地，因此流过接地平面的高电流产生的差分接地电压不会影响测量。但是高压侧电流测量要求检测设备有较高的共模抑制，这主要是因为在分流器两端产生的小电压恰好低于负载供电电压。分流电阻在电路中的位置尤为重要。若外部电路与检测设备共地，那么应当把分流电阻放置在尽可能接近地的位置；否则，由分流电阻产生的共模电压可能超出检测设备的范围，导致不精确读数或造成设备损坏。

传感器输出的电信号的特征，如电平状态、信号形状和信号的频率等，对于数据采集应用来说尤为重要。信号的电平反映了被测物理现象的强度或大小。信号形状对于研究快速变化的信号至关重要，通常信号形状的细节信息（如峰值和坡度）可以帮助我们分析物理现象（如视频信号、声音和振动）。频率指波形在单位时间内反复出现的次数，它可以提供与被测现象变化速度相关的信息。例如，转速计可以根据物体转动的快慢，输出某一频率方波，便于系统对其速度进行检测，如图 17-17 所示。

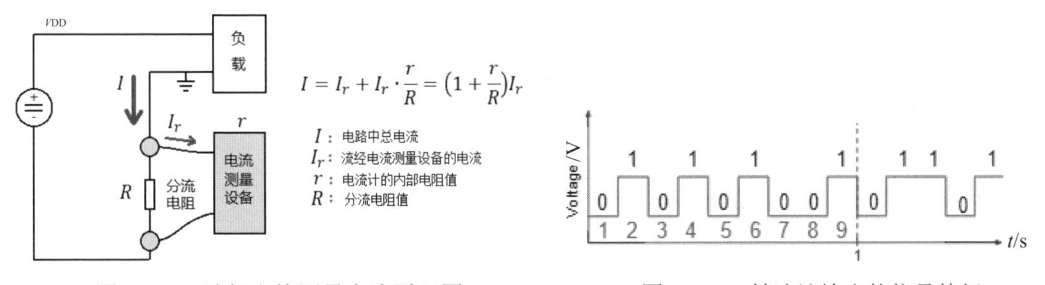

图 17-16　欧姆定律测量电流原理图　　图 17-17　转速计输出的信号特征

一般来说，选择传感器时，需要考虑其范围、分辨率、灵敏度、精准度、响应速度，以及偏移和线性度等主要指标，这些指标分别定义如下。

（1）测量范围（Measuring Range）：指传感器可测量的输入量的最小值与最大值之间的范围。

（2）动态范围（Dynamic Range）：指最小值和最大值之间的差值。

（3）分辨率（Resolution）：指传感器可检测的输入量的最小变化。

（4）灵敏度（Sensitivity）：单位输入量变化可引起的输出量变化的大小，可理解为输出量变化与被测输入量变化之间的比值。

（5）精密度（Precision）：指传感器多次测量结果之间的离散程度。

（6）准确度（Accuracy）：指传感器测量结果相对于某一参照值的偏离程度。体现了被测量的实际值与传感器输出结果之间的差异。

（7）响应速度（Response Speed）：指输入发生变化后，传感器输出端做出相应变化，以确定对应输出所需的时间。

（8）偏移（Deviation）：指输入量的实际值与检测值之间的一致性差异，通常可通过校准进行纠正。

（9）线性度（Linearity）：指传感器输出与输入之间的线性程度，即传感器输出的实际曲线与参考直线之间的接近程度，一般由最大偏差占满量程的百分比来衡量。

（10）迟滞（Hysteresis）：指由于传感器内部缺陷导致的，从量程范围最小值逐渐增加到最大值，与其相反行程之间输入与输出特性曲线不重合的情况。

以下给出了某一距离传感器部分指标的实际例子。

■Absolute Maximum Ratings (T_a=25℃,Vcc=5V)

Parameter	Symbol	Rating	Unit
Supply voltage	V_{CC}	-0.3 to +7	V
Output terminal voltage	V_O	-0.3 to V_{CC}+0.3	V
Operating temperature	T_{opr}	-10 to +60	℃
Storage temperature	T_{stg}	-40 to +70	℃

■Electro-optical Characteristics (T_a=25℃,Vcc=5V)

Parameter	Symbol	Conditions	MIN.	TYP.	MAX.	Unit
Average supply current	I_{CC}	L=80cm (Note 1)	—	30	40	mA
Distance measuring	ΔL	(Note 1)	10	—	80	cm
Output voltage	V_O	L=80cm (Note 1)	0.25	0.4	0.55	V
Output voltage differential	ΔV_O	Output voltage differece between L=10cm and L=80cm (Note 1)	1.65	1.9	2.15	V

* L : Distance to reflective object
Note 1 : Using reflective object : White paper (Made by Kodak Co., Ltd. gray cards R-27·white face, reflectance; 90%)

■Recommended operating conditions

Parameter	Symbol	Rating	Unit
Supply voltage	V_{CC}	4.5 to 5.5	V

17.2.1 温度传感器及典型数据采集程序

温度传感器用于温度的连续检测或控制。温度传感器的形式多种多样，常见的温度传感器可分为热电偶、热电阻（RTD）、热敏电阻和集成电路传感器芯片等几类，如图17-18所示。热电偶、热电阻和热敏电阻是可以提供温度测量的检测元件，可将温度转换为电信号，各有优缺点。集成电路传感器芯片可以通过芯片上或芯片外的晶体管温度特性，将温度转换为电信号，其价格适中，线性度良好，却只能安装在PCB电路板上。

热电偶由一端连接在一起的两根不同的金属丝组成（图17-19），它利用“塞贝克（Seebeck）效应”进行温度测量。1821年，物理学家托马斯·塞贝克发现，将两种不同金属的两端分别连接构成回路，如果两种金属的两个结点处温度不同，就会在这样的线路内产生电流，从而形成电压。这种现象被称为塞贝克效应或热电效应。热电效应中电压的大小取决于金属的种类。在电路中使用不同的金属会产生不同的电压，且电压值会随温度的升高而增大。通过将热电偶热端置入待测环境，并在冷端测量电压差，即可得到热电偶电压减去处于冷结温度下的相似热电偶电压。例如，若热电偶热端所处温度为+525℃，而冷端温度为+25℃，则输入电压将对应500℃。

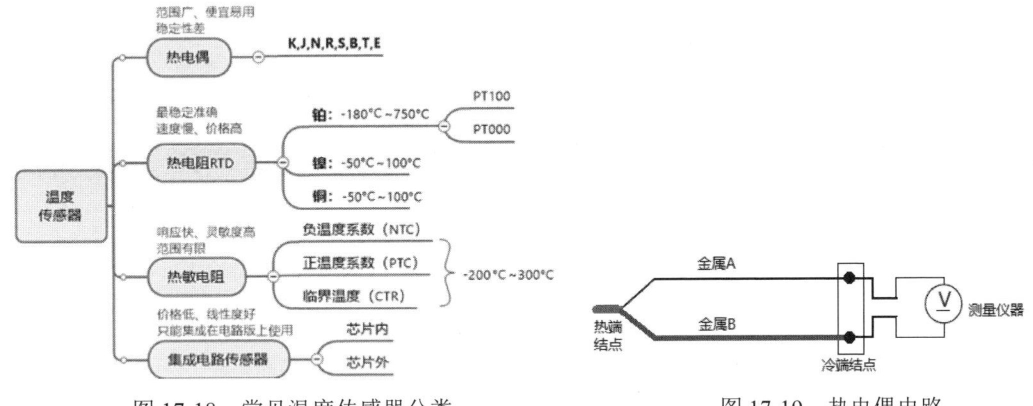

图 17-18　常见温度传感器分类　　　　图 17-19　热电偶电路

热电偶可测量的温度范围相对其他温度传感器来说非常广，而且价格便宜、易于使用。热电偶的类型多种多样，分别以字母表示。表 17-4 是对几种常见热电偶的特性汇总，其中 K 型热电偶应用最广泛。注意不同类型热电偶之间的灵敏度和测温范围各不相同。尽管热电偶具有诸多优势，但由于其测量温度时的输出电压非常小，需要高精度放大才能准确测量。此外，热电偶对外部噪声敏感，特别是热电偶和测量电路之间的导线较长时更严重。

表 17-4　常见热电偶的特性汇总

类型	温度范围（℃）（短期）	灵敏度（μV/℃）	导 体 合 金
K	−180 ～ +1300	41	铬镍（90% Ni、10% Cr）
			镍铝硅锰（95% Ni、2% Mn、2% Al、1% Si）
J	−180 ～ +800	55	100% Fe
			铜镍（55% Cu、45% Ni）
N	−270 ～ +1300	39	镍铬（84.1% Ni、14.4% Cr、1.4% Si、0.1% Mg）
			镍硅（95.6% Ni、4.4% Si）
R	−50 ～ +1700	10	87% Pt、13% Rh
			100% Pt
S	−50 ～ +1750	10	90% Pt、10% Rh
			100% Pt
B	0 ～ +1820	10	70% Pt、30% Rh
			94% Pt、6% Rh
T	−250 ～ +400	43	100% Cu
			铜镍
E	−40 ～ +900	68	铬镍
			铜镍

热电阻利用金属丝的电阻率随温度变化的现象，基于某些具有明确温度与电阻变化关系的金属，来实现对温度的检测。热电阻最为稳定和准确，但是速度却很慢，且价格较高。由于铂的化学稳定性以及温度变化响应的线性度较高，因此在热电阻（RTD）中最为常见。常见的铂制成的热电阻（也称为 PRTD）有 100Ω 和 1kΩ 电阻（0℃时的阻值）两种，分别称为 PT100 和 PT1000。镍、铜和其他金属也可用来制造热电阻，但是相对于 PRTD 可测量的温度范围就相对较窄。PRTD 的测量范围为 −180℃～ 750℃。PRTD 的精度和线性度也要比铜、镍热电阻高，当然价格也高一些。

PRTD 的阻值与温度的变化关系可由 Callendar-Van Dusen 方程表示，其中系数在 IEC 751 标准中进行了规定。由此关系式描述的阻值温度关系具有适当的线性度，虽然也有一定弯曲，但更准确真实地描述了 PRTD 的特性。

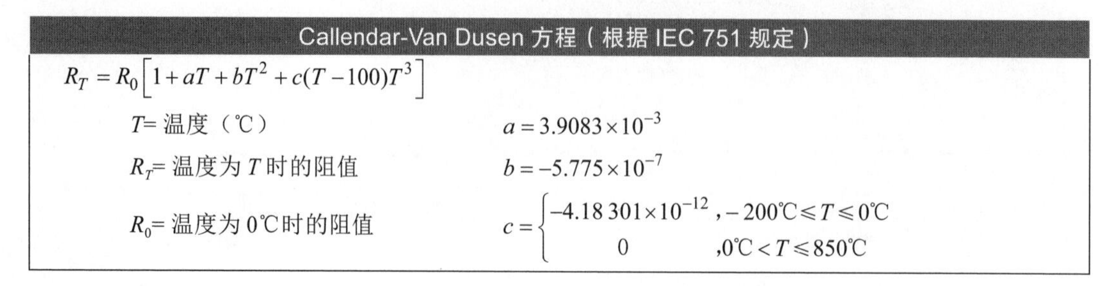

Callendar-Van Dusen 方程（根据 IEC 751 规定）

$$R_T = R_0\left[1 + aT + bT^2 + c(T-100)T^3\right]$$

T= 温度（℃） $a = 3.9083\times10^{-3}$

R_T= 温度为 T 时的阻值 $b = -5.775\times10^{-7}$

R_0= 温度为 0℃时的阻值 $c = \begin{cases} -4.18301\times10^{-12}, & -200℃\leqslant T\leqslant 0℃ \\ 0, & 0℃ < T\leqslant 850℃ \end{cases}$

在实际工程实践中，热电阻通常有如图 17-20 所示的三种连接方法。测量时必须给电阻两侧加上激励电流，检测才能顺利完成。2 线连接法中，采集设备和激励的正负端由跳线连接，然后分别和热电阻的一条正端连线和一条负端连线相接。2 线连接方式最简单，但若导线较长（电阻较高），那么所测得的电压将会显著高于热电阻本身的压降。3 线接法将测量线路的负端和激励的负端分别接在热电阻的两根负端线上，以消除线阻效应。4 线法则全部使用了热电阻正负两端的 4 根线，将激励和测量电路完全分开，完全消除了导线电阻的影响。使用 4 线法可以获得更精确的测量结果。

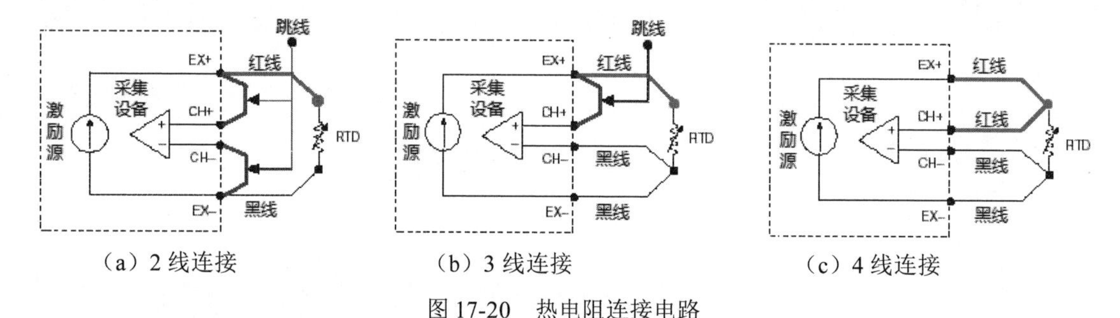

（a）2 线连接 （b）3 线连接 （c）4 线连接

图 17-20 热电阻连接电路

与热电阻不同，热敏电阻并非由金属材料制成，而是由聚合物或陶瓷材料制成。热敏电阻不像热电偶那样会在不同温度下产生电压差，它属于电阻传感器，必须有电流通过时才能正常工作。热敏电阻的阻值会随温度变化，二者之间的关系可由 Steinhart-Hart 方程来描述：

Steinhart-Hart 方程
$\dfrac{1}{T} = A + B\ln R_T + C(\ln R_T)^3$
T= 开尔文温度
R_T= 温度为 T 时的阻值
A、B、C 为曲线拟合常数，生产商会通过对热敏电阻材料的校准来确定

常见的热敏电阻有负温度系数（Negative Temperature Coefficient，NTC）、正温度系数（Positive Temperature Coefficient，PTC）和临界温度（Critical Temperature Resistor，CTR）三类。NTC 热敏电阻的电阻随着温度的升高而降低，PTC 热敏电阻的电阻值随温度增加而增大。与 PTC 热敏电阻相比，NTC 热敏电阻更灵敏，因此处在相同的温度水平时，其电阻变化要大得多。CTR 热敏电阻具有负电阻突变特性，在某一温度下，电阻值随温度的增加急剧减小，具有很大的负温度系数。

一般情况下，热敏电阻灵敏度非常高，比热电阻便宜，且响应速度快。但是它可测量的温度范围有限且精度也低。典型的热敏电阻测温电路连接如图 17-21 所示，其中热敏电阻和固定电阻 R_1 构成了分压电路，采集设备将热敏电阻的电压数字化并映射为温度值。

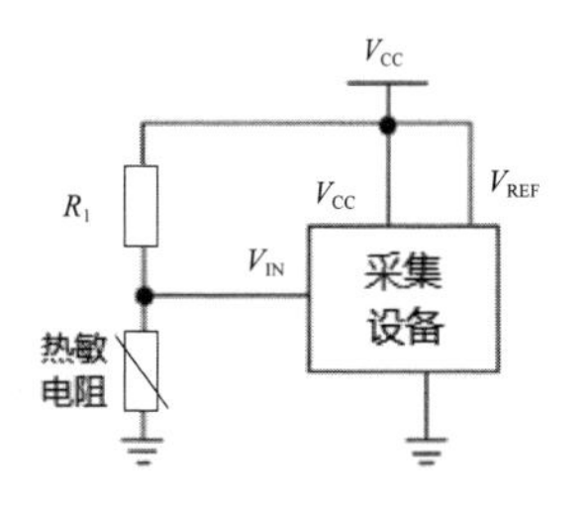

图 17-21 热敏电阻测温电路连接电路

使用 LabVIEW 进行温度测量时，可以使用 NI 的测温模块或者第三方的采集设备。使用 NI 测温模块可以直接连接温度传感器，然后在 LabVIEW 中进行数据采集，即可得到温度值。NI 测温模块会完成传感器电信号的数字化以及与温度值的映射。例如，可以使用 NI-9217 热电阻测温模块，基于 NI CompactDAQ 或 CompactRIO 直接对温度进行测量。只需将热电阻连接至模块，并在 LabVIEW 程序中采集对应通道的信号，即可直接获得传感器检测到的温度值。

图 17-22 是一个基于 NI 测温模块测量温度的程序实例。程序首先使用 DAQmx Create Virtual Channel.vi 打开并配置测量设备，并在 LabVIEW 程序中将其虚拟为方便软件使用的通道。然后程序对显示测量结果的 Chart 控件进行配置，并调用 DAQmx Stop Task.vi 启动温度采集。采集过程由 While 循环不断调用 DAQmx Read.vi 获取数据，并显示在 Chart 控件中。当用户单击 Stop 按钮退出循环后，DAQ Stop Task.vi 和 DAQmx Clear Task.vi 会被执行，用于关闭测量设备，并执行现场清理任务后结束程序。

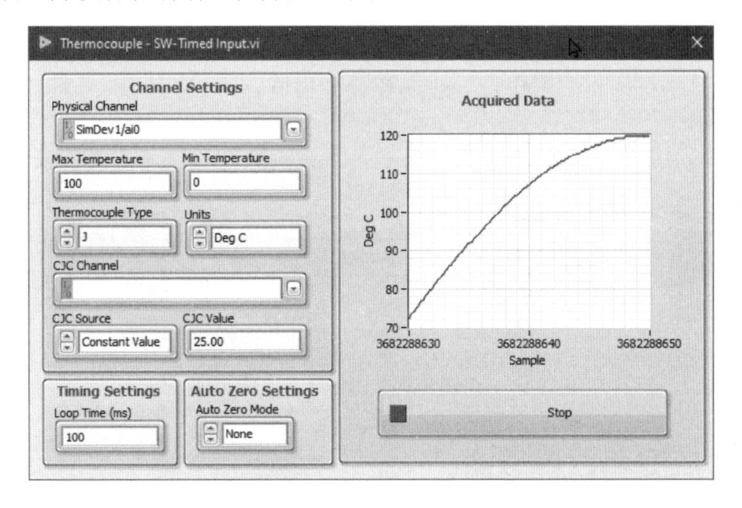

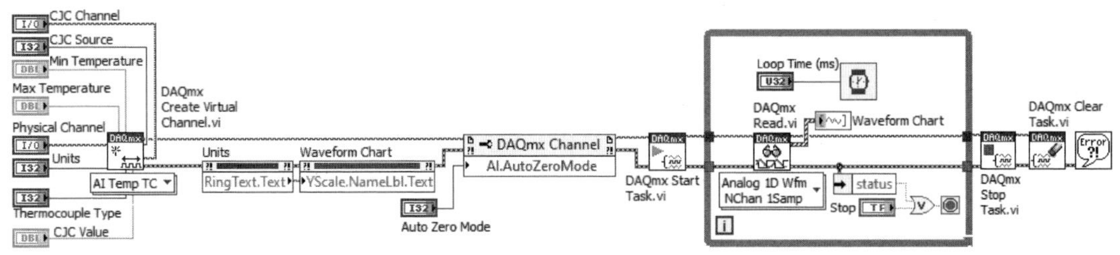

图 17-22 使用 NI 测温模块进行温度测量

上述程序使用了如图 17-23 所示的 LabVIEW 程序数据采集典型步骤，包括打开设备、配置设备、启动采集、数据读取、停止采集、清理现场和关闭设备。NI 公司为所有数据采集和信号调理设备，通过 NI-DAQmx 软件提供驱动（通过 NI-VISA 为以太网、GPIB、串口和 USB 接口的仪器提供驱动；通过 NI 488.2 为 GPIB 控制器或含有 GPIB 接口的嵌入式控制器提供驱动）。相较于早期的驱动程序 NI-DAQ（从 2003 年起，更新至 6.93 版本时被 NI-DAQmx 取代），集成了全新的驱动架构和 API，并配有新的数据采集函数和开发工具。当 2003 年 NI-DAQ 更新至 6.93 版本时，被更名为 Traditional NI-DAQ（Legacy）。NI 公司一方面大力推进全新的 NI-DAQmx 驱动，并维护升级 Traditional NI-DAQ（基本上是对 NI-DAQ6.93 的升级），以支持早期开发的程序。NI-DAQmx 完全独立于 Traditional NI-DAQ 驱动。与 Traditional NI-DAQ 驱动相比，架构的变化和全新的特性使得 NI-DAQmx 在易用性和性能上都具有显著的提升。但无论 NI-DAQ 还是 NI-DAQmx 驱动的数据采集程序，大都按照图 17-23 所示的步骤工作。对于基于 NI 设备的数据采集程序，读者可参阅相关文档按照该流程完成开发，本书对 NI-DAQ 和 NI-DAQmx 驱动函数不再赘述。

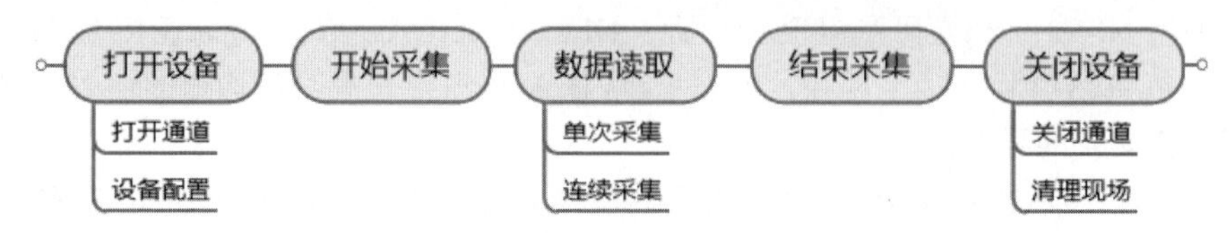

图 17-23　LabVIEW 程序数据采集典型步骤

NI 的数据采集设备虽然性能优异且容易使用，但其硬件设备价格却往往比较高。对于经费紧张的项目，通常还要使用第三方采集设备或自制采集设备。例如，对于数据采集速率要求不高的项目，可以通过 USB 或串口控制单片机，来完成各种数据采集工作。这种情况下物理连接通常如图 17-24 所示，单片机经由接口电路（如 USB 转 USART 或 RS232 转 USART）与安装 LabVIEW 程序的 PC 连接，这样所有单片机上的数据采集资源就可被利用。当然，为了能顺利控制单片机工作，一般还要设计控制命令以及与串口之间的通信协议，用来协调数据的收发。

图 17-24　LabVIEW 控制单片机进行数据采集

17.2.2　应变和力传感器

应变（Strain）是对材料受到作用力时产生的变形的度量，通常用单位材料长度对应的变形量表示。如图 17-25 所示，当对材料施加拉力或压力 F 后，材料会被拉伸或压缩变形，其长度由原来的 L 变为（$L+\Delta L$）或（$L-\Delta L$），此时变形量 ΔL 和材料长度 L 的比值就称作应变。由于应变的值通常都比较小，因此通常以微应变为基准来表示。例如，若应变值为 0.001，就将其表示为 1000×10^{-6}（即 1000 微应变），即物体形变 $\Delta L=1000\times 10^{-6}L$。

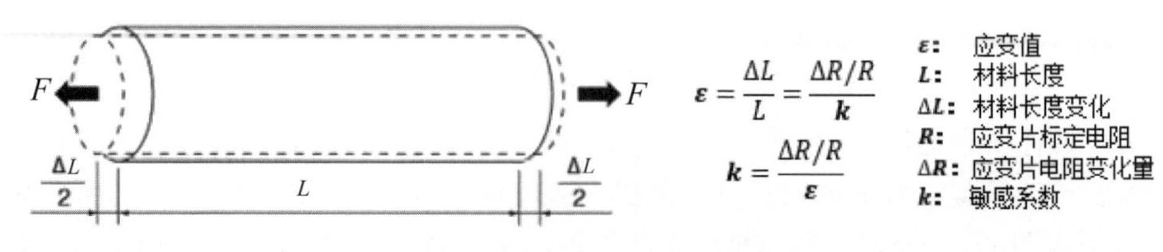

图 17-25　应变的计算

应变可由应变片（Strain Gauge）测量。应变片一般通过在绝缘箔膜基片上安置金属电阻丝或光蚀刻金属电阻箔，并引出金属丝作为导线制作而成，如图 17-26 所示。使用时由专用粘合剂将其粘合在被测目标上，当被测目标发生变形时，专用粘合剂也会使应变片发生变形，从而导致其电阻发生变化。应变片在拉伸状态时电阻值会增加，压缩状态时电阻值会减小。这样只要通过检测其电阻值的变化，就能得知被测目标发生应变的大小。

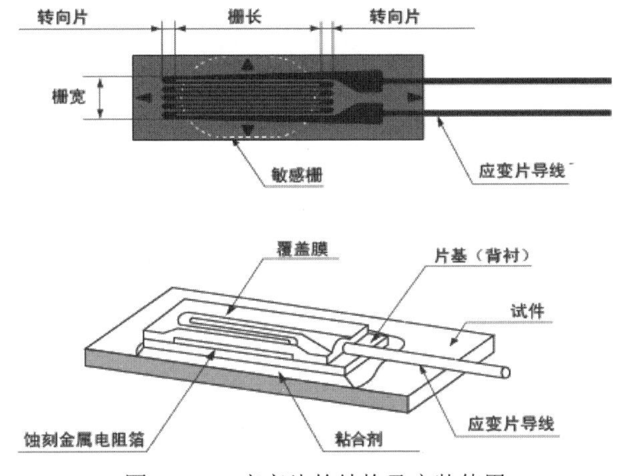

图 17-26　应变片的结构及安装使用

由于应变片的电阻变化较小，因此实际中通常将应变片连接至惠斯通电桥电路中，通过放大并测量电路的输出，间接获取应变值。与直接测量相比，惠斯通电桥电路具有更高的测量灵敏度和更低的测量误差，而且能消除普通分压电路中存在的较大固定压降。具体测量时，一般根据情况选用表 17-5 中的 1/4 桥、半桥或全桥配置，然后通过测量所得电压、电桥激励电压及应变片的敏感系数，计算得到应变值。

表 17-5　应变片测量电桥配置选项

类型	安 装 方 式	惠斯通电桥电路	应变与电压关系
1/4 桥	单轴应力 （一样的拉伸、压缩）	R_g, R, R, R, e_o, E	$e_o=-\frac{k\varepsilon}{4}\left(\frac{1}{1+\frac{k\varepsilon}{2}}\right)E$ $\approx-\frac{k\varepsilon}{4}\bullet E$ e_o：输出电压 k：灵敏系数 / 应变率 ε：应变值 E：电桥激励电压 R_g：应变片标定电阻 R：固定电阻
半桥	R_{g1} R_{g2} 弯曲应力	R_{g1}, R_{g2}, R, R, e_o, E	$e_o=-\frac{1}{2}k\varepsilon\bullet E$ e_o：输出电压 k：灵敏系数 / 应变率 ε：应变值 E：电桥激励电压 R_{g1},R_{g2}：应变片标定电阻 R：固定电阻

续表

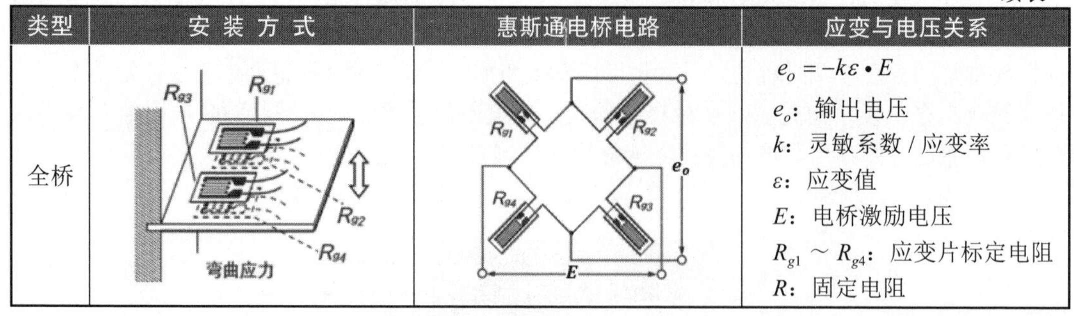

类型	安装方式	惠斯通电桥电路	应变与电压关系
全桥	R_{g3} R_{g1} R_{g2} R_{g4} 弯曲应力	R_{g1} R_{g2} R_{g4} R_{g3} e_o E	$e_o=-k\varepsilon \bullet E$ e_o：输出电压 k：灵敏系数 / 应变率 ε：应变值 E：电桥激励电压 $R_{g1}\sim R_{g4}$：应变片标定电阻 R：固定电阻

1/4 桥配置通常由单个应变片和三个固定电阻组成，如图 17-27 所示。根据分压原理，图 17-27 中 1/4 惠斯通电桥 B、D 两点间电压差为

$$e_o=\left(\frac{R_2}{R_g+R_2}-\frac{R_4}{R_3+R_4}\right)\bullet E$$

当电桥平衡时，B、D 两点电压差为 0（e_o=0），因此有

$$\frac{R_2}{R_g+R_2}=\frac{R_4}{R_3+R_4}$$

可得出电桥的平衡条件：

$$\frac{R_g}{R_2}=\frac{R_3}{R_4}$$

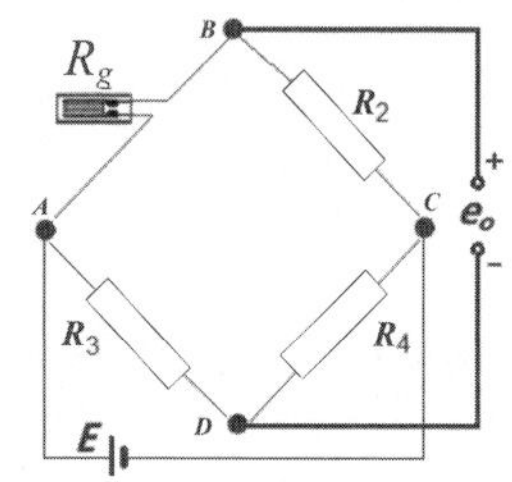

图 17-27　1/4 惠斯通电桥电路

在进行应变测量时，若选取固定电阻值 $R_1=R_2=R_3$，且它们与应变片的标定电阻值 R_g 均相同（通常选取 120Ω 或 350Ω），电桥就会处于平衡状态。当应变导致应变片电阻值产生微小变化ΔR_g，电桥平衡就会被打破，此时电桥的输出电压为

$$e_o=\left(\frac{R_g}{2R_g+\Delta R_g}-\frac{1}{2}\right)\bullet E$$

综合应变 ε 与应变片电阻变化之间的关系：

$$\varepsilon \bullet k=\frac{\Delta R_g}{R_g}$$

可得到应变与电桥电压之间的关系：

$$e_o=-\frac{k\varepsilon}{4}\left(\frac{1}{1+\frac{k\varepsilon}{2}}\right)E$$

实际中，应变片敏感系数 k 的典型值为 2（可通过查阅应变片产品手册获得具体数值），且应变值通常非常小，因此可将 1/4 桥应变与电压的关系式近似（并非精确线性）为

$$e_o\approx -\frac{1}{4}k\varepsilon \bullet E$$

例如，若电桥的激励电压 E 为 5V，则当测量得到的电桥电压 e_o 为 2.5mV 时，可得知应变值为 1000×10^{-6}（即 1000 微应变）。

半桥配置使用两个有源应变片和两个固定电阻。根据被测的应变类型（例如弯曲、扭转、张力等）不同，两个应变片以不同形式被安装在目标材料上。全桥配置则使用 4 个标定电阻

值相同的有源应变片，而不使用任何外部固定电阻来完成桥接电路。与1/4桥类似，同样可推导得到半桥和全桥的应变与电压的关系式：

$$\text{半桥：} e_o = -\frac{1}{2}k\varepsilon \cdot E$$

$$\text{全桥：} e_o = -k\varepsilon \cdot E$$

对比几个配置之间的关系式，可以发现全桥的灵敏度是半桥配置的两倍，是1/4桥的4倍。当然就安装配置的复杂程度来说，1/4桥最简单。图17-28显示了基于全桥配置的电子秤原理，4个应变片的标定电阻均为R。称重时，R_{g1}和R_{g3}的电阻会因拉伸增加ΔR，R_{g2}和R_{g4}电阻会因压缩降低ΔR，所以会有

$$e_o = \left(\frac{R_{g2}}{R_{g1}+R_{g2}} - \frac{R_{g3}}{R_{g3}+R_{g4}}\right) \cdot E = \left(\frac{R-\Delta R}{2R} - \frac{R+\Delta R}{2R}\right) \cdot E == \frac{-\Delta R}{R} \cdot E = -k\varepsilon \cdot E$$

通过将重量和应变引起的电压进行标定和映射，即可实现准确重量测量。

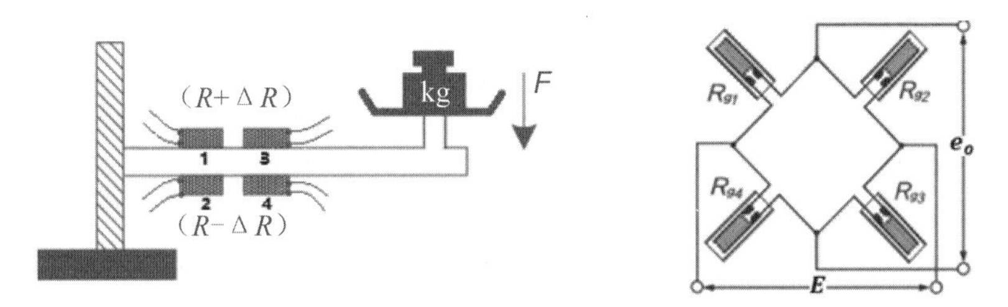

图17-28　全桥电子秤

应变片可用于间接测量振动。如监测飞机机身或桥梁的振动状态，以免发生断裂。也可对生产的电路板进行振动测试，确保其在实际工业环境中，不会发生焊点脱落的情况，保证能正常工作。具体来说，可以采集电桥电路的输出，然后对电压数据进行傅里叶变换，得到振动频率信息。电路配置正确后，对应变的测量就变成了对电压的测量，本章不再赘述测量程序的编写过程。

17.2.3　位移传感器

位移（Displacement）传感器用于感应与被测目标之间的距离或运动过程中的位置变化。常见的距离传感器使用声呐、红外或激光，基于发射光与接收到的反射光之间的时间差，即“飞行时间”（Time of Fly，ToF），完成距离的测量工作。

基于声呐的位移传感器使用超声波（Ultrasonic）传播来检测目标。超声波是频率高于20kHz的机械波，它具有波长短、绕射现象小、方向性好等优点。声呐位移传感器一般包含超声波发射器、接收器（图17-29）和信号调理电路。发射器产生超声波传向被测目标，被测目标反射该声波，并被接收器接收。基于声波发射时间与接收时间的差值Δt和声速v，即可按照下式计算被测目标到传感器之间的距离D。

$$D = \frac{1}{2}v \cdot \Delta t$$

超声波的传播速度受空气的温度影响较大，空气的温度越高传播速度越快，可由下式近似计算：

$$v = v_0 + 0.607 \times T$$

其中 v_0=332m/s为0℃时的声速；T为实际温度。在对精度要求不高的情况下，声速可近似

使用 344m/s（20℃干燥空气中的声速），当然，若对精度要求较高（如要求达到 1mm）时，则需要使用上述公式计算。

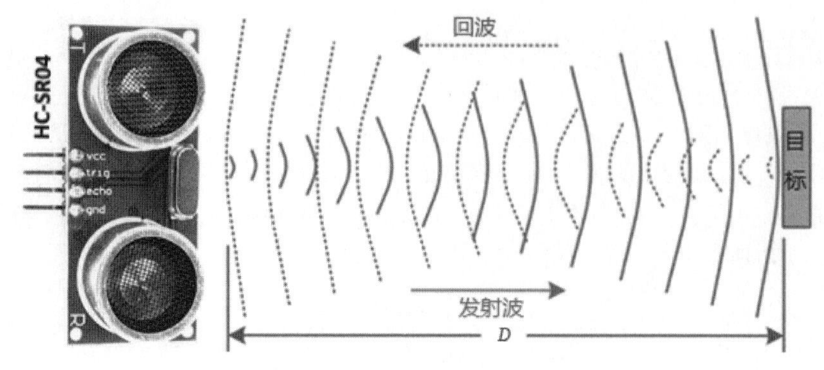

图 17-29　HC-SR04 声呐距离传感器原理

以 HC-SR04 声呐距离传感器模块为例（参数如图 17-30 所示），在进行距离检测时，可先在触发信号引脚上置高电平启动测距。随后模块会发送 8 个连续声波脉冲，若检测到回波，则模块输出端就会输出高电平，并以高电平持续时间表示飞行时间。这样即可用飞行时间和声速计算被测目标的距离。

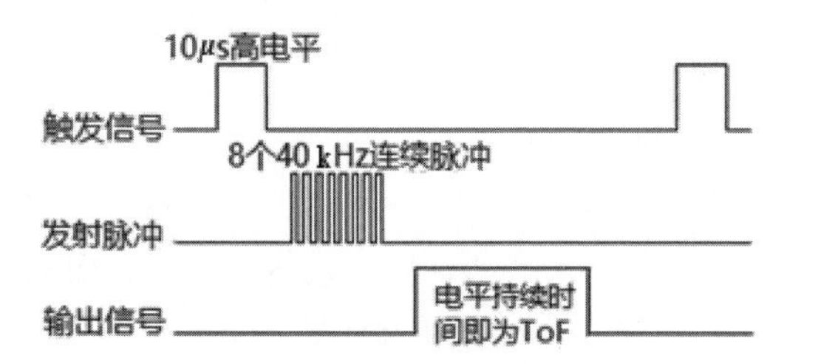

参数名称	备注	最小值	典型值	最大值	单位
工作电压		3.0		5.5	V
5V工作电流	V_{CC}=5V		2.8		mA
3.3V工作电流	V_{CC}=3.3V		2.2		mA
5V最小探测距离	V_{CC}=5V		2	3	cm
3.3V最小探测距离	V_{CC}=3.3V		2	3	cm
5V最大探测距离	V_{CC}=5V	400	500	600	cm
3.3V最大探测距离	V_{CC}=3.3V	350	450	550	cm
探测角度				15	°
探测精度			1		%
分辨率			1		mm
输出方式			GPIO		
工作温度		−20		80	℃

图 17-30　HC-SR04 声呐距离传感器模块参数和原理

声呐传感器适用于远距离大型目标的测量。由于依赖反射的超声波，声呐传感器可能无法检测到柔软目标，如衣服、毯子和多孔材料等。此外，由于声波传播需要介质，因此声呐传感器不能在真空或太空环境中工作。

基于红外或激光的测距传感器一般用于中短距离（10cm ～ 2m）检测，包含红外 LED 或低功率激光发射器和接收器（图 17-31）。传感器以固定间隔发射脉冲光，该发射光会被检测目标反弹回来，并被接收器接收。随后传感器可根据发射时间和接收时间的差值 Δt，以及光速 c（3×10^8m/s），按照下式计算被测目标到传感器之间的距离 D。

$$D=\frac{1}{2}c\bullet\Delta t$$

红外或激光距离传感器基于光波脉冲检

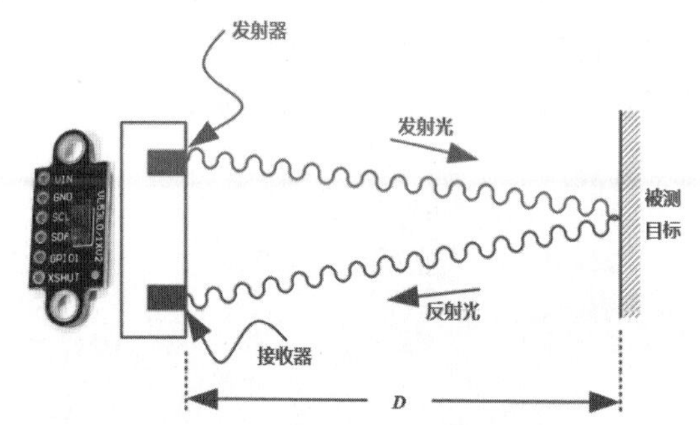

图 17-31　红外 / 激光测距传感器

测物体，可以在真空中运行，被广泛用于机器人和消费电子领域，如障碍物检测、机器人避障、手势识别、定向移动检测以及容量或高度控制等。此外，在进行测量系统设计时，需要考虑环境条件对红外或激光的影响，例如，卤素灯泡的光线可能导致传感器输出错误。

从传感器采集回来的数据受噪声和环境的影响，和真值之间通常存在误差。因此通常由平均值和标准偏差（Standard Deviation，亦简称为标准差）来表示测量结果，形式为$\bar{x} \pm \sigma$。通过对一组数据求平均值，可以使系统中的部分随机误差相互抵消。标准偏差并不是一个具体的误差，它的数值大小只说明了在一定条件下进行多次测量时，随机误差出现的概率密度分布情况，可用来表示一组测量数据的分散程度（或精密度）。当选取的样本为全体样本值时，可以通过测量值与真值差值的平方和的平均值的均方根来计算总体标准差（Population Standard Deviation），如下式所示：

$$s = \sqrt{\frac{\sum_{i=1}^{n}(x_i - \mu)^2}{N}}$$

但是由于随机误差的存在，实际中很难确定待测量的真值，只能对其进行估算。根据偶然误差的特点，可以证明如果对一个物理量进行无穷多次测量后，测量值的算术平均值最接近真值，因而可以考虑使用它代替真值来计算$N \to \infty$次测量的标准差。然而，实际中对某一待测量只能进行有限次测量（样本集只是总体样本的一部分时），若用来代替真值并仅使用有限的n次测量值来计算标准差，其值将比实际值小。为了能相对准确地通过有限的测量样本来估算标准差，可以使用贝塞尔公式估算样本标准差（Sample Standard Deviation）：

$$\sigma_x = \sqrt{\frac{\sum_{i=1}^{n}(x_i - \bar{x})^2}{n-1}}$$

图 17-32 是计算测量值总体标准差和样本标准差的实例程序。其中 For 循环模拟采集了 300 个样本值，然后由 std.vi 计算样本的均值、标准差和偏差（标准差的平方）。std.vi 的 Weighting 参数用于控制所计算的标准差类型为总体标准差或者样本标准差。

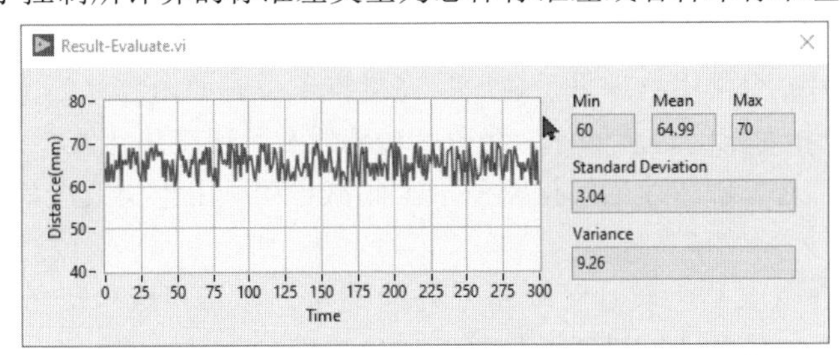

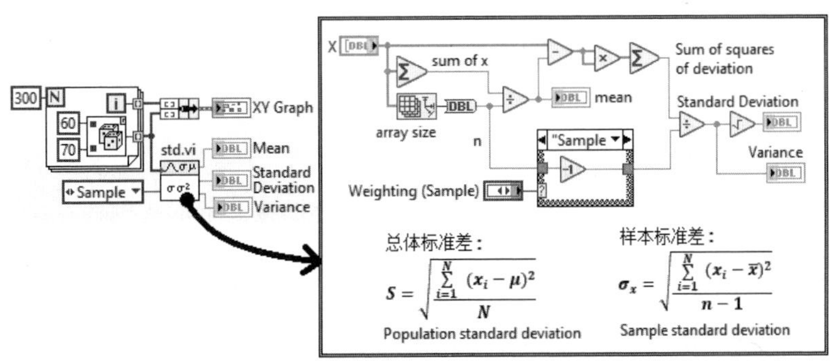

图 17-32　测量值总体标准差和样本标准差的实例程序

表 17-6 显示了三次试验的结果（真值为 65），可以发现第二组数据的平均值离真值最近，且该组数据的标准差最小，说明数据分散度最小，因此该组测量结果最优。

表 17-6　三次试验的标准差

试　验	均　值	标 准 差	$\bar{x} \pm \sigma$
1	64.85	3.07	64.85±3.07
2	64.99	3.04	64.99±3.04
3	64.67	3.16	64.67±3.16

假定样本或各组样本所在的总体样本集具有相同的标准差，就可以对各组试验数据的标准差进行合并，用来估算一个表示所有独立样本或所有组的合并标准差。合并标准差（Pooled Standard Deviation）是各组数据围绕其组均值（而非总体均值）的平均分散度，是每个数据组标准差的加权平均，组成员越多，则该组对总体估值的权重越大。一般来说，合并标准差能更好地表示样本的分布，以及试验的可重复性。

Cohen 提出的合并标准差的计算公式如下：

$$s_{\text{pooled}} = \sqrt{\frac{(n_1 - 1)s_1^2 + (n_2 - 1)s_2^2 + \cdots + (n_k - 1)s_k^2}{n_1 + n_2 + \cdots + n_k - k}}$$

其中 s_1, s_2,…, s_k 是各组样本的标准差；$n_1, n_2, \cdots, n_k$ 是各组中样本的数量；k 是数据组的个数。当各组中样本数相同时，合并标准差的计算公式可简化为

$$s_{\text{pooled}} = \sqrt{\frac{s_1^2 + s_2^2 + \cdots + s_k^2}{k}}$$

例如，对于表 17-6 中所示的三组数据，就可以用合并标准差来代替各组数据的标准差：

$$s_{\text{pooled}} = \sqrt{\frac{s_1^2 + s_2^2 + s_3^2}{3}} \approx 3.09$$

17.2.4　速度传感器

与位移相关的另一个常用物理量是速度，速度指单位时间内位移的变化量。速度包括线速度和角速度，与之相对应的传感器称为线速度传感器和角速度传感器，统称为速度传感器。由于直线运动速度可通过旋转速度间接测量，因此在自动化工程实践过程中，对旋转运动速度的测量更为常见。

旋转正交编码器（又称为转速计）是一种能把角位移转换成电信号输出的传感器。基于其输出的角位移变化信息，可以通过计算进一步得出被测目标的位移、运动方向、速率和加速度信息。旋转正交编码器根据工作原理可分为光电编码器（Optical Encoder）、磁性编码器（Magnetic Encoder）、电感式编码器（Inductive Encoder）和电容式编码（Capacitive Encoder）等，其中光电编码器使用尤为广泛。

光电编码器由发光二极管（LED）、编码盘（Code Disk）和编码盘背面的光传感器组成，如图 17-33（a）所示。编码盘垂直固定在旋转轴上，上面按一定形式排列着光栅。编码盘的另一侧放置光电传感器，当编码盘在转轴带动下转动时，LED 的光线可穿过光栅，但会被光栅之间的间隔遮挡。在光线交替激励下，光电传感器就会生成方波。将方波信号连接到高速计数器模块上，通过对脉冲个数的计数，就能确定角位移的大小，进而计算速度、加速度等信息。

根据码盘结构的不同，旋转编码器又可以分为增量编码器（Incremental Encoder）和绝对编码器（Absolute Encoder）。而增量编码器的编码盘又有单圈光栅和双圈光栅两种类型，如图 17-33（b）和图 17-33（c）所示。

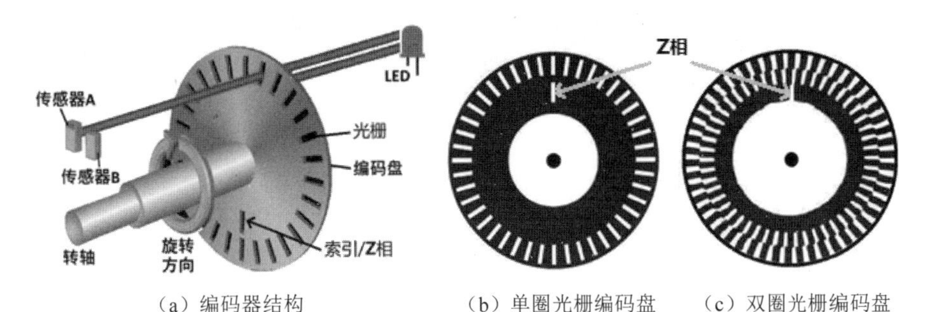

（a）编码器结构　（b）单圈光栅编码盘　（c）双圈光栅编码盘

图 17-33　正交编码器构成

图 17-34 显示了单圈光栅增量编码器的工作原理。编码盘上的光栅和之间的遮挡（共同将整个编码盘分为 100 ～ 6000 个扇区）可以使 LED 发出的光线穿过编码盘或被其遮挡。另一侧的光电传感器 A 和传感器 B 在受到穿过光栅的光线激励下，会产生电信号。开始时 LED 发出的光线均被编码盘光栅之间的遮挡部分阻挡，传感器 A 和传感器 B 此时均输出低电平的信号，如图 17-34（a）所示。当编码盘沿着顺时针方向转动至图 17-34（b）所示位置时，LED 光线穿过光栅，可以被传感器 A 接收，从而使其产生高电平。但是由于传感器 B 仍然被光栅之间的遮挡部分阻挡，无法收到 LED 发出的光线，因此其输出仍为低电平。当编码盘沿着顺时针方向继续转动至图 17-34（c）所示的位置时，两个传感器均可接收到 LED 的光线输出高电平。最后，当编码盘转动至图 17-34（d）所示的位置时，传感器 A 被遮挡，输出电平变为低电平，但传感器 B 输出仍保持高电平，直到编码盘接着转动到下一个位置。

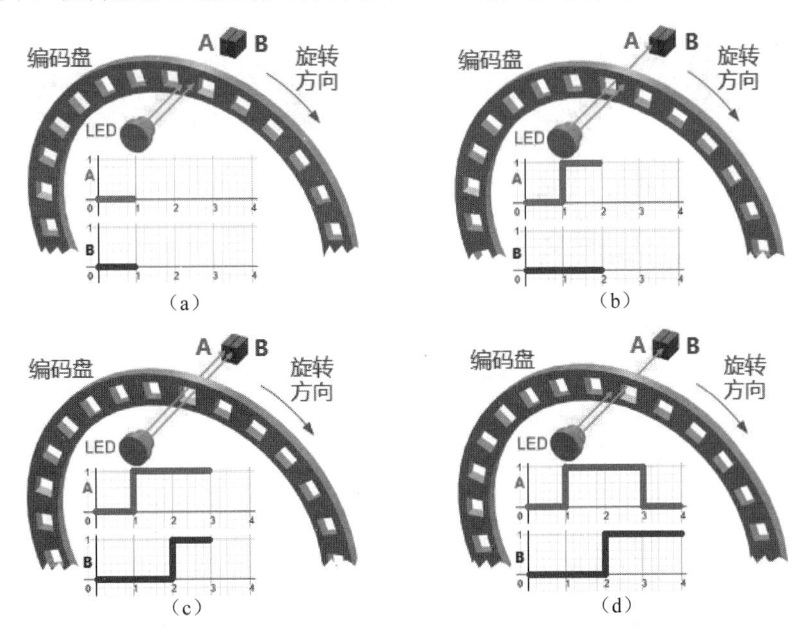

图 17-34　单圈光栅增量编码器的工作原理

由于光栅和遮挡部分的位置恰好能使传感器 A 和传感器 B 产生相位差为 90°（即 1/4 周期）的脉冲信号（因此称为正交编码器），这样不仅可以根据传感器 A 和传感器 B 所产生的脉冲来计算编码盘旋转的角度，还能依据两个信号中相位谁在前来判断编码盘的旋转方向。

例如，若传感器 A 输出信号的相位领先 90°，则编码盘就以顺时针旋转；若传感器 B 相位在前，则编码盘是以逆时针旋转。

多数旋转增量编码器都设有索引光栅，与之对应的传感器（又常称为 Z 通道或 Z 相）在编码盘旋转一周时可产生一个索引脉冲。该脉冲可作为索引来计算编码盘的转数，也可用于系统校准和复位。与绝对索引光栅的大小不同，该脉冲的宽度可以是一个完整的周期、1/2 周期或 1/4 周期。图 17-35 是一个宽度为 1/2 周期的索引脉冲与传感器 A 和传感器 B 输出脉冲相对位置的例子。

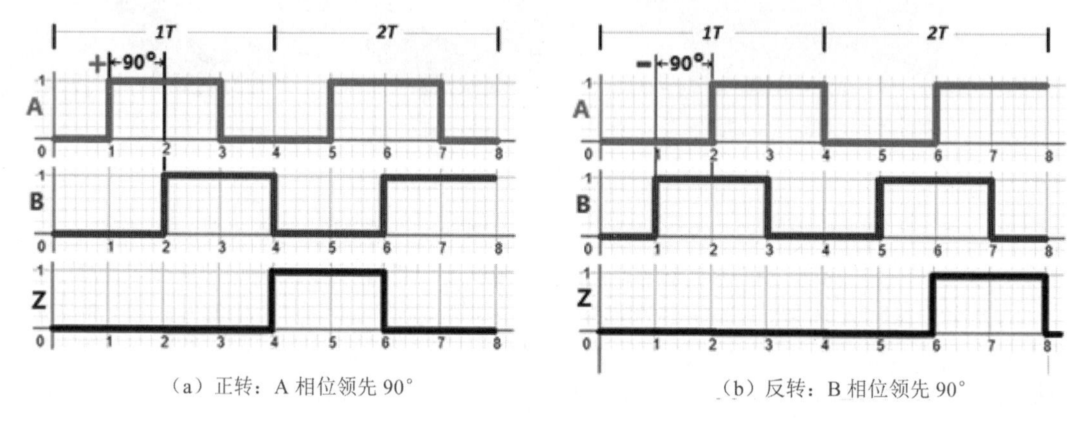

（a）正转：A 相位领先 90°　　（b）反转：B 相位领先 90°

图 17-35　A、B 通道脉冲和索引脉冲

双圈光栅增量编码器的工作原理与单圈光栅增量编码器类似，不同之处在于其使用两圈同心光栅分别与传感器 A 和传感器 B 对应，使其产生脉冲信号。由于两圈光栅之间的间隔（错位）为单个光栅宽度的 1/2，因此传感器 A 和传感器 B 输出的信号相位差为 90°（1/4 周期），如图 17-36 所示：

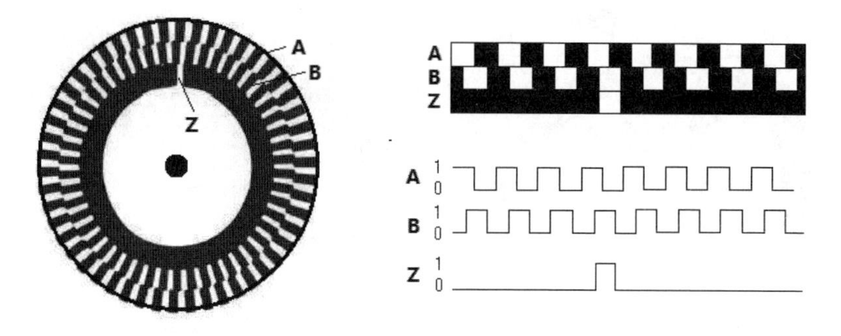

图 17-36　双圈光栅增量编码器的工作原理

增量编码器的解码方式一般有非正交、X1，X2 和 X4 四种，如图 17-37（a）所示。非正交解码器只使用 A 通道的上升沿对脉冲计数，而不使用 B 通道的信号。由于这种解码方式无法检测旋转方向，因此不常用。X1 解码器也使用通道 A 的上升沿对脉冲计数，同时在通道 A 上升沿处还额外检查通道 B 信号的状态，若通道 B 为低电平则计数器递增，为高电平则计数器递减。X1 编码器在脉冲信号的每个周期计数一次。

X2 解码器在通道 A 的上升沿和下降沿均会对脉冲计数，同时根据通道 A 上升沿和下降沿处通道 B 的状态来决定计数器的增减。在通道 A 的上升沿处，若通道 B 为低电平则计数器递增，为高电平则递减。在通道 A 下降沿处，若通道 B 为低电平则计数器递减，为高电平则递增。X2 编码器在脉冲信号的每个周期计数两次。

X4 解码器在通道 A 和通道 B 的上升沿和下降沿均会对脉冲计数，计数器增加还是减少，取决于哪个通道相位超前（正转还是反转）。顺时针正转时计数器增加，逆时针反转时则递减。在实际程序开发过程中，计数器的增减可以通过如图 17-37（b）所示的状态机来判断。X4 编码器在脉冲信号的每个周期计数四次。

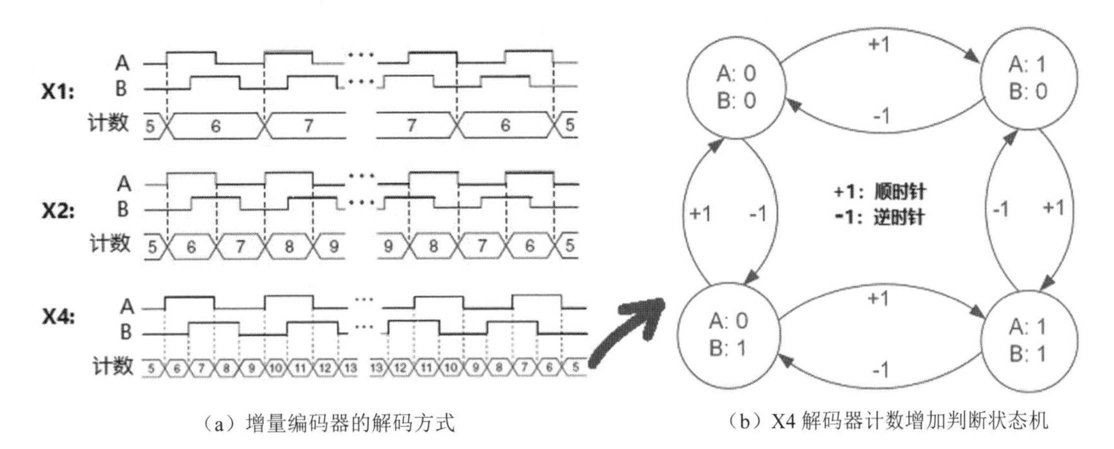

（a）增量编码器的解码方式　　（b）X4 解码器计数增加判断状态机

图 17-37　增量编码器的解码

一旦确定了增量编码器的解码方式 X，就可以使用下列公式把脉冲信息转换为旋转量：

$$\Delta\theta = \frac{\text{Count}}{\text{X} \cdot \text{PPR}} \cdot 360°$$

其中 Count 为编码器的输出计数值；X 是与 X1、X2 和 X4 解码方式对应的取值，分别为 1、2、4；PPR 为编码盘每旋转一周编码器所生成的脉冲总数目。例如，采用 PPR 为 4096 的编码器，并选用 X2 解码方式时，若编码器的输出计数值为 1024，则说明旋转量为 45°。

增量编码器的测量结果是相对于索引光栅（*Z* 相）的，这意味着它需要依赖 *Z* 相来确定转轴所旋转的绝对角度位置。若系统瞬间掉电，增量编码器的数据会丢失。此外，若因噪声或杂物阻挡而错过了 *Z* 相脉冲，则角度信息将产生错误。为了克服增量编码器的缺点，绝对编码器应运而生。

与增量编码器不同，绝对编码器的码盘被分成多个位于同心圆上的“码道”，由外向内每个码道上光栅的间隔是上一码道的一倍。如果为每个码道都设置独立的输出电路，用来表示一个二进制位，并将它们由内向外将各通道组合，就能在码盘转动时输出不同的二进制序列。通过该序列就能得到与码盘每个旋转位置唯一对应的输出数值。图 17-38 显示了绝对编码器的码盘及编码原理示意图，其中编码盘的最外层码道为 Bit0，往里依次为 Bit1、Bit2、Bit3、Bit4 等。码盘码道的数目越多，能测量的范围就越大。例如，如果码盘有 12 个码道，则绝对编码器可以输出 12 位二进制序列，将码盘一周分为 4096 等份。

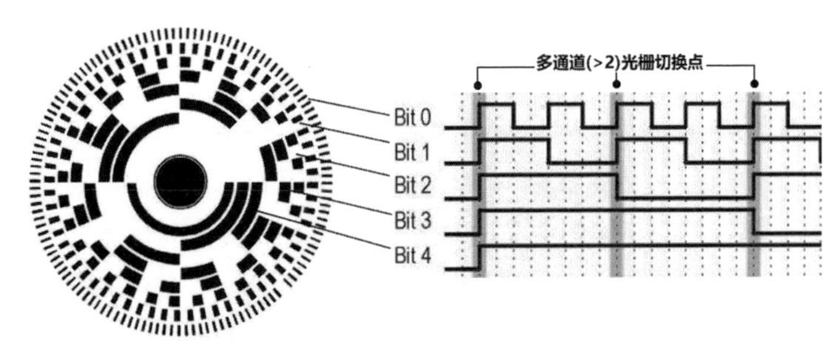

图 17-38　绝对编码器的码盘及编码原理

绝对编码器分为单转型和多转型。单转型用于测量旋转一圈内的绝对位置，适用于角位移的测量。多转型可测量的转数取决于编码器的设计，一般用于测量长度或某一确定长度内的准确位置。计算机硬盘或DVD驱动器就用了绝对位置编码器来定位读写头。在打印机和绘图仪中，也使用了绝对位置编码器来准确定位打印头在纸张上的位置。由此可以看出，绝对编码器和增量型编码器主要存在以下几点不同：

（1）增量编码器输出的是脉冲信号，而绝对编码器输出的是一组代表码盘旋转绝对位置的二进制的数值。

（2）增量编码器不具有信息断电保持功能，而绝对编码器断电后仍可以保持编码器的精确位置。

（3）增量编码器的转数不受限制，而绝对编码器不能超过转数的量程。

（4）增量编码器相对便宜。

图17-39是增量编码器用于地铁列车控制系统的实例模型。编码器被安装在列车底部与列车轮轴相连，并由轮轴的转动来驱动旋转。编码器的输出经过计数器模块（8位、16位或32位）转换为计数值输入至车载控制器中安装的软件进行处理。如果已经测得车轮的直径为770cm，就可以根据编码器的类型和计数器的位数计算得到列车在某一时间段内的行驶距离，并间接计算得到列车的行驶速度。

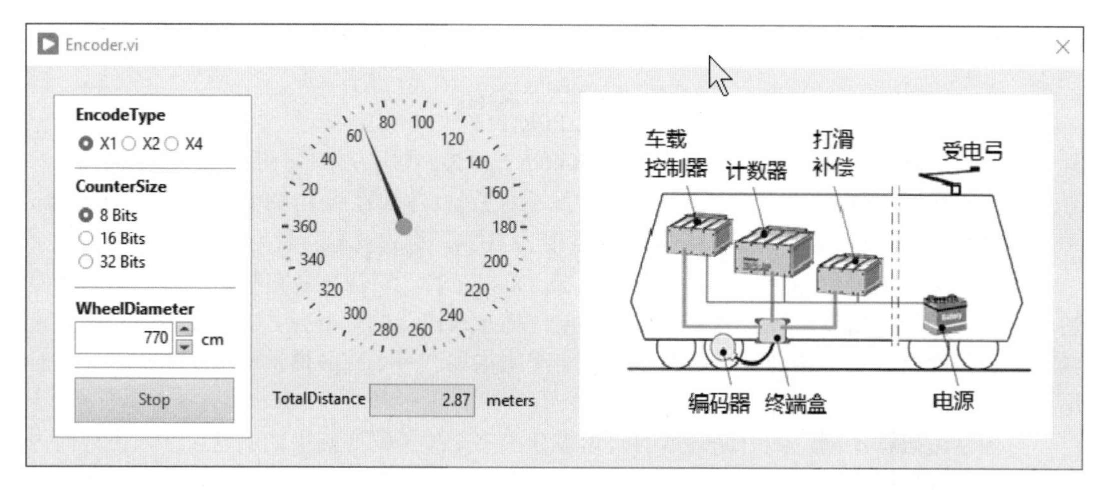

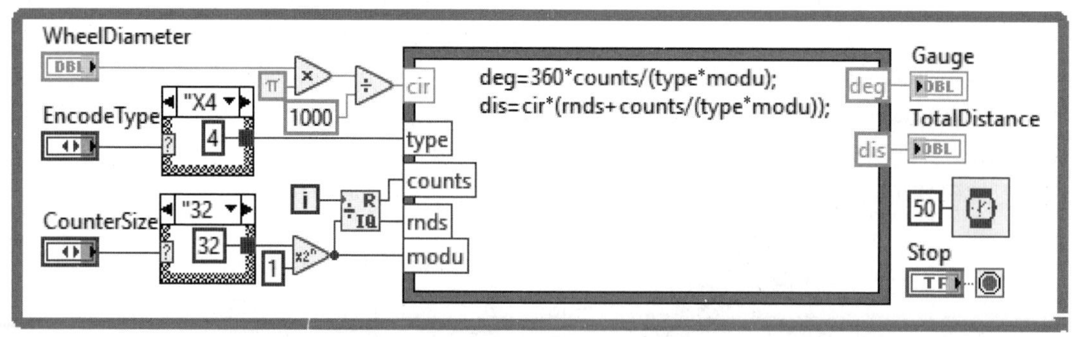

图17-39　增量编码器应用实例

程序使用While循环的变量 *i* 的变化来模拟编码器对计数器的激励，并假定计数器的满量程恰好可表示编码器旋转一圈的值（实际中可能会有所不同）。在这种情况下编码器码盘旋转的角度可由公式节点中的公式“deg=360*counts/(type*modu）”计算得到。其中deg为角度，counts为码盘的计数，modu为码盘旋转一圈的总计数值（计数器满量程），type为编码器的类型。类似地，列车行进的距离可以由公式“dis=cir*(rnds+counts/(type*modu))”计算得到，其中 dis 为距离，cir 为车轮周长。

17.2.5　毫米波雷达

雷达（RAdio Detection And Ranging，RADAR）是指通过将电磁波以定向方式发射至空中，借由接收空间内存在物体所反射的电波，来侦测物体形状、方向、高度及速度的设备。与超声、声呐等其他方法不同，雷达使用交变的电磁波信号来实现测量目的。我们知道电磁波频率范围很广（图 17-40），如可见光、红外、激光等，这些也是电磁波的一种。但是不同频段电磁波的特性差异很大，主要体现在在不同介质中发生反射、吸收、透射、衍射等现象时，不同频段的电磁波，这几种现象的发生的占比差异很大。

电磁波波长如果大于介质的尺寸，就容易发生穿透和衍射。相反若波长小于介质尺寸，则容易发生反射。正是基于电磁波的这些特点，雷达一般采用 300MHz ～ 300GHz 的微波频段，而毫米波雷达则采用该频段内波长为 1 ～ 10mm 的电磁波。典型的民用频段有 24GHz、60GHz、77GHz、120GHz 等。由于毫米波的波长很短，发射它的天线可以很小，而且能较好地在相对较小的物体表面进行反射。但是较小的波长也使得其在空间传播很容易被阻挡和吸收，这就导致了毫米波雷达的作用距离相对于其他波段来说要小，一般作用距离为 1km 以内（对无人机和汽车自动避障类应用足够了）。

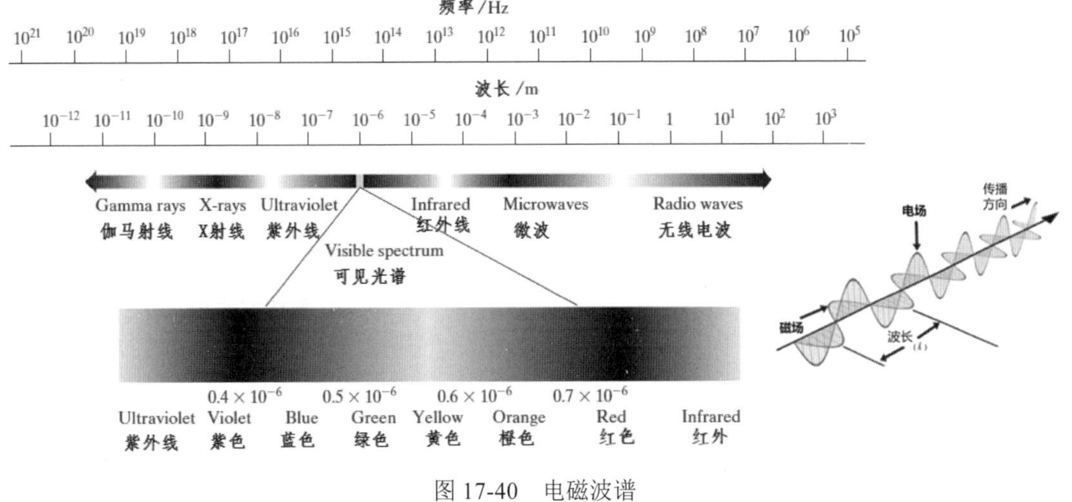

图 17-40　电磁波谱

毫米波雷达可用于目标检测、测距、测速和方位测量，其测距原理与超声、红外、声呐和激光测距的原理类似。由于使用了微波波段的电磁波，雷达在测量时以锥状波束的形式发射电磁波（注意超声波虽然也发射波束，但其发射的是机械波）。这也决定了雷达测量系统检测面大但分辨力不高的特点。

具体来说，使用毫米波雷达检测目标有无比较简单，即检测回波的有无即可。测距也基于“飞行时间”（Time-Of-Flight）原理，毫米波雷达将毫米波发射出去，然后接收回波，根据发射和接收的时间差来测得前方障碍物的位置和距离。但是由于电磁波的传播速度与光速（3×10^8m/s）相同，所以在测速时有一定的挑战。如前所述毫米波雷达的作用距离都不太远，回波和发射波间隔就非常短，所以一般并不使用简单的发射脉冲方式，而是使用“追踪位置微分法”和多普勒（Dopler）原理进行速度测量。“追踪位置微分法”是依据雷达对目标跟踪位置的变化微分，来计算目标的运行速度。多普勒原理则是根据发射的电磁波和被探测目标有相对移动时，回波频率和发射波频率不同的特点进行速度测量。由于频率差值与毫米波的发射时间和接收时间的差值之间呈线性关系，因此只需要测量频率差，就可以测得目标相对于雷达的移动速度（注意，这种方法无法探测切向速度）。

自1998年以来，毫米波雷达在汽车自适应巡航方面取得了长足发展。这主要是因为毫米波长200m以上的距离探测功能，其他传感器比较难做到。后来又陆续在防撞、盲区探测等方面得到了长足发展。2012年出现的芯片级的毫米波射频芯片，不仅使毫米波雷达的技术门槛降低，还降低了其成本。目前毫米波雷达已经广泛应用于汽车无人驾驶领域，并有与机器视觉系统融合使用的趋势。

毫米波雷达在无人机领域的应用也较为广泛。如“相对高度巡视”和“避障”。例如，若需要无人机检测某一地区植被覆盖情况时，确保相对于植被的高度固定。若植被所在区域地面有高低起伏，使用GPS和气压计所测的固定海拔高度就无法满足测量的要求。此外由于植被锁住的环境大多有很大水雾或尘埃，超声和基于光学的传感器都会受到较大干扰。这种情况下使用毫米波雷达可以较好地解决相对植被表面高度一定的测量。表17-7对微波雷达和几种传感器进行了比较。

表17-7 几类传感器比较

传感器类型	测 高	最大距离	空间分辨力	优 点	缺 点	价 格
GPS/RTK	海拔高度	—	1.5m/10cm	准确	怕遮挡	
气压计	海拔高度	—	20cm	便宜	需校准，精度一般	
超声波	相对	＜10m	＞45°	便宜	距离近，易受干扰	10元
双目	相对	＜100m	＜0.1°	分辨力高	需光线良好	几百元
结构光	相对	＜10m	＜0.1°	分辨力高，比双目可靠	一般只能室内使用	几百元
激光/主动红外	相对	＜50m	＜0.1°	分辨力高，可靠性高	需机械扫描，多线固态很贵不成熟，单点测量不可靠	单线，几百元
微波雷达	相对	＜250m	取决于波束宽度，＞3°	可靠性高	分辨率略低	1000元左右

17.2.6 工业相机与图像采集

工业相机是将真实场景转换为图像信号的电子传感器件。它主要由镜头采集图像，然后再由内部感光部件等将图像处理为数字信号，从而达到感知目标的目的。早期的相机多基于显像管成像。随着集成电子技术和固体成像器件的发展，以电荷耦合器件（Charge Coupled Device，CCD）和互补金属氧化物半导体器件（Complementary Metal Oxide Semiconductor，CMOS）为传感器的相机，与真空管相比，具有无灼伤、无滞后、工作电压及功耗低等优点，目前已成为主流。

CCD实际上可以被看作由多个MOS（Metal Oxide Semiconductor）电容组成。在P型单晶硅的衬底上通过氧化形成一层厚度为100～150nm的SiO_2绝缘层，再在SiO_2表面按一定层次蒸镀一层金属或多晶硅层作为电极，最后在衬底和电极间加上一个偏置电压（栅极电压），即可形成一个MOS电容器，如图17-41所示。

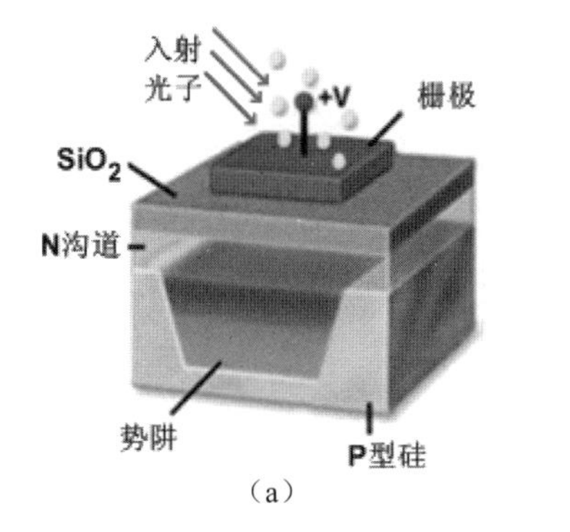

（a）

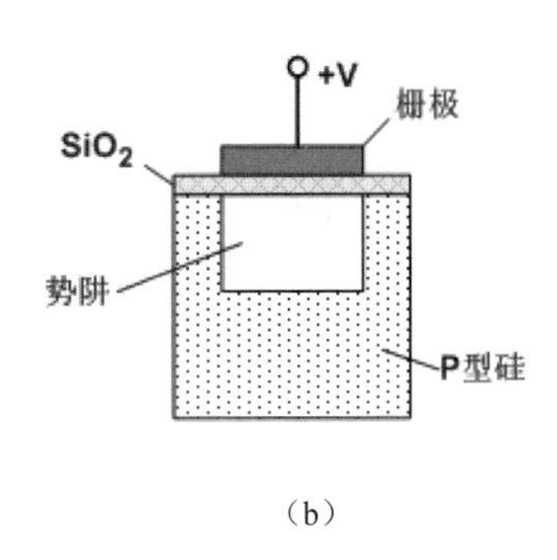

（b）

图 17-41 MOS 电容

在 P 型硅衬底中，多数载流子是空穴，少数载流子是电子。当在栅极上施加正电压时，其电场能够透过 SiO_2 绝缘层，使衬底中分布均匀的载流子重新排列，带正电荷的空穴被排斥到远离电极处，带负电荷的电子被吸引到紧靠 SiO_2 的表面层。这就在衬底中形成了一个对于带负电荷的电子而言势能特别低的区域（耗尽层）。由于电子一旦进入该区域就很难自由逃出，故又称其为电子“势阱”。

当光线投射到 MOS 电容上时，光子穿过多晶硅电极及 SiO_2 层，进入 P 型硅衬底，光子的能量被半导体吸收，产生电子空穴对，产生的电子立即被吸引并储存在势阱中。由于势阱中电子的数量随入射光子数量的（即光强度或亮度）增加而增加，而且即使停止光照，势阱中的电子在栅极电压未产生变化时，一定时间内也不会损失，这就实现了光电转换和对光照的记忆存储功能。

由此不难想到，在 P 型轨衬底上生成多个 MOS 电容，来制作以其为基本单元的图像传感器。例如，可以将多个 MOS 电容排列成一行或点阵，来扫描或抓取外部图像。考虑到集成芯片尺寸较小，因此可以结合透镜成像的特点，对场景所成的实像进行采集，这就是 CCD 相机的雏形，如图 17-42 所示。

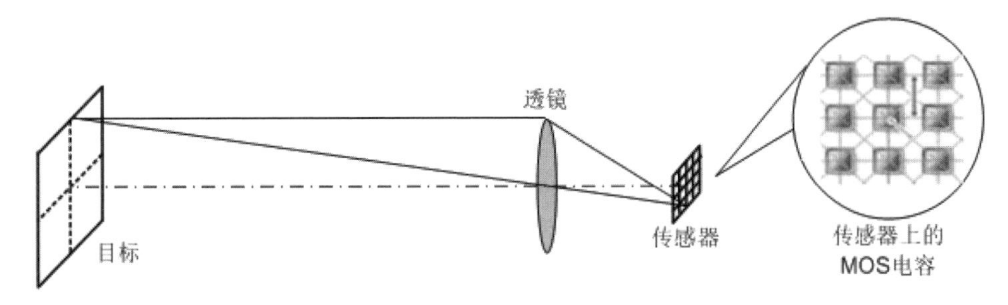

图 17-42 CCD 相机雏形

当光线将 MOS 电容排列在一起，虽然可以实现图像到电信号的转换及存储，但要通过存储的电信号获取图像，还需要想办法把存储的电荷转移出来。同时，如果要进行连续采集，还需要一种机制能协调采集及转移电荷的时序。这就需要利用 CCD 的电荷转移特性。

CCD 的电荷转移特性可以通过图 17-43 来说明。最初可以将几个需要进行电荷转移的 MOS 电容以较小的间隙耦合在一起，随后在第二个 MOS 电容的栅极施加 10V 电压，而在其他 MOS 电容的栅极均加有大于域值电压的较低电压（例如 2V），以便在第二个 MOS 电容下形成势阱。如果用光线照射第二个 MOS 电容，则由于光电转换，会使第二个 MOS 电容下的势阱中填充有电子，如图 17-43（a）所示。

接下来，各栅极上的电压变化如图 17-43（b）所示，即第二个 MOS 电容栅极电压仍保持为10V，第三个MOS电容栅极电压由2V变到10V，因这两个MOS电容耦合在一起（间隔只有几微米），它们各自的对应势阱将进行合并。原来在第二个电容下的电荷变为这两个电容下的势阱所共有，如图17-43（c）所示。

若此后各栅极上的电压变化如图17-43（d）所示，即第二个MOS电容栅极电压由10V变为2V，第三个MOS电容栅极电压仍为10V，则共有的电荷转移到第三个MOS电容下的势阱中，如图17-43（e）所示，这样就完成了电荷在耦合MOS电容之间的转移。因此可以想到，如果将第三个MOS电容遮盖起来，避免其受光照影响，而仅留第二个MOS电容进行光电转换，就可以用第三个MOS电容来寄存第二个MOS电容前一时刻的内容。

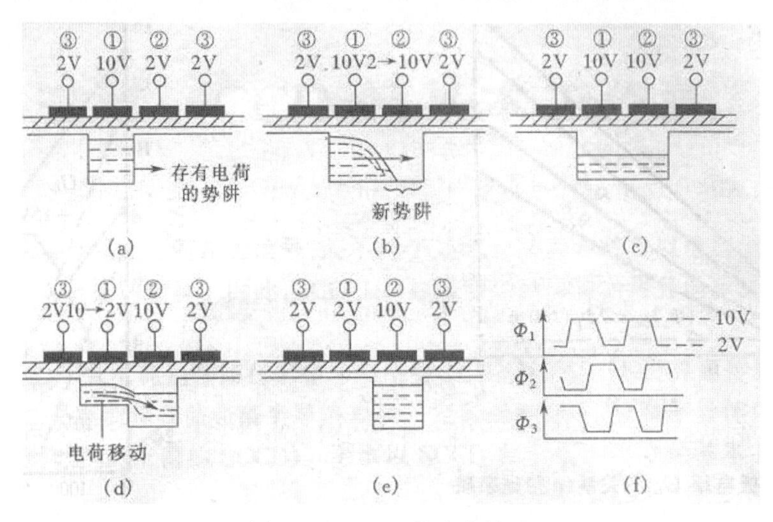

图17-43 CCD的电荷转移

根据上述CCD的电荷转移特性，可以按不同的方式排列并遮挡部分MOS电容，制作成各种类型的CCD图像传感器，如果再按照一定的时序和频率在栅极上施加高低电平，就可以将光电转换后的电荷提取出来生成电信号，来表示所观测区域的光线的强度变化。由于光电转换的关系可以根据CCD的特性获知，因此不难想到将多个MOS电容排列成一行或多行，来监测更大区域的光强变化，这就是CCD采集图像的基本工作原理。

CMOS（Complementary Metal Oxide Semiconductor）图像传感器的开发最早出现在20世纪70年代初。20世纪90年代初期，随着超大规模集成电路（VLSI）制造工艺技术的发展，CMOS图像传感器得到迅速发展。CMOS图像传感器与CCD图像传感器光电转换的原理相同，二者的主要差异在于电荷的转移方式上。CCD图像传感器中的电荷会被逐行转移到水平移位寄存器后，经放大器放大后输出。由于电荷是从寄存器中逐位连续输出，因此放大后输出的信号为模拟信号。在CMOS传感器中，每个光敏元的电荷都会立即被与之邻接的一个放大器放大，再以类似内存寻址的方式输出，因此CMOS芯片输出的是离散的数字信号。之所以采用两种不同的电荷传递方式，是因为CCD是在半导体单晶硅材料上集成，而CMOS则是在金属氧化物半导体材料上集成。工艺的不同使得CCD能保证电荷在转移时不会失真，而CMOS则会使电荷在传送距离较长时产生噪声，因此使用CMOS时，必须先对信号放大再整合输出。

CCD/CMOS芯片完成光电转换后，其输出为模拟或数字电信号。通常该信号还要被进一步放大、矫正、添加同步、调制或采样编码，生成符合各种标准的视频信号后才正式以YUV、YIQ模拟视频或RGB、数字视频格式输出。这意味着为了能通过计算机对这些信息进行处理、分析，还需要使用图像采集设备对视频信号进行数字化和解码，并根据同步信号提取各帧图像。图像数字化设备完成对图像的数字化后，就将图像以数据流的方式通过总线传送给计算机。随后，在驱动软件的支持下，就可以从源源不断传来的数据中，“抓取”出一帧一帧的图像放置在事先分配好的内存中，进行图像分析或与机器视觉相关的处理。

若要基于 LabVIEW 对工业相机传回的图像进行处理，需使用 NI 视觉软件。NI 视觉软件包括 NI 视觉采集软件（NI Vision Acquisition Software）、NI 自动化和测量设备管理器（NI Measurement & Automation Explorer，NI MAX）、NI 视觉开发模块（NI Vision Development Module）和 NI 自动检测视觉生成器（NI Vision Builder AI）。这些软件分别从不同的层面支持机器视觉应用的开发，图 17-44 显示了 NI 视觉软件的逻辑层次结构。

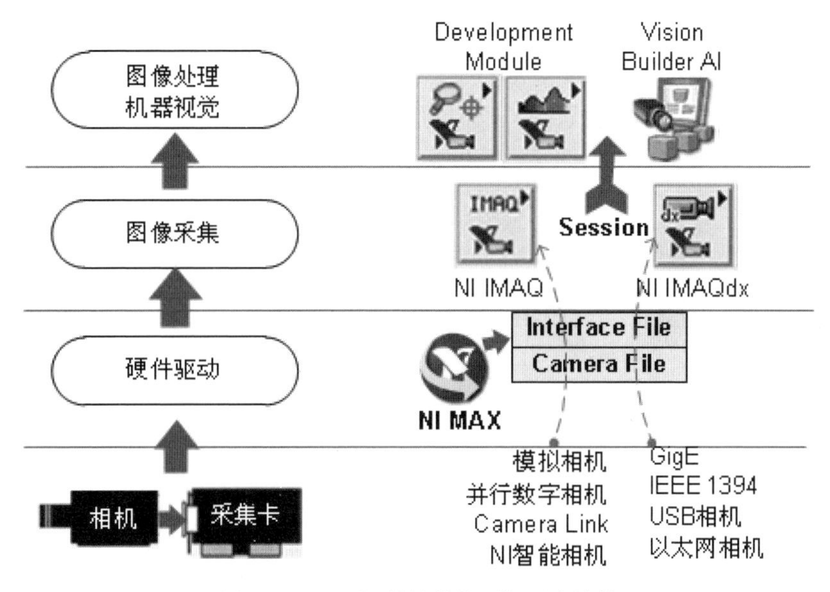

图 17-44 NI 视觉软件的逻辑层次结构

NI MAX 和 NI 视觉采集软件直接与图像采集硬件设备接口。NI 视觉采集软件包括上千种图像采集设备的驱动，NI MAX 用来配合其对图像采集硬件设备进行配置、诊断和管理。它们共同在图像采集硬件设备与 NI 视觉高层应用软件 NI Vision Development Module 和 NI Vision Builder AI 之间架起了桥梁。NI 视觉采集软件包括 NI-IMAQ 和 NI-IMAQdx 两部分，开发人员使用它们可以从不同相机获取图像。NI-IMAQ 主要用于从模拟相机、并行数字相机、Camera Link 或 NI 智能相机采集图像，而 NI-IMAQdx 则主要用于从 GigE、IEEE 1394、DirectShow（USB）以及 IP（以太网）相机采集图像。

一旦安装完机器视觉软件和驱动，就可以在程序中通过所定义的接口打开设备、建立到设备的连接、开始采集图像直到采集任务完成关闭设备。图 17-45 是使用 NI-IMAQ 函数实现图像采集的代码。它遵循“初始化设备并分配缓冲区→采集图像→关闭设备并释放缓冲区”的实现过程。IMAQ Init.vi 用于打开采集设备并对其进行初始化，需要图像采集设备的接口和通道信息 IF Name 作为输入参数。例如，若要使用系统中的第二个图像采集卡的第 3 个通道，且在 NI-MAX 中将配置值均使用默认值，则可以用 img1::2 作为 IF Name 的值。IMAQ Init.vi 基于接口文件和相应的相机文件打开设备后，返回一个到该设备的引用。由于 NI-IMAQ 和 IMAQdx 会基于该引用实现图像采集，或与该接口设备相关的属性访问或操作，因此可以认为该引用代表了到采集设备的连接或“会话”（Session）。

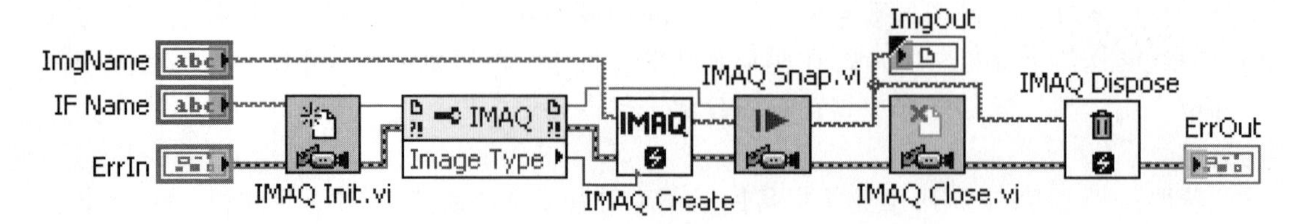

图 17-45 使用 IMAQ 高层函数实现 Snap 方式图像采集

目前机器视觉技术在汽车自动驾驶领域也有较为广泛的应用。工业相机具有独特的视觉影像功能，可以识别交通标志、行人等，也可以利用多个工业相机对周边环境进行合成，还可以作为其他传感器的冗余设备，提高汽车自动驾驶时距离估计的准确性和安全性。汽车自动驾驶进行障碍物检测时，可以使用两个相机的双目系统，也可使用单个相机的单目系统。单目系统测距主要包括如图 17-46 所示的两种测量方法，一种是利用已知大小的物体进行距离计算，另一种利用相机安装位置到地平面的高度计算距离。由于一旦选定相机，其焦距和 CCD 传感器的宽度 x 和高度 y 就固定了，根据相似三角形原理，利用障碍物的宽度 W 或相机据地面的距离 h，就能计算出相机到障碍物的距离 Z。

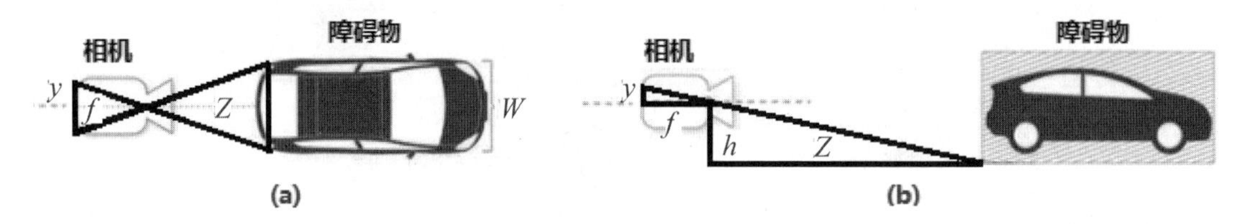

图 17-46 自动驾驶单目系统测距原理

从应用趋势上看，工业相机与毫米波雷达在自动驾驶领域既有融合，也有分庭抗礼的趋势。一种观点认为毫米波雷达和机器视觉系统可以互为冗余互补，不仅可以在一种系统失效时承担检测任务，还能将两套都工作的系统得到的检测结果进行比较参考，做出正确结论。此外，若仅仅使用机器视觉系统来支持自动驾驶，由于处理的图像数据量较大，对硬件的要求会很高。另一种观点则认为应摒弃毫米波雷达，将视觉系统在自动驾驶系统中的作用发挥到极致。持这种观点的人认为虽然毫米波雷达擅长探测距离，但它并不擅长描述物体。很多时候毫米波雷达只能检测到有障碍物存在，但却无法获知具体是什么。此外，他们还认为虽然同时搭载毫米波雷达和摄像头，好像能够收集反射波和图像两类数据，但当其中某一系统失效后，这种设计不能依靠另一系统实现自动驾驶，本质上并未实现冗余。目前这两种应用方法均有长足发展，最终谁的性能更优，还需要时间来检验。

工业相机因其探测角度广、获取信息丰富、角度测量精确等优势广泛用于车距离估计、目标物识别与跟踪、质量监测等领域。但是其数据量大，对硬件的要求也高，工业应用中常要考虑如何提高系统的实时性。此外，还要考虑如何克服环境光线、气候等的影响。工业相机和图像采集技术的使用属于图像处理、计算机视觉和机器视觉研究的重要部分，有关技术的详细讨论请参阅笔者的《图像处理、分析与机器视觉（基于 LabVIEW）》一书。

17.3 本章小结

信号是指传递某一现象信息的函数。在信号处理领域，常根据信号函数值及其自变量特性的不同，将信号分为各种类型。虚拟仪器系统开发过程中，经常要用一些由程序生成的信号对系统算法进行测试。如正弦波、方波，三角波，锯齿波，各种类型的噪声以及由正弦波叠加组成的多音信号等。LabVIEW 为这些信号的生成提供了可直接调用的函数。LabVIEW 还对它们做了进一步的封装，并将结果以 Waveform 簇数据格式输出，以方便处理。

物理信号会经数据采集过程中信号链转换为计算机可识别的数据。传感器是信号链中很重要的一个环节，它将物理量按一定规律转换成可测量的信号。依据传感器所检测物理量的不同，可将传感器分为温度、应变、力、压强、声音、振动、加速度、位移、流量和光强传感器等，传感器可将对应物理量转换为电压或电流信号，以供后续测量。

传感器作为采集系统的一部分，在连接时需要特别注意参考点电压。根据参考点不同，连接方法可分为“单端接地参考”“单端非接地参考”和“差分”三种类型。三种方法各有优缺点，工程实践过程中应谨慎选择使用。

鉴于温度、应变、力、速度、位移以及图像信号在工业应用中的广泛使用，本章还对相应的传感器原理做了介绍，供大家在实践中参考。

第18章　数据采集

传感器将信号转换为电信号并作调理优化后，即可进一步由采集设备对其进行数字化。模拟信号转换为数字信号的数字化过程称为数据采集。信号的数字化主要包括抽样、量化和编码，它决定了输出数字信号可包含的信息量。数字化后的信号经驱动软件进一步加工后，可传入计算机进行处理分析。本章主要介绍LabVIEW数据采集（Data Acquisition，DAQ）技术。

18.1　信号的数字化

数字化（Digitize/Digitization）过程通常是指模拟信号到数字信号的转换过程。这一过程一般采用脉冲编码调制（Pulse Code Modulation，PCM）方式完成。脉冲编码调制方式涉及信号的自变量和取值两个维度上的离散化以及对因变量的编码，如图18-1所示。对自变量（如时间）的离散化称为抽样（Sampling），对信号取值（如电压）的离散化称为量化（Quantization）。对模拟信号进行抽样时，一般会以采样周期为间隔，提取并保存信号的瞬时值。而对其量化时，则将信号取值范围划分为多个用整数表示的等间隔范围（如 2^8=256 个间隔），同时将信号各点的取值就近划分到相应的范围，编码过程就是量化后的信号值变为二进制数字的过程。脉冲编码调制实际上并没有“调制”的过程，而且也没有脉冲出现，只因为PCM来源于PWM（Pulse Width Modulation）和PPM（Pulse Position Modulation）技术，所以保留了“脉冲”二字。脉冲编码调制本质上只是一种模拟信号的数字化方法。

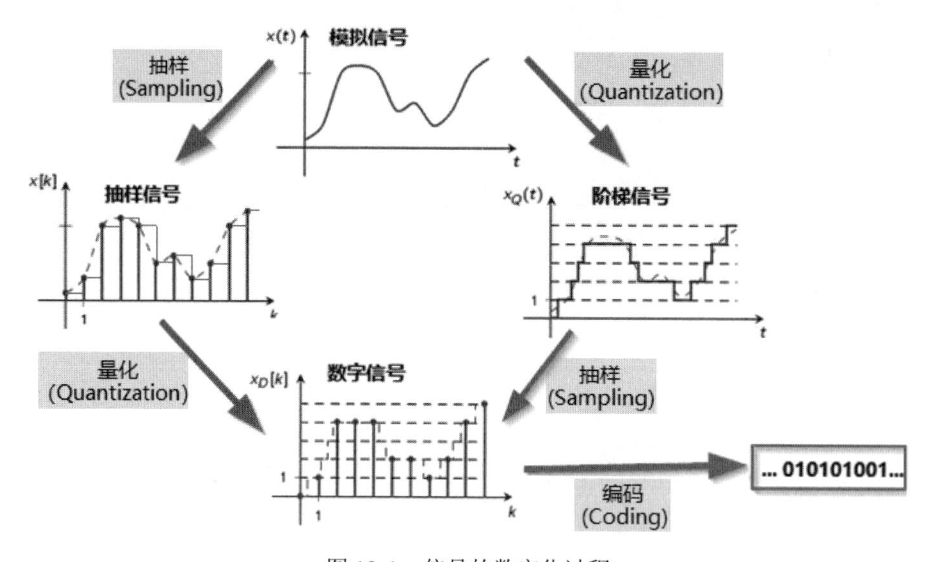

图18-1　信号的数字化过程

从实际的数据采集系统构成角度来看，信号抽样一般由数据采集设备中的采样和数据保持电路实现，而信号的量化和编码过程则由模数转换电路（Analog-Digital-Convertor，ADC）来完成，如图18-2所示的信号数字化过程模型所示。采样电路以采样频率快速提取信号瞬时值，这些瞬时值在下一个采样值到达前将被保存在数据保持电路中，以确保模数转换电路能得到有效输入。模数转换电路则会将这些输入，按照就近原则量化至不同的等级中，进而编码为二进制数字信号。

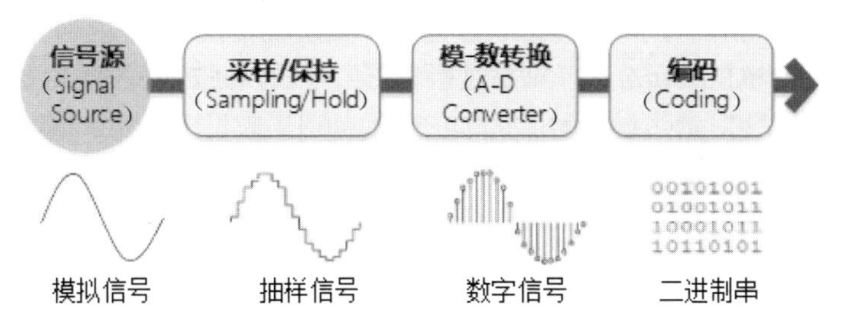

图 18-2 信号数字化过程模型

采样电路对模拟信号采样时必须满足采样定理，才能确保从得到的离散采样信号中精确无失真地恢复出被采样的连续模拟信号。采样定理常又称为香农（Shannon）定理或奈奎斯特（Nyquist）定理，指出只有当连续信号中不包含大于采样频率一半（即奈奎斯特频率）以上的频率成分时，才能无失真地从离散采样信号恢复，否则将出现频率混叠。换句话说，采样频率必须是连续信号中最高频率的 2 倍以上。例如，若采样频率为 4kHz，则被抽样的模拟信号中就不能含有高于 2kHz 的信号成分，否则高于 2kHz 的成分将会混叠在 0Hz（直流）～ 2kHz，与它们叠加。因此，一般在进行模数转换之前，会先使用抗混叠滤波器从输入信号中滤除那些高于奈奎斯特频率的频率成分，以避免在采样期间发生频率混叠。

量化过程主要由模数转换电路完成。采样保持电路抽取到一个信号的瞬时值之后，会保持该值直到抽取下一个瞬时值。在此过程中，模数转换电路将基于该保持信号值完成对信号的量化转换。由此可见，模数转换电路完成一次转换所用的转换时间，将直接影响数据采集系统的采样频率。转换时间越长，转换速度就越低。

模数转换电路的转换速度与其转换原理和位数有关。如逐位逼近式转换器的速度要比双积分式转换器高许多。一般位数越少，转换器的转换速度越高，当然转换精度也差些。目前常用的转换器转换位数有 8 位、10 位、12 位、16 位、24 位和 32 位等。根据转换原理和转换位数不同，模数转换电路的转换速度在几微秒～几百毫秒。例如，若一个 10 位模数转换电路的转换速度为 50μs，则其采样频率理论上可高达 20kHz。

模数转换电路的位数由其输出二进制数码的位数表示，它也代表了转换器的分辨能力。位数越多，信号值的范围可以被分割的量化间隔就越小，量化误差越小，分辨力也就越高。常用的有 8 位、10 位、12 位、16 位、24 位、32 位等。量化过程应注意数字化设备工作在单极性（Unipolar）还是双极性（Bipolar）状态。单极性状态下，信号范围为 0 ～ +Max，而在双极性状态下，信号范围为 -Max ～ +Max。例如，某工作在双极性模式下的 8 位模数转换器输入模拟电压范围为 -10V ～ +10V，若第一位用来表示正、负符号，其余 7 位表示信号幅值，则最末一位数字可代表 $10V/2^7$=78.125mV 电压，也就是说模数转换器可以分辨的最小模拟电压为 78.125mV。同样情况下，一个 10 位转换器能分辨的最小模拟电压为 $10V/2^9$=19.531 25mV。

由于模数转换器在量化过程中采用了四舍五入的近似方法，因此量化过程会产生量化误差，该误差在最低位（Least Significant Bit，LSB）所表示分辨率范围内，最大量化误差为分辨率数值的一半（1/2LSB）。若将量化误差看作是量化过程中对信号引入的随机噪声，则该噪声的平均值为 0，标准差为 $1/\sqrt{12}$ LSB（约 0.29 LSB）。例如，前述例子中 8 位模数转换器最大量化误差为 78.125mV/2=39.0625mV，全量程的相对误差则为 39.0625mV/10V ≈ 0.4%。可见，模数转换器的精度由最大量化误差决定。实际上，许多转换器末位数字并不可靠，实际精度还要低一些。

由于模数转换过程通常有模拟处理和数字转换两部分，因此整个转换器的精度还应考虑模拟处理部分（如积分器、比较器等）的误差。一般来说转换器的模拟处理误差与数字转换误差应尽量处在同一数量级，总误差则是这些误差的累加。例如，一个 10 位模数转换器用其中 9 位计数时的最大相对量化误差为（$1/2^9$）$\times 0.5 \approx 0.1\%$，若模拟部分精度也能达到 0.1%，则转换器总精度约为 0.2%。

综上所述，信号的数字化包括采样、量化和编码等过程，其中采样过程使用的采样频率必须大于被采样信号中最高频率的 2 倍。除了采样频率，还需要注意采集足够多的采样点，以确保测量值的精确度。对于模拟信号来说，一般要至少采集信号的 3 个周期。在实际工程中，采样频率一般要选取被采样信号中最高频率的 5 ～ 10 倍，而采样点数则往往需要覆盖 10 个以上的被采样信号周期，才能确保有较好的测量结果。例如，若用 1kHz 的采样频率对 100 Hz 的信号进行采样（采样频率是信号频率的 10 倍），则每个被采样信号周期会有 10 个采样点。这样，若要覆盖被采样信号 10 个以上的周期，就至少要有 100 个采样点。

18.2 虚拟仪器数据采集

虚拟仪器系统将硬件、软件与工业标准的计算机技术相结合，创建用户自定义的仪器测控解决方案。虚拟仪器系统的数据采集模块用于实现信号的数字化，对传感器从物理信号转化而来的电信号进行采集，得到数字信号，再传递到计算机完成测量或控制任务。常见的数据采集设备可分为基于计算机（PC-Based）和独立于计算机的采集设备两类。

基于计算机的数据采集设备一般通过计算机的插槽（如 PCI 等）直接与其内部总线相连，在信号被调理模块预处理后，这类数据采集设备会对信号数字化，并通过计算机内部总线传至内存中进行处理。独立于计算机的数据采集设备可看作是计算机的外围设备，它们与计算机通信端口相连，由计算机程序通过特定的协议控制数据的采集、处理与保存。如通用接口总线（General Purpose Interface Bus，GPIB）、串口 RS-232C、RS-422、RS-485 和 PXI 总线等。与基于 PC 的采集设备相比，独立的采集设备也完成数据的数字化，但其一般具有特定的用途，专用于某种测量，其使用的软件往往是采集设备自带的，仅可通过与计算机通信进行控制。

对于基于 LabVIEW 的虚拟仪器系统来说，数据采集设备经过驱动程序与 LabVIEW 进行交互。驱动程序是硬件的应用程序编程接口（API），它对应于某一个或某一类采集设备。NI 基于 PC 的数据采集设备使用 NI-DAQmx 和传统的 NI-DAQ（Legacy）驱动程序，独立于 PC 的采集设备则往往有独立的驱动，并使用 VISA（Virtual Instrument Software Architecture）函数与 LabVIEW 程序进行交互。非 NI 的采集设备一般都会随硬件提供专门的驱动程序及相关的 LabVIEW 函数。

NI-DAQ（Legacy）是 NI-DAQ 的早期版本，从 NI-DAQ 6.9x 升级而来。NI-DAQ（Legacy）的函数和工作方式和 NI-DAQ 6.9x 相同，且可以和 NI-DAQmx 在同一台计算机（除 Windows Vista 操作系统）上使用，但是不能与 NI-DAQ 6.9.x 同时使用。NI-DAQmx 是最新的 NI 数据采集设备驱动程序，带有硬件设备所需的最新 VI 函数和开发工具。它提供可交互式配置采集任务和通道的 DAQ Assistant（NI 数据采集助手）工具，且性能更佳、单点模拟 I/O 速度更快且多线程。创建 DAQ 应用程序时，NI-DAQmx 提供的 API 更简洁，且使用的函数和 VI 更少。自 2003 年起 NI-DAQmx 已取代了传统的 NI-DAQ（Legacy）。

NI Measurement & Automation Explorer（简称 NI-MAX）程序和 NI DAQ Assistant 会随 NI-DAQmx 驱动程序自动安装。使用 NI-MAX 可查看系统中现有设备信息并对其进行配置，包括创建和编辑任务、通道和接口，或对系统进行快速诊断等。NI DAQ Assistant 一般在程序代码中以 VI 形式加载，且能在设计时以交互的方式创建或编辑数据采集任务或虚拟通道，对配置进行测试或保存自定义配置等。

LabVIEW 中的数据采集程序一般按照图 18-3 所示的流程进行开发。包括配置数据采集设备、进行数据采集以及现场清理三个主要步骤。数据采集设备的配置又包括任务和通道创建，配置定时、配置触发以及配置数据记录几个可选过程。数据采集设备配置可以通过 NI-MAX 程序在数据采集程序代码之外完成，也可以在程序代码中使用 NI-DAQmx 函数（位于 Measurement I/O → NI DAQmx 函数面板中）或 DAQ Assistant 实现。

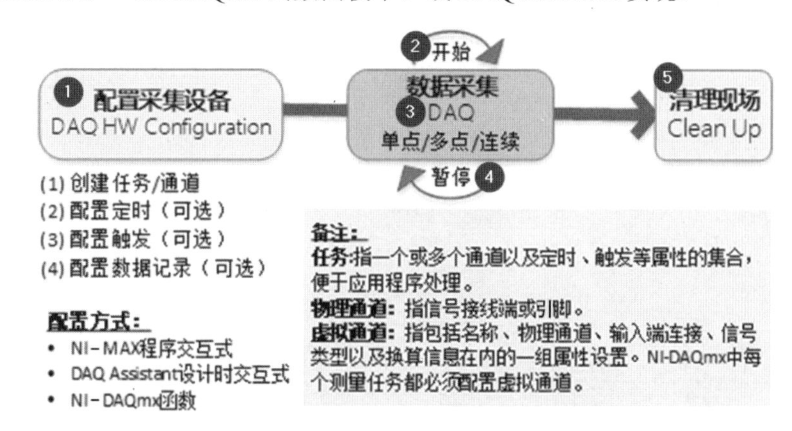

图 18-3 LabVIEW 数据采集程序开发流程

NI 数据采集设备驱动程序使用任务和通道的概念来封装与数据采集任务相关的配置信息。任务是与数据采集工作相关的一个或多个通道以及定时、触发等属性的集合。通道分为物理通道和虚拟通道两大类，其中物理通道指信号的接线端或引脚，而虚拟通道则是包含了通道命名、对应的物理通道信息、输入端连接、信号类型以及换算信息在内的一组属性设置。使用任务封装与数据采集相关的配置信息后，就可以在程序中加载这些信息，并用于后续的函数中。在 NI-DAQmx 中，虚拟通道可以是任务的一部分，也可以独立于任务，但每个测量任务都必须配置虚拟通道与物理通道对应。

任务和通道可以在 NI-MAX 程序中创建，也可以在程序代码中使用 NI-DAQmx 函数或 DAQ Assistant 创建。NI-MAX 和 DAQ Assistant 均以交互的方式创建任务或通道，不同之处在于 DAQ Assistant 是在设计的代码中打开交互对话框，而 NI-MAX 则是独立于数据采集程序进行任务和通道的配置。相比较来说，NI-DAQmx 函数完全以程序代码的方式创建和配置通道，并可以对采集任务的各个细节进行控制。由此可见，使用 NI-MAX 和 DAQ Assistant 创建通道时，无须开发代码即可快速完成任务和通道创建，但它们对采集任务的控制相较于 NI-DAQmx 函数方式来说弱一些。值得一提的是，DAQ Assistant 任务可以轻易地转换为 NI-DAQmx 函数方式的代码。此外，由于 NI-MAX 和 DAQ Assistant 中创建的虚拟通道可以被多个任务使用，因此称为全局虚拟通道（Global Virtual Channels）。而 NI-DAQmx 函数创建的通道往往只能为程序中的任务所使用，因此称为局部虚拟通道（Local Virtual Channels）。

任务和通道创建完成后，就可以开始数据采集。可以一次性采集单个数据、多个数据或者进行连续不断的数据采集。可以通过程序代码暂停或重新启动数据采集过程。也可通过设置触发和定时条件，确保在某些条件满足时或以指定的时间间隔自动进行数据采集。例如，可以配置触发条件，在某个输入信号的电压高于指定值时自动进行数据采集。当数据采集过程结束后，需要进行现场清理工作，包括释放执行采集任务过程中分配的临时内存、关闭打开的相关资源等。完成数据采集后，就可使用数学分析、信号分析与处理、报表生成等函数对数据进行各种分析处理并生成报表显示。

图 18-4 是一个典型的 LabVIEW 数据采集实例程序。该程序用于从某一模拟输入通道连续不断地采集数据。虽然程序实现的功能相对比较简单，但是却覆盖了 LabVIEW 数据采集程序开发的各方面。从结构上看，程序主要包括数据采集设备配置、数据采集以及现场清理三个主要部分。数据采集设备配置完成后，程序就调用 DAQmx Start Task.vi 启动数据采集任务。接着 While 循环中的 DAQmx Read.vi 会不断从模拟输入通道读取数据并显示在波形图中。当用户单击“停止”按钮结束 While 循环后， DAQmx Stop Task.vi 会停止数据采集任务，并接着由 DAQmx Clear Task.vi 清理现场后退出。

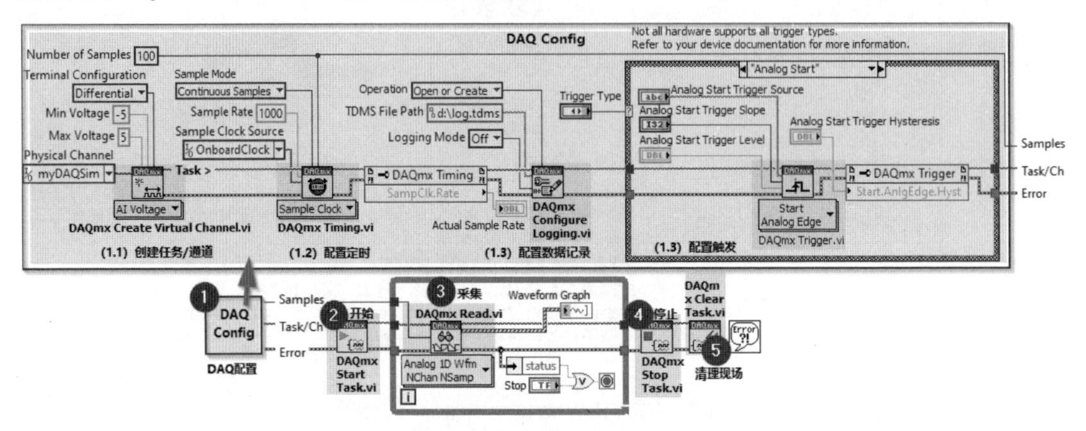

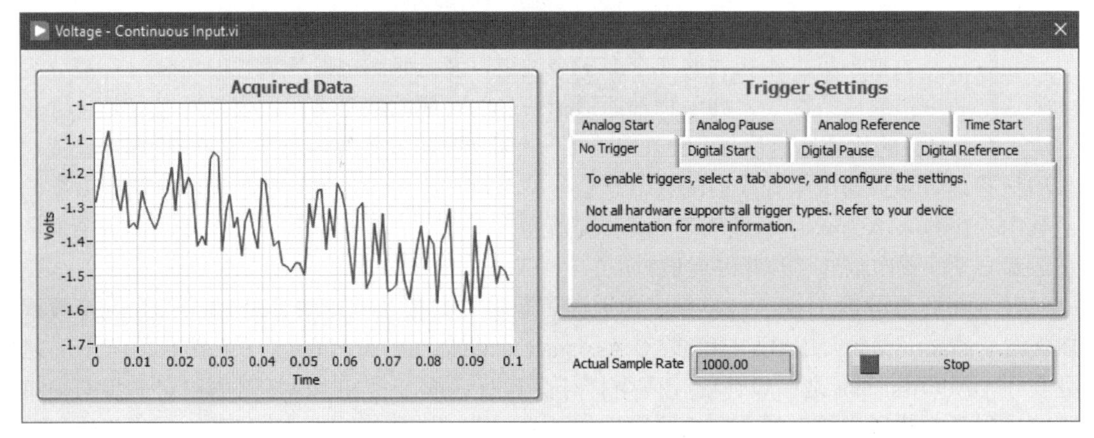

图 18-4 LabVIEW 数据采集实例程序

程序中的数据采集设备的配置包括采集任务和通道的创建、配置定时、配置数据记录和配置触发几个过程。DAQmx Create Virtual Channel.vi 函数用于实现采集任务和虚拟通道的创建，根据物理连接情况配置采集任务等。Physical Channel 是该 VI 最重要的参数，它用于将物理通道与采集任务和虚拟通道关联。为物理采集设备安装驱动程序后，就可以在 NI-MAX 程序中查看并管理与之相关的信息，包括重命名、对设备进行自检以及配置等。NI-DAQmx 还允许用户在不连接物理设备的情况下对其进行模拟（仅限 NI 设备），以方便程序开发过程中不连接物理设备即可进行测试。图 18-5 显示了在 NI-Max 中创建与 NI-myDAQ 硬件对应的模拟设备，并在 DAQmx Create Virtual Channel.vi 函数代码中将其与采集任务关联的过程。

DAQmx Create Virtual Channel.vi 函数完成任务和通道创建后，就以引用的方式将封装的信息传递至其他 VI，这些 VI 就可以通过该引用参数访问其中的信息。DAQmx Timing.vi 基于创建的任务和通道对采集过程中的定时信息进行配置，包括使用何种时钟源、采样率的大小以及采样方式等。图 18-4 显示的程序要求使用 NI-myDAQ 板载时钟，以 1kHz 频率进行

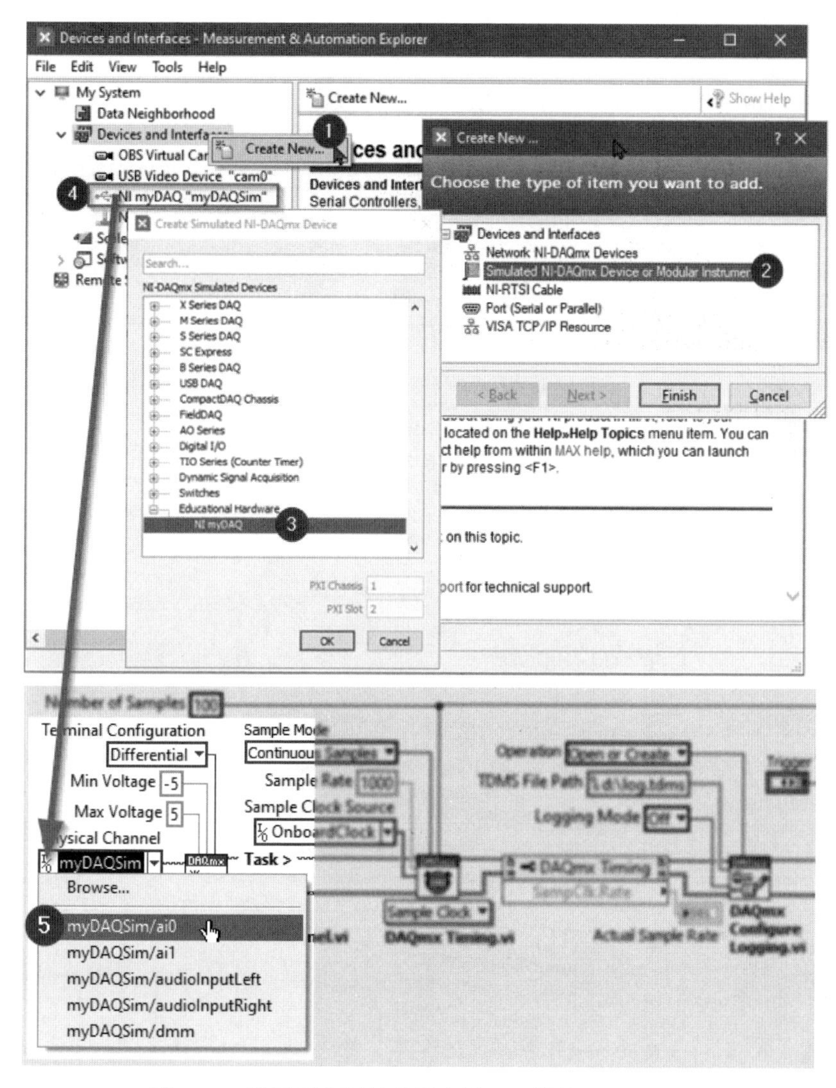

图 18-5 数据采集硬件配置实例——模拟 NI-myDAQ

连续采样。DAQmx Configure Logging.vi 用于配置数据记录信息，主要指出进行数据记录时数据文件保存的位置及文件名。Case 结构中代码用于对不同情况下的触发条件进行配置。如 DAQmx Trigger.vi 对模拟采集触发条件进行了设置。总体来说，对定时、触发和数据记录的配置为数据采集配置过程的可选步骤，若不对其进行设置，则程序将使用默认参数。

除了在代码中使用 DAQmx Create Virtual Channel.vi 直接创建任务和通道，还可以使用 NI MAX 或 DAQ Assistant 以交互的方式配置任务和通道。图 18-6 是在 NI-Max 创建模拟信号采集任务的过程。一旦任务创建完成，就可以在程序中省去使用 DAQmx Create Virtual Channel.vi 创建任务和通道的步骤，在调用其他 VI 时，直接把 NI MAX 中创建的任务名称作为参数传递给函数，执行数据采集任务。

使用 DAQ Assistant 以交互的方式创建任务和通道的方式一般与使用 Express VI 结合使用。当从 Measurement I/O → NI DAQmx 函数面板中选择该 VI 至程序框图中时，会自动初始化并弹出交互式配置对话框。在对话框中对任务和通道进行配置，即可完成数据采集任务的创建。通常使用 DAQ Assistant 创建的任务也会封装数据采集过程，可以将生成的创建结果直接放置在 While 循环中执行，实现数据连续采集，如图 18-7 所示。

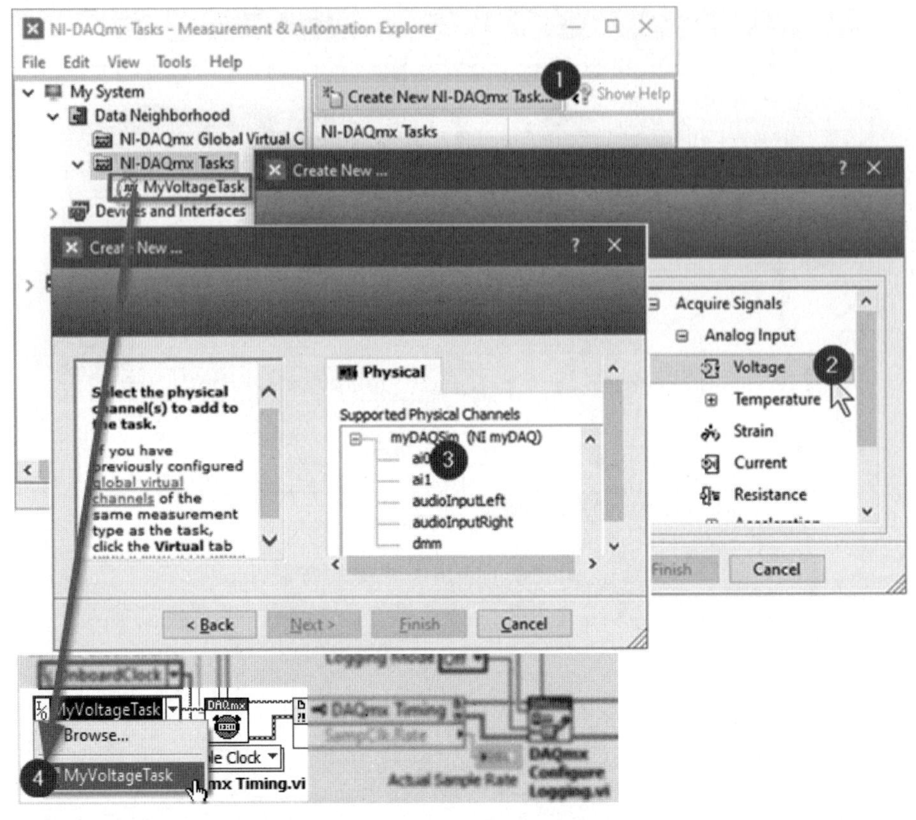

图 18-6 在 NI-MAX 中创建任务并在代码中使用

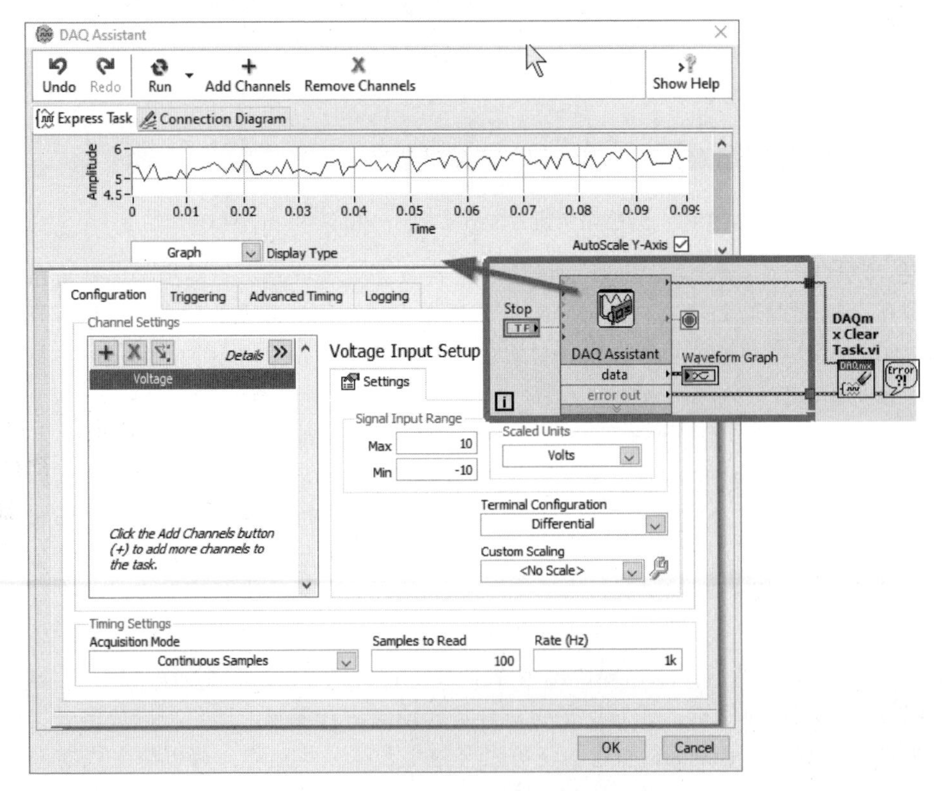

图 18-7 使用 DAQ Assistant 创建任务和通道

独立于PC的采集设备往往会有独立的驱动程序随硬件分发，这些驱动程序多数会使用NI VISA函数与LabVIEW程序进行交互。NI VISA是一组基于虚拟仪器软件架构输入/输出标准（Virtual Instrument Software Architecture，VISA）I/O Standard创建的驱动函数，它可用于多种不同的采集设备或仪器的配置、编程和控制。包括GPIB、串口设备（RS-232C、RS-485）、Ethernet/LXI、USB、PXI和VXI接口的设备等。使用VISA标准，可以免去学习适用于不同仪器的特殊命令，以相同的控制逻辑操作设备。此外，VISA独立于操作系统、总线和编程环境。换言之，无论使用何种设备、操作系统和编程语言，均使用相同的API。16.2节介绍串口通信时已经详述了VISA函数的使用方法，此处不再赘述。

18.3 基于声卡的信号采集（1D）

NI提供了多种类型的数据采集设备，这些设备虽然性能和精度优越，但却十分昂贵。实际中，有很多项目对采集设备的性能和精度要求并不高，如噪声测量和教学实验项目等。对于这些预算有限的项目，可以考虑使用声卡作为数据采集设备。

声卡本质上是一个价格低廉、性能稳定的一维信号数据采集设备。作为语音信号与计算机的通用接口，声卡常以PCI独立插卡或与主板集成的方式出现在台式计算机或笔记本电脑中。声卡大都集成了采样保持、模数和数模转换以及音频处理等电路模块，用于对20Hz ~ 20kHz音频范围（人耳可听到的声音范围）的信号进行采集和处理。换句话说，若要处理的信号的频率在音频范围内，就可以考虑选用声卡作为采集设备。

声卡的结构如图18-8所示，其中音频CODEC芯片负责信号的模数和数模转换。常见的线路输入（Line In）、麦克风输入（Mic. In）和线路输出（Line Out）接口与该芯片相连。Line In接口可以接受幅值在1.5V以内的信号，而Mic. In接口只能接受幅值约为0.02 ~ 0.2V的信号，且易受干扰。因此对于数据采集来说一般用Line In接口来实现。当然，若输入信号的幅度过大，还要通过衰减器将信号衰减至允许范围内。Line Out和扬声器输出（SPK Out）接口均可输出模拟音频信号，但Line Out输出的信号未经放大，一般需要外接功率放大器（如有源音箱），而SPK Out则可以直接驱动扬声器。这两个输出接口均可以作为模拟输出通道，实现信号发生器的功能。

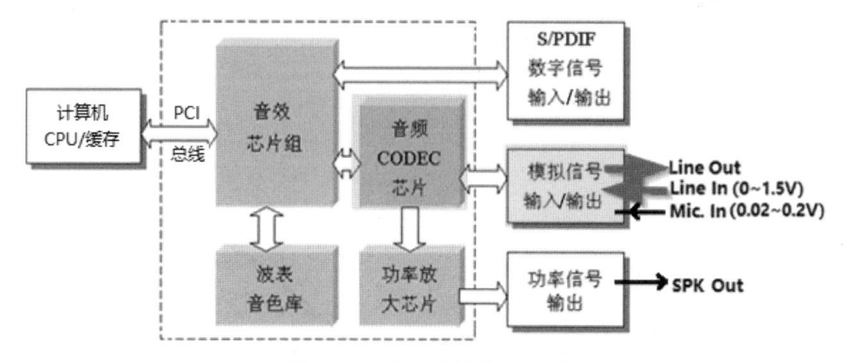

图18-8 声卡的结构示意图

声卡与外部传感器（如麦克风）或扬声器的连接通过音频连接头来实现。根据尺寸不同，常见的音频连接头可分为2.5mm、3.5mm和6.35mm几种，其中3.5mm的TRS和TRRS接头最为常见。TRS/TRRS接头名字中的字母分别是Tip（尖）、Ring（环）和Sleeve（套）三个词的缩写，分别对应被绝缘环套隔离开的不同导电部分和接线。日常中，依据具体的插头中尖（T）和环（R）数量不同，分为TS、TRS、TRRS等，如图18-9所示。

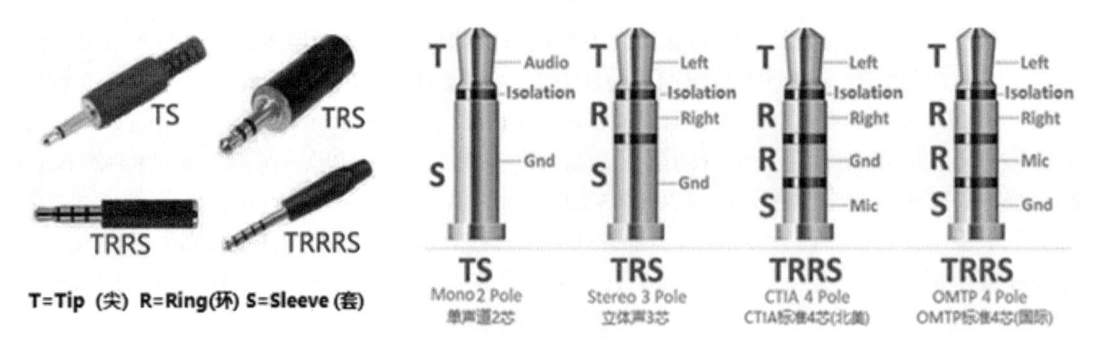

图 18-9 常见连接头类型和结构

TS 结构的接头只有两个触点，因此线缆也只用到了两芯。其中 T 部分直接连接音频（左、右声道同时连接至该触点），S 部分接地，因此只支持单声道输出。TRS 接头增加了一个环，用于将左、右声道分开，因此可以支持立体声输出。TRRS 有两种不同的接线标准：AHJ/CTIA（American Headset Jack/Cellular Telecommunications Industry Association）和 OMTP（Open Mobile Terminal Platform）。其中 AHJ/CTIA 被苹果、HTC、LG、黑莓、三星、Jolla、索尼、微软等公司和大多数 Android 手机厂商支持，OMTP 则被早期的诺基亚手机、索爱和三星手机支持。相对来说 AHJ/CTIA 标准的接头因其兼容性较广，因此更常见。

对于基于声卡的数据采集系统开发来说，由于要使用 Line-In 或 Mic-In 接口与传感器进行连接，因此大多使用 3.5mm 的 TRRS 接头来制作连接线。图 18-10 是笔记本电脑常用的 TRRS 接头的内部结构，以及使用它连接传感器的电路图。在实际工程实践中，可以剪去一个废弃不用的立体声耳机的耳机部分，保留其 TRRS 接头和线缆来制作与传感器的连接线。选用万用表的线缆通断检测功能，确认 TRRS 接头各部分与线缆线芯的对应关系，然后再将 Line-In/Mic-In 和地线对应的线芯与传感器连接即可。注意，部分声卡的接头可能遵循 OMTP 标准，在制作连接线时应注意区分。

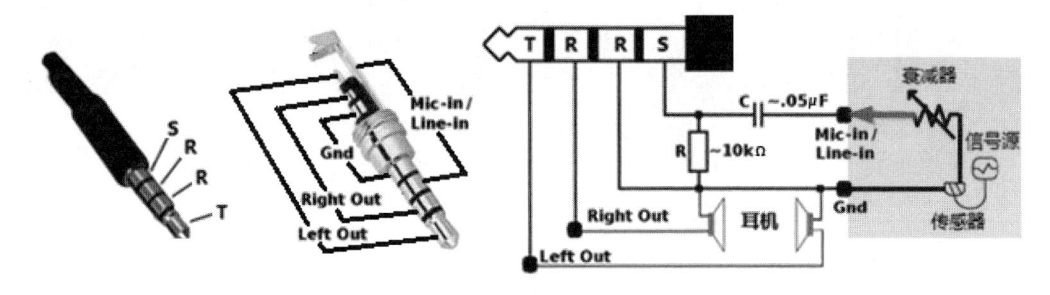

图 18-10 笔记本电脑 TRRS 接头结构及输入连接电路

声卡作为数据采集设备，能否较好地工作，主要由其位数、采样率和缓冲区的设置来决定。在进行数据采集系统设计时，应注意这些指标的选择。

（1）位数：指声卡将模拟信号量化为数字信号的二进制位数。数值越大，分辨率越高，录制和播放的音效就越真实。目前声卡主流产品为 16 位或 24 位（16 位声卡提供的分辨率已经超过人耳分辨率），而一般的数据采集卡大多只有 12 位，因此在该指标上，声卡毫不逊色于一般的数据采集卡。

（2）采样频率：一般声卡可提供最高 48kHz 的采样频率（商用声卡的采样率更高），但大多数普通声卡采样率可设置为 8kHz、11.025kHz、22.05kHz 和 44.1kHz，其中 8kHz 为电话使用的采样率，11kHz 为 AM 调幅广播使用的采样率，22.05kHz 是 FM 调频广播所用采样率，44.1kHz 为 CD 或 MPEG-1 音频（用于 VCD、SVCD、MP3）所用采样率。48kHz 被数字电视、DVD、电影和专业音频所使用。根据采样定理，理论上48kHz声卡采样率可以对24kHz以下的信号进行有效采集。实际中，声卡的采样率应是信号的5～10倍。因此声卡的最高采样率限定了可采集信号的范围。此外由于声卡采样率被分为几档，不能在最高采样率下任意设定，因此还要通过信号处理的方法来弥补这些不足。

（3）缓冲区：为了节省CPU资源，计算机的CPU采用了缓冲区的工作方式。一般声卡使用的缓冲区长度的默认值是8KB（8192字节）。由于Windows系统使用分页的方式管理内存，每页为8KB，因此缓冲区也可被设置成8KB的整倍数，以确保声卡与CPU协调有效地工作。

（4）通道数：指声卡可支持的输入或输出的通道数量。多数独立声卡支持立体声左、右双通道输入/输出，但左、右输入通道通常会被短接在一起成为单声道，以连接单个麦克风。在使用声卡进行采集时，可以将短接部分拆开，制作双通道输入线，如图18-11所示。此外在系统设置时，应设置声卡为双通道采样，以免单声道采样时声卡内部左、右声道对输入信号幅度进行均分。双通道立体声采集时两个通道的幅度互不干扰，采样信号的幅度与原信号幅度相同。

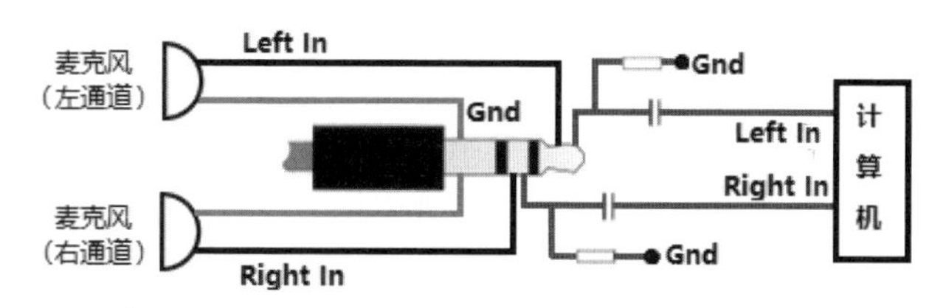

图18-11 双通道输入连接

完成物理线路连接后，就可开始设计数据采集程序。LabVIEW为基于声卡的数据采集提供了简单易用的函数库，包括数据输入、数据输出和数据文件保存函数。位于LabVIEW函数面板的Functions → Programing → Graphics & Sound→ Sound子选板中，如图18-12所示。基于声卡的数据采集程序开发主要使用数据输入相关的函数。包括声音信号的输入配置（Sound Input Configure）、启动采集（Sound Input Start）、数据读取（Sound Input Read）、停止采集（Sound Input Stop）以及结束后的现场清理函数（Sound Input Clear）。使用这些函数可以开发遵循“配置→开始→读取→结束→清理现场”结构的数据采集程序，函数集合的封装也按照这种结构进行。

图18-13是一个声卡数据采集和回放的实例。该实例程序分别从声卡的左、右声道连续采集数据，并通过输出通道回放数据。对于数据采集部功能，程序首先使用Sound Input Configure函数对采集过程进行以下选项的设置：

（1）设备ID（Input Device ID）：设置为0，即系统中首个声卡。若有多个声卡时，编号会递增。

（2）采样模式（Sample Mode）：设置为连续采样模式，也可支持有限点采样方式（Finite Samples）。

（3）每通道的采样点数（Number of Samples/Ch）：用于指定各通道采样时的缓冲区，该实例中设置为20 000点，是数据读取函数中每通道采样数的2倍。一般来说，工作在连续采集方式时，缓冲区应设置得大一些，以避免数据覆盖。有限点采集方式的缓冲区可以设置得小一些，以节省内存。

（4）声音格式（Sound Format）：设置声音操作的采集率为44.1kHz、通道数量为立体声双通道、采样位数为16位。控件的值取决于声卡。

设置完成后，Sound Input Start函数就通知声卡开始数据采集并放置至缓冲区。While循环中Sound Input Read函数用于从缓冲区中不断读取各通道的数据。该函数每次为每个通道读取10K数据，并将两个通道的数据分别放在一维数组的前两个元素中，其中每个数组元素对应一个通道采集回的数据，这些数据以Waveform的格式封装。因此在While循环中，分别索引数组中前两个元素，以显示各通道采集回的数据。

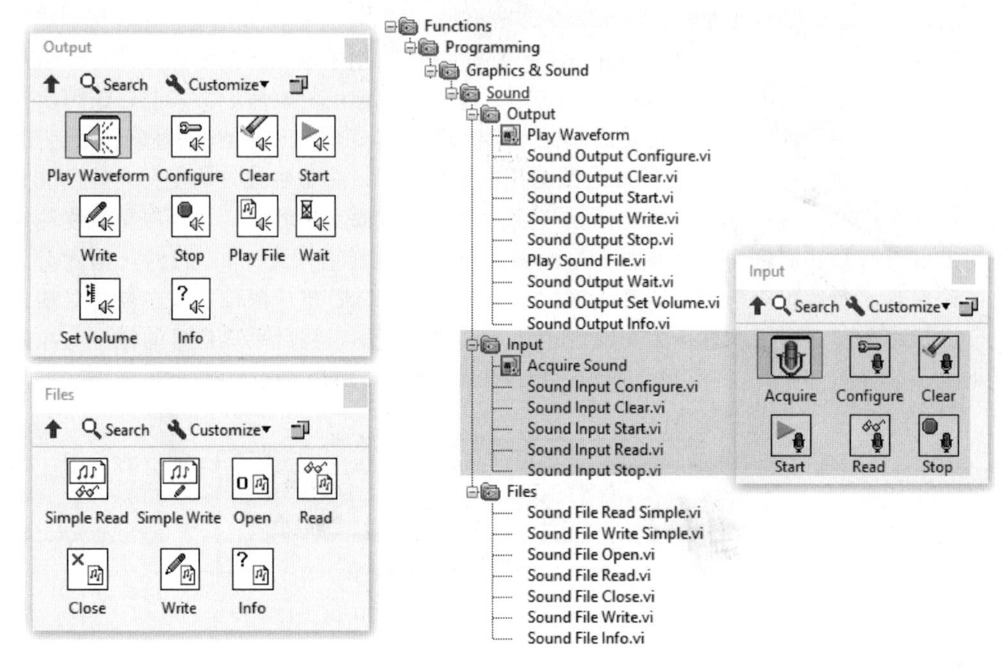

图 18-12　LabVIEW 音频信号采集、输出和保存函数库

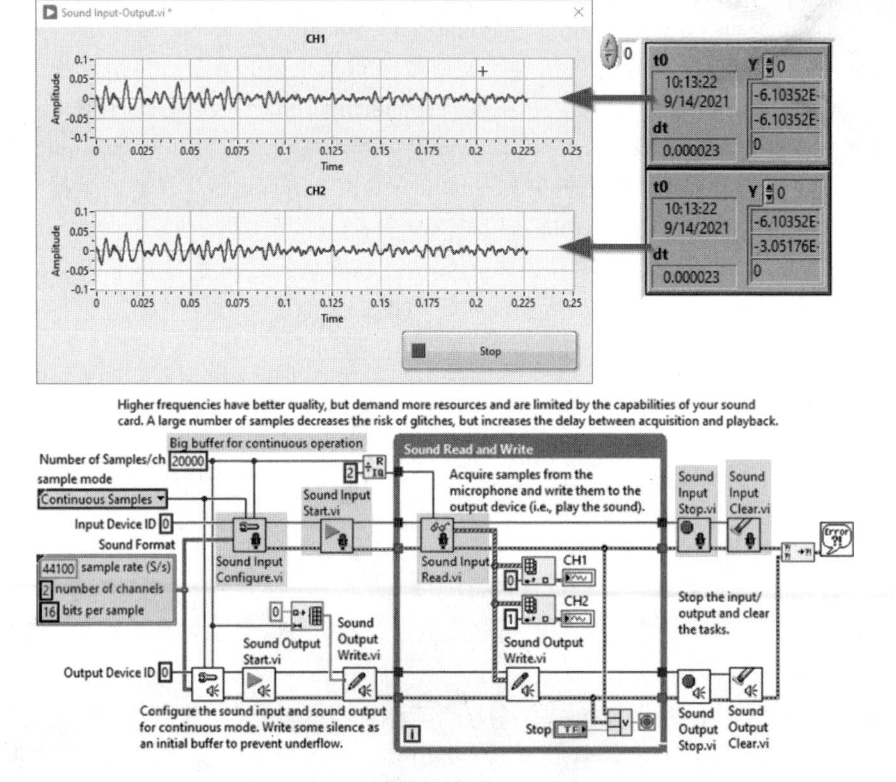

图 18-13　声卡数据采集和回放的实例

连续采集过程结束后，Sound Input Stop 函数会要求声卡停止采集数据至缓冲区，并由 Sound Input Clear 函数清除缓冲区，释放与任务相关的资源。应注意，Sound Input Start 和 Sound Input Stop 两个函数在某些场合下并不一定需要，只有之前已调用 Sound Input Stop 时，才需使用 Sound Input Start 函数来恢复采集过程，这两个函数在大型的基于状态机的循环采集过程中更常用。

实例中的数据回放部分的程序结构与各函数的使用及数据采集部分类似。应注意在进行数据输出之前，先要对输出缓冲区进行初始化。运行实例程序可以发现左、右通道采集回的数据相同，这是因为虽然程序以双通道输入的方式采集，但是输入端麦克风的连线将左、右通道进行了短接。此外，在运行程序之前，还应注意在 Windows 控制面板的声音设置项下启用麦克风，并将其音量调低，以免增益过大而限制输入信号的幅度范围。

LabVIEW 还为声音数据的存储提供了文件操作函数，这些函数可以将数据保存为 .wav 格式的文件。如前所述，模拟信号的数字化过程以 PCM 脉冲编码调制的方式进行，早期的大多数声卡数据采集程序对数据不作任何处理，直接按时间的先后顺序依次写入文件，如图 18-14 所示。这些文件通常以 .pcm 或 .raw 为后缀，称为 PCM 裸流文件或裸数据（Raw Data）。PCM 文件中仅保存数据，并未保存声卡对信号采样时的采样率、数据位数和通道信息，对于不了解这些信息的用户，就无法从文件中对信号进行解码回放。因此有必要在裸数据前加上相关文件头信息一并保存，确保任何用户均可从文件中正确读取信号信息。.wav 正是基于此创建的文件格式。

8位单声道:	单声道	单声道	单声道	单声道	···
8位立体声:	左声道	右声道	左声道	右声道	···
16位单声道:	单声道(低字节)	单声道(高字节)	单声道(低字节)	单声道(高字节)	···
16位立体声:	左声道(低字节)	左声道(高字节)	右声道(低字节)	右声道(高字节)	···

图 18-14 PCM 文件数据写入顺序

.wav 文件的格式如图 18-15 所示，整个文件由资源交换文件格式（Resource Interchange File Format，RIFF）的描述段、格式信息段和数据段三部分组成，其中描述段包含 12 字节，共三个字段。

（1）RIFF 标识：始终设置为 RIFF 的 ASCII 码 0x52494646，共 4 字节，字节顺序为高字节在前的 Big Endian 方式。

（2）ChunkSize：数据加上文件头的大小，等于 PCM 数据字节数加上文件头大小（36 字节）。

（3）Format：始终设置为 WAVE 的 ASCII 码 0x57415645，共 4 字节，字节顺序为高字节在前的 Big Endian 方式。

格式信息段主要包括与数据采集过程相关的字段，包括数据保存格式、通道数、采样率以及声卡的位数等，内容如下。

（1）Subchunk1ID：格式信息部分的标识，固定为 fmt 的 ASCII 码 0x666D7420。字节顺序为高字节在前的 Big Endian 方式。

（2）Subchunk1Size：代表格式信息段剩余部分的字节数，对于 PCM 为 16 字节。

（3）AudioFormat：音频格式，1 代表 PCM 格式，表示线性量化无压缩方式。

（4）NumChannels：通道数量，1 为单通道（Mono=1），2 为立体声（Stereo=2）。

（5）SampleRate：采样率，可设置为 8000、16000、44100。

（6）ByteRate：计算公式为（SampleRate×NumChannels×BitsPerSample）/8。

（7）BlockAlign：代表为所有通道采集一次的字节数量，等于（NumChannels×BitsPerSample）/8。

（8）BitsPerSample：声卡位数，8 位值为 8、16 位值为 16 等。

（9）ExtraParamSize：如果是 PCM, 该字段不存在。

（10）ExtraParams：预留字段，如果是 PCM，该字段不存在。

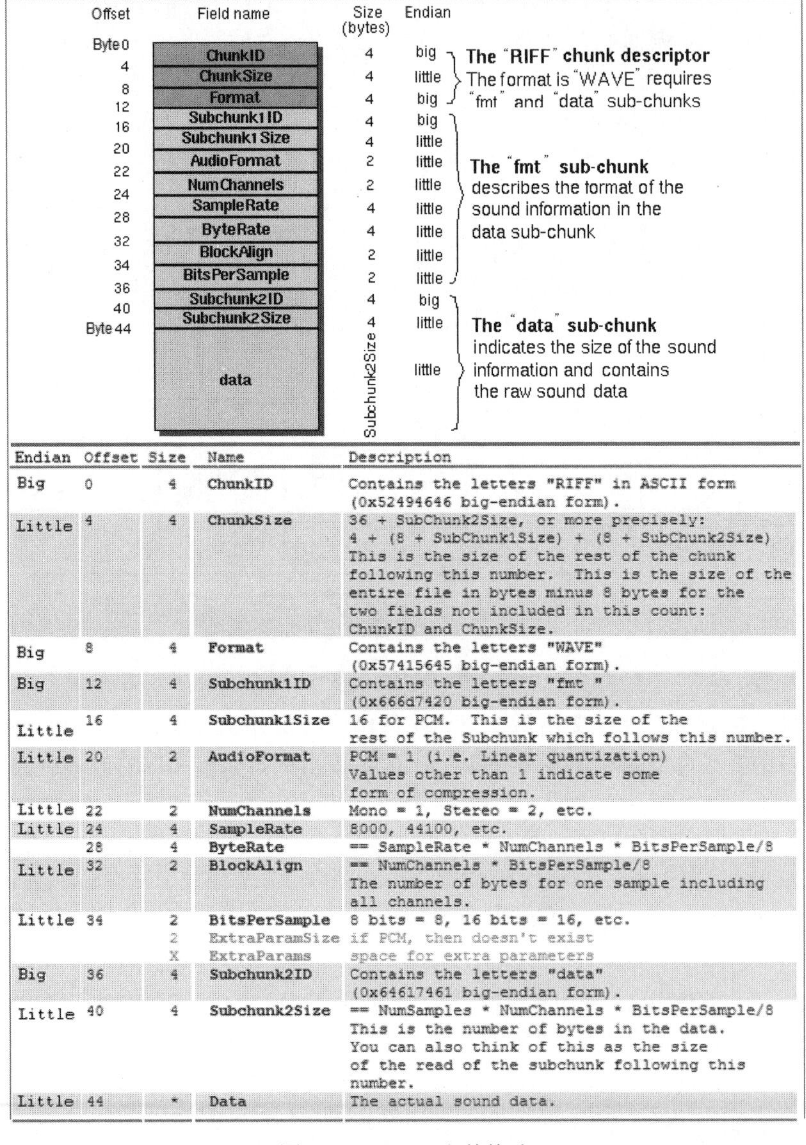

Endian	Offset	Size	Name	Description
Big	0	4	ChunkID	Contains the letters "RIFF" in ASCII form (0x52494646 big-endian form).
Little	4	4	ChunkSize	36 + SubChunk2Size, or more precisely: 4 + (8 + SubChunk1Size) + (8 + SubChunk2Size) This is the size of the rest of the chunk following this number. This is the size of the entire file in bytes minus 8 bytes for the two fields not included in this count: ChunkID and ChunkSize.
Big	8	4	Format	Contains the letters "WAVE" (0x57415645 big-endian form).
Big	12	4	Subchunk1ID	Contains the letters "fmt " (0x666d7420 big-endian form).
Little	16	4	Subchunk1Size	16 for PCM. This is the size of the rest of the Subchunk which follows this number.
Little	20	2	AudioFormat	PCM = 1 (i.e. Linear quantization) Values other than 1 indicate some form of compression.
Little	22	2	NumChannels	Mono = 1, Stereo = 2, etc.
Little	24	4	SampleRate	8000, 44100, etc.
	28	4	ByteRate	== SampleRate * NumChannels * BitsPerSample/8
Little	32	2	BlockAlign	== NumChannels * BitsPerSample/8 The number of bytes for one sample including all channels.
Little	34	2	BitsPerSample	8 bits = 8, 16 bits = 16, etc.
		2	ExtraParamSize	if PCM, then doesn't exist
		X	ExtraParams	space for extra parameters
Big	36	4	Subchunk2ID	Contains the letters "data" (0x64617461 big-endian form).
Little	40	4	Subchunk2Size	== NumSamples * NumChannels * BitsPerSample/8 This is the number of bytes in the data. You can also think of this as the size of the read of the subchunk following this number.
Little	44	*	Data	The actual sound data.

图 18-15 .wav 文件格式

数据段包含数据段标识、数据块大小和实际的数据块。

（1）Subchunk2ID：数据段标识，固定为“data”的 ASCII 码 0x6417461。字节顺序为高字节在前的 Big Endian 方式。

（2）Subchunk2Size：数据块大小 =（NumSamples×NumChannels×BitsPerSample）/8。

（3）Data：实际数据。

在对 .wav 文件进行解码时，应注意各字段中字节的顺序是 Big Endian 还是 Little Endian。特别是在文件传输时，应注意传输过程对字节顺序的影响。图 18-16 是一个含有 2048 个数据的 .wav 文件结构，可以看出这些数据是使用立体声双通道 16 位采集卡，以 22 050Hz 采样率采集得到的。

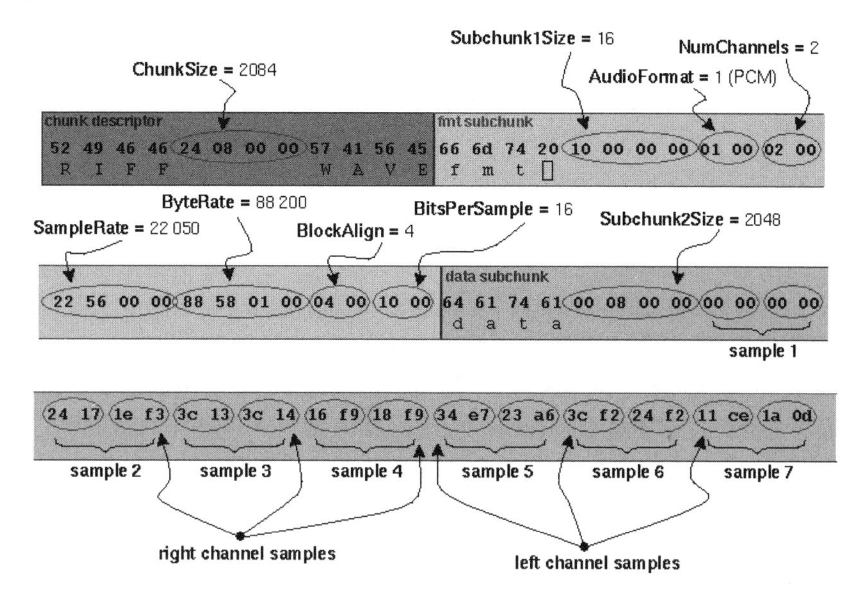

图 18-16 .wav 文件结构实例

使用LabVIEW提供的函数操作 .wav 文件的方法与第 14 章介绍的其他文件操作方法类似，均遵循打开文件、读写数据和完成后关闭文件三步，此处不再赘述。当然，实际中基于声卡采集数据不一定非要使用 .wav 文件存储，也可以使用第 14 章介绍的其他文件格式保存。

18.4 图像采集（2D）

随着计算机和电子技术的发展，机器视觉的研究和应用近年来得到了迅猛发展。机器视觉系统通过各种软硬件技术和方法，对反映现实场景的二维图像信号进行分析、处理后，自动得出各种指令数据，以控制机器的动作。不仅在质量检测、光学测量、目标分类、物料处理及机器人视觉等领域应用广泛，还极大地推动了智能系统的发展，拓宽了计算机与各种智能机器的研究范围和应用领域。

机器视觉系统基于对二维图像信号的分析处理完成任务，通常由光源、光学传感器、图像采集和处理设备、机器视觉软件、辅助传感器、控制单元和执行机构等构成，如图 18-17 所示。光学传感器（如工业相机）可以将真实世界的场景转换为电信号。图像采集设备可以对来自光学传感器的电信号进行数字化。图像处理设备上的机器视觉软件可以对图像数据进行分析、处理并发送控制指令。控制指令经由数字 I/O 卡发送给控制单元（如 PLC）后，由控制单元综合辅助传感器传回的信息，控制执行机构做出相应动作。

使用工业相机等图像传感器将现实世界中的真实场景数字化为电信号，并由图像采集设备对其进行数字化后生成二维数字图像，是确保机器视觉系统可靠运行的第一步。工业相机一般将现实世界中的场景转化为视频信号输出。必须设法使用图像采集设备从视频信号中“抓取”图像帧，并将图像转换为表示色彩的数据，才能用于计算机分析处理。

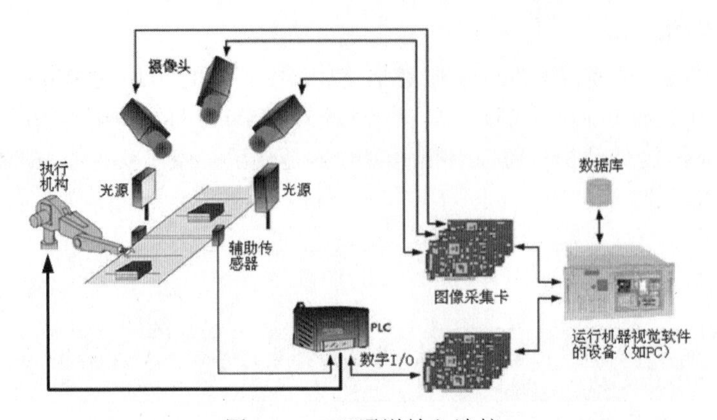

图 18-17　双通道输入连接

与一维信号的数字化类似，对图像信号的数字化也包括在空间坐标上对图像抽样，以及对各个抽样点的量化。采样确定了图像的空间分辨率，量化则确定了图像中像素灰度的分辨率。采样和量化的结果，就是在二维空间上将连续的图像沿水平和垂直方向等间距地分割成由离散像素构成的矩阵结构，矩阵中各点的数值就是量化后的灰度值。如果用笛卡儿坐标系来描述图像的数字化，则各采样点可以用坐标系中 xy 平面上的离散点表示，而量化值则可以用 xy 平面上各采样点对应于 z 轴上的离散点表示。数字图像中每个像素点的坐标和灰度都可以对应空间坐标系中的某一点，如图 18-18 所示。

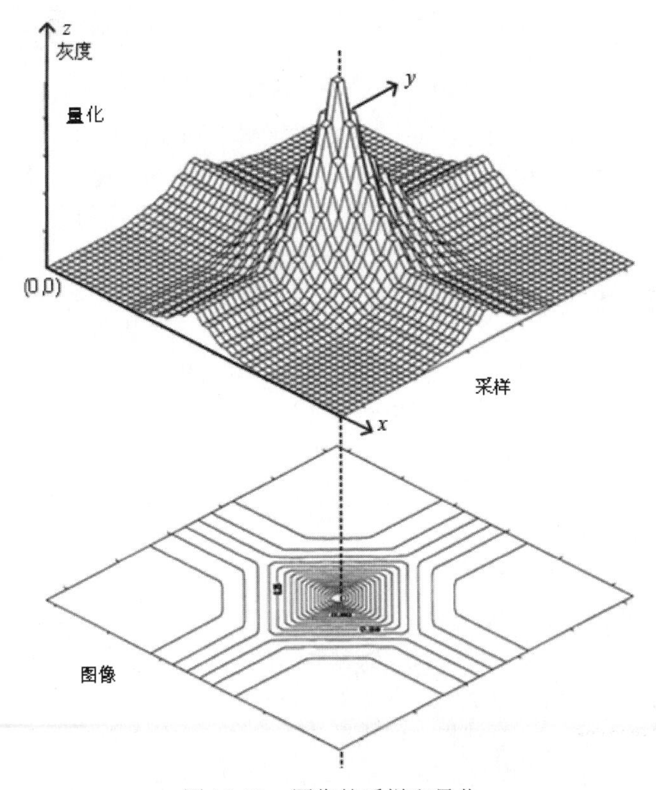

图 18-18　图像的采样和量化

根据采样定理，采样频率必须大于或等于源图像中最高频率分量的两倍，才能准确恢复图像。为了更精确地恢复图像，实际中一般使用高频率分量的 5 ～ 10 倍作为采样频率。如果采样不足，图像中就会出现颗粒（graininess）现象，极端情况下连物体是什么都很难辨别。

量化可以将模拟图像（或某个颜色分量）中连续的灰度值，转换为一组由离散数据表示的离散灰度值。当图像的采样点数一定时，可以表示灰度的离散数据个数和范围越大，则图像的颜色和灰度就越丰富、精细。从应用的角度看，只要水平和垂直方向的采样点数足够多，灰度级数足够高，数字图像就可近似地被当作原始模拟图像，当然得到的数字图像容量也越大。

数字化完成后，图像数据以数据流的方式通过总线传送给计算机。随后在驱动软件的支持下，开发人员就可以从源源不断传来的数据中“抓取”一帧一帧的图像，放置到事先分配好的内存缓冲区中，进行与机器视觉相关的分析处理。基于 LabVIEW 开发图像采集或机器视觉应用时，需要使用 NI 视觉软件。NI 视觉软件包括 NI 视觉采集软件（NI Vision Acquisition Software）、NI 自动化和测量设备管理器（NI Measurement & Automation Explorer，NI MAX）、NI 视觉开发模块（NI Vision Development Module）和 NI 自动检测视觉生成器(NI Vision Builder AI)。这些软件分别从不同的层面支持图像采集和机器视觉应用的开发，图 17-44 是 NI 视觉软件的逻辑层次结构。

NI MAX 和 NI 视觉采集软件直接与图像采集硬件设备接口。NI 视觉采集软件包括上千种图像采集设备的驱动，NI MAX 用来配合对图像采集硬件设备进行配置、诊断和管理，二者共同在图像采集硬件设备与 NI 视觉高层应用软件 NI Vision Development Module 和 NI Vision Builder AI 之间架起桥梁。NI 视觉采集软件包括 NI-IMAQ 和 NI-IMAQdx 两部分，开发人员可以用来从不同相机获取图像。NI-IMAQ 主要用于从模拟相机、并行数字相机、Camera Link 或 NI 智能相机采集图像，而 NI-IMAQdx 则主要用于从 GigE、IEEE 1394、DirectShow （USB）以及 IP（Ethernet）相机采集图像。

在获得图像采集硬件设备后，首先要做的就是安装 NI 视觉采集软件和 NI MAX，以便图像采集硬件设备可以被驱动和配置、诊断。安装软件时，先不要将图像采集设备连接至计算机（否则容易造成在系统中找不到硬件设备的情况），待驱动软件安装完成后，只要将硬件设备连接到计算机，就可以在 NI MAX 中找到该图像采集设备，对其进行配置。

完成驱动安装并在 NI-MAX 中对图像采集设备进行配置后，就可以在 LabVIEW 程序代码中通过所定义的接口打开采集设备、建立到设备的连接并采集图像，直到采集任务完成关闭设备为止。常见的图像采集方式包括 Snap、Grab、Sequence、Ring 和 Event 等几种（图 18-19），这些采集方式的特点各不相同，适用于不同场合。

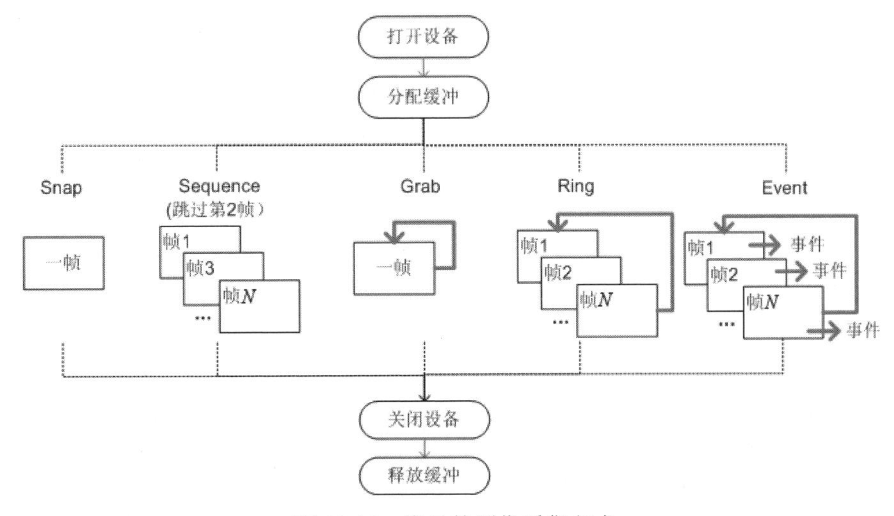

图 18-19 常见的图像采集方式

总体来说，采集方式可以根据是否连续进行图像采集，分为“一次性（One-Shot）采集”

和“连续（Continuous）采集”两类。Snap 和 Sequence 方式属于 One-Shot 类，通常只需要在打开采集设备后，采集一帧或多帧图像到缓冲区即达到目的，随后关闭打开的设备完成采集任务。Grab、Ring 和 Event 方式则属于 Continuous 类，通常要连续采集单帧或多帧图像到缓冲区，并在采集过程中对单帧或多帧图像进行分析处理，直到任务完成。相较而言，Continuous 更适合对实时性要求较高的场合。

Snap 方式用于采集一帧图像到内存缓冲区中。每采集一帧图像前，都会打开图像采集设备并对其进行初始化。获取一帧图像到内存后，就关闭已经打开的图像采集设备。如果要再采集另一帧图像，就需要重复上述过程。由于每抓取一帧图像时，都要打开、关闭图像采集设备，因此 Snap 方式仅适用于对速度要求不高，或只需逐帧分析图像的应用。

Sequence 方式与 Snap 方式类似，但它每次并不是只采集一帧图像，而是在设备打开并初始化后，连续采集指定数目的多帧图像，并且可以设置跳过某些帧。在完成指定数目的图像帧采集后，图像设备被关闭。由于 Sequence 方式要连续采集多帧图像，所以需要事先为采集到的图像分配足够存储这些图像序列的内存空间。Sequence 方式适合需要对多个连续的图像帧进行综合分析的应用。

Grab 方式从速度上对 Snap 方式进行了优化，每帧图像采集时不再重复打开或关闭图像采集设备，而是打开设备后，就一直连续、高速地采集图像，直到需要停止时才关闭图像采集设备。由于 Grab 方式并不在每帧图像采集时都重复地打开和关闭图像采集设备，因此图像采集的速度相对于 Snap 方式要快很多。然而，Grab 方式通常只在计算机内存中分配一帧图像大小的缓冲区，每次新采集的图像帧总是要循环覆盖缓冲区中保存的前一帧图像数据。因此对于应用程序来说，通常要考虑是使用当前缓冲区中的图像数据，还是要等待全新的一帧图像。

Ring 方式在 Grab 方式的基础上，优化了缓冲区的管理。首先，缓冲区的大小从一帧图像增加到多帧图像。其次，在图像采集时，图像数据将按顺序逐帧写入缓冲区，当缓冲区被填满时，又会从缓冲区的起始位置，重新开始循环写入图像数据帧。也可以通过配置使 Ring 方式采集每帧图像或跳过固定数量的帧。Grab 和 Ring 方式均适用于需要连续、高速采集图像的场合。然而由于 Grab 方式仅有一帧图像大小的缓冲，因此不仅容易丢失图像帧，而且在需要多次对连续多帧图像进行处理分析的情况下，显得捉襟见肘。Ring 方式有足够多的帧缓冲，可以极好地替代 Grab 方式，连续对多帧图像进行分析。

在前面几种方式中，当某一帧图像采集完成后，驱动程序并不主动通知应用程序，而事件驱动的 Event 采集方式则可以进行主动通知。这就使得程序不必在图像采集过程中，时刻检查图像帧采集是否完成，只要等到通知事件发生时提取图像帧即可。Event 方式可以极大地节省系统资源，提高实时性，然而，并不是所有驱动程序都支持这种采集方式。

NI-IMAQ 和 NI-IMAQdx 是 NI 提供的图像采集软件，它可以与 LabVIEW、LabWindows CVI、Visual C++、Visual Basic 等开发工具兼容。使用 NI-IMAQ 和 NI-IMAQdx 提供的函数（图 18-20），可以在这些开发工具中快速实现上述各种方式的图像采集程序。NI-IMAQ 和 NI-IMAQdx 提供两种封装级别的函数，一种是高度封装的高层函数，另一种是涉及驱动和采集过程的低层函数。高层函数用于快速构建最基本类型的图像采集程序；低层函数则可以创建任何类型的图像采集程序。在需要对缓冲区、图像采集过程或相机进行更精细控制的场合，低层函数尤为适合，但代价是要详细了解相关的 API 和驱动程序。

图 18-21 是使用 NI-IMAQdx 高层函数实现 Snap 方式图像采集，从笔记本电脑自带摄像头采集图像的代码，遵循“初始化设备并分配缓冲区”→“采集图像”→“关闭设备并释放缓冲区”的实现过程。IMAQdx Open Camera.vi 用于打开相机并对其进行初始化，需要相机设备的编号作为输入参数。可在 NI MAX 软件中确认相机对应的编号。IMAQdx Open

Camera.vi 打开相机后，就返回一个指向该设备的引用。由于 NI-IMAQ 和 IMAQdx 会基于该引用实现图像采集或与该接口设备相关的属性访问或操作，因此可以认为该引用代表了到采集设备的连接或会话（Session）。

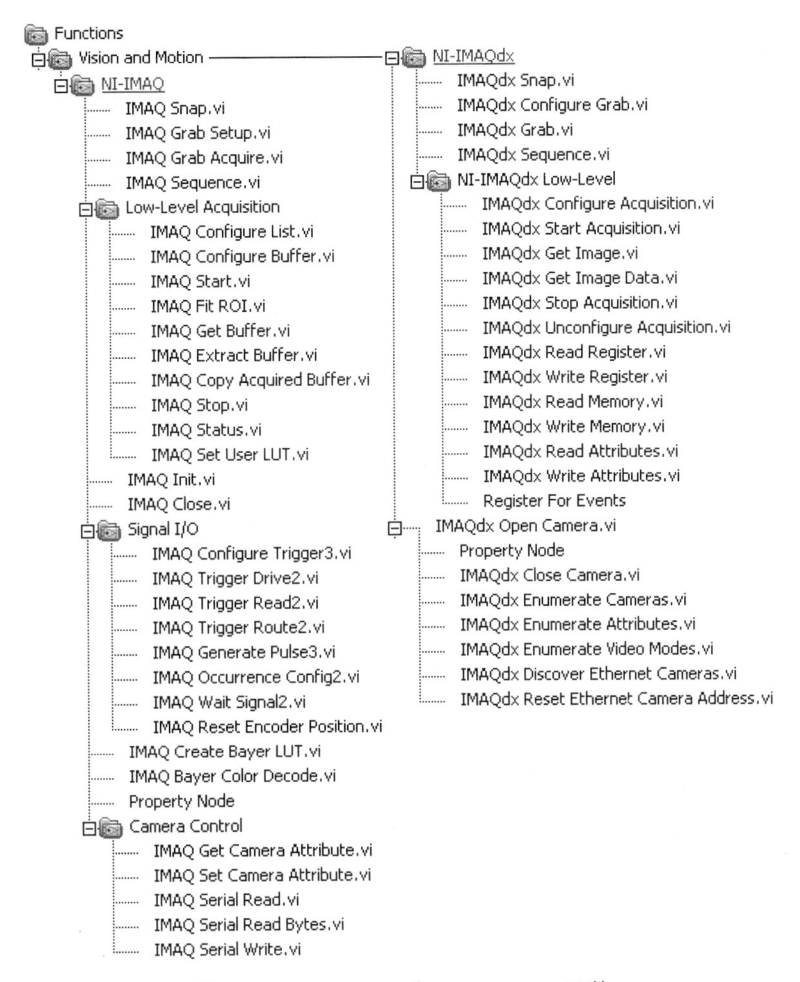

图 18-20 NI-IMAQ 和 NI-IMAQdx 函数

IMAQ Create 函数在内存中为图像采集分配缓冲区， IMAQ Dispose 函数则用于释放不再使用的图像缓冲区，二者位于 LabVIEW 的 Vision & Motion → Vision Utilities → Image Management 函数选板中，可协同工作实现对图像采集缓冲区的自动管理。在分配缓冲区时，需要为每个缓冲区指定一个独一无二的名字，并指定图像的类型。此处命名缓冲区为 Imgbuffer，并指定图像类型为 8 位灰度图像。IMAQ Create 函数将根据图像的类型确定缓冲区的大小。

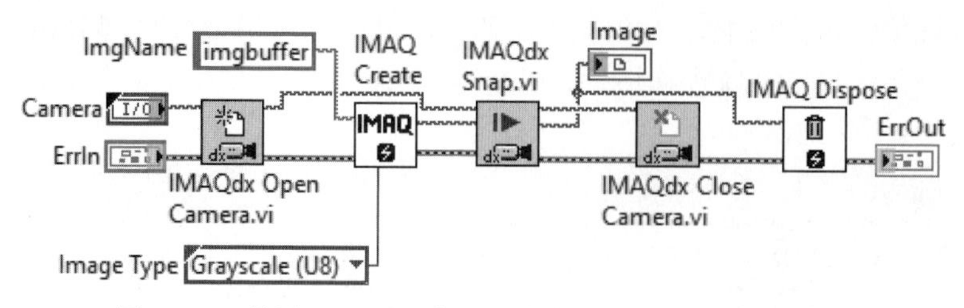

图 18-21 使用 IMAQdx 高层函数实现 Snap 方式图像采集

图像类型由像素的位深度和编码方式决定。NI Vision 不仅可直接支持 8 位、16 位、32 位的灰度图像，还支持 32 位和 64 位的 RGB 彩色图像、32 位的 HSL（Hue、Saturation、Luminance）彩色图像以及复数图像，如表 18-1 所示。

表 18-1 NI Vision 支持的图像类型

图像类型		数据类型	图例
灰度图像	Grayscale（U8）	8-Bit Unsigned	1 字节，灰度级：0（黑）～255（白） 可用于 8 位以下的单色图像
	Grayscale（U16）	16-Bit Unsigned	2 字节，灰度级：0（黑）～65 535（白） 可用于 8～16 位的单色图像
	Grayscale（I16）	16-Bit Signed	2 字节，灰度级：-32 768（黑）～32 767（白）
	Grayscale（SGL）	32-Bit Floating	4 字节，灰度级：-∞（黑）～+∞（白）
彩色图像	RGB（U32）	32-Bit Unsigned RGB	Alpha | Red | Green | Blue 8 位 Alpha 字节常用于进行图像重叠时的透明艺术处理，在机器视觉应用中基本不用
	RGB（U64）	64-Bit Unsigned RGB	Alpha | Alpha | Red | Red Green | Green | Blue | Blue 16 位 Alpha 字节未使用
	HSL（U32）	32-Bit Unsigned HSL	Alpha | Hue | Saturation | Luminance 8 位 Alpha 字节未使用
复数图像	Complex（CSG）	64-Bit Complex	主要用于图像的频域处理。 高 32 位为实部（Real），低 32 位为虚部（Imaginary）

如果需要，也可以使用低层函数实现 Snap 方式的图像采集程序。使用低层函数可以在实现所需功能时，直接对图像采集过程或缓冲区进行控制，从而赋予程序更强的灵活性。它通常用于以下场合：

（1）需要对图像采集顺序进行定制。

（2）需要对缓冲进行操作，如自行规定环状缓冲等。

（3）需要通过“会话”设置所采集图像的属性，如大小等。

（4）进行同步或异步图像采集等。

使用低层函数创建图像采集程序的步骤也遵循“初始化设备并分配缓冲区”→“采集图像”→“关闭设备并释放缓冲区”的实现过程，只是相对于使用高层函数，对各个环节的控制更精细。图 18-22 是使用 IMAQ 低层函数实现的 Snap 方式图像采集的程序，虽然实现的功能较为简单，但却是典型性的使用低层函数创建图像采集程序的方法。

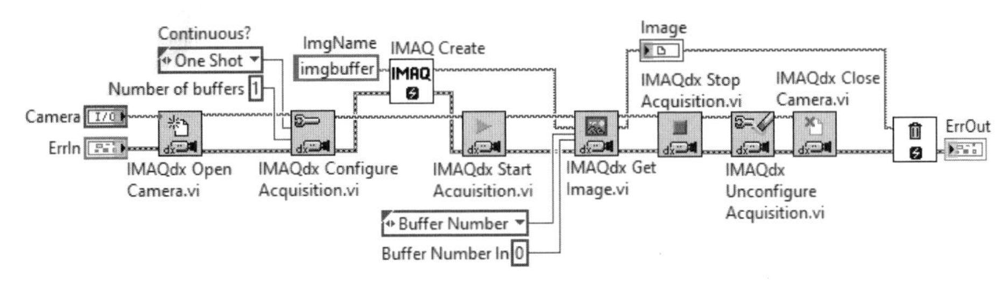

图 18-22　使用 IMAQ 低层函数实现 Snap 方式图像采集

程序首先调用 IMAQdx Open Camera.vi 打开相机，并创建一个到设备的连接。紧接着调用 IMAQdx Configure Acquisition.vi 配置缓冲区，包括配置缓冲列表中应包含多少独立的图像缓冲区、缓冲区存放的位置以及采集时是否要连续不断地向缓冲区传送图像数据。对于 Snap 采集来说，由于只要采集一帧图像，所以缓冲列表中只需要包含 1 个图像缓冲区（Numbers of buffer=1），且不需要在一帧图像采集完成后再向缓冲区中继续传送后续图像帧（Continuous=OneShot）。

缓冲区配置完成后，就可以使用 IMAQ Create 函数在系统内存中为图像指定临时存放的位置，并由 IMAQdx Start Acquisition.vi 启动图像采集，命令驱动开始向缓冲区中传送图像数据。此后就可以使用 IMAQdx Get Image.vi 从缓冲区中提取或复制图像数据。IMAQdxStopAcquisition.vi 可以在得到图像数据后，命令驱动停止向缓冲区中传送图像。IMAQdxUnconfigure Acquisition.vi 和 IMAQdxCloseCamera.vi 则用于释放之前分配的内存，并关闭打开的相机。

了解 IMAQ 图像采集程序开发方法后，就不难写出并理解以 Sequence、Grab 和 Ring 方式工作的图像采集程序代码。基于 LabVIEW 的图像采集、分析处理和机器视觉系统开发，涉及光学、电子学、自动控制、信号处理和计算机软、硬件等多个学科的知识。在实践中需要将这些知识融合在一起，并使用 LabVIEW 和 NI Vision 进行各种应用的设计。有关这些内容的细节请参阅笔者编写的《图像处理、分析与机器视觉（基于 LabVIEW）》一书中的内容。

18.5 本章小结

模拟信号转化为数字信号的数字化过程称为数据采集，包括对信号的抽样、量化和编码，采集的同时也决定了输出数字信号可包含的信息量。常见的数据采集设备可分为基于计算机（PC-Based）和独立于计算机两类。数据采集设备经过驱动程序与应用程序交互。NI 基于 PC 的数据采集设备使用 NI-DAQmx 和传统的 NI-DAQ（Legacy）驱动程序，独立于 PC 的采集设备则往往有独立的驱动并使用 VISA（Virtual Instrument Software Architecture）函数与 LabVIEW 程序进行交互。非 NI 的采集设备一般会随硬件提供专门的驱动程序及相关 LabVIEW 函数。

LabVIEW 中的数据采集程序一般按照配置数据采集设备、数据采集以及现场清理三步走的方法设计。与采集设备相关的配置信息一般通过任务和通道的概念封装。任务和通道创建完成后，就可以开始数据采集。可以一次性采集单个数据、多个数据或者进行连续不断的数据采集。任务完成后需要释放各种资源，清理现场后退出。

声卡本质上是一种价格低廉、性能稳定的一维信号数据采集设备。声卡作为数据采集设备能否较好地工作，主要由其位数、采样率和缓冲区的设置决定。LabVIEW 为基于声卡的数据采集提供简单易用的函数库，包括数据输入、数据输出和数据文件保存等函数。使用这些函数，可以开发遵循“配置→开始→读取→结束→清理现场”结构的数据采集程序。

机器视觉的研究和应用近些年得到了迅猛发展，主要基于对二维图像信号的分析、处理来完成任务。与一维信号的数字化类似，对图像信号的数字化也包括在空间坐标上对图像抽样，以及对各抽样点的量化。使用工业相机等图像传感器，可将现实世界中的真实场景数字化为电信号，并由图像采集设备对其数字化后生成二维数字图像。数字化过程完成后，图像数据以数据流的方式通过总线传送给计算机。随后在驱动软件的支持下，开发人员就可以从源源不断传来的数据中，“抓取”出一帧一帧的图像，放置到事先分配好的内存缓冲区中，进行与机器视觉相关的分析处理。基于 LabVIEW 开发图像采集或机器视觉应用时，需要使用 NI 视觉软件。其中 NI 视觉采集软件包括上千种图像采集设备的驱动，NI MAX 则用来对图像采集硬件设备进行配置、诊断和管理。完成驱动安装及对图像采集设备的配置后，就可以在 LabVIEW 程序代码中通过所定义的接口打开采集设备、建立到设备的连接并采集图像，直到采集任务完成关闭设备为止。常见的图像采集方式包括 Snap、Grab、Sequence、Ring 和 Event 等几种，这些采集方式特点各不相同，可分别用于不同场合。采集得到数字图像后，就可以进一步对其进行分析处理，实现更复杂的基于机器视觉的任务。

第19章 滤　　波

数据采集过程常会受到噪声的影响，使采集到的信号数据失真，因此需要使用各种滤波技术来消除这些噪声对后续信号分析处理工作的干扰。滤波技术在信号的获取、传输和分析处理中具有极其重要的作用，主要用来保留信号中特定的频率成分，而衰减其他不需要的部分，因此也用于混合频率信号的分离。本章主要介绍滤波技术。

19.1 滤波器基础

对原始信号进行滤波的元器件或软件称为滤波器，可以看作是一种频率选择系统。理想滤波器应使要保留的频率成分无损失地通过，而使其他频率成分变为0。用信号处理专业的术语可描述为“滤波器可以使信号在通带增益（Passband Gain）内信号为1（即0dB），而使阻带衰减（Stopband Attenuation）为0（即 -∞dB）”。增益是指系统输出与输入的比率，在信号范围较大时，用下式所示的分贝（dB，贝尔的1/10）来表示：

$$\text{增益}(\text{dB}) = 10\lg\left(\frac{P_{\text{out}}}{P_{\text{in}}}\right) = 10\lg\left(\frac{V_{\text{out}}{}^2}{V_{\text{in}}{}^2}\right) = 20\lg\left(\frac{V_{\text{out}}}{V_{\text{in}}}\right)$$

其中 P_{out} 为信号输出功率；P_{in} 为参考的输入功率；V_{out} 为系统输出幅度；V_{in} 为参考的输入幅度。

图19-1显示了几种常见的理想滤波器模型的幅度频率响应。其中低通滤波器可使信号中低于频率 f_c 的部分通过，高通滤波器则可使高于 f_c 的部分通过。带通滤波器对信号中位于频率 f_{c1} 和 f_{c2} 之间的部分具有0dB增益，带阻滤波器则可以使该部分的增益为 -∞dB。其中 f_c、f_L 和 f_H 称为截止频率（Cutoff Frequency）。

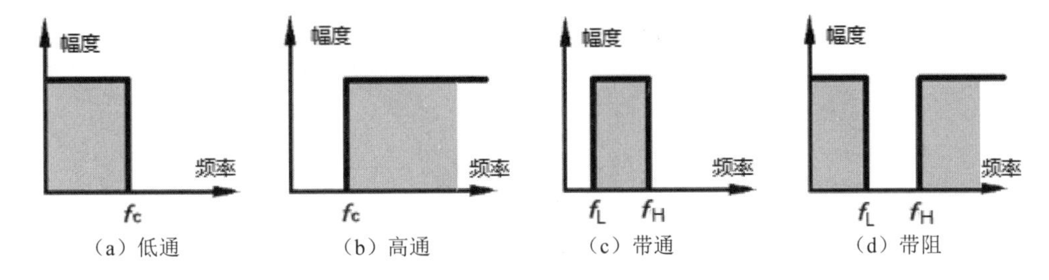

（a）低通　（b）高通　（c）带通　（d）带阻

图19-1　几种常见的理想滤波器模型

实际工程应用中的滤波器并不能达到理想滤波器的性能。实际滤波器和理想滤波器模型之间主要存在以下差异（图19-2实际低通滤波器幅频响应示意图）。

（1）实际滤波器在通带和阻带之间不能跳变，并且总是存在一个过渡带（Transition Band）。在过渡带中，滤波器的增益从通带增益逐渐变化到阻带增益。

（2）实际滤波器通带增益一般并不能稳定在0dB，阻带衰减也不可能为 -∞dB，而是在通带或阻带内存在振荡的纹波（Ripple）。

因此，在实际滤波器设计或选择过程中，通常除了要选定通带截止频率 f_p、阻带截止频率 f_{st}（注意为了与采样频率 f_s 加以区别，下标用了st）以及过渡带的大小外，还要规定滤波器允许的最大纹波。滤波器通带和阻带纹波的大小可由纹波系数（纹波幅度与信号幅度的比值）δ_p 和 δ_s 按照以下公式计算：

$$通带纹波: A_p = -20\lg(1-\delta_p)$$

$$阻带纹波: A_s = -20\lg\delta_s$$

例如，当通带纹波系数 $\delta_p = 1/\sqrt{2} \approx 0.293$ 时，通带纹波约为 3dB。通常选择信号幅度衰减至原幅度的 $\frac{1}{\sqrt{2}}(0.707)$ 倍时的频率为低通滤波器的通带截止频率。而阻带纹波的大小通常要求大于 30dB。当选定了滤波器的技术指标后，必须设计滤波器使其尽可能逼近这些指标。

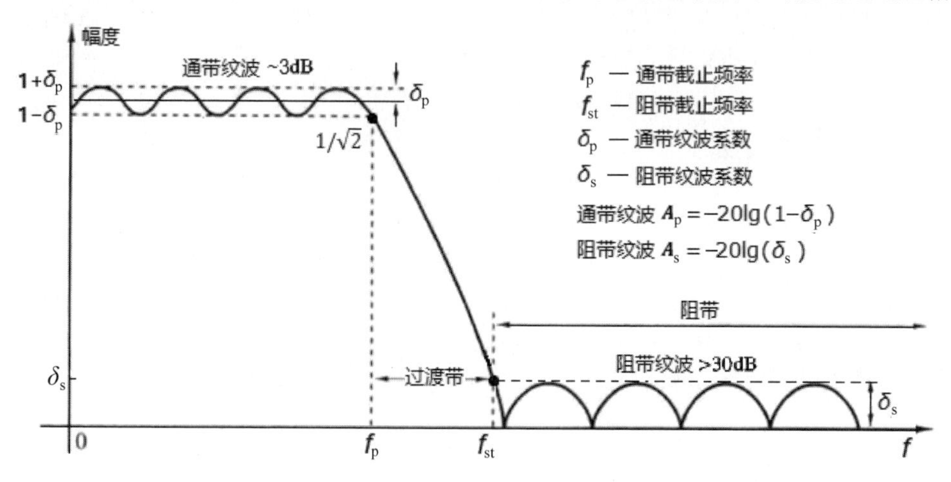

图 19-2 实际低通滤波器幅频响应示意图

如图 19-3 所示，滤波器可按不同的方法分为不同类型。总的来说，滤波器可按要滤除的噪声类型不同，分为经典和现代两类。经典滤波器一般用于滤除信号频带和噪声频带分离（即加性噪声）的情况。而现代滤波器则常用于处理信号和噪声频率混合在一起（即乘性噪声）的情况。若按可通过的频率范围对滤波器进行分类，则有低通、高通、带通和带阻滤波器及其他类型通带或阻带滤波器。其中低通滤波器的设计是各类数字滤波器设计的基础。例如，高通滤波器可以通过原信号减去低通滤波器处理后的信号得到。因此，大多数是以低通滤波器为基础来研究滤波技术。

滤波器根据其所处理的信号类型不同，分为模拟和数字滤波器两类。模拟滤波器一般速度较快，但其在低频时实现比较困难，且容易受到外界环境的影响。与模拟滤波器相比，数字滤波器具有稳定性高、可编程实现以及性价比高等优点。随着计算机技术的发展，数字滤波器在很多场合逐步取代了模拟滤波器。数字滤波器可根据其系统是否为线性（Linear）系统，分为线性、非线性和自适应等几类。实际工程实践中，大多数要解决的问题都与线性系统相关。而且，即使要分析的系统是非线性的，也可以通过一些手段，将其近似为线性系统。例如，很多非线性系统在输入信号的幅度较小时，会呈现线性特性。因此，本书重点关注线性滤波器的实现和应用。

具有齐次性（Homogeneity）和可加性（Additivity）的系统称为线性系统。齐次性又称为比例性，指输入信号幅度的变化会引起输出信号幅度按相同的比例变化。可加性是指输入信号相加，会导致各自对应的输出信号也相加。此外，大多数线性系统也具有时不变性（Time Invariance），指系统输入和输出的变换关系，不会随着时间的变化而变化。同时具有齐次性、可加性和时不变性的系统称为线性时不变（Linear Time Invariant，LTI）系统。若用 $x(n)$、$y(n)$ 和 H 分别表示系统的输入、输出和变换关系，t 表示延迟，则线性时不变系统的性质可表示如下：

系统变换：$y(i)=T\left[x(i)\right]$

齐次性：$a\cdot y(i)=\mathrm{T}\left[a\cdot x(i)\right]$

可加性：$y_1(i)+y_2(i)=T\left[x_1(i)+x_2(i)\right]$

时不变：$y(i-t)=T\left[x(i-t)\right]$

线性时不变系统：$a\cdot y_1(i-t)+b\cdot y_2(i-t)=T\left[a\cdot x_1(i-t)+b\cdot x_2(i-t)\right]$

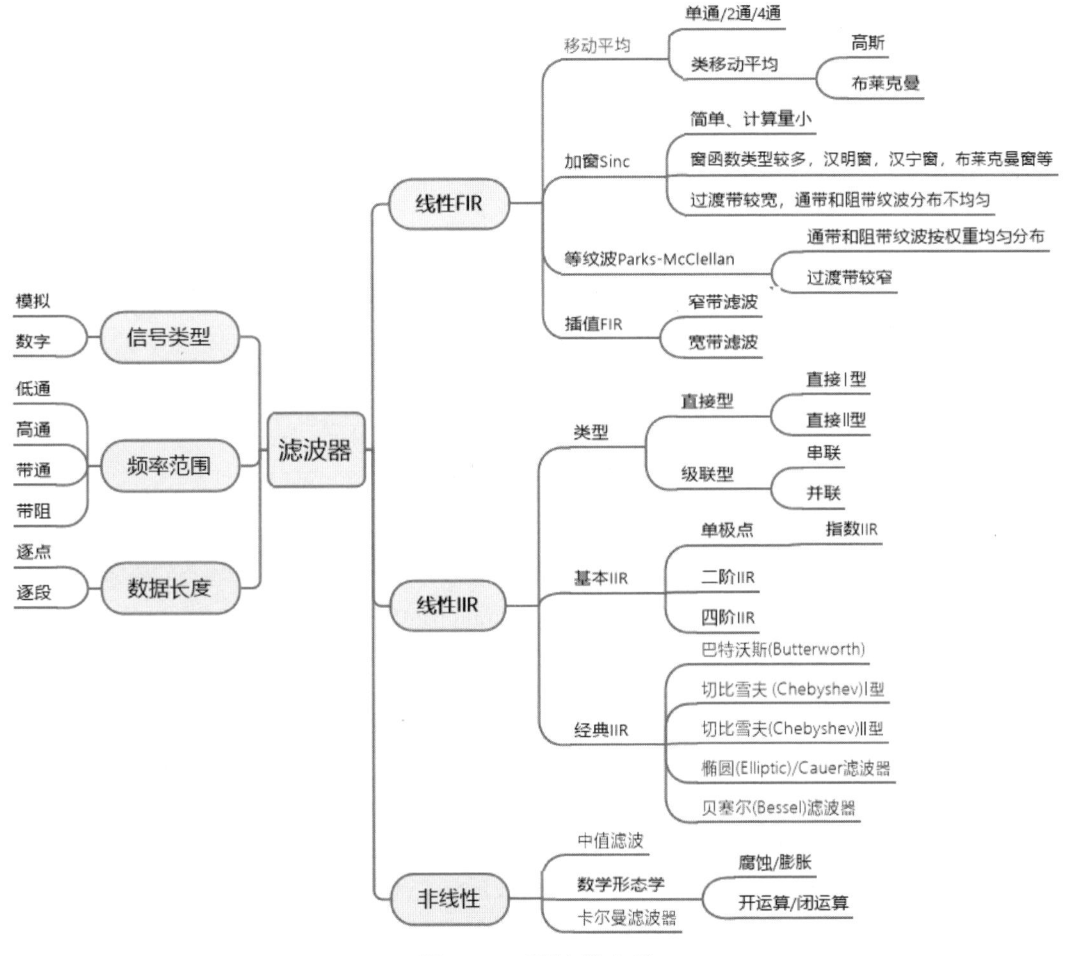

图 19-3 滤波器分类

此外，输入信号可以被分解为一系列的脉冲，而这些脉冲均可由单位脉冲（Unit Impulse）的移位或比例缩放来表示。单位脉冲是只在0点处取值为1，其余各点均为0的函数，通常又称为冲激函数或δ函数。若$\delta(i)$为冲激函数，那么任意信号$x(i)$就可以表示为对$\delta(i)$移位任意量j，并将幅度按比例缩放至信号在j点大小$x(j)$的所有脉冲之和，表示为

$$x(i)=\sum_{j=-\infty}^{+\infty}x(j)\delta(i-j)$$

这样一来，根据线性时不变系统的性质，系统对该输入信号的响应，就可以由系统对单位脉冲的响应进行移位，按比例缩放，然后再求和来表示（图 19-4）。系统对单位脉冲的响应称为冲激响应（Impulse Response），若用$h(i)$表示冲激响应，则线性时不变系统对任意信号的响应可表示为

$$y(i)=\sum_{j=-\infty}^{+\infty}x(j)h(i-j)$$

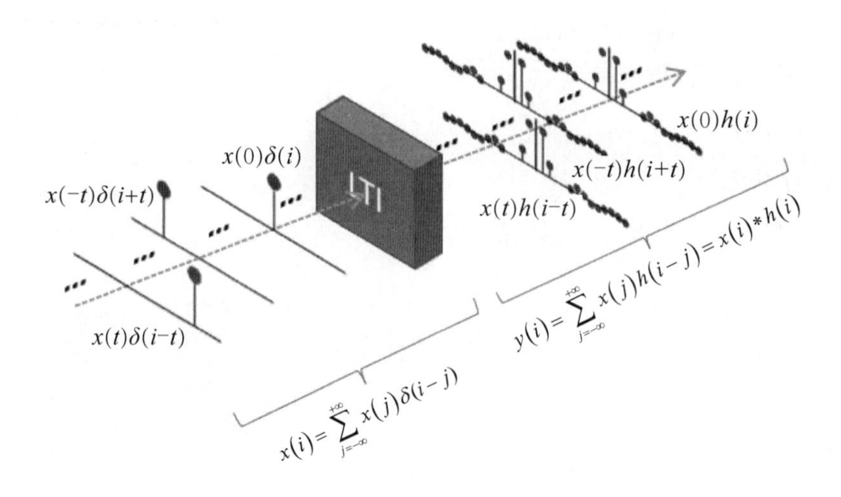

图 19-4 线性时不变系统模型

也就是说，如果知道了一个系统的冲激响应，这个系统对任意信号的响应就都能确定了，因此在滤波技术中，也将系统冲激响应称为滤波器内核。基于这种“分而治之”的思想，可以建立上述线性时不变系统的模型。这一模型称为卷积，用 $x(i)*h(i)$ 的形式表示，即

$$y(i)=\sum_{j=-\infty}^{+\infty}x(j)h(i-j)=x(i)*h(i)$$

线性滤波器可以使用上述模型来研究。注意，上述模型中，求和是在（$-\infty$, $+\infty$）进行的。这是因为某些滤波器对单位脉冲的响应为无限长，将冲激响应长度无限长的滤波器称为无限冲激响应（Infinite Impulse Response，IIR）滤波器。当然另一部分滤波器的冲激响应长度是有限长的，这类滤波器称为有限冲激响应（Finite Impulse Response，FIR）滤波器。很显然，对于 FIR 数字滤波器，其模型可进一步表示为

$$y[i]=x[i]*h[i]=\sum_{k=0}^{M-1}x[j]h[i-k]$$

其中，M 为滤波器冲激响应的长度。注意，不失一般性，上式中的小括号变成了中括号，下标 j 也变为 k，以此来表示所处理信号为数字信号。由此可见，对于 FIR 滤波器，只要确定了滤波器冲激响应序列，就可以将其与输入信号序列进行卷积，达到对信号滤波的目的。而所谓滤波器设计，就是根据对滤波器主要指标的需求，确定冲激响应序列的过程。

IIR 滤波器因其冲激响应为无限长，在实际工程中无法通过卷积来完成对信号的滤波。因此，必须重新建立具有可操作性的模型。观察卷积形式的 FIR 滤波器，可以发现其输出仅依赖于当前和过去的输入。但是现实生活中还有很多系统的输出，可由当前和过去的输入，以及过去的输出共同来描述。例如，超市购物计价系统的当前输出 $y[i]$，就可以通过系统前一时刻的输出 $y[i-1]$ 与当前输入 $x[i]$，描述为 $y[i]=x[i]+y[i-1]$。因此，可以建立由当前和过去的多个输入，以及过去的多个输出共同来描述的、更具有一般性的系统模型：

$$y[i]=\sum_{k=0}^{M}b_k x[i-k]+\sum_{k=1}^{N}a_k y[i-k]$$

上述关系式又称为滤波器系统的差分方程或递归模型，其中，参数 a_k 和 b_k 是确定系统的常量参数，N 为差分方程的阶数。由于 a_k 和系统过去的输出相关联，因此又称为后向系数（Reverse Coefficients），b_k 与输入关联，因此又称为前向系数（Forward Coefficients）。注意，有时候为了方便，上式中 y 项前会加上负号（相应的 a_k 系数也会改变符号，即 $a'_k=-a_k$），这

样用下面等价形式表示该系统模型时，式子中不出现负号：

$$\sum_{k=0}^{N} a'_k y[i-k] = \sum_{k=0}^{M} b_k x[i-k]$$

综上所述，有两种表示线性滤波器系统模型的方法，一种是仅依赖于当前和过去多个输入的 FIR 滤波器卷积模型，另一种则是基于系统当前和过去多个输入，以及多个历史输出的 IIR 差分方程递归模型。实际工程中设计和选择滤波器的过程时，要根据所需滤波规格参数，用各种办法来确定模型中的参数，然后使用确定的模型对实际信号进行滤波即可。

19.2　傅里叶变换与频率响应

19.1 节提到的两种滤波器模型都是在时域建立的。但是滤波器的设计和选择，一般都是通过在频域研究各种技术指标完成的。时域与频率之间的联系由傅里叶变换建立。一个系统在时域可以通过其冲激响应来描述，在频域的描述就是冲激响应的傅里叶变换，称为系统的频率响应（Frequency Response）。

傅里叶变换是法国数学家和物理学家傅里叶在研究温度分布的过程中提出的一种将信号分解为正弦波组合的分析方法。相关理论最早出现在 1807 年傅里叶向法国科学院提交的一篇用正弦波表示温度分布的论文中。论文提出了任意一个连续周期信号，都能够用正弦波叠加的形式来表示的观点。当时论文由数学家拉格朗日和拉普拉斯审稿，由于拉格朗日认为这种方法不能表达带折角的信号而不断拒绝，论文直到拉格朗日去世 15 年后才被发表。1829 年，狄里赫利提出只有在满足狄里赫利条件（Dirichlet Conditions）时，周期函数才能按照傅里叶提出的方法进行分解，这时对傅里叶论点的质疑才算画上了句号。

狄里赫利条件对周期信号的要求和解读如下：

（1）周期信号在单个周期内绝对可积。也就是说信号能量必须有限，幅度不能无限增长。

（2）周期信号在任意有限区间，信号函数极大或极小值数量有限（每部分区间内单调）。从信号处理的角度来看，单个周期内无穷多的极值，会造成振荡频率无限大。有限个极值意味着信号的频率为有限值。

（3）周期信号在任意有限区间内连续，或只存在有限个第一类间断点，即当从左或右趋于这个间断点时，信号函数存在有限的左极限和右极限来确定其极限。

满足狄里赫利条件的周期信号都可按照下列公式被分解为一组正弦、余弦函数之和，称为傅里叶级数（Fourier Series）：

$$\begin{cases} f(t) = \dfrac{a_0}{2} + \sum\limits_{k=1}^{\infty} \left[a_k \cos(k\omega_0 t) + b_k \sin(k\omega_0 t) \right] \\ a_k = \dfrac{2}{T} \int_0^T f(t) \cos(k\omega_0 t) \mathrm{d}t \\ b_k = \dfrac{2}{T} \int_0^T f(t) \sin(k\omega_0 t) \mathrm{d}t \end{cases}$$

其中 $\omega_0 = \dfrac{2\pi}{T}$，称为基波频率，单位为弧度。也就是说任意一个满足狄里赫利条件的周期信号，都可以分解为无穷多个幅度不同，频率为基波频率整数倍的正弦和余弦函数（称为基本函数）之和。由于基本函数具有正交（即互不依赖）、保真（输入为正弦，变换输出仍为正弦）的性质，且已被充分研究，因此复杂的周期信号可先被分解为不同频率的正余弦信号（图 19-5），再进行研究。

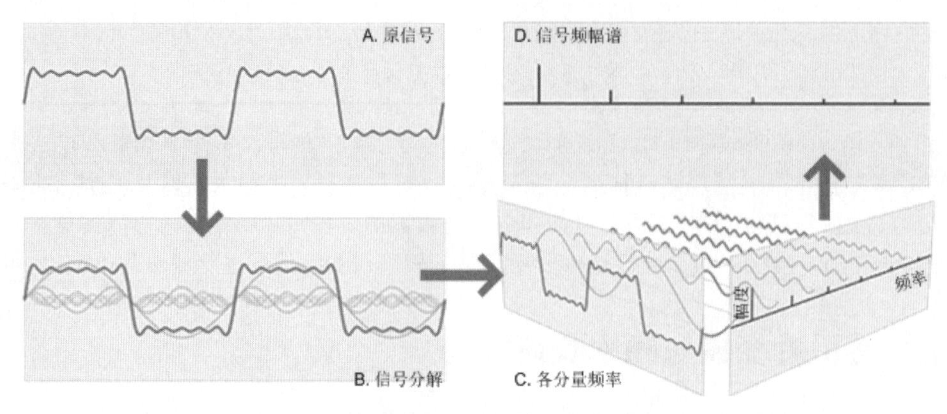

图 19-5　复杂周期信号分解为基本函数组合

此外，根据欧拉公式 $e^{\pm j\theta}=\cos\theta \pm j\sin\theta$（j 为虚数单位），可得到如下普通正弦、余弦函数和复指数之间的转换关系：

$$\cos(k\omega_0 t)=\frac{e^{j(k\omega_0 t)}+e^{-j(k\omega_0 t)}}{2}$$

$$\sin(k\omega_0 t)=\frac{-j\left[e^{j(k\omega_0 t)}-e^{-j(k\omega_0 t)}\right]}{2}$$

这样，可以将信号分解后的正弦、余弦函数写成复指数的形式，以更统一的方式表示分解过程。根据欧拉公式，傅里叶级数又可改写为

$$\begin{aligned}
f(t)&=\frac{a_0}{2}+\sum_{k=1}^{+\infty}\left[a_k\cos(k\omega_0 t)+b_k\sin(k\omega_0 t)\right]\\
&=\frac{a_0}{2}+\sum_{k=1}^{+\infty}\left[a_k\frac{e^{j(k\omega_0 t)}+e^{-j(k\omega_0 t)}}{2}+b_k\frac{-j\left(e^{j(k\omega_0 t)}-e^{-j(k\omega_0 t)}\right)}{2}\right]\\
&=\frac{a_0}{2}+\sum_{k=1}^{+\infty}\left[\frac{(a_k-jb_k)e^{j(k\omega_0 t)}}{2}+\frac{(a_k-jb_k)e^{-j(k\omega_0 t)}}{2}\right]\\
&=\frac{a_0}{2}+\sum_{k=1}^{+\infty}\frac{(a_k-jb_k)e^{j(k\omega_0 t)}}{2}+\sum_{k=1}^{+\infty}\frac{(a_k-jb_k)e^{-j(k\omega_0 t)}}{2}\\
&=\frac{a_0}{2}+\sum_{k=1}^{c}\frac{(a_k-jb_k)e^{j(k\omega_0 t)}}{2}+\sum_{k=-\infty}^{+\infty}\frac{(a_{-k}-jb_{-k})e^{j(k\omega_0 t)}}{2}\text{（第三项用}-k\text{代替}k\text{）}\\
&=\sum_{k=-\infty}^{+\infty}F_k e^{jk\omega_0 t}
\end{aligned}$$

其中 F_k 为复系数，它同时包含正余弦函数的幅度和相位信息，由下式计算：

$$F_k=\begin{cases}\dfrac{a_k-jb_k}{2}, & k>0\\[2ex] \dfrac{a_0}{2}, & k=0\\[2ex] \dfrac{a_{-k}-jb_{-k}}{2}, & k<0\end{cases}$$

将 a_k 和 b_k 代入上式，可以证明 F_k 均可由以下统一的形式来计算：

$$F_k=\frac{1}{T}\int_0^T f(t)e^{-jk\omega_0 t}dt$$

例如，对于 $k>0$ 的情况：

$$F_k=\frac{a_k-jb_k}{2}$$

$$=\frac{1}{2}\left(\frac{2}{T}\int_0^T f(t)\cos(k\omega_0 t)\mathrm{d}t-\mathrm{j}\frac{2}{T}\int_0^T f(t)\sin(k\omega_0 t)\mathrm{d}t\right)$$

$$=\frac{1}{T}\left(\int_0^T f(t)\frac{\mathrm{e}^{\mathrm{j}(k\omega_0 t)}+\mathrm{e}^{-\mathrm{j}(k\omega_0 t)}}{2}\mathrm{d}t-\mathrm{j}\int_0^T f(t)\frac{-\mathrm{j}\left(\mathrm{e}^{\mathrm{j}(k\omega_0 t)}-\mathrm{e}^{-\mathrm{j}(k\omega_0 t)}\right)}{2}\mathrm{d}t\right)=\frac{1}{T}\int_0^T f(t)\mathrm{e}^{-\mathrm{j}k\omega_0 t}\mathrm{d}t$$

例如，对于 k=0 的情况：

$$F_k=\frac{a_0}{2}=\frac{1}{2}\left(\frac{2}{T}\int_0^T f(t)\mathrm{d}t\right)=\frac{1}{T}\int_0^T f(t)\mathrm{e}^{-\mathrm{j}k\omega_0 t}\mathrm{d}t$$

类似地，对于 k<0 的情况，也可以证明 F_k 可以按照统一的形式来计算。

哇！好复杂，一会三角函数一会复指数，到底要干什么啊？简单来说就是为达到两个目的；一是为了找到任何一个周期信号被分解为基本正弦、余弦函数的计算方法；另一个目的是希望能用复指数从形式上来统一表示变换公式，且使其计算更简单（复数乘除以指数形式计算更简单）。注意，只是表示形式变成了复数，分解后的基本信号分量仍为正弦、余弦信号。

以上讲解均是基于周期函数的，但是在现实中大多数信号都是非周期的，那么对于非周期函数或信号是否也有类似结论呢？实际上，由于有限区间上的非周期函数总可以通过延伸构造为周期函数，因此只要函数在该有限区间内满足狄里赫利条件，则傅里叶级数同样在该区间内有效。而对于在（-∞,+∞）区间的非周期函数，则可以看作是周期为 T 的函数在 $T\to+\infty$ 时的极限情况。由于 $T\to+\infty$ 时，$k\omega_0$ 即可看作是连续的频率 ω，因此对于任意非周期连续函数，其傅里叶级数的系数计算可变形为 $F'(\omega)$：

$$F'(\omega)=\frac{1}{T}\int_{-\infty}^{+\infty} f(t)\mathrm{e}^{-\mathrm{j}\omega t}\mathrm{d}t$$

为了与习惯上通用的定义方式保持一致，通常会用 $T\bullet F'(\omega)$ 来表示函数的频谱。若令 $F(\omega)=T\bullet F'(\omega)$，则有

$$F(\omega)=\int_{-\infty}^{+\infty} f(t)\mathrm{e}^{-\mathrm{j}\omega t}\mathrm{d}t \tag{1}$$

若对傅里叶级数作类似的代入和极限处理，则有

$$f(t)=\sum_{k=-\infty}^{+\infty}\frac{F(\omega)}{T}\mathrm{e}^{\mathrm{j}k\omega_0 t}$$

由于 $\Delta\omega=\omega_{k+1}-\omega_k=\frac{2\pi}{T}$，当 $T\to+\infty$ 时，$\Delta\omega$ 变成了 $\mathrm{d}\omega$，同时求和也变成了求积分，因此有

$$f(t)=\lim_{T\to\infty}\left[\frac{1}{2\pi}\sum_{k=-\infty}^{+\infty}F(\omega)\mathrm{e}^{\mathrm{j}k\omega_0 t}\Delta\omega\right]=\frac{1}{2\pi}\int_{-\infty}^{+\infty}F(\omega)\mathrm{e}^{\mathrm{j}\omega t}\mathrm{d}\omega \tag{2}$$

综上所述，对于区间（-∞,+∞）上满足狄里赫利条件的任意连续函数 f（x），称式（1）为 $f(x)$ 的傅里叶变换，式（2）为 $F(\omega)$ 的逆变换，两个公式构成一个傅里叶变换对（Transform Pair）。可见傅里叶变换其实就是利用直接测量得到的原始信号，以积分累加方式计算构成该信号的不同正弦波信号的频率和幅度。傅里叶反变换本质上也是一种积分累加处理，可根据信号的频谱复原时域信号。

通过以上对连续周期信号的傅里叶级数和连续非周期信号的傅里叶变换的讲解可知，时域周期性信号的傅里叶变换在频域体现为离散性，而时域的连续性在频域体现为频谱的非周期性。进一步研究傅里叶变换的性质，不难发现信号在时域的离散性体现为频域的周期延拓，而时域的非周期性对应于频域的连续性。出于历史原因，傅里叶变换的叫法根据所处理信号的周期性和离散性不同被分为 4 种。若处理的信号为连续非周期信号，就称为傅里叶变换。当处理的信号为周期连续信号时，称为傅里叶级数。对于时域离散非周期信号进行傅里叶变换时，称为离散时间傅里叶变换。只有时域周期离散信号的傅里叶变换称为离散傅里叶变换。

表 19-1 对这些性质进行了汇总。

表 19-1　时域信号与其频谱周期性和离散性的关系

时域		傅里叶变换	频域	
周期性	连续 / 离散	类型	周期性	连续 / 离散
非周期	连续	傅里叶变换（Fourier Transform）	非周期	连续
周期（T）	连续	傅里叶级数（Fourier Series）	非周期	离散（间隔 $2\pi/T$）
非周期	离散（间隔 T_s）	离散时间傅里叶变换（Discrete Time Fourier Transform，DTFT）	周期（$2\pi/T_s$）	连续
周期（T）	离散（间隔 T_s）	离散傅里叶变换（Discrete Fourier Transform，DFT）	周期（$2\pi/T_s$）	离散（间隔 $2\pi/T$）

假定 $x[n]$ 是对时域模拟信号采样得到的离散非周期序列，采样过程中的参数如下：

$$\text{模拟信号：频率}f\text{（角频率}\omega=2\pi f\text{）}$$

$$\text{采样：间隔}T_s\text{，采样频率}F_s=\frac{1}{T_s}\left(\text{角频率}\Omega_s=2\pi F_s=\frac{2\pi}{T_s}\right)$$

数字频率（Digital Frequency）为信号模拟频率与采样频率之比：$f_d=f/f_s=\omega/\Omega_s$，用角频率表示为 $\Omega_d=\omega/f_s=\omega T_s$，则有离散时间傅里叶变换对：

$$\text{正变换：}F\left(\Omega_d\right)=\sum_{n=-\infty}^{+\infty}x\left[n\right]\mathrm{e}^{-\mathrm{j}\Omega_d n}=\sum_{n=-\infty}^{+\infty}x\left[n\right]\mathrm{e}^{-\mathrm{j}\omega T_s n}$$

$$\text{反变换：}x\left[n\right]=\frac{1}{2\pi}\int_{-\infty}^{+\infty}F\left(\Omega_d\right)\mathrm{e}^{\mathrm{j}\Omega_d n}\mathrm{d}\Omega_d=\frac{1}{2\pi}\int_{-\infty}^{+\infty}F\left(\omega T_s\right)\mathrm{e}^{\mathrm{j}\omega T_s n}\mathrm{d}\omega$$

由于数字信号处理是在计算机上实现各种运算和变换，其所涉及的变量和运算都是离散的，而前面所讨论的三种傅里叶变换对中，时域或频域中至少有一个域是连续的，所以都不可能在计算机上进行运算和实现。因此，对于数字信号处理，应该重点研究时域和频域都是离散的傅里叶变换，即离散傅里叶变换。

现在假定 $x[n]$ 是时域周期模拟信号采样得到的离散周期序列，若采样间隔为 T_s，则其频域频谱的周期为 $\Omega=2\pi F_s=2\pi/T_s$。若该序列的频谱也是离散的，且频率的离散间隔为 ω_s，则该频谱对应的时域信号的周期为 $T=2\pi/\omega_s$。现在假定对模拟信号单个周期采样的点数为 N，则有

$$N=\frac{T}{T_s}=\frac{2\pi/\omega_s}{2\pi/\Omega}=\frac{\Omega}{\omega_s}$$

这说明当对时域周期模拟信号的一个周期进行 N 点抽样时，其频域中离散频谱一个周期内的抽样点数也为 N，即离散傅里叶变换的时域序列和频域序列的周期都是 N。由于长度为 N 的有限长序列，可以通过周期延拓变为周期为 N 的序列，且该周期序列的频谱的周期也为 N，因此对于长度为 N 的有限长序列，其傅里叶变换可看作是周期为 N 的序列的一个主周期傅里叶变换的结果。由此得到可由计算机处理的有限长序列离散傅里叶变换对：

$$\begin{aligned}\text{正变换：}X\left[k\right]&=\sum_{n=0}^{N-1}x\left[n\right]\mathrm{e}^{-\mathrm{j}\frac{2\pi kn}{N}}\quad 0\leqslant k\leqslant N-1\\&=\sum_{n=0}^{N-1}x\left[n\right]\left[\cos\left(\frac{2\pi kn}{N}\right)-\mathrm{j}\sin\left(\frac{2\pi kn}{N}\right)\right]\end{aligned}$$

$$\begin{aligned}\text{反变换：}x\left[n\right]&=\frac{1}{N}\sum_{k=0}^{N-1}X\left[k\right]\mathrm{e}^{\mathrm{j}\frac{2\pi kn}{N}}\quad 0\leqslant n\leqslant N-1\\&=\frac{1}{N}\left(\sum_{k=0}^{N-1}\mathrm{Re}X\left[k\right]\left[\cos\left(\frac{2\pi k}{N}n\right)+\mathrm{j}\sin\left(\frac{2\pi k}{N}n\right)\right]-\sum_{k=0}^{N-1}\mathrm{Im}X\left[n\right]\left[\sin\left(\frac{2\pi k}{N}n\right)-\mathrm{j}\cos\left(\frac{2\pi k}{N}n\right)\right]\right)\end{aligned}$$

为了更直观地理解傅里叶变换的意义，上式中同时给出了复指数和正弦、余弦函数的表示形式。观察变换公式可知，序列 $x[n]$ 经过傅里叶变换后可得到一个复数序列 $X[k]$，其实部用 $\mathrm{Re}X[k]$ 表示，虚部用 $\mathrm{Im}X[k]$ 表示。根据正变换公式可知，$\mathrm{Re}X[k]$ 为分解后的信号中各余弦分量的幅度，$\mathrm{Im}X[k]$ 为分解后的信号中各正弦分量的幅度。在进行分变换时，频域中实部的每个值 $\mathrm{Re}X[k]$ 为时域贡献一个实部余弦波和虚部正弦波。类似地，频域虚部中的每个值 $\mathrm{Im}X[k]$ 为时域贡献一个实部正弦波和虚部余弦波。时域信号 $x[n]$ 通过将所有这些实部和虚部的正弦、余弦曲线叠加起来得到。

注意，上述离散傅里叶变换对中时域信号序列 $x[n]$ 和频域序列 $X[k]$ 均为复数序列，对于实际中实数时域信号序列，可当作复数序列 $x[n]$ 的虚部为 0 来处理。可以证明，当信号为实数序列时，其傅里叶变换具有共轭对称性。长度为 N 的复数序列共轭对称性定义为 $X[k]=X^*[N-k]$，其中星号表示复共轭，即 $x[k]$ 与 $x[N-k]$ 的实部相等，虚部相反（或幅度相等，相位相反）。简要证明如下：

根据傅里叶变换有

$$X[N-k]=\sum_{n=0}^{N-1}x[n]\mathrm{e}^{-\mathrm{j}\frac{2\pi(N-k)n}{N}}=\sum_{n=0}^{N-1}x[n]\mathrm{e}^{-\mathrm{j}n\left(2\pi-\frac{2\pi k}{N}\right)}=\sum_{n=0}^{N-1}x[n]\mathrm{e}^{\mathrm{j}\frac{2\pi nk}{N}}\quad 0\leqslant k\leqslant N-1$$

由于 $\mathrm{e}^{\mathrm{j}\frac{2\pi nk}{N}}$ 和 $\mathrm{e}^{-\mathrm{j}\frac{2\pi nk}{N}}$ 互为复共轭，因此若 $x[n]$ 为实数序列时，离散傅里叶变换 $X[k]=X^*[N-k]$，因此长度为 N 的实数序列离散傅里叶变换的结果具有共轭对称性。共轭对称性意味着在研究信号的频谱时可以只关注其前半部分，另一部分可以通过共轭对称性获得。此外，傅里叶变换的结果可用极坐标表示：

$$X[k]=\mathrm{Mag}X[k]\bullet\mathrm{e}^{\mathrm{j}(\mathrm{Phase}X[k])}=\mathrm{Mag}X[k]\bullet\left(\cos\left(\mathrm{Phase}X[k]\right)+\mathrm{j}\sin\left(\mathrm{Phase}X[k]\right)\right)$$

其中 $\mathrm{Mag}X[k]$ 为极坐标下的幅度；$\mathrm{Phase}X[k]$ 为相位，与直角坐标系下 $X[k]$ 实部和虚部的关系为

$$\mathrm{Mag}X[k]=\sqrt{\left(\mathrm{Re}X[k]\right)^2+\left(\mathrm{Im}X[k]\right)^2}$$

$$\mathrm{Phase}X[k]=\mathrm{actan}\left(\frac{\mathrm{Im}X[k]}{\mathrm{Re}X[k]}\right)$$

因此，长度为 N 的实数序列离散傅里叶变换在以极坐标方式表示时，$x[k]$ 与 $x[N-k]$ 的幅度相等，相位相反。从频谱图上看，就是幅度谱以序列中心偶对称，相位以序列中心奇对称。图 19-6 显示了矩形脉冲信号的频谱，包括极坐标形式显示的幅度谱、相位谱和直角坐标系下频谱的实部和虚部。可以发现矩形信号极坐标下的幅度谱表现为 Sinc 函数（$\sin x/x$）的形式。此外，直角坐标系下显示的实部和虚部频谱图对于理解信号在频域的特点帮助不大。因此在傅里叶变换过程中，一般都在直角坐标系下进行各种计算，而频谱显示则转换在极坐标下完成。

傅里叶变换完成后得到的值并不直接对应原信号的频率和幅度。观察傅里叶变换对可知，它将一个有限长的信号序列 $x[n]$）变换为复指数序列 $X[k]$。无论原模拟信号的频率是多少，复指数序列 X（k）的长度都由信号序列的长度 N 决定。离散傅里叶变换结果中的 k 值并不直接代表频率，而是对应数字频率为 k/N(弧度$2\pi k/N$）、模拟频率为 kF_s/N 的分量（F_s 为采样率），且该分量对应信号的幅度为 $\mathrm{Mag}X[k]$，相位为 $\mathrm{Phase}X[k]$。频域的分辨率为 $F_s/N=1/NT_s$，当采样频率 F_s 确定后，参与傅里叶变换的序列越长，频域的分辨率越高。例如，对于一个 10kHz 信号，假如采样频率为 30kHz，则应能在 $k=N/3$ 处看到 X（k）的峰值。当 N=1024 时，频率的分辨率约为 30kHz/1024=29.3Hz。对于 10kHz 的原信号，若有另一个

位于 10kHz±29.3Hz 范围内的信号，就无法分辨出来。因此，很多时候通过对原信号补 0 的方式改变其参与傅里叶变换的长度，从而来提高频谱的分辨率。

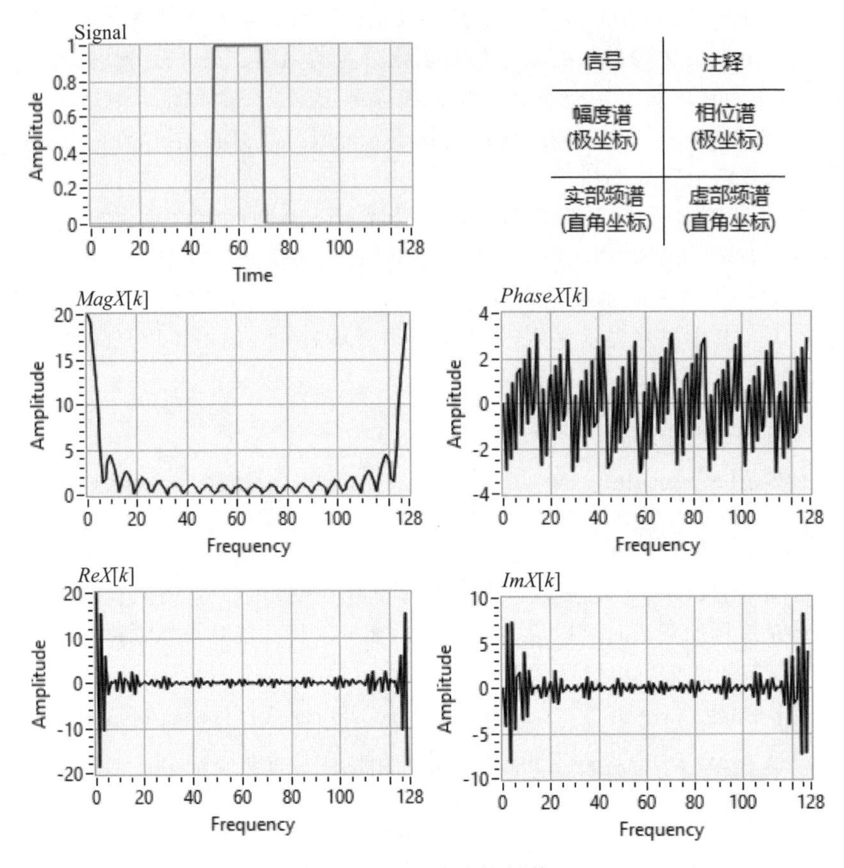

图 19-6　矩形脉冲的频谱

离散傅里叶变换在信号处理中具有举足轻重的地位，信号的相关、滤波、谱估计等都要通过离散傅里叶变换来实现。然而，当序列较长时（N 很大），离散傅里叶变换要完成 N^2 次复数乘法和 $N(N-1)$ 次复数加法，其计算量相当大。1965 年库利（J.W.Cooley）和图基（J.W.Tukey）在他们的论文《用机器计算复序列傅里叶级数的一种算法》中提出了快速傅里叶变换（Fast Fourier Transform，FFT）方法，将离散傅里叶变换的运算量从 N^2 降低到 $N\log_2 N$ 次，从而使得离散傅里叶变换的运算得到了广泛应用。快速傅里叶变换也是工程应用中将信号变换至频域进行分析处理的最常用工具。快速傅里叶变换算法的推导在很多信号处理的书籍中都有讲述，此处不再赘述，下面重点讲述快速傅里叶变换算法的操作方法。快速傅里叶变换算法一般会将序列长度 N 通过补 0 变为 2 的整数次幂，此时称快速傅里叶变换为以 2 为基数的快速傅里叶变换（Radix-2 FFT）。算法总体上可以概括为 2 步：

（1）将 N 点时域序列拆解为 N 个单点数据。

（2）由 N 个单点数据合成频谱序列。

快速傅里叶变换对序列的拆解方法分为按时间抽取法（Decimation-In-Time，DIT）和按频率抽取法（Decimation-In-Frequency，DIF）两种。与 DIT-FFT 算法把输入序列 $x(n)$ 按其顺序的偶、奇分解为越来越短的序列不同，以 2 为基数的频率抽取快速傅里叶变换（DIF Radix-2 FFT）将长度为 N 的输出序列 $X(k)$ 按其顺序的偶、奇分解为越来越短的序列来进行计算。两种方法比较类似，此处用以 2 为基数的时间抽取快速傅里叶变换（DIT Radix-2 FFT）为例来说明该过程。DIT Radix-2 FFT 先把一个 N 点时域信号按序号的偶、奇分成两个长度为 $N/2$ 的子序列。然后对两个分解后的序列再进行偶、奇分解，得到 4 个 $N/4$ 点序列，依次往复，直到将原序列分解为 $N/2$ 个最基本的 2 点为止。每分解一次称为一级，可共分解为 $M=\log_2 N$ 级。图 19-7 显示了长度 N=8 的序列的拆解过程，由图可以看出，经过三次拆解，拆解后序列的最终顺序变为 0、4、2、6、1、3、5、7。

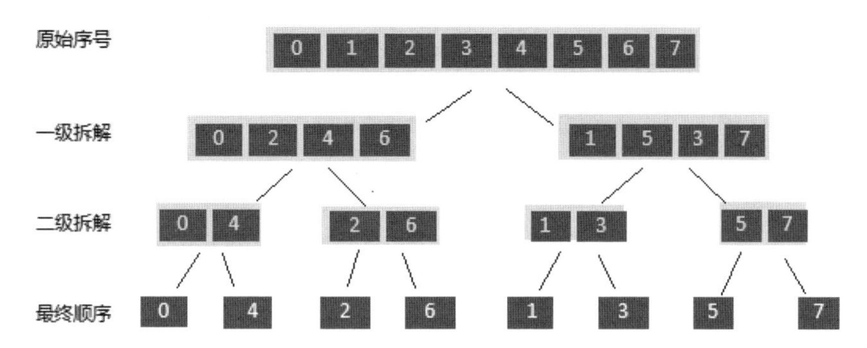

图 19-7 FFT 序列的拆解过程（N=8）

实际中进行工程实践时，可以将 $x(n)$ 的序号先写成二进制，再对其进行镜像翻转来获取 FFT 运算输入序列的顺序。如 N= 8 时，序列的原顺序二进制码为

x(000)，x(001)，x(010)，x(011)，x(100)，x(101)，x(110)，x(111)

将二进制码进行镜像翻转，可得到计算时的输入序列顺序：

x(000)，x(100)，x(010)，x(110)，x(001)，x(101)，x(011)，x(111)

为什么要对序列进行拆解，打乱其顺序呢？可以从快速傅里叶变换第二步合成频谱序列的过程中得到答案。快速傅里叶变换合成过程基于图 19-8 所示的蝶形运算（图 19-8（b）为图 19-8（a）的简化形式）完成。图 19-8（a）为输入，小圆圈表示加、减运算，右上支路为相加后的输出，右下支路为相减后的输出。如果在某一支路上需要进行相乘运算，则在该支路上以箭头标识，将相乘的系数标在箭头旁边。系数 $W_N^k=\mathrm{e}^{-\mathrm{j}\left(\frac{2\pi}{N}\right)^k}$，当支路上没有标出箭头及系数时，则该支路的传输系数为 1。

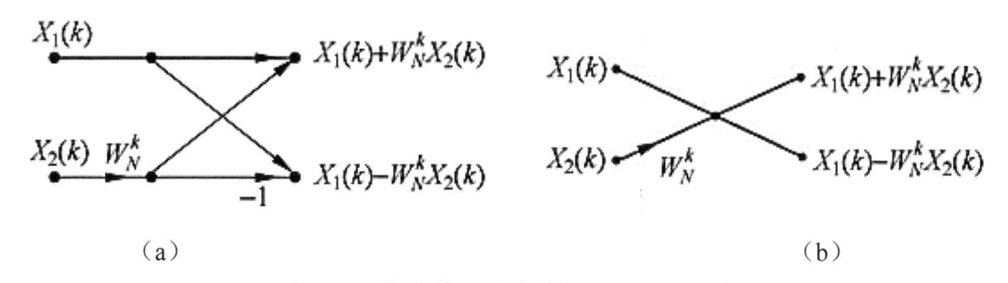

图 19-8 快速傅里叶变换的一级蝶形运算

长度为 8 的序列快速傅里叶变换频谱合成过程如图 19-9 所示。第一级的合成由 4 组一级蝶形运算完成。完成后的数据又两两作为输入参与二级蝶形运算，得到两组长度为 4 的序列，然后这两个长度为 4 的序列进一步参与三级蝶形运算，得到长度为 8 的频谱序列。由于蝶形运算过程会导致序列序号按偶、奇的顺序重新组合，因此若快速傅里叶变换的输入序列未进行拆解，就会得到顺序被打乱的频谱。若输入序列的顺序事先按照蝶形运算相反的组合顺序拆解开，就会最终得到顺序编排得当的频谱。

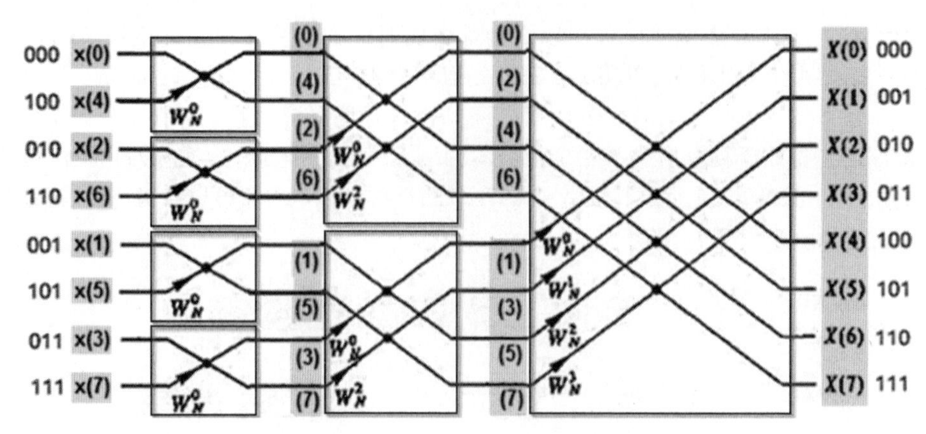

图 19-9 快速傅里叶变换的频谱合成过程

以上就是关于傅里叶变换的理论概述。在实际工程实践中如果不是专门开发快速傅里叶变换程序，往往不用关心这些技术细节，可以直接使用现成的 FFT 程序。LabVIEW 提供快速傅里叶正反变换函数，位于 Functions → Signal Processing → Transforms 函数面板中。使用快速傅里叶变换函数可以快速完成以下任务：

（1）计算信号的频谱。

（2）由系统的冲激响应（Impulse Response）计算系统的频率响应（Frequency Response）。

（3）可以用作更多复杂的信号处理技术的中间步骤，例如用快速傅里叶变换计算卷积。

信号的频谱包括幅度谱、相位谱和功率谱。如前所述，信号的幅度谱和相位谱是由各频率分量的幅度和相位相对于频率分量的分布构成的。根据快速傅里叶变换的公式可知，信号某一频率分量 k 对应的实际幅度是快速傅里叶变换结果 FFT[k] 幅值的 $1/N$，因此可以使用下式根据快速傅里叶变换结果计算信号的幅度谱和相位谱：

双边幅度谱：$$\text{Mag}_{\text{2sides}}X[k]=\sqrt{(\text{Re}X[k])^2+(\text{Im}X[k])^2}=\frac{\sqrt{[\text{Re}(\text{FFT}[k])]^2+[\text{Im}(\text{FFT}[k])]^2}}{N}$$

双边相位谱：$$\text{Phase}X[k]=\arctan\left(\frac{\text{Im}X[k]}{\text{Re}X[k]}\right)\arctan\left(\frac{\text{Im}(\text{FFT}[k])}{\text{Re}(\text{FFT}[k])}\right)$$

注意，上式计算的幅度谱为双边谱，这是因为快速傅里叶变换的结果包含负频率部分。由于快速傅里叶变换负频率部分的信息为冗余信息，所以可以只提取其双边谱的正频率部分进行观察。为了能在观察不含冗余信息的单边频谱的同时，也能观察整个频谱的能量信息，在实际工程中通常会使用下述方式从快速傅里叶变换结果中获得单边幅度谱：

（1）对快速傅里叶变换的结果的幅度序列均乘以 $1/N$，得到信号各频率分量对应的实际幅值。

（2）对除直流分量外的每个频率分量，用其实际幅值的 $1/\sqrt{2}$ 来代表该分量的幅值，即取幅度的有效值，又称为均方根（RMS-Root Mean Square）。

（3）舍弃谱中的负频率部分。

（4）由于快速傅里叶变换频谱沿着直流频率点对称，能量也对称分布在正负频率范围内，因此还需要每个正频率分量有效幅值乘 2（直流分量除外），确保信号的总能量在生成的单边谱中保持不变。

也就是说，可以对快速傅里叶变换结果中除直流分量外的各频率分量、幅度直接乘 $\sqrt{2}/N$ 后再丢弃负频率，即

$$\text{单边幅度谱}\mathrm{Mag}_{\mathrm{1side}}X[k]=\begin{cases}\dfrac{\sqrt{\left[\mathrm{Re}(\mathrm{FFT}[k])\right]^2+\left[\mathrm{Im}(\mathrm{FFT}[k])\right]^2}}{N}, & k=0\text{，即直分量流}\\[2ex] \dfrac{1}{\sqrt{2}}\times\left(2\times\dfrac{\sqrt{\left[\mathrm{Re}(\mathrm{FFT}[k])\right]^2+\left[\mathrm{Im}(\mathrm{FFT}[k])\right]^2}}{N}\right), & k=1,2,\cdots,\dfrac{N}{2}-1\end{cases}$$

由于取信号有效值表示幅度，因此若信号为电压信号，则幅度谱的单位为 V_{rms}。

功率谱用于只对信号的功率或能量感兴趣，而不关心信号相位信息的场合。信号在各频率分量上的功率定义为该频率分量幅度的平方。根据快速傅里叶变换的公式可知，某一频率分量的信号幅度是其快速傅里叶变换结果 $X[k]$ 的 $1/N$，因此信号各频率分量对应的功率与快速傅里叶变换结果的对应关系如下式所示：

$$\text{双边功率谱}P_{\mathrm{2sides}}[k]=\frac{X[k]X^*[k]}{N^2}$$

其中 $X^*[k]$ 为 $X[k]$ 的复共轭。注意，上式中 $P_{\mathrm{2sides}}[k]$ 为双边功率谱。若各频率分量处正弦、余弦函数的幅度最大值为 A_k，则双边功率谱可按照下式计算：

$$\text{双边功率谱}P_{\mathrm{2sides}}[k]=\begin{cases}A_0^{\ 2}, & k=0\text{，即直分量流}\\[2ex] \dfrac{A_k^{\ 2}}{4}, & k=1,2,\cdots,N-1\end{cases}$$

由于负频率为冗余信息，因此实际中常将双边功率谱转换为单边功率谱。双边功率谱的正负频率各包含信号一半能量，将双边谱转换为单边谱时，除了丢弃序列的负频率部分外，还要对所有分量乘以 2（直流分量除外），即

$$\text{单边功率谱}P_{\mathrm{1side}}[k]=\begin{cases}A_0^{\ 2}, & k=0\text{，即直分量流}\\[2ex] \dfrac{A_k^{\ 2}}{4}\times 2=\left(\dfrac{A_k}{\sqrt{2}}\right)^2, & k=1,2,\cdots,\ N/2-1\end{cases}$$

可以发现单边谱中除直流分量外，其他频率成分对应的功率均为正弦、余弦信号的有效值的平方，因此若信号为电压信号，则功率谱的单位为 V_{rms}^2。

LabVIEW 为计算信号的频谱提供了可直接调用的函数。位于 Function → signal Processing → Transforms 函数选板中的 FFT 和 Inverse FFT 函数，可对信号进行快速傅里叶正变换和反变换。位于 Function → signal Processing → Spectral Analysis 函数选板中的 Amplitude and Phase Spectrum 和 Auto Power Spectrum 函数分别用于计算信号的单边幅度谱、相位谱和单边功率谱。计算信号双边幅度谱时，可直接使用 Complex to Polar 函数将 FFT 的复数结果转换至极坐标下显示即可。双边功率谱可以调用 Function → Signal Processing → Spectral Analysis 函数选板中的 Power Spectrum 函数计算。

图 19-10（a）和图 19-10（b）分别显示了计算单边谱和提取快速傅里叶变换正频率部分的程序代码。计算单边谱时，程序先对输入信号做快速傅里叶变换，然后将结果转换至极坐标系下，得到频谱的幅度和相位序列。为了求得单边幅度谱，程序先用快速傅里叶变换的结果除以输入信号序列的长度，然后取正频率部分并对各元素乘以 $\sqrt{2}$，同时确保数组中第一个元素的直流分量保持不变，就得到了单边幅度谱。对应的相位谱直接截取正频率对应的部分，

并对相位进行展开，确保相位的连续性。从快速傅里叶变换结果双边谱中提取正频率部分的操作比较简单，直接截取直流分量和正频率部分即可。

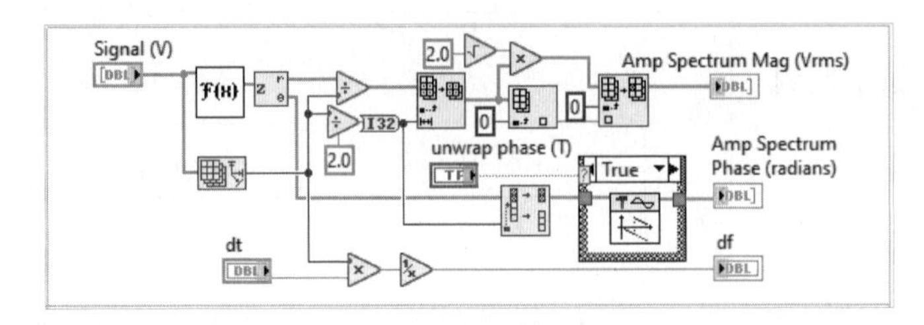

（a）单边谱

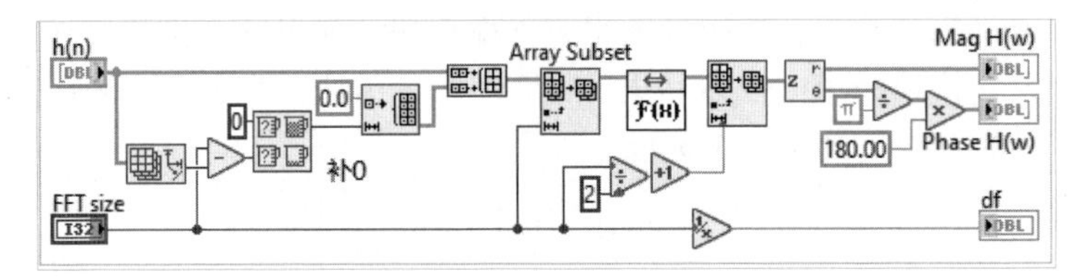

（b）双边谱正频率部分

图 19-10　计算单边谱和提取快速傅里叶变换的正频率部分

图 19-11 是一个查看常用信号频谱的应用程序。通过程序前面板显示，可以发现时域 Sinc 函数的频谱为矩形函数。我们知道线性系统在时域对单位脉冲的响应称为冲激响应，可用来构建系统对任意信号的响应。对系统冲激响应进行傅里叶变换的结果称为系统的频率响应，它是冲激响应的频域表示。也就是说，若一个线性系统的冲激响应为 Sinc 函数，则其频率响应为矩形函数。当然若使含噪声的信号经过该系统，即在时域与该系统进行卷积，对应于频域相乘，就可以达到滤波的目的。图 19-11 所示的程序代码可以在随书附赠的程序源码中找到。程序代码中傅里叶变换部分的代码，仅使用一个快速傅里叶变换函数、一个复数极坐标转换和一个实部虚部提取函数对生成的信号序列做处理，然后显示信号的双边谱。

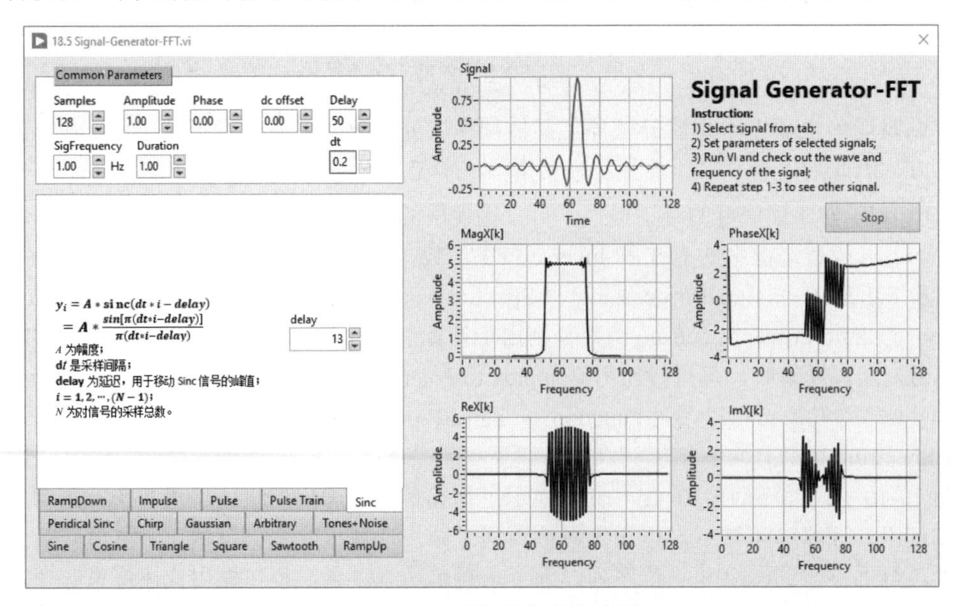

图 19-11　查看信号的频谱实例

图 19-11（续）

绘制快速傅里叶变换双边谱时有一个小的技巧需要注意，可以选择将频谱向右移动至序列的中心处，以获得频谱的全貌。这是因为快速傅里叶变换的结果具有共轭对称性和周期性（频谱周期为 N），未经移动的频谱后半部分其实是信号的负频率部分。右移后的频谱会将频谱从左到右顺序排列，当然原来位于 0 点的直流分量也相应移动至序列的中间点。图 19-12 为以矩形波的快速傅里叶变换结果，显示其频谱移位前后的对比。

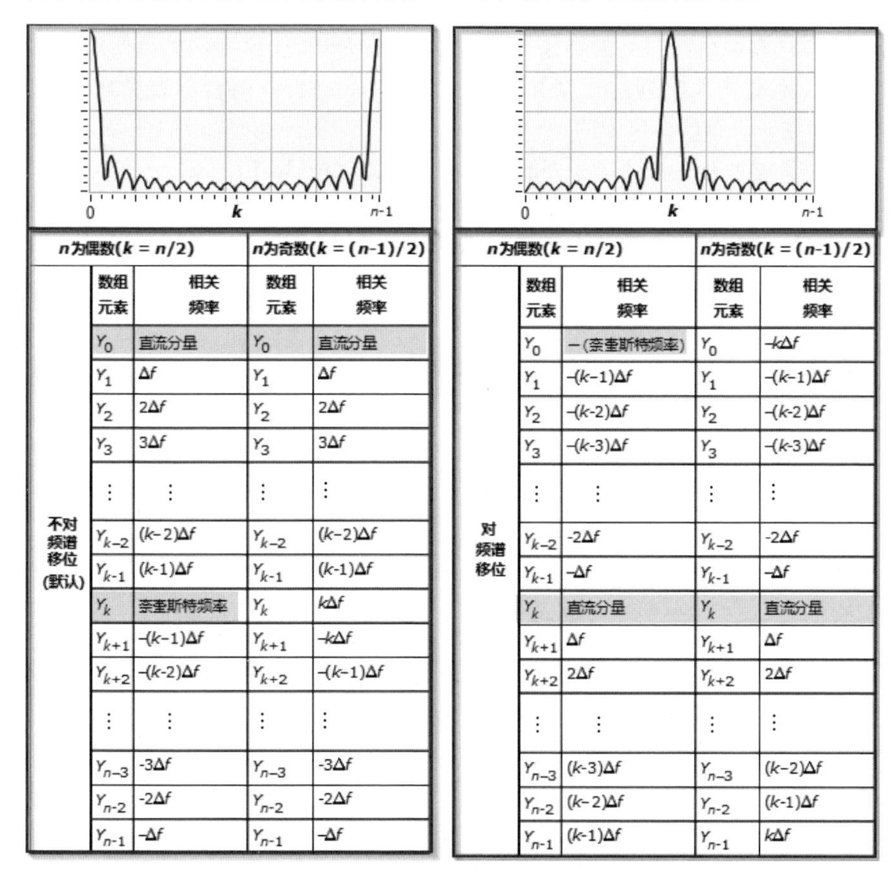

	n为偶数(k = n/2)		n为奇数(k = (n-1)/2)	
	数组元素	相关频率	数组元素	相关频率
不对频谱移位(默认)	Y_0	直流分量	Y_0	直流分量
	Y_1	Δf	Y_1	Δf
	Y_2	$2\Delta f$	Y_2	$2\Delta f$
	Y_3	$3\Delta f$	Y_3	$3\Delta f$
	⋮	⋮	⋮	⋮
	Y_{k-2}	$(k-2)\Delta f$	Y_{k-2}	$(k-2)\Delta f$
	Y_{k-1}	$(k-1)\Delta f$	Y_{k-1}	$(k-1)\Delta f$
	Y_k	奈奎斯特频率	Y_k	$k\Delta f$
	Y_{k+1}	$-(k-1)\Delta f$	Y_{k+1}	$-k\Delta f$
	Y_{k+2}	$-(k-2)\Delta f$	Y_{k+2}	$-(k-1)\Delta f$
	⋮	⋮	⋮	⋮
	Y_{n-3}	$-3\Delta f$	Y_{n-3}	$-3\Delta f$
	Y_{n-2}	$-2\Delta f$	Y_{n-2}	$-2\Delta f$
	Y_{n-1}	$-\Delta f$	Y_{n-1}	$-\Delta f$

	n为偶数(k = n/2)		n为奇数(k = (n-1)/2)	
	数组元素	相关频率	数组元素	相关频率
对频谱移位	Y_0	−（奈奎斯特频率）	Y_0	$-k\Delta f$
	Y_1	$-(k-1)\Delta f$	Y_1	$-(k-1)\Delta f$
	Y_2	$-(k-2)\Delta f$	Y_2	$-(k-2)\Delta f$
	Y_3	$-(k-3)\Delta f$	Y_3	$-(k-3)\Delta f$
	⋮	⋮	⋮	⋮
	Y_{k-2}	$-2\Delta f$	Y_{k-2}	$-2\Delta f$
	Y_{k-1}	$-\Delta f$	Y_{k-1}	$-\Delta f$
	Y_k	直流分量	Y_k	直流分量
	Y_{k+1}	Δf	Y_{k+1}	Δf
	Y_{k+2}	$2\Delta f$	Y_{k+2}	$2\Delta f$
	⋮	⋮	⋮	⋮
	Y_{n-3}	$(k-3)\Delta f$	Y_{n-3}	$(k-2)\Delta f$
	Y_{n-2}	$(k-2)\Delta f$	Y_{n-2}	$(k-1)\Delta f$
	Y_{n-1}	$(k-1)\Delta f$	Y_{n-1}	$k\Delta f$

图 19-12 快速傅里叶变换频谱移位前后对比

快速傅里叶变换也可用于快速卷积运算。由于要进行大量的乘法和加法运算，所以在序列长度增加时，标准的卷积运算时间会急剧增加。带来的后果是对于一些要处理的数据量稍大的应用，标准卷积根本无法满足实时性的要求。利用快速傅里叶变换可以提高卷积的速度，使卷积的计算过程比传统的卷积计算快数百倍。快速傅里叶变换卷积利用时域的卷积对应于频域乘法这一性质，将信号经快速傅里叶变换转换到频域再相乘，最后再用快速傅里叶变换逆变换转换为时域信号。对于滤波过程来说，可以将待滤波的信号先做快速傅里叶变换，再乘以滤波器的频率响应，最后再用快速傅里叶变换逆变换转换至时域，得到滤波后的信号。

由于将信号通过快速傅里叶变换变换至频域后，得到的结果为复数序列。因此两个信号在时域进行卷积时，在频域就变成了两个复数序列的乘法运算，在直角坐标系和极坐标系下的计算略有不同。

直角坐标系：

$$\begin{aligned} x[k]*h[k] &= X[k]\cdot H[k]=\left(\mathrm{Re}X[k]+\mathrm{jIm}X[k]\right)\cdot\left(\mathrm{Re}H[k]+\mathrm{jIm}H[k]\right) \\ &=\left(\mathrm{Re}X[k]\mathrm{Re}H[k]-\mathrm{Im}X[k]\mathrm{Im}H[k]\right)+\mathrm{j}\left(\mathrm{Re}X[k]\mathrm{Im}H[k]-\mathrm{Im}X[k]\mathrm{Re}H[k]\right)\end{aligned}$$

极坐标：

$$\begin{aligned} x[k]*h[k] &= X[k]\cdot H[k]=\mathrm{Mag}X[k]\cdot \mathrm{e}^{\mathrm{j}(\mathrm{Phase}X[k])}\cdot\mathrm{Mag}H[k]\cdot\mathrm{e}^{\mathrm{j}(\mathrm{Phase}H[k])} \\ &=\left(\mathrm{Mag}X[k]\mathrm{Mag}H[k]\right)\mathrm{e}^{\mathrm{j}(\mathrm{Phase}X[k]+\mathrm{Phase}H[k])}\end{aligned}$$

由以上计算公式可知，在直角坐标系下进行信号频率序列相乘，是按照复数的乘法对序列中对应元素进行相乘来实现的。而在极坐标下进行信号频率序列相乘时，则是将对应序列元素的幅度相乘，相位相加。根据卷积计算过程可知，两个长度分别为 N 和 M（假定 $N>M$）的序列进行卷积后，得到的结果是长度为（$N+M+1$）的序列。如果使用快速傅里叶变换计算卷积时，不对输入序列的长度补零扩展至（$N+M-1$），就会导致循环卷积（Circular Convolution）问题，即卷积结果中的（$N+1$）～（$N+M-1$）部分被叠加到 1 ～ N 部分的结果上。因此在计算前需要通过补零将两个序列的长度均扩展到（$N+M-1$）。

图 19-13 是一个长度为 256 点的含噪声信号，与一个元素值均为 1/5、长度为 5 的均值滤波器内核进行快速傅里叶变换卷积的实例。程序首先使用 Pulse Pattern 函数和高斯噪声函数生成含有噪声的信号，然后以补零的方式分别将含噪声的信号和另一个参与运算的序列长度均扩展到（256+5−1）。扩展完成后由快速傅里叶变换计算两个信号的频谱，最后对频谱相乘的结果进行快速傅里叶反变换，得到卷积结果。观察程序运行结果可以发现，含噪声的信号与均值滤波器内核做快速傅里叶变换卷积后，信号中的噪声得到了抑制。

其实，LabVIEW 已经将快速傅里叶变换卷积的整个过程封装在卷积函数中，使用时只要确保选择频域卷积方式即可。如图 19-13（b）所示的代码，使用 LabVIEW 频域卷积函数实现了与图 19-13（a）中的代码相同的功能。

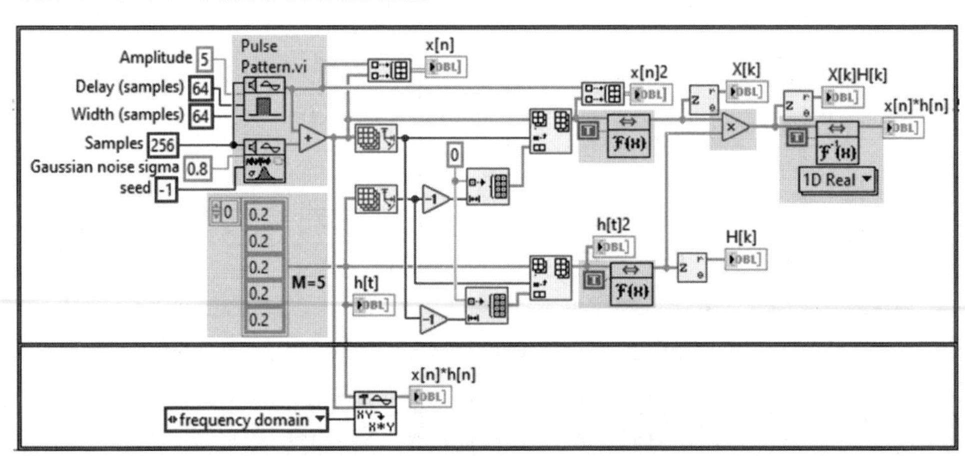

（a）

图 19-13　快速傅里叶变换卷积实例

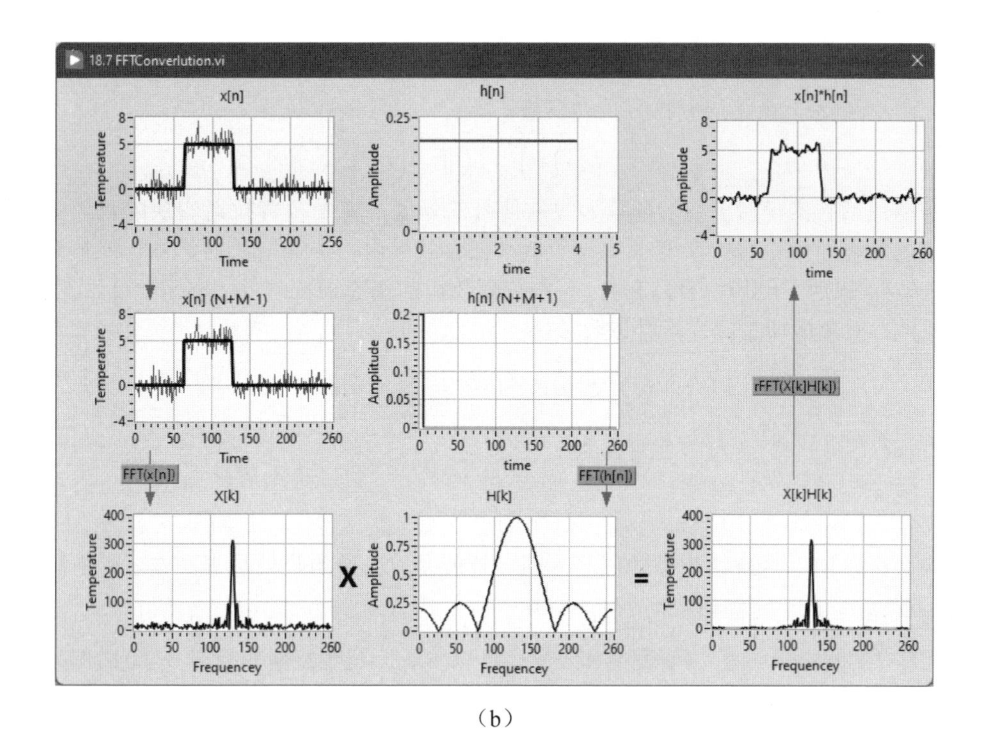

（b）

图 19-13（续）

同一输入信号序列与滤波器内核分别使用快速傅里叶变换卷积与标准卷积计算时，执行速度由滤波器的内核长度决定。图 19-14 显示了对某一信号使用不同长度滤波器内核进行卷积运算时，标准卷积和快速傅里叶变换的速度变化。相较而言，快速傅里叶变换卷积运算需要的时间随着滤波器内核长度变化增长较慢。在内核长度小于 64 点时，标准卷积的执行速度稍快些。长度为 64 点时，二者的执行速度相当。当内核长度大于 64 点时，标准卷积的运行时间随长度增长急剧增加，而快速傅里叶变换卷积的速度变化不大。因此在实际中，若处理的信号长度大于 64 点，一般选用快速傅里叶变换卷积代替标准卷积，以获得较高的执行效率。

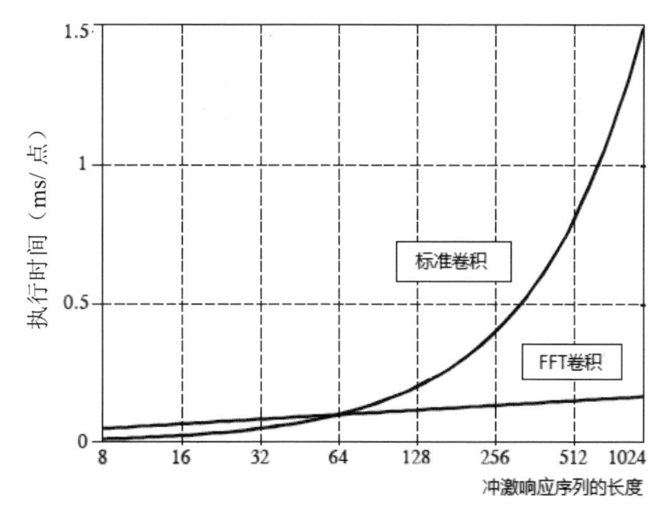

图 19-14　标准卷积与快速傅里叶变换卷积速度对比

由于傅里叶变换要求信号满足狄里赫利条件，因此无法对快速增长信号进行处理。可以在信号前对其乘以快速收敛因子 $e^{-\sigma t}$，将快速增长的信号变为收敛，再进行傅里叶变换，即

$$L(\omega)=\int_{-\infty}^{+\infty} f(t)\mathrm{e}^{-\sigma t}\mathrm{e}^{-\mathrm{j}\omega t}\mathrm{d}t=\int_{-\infty}^{+\infty} f(t)\mathrm{e}^{-(\sigma+\mathrm{j}\omega)t}\mathrm{d}t$$

若令 $s=\sigma+\mathrm{j}\omega$，就可得到拉普拉斯变换：

$$L(s)=\int_{-\infty}^{+\infty} f(t)\mathrm{e}^{-st}\mathrm{d}t$$

刚好能使增长的信号 $f(t)$ 衰减为收敛信号的 σ 值，就是拉普拉斯变换的收敛域边界，大于该值的区域即为拉普拉斯变换的收敛域。在收敛域内，快速增长的信号均能被衰减为收敛。拉普拉斯变换用于处理连续信号，若要处理离散的快速增长信号，则需要使用 z 变换。

类似地，对离散傅里叶变换乘以收敛因子 $\mathrm{e}^{-\sigma n}$，则有

$$Z(\Omega_d)=\sum_{n=-\infty}^{+\infty} x[n]\mathrm{e}^{-\sigma n}\mathrm{e}^{-\mathrm{j}\Omega_d n}=\sum_{n=-\infty}^{+\infty} x[n]\mathrm{e}^{-(\sigma+\mathrm{j}\Omega_d)n}$$

令 $z=\mathrm{e}^{\sigma+\mathrm{j}\Omega_d}=\mathrm{e}^{\sigma}\mathrm{e}^{\mathrm{j}\Omega_d}=r\mathrm{e}^{\mathrm{j}\Omega_d}$ 就可得到 z 变换：

$$X(z)=\sum_{n=-\infty}^{+\infty} x[n]z^{-n}$$

同样，可以使信号快速收敛的因子 $z=\mathrm{e}^{-\sigma}$ 值就是 z 变换的收敛边界，在 z 变换域复平面上表现为半径 $r=\mathrm{e}^{\sigma}$，与横轴夹角为 Ω_d 的圆。

对比傅里叶变换、拉普拉斯变换和 z 变换可以发现，拉普拉斯变换在 $\sigma=0$ 时即为傅里叶变换，而 z 变换在 $r=\mathrm{e}^0=1$ 时为傅里叶变换。换句话说，s 平面上的虚轴和 z 平面上的单位圆分别对应系统的傅里叶变换。图 19-15 显示了傅里叶变换在 s 平面和 z 平面中的映射；反过来，若已知系统的拉普拉斯变换，可以令 $s=\mathrm{j}\omega$，求得系统的频率响应。若已知系统的 z 变换，则可令 $z=\mathrm{e}^{\mathrm{j}\Omega_d}$，求得系统的频谱，这在实际中计算滤波器的频谱时比较有用。

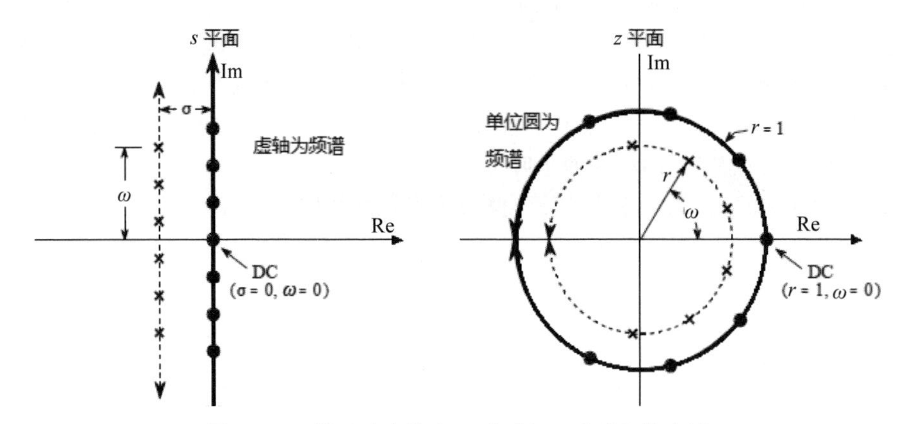

图 19-15 傅里叶变换在 s 平面和 z 平面中的映射

19.3 FIR 滤波器

如前所述，FIR 滤波器模型基于线性时不变系统的以下特点实现：

（1）输入信号可看作是多个冲激函数移位或缩放后的组合。

（2）线性时不变系统对输入信号的响应，可以看作是多个冲激函数移位或缩放，再经过系统后的响应的叠加。

由此得到的 FIR 滤波器的模型与卷积运算表示的意义相符，因此用卷积运算来表示该模型，在逻辑上也非常清晰：

$$y[i]=x[i]*h[i]=\sum_{k=0}^{M-1}x[k]h[i-k]$$

FIR 滤波器设计主要是通过逼近所需要的频率响应，以此构建滤波器内核来完成的。一般来说，设计时还要确保构建的内核相位响应保持线性。滤波的频率响应包括两部分，即幅频响应和相位响应。滤波器有 3 种类型的相位响应：零相位、线性相位和非线性相位，如图 19-16 所示。零相位滤波器冲激响应相对于零样点左右对称，这种对称性会使其频率响应的相位全为 0（对称波形的傅里叶变换的相位全为 0）。线性相位滤波器冲激响应也是左右对称的，但并不是相对于零样点对称。线性相位滤波器频率响应的相位是一条直线，这意味着系统中的所有频率都具有相同的延迟。非线性相位滤波器的冲激响应左右不对称，频率响应的相位也不是直线。

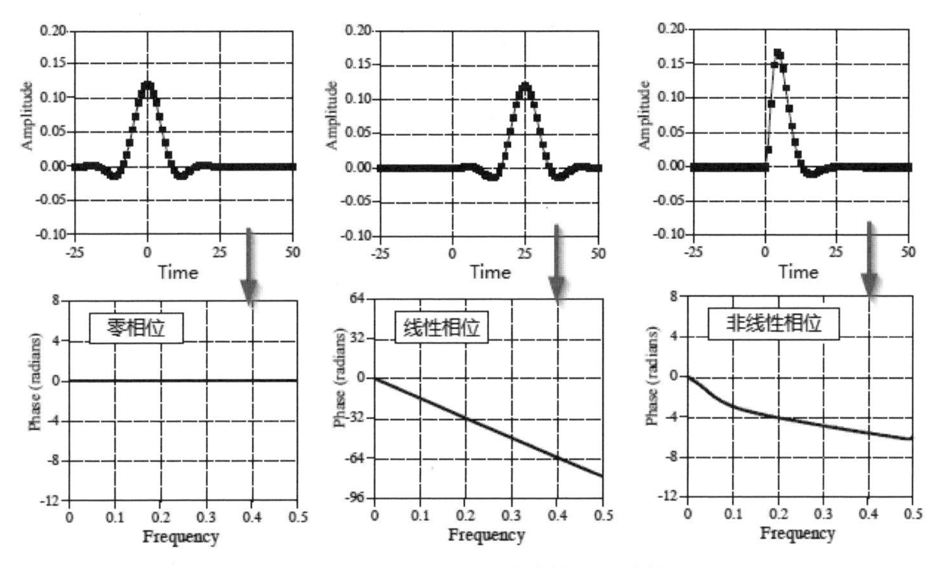

图 19-16 滤波器相位的线性和非线性

零相位滤波器的缺点是需要负的索引值，这会给工作带来不便。线性相位滤波器的冲激响应不仅具有零相位滤波器冲激响应的全部优点，还较好地弥补了负索引这一缺点。由于许多应用场合不能容忍非线性相位滤波器冲激响应的左右不对称性，以及不同频率成分的延迟时间的不一致，因此 FIR 滤波器设计时通常都要确保相位响应的线性。FIR 滤波器内核在设计过程中指定，很容易做到滤波器内核左右对称。IIR 滤波器的情况就不同了，它指定的是递归系数而不是冲激响应。递归滤波器的冲激响应是左右不对称的，因此相位是非线性的。

常用的 FIR 滤波器如图 19-17 所示。包括移动平均滤波器、加窗 Sinc 滤波器、等纹波 Parks-McClellan 和窄带插值 iFIR 滤波器等。其中移动平均滤波器和加窗 Sinc 滤波器最为常用。

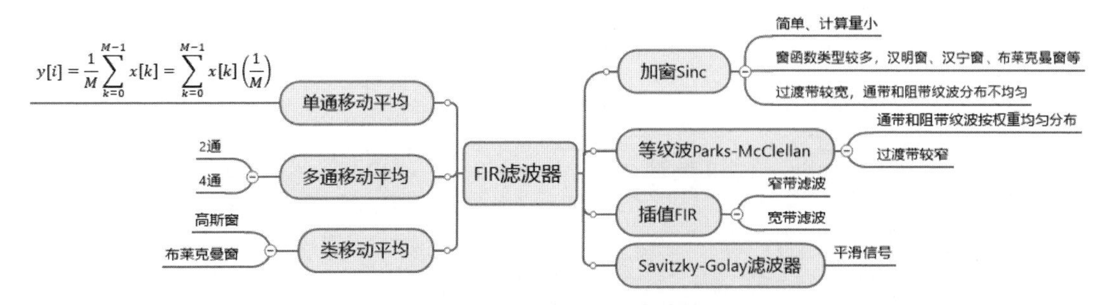

图 19-17 常用的 FIR 滤波器

19.3.1 移动平均滤波器

移动平均滤波器是最易理解和应用的 FIR 滤波器，它通过对多个输入信号取平均值来达到滤波的目的，可表示为

$$y[i]=\frac{1}{M}\sum_{k=0}^{M-1}x[k]=\sum_{k=0}^{M-1}x[k]\left(\frac{1}{M}\right)$$

也就是说，移动平均滤波器使用一个非常简单的矩形滤波器内核，其中包含 M 个（通常取奇数）元素，且每个元素的值为常量 $1/M$。使用移动平均滤波器对信号进行滤波的过程，可以看作是不断使用滤波器内核计算加权和的过程。例如，一个长度为 5 点的移动平均滤波器包含 5 个元素，其中每个元素为 1/5，每计算一个输出时，就使用 1/5 作为求加权和的过程。

图 19-18 是使用长度为 5 的移动平均滤波器对含有噪声的信号进行滤波的实例。程序中 Pulse Pattern 函数生成的矩形信号与高斯噪声叠加在一起，用来模拟实际中含有噪声的信号。长度为 5 且每个元素值均为 0.2 的数组代表移动平均滤波器内核。在对噪声信号滤波时，程序使用了两种实现方法。一种使用卷积函数 Convolution（位于 Function → Signal Processing → Filters → Advanced FIR 函数选板中）直接将带噪声的信号与滤波器内核进行卷积，得到滤波后的信号；另一种方法是将移动平均滤波器内核作为 FIR Filter 函数（也位于 Advanced FIR 函数选板中）的输入，对噪声信号进行滤波。这两种方法从本质上看都是对滤波器内核和信号进行卷积运算来实现滤波，达到的效果相同。观察程序运行结果，可以发现信号中的噪声得到了有效抑制。

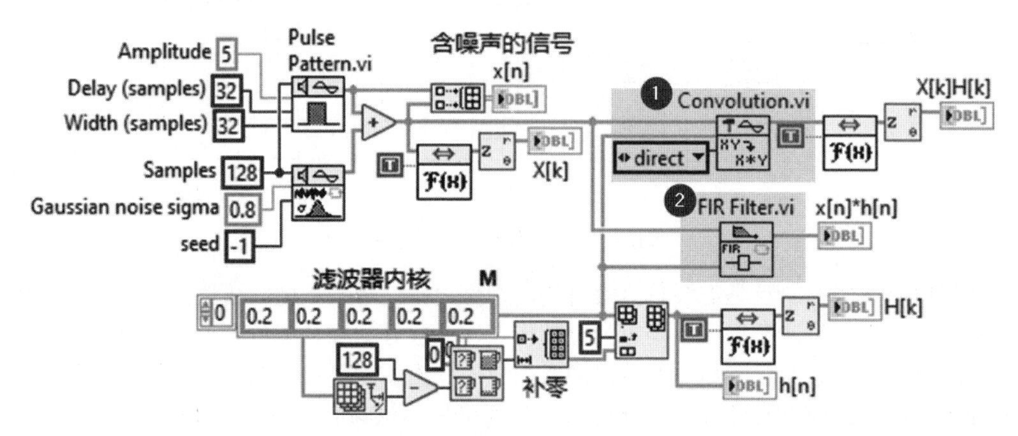

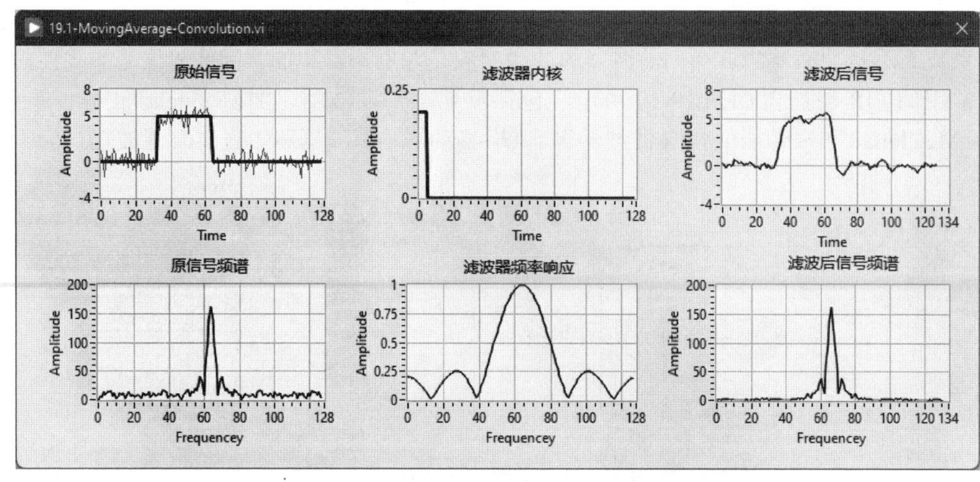

图 19-18 移动平均滤波——直接卷积

然而，在实际工程中使用移动平均滤波时，往往并不直接使用卷积进行运算，而是使用简单的加减运算代替卷积过程，以提高移动平均滤波器的运行速度。观察移动平均滤波器的运算过程，不难发现它的移动求和，其实是不断在前一次求和的结果上加上新的采样值，并减去一个历史数据的过程。例如，对于一个长度为 5 的移动平均滤波器来说，求和过程为

$$\text{第1次：}\Sigma[4]=x[0]+x[1]+x[2]+x[3]+x[4]$$

$$\text{第2次：}\Sigma[5]=x[1]+x[2]+x[3]+x[4]+x[5]=\Sigma[4]-x[0]+x[5]$$

$$\vdots$$

$$\Sigma[i]=x[i-4]+x[i-3]+x[i-2]+x[i-1]+x[i]=\Sigma[i-1]-x[i-5]+x[i]$$

也就是说，每次计算 $\Sigma[i]$ 值的时候，可以使用上一次求和结果 $\Sigma[i-1]$ 加上一个新的数据点 $x[i]$，同时减去一个历史输入 $x[i-5]$，如此往复，直到所有数据均被计算为止。因此，在程序设计时可以创建一个和滤波器内核长度相同的数据缓冲，然后让待处理的数据按顺序排队进入缓冲。每次在队列尾部增加一个新数据时，就从队列首部移除一个旧的输入，同时基于上次求和结果计算本次求和结果并暂存。而每次的 $y[i]$ 值可通过对本次的求和结果平均后得到。图 19-19 中的示意图和程序代码是这种办法的基本思想和实现。

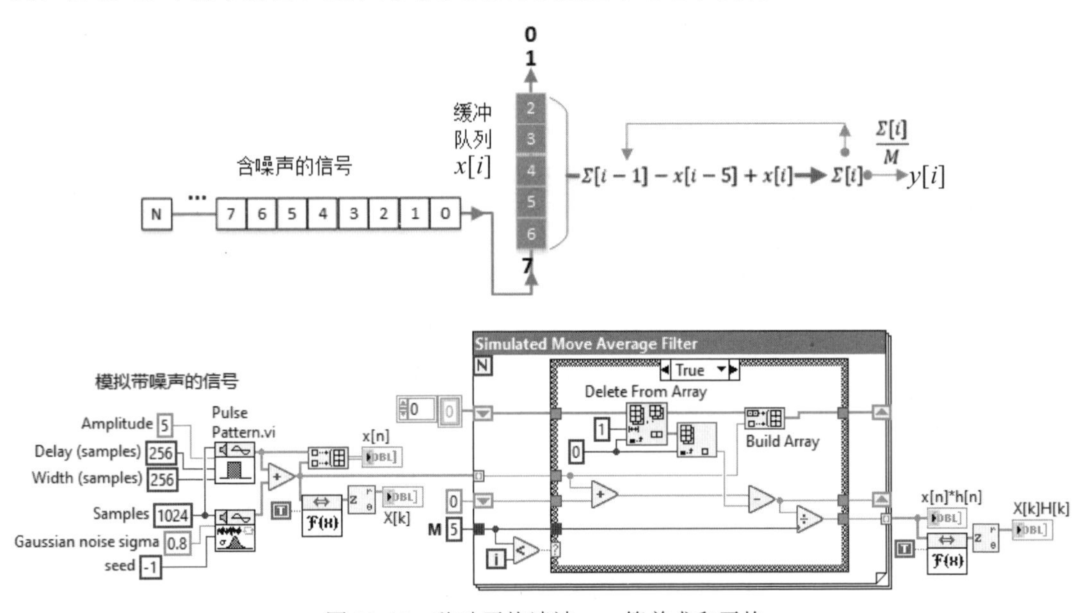

图 19-19　移动平均滤波——简单求和平均

应注意在图 19-19 所示的程序中，对于初始的 4 个数据，并未进行任何处理，而是直接把它们作为输出数组的前 4 个元素。第一次移动平均的结果作为输出数组的第 5 个元素，第二次的结果作为第 6 个元素，以此类推。此外，在每次计算输出 $y[i]$ 时，总是基于上一次的求和结果。虽然这种使用前一时刻输出的递归计算方式和 IIR 滤波器有点类似，但只是一种提高程序执行速度的方法，并未改变移动平均滤波器冲激响应仍为有限长度的特点。移动平均滤波执行速度极快，因此常被用在实际工业环境中。例如，温度传感器的输出温度电压往往会叠加工频干扰。这种干扰频率低，且很难用模拟的温度滤波器滤除。这种情况下就可以使用移动平均滤波对采集到的数据实时滤波。

单次移动平均滤波器作为低通滤波器速度很快，但是其频率响应并不是很理想。主要体现在其过渡带较长，且阻带有较大的纹波。这就导致它不能用于将一个频段的信号与另一频段进行分离。可以通过多次使用移动平均滤波器，生成类移动平均滤波器，来获得更好的频

域特性。图 19-20 显示了生成 1 通、2 通和 4 通类移动滤波器的频率响应的程序。程序以冲激响应为矩形信号的滤波器内核作为输入，先用快速傅里叶变换计算单通移动平均滤波器的频率响应。然后将矩形信号进行一次和两次自卷积，获得 2 通和 4 通类移动平均滤波器的冲激响应。最后用快速傅里叶变换分别得到它们的频率响应，一并显示在同一个 Graph 控件中。注意，程序在计算快速傅里叶变换前，均先将序列长度通过补零的方式扩展到 128。同时，由于研究快速傅里叶变换频谱中的正频率部分即可通过共轭对称和周期性获得全部频谱，因此在显示快速傅里叶变换结果时，仅显示了频谱的前半部分，而略去了负频率部分。观察程序运行结果可以看出，随着使用移动平均滤波器的次数增加，滤波器的过渡带变窄，且阻带纹波变小。对于 4 通类移动平均滤波器来说，其频率响应已接近高斯变换形式。

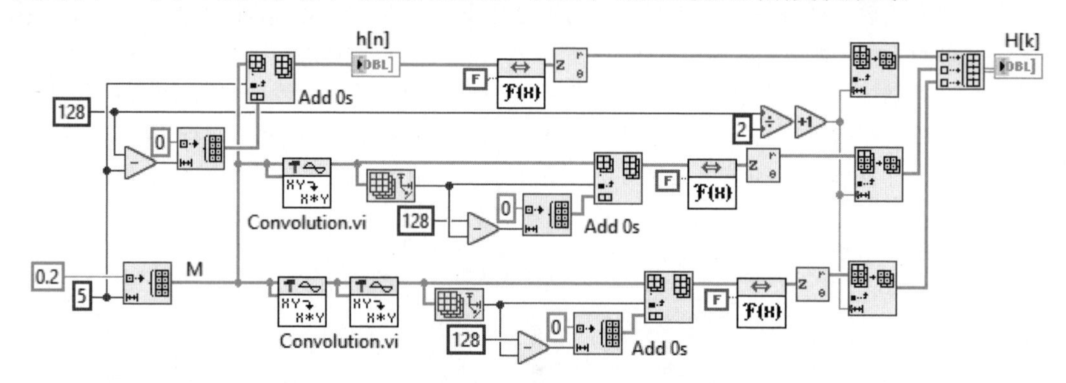

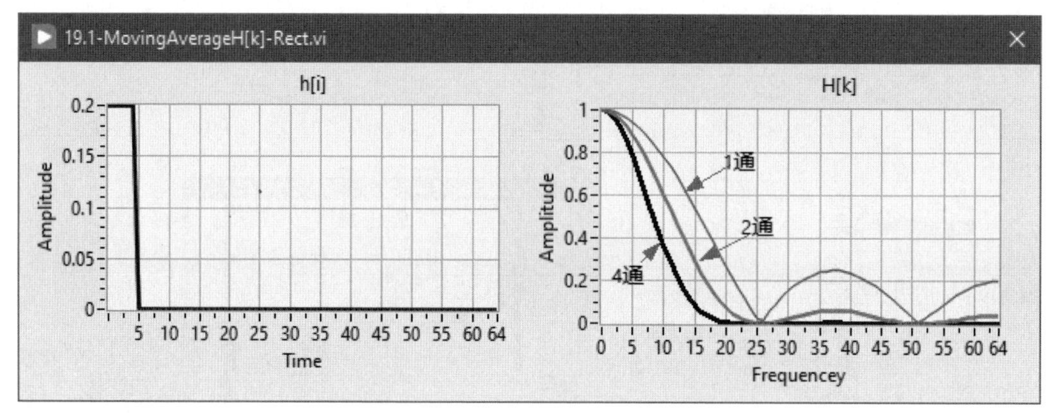

图 19-20 类移动平均滤波器的频率响应

另外两种比较常见的类移动平均滤波器为高斯窗（Gaussian Window）和布莱克曼窗（Blackman Window）。高斯窗的幅频响应仍然为高斯形式，它之所以重要是因为很多自然系统和人工系统的冲激响应都是高斯形式。布莱克曼窗与高斯窗十分相近，它们的计算公式如下：

$$\text{高斯窗：}h[i]=\mathrm{e}^{-\frac{1}{2}\left(\frac{i-\frac{N-1}{2}}{\sigma n}\right)^2},\quad i=0,1,2,\cdots,(N-1)$$

$$\text{布莱克曼窗：}h[i]=0.42-0.5\cos\left(\frac{2\pi i}{N}\right)+0.08\cos\left(\frac{4\pi i}{N}\right),\quad i=0,1,2,\cdots,(N-1)$$

图 19-21 显示了一个计算布莱克曼窗与高斯窗单边幅度谱的程序，该程序也可以用于查看其他窗函数的单边幅度谱。信号的单边幅度谱可由其快速傅里叶变换结果获得，通常为了方便，会对快速傅里叶变换结果按照以下公式进行缩放：

$$
\text{单边幅度谱：}X'[k]=\begin{cases} X[k], & k=0 \\ \sqrt{2}\left(\dfrac{X[k]}{N}\right), & k=1,2,\cdots,\left\lfloor \dfrac{N}{2}-1 \right\rfloor \end{cases}
$$

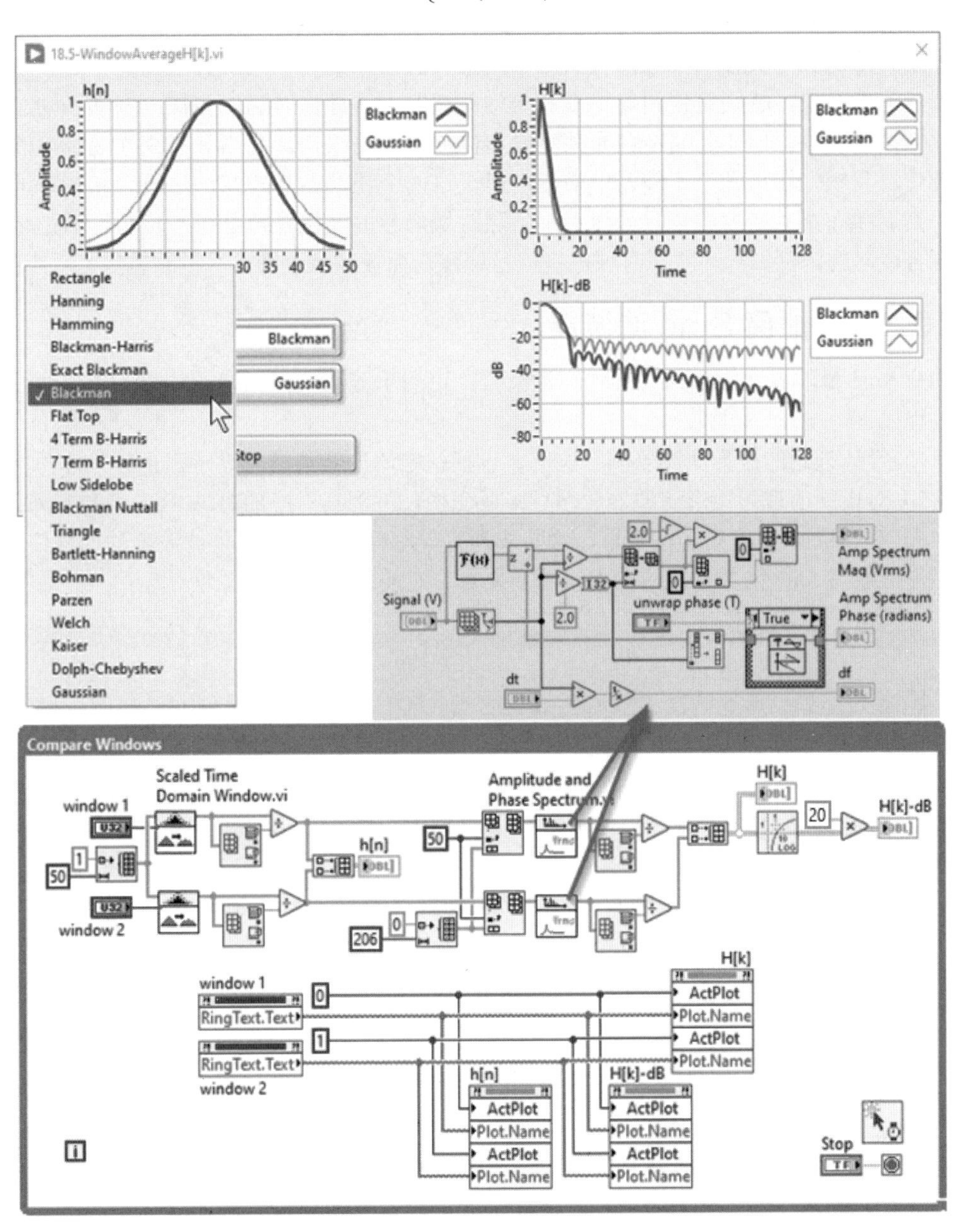

图 19-21 高斯窗和布莱克曼窗的频率响应

其中 $X'[k]$ 为单边幅度谱，$X[k]$ 为快速傅里叶变换结果，$\left\lfloor \dfrac{N}{2}-1 \right\rfloor$ 为对 $\left(\dfrac{N}{2}-1\right)$ 在数轴上向负无穷方向取整。程序一开始先根据用户选择，使用 Scaled Time Domain Window 函数（位于 Functions → Signal Processing → Windows 函数选板中）生成两个长度为 50 的窗函数序列，然后用其中最大值对序列进行归一化处理，并绘制信号的图形。接下来程序将两个序列长度扩展到 256，并使用 Amplitude and Phase Spectrum 函数（位于 Functions → Signal Processing → Spectrum Analysis 函数选板中）计算两个窗函数的单边幅度谱。得到单边幅度谱后也对两个频谱进行了归一化，最后将其转换为分贝图绘制在前面板上。观察程序运行结果可以发现，布莱克曼窗与高斯窗具有非常类似的过渡带宽和阻带衰减，两个滤波器的阻带衰减都很好。在实际工程中使用这两个窗函数对信号滤波时，只要将它们的冲激响应序列与信号序列进行卷积即可。

以上介绍的几个类移动平均滤波器之间的主要区别在于它们的执行速度。单通移动平均滤波器的速度最快，特别是使用简单求和平均的递归方法计算时速度更快。多通移动平均滤波器比它稍慢一些，但比起高斯和布莱克曼窗滤波器还是很快。高斯和布莱克曼窗滤波器由于需要使用卷积，在这几个滤波器中最慢，但是这两个滤波器有较窄的过渡带和较好的阻带衰减。高斯和布莱克曼窗滤波器虽然对于消除时域信号的随机噪声并没有优势，但是多用于解决混合域问题，例如，需要在时域进行信号编码，而在频域处理信号的传输等。

19.3.2 加窗 Sinc 滤波器

加窗 Sinc 滤波器通常称为 FIR 加窗滤波器，可用于分离不同频段的信号。加窗滤波器的设计过程如下：

（1）设计理想的矩形滤波器频率响应，包括指定滤波器类型、设定截止频率等。

（2）对设计的理想矩形滤波器做傅里叶反变换，得到其对应的时域 Sinc 函数序列。

（3）对 Sinc 函数序列加窗平滑，截断成为有限序列，并右移作为滤波器的内核使用。

矩形信号与 Sinc 函数是对应的傅里叶变换对，对应的数学表达式为

$$\left[h(i)=\frac{\sin(2\pi f_c i)}{\pi i}\right]\Leftrightarrow\left[W[k]=\begin{cases}1, & 0\leqslant k\leqslant(M-1)\\0, & \text{其他}\end{cases}\right]$$

其中，$W[k]$ 为理想矩形滤波器的频域函数表达式；$h[i]$ 为其对应的时域冲激响应；M 为序列长度。矩形理想滤波器的傅里叶反变换为从负无穷到正无穷都有连续取值的 Sinc 函数，在使用时必须对其进行如下截断和右移修正：

（1）将 Sinc 函数沿主瓣对称截断为有限的 M 点，除这 M 个点之外，其他 Sinc 样点均被置零。

（2）整个序列右移（M−1）/2，使序列编号均为正值。即移动到 0 ～ M，以方便处理。时域的截断和平移过程可由下列数学公式表示，其中 w 为和 h 分别为右移（M−1）/2 的矩形窗和 Sinc 函数：

$$h[i]=w\left(i-\frac{M-1}{2}\right)h\left(i-\frac{M-1}{2}\right)=\frac{\sin\left[2\pi f_c\left(i-\frac{M-1}{2}\right)\right]}{\pi\left(i-\frac{M-1}{2}\right)},\quad 0\leqslant i\leqslant(M-1)$$

由于修正了的滤波器内核是对理想滤波器内核的近似，因此它将不能产生理想的频率响应。被截断后的滤波器频率响应通带纹波非常大，阻带衰减也很差，如图 19-22 所示。这种现象称为吉布斯现象（Gibbs Phenomenon），主要是由于 Sinc 函数是被矩形窗截断的，而矩形窗的幅频谱为 Sinc 函数，它有较大的旁瓣（Side Lobe），会导致较大的纹波。

吉布斯现象可以通过改用其他纹波较小的平滑窗函数在时域对 Sinc 函数截断来改善。例如，可以使用布莱克曼窗或汉明窗代替矩形窗对 Sinc 函数进行截断，以获取较好的频率响应。注意，降低滤波器频率响应中旁瓣的高度会使主瓣变宽，从而导致截止频率处的过渡带更宽。因此选择平滑窗函数时，需要在频率响应中旁瓣高度和过渡带的带宽之间进行权衡。降低旁瓣的高度会增加过渡带的带宽，减小过渡带的带宽会增加截止频率附近旁瓣的高度。

FIR 加窗滤波器内核的长度 M 决定了滤波器过渡带的带宽，二者之间的关系可以用下面

的公式近似表示：

$$\text{FIR加窗滤波器过渡带的带宽} \approx \frac{4}{M}$$

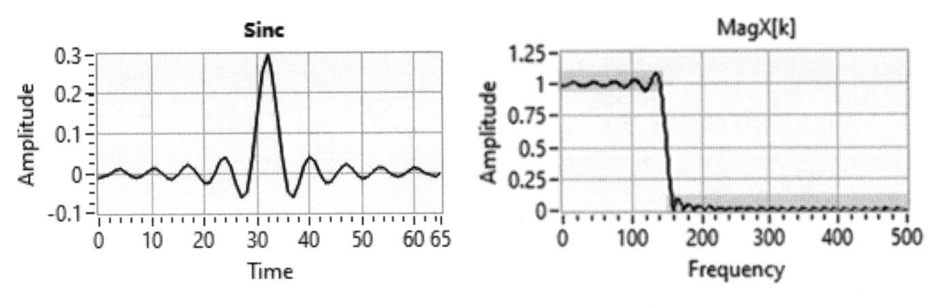

图 19-22 截断 Sin 滤波器的纹波

也就是说，FIR 加窗滤波器的内核长度 M 越大，其过渡带的带宽就越窄，滤波器从通带到阻带的过渡越快。另一方面，滤波器的长度又决定了滤波过程中卷积的计算量。若将一次乘法和加法定义为一个抽头（Taps，来源请参阅信号处理相关书籍），则长度为 M 的滤波器内核，抽头数量为 M，意味着对每个样点要进行 M 次乘法和 M 次加法。由于卷积运算所需时间和信号长度成正比，M 越大就意味着在信号与滤波器内核卷积对其滤波时需要的运算量越大。因此在确定滤波器内核长度 M 时，需要在滤波器过渡带的带宽和滤波过程的计算时间之间进行权衡。

确定了截止频率 f_c、滤波器内核长度 M，以及平滑窗函数后，就可以用平滑窗函数截断 Sinc 函数生成的 FIR 加窗滤波器内核序列。以布莱克曼平滑窗函数为例，得到的加窗滤波器的内核可由下列关系式计算：

$$h[i]=\left[\frac{\sin\left[2\pi f_c\left(i-\dfrac{M-1}{2}\right)\right]}{\pi\left(i-\dfrac{M-1}{2}\right)}\right]\left[0.42-0.5\cos\left(\frac{2\pi i}{M}\right)+0.08\cos\left(\frac{4\pi i}{M}\right)\right]$$

一旦得到滤波器内核序列，只需将待滤波的信号与该内核序列进行卷积，即可完成对输入数据序列的滤波任务。在实际工程中，可用于截断 Sinc 函数的平滑窗较多，大多数是在 20 世纪 50 年代根据其首创者的名字命名的。表 19-2 对常用的窗函数进行了汇总说明，这些窗函数对应的 VI 实现在 LabVIEW 的 Function → Signal Processing → Windows 函数子面板中，可以直接使用。

表 19-2 可用于截断 Sinc 函数的窗函数

窗 函 数	公式（N 为序列长度）
矩形窗	$w[i]=\begin{cases}1, & 0\leqslant i\leqslant (N-1)\\ 0, & \text{其他}\end{cases}$ 频谱主瓣宽度为 $2\times\dfrac{2\pi}{N}$，过渡带宽 $0.9\times\dfrac{2\pi}{N}$ 主瓣比较集中，但旁瓣较高，有负旁瓣，会带进高频干扰和泄漏
广义余弦窗	对汉宁窗、海明窗和布莱克曼窗等的通用表示形式： $w[i]=\sum_{k=1}^{m-1}(-1)^k a_k\cos\left(\dfrac{2\pi ki}{N}\right)$ 其中 m 为余弦系数 a_k 的总数量

续表

窗 函 数	公式（N 为序列长度）
汉宁窗（Hanning）	又称为余弦平方窗或升余弦窗。 $w[i]=0.5\left[1-\cos\left(\frac{2\pi i}{N}\right)\right]$ 频谱主瓣宽度为 $4\times\frac{2\pi}{N}$，过渡带宽为 $3.1\times\frac{2\pi}{N}$
汉明窗（Hamming）	又称为改进的升余弦窗。 $w[i]=0.54-0.46\cos\left(\frac{2\pi i}{N}\right)$ 频谱主瓣宽度为 $4\times\frac{2\pi}{N}$，过渡带宽 $3.3\times\frac{2\pi}{N}$
精确布莱克曼窗（Exact Blackman）	$w[i]=\frac{7938}{18\,608}-\frac{9240}{18\,608}\cos\left(\frac{2\pi i}{N}\right)+\frac{1430}{18\,608}\cos\left(\frac{4\pi i}{N}\right)$
布莱克曼窗（Blackman）	又称为二阶升余弦窗。 $w[i]=0.42-0.5\cos\left(\frac{2\pi i}{N}\right)+0.08\cos\left(\frac{4\pi i}{N}\right)$
Blackman-Harris 窗	$w[i]=0.423\,23-0.497\,55\cos\left(\frac{2\pi i}{N}\right)+0.079\,22\cos\left(\frac{4\pi i}{N}\right)$
Blackman-Nuttall 窗	$w[i]=0.363\,581\,9-0.489\,177\,5\cos\left(\frac{2\pi i}{N}\right)+0.136\,599\,5\cos\left(\frac{4\pi i}{N}\right)-0.010\,641\,1\cos\left(\frac{6\pi i}{N}\right)$
平顶窗（Flat Top）	$w[i]=0.215\,578\,95-0.416\,631\,58\cos\left(\frac{2\pi i}{N}\right)+0.277\,263\,158\cos\left(\frac{4\pi i}{N}\right)-$ $0.083\,578\,947\cos\left(\frac{6\pi i}{N}\right)+0.006\,947\,368\cos\left(\frac{8\pi i}{N}\right)$
改进 Bartlett-Hanning 窗	$w[i]=0.62-0.48\left\lvert\frac{i}{N}-0.5\right\rvert+0.38\cos\left(2\pi\left(\frac{i}{N}-0.5\right)\right)$
Bohman 窗	$w[i]=\left(1-\left\lvert\frac{i-\frac{N}{2}}{\frac{N}{2}}\right\rvert\right)\cos\left(\pi\left\lvert\frac{i-\frac{N}{2}}{\frac{N}{2}}\right\rvert\right)+\frac{1}{\pi}\sin\left(\pi\left\lvert\frac{i-\frac{N}{2}}{\frac{N}{2}}\right\rvert\right)$
切比雪夫窗（Chebyshev）	$w[i]=\frac{1}{N}\left[s+2\sum_{k=1}^{\frac{N-1}{2}}C_{n-1}\left(t_0\cos\left(\frac{\pi k}{N}\right)\right)\cos\left(\frac{2k\pi\left(i-\frac{N-1}{2}\right)}{N}\right)\right]$ 其中 s 是以 dB 为单位的主瓣和旁瓣高度比。 $C_m(x)$ 为第 m 阶 Chebyshev 多项式，按下式计算： $C_m(x)=\begin{cases}\cos\left(m\cos^{-1}x\right), & \lvert x\rvert\leqslant 1\\ \cosh\left(m\cosh^{-1}x\right), & \lvert x\rvert>1\end{cases}$

续表

窗 函 数	公式（N 为序列长度）
余弦锥形窗（Cosine Tapered）	$w[i]=\begin{cases}0.5\left[1-\cos\left(\dfrac{\pi i}{m}\right)\right], & i=0,1,2,\cdots,m-1\\ 0.5\left[1-\cos\left(\dfrac{\pi\left(N-i-1\right)}{m}\right)\right], & i=N-m,N-m+1,\cdots,N-1\\ 1, & \text{其他}\end{cases}$ 其中 $m=\dfrac{nr}{2.0}$，而 r 是锥形部分的总长度与信号总长度的比，如下图所示，$r\leqslant 0$ 时，该窗相当于矩形窗；$r\geqslant 1$ 时，该窗相当于汉宁窗。 窗口长度=20, r=0.5 锥形部分 锥形部分
指数窗（Exponential）	$w[i]=\mathrm{e}^{i\left(\frac{\ln f}{N-1}\right)}$，其中 f 为终值
高斯窗（Gaussian）	$w[i]=\mathrm{e}^{-\frac{1}{2}\left(\frac{i-\frac{N-1}{2}}{\sigma n}\right)^2}$，其中 σ 为高斯窗的标准差。 频谱仍为高斯函数。 常用来截断一些非周期信号，如指数衰减信号等
Force 窗	$w[i]=\begin{cases}1, & 0\leqslant i\leqslant 0.01N\left(\text{占空比}\right)\\ 0, & \text{其他}\end{cases}$ 该窗常用于瞬态信号分析
凯泽 - 贝塞尔窗（Kaiser-Bessel）	$w[i]=\dfrac{I_0\left(\beta\sqrt{1-\left(\dfrac{i-\frac{N}{2}}{\frac{N}{2}}\right)^2}\right)}{I_0\left(\beta\right)}$ 其中，$I_0(\bullet)$ 为零阶修正贝塞尔（Bessel）函数。 β 为控制主瓣宽度和旁瓣衰减的参数，一般取值为 4 ～ 9。β 越大，主瓣越宽，旁瓣越小，窗越窄
帕仁窗（Parzen）	$w[i]=\begin{cases}1-6\left(\dfrac{i-\frac{N}{2}}{\frac{N}{2}}\right)^2+6\left(\dfrac{\left\lvert i-\frac{N}{2}\right\rvert}{\frac{N}{2}}\right)^3, & 0\leqslant\left\lvert i-\dfrac{N}{2}\right\rvert\leqslant\dfrac{N}{4}\\ 1-\left(\dfrac{\left\lvert i-\frac{N}{2}\right\rvert}{\frac{N}{2}}\right)^3, & \dfrac{N}{4}<\left\lvert i-\dfrac{N}{2}\right\rvert\leqslant\dfrac{N}{2}\end{cases}$

续表

窗 函 数	公式（N为序列长度）
三角窗（Triangle）	$w[i]=1-\left\|\dfrac{2i-N}{N}\right\|$
Welch 窗	$w[i]=1-\left(\dfrac{i-\frac{N}{2}}{\frac{N}{2}}\right)^2$

LabVIEW 将 FIR 加窗滤波器内核的设计过程封装在 FIR Windowed Coefficients 函数中。在开发过程中不需要关注滤波器内核的设计细节，可直接使用该函数，基于需要的滤波器参数获得滤波器内核序列。同时，为了更方便使用 FIR 滤波器，LabVIEW 还提供 FIR Windowed Filter 函数、FIR Filter 函数和带初始条件的 FIR 滤波器函数 FIR Filter with Initial Conditions。其中带初始条件的 FIR 滤波器函数可用于处理连续的数据块。其初始条件由一个小于滤波器内核长度的初始数组 $x_{IC}[\ ]$ 指定，数组中的元素由最近的多个或上次执行时的输入信号决定，且最近的一个输入信号应当是数组的最后一个元素，公式如下：

$$x_{IC}[M+i-1]=x[i],\quad i<0$$

FIR Windowed Filter 函数是对生成 FIR 滤波器内核的函数 FIR Windowed Coefficients 函数和卷积函数 Convolution 函数的封装，使用它可以直接在选定滤波器参数和窗函数后对信号滤波。FIR Filter 函数和带初始条件的 FIR 滤波器函数可以使用任何 FIR 滤波器内核，直接与信号卷积对其滤波，包括不加平滑窗的移动平均和类移动平均滤波器内核等。这些函数位于 LabVIEW 的 Function → Signal Processing → Filters 及其下一层的 Advanced FIR Filtering 函数选板中，如图 19-23 所示。

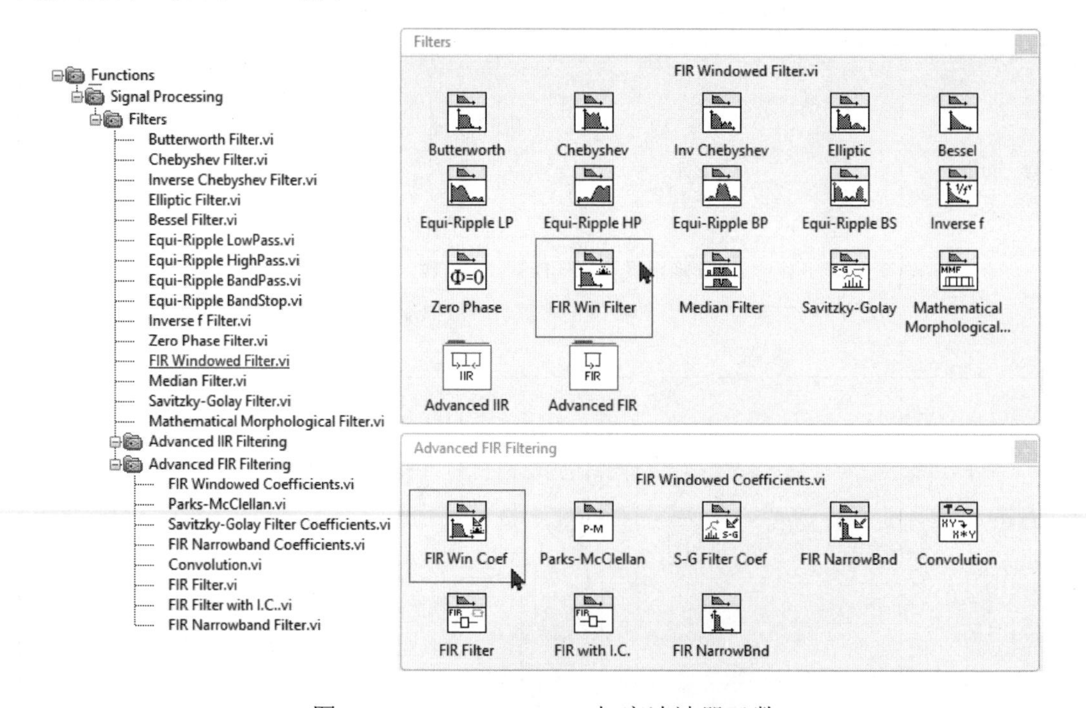

图 19-23　LabVIEW FIR 加窗滤波器函数

为方便使用，图 19-24 提供了一个查看 FIR 加窗滤波器的冲激响应和频率响应的程序。程序使用 FIR Windowed Coefficients 函数根据用户选择和输入的滤波参数生成滤波器内核序列。该内核与 Impulse Pattern 函数生成的长度为 512 的冲激函数序列进行卷积，得到滤波器的冲激响应序列，长度为（512+Taps）。为了得到滤波器的频率响应序列，程序对冲激响应序列通过补零，将其延长至 1024，再对其做傅里叶变换得到频谱。在显示信号的频谱时，程序只取其正频率部分，并分别以分贝和直接形式显示在前面板上。此外，程序还显示相位谱，并在显示时使用 Unwrap Phase 函数对相位进行展开，去除相位中的不连续性。

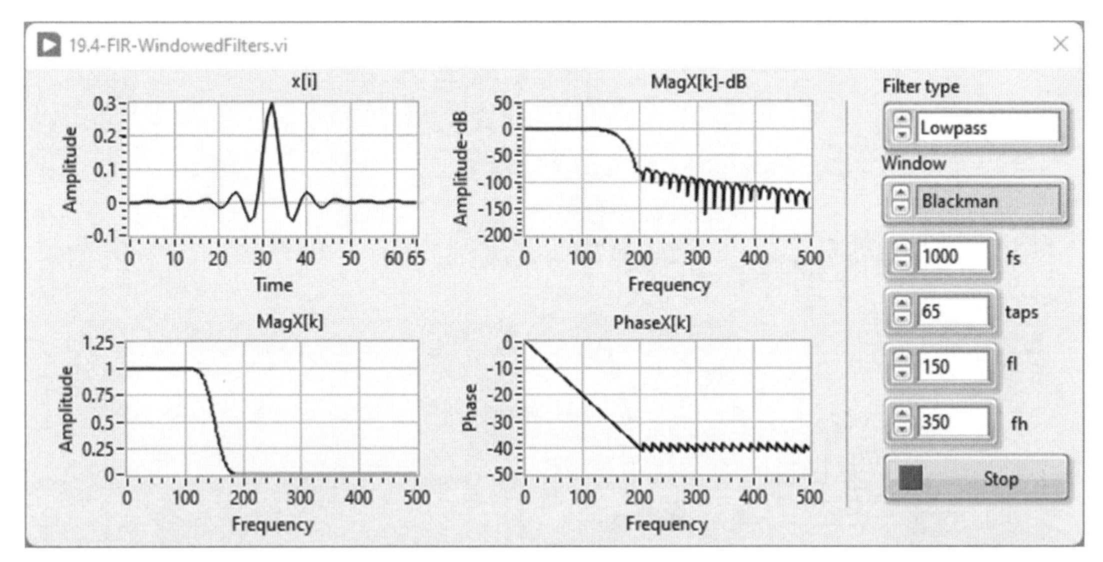

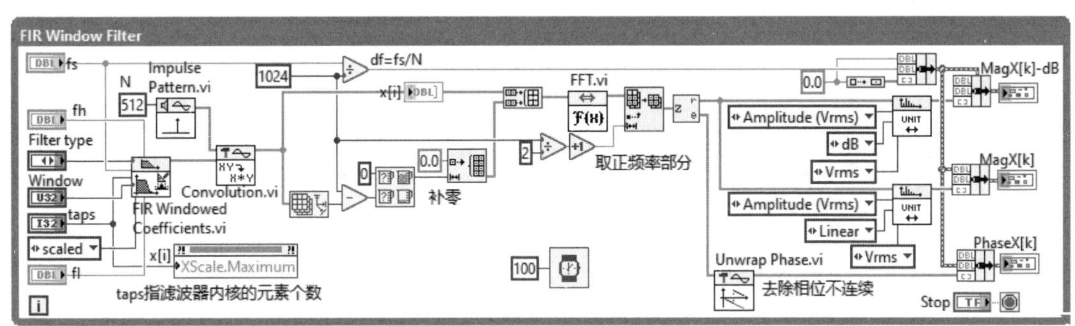

图 19-24 FIR 加窗滤波器的频率响应

运行程序时，可以在前面板选择不同的平滑窗类型、信号的采样频率、滤波器的截止频率和抽头数（Taps，等效于滤波器内核长度）。观察它们的冲激响应和频率响应，不难发现，使用布莱克曼等平滑窗后的滤波器纹波比矩形窗的纹波要小很多。滤波器内核长度越大，其过渡带的带宽就越窄。此外应注意，滤波器截止频率 f_L 和 f_H 与采样频率 f_s 之间的关系。截止频率必须低于采样频率的一半（即奈奎斯特频率），默认情况下取 $f_L=(f_s/2)\times 25\%=0.125f_s$，$f_H=(f_s/2)\times 90\%=0.45f_s$。

下面讲解一个使用 FIR 加窗滤波器分离不同频段信号的实例。假定有三个频率分别为 30Hz、100Hz 和 240Hz 的正弦波叠加在一起，现在要滤除其中 30Hz 和 100Hz 的部分，仅保留 240Hz 的部分，图 19-25 显示了实现该功能的程序。一开始程序调用了三次 Sine Wave 函数，生成三个频率不同的正弦波，并将它们叠加。随后，叠加的信号经过 FIR 加窗滤波器进行滤波。由于 FIR 加窗滤波器被设置为使用汉宁窗的带通滤波器，仅使 200 ～ 300Hz 内的信号通过，因此最终仅有240Hz的正弦信号保留。为了查看滤波前后信号的频谱，通过补零，程序将信号序列从512点扩展到1024点，然后调用了Amplitude and Phase Spectrum函数来计算信号的单边谱。由于采样频率为1024Hz，因此仅频谱中0～512的正频率部分包含无冗余的信息。观察程序前面板上的运行结果，可以发现滤波后的信号仅保留了240Hz的频率分量。

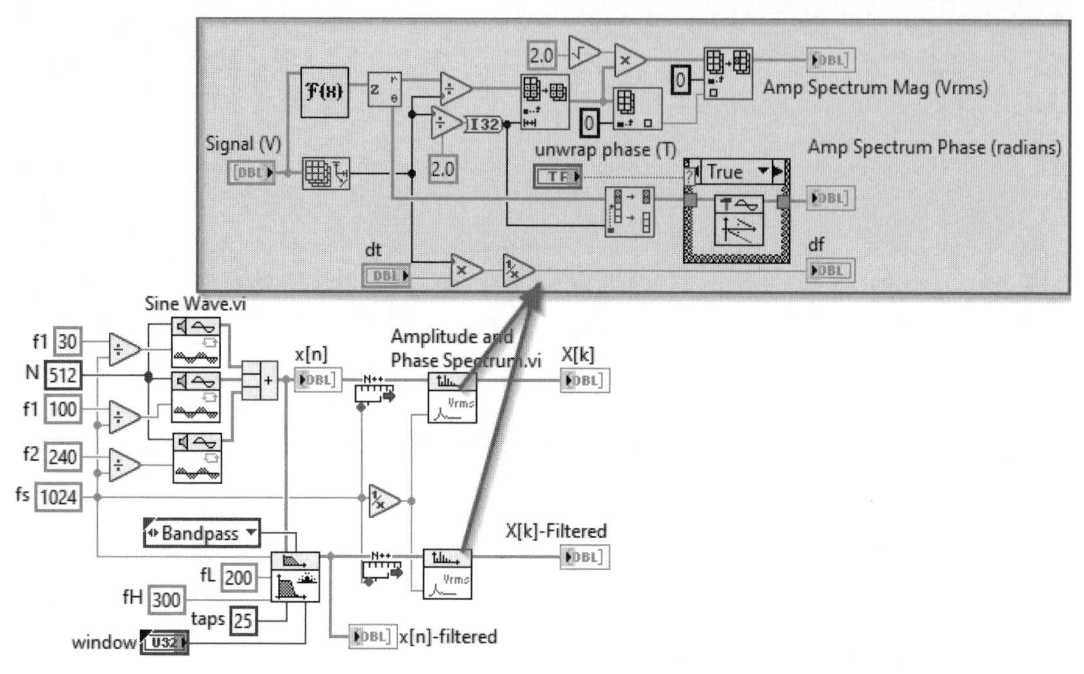

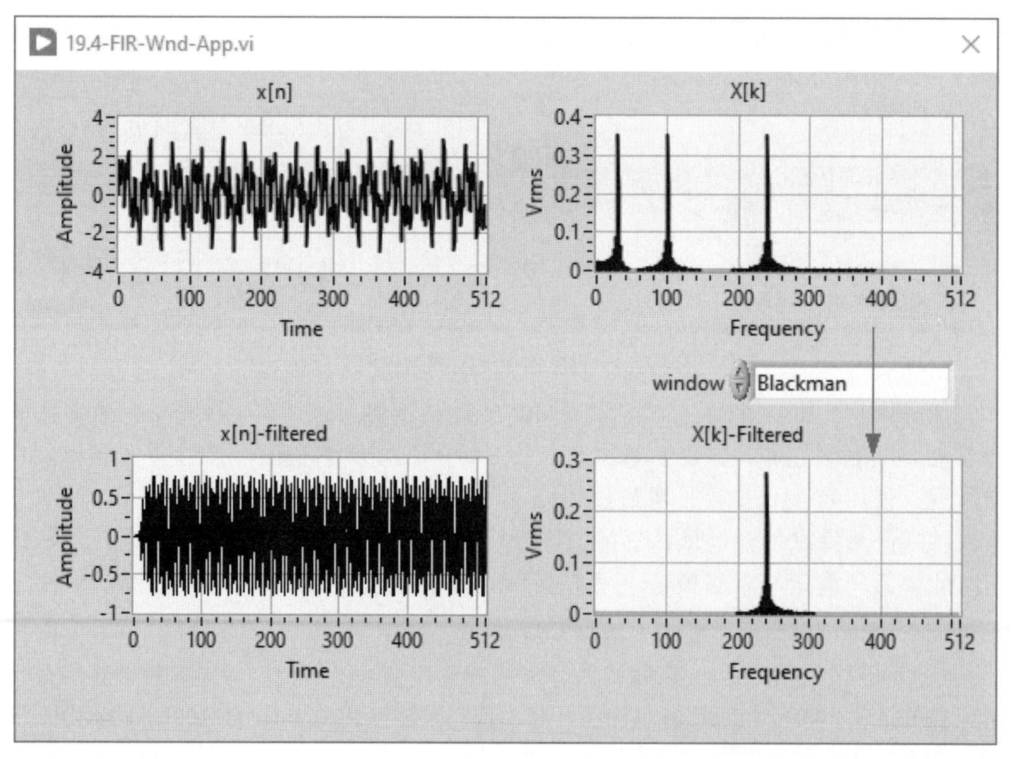

图 19-25　FIR加窗滤波器的频率响应

19.3.3 等纹波 Parks-McClellan 和窄带插值 FIR（iFIR）滤波器

通过加窗设计 FIR 滤波器不需要大量的计算，其设计过程逻辑清晰且容易实现。但是 FIR 加窗滤波器却因为对信号的加窗带来一系列缺陷，主要包括：

（1）加窗会导致通带和阻带纹波的非均匀分布，从而增加了指定具有特定衰减的截止频率的难度。

（2）加窗会导致所设计的 FIR 加窗滤波器的过渡带较宽（相较于其他滤波器设计技术所设计的滤波）。

（3）设计滤波器时必须明确指定采样频率、理想的截止频率、滤波器内核长度以及所选用的窗函数类型等参数。

为了避免这些问题，LabVIEW 提供了位于 Function → Signal Processing → Filters → Advanced FIR 选板中的 Parks-McClellan 滤波器设计函数，其使用基于误差准则的迭代技术来设计 FIR 滤波器。该方法称为 Parks-McClellan 方法或 Remez Exchange 方法，可以最大限度地减少实际滤波器与理想滤波器幅度响应之间的最大误差，以实现具有最佳响应的 FIR 滤波器。Parks-McClellan 滤波器的纹波以加权的形式均匀地分布在通带和阻带上，且有极小的过渡带宽。Parks-McClellan 滤波器可以对滤波器的通带或阻带纹波误差分别设置权重。权重值越高，说明该权重对应的纹波误差越小。虽然 Parks-McClellan 滤波器与 FIR 加窗滤波器相比在纹波控制和过渡带宽方面较优，但其设计过程相对复杂，且运行速度较慢。

基于 Parks-McClellan 滤波器设计函数，只要将纹波的权重设置为一个常量，就可以方便地得到等波纹低通滤波器函数 Equi-Ripple LowPass、等波纹高通滤波器函数 Equi-Ripple HighPass、等波纹带通滤波器函数 Equi-Ripple BandPass 和等波纹带阻滤波器函数 Equi-Ripple BandStop，这些函数位于 Function → Signal Processing → Filters 函数选板中。图 19-26 显示了基于 Parks-McClellan 滤波器函数设计的等波纹带阻滤波器函数代码。程序按照滤波器示意图设置了低阻带截止频率 f_{LS}、低通带截止频率 f_{LP}、高通带截止频率 f_{HP} 和高阻带截止频率 f_{HS}，并指定阻带或通带纹波误差的权重值均为 1。随后程序调用 Parks-McClellan 函数生成滤波器内核序列，并与输入信号序列进行卷积，实现滤波过程。

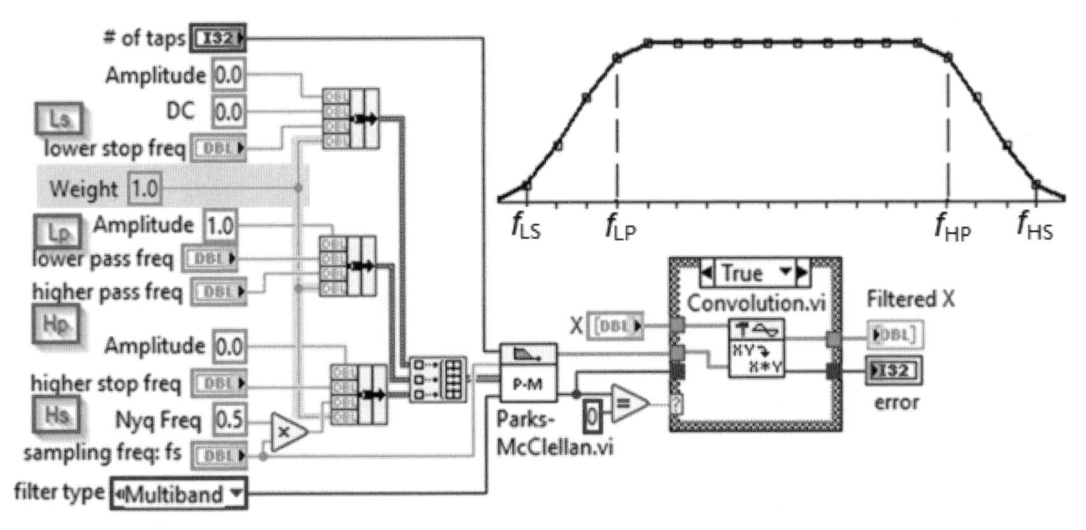

图 19-26 FIR 等波纹带通滤波器

使用加窗和 Parks-McClellan 方法设计通带特别窄的窄带 FIR 滤波器时，通常会导致滤波器内核长度较长，从而降低滤波器的运行速度。而且在某些情况下使用 Parks-McClellan

算法可能无法实现窄带 FIR 滤波器。插值有限脉冲响应滤波器（interpolated Finite Impulse Response，iFIr）设计技术为设计窄带 FIR 滤波器提供了一种有效的方法。相较于 Parks-McClellan 滤波器，使用 iFIR 技术生成窄带滤波器时，不仅计算量小，而且滤波器的内核长度也小很多。也可以使用 iFIR 技术设计通带很大的宽带 FIR 滤波器。若设计的是低通滤波器，就可以指定其截止频率接近奈奎斯特频率（$f_s/2$）；若是高通滤波器，则可指定其截止频率接近零。对于这些接近极限的情况，使用传统设计方法都比较难实现，使用 iFIR 滤波器技术却能达到较好的结果。

LabVIEW 提供了两个基于 iFIR 技术设计窄带和宽带滤波器的设计函数，一个是用于生成 iFIR 滤波器系数的 FIR Narrowband Coefficients，另一个是根据生成的 iFIR 滤波器系数对输入信号进行滤波的 FIR Narrowband Filter。这两个位于 Function → Signal Processing → Filters → Advanced FIR 选板中的函数并未被整合成一个函数，主要是由于许多窄带滤波器内核系数的设计需要较长时间，但是设计结束得到滤波器系数后，执行实际滤波操作的速度却非常高效。因此，将滤波器设计和执行过程分开，有助于提高程序的运行效率。

图 19-27 是一个基于 iFIR 窄带滤波器进行滤波的实例。程序使用正弦信号函数生成两个频率分别为 5Hz 和 15Hz 的正弦信号，并将它们叠加在一起用来模拟输入信号。假定要对混合频率的输入信号进行滤波，仅保留频率为 5Hz 的成分。由于两个频率成分非常接近，必须使用窄带滤波器对信号进行滤波才能达到要求。为此程序调用 FIR Narrowband Coefficients 函数，生成通带为 0 ~ 8Hz、阻带截止频率为 12Hz 的 iFIR 滤波器内核。生成的滤波器内核输入至 FIR Narrowband Filter 函数，用来滤除模拟输入信号中频率为 15Hz 的分量。为了计算滤波器的频率响应，程序将一个由 Impulse Pattern 生成的、长度为 1024 的冲激函数序列，并输入至以生成的 iFIR 滤波器内核为参数的 FIR Narrowband Filter 滤波器函数，以获得滤波器的冲激响应。然后使用 Amplitude and Phase Spectrum 函数对冲激响应进行傅里叶变换。并求得以 dB 为单位的滤波器幅度谱。程序还分别计算了滤波前后信号中的频率成分。由程序的前面板上的运行结果可知，所设计的窄带 iFIR 滤波器可以有效地使频率在 0 ~ 8Hz 内的信号分量通过。

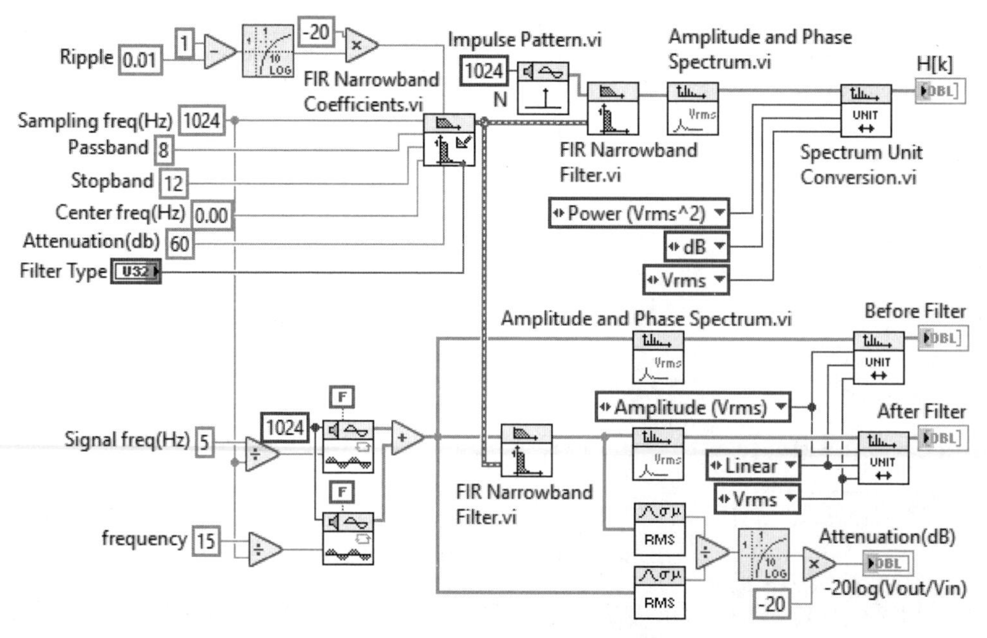

图 19-27　iFIR 窄带滤波器实例

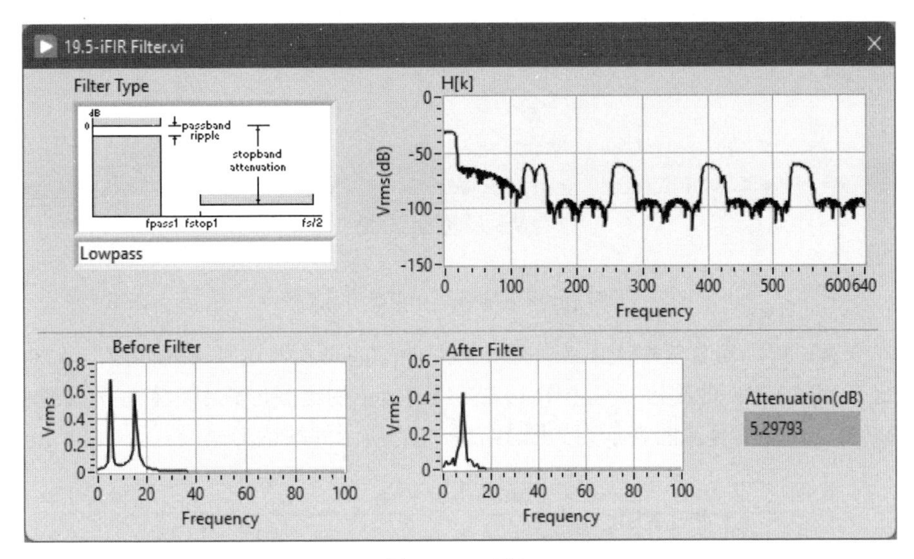

图 19-27（续）

19.4 IIR 滤波器

FIR 滤波器的冲激响应为有限长，系统模型可用卷积来描述，且滤波器的输出仅依赖于当前和过去的输入。FIR 滤波器内核绝大多数是左右对称的，因此具有线性相位响应，且一旦设计完成就极为稳定。但是由于 FIR 滤波器的滤波过程是由信号与滤波器内核的卷积完成的，因此计算量较大。

IIR 滤波器的冲激响应为无限长，系统模型用递归差分方程表示，滤波器的输出由当前和过去的输入，以及过去的输出共同描述。一般来说，若要求的指标相同，基于差分方程的 IIR 滤波器的内核要比 FIR 滤波器内核短很多。因此，IIR 滤波器可以提供比 FIR 滤波器更快、更有效的滤波操作。但是 IIR 滤波器的相位是非线性的。

IIR 滤波器的递归差分方程表示如下，其中 a_k 称为后向系数（Reverse Coefficients），b_k 称为前向系数（Forward Coefficients）。

$$y[i]=\sum_{k=0}^{M}b_k x[i-k]+\sum_{k=1}^{N}a_k y[i-k]$$

z 变换作为工具可以使 IIR 滤波器的研究更清晰，因此常将上面的差分形式使用 z 变换转换至 z 域来研究。对上式两边同时进行 z 变换并进行整理，可得到 IIR 滤波器的输出与输入在 z 变换域之间的关系（称为传递函数）：

$$H[z]=\frac{Y[z]}{X[z]}=\frac{\sum_{k=0}^{M}b_k z^{-k}}{1-\sum_{k=1}^{N}a_k z^{-k}}=\frac{b_0+b_1z^{-1}+\cdots+b_kz^{-k}+\cdots+b_Mz^{-M}}{1-a_1z^{-1}-a_2z^{-2}\cdots-a_kz^{-k}-\cdots-a_Nz^{-N}}$$

传递函数中 M 和 N 的最大值称为滤波器的阶数。例如，当 $M=N=2$ 时，滤波器为二阶 IIR 滤波器，其传递函数为

$$H[z]=\frac{Y[z]}{X[z]}=\frac{b_0+b_1z^{-1}+b_2z^{-2}}{1-a_1z^{-1}-a_2z^{-2}}$$

借助滤波器的传递函数，不仅可以直接得到 IIR 滤波的前向和后向系数，还可以研究 IIR 滤波器的系统构成形式。信号处理研究过程中常用信号框图或流图表示滤波器的传递函数。

信号流图将 IIR 滤波器中加法、乘法和单位延迟（乘 z^{-1}）分别用不同的流图单元表示，如图 19-28 所示。

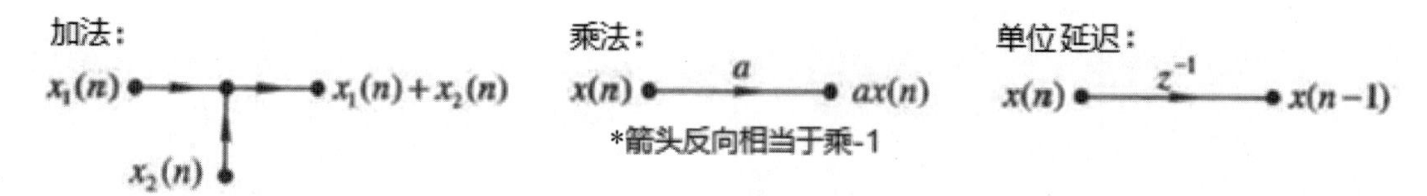

图 19-28 信号流图基本单元

IIR 滤波器可以用信号流图表示为如图 19-29 所示的形式，这种形式的滤波器称为直接 I 型（Direct Form 1）IIR 滤波器。其中图 19-29（a）所示的级联形式中，左右子系统相邻的延迟环节可以合并，将信号流图表示为如图 19-29（b）所示的规范形式。

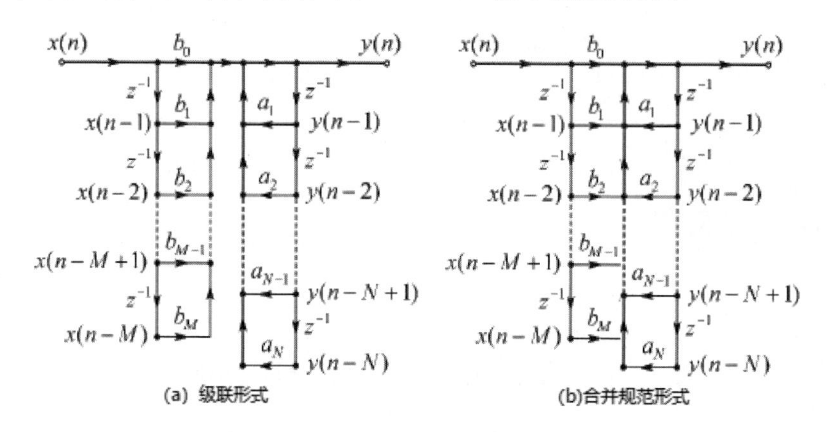

图 19-29 直接 I 型 IIR 滤波器信号流图

由于线性时不变系统的级联子系统交换次序时，输入 / 输出关系不变，因此可以交换直接 I 型 IIR 滤波器中级联子系统的次序，得到如图 19-30 所示的直接 II 型（Direct Form 2）IIR 滤波器。比较直接 I 型和直接 II 型 IIR 滤波器的信号流图可以发现，直接 II 型滤波器需要的延迟单元比直接 I 型要少很多。由于延迟单元需要通过硬件寄存器或软件内存单元实现，因此实际中一般都使用直接 II 型。

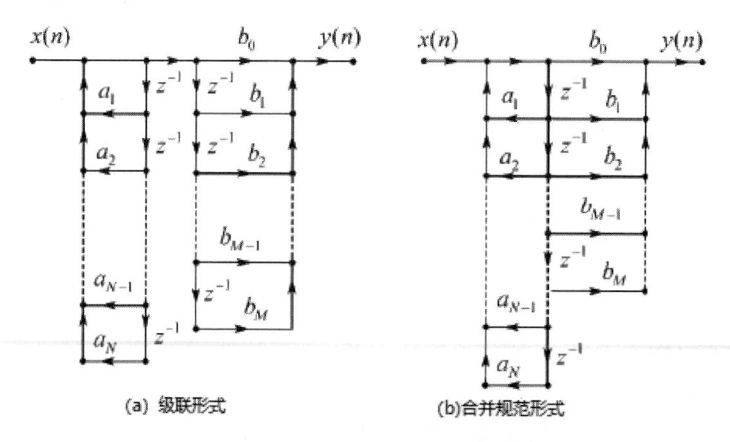

图 19-30 直接 II 型 IIR 滤波器信号流图

直接型 IIR 滤波器共同的缺点是前后向系数对滤波器的性能控制作用不明显。这是因为它们与系统传递函数的零点和极点关系不明显，因而调整困难。此外，直接型 IIR 滤波器极点对系数的变化过于灵敏，从而使系统频率响应对系数的变化过于灵敏，也就是对有限字长运算过于灵敏，容易出现不稳定或产生较大误差。高阶系统直接型结构存在调整零、极点困难，对系数量化效应敏感度高等缺点。级联型（Cascade Form）IIR 滤波器可以较好地解决上述问题。

为了得到级联形式的 IIR 滤波器，可将 IIR 滤波器的系统传递函数通过因式分解的方法重新写成如下形式：

$$H[z]=\frac{Y[z]}{X[z]}=\frac{\prod_{k=1}^{M}(z-c_k)}{\prod_{k=1}^{M}(z-d_k)}=\frac{\prod_{k=1}^{M}(1-c_kz^{-1})}{\prod_{k=1}^{N}(1-d_kz^{-1})}=\frac{(1-c_0z^{-1})(1-c_1z^{-1})\cdots(1-c_kz^{-1})\cdots(1-c_Mz^{-1})}{(1-d_0z^{-1})(1-d_1z^{-1})\cdots(1-d_kz^{-1})\cdots(1-d_Nz^{-1})}$$

式中 c_k、d_k 为复数。由于 $z=c_k$ 时传递函数为 0，$z=d_k$ 时传递函数有极值，因此分别称 c_k、d_k 为传递函数的零点（Zeros）和极点（Poles）。当一个零点放置在 z 平面一个给定的点上时，频率响应在对应的点幅度为零，极点则在对应的频率点产生峰值。另外，靠近单位圆的极点会产生大的波峰，接近或在单位圆上的零点会产生波谷或者最小值。因此，通过策略性地在 z 平面上放置极点和零点，就可以得到简单的低通或者其他的频率选择性滤波器。

$H(z)$ 在进行多项式因式分解前，前向和后向系数均为实数，而实系数多项式的根只有实根和共轭复根两种情况。因此可以进一步对上式进行如下处理：

（1）将式中成共轭对的零点或极点项进行合并，得到多个系数为实数的二阶多项式。

（2）对于单个实根因子，将其写成是二次项系数等于零的二阶多项式。

（3）将传递函数写成多个分子分母均为二阶多项式的分式相乘形式。

（4）对各二阶多项式系数进行整理，以便分式可写成二阶滤波器传递函数的形式，从而整个传递函数是多个二阶滤波器传递函数的乘积。

经过上述处理后，滤波器函数可以写成如下形式：

$$H[z]=\frac{Y[z]}{X[z]}=\prod_{k=1}^{N_s}\frac{\beta_{0k}+\beta_{1k}z^{-1}+\beta_{2k}z^{-2}}{1-\gamma_{1k}z^{-1}-\gamma_{2k}z^{-2}}=H_1[z]\bullet H_2[z]\bullet\cdots\bullet H_{N_s}[z]$$

其中 N_s 是二阶滤波器的数量，是对 $N/2$ 和 $M/2$ 中的较大者的一半进行取整的结果。从系统类型的角度来看，变换域传递函数相乘对应滤波器的级联。因此，上式意味着一个高阶的复杂 IIR 滤波器，可以等效分解为多个二阶 IIR 滤波器的级联形式。图 19-31 是这种级联形式 IIR 滤波器的信号流图，考虑直接 II 型优于直接 I 型，所以每一级二阶滤波器都使用直接 II 型滤波器实现。

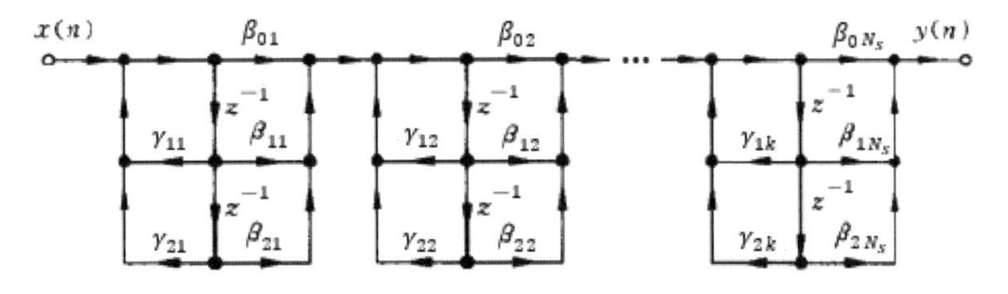

图 19-31 级联形式 IIR 滤波器的信号流图

级联型 IIR 滤波器中，每个二阶滤波器只关系到一对共轭的零点和一对共轭极点。调整某一个二阶滤波器的零点或极点，只会单独影响该滤波器，对其他二阶滤波器无影响。因此，与直接型结构相比，级联型结构更便于准确地调整滤波器零点或极点，实现对滤波器频率响应的控制。由于每一级二阶滤波器都使用了直接 II 型 IIR 滤波器实现，所以级联结构具有最少的延迟单元。值得一提的是，有时候也可以将两个实系数的二阶滤波器合并为四阶滤波器，作为级联形式的基本单元。

特别地，当单个二阶或四阶滤波器作为基本级联单元时，在实际处理中通常又将分子分母进行拆分，构成两级级联，以简化程序实现。例如，对于第 k 级二阶 IIR 滤波器单元，可按以下形式拆分：

$$H_k[z]=\frac{Y_k[z]}{X_k[z]}=\frac{\beta_{0k}+\beta_{1k}z^{-1}+\beta_{2k}z^{-2}}{1-\gamma_{1k}z^{-1}-\gamma_{2k}z^{-2}}$$

$$=\frac{1}{1-\gamma_{1k}z^{-1}-\gamma_{2k}z^{-2}}\left(\beta_{0k}+\beta_{1k}z^{-1}+\beta_{2k}z^{-2}\right)=H_{Ak}[z]\bullet H_{Bk}[z]$$

$$H_{Ak}[z]=\frac{1}{1-\gamma_{1k}z^{-1}-\gamma_{2k}z^{-2}}$$

$$H_{Bk}[z]=\beta_{0k}+\beta_{1k}z^{-1}+\beta_{2k}z^{-2}$$

也就是说，可以通过两个形式更简单的 IIR 滤波器级联，来实现单个第 k 级别二阶滤波器级联单元。这个滤波器的级联分解形式如图 19-32 所示。

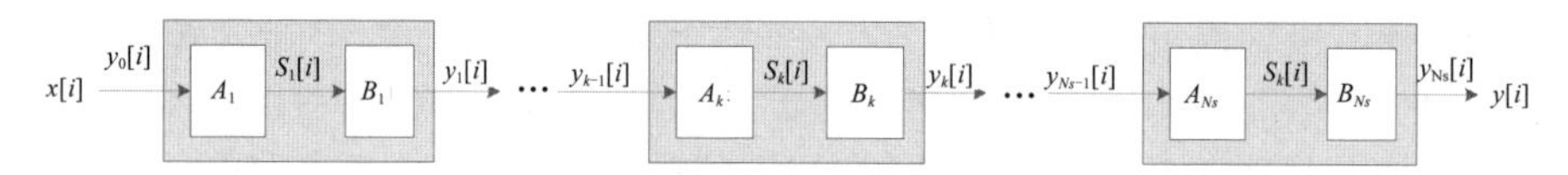

图 19-32　级联形式 IIR 滤波器分解图

若定义其中第 k 级中第一个滤波器 A 的输出为 $S_k[i]$，则对第 k 级的二阶滤波器来说有下面关系式：

$$y_0[i]=x[i]$$

$$S_k[i]=y_{k-1}[i]+\gamma_{1k}S[i-1]+\gamma_{1k}S[i-2]$$

$$y_k[i]=\beta_{0k}S_k[i]+\beta_{1k}S_k[i-1]+\beta_{2k}S_k[i-2]$$

$$\text{其中}i=0,1,2,\cdots,(N-1);k=1,2,3,\cdots,(N_s-1)$$

通过编程，逐级计算各级输出，并将其作为下一级的输入，利用循环最终得到滤波结果。

与级联形式类似，也可将传递函数写成下面部分分式求和的形式，就能得到并联型 IIR 滤波器，对应的信号流如图 19-33 所示。并联型 IIR 滤波器虽然也可以单独对极点调整，但却不能像级联型那样直接控制零点的分布。这是因为并联型结构各二阶滤波器的零点并不是整个系统传递函数的零点。因此，当要准确控制零点时，应采用级联型 IIR 滤波器。不过，由于并联型 IIR 滤波器各二阶滤波器之间互不影响，所以运算误差比级联型要小一些。

$$H[z]=B_0+\sum_{k=1}^{M}\frac{\beta_{0k}+\beta_{1k}z^{-1}}{1-\gamma_{1k}z^{-1}-\gamma_{2k}z^{-2}}=B_0+H_1[z]+H_2[z]+\cdots+H_M[z]$$

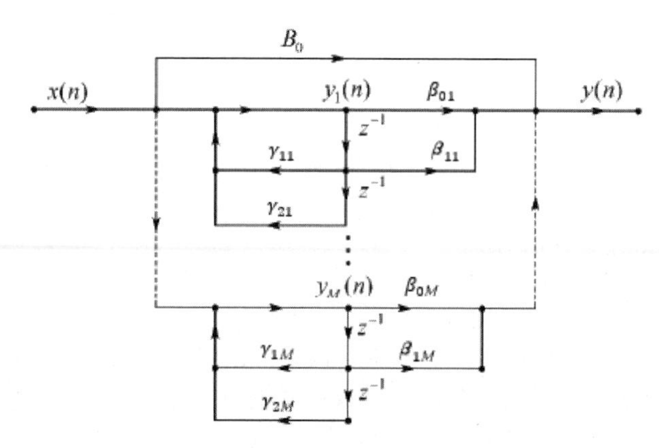

图 19-33　并联形式 IIR 滤波器的信号流图

虽然IIR滤波器的冲激响应为无限长，但在实际滤波器应用中，IIR滤波器的脉冲响应基本上能在有限数量的样点后衰减到接近于零。因此，一旦确定了有限个前向和后向系数，就能通过递归的方法基于输入值和过去的输出值完成对信号的滤波。而IIR滤波器的设计其实就是确定前向和后向系数的过程。

确定IIR滤波器系数的过程需要大量的计算，但是传统的模拟滤波器经过多年的探索，已是一个相对成熟的领域，有很多经典的例子可参考。因此，IIR数字滤波器的设计一般会依据对滤波器特性的需求，选择某一经典模拟滤波器作为设计“原型”。例如，可以通过对低通模拟滤波器进行模拟频率和数字频率的变换，得到对应滤波特性的数字低通滤波器。

19.4.1 基本IIR滤波器

如前所述，直接型IIR滤波器一般使用直接Ⅱ型实现。一旦确定了前向和后向系数，就能通过滤波器差分表达式以递归的形式对信号进行滤波。级联型IIR滤波器则将滤波器分解为多个二阶直接Ⅱ型或四阶直接Ⅱ型IIR滤波器的级联的形式，将前一个二阶/四阶滤波器的输出作为下一个级联的二阶/四阶滤波器输入，以实现对信号的滤波。因此称二阶直接Ⅱ型或四阶直接Ⅱ型IIR滤波器为基本IIR滤波器。

当二阶滤波器系数中仅有 b_0 和 a_1 不为0时，便蜕变为仅存在一个极点的单极点IIR滤波器，它是二阶滤波器的特殊形式。二阶IIR滤波器和单极点IIR滤波器的传递函数与差分形式分别表示如下。

二阶IIR滤波器：

$$
\begin{aligned}
y[i] &= \sum_{k=0}^{2} b_k x[i-k] + \sum_{k=1}^{2} a_k y[i-k] \\
&= b_0 x[i] + b_1 x[i-1] + b_2 x[i-2] + a_1 y[i-1] + a_2 y[i-2]
\end{aligned}
$$

$$
H[z] = \frac{Y[z]}{X[z]} = \frac{b_0 + b_1 z^{-1} + b_2 z^{-2}}{1 - a_1 z^{-1} - a_2 z^{-2}}
$$

单极点IIR滤波器：

$$
y[i] = b_0 x[i] + a_1 y[i-1]
$$

$$
H[z] = \frac{Y[z]}{X[z]} = \frac{b_0}{1 - a_1 z^{-1}}
$$

LabVIEW提供的直接型IIR滤波器IIR Filter函数和带初始条件的IIR滤波器IIR Filter with Initial Condition函数可用于实现指定了前向和后向系数的直接型IIR滤波器。因此可以用来实现二阶IIR滤波器和单极点IIR滤波器。这两个函数位于LabVIEW的Function → Signal Processing → Filters → Advanced IIR函数选板中，如图19-34所示。注意，LabVIEW的直接型IIR滤波器函数使用了 y 项前为负号（传递函数中反向系数前为正号）的差分方程模型，例如二阶滤波器模型可写成下式：

$$
\begin{aligned}
y[i] &= \sum_{k=0}^{2} b_k x[i-k] - \sum_{k=1}^{2} a_k y[i-k] \\
&= b_0 x[i] + b_1 x[i-1] + b_2 x[i-2] - a_1 y[i-1] - a_2 y[i-2]
\end{aligned}
$$

$$
H[z] = \frac{Y[z]}{X[z]} = \frac{b_0 + b_1 z^{-1} + b_2 z^{-2}}{1 + a_1 z^{-1} + a_2 z^{-2}}
$$

因此，若后向系数 a_k 是基于 y 项前为正号的差分方程模型获得，就必须在调用直接型IIR滤波器函数前先在 a_k 前加上负号，才能作为输入参数。

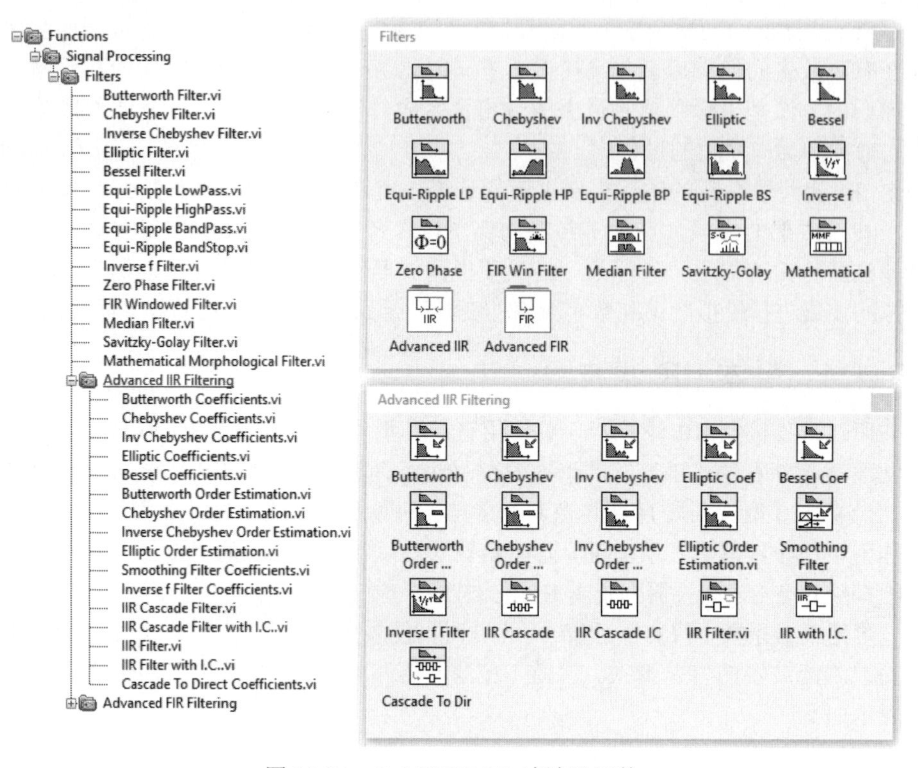

图 19-34 LabVIEW IIR 滤波器函数

19.4.1.1 单极点 IIR 滤波器

单极点 IIR 滤波器可用于对信号进行直流滤除、高频噪声抑制、整形、平滑等，表 19-3 列出了它们的表达式。单极点低通和高通滤波器的系数，可由参数 p 和输出衰减至 -3dB 时所对应的频率，即截止频率 f_c 来确定。参数 p 的取值范围为 0 ~ 1，它实际上是前一次输出值对本次输出的贡献比例。p 值越大，输出衰减越慢。

表 19-3 单极点 IIR 低通和高通滤波器

<table>
<tr><th>单极点低通 IIR 滤波器</th><th>单极点 IIR 高通滤波器</th></tr>
<tr><td>$b_0 = 1-p$
$a_1 = p, 0 < p < 1$
$y[i] = (1-p) \cdot x[i] + p \cdot y[i-1]$</td><td>$b_0 = \frac{1-p}{2}$
$b_1 = -\frac{1-p}{2}$
$a_1 = p,\ \ 0 < p < 1$
$y[i] = \frac{1-p}{2} \cdot x[i] - \frac{1-p}{2} \cdot x[i-1] + p \cdot y[i-1]$</td></tr>
<tr><td colspan="2">（1）参数 p 取值为 0 ~ 1，用来控制滤波器的性质。
（2）参数 p 与时间常数 d（参考 RC 模拟滤波器，指输出衰减至 36.8% 所经过的样点数）之间关系为 $p = e^{-1/d}$。
（3）参数 p 与输出衰减至 -3dB 时对应的截止频率 f_c 之间关系为：$p = e^{-2\pi f_c}$，其中 f_c 为取值为 0 ~ 0.5 的数字频率。
（4）滤波器系数可根据时间常数 d 和截止频率 f_c 推算或直接指定</td></tr>
</table>

假定滤波器输出衰减至 36.8%（参考模拟 RC 电路的时间常数）时所经过的样点数为 d，

则参数 p 与时间常数 d 之间关系如下：

$$p = \mathrm{e}^{-1/d}$$

例如 p=0.86 时，对应时间常数 d 为 6.63 个样点。参数 p 和输出衰减至 −3dB 时所对应的频率 f_c，即截止频率 f_c 之间也有下面确定的关系式：

$$p = \mathrm{e}^{-2\pi f_c}$$

也就是说在实际设计滤波器时，可以根据需要的时间常数 d、截止频率 f_c 推算 p 的值，然后计算得到单极点滤波器的递归系数。图 19-35 是一个根据截止频率设计 IIR 低通滤波器的实例程序。程序先使用采样频率 f_s 将用户选择的截止频率转换为数字频率，然后再计算 p 值。得到 p 值后，程序按照单极点 IIR 低通滤波器的公式计算得到参数 a_1 和 b_0，接下来通过两种方法实现滤波器的设计。

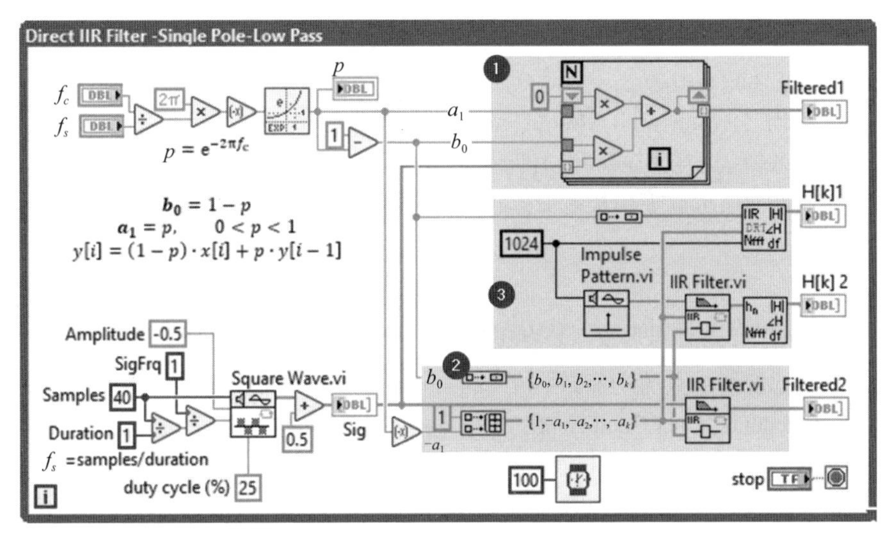

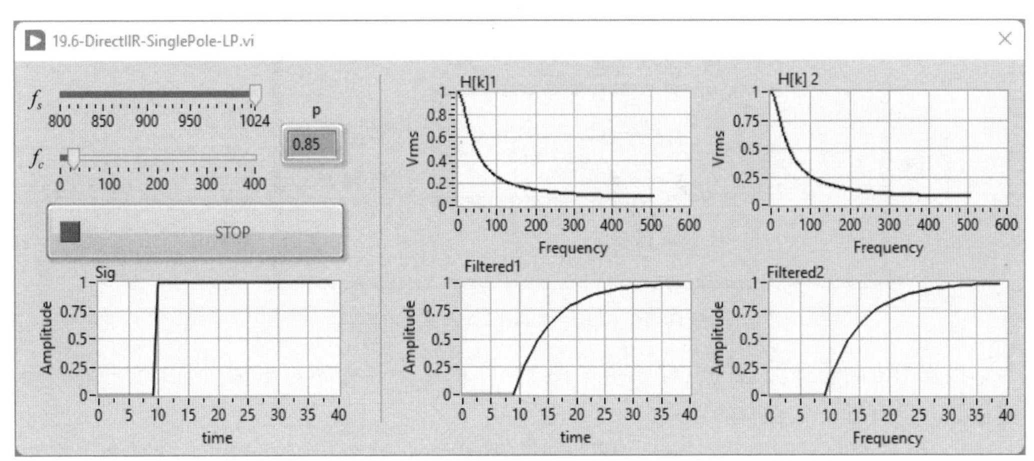

图 19-35　单极点 IIR 低通滤波器的实现

第一种方法基于差分方程编程实现。因为只有两个参数，所以只要将前一个输出与当前信号输入分别与对应参数相乘并求和，就能得到滤波后的输出值。对于整个序列的滤波，程序中使用了 For 循环，每次循环后得到的值被存放在寄存器中供下次使用。第二种方法调用了 LabVIEW 的直接型 IIR 滤波器 IIR Filter 函数实现。在使用 IIR Filter 函数时，应特别注意对后向系数输入参数做以下两点简单处理：

（1）由于 LabVIEW 使用了 y 项前为负号的差分方程模型，而本例中的后向系数是基于 y 项前为正号的差分方程模型得到的，因此必须对所有后向系数取反，将其变成 $\{-a_1,-a_2,\cdots,-a_k\}$。

（2）将 a_0（一般取 1）添加到后向系数数组的最前面，得到最终要传递给 IIR Filter 函数的后向系数数组 $\{1,-a_1,-a_2,\cdots,-a_k\}$。

完成滤波器设计后，程序还使用了不同的频谱计算方法，得到了两种滤波器实现方法所获得滤波器的频谱。一种计算频谱的方法是先将 Impulse Pattern 函数生成的冲激信号输入至滤波器，得到其冲激响应，然后再对冲激响应做傅里叶变换，得到滤波器的频率响应；另一种方法是对滤波器的传递函数前向和后向系数直接做傅里叶变换，再相除来求得滤波器的频谱。第一种方法比较容易理解，第二种方法稍后再详细介绍。此外，程序还使用 Square Wave 函数生成阶跃信号，并将其输入至滤波器计算其阶跃响应。查看程序运行时前面板中不同截止频率对应的滤波器频谱和阶跃响应，可以发现单极点 IIR 低通滤波器与模拟电路中电阻和电容组成的 RC 低通滤波器等效。

指数移动平均（Exponential Moving Average）滤波器可以对数据以指数形式递减加权进行移动平均，各数值的加权影响力随时间呈指数式递减，越近期当前数据点的权重越大。指数移动平均滤波器本质上属于单极点 IIR 低通滤波器，其系数计算式如下：

$$b_0 = 1 - \mathrm{e}^{-T/\tau}$$

$$a_1 = \mathrm{e}^{-T/\tau}$$

其中 T 为采样间隔；τ 为时间常数。为方便起见，LabVIEW 专门将计算指数移动平均滤波器的系数与计算 FIR 滤波器系数的功能封装在 Function → Signal Processing → Filters → Advanced IIR 函数选板中的 Smoothing Filter Coefficient VI 中，其实现代码如图 19-36 所示。在使用时可直接将生成的系数输入 IIR Filter 函数，对信号进行滤波即可。

单极点低通滤波器和 FIR 移动平均滤波器对信号均有平滑作用，且二者的频率响应都表现一般。但是从执行速度上来看，FIR 移动平均滤波器的执行速度更快。

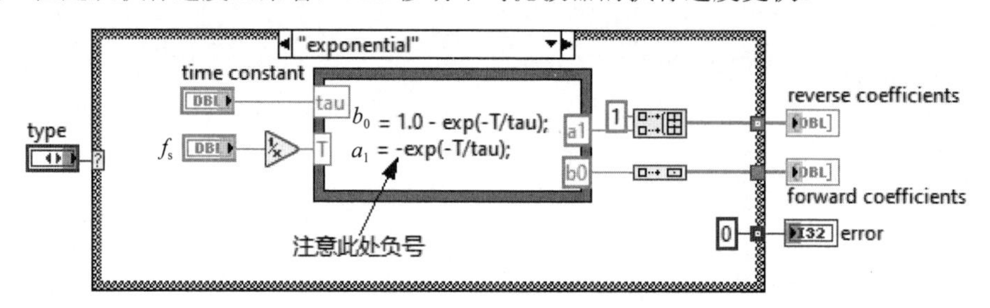

图 19-36　指数移动平均滤波器的系数

单极点 IIR 高通滤波器的程序实现如图 19-37 所示，其程序与单极点 IIR 低通滤波器的实现相似，但有以下几点主要差别：

（1）由于前向系数多了一个，因此扩展了构成前向系数数组的节点，并添加了多出的参数。

（2）在通过 For 循环实现单极点 IIR 高通滤波器时，增加了一个记录前一信号输入的寄存器，以便在循环中基于它和当前信号输入以及前一滤波器输出值，计算滤波器的当前输出值。

查看程序运行时前面板中不同截止频率对应的滤波器频谱和阶跃响应，可以发现单极点 IIR 高通滤波器与模拟电路中电阻和电容组成的 RC 高通滤波器等效。

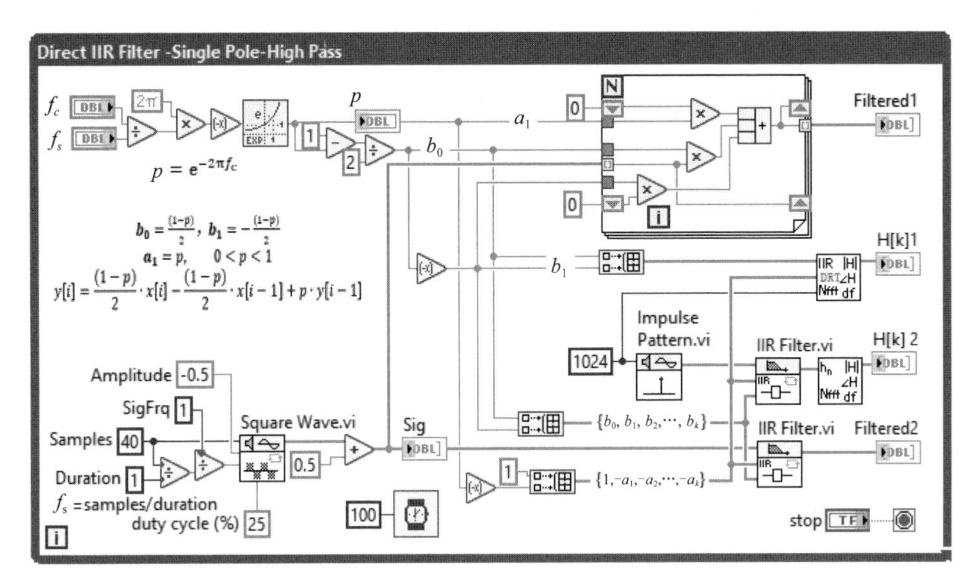

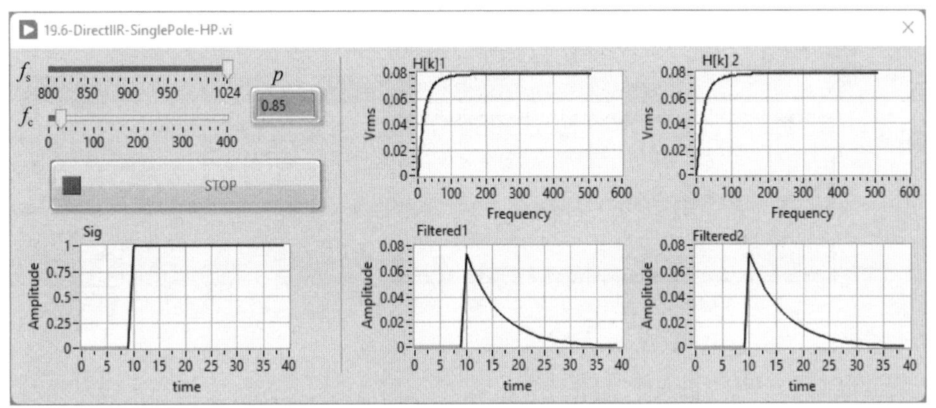

图 19-37 单极点 IIR 高通滤波器的实现

19.4.1.2 二阶 IIR 滤波器

单极点滤波器比较简单，通过编程可实现且执行速度很快，但是不能用来把一个频段同其他频段分离。例如，若要消除 60Hz 对测量系统的干扰，或者在电话网中提取某一频率的话音信号，单极点滤波器则不能胜任。二阶窄带 IIR 滤波器在分离或提取频段时有较好的表现，二阶窄带 IIR 带通滤波器可用来提取某一窄小频段内的信号，而二阶窄带 IIR 带阻（又称为陷波滤波器）滤波器可用来去除某一窄小频段内的信号。表 19-4 给出了二阶窄带 IIR 滤波器的表达式和实现步骤。

二阶窄带 IIR 滤波器的程序实现如图 19-38 所示。先使用采样频率将选择的中心频率 f_o 与带宽 BW 转换为数字频率，然后作为公式节点的输入。公式节点中的代码会根据 f_o 与 BW，先计算临时变量 K 和 R 的值，再分别根据二阶窄带 IIR 带通或带阻滤波器的公式计算递归系数。得到递归系数后，程序调用 LabVIEW 提供的直接 IIR 滤波器函数，分别构建带通和带阻滤波器，并将 Square Wave 函数得到的阶跃信号作为输入，得到滤波器的阶跃响应。程序中分别使用对冲激响应做快速傅里叶变换和基于滤波器传递的方法，计算所构建的带通和陷波滤波器的频谱。查看程序运行时前面板中不同截止频率对应的滤波器频谱，可以发现带阻滤波器的阶跃响应有明显的过冲和振铃现象，但幅度都很小。这说明滤波器在消除窄带干扰（如 60Hz 等）时会对时域波形产生较小的损伤。此外，二阶窄带 IIR 带通滤波器在主峰两侧有较长的拖尾，这一问题可以通过对滤波器的多级级联来改进。

表 19-4 直接型二阶窄带 IIR 滤波器

二阶窄带 IIR 带通滤波器	二阶窄带 IIR 陷波（带阻）滤波器
$b_0 = 1 - K$	$b_0 = K$
$b_1 = 2(K - R)\cos(2\pi f_o)$	$b_1 = -2K\cos(2\pi f_o)$
$b_2 = R^2 - K$	$b_2 = K$
$a_1 = 2R\cos(2\pi f_o)$	$a_1 = 2R\cos(2\pi f_o)$
$a_2 = -R^2$	$a_2 = -R^2$

（1）选择中心频率 f_o，并使用采样频率将其转化为数字频率，取值为 0 ～ 0.5。

（2）确定带宽 BW。可在中心频率两侧幅度的 $1/\sqrt{2}(=0.707)$ 处测量。

（3）基于中心频率 f_o 和带宽 BW，按下式计算 R 和 K：

$$R = 1 - 3BW$$

$$K = \frac{1 - 2R\cos(2\pi f_o) + R^2}{2 - 2\cos(2\pi f_o)}$$

（4）最后计算递归系数

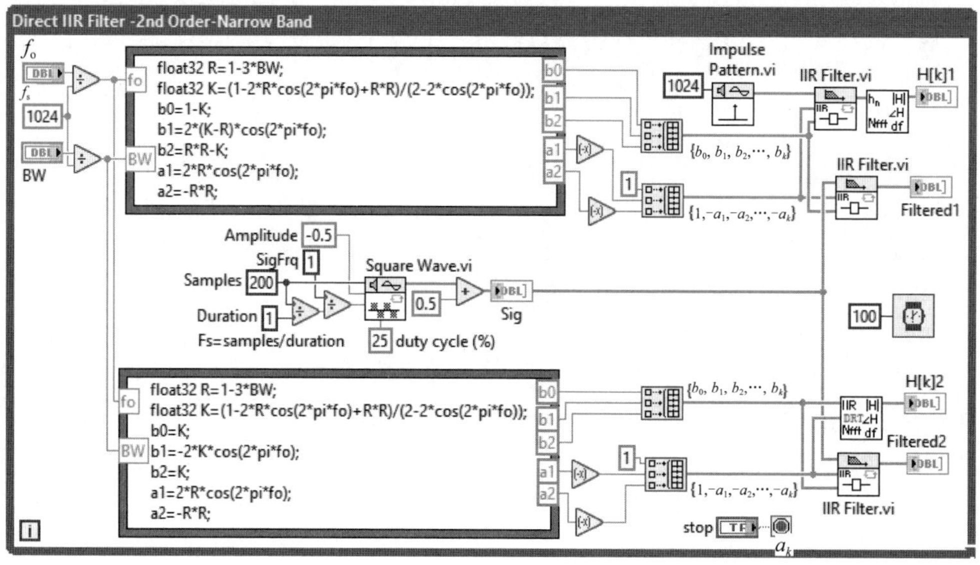

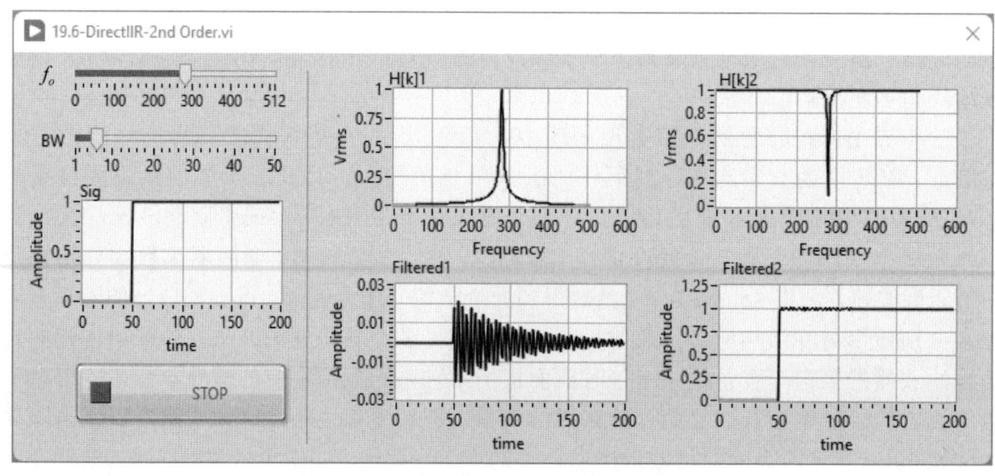

图 19-38 直接型二阶窄带 IIR 滤波器的实现

19.4.1.3 四阶 IIR 滤波器

四阶 IIR 滤波器可以看作是两个二阶滤波器的级联，二阶滤波器又可以进一步分解成两个单极点滤波器的级联，所以四阶 IIR 滤波器也可以看作是四个单极点滤波器的级联。例如，将两个相同的单极点 IIR 滤波器进行级联后，其传递函数变为

$$H[z]=\frac{Y[z]}{X[z]}=\left(\frac{b_0}{1-a_1z^{-1}}\right)^2=\frac{b_0^2}{1-2a_1z^{-1}-(-a_1^{\ 2})z^{-2}}$$

也就是说，对两个单极点滤波器经过两次调用后，得到的二阶滤波系数与单极点滤波系数之间有如下关系：

$$\beta_0=b_0^2$$

$$\gamma_1=2a_1$$

$$\gamma_2=-a_1^{\ 2}$$

因此，若使用表 19-3 中列出的单极点低通 IIR 滤波器进行两次级联，则可以得到表 19-5 中二阶低通滤波器的递归系数（β、γ 也替换成 a 和 b）。

表 19-5　直接型二阶 IIR 低通滤波器

二阶 IIR 低通滤波器
$b_0=(1-p)^2$ $a_1=2p$ $a_2=-p^2$
（1）参数 p 取值为 0 ～ 1，用来控制滤波器的性质。 （2）参数 p 与时间常数 d（参考 RC 模拟滤波器，指输出衰减至 36.8% 所经过的样点数）之间关系为 $p=\mathrm{e}^{-1/d}$。 （3）参数 p 与输出衰减至 -3dB 时对应的截止频率 f_c 之间关系为 $p=\mathrm{e}^{-2\pi f_c}$，其中 f_c 取值为 0 ～ 0.5。 （4）滤波器系数可根据时间常数 d 和截止频率 f_c 推算或直接指定

类似地，将两个二阶 IIR 低通滤波器或四个单极点低通 IIR 进行级联，就可以得到表 19-6 所示的四阶 IIR 低通滤波器。四阶 IIR 低通滤波器的性能可以媲美布莱克曼和高斯等类移动平均 FIR 滤波器，而且执行速度更快，这主要是因为 IIR 滤波器的递归实现方式比 FIR 滤波器的卷积实现方式计算量小很多。

表 19-6　直接型四阶 IIR 低通滤波器

四阶 IIR 低通滤波器
$b_0=(1-p)^4$ $a_1=4p$ $a_2=-6p^2$ $a_3=4p^3$ $a_4=-p^4$
（1）参数 p 取值为 0 ～ 1，用来控制滤波器的性质。 （2）参数 p 与时间常数 d（参考 RC 模拟滤波器，指输出衰减至 36.8% 所经过的样点数）之间关系为 $p=\mathrm{e}^{-1/d}$。 （3）参数 p 与输出衰减至 -3dB 时对应的截止频率 f_c 之间关系为 $p=\mathrm{e}^{-2\pi f_c}$，其中 f_c 取值为 0 ～ 0.5。 （4）滤波器系数可根据时间常数 d 和截止频率 f_c 推算或直接指定

二阶和四阶 IIR 滤波器程序可以通过直接或级联的方式实现。图 19-39 是以直接方式实现四阶 IIR 低通滤波器的程序代码。程序的结构与二阶窄带 IIR 滤波器程序结构类似，只是计算公式和后向系数的数量略有差异。

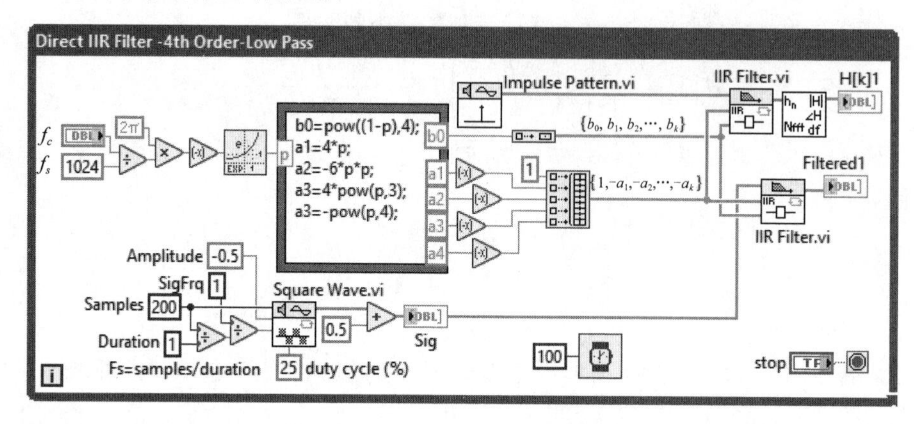

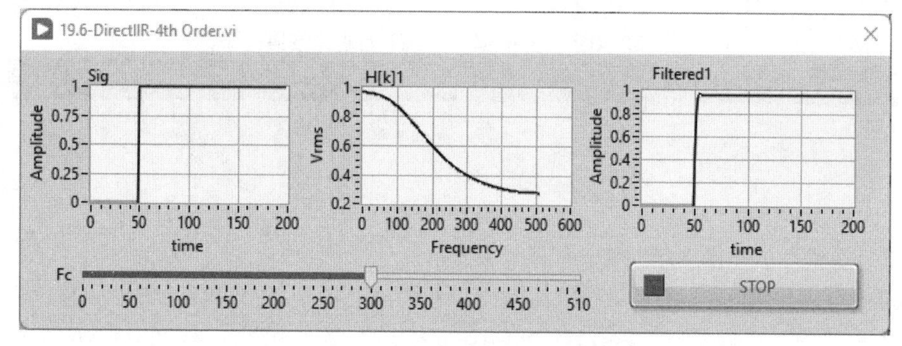

图 19-39 直接型四阶 IIR 低通滤波器的实现

除了以直接方式实现 IIR 滤波器的 IIR Filter 函数，LabVIEW 也提供了以级联方式实现 IIR 滤波器的 IIR Cascade Filter 函数，以及带初始化条件的 IIR 级联滤波器（IIR Cascade Filter with I.C.）函数。这两个函数位于 LabVIEW 的 Function → Signal Processing → Filters → Advanced IIR 函数选板中。下面通过图 19-40 所示的程序来说明如何使用这些函数来实现级联 IIR 滤波器，并验证其处理结果的有效性。

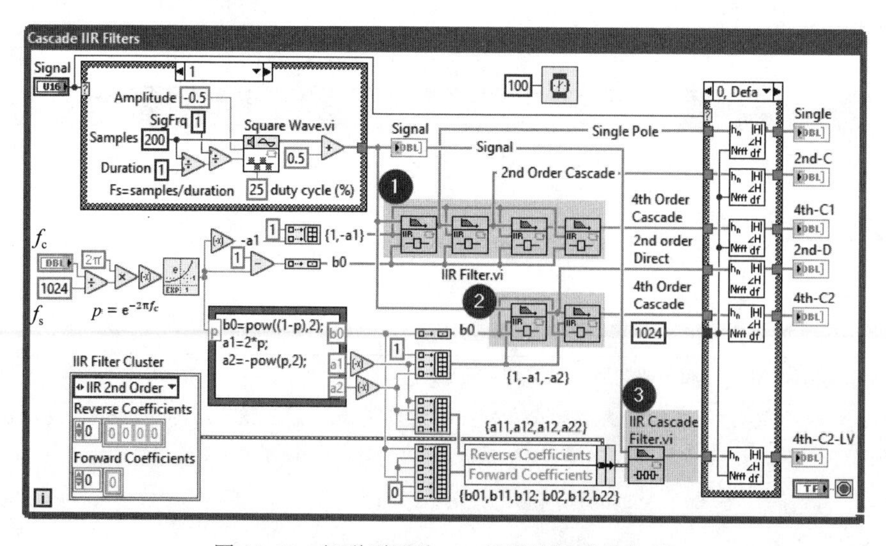

图 19-40 级联型四阶 IIR 低通滤波器的实现

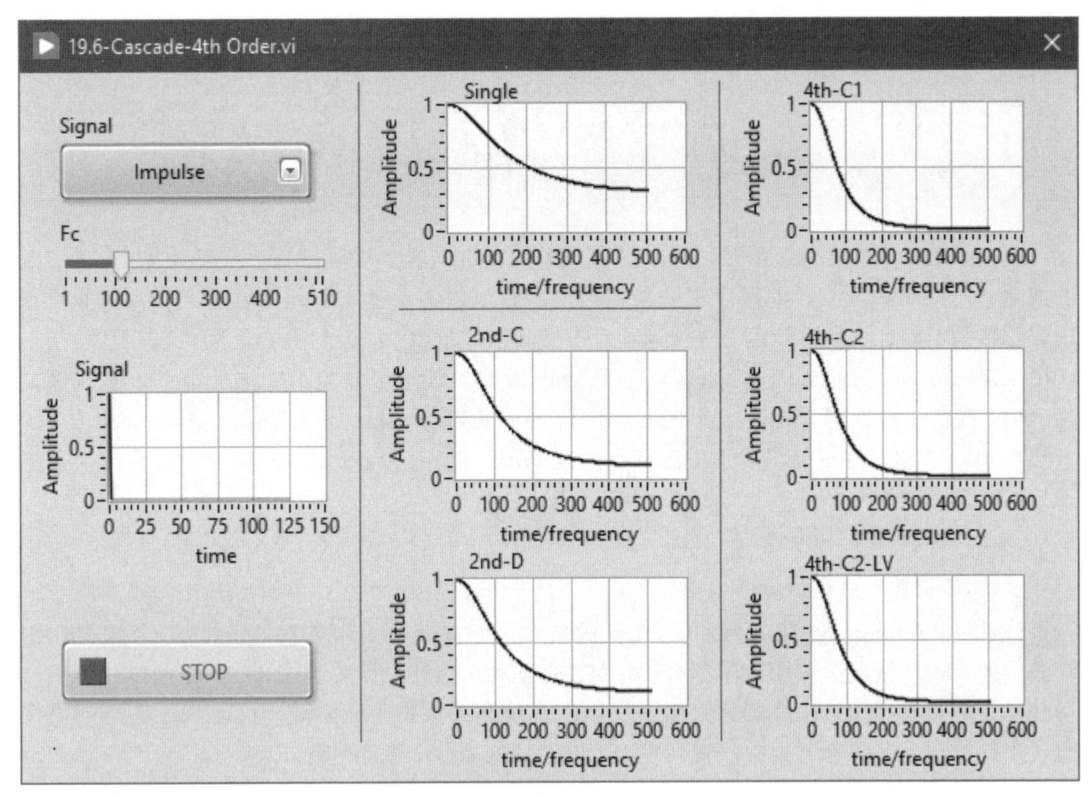

图 19-40（续）

在图 19-40 所示程序中，While 循环内的代码先根据用户在前面板上选择的截止频率 f_c 计算参数 p 的值，进而得到单极点 IIR 低通滤波器的系数 b0、a1。对 a1 添加负号，并将其与 1 组合成完整的直接型 IIR 滤波器后向系数 {1,−a} 后，程序接连调用了 4 次单极点低通滤波器，而且每次调用的输出都作为下次调用的输入（如图 19-40 中标记为❶的部分）。虽然从整体上来看四次调用以级联的方式构成了一个四阶 IIR 低通滤波器，但每次单独调 IIR Filter 函数时所实现的滤波器仍为直接型单极点 IIR 低通滤波器。

在图 19-40 中标记为❷的部分，单次调用 IIR Filter 函数时使用的参数为直接型二阶 IIR 低通滤波器的系数。从整体上看，该部分代码对二阶直接型 IIR 低通滤波器连续调用了两次，构成了一个四阶 IIR 低通滤波器。程序第❸部分则调用了一次 LabVIEW 的级联型 IIR 滤波器 IIR Cascade Filter 函数，就实现了四阶 IIR 低通滤波器。注意，由于这次使用了级联型的 IIR 滤波器函数，输入参数必须为级联型 IIR 滤波器的系数形式。

程序中还通过条件分支结构，使用户能选择输入至滤波器的信号是阶跃信号或冲激信号。当选择冲激信号时，将在前面板上显示由冲击响应计算得到的各滤波器频率响应曲线；当选择阶跃信号时，则直接显示阶跃响应曲线。观察程序前后运行结果，可以发现：

（1）滤波器阶数越高，其过渡带越窄。

（2）三种方式实现的四阶低通滤波器频率响应相同。

（3）调用两次单极点低通滤波器和调用一次二阶低通滤波器的效果相同。

由于二阶或四阶滤波器的性能要优于单极点滤波器，且直接型二阶和四阶滤波器的计算量仍在可接受的范围内，因此实际中常选用二阶或四阶直接 II 型滤波器作为级联滤波器的基本单位，这样的级联滤波器也具有最少的延迟单元。

应注意直接型和级联型 IIR 滤波器系数是不同的。观察和对比下列传递函数可以发现，直接型 IIR 滤波器的前向和后向系数整体上各成一组，而级联型滤波器系数则是以二阶或四阶直接Ⅱ型 IIR 滤波器系数为单位，分成与级联级数相同的多个组。

$$H[z]=\frac{Y[z]}{X[z]}=\frac{\sum_{k=0}^{M}b_k z^{-k}}{1-\sum_{k=1}^{N}a_k z^{-k}}=\prod_{k=1}^{N_s}\frac{\beta_{0k}+\beta_{1k}z^{-1}+\beta_{2k}z^{-2}}{1-\gamma_{1k}z^{-1}-\gamma_{2k}z^{-2}}$$

直接型 IIR 滤波器传递函数可经过因式分解、合并共轭复根等步骤，表示为多个二阶 IIR 滤波器级联的乘积形式。而级联型滤波器传递函数可以将各基本单元的表达式相乘合并，整理成直接型 IIR 滤波器的形式。这意味着直接型和级联型 IIR 滤波器系数之间可以相互转换。LabVIEW 提供的 Cascade To Direct Coefficients 函数封装了级联型 IIR 滤波器系数向直接型 IIR 滤波器系数转换的过程，位于 Function → Signal Processing → Filters → Advanced IIR 函数选板中。例如，可将以二阶 IIR 滤波器为级联单位的四阶级联型 IIR 滤波器系数转换为直接型四阶滤波器的系数：

前向系数转换：级联型$\{\beta_{01}\quad\beta_{11}\quad\beta_{21}\quad\beta_{02}\quad\beta_{12}\quad\beta_{22}\}\rightarrow\{b_0\quad b_1\quad b_2\quad b_3\quad b_4\}$直接型

后向系数转换：级联型$\{\gamma_{11}\quad\gamma_{21}\quad\gamma_{12}\quad\gamma_{22}\}\rightarrow\{1\quad a_1\quad a_2\quad a_3\quad a_4\}$直接型

注意，IIR Filter 和 IIR Cascade Filter 函数对后向系数中 1 的方式处理不同。级联型 IIR 滤波器因其每个级联单位系数中都有 1，为了方便就在后向系数中省去 1，而在函数代码中自动补齐。但直接型 IIR 滤波器系数中 1 仅出现在反向系数首个元素处，因此为了完整起见保留了 1 的位置。在实际工程中，直接型 IIR 滤波器的系数一般不超过 12 个。

在前述几个实例中，均使用了两种计算滤波器频谱响应的方法。一种是对滤波器的冲激响应进行傅里叶变换来获得频谱；另一种方法是对滤波器的传递函数中前向和后向系数直接做傅里叶变换，来求得滤波器频谱。第一种方法比较容易理解，下面讲解第二种方法。

很多数字信号处理相关的讲义和书籍在讲解滤波器的频谱时，都会提到滤波器的频谱就是其传递函数在 $z=\mathrm{e}^{\mathrm{j}wT}$ 时对应的值，是 z 平面上对应的单位圆。直接型 IIR 滤波器的传递函数当 $z=\mathrm{e}^{\mathrm{j}wT}$ 时表示如下：

$$H\left[\mathrm{e}^{\mathrm{j}wT}\right]=\frac{Y\left[\mathrm{e}^{\mathrm{j}wT}\right]}{X\left[\mathrm{e}^{\mathrm{j}wT}\right]}=\frac{\sum_{k=0}^{M}b_k\mathrm{e}^{-\mathrm{j}wTk}}{1-\sum_{k=1}^{N}a_k\mathrm{e}^{-\mathrm{j}wTk}}=\frac{\sum_{k=0}^{M}b_k\mathrm{e}^{-\mathrm{j}wTk}}{\sum_{k=0}^{N}a_k\mathrm{e}^{-\mathrm{j}wTk}}$$

观察上式可以发现，分子分母恰好是系数序列 b_k 和 a_k 离散傅里叶变换的表达式，因此就有

$$H\left[\mathrm{e}^{\mathrm{j}wT}\right]=\frac{\mathrm{DTFT}\left[B(k)\right]}{\mathrm{DTFT}\left[A(k)\right]}$$

$$B(k)=\{b_0,b_1,\cdots,b_M\}$$

$$A(k)=\{1,b_0,\cdots,b_M\}$$

级联型 IIR 滤波器是以二阶或四阶直接型 IIR 滤波器为单位的多级级联，各级联单元频谱的计算方法仍遵循上述方法，整体级联后滤波器的频谱就是各个级联单元频谱的乘积。

由此可以将前向和后向系数补零到 2 的整数次幂后，利用快速傅里叶变换计算它们的傅里叶变换，然后相除后即可得到滤波器的频谱。图 19-41 中 ❶ 和 ❷ 分别给出了按照上述方法从传递函数中获取直接型和级联型 IIR 滤波器频率响应的程序。对直接型 IIR 滤波器来说，程序先按照傅里叶变换的长度对前向和后向序列补零，再分别对它们进行快速傅里叶变换并相除。由于两个结果均为复数，而复数相除有可能得到实数结果，所以程序对相除的结果均

乘以复数（1+j0），以确保相除的结果仍是复数。最后将复数相除的结果转换为极坐标，得到滤波器的幅度和相位谱。级联型 IIR 滤波器频谱的计算与直接型 IIR 滤波器的频谱计算类似，只是由于级联型与直接型 IIR 滤波器系数不同，因此级联型滤波器的频谱需要逐级计算，然后将各级的频谱相乘得到最终结果。

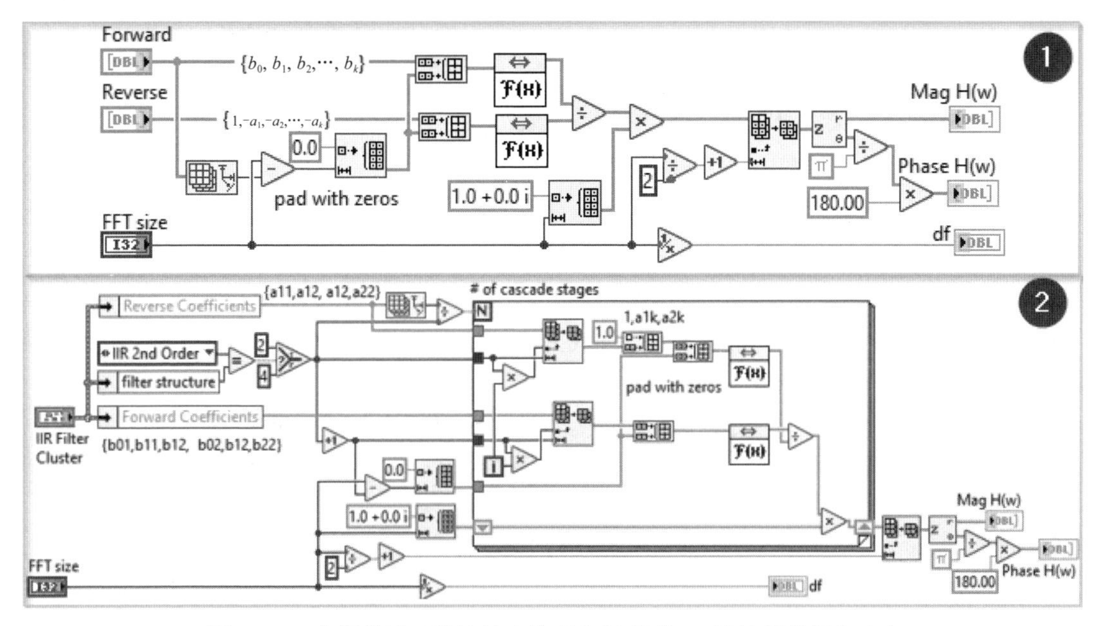

图 19-41　依据传递函数计算直接型和级联型 IIR 滤波器的频率响应

19.4.2　经典 IIR 滤波器

在实际应用中，按照各种指标确定 IIR 滤波器系数的过程需要大量计算。由于传统的模拟滤波器是一个得到充分研究的成熟领域，有大量成熟的系数表可查，因此可以基于传统的模拟滤波器设计 IIR 数字滤波器。利用模拟滤波器设计 IIR 数字滤波器的步骤如下。

（1）将给定的数字滤波器的性能指标，按某一映射规则转换成相应的模拟滤波器的性能指标。

（2）若要设计的滤波器不是低通滤波器，还要将其（高通、带通、带阻）对应的性能指标变换为模拟低通滤波器的性能指标，以便查表。

（3）用得到的模拟低通滤波器的性能指标，利用“最佳特性近似逼近”等方法，选择某一类型的传统模拟滤波器并确定其阶数。

（4）查表求得所选模拟滤波器传递函数的系数，然后将它作为设计数字滤波器的“原型”。

（5）将“原型”模拟低通滤波器系统函数按照冲激响应不变法、阶跃响应不变法或双线性变换等方法，转换为最终需要的数字滤波器系统函数。

基于模拟滤波器设计 IIR 数字滤波器的相关理论，在各类数字信号处理书籍中都能很容易找到，此处不再赘述。我们把关注点集中在基于一些经典模拟滤波器所设计的 IIR 数字滤波器特性及其实际应用上。基于模拟滤波器设计 IIR 滤波器的经典方法是用“最佳特性近似逼近”法，依据此方法设计的经典的滤波器有巴特沃斯（Butterworth）滤波器、切比雪夫（Chebyshev）滤波器、椭圆（Elliptic）滤波器和贝塞尔（Bessel）滤波器等几种类型。这些滤波器具有不同的过渡带特性和通带、阻带纹波，在实际工程应用中可以根据它们的频率特性选择使用。

19.4.2.1 巴特沃斯滤波器

模拟滤波器的幅频响应一般由幅度的平方来描述。巴特沃斯低通滤波器的频率响应为：

$$\left|H\left(\mathrm{j}\Omega\right)\right|^2=\frac{1}{1+\left(\dfrac{\Omega}{\Omega_\mathrm{c}}\right)^{2N}}$$

其中，$\left|H\left(\mathrm{j}\Omega\right)\right|$为滤波器传递函数在模拟频率$\Omega$处的幅度，$\Omega_\mathrm{c}$为滤波器幅度衰减至 -3dB 处的截止频率，$N$为滤波器的阶数。当$\Omega=\Omega_\mathrm{c}$时：

$$\left|H\left(\mathrm{j}\Omega_\mathrm{c}\right)\right|=\frac{1}{\sqrt{2}}=0.707$$

或

$$20\lg\left|H\left(\Omega_\mathrm{c}\right)\right|\approx-3\mathrm{dB}$$

也就是说，在截止频率处幅度衰减至$1/\sqrt{2}$或 -3dB，功率（幅度平方）衰减至一半。

巴特沃斯滤波器主要有以下特点。

（1）通带（$\Omega<\Omega_\mathrm{c}$）内具有最大平坦的幅频特性，因而巴特沃斯滤波器又称为“最平幅度特性滤波器”。巴特沃斯滤波器阶数越大，通带平坦度越好，如图 19-42 所示（该程序代码在下节介绍）。

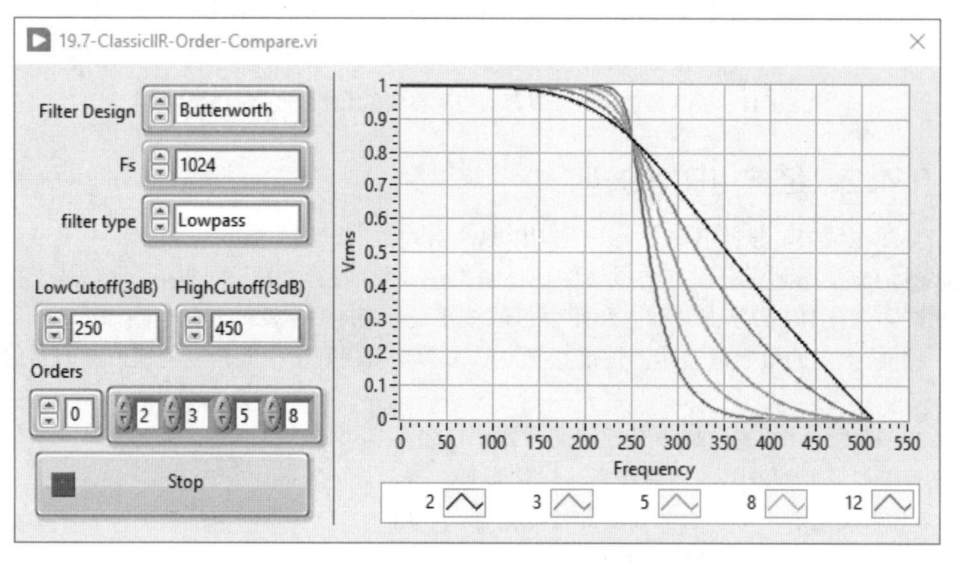

图 19-42 不同阶数巴特沃斯 IIR 滤波器比较

（2）在过渡带及阻带中$\Omega>\Omega_\mathrm{c}$，从截止频率开始，随频率的增大，幅度单调减小。阶数越大，减小速度越快$\left(\text{因为}\dfrac{\Omega}{\Omega_\mathrm{c}}>1\right)$，过渡带越窄。

（3）通带中为理想的单位响应，在阻带中响应为零。

归一化后的巴特沃斯低通滤波器的系统传递函数形式如下所示（注意，模拟滤波器用拉普拉斯变换的形式来表示）：

$$H\left(s\right)=\frac{1}{s^N+a_1s^{N-1}+\cdots+a_{N-1}s^{N-1}+a_N}$$

其中系数可以在确定滤波器的阶数N后通过查表获得。表 19-7 给出了 10 阶以内巴特沃斯滤波器的系数列表。

表 19-7 10 阶以内的归一化巴特沃斯滤波器传递函数系数表

阶数	a_1	a_2	a_3	a_4	a_5	a_6	a_7	a_8	a_9	a_{10}
1	1									
2	1.414	1								
3	2.000	2.000	1							
4	2.613	3.414	2.613	1						
5	3.236	5.236	5.236	3.236	1					
6	3.864	7.464	9.142	7.464	3.864	1				
7	4.494	10.098	14.592	14.592	10.098	4.494	1			
8	5.126	13.137	21.846	25.688	21.846	13.137	5.126	1		
9	5.759	16.582	31.163	41.986	41.986	31.163	16.582	5.759	1	
10	6.392	20.432	42.802	64.882	74.233	64.882	42.802	20.423	6.392	1

巴特沃斯滤波器的阶数，可根据需要的通带和阻带的截止频率和纹波大小等滤波器频率特性，按照下式来估算：

$$N=\left[\frac{\ln\left(\dfrac{\sqrt{10^{\frac{A_s}{10}}-1}}{\sqrt{10^{\frac{A_p}{10}}-1}}\right)}{\ln\left(\dfrac{\Omega_s}{\Omega_p}\right)}\right]$$

其中 A_p 和 A_s 是单位为 dB 的通带和阻带纹波；[ ]为在数轴上向正无穷方向取整的符号。Ω_p 和 Ω_s 分别与通带和阻带截止频率有关，各种类型的通带可以按表 19-8 进行计算。

表 19-8 用于滤波器阶数估计的 Ω_p 和 Ω_s 计算

<table>
<tr><th>类型</th><th colspan="2">公式</th></tr>
<tr><td>低通</td><td colspan="2">$\Omega_p=\tan\left(\pi\bullet\frac{\text{通带截止频率}f_p}{\text{采样频率}f_s}\right)$，$\Omega_s=\tan\left(\pi\bullet\frac{\text{阻带截止频率}f_{st}}{\text{采样频率}f_s}\right)$</td></tr>
<tr><td>高通</td><td colspan="2">$\Omega_p=\frac{1}{\tan\left(\pi\bullet\frac{\text{通带截止频率}f_p}{\text{采样频率}f_s}\right)},\Omega_s=\frac{1}{\tan\left(\pi\bullet\frac{\text{阻带截止频率}f_{st}}{\text{采样频率}f_s}\right)}$</td></tr>
<tr><td>带通</td><td>$\Omega_p=\Omega_{HP}-\Omega_{LP}$
$\Omega_s=\min\left(\left|\Omega_{LS}-\frac{\Omega_{LP}\Omega_{HP}}{\Omega_{LS}}\right|,\left|\Omega_{HS}-\frac{\Omega_{LP}\Omega_{HP}}{\Omega_{HS}}\right|\right)$</td><td rowspan="2">$\Omega_{LP}=\tan\left(\pi\bullet\frac{\text{低通带截止频率}f_{LP}}{\text{采样频率}f_s}\right)$
$\Omega_{HP}=\tan\left(\pi\bullet\frac{\text{高通带截止频率}f_{HP}}{\text{采样频率}f_s}\right)$
$\Omega_{LS}=\tan\left(\pi\bullet\frac{\text{低阻带截止频率}f_{LS}}{\text{采样频率}f_s}\right)$
$\Omega_{HS}=\tan\left(\pi\bullet\frac{\text{高阻带截止频率}f_{LS}}{\text{采样频率}f_s}\right)$</td></tr>
<tr><td>带阻</td><td>$\Omega_p=\min\left(\frac{1}{\left|\Omega_{LS}-\frac{\Omega_{LP}\Omega_{HP}}{\Omega_{LS}}\right|},\frac{1}{\left|\Omega_{HS}-\frac{\Omega_{LP}\Omega_{HP}}{\Omega_{HS}}\right|}\right)$
$\Omega_s=\frac{1}{\Omega_{HS}-\Omega_{LS}}$</td></tr>
</table>

位于LabVIEW函数选板Function → Signal Processing → Filters → Advanced IIR下的Butterworth Order Estimation VI封装了估算巴特沃斯滤波器阶数的运算过程，可直接调用，根据通带、阻带的截止频率和纹波估算得到要使用的巴特沃斯滤波器阶数。一旦得到要使用的阶数，就可以查表获得滤波器的系数，完成数字滤波器的设计。LabVIEW把按阶数计算巴特沃斯数字滤波器系数的过程，封装在Butterworth Coefficients函数中。该函数能根据选定的每一级级联IIR滤波器的阶数，返回级联型巴特沃斯数字滤波器系数。获得级联型滤波器系数后，就可以调用IIR Cascade Filter函数对信号进行滤波。

图19-43给出了进行巴特沃斯滤波器设计及应用设计的滤波器对阶跃信号进行滤波的实例。程序一开始先根据对截止频率（注意，不一定是3dB截止频率）和纹波需求，调用Butterworth Order Estimation函数估算巴特沃斯滤波器阶数，同时返回幅度衰减至3dB（信号幅度降为原来$1/\sqrt{2}$，功率降至一半）时对应的截止频率。此后，程序根据估计得到的阶数和3dB截止频率，调用Butterworth Coefficients函数返回巴特沃斯滤波器的级联系数。该函数可依据滤波器类型自动选择二阶或四阶IIR直接型滤波器作为级联的基本单元。如滤波器类型为低通或高通，就选用二阶直接型滤波器IIR滤波器作为级联基本单元。若类型为带通或带阻，则选用四阶直接型滤波器IIR滤波器作为级联基本单元。

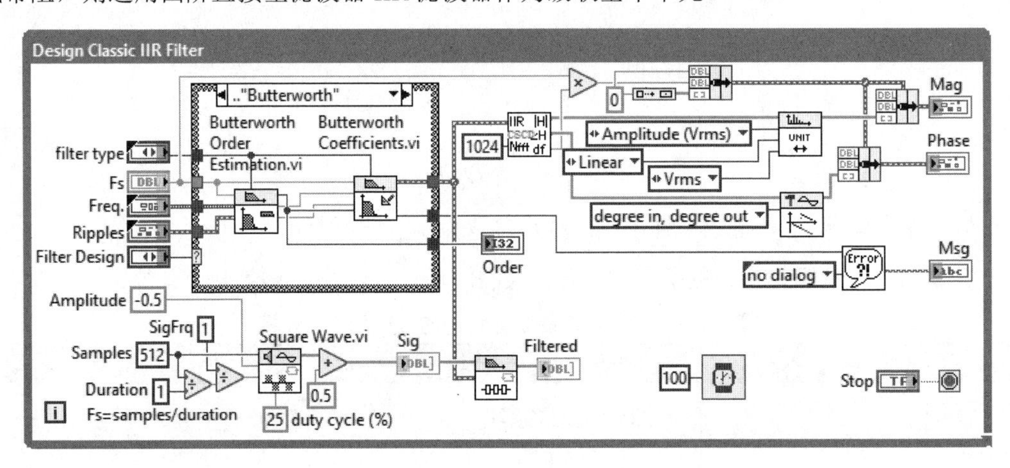

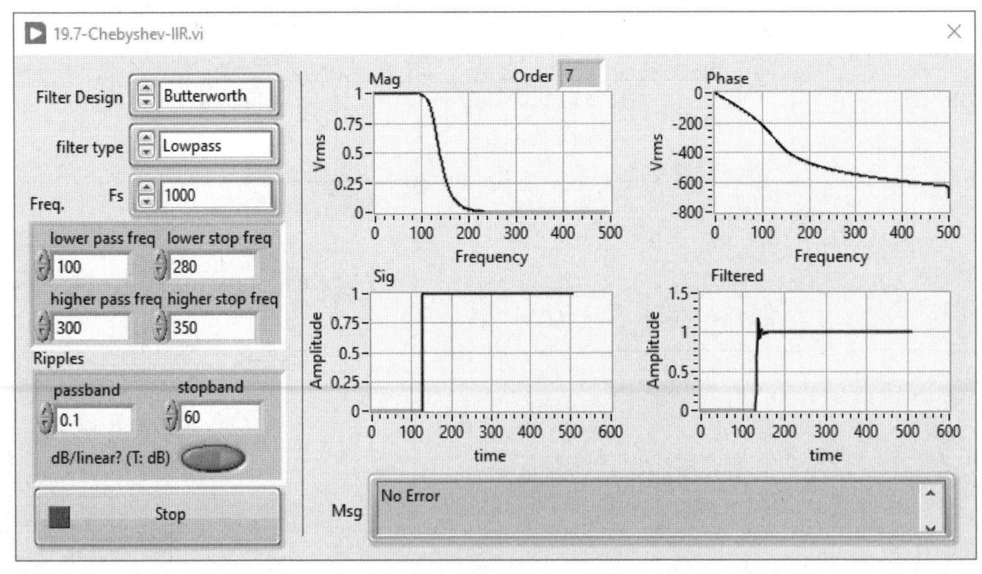

图19-43 巴特沃斯IIR滤波器设计和应用实例

得到滤波器的系数后，程序分别计算了所设计滤波器的幅频响应和相频响应，同时使用所设计的滤波器对 Square Wave 函数生成的阶跃信号进行滤波。选择不同的截止频率并运行程序，可以从前面板所显示的滤波器频率响应曲线上来验证巴特沃斯滤波器的特点。在输入截止频率时，应注意不同类型滤波器截止频率之间的大小关系。例如，对于带通滤波器应有下列关系，低阻带截止频率 < 低通带截止频率 < 高通带截止频率 < 高阻带截止频率。

19.4.2.2 切比雪夫滤波器

切比雪夫（Chebyshev）滤波器因其基于切比雪夫多项式实现而命名，切比雪夫多项式是由俄国数学家切比雪夫（1821—1894）发现的。切比雪夫滤波器可用来分离不同的频段，其实现策略是允许在频响特性存在一定的纹波，以换取更窄的过渡带。尽管切比雪夫滤波器频率特性不如加窗 Sinc 滤波器，但由于不使用卷积运算，因此它的速度通常比加窗 Sinc 滤波器快一个数量级。而且对大多数应用来说，使用切比雪夫滤波器就已经足够解决问题了。

切比雪夫滤波器有切比雪夫 I 型和 II 型两个变种，其中切比雪夫 II 型滤波器又称为反切比雪夫（Inverse Chebyshev）滤波器。切比雪夫 I 型滤波器允许通带内存在纹波，以换取较窄的过渡带。切比雪夫 II 型滤波器则允许阻带内存在纹波，以换取较窄的过渡带。切比雪夫低通滤波器的系统传递函数如下：

$$\text{切比雪夫 I 型：} \left|H(\mathrm{j}\Omega)\right|^2 = \frac{1}{1+\varepsilon^2 C_N^2\left(\dfrac{\Omega}{\Omega_\mathrm{c}}\right)}$$

$$\text{切比雪夫 II 型：} \left|H(\mathrm{j}\Omega)\right|^2 = \frac{1}{1+\dfrac{1}{\varepsilon^2 C_N^2\left(\dfrac{\Omega}{\Omega_\mathrm{c}}\right)}}$$

其中 ε 为绝对值小于 1 的系数，它决定了通带纹波的大小，数值越大，纹波幅度越大。Ω_c 为截止频率；N 为滤波器的阶数；$C_N\left(\dfrac{\Omega}{\Omega_\mathrm{c}}\right)$ 为 N 阶切比雪夫多项式，定义如下：

$$C_N\left(\frac{\Omega}{\Omega_\mathrm{c}}\right) = \begin{cases} \cos\left(N \cdot \arccos\dfrac{\Omega}{\Omega_\mathrm{c}}\right), & \left|\dfrac{\Omega}{\Omega_\mathrm{c}}\right| \leqslant 1 \\ \cosh\left(N \cdot \operatorname{arccosh}\dfrac{\Omega}{\Omega_\mathrm{c}}\right), & \left|\dfrac{\Omega}{\Omega_\mathrm{c}}\right| > 1 \end{cases}$$

切比雪夫 I 型和 II 型滤波器的阶数 N，均可根据需要的通带和阻带的截止频率和纹波大小等滤波器频率特性，按照下式估算：

$$N = \left\lceil \frac{\operatorname{arccosh}\left(\dfrac{\sqrt{10^{\frac{A_\mathrm{s}}{10}}-1}}{\sqrt{10^{\frac{A_\mathrm{p}}{10}}-1}}\right)}{\operatorname{arccosh}\left(\dfrac{\Omega_\mathrm{s}}{\Omega_\mathrm{p}}\right)} \right\rceil$$

其中 A_p 和 A_s 是单位为 dB 的通带和阻带纹波；$\lceil\ \rceil$ 为在数轴上向正无穷方向取整的符号。Ω_p 和 Ω_s 分别与通带和阻带截止频率有关，各种类型的通带可按表 19-8 计算。

和巴特沃斯滤波器类似，位于 LabVIEW 函数选板 Function → Signal Processing → Filters → Advanced IIR 下的 Chebyshev Order Estimation 和 Inverse Chebyshev Order Estimation VI 分别封装了切比雪夫 I 型和 II 型滤波器阶数的运算过程，根据通带、阻带的截止频率和纹波大小，使用该 VI 可估算要使

用的切比雪夫滤波器阶数。一旦得到要使用的阶数，就可以调用 Chebyshev Coefficients 或 Inverse Chebyshev Coefficients 函数，根据选定的每一级级联 IIR 滤波器的阶数，返回级联型切比雪夫滤波器的系数。获得级联型滤波器系数后，就可以调用 IIR Cascade Filter 函数对信号进行滤波。

图 19-44 是一个可以在前面板输入阶数，并在同一图中绘制各阶滤波器幅度响应曲线的程序，可用于对同一滤波器不同阶数进行比较。以切比雪夫 I 型低通滤波器为例，当用户选择了 3dB 截止频率后，就可以在数组 Order 中输入要显示的滤波器幅度响应的阶数。当输入阶数不为 0 时，程序就逐个针对各阶数调用 Chebyshev Coefficients 函数，计算级联型切比雪夫滤波器的系数，并在图中绘制其幅度响应曲线，直到所有阶数对应的滤波器幅度响应曲线均被绘制为止。

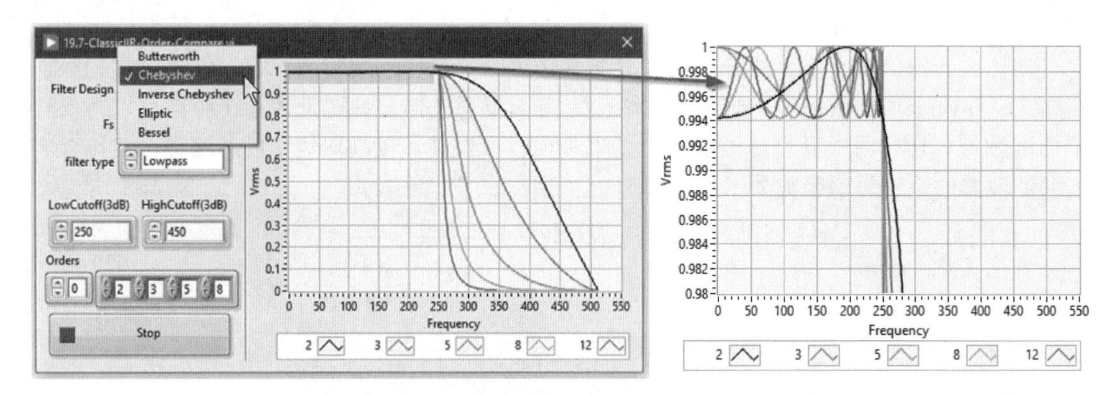

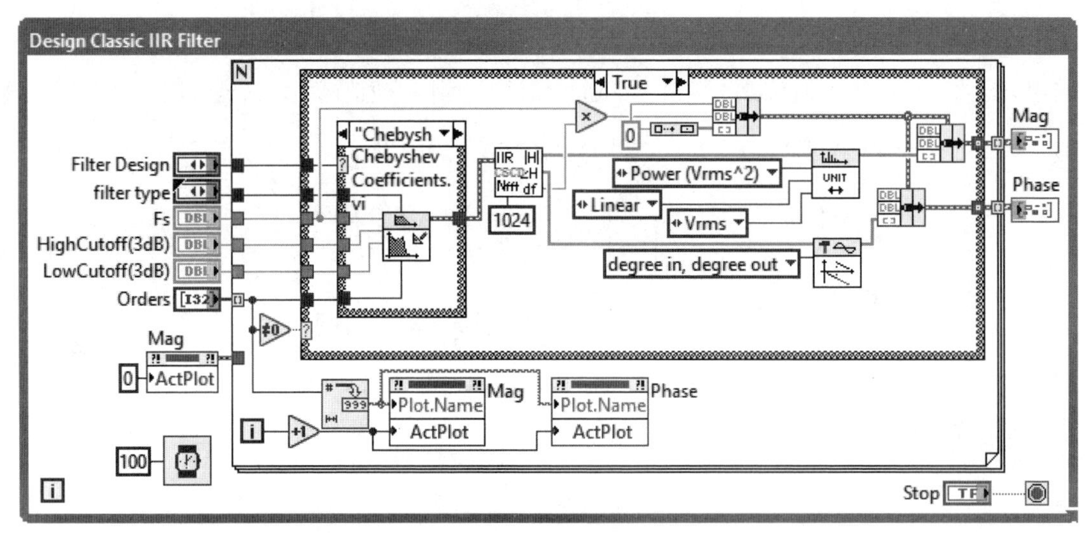

图 19-44　经典滤波器不同阶数频谱比较程序

运行程序并观察幅频响应曲线，可以发现切比雪夫 I 型滤波器的特点如下：

（1）阶数越高，过渡带越窄。

（2）通带内存在等幅纹波。

放大幅频响应曲线的 Y 轴尺度，会发现切比雪夫 I 型滤波器通带内具有等幅纹波。频率响应中允许的纹波大小（以 dB 为单位），决定了实际滤波器与理想滤波器幅频响应之间的最大容许误差（Maximum Tolerable Error），即幅频响应差值绝对值的最大值。切比雪夫滤波器会根据幅频响应中的最大容许误差，尽可能地使通带、阻带或两者中的峰值误差最小。

（3）阻带内幅频响应单调下降，且具有更大的衰减。

（4）相较于巴特沃斯滤波器，切比雪夫Ⅰ型滤波器能以较低的阶数实现通带到阻带的陡峭过渡。也就是说，对过渡带宽需求相同时，切比雪夫Ⅰ型滤波器比巴特沃斯滤波器的执行速度快，且绝对误差小。

（5）虽然过渡带宽比巴特沃斯滤波器窄，但切比雪夫Ⅰ型滤波器在通带内幅频特性却不如巴特沃斯滤波器平坦。

类似地，从图 19-44 所示程序中选择反切比雪夫滤波器，输入要比较的阶数运行后，程序会调用 Inverse Chebyshev Coefficients 函数生成滤波器系数，并绘制如图 19-45 所示的不同阶数切比雪夫Ⅱ型滤波器幅频响应。观察幅频响应曲线，可以发现切比雪夫Ⅱ型滤波器有以下特点：

（1）阶数越高，过渡带越窄。

（2）阻带内存在等幅纹波。放大幅频响应曲线的 Y 轴尺度，会发现切比雪夫Ⅱ型滤波器阻带内有等幅纹波。

（3）通带内幅频响应单调下降。

（4）相较于巴特沃斯滤波器，切比雪夫Ⅱ型滤波器也能以较低的阶数实现通带到阻带的陡峭过渡。

由此可见，如果特别关注过渡带的陡峭程度，但允许通带存在少许纹波，可选用切比雪夫Ⅰ型滤波器。若要求过渡带陡峭，不允许通带存在纹波但接受阻带纹波，就可以选用切比雪夫Ⅱ型滤波器。实际中数字滤波器的纹波设置为 0.5% 为宜，这和信号通过的模拟电路的精确性和准确性相匹配。此外切比雪夫Ⅱ型滤波器使用的相对较少。

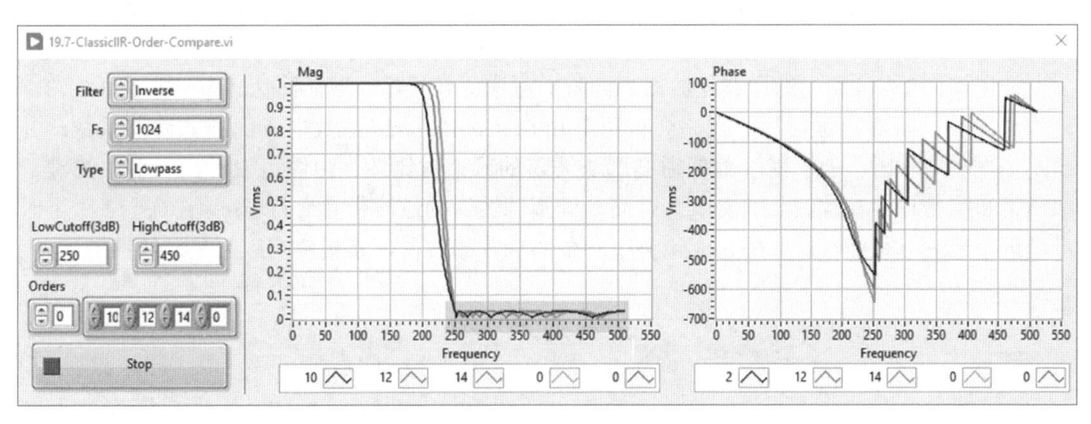

图 19-45　不同阶数切比雪夫Ⅱ型低通滤波器对比

FIR 滤波器中的加窗 Sinc 滤波器和切比雪夫滤波器都具有分离频带的作用。加窗 Sinc 滤波器比切比雪夫滤波器有更好的频率响应（更窄的过渡带和更大的阻带衰减），但是由于它是基于卷积进行滤波，因而比采用递归算法滤波的切比雪夫滤波器要慢很多。

19.4.2.3　椭圆滤波器

椭圆（Elliptic）滤波器在通带和阻带都有纹波，但是与巴特沃斯和切比雪夫滤波器相比，它具有最“陡峭”的过渡带特性。椭圆滤波器常常是模拟电路和数字信号处理领域专业滤波器设计者的首选，其频率响应为

$$\left|H(\mathrm{j}\Omega)\right|^2=\frac{1}{1+\varepsilon^2 R_N^2\left(\dfrac{\Omega}{\Omega_\mathrm{c}}\right)}$$

其中ε是和通带纹波大小相关的系数，数值越大，纹波幅度越大。Ω_c为截止频率；N为滤波器的阶数。$R_N\left(\dfrac{\Omega}{\Omega_c}\right)$为$N$阶雅可比椭圆函数，Zverev 已将其制成可查询的表格。椭圆滤波器的阶数N，可根据需要的通带和阻带的截止频率和纹波大小等滤波器频率特性，按照下式估算：

$$N=\left\lceil\frac{F\left(\dfrac{\Omega_p}{\Omega_s}\right)\cdot F\left(\sqrt{1-\left(\dfrac{\sqrt{10^{\frac{A_p}{10}}-1}}{\sqrt{10^{\frac{A_s}{10}}-1}}\right)^2}\right)}{F\left(\dfrac{\sqrt{10^{\frac{A_p}{10}}-1}}{\sqrt{10^{\frac{A_s}{10}}-1}}\right)\cdot F\left(\sqrt{1-\left(\dfrac{\Omega_p}{\Omega_s}\right)^2}\right)}\right\rceil$$

其中A_p和A_s是单位为 dB 的通带和阻带纹波；$\lceil\ \rceil$为在数轴上向正无穷方向取整的符号。Ω_p和Ω_s分别与通带和阻带截止频率有关，各种类型的通带可按表 19-8 进行计算。$F(x)$是第一类完整椭圆积分，定义如下：

$$F(x)=\int_0^{\pi/2}\frac{1}{\sqrt{1-x^2\sin^2\theta}}\mathrm{d}\theta$$

位于 LabVIEW 函数选板 Function → Signal Processing → Filters → Advanced IIR 下的 Elliptic Order Estimation VI 封装了椭圆滤波器阶数的计算过程，根据通带、阻带的截止频率和纹波大小，利用该 VI 可估算要使用的切比雪夫滤波器阶数。一旦得到要使用的阶数，就可以调用 Elliptic Coefficients 函数，根据选定的每一级级联 IIR 滤波器的阶数，返回级联型椭圆滤波器的系数。获得级联型滤波器系数后，就可以调用 IIR Cascade Filter 函数对信号进行滤波。

使用如图 19-44 所示的经典滤波器不同阶数频谱比较程序，在前面板上选择椭圆滤波器，输入要比较的阶数，运行后，程序会调用 Elliptic Coefficients 函数生成椭圆滤波器系数，并绘制如图 19-46 所示的不同阶数低通椭圆滤波器的频谱对比图。由图可以看出，椭圆滤波器在通带和阻带均存在纹波。随着阶数升高，椭圆滤波器的过渡带会变得越陡峭，在 12 阶上时已经近乎变为垂直竖线。此外，无论哪个阶数的椭圆滤波器，其相位响应都是非线性的。

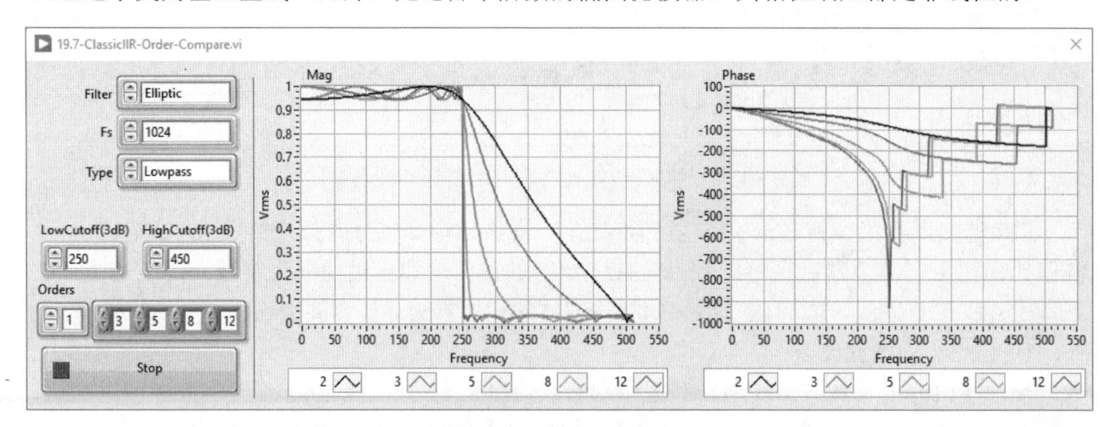

图 19-46　不同阶数低通椭圆滤波器对比

图 19-47 给出了一个同一阶数典型滤波器频谱的对比程序，可以根据指定的滤波器类型和阶数，绘制巴特沃斯滤波器、切比雪夫滤波器、椭圆滤波器和贝塞尔滤波器的频谱。程序一开始先使用字符串数组将要绘制的滤波器进行列表，然后由 For 循环索引这些数组，逐个

调用各经典 IIR 滤波器对应的系数生成程序，并绘制其频谱。为了对各滤波器对应的频谱进

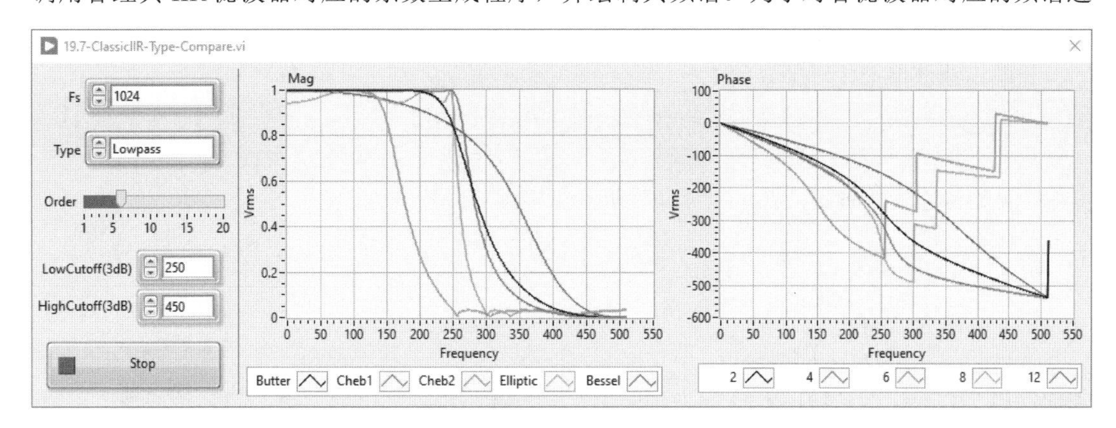

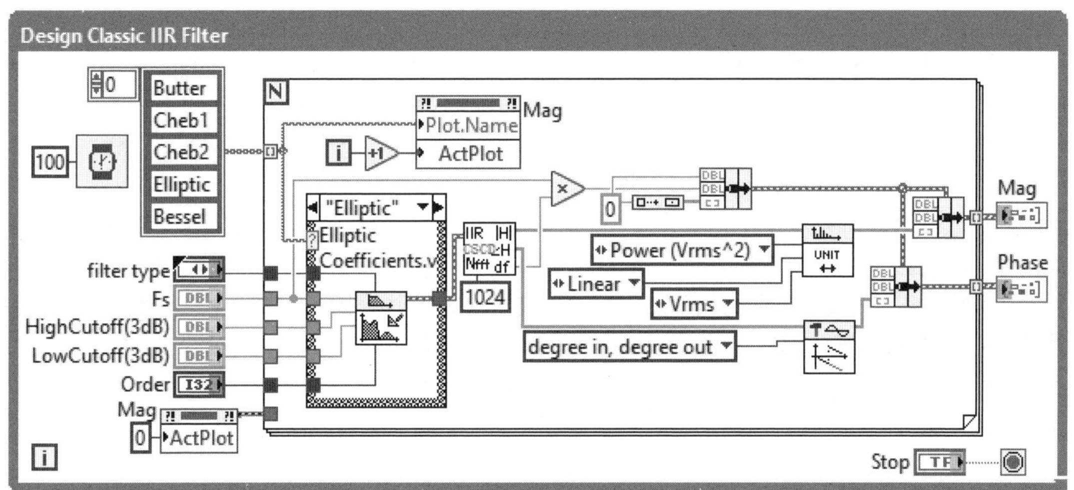

图 19-47 经典低通滤波器频谱对比

行标记，程序还使用滤波器名称的缩写，逐个改变图表的属性 Plot.Name，以显示不同颜色曲线与滤波器之间的对应关系。观察程序运行结果，不难得到如表 19-9 所示的经典模拟滤波器特性对比结果。

表 19-9 经典模拟滤波器特性对比

IIR 滤波器	通带纹波	阻带纹波	过渡带（相同阶数）	相同特性需要的阶数
巴特沃斯	无	无	最宽	最高
切比雪夫 I 型	有	无	窄	较低
切比雪夫 II 型	无	有	窄	较低
椭圆	有	有	最窄	最低

注意，椭圆滤波器的相位响应的非线性程度很大，特别是通带内靠近频带边缘处，椭圆滤波器比巴特沃斯滤波器或者切比雪夫滤波器更加非线性。相较而言，贝塞尔滤波器在通带内比其他几个经典 IIR 滤波器有更好的线性相位。

19.4.2.4 贝塞尔滤波器

贝塞尔（Bessel）滤波器得名于德国数学家弗雷德里希・贝塞尔，他发展了滤波器的数学理论基础。贝塞尔滤波器的主要特性是幅度响应和相位响应均有最大限度的平坦性，而且在通

带内具有线性相位响应。也就是说贝塞尔滤波器在几乎整个通带都具有恒定的群延迟，能保持被过滤信号的波形畸变较小。因此贝塞尔滤波器可用来减少 IIR 滤波器的非线性相位失真。

贝塞尔滤波器的传递函数如下：

$$\left|H(\mathrm{j}\Omega)\right| = \left|\frac{B_N(0)}{B_N(\mathrm{j}\Omega)}\right|$$

其中，N 为滤波器的阶数；$B_N(s)$ 为 N 次贝塞尔多项式，形式为

$$B_N(s) = \sum_{k=0}^{M} a_k s^k$$

其中，$a_k = \dfrac{(2N-k)!}{2^{N-k} k!(N-k)!}$。

使用 $B_0(s)=1$ 和 $B_1(s)=s+1$ 作为初始条件，贝塞尔多项式可根据下面的关系递推产生：

$$B_N(s) = (2N-1)B_{N-1}(s) + s^2 B_{N-2}(s)$$

位于 LabVIEW 函数选板 Function → Signal Processing → Filters → Advanced IIR 下的 Bessel Coefficients 函数封装了根据 3dB 截止频率和计划使用的每一级级联 IIR 滤波器的阶数，返回级联型椭圆滤波器的系数的过程。获得级联型滤波器系数后，就可以调用 IIR Cascade Filter 函数对信号进行滤波。

再次使用如图 19-44 所示的经典滤波器不同阶数频谱比较程序，在前面板上选择贝塞尔滤波器，输入要比较的阶数运行后，程序会调用 Bessel Coefficients 函数生成滤波器系数，并绘制如图 19-48 所示的不同阶数低通贝塞尔滤波器的频谱对比图。由图可以看出，贝塞尔滤波器在通带内有更好的线性相位，但是其幅度响应却不尽人意，即使提高滤波器的阶数，也没有很大提升。但是实际中，贝塞尔滤波器必须通过提高阶数来减小峰值误差，因此它的应用范围是有限的。若对线性相位要求很高，可以考虑使用 FIR 滤波器。

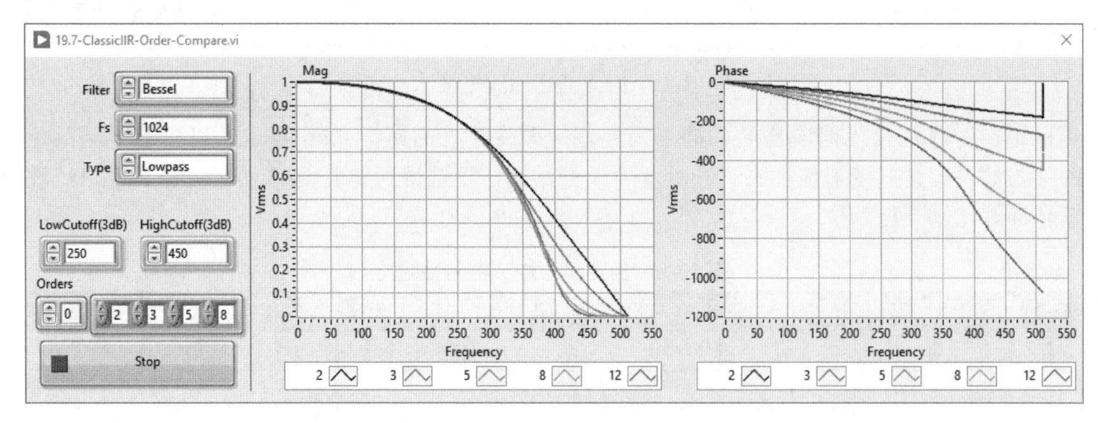

图 19-48　不同阶数低通贝塞尔滤波器对比

贝塞尔滤波器的另一优点是相对于其他几个经典 IIR 滤波器来说，对阶跃响应有很小的过冲。图 19-49 是一个使用各经典 IIR 低通滤波器对一个阶跃信号进行滤波的例子。程序按照字符串数组 Filter 中的配置，索引每种滤波器的系数生成函数，并将其输入至级联滤波器（IIR Cascade Filter）函数中，对阶跃信号进行滤波。各个滤波器对阶跃信号滤波后的序列被打包成二维数组，其中每一维数据代表一个滤波后的序列。该二维数组被输入至两个图形显示控件中进行显示，一个用于显示阶跃响应的全貌，另一个则只放大显示过冲部分。

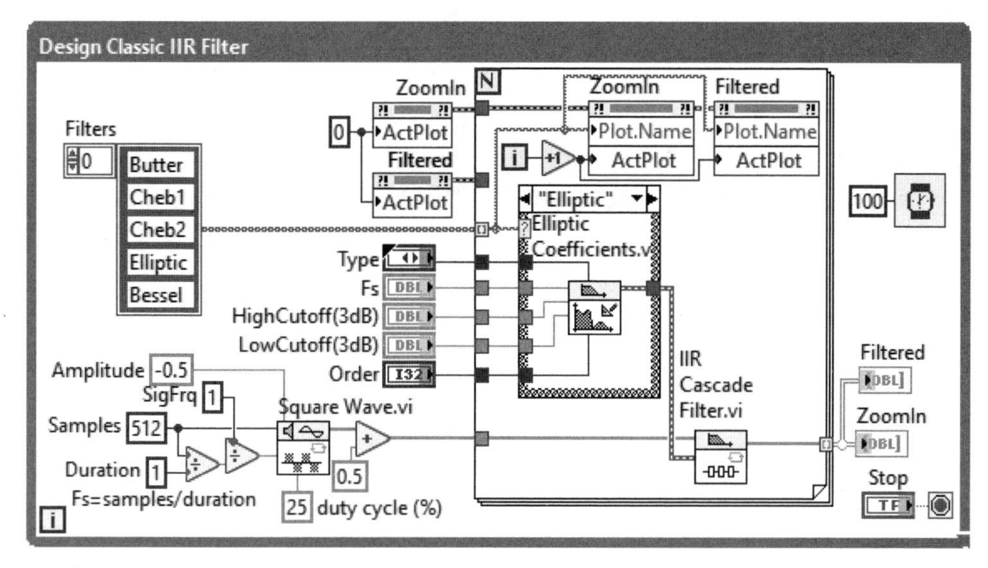

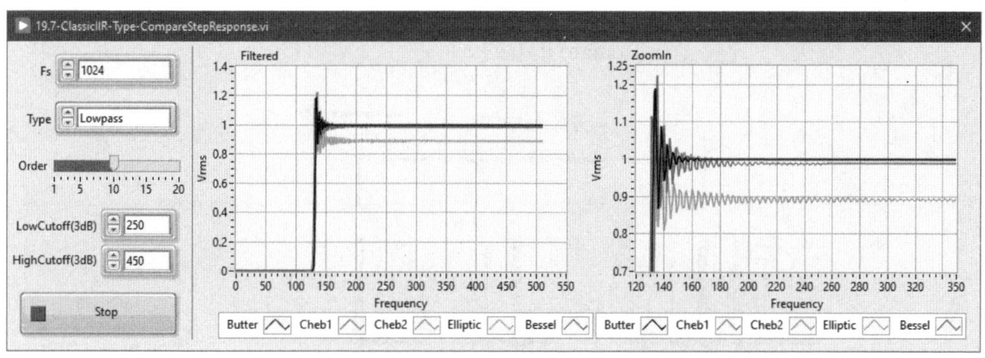

图 19-49　经典 IIR 低通滤波器阶跃响应对比

从程序运行的结果来看，除了贝塞尔滤波器外，其他几种经典 IIR 滤波器的阶跃响应均具有很大的过冲。因此，当信号中含有较多阶跃成分时，应采用贝塞尔滤波器进行滤波。图 19-50 是一个滤波器选择的流程图，供实际工程应用中选择滤波器时参考。具体工程中应主要考虑滤波器的相位是否线性、滤波器通带阻带是否允许纹波，以及对过渡带宽度的要求。当然在实际工程实践中，还应根据实验结果对各种备选滤波器进行比较选用。

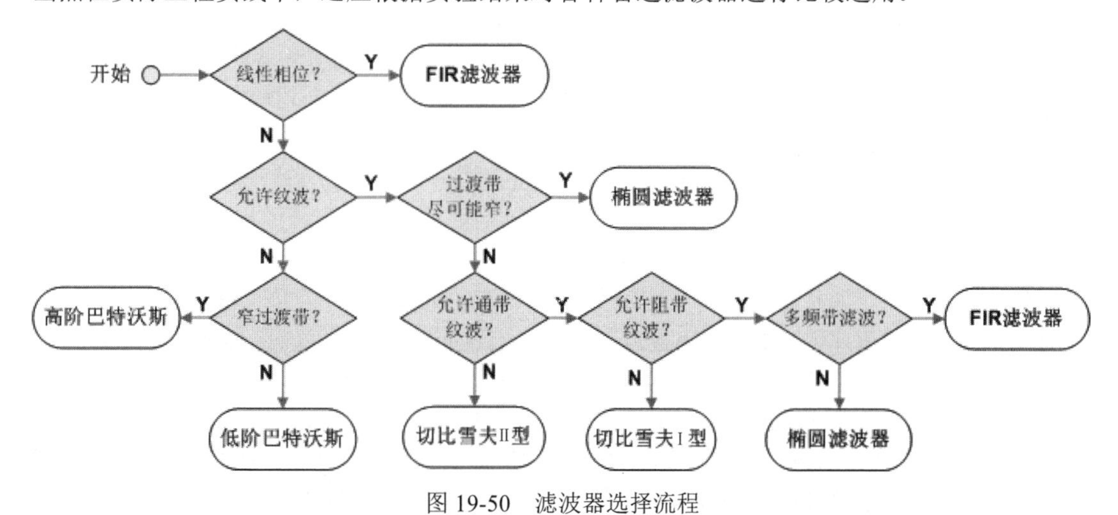

图 19-50　滤波器选择流程

19.5 非线性滤波器

数字滤波器可根据其系统是否为线性系统，分为线性、非线性和自适应等类型滤波器，FIR 和 IIR 滤波器均属于线性滤波器。线性滤波器对于加性噪声有好的抑制作用，但对于脉冲噪声和乘性噪声的作用不大。非线性滤波器对乘性噪声有较好的效果，它对输入信号按照某种逻辑运算进行滤波，如中值滤波器、数学形态学滤波器（包括被称为最大值滤波器和最小值滤波器的两种滤波器）和卡尔曼滤波器。

中值滤波器（Median Filter）是一种非线性数字滤波器，常用于去除信号中的噪声。其设计思想是循环地选取以输入信号中第 i 个元素为中心的子集作为观察窗口，对其中元素排序后取中值来代表第 i 点的信号。假定第 i 个点 x_i 的窗口 W_i 表示如下：

$$W_i=\{x_{i-LR},x_{i-LR+1},x_{i-LR+2},\cdots,x_{i-1},x_i,x_{i+1},x_{i+2},\cdots,x_{i+RR-1},x_{i+RR}\}$$

其中，LR 是第 x_i 个点左侧元素的个数，称为左秩（Left Rank）。RR 是第 x_i 个点右侧元素的个数，称为右秩（Right Rank）。这样中值滤波器就可以按下面的式子描述（图 19-51 给出了中值滤波过程示意图）：

$$y_i=\text{Median}(W_i),\quad i=0,1,\cdots,\quad(N-1)$$

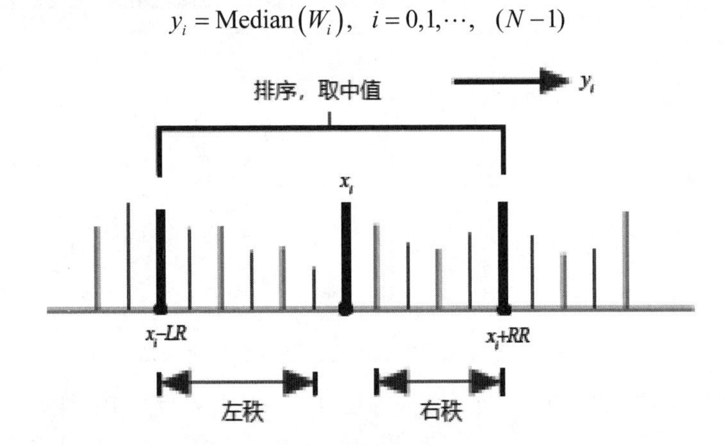

图 19-51 中值滤波过程

均值滤波与中值滤波很相近，都有抑制噪声的能力。但是在均值滤波中，噪声成分也参与了平均计算过程，所以滤波输出还是会受到噪声的影响。但中值滤波中，噪声成分被选为中值的概率较小，所以中值滤波抑制噪声的能力更胜一筹。但是由于要对窗内的数据排序并取中值，因此中值滤波的计算量相对大些，它的执行时间大约是均值滤波的 5 倍以上。

图 19-52 是一个使用 LabVIEW 提供的中值滤波函数对含有高斯白噪声的脉冲信号进行滤波的实例程序。程序先使用 Pulse Pattern 和 Gaussian White Noise 函数生成含有高斯白噪声的脉冲信号，然后调用位于 Function → Signal Processing → Filters 函数面板中的中值滤波器（Median Filter）函数对信号进行滤波，并将滤波前后的信号序列组合成簇一并显示在 Graph 图形控件中。程序还调用了 Pulse Parameters 函数，计算了滤波后脉冲信号的幅度、宽度和延时参数。运行程序，调整滤波器的左秩长度，并观察滤波结果，可以发现随着左秩变大，滤波效果会更好。但程序的计算量也相应增大。注意，实际中左秩与右秩一般取相同长度。在 Median Filter 中右秩默认为 -1，此时函数会假定右秩的长度与左秩长度相等。

数学形态学滤波器（Mathematical Morphological Filter）通过滑动一个选定长度的结构元素序列（Structure Element），然后取结构元素与所覆盖部分输入数据相加或相减后的最大或最小值，来实现对信号的滤波。取最大值的过程可看作是形态学操作的膨胀过程，取最小值的过程可看作是形态学操作的腐蚀过程。通常也将取最大值的形态学滤波器称为最大值滤波器，将取最小值的形态学滤波器称为最小值滤波器。

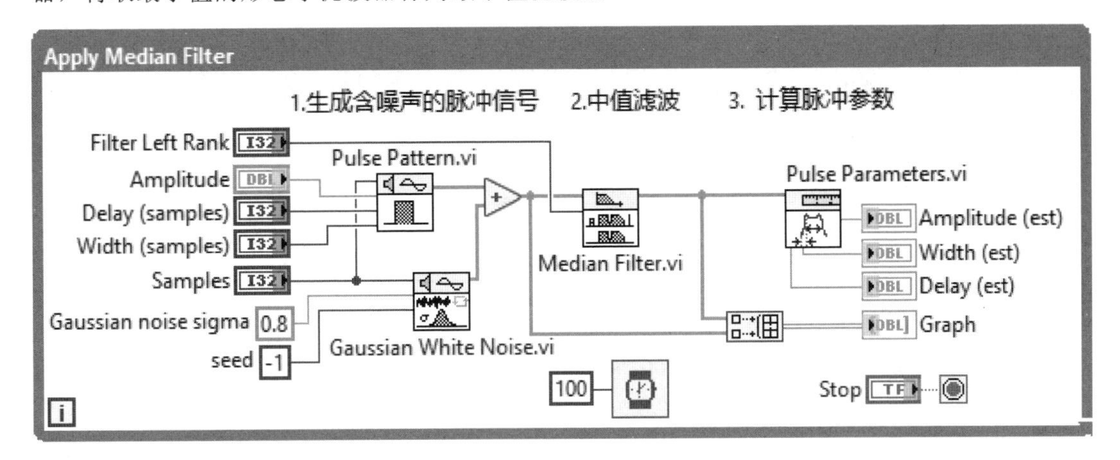

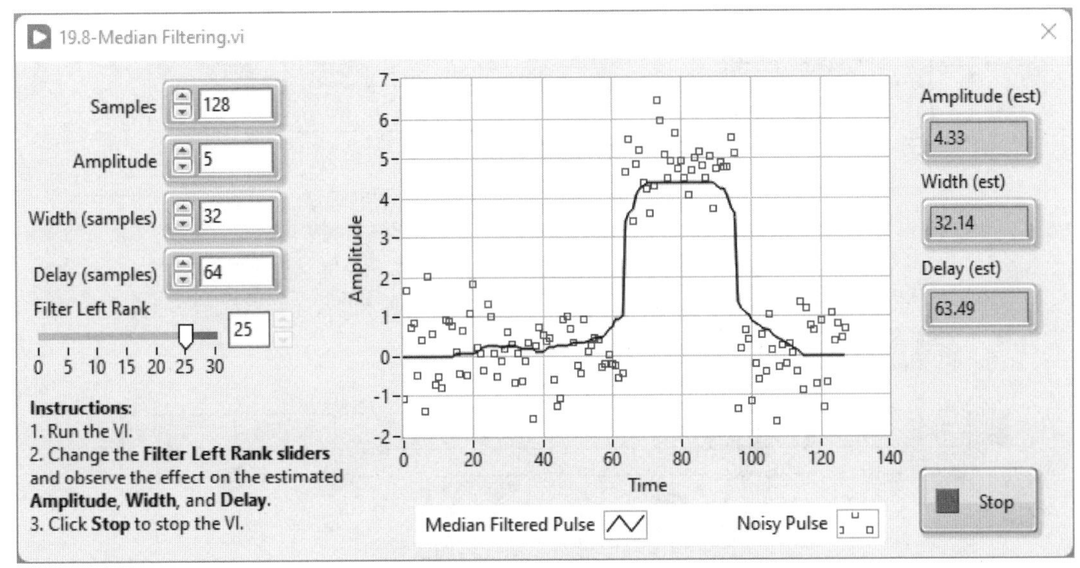

图 19-52 中值滤波程序实例

数学形态学滤波器在对输入信号滤波前，先会按照所选的结构元素序列长度 k 对输入信号序列进行扩展。扩展方法有补零法（Zero Padding）、对称法（Symmetric）和周期法（Periodic）三种，如图 19-53 所示。补零法通过在输入序列 X 的两端分别添加数量和结构元素序列长度相同的 k 个零来扩展序列。对称法则在输入序列 X 的两端分别复制序列，并确保两侧序列与原序列呈对称排列。若结构元素的长度 k 大于序列长度，对称法会在缺少的元素处补零。周期法则直接在原序列两侧周期性地复制原序列，若结构元素的长度 k 大于序列长度，该方法会在缺少的元素处继续周期性地复制原序列，直到扩展完成为止。

序列长度扩展完成后，数学形态滤波器便可以在扩展的序列上滑动结构元素（结构元素中元素值通常取 0），以便对原序列中每个值进行滤波。每滑动一次，滤波器先将结构元素中数据元素与所覆盖的数据中对应元素值相加或相减，然后取结果中的最大或最小值，来替换结构元素中首个数据覆盖的数据。将结构元素中各值与所覆盖的对应元素相减，然后取最小值的操作称为腐蚀（Erosion）；结构元素中各值与所覆盖的对应元素相加，然后取最大值的操作称为膨胀（Dilation）。图 19-54 显示了上述数学形态学滤波器的工作原理。

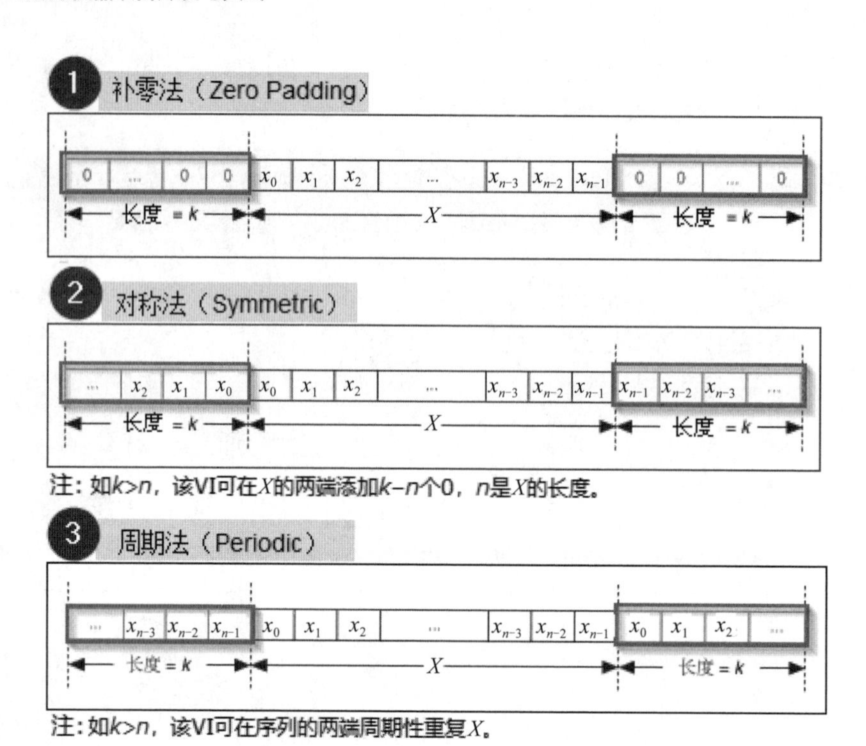

图 19-53　数学形态学滤波器对输入序列的扩展

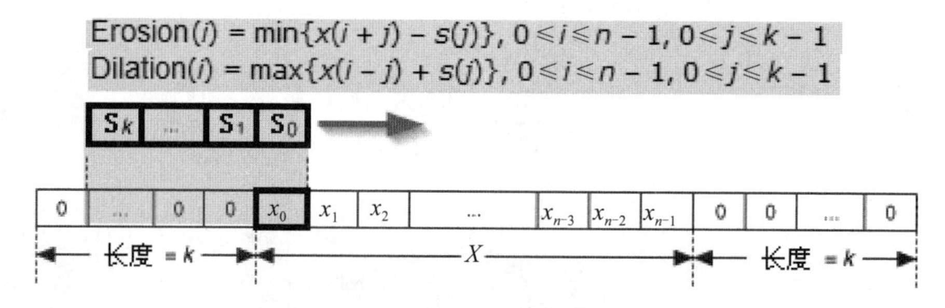

图 19-54　数学形态学滤波器的工作原理

使用数学形态滤波器可以减少输入信号中的噪声类型，同时保留与结构元素的大小匹配的信号波形。数学形态滤波器的腐蚀过程，有助于消除幅度较大的孤立噪声点对信号的影响，而膨胀过程则有助于消除幅度较小的孤立噪声点对信号的影响。将腐蚀和膨胀过程结合使用，还可构成各种其他的形态学运算。例如，对信号先进行腐蚀再进行膨胀，就可以构成开运算，它可以消除小于结构元素的大幅度噪声对信号的影响。若对信号先膨胀再腐蚀，则可以构成闭运算，它能消除小于结构元素的小幅度噪声对信号的影响。形态学运算在处理二维图像信号时极为有用，常用于研究图像各部分的关系，抑制噪声、提取特征、检测边缘、分割图像、识别目标形状、分析纹理、恢复与重建图像等。有关这部分的详细内容，可参阅笔者的《图像处理、分析与机器视觉——基于 LabVIEW》一书第 12 章。

图 19-55 是一个使用数学形态学滤波器对含高斯白噪声的信号进行滤波的实例。程序结构与图 19-52 所示的中值滤波程序类似，只是将滤波器替换为两个位于 Function → Signal Processing → Filters 函数选板中的数学形态学滤波器（Mathematical Morphological Filter）函数。其中一个对信号进行腐蚀操作，另一个对腐蚀后的信号进行膨胀操作，这样总体上就实现了对信号的开运算滤波。在使用 Mathematical Morphological Filter 函数的过程中，

信号序列的扩展使用了补零法，结构元素长度为10，元素的值均为0。经过开运算滤波后，脉冲信号的幅度稳定在原信号中幅度相对较低的位置，幅度较大的噪声对脉冲信号的影响得到了抑制。

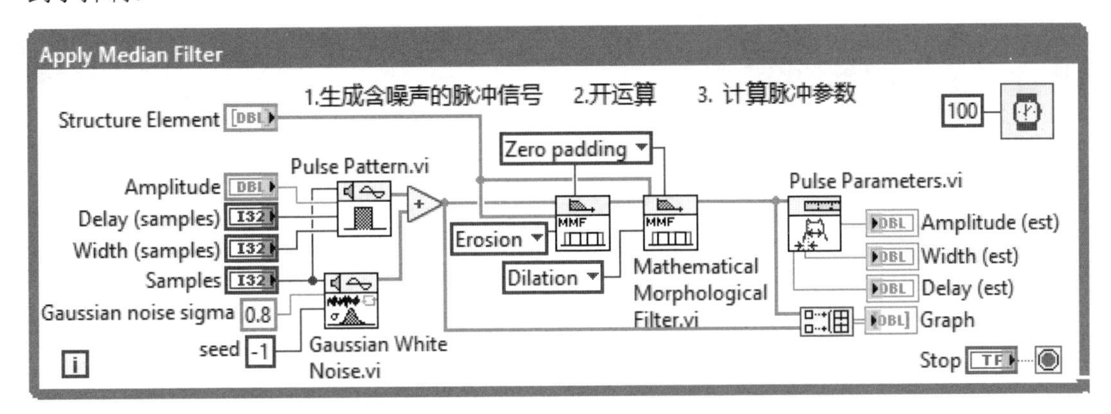

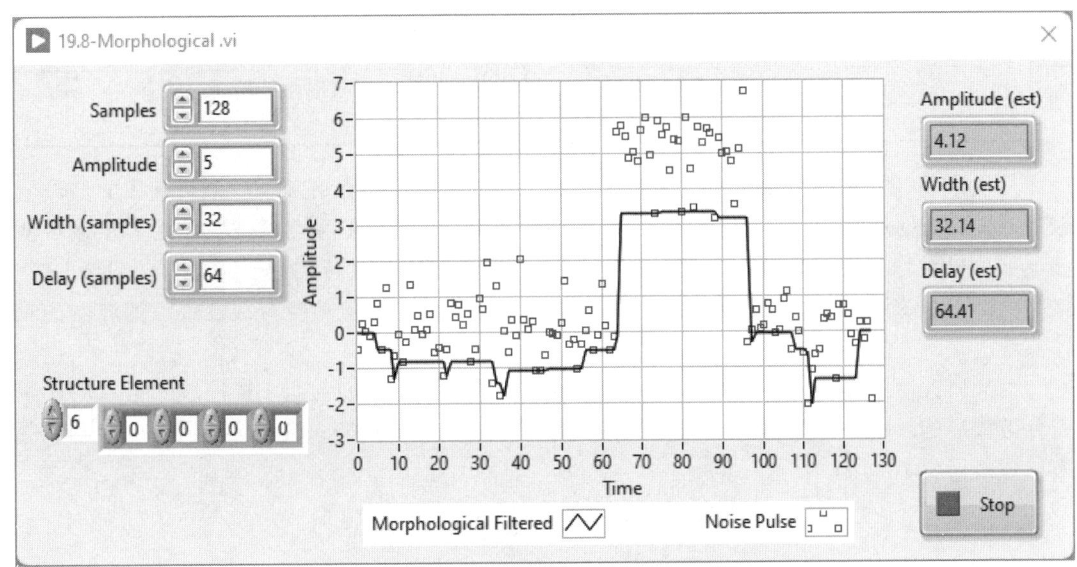

图 19-55 数学形态学滤波器实例

19.6 逐点滤波

从是否实时连续地配合数据采集和处理工作的角度来看，滤波器的应用场景可分为离线（Offline）或在线（Online）两种。离线使用时，滤波器对信号的滤波是在数据采集工作完成后进行。离线滤波过程一般基于一组数据序列（Array Based）完成，它将采集得到的信号数据块，整体读入数组缓冲区中，然后再调用滤波器函数对整个信号序列（或有意义的子序列）进行滤波。以在线方式运行的滤波器又分为逐段滤波（Block by Block）和逐点滤波（Point by Point）两类。逐段滤波的方法本质上是基于序列进行滤波，只是每次处理的数据量往往要比离线滤波单次所处理的数据量小得多。

逐点滤波则每次只对单个信号数据滤波，并配合数据采集和处理过程连续不断地在系统运行过程中执行。很显然，离线滤波和逐段滤波的方法都比逐点滤波要花费更长的运行时间，因此，对于高速运行的系统，需要使用逐点滤波来保证系统的实时性。

虽然逐点滤波器与基于缓冲区的滤波器基本原理相同，但是在具体实现和实际应用上，两者还有一些明显的差别。这些差别主要体现在工作方式、缓冲区分配、数据初始化以及实时性等方面。表 19-10 对逐点滤波与基于数组序列滤波进行了比较。

表 19-10　逐点滤波与基于数组序列滤波的比较

项　目	逐点滤波	基于数组序列缓冲区的滤波
工作方式	在线连续滤波	离线滤波
处理的数据单元	数据流中的单点数据	数组序列
一般用途	用于实时捕捉信号中的变化，并以事件方式报告	用于数据分析处理并生成整体报表
运行时表现	实时响应	延迟的处理过程
与数据采集同步性	同步	异步
数据初始化	系统运行后对数据初始化，无初始数据丢失现象	初始数据丢失，需在程序中进行补偿
程序缓冲区	不需要	需要
中断影响	可容忍	严重
兼容性	（1）与实时系统兼容。 （2）可兼容基于序列缓冲区的滤波	（1）与实时系统的兼容性有限。 （2）逐段滤波可勉强满足部分实时性

从程序设计的角度来看，多数线性逐点滤波器的实现，最终可基于三个最基本的滤波器来完成：FIR 逐点滤波器、直接型 IIR 逐点滤波器和级联型 IIR 逐点滤波器。而 FIR 逐点滤波器又可以看作是直接型 IIR 逐点滤波器的后向系数均为 0 的特殊情况。因此，只要研究直接型 IIR 逐点滤波器和级联型 IIR 逐点滤波器的设计，就可以掌握所有线性逐点滤波器的具体实现。

首先研究直接型 IIR 逐点滤波器的实现方式。如前所述，直接型 IIR 滤波器可以用递归差分方程描述。LabVIEW 使用了 y 项前为负号（传递函数中反向系数前为正号）的递归差分方程模型，表示如下：

$$y[i]=\frac{1}{a_0}\left(\sum_{k=0}^{M}b_k x[i-k]-\sum_{k=1}^{N}a_k y[i-k]\right)$$

其中，a_k 称为后向系数；b_k 称为前向系数，a_0 一般取值为 1。因此，若已确定滤波器系数，就可以根据此关系式编程实现直接型 IIR 逐点滤波器。

图 19-56 显示了直接型 IIR 逐点滤波器（IIR Filter PtByPt）函数的程序代码。该函数位于 Function → Signal Processing → Point By Point → Filters 函数选板中。观察程序代码可以发现，IIR Filter PtByPt 函数使用了功能全局量结构（第 8.2 节）。功能全局量由移位寄存器、选择结构和一个仅运行一次的 While 循环构成。由于 LabVIEW 会为每个移位寄存器分配一个内存缓冲，而且不允许同时对数据进行读写，因此可以有效解决数据冲突的问题。同时，在数据传递时，移位寄存器相对于局部变量和全局变量有更高的执行效率和可靠性。由于程序中的两个移位寄存器在 While 循环执行前并未被赋任何初值，因此当函数被重新调用时，仍能保留上次执行的结果。

在执行时，程序先检查函数是否为首次被调用或被设置为要求初始化，然后根据滤波器的系数和单个数据点，调用带初始化条件的直接型 IIR 逐点滤波器 IIR Filter with I.C. 函数。进一步观察这个被调用的函数代码，能明显看出正是按照递归差分方程模型，对单个数据点进行滤波。

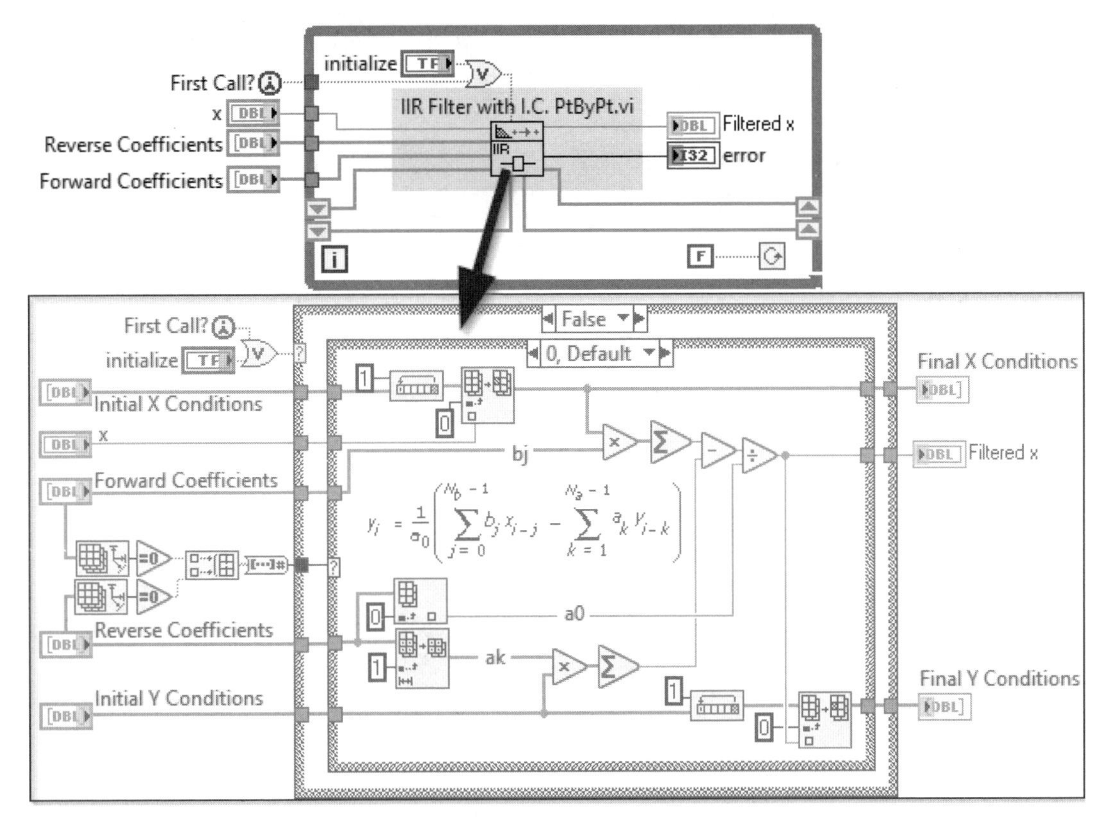

图 19-56 直接型 IIR 逐点滤波器的实现

因此，只要在程序中循环调用直接型 IIR 逐点滤波器函数对采集的数据点滤波即可。图 19-57 给出了一个使用 IIR Filter PtByPt 函数对数据进行逐点滤波的实例程序。一开始，程序在 While 循环中先调用 Smoothing Filter Coefficients 函数（位于 Function → Signal Processing → Advanced IIR 函数选板中）按照前面板上选择的指数类型，生成用于信号平滑的单极点 IIR 滤波器系数。然后程序进入 For 循环，由其中的矩形波和高斯白噪声函数逐点生成含有噪声的信号。IIR Filter PtByPt 函数使用之前生成的平滑滤波器系数，逐点对信号滤波。为了与基于数组序列的滤波方式进行比较，实例中还在每次 For 循环执行一轮 128 个数据点的处理后，使用 IIR Filter 对采集到的序列进行一次滤波。从显示的角度来看，由于逐点滤波连续输出单个点，所以使用了 Chart 控件进行显示。而基于序列的滤波结果则被显示在 Graph 控件中。

逐点滤波器函数在使用过程中会被高速多频次调用，因此要设置它为可重入（Reentrant）VI 的“为各实例预分配克隆”模式。如第 5.5 节所述，LabVIEW 会为可重入 VI 的每个实例创建独立的数据存储空间，把与它相关的数据区开辟在调用它的 VI 上。这样就保证可重入 VI 在不同的地方被同时调用时，各个实例使用相互独立的数据区，从而避免数据冲突。

此外，由于逐点滤波器使用了功能全局量的结构，在使用过程中应特别注意对数据的初始化，以免之前程序运行中所做的设置对本次滤波过程的干扰。对直接型 IIR 逐点滤波器来说，初始化时可以仅使用首个前向和后向系数配合信号输入值计算得到初始值，并将其余计算过程需要的中间量存储空间置零，如图 19-58 所示。

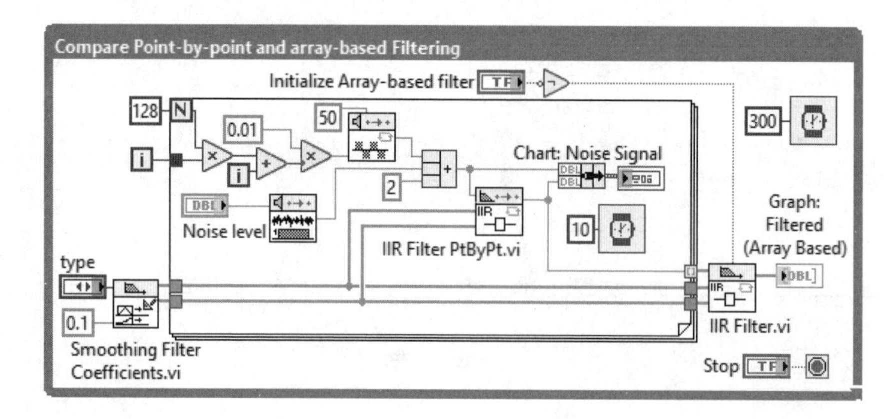

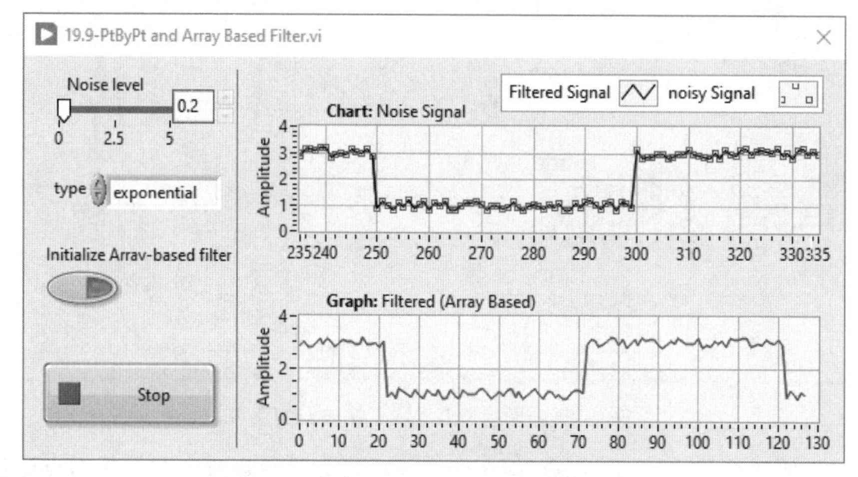

图 19-57 直接型 IIR 逐点滤波器的应用实例

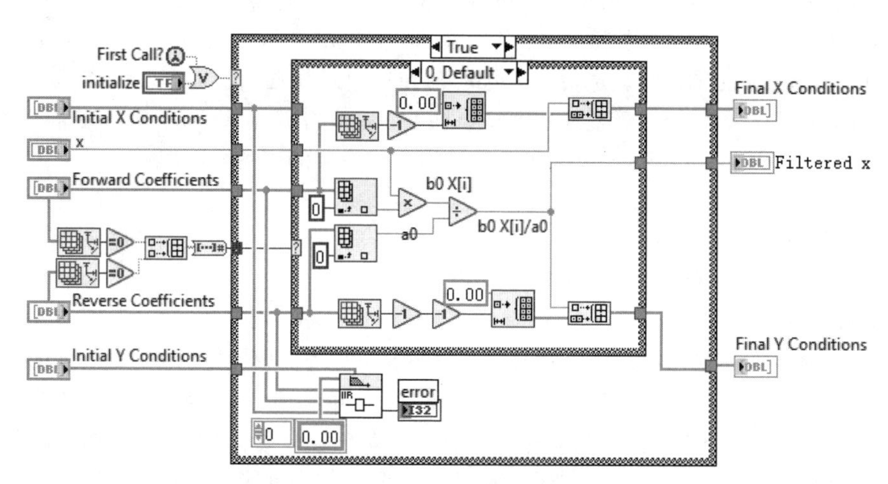

图 19-58 直接型 IIR 逐点滤波器的初始化

FIR 逐点滤波器可以看作是直接型 IIR 逐点滤波器的后向系数均为 0 的特殊情况。在图 19-57 给出的程序中，将 Smoothing Filter Coefficients 函数的滤波器类型选择为移动平均滤波器（Moving Average）时，该函数只生成前向系数，并将后向系数置零。在这种情况下，IIR Filter PtByPt 函数实际上实现的是 FIR 逐点滤波器的功能。

如 19.4 节所述，IIR 滤波器可以被拆解成以二阶或四阶直接 II 型 IIR 滤波器为单元的级联形式，而每个二阶或四阶单元又可以被拆解为两个简单 IIR 滤波器的级联形式，从而简化实现过程。这样就可以通过编程，以循环方式逐级计算各级输出，并将其作为下一级的输入，最终得到滤波结果。以二阶级联型 IIR 逐点滤波器的实现为例，其第 k 级的二阶 IIR 滤波器实现公式如下：

$$y_0[i]=x[i]$$
$$S_k[i]=y_{k-1}[i]+a_{1k}S_k[i-1]+a_{1k}S_k[i-2]$$
$$y_k[i]=b_{0k}S_k[i]+b_{1k}S_k[i-1]+b_{2k}S_k[i-2]$$
$$\text{其中} i=0,1,\cdots,(N-1);k=1,2,\cdots,(N_s-1)$$

因此，可以设计如图 19-59 所示的不带初始条件的级联型 IIR 逐点滤波器（IIR Cascade Filter PtByPt）函数。该函数位于 Function → Signal Processing → Point By Point → Filters 函数选板中。观察程序代码可以发现，该 VI 也使用了功能全局量结构。程序先检查函数是否为首次被调用或被设置为要求初始化，然后根据滤波器的系数和单个数据点 x 逐级实现二阶 IIR 滤波器，并将上一级的输出作为下一级的输入，直到得到单个点的滤波结果。

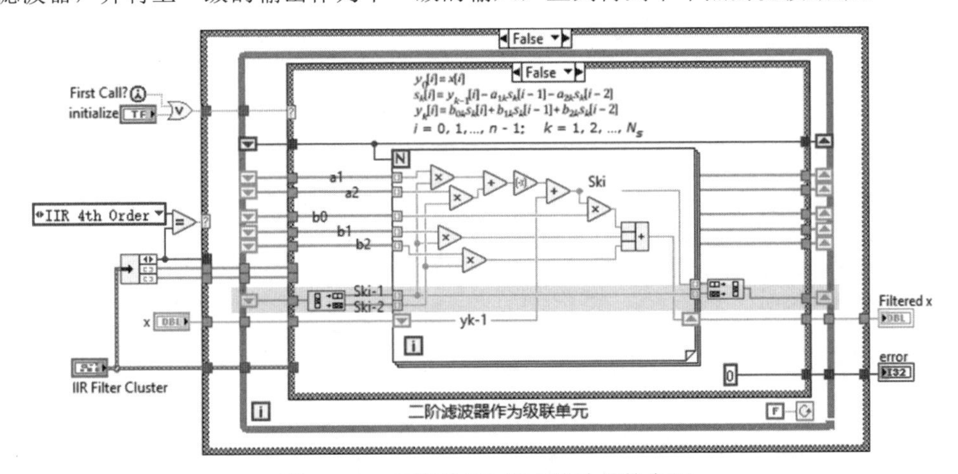

图 19-59 级联型 IIR 逐点滤波器的实现

不带初始条件的级联型 IIR 逐点滤波器在执行过程中，寄存器 $S_k[i-1]$ 和 $S_k[i-2]$ 用于临时保存每一级滤波器实现时的中间变量。若要在滤波器执行时指定初始条件，则可以对程序稍加改动，得到带初始条件的级联型 IIR 逐点滤波器（IIR Cascade Filter with I.C. PtByPt），如图 19-60 所示。注意此时原来用寄存器 $S_k[i-1]$ 和 $S_k[i-2]$ 保存临时变量的方式，改成了直接由初始条件指定。

一旦理解了直接型 IIR 逐点滤波器和级联型 IIR 逐点滤波器的设计，其他逐点滤波器的实现就很简单了。本质上来说，其他逐点滤波器只是对直接型和级联型 IIR 逐点滤波器的调用。例如，图 19-61 所示的巴特沃斯逐点滤波器（Butterworth Filter PtByPt）函数的程序中，代码一开始先判断是否为首次执行，或用户是否要求对滤波器重新进行初始化。若是，程序就调用巴特沃斯滤波器系数生成函数 Butterworth Coefficients 函数，按照需求生成级联型巴特沃斯滤波器系数。随后程序便调用级联型 IIR 逐点滤波器（IIR Cascade Filter PtByPt）函数，在由 While 循环构成的功能全局量中，根据输入的巴特沃斯滤波器系数，对单个信号数据点进行滤波。将整个 Butterworth Filter PtByPt 设置为可重入（Reentrant）VI 的“为各实例预分配克隆”模式，就可以在程序中直接调用来连续不断地对信号逐点滤波。

LabVIEW 以类似的方法，封装实现了前述各章中提到的各种类型 FIR、IIR 和非线性滤波器的逐点滤波版本，位于 Function → Signal Processing → Point By Point → Filters 函数选板中，如图 19-62 所示。值得一提的是，逐点分析处理法不仅仅用于滤波，在信号分析处理过程中也被广泛应用，如信号生成、频谱分析、各种信号变换以及数据插值和拟合等运算等。逐点分析处理法的应用，不仅能使数据分析过程与采集同步，还能用于跟踪系统事件，并对其快速实时地作出响应。

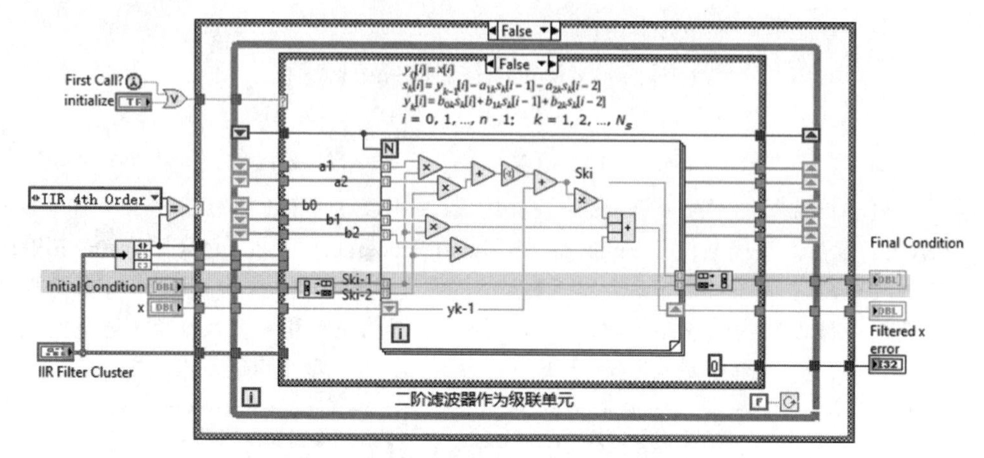

图 19-60 带初始条件的级联型 IIR 逐点滤波器的实现

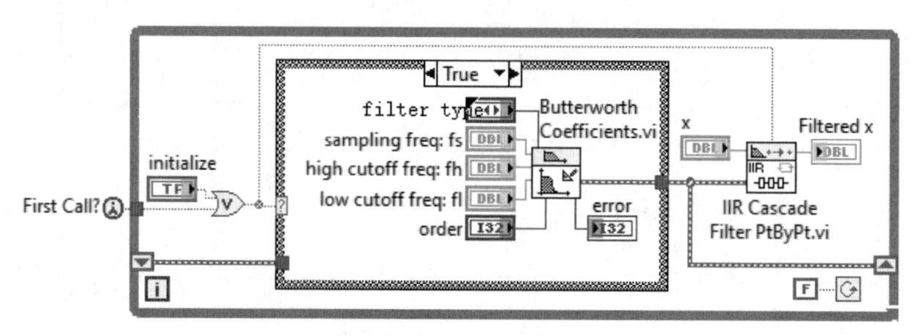

图 19-61 巴特沃斯逐点滤波器

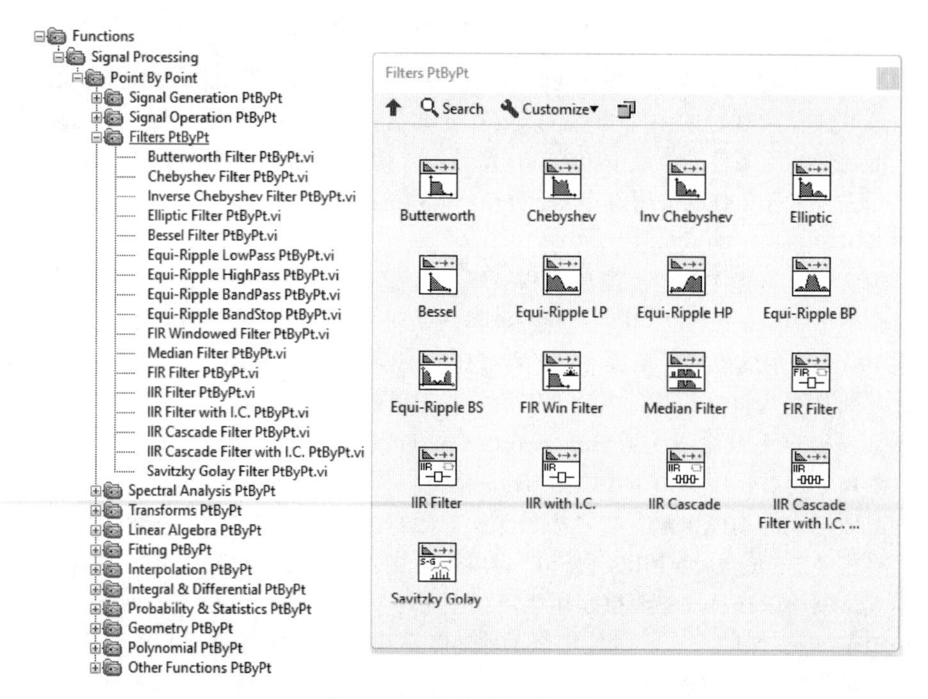

图 19-62 逐点滤波器函数

19.7 本章小结

滤波技术在信号的获取、传输和分析处理中具有极其重要的作用，它主要用来保留信号中特定的频率成分，而衰减其他不需要的部分。滤波器可按不同的方法分为不同类型，根据其系统是否为线性系统，分为线性、非线性和自适应等几类。其中线性滤波器又可根据其冲激响应是否有限，分为有限冲激响应（Finite Impulse Response，FIR）滤波器和无限冲激响应（Infinite Impulse Response，IIR）滤波器两类。

FIR 滤波器可以基于卷积模型实现。IIR 滤波器因其冲激响应为无限长，需要借助递归差分模型实现。卷积和递归差分模型都是在时域观察研究滤波器的工具，对滤波器进行设计和选择时，一般要在频域研究各种技术指标，傅里叶变换在时域与频域之间建立了联系。借助快速傅里叶变换算法，不仅可以轻松地对信号的幅度谱、功率谱和相位谱进行分析，还能进行快速卷积运算。傅里叶变换还能轻松地扩展为拉普拉斯变换和 z 变换。拉普拉斯变换的 s 平面上的虚轴，和 z 变换的 z 平面上的单位圆分别对应傅里叶变换。

常用的 FIR 滤波器包括移动平均滤波器、加窗 Sinc 滤波器、等纹波 Parks-McClellan 和窄带插值 iFIR 滤波器等。其中移动平均滤波器和加窗 Sinc 滤波器最常用。单次移动平均滤波器使用一个非常简单的矩形滤波器内核，能通过简单的加减运算来实现，有最快的速度。但是其频率响应过渡带较长，且阻带有较大的纹波。通过多通移动平均或类移动平均可以较好地克服此问题。加窗 Sinc 滤波器可用于分离不同频段的信号，通过截断理想的矩形滤波器对应的 Sinc 函数，并加各种窗函数，平滑后获取滤波器内核。加窗会导致滤波器通带和阻带纹波的非均匀分布，且过渡带较宽，为了避免这些问题，可使用 Parks-McClellan 滤波器，它能使纹波以加权的形式均匀地分布在通带和阻带上，且有极小的过渡带宽。基于 Parks-McClellan 滤波器设计函数，只要将纹波的权重设置为一个常量，就可以方便地得到等波纹滤波器。使用加窗和 Parks-McClellan 方法设计通带特别窄小的窄带 FIR 滤波器时，通常会导致滤波器内核长度较长，从而降低滤波器的运行速度。插值有限脉冲响应滤波器（Interpolated Finite Impulse Response，iFIR）为设计窄带 FIR 滤波器提供了一种有效的方法。

IIR 滤波器借助递归差分模型实现。直接基于递归差分模型实现的 IIR 滤波器称为直接型 IIR 滤波器，包括直接 I 型和直接 II 型。其中直接 II 型滤波器需要的延迟单元比直接 I 型要少很多，因此实际中一般都使用直接 II 型 IIR 滤波器。直接型 IIR 滤波前后向系数对滤波器的性能控制作用不明显，这是因为它们与系统传递函数的零点和极点关系不明显，因而对滤波器的调整较困难。级联型（Cascade Form）IIR 滤波器可以较好地解决上述问题。一个高阶的复杂 IIR 滤波器，可以等效分解为多个二阶或四阶 IIR 滤波器的级联形式。在实际处理中通常又将二阶或四阶 IIR 滤波器的分子分母进行拆分，构成两级级联以简化程序实现。由于单极点、二阶和四阶 IIR 滤波器经常作为最小级联单元，因此又称它们为基本 IIR 滤波器。此外，由于传统的模拟滤波器是一个充分研究的成熟领域，因此经常借鉴经典的模拟滤波器设计 IIR 数字滤波器，依据此方法设计的经典的滤波器有巴特沃斯滤波器、切比雪夫滤波器、椭圆滤波器和贝塞尔滤波器等几种类型。这些滤波器具有不同的过渡带特性和通带、阻带纹波，在实际工程应用中可以根据它们的频率特性选择使用。

FIR 和 IIR 滤波器均属于线性滤波器。线性滤波器对于加性噪声有较好的抑制作用，但对于脉冲噪声和乘性噪声的作用不大。非线性滤波器对乘性噪声有较好的效果，对输入信号按照某种逻辑运算进行滤波，如中值滤波器、数学形态学腐蚀和膨胀滤波器等。

从是否实时连续地配合数据采集和处理工作的角度来看，滤波器的应用场景可分为离线和在线两种。离线滤波过程一般基于一组数据序列完成，以在线方式运行的滤波器又分为逐段滤波和逐点滤波两类。逐点滤波每次只对单个信号数据滤波，并配合数据采集和处理过程连续不断地在系统运行过程中执行。对于高速运行的系统来说，需要使用逐点滤波来保证系统的实时性。虽然逐点滤波器与基于缓冲区的滤波器基本原理相同，但是在具体实现和实际应用上，两者还是有一些明显的差别。这些差别主要体现在工作方式、缓冲区分配、数据初始化以及实时性等方面。从程序设计的角度来看，只要理解了直接型 IIR 逐点滤波器和级联型 IIR 逐点滤波器的设计，就可以掌握所有线性逐点滤波器的具体实现。本质上来说，其他逐点滤波器只是对直接型和级联型 IIR 逐点滤波器的调用。逐点分析处理法的应用，不仅能使数据分析过程与采集同步，还能用于跟踪系统事件，并对其快速实时地作出响应。

第 20 章　虚拟仪器项目管理

所谓项目，就是为了创造独特的产品、服务或成果而进行的临时性工作。一个项目最终是否成功，必须使用以下依据来衡量：

（1）项目要求和目标是否得到满足。

（2）干系人的需要和期望是否得到满足。

（3）在平衡项目的范围、时间、成本、质量、资源和风险等相互竞争要素前提下，是否完成特定的产品、服务或成果。

制约项目的要素较多，但总体来说可以概括为项目的范围、质量、进度、预算、资源、风险六方面，称为项目的“六角约束”，如图 20-1 所示。这些因素中任何一个因素发生变化，都会影响至少一个其他因素。例如，缩短项目工期通常需要提高预算，以增加额外的资源（人力或物力），从而在较短时间内完成等量的工作；如果无法提高预算，则只能缩小项目范围或降低质量，以便在较短时间内以同样的预算交付产品。改变项目范围或要求可能会带来额外的成本或进度风险。此外，不同的项目干系人可能对项目哪方面最重要有不同的看法，这会使问题更复杂。为了使项目成功，项目团队必须能够正确分析项目状况以及平衡项目的各方面。由于可能发生变更，还需要在整个项目生命周期中，随着信息越来越详细和估算越来越准确，来持续改进和细化项目计划，并对其进行反复修正。

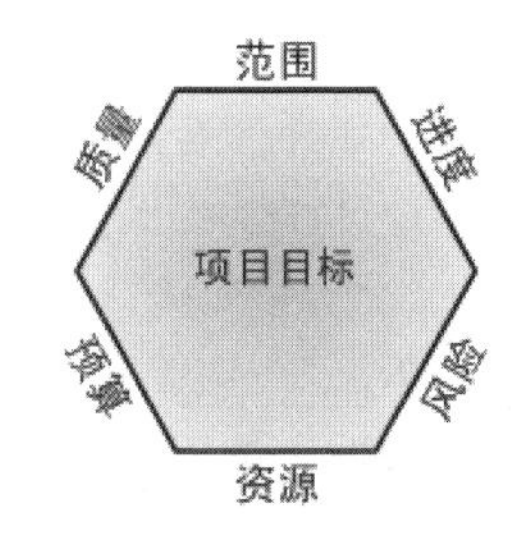

图 20-1　项目的六角约束

因此，对一个合格的虚拟仪器项目管理者来说，在项目执行过程中不能只关注如何提供一个完美的技术方案，还要综合考虑项目的其他因素并做出平衡，确保项目成功。很多技术出身的项目管理者常常意识不到这一点，他们往往将精力集中在项目的技术指标上，而忽略项目的工期或成本。甚至当其他团队成员在此方面提出建设性意见时，他们还以技术专家的身份予以驳斥，成为项目成功的障碍。

为了能如期完成项目，保证用户需求得到确认和实现，并在控制项目成本基础上保证项目质量，妥善处理用户需求变更、用户的要求和期望，在整个项目执行过程中，项目管理者必须将各种知识、技能、工具和技术应用于项目活动，对项目进行管理。项目管理是快速开发满足用户需求的新产品、新设计的有效手段，也是快速改进已有设计或已经投放市场产品的有效手段。

项目实施过程可以分为保证项目顺序执行的“项目管理过程”和用于定义及创造项目的产品的“面向产品的过程”两类。此处“过程”是指为完成预定的产品、成果或服务而执行的一系列相互关联的工作和活动。专业的项目管理通常将项目划分为启动、规划、执行、监控以及收尾五大项目管理过程组（图 20-2）。团队和项目管理人员通过在各过程中识别、处理干系人的各种需求和期望、平衡相互竞争的项目制约因素，借助各种管理工具和技术来应用各知识领域的技能和能力，确保项目自始至终顺利进行，并最终获得成功。

项目管理过程有适用于全球各行各业的现成标准可以遵循，如美国项目管理协会（PMI）的《项目管理知识体系指南》等。这些标准通过全球项目管理人员对项目管理知识和经验的总结，为项目管理提供模板。在项目实施过程中遵循这些标准能够提高项目成功的可能性。面向产品导向过程通常用项目生命周期定义，并因应用领域不同而异。如果对如何创造特定的产品缺乏基本了解，就无法确定面向产品的过程范围。例如，一个不懂虚拟仪器和软件开

图 20-2 五大项目管理过程组

发知识的人，就无法确定 LabVIEW 虚拟仪器项目面向产品的过程。因此，它并不像项目管理过程那样，有适合所有行业的统一标准可以遵循。面向产品过程从项目开始到结束都和项目管理过程彼此重叠、相互作用。

LabVIEW 虚拟仪器项目通常是为了创造测试、测量、自动化或相关产品、服务或结果，而基于 LabVIEW 进行的开发工作。为了确保项目成功，在项目实施过程中，一方面项目团队和管理人员可以遵循《项目管理知识体系指南》，在五大项目管理过程中识别、处理干系人的各种需求和期望，平衡六角约束关系，使用各种管理技术和工具对项目进行管理；另一方面，可以在面向产品的各项目过程中，使用本书前面章节讲解的 LabVIEW 项目开发技术，定义并创造新产品、服务或结果。

鉴于描述项目管理过程的资料和标准比较丰富，本章主要从项目生命周期的角度出发，讲解如何管理 LabVIEW 虚拟仪器项目中面向产品的过程。在实际项目执行过程中，读者可以将这些技术与各种项目管理过程相关的标准和知识相结合，使项目最终成功交付。

20.1 项目生命周期模型

如前所述，项目实施过程中面向产品的过程通常用项目生命周期来定义，它与项目产品所处的领域有关。项目生命周期是按顺序排列，且有时又相互交叉的各项目阶段的集合。阶段的名称和数量由参与项目的一个或多个组织的管理与控制需要、项目本身的特征及其所在的应用领域决定。生命周期可以用某种方法加以确定和记录。通常的做法是根据所在组织或行业的特性，或者所用技术的特点，来确定或调整项目生命周期。

无论项目涉及什么具体工作，生命周期都能为管理项目提供基本框架。在通用的项目生命周期结构的指导下，团队或项目管理人员可以对某些可交付成果施加更有力的控制。大型复杂项目尤其需要这种特别的控制，例如，通常将大型项目分解为若干阶段，对其进行更有效的控制。

大型 LabVIEW 虚拟仪器开发项目通常比较复杂。整个项目可能涉及硬件集成、软件开发、现场安装调试以及后期的升级维护等一系列活动。但是考虑“软件即仪器”是虚拟仪器项目的核心，因此可以使用软件开发的生命周期模型为 LabVIEW 虚拟仪器项目的核心部分建模，这就解决了虚拟仪器项目面向产品过程管理的主要问题。

同任何事物一样，一个软件产品或软件系统也要经历孕育、诞生、成长、成熟、衰亡等阶段，一般称为软件开发生命周期。把整个软件开发生命周期划分为若干阶段，可以使每个阶段有明确的任务，并使规模大、结构复杂和管理复杂的软件开发变得容易控制和管理。通常软件生存周期包括问题的定义及规划、需求分析、设计、程序编码、测试验证和运行维护 6 个阶段（图 20-3）。每个阶段都包括与本阶段相关的定义、任务、审查，并最终形成文档供交流或备查，以提高软件质量。

图 20-3 软件开发生命周期

软件开发生命周期中各阶段的任务如下所述。

1. 问题的定义及规划

在此阶段，软件开发方与需求方共同讨论，以确定软件的开发目标，并对其进行可行性分析。

2. 需求分析

在确定软件开发可行的情况下，对软件需要实现的各功能进行详细分析。需求分析阶段是一个很重要的阶段，这一阶段做得好，将为整个软件开发项目的成功打下良好的基础。由于需求可能随着整个软件的开发过程不断变化和深入，因此必须制订需求变更计划来应对，以保护整个项目的顺利进行。

3. 设计

此阶段主要根据需求分析的结果，对整个系统进行设计，包括系统架构设计、各功能块的详细设计等。好的设计将为软件程序编写打下良好的基础。

4. 程序编码

此阶段是将软件设计的结果转换成计算机可运行的程序代码。在程序编码中必须制定统一、符合标准的编写规范。以保证程序的可读性、易维护性，提高程序的运行效率。

5. 测试验证

软件编码完成后要经过严格的测试和功能验证，以发现软件在整个设计过程中存在的问题并加以纠正。整个测试过程分单元测试、集成测试以及系统测试三个阶段进行。测试的方法主要有白盒测试和黑盒测试两种。在测试过程中需要建立详细的测试计划，并严格按照测试计划执行，以减少测试的随意性。

6. 运行维护

软件维护是软件生命周期中持续时间最长的阶段。在软件开发完成并投入使用后，由于多方面的原因，软件不能继续适应用户的要求。要延续软件的使用寿命，就必须对软件进行升级维护。软件的维护包括纠错性维护和改进性维护两方面。

目前软件生命周期模型很多，常见的有边做边改模型（Build and Fix Model）、瀑布模型（Waterfall Model）、原型模型（Prototyping Model）、增量 / 迭代模型（Incremental/Iterative Model）、螺旋模型（Spiral Model）等。每种模型在质量、工期和风险管理方面各有优缺点，在进行 LabVIEW 项目开发时，可以根据项目的实际情况选择使用。

20.1.1 边做边改

软件生命周期模型是指软件开发过程中所遵循的步骤。最常见的软件开发模型是边做边改模型。使用这种模型可以在还没有开发计划或开发计划很粗的情况下开始工作。此后，当有问题出现时就进行修改，直到项目完成为止。它对于需求简单，软件期望的功能行为容易定义，实现功能容易检验，且工期紧张的项目比较合适。

国内许多小软件公司使用边做边改模型进行开发。在这种模型中，既没有进行认真的需求分析，也没有架构和详细设计，软件随着客户的需要一次又一次地不断被修改。开发人员拿到项目后，立即根据需求编写程序，调试通过后生成软件的第一个版本。在提供给用户使用后，如果程序出现错误，或者用户提出新的要求，开发人员重新修改代码，直到用户满意为止。

这是一种类似作坊式的开发方式，开发者往往需要对产品进行多次编码，才能得到正确稳定的产品，这主要是因为：

（1）缺少规划和设计环节，软件的结构随着不断的修改越来越糟，甚至导致无法继续修改。

（2）忽略需求环节，给软件开发带来很大的风险。

（3）没有考虑测试和程序的可维护性，也没有任何文档，软件的维护十分困难。

由于边做边改模型存在诸多缺陷，因此在商业应用程序开发过程中，通常使用其他软件模型来替代它，以提高软件质量、缩短项目工期。

20.1.2　瀑布模型

在软件工程发展的初期，软件的生命周期处于无序、混乱状态。一些人为了能够控制软件的开发过程，就把软件开发严格地划分为多个不同的阶段，并在各阶段之间进行严格的审查。1970 年 Winston Royce 基于这种环境提出了酷似瀑布的瀑布开发模型，此后，直到 20 世纪 80 年代早期，它一直是唯一被广泛采用的软件开发模型。

传统的瀑布模型如图 20-4 所示。在模型中，首先确定项目系统需求和软件需求，然后根据需求分析的结果（往往是经过审核的规格说明文档）进行设计。设计包括架构设计和详细设计，设计完成的文档将作为编码的依据。编码完成后，测试团队将对代码功能进行测试和验证，直到所有功能稳定后再将其分发给用户安装运行。用户在软件使用过程中可能提出问题或改进意见，开发团队将根据这些意见对软件进行升级维护。

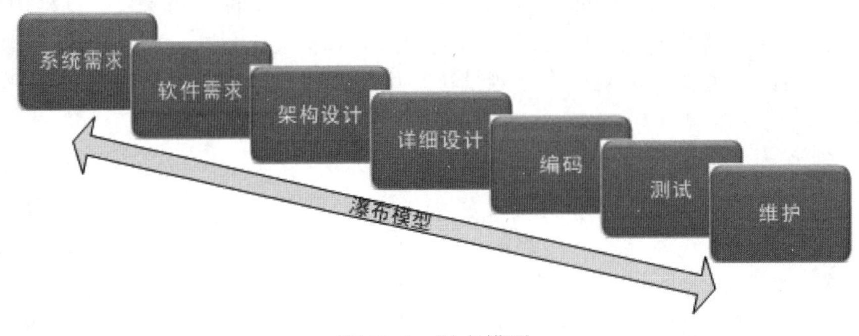

图 20-4　瀑布模型

瀑布模型中各阶段的主要工作描述如下。

1. 系统需求分析

系统需求（System Requirements）分析确定构建系统的各功能块的需求，包括硬件需求、软件工具及其他必需的组件需求。例如，根据所需的通道、采样率等确定采用什么样的采集卡，或选用何种数据库软件等。

2. 软件需求分析

软件需求（Software Requirements）分析确定对软件功能的期望以及哪些系统需求会受软件部分影响。软件需求分析包括确定软件与其他应用程序或数据库之间的交互信息、软件性能需求以及用户界面需求等。

3. 架构设计

架构设计（Architecture Design）决定整个系统的软件框架。架构设计定义了软件的主要组件及这些组件之间的交互信息，以及软件的外部接口等，但各个主要组件内部的结构并不在此阶段定义。

4. 详细设计

详细设计（Detail Design）检查在系统架构设计阶段定义的各软件组件，并确定各个组件如何实现。

5. 程序编码

程序编码（Coding）按照详细设计，通过编码实现各个功能块功能。

6. 测试验证

测试验证（Testing）由测试团队验证软件是否满足需求说明书中的规格，并寻找软件中出现的问题。

7. 升级维护

软件发布后，升级维护（Maintenance）处理软件中的问题或增强软件功能。

瀑布模型是软件工程中最为古老的模型之一，其最大优点在于强调早期的项目规划，因此可以保证缺陷能在项目初期被发现，从而使整个软件产品有较高的质量。采用瀑布模型可以从全局把握整个系统，使其具备良好的扩展性和可维护性。由于需要对每一个阶段进行验证，瀑布模型要求每个阶段都有明确的文档作为输出。对于传统的瀑布模型，其每个阶段都不应该重叠，应该在评审通过、相关的输出都已经完成后才能够进入下一阶段。例如，必须在需求确定后才能进行设计，只有在设计完成后才能开始编码。不少人因此认为该模型对文档方面的要求太僵化，且工作量太大。

在现实世界中，往往很难做到模型中各阶段互不重叠。例如，常常会在设计或编码阶段发现需求分析阶段没有考虑到的问题等。瀑布模型允许从后一阶段返回前一阶段工作，然而这需要付出相当大的代价。原因在于在瀑布模型中，每个阶段都需要经过正式评审及大量的文档工作。从这一点来看，任何需求阶段的疏忽都可能导致大量的、昂贵的、重复工作。此外，由于瀑布模型中实际开发工作在后期才进行，所以往往需要工作很久以后才能看到相关结果，这通常会使管理层或客户忧心忡忡。

对于前期需求不明确，又很难在短时间内有明确需求的项目，则很难很好地利用瀑布模型。另外对于中小型项目，需求设计和开发人员往往在项目开始后会全部投入到项目中，而不是分阶段投入，因此，采用瀑布模型会导致项目人力资源过多的闲置的情况，这也是必须考虑的问题。

虽然瀑布模型存在很多缺点，但仍然是最基本和最有效的一种可供选择的软件开发生命周期模型。而且由于它着重强调项目开发比较重要的阶段，因此对软件开发有非常重要的指导意义。在实际工作中，即使不选用这种开发模型，也可以参照该模型的思想审视自己的项目。

瀑布模型体现了人们对软件过程的一个希望：严格控制、确保质量。可惜的是，现实往往是残酷的。瀑布模型根本达不到这个过高的要求，因为软件的过程往往难于预测，反而导致了其他的负面影响，例如大量的文档、烦琐的审批。因此人们开始尝试用其他方法来改进或代替瀑布模型，例如把过程细分来增加过程的可预测性。

事实上，可以通过对传统的瀑布模型进行修改，来减少文档方面的工作量，以及返回模型中前一阶段重复工作的成本。一种较好的做法是允许模型中的部分阶段相互重叠。通过此操作可以将后续阶段中发现的问题反馈并整合到前面的阶段。例如，可以通过会议决定设计阶段的工作不需要等到需求分析全部完成就立即开始，这样就可以把设计阶段发现的问题反馈并整合到需求分析阶段。

从项目管理的角度来看，改进的瀑布模型本质上是通过重叠模型的某些阶段，达到资源的有效利用，从而实现“赶工”（Fast Track）的目的。但是，这种交叉很容易迷惑开发人员，使他们很难分清每个阶段什么时候结束，从而很难跟踪项目的进度，并对问题做出错误决定。

另外一种改进瀑布模型的方法是在需求分析阶段引入原型模型。

20.1.3 原型模型

传统的瀑布模型本质上是一种线性顺序模型，存在着比较明显的缺点，各阶段之间存在着严格的顺序性和依赖性，特别是强调预先定义需求的重要性，在着手进行具体的开发工作之前，必须通过需求分析预先定义并“冻结”软件需求，然后再一步一步地实现这些需求。但是实际项目很少遵循着这种线性顺序进行。

在实际开发过程中，由于应用软件的需求与外部环境、经营内容等密切相关，因此需求是随时变化的。大多数的应用系统，例如管理信息系统，其需求往往很难预先准确定义。也就是说，预先定义需求的策略所做出的假设，只对某些软件成立，对多数软件并不成立。许多用户对需求最初只有模糊的概念。此外，大多数用户和专业领域的专家不熟悉计算机和软件开发技术，软件开发人员往往也不熟悉用户的专业领域，因此，如果开发人员和用户之间没有做到完全沟通和相互理解，在需求分析阶段做出的用户需求常常不完整、不准确。

因此在系统建立之前很难只依靠分析就确定出一套完整、准确、一致和有效的用户需求，这种预先定义需求的方法更不能适应用户需求不断变化的情况。

原型模型（Prototyping，又称为快速原型模型）的提出，可以较好地解决瀑布模型的局限性。原型模型是一种证明设计与需求匹配程度的有效工具。它在开发真实系统之前，根据客户的需求，在很短的时间内实现产品最核心或最重要部分的功能，然后基于此与客户沟通，确定用户的真正需求。原型模型的第一步是建造一个快速原型，实现客户或未来的用户与系统的交互，用户或客户对原型进行评价，进一步细化待开发软件的需求。通过逐步调整原型使其满足客户的要求，开发人员可以确定客户的真正需求是什么；第二步则在第一步的基础上开发客户满意的软件产品。原型模型在功能上等价于产品的一个子集。在需求确定后，原型机往往还可以为很多后续设计工作提供思路。原型模型有以下几种类型。

（1）探索型原型。

这种类型把原型用于开发的需求分析阶段，目的是要弄清用户的需求，确定所期望的特性，并探索各种方案的可行性。它主要针对开发目标模糊，用户与开发人员都对项目缺乏经验的情况，通过对原型的开发来明确用户的需求。

（2）实验型原型。

这种原型主要用于在设计阶段，考核实现方案是否合适，能否实施。对于一个大型系统，若对设计方案没有把握，可通过这种原型来证实设计方案的正确性。

（3）演化型原型。

这种原型主要用于尽快向用户提交一个原型系统，该原型系统或者包含系统的框架，或者包含系统的主要功能，在得到用户认可后，将原型系统不断扩充演变为最终的软件系统。演化型原型将原型的思想扩展到软件开发的全过程。

通过选用以上几种原型，可以在项目实施过程中更好地和客户进行沟通，解决对一些模糊需求的澄清，并且使开发模型对需求的变化有较强的适应能力。原型模型通过向用户提供原型获取用户的反馈，使开发的软件能够真正反映用户的需求。同时还采用逐步求精的方法完善原型，使得原型能够“快速”开发，避免了像瀑布模型那样在冗长的开发过程中难以对用户的反馈作出快速的响应。相对瀑布模型而言，原型模型更符合人们开发软件的习惯，是较流行的一种实用软件生存期模型。

原型模型的优点可以汇总如下：

（1）开发人员和客户基于“原型”对需求达成一致，减少了技术、应用的风险，从而提高了系统的实用性和正确性。

（2）缩短了开发周期及对客户的培训时间，加快了工程进度，降低了项目成本，提高了用户满意度。

（3）提供了用户直接评价系统的方法，促使用户主动参与开发活动，加强了信息的反馈，促进了各类人员的协调交流，减少误解，能够适应需求的变化，最终有效提高软件系统的质量。

原型模型也有自身的缺陷。当原型展示的功能已经得到用户确认后，用户往往希望在之后较短的时间内看到最终产品。然而，原型通常是为了尽快完成，并没有考虑整个产品的架构、稳定性，甚至也没有严格按照开发流程创建，因此它并不能作为开发完整系统的基础。如果原型得到确认后，告诉用户还必须重新开发产品，用户往往很难接受。因此在采用原型模型开发系统前，必须和相关干系人确认原型仅仅是用来确定需求，还要在需求确定之后基于它开发产品。基于原型开发产品与需求确定之后便部分或全部抛弃原型模型，在最终的软件的质量、可维护性等方面会略有不同。

注意，原型模型与边做边改模型不同。这是因为：

（1）使用原型模型前，已经收集了清晰的用户需求，而且创建了设计计划。

（2）原型模型的设计耗时不多。

（3）使用原型模型时，会将需求变更、更改整合到当前的设计中。

（4）当原型模型创建完成后，会使用其他模型开发产品。

使用 LabVIEW 可以非常方便地创建原型模型。当创建一个需要进行数据 I/O 的系统时，可以先快速创建仅具备数据采集和控制功能的小程序，对采样率等指标进行验证。也可以使用 Random 函数模拟从实际系统采集到的数据。如果遇到对用户界面要求较严格的项目，可以使用控件开发前面板，而先将程序框图部分空出来，以模拟整个系统如何向用户显示信息。等到有明确的界面显示方案后，再完成程序框图部分的工作。此外，也可以在投标阶段快速构建前面板，供用户审阅，甚至可以和用户一起构建前面板，满足他们的需求。不仅如此，由于使用 LabVIEW 开发速度很快，甚至可以基于它为那些必须使用文本编程工具开发的大型复杂系统创建原型。

20.1.4 增量迭代模型

增量迭代模型是统一软件开发过程（Rational Unified Process，RUP）推荐的软件开发生命周期模型。增量和迭代是两个有区别但相互联系的概念。增量是指基于现有业务功能模块，增加新的功能模块；而迭代则是指逐步完善已有的业务功能模块。例如，要开发三个大的业务功能，对于增量方法而言可以将三个功能分为三次增量来完成。第一个增量完成业务 1 的核心部分，第二次增量完成业务 2 的核心功能，第三次增量完成业务 3 的所有功能。而对于迭代方法，则是分三次开发业务 1 和业务 2。第一次迭代时只完成业务 1 的核心功能，而该业务的剩余辅助功能放在第二次迭代时完成。第三次迭代时，在业务 2 核心功能的基础上，完成剩余的辅助功能，如图 20-5 所示。

增量模型融合了瀑布模型的基本成分和原型模型的迭代特征，它采用随时间进展而交错的线性序列，每一个线性序列产生软件的一个可发布的“增量”。在实现每个增量时，将其分为分析、设计、编码及测试等几个阶段来完成，如图 20-6 所示。使用增量模型时，第一个增量往往是产品核心功能部分，以实现用户的基本需求，但很多补充的特征还没有发布。客户对每一个增量的使用和评估都作为下一个增量发布的新特征和功能，这个过程在每一个增量发布后不断重复，直到最终的完善产品。

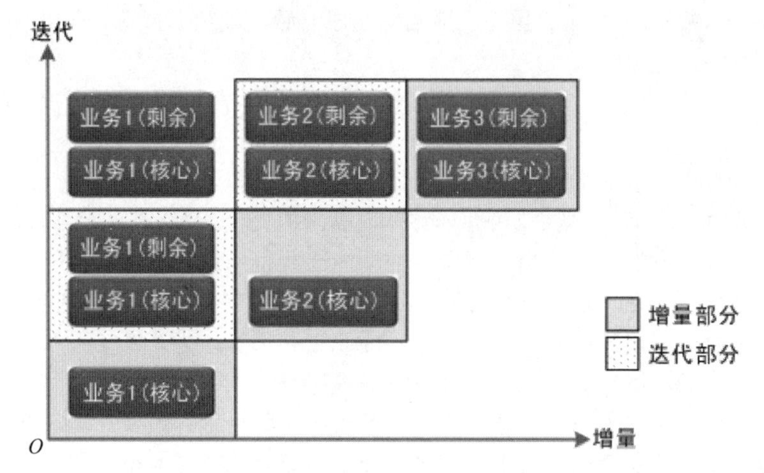

图 20-5 增量与迭代

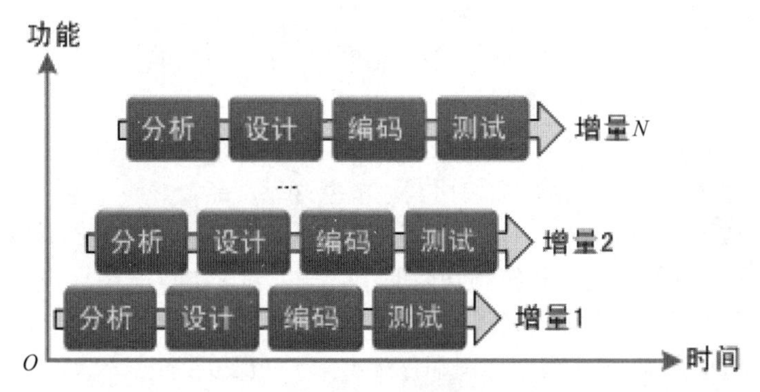

图 20-6 增量模型

增量模型与原型模型及其他演化方法一样，具有迭代的性质，但与原型开发不同的是，它强调每一个增量均发布一个可操作的产品。早期的增量是最终产品的子集，但具备了为用户服务的功能，并且为用户提供了评估平台。

增量模型的优点是人员分配灵活，刚开始不用投入大量人力资源。早期的增量可以由少量的人员实现，如果核心产品受欢迎，则可增加人力实现下一个增量。当配备的人员不能在设定的期限内完成产品时，它提供了一种先推出核心产品的途径。这样既可以先发布部分功能给客户，对客户起到镇静剂的作用，也能够有计划地管理技术风险。例如，一个系统需要用到一个正在开发的新硬件，而这个新硬件的交付日期不确定。因此，可以在早期的增量中避免使用这个硬件，这样可以保证部分功能按时交付给最终用户，不至于造成过度延期。

增量模型存在以下缺陷：

（1）由于各个构件是逐渐并入已有的软件体系结构，所以加入构件必须不破坏已构造好的系统部分，这需要软件架构是开放式的体系结构。

（2）在开发过程中，需求的变化是不可避免的。增量模型的灵活性使其适应这种变化的能力大大优于瀑布模型和快速原型模型，但也很容易退化为边做边改模型，从而使软件过程的控制失去整体性。

（3）如果增量包之间存在相交的情况且未能很好地处理，则必须做全盘系统分析，这种将功能细化后分别开发的方法适用于需求经常改变的软件开发过程。

迭代模型早在20世纪50年代末期就出现了，那时的迭代过程可能被看作“分段模型”。迭代包括生成可发布产品的全部开发活动和要使用该产品必需的所有其他外围元素。迭代模型强调每次迭代都需要包含需求、设计、开发和测试等过程，而且每次迭代完成后都是一个可以交付的原型。就产品整个开发周期来看，项目的每个阶段或产品的某个功能模块都可以细分为多次迭代，而每一次迭代都会产生一个可以发布的产品，该产品是最终产品的一个子集，如图20-7所示。

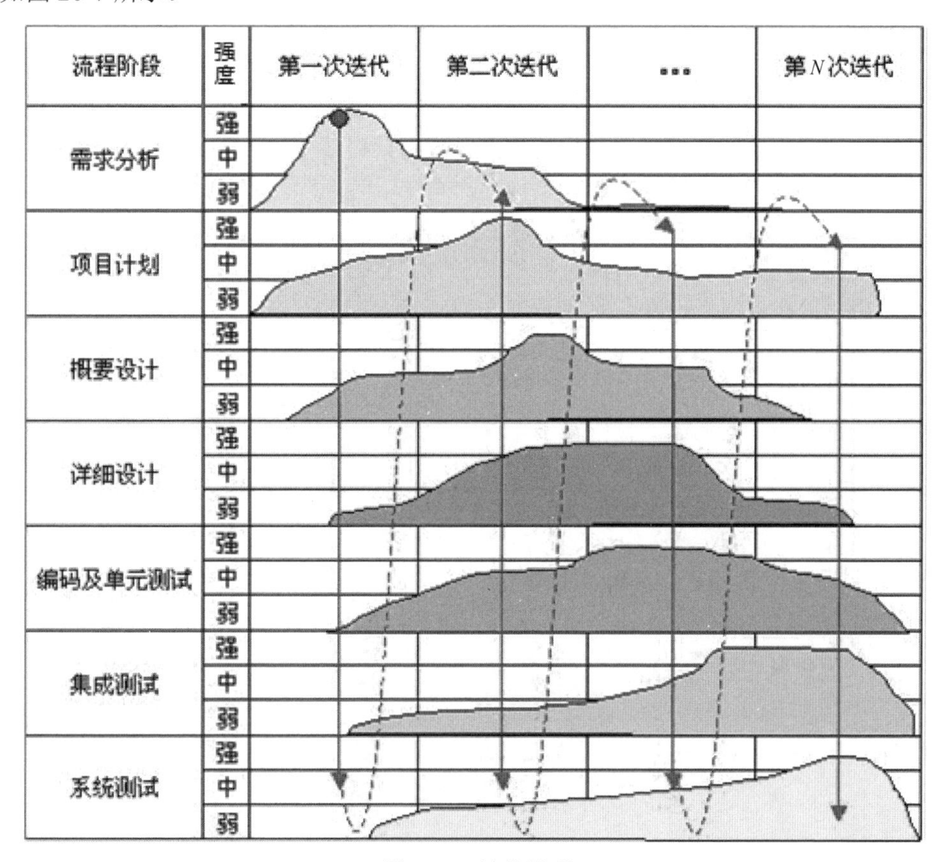

图20-7 迭代模型

与传统的瀑布模型相比，迭代过程具有以下优点：

（1）可以降低在某个增量上的成本风险。如果开发人员重复某个迭代，那么损失只是这一个开发有误的迭代的成本。

（2）降低了产品无法按照既定进度进入市场的风险。通过在开发早期就确定风险，可以尽早解决，不至于在开发后期匆匆忙忙补救。

（3）加快了整个开发工作的进度。因为开发人员清楚问题的焦点所在，工作会更有效率。

（4）由于用户的需求并不能在一开始就完全确定，通常是在后续阶段中不断细化，因此，迭代过程这种模式使适应需求的变化会更容易。

迭代周期的长度跟项目的周期和规模有很大关系。小型项目可以一周迭代一次，对于大型项目则可以2～4周迭代一次。如果项目没有一个很好的架构师，很难规划出每次迭代的内容和要到达的目标，验证相关的交付和产出。因此，迭代模型虽然能够很好地满足交付、需求的变化，但却是一个很难真正用好的模型。

从风险的消除角度来看，增量和迭代模型都能够很好地控制并解决前期的风险。但迭代模型在这方面更有优势。迭代模型更多地从项目整体思考问题，早期就可以给出相对完善的框架或原型，到后期的每次迭代都是针对上次迭代的逐步完善。

20.1.5 螺旋模型

对于庞大、复杂且具有高风险的系统，风险是软件开发不可忽视且潜在的不利因素，可能在不同程度上影响软件开发过程，损害软件产品的质量。对这些系统开发来说，最主要的目标就是及时对风险进行识别及分析，并采取对策，减少风险的损害或发生前就将其消除。螺旋模型就是基于这种实际情况设计的。

螺旋模型是由美国软件工程师 Barry Boehm 于 1988 年 5 月发表的一篇文章《一种螺旋式的软件开发与强化模型》中提出的。它是一种兼顾了原型的迭代，以及瀑布模型的系统化与严格监控特征的渐进软件开发过程。螺旋模型最大的特点在于引入了其他模型不具备的风险分析和管理功能，并在每个迭代阶段通过构建原型来化解风险，使软件在无法排除重大风险时有机会停止。因此，它更适合大型、复杂且昂贵的系统级软件开发。

螺旋模型采用一种周期性的方法进行系统开发。它把整个软件项目分解成多个阶段，对每个阶段应用“瀑布模型”。在各阶段开发之前，引入非常严格的风险识别、风险分析和风险控制机制，通过每个周期中的需求定义、风险分析、工程实现和评审 4 个阶段，确保主要风险因素都被识别并解决。

“螺旋模型”的核心在于不需要在开始时就把所有事情都定义得清清楚楚，而只需要定义最重要的功能，实现后听取客户的意见，再进入下一阶段。如此不断重复，直到得到满意的最终产品。软件开发过程每迭代一次，就前进一个层次，如图 20-8 所示。

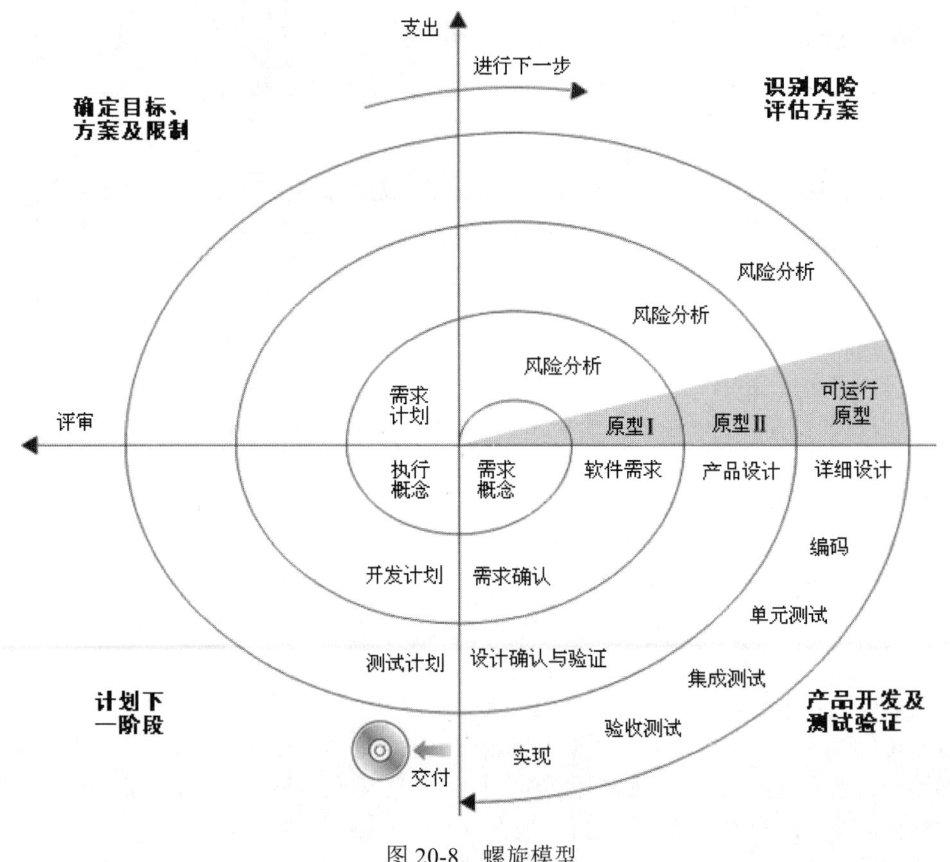

图 20-8 螺旋模型

一个典型的螺旋模型通常由以下步骤构成（分别与图 20-8 中的各象限对应）：

（1）制订计划。明确本迭代阶段的目标、备选方案，以及实施备选方案的约束条件及限制。

（2）风险分析。对各种备选方案进行评估，考虑如何通过建立原型识别并消除存在的风险。

（3）工程实施。当风险被识别并确定备选方案后，使用瀑布模型进行本阶段的开发与测试验证。

（4）阶段评估。与客户一起对本阶段进行评审，提出修正建议，制订下一步计划。

可以看出，螺旋模型由风险驱动，强调备选方案和约束条件，从而支持软件重用，有助于将软件质量作为特殊目标融入产品开发之中。

螺旋模型很大程度上是一种风险驱动的方法体系。所谓风险是指任何没有明确定义或潜在对项目有负面影响的事件或条件。风险一旦发生，会对至少一个项目目标造成影响，如范围、进度、成本和质量。对于每个风险通常需要考虑其发生的可能性（Probability）及发生后对项目带来的损失（Loss）。通常通过这两项的乘积对风险的严重程度进行排序。例如，可以使用百分比或 1 ～ 10 代表风险发生的可能性，使用风险发生后带来的额外成本代表影响程度，那么两项乘积最大的项目就是风险最高的问题，需要首先解决。在进行风险管理时，通常还要列出风险应对计划。

表 20-1 是一个风险管理的例子。通常来说，应当优先处理风险量较大的问题。例如表 20-1 中第二项风险量最大，在设计时应优先为这个问题寻找解决方案。螺旋模型中，每次迭代后风险可能发生变化。例如，假定在本次迭代中采用热备份的方案消除了平均无故障时间（Mean Time Between Failures， MTBF）过高的风险，但是可能为了消除该风险采购了支持热备份功能的昂贵平台软件，这就为项目引入了成本方面的风险。如果新引入的成本方面的风险较高，则下次迭代时它就可能成为最先需要解决的问题，否则，可能采样率和可用性要求过高的风险就成了优先级最高的问题。

表 20-1 风险管理示例

序号	风 险 描 述	可能性 /%	损失 / 万元	风险量 / 万元	风险应对方案
1	采样率及采样精度要求过高	50	9	4.5	通过原型模型寻找新方案
2	对与安全相关的软件模块平均无故障率要求过高（MTBF $\geqslant 10^{-6}$）	50	18	9	优化软件模块的功能，必要时采用“热备份”的冗余设计方法
3	软件界面未得到用户确认	20	5	1	邀请用户审核当前软件界面，必要时通过 LabVIEW 前面板工具与用户共同设计软件界面
4	自定义的数据的文件格式不能有效支持数据流盘功能	40	3	1.2	使用 TDMS 文件格式替换自定义文件格式
5	系统可用性要求过高（可用性大于或等于 99.999%）	30	15	4.5	采用“3 取 2”的设计模式

当风险及其应对方案选定后，就可以根据所选方案的执行结果判断是否需要继续进行还是重新选择其他方案。通常备选方案建立在原型模型基础上。在每个阶段完成前，可以和客户共同对结果进行评估。根据客户的输入，评估是否可以开始下次迭代，并识别新的风险。如此往复，直到项目顺利完成或由于风险太大而终止。注意，如果实事求是地来看，在螺旋

模型的某次迭代中，完全有可能因方案成本太高、耗时过长而无法找到合适的满足客户需求的方案。这时需要与客户谈判，进行合同变更以降低需求或增加投资。

虽然螺旋模型结合了瀑布模型的特点，但是与瀑布模型相比，它可以在每次迭代之初分析风险，并可以使用原型模型对风险进行评估，因此项目中的主要问题可以尽早得到解决，这就极大地降低了成本。螺旋模型的优点总结如下：

（1）通过原型的建立，可以使软件开发在每个迭代之初明确方向，并可在各个阶段进行变更。

（2）通过风险分析，可以最大程度地降低软件彻底失败而造成损失的可能性。

（3）在每个迭代阶段植入软件测试，使每个阶段的质量可以得到保证。

（4）整体过程具备很高的灵活性，在开发过程的任何阶段可以自由应对变化。

（5）在每个迭代阶段统计开发成本，使成本状况容易统计。

（6）客户始终参与每个阶段的评审，通过对用户反馈的采集，与用户沟通，可以保证项目不偏离正确方向，并使用户需求得到最大实现。

螺旋模型也有不少缺点。首先，过分依赖风险分析经验与技术，一旦在风险分析过程中出现偏差将造成重大损失。其次，过于灵活的开发过程与合同中签署的固定条款格格不入，因此经常导致客户对系统有太多的要求，极不利于对合同范围的管理。最后，螺旋模型每个阶段都要针对风险验证多种方案，通常需要花费较长的工期，因此更适用于需求不明确的大型软件开发。

20.2 项目各阶段

当获得一个虚拟仪器项目后，就可以着手从“项目管理过程”和“面向产品的过程”两方面，全面管理整个项目的实施。如前所述，LabVIEW 虚拟仪器项目中与“项目管理过程”有关的工作，可以参考《项目管理知识体系指南》中描述的过程和方法；而对于“面向产品的过程”，则可以根据项目实际情况，为其选择合适的生命周期模型来管理。下面从“面向产品的过程”的管理角度出发，讲解 LabVIEW 虚拟仪器项目生命周期模型的几个关键阶段。

20.2.1 需求分析

在软件工程中，需求分析是指在创建一个新的或改变一个现存的系统或产品时，确定新系统的目的、范围、定义和功能时的所有工作。通俗来说，需求分析就是回答“做什么”的问题。它是一个对用户的需求进行去粗取精、去伪存真、正确理解，然后用专业开发语言表达出来的过程。本阶段的基本任务是和用户一起确定要解决的问题，建立软件的逻辑模型，编写需求规格说明书文档并最终得到用户的认可。只有确定了这些需求后，团队才能开始着手分析和寻求系统的解决方法。

需求分析是软件工程中的一个关键过程。在软件工程的历史中，很长时间里人们一直认为需求分析是整个软件工程中最简单的一个步骤。但在过去十年中，越来越多的人认识到其在整个过程中的关键作用。假如在需求分析时，分析者们未能正确地识别客户的需求，那么最后软件不可能达到客户的需要，或者软件无法在规定的时间里完工。对于 LabVIEW 虚拟仪器项目来说，由于 LabVIEW 工具本身就是为了快速的开发而设计的，因此，许多使用 LabVIEW 的开发者通常都采取捷径，而忽略需求分析。对于大型虚拟仪器项目来说，这是非常不可取的。需求如果不明确，就会导致软件开发耗费大量时间，或者导致项目范围蔓延。

需求分析是一项重要的工作，也是最困难的工作。该阶段工作有以下特点。

1. 客户与开发人员沟通难度大

在软件生存周期中，需求分析之后的几个阶段都面向软件技术问题，而需求分析则是面向用户的。一方面，软件开发人员不是客户问题领域的专家，不熟悉客户的业务活动和业务环境，又不可能在短期内搞清楚；另一方面，客户可能不是软件设计方面的专家。由于双方互相不了解对方的工作，又缺乏共同语言，所以在交流时存在着隔阂。

2. 客户的需求是动态变化的

对于一个大型且复杂的软件系统，用户很难精确完整地提出它的功能和性能要求。一开始只能提出一个大概、模糊的功能，只有经过长时间的反复认识才逐步明晰。有时进入到设计、编程阶段才能明确，更有甚者，到开发后期还在提新的要求。

3. 系统变更的代价呈非线性增长

需求分析是软件开发的基础。假定在该阶段发现一个错误，解决需要花费一小时，如果到设计、编程、测试和维护阶段解决，则要花成倍的时间。

那么如何才能有效完成项目的需求分析呢？首先，在进行 LabVIEW 项目需求分析时，开发人员不能只关注软件系统的功能需求，还需要关注性能、可靠性和可用性、出错处理、接口、约束以及将来可能提出的需求等。其次，在进行需求分析时，通常要以用户的招标文件、招标澄清文件、签署合同前与客户或团队内部的各种会议纪要，以及日常关于项目问题的各种记录作为输入，通过各种途径收集用户的需求，最终形成项目的需求规格书和项目需求管理文件。多数项目中，需求规格书会作为附件被放在合同中。

可以使用各种工具和技术收集客户的需求。图 20-9 显示了需求分析过程中的输入、输出、工具和技术。通常在项目签署前的合同谈判是收集信息的主要正式途径。在合同谈判期间，客户和项目团队就系统需求进行充分沟通，就需求达成一致意见并形成技术规格书。但是，合同谈判往往是确定大多数系统需求的关键节点，因此应当尽可能在合同谈判之前通过其他途径与客户进行充分沟通，以免在合同谈判期间争论不休。例如，可以派人员去客户处跟班作业，实地了解客户的工作流程和方法，查阅客户工作过程中的数据记录方法（如报表等），协助客户确定项目需求。也可以召集与客户的沟通会议，或邀请客户方的相关人员与团队沟通，从专业角度帮助客户完成项目需求的创建。这样不仅能准确理解客户需求，还能快速创建项目规格书，降低项目实施的风险。如果对某个指标不太有把握，也可以使用原型机对指标进行验证。

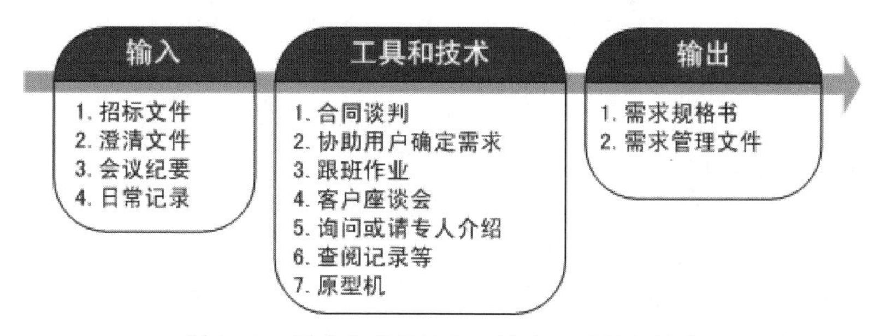

图 20-9　需求分析的输入、输出、工具和技术

需求分析是一个综合过程。首先要确认哪些人持有关键信息，然后从这些人获得可用的信息，使用技术语言描述这些信息，同时考虑相关限制及假设条件，以及项目的可行性、工期、成本等因素，并最终形成项目规格书。

项目需求规格书是需求分析的主要成果，其中包含项目的目标和已经识别的用户需求，以及这些需求的优先级。在编写项目需求规格书时，应尽量保证文档可追溯和可修改，并尽量使用准确不会产生歧义的语言描述需求。从内容的组织角度来看，在编写规范时，可以参考相关规范或标准。例如 IEEE 制定的软件需求说明规范（标准 830—1998），和开发系统需求规格书的指导标准（1233—1998）。参考这些标准不仅可以快速写出内容完整的的需求规格书，而且创建的文档质量也高。但是参考标准提供的模板时，不能被其框架束缚。无论是 RUP、IEEE，还是 Vorath 提供的软件开发文档模板，都可以根据项目的实际情况进行裁减。如果发现任何一个段落的内容没有保留的意义，就可以去掉。

图 20-10 是一个虚拟仪器项目技术需求规格书的模板。通常 LabVIEW 虚拟仪器项目的需求可以分为四类：数据采集、数据分析、数据表达和测试方法。数据采集部分说明测试和控制的硬件接口。一般可以使用 Excel 表格将要测量的物理量和要控制的 I/O 端口信息汇总在一起，方便查阅。这些信息包括被测量的单位、精度、范围和数据传输速率等。这不仅有利于设计时信息的查找，也有助于识别各种测控量的类型。

数据分析部分通常描述需要使用何种数学方法对数据进行处理。这些处理可以随数据的采集实时进行，也可以对保存在数据文件或数据库中的数据进行离线处理。例如，可以对信号进行滤波、调理、统计或进行线性变换等。LabVIEW 提供大量的数字信号处理函数，可以在需求分析时结合这些函数考虑如何实现用户需求。

数据表达部分描述如何向用户展现数据。通常包括用户界面、保存数据的文件格式和报表。如前所述，可以在 LabVIEW 的前面板中快速创建用户界面原型，这些界面原型的截图可以作为用户界面需求讨论的基础。数据的保存方式与如何组织数据，以及数据的读写效率密切相关，这些内容都在该部分进行描述。此外，使用 LabVIEW Report Generation Toolkit 可以提供创建各种格式的报表的方案，供用户选择。

测试方法部分概括说明用户对系统进行验证的要求。通过实施测试方案，可以验证集成在一起的系统软硬件是否可以正常工作。在软件开发过程中，通常需要模拟数据对各模块进行黑盒或白盒测试。而从用户角度来看，则会要求对开发完成的虚拟仪器系统进行单模块功能测试、系统集成后功能测试及性能测试等，这些测试常作为系统验收的依据。

除了从逻辑范围对技术需求进行分类外，还可以对各个逻辑范围内的技术需求划分优先级。例如，可以将需求分为关键、重要，普通和低四个级别。其中关键需求直接关系到项目的核心功能，它们能否实现直接关系到项目的目标是否可以实现。通常把直接影响项目目标或安全相关的需求列为核心需求。重要需求是指会影响项目交付，但不直接影响项目核心功能的需求。普通需求是一些常规需求。低级别的需求是在时间和预算允许的条件下才考虑的需求，通常这些需求用于实现系统的辅助功能。

表 20-2 显示了一个图像采集项目中几个软件功能的优先级。假定该项目要求使用图像采集卡采集 CCD 传回的图像信号，如果无法实现图像采集，则项目根本无法继续进行。因此通过图像采集卡实时采集 CCD 图像的功能需求就是关键需求。把采集回来的图像保存下来，就可以供用户查阅、打印，如果工期紧张，甚至可以据此说服客户延长在线打印功能的交付时间，所以保存图像数据功能就相对比较重要，在线打印功能则为普通需求。由于用户并没有要求降低采集回图像的噪声，因此降噪功能优先级较低。

当然，在进行需求分析时，不能只关注项目的技术规格，还应注意项目的预算、工期、性能、可靠性和可用性、质量、遵循的标准以及与其他系统的接口等方面的需求。

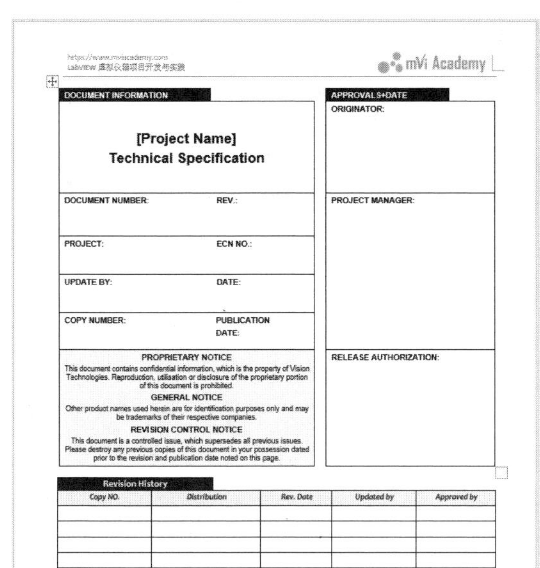

https://www.mviacademy.com
LabVIEW 虚拟仪器项目开发与实践　mVi Academy

DOCUMENT INFORMATION		APPROVALS+DATE
[Project Name] Technical Specification		ORIGINATOR:
DOCUMENT NUMBER:	REV.:	PROJECT MANAGER:
PROJECT:	ECN NO.:	
UPDATE BY:	DATE:	
COPY NUMBER:	PUBLICATION DATE:	
PROPRIETARY NOTICE This document contains confidential information, which is the property of Vision Technologies. Reproduction, utilisation or disclosure of the proprietary portion of this document is prohibited. GENERAL NOTICE Other product names used herein are for identification purposes only and may be trademarks of their respective companies. REVISION CONTROL NOTICE This document is a controlled issue, which supersedes all previous issues. Please destroy any previous copies of this document in your possession dated prior to the revision and publication date noted on this page.		RELEASE AUTHORIZATION:

Revision History

Copy NO.	Distribution	Rev. Date	Updated by	Approved by

1

https://www.mviacademy.com
LabVIEW 虚拟仪器项目开发与实践　mVi Academy

1 Introduction

The following pages contain a functional requirements specification for [project name] for use by [Company] in [City, ST]. The specification was written and reviewed by the following people:
[List the names, titles, and companies of all contributing authors. Describe any other documents referenced by or related to this specification.]

2 Objective

[Describe Company:　What do they provide? To whom? For what? Describe the customer's business objective that's driving this project. Describe current test/measurement/automation/control challenge. Describe the approximate budget and timetable for addressing the challenge.]

3 Standards

List all the standards the system should follow.

4 System Overview

[Describe the overall system in very high level terms, including both hardware and software. Describe any subsystems that comprise the system, as well as any systems that are associated but external to the system. Include an overall system block diagram. Clearly differentiate between subsystems and components that are part of the system specified in this document, versus external systems and components. Describe high-level functionality of the specified system. Describe how the system addresses the Company's challenge and business objectives, including budget and timetable.]

5 Hardware

[Describe the system hardware platform including PC, interface bus, and the primary instruments, modules, or DAQ devices. Describe the purpose of each significant component. Describe any fixtures or equipment racks that are required.]

5.1 Input/Output List

[Insert a table containing an itemized list of physical parameters to measure and control, transducers and control devices, DAQ devices and instruments, and PC interface. If the table is lengthy, i.e. more than 25 channels, move it to an appendix.]

6 Software

[Describe the software platform including PC operating system, LabVIEW, add-on toolkits, TestStand, etc., 3rd party application(s), as well as the custom application(s) to be developed. Describe the purpose of each significant application or tool.]

2

https://www.mviacademy.com
LabVIEW 虚拟仪器项目开发与实践　mVi Academy

6.1 Acquisition

[Describe the software routines that will acquire data from and/or control the hardware devices. Specify the desired sampling and/or update rates, synchronization, data format, etc.]

6.2 Analysis

[Describe any on-line and/or post-acquisition data processing routines that are required. Specify the equations and algorithms to be used. Describe the required throughput for on-line analysis.]

6.3 Presentation

6.3.1 User Interface

[Describe the graphical user interface design. Describe the level of operator training and any ease-of-use features. Include a prototype screen shot of one of the primary display screens. Always include the customer's company logo.]

6.3.2 Data Files

[Describe any data files that will be created. Specify the data format, such as binary, ASCII, XML, Microsoft database (.mdb), etc. Specify the location, such as local hard drive or remote network server, and how the destination is specified. Specify the required data logging rates and any event or criteria that triggers the data logging. Describe the applications that will be able to read the data, such as MS Word, Excel, Access, SQL Server. Oracle, etc.]

6.3.3 Reports

[Describe any reports that are generated by the system. Specify the format and destination, such as printer, HTML, RTF, or plain text file. List all of the required headings and data fields and the size and format of each. Include a sample report in an appendix if/when possible.]

6.4 Connectivity

[Describe any network, intranet, or Internet connectivity required, such as remote access and/or control via web browser, data distribution via FTP, e-mail, etc., or client/server communication via ActiveX, TCP, UDP, DataSocket, or Logos].

3

https://www.mviacademy.com
LabVIEW 虚拟仪器项目开发与实践　mVi Academy

6.5 Priority Matrix

[Create a table containing an itemized list of software features, and priority level for each. Priorities should include Critical, High, Medium, and Low. This is essentially a subset of the Project Planning Worksheet, without the hours, rates, etc.]

ID	Module	Software Feature	Critical	Important	Normal	Low
1			☐	☐	☐	☐
2			☐	☐	☐	☐
3			☐	☐	☐	☐
4			☐	☐	☐	☐

7 Test Methodology

[Describe how the system will be tested. Will any in-house testing be performed prior to integration at the customer site? Describe any software and/or hardware that will be utilized or developed to simulate and/or test each feature. Specify any use cases that will be applied to test the integrated system. Describe the customer's responsibility for testing the system, if applicable.]

Appendix A:　Glossary

[Define all terms, acronyms, and abbreviations used within the specification. List in alphabetical order.]

Appendix B:　Input/Output Channel List

[For high channel count DAQ systems (i.e. > 25 channels), place the I/O list in this appendix instead of the hardware section of the main specification body.]

Appendix C:　Sample Report

[Create a prototype of any report(s) that must be generated by the system.]

Appendix D:　Product Specifications

[Include the manufacturer's specifications of any 3rd party hardware and software products that are discussed within the specification.]

4

图 20-10　虚拟仪器项目技术需求规格书模板

表 20-2 需求优先级分类示例

模 块	软 件 功 能	关键	重要	普通	低级
图像采集	通过图像采集卡实时采集 CCD 图像	■	□	□	□
图像存储	以 JPEG 格式实时保存采集到的图像	□	■	□	□
图像打印	在线打印采集到的图像	□	□	■	□
图像滤波	降低图像中的白噪声	□	□	□	■

传统的软件需求规格书基本上采用类似上述功能分解的方式来描述系统需求。在这种表述方式中，系统功能被分解到各个功能模块中，可以通过对各个细分的子系统模块功能描述来完成对整个系统功能的描述。但是采用这种方法描述系统需求时，比较容易混淆需求和设计的界限。很多时候需求规格书中的表述实际上已经包含了部分的设计内容，这常常导致很多开发人员不知道系统需求应该详细到何种程度。一个极端的情况是需求分析详细到概要设计，因为这样的需求表述既包含了外部需求，也包含了内部设计。在有些公司的开发流程中，这种需求被称为“内部需求”，相应地，用户的原始要求则被称为“外部需求”。

功能分解方式的另一个缺点是分割了各项系统功能运行的环境，单从各功能项入手，很难了解到这些功能项是如何相互关联来实现完整的系统服务。所以在传统的需求规格书中，往往需要另外一些章节描述系统的整体结构及各部分之间的相互联系，这些内容使得系统需求规格书更像一个设计文档。但是从用户的角度来看，他们并不想了解系统的内部结构和设计，他们所关心的只是系统所能提供的服务，也就是被开发出来的系统将如何被使用，这时可以采用“用例”（Use Case）模型来描述系统需求。

用例模型主要由“参与者”（Actor）、“用例”和“通信联系”（Communication Association）三部分组成。参与者是指存在于被定义系统外部并与该系统发生交互的人或其他系统，代表的是系统的使用者或使用环境。用例用于表示系统提供的服务，定义系统如何被参与者使用。用例通常通过描述参与者为了使用系统功能而与系统之间发生的交互来定义需求。通信联系用于表示参与者和用例之间的联系，表示参与者使用了系统中的哪些服务（用例），或者说系统所提供的服务（用例）是被哪些参与者所使用。

使用用例模型方法描述系统功能需求过程中通常需要建立用例模型。所建立的用例模型主要包括用例图（Use Case Diagram）和用例规范（Use Case Specification）两部分内容：用例图用来确定系统中所包含的参与者、用例和两者之间的对应关系，它给出了系统功能的一个概貌；用例规范用于描述用例的细节内容。在用例建模的过程中，通常先找出参与者，再根据参与者确定与之相关的用例，最后再细化每一个用例的用例规范。

用例模型法完全是站在用户的角度（从系统的外部）来描述系统的功能，在该方法中，把被定义系统看作是一个黑盒，并不关心系统内部是如何完成其功能的。从用例图中用户可以得到对于被定义系统的一个总体印象。与传统的功能分解方式相比，用例模型法完全是从外部来定义系统的功能，它把需求与设计完全分离开，使得该方法比传统的功能分解法描述的需求更易于被用户理解。

项目需求规格书起草完成后，应尽可能多地让相关人员（包括开发人员、用户和维护人员）进行审查。通常需求规格书是在不断讨论中修改和完善的。可以使用 Word 的修订功能来跟踪或合并审核者意见。当然也可以使用专门的需求处理工具，如 DOORS 或 IBM 公司的 Rational RequisitePro 等来管理需求。NI 公司也提供了需求管理工具——Requirement Gateway（图 20-11），可以用来将需求说明书同 LabVIEW 代码链接在一起，还可用来分析软件与项目需求之间的差异。

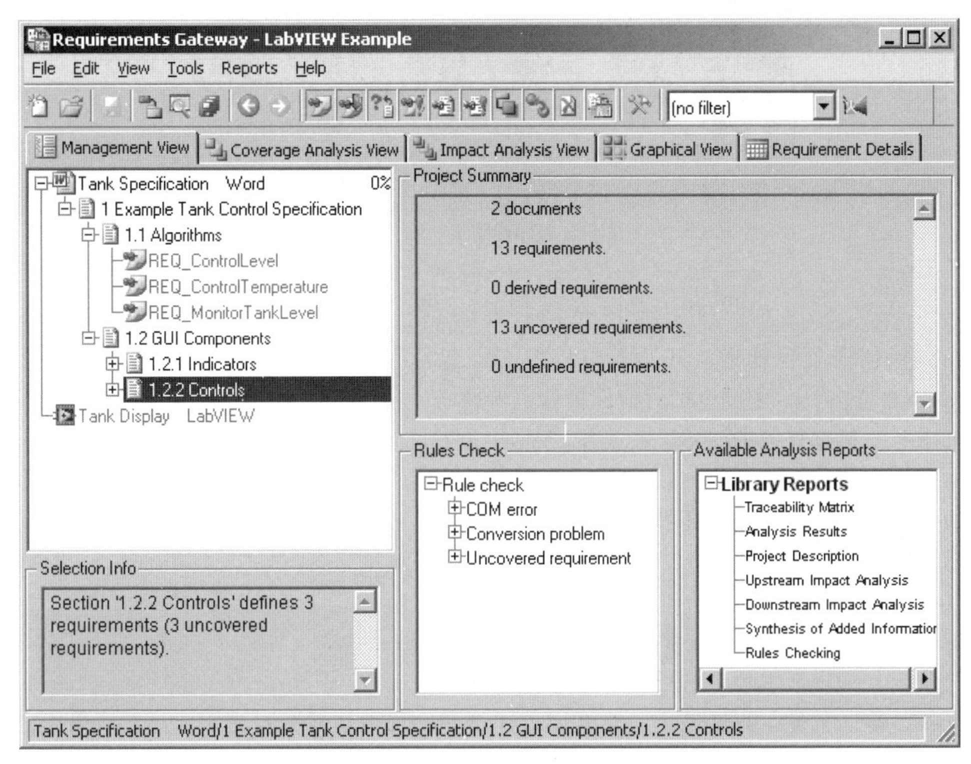

图 20-11　NI 公司的项目需求管理工具

20.2.2　设计

用户需求确定后，就可以开始着手设计工作。设计是一个逐步求精的过程，将需求转换为数据结构、算法和程序说明（如流程图、伪代码），通过这个过程使项目需求与最终源码逐渐靠近。

设计包括系统架构设计（Architecture Design）、接口设计（Interface Design）、数据设计（Data Design）和流程设计（Procedure Design）等内容。架构设计又称为概要设计（Overview Design），其主要目标就是将系统分解成由结构图描述的模块，并定义这些模块之间的关系。接口设计定义了系统内部，系统与其他外部系统以及人之间传递的信息。数据设计将各种逻辑模型转换成数据结构，而流程设计则将系统各模块转换成使用流程图或伪代码描述的算法。

设计过程可以通过初步设计（Preliminary Design）和详细设计（Detail Design）逐步细化。初步设计关注如何将需求转换成数据和系统架构，详细设计则关注如何将系统架构逐步细化为具体的数据结构、算法和程序说明。在整个设计过程中，通过一系列技术评审和设计联络会，保证信息顺畅沟通。

设计时，团队开发人员参考需求规格书、合同及相关会议纪要中描述的用户需求，将这些需求转化为系统架构描述，并用数据、流程和程序说明详细描述软件架构中的各功能模块，最终形成系统概要、详细设计、测试方法及相关的支持文档。在设计过程中，可以使用结构图、伪代码、流程图描述设计的内容，也可以使用原型模型验证不确定的功能；可以邀请客户召开设计联络会，确认相关设计，也可以在团队内部召开设计评审会议，对设计的内容从技术、设计的范围、如何测试等角度进行审核。注意，系统的测试方法在系统设计初期就应考虑，不应等到软件编码完成。总之，开发人员或团队可以基于各种输入，利用工具和技术完成设计，并最终创建各种设计文档，如图 20-12 所示。

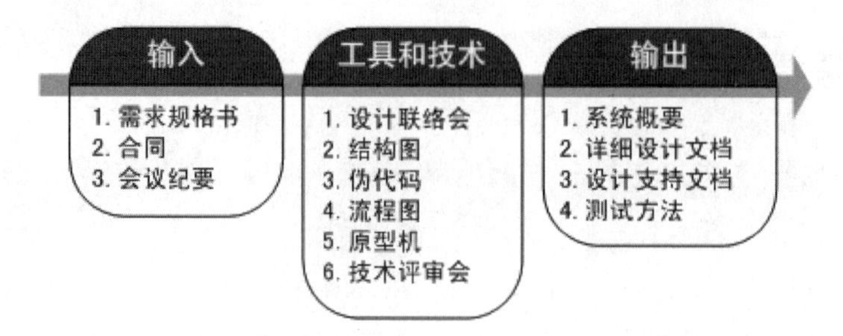

图 20-12 设计阶段的输入、输出、工具和技术

在虚拟仪器项目初期，开发人员一般会创建原型模型，为用户演示产品的概念设计（Concept Design）。主要包括对前面板和部分核心功能进行原型设计两部分。团队根据用户需求列出所需执行任务的清单，明确用户界面组件，及用于数据分析、显示所需的输入控件和显示控件的数量和类型。与目标用户或项目组其他成员详细规划和商讨，确定用户需在何时以何种方式实现上述功能和特性。通过演示并收集客户意见，确认前面板能否帮助用户实现需求。也可以创建用户需求中的核心功能原型，并演示给客户以增强其信心，同时为项目开发打下基础。

如前所述，设计是一个逐步细化的过程，虚拟仪器项目的设计也不例外。通过架构设计，可以将系统分为规模上便于管理且有逻辑关系的多个部分。例如，可将系统分为系统配置、数据采集、数据分析、数据显示、数据记录和错误处理等功能不同的模块，然后采用自顶向下（Top-Down）或自底向上（Bottom-Up）的设计方法进行详细设计。

自顶向下的设计方法与设计阶段逐步求精的过程吻合，对要完成的任务进行分解，先对最高层次中的问题进行定义、设计、编程和测试，而将逻辑上结合度较紧密的功能或在高层次中未解决的问题作为一个子任务放到下一层次中去解决。这样逐层、逐个地进行定义、设计、编程和测试，直到所有层次上的问题均被解决。自顶向下的设计方法的核心在于“分解”，它将复杂的问题分解为多个相对简单的小问题，找出每个问题的关键、重点所在，然后用精确的思维定性、定量地去描述问题。

具体到虚拟仪器项目来说，设计应从包含应用程序主要组件的高层程序框图开始。在高层程序框图中可以先放置代表各个逻辑模块的子 VI 图标。在这个阶段，只需要为这些子 VI 定义图标、功能描述和输入 / 输出接口参数，而不必编写实现各个功能模块的代码。例如，可以将一套数据采集系统分解为系统配置、数据采集、数据处理、数据记录等模块，如图 20-13 所示。

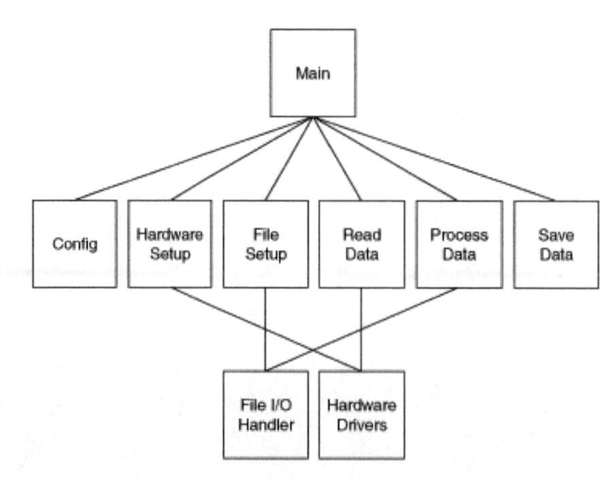

图 20-13 数据采集系统各模块

在进行功能分解时，可以先使用伪代码描述各模块的数据类型和算法（图 20-14），等到功能细分完成后，再逐个为每个功能模块编写代码。在实现每个功能模块的代码时，可以使用同样的方法，再将模块细分为多个更小的子 VI，直到实现整个系统功能为止。

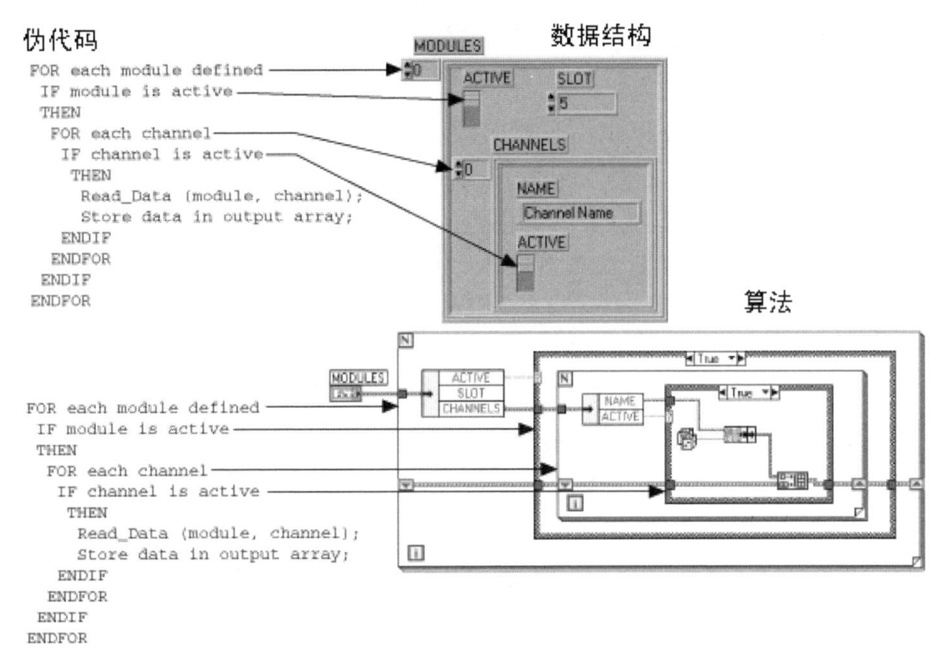

图 20-14　使用伪代码描述数据结构和算法

在某些情况下，整个系统的设计会受底层某些功能限制，例如，对虚拟仪器项目底层仪器驱动命令集的设计，将影响整个项目中其他顶层模块的运行，这时可以使用自底向上的设计方法。采用自底向上设计方法在设计具有层次结构的大型程序时，先设计一些较底层的程序，即解决问题的各个不同的小部分，然后再对其进行修改、扩大，组合成完整的程序，其设计成本和开发周期优于自顶向下法。但由于设计是从最底层开始的，所以难以保证总体设计的最佳性。实际上在现代许多设计中，混合使用自顶向下法和自底向上法常会取得更好的设计效果。一般来说，自顶向下的设计方法适用于整个系统的架构，而自底向上的设计方法则适用于系统中某个模块的设计。

20.2.3　编码

设计完成后，就可以根据设计文档进行编码来实现系统功能。编码是指把设计转换成计算机可以接受的程序，即写成以某一程序设计语言表示的“源代码”的过程。编码时，开发人员依据用户需求规格书、各种设计文档和合同，使用 LabVIEW 将系统设计转化为图形化的程序框图。如果发现需求或设计文档中的错误，也可以对需求规格书和设计文档进行更新，如图 20-15 所示。注意，在软件生命周期中，设计和编码是两个不同的阶段，很多开发人员认为设计就是编码，这是非常错误的。

团队开发时，保证代码和用户界面的风格统一极为重要。通常情况下，不同的开发人员会使用不同的编码风格、色彩配置等，如果有多个开发人员共同开发一个产品，不同的编码风格会极大地降低程序的可读性和可维护性。因此，在开始编码前，最好能提前确定程序的编码风格，并应用于整个项目。也可以预先定义一套项目文件结构、程序框架、图标的模板，供团队创建 VI 时使用。

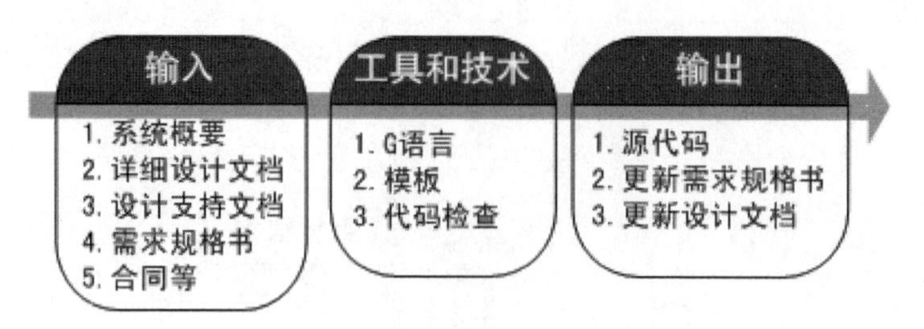

图 20-15　编码阶段的输入、输出、工具和技术

例如，可以预先定义程序框架，将其保存为 VI 模板文件，并复制到 LabVIEW 安装目录下的 templates 文件夹中。这样就可以在 LabVIEW 新建 VI 时，基于这些模板快速创建规范的程序。图 20-16 是使用自制模板创建 VI 的例子。在自制模板时，可以为模板 VI 添加预览图，方法是将程序框图以 PNG 格式保存到 LabVIEW 安装目录下的 templates 文件夹中。注意文件名必须是程序文件名加上字符 d 的形式。例如，基于 example.vi 创建模板，并为其创建缩略图，则 PNG 文件的名称必须为 exampled.png。这样才能被 LabVIEW 识别。

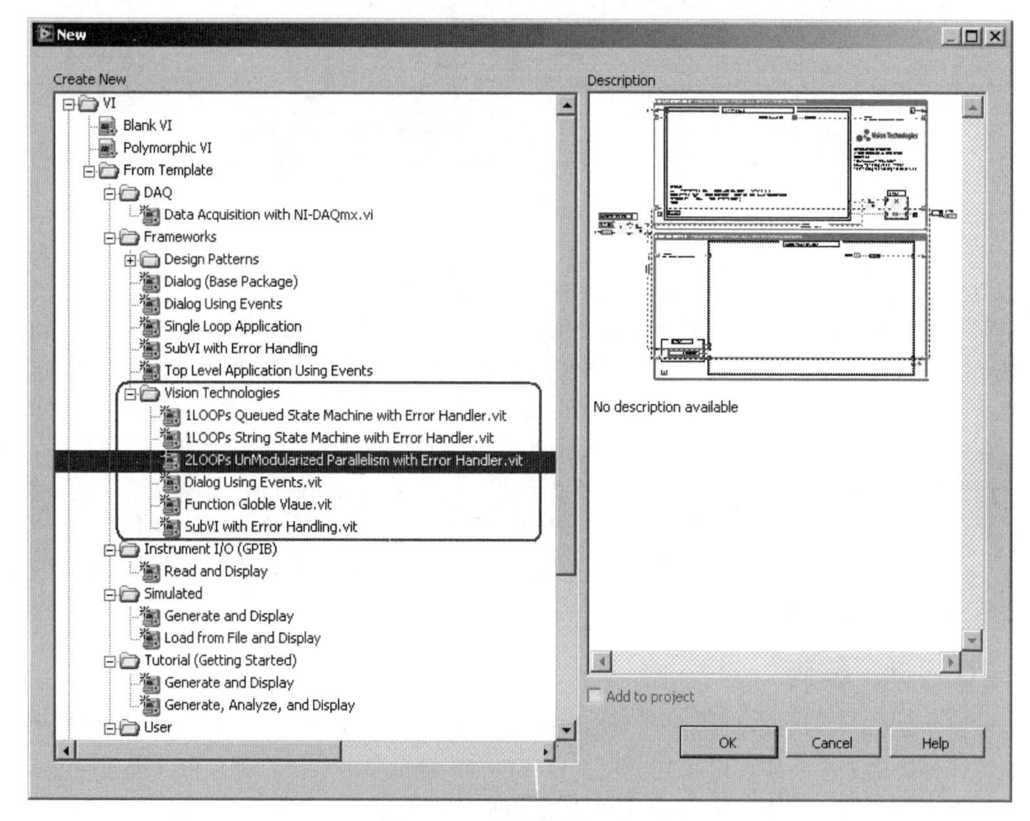

图 20-16　使用模板创建 VI

某个模块的代码设计完成后，可以进行代码检查。代码检查过程与设计评审比较类似，只不过检查的对象为程序代码。可以邀请团队内部或相关专家参与检查，由设计人员从头到尾讲解自己的设计思路，以便相关人员对设计文档进行对比后提出检查意见。

在进行代码检查时，除了代码本身所实现的功能外，通常还需要关心以下几方面的问题：

（1）VI 是否有效地捕获错误并对其进行报告和处理？

（2）程序代码之间是否会产生冲突？冲突通常会在多个代码片段同时访问共享资源时产生。由于在共享资源上执行的代码不同，程序运行结果就不一样，因此应尽量规避代码中的访问冲突。在 LabVIEW 程序中，在使用局部变量、全局变量或外部文件时最易引入冲突，在检查时需特别注意。

（3）代码的执行效率如何？可以从代码执行速度和内存利用率两方面进行衡量。

（4）代码的可维护性如何？

此外，在进行代码检查时，还应遵循“对代码不对人”的原则，尽量关注技术问题本身，而不应因人评价。例如，并不是 LabVIEW 编码高手每次写出的 VI 都完美，也并不是入门选手就不能提出好的解决方案。代码检查人员也应注意在提出批评意见的同时，尽可能提供正面有效的改进建议。

20.2.4 测试

测试就是利用测试工具，按照测试方案和流程对产品进行功能和性能测试，检查产品的实际运行结果与用户需求之间的差距，尽可能地查找软件中存在的错误和缺陷，以便跟踪处理，确保开发的产品适合需求。

测试工作的主要内容是验证（Verification）和确认（Validation）。验证是确保软件正确实现了需求功能的一系列活动，即保证产品“做正确的事情”（Do the Right Thing）。确认活动的目的是想证实在一个给定的外部环境中，软件的逻辑是否正确，即保证软件以正确的方式实现所需功能（Do Thing Right）。

对软件测试来说，测试的主要对象为源代码，但并不局限于源代码，还应该包括整个软件开发期间各阶段产生的文档，如需求规格说明、概要设计文档、详细设计文档等。在测试过程中，通过对测试对象应用各种测试技术，将生成测试计划、测试流程和测试报告等文档，如图 20-17 所示。其中测试计划用于确定测试范围、方法、测试用例和测试所需资源等；测试流程详细描述与每个测试方案有关的测试步骤和数据（包括测试预期结果）；测试报告包括每次测试运行的结果。

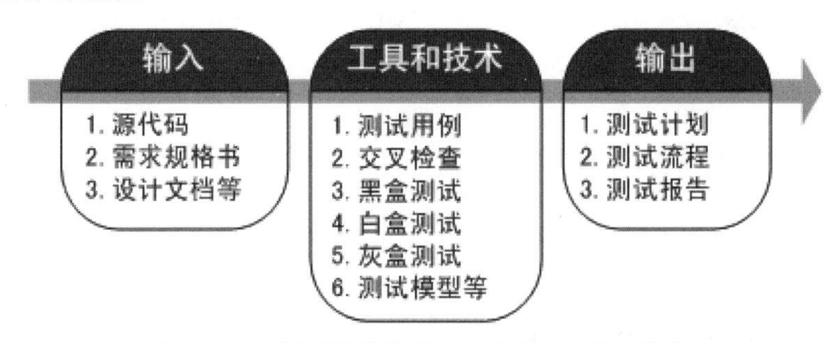

图 20-17 测试阶段的输入、输出、工具和技术

项目的测试工作也可以通过各种测试模型进行管理，其中 V 模型是最广为人知的测试模型，如图 20-18 所示。在 V 模型中，测试过程被分为单元测试（Unit Test）、集成测试（Integration Test）、系统测试（System Test）和验收测试（Acceptance Test）几个阶段。其中单元测试检测代码的开发是否符合详细设计的要求；集成测试检测此前测试过的各组成部分是否能完好地结合到一起；系统测试检测已集成在一起的产品是否符合系统规格说明书的要求；验收测试则检测产品是否符合最终用户的需求。所有这些阶段都被放在开发过程之后执行，而且无论对哪个阶段来说，都可以采用静态测试或动态测试方法，检验测试对象。

静态测试是指不在计算机上执行程序，通过人工或程序分析的方法证明软件的正确性的过程；动态确认指通过执行程序，对测试对象功能的正确性进行分析的动态行为。对虚拟仪器项目来说，静态测试可以安装 LabVIEW VI Analyzer Toolkit 工具，并进行人工交叉检查，人工交叉检查就是在一个或多个其他团队成员之间互相检查代码的过程。许多编程问题会在团队成员沟通和互相检查过程中得到解决。执行动态测试时，可以安装 LabVIEW Unit Test Framework Toolkit 工具，并使用黑盒测试、白盒测试或灰盒测试方法。

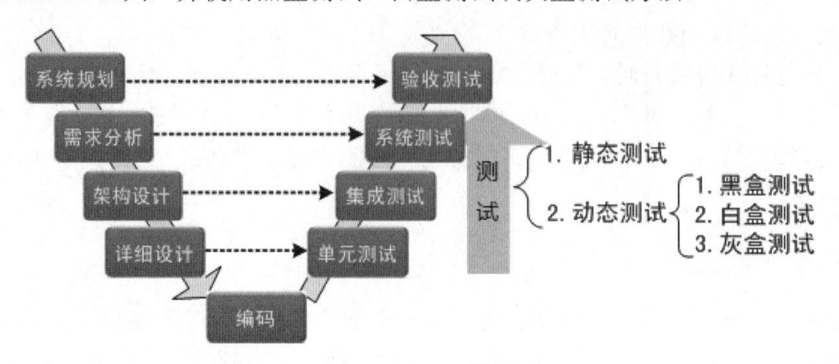

图 20-18 V 模型

LabVIEW VI Analyzer Toolkit 拥有 60 多个可在任何 VI 上运行的测试，从而能够轻松地找出程序潜在的问题。可快速自动改善程序的样式、性能和文档，从而节省测试时间。不论是用户界面还是内存的使用状况，LabVIEW VI Analyzer Toolkit 提供的测试都能从各方面对 VI 评估并给出改进建议。如果需要编辑某个 VI，还能交互地给出相应 VI 的直接链接。测试完成后，还可使用 LabVIEW VI Analyzer Toolkit 创建多种格式的测试报告。

图 20-19 显示了 LabVIEW VI Analyzer Toolkit 和 LabVIEW Unit Test Framework Toolkit 的界面。LabVIEW Unit Test Framework Toolkit 可以自动进行 VI 单元测试，继而验证功能并展现应用程序的正常运行状态。测试人员既能为 LabVIEW 项目浏览器中的任意 VI 生成单元测试，也可以在文本编辑器（如 Microsoft Excel）中创建并导入测试参数。每个测试可由包含多个定义数据类型（包括数组和簇）的测试用例组成。最终的对话框用于识别错误输出的根源，内含的报告功能可自动生成 HTML、ATML/XML 或 ASCII 格式的验证文档，并以文档形式证明程序与测试参数规定的要求一致。该工具还可与 NI 需求管理软件（Requirements Gateway）集成，进行测试需求信息的自动跟踪。

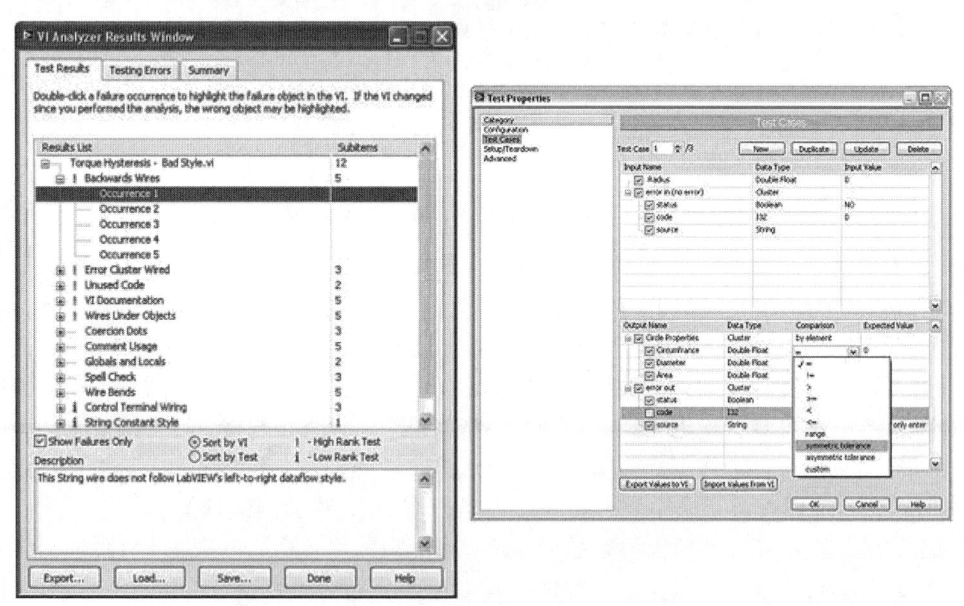

图 20-19 LabVIEW VI Analyzer Toolkit 和 LabVIEW Unit Test Framework Toolkit

黑盒（Black Box）测试也称“功能测试”或“数据驱动测试”，是在已知产品应具有功能的前提下，通过测试来检测每个功能是否能正常使用的一种测试方法。在测试时，把模块看作一个不能打开的黑盒子，在完全不考虑其内部结构和内部特性的情况下，通过模块接口验证其功能是否正常。黑盒测试只检查程序功能是否能按照需求规格书的规定正常使用，程序是否能适当地接收输入数据并产生正确的输出信息，且保持外部信息（如数据库或文件）的完整性。黑盒测试主要用于软件功能的确认，它着眼于程序外部结构，不考虑内部逻辑，针对软件界面和软件功能进行测试。在使用黑盒测试时，只有把所有可能的输入都作为测试情况，才能查出程序中可能存在的错误。

白盒（White Box）测试也称“结构测试”或“逻辑驱动测试”，是在知道产品内部工作过程的前提下，通过测试来检测产品内部逻辑是否能按照规格说明书的规定正常执行的一种测试方法。白盒测试主要用于软件验证，它根据程序内部的结构对其测试，穷举程序中的每条通路，并检验它们是否能按预定要求正确工作，而不管其功能。这会导致测试的工作量极大，而且即使每条路径都经过测试，仍然可能有功能方面的错误。

在实际测试时，经常会遇到黑盒测试正确，但模块内部功能却错误的情况。如果每次都通过白盒测试来对这种情况进行验证，测试的效率会很低，此时可以采用一种称为“灰盒（Gray Box）测试”的方法。灰盒测试介于黑盒和白盒之间，它不仅关注输出对于输入的正确性，同时也关注内部表现。但这种关注不像白盒那样详细、完整，而只是通过一些关键的现象、事件、标志来判断内部的运行状态。灰盒测试结合了白盒测试和黑盒测试的要素，考虑了用户端、特定的系统知识和操作环境，在系统组件的协同环境中完成对软件设计的评价。

V 模型中所展示的测试过程是一个渐进的过程，其中单元测试（又称模块测试）对软件设计的最小单位（模块）进行正确性检验，其主要目的是发现模块内部可能存在的各种差错。在单元测试时，测试者依据详细设计文档和源程序，了解该模块的输入 / 输出参数和模块的逻辑结构，主要采用白盒测试用例，并辅以黑盒测试用例，使测试对任何合理的输入和不合理的输入，都能鉴别和响应。

单元测试内容通常包括以下主要内容：

（1）模块中输入 / 输出接口参数是否正确。

（2）数据结构类型是否一致，包括默认值和初始值的设置是否正确等。

（3）路径测试，如选择适当的测试用例，对模块中重要的执行路径进行测试等。

（4）错误处理测试，包括错误的捕获、报告和处理是否妥当等。

（5）边界测试，例如数据是否越界等。

在进行单元测试时，不仅要考虑以上内容，还要考虑和外界的联系，并用一些辅助模块去模拟与被测模块相联系的其他模块。例如，当被测试的模块要用到另一个模块产生的数据时，可以创建一个模拟它的“驱动（Driver）模块”；当被测模块产生的数据需要传递到另一个模块时，可以创建一个“存根（Stub）模块”，接收被测模块的数据。

集成测试又称为联合测试，通常在单元测试的基础上，检验所有模块按照设计要求组装成为系统后，是否可以正常工作。这个阶段需要考虑的问题主要有以下几点：

（1）把各模块连接起来时，穿越模块接口的数据是否会丢失。

（2）一个模块的功能是否会对另一个模块的功能产生不利影响。

（3）各个子模块组合后，能否达到预期要求的功能。

（4）全局数据结构是否有问题。

（5）单个模块的误差累积起来是否会放大，从而达到不能接受的程度。

集成测试可以与单元测试同时进行，通过它发现并排除在模块连接中可能出现的问题，最终构成要求的软件系统。通常，可以通过“一次性集成”（Big Bang）和“渐增集成”（Incremental）两种方式把测试过的模块集成为系统。一次性集成方式首先对每个模块分别进行测试，然后再把所有模块组装在一起进行测试，最终得到要求的软件系统。渐增集成方式首先对一个个模块进行测试，然后将这些模块逐步组装成较大的系统。在集成过程中边连接边测试，以发现连接过程中产生的问题，通过渐进方式逐步组装成为要求的系统。当然在组装测试时，应当确定模块优先级，对关键模块及早进行测试。

系统测试是将集成在一起的软件与计算机硬件、外设、某些支持软件、数据和人员等其他元素结合在一起，在实际运行环境中，对计算机系统进行一系列的组装测试和确认测试。目的在于通过与系统的需求定义作比较，发现软件与系统的定义不符合或矛盾的地方，从而完成系统的有效性测试。

在通过了系统的有效性测试并检测软件配置之后，就可以开始系统的验收测试。验收测试一般采用客户主导、开发人员支持、QA（质量保证）人员见证的方式进行。在测试过程中，用户也应参加测试用例的设计、测试流程执行等工作，并使用生产中的实际数据进行测试。在这个阶段除了考虑软件的功能和性能外，还应对软件的可移植性、兼容性、可维护性、错误恢复等功能进行确认。

V 模型的最大缺陷在于把测试过程作为需求分析、设计及编码后的一个阶段，忽视了测试对需求分析和设计阶段的验证，这往往会导致问题一直到项目后期才被发现。现代测试理论认为测试应从项目的最初阶段就进行考虑，为此在大型复杂系统开发时，可以使用 W 模型、H 模型或 X 模型管理测试。

W 模型由 Evolutif 公司提出，相对于 V 模型，W 模型增加了软件各开发阶段中应同步进行的验证和确认活动。W 模型由两个 V 模型组成，分别代表测试与开发过程，它明确表示出了测试与开发的并行关系，如图 20-20 所示。

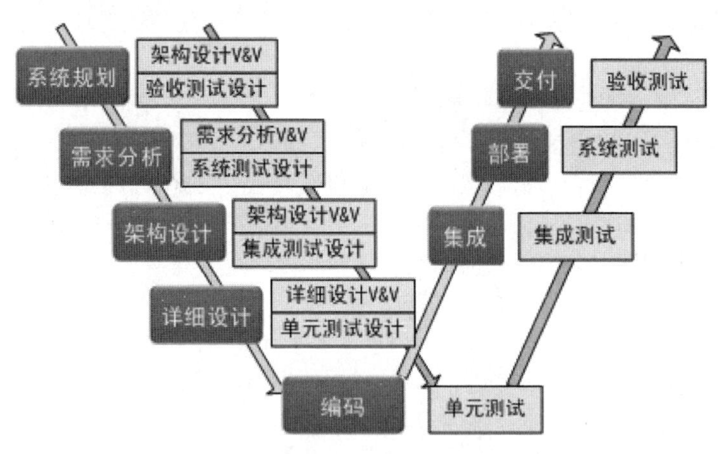

图 20-20 W 模型

W 模型认为测试应伴随整个软件开发周期进行，而且测试的对象不应仅仅是源代码，还应包括需求和设计等内容。也就是说，测试与开发应当同步进行。W 模型有利于尽早地全面发现问题。例如，需求分析完成后，测试人员就应该参与到对需求的验证和确认活动中，以尽早地找出缺陷所在。同时，对需求的测试也有利于及时了解项目难度和测试风险，及早制订应对措施，这会显著减少总体测试时间，加快项目进度。

W 模型也存在局限性。在 W 模型中，需求、设计、编码等活动被视为串行，同时，测试和开发活动也保持着一种线性的前后关系，上一阶段完全结束，才可正式开始下一个阶段工作。这样就无法支持迭代的开发模型。对于当前软件开发复杂多变的情况，W 模型并不能解除测试管理面临的困惑。

H 模型强调软件测试要尽早准备并执行。H 模型认为测试流程是一个完全独立的流程，应贯穿整个产品周期，与其他流程并发进行。当某个测试点准备就绪时，就可以从测试准备阶段进行到测试执行阶段。软件测试可以尽早启动，并且可以根据被测对象的不同分层次进行。例如，考虑到在小型模块中纠错比测试由几个 VI 组成的多层次结构更容易操作，以及使用子 VI 进行低层测试任务便于应用程序的修改或重新组织，可以在创建子 VI 时就同步对其进行测试。

图 20-21 演示了在整个产品生命周期中某层次上的一次测试“微循环”。图中标注的其他流程可以是任意的开发流程，如设计流程或编码流程。也就是说，只要测试条件成熟，测试准备活动已经完成，测试执行活动就可以按照顺序或循环方式立即执行。

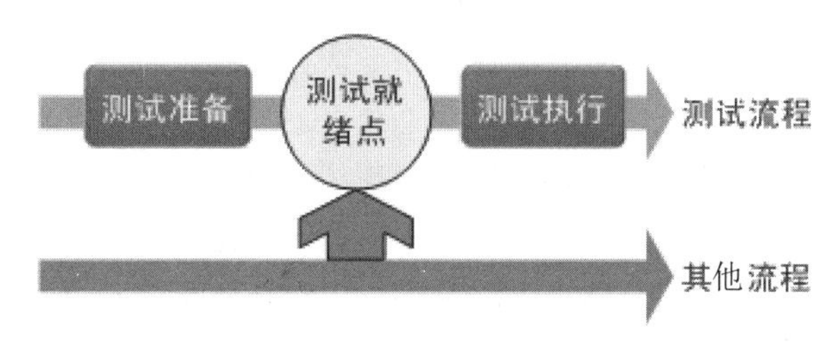

图 20-21 H 模型

X 模型对 V 模型进行了改进，它认为应将单独程序片段的编码和测试分离开来，此后通过频繁交接，集成最终可执行的程序，如图 20-22 所示。X 模型的左边描述的是针对单独程序片段所进行的相互分离的编码和测试，经过频繁交接生成可执行程序后再对它们进行测试。已通过集成测试的成品可以进行打包提交给用户，也可以作为更大规模和范围内集成的一部分。多根并行的曲线表示变更可以在各部分发生。X 模型还定位了探索性测试，这是一种不进行事先计划的特殊类型测试。它往往能帮助有经验的测试人员在测试计划外发现更多的软件错误。相应地，可能会对测试造成人力、物力和财力的浪费，对测试员的熟练程度要求也比较高。

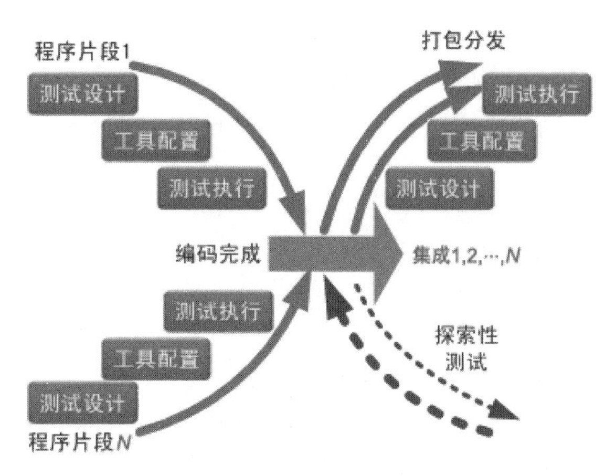

图 20-22 X 模型

无论使用何种测试模型管理项目测试，都可以使用 Alpha、Beta、Gamma 三个通俗的名称来标识测试的阶段和范围。Alpha 版指开发团队内部测试版本或者有限用户体验测试版本。Beta 版指对所有用户公开的测试版本。在最终发布前，基于 Beta 版本修改生成的正式版本的候选版本通常称为 Gamma 版本，也可以称为 RC（Release Candidate）版。

20.2.5 升级维护和版本控制

维护是指在已完成对产品的开发（分析、设计、编码和测试）工作并交付使用后，对产品进行的一些软件工程活动。包括根据软件的运行情况，对软件进行适当修改，以适应新的要求，或纠正运行中发现的错误等。从工作内容的角度来看，维护工作可以分为完善性维护、适应性维护、改正性维护和预防性维护几类。

完善性维护是为扩充功能和改善性能而进行的修改，主要是指对已有的软件系统增加一些在系统分析和设计阶段中没有规定的功能与性能特征。这些功能对完善系统功能是非常必要的。另外，还包括对处理效率和编写程序的改进，这方面的维护占整个维护工作的50% ～ 60%，比重较大。也是关系到系统开发质量的重要方面。这方面的维护除了要有计划、有步骤地完成外，还要注意将相关的文档资料加入到相应的文档中。

适应性维护是指使产品适应信息技术变化和管理需求变化而进行的修改。这方面的维护工作量占整个维护工作量的 18% ～ 25%。由于目前计算机硬件价格的不断下降，各类系统软件层出不穷，人们常常为改善系统硬件环境和运行环境而产生系统更新换代的需求；企业外部市场环境和管理需求的不断变化也使各级管理人员不断提出新的信息需求。这些因素都将导致适应性维护工作的产生。进行这方面的维护工作也要像系统开发一样，有计划、有步骤地进行。

改正性维护是指改正在系统开发阶段已发生而系统测试阶段尚未发现的错误。这方面的维护工作量占整个维护工作量的 17% ～ 21%。所发现的错误有的不太重要，不影响系统的正常运行，其维护工作可随时进行；有的错误非常重要，甚至影响整个系统的正常运行，其维护工作必须制订计划，进行修改，并且要进行复查和控制。

预防性维护是为了改进应用软件的可靠性和可维护性，为了适应未来的软、硬件环境的变化，应主动增加预防性的新功能，以使应用系统适应各类变化而不被淘汰。例如，将专用报表功能改成通用报表生成功能，以适应将来报表格式的变化。这方面的维护工作量占整个维护工作量的 4% 左右。

通常一个中等规模的软件，如果研制阶段需要 1 ～ 2 年的时间，那么在投入使用以后，其运行或工作时间可能持续 5 ～ 10 年。它的维护阶段也是运行的这 5 ～ 10 年。在这段时间，几乎需要着手解决研制阶段遇到的各种问题，同时还要解决某些维护工作本身特有的问题。做好软件维护工作，不仅能排除障碍，使软件正常工作，还可以使其扩展功能，提高性能，为用户带来明显的经济效益。

遗憾的是，企业对维护工作的重视往往远不如对软件开发工作的重视。而且很多开发人员在开发时几乎不考虑产品的可维护性。这就导致产品后期的扩容、升级与维护，和软件自身的开发工作相比，工作量和成本都成倍增加。因此从虚拟仪器项目开发之初，就应考虑项目产品后期维护的方便性。具体到软件本身来讲，可以采用扩充能力强的软件结构，如插件结构或模块化的多循环结构等，并为软件添加完善的描述等。此外，做好配置管理（Configuration Management，CM）也可保证软件升级维护工作顺利进行。

配置管理是通过技术或行政手段对产品及其开发过程和生命周期进行控制、规范的一系列措施。配置管理的目标是记录产品的演化过程，确保软件开发者在软件生命周期中的各阶段都能得到精确的产品配置。在软件开发及升级维护过程中变更是不可避免的，而变更加剧了项目中软件开发者之间的混乱。配置管理活动的目标就是为了标识变更、控制变更、确保变更正确实现，并向其他有关人员报告变更。从某种角度讲，配置管理是一种标识、组织和控制修改的技术，目的是使错误降为最小，并有效地提高生产效率。

配置管理的内容主要包括以下四方面：

（1）配置标识：识别产品的结构、产品的构件及类型，为其分配唯一的标识符，并以某种形式提供对它们的存取。

（2）配置控制：通过一定的机制控制对配置项的修改。

（3）状态报告：记录并报告配置项以及源数据的状态。

（4）配置审计：确认产品的完整性并维护配置项间的一致性。

通俗来说，它记录了配置项“从哪里来”“当前在哪里”“将到哪里去”的问题。“从哪里来”的问题包括由谁（Who）创建、什么时间创建（When）和为什么创建（Why）。“当前在哪里”指配置项当前的存储位置以及状态。“将到哪里去”则指通过配置控制把配置项“组装”到正确的版本中去。

一个完整的配置管理系统通常具有三个核心功能：版本控制（Source Control）、变更控制（Change Control）、配置控制（Configuration Control），以及两个支持功能：状态统计（Status Statistic）和配置审计（Configuration Review）。

版本控制是配置管理的核心功能。版本又称为配置标识，是指对某一特定对象不同实例之间形式或内容差异的描述。这里的某一特定对象是指版本维护工具管理的组件单元，一般指源文件；具体实例则是指软件开发人员从软件库中恢复出来的某软件组成单元的、具有一定内容和属性的一个真实复制。例如，对源文件的每一次修改都生成一个新版本。版本控制就是对在产品开发过程中所创建的配置对象的不同版本进行管理，保证任何时候都能取到正确的版本以及版本的组合。

在 LabVIEW 中使用源代码控制可以实现文件在多个用户间共享，加强安全保护和跟踪共享项目的修改。将第三方源代码控制软件结合 LabVIEW 的使用，对项目文件的主备份文件进行维护，从 LabVIEW 内部导出（Check Out）文件修改并跟踪。在编辑文件后可执行导入（Check In）新版本文件的操作，该最新版本就存入源控制对象的主备份文件中。如导入了错误的修改，源代码控制软件允许访问文件更改之前的版本，以撤销此次操作。导入文件时，源代码控制软件将提示应对所做改动进行描述并保存该描述信息，因此项目的演变过程就可被清晰地记录下来。所有对源文件的修改都通过对主备份的更新来反映，因此用户始终可以访问到最新版本的项目文件。

除了保留源代码，源代码控制软件还可对软件项目的其他方面进行管理。例如，对功能说明书及其他文档的修订进行跟踪等。LabVIEW 可支持多种第三方源代码控制管理软件。在选择和安装源代码控制软件后，必须配置 LabVIEW 与该源代码控制软件配合运行。LabVIEW 可设置成每次只与一种源代码控制软件运行。

LabVIEW 包括两种类型的源代码控制集成界面。在 Windows 平台上，LabVIEW 可集成任何支持 Microsoft 源代码控制接口（Source Code Control Interface）的源代码控制软件。在非 Windows 平台上，LabVIEW 通过命令行与 Perforce 实现集成。已验证 LabVIEW 可与下列第三方源代码控制软件共同运行：

（1）Perforce。

（2）Microsoft Visual SourceSafe。

（3）Microsoft Team System。

（4）MKS Source Integrity。

（5）IBM Rational ClearCase。

（6）Serena Version Manager （PVCS）。

（7）Seapine Surround SCM。

（8）Borland StarTeam。

（9）Telelogic Synergy。

（10）PushOK（CVS 和 SVN 插件）。

（11）ionForge Evolution（ionForge Evolution 2.8 及其以后的版本均可与 LabVIEW 配合使用）。

在 LabVIEW 中选择“工具”→“源代码控制”，可对 LabVIEW 源代码控制进行操作，如图 20-23 所示。

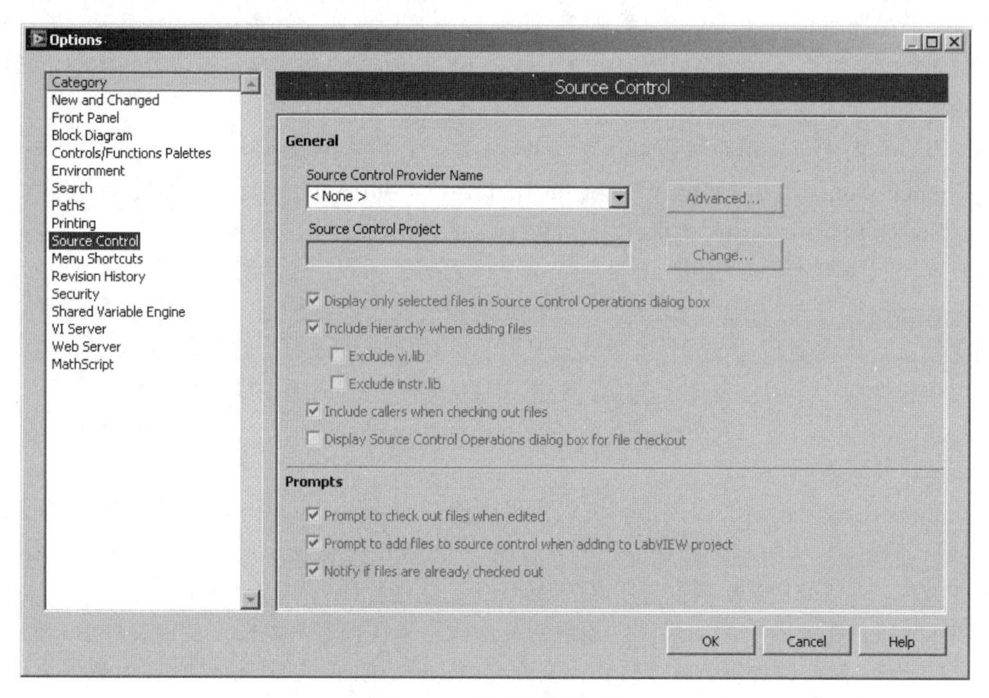

图 20-23　设置源码控制

将 LabVIEW 与第三方源代码控制软件配合使用后，用户可对 LabVIEW 项目的任何文件或文件夹，或任何独立文件进行源代码控制。如在一个文件夹中进行源代码控制，则会影响相应结构下的所有项。例如，当添加文件至源代码控制时，文件夹中那些还没有被添加至源代码控制的文件都会受到影响。也可以在项目属性对话框的源代码控制属性页中为某个 LabVIEW 项目配置或取消源代码控制。

配置完成后，就可以在 LabVIEW 中进行表 20-3 所示的源代码控制操作。但在使用源代码控制时必须注意以下几点：

（1）如果对不属于某个 LabVIEW 项目的 VI 进行源代码控制，就不能对该 VI 中某些与项目相关的项进行源控制，如项目库或项目（.lvlib）或项目（.lvproj）。

（2）在对 LLB 的某个 VI 进行源代码控制的操作时，LabVIEW 将对包含该 VI 的 LLB 进行操作而不是对该 VI 本身进行操作。不能对 LLB 中某个单独 VI 进行源代码控制操作。

（3）如 VI 是重入 VI，则源 VI 的副本 VI 上不可执行源代码控制的操作。

表 20-3　LabVIEW 中可执行的源码控制操作

操　作	描　述
获取最新版本	把所选文件的最新版本从源代码复制到本地路径下，以实现两个版本同步更新。该文件的最新源代码控制版本会覆盖本地路径中的早期版本

续表

操　作	描　述
导入	把所选文件提交到源代码控制。在源代码控制软件中的文件将会更新，以反映用户所做的改动。如选中的文件有未保存的改动，则会出现未保存文件对话框。将文件导入源代码控制软件，不必保存文件
导出	把所选文件从源代码控制软件中导出。如果设置了源代码导出提示，那么在源代码控制中对未导出的文件进行编辑时，LabVIEW 将做出导出的提示
撤销导出	取消之前的导出操作，把选中文件的内容还原成为以前版本。对文件所做的修改将不会被保存
添加到源代码控制	将选中的文件添加至源代码控制。如果设置了源代码添加提示功能，LabVIEW 可提示在源代码控制中添加任何从属文件，如子 VI 等
从源代码控制中删除	将选中的文件从源代码控制中删除。从源代码控制中删除文件时应谨慎。有些源代码控制软件会删除文件的本地路径副本、软件中保留的文件所有早期版本及历史记录
显示历史信息	显示所选文件源代码控制的历史信息。历史信息包含在文件加载到源代码控制之后的所有修改记录。历史信息提供文件以前版本的信息，如文件导入日期和用户操作，但不能对文件夹进行该项操作
显示区别	显示所选文件本地副本和源文件控制版本的区别。LabVIEW 对文本文件使用源代码控制文件的默认比较工具。如果选择待比较的 VI，LabVIEW 将在差别窗口显示结果，但不能对文件夹进行该项操作。如 LabVIEW 与第三方源代码控制软件不兼容（如 Perforce SCM 和 Rational ClearCase），LabVIEW 将启用默认的第三方源代码控制软件作为比较工具
查看属性	显示所选文件的源代码控制代码属性，包括提取状况和修改日期，但不能对文件夹进行该项操作
刷新状态	刷新 LabVIEW 项目中的文件或项目之外的 VI 的源代码控制状态
启动客户端	运行源代码控制客户端

近几年，Git 作为分布式版本控制系统，正快速地取代各种集中版本控制系统。与各种集中版本控制系统相比，Git 可以在开发人员的本地克隆完整的代码仓库，而并不像集中控制系统那样必须连接至网络才能获得完整的代码。虽然目前 LabVIEW 并未直接集成对 Git 的支持，但是在项目开发中，可以通过变通的方法基于 Git 进行版本控制。

若对版本控制的要求只到文件级别，并不涉及文件内容，不需要自动对文件中的内容进行比较或合并，则只需要将文件纳入创建的 Git 仓库即可。例如在项目初期，已经创建了用于保存项目文件的仓库，则当用户在其中添加、删除、修改文件时，Git 就可以自动检测到变更。开发人员进而可以提交更改，并在确认更改完成后，将成果推送至远端仓库。图 20-24 显示了使用 GitHub Desktop 作为客户端对 LabVIEW 程序进行文件级的版本控制的实例。

但是，不涉及文件内容的版本控制往往不能满足要求，通常还需对文件内容进行比较找出差别，必要时还要对文件进行合并。例如，可能同一文件被不同开发人员修改后，都想提交到代码仓库作为主分支的一部分，这时就要比较文件内容，对其合并后才能采用。LabVIEW 专业版提供了 VI 比较工具 LVCompare.exe 和 VI 合并工具 LVMerge.exe，它们通常安装在 C:\Program Files\National Instruments\Shared\ 目录下（假定 LabVIEW 安装在 C:\Program Files\National Instruments 文件夹中）的 LabVIEW Compare 和 LabVIEW Merge 目录下。

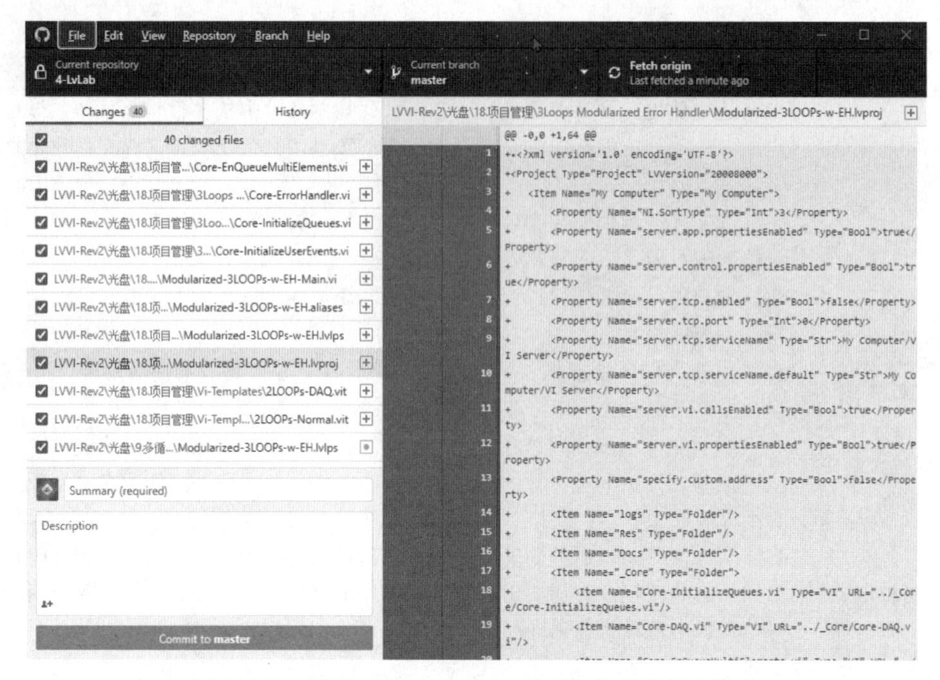

图 20-24　利用 GitHub Desktop 进行文件级的版本控制

若要对两个 VI 进行比较，可以将二者打开，通过从其中一个的 VI 菜单中选择 Tools → Compare → Compare VIs 打开 VI 比较对话框。在选择了要比较的两个 VI 并执行比较操作后，就可以查看 VI 前、后面板和 VI 属性之间的差异。图 20-25 显示对两个简单 VI 进行比较的情况。由图可以看出，LVCompare.exe 自动用圆圈标记出了两个 For 循环中输出端子中一个采用了索引，另一个则使用了通道。

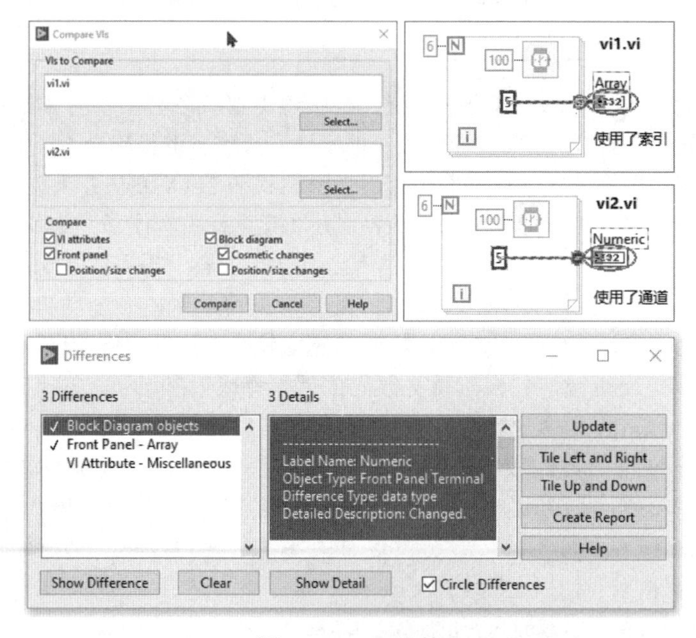

图 20-25　VI 比较

若要在 Git 版本控制客户端软件中集成 VI 比较工具 LVCompare.exe，则可以使用以下带参数的命令，其中 <> 内的参数必须填写，[ ] 内的参数为可选项。

```
lvcompare.exe <第一个 VI 的绝对路径><第二个 VI 的绝对路径>
              [-lvpath <用于进行 VI 比较的 LabVIEW 路径>]
              [-noattr]          /* 不比较 VI 属性 */
              [-nofp]            /* 不比较前面板 */
              [-nofppos]         /* 不比较前面板中控件的尺寸和位置 */
              [-nobd]            /* 不比较后面板 */
              [-nobdcosm]        /* 不比较后面板中对象的外观 */
              [-nobdpos]         /* 不比较后面板中对象的尺寸和位置 */
```

例如，可以在某一支持第三方比较工具的 Git 客户端软件（如 TortoiseGit、SourceTree 或 GitExtensions，GitHub Desktop 客户端目前暂不支持）设置对话框中，使用带参数的命令将需要对比的文件类型与 LVCompare.exe 工具进行关联。注意，不同 Git 客户端会使用不同形式的参数来指定 VI 路径，例如，TortoiseGit 使用 % 来引导路径参数，而 Git Extensions 则使用类似 -base: "$BASE" 的形式。一般来说，LabVIEW 项目中需要关联的比较文件类型以下面几种后缀名出现：

- .vi：VI 前面板和源代码文件。
- .vit：VI 模板文件。
- .ctl：控件文件。
- .ctt：控件模板文件。

由于 .lvlib、.lvlib、.lvclass 和 .lvproj 几种类型的文件本质上为 XML 文本文件，因此无须将它们与 LVCompare 工具关联，而是直接使用文本比较工具对其进行比较。

图 20-26 显示了在 TortoiseGit 设置对话框中关联 LVCompare.exe 工具的情况。通过在对话框中分别为“.vi”“.vit”“.ctl”和“.ctt”几种类型的文件添加以下 LVCompare.exe 的路径和参数，即可完成关联：

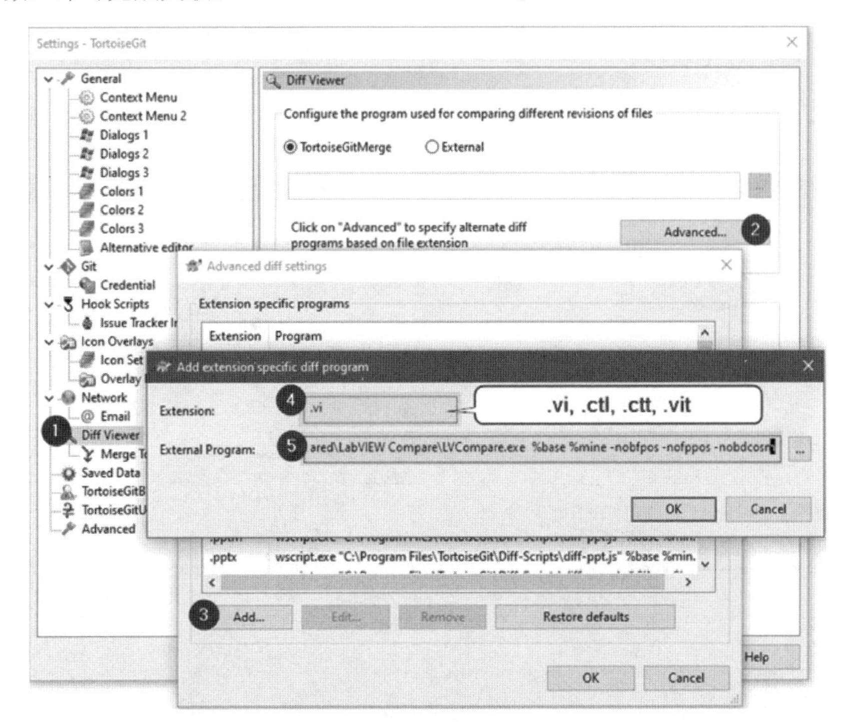

图 20-26 TortoiseGit 中关联 LVCompare.exe 工具

```
    C:\Program Files\National Instruments\Shared\LabVIEW Compare\
LVCompare.exe %base%mine -nobdpos -nofppos
```

其中 %base 和 %mine 是 Git 客户端软件中定义的、用于参与比较的两个 VI 的路径。参数“-nobdpos”和“-nofppos”要求在比较时忽略对前、后面板中对象尺寸和位置的比较。

类似地，也可以在 Git 版本控制客户端软件中集成 VI 合并工具 LVMerge.exe，其命令格式如下，其中 <> 内的参数必须填写，[ ] 内的参数为可选项。

```
    lvmerge.exe [用于进行 VI 合并的 LabVIEW 路径]
    <BaseVI 的绝对路径>     /*BaseVI 是指从版本控制系统中基于它导出复制的 VI*/
    <TheirVI 的绝对路径>    /*TheirVI 是其他人员推送到版本控制系统中的 VI*/
    <YourVI 的绝对路径>     /*YourVI 是指基于 BaseVI 导出并需要与 TheirVI 合并
                             的 VI*/
    <保存合并后 VI 的绝对路径>
```

例如，可以使用下面的命令对 theirs.vi 和 yours.vi 进行合并，并保存为 merged.vi。

```
    C:\Program Files\National Instruments\Shared\LabVIEW Compare\
LVMerge.exe
    c:\files\base.vic:\files\theirs.vic:\files\yours.vic:\files\merged.vi
```

图 20-27 显示了在 GitExtensions 的设置对话框中关联 LVMerge.exe 工具时的情况。通过在对话框中分别为“.vi”“.vit”“.ctl”和“.ctt”几种类型文件添加以下 LVMerge.exe 的路径和参数，即可完成关联：

```
    C:\Program Files\National Instruments\Shared\LabVIEW Compare\
LVMerge.exe -base:"$BASE"-mine:"$LOCAL"-theirs:"$REMOTE"-
merged:"$MERGED"
```

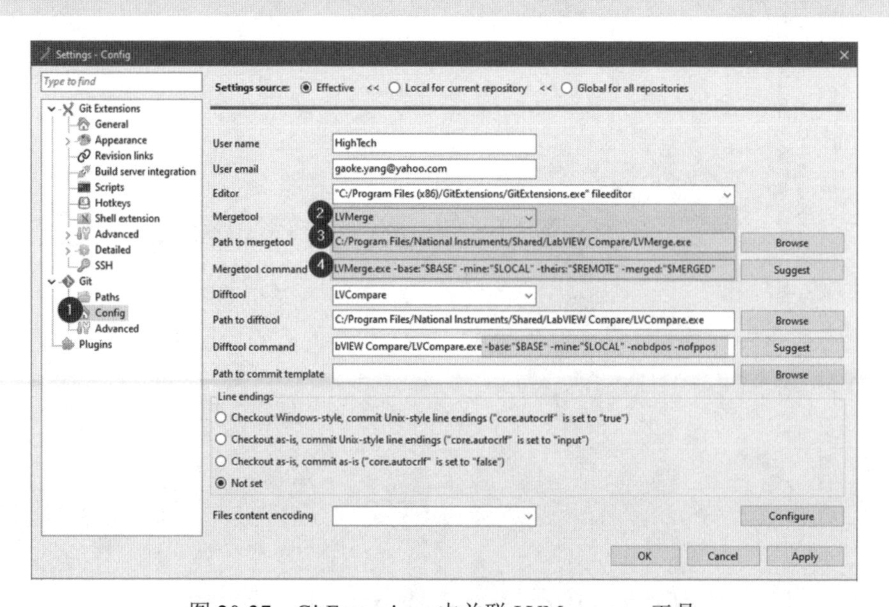

图 20-27　GitExtensions 中关联 LVMerge.exe 工具

其中 -base:"$BASE"、-mine:"$LOCAL"、-theirs:"$REMOTE" 和 -merged:"$MERGED" 几个参数分别指明了参与合并过程中的 VI 路径。

若要在 LabVIEW 中对两个 VI 直接进行合并，可以在 VI 菜单中选择 Tools → Merge → MergeVIs 打开 VI 合并对话框（图 20-28），然后选择要合并的 VI 操作即可。

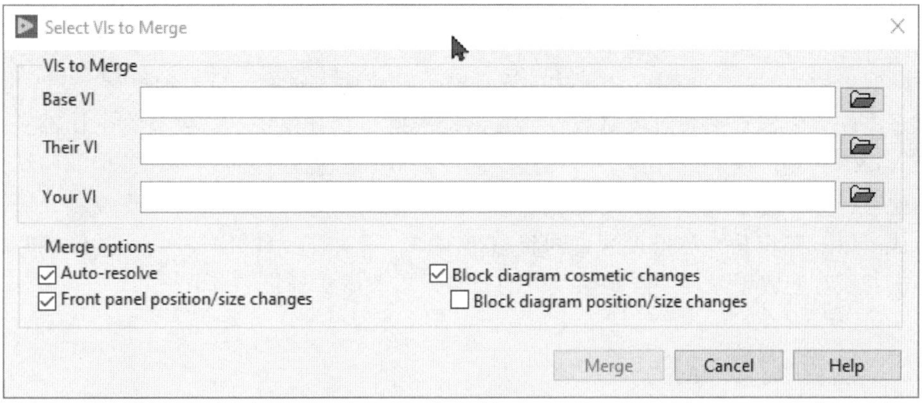

图 20-28 VI 合并

当然，如果想直接从命令行执行 VI 比较，则可以按照上述 LVCompare.exe 和 LVMerge.exe 的格式，直接在控制台终端执行。

变更控制的主要目的是对变更进行管理，确保变更有序进行。从项目管理的角度来看，变更控制属于范围管理的范畴。项目中变更的来源主要有两个：一是来自外部的变更要求，如客户要求修改工作范围和需求等；二是开发过程内部的变更要求，如为解决测试中发现的一些错误而修改源码甚至设计。相对而言，最难处理的是来自外部的需求变更。一方面，外部的需求变更通常会引起项目工作范围蠕变（Scope Creeping，指客户提出的合同之外的需求），导致项目成本增加；另一方面，项目后期内部的需求变化，会导致重复工作或改造工程，这将引发大量的工作。

变更管理的一般流程是：获得或提出变更请求，由变更控制委员会（Change Control Board，CCB）审核并决定是否批准变更请求，最后实施被批准的变更请求。项目的任何干系人都可以提出变更请求。尽管也可以口头提出，但所有变更请求都必须以书面形式记录，并纳入变更管理和 / 或配置管理系统中。变更请求由变更控制系统和配置控制系统中所列的过程进行处理。可能需要向这些过程说明变更对时间和成本的影响。

每一项记录在案的变更请求都必须由项目管理团队或外部组织加以批准或否决。在很多项目中，根据项目角色与职责文件的规定，项目经理有权批准某些种类的变更请求。必要时，需由变更控制委员会负责批准或否决变更请求。变更控制委员会的角色与职责，应该在配置控制程序与变更控制程序中明确规定，并经相关干系人一致同意。很多大型组织会建立多层次的变更控制委员会，来分别承担相关职责。如果项目是按合同来实施的，那么按照合同要求，某些变更请求还需要经过客户的批准。

变更请求得到批准后，可能需要编制新的（或修订的）成本估算、活动排序、进度日期、资源需求和风险应对方案分析。这些变更可能要求调整项目管理计划或项目的其他管理计划 / 文件。变更控制的实施水平，取决于项目所在的应用领域、项目复杂程度、合同要求，以及项目所处的背景与环境。

变更控制不能仅在过程中靠流程控制，还需要在项目开始前明确定义项目范围，否则“变化”也无从谈起。评审特别是对需求进行评审，往往是项目成败的关键。需求评审的目的不仅是“确认”，更重要的是找出不正确的地方并进行修改，使其尽量接近“真实”需求。另外，需求通过正式评审后应作为重要基线，从此之后即开始对需求变更进行控制。

配置控制是指对配置项及其组件演化的监控过程。配置状态报告根据配置项操作记录向管理者报告软件开发活动的进展情况。这样的报告应该定期进行，并尽量通过配置管理工具自动生成，用客观数据来真实地反映各配置项的情况。配置审计的主要作用是作为变更控制的补充手段，来确保某一变更需求已确实实现。在某些情况下，它被作为正式的技术复审的一部分，但当软件配置管理是一个正式的活动时，该活动由质量人员单独执行。

总之，软件配置管理的对象是软件研发活动中的全部开发资产。所有这一切都应作为配置项纳入管理计划，统一进行维护和集成。因此，软件配置管理的主要任务也就归结为制订项目的配置计划、标识配置项、对配置项进行版本控制、对配置项进行变更控制、定期进行配置审计，以及向相关人员报告配置的状态等工作。只有在软件开发及后期的维护升级全部过程中认真执行配置管理，才能确保软件的质量，以及维护升级的顺利进行。

20.3 软件质量标准

由于虚拟仪器项目的核心是软件，因此软件的质量将直接决定项目产品的质量。目前，已经有一些组织或国家制定了软件质量标准，这些标准可以在开发大型项目时使用。除了标准之外，也有一些企业或项目单独在标准之外制定了一些规范。总的来说，软件质量标准可以分为国际标准、国内标准和行业标准，以及企业或项目规范。

对虚拟仪器项目来说，从需求阶段就应当明确项目的质量要求，应当把质量标准同样视为项目需求的一部分。在项目执行过程中，开发团队需要考虑项目成本和针对各种方案应实现的质量需求，在各方案的易用性和复杂性、速度和健壮性之间进行权衡。

在国内，最常用到的质量管理体系标准是国际标准化组织ISO（The International Organization for Standardization）制定的ISO 9000。ISO 9000是指质量管理体系标准，它不是一个标准，而是一族标准的统称。ISO 9000是由质量管理体系技术委员会（Technical Committees）制定的所有国际标准。

ISO 9001是ISO 9000族标准所包括的一组质量管理体系核心标准之一，是迄今为止世界上最成熟的质量框架之一，目前在全球的161个国家/地区，有超过75万家组织正在使用这一框架（主要分布在欧洲和亚洲地区）。ISO 9001为设计、开发、生产、安装和服务的质量保证建立模型，它帮助各类组织通过客户满意度的改进、员工积极性的提升以及持续改进来获得成功。

ISO 9001标准适用于所有的工程行业。具体到软件开发项目来说，由于软件开发、供应和维护过程不同于大多数其他类型的工业产品，例如，软件不会“损耗”，软件不存在明显的生产阶段等，所以设计阶段的质量活动对产品最终质量显得非常重要。为此，ISO还专门开发了一个ISO指南的子集，即ISO 9000-3专门针对软件开发工程解释ISO 9001标准。所以，ISO 9001在软件行业中应用时，一般会配合ISO 9000-3作为实施指南。而且，在大多数项目中，客户通常要求项目遵循ISO标准，但质量标准却由独立的第三方机构审查，以求公正。

对于软件工程来说，ISO 9001并没有详细说明软件开发的流程，相反还要求大量的与开发流程相关的文档。此外，遵循ISO 9001并不一定能完全保证产品的质量。这是因为ISO 9001只是认为：强调质量并遵循标准的公司所生产的产品比不遵循标准的公司生产的产品质量高。

我国也针对软件工程制定了详细的国标和国军标，表20-4列出了其中一些主要标准，供读者查阅。

表 20-4 一些主要的国标和国军标

标准编号	标准名称
DZ/T 0169—1997	物探化探计算机软件开发规范
GB 17917—1999	商场管理信息系统基本功能要求
GB/T 11457—1995	软件工程术语
GB/T 12504—1990	计算机软件质量保证计划规范
GB/T 12505—1990	计算机软件配置管理计划规范
GB/T 14079—1993	软件维护指南
GB/T 14085—1993	信息处理系统计算机系统配置图符号及约定
GB/T 15532—1995	计算机软件单元测试
GB/T 15538—1995	软件工程标准分类法
GB/T 15853—1995	软件支持环境
GB/T 16260—1996	信息技术软件产品评价质量特性及其使用指南
GB/T 16680—1996	软件文档管理指南
GB/T 17544—1998	信息技术软件包质量要求和测试
GB/T 17917—1999	商场管理信息系统基本功能要求
GB/T 18234—2000	信息技术 CASE 工具的评价与选择指南
GB/T 18491.1—2001	信息技术软件测量功能规模测量第 1 部分：概念定义
GB/T 18492—2001	信息技术系统及软件完整性级别
GB/T 18905.1—2002	软件工程产品评价第 1 部分：概述
GB/T 18905.2—2002	软件工程产品评价第 2 部分：策划和管理
GB/T 18905.3—2002	软件工程产品评价第 3 部分：开发者用的过程
GB/T 18905.4—2002	软件工程产品评价第 4 部分：需方用的过程
GB/T 18905.5—2002	软件工程产品评价第 5 部分：评价者用的过程
GB/T 18905.6—2002	软件工程产品评价第 6 部分：评价模块的文档编制
GB/T 8566—2001	信息技术软件生存周期过程
GB/T 9385—1988	计算机软件需求说明编制指南
GB/T 9386—1988	计算机软件测试文件编制规范
GB/Z 18493—2001	信息技术软件生存周期过程指南
GB/Z 18914—2002	信息技术软件工程 CASE 工具的采用指南
GJB 1091—1991	军用软件需求分析
GJB 1419—1992	军用计算机软件摘要
GJB 2115—1994	军用软件项目管理规程
GJB 2255—1994	军用软件产品
GJB 3181—1998	军用软件支持环境选用要求
GJB 437—1988	军用软件开发规范
GJB 438—1988	军用软件文档编制规范
GJB 438A—1997	武器系统软件开发文档
GJB 439—1988	军用软件质量保证规范
GJB/Z 102—1997	软件可靠性和安全性设计准则
GJB/Z 115—1998 GJB 2786	《武器系统软件开发》剪裁指南
GJB/Z 117—1999	军用软件验证和确认计划指南
GJB/Z 68—1994	武器装备柔性制造系统软件工程手册

续表

标准编号	标准名称
HB 6464—1990	软件开发规范
HB 6465—1990	软件文档编制规范
HB 6466—1990	软件质量保证计划编制规定
HB 6467—1990	软件配置管理计划编制规定
HB 6468—1990	软件需求分析阶段基本要求
HB 6469—1990	软件需求规格说明编制规定
HB 6698—1993	软件工具评价与选择的分类特性体系
HB/Z 177—1990	软件项目管理基本要求
HB/Z 178—1990	软件验收基本要求
HB/Z 179—1990	软件维护基本要求
HB/Z 180—1990	软件质量特性与评价方法
HB/Z 182—1990	状态机软件开发方法
JB/T 6987—1993	制造资源计划 MRP Ⅱ系统原型法软件开发规范
SB/T 10264—1996	餐饮业计算机管理软件开发设计基本规范
SB/T 10265—1996	饭店业计算机管理软件开发设计基本规范
SJ 20681—1998	地空导弹指挥自动化系统软件模块通用规范
SJ 20778—2000	软件开发与文档编制
SJ/T 10367—1993	计算机过程控制软件开发规程
SJ/T 11234—2001	软件过程能力评估模型
SJ/T 11235—2001	软件能力成熟度模型

能力成熟度模型集成（Capability Maturity Model Integration，CMMI）是卡内基 - 梅隆大学软件工程研究所（SEI）创建的软件质量模型，它为组织提供了在企业范围内进行过程改进的模型。CMMI 是能力成熟度模型（Capability Maturity Model，CMM）的最新版本。1987 年，SEI 为支持美国国防部对软件承包商的能力进行客观评价，提出了关于软件的《能力成熟度模型框架》，并于 1991—1993 年发表了《软件能力成熟度模型》，即 SW-CMM 1.0 版和 SW-CMM 1.1 版。此后为了解决在项目开发中用到的多个 CMM 模型的问题，SEI 将 SW-CMM 2.0 版 C 稿草案、SECM（系统工程能力模型）、IPD-CMM（集成产品开发能力成熟度模型）和软件过程评估（Software Process Accreditation，SPA）中更合理、更科学和更周密的优点进行融合，将 SW-CMM 修订为 CMMI。

在 ISO 标准中，项目被简单地划分为通过与未通过两个级别，而 CMMI 与 ISO 不同，它将项目划分为五个等级，分别标志着企业能力成熟度的五个等级，等级越高，软件开发生产计划精度越高，单位工程生产周期越短，成本也就越低，如图 20-29 所示。

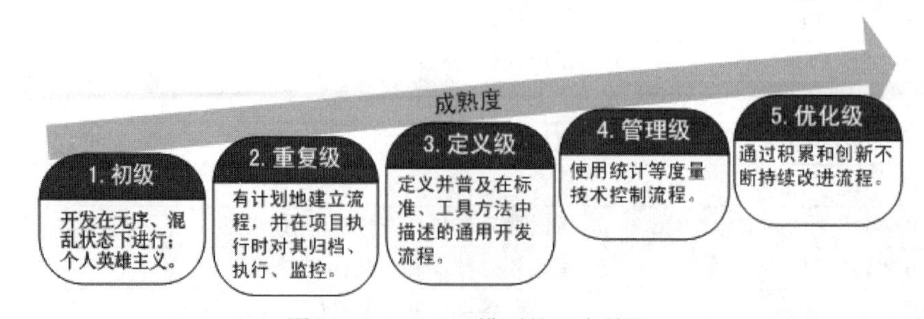

图 20-29　CMMI 模型的五个等级

CMMI 模型五个等级的定义如下。

1. 初级

在初始级别（Initial Level）中，软件开发过程是无序的，有时甚至是混乱的。组织对流程几乎没有定义，项目的质量和工期无法预见，开发的成功与否取决于个人努力。

2. 重复级

重复级（Repeatable Level）中，组织基于软件工程技巧和之前成功的项目建立基本的项目管理过程。开发团队使用配置管理工具管理项目，并跟踪项目成本、进度和功能特性，已经事先定义了项目标准，并对其进行跟踪。尽管开发团队使用制定的流程，可以成功实施有经验的项目，但对于其他与以往有较大区别的项目，这些流程无法保证项目顺利进行。

3. 定义级

在定义级（Defined Level）中，针对所有项目的软件管理和软件开发流程已经被文档化、标准化。开发团队为所有项目开发均使用经批准、剪裁的标准软件流程来开发和维护软件。软件产品的生产在整个软件开发过程中可见、可控。

4. 管理级

管理级（Managed Level）对软件开发流程和产品质量的详细度量数据进行分析，对软件开发流程和产品质量都有定量的理解与控制。组织根据设定的质量标准及软件开发流程来衡量项目的进展。

5. 优化级

优化级（Optimizing Level）强调流程的持续改进。组织根据流程的量化反馈和先进的新思想、新技术不断促使流程持续改进。

国际电气和电子工程师协会（Institute of Electrical and Electronic Engineers，IEEE）也制定了涵盖信息技术、通信、电力和能源等多个领域的重要标准。IEEE 专门设有标准化委员会 IEEE-SA（IEEE Standard Association）负责制定各领域的标准，它制定的标准已日益成为新兴技术领域标准的核心来源。目前，IEEE 标准协会已经制定了 900 多个现行工业标准，同时，还有 400 多项标准正在制定过程中。

IEEE 在 1980 年发布的标准 IEEE 730 是一个描述软件质量保证计划的标准，它作为其他几个 IEEE 标准的基础，概括描述了多个领域质量保证计划的最小要求，如目的、参考文档、标准、问题汇报以及源码控制等。IEEE 730 标准相当精简，它并不详细描述如何满足需求，而只要求开发文档可以说明问题即可。除此之外，IEEE 还制定了其他几个与软件开发相关的标准，如表 20-5 所示。

表 20-5　IEEE 软件开发标准

标准编号	标准名称
IEEE 730	软件质量保证计划标准
IEEE 610	软件开发标准术语
IEEE 829	软件测试文档标准
IEEE 830	软件需求规格书标准
IEEE 1074	软件开发生命周期的各种活动
IEEE 1298	软件质量管理系统的构成，类似 ISO 9001

在进行虚拟仪器项目开发时，通常客户要求项目遵循的标准不止一个。为了便于参考，可以在需求规格书中专门用一个章节列出所有客户要求项目遵守的标准。有时候，即使客户并未在合同中要求某个标准，按照这些标准做事也会帮助组织或团队有效、高质量地管理并

完成项目，这时可以考虑采用这些标准开发项目。当然，增加标准可能意味着工期延长、成本增加，因此需要在项目管理过程中结合工期、成本等因素通盘考虑。

20.4 进度与预算

如前所述，项目实施过程可以分为“项目管理过程”和“面向产品的过程”两类主要工作。一方面，可以根据产品的特点选择合适的生命周期模型对面向产品的过程进行管理，在生命周期的各阶段，可以使用各种工具和技术，确保最终产品的质量；另一方面，在“项目管理过程”中，可以参考各种项目管理标准，识别、处理干系人的各种需求和期望，平衡相互竞争的项目制约因素，借助各种管理工具和技术，应用各知识领域的技能和能力，确保项目自始至终顺利进行，并最终获得成功。相互竞争的因素包括项目的范围、质量、进度、预算、资源、风险六方面。由于项目的范围、资源和风险都与项目的进度、预算和质量相关，因此还可以进一步将六个因素归纳为进度、预算和质量三项，称为三角约束（Triple Constrain）。

前面已经从“面向产品的过程”的生命周期模型的各阶段讲解了如何控制产品开发的质量，因此本节主要讲解虚拟仪器“项目管理过程”中的时间管理和成本管理。

20.4.1 时间管理

时间管理包括保证项目按时完成的六个过程：“定义活动”“排列活动顺序”“估算活动资源”“估算活动持续时间”“制订进度计划”“控制项目进度”，如表 20-6 所示。

表 20-6 时间管理的六个过程

过 程	描 述
定义活动	识别为完成项目可交付成果而需采取的具体行动的过程
排列活动顺序	识别和记录项目活动间逻辑关系的过程
估算活动资源	估算各项活动所需材料、人员、设备和用品的种类及数量的过程
估算活动持续时间	根据资源估算的结果，估算完成单项活动所需工作时段数的过程
制订进度计划	分析活动顺序、持续时间、资源需求和进度约束，编制项目进度计划的过程
控制项目进度	监督项目状态以更新项目进展、管理进度基准变更的过程

项目时间管理的六个过程不仅彼此相互作用，而且还与其他项目管理过程和面向产品的过程相互作用。基于项目的具体需要，每个过程都需要一人或多人的努力，或者一个或多个小组的努力。每个过程在每个项目中至少进行一次，并可在项目的一个或多个阶段（如果项目被划分为多个阶段）中进行。通过团队或个人的努力，可以生成包括项目进度信息的表格，称为“进度计划”。在各项目时间管理过程中，项目团队将不断维护并使用进度计划监控项目的进展和状态。在某些项目（特别是小项目）中，项目时间管理的各过程之间联系非常密切，以至于可视为一个过程，由一个人在较短时间内完成。

在开始项目时间管理的六个过程之前，项目管理团队需要先开展项目规划工作。规划工作通常是制订整个项目管理计划的一部分，包括编制出进度管理计划。进度管理计划是项目管理计划的一部分或子计划，可以是正式或非正式的，也可以是非常详细或高度概括的，具体视项目需要而定。在进度管理计划中，确定项目进度计划的编制方法和工具（如关键路径法和关键链法），并为编制进度计划、控制项目进度设定格式和原则。

制订项目计划时，通常需要根据定义活动、排列活动顺序、估算活动资源、估算活动持续时间等过程的输出，应用进度计划编制工具，来完成项目进度计划的制订。已经完成并获批准的进度计划，将作为基准用于控制项目的进度。随着项目活动开始执行，项目时间管理的大部分工作都发生在控制进度过程中，以确保项目工作按时完成。图 20-30 显示了如何结合进度计划的编制方法、编制工具以及项目时间管理各过程的输出，来制订项目进度计划。

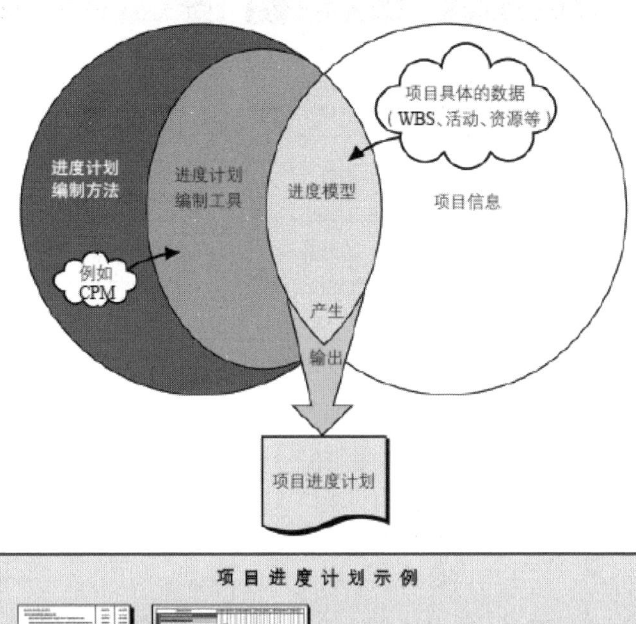

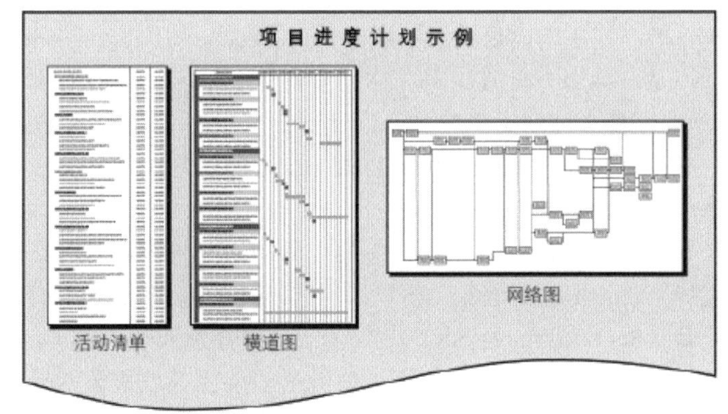

图 20-30　进度计划编制

“定义活动”过程是识别为完成项目可交付成果而需采取的具体行动的过程。一般来说，当项目的工作范围确定后，可以先把项目工作分解成较小的、更易于管理的工作包，该过程称为创建工作分解结构（Work Breakdown Structure，WBS）。项目工作包通常还应进一步细分为更小的组成部分，即活动（Activity），它是指为完成工作包而必须开展的工作。活动是开展项目估算、编制项目进度计划以及执行和监控项目工作的基础。定义活动就是将项目工作进一步分解成各种活动的过程。

对虚拟仪器项目来说，项目工作的 WBS 可根据实际情况的不同而不同。例如，可以把项目生命周期的各阶段作为分解的第一层，把产品和项目可交付成果放在第二层，如图 20-31 所示。在定义活动时，可以进一步基于该 WBS，采用标准活动清单或以往项目的部分活动清单模板、专家经验或滚动式规划（Rolling Wave Planning）方法，将其中的工作包细分成各种项目活动。滚动式规划是一种渐进明细的规划方式，即对近期要完成的工作进行详细规划，而对远期工作暂时只在 WBS 的较高层次上进行粗略规划。因此，在项目生命周期的不同阶段，工作分解的详细程度会有所不同。

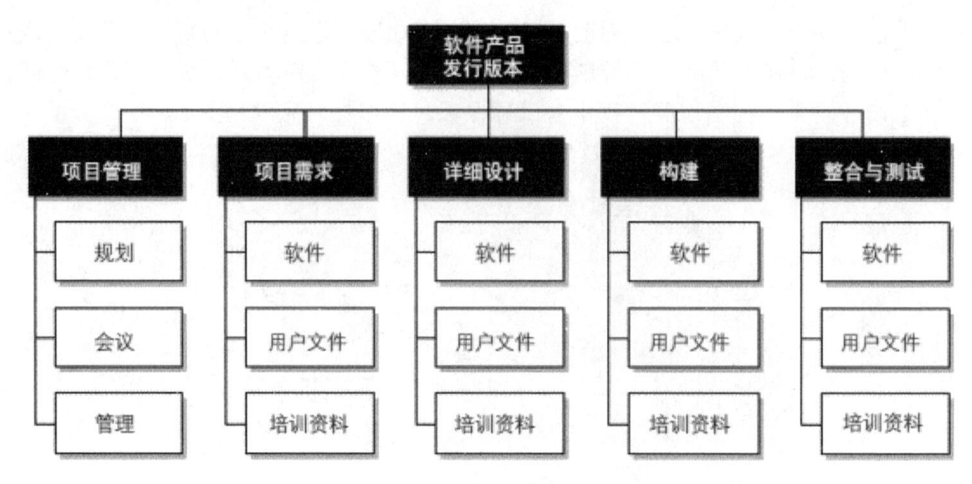

图 20-31 虚拟仪器项目 WBS 示例

“排列活动顺序”是识别和记录项目活动之间逻辑关系的过程。通常，项目活动按逻辑关系排序。除了首尾两项外，其他每项活动和每个里程碑都至少有一项前导活动（Predecessor）和一项后续活动（Successor）。为了使项目进度计划真实、可行，排序时可能需要在各项活动之间加入时间提前量（Lead）或滞后量（Lag）。

大多数项目管理软件，如大型项目常用的 Primavera P3E/C，或中小型项目常用的 Microsoft Project 软件等，都使用前导关系绘图法（Precedence Diagramming Method，PDM）排列活动顺序。PDM 是一种用方框或矩形（称为节点）表示活动，用箭线（表示活动之间的逻辑关系）连接活动的项目进度网络图绘制法。又称为节点法（Activity-On-Node，AON），常被用于关键路径分析法（Critical Path Methodology，CPM）当中。

PDM 包括 4 种依赖关系或逻辑关系：

（1）完成—开始（Finish-to-Start，FS）：后续活动的开始依赖于前导活动的完成。

（2）完成—完成（Finish-to-Finish，FF）：后续活动的完成依赖于前导活动的完成。

（3）开始—开始（Start-to-Start，SS）：后续活动的开始依赖于前导活动的开始。

（4）开始—完成（Start-to-Finish，SF）：后续活动的完成依赖于前导活动的开始。

在 PDM 图中，“完成 - 开始”是最常用的逻辑关系类型，“开始 - 完成”关系则很少用到。另外，项目管理团队还应该明确哪些依赖关系中需要加入时间提前量或滞后量，以便准确地表示活动之间的逻辑关系。利用时间提前量，可以提前开始后续活动。例如，可以在系统验收活动完成前 3 周开始收集装订各种测试记录。利用时间滞后量，可以推迟开始后续活动。例如，可以在代码编写工作开始 15 天后编辑原型机。

项目工期的估算通常需要将“估算活动资源”和“估算活动持续时间”两方面结合起来进行。估算活动资源是估算每个项目活动所需材料、人员、设备或用品的种类和数量的过程。估算活动持续时间是根据资源估算的结果，估算完成单项活动所需工作时段数的过程。估算工期时可以采用类比估算、参数估算、三点估算或 Delphi 估算等方法，必要时还需留出相应的时间裕量作为缓冲。

类比估算是指以过去类似项目的参数值，如持续时间、预算、规模和复杂性等为基础，来估算未来项目同类参数或指标的一种估算方法。在估算持续时间时，类比估算技术以过去类似项目的实际持续时间为依据，来估算当前项目的持续时间。这是一种粗略的估算方法，有时需要根据项目复杂性方面的已知差异进行调整。通常在项目详细信息不足时，例如在项目的早期阶段，经常使用这种技术来估算项目持续时间。类比估算综合利用历史信息和专家判断。相对于其他估算技术，类比估算通常成本较低、耗时较少，但准确性也较低。可以针对整个项目或项目中的某部分进行类比估算。类比估算可以与其他估算方法联合使用。

在 LabVIEW 虚拟仪器项目中，也可以使用类比估算的方法估算项目进度。LabVIEW 提供了一个称为 VI Metrics 的统计工具，用于测量应用程序的复杂度，它类似于文本编程语言中广泛使用的源代码行数（Source Line of Code，SLOC）统计工具，实现对 LabVIEW 程序框图中的节点数的统计。节点可以是框图中任何对象，包括函数、VI、程序结构等，但不包括标签和图形。

在 LabVIEW 2010 版本中，VI Metrics 已经成为 VI Analysis 工具的一个组成部分，可用它查看 VI 的统计数据，查找 VI 中过于复杂的部分，如图 20-32 所示。为了进行项目进度估算，可以将以往项目中组建开发的时间与组件中 VI 的节点统计数据记录下来，作为基准，当新项目要求进行估算时，可以先将项目工作分解成用节点来衡量的各个项目活动，并使用历史数据对新项目的开发工期进行估算。

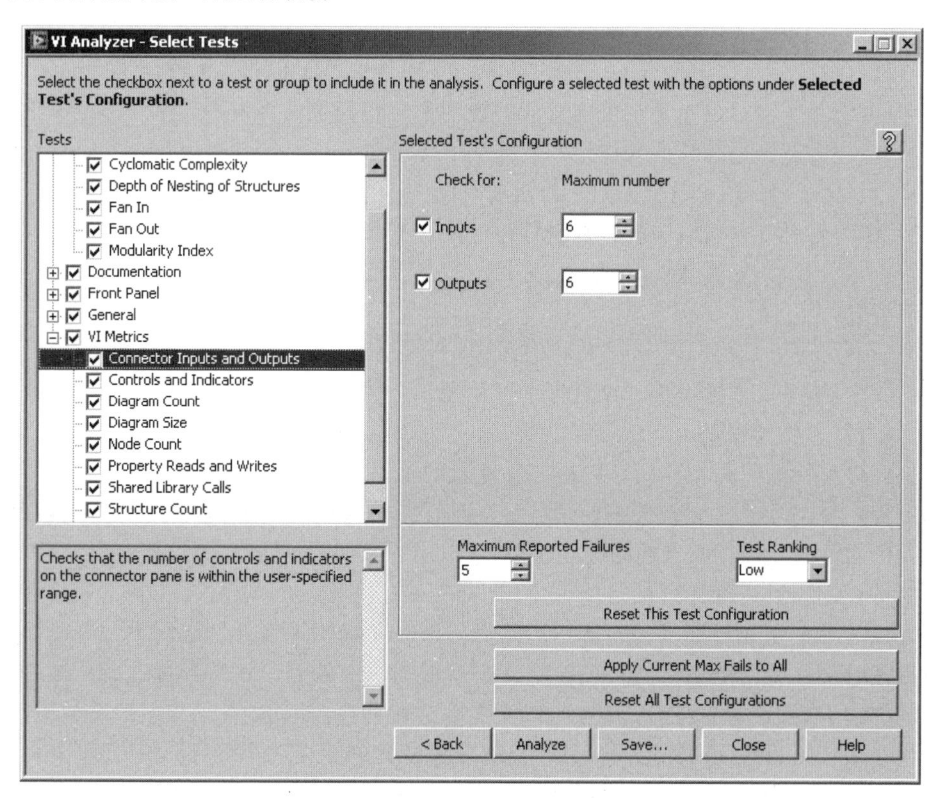

图 20-32 VI Metrics 工具

但是 VI Metrics 工具只是对复杂度的粗略估计。由于可能在不同情况下，数据的重要性有所不同，因此在实际估算时，可以使用 VI Analysis 工具选择不同的统计项数据。例如，对于用户界面 VI，用户可以将某些统计数据相加，从而得到更明确的 VI 复杂度。在这种情况下，可保存 VI 的信息，并编写 VI 将结果分离，然后组合若干选项，重新测量 VI 的复杂度，进行自定义统计。

参数估算是指利用历史数据与其他变量（如代码行数）之间的统计关系，来估算诸如成本、预算和持续时间等活动参数。把需要实施的工作量乘以完成单位工作量所需的工时，即可计算出活动持续时间。例如，对于设计项目，将图纸的张数乘以每张图纸所需的工时；或者对于电缆铺设项目，将电缆的长度乘以铺设每米电缆所需的工时。再例如，如果所用的资源每小时能够铺设25m电缆，那么铺设1000m电缆的持续时间是40h（1000/25）。参数估算的准确性取决于参数模型的成熟度和基础数据的可靠性。参数估算可以针对整个项目或项目中的某个部分，并可与其他估算方法联合使用。

三点估算通过考虑估算中的不确定性和风险，可以提高活动持续时间估算的准确性。这个概念起源于计划评审技术（PERT）。PERT使用3种估算值来界定活动持续时间的近似区间：

（1）最可能时间（$T_{Most\ Likely}$）：基于最可能获得的资源、最可能取得的资源生产率、对资源可用时间的现实预计、资源对其他参与者的可能依赖以及可能发生的各种干扰等，所得到的活动持续时间。

（2）最乐观时间（$T_{Optimistic}$）：基于活动的最好情况得到的活动持续时间。

（3）最悲观时间（$T_{Pessimistic}$）：基于活动的最差情况得到的活动持续时间。

PERT分析方法对以上3种估算进行加权平均，来计算预期活动持续时间（$T_{Expected}$）：

$$T_{Expected} = (T_{Optimistic} + 4T_{Most\ Likely} + T_{Pessimistic})/6$$

还可以使用Delphi估算法，该方法的基本思想是排除单个专家作为个体的个人偏好，而将多个专家组织在一起得出一致的、较为准确的判断结果。Delphi估算法的步骤如下：

（1）组织者发给每位专家一份项目活动说明和一张记录估算值的表格，请专家估算。

（2）每个专家在不与其他人讨论的前提下，详细研究项目活动说明后，给出自己的初步匿名估算，包括最可能时间$T_{Most\ Likely}$、最乐观时间$T_{Optimistic}$和最悲观时间$T_{Pessimistic}$。

（3）组织者对专家表格中的答复进行整理，计算每位专家的平均值：

$$T_i = (T_{Optimistic} + 4T_{Most\ Likely} + T_{Pessimistic})/6$$

和期望值：

$$T_e = (T_1+T_2+\cdots+T_n)/n$$

（4）综合结果后，再组织专家进行下一轮无记名填表格，比较估算偏差，并查找原因。

（5）重复上述过程多次，最终可以获得一个多数专家认可的估算时间。

“制订进度计划”是指分析活动顺序、持续时间、资源需求和进度约束，编制项目进度计划的过程。使用项目管理软件来处理各种活动、持续时间和资源信息，就可以制订出一份列明各项目活动的计划完成日期的进度计划。

编制可行的项目进度计划往往是一个反复进行的过程。这一过程旨在确定项目活动的计划开始日期与计划完成日期，并确定相应的里程碑。在编制进度计划过程中，可能需要审查和修正持续时间估算与资源估算，以便制订出有效的进度计划。在得到批准后，该进度计划即成为基准，用来跟踪项目绩效。随着工作的推进、项目管理计划的变更以及风险性质的演变，应该在整个项目期间持续修订进度计划，以确保进度计划始终现实可行。

“制订进度计划”过程中，可以使用关键路径法、关键链法、假设情景分析、资源平衡以及进度网络分析等工具。关键路径法可以在不考虑任何资源限制的情况，沿项目进度网络路径进行顺推与逆推，计算出全部活动理论上的最早开始与完成日期、最晚开始与完成日期。

关键链法是一种根据有限的资源来调整项目进度计划的进度网络分析技术。它首先找出项目进度网络图中的关键路径，之后再考虑资源的可用性，制订出资源约束型进度计划（该进度计划中的关键路径常与原先的不同），而其中的资源约束型关键路径就是关键链。通常可以在关键链末端增加缓冲，用来应对项目工期的不确定性。

资源平衡是对已经过关键路径法分析的进度计划采用的一种进度网络分析技术。如果共享或关键资源的数量有限，或只在特定时间可用，或者为了保持资源使用量处于恒定水平，就需要进行资源平衡。如果已出现资源过度分配（如同一资源在同一时间被分配至两个甚至多个活动，或者共享或关键资源的分配超出了最大可用数量或特定可用时间），就必须进行资源平衡。资源平衡往往会导致关键路径的改变。

假设情景分析就是对“如果情景 X 出现，情况会怎样？”这样的问题进行分析，即基于已有的进度计划，考虑各种各样的情景，例如，推迟某主要部件的交货日期，延长某设计工作的时间，或加入外部因素（如罢工或许可证申请流程变化等）。可以根据假设情景分析的结果，来评估项目进度计划在不利条件下的可行性，以及为克服或减轻意外情况的影响而编制应急和应对计划。可以基于多种不同的活动假设，用模拟方法计算出多种项目工期。最常用的模拟技术是蒙特卡洛分析。它首先确定每个活动的可能持续时间概率分布，然后据此计算出整个项目的可能工期概率分布。

有时由于项目工期十分紧张，还需要考虑对项目进度进行压缩。进度压缩是指在不改变项目范围的前提下，缩短项目的进度时间，以满足进度制约因素、强制日期或其他进度目标的行为。进度压缩技术包括赶工（Crashing）和快速跟进（Fast Tracking）。赶工通过权衡成本与进度，确定如何以最小的成本来最大限度地压缩进度。赶工的例子包括：批准加班、增加额外资源或支付额外费用，从而加快关键路径上的活动。赶工只适用于那些通过增加资源就能缩短持续时间的活动。赶工也并非总是切实可行的，它可能导致风险和 / 或成本的增加。快速跟进把正常情况下按顺序执行的活动或阶段并行执行。例如，让客户的验收测试和系统集成测试并行执行。快速跟进可能造成返工和风险增加。它只适用于能够通过并行活动来缩短工期的情况。

进度控制是监督项目状态以更新项目进展、管理进度基准变更的过程。进度控制通常需要判断项目进度的当前状态、对引起进度变更的因素施加影响、确定项目进度是否已经发生变更以及在变更实际发生时对其进行管理。进度控制的重要工作之一，是决定需不需要针对进度偏差采取纠正措施。例如，非关键路径上的某个活动发生较长时间的延误，可能并不会对整体项目进度产生影响；而某个关键或次关键活动的少许延误，却可能需要立即采取行动。如果使用了关键链法，则可通过比较剩余缓冲时间与所需缓冲时间（为保证按期交付），来确定进度的状态。最终是否需要采取纠正措施，取决于所需缓冲与剩余缓冲之间的差值大小。

项目进度是否出现偏差，可以使用“绩效审查”和“偏差分析”等工具。绩效审查是指测量、对比和分析进度绩效，如实际开始和完成日期、已完成百分比以及当前工作的剩余持续时间等。如果使用了挣值管理（Earn Value Management，EVM），就可以用进度偏差（Schedule Variance，SV）和进度绩效指数（Schedule Progress Index，SPI）来评估进度偏差的程度。关于这些方法，将在 20.4.2 节结合项目成本管理进行介绍。

20.4.2 成本管理

项目的成本、质量和工期是项目管理时要考虑的三个主要因素。项目成本管理包括对成本进行估算、制订预算和对成本进行控制的各过程，以确保项目在批准的预算内完工。

和项目工期的管理类似，在开始成本管理的这三个过程之前，作为制订项目管理计划的一部分，项目管理团队需先行制订成本管理计划，从而为规划、组织、估算、预算和控制项目成本建立统一格式。例如，设定活动成本估算所需达到的精确程度（如精确至 1000 元或 100 元等），对不同的资源设定不同的计量单位（如人时、人日、周或总价），为监督成本绩效定义偏差临界值（指经一致同意的、可允许的偏差区间，如果偏差落在该区间内，就无须采取任何行动。通常用偏离基准计划的百分数表示），制订绩效测量所用的挣值管理规则以及各种成本报告的格式与频率等。

项目成本管理应考虑干系人对掌握成本情况的要求。不同的干系人会在不同的时间、用不同的方法核算项目成本。项目成本管理重点关注完成项目活动所需资源的成本，但同时也应考虑项目决策对项目产品、服务或成果的使用成本、维护成本和支持成本的影响。例如，减少设计审查的次数可降低项目成本，但可能增加客户的运营成本。

估算项目成本是对完成项目活动所需资金进行近似估算的过程。成本估算是在某特定时间点，根据已知信息所做出的成本预测。通常用某种货币单位（如RMB、USD、EUR、CAD等）进行成本估算，有时也可采用其他计量单位，如人时或人日，以消除通货膨胀的影响，便于成本比较。在估算成本时，需要识别和分析可用于启动与完成项目的各种备选成本方案；需要权衡备选成本方案并考虑风险，如比较自制成本与外购成本、购买成本与租赁成本以及多种资源共享方案，以优化项目成本。

在项目执行过程中，应该根据新近得到的更详细的信息，对成本估算进行优化。在项目生命周期中，项目估算的准确性将随着项目的进展而逐步提高。因此，成本估算需要在各阶段反复进行。例如，在项目启动阶段可得出项目的粗略量级估算（Rough Order of Magnitude，ROM），其区间为 ±50%；之后，随着信息越来越详细，估算的区间可缩小至 ±10%。进行成本估算时，应该考虑将向项目收费的全部资源，包括人工、材料、设备、服务、设施，以及一些特殊的成本种类，如通货膨胀补贴、为各种风险预留的应急成本等。成本估算是对完成活动所需资源的可能成本进行量化评估。

进行成本估算时，不仅可以采用类似项目工期估算的一些方法，如类比估算、参数估算、三点估算以及 Delphi 估算等，也可以根据合格卖方的投标情况来分析项目成本，必要时还要为项目质量和不确定性预留部分成本。为应对成本的不确定性，成本估算中可以包括应急储备，它可以是成本估算值的某个百分比、某个固定值，或者通过定量分析来确定。当然，随着项目信息越来越明确，可以动用、减少或取消应急储备。通常应该在项目成本文件中清楚地列出应急储备，因为它是资金需求的一部分。

“制订预算”是汇总所有单个活动或工作包的估算成本，建立一个经过批准的成本基准的过程。成本基准中包括所有经批准的预算，但不包括管理储备。管理储备和应急储备的概念不同，应急储备是为未规划但可能发生的变更提供的补贴，这些变更由风险登记册中所列的已知风险引起；而管理储备则是为未规划的范围变更与成本变更而预留的预算。项目的成本基准和管理储备一起构成了项目的总预算。项目预算决定了已经批准用于项目的资金，在项目执行时，将根据批准的预算来考核项目成本绩效。

“控制成本”是监督项目状态以更新项目预算、管理成本基准变更的过程。更新预算需要记录截至目前的实际成本。只有经过项目整体变更控制过程的批准，才可以增加预算。只监督资金的支出，而不考虑由这些支出所完成的工作的价值，这对项目没有什么意义，最多只能使项目不超出资金限额。所以在成本控制中，应重点分析项目资金支出与相应完成的实体工作之间的关系。有效成本控制的关键在于，对经批准的成本绩效基准及其变更进行管理。

项目成本控制是项目整体变更控制过程的一部分。具体来说，项目成本控制包括以下几方面：

（1）对造成成本基准变更的因素施加影响。

（2）确保所有的变更请求都获得及时响应。

（3）当变更实际发生时，管理这些变更。

（4）确保成本支出不超过批准的资金限额，包括阶段限额和项目总限额。

（5）监督成本绩效，找出并分析与成本基准间的偏差。

（6）对照资金支出，监督工作绩效。

（7）防止在成本或资源使用报告中出现未经批准的变更。

（8）向有关干系人报告所有经批准的变更及其相关成本。

（9）设法把预期的成本超支控制在可接受的范围内。

在项目成本控制中，要设法弄清引起正面和负面偏差的原因。为此，可以使用挣值管理工具 EVM 来控制项目的成本。

EVM 是一种常用的绩效测量方法。它综合考虑项目范围、成本与进度指标，帮助项目管理团队评估和测量项目绩效及进展。EVM 是一种基于综合基准的项目管理技术，以便依据该综合基准来测量项目执行期间的绩效。EVM 的原理适用于任何行业的任何项目。它针对每个工作包和控制账户，计算并监测以下 3 个关键指标：

（1）计划价值。计划价值（Planned Value，PV）是为某活动或工作分解结构组成部分的预定工作进度而分配且经批准的预算。计划价值应该与经批准的特定工作内容相对应，是项目生命周期中按时段分配的这部分工作的预算。PV 的总和有时被称为绩效测量基准（PMB）。项目的总计划价值又被称为完工预算（BAC）。

（2）挣值。挣值（Earned Value，EV）是项目活动或工作分解结构 WBS 组成部分的已完成工作的价值，用分配给该工作的预算来表示。EV 应该与已完成的工作内容相对应，是该部分已完成工作的经批准的预算。EV 的计算必须与 PV 基准相对应，且所得的 EV 值不得大于相应活动或 WBS 组成部分的 PV 预算值。EV 常用来描述项目的完工百分比。应该为每个 WBS 组成部分制订进展测量准则，用于考核正在实施的工作。项目经理既要监测 EV 的增量，以判断当前的状态，又要监测 EV 的累计值，以判断长期的绩效趋势。

（3）实际成本。实际成本（Actual Cost，AC）是为完成活动或 WBS 组成部分的工作，而实际发生并记录在案的总成本。它是为完成与 EV 相对应的工作而实际发生的总成本。AC 的计算口径必须与 PV 和 EV 的计算口径保持一致（例如，都只计算直接小时数，都只计算直接成本，或都计算包含间接成本在内的全部成本）。AC 没有上限，为实现 EV 所花费的任何成本都要计算进去。

监测实际绩效与成本基准之间的偏差也非常重要，通常可以通过下列指标来进行监测。

（1）进度偏差。进度偏差（Schedule Variance，SV）是项目进度绩效的一种指标。它等于 EV-PV。EVM 进度偏差可用来表明项目是否落后于基准进度。由于当项目完工时，全部的计划价值都将实现（即成为 EV），所以 EVM 进度偏差最终将等于零。最好把进度偏差与关键路径法（CPM）和风险管理一起使用。

（2）成本偏差。成本偏差（Cost Variance，CV）是项目成本绩效的一种指标。它等于 EV-AC。项目结束时的成本偏差，就是完工预算（BAC）与实际总成本之间的差值。成本偏差指明了实际绩效与成本支出之间的关系。

也可以把 SV 和 CV 转化为效率指标，以便把项目的成本和进度绩效与任何其他项目作比较，或在同一项目组合内的各项目之间进行比较。偏差和指数都能说明项目的状态，并为预测项目成本与进度结果提供依据。由 SV 和 CV 转化来的效率指标有以下几项。

（1）进度绩效指数。进度绩效指数（Schedule Performance Index，SPI）是比较项目已完成进度 EV 与计划进度 PV 的一种指标，等于 EV 与 PV 的比值，常用于预测最终的完工估算（Estimate at Completion，EAC）。当 SPI 小于 1.0 时，说明已完成的工作量未达到计划要求；当 SPI 大于 1.0 时，则说明已完成的工作量超过计划。由于 SPI 测量的是项目总工作量，所以还需要对关键路径上的绩效进行单独分析，以确认项目是否将比计划完成日期提早或延迟完工。

（2）成本绩效指数。成本绩效指数（Cost Performance Index，CPI）是比较已完成工作的 EV 与 AC 的一种指标，等于 EV 与 AC 的比值。用于考核已完成工作的成本效率，是 EVM 最重要的指标之一。当 CPI 小于 1.0 时，说明已完成工作的成本超支；当 CPI 大于 1.0 时，则说明到目前为止成本有结余。

对计划价值、EV 和 AC 等参数，既可以分阶段（通常以周或月为单位）进行监测和报告，也可以针对累计值进行监测和报告。例如，图 20-33 以 S 曲线展示某个项目的 EV 数据，由于在数据日期处 EV 小于 PV，因此该项目进度落后，由于 AC 大于 PV，因此项目预算超支。

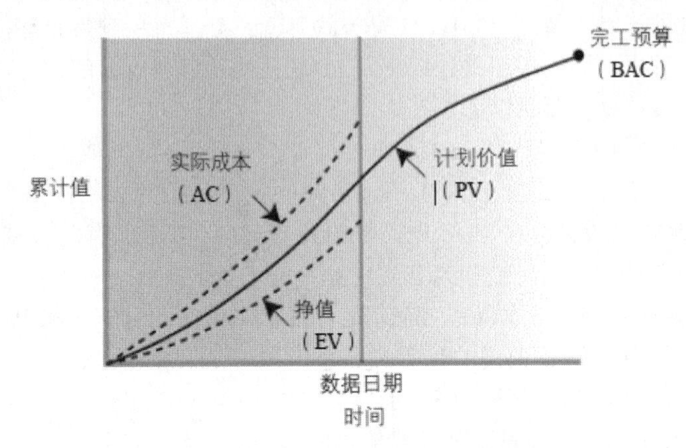

图 20-33　某项目的 S 曲线

随着项目进展，项目团队可根据项目绩效，对完工估算（EAC）进行预测，预测的结果可能与完工预算（Budget At Completion，BAC）存在差异。如果 BAC 已明显不再可行，则项目经理应预测 EAC。预测 EAC 是根据当前掌握的信息和知识，估算或预计项目未来的情况和事件。预测根据项目执行过程中所产生的工作绩效信息来进行，并在必要时更新和重新发布预测。工作绩效信息包含项目过去的绩效，以及可能在未来对项目产生影响的任何信息。

在计算 EAC 时，通常用已完工作的实际成本，加上剩余工作的完工尚需估算（Estimate To Completion，ETC），即“EAC = AC+ 自下而上的 ETC”。项目团队要根据已有的经验，考虑实施 ETC 工作可能遇到的各种情况。把 EVM 方法与手工预测 EAC 方法联合起来使用，效果更佳。由项目经理和项目团队手工进行的自下而上汇总方法，是一种最普通的 EAC 预测方法。

项目经理所进行的自下而上 EAC 估算，就是以已完工的实际成本为基础，并根据已积累的经验来为剩余项目工作编制一个新估算。这种方法的问题是，它会干扰项目工作。为了给剩余工作制订一份详细的、自下而上的 ETC，项目人员就不得不停下手头的项目工作。通常不会为估算 ETC 这项活动安排独立的预算，所以为估算出 ETC，项目还会产生额外的成本。

可以很方便地把项目经理手工估算的 EAC 与计算得出的一系列 EAC 作比较，这些计算得出的 EAC 分别考虑了不同程度的风险。尽管可以用许多方法来计算基于 EVM 数据的 EAC 值，但下面只介绍最常用的 3 种方法。

（1）假设将按预算单价完成 ETC 工作。

假设将按预算单价完成 ETC 工作法（EAC forecast for ETC work performed at the budgeted rate）承认以实际成本表示的累计实际项目绩效（不论好坏），并预计未来的全部 ETC 工作都将按预算单价完成。如果目前的实际绩效不好，则只有在进行项目风险分析并取得有力证据后，才能做出“未来绩效将会改进”的假设。公式为 EAC = AC +(BAC–EV)。

（2）假设以当前 CPI 完成 ETC 工作。

假设以当前 CPI 完成 ETC 工作法（EAC forecast for ETC work performed at the present CPI）假设项目将按截至目前的情况继续进行，即 ETC 工作将按项目截至目前的累计成本绩效指数（CPI）实施。公式为 EAC = BAC / 累计 CPI。

（3）假设 SPI 与 CPI 将同时影响 ETC 工作。

假设 SPI 与 CPI 将同时影响 ETC 工作法（EAC forecast for ETC work considering both SPI and CPI factors）需要计算一个由成本绩效指数与进度绩效指数综合决定的效率指标，并假设 ETC 工作将按该效率指标完成。它假设项目截至目前的成本绩效不好，而且项目必须实现某个强制的进度要求。如果项目进度对ETC有重要影响，这种方法最有效。使用这种方法时，还可以根据项目经理的判断，分别给CPI和SPI赋予不同的权重，如80/20、50/50，或其他比率。公式为 EAC=AC +(BAC–EV)/（累计 CPI× 累计 SPI)。

上述 3 种方法可适用于任何项目。如果预测的 EAC 值不在可接受范围内，就是对项目管理团队的预警信号。

完工尚需绩效指数（To-Complete Performance Index，TCPI）是指为了实现特定的管理目标（如 BAC 或 EAC），剩余工作实施必须达到的成本绩效指标（预测值）。如果 BAC 已明显不再可行，则项目经理应预测完工估算（EAC）。一经批准，EAC 就将取代 BAC，成为新的成本绩效目标。基于 BAC 的 TCPI 公式为 TCPI=(BAC–EV)/(BAC–AC)。

TCPI 的概念可用图 20-34 表示。其计算公式为用剩余工作（BAC 减去 EV）除以剩余资金（可以是 BAC 减去 AC，或 EAC 减去 AC）。

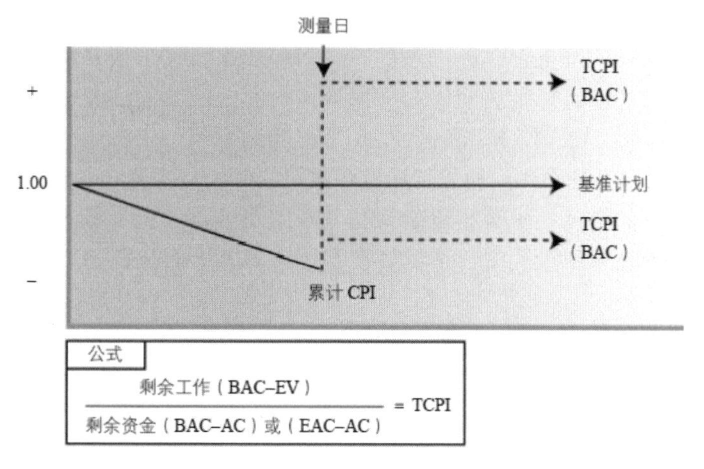

图 20-34　TCPI

如果累计 CPI 低于基准计划，那么项目的全部未来工作都应立即按 TCPI（BAC）那条线执行，以确保实际总成本不超过批准的 BAC。至于所要求的这种绩效水平是否可行，需要综合考虑多种因素（包括风险、进度和技术绩效）后才能判断。一旦管理层认为 BAC 已不可实现，项目经理将为项目制订一个新的完工估算（EAC）；一经批准，项目将以这个新的 EAC 值为工作目标。这种情况下，项目未来所需的绩效水平就如 TCPI（EAC）线所示。基于 EAC 的 TCPI 公式为 TCPI=(BAC–EV)/(EAC–AC)。

在虚拟仪器项目管理时，可以使用以上工具和方法估算项目成本、制订预算并对成本进行有效控制。

20.5　本章小结

本章主要从项目管理方法论的角度讲解虚拟仪器项目实施时“面向产品的过程”和“项目管理过程”中的关键技术。

项目实施过程可以分为保证项目顺序执行的“项目管理过程”和用于定义及创造项目的

产品的“面向产品的过程”两部分。其中面向产品的过程与项目产品所处的领域有关，通常用项目生命周期来定义。而在项目管理过程中，团队和项目管理人员通过在各过程中识别、处理干系人的各种需求和期望，平衡相互竞争的项目制约因素，借助各种管理工具和技术来应用各知识领域的技能和能力，确保项目自始至终顺利进行并最终获得成功。

无论项目涉及什么具体工作，产品生命周期都能为管理项目提供基本框架。在通用的项目生命周期结构的指导下，团队或项目管理人员可以对某些可交付成果施加更有力的控制。由于“软件即仪器”是虚拟仪器项目的核心，因此可以使用软件开发的生命周期模型为LabVIEW 虚拟仪器项目的核心部分建模。

常见的生命周期模型有边做边改模型、瀑布模型、原型模型、增量/迭代模型、螺旋模型等。每种模型在质量、工期和风险管理方面各有优缺点。软件生存周期通常包括问题的定义及规划、需求分析、设计、程序编码、测试验证和运行维护六个阶段。在项目生命周期的各阶段，团队都可以基于输入，使用各种技术创建阶段成果。

对虚拟仪器项目来说，从需求阶段就应当明确项目的质量要求，应当把质量标准同样视为项目需求的一部分。在项目执行过程中，开发团队需要考虑项目成本和针对各种方案应实现的质量需求，在各方案的易用性和复杂性、速度和健壮性之间进行权衡。虚拟仪器项目开发过程中，常用的标准有 ISO 9000、国标、国军标以及 IEEE 的相关标准。

除了虚拟仪器项目的质量管理外，项目的时间和成本管理也极其重要。一方面，项目实施时可以根据产品的特点选择合适的生命周期模型对面向产品的过程进行管理，在生命周期各阶段，可以使用各种工具和技术，确保最终产品的质量；另一方面，在“项目管理过程”中，相互竞争的因素包括项目的范围、质量、进度、预算、资源、风险六方面。由于项目的范围、资源和风险都与项目的进度、预算和质量相关，因此还可以进一步将六个因素归纳为进度、预算和质量三项。项目管理过程中，项目经理和团队需要不断权衡三方面的约束，确保项目顺利执行。

第 21 章　影像增强仪质量检测系统

前面各章对基于 LabVIEW 进行虚拟仪器项目开发的技术进行了讲解，接下来重点讲解几个工程实例，并以这些实例为参考，介绍基于 LabVIEW 的虚拟仪器技术在项目开发实践过程中的应用。本章以基于虚拟仪器和机器视觉技术的影像增强仪质量检测系统的开发为例，尽可能详细地展现将虚拟仪器和机器视觉技术结合，进行整个系统架构和软硬件设计的全貌。

影像增强仪是用于对微弱的外界光线进行增强的电子设备，在工业、航空、军事等领域有很广泛的应用，其可靠性非常重要。若按照标准对其可靠性进行检测，要由光应力源、电应力源、光具工作台、振动试验台、监测与记录等部分组成可靠性试验系统，并且要反复对其施加光应力、电应力、振动应力、温度应力等，对其进行可靠性试验。在影像增强仪投入使用前，主要靠人工手段对其可靠性进行检测。通常一次试验至少需要 3 个视力正常的人，轮流观察影像增强仪的工作状态、记录试验过程中出现的故障达一个月之久。这不仅会浪费大量的人力物力，还受人为因素的影响，得不到可靠的测试结果。

虚拟仪器和机器视觉技术近些年得到了长足发展，在质量检测、自动测量、工业图像分析处理等方面得到了广泛应用。因此可以针对影像增强仪可靠性的要求，将机器视觉技术与虚拟仪器技术结合起来，开发基于虚拟仪器技术的影像增强仪可靠性检测机器视觉系统。有关基于 LabVIEW 的机器视觉系统开发技术，请参阅笔者编写的《图像处理、分析与机器视觉——基于 LabVIEW》一书。

21.1　系统需求

影像增强仪可靠性试验要求按照国标 GJB 2422—1995 试验方法 500 系列中对可靠性试验的要求进行。要求相关检测系统需包括光机子系统、监测与记录子分系统和数据管理分析子分系统。光机子系统由光应力源（光源）、电应力源（影像增强仪的电源）、影像增强仪工作台等组成。光机分系统为影像增强仪模拟实际工作环境下的光应力、电应力并提供试验时影像增强仪的摆放支架。要求监测与记录分系统不仅能实时识别、记录影像增强仪目镜处产生的黑斑、亮点、闪光和忽明忽暗等故障，还要记录与故障图像对应的试验环境参数。数据管理分析子分系统应能对试验数据进行分析处理，并对影像增强仪的质量做出合理的评价。为了提高系统的效率，要求系统可同时对四具影像增强器进行可靠性试验。

21.1.1　功能需求

影像增强仪可靠性试验的工程功能需求汇总如下。

（1）试验时间。

按照 GJB 2422—1995 的要求，系统必须能对每台影像增强器进行长达近一个月（500h）的试验。具体来说，对每台影像增强器进行一次试验可分为多个试验循环，每个试验循环又累计工作 16h，在 16h 中，每工作 55min（一个工作循环），影像增强器休息 5min。相邻的两个试验循环之间间隔 2h。

（2）并行测试。

要求系统为四路影像增强器分别提供四种不同的微光光源和电应力，并能模拟影像增强器的实际工作环境，在模拟环境下进行可靠性试验。按照相关标准的要求，系统必须可以为四路影像增强器分别提供10^{-1}lux、10^{-2}lux、10^{-3}lux、10^{-4}lux四种照度（参照表21-1）的微光环境。另外，系统还应当为四路影像增强器提供电应力（电源）。

表21-1 照度参考表

环　境	照度（lux）	环　境	照度（lux）
晴天	$3\times10^{4}\sim3\times10^{5}$	生产车间	10～500
阴天	3×10^{3}	办公室	30～50
日出日落	3×10^{2}	餐厅	10～30
月圆	$3\times10^{-2}\sim3\times10^{-1}$	走廊	5～10
星光	$2\times10^{-5}\sim2\times10^{-4}$	停车场	1～5
阴暗夜晚	$7\times10^{-4}\sim3\times10^{-3}$		

（3）故障识别与记录。

能同时采集和处理四路影像增强器目镜处的图像，通过对图像进行实时处理，自动识别、提取图像中的故障。包括黑斑、亮点、闪光和忽明忽暗，保存故障图像，并可进行事后分析处理与回放。

（4）试验环境监测与记录。

能对电应力源、光应力源、CCD电源和光源发光强度等系统试验状态进行实时监测和记录，并由系统保证监测状态与故障图像对应。

（5）光应力切换和电应力控制。

在试验过程中，系统应可根据试验需求自动控制光机部分的光应力在10^{-1}lux、10^{-2}lux、10^{-3}lux、10^{-4}lux四档中切换，控制任意一路电应力的开关，并能自动调整电应力到预先任意设定的大小。试验过程中每个试验循环中所需要的光、电应力如表21-2所示。

表21-2 光、电应力与工作循环对照表

工作循环	1～4	5～8	9～12	13～16
电应力	上限值	标称值	标称值	下限值
光应力	10^{-1}lux	10^{-2}lux	10^{-3}lux	10^{-4}lux

（6）系统自检功能。

在试验前对系统中的关键硬件（如图像采集卡、数据采集卡、网络连通情况）进行自动检测，只有所有硬件工作正常并准备就绪后才进行试验，否则不能开始试验。

（7）极限故障判别与报警功能。

极限故障判别与报警功能能判断一个试验循环（16h）内发生5次、每次持续10s以上的闪光极限故障，或发生20次以上、每次持续0.1～10s的闪光极限故障并做出相应反应，具体来说：

- 四路影像增强器中只有一路出现极限故障时，停止该路试验（电应力关、停止图像采集、处理等）。
- 四路影像增强器中同时有两路出现极限故障时，全系统停止试验。
- 任意一路电应力出现10s以上持续超差时（按指标要求），该路停止试验。
- 同时有两路电应力出现10s以上持续超差时（按指标要求），全系统停止试验。
- 发光强度或电应力出现10s以上持续超差时（按指标要求），全系统停止试验。

（8）试验数据处理与分析。

可查看试验开始时间、光应力等级、故障发生时刻、累积到故障发生时单台影像增强器的工作时间和所处的试验循环数及工作循环数、图像故障的类型、部位、次数、面积、平均灰度级、最大灰度级、持续时间、与故障图像相应的系统工作状态监测值及其他试验情况等，并依规定格式打印输出。

21.1.2 技术指标

测试过程中的相关技术指标定义和要求包括以下几方面。

（1）图像检测。

四路图像采集、空间分辨率为768×576，采集处理和图像存盘速率至少12.5帧/秒，并能实时提取以下故障：

- 黑斑：目镜处视角≥8′，比标准图像平均亮度≤25%。
- 亮点：目镜处视角≥8′，比标准图像平均亮度≥25%。
- 闪光：与标准图像（被试品正常工作时的荧屏图像）平均亮度差≥25%，闪光频率≤6次/秒。
- 忽明忽暗：平均全视场亮度与标准图像亮度变化≥25%，变化频率≤6次/秒。

（2）采集参数（模入通道）。

- 4路电应力源电压：1V～5V可调直流电压，监测精度优于±20mV，超差±100mV（相对标称值）为故障。
- 1路CCD电源：+12VDC，监测精度优于±20mV，超差±12×10%mV为故障。
- 1路发光强度：1V～5V直流电压，监测精度优于±20mV，超差为标称值的±10%mV为故障。
- 1路光应力标志电压，当其变化量大于相应标称值的10%时为故障。

（3）控制参数（数字I/O）。

- 4路电应力源强度控制。
- 光应力切换控制。
- 4路电应力开关控制。

（4）环境参数

- 测试环境温度： 15℃～35℃。
- 相对湿度： 20%～80%。
- 市电： （220±10%）V,（50±5%）Hz。

21.2 系统设计

按照工程的系统需求，整体上将系统设计为光机分系统和监测与记录分系统，如图21-1所示。光机分系统为影像增强器模拟实际工作环境下的光应力、电应力，并提供试验时影像增强器的摆放支架，包括光源、大小两级积分球、毛玻璃、光阑、透过率板、平行光管、夜视仪支架、光应力切换运动装置和发光强度探测器等。监测与记录分系统不仅实时识别、记录影像增强器目镜处产生的黑斑、亮点、闪光和忽明忽暗等故障，还记录与故障图像对应的试验环境参数，最后再对这些试验数据进行分析处理，给出对影像增强器质量的合理评价。

考虑系统的实时性的要求，监测与记录分系统设计为分布式结构，由四台图像机和一台管理机经HUB连接为星状网络。每台图像机上均有图像采集卡与CCD摄像机连接，以配合故障图像识别与处理软件监测、记录相应影像增强器目镜处的故障图像。为了解决故障图像的实时存盘问题，每台图像机上还安装了磁盘阵列控制器。管理机上安装有多功能数据采集卡，以配合管理机软件监测记录试验过程中的各项参数、控制光机部分的光应力切换、电应力开关、增减等。控制箱和适配器是光机分系统和检测与记录分系统的接口，它一方面将来自监测与记录分系统的控制信号转换为运动机构可识别的信号；另一方面将光机部分和其他部分的试验参数转换为监测与记录分系统可识别的电信号，这样两个分系统便成为一个整体。

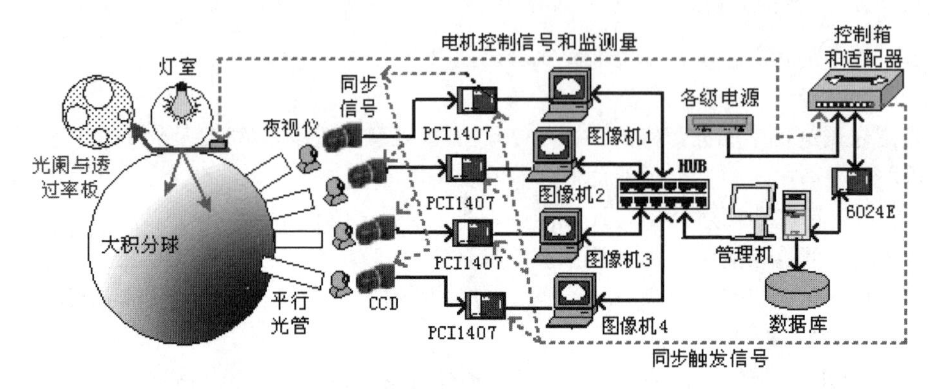

图 21-1 系统结构示意图

系统工作时，操作人员首先在管理机上对试验条件（如所需要的电应力）进行设置，然后，管理机协调（通过网络上各进程间的通信）整个系统进行自检，确保各设备准备就绪。自检完成后，管理机按照操作员设置的试验条件进行自动设置后才开始进行试验。在试验循环的每个工作循环中，各图像机所连接的CCD摄像机不断将影像增强器目镜处的图像转换为标准的视频信号输入到图像采集卡，图像采集卡对视频信号进行分解、采集后，将其转换为数字信号，并输入计算机进行处理，图像机上的故障图像识别与处理软件对数字图像信号进行实时处理，并识别图像中是否存在故障，如果存在故障便保存，否则继续判断下一帧。管理机在试验过程中对每帧图像对应的试验环境参数进行同步（由系统的同步机制保证）监测并记录到数据库中。试验当中如果出现极限故障，则按照系统需求完成相应的动作。每个工作循环结束后，管理机控制施加到影像增强器的电应力关闭，确保影像增强器休息，同时控制光机分系统的运动机构改变光闸和透过率板，进行光应力切换，以保证下一个工作循环开始前光应力准备就绪。如此重复，直到完成整个试验的多个试验循环为止。

为了提高系统的效率，用五台计算机组成星状网络，其中四台用于故障图像识别和记录，一台用于控制整个试验流程，并对试验条件参数进行监测记录，这样就可以对四路影像增强器同时进行可靠性试验。以下按照机器视觉系统的组成，主要介绍几个关键子系统的设计。

21.2.1 光源子系统设计

光源是机器视觉系统中非常重要的组成部分。选择或设计合适的、能够克服各种变化因素的光源，对机器视觉系统的适应性与稳定性至关重要。光源的设计和选择通常与以下几个要素有关。

（1）机器视觉系统的视野。

被摄物体图像处理区域的大小决定相机取景的范围，根据取景区的大小选择合适的光源。

（2）光源与目标的距离。

开发过程中，开发人员通常要了解相机与被摄物体的距离以及光源到被摄物体的距离。

（3）观测目标的特性。

特性指物体的形状、条件、颜色。被摄物体表面的形状和条件决定使用何种光源，例如，光滑表面、凹凸不平的表面、镜面等。被摄物体本身或被检测区域的颜色决定使用光源的颜色。

（4）成像的内容。

被检测物体成像的内容也影响光源的选择，如显示物体的缺陷、读取物体表面的文字等。

为了得到重复性好的图像分析结果，必须为图像区域提供稳定的、均匀的照明。但是工业生产的条件千差万别，不可能找到一个通用的光源为各种工业应用提供解决方案。为此人们对以往机器视觉系统所用光源的特点进行总结，制造了可为大部分视觉系统所用的一系列光源。如荧光灯光源、丝状光源、LED 光源及光纤光源等。这些光源的特点归纳如下。

（1）荧光灯光源。

荧光灯光源适用于大面积照明，高达 30kHz 的开关频率消除了闪烁和光强的波动，并提高了寿命。如果有柔光板配合，就可得到非常均匀的照明。

（2）丝状光源（卤素灯）。

丝状光源适用于小范围的强光照射。它产生定角度的光，可通过光学反射和透射系统进一步增强聚焦。但是必须考虑突出部分阴影，以及在光滑平面的所有反射造成的影响。

（3）光纤光源。

光纤光导可在小面积内提供均匀照明，特点是高照度和角度可变。使用冷光源，卤素光通过光纤束来传导。在相当短暂的快门动作时间内，如果需要光源提供光照度，以获得丰富的饱和度时，选用工业闪光灯是很好的解决方案。闪烁的时刻由视觉系统触发并保持同步，光强可由电位器来调整。实际的照明还是由光导产生。

（4）LED 光源。

LED 光源的照度不如前几种光源，常用于定角度照明或背光照明。发射光的光谱位于红光或近红外光。LED 光源具有寿命长、响应快、颜色多、功耗低等优点。一个 LED 光源由多个 LED 组成，因而可做成不同的形状和尺寸（图 21-2）。

图 21-2 不同形状的 LED 光源

对于机器视觉系统来说，通常需要从诸多种类的光源中选择最佳的一种，有时还需要自行设计或通过厂商定制专用光源。影像增强器可靠性试验对光机分系统提供光源（光应力）的要求比较特殊。首先光源必须能为影像增强器提供 10^{-1}lux、10^{-2}lux、10^{-3}lux、10^{-4}lux 四种均匀照度的（模拟自然光）微光环境，其次光源应该能在监测与记录分系统的控制下切换到四种不同微光环境中的任意一种。常规类型的光源均不能满足系统的需求，因此必须自行设计光源。

为能确保提供均匀照度的四种微光环境，系统光源采用两级积分球对接式光源，其结构示意图如图 21-3 所示。积分球对接式光源由大小两个积分球对接而成。小积分球（内半径 $r \approx 150$mm）部分又称为灯室系统，由灯泡、散热屏蔽球体漫射面以及可更换光阑和透过率板的运动机构（确保四档照度）组成。小积分球通过一个内径$r_0 \approx 50\text{mm}$的窗口与大积分球对接，使小积分球漫射的特定光能量可经过窗口（窗口处有毛玻璃、可受监测记录分系统控制切换的几种光阑和透过率）进入大积分球，再进一步均匀漫反射。

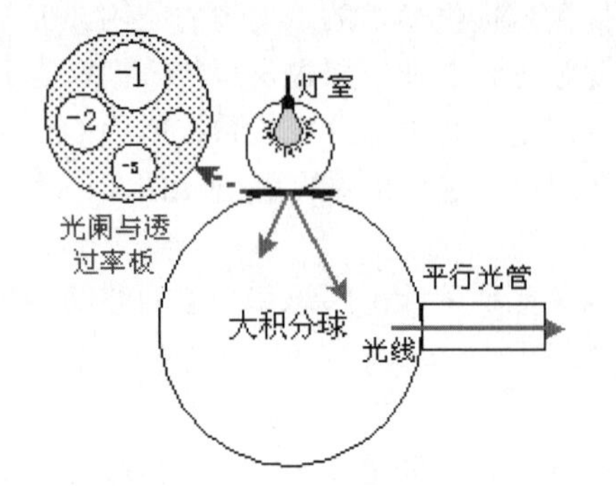

图 21-3　系统光源结构示意图

大积分球采用铰链式左右对开的结构形式，内径$D \approx 1000\text{mm}$，右半球沿赤道面对称分布四个圆形出射窗口，各窗口中心线交汇于球心处，且相邻两中心线夹角为30°。这四个出射窗口分别与口径D=120mm、焦距f=840mm的平行光管物镜像面对接。这样通过监测与记录分系统来控制切换大小积分球中间四组不同通光孔径的光阑和透过率板，即可得到目标强度的光源。光阑与透过率板上下叠放后形成一个整体，受步进电机驱动。四台影像增强器试验系统呈辐射状与平行光管的目镜像面对接，为系统提供光源。

为了按照系统工作时所需四档光源来确定大小积分球的参数、透过率板的参数以及光阑的通光孔径，需要从灯室到平行光管出射孔光强的传递关系入手。

（1）小积分球窗口的照度。

设灯室（小积分球）内壁的反射涂层光谱反射比呈中性，除毛玻璃窗口外无其他吸光杂物，则小积分球窗口处的照度由灯室内灯泡直射光照度E_d和照射到小积分球内壁的光线被多次反射后到窗口处的照度决定。即

$$\begin{aligned}E &= E_d + E_1 + E_2 + \cdots + E_n + \cdots \\ &= \frac{F}{4\pi r^2} + \frac{\rho F}{4\pi(r^2 - r_0^2)} + \frac{\rho^2 F}{4\pi(r^2 - r_0^2)} + \cdots + \frac{\rho^n F}{4\pi(r^2 - r_0^2)} + \cdots \\ &= \frac{F}{4\pi r^2} + \frac{\rho F}{4\pi(r^2 - r_0^2)}(1 + \rho + \rho^2 + \cdots + \rho^n + \cdots) \\ &= \frac{F}{4\pi r^2} + \frac{\rho F}{4\pi(r^2 - r_0^2)} \cdot \frac{\rho}{1-\rho}\end{aligned}$$

其中，r为小积分球的半径；ρ为球壁反射比；F为校准灯泡的光通量；r_0为窗口半径。若取$r = 150\text{mm}$，$\rho = 0.8$（此反射比的涂层能使吸收误差和光谱选择性误差均达到最小），$F = 630\text{lm}$，$r_0 = 50\text{mm}$，则小积分球窗口处的照度为

$$E = \frac{630}{4\pi \times 0.15^2} + \frac{630}{4\pi(0.15^2 - 0.05^2)} \times \frac{0.8}{1-0.8} = 12\,258\text{lux}$$

小积分球窗口处的光通量F_0为

$$F_0 = ES = 12\,258 \times \pi \times 0.05^2 = 96.2\text{lm}$$

（2）大积分球窗口的照度。

由小积分球窗口出射的光经毛玻璃后变为漫透射光，其光出射度应近似等于入射照度E。

若忽略毛玻璃的吸收与散射，则经过透射比为τ的透过率板后进入大积分球的光通量为

$$F' = \tau F_0 = 96.2\tau \text{lm}$$

由于大积分球的入射光是从极点进入的，而它的四个出射窗口又沿赤道圆周分布，故认为各出口的照度为入射到球壁各点的光线经多次反射到出口的照度之和，即

$$\begin{aligned}E' &= E_1 + E_2 + \cdots + E_n + \cdots \\ &= \frac{\rho F'}{4\pi(R^2 - R_0^{\ 2})} + \frac{\rho^2 F'}{4\pi(R^2 - R_0^{\ 2})} + \cdots + \frac{\rho^n F'}{4\pi(R^2 - R_0^{\ 2})} + \cdots \\ &= \frac{\rho F'}{4\pi(R^2 - R_0^{\ 2})}(1 + \rho + \rho^2 + \cdots + \rho^n + \cdots) \\ &= \frac{\rho \tau F_0}{4\pi(R^2 - R_0^{\ 2})} \bullet \frac{\rho}{1-\rho}\end{aligned}$$

其中，R为大积分球的半径；R_0为积分球圆形窗口的半径；ρ为球壁的反射比。若取$R = 0.5\text{m}, R_0 = 0.1\text{m}, \rho = 0.8$，则有

$$E' = \frac{96.2\tau}{4\pi(0.5^2 - 0.1^2)} \times \frac{0.8}{1-0.8} = 128\tau \text{lux}$$

（3）平行光管的传递关系。

由于在大积分球出口处放毛玻璃与平行光管像面对接，光经毛玻璃后为漫射光，其光出度$M \approx E'$。平行光管像面中心对物镜孔径所张的立体角范围内的光通量为（两级投射）：

$$F_p = MS \bullet \sin^2 u$$

平行光管像面的有效面积和$\sin u$可按下式计算：

$$S = \pi(f \bullet \tan\omega)^2$$

$$\sin u = \sin\left[\arctan\left(\frac{D/2}{f}\right)\right]$$

则有

$$F_p = MS \bullet \sin^2 u = M\pi(f \bullet \tan\omega)^2 \sin\left[\arctan\left(\frac{D/2}{f}\right)\right]$$

若设计时取平行光管透镜的焦距f=960mm，入射孔径D=120mm，透镜的视场角为$2\omega = 10°$，平行光管物镜的透过率系数$\tau' \approx 0.7$，则平行光管物镜的出射光强度为

$$E_p = \frac{F_p \tau'}{S'} = \frac{128\tau \bullet \pi\left(0.960 \times \tan 5°\right)^2 \bullet \sin\left[\arctan\left(\frac{0.06}{0.96}\right)\right] \bullet 0.7}{\pi \bullet 0.06^2} = 0.68\tau \text{lux}$$

若要求被试影像增强器物镜处的光强度E_p（近似等于平行光管物镜处的出射度）等于10^{-1}lux，则由上式可得大小积分球之间透过率板的透过率

$$\tau_{01} = E_p / 0.68 = 10^{-1} / 0.68 = 14.7\%$$

同理，当需要光强为10^{-2}lux时，可得透过率$\tau_{02} = 1.47\%$，光强为10^{-3}lux、10^{-4}lux时大小积分球之间的透过率板所对应的透过率分别为1.47%的$\frac{1}{10}$和$\frac{1}{100}$。实际设计时对于10^{-3}lux、10^{-4}lux并不需要再单独设计两块透过率不同的透过率板，而只要将10^{-2}lux对应的透过率板的通光面积改为原来的$\frac{1}{10}$和$\frac{1}{100}$即可，这恰好可以通过不同通光面积的光阑来实现（图21-4）。

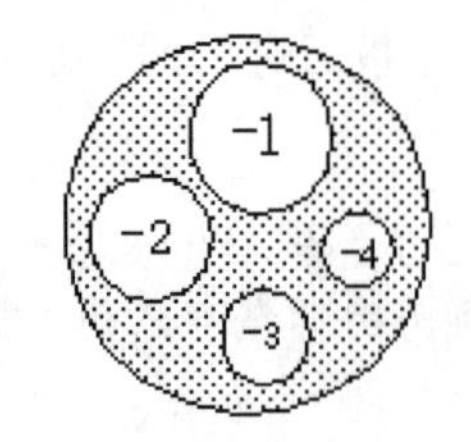

（a）四块光阑和透过率板组合结构的俯视图

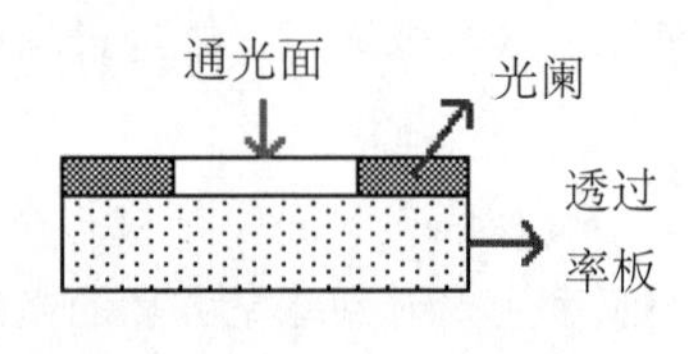

（b）单块光阑与透过率板组合的剖面图

图 21-4 光阑结构示意图

当然，以上理论只能作为设计的重要依据。实际上由于灯泡发光的不均匀性、大小积分球的开孔、涂层的不均匀性反射比 ρ 的实际偏离，接口位置的误差、毛玻璃的吸收和反射、透镜的透射比偏差等因素的影响，最终的透射比和光阑的通光面积还需要稍加修正。光应力的切换由步进电机驱动安装在大小积分球中间的光阑和透过率板装置来完成。当需要某一档光强度时，电机可根据控制指令转动圆盘，让相应的光阑和透过率板有效，这样在平行光管物镜处即可得到需要的光强。

21.2.2 CCD 相机的选择

CCD（Charge Coupled Device）电荷耦合式摄像头和与之配合使用的镜头被称为“机器视觉系统的眼睛”。严格来说，摄像机包含摄像头和与之配合使用的镜头，镜头往往会根据项目的实际需要另行购买。CCD 元件是摄像头的核心部位，被摄物体反射的光线经镜头聚焦到 CCD 芯片上，CCD 根据光线的强弱聚集相应的电荷，经过周期性放电，即可产生表示一幅画面的电信号。该电信号经过滤波、放大处理，最终被组合成标准的复合视频信号输出。

CCD 摄像机和镜头的关键技术指标包括 CCD 芯片规格、分辨率、灵敏度、信噪比和输出视频信号标准等，各指标简要介绍如下。

（1）CCD 芯片规格（靶面尺寸）。

CCD 芯片的靶面尺寸与镜头的焦距直接决定机器视觉系统视场的大小和图像的清晰程度。根据项目的指标要求选择合适的镜头和相机，对机器视觉系统的设计是非常关键的一步。选择镜头和相机的依据是透镜成像公式 $f = wD/W$ 或 $f = hD/H$（图 21-5），式中 f 为镜头焦距，D 为被摄物体到镜头的距离，W 和 H 通常为被摄物体的宽度和高度，w 和 h 通常为 CCD 靶面的宽度和高度。

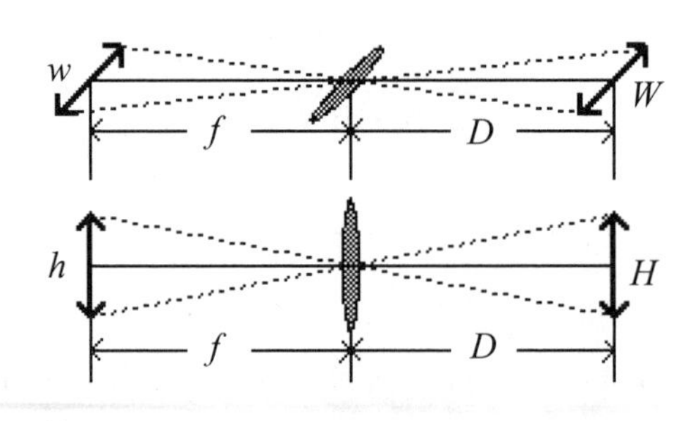

图 21-5 透镜成像光路示意图

目前市场上比较常见的面阵 CCD 芯片及其参数如图 21-6 所示，可以根据这些参数配合镜头的参数确定最佳的解决方案。例如，1/3″ 的摄像头在离目标 2m 的上方安装，要监视 2m 宽的柜台，则可选择焦距 f=4.8×2000/2000=4.8mm 的镜头。当然，选择镜头时，除了焦距还要注意光阑系数 F（即焦比，等于镜头的焦距 f 与通光孔径 D 之比）、镜头的动作方式和安装方式等因素。光通量的大小与光阑系数 F 的平方成反比，因此一般镜头上的光圈指数序列（通常为 1.4，2，2.8，4，5.6，8，11，16，22 等）中前一数值对应的通光孔径为后一数值的 $\sqrt{2}$ 倍。指数越小，光圈越大，CCD 靶面上的照度就越强。

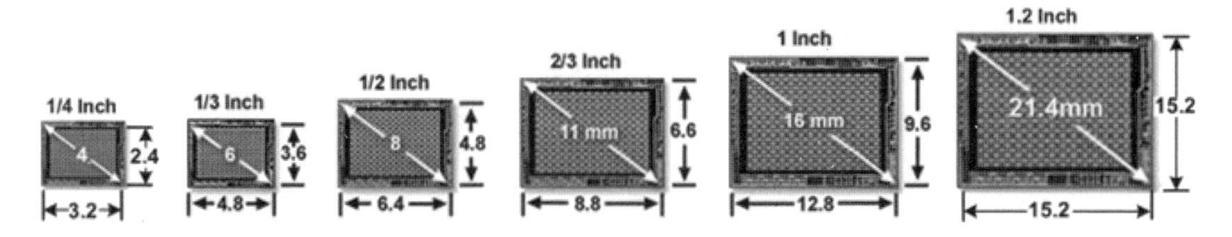

图 21-6　常见相机传感器的尺寸

（2）分辨率。

分辨率决定了图像的清晰程度。面阵 CCD 由面阵感光元件组成，每个元件称为像素。像素数越多，图像越清晰。分辨率通常用电视线（TV Lines）表示，线数越多图像越清晰。彩色摄像头的分辨率为 300 ～ 500 线。

（3）灵敏度。

灵敏度指 CCD 正常成像时所需要的最低照度，数值越小摄像头越灵敏。根据灵敏度，CCD 又可分为普通型、微光型、红外型等。

（4）信噪比。通常为 46dB。信噪比越高，图像质量越好。

（5）输出视频信号标准。

CCD 输出的视频信号标准直接决定机器视觉系统图像采集卡的选择（选定输出为某种标准视频信号的CCD后，就应该选择支持该标准的图像采集卡）。常见的视频标准如表 21-3 所示。

表 21-3　常见的视频标准

视频标准	空间分辨率	帧率（帧/秒）	色彩	常用国家、地区
PAL	768×576	25	彩色	中国、北欧
CCIR	768×576	25	黑白	中国、北欧
NTSC	640×480	30	彩色	北美、日本
RS170	640×480	30	黑白	北美、日本
SECAM	768×576	25	彩色	法、俄
非标准	扫描方式、分辨率等信号特征不定			

根据技术指标的要求，影像增强器可靠性试验系统摄像机的监测视场 $2\omega = 35°$，同时目镜与摄像机的物镜视场匹配；图像上的最小故障鉴别率为 $8'$，且必须至少压占 2 个像素。因此，图 21-6 为影像增强器的目镜与摄像机的物镜视场匹配示意图，可得到

$$\omega = \arctan\left(\frac{L}{2f_{\mathrm{m}}}\right) = \arctan\left(\frac{h}{2f_{\mathrm{s}}}\right)$$

式中，L 为目标的高度；h 为 CCD 芯片的高度；f_{m} 为夜视仪目镜的焦距；f_{s} 为 CCD 相机物镜的焦距。

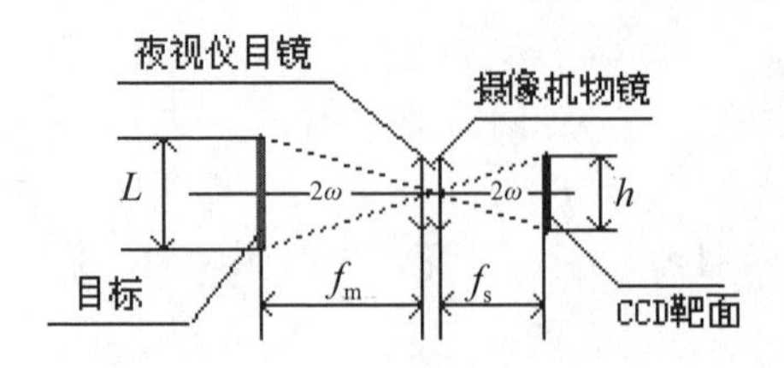

图 21-7 影像增强器的目镜与摄像机的物镜视场匹配示意图

根据所要求的技术指标，和市场上常见 CCD 的供货情况，可得到视场匹配参数计算表格，如表 21-4 所示。

表 21-4 视场匹配参数计算

CCD 尺寸	监测视场 (°)						
	f_s=25mm	f_s=12mm	f_s=10mm	f_s=8mm	f_s=7.6mm	f_s=6mm	f_s=5.71mm
1/2″(h=4.8mm)	11	23	27.5	33.4	35	43.6	45.6
1/3″(h=3.6mm)	8.2	17.2	20.6	25.8	26.6	33.4	35

可以看出，选用 1/2″ CCD 时，只有 $f_s \leqslant 7.6\text{mm}$ 时，才能保证视场 $2\omega = 35°$ 的要求。选用 1/3″ CCD 时，只有 $f_s = 5.71\text{mm}$ 的非标准镜头，才能保证视场 $2\omega = 35°$ 的要求。在列出的镜头中 6mm 和 8mm 的镜头为标准镜头，比较经济。

由于图像故障应至少压占 2 像素，而像高计算公式为

$$h = f_s \tan\left(\frac{\theta}{60}\right)$$

根据市场上 CCD 的供货情况，计算得到成像尺寸随 θ 和 f_s 变化的关系如表 21-5 所示。

表 21-5 成像尺寸随 θ 和 f_s 的变化关系

镜头尺寸 (mm)	不同角度的成像尺寸 (μm)				
	θ=5'	θ=6'	θ=7'	θ=8'	θ=10'
f_s=5.71	8.3	9.9	11.6	13.2	16.6
f_s=6	8.7	10.5	12.2	14	17.5
f_s=7.6	11	13.3	15.5	17.7	22.1
f_s=8	12	14	16.3	18.6	23.3
f_s=25	37	43	51	58	73

结合表 21-4 和表 21-5 可知，当选用 1/3″ CCD（像素尺寸为 6.2μm×6.3μm）时，只有 $f_s < 6\text{mm}$ 的镜头才可以同时保证视场 $2\omega = 35°$、最小故障鉴别率为 $\theta \leqslant 8'$ 和压占 2 个像素的要求；$f_s \geqslant 6\text{mm}$ 的镜头不能满足视场要求。当选用 1/2″ CCD（像素尺寸为 8.1μm×8.1μm）时，只有 $f_s < 8$ 的镜头才可以同时保证视场 $2\omega = 35°$、最小故障鉴别率为 $\theta \leqslant 8'$ 和压占 2 个像素的要求；而 $f_s = 7.6\text{mm}$ 时，可检测到视场角 $\theta \geqslant 8'$ 的故障，因此选 $f_s = 7.6\text{mm}$ 的镜头。

又因为要求图像上的最小故障鉴别率为 $\theta \leqslant 8'$，因此可按下式计算得到所选的 CCD 有效鉴别率必须至少为 263 线。实际使用时选用 512×512 的 CCD 摄像机即可。

$$l \geqslant \frac{2\omega}{\theta} = \frac{35 \times 60}{8} = 236\text{线}$$

综上所述，为了既能满足系统摄像机的监测视场 $2\omega = 35°$，又能达到目镜与摄像机的物镜视场匹配；图像上的最小故障鉴别率为 8′ 且必须至少压占 2 个像素的要求，CCD 相机的选

取推荐以下两种方案：

（1）采用$f_s = 7.6\text{mm}$、$1/2''$、512×512 的 CCD 相机，为了降低系统的成本，可采用$f_s = 8\text{mm}$的标准镜头（除视场$2\omega = 33.4°$外，其他指标均满足）。

（2）采用$f_s = 5.71\text{mm}$、$1/3''$、512×512 的 CCD 相机，为了降低系统的成本，可采用$f_s = 6\text{mm}$的标准镜头（除视场$2\omega = 33.4°$外，其他指标均满足）。

最终，综合考虑 CCD 相机的灵敏度、信噪比等参数后，选用了敏通公司的 MTV-1881EX 型$1/2''$黑白低照度高分辨率摄像机，其主要指标如表 21-6 所示，摄像机镜头选$f_s = 8\text{mm}$的标准镜头。

表 21-6　MTV-1881EX 的主要指标

指　标	参　数
空间分辨率	768×576（PAL 制式）
水平分辨率	600 电视线
灵敏度	0.02lux
信噪比	优于 48dB
电子快门（秒）	1/125，1/250，1/500，1/1000，1/2000，1/4000，1/10 000 可选
同步	内 / 外同步可选

21.2.3　图像采集数据采集设备的选择

图像采集卡将来自 CCD 相机的模拟视频信号转换为数字信号输入计算机进行处理。它可以被认为是 CCD 与计算机的接口。机器视觉系统中图像采集卡的选取通常应注意以下参数和指标。

（1）图像采集卡支持的视频制式。图像采集卡支持的制式必须与 CCD 输出的视频信号标准一致。

（2）输入通道的路数、输入阻抗、有无色彩滤波器（可以滤除彩色信源提供的视频信号中的色彩信息，以支持黑白图像）、板载 A/D 转换器的位数、信噪比（SNR）等。

（3）直接决定图像采集卡的性能的像素时钟。

（4）图像采集卡的空间分辨率（Spatial Resolution）。空间分辨率定义了图像的像素个数，通常用二维图像矩阵的大小表示。不同制式视频信号的空间分辨率不同。

（5）像素方向比（Aspect Ratio）。即单个像素的宽度和高度的比值。通常情况下会希望该比值为 1:1，但是实际中，很多图像采集卡的像素方向比不能满足 1:1 的比例关系；这样在很多需要通过像素数目确定目标大小的项目中，就必须注意像素方向比是否满足 1:1 的比例关系。

（6）是否有同步端子可用于外部同步其他信源，以及同步信号的类型（TTL 电平或其他）。

（7）数字 I/O 是否可用于外触发。视觉系统中，通常要求多台主机可同时工作，这样可以控制图像采集卡输出同步触发信号，来触发其他图像采集卡开始工作，以达到同步的目的。

（8）数据传输机制和与总线的控制接口。很多图像采集卡都可以按主模式或从模式工作在 PCI 总线上。当以主模式工作在 PCI 总线上时，采集到图像采集卡上 FIFO 中的数据可在 DMA 控制器的直接控制下送到主机的内存中。这样可以将 CPU 节省的时间用于其他操作，以便提高视觉系统的速率。

（9）支持的软件。大部分图像采集卡都配有支持的驱动软件和开发包出售，在购买图像采集卡时，应尽可能选择与该图像卡配套的软件。

（10）像素抖动（Pixel Jitter）。图像采集卡的设计不合理会造成像素的抖动。这种抖动一般用肉眼很难看到，但是像素抖动会在系统中造成错误，从而影响系统的性能。

综合考虑以上因素，以及采集卡的通道数、支持的颜色数，最终选择 NI PCI-1407 黑白图像采集卡，其技术规格如表 21-7 所示。

表 21-7 NI PCI-1407 的技术规格

<table>
<tr><th>指　标</th><th colspan="2">参　数</th></tr>
<tr><td>空间分辨率</td><td colspan="2">768×576（PAL 制式）</td></tr>
<tr><td>视频标准</td><td colspan="2">CCIR/RS-170/NTSC/PAL/VGA</td></tr>
<tr><td rowspan="3">输入通道</td><td>数目</td><td>1</td></tr>
<tr><td>输入阻抗</td><td>75Ω</td></tr>
<tr><td>带宽</td><td>20MHz（-3dB）</td></tr>
<tr><td rowspan="2">在板 AD</td><td>位数</td><td>8 位</td></tr>
<tr><td>信噪比</td><td>48dB</td></tr>
<tr><td rowspan="3">像素时钟</td><td>RS170</td><td>12.27MHz</td></tr>
<tr><td>CCIR</td><td>14.75 MHz</td></tr>
<tr><td>VGA</td><td>24.54 MHz</td></tr>
<tr><td>数字 I/O 端子</td><td colspan="2">1（TTL 电平）</td></tr>
<tr><td>像素抖动</td><td colspan="2">小于 2ns</td></tr>
<tr><td>同步输出端子</td><td colspan="2">1（TTL 电平）</td></tr>
<tr><td rowspan="2">与 PCI 总线的接口</td><td>主模式</td><td>支持</td></tr>
<tr><td>从模式</td><td>支持</td></tr>
<tr><td>支持软件</td><td colspan="2">NI-IMAQ，LabVIEW，Visual C++</td></tr>
</table>

数据采集卡的选择相对比较简单，一般需要考虑采集信号的类型、通道数、采集卡的位数以及可支持的最高采样率等。对于本系统来说，需要采集的信号既有模拟电压信号，又有数字信号。同时还要通过数字和模拟输出，对测试环境进行调整。但系统对数据采集的精度和速度要求并不是很高，因此数据采集卡选择了 NI-PCI-6024E 多功能数据采集卡。该采集卡为 12 位采集卡，最大采样率为 200k 样点 / 秒，支持 8 路差分模拟输入、2 路模拟输出和 8 路数字 I/O，其性能指标可参考采集卡手册。

21.3 软件开发

考虑整个系统既有机器视觉和图像分析处理方面的工作，测试环境中各种模拟信号又需要被采集记录，同时还要控制步进电机驱动光阑的转动等，因此，选用 NI LabVIEW 和 NI Vision 作为软件开发平台。同时需要其他 LabVIEW 的 Toolkit 配合，来完成数据记录分析并生成报表的功能。为了提高软件图像处理速度，还使用 Visual C++ 开发了底层的图像故障识别程序，并以 CIN 或 DLL 的形式与 LabVIEW 集成 MS SQL Server 来开发状态数据管理模块。用 LabVIEW 与 NI DataSocket 编写数据通信和系统管理模块。这些软件模块分别安装在管理机和图像机上，并且各图像机的软件和配置完全相同，如果要对系统进行扩展，只需按图像机的要求配置计算机并连接至网络中即可。

整个系统软件从不同的安装部位来划分，可分为两部分：管理计算机软件和图像计算机软件，如图 21-8 所示。

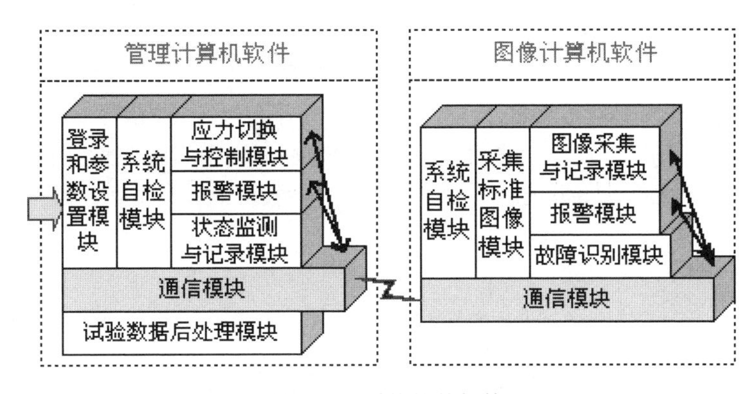

图 21-8 系统软件架构

其中，管理计算机软件主要包括以下模块。

（1）登录和参数设置模块。登记参加试验夜视仪的型号、类型、试验的开始时间，并设置提取故障的阈值参数、各工作循环使用的光应力和电应力等。

（2）系统自检模块。对数据采集卡、网络的连通情况进行检查，确保试验前准备就绪。

（3）应力切换与控制模块。在进行每个工作循环之前，按照事先的设定值对相应的光应力和电应力进行设置，并可控制电应力的开关。

（4）状态监测与记录模块。进入试验后，不断同步监测与故障帧对应的试验参数，若出现超差则报警。

（5）通信模块。与图像计算机按照规定的协议进行通信，确保系统同步工作。

（6）报警模块。在应力出现故障时进行报警。

（7）试验数据后处理模块。每个试验循环结束后可回放记录的故障图像，对试验数据进行分析，并对夜视仪性能进行综合评价。

图像计算机软件主要包括以下模块。

（1）系统自检模块。对图像采集卡进行检查，将检查结果通过通信模块反馈给管理机。

（2）采集标准图像模块。为了识别试验过程中的故障图像，每个工作循环后采集 16 帧无故障的标准图像，平均降噪后作为标准图像。

（3）图像采集与记录模块。每个工作循环中，对夜视仪的输出进行采集并对故障图像进行记录。

（4）故障识别模块。对采集到的图像进行分析和处理，判断图像是否为故障图像。

（5）报警模块。当出现故障图像时报警。

（6）通信模块。与管理计算机按照规定的协议进行通信，确保系统同步工作。

系统工作的循环流程如图 21-9 所示，首先运行管理计算机上的“登录与参数设置模块”，让操作人员登记参加试验的夜视仪的型号、类型、试验的开始时间并设置提取故障的阈值参数、各工作循环使用的光应力和电应力等参数。登录结束后，“通信模块”确保系统对数据采集卡、图像采集卡以及网络连通情况进行检查，只有各模块都处于就绪状态，系统才能进入工作循环。

工作循环开始后，管理机上的“应力切换与控制模块”按照预先设定的参数设置光、电应力。设置就绪后，管理计算机通知各图像机上的“采集标准图像模块”采集本次工作循环的标准图像，图像计算机成功完成采集标准图像后，会反馈给管理计算机一个采集标准图像完成的消息，此时管理计算机上的“状态监测与记录模块”开始运行，同时通过“通信模块”通知图像计算机上的“图像采集与记录模块”和“故障识别模块”运行，以便记录出现的图像故障时也同时记录相应的试验参数。

当一个工作循环结束后，管理计算机软件将各图像计算机上的故障图像复制到管理计算机上，按照固定的目录分别存放，并对这些故障图像进行处理，计算故障面积大小、平均灰度、最大灰度等参数。计算完成后，用户可运行“试验数据后处理模块”回放故障图像、查看与故障图像相关的各参数或打印报表。下面对各主要软件模块的设计进行介绍。

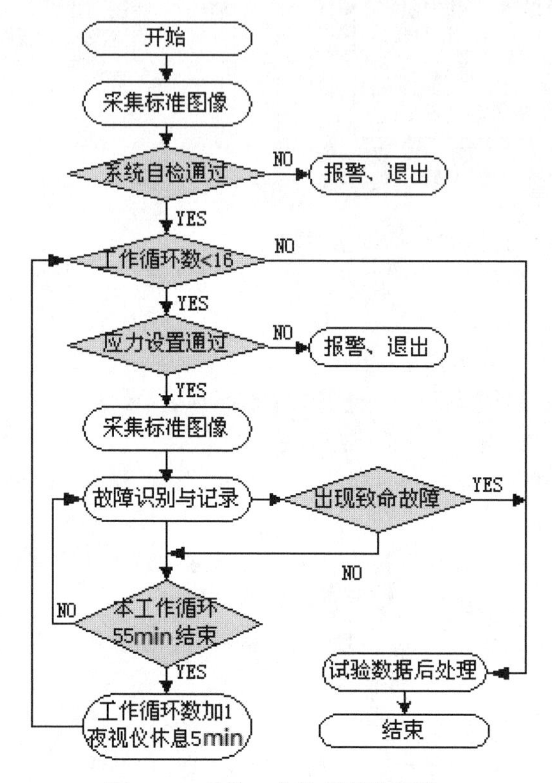

图 21-9 系统工作的循环流程图

21.3.1 系统自检模块

自检模块的主要功能是判断各图像计算机上的图像采集卡和管理计算机上的数据采集卡是否准备就绪（包括是否安装或安装后是否可以正常工作）、CCD 摄像机是否可以提供视频信号、网络是否连通、计算机的硬盘空间是否够用等。具体来说，在软件设计过程中应考虑以下情况。

（1）检查网络的通断。结合通信模块，由管理计算机向图像计算机发送该图像计算机对应的编号 CHX，X=1，2，3，4，图像计算机接收到信号后，反馈给管理计算机一个已接收到信号的消息，如果管理计算机接收到此消息，则认为网络通信正常。

（2）图像采集卡 PCI-1407 能否正常采集图像。可让图像采集卡采集一帧图像后，根据程序返回的信息来判断。按照程序返回的错误信息，提示用户是图像采集卡出现故障，还是 CCD 未能提供视频信号，同时通过通信模块向管理计算机发送检查结果。

（3）多功能数据采集卡 PCI-6024E 是否可以正常工作。设计思想与检查图像采集卡相同。通过让数据采集卡采集数据，再根据程序的返回信息判断数据采集卡是否工作正常。

（4）管理计算机检查图像计算机和管理计算机的硬盘空间是否够用。

图 21-10 给出了系统自检模块的软件流程图。

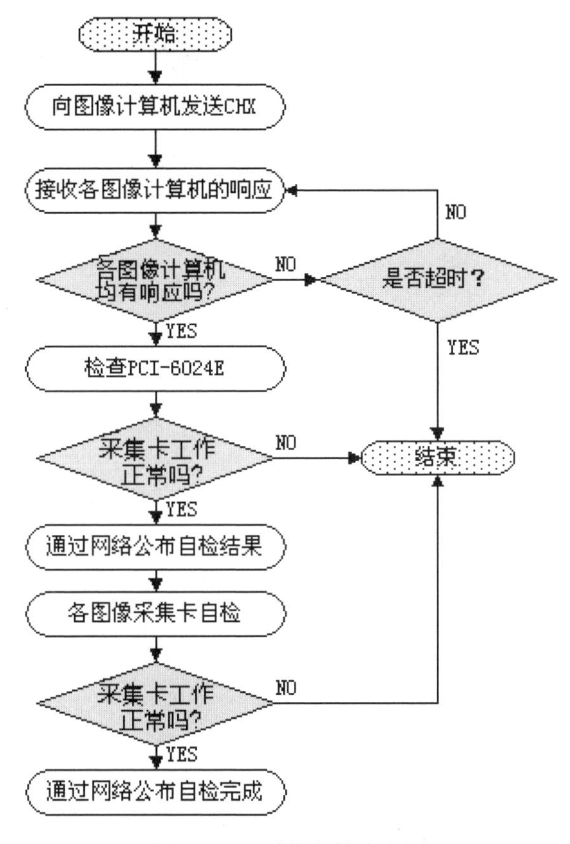

图 21-10　系统自检流程图

21.3.2　应力切换与控制模块

应力切换与控制模块的功能是在每个工作循环开始时，对提供给影像增强器的光电应力按照预先的设定进行切换、调节。这些功能要通过管理计算机向与之连接的控制箱发送控制指令来完成。

首先，对于光应力的切换，要求按照预先设定的参数，可在 10^{-1}lux、10^{-2}lux、10^{-3}lux、10^{-4}lux 四种强度之间切换。为了完成此功能，在系统初始化时，管理计算机通过多功能数据采集卡 PCI-6024E 八位数字 I/O 通道中的 DIO1、DIO0 和 DIO4 向控制箱中的单片机发送控制指令 001，单片机按照该指令控制步进电机转动大小积分球间的光阑盘，使透过率为 14.7% 的透过率板作为当前使用的透过率板，这样就使得光源的强度为 10^{-1}lux。当需要其他强度的光线时，可通过改变 DIO1、DIO0 的状态后将 DIO4 状态设为 1 来实现。DIO1、DIO0 的状态与光强的对应关系见表 21-8。

表 21-8　应力切换与控制模块的控制字定义

通　道	作　　用	定　　义
DIO1，DIO0	光强度选择	00— 10^{-1}lux 01— 10^{-2}lux 10— 10^{-3}lux 11— 10^{-4}lux
DIO2	电应力增 / 减量	每个脉冲 25mV

续表

通　道	作　用	定　义
DIO3	确定电应力应该增加或减小	0—增加；1—减小
DIO4	光应力切换开 / 关	1—开始切换
DIO5	电应力开 / 关	0—关；1—开
DIO7，DIO6	电应力的源选择	00—1 路 01—2 路 10—3 路 11—4 路

其次，按照预先任意设定的参数调节电应力的大小或开关电应力，同样需要通过多功能数据采集卡 PCI-6024E 八位 DIO 通道中的 DIO2 ~ DIO7 向控制箱发送控制指令来完成（各通道的功能定义见表 21-8）。电应力的开关可通过改变 DIO5 的状态实现，而电应力的大小需要通过 DIO7、DIO6、DIO5、DIO3 和 DIO2 共同按照逼近法来实现。开始时 PCI-6024E 先由 DIO7、DIO6 选中需要调节的电应力源，再通过 DIO5 打开当前电应力源采集当前电压大小，并与目标电应力大小进行比较。如果当前值不在要求的电应力范围内，根据与当前电应力值的差值，先由 DIO3 设置电应力增还是减，然后再通过 DIO2 发送脉冲给单片机，按照每个脉冲 25mV 的步长来调节，直到满足需要为止，调节的流程图如图 21-11 所示。

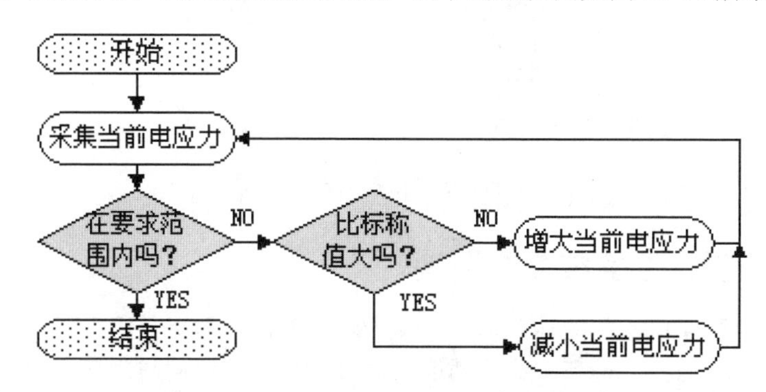

图 21-11　逼近法调节电应力的流程图

21.3.3　基于 DataSocket 的通信模块

通信模块是维系整个软件正常工作的神经中枢，它将各软件模块有机地结合起来，使运行在各图像机和管理计算机上的软件同步、协调地工作。为此，在软件设计过程中设计了如表 21-9 所示的专用通信协议，并使用 NI DataSocket 来实现各模块之间的通信，确保系统可靠工作。

表 21-9　通信协议的规定（X=1，2，3，4）

用　途	协　议	备　注
选择的通道	dstp://31ad/handshake：channel	数据类型为布尔数组 T—参加，F—未参加
网络自检	dstp://31ad/chtestX：chack	
图像卡自检	dstp://31ad/imgpc：card dstp://31ad/cardtestX：cardack	返回 cardack

续表

用　途	协　议	备　注
广播自检结果	dstp://31ad/selftest：err dstp://31ad/ipctestX：errack	返回 errack
设置应力	dstp://31ad/control：set dstp://31ad/ipcsetX：setack	返回 setack
采集标准图像	dstp://31ad/imaq：std dstp://31ad/stdimgX：stdack	返回 stdack
管理机准备就绪 图像机准备就绪	dstp://31ad/check：start dstp://31ad/ipcbeginX：startack	返回 startack
关闭通道	dstp://31ad/stop：shutdown	
图像机关闭通道请求	dstp://31ad/requestX：shut	
数据整理	dstp://31ad/prcdata：data dstp://31ad/ipcdataX：dataack	返回 dataack
数据整理完成	dstp://31ad/prcend：end dstp://31ad/ipcendX：endack	返回 endack

根据第 16.6 节介绍的 DataSocket 的技术特点，在程序设计过程中采用问答方式来实现各模块之间的通信，各模块之间的通信协议也根据 DataSocket 的特点进行设计。通信时，由发信者不断向数据源所在位置的数据缓冲区中写入要发送的数据（广播），而接收者不断从数据源所在位置的数据缓冲区读取要发送的数据，读到正确数据后，立即向数据源所在位置的数据缓冲区中写入读取成功的信号，管理机按照此信息决定下一步操作。如果接收者在规定的时间内未读取到数据，则认为通信失败。

例如，在图像采集卡自检过程中，管理机（31ad）首先作为发信者向缓冲区 card 中写入 True 来广播开始图像采集卡的消息，各图像计算机作为接收者，不断从缓冲区 card 中读取数据，判断是否应当开始图像采集卡的自检。当读到数据 True 后开始自检，结束后图像计算机作为发信者将自检结果发布到缓冲区 cardack 中，管理计算机作为接收者读取该数据，来判断自检是否成功，以确定下一步的动作。图 21-12 是图像采集卡自检时的通信过程。

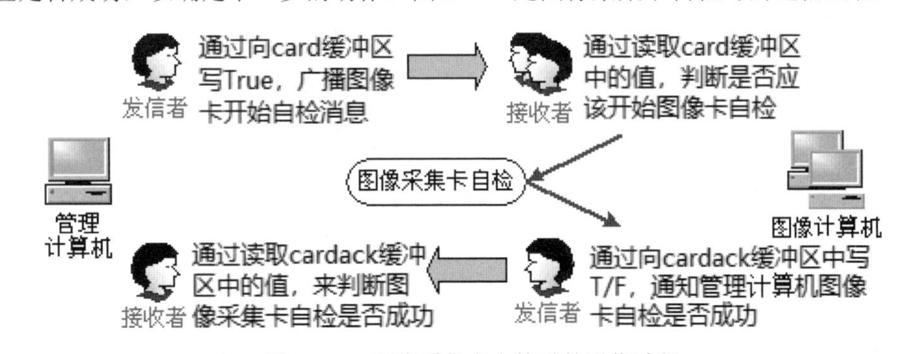

图 21-12　图像采集卡自检时的通信过程

图 21-13 是使用问答通信过程控制标准图像采集的实例。

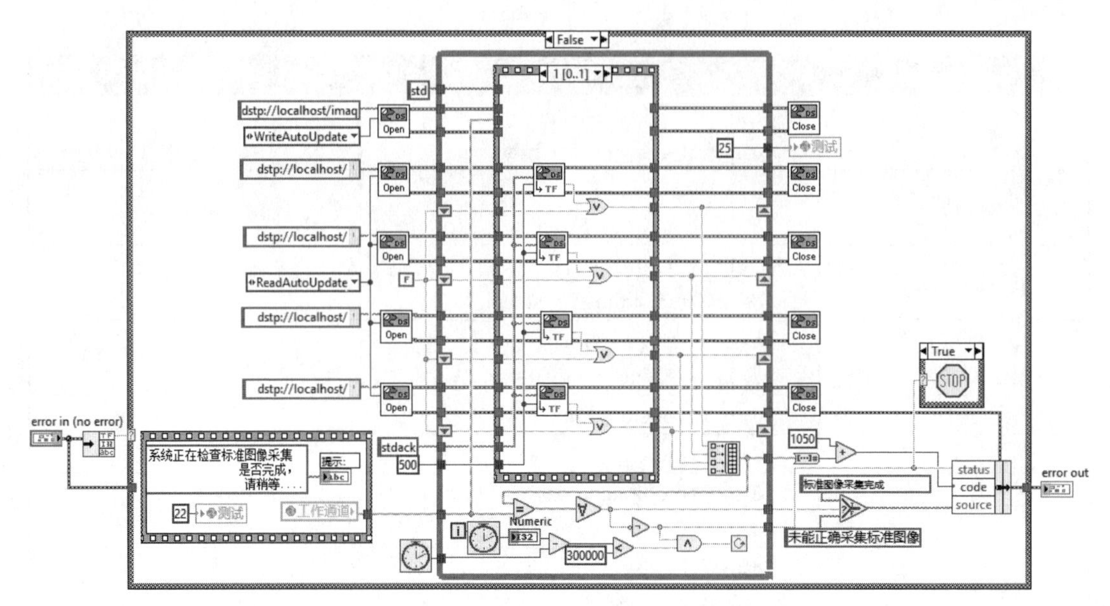

图 21-13　问答通信过程控制标准图像采集的程序实例

21.3.4　标准图像采集模块

标准图像采集模块与故障识别模块是整个系统的两个关键模块，这两个模块结合起来共同完成判断图像中是否含有故障的工作。系统判断图像中是否有故障的算法如图 21-14 所示。首先将多幅图像（通过黑白电平控制质量）求和平均后得到标准图像，然后将待处理的图像与标准图像进行相减去除背景，去除背景后的图像用灰度阈值进行分割、腐蚀、膨胀，以增强故障信息。最后通过灰度和面积特征对故障进行分类。

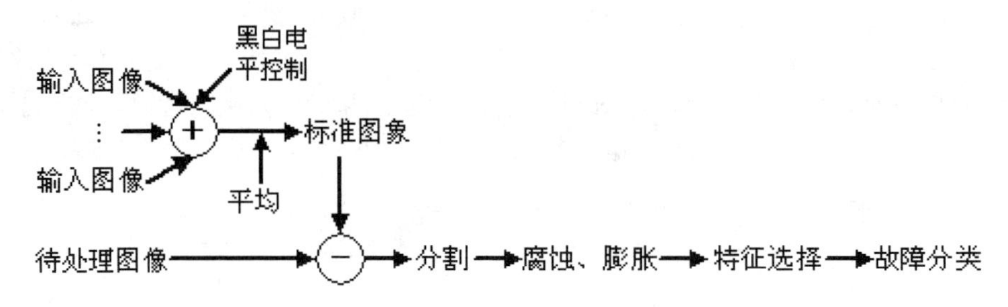

图 21-14　故障识别算法

系统对影像增强器输出的图像是否为故障图像的判断以每一个工作循环开始时所采集的标准图像为标准。因此标准图像的质量好坏直接关系到系统的灵敏度和可靠性，所以研究标准图像的获取方法就显得至关重要。

一般情况下，成像系统获取的图像由于受到各种条件的限制和随机干扰，往往不能在视觉系统中直接使用，必须在视觉的早期阶段对原始图像进行灰度校正、噪声过滤等图像预处理。对视觉系统来说，所用的图像预处理方法只将图像中感兴趣的特征有选择地突出，衰减其不需要的特征，所以处理后的图像并不需要去逼近原始图像。但是作为故障提取标准的标准图像，却应该尽可能地逼近没有任何随机噪声干扰、没有任何故障出现时的原始图像。

图像的代数运算是指对两幅输入图像进行点对点的加、减、乘、除，得到输出图像的运算。图像相加运算的一个重要应用是对同一场景的多幅图像求平均值，常被用来有效降低加性（additive）随机噪声的影响。影像增强器是一种复杂的光电设备，具有较强的电子噪声，其观察到的图像常被这种加性随机噪声污染，在微光条件下表现更加突出。在本系统中，可以得到影像增强器输出的多幅图像，故可以考虑通过对多幅图像求平均值来达到降噪目的。在求平均值的过程中，图像的静止部分不会改变，而对每一幅图像，各不相同的噪声图案则累积得很慢，其原因如下。

由 M 幅图像组成的一个图像集，每帧图像信号可表示为

$$D_i(x,y)=S(x,y)+N_i(x,y)$$

其中，$S(x,y)$ 为感兴趣的理想图像；$N_i(x,y)$ 是由于胶片的颗粒或系统中的电子噪声所产生的噪声部分。集合中的每幅图像被不同的噪声图像所退化。虽然我们对这些噪声图像并不能获得准确的了解，但可假定每幅噪声图像来自于同一个互不相干的、噪声均值等于0的随机噪声图像的样本集。这意味着：

$$E\{N_i(x,y)\}=0$$

$$E\{N_i(x,y)+N_j(x,y)\}=E\{N_i(x,y)\}+E\{N_j(x,y)\}(i\neq j)$$

$$E\{N_i(x,y)N_j(x,y)\}=E\{N_i(x,y)\}E\{N_j(x,y)\}(i\neq j)$$

$E\{\}$ 表示期望计算符。也就是说，$E\{N_i(x,y)\}$ 为在样本集中所有噪声图像在点 (x,y) 处的平均值。对于图像中的任意点，可定义功率信噪比为

$$P(x,y)=\frac{S^2(x,y)}{E\{N^2(x,y)\}}$$

如果对 M 幅图像作平均，可得

$$\bar{D}(x,y)=\frac{1}{M}\sum_{i=1}^{M}\left[S(x,y)+N_i(x,y)\right]$$

功率信噪比为

$$\bar{P}(x,y)=\frac{S^2(x,y)}{E\left\{\left[\frac{1}{M}\sum_{i=1}^{M}N_i(x,y)\right]^2\right\}}$$

因为求平均值并不影响信号部分，因此上式中分子保持不变。将 $\frac{1}{M}$ 提到分母的外面，可得

$$\bar{P}(x,y)=\frac{S^2(x,y)}{\frac{1}{M^2}E\left\{\left[\sum_{i=1}^{M}N_i(x,y)\right]^2\right\}}$$

即

$$\bar{P}(x,y)=\frac{M^2S^2(x,y)}{E\left\{\sum_{i=1}^{M}\sum_{j=1}^{M}N_i(x,y)N_j(x,y)\right\}}$$

根据前述信号和的期望为信号期望的和的性质，可将分母分开为两项，得到

$$\bar{P}(x,y)=\frac{M^2S^2(x,y)}{E\left\{\sum_{i=1}^{M}N_i^2(x,y)\right\}+E\left\{\underbrace{\sum_{i=1}^{M}\sum_{j=1}^{M}N_i(x,y)N_j(x,y)}_{i\neq j}\right\}}$$

根据前述信号乘积的期望等于信号期望的乘积的性质，分母中第二项可分解开，而第一项则可写为期望之和，于是有

$$\bar{P}(x,y)=\frac{M^2S^2(x,y)}{\sum_{i=1}^{M}E\left\{N_i(x,y)^2\right\}+\underbrace{\sum_{i=1}^{M}\sum_{j=1}^{M}E\left\{N_i(x,y)N_j(x,y)\right\}}_{i\neq j}}$$

根据随机噪声均值等于0的性质，可知分母中第二项为零，又因为M个噪声样本来自于相同的样本集，第一个和式中的所有项均是相同的，于是有

$$\bar{P}(x,y)=\frac{M^2S^2(x,y)}{ME\{N^2(x,y)\}}=MP(x,y)$$

因此，对M幅图像进行平均，使图像中每一点的功率信噪比提高了M倍。幅度信噪比是功率信噪比的平方根，即

$$\overline{\mathrm{SNR}}=\sqrt{\bar{P}(x,y)}=\sqrt{M}\sqrt{P(x,y)}$$

随着被平均图像的数目的增加，方根值也将随之增大。因此利用图像的代数运算提高信号的信噪比是一种显而易见的方法。

除了可以使用图像的代数运算提高标准图像的质量外，还能通过控制黑白电平，来确保标准图像的质量。为了保证标准图像的采集在无故障出现的情况下进行，可以先调节图像采集卡黑白电平，并限定标准图像采集的灰度范围后，再进行标准图像采集。PAL/CCIR标准的基带复合视频信号峰值为1幅，同步电平为0.286V，信号低电平为0.340V，带宽为6.5MHz（图21-15）。

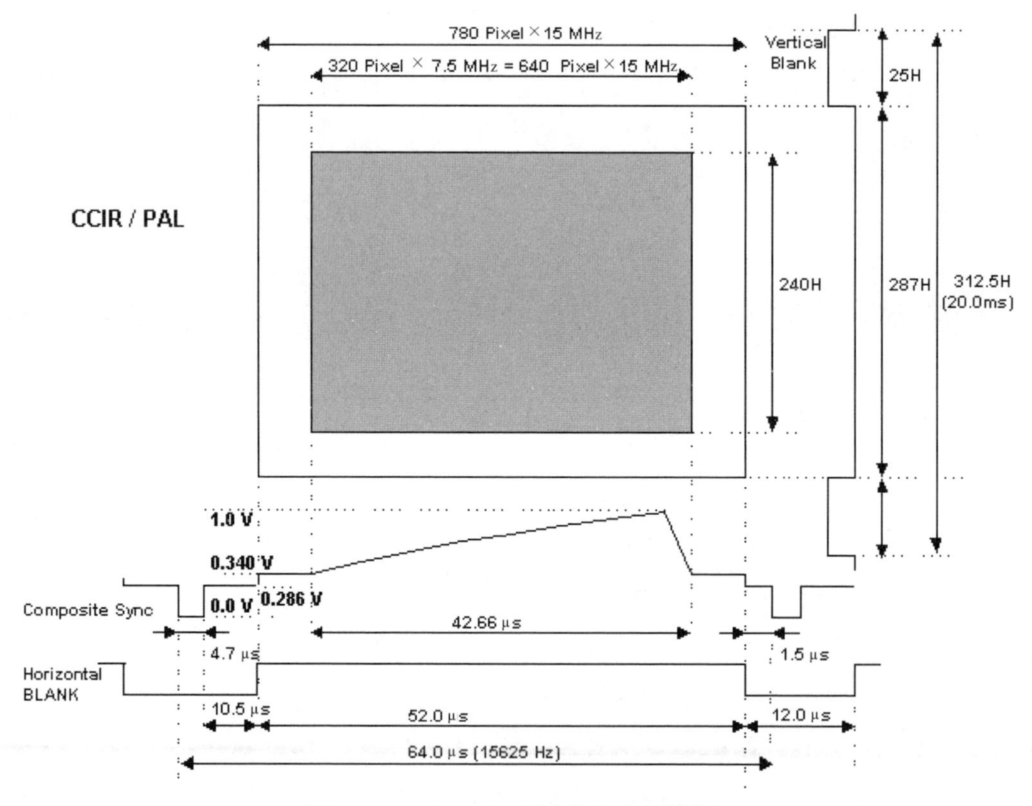

图21-15　CCIR/PAL制式的复合视频信号

通常情况下，CCD摄像机输出的复合视频信号的幅值与光圈大小有关。当光通量足够时（光圈较大），输出幅度可以达到满幅度，当光通量不够时，输出电压的幅度则降低。当光圈全部关闭时，光通量为零，CCD摄像头输出的信号只含有复合同步信号，此信号在调节光

圈的过程中幅度基本不变。复合视频信号输入到图像采集卡后，经过数字化变为数字图像信号，该数字图像的灰度与输入到图像采集卡的视频信号和图像采集卡的黑白电平有关，它们之间的关系为

$$\text{Gray}(x,y)=f(\text{Video},\text{WhiteVoltage},\text{BlackVoltage})$$

在照度和光圈一定的情况下，CCD摄像头输出的复合视频信号电压是一定的，假定该信号被数字化后，亮度覆盖整个灰度范围（0 ～ 255，白电平 WhiteVoltage 对应 255，黑电平 BlackVoltage 对应 0），则数字图像某一像素点的灰度可精确表示为

$$\text{Gray}(x,y)=255\times\frac{\text{Video}-\text{BlackVoltage}}{\text{WhiteVoltage}-\text{BlackVoltage}}$$

由上式可看出黑白电平与图像像素灰度之间的关系：提高白电平的值，图像的对比度压缩，整幅图像变暗；降低黑电平的值，图像的亮度增强。这就意味着输入图像采集卡的视频信号一定的情况下，可以通过改变黑白电平来调整图像灰度的大小。

还可以通过不断调整黑白电平后，在某一个小的灰度范围内采集标准图像来隔离在有故障的情况下采集标准图像。这是因为，在观察目标一定的情况下，如果影像增强器不出现故障（黑斑、亮点、闪光、忽明忽暗），它输出的图像的平均灰度值应该保持不变（不考虑噪声），如果考虑随机噪声，它输出的图像的平均灰度值应该保持在一个小的范围内。

综上所述，如果我们在采集标准图像时，将连续采集到的多幅图像的平均灰度保持在一个小的灰度范围内，同时在得到多幅图像后再进行求和平均降噪，就可以得到非常令人满意的标准图像。

标准图像模块的流程图如图21-16所示。开始时，系统先采集一帧图像并计算该帧图像的平均灰度值，然后再判断该图像的平均灰度是否在一个预先设定的范围内，如果满足条件，则连续采集16帧在此范围内的图像，求和平均后便得到标准图像。如果条件不满足，则根据平均灰度的大小，相应调整白电平（黑电平不变）后重新采集，直到在限定的时间内采集完成为止。

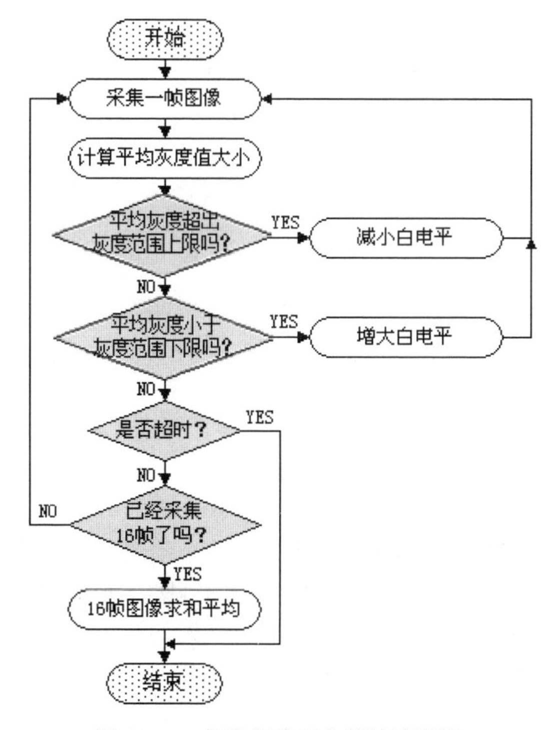

图21-16 标准图像采集模块流程图

图 21-17 是在 10^{-3}lux 下得到的标准图像和所采集 16 帧图像中的一帧受噪声干扰的图像。

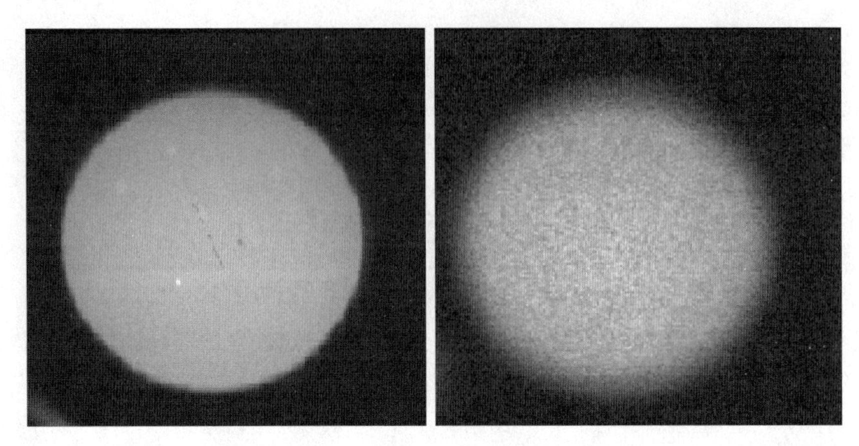

图 21-17　标准图像与受噪声干扰的图像

21.3.5 故障识别模块

故障识别模块要求系统可以实时地自动识别黑斑、亮点、闪光和忽明忽暗几种故障，这些故障的特点如下。

（1）黑斑：目镜处视角≥ 8'（至少压占 4 个像素，水平和垂直各自至少 2 个），比标准图像平均亮度≤ 25%。

（2）亮点：目镜处视角≥ 8'（至少压占 4 个像素，水平和垂直各自至少 2 个），比标准图像平均亮度≥ 25%。

（3） 闪光：目镜处视角≥ 8'（至少压占 4 个像素，水平和垂直各自至少 2 个），与标准图像平均亮度差≥ 25%，闪光频率≤ 6 次 / 秒。

（4） 忽明忽暗：平均全视场亮度与标准图像亮度变化≥ 25%，变化频率≤ 6 次 / 秒。

其中，标准图像为被试件正常工作时的荧屏图像。从这些特点可以看出，故障的特征可从两方面描述，一是故障的面积，二是故障灰度的大小。因此，在故障识别模块设计时采用面积和灰度来区分故障。另外，由于闪光和忽明忽暗是随时间交替出现的黑斑和亮点（面积阈值有所不同），所以故障识别方法的探讨就转换为黑斑和亮点识别方法的探讨。

为了识别黑斑和亮点，首先将采集到的图像与标准图像相减，去除与故障识别无关的成分。其次，利用灰度阈值对图像进行分割，如果在某一像素点，采集到的图像与标准图像相减后的灰度差大于设定的阈值，则标记该像素的灰度为 160，如果该点的灰度差小于设定阈值相应的负值时，标记该像素灰度为 128。对整个图像标记后，再选择正方形探针（右下角像素为原点）对图像进行开运算（先腐蚀后膨胀），滤除比探针小的所有区域（随机噪声）。此后再对图像中剩余的故障部分按照灰度和面积分类，即可判断出黑斑和亮点。整个过程的流程如图 21-18 所示。实际设计过程中，软件对用于分割图像的灰度阈值和用于对故障分类的面积阈值都留有用户配置接口。通常情况下，对于不同型号的影像增强器参数会有所不同，在每次试验之前，一般会模拟实际出现的典型故障，对同一型号影像增强器的一些样本进行故障模拟试验，分析试验结果，得到相应的灰度和面积域值。

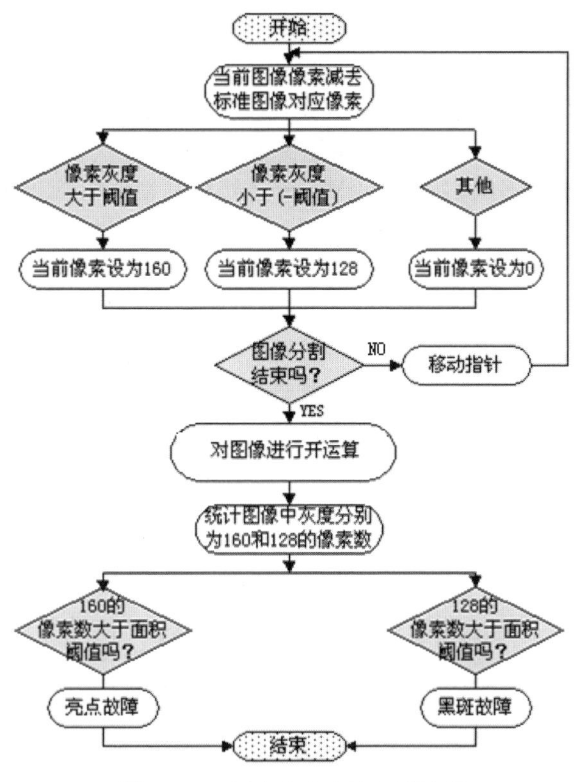

图 21-18　黑斑和亮点的识别流程

在进行开运算（图 21-19）时，选择正方形结构元（探针）对图像施加腐蚀和膨胀运算。在进行腐蚀运算时，当正方形探针的原点经过待腐蚀的图像中所有非 0 像素点时，探针中的所有 1 元素对应的像素中如果有任意一个为 0，则将探针的原点对应的待腐蚀的图像像素值设置为 0；而在对腐蚀后的图像进行膨胀运算时，当探针的原点经过待膨胀图像中所有非 0 像素点时，探针中的所有 1 像素对应的待膨胀图像像素值设置为探针原点对应的像素值。由于所选用正方形探针中的元素全部为 1，所以在编写腐蚀算法时，只需判断以当前像素为右下角（探针原点）的正方形所包含四个像素中有没有 0 点，如果有，则将当前像素置为 0；而在编写膨胀算法时，只要当前像素为 1，则将以当前像素为右下角（探针原点）的正方形所包含四个像素值全部设置为当前像素的值。遍历整个图像中的像素，对所有像素按照以上算法进行运算，得到的输出即为开运算的结果。

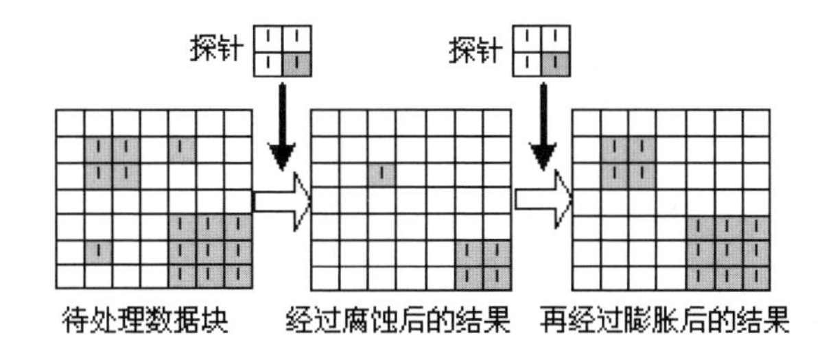

图 21-19　开运算

黑斑和亮点的出现通常是由于影像增强器内部的电路出现短路或断路引起的，一旦出现将一直持续下去，因此没有必要在每一帧都对黑斑和亮点故障进行判断，在实际设计中可以每隔 50 帧（4s）检查一次，而且可以在每隔 50 帧检查之前，将 8 幅图像平均后作为目标进行判断，以提高系统的可靠性。另外，由于黑斑和亮点的持续性，在实际识别故障时，首先识别有无闪光或忽明忽暗故障出现（判断闪光或忽明忽暗故障的优先级高于判断黑斑和亮点故障的优先级），如果有，即使应当判断有无黑斑或亮点也不进行识别。

闪光和忽明忽暗必须随图像帧实时识别，在连续的几帧中如果出现黑斑或亮点，则说明有闪光或忽明忽暗出现，这两个故障可以通过面积的大小来区分，闪光的面积小于忽明忽暗的面积。

在算法的实现过程中，为了提高系统的实时性，该部分用 C 语言完成。编写完成的算法被编译为 LabVIEW 的 CIN 接口支持的格式后嵌入整个软件系统中。经过测试，使用这种软件整合方式和算法后系统对故障图像进行处理的时间加上图像采集与存盘的时间，总共耗时不超过 40ms，完全满足指标处理时间为 80ms 的要求（处理速度要求为 12.5 帧 / 秒）。图 21-20 显示了使用 CIN 节点调用 C 语言编写的故障识别算法的函数。

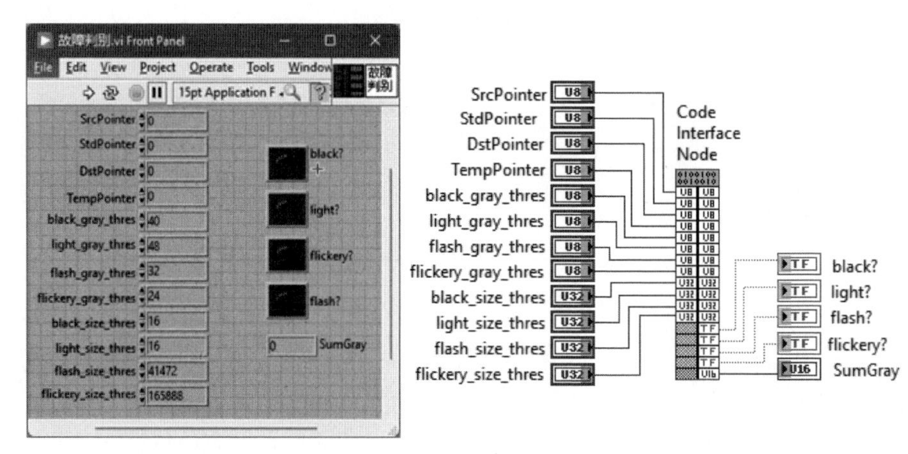

图 21-20 使用 CIN 节点调用 C 语言编写的故障识别算法的函数

C 语言编写的故障识别算法的程序代码如下。

```
// CIN 源文件
#include"extcode.h"
CIN MgErrCINRun （uInt8 **src1Pixels,  uInt8 **src2Pixels,
                uInt8 **dstPixels,uInt8 **tempPixels,
                uInt8 *black_gray_thres,uInt8 *light_gray_thres,
               uInt8 *flash_gray_thres,uInt8 *flickery_gray_thres,
              uInt32 *black_size_thres,uInt32 *light_size_thres,
             uInt32 *flash_size_thres,uInt32 *flickery_size_thres,
                LVBoolean*black, LVBoolean*light,LVBoolean*flash,
                LVBoolean*flickery,uInt16 *test）;
CIN MgErrCINRun（uInt8 **src1Pixels,  uInt8 **src2Pixels,
                uInt8 **dstPixels,uInt8 **tempPixels,
                uInt8 *black_gray_thres,uInt8 *light_gray_thres,
              uInt8 *flash_gray_thres,uInt8 *flickery_gray_thres,
              uInt32 *black_size_thres,uInt32 *light_size_thres,
```

```
              uInt32 *flash_size_thres,uInt32 *flickery_size_thres,
                 LVBoolean*black, LVBoolean*light,LVBoolean*flash,
                 LVBoolean*flickery,uInt16 *test)
    {
        uInt8* src1PixPtr =*src1Pixels;
        uInt8* src2PixPtr =*src2Pixels;
        uInt8*dstPixPtr=*dstPixels;
        uInt8*tempPixPtr=*tempPixels;

        long value;
        intxRes=576, yRes=576;
        unsignedlongsum_light=0,sum_black=0,sum_flash=0,sum_
flickery=0,sum_gray=0;
     /*************************************************************/
        while (yRes--)
        {
            xRes=576;
            while (xRes--)
            {
                value =*src1PixPtr++-*src2PixPtr++;
                sum_gray=sum_gray+value;
                if (value <- (*black_gray_thres) )
                    *tempPixPtr=128;        //0x10000000
                elseif (value >*light_gray_thres)
                    *tempPixPtr=160;        //0x10100000
                elseif (value >*flash_gray_thres)
                    *tempPixPtr=80;         //0x01010000
                elseif (value >*flickery_gray_thres)
                    *tempPixPtr=40;         //0x00101000
                else
                    *tempPixPtr=0;
                tempPixPtr++ ;
            }
            src1PixPtr +=16;
            src2PixPtr +=16;
            tempPixPtr+=16;
        }
            *test=sum_gray;
     /*****************************************************/
        yRes=574;
        dstPixPtr+=593;
```

```
tempPixPtr=*tempPixels;
tempPixPtr+=593;
while (yRes--)
{
     xRes=574;
     while (xRes--)
     {
   value=*dstPixPtr=* (tempPixPtr-593) &* (tempPixPtr-592) &\
          * (tempPixPtr-591)  &
     * (tempPixPtr-1) &* (tempPixPtr+1) &* (tempPixPtr+591) &
     * (tempPixPtr+592) &* (tempPixPtr+593) &*tempPixPtr;

          if (value ==128)      sum_black++;
          if (value ==40)       sum_flickery++;
          if (value ==80)      sum_flash++;
          if (value ==160)     sum_light++;
          dstPixPtr++;
          tempPixPtr++;
     }
     tempPixPtr+=18;
     dstPixPtr+=18;
}

/***************************************************/
     if (sum_flickery+sum_flash+sum_light>*flickery_size_thres)
          *flickery=1;
     else
          *flickery=0;

     if (sum_flash+sum_light>*flash_size_thres)
          *flash=1;
     else
          *flash=0;

     if (sum_light>*light_size_thres)
          *light=1;
     else
          *light=0;
     if (sum_black>*black_size_thres)
          *black=1;
     else
          *black=0;
```

```
    return noErr;
}
```

图 21-21 是一幅经过处理、并按照以上算法识别出含有黑斑和亮点的故障图像。

图 21-21 黑斑和亮点故障图像

21.3.6 数据分析模块

试验数据后处理模块主要由三部分组成：故障分析部分、数据管理部分和图像回放与处理部分。其中故障分析部分会在每个试验循环结束后对所记录故障图像中的故障进行分析，将故障的相关特征写入数据库。这些特征一般包括故障的位置（用故障外接矩形的左上和右下两个点表示）、故障的平均灰度、最大灰度、最小灰度、故障面积（故障所含有的像素数）等。

数据管理部分（图 21-22）对故障分析部分的处理结果和状态监测与记录模块记录的数据进行统计分析。包括查看开机时间、光应力等级、计算故障发生时刻、累积到故障发生时为止的单具瞄准镜工作时间、查看故障所处的试验循环数及工作循环数、查看故障类型、故障部位、次数、面积大小、故障平均灰度级、故障最大灰度级、故障持续时间、既发生图像故障又出现状态超差时对应的试验状态值和各状态超差量或者其他试验情况等。还可依规定格式有选择的打印输出，并最终给出统计报表。此外，数据管理软件还提供数据库的备份、恢复和清空等功能。这些管理功能都是基于 Microsoft SQL Server 开发完成的。

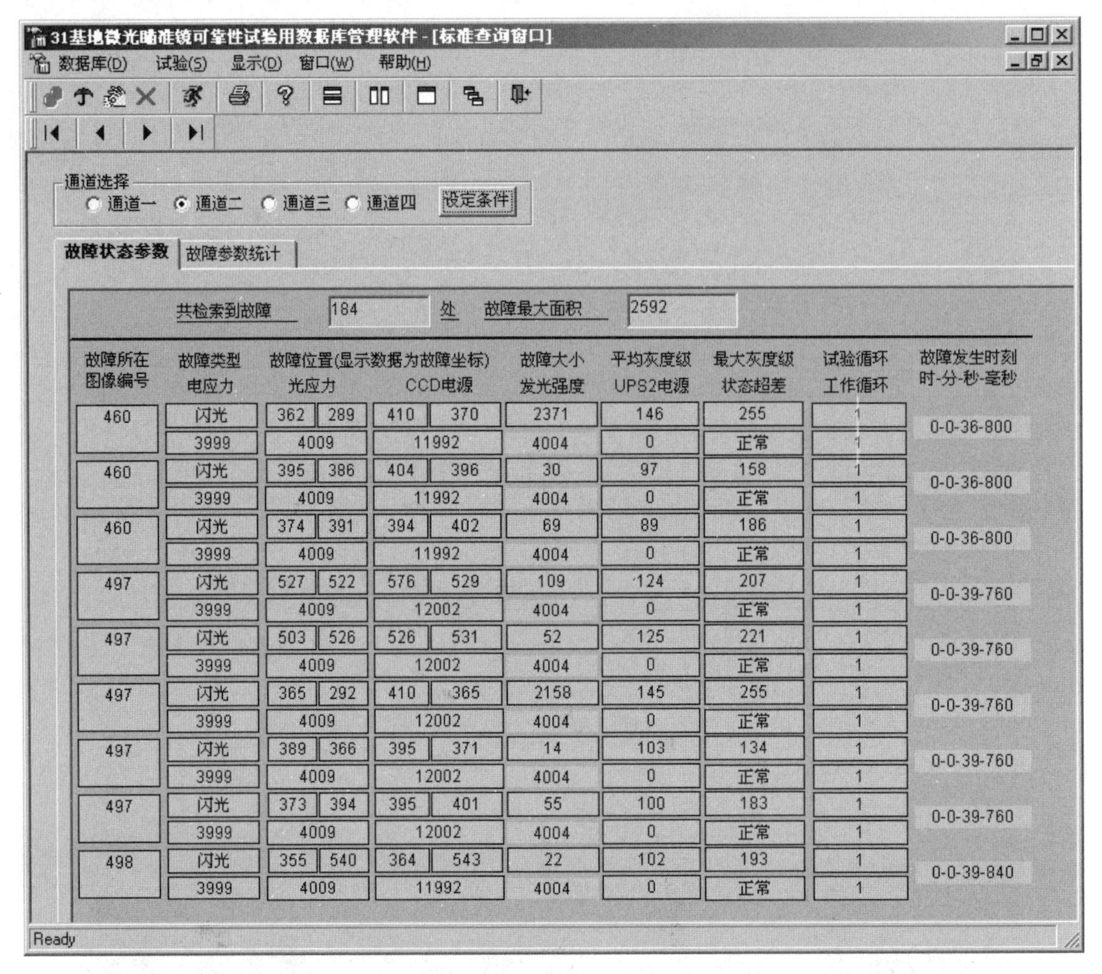

图 21-22 数据管理部分的主界面

图像回放与处理部分的主界面如图 21-23 所示。可以快放、慢放和定格某个工作循环中的故障图像和标准图像，并且在定格回放故障图像时，能同屏显示该故障图像对应的试验状态参数，如果某参数超差，则参数显示的文本框背景由黑变红。同时，该软件还可以模拟实际处理过程中使用的算法，识别故障图像中的各种故障，并对故障添加伪彩色后进行逐帧回放。此外，用户可以将故障图像插在标准图像序列中进行快放，以模拟现实场景，还可以计算用于获得标准图像的 16 幅图像的平均灰度分布曲线。

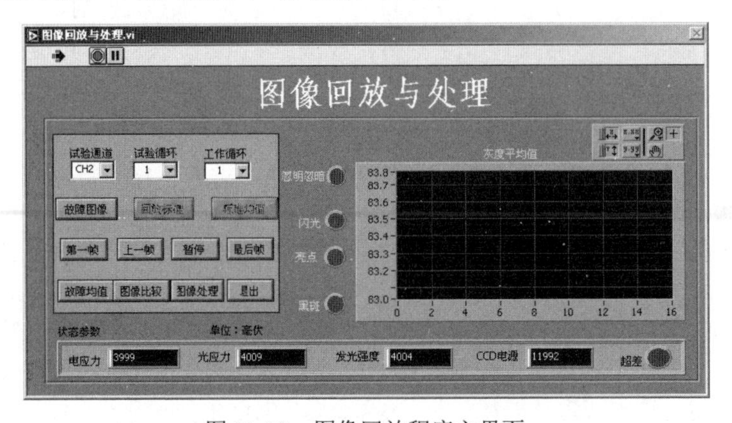

图 21-23 图像回放程序主界面

21.4　集成测试验证

软件开发完成后，必须按照系统需求，逐条进行测试验证后才能部署使用。各需求项的测试验证工作，只需按照事先准备的测试流程执行即可。本节主要讲解测试前对各子系统的集成同步，和测试过程中发现的高频信号对 CCD 图像信号的影响及如何解决。

影像增强器可靠性试验系统是一个由 5 台终端组成的分布式系统，而且在试验中要求各图像计算机与管理计算机之间同步工作。这就意味着所采集的每一帧故障图像必须与发生该故障时管理计算机采集到的试验参数严格对应，也就是说图像采集卡必须与数据采集卡同步工作。

在系统设计过程中，采用同频、同相和同时触发工作的方法，保证系统同步工作。同频就是保证图像采集和试验参数采集的频率为 12.5 次 / 秒，这样对于图像处理和记录来说，处理和记录一帧的时间应该为 80 毫秒 / 帧，但是实际处理时，处理和记录一帧却不到 80 毫秒，所以只要在处理和记录一帧后将剩余的时间作为延迟即可。对数据采集卡来说，其本身就可改变扫描速率，将其扫描速率设定为 12.5 点 / 秒就可以达到要求。同相是指从某一图像计算机中的采集卡上解析出复合同步信号，并在其他几个 CCD 的同步输入端施加该复合同步信号（图 21-24），以保证四个 CCD 摄像机输出的视频信号相位相同。

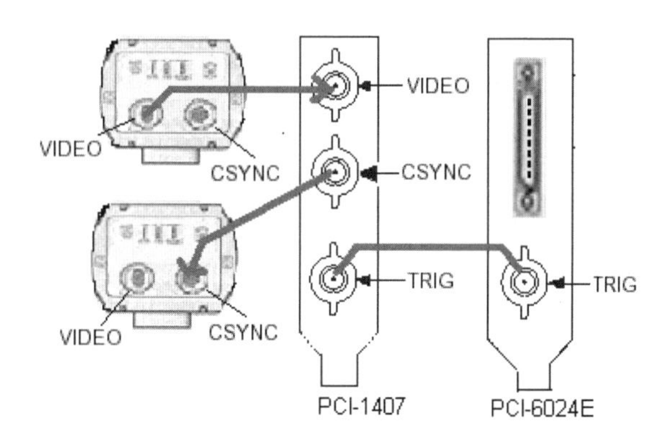

图 21-24　CCD、图像采集卡和数据采集卡连接示意图

问题集中在如何使图像采集和试验条件的采集同时进行。系统中所选用的图像采集卡 PCI-1407 和数据采集卡 PCI-6024E 都具有数字 I/O（Digital I/O）通道可作为触发（TRIG）信号的发送和接受端子。这样就可以使用图像采集卡和数据采集卡的触发端子来实现各采集卡同时启动。具体就是将所有的 PCI-1407 和 PCI-6024E 的触发端连在一起，管理计算机上的数据采集卡首先进入触发采集状态，其触发端作为触发信号接收端使用，此时无触发信号输入，采集处于停滞状态（等待开始信号）。然后管理计算机结合通信模块发送开始试验的“命令”，参加试验的计算计接收到此命令后按照优先级的高低（1#>2#>3#>4#，例如只选择 2# 和 4# 图像计算机参加试验时，2# 图像计算机的采集卡发送触发信号）来判断该计算机是否为触发信号发送者，如果是，则先等待一段时间，以确信其他通道已经进入触发采集状态，然后将触发端作为触发信号发送者发出一个触发信号，完成后就进行图像采集；而其他参加试验的图像计算机收到开始试验的“命令”后，其采集卡不经过延迟，直接进入触发采集状态。也就是说，这些图像采集卡和管理计算机上的数据采集卡一收到触发信号就开始动作。这样整个系统就在同一时刻开始工作。

采用触发同时启动、同频和同相技术可以完美地解决视觉系统中同步的问题，可有效实现各子系统的集成同步。

在测试过程中发现，计算机显示的实时图像中有许多竖条纹（图 21-25），尤其在外界光线较弱时，条纹更为明显，大大影响图像质量。经过仔细分析得知，出现大量明显竖条纹的原因是图像采集卡中的某些高频噪声（主要是频率高于 8MHz 的噪声）对摄像头的工作产生了影响，导致输入模拟图像信号质量下降，这样就需要通过一个模拟滤波器滤除从图像采集卡到摄像头的干扰信号，同时又不能影响模拟图像的传输，排除采集卡对摄像头的干扰。因此，滤波器应该为一个低通滤波器，带宽为 8MHz（3dB），阻带衰减应大于 40dB。

图 21-25 CCD 图像中的竖条纹

模拟滤波器的选择主要取决于实际问题的要求和各类滤波器的性能特点。模拟巴特沃斯滤波器的传递函数可以表示成以下形式：

$$H(s)=\frac{k_0}{\prod\limits_{k=1}^{n}(s-s_k)}$$

$$s_k=\mathrm{e}^{\mathrm{j}\pi[1/2+(2k-1)/2n]},\quad k=1,2,\cdots,n$$

由上式可知，巴特沃斯滤波器在 s 平面的原点处最平坦。因此，对通带平坦度要求苛刻的数据采集系统中，巴特沃斯滤波器就显得非常有用。

贝塞尔（Bessel）低通滤波器的传输函数如下式所示：

$$H(s)=\frac{d_0}{B_n(s)}$$

其中 $d_0=\dfrac{(2n)!}{2^n n!}$ 是归一化常数；$B_n(s)$ 是 n 阶贝塞尔多项式：

$$B_n(s)=\sum_{k=0}^{n} d_k s^k$$

$$d_k=\frac{(2n-k)!}{2^{n-k}k!(n-k)!},\quad k=0,1,\cdots,n$$

贝塞尔滤波器的特点是其群延迟在 s 平面原点处最平坦，也就是说贝塞尔滤波器的群延迟是均衡的，不会引起信号时域振荡，因此特别适合那些要求在时域失真最小的应用。此外，贝塞尔滤波器的瞬态特性具有很低的过冲，典型值小于 1%，随着滤波器阶数的增加，其脉冲响应和幅度响应都趋于高斯型。最后，贝塞尔滤波器的截止频率随着滤波器的阶数而改变。

椭圆（Elliptic）滤波器对于给定的阶数和给定的纹波要求，有其他滤波器均不能获得的通带和阻带之间的快速变换——即较窄的转变带宽。同时，椭圆滤波器同样有较好的通带平坦度和较小的宽带噪声，因此，椭圆滤波器适合大多数需要抗混叠滤波器的数据采集系统。椭圆滤波器的频率响应可以表示成：

$$|H(\mathrm{j}\Omega)|^2=\frac{1}{1+\varepsilon^2 R_n^{\ 2}(\Omega,L)}$$

其中 $R_n^2(\Omega,L)$ 称为切比雪夫有理函数；L 是一个表示纹波性质 $R_n(\Omega,L)$ 的参量。图 21-26 显示了 $R_5^{\ 2}(\Omega,L)$ 的典型特性。

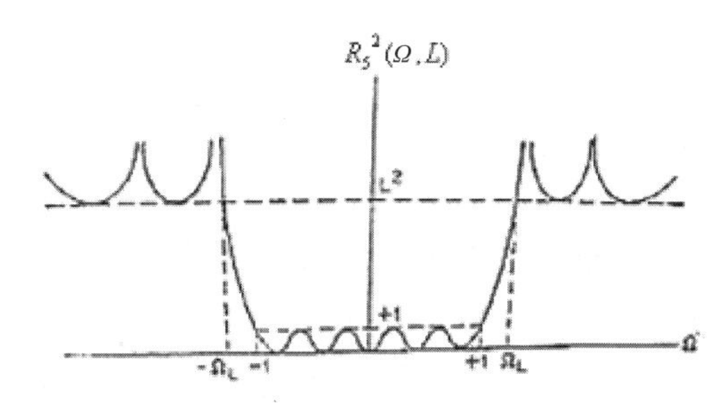

图 21-26 $R_5^2(\Omega,L)$ 的典型特性

由图 21-26 可知，在通带 $-1\leqslant\Omega\leqslant1$ 内，$R_5^2(\Omega,L)$ 在 0 ～ 1 振荡，超过 Ω_L 后，$R_5^2(\Omega,L)$ 在 L^2 ～ ∞ 振荡，随着参量 L 的变化，频率 Ω_L 也发生改变。如果输入信号跳变很快，椭圆滤波器的非均衡群延迟会引起时域振荡，这一点是无法与贝塞尔滤波器比拟的。

根据以上对比分析，为了简化对图像信号的滤波，选用无源低通滤波器。并将滤波器设计为五阶的椭圆滤波器，以确保在阶数较低的情况下通带和阻带都有较好的幅频响应和较小的波纹。该滤波器的电路图和其幅频响应如图 21-27（a）和图 21-27（b）所示。在 CCD 的输出端与图像采集卡的输入端使用该滤波器后，采集到的图像如图 21-27（c）所示。

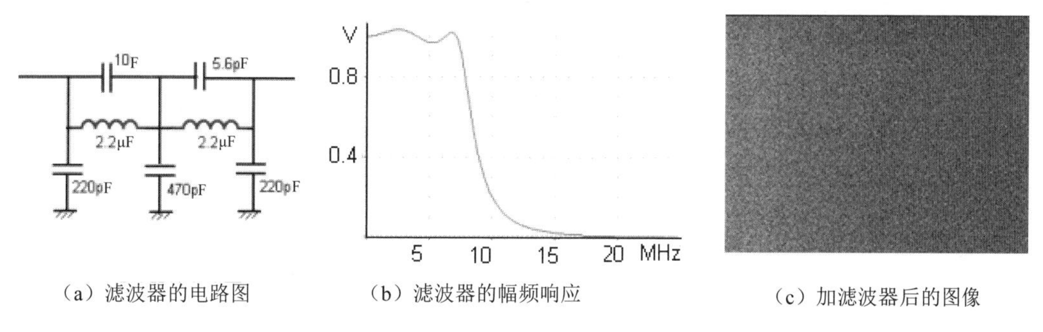

（a）滤波器的电路图　（b）滤波器的幅频响应　（c）加滤波器后的图像

图 21-27 使用椭圆滤波器滤除噪声对 CCD 干扰

21.5 系统主要特点

可靠性检测系统有以下技术特点，这些技术特点能有效地保证系统的正常运行。

（1）系统对非常规光源下的图像进行处理。

影像增强器用于对微弱的外界光线进行放大，其目镜处物像的亮度为几十个勒克斯，图像的噪声非常大，对故障识别带来很大难度。解决问题的办法是在不同的照度下，自动调整图像采集卡的黑白电平和 CCD 曝光系数，保证故障提取在较高的信噪比下进行。

（2）系统有很强的实时性。

按照指标要求，系统要在 80ms 内进行图像采集、预处理、故障识别、图像存储等一系列操作，对实时性要求很高。主要采用两个办法解决实时性问题，一个是采用磁盘阵列技术，另一个是用 Visual C++ 编写故障识别软件。按照要识别的故障黑斑、亮点、闪光和忽明忽暗灰度阈值依次降低，面积阈值依次增加的特征，系统中用灰度和面积作为特征参数进行故障识别。用 Visual C++ 编写程序，使故障图像和标准图像相减后的结果进行一次腐蚀，再按照所设置的阈值识别故障。将编写的程序编译成 .lsb 格式，用 CIN 结点嵌入 LabVIEW 程序中。经测试，此程序对一帧故障图像进行识别一般需要 30ms，而使用 IMAQ Vision for LabVIEW

编写的程序对一帧故障图像进行判断至少需要 140ms。

（3）图像高速流盘。

系统中采用的另外一个提高系统实时性的手段是 RAID（Redundant Array of Independent Disks，简称磁盘阵列）技术。RAID 按照不同的存储性能、数据安全性和存储成本，有 RAID0 ～ RAID6 七种基本的级别和一些基本 RAID 级别的组合形式。RAID0（有时也称作 Stripe 或 Striping）可以让多个磁盘并行地执行系统的某个数据请求，把连续的数据分散到多个磁盘上存取，这样就有效地解决了磁盘 I/O 与 CPU 处理速度之间的瓶颈问题。系统中每台图像机上的硬盘组都通过 RAID 接口卡连接到系统中，以提高系统的实时性。

（4）分布式同步数据采集与控制。

整个系统由一台管理计算机和四台图像机协同完成计算工作，在工作过程中有严格的时序关系。在笔者用 NI DataSocket 编写的通信模块中，发信者每发出消息给受信者，必须得到受信者的确认后才进行后续工作，这种机制很好地保证了整个系统协调工作。另外，为了便于事后区分从属故障，要求保存每一幅故障图像时同时记录对应的系统状态。为此采取同频、同相和同时启动的同步机制。同频是指图像采集和状态采集的频率相同；同相是指将从任一图像采集卡解析出的同步视频信号连接到其他三个 CCD 的同步输入端，保证四个 CCD 送到图像采集卡的视频信号相位相同；另外，图像采集卡和数据采集卡的触发端子连接在一起，并且都工作在触发状态下，任一图像采集卡发出触发信号后，整个系统开始工作。

机器视觉技术与虚拟仪器技术的发展使得用户可以将二者紧密地结合在一起，完成自动测量与控制任务。采用这一思想设计了影像增强器可靠性检测机器视觉系统，填补了国内在影像增强器可靠性自动检测方面的空白，系统很强的可扩展性与灵活性受到用户的好评。

第22章 项目实践

第 21 章以基于虚拟仪器和机器视觉技术的影像增强仪质量检测系统为例，详细介绍了系统设计和开发过程中的细节，以便能提供一个系统设计过程的全貌。本章再介绍其他几个项目实例，但是对这几个项目，我们把重点放在基于 LabVIEW 的软件设计方面，并尽可能从这些项目中汇总出对将来开发工作有借鉴意义的关键技术。

22.1 航空液流阀检测系统

该项目要求为某单位研制专用的溢流阀和换向阀测试系统。系统主要用于对溢流阀和换向阀进行性能及寿命检测试验。要求系统可以单独或同时对溢流阀或电磁换向阀进行各项性能试验。寿命检测试验通过对被测电磁换向阀施加脉冲信号转换其工作状态的方式实现。要求系统基于 PLC 和计算机控制，能工作在手动控制和计算机自动控制两种工作模式下。

整个系统分为测试台和控制台两部分，测试台用于放置和连接测试溢流阀和电磁换向阀，控制台用于对测试过程进行手动或自动控制，来协调完成整个测试过程。

22.1.1 系统需求

系统详细需求如表 22-1 所示。需要说明的是，如条件允许，对于各项需求应通过专用的需求管理软件进行管理，如 IBM DOORs 或者 Requirement Gateway 等。对于预算紧张的项目，需求也应逐条详细列出并存档。项目的详细设计应能逐条覆盖并链接到这些需求。测试和验证用例，也应能全面对应地覆盖这些系统需求，确保所有需求最终得以实现。

表 22-1 系统需求列表

ID	功 能 单 元	硬件 / 手动	软件 /PC
1	总电源按钮	用于控制外接电源接入到设备中	N/A
2	紧急停止按钮	发现异常情况，设备断电	紧急停止按钮：在任何界面都设有紧急停止按钮，发现异常情况，对设备的各个电气控制元件断电
3	计算机启动按钮	开启计算机	N/A
4	计算机 / 手动控制旋钮	选择计算机控制时，控制面板上的按钮（除总电源、紧急停止、计算机启动外的其他按钮和 TD400）不再起功能作用；选择手动控制，面板上所有按钮、旋钮显示仪表都能进行相应的控制	N/A
5	主泵启停按钮	用于控制主泵 15 的电机 14 的启动和停止。按下时启动	计算机界面设有主泵启停按钮：用于控制主泵 15 的电机 14 的启动和停止。按下时启动

续表

ID	功 能 单 元	硬件 / 手动	软件 /PC
6	循环泵启停按钮	用于控制循环泵 8 的电机 7 的启动和停止。按下时启动，此功能需在温度低于 60℃时才能启动	计算机界面设有循环泵启停按钮：用于控制循环泵 8 的电机 7 的启动和停止。按下时启动，此功能需在温度低于 60℃时才能启动
7	加载卸荷按钮	用于控制电磁卸荷阀 21 的通电和断电，按下按钮时，对被测换向阀通电	计算机界面设有加载卸荷按钮：用于控制电磁卸荷阀 21 的通电和断电，按下时通电
8	溢流阀性能试验按钮	用于被试溢流阀性能试验，按钮按下时要求电磁阀 25.2 通电	计算机界面设有溢流阀性能试验菜单：选择该菜单时，对电磁阀 25.2 通电。输入压力设定值，自动调压（参见压力设定叙述）。界面设有开始测试按钮，开始测试后，首先将比例阀 23 加载电压 0，然后从 0 加载到设定值的电压后再返回 0，测试结束。记录溢流阀入口压力 16.3 与时间的曲线。设有曲线保存按钮，方便对曲线进行调用、查找和打印。设有打印按钮，可以对测试结果进行打印输出。测试结果内容包括压力与时间曲线、试验类型、溢流阀性能试验、产品型号、产品代号、操作者、测试时间。并读出曲线的最高峰值压力和最低压力
…	…	…	…
36	软件界面		计算机界面设有测试曲线的查找界面：可以通过试验类型（溢流阀性能试验、溢流阀动态试验、溢流阀寿命试验、联合寿命试验、换向阀流量试验、换向阀压力泄漏试验、换向阀寿命试验）、产品型号、产品代号、操作者、测试时间条件进行数据的查找和打印

22.1.2 系统组成

系统的整体结构如图 22-1 所示。其中西门子 S7-200 PLC 用于接收手动开关或计算机自动发送的控制信号，并按照信号驱动对应的被测电磁阀、换向阀，以及用于改变测试环境的加热器、循环泵等设备的工作。同时 PLC 也接收液位报警继电器、过滤器堵塞状态继电器、油箱油温等输入，并能对液位或过滤器堵塞状态进行报警等。

系统所选用的主要控制组件的技术参数如表 22-2 所示。其中数据采集卡使用 NI 的 PCI-6221-779066-01 16 位采集卡，有 16 路模拟输入通道，2 路模拟输出通道和 24 路数字 I/O 通道。可以将数据采集卡的输出通道经过光耦隔离后与 PLC 的输入通道连接，在 PLC 软件的配合下对继电器和各种开关进行控制。同时数据采集卡的模拟输入和数字输入通道，可以连接传感器或状态开关量，以检测系统状态，并在控制计算机界面上显示。

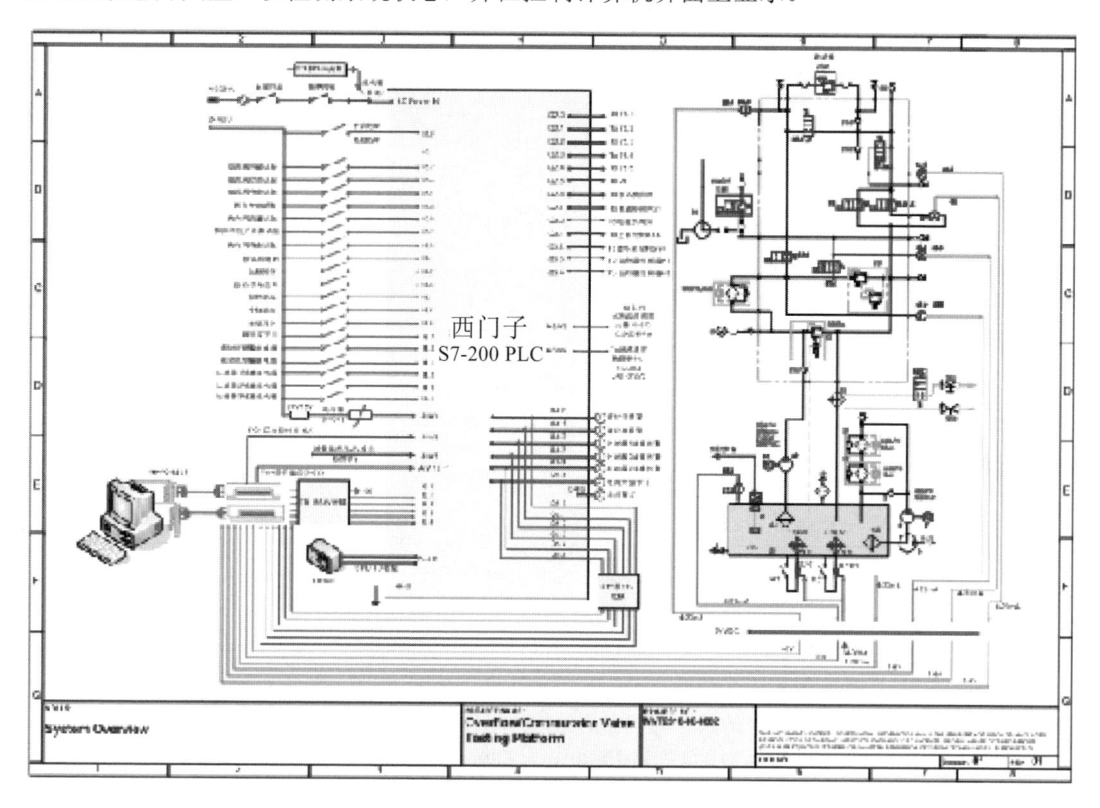

图 22-1 系统结构图

表 22-2 主要控制组件的技术参数

组 件	技术参数
数据采集卡	厂商型号：NIPCI-6221 -779066-01。 模拟输入通道（AI）：16。 模拟输出通道（AO）：2。 数字输入 / 输出（DIO）：24DIO（TTL）。 位数：16s
温度传感器	厂商型号：海德泰尼克 3969-04-01.00。 测量范围：-50℃～ +200℃。 供电电压为 DV24V，输出形式为 4 ～ 20mA 电流信号。 通过数显表供电，数显表输入口串接 250Ω 电阻。 通过数显表采集（数显表输出为 0 ～ 5V 信号），数显表供电电压为 DC24V
压力传感器	厂商型号：海德泰尼克 3403-15-C3.37。 测量范围：0 ～ 40MPa。 供电电压为 DV24V，输出形式为 4 ～ 20m A 电流信号。 通过数显表供电，数显表输入口串接 250Ω 电阻。 通过数显表采集（数显表输出为 0 ～ 5V 信号），数显表供电电压为 DC24V

续表

组　件	技 术 参 数
流量传感器	厂商型号：某单位定制 CL-6。 测量范围：7.5 ～ 75L/min。 频率范围：20 ～ 1000Hz。 供电电压为 DV24V，输出形式为脉冲信号。 流量计的范围为：最小流量 0.5L/min，最大流量 16L/min。 通过数显表供电，通过数显表采集（数显表输出为 0 ～ 5V 信号），数显表供电电压为 DC24V
液位报警继电器	输出形式为双继电器信号。 继电器 1 导通时表示油箱油位过低。 继电器 2 导通时表示油箱油位过高。 供电电压为 DV24V
过滤器堵塞报警继电器	输出形式为继电器信号。 继电器导通时，滤芯堵塞需要更换。 供电电压为 DV24V
电磁阀	控制形式为开关量。 控制油路的通断。 供电电压为 DV24V，线圈电流为 600mA
电磁阀卸荷阀	控制形式为开关量。 控制液压泵的软启动和安全保护。 供电电压为 DV24V，线圈电流为 600mA
电磁水阀	控制形式为开关量。 控制冷却水的通断。 供电电压为 DV24V，线圈电流为 600mA
电机控制	启动形式为直接启动。 控制泵的启停。 电机电压：AC380V，50Hz。 加热器：AC220V，50Hz
加热器控制	加热功率：5kW×3=15kW。 控制形式为 PID 控制。 控制泵的启停
被试电磁阀控制	控制形式为开关量，需要控制电磁阀的通断，并为其供电。 控制换向阀换向。 在安装产品位置时给出电磁阀的电气接线。 供电电压为 DV24V，线圈电流为 1A（15Ω）

22.1.3　关键技术与软件模块

系统开发时选用 LabVIEW 作为控制软件的开发平台。PLC 软件开发使用西门子 STEP 7-Micro/WIN 开发。控制计算机通过数据采集卡连接 PLC、传感器及状态开关量，用于对测试进行控制，并监测系统状态，最终完成的系统控制软件的主界面如图 22-2 所示。在了解了系统整体设计和组成后，下面重点讲解一些关键技术和系统可重用的功能模块。

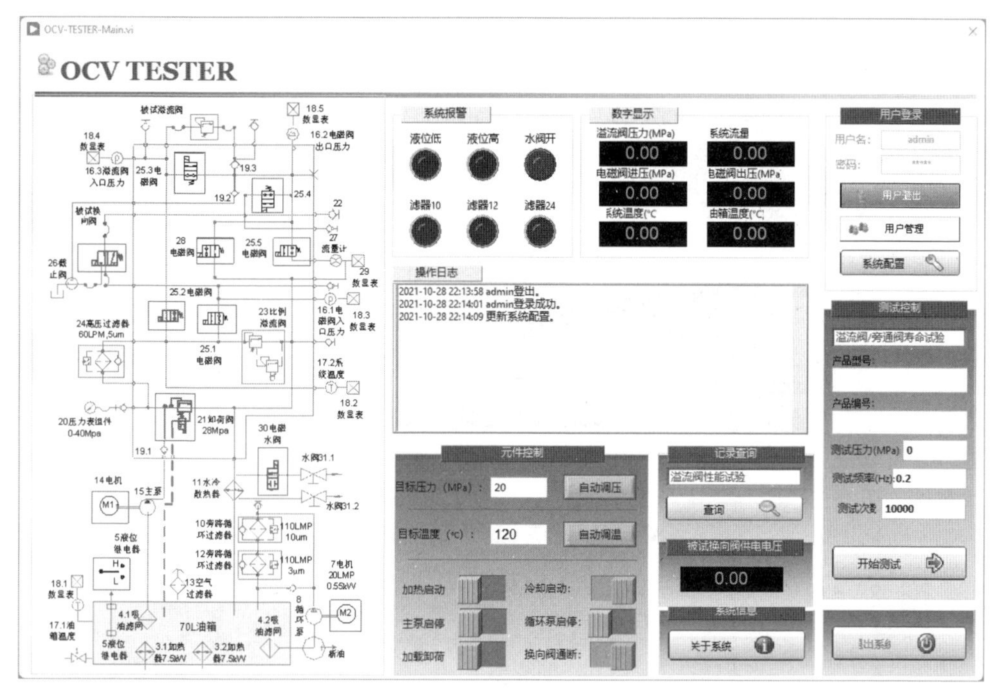

图 22-2　控制软件主界面

1. 整体程序架构

如图 22-3 所示，系统控制计算机的软件架构总体上采用 9.5 节介绍的模块化多循环程序结构。包括用户事件处理循环、测试命令分析处理循环、数据采集循环和错误处理循环。其中用户事件循环用于收集各种来自用户界面的请求。当某个用户事件发生后，就将与之对应的命令置入队列中，传递给测试命令分析处理循环进行处理。该循环会按照用户事件处理循环发送来的指令，读写相应的数字 I/O 端口，向 PLC 发送命令。或者对模拟端口进行读写，采集或控制温度、压力及各种状态量。

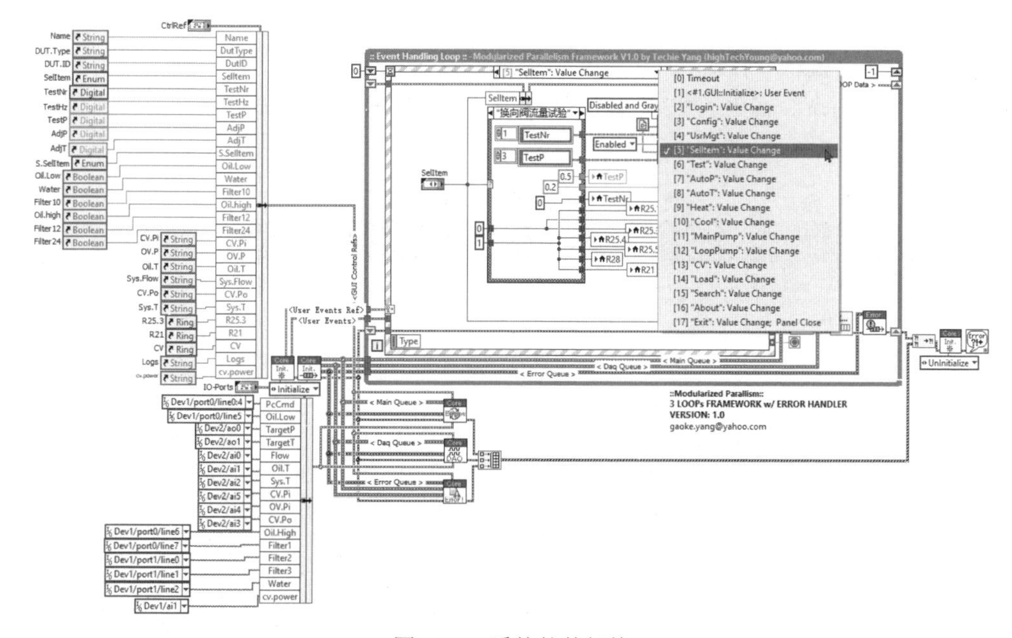

图 22-3　系统软件架构

例如，当用户在前面板选择单击“溢流阀 / 旁通阀寿命试验”选项后，用户界面事件处理循环就将“TEST::ItemChange”命令置入队列，并传送给测试命令分析处理循环中的状态机进行处理。状态机中的对应测试项目分析处理程序分支会根据编码表，把测试对应的 I/O 端口控制命令写入 PLC，用来驱动 PLC 软件进行相应的测试工作，如图 22-4 所示。

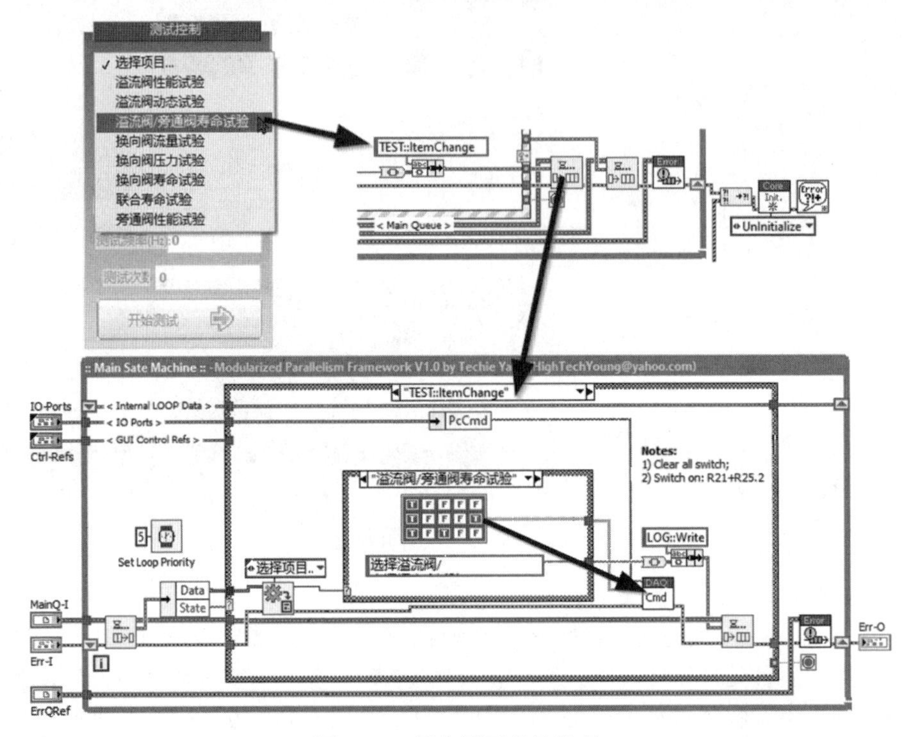

图 22-4　用户界面事件处理

2. PLC 驱动

由于需要 PLC 驱动的开关量多达 28 个，因此采用 5 个数据采集卡的数字输出通道，通过二进制编码方式，实现对连接至 PLC 的各元件进行驱动。这些数字输出通道连接至 PLC 的 5 个输入通道（I5.0 ～ I5.4），当需要驱动某个组件时，只需要通过数据采集卡将相应的逻辑电平，按控制命令编码表 22-3 输入至 PLC 即可。PLC 软件会根据相应的输入，驱动对应的组件动作。

表 22-3　驱动 PLC 的命令编码表

PLC 输入					PLC 输出	受　控　件
I5.0	I5.1	I5.2	I5.3	I5.4	N/A	初始状态
0	0	0	0	0		
1	0	0	0	0	N/A	预留
0	1	0	0	0	Q2.0	电磁阀 25.1（油路控制）关
1	1	0	0	0		电磁阀 25.1（油路控制）开
0	0	1	0	0	Q2.1	电磁阀 25.2（油路控制）关
1	0	1	0	0		电磁阀 25.2（油路控制）开
0	1	1	0	0	Q2.2	电磁阀 25.3（油路控制）关
1	1	1	0	0		电磁阀 25.3（油路控制）开
0	0	0	1	0	Q2.3	电磁阀 25.4（油路控制）关
1	0	0	1	0		电磁阀 25.4（油路控制）开

续表

PLC 输入					PLC 输出	受 控 件
0	1	0	1	0	Q2.4	电磁阀 25.5（油路控制）关
1	1	0	1	0		电磁阀 25.5（油路控制）开
0	0	1	1	0	Q2.5	电磁阀 28 关
1	0	1	1	0		电磁阀 28 开
0	1	1	1	0	Q2.6	被测换向阀关
1	1	1	1	0		被测换向阀开
0	0	0	0	1	Q2.7	To 电磁卸荷阀 21 关
1	0	0	0	1		To 电磁卸荷阀 21 开
0	1	0	0	1	Q3.0	To 电磁水阀 30 关
1	1	0	0	1		To 电磁水阀 30 开
0	0	1	0	1	Q3.1	To 主泵控制关
1	0	1	0	1		To 主泵控制开
0	1	1	0	1	Q3.2	To 循环泵控制关
1	1	1	0	1		To 循环泵控制开
0	0	0	1	1	Q3.3	To 加热器 3.1 关
1	0	0	1	1		To 加热器 3.1 开
0	1	0	1	1	Q3.4	To 加热器 3.2 关
1	1	0	1	1		To 加热器 3.2 开
0	0	1	1	1	—	自动调温启动
1	0	1	1	1	—	自动调温结束
0	1	1	1	1	N/A	预留
1	1	1	1	1	全部	复位所有继电器

图 22-5 是向 PLC 输出控制命令的子 VI，可以向 PLC 发送多个或单个命令。程序一开始先创建用于数据读写的虚拟通道，然后启动数据读写过程。For 循环每次从二维数组中取出一个包含 5 个逻辑量的一维数组作为控制命令，调用 DAQmx Write 函数，将对应的 5 个数字输出通道设置成 5 个逻辑量对应的状态。以达到驱动连接至 PLC 某个通道的开关元件。例如，若需打开连接至 Q3.0 端口的电磁水阀，根据编码表可以输出“10011”（Q5.4 ～ Q5.0）命令即可。注意，由于 PLC 相对于计算机，处理速度较慢，且继电器等元件动作耗时较长，因此在发送命令时应注意留出 PLC 的响应时间。此处在每个命令发出后，会留出 10ms 的 PLC 响应等待时间，实际中该命令应根据现场测试情况适当调整。

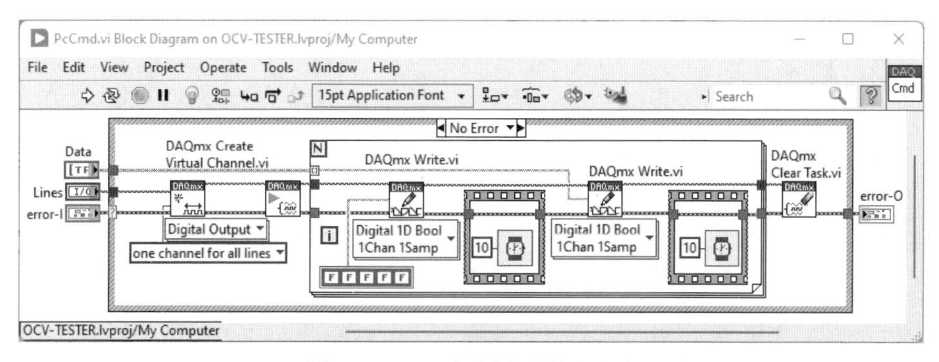

图 22-5 PLC 控制命令输出程序

PLC 程序使用梯形图 LAD 语言编写，其中主程序主要用来确定系统工作在手动模式还是自动模式，如图 22-6 所示。若系统工作在计算机控制模式下，PLC 程序就执行 PC_CTRL 部分的代码（图 22-7），包括对计算机发来命令的解码以及继电器驱动等。

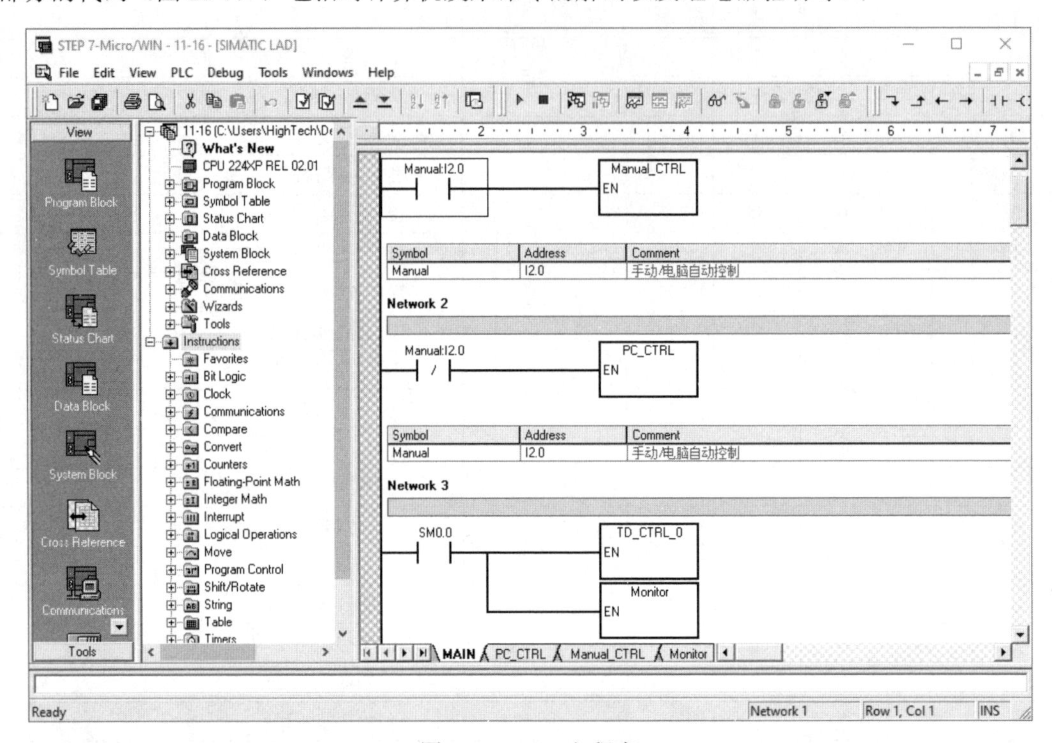

图 22-6　PLC 主程序

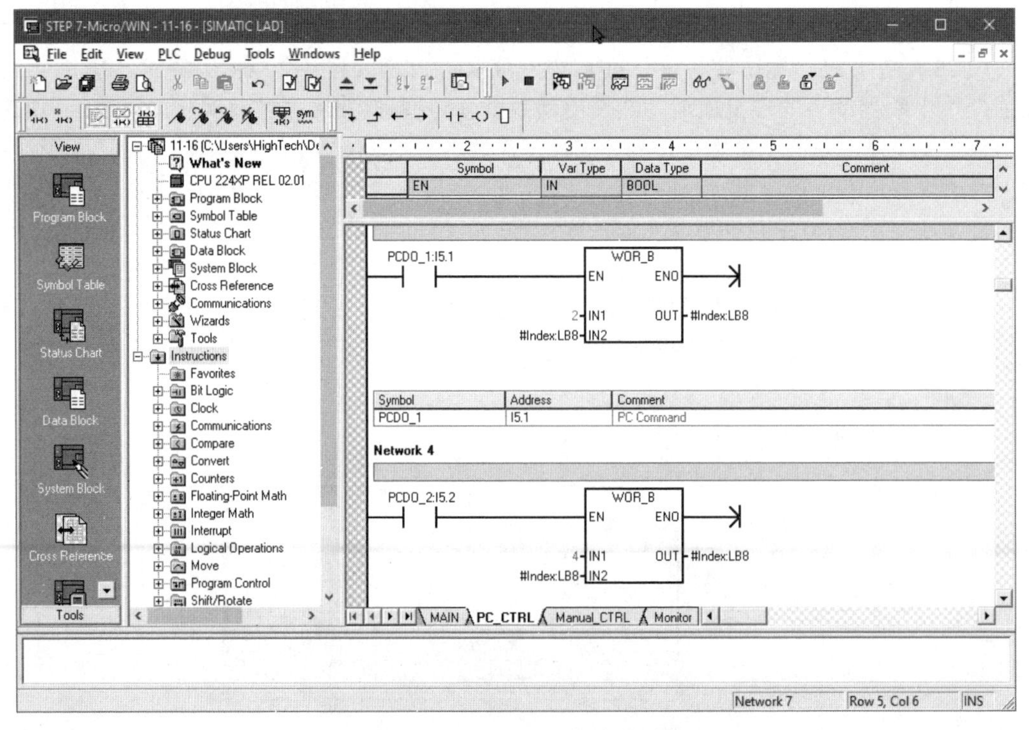

图 22-7　PLC PC_CTRL 程序部分代码

PLC 程序解码的方法比较简单，在检测到输入端 I5.0 ～ I5.4 被置为高电平时，就将命令字节的对应编码位置为 1，并将结果保存在变量 IndexLB8 中。PLC 解码程序实时检测该变量的变化，当检测到 IndexLB8 被设置为某个继电器对应的开关命令时，就相应驱动其开或关，或对所有继电器复位，如图 22-8 所示。例如，若要将控制油路的电磁阀 25.2 关闭，通过查询控制命令编码表 22-3 可知其对应控制命令为“00100”。LabVIEW 将该命令发送给 PLC，PLC 的输入端 I5.2 被置为高电平，PC_CTRL 程序中变量 IndexLB8 字节的第三位被置位。PLC 程序驱动部分在检测到变量 IndexLB8 为 4 时，就关闭电磁阀 25.2。

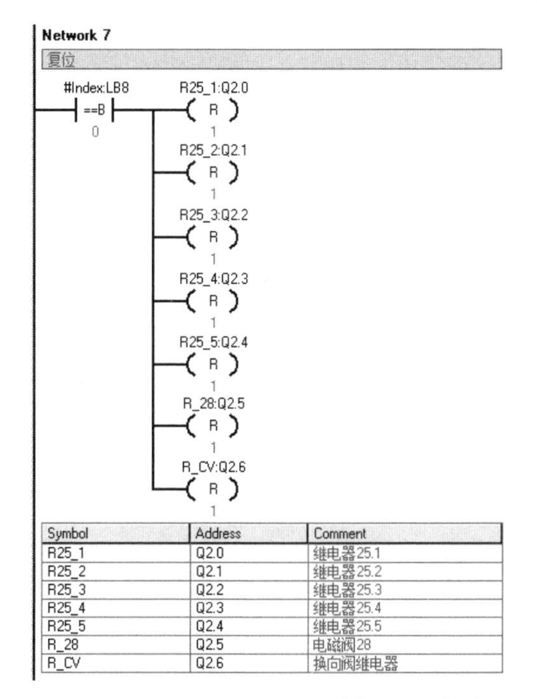

Symbol	Address	Comment
R25_1	Q2.0	继电器25.1
R25_2	Q2.1	继电器25.2
R25_3	Q2.2	继电器25.3
R25_4	Q2.3	继电器25.4
R25_5	Q2.4	继电器25.5
R_28	Q2.5	电磁阀28
R_CV	Q2.6	换向阀继电器

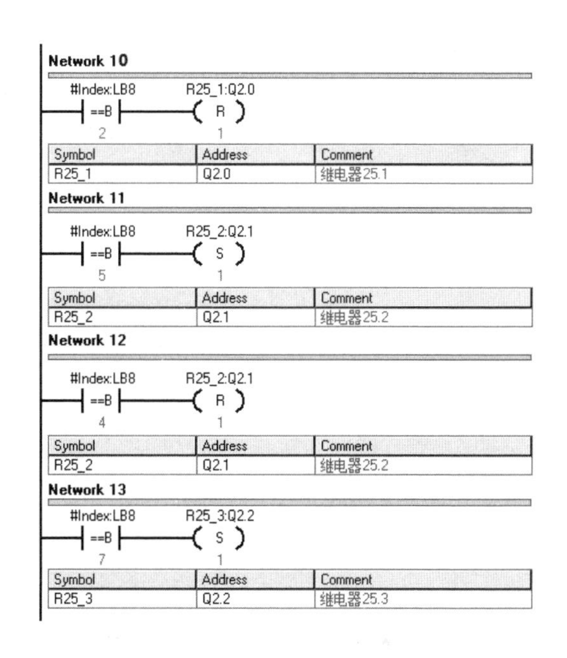

Symbol	Address	Comment
R25_1	Q2.0	继电器25.1

Symbol	Address	Comment
R25_2	Q2.1	继电器25.2

Symbol	Address	Comment
R25_2	Q2.1	继电器25.2

Symbol	Address	Comment
R25_3	Q2.2	继电器25.3

图 22-8　部分 PLC 继电器驱动、复位程序

3. 用户权限管理模块

在测试系统开发中，通常要将用户权限按管理员、系统配置维护人员和操作员进行分类，以限定不同类别人员对系统的使用权限。其中管理人员具有最高权限，可以使用系统所有功能，同时能进行用户添加、删除、修改密码等管理工作。系统配置和维护工程人员可对系统进行各种参数配置，并能对系统进行操作。而操作员仅能对系统进行操作，不具备系统配置和用户管理权限。

简单来说，用户权限管理模块应具备以下基本功能。

（1）用户登录验证。根据用户名和密码对登录系统的用户进行验证，以判断登录是否成功。不同类别的用户登录后，其权限所对应的功能模块才能被激活。

（2）用户管理。允许管理员按类别添加新用户，查找或删除既有用户。

（3）系统配置。允许系统配置维护人员对系统进行配置，一般包括测试参数配置、系统日志保持路径等。

一个简易的用户权限管理模块中，用户的信息可以存放在文本文件中。但是用户名和密码不能直接以明文的形式存放，必须使用某种加密方式对用户名、密码进行编码，才能确保用户信息安全。如 14.2 节所述，MD5 算法是一个不可逆的字节串变换算法，在数据加密领域被广泛使用。因此可以将用户密码以 MD5（或其他类似的算法）经 Hash 运算后存储在文件系统中。当用户登录时，就可以把用户输入的密码进行 MD5 Hash 运算，然后再和保存在文件中的密码进行比较，来确定输入的密码是否正确。通过这样的步骤，系统在并不知道用户密码的明码的情况下，就可以确定用户登录系统的合法性。这可以避免用户密码被具有系统管理员权限的用户或其他别有用心的人知道。

对于简易的用户权限管理模块来说，在添加保存用户信息时，可以将用户名、MD5 加密的密码和用户类别信息，以特殊字符（如“|”）隔开，连接为一行字符串写入文本文件中。为了能确保用户名和用户类别不被看到，但又能可逆地搜索用户信息，需对用户信息字符串进行可逆加密。图 22-9 是添加新用户的程序。在前面板上输入用户名和密码，并单击“添加用户”按钮后，程序先对输入进行验证，确保输入的用户名和密码字符串中无空格且长度不小于 6。随后调用查询函数，检查新输入的用户名是否被占用。若用户名仍可用，程序就对输入的密码字符串进行不可逆 MD5 加密，并用字符“|”将用户名、加密的密码和用户组信息隔开后组成一行字符串。在将用户信息写入文件前，调用自定义的可逆加密函数对该行字符串进行可逆加密。

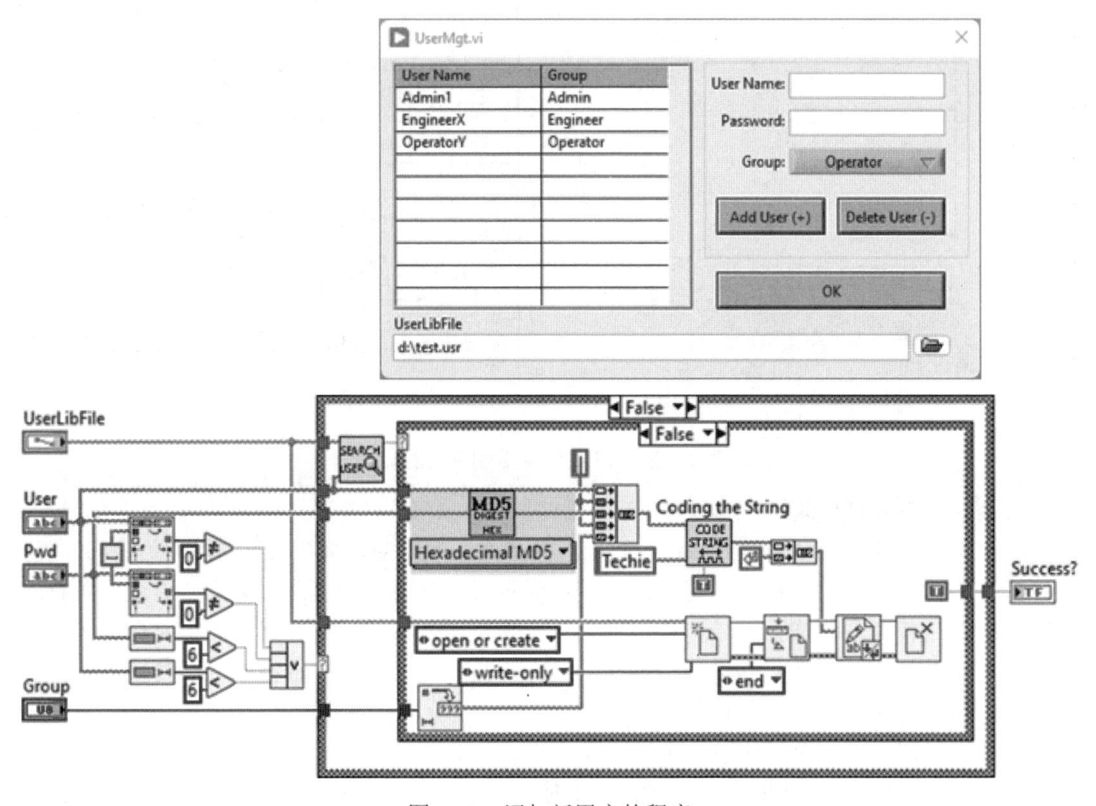

图 22-9 添加新用户的程序

与 MD5 加密的不可逆方式不同，可逆加密允许对加密后的字符串通过解密后恢复。一般来说，可逆加密方式需要密钥配合。图 22-10 是一个简单的可逆加密解密程序，它既可用于对字符串加密，也可用来对加密后的字符串解密。加密时，程序先将输入字符串和密钥 key 转换为字节串，然后由 For 循环把输入字符串中的字节逐个与密钥字符串的字节相加，完成后再将相加结果转换为字符串输出。解密时只需使用与加密时相同的密钥，把输入字符串中的字节逐个与密钥字符串的字节相减，恢复至加密前字符串即可。

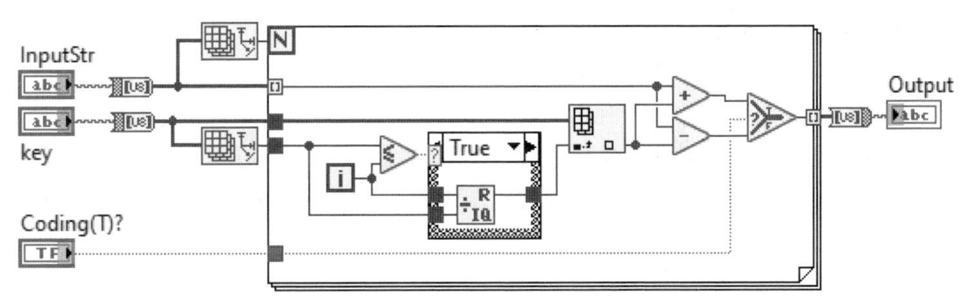

图 22-10 可逆加密解密演示程序代码

查找用户的代码如图 22-11 所示。程序先从文件中读出所有用户信息，然后由 For 循环逐行对用户信息进行解析。在进行解析前，先使用密钥解密读回的信息，然后提取用户名。若用户名存在，就将用 MD5 加密的密码和用户组信息一并返回。

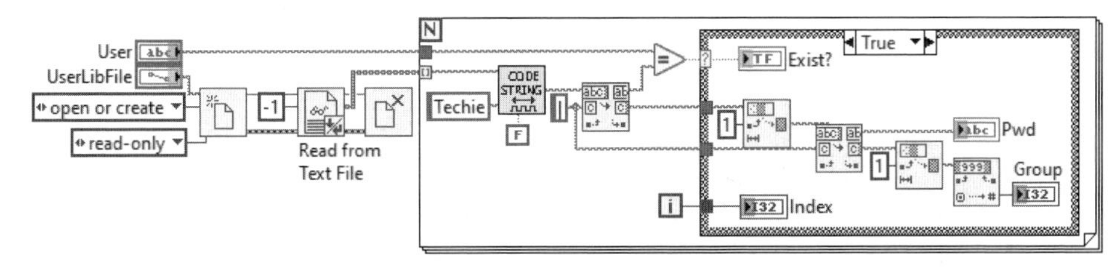

图 22-11 查找用户的程序代码

用户验证功能比较容易实现，如图 22-12 所示。程序先按照输入的用户名查找用户是否存在，若存在就对输入的密码进行 MD5 不可逆加密，返回密文。然后对比输入密文是否与之前保存的密文匹配，若匹配就返回登录成功信息

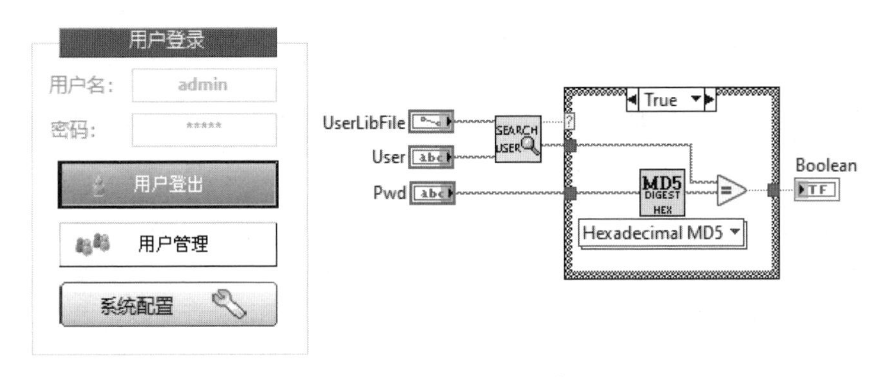

图 22-12 用户登录程序

图 22-13 是实现用户删除功能的程序。根据输入的用户信息对比记录在文件中的保存索引来删除用户信息。在实际使用时，只需要获取索引执行该函数即可。

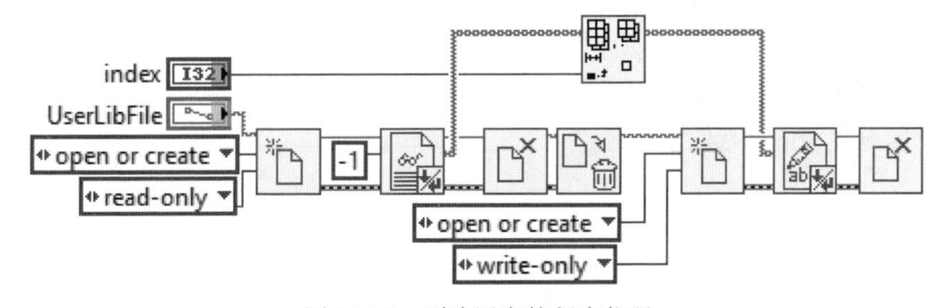

图 22-13 删除用户的程序代码

4. 数据实时采集与滤波

在虚拟仪器项目开发时，经常要求在进行其他操作的同时，并行地进行数据采集与滤波工作。也就是说，数据采集工作不能独占系统资源，阻止系统对其他用户的操作请求进行响应。如第 9 章所述，循环程序框架可以很好地解决这种问题。对于功能相对单一的简单数据采集处理程序，可以使用并行多循环框架。若程序规模相对较大，则可以使用模块化的多循环程序框架。

液流阀检测系统需要实现的功能较多，因此采用模块化的多循环程序框架，并在数据采集循环中专门来完成数据采集任务，如图 22-14 所示。数据采集模块独立于程序主循环运行，但是受主循环的控制可启动或暂停。从本质上来看，数据采集过程是一个简单状态机的实现，只是状态机的状态通过可受主循环访问的队列传递。

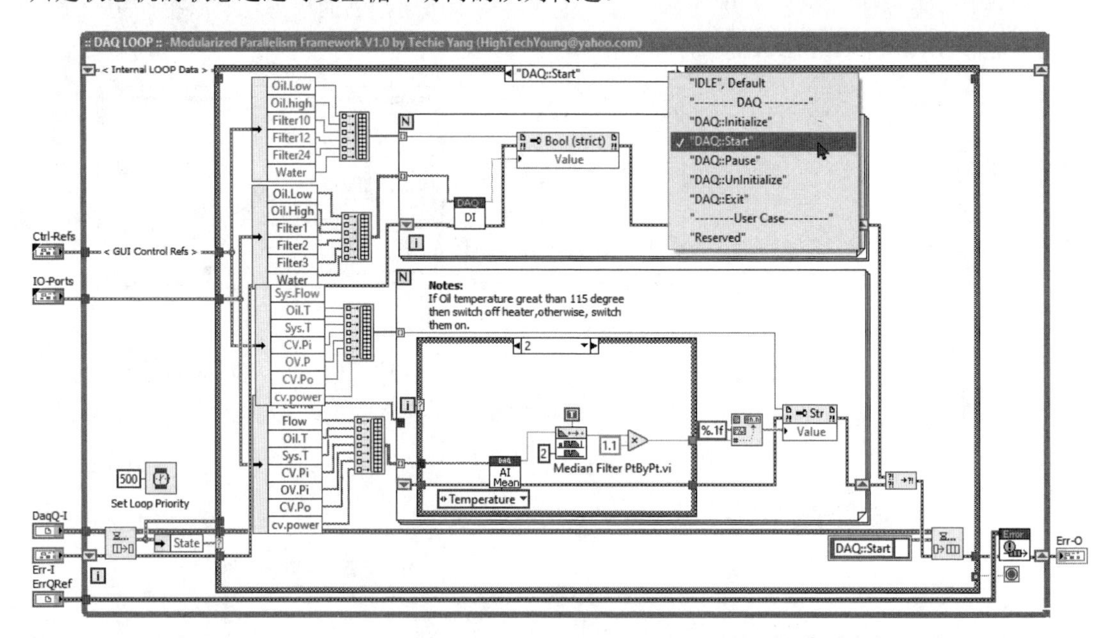

图 22-14 数据采集程序代码

使用模块化的多循环程序框架时，若要将数据采集模块中的数据在主程序的前面板上显示，可以通过输入参数的控件引用来完成。但是应注意对于大量数据的实时显示，应尽量安排在数据采集模块的前面板上，以免影响程序效率。数据采集模块在默认情况下并不显示，若要通过该模块显示采集过程，则应将其设置为被调用时显示前面板，如图 22-15 所示。

为方便项目开发，笔者基于模块化的多循环框架创建了一个测试项目的模板 XYZ TESTER，读者可基于该模板在测试系统开发时填充内容，快速完成项目任务。图 22-16 是该模板项目的前面板和程序，完整的项目模板可在随书附赠的源代码中找到。

对于功能相对单一的简单数据采集处理程序，没有必要使用模块化的多循环程序框架，可以使用并行多循环框架快速完成任务。同样，为了方便开发，笔者也基于并行循环创建了项目开发模板，如图 22-17 所示。该程序框架在第 9 章已详细介绍，此处不再赘述。相关程序代码可在随书附赠的源代码中找到。

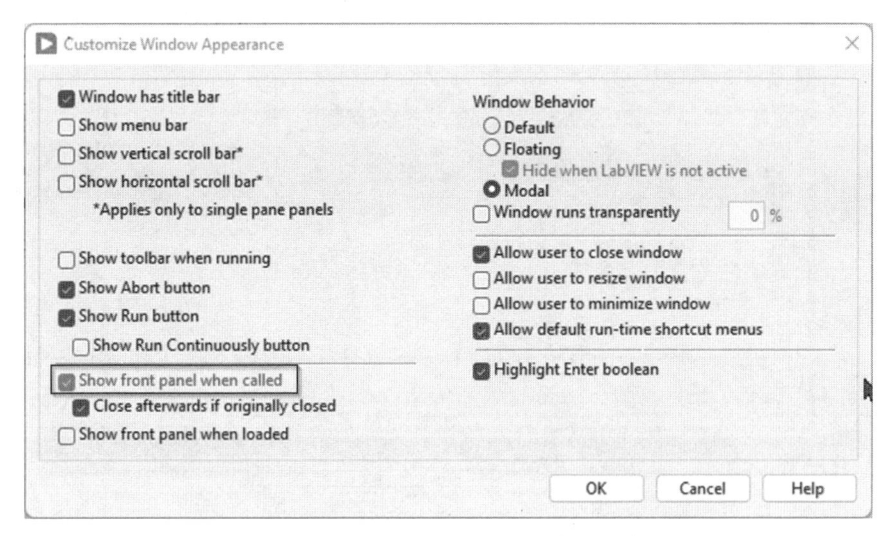

图 22-15 设置子 VI 前面板在其被调用时显示

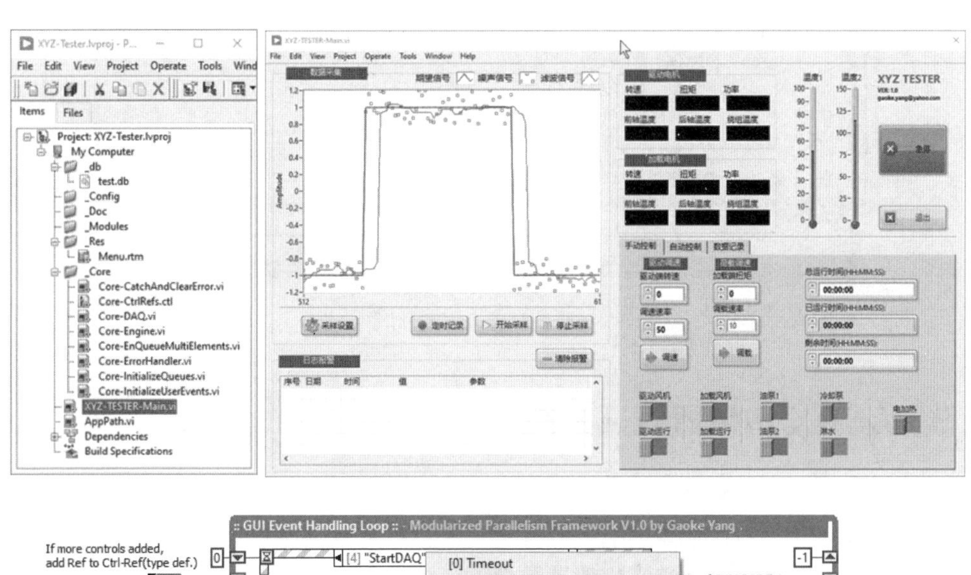

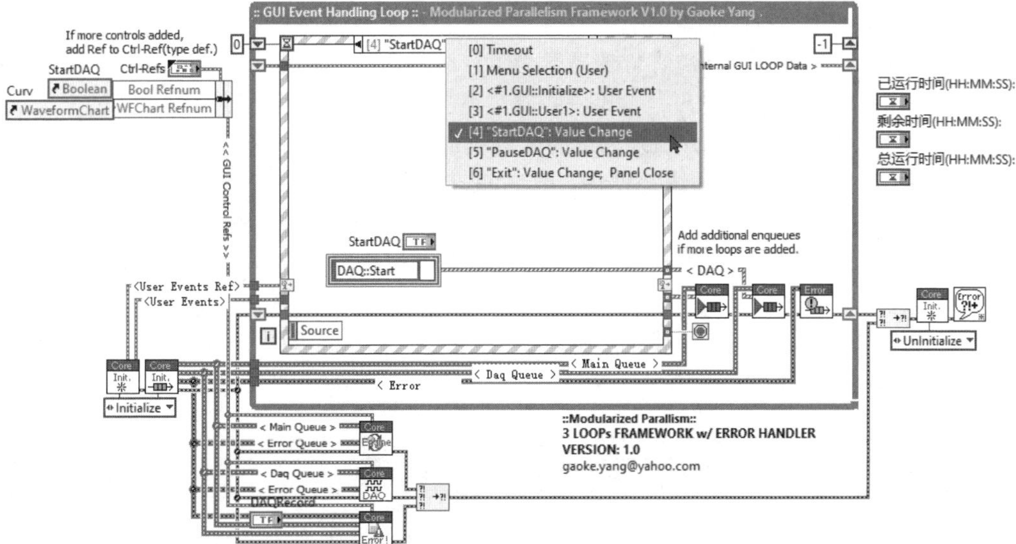

图 22-16 基于模块化多循环的项目模板

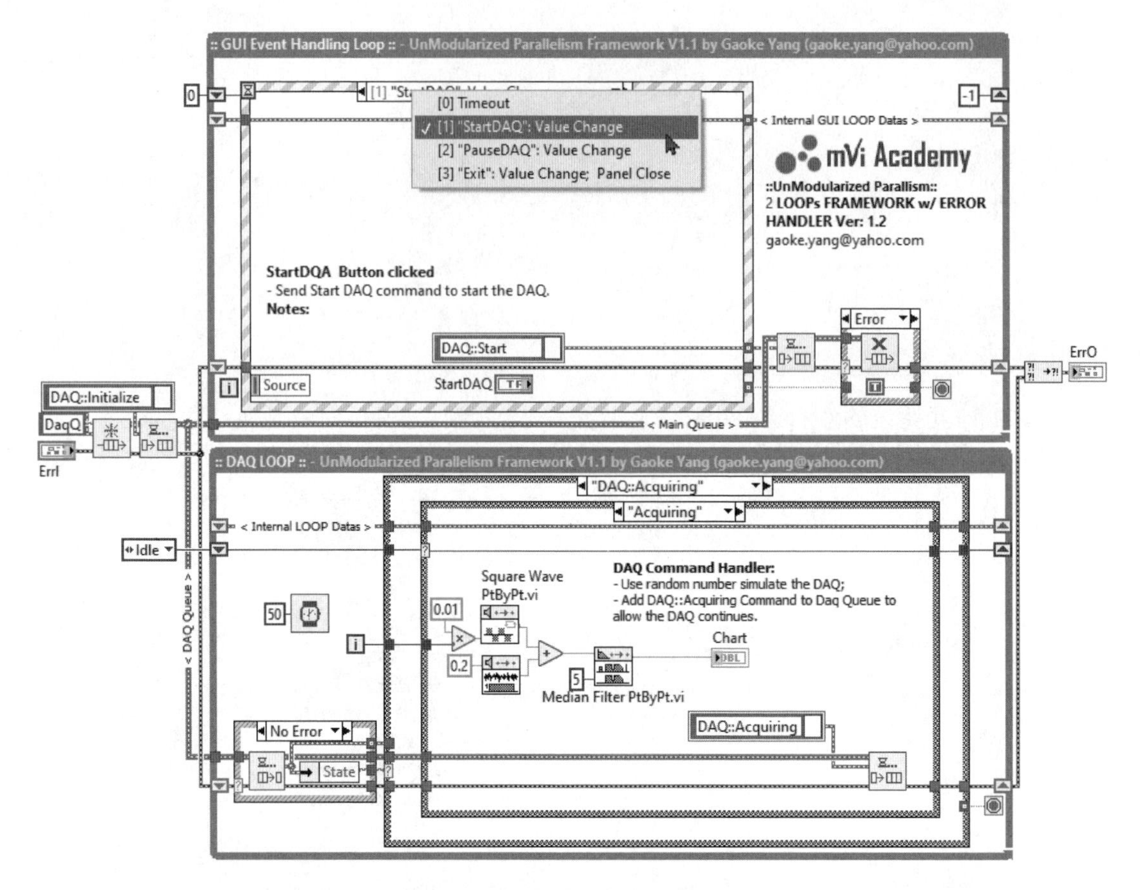

图 22-17　基于并行多循环的项目模板

22.2　ASDX 传感器测试系统

ASDX 传感器测试系统是针对某压力传感器在最终生产下线前（End of Line）的质量检查所开发的自动测试系统。该系统能按照客户对传感器测试的规范和要求，自动完成三种类型压力传感器的指标测试，并能评价传感器交付给客户前的质量是否合格。要求测试系统能监测并记录传感器测试时的电压、电流，并能对不同型号的传感器进行设置、控制，测量并记录测试时的温度、电压偏移和最终输出的压力值。

图 22-18 是最终完成的系统实物图，包含的主要设备如表 22-4 所示。在测试时，被测传感器会被置于测试夹具中，操作员同时按下两个测试开始按钮，系统会自动控制气缸等动作，连接传感器各针脚。随后，计算机会控制 GPIB 电源，为传感器设置相应的测试电压，按要求测量，记录测试数据，并对测试结果做出评价。

图 22-18　系统实物图

表 22-4　系统包含的主要设备

设 备 名 册	型　　号	数量	单位	备　　注
测试夹具	定制	1	套	
通信板	ZMD Kit	1	套	客户提供

续表

设备名册	型号	数量	单位	备注
I2C/ZACWire 访问模块	ZMD	1	套	客户提供
数字万用表	Agilent 33401A	2	套	GPIB
直流电源	Agilent 6632B	1	套	GPIB
工作站	Dell	1	套	≥ 4 USB ports
GPIB 接口卡	NI	2	块	≥ 3 Connectors
气缸	Customized	1	套	
数字 I/O 卡	NI PIC6520	1	块	

图 22-19 是系统软件的架构。总体上来看，软件由硬件控制层、数据处理层、数据显示层和用户权限管理四部分组成。其中硬件控制层主要用来控制 GPIB、USB、串行设备以及数字 I/O 设备。数据处理层主要用于对整个测试流程进行控制，并对各种从硬件采集得到的数据进行处理。数据表示层用于显示相关测试结果，或者对数据和日志进行保存。用户权限管理层将用户分为管理员、系统配置维护人员和操作员三个级别，用于全局管理用户对系统的使用权限。

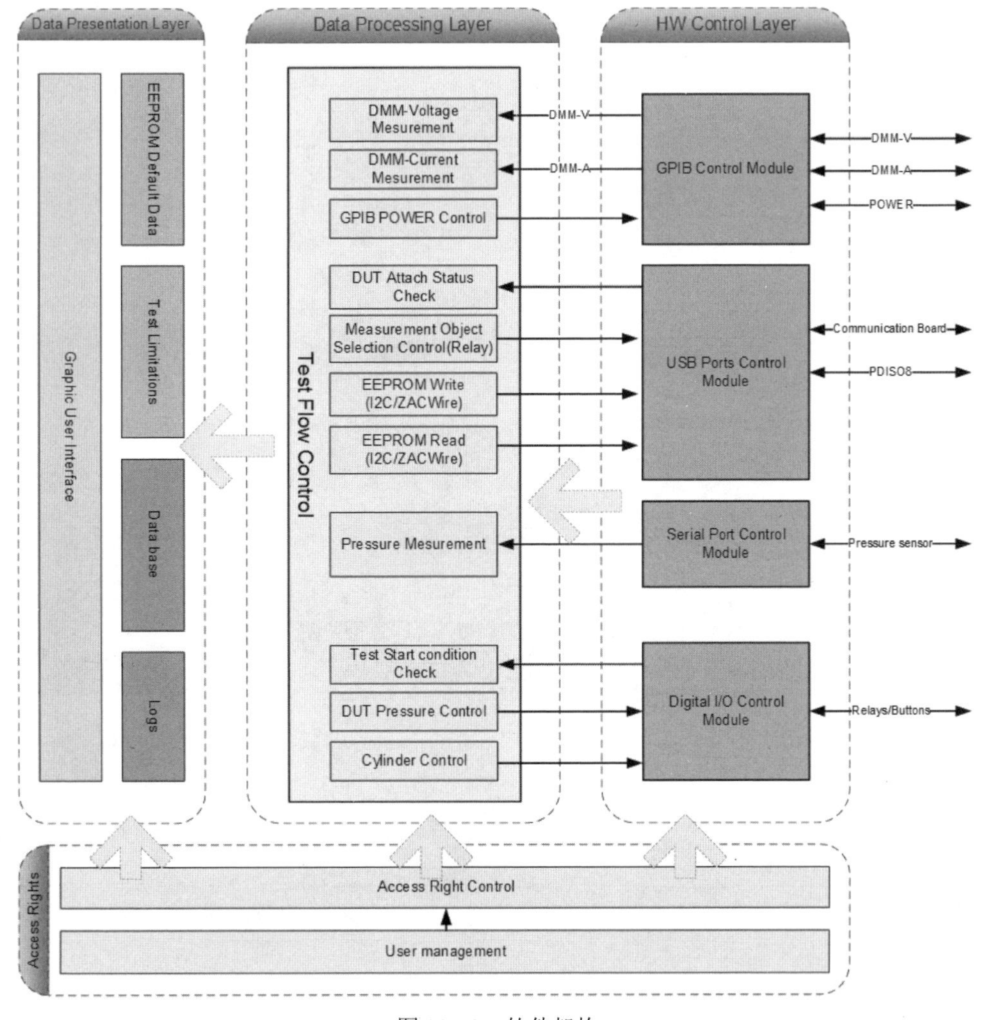

图 22-19 软件架构

从软件开发角度来看，测试流程的管理是软件要解决的主要问题。它需要协调硬件控制层和数据表示层的各模块，有序完成对三种不同类型传感器的测试工作。由于对不同传感器测试时的测试流程相同，只是测试项参数和评价方法略有差异，因此考虑使用面向对象的方法实现测试流程管理。此外，测试过程中各步骤的日志需要保存在文件或数据库中，由于并不要求建立数据库服务器，因此使用 SQLite 来管理数据库。

22.2.1 日志和 SQLite 数据库

测试系统执行过程中，需要对一些重点数据进行保存，主要包括系统自身运行过程中不同阶段的状态和动作，以及测试结果。日志可用来记录系统运行的“轨迹”，而测试结果一般会保存在文件或数据库中。

图 22-20 是一个使用文本文件记录系统日志的函数，用于将系统的运行状态添加上时间保存至文件头部，并返回所写的日志和日志文件的保存路径。可以在系统代码中调用该函数记录日志的同时，将返回的带有时间的格式化日志显示在用户界面前面板上。程序一开始先调用 AppPath 函数获取当前 VI 所在目录，并构建“log 日期 .txt”格式的日志文件名，与目录连接为全路径格式。随后创建或打开该日志文件，将游标位置设置在文件开始，并一次性读取所有文本，将新日志添加至文本头部，然后再写入文件中，这样可以确保最新日志始终在文件最顶端。

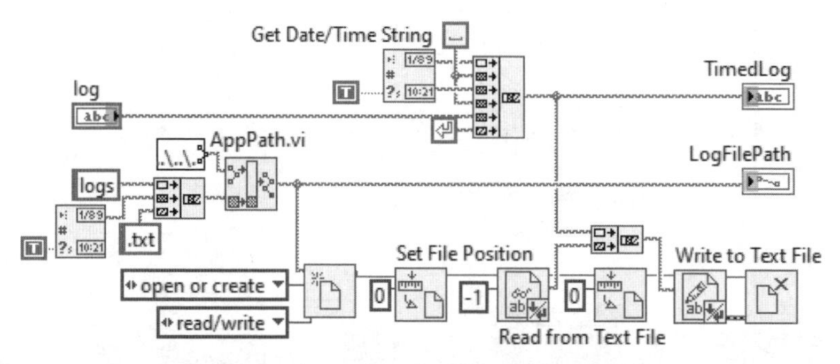

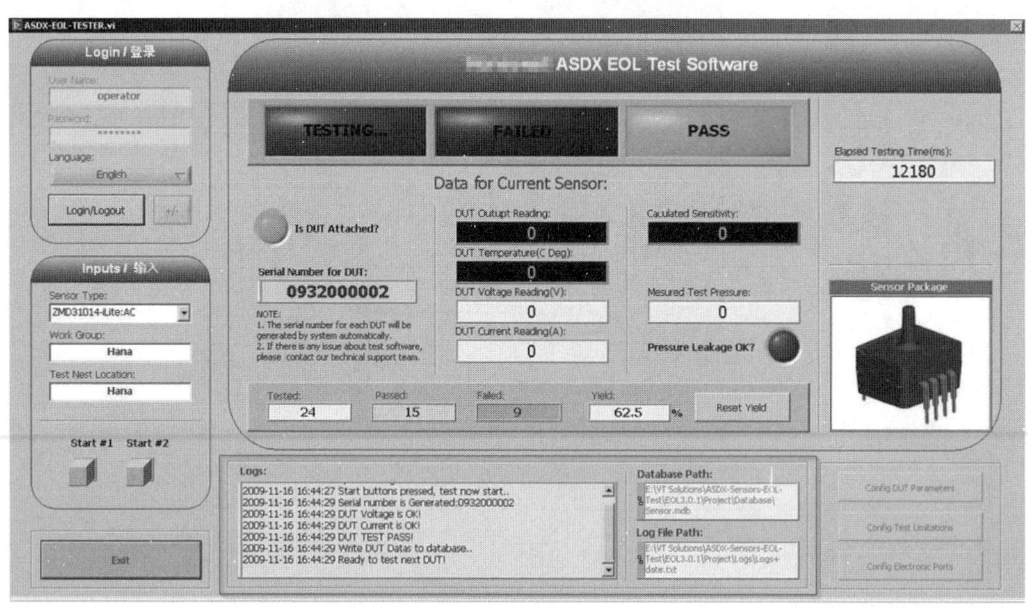

图 22-20 系统日志

LabVIEW 中获取 VI 所在目录时需要注意是否在使用 LabVIEW 2009 之前的版本，还要注意 VI 是在开发时运行，还是在开发完成后已经打包为可执行程序。不同 LabVIEW 版本和不同的运行环境，要区别进行处理。LabVIEW 2009 之前的版本中尚未提供 Application Directory 函数，因此需要基于 Current VI’s Path 函数，经过路径拆解后得到当前 VI 所在目录。并且由于将 VI 打包为可执行的 EXE 文件后，LabVIEW 会在 VI 路径上封装一层应用程序文件名。例如，若 VI 开发时所在目录为“C:\app.vi”，则打包后就被封装为“C:\app.exe\app.vi”，因此对于开发时和程序分发后的情况要区别对待。

图 22-21 是一个完整的获取 VI 所在目录的程序，首先程序通过应用程序引用（注意不是 VI 引用）返回当前 LabVIEW 的版本和应用程序的所属类别。若 VI 是在 LabVIEW 2009 之前的版本中开发或运行，程序就判断目前属于开发阶段还是已打包为 EXE。若为 EXE，在拆解时应多加一级，确保得到正确路径。若 VI 是在 LabVIEW 2009 之后的版本中开发运行，则可直接使用 Application Directory 函数返回 VI 所在目录。需注意该函数在开发时会返回 VI 所在项目的项目文件“.lvproj”所在的目录，但是对 EXE 执行程序，返回 EXE 文件所在目录。

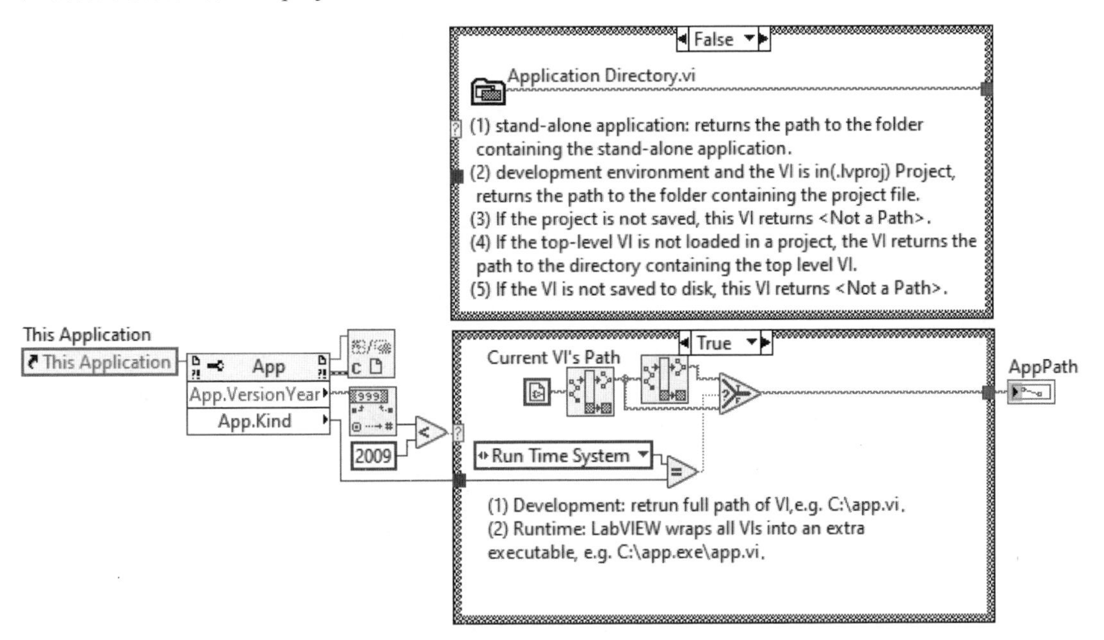

图 22-21 确定 VI 所在目录

基于文本文件的日志适合日志量较小的系统。对于数据量很大，要求记录速度快的场合，就需要考虑将日志写入数据库。此外，很多测试系统往往要求将测试结果记录至数据库中。大型的数据库系统一般设有专门的数据库服务器，数据库服务器需要专门配置和管理，应用程序对数据的读写基于网络通信完成。对于一般的测试设备或系统开发来说，希望能找到一种不依赖数据库服务器，也无需复杂配置，但仍能享有数据库系统各种优点的本地存储解决方案。

SQLite 3 是一个轻量级、无服务器、跨平台的免费关系型数据库（参见 https://www.sqlite.org），其所有数据保存在一个文件中，而且可支持大部分 SQL 语句。由于 SQLite 本身是 C 语言编写的，而且体积很小，所以经常被集成到各种单机或嵌入式应用程序中，甚至在 iOS 和 Android 系统的 App 中也被广泛集成使用。简要来说，SQLite 具有下列优点。

（1）不需要单独的服务器或服务器进程，不需要安装、配置和管理，且不需要任何外部依赖。

（2）仅使用一个跨平台的磁盘文件来存储完整的 SQLite 数据库。

（3）体积非常小，全功能时小于 400KB，省略可选功能时小于 250KB。

（4）数据库事务（Transaction）完全兼容数据库标准中的 ACID 原则，不可分的原子性（Atomicity）、一致性（Consistency）、隔离性（Isolation，又称独立性）、持久性（Durability），以确保事务从多个进程或线程的安全访问。

（5）支持 SQL 92（SQL 2）标准的大多数查询语言的功能。

（6）使用 ANSI-C 编写，并提供简单和易于使用的 API。

SQLite Library 是一个封装了 SQLite 3 C 语言应用程序接口的 LabVIEW 函数库。它由 James Powell 开发，并以 BSD 协议免费分发，可以从随书源码中获得，也可以从 NI 官网上的以下地址下载："https://www.ni.com/en-ca/support/downloads/tools-network/download.sqlite-library.html#374489"。SQLite Library 需要借助 JKI 的 VIPM 工具来安装，安装完成后的相关函数位于 LabVIEW 的 Functions → Connectivity → SQLite Library 函数选板中，如图 22-22 所示。

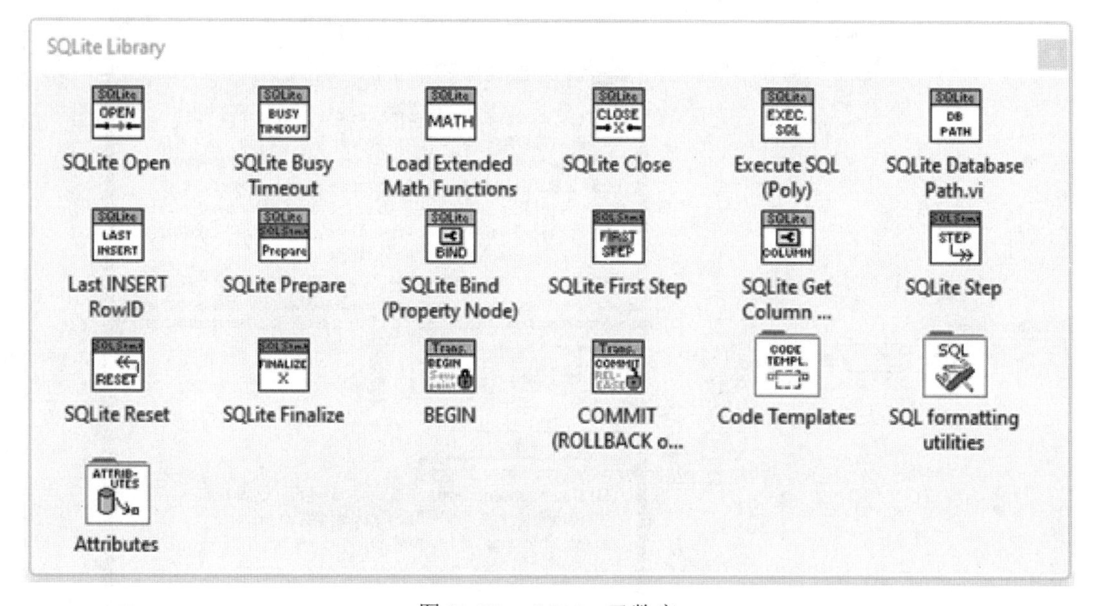

图 22-22 SQLite 函数库

SQLite Library 有两种使用方式。一种方式是在建立数据库链接后，直接调用 Execute SQL 函数运行 SQL 脚本；另一种方式是先使用 SQLite Prepare 函数构建单个 SQL 语句，然后通过调用 SQLite First Step 和 SQLite Step 逐步执行。其中第二种方式允许执行带参数的 SQL 语句，并能以需要的数据类型返回列数据。

图 22-23 是使用这两种方式操作数据库的实例。一开始程序先使用 Open.vi 建立与 SQLite 数据库文件的连接，然后使用第一种方式，调用 Execute SQL 函数执行在数据库中创建表的操作（若已存在，就先删除再创建）。接下来程序使用第二种方式对数据表中写入 10 条记录。为了保证写入数据时不与其他线程对数据库的访问产生冲突，程序将写入操作放置在数据库事务中执行。Begin.vi 用于启动 dBSavePoint 事务，然后由 Prepare.vi 和循环中的 FirstStep.vi 和 Reset.vi 执行带参数的 SQL 语句对象。其中 SQL 语句的参数由 SQL Statement 属性节点指定。数据写入工作完成后，程序会关闭 SQL 语句对象，结束数据库事务并断开连接。

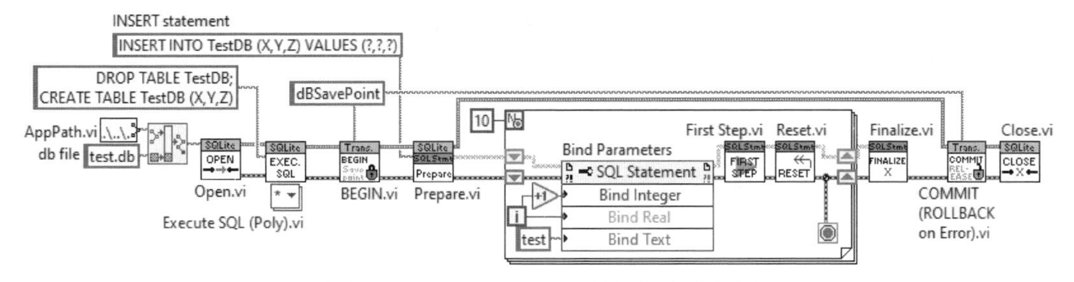

图 22-23 SQLite Library 的运行方式实例

运行上述程序，然后使用第三方 SQLite 数据库管理工具打开数据库文件，可以看到数据表被成功创建，同时相应的数据记录也被写入表中。图 22-24 是使用 Navicat 数据库管理工具查看实例运行结果的界面。

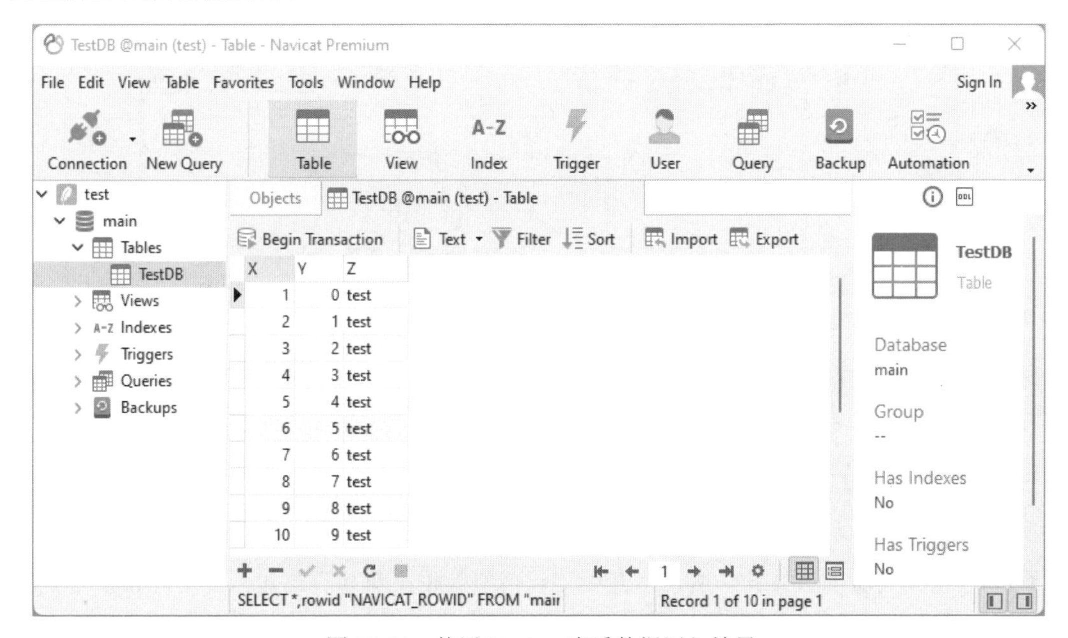

图 22-24 使用 Navicat 查看数据写入结果

基于 SQLite Library 可以在测试程序中集成 SQLite 3 的数据库功能，但不需要独立的数据库服务器。包括记录日志、测试参数和测试结果等。下面以 22.1.3 节提到的 XYZ TESTER 项目模板为例，讲解如何在其中集成 SQLite 3 的数据库功能。

现在假定程序要对某噪声信号进行采集、滤波，并要求将“期望信号”和采集到的“噪声信号”以及滤波后的信号数据记录至 SQLite 3 数据库中。为此，可以在数据采集模块初始化时使用 Open.vi 建立与 SQLite 数据库文件的连接，调用 Execute SQL 函数在数据库中创建包含 X、Y、Z 三列的数据表 testDB，如图 22-25 所示。此外，初始化时还定义了变量“DAQRun ？ ”和 SQL Statement。其中“DAQRun ？ ”用于记录数据采集的状态，并将其设置为 False 采集未启动状态。SQL Statement 用于暂存 SQLite 的 SQL 语句对象。

用户一旦单击开始数据采集按钮，程序就进入数据采集模块中执行 DAQ::Start 分支，如图 22-26 所示。代码先检测数据采集是否已经启动，若尚未启动，程序就启动数据存储事务 dBSavePoint，并创建向数据表中插入数据的 SQL 语句，以准备进行数据保存工作。一旦就绪，就将数据采集状态设置为 True（运行状态），并进入“DAQ::Run”分支，开始数据采集和存储工作。

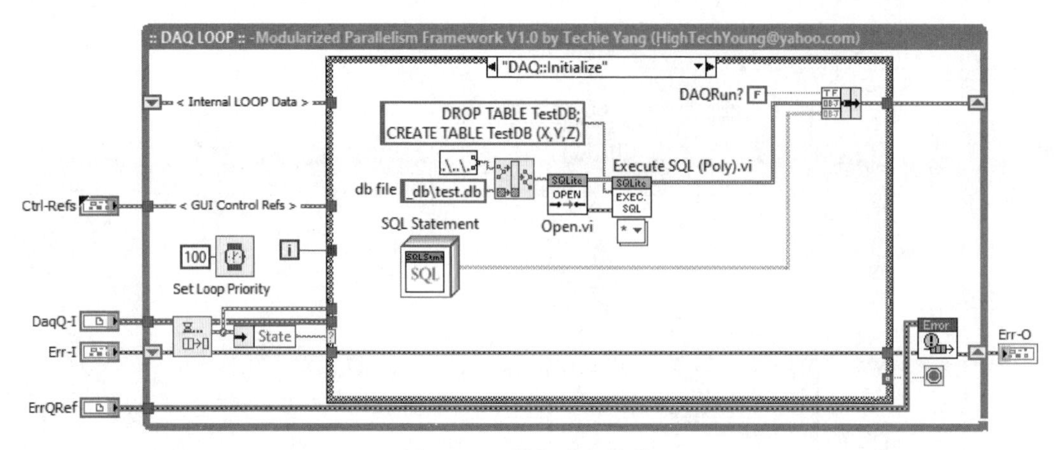

图 22-25 数据库初始化

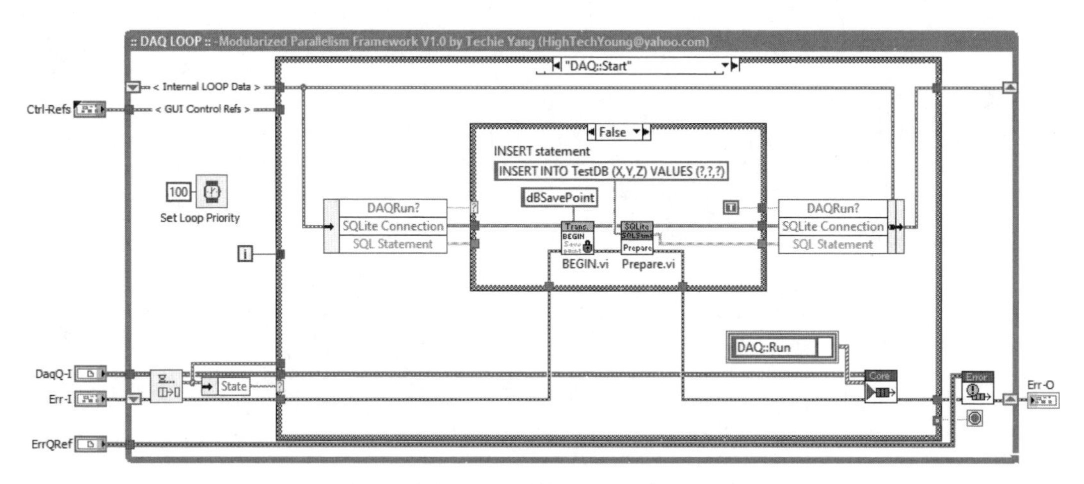

图 22-26 数据写入准备

DAQ::Run 分支如图 22-27 所示，其中代码模拟数据采集和存储过程。程序生成逐点方波和高斯噪声信号，并将二者相加后的结果作为采集的含噪声信号，而滤波过程由逐点中值滤波函数完成。这些信号数据由 FirstStep.vi 和 Reset.vi 执行带有三个参数的 SQL 语句对象，写入数据库文件中。由于 DAQ::Run 分支最后又向队列中添加了 DAQ::Run 命令，因此数据采集过程会连续不断执行，直到有 DAQ::Pause 或 DAQ::Exit 进入队列。

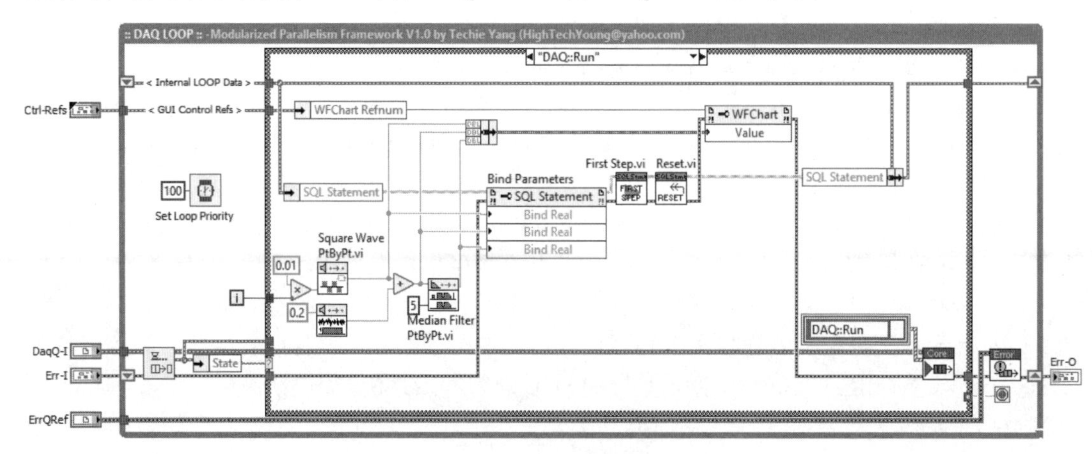

图 22-27 数据采集和写入

当用户单击停止数据采集按钮时，程序进入 DAQ::Pause 分支，如图 22-28 所示。其中代码先判断数据采集过程是否已经在运行状态，若是就释放 SQL 语句对象，结束 dBSavePoint 数据库事务，并将数据采集过程设置为 False（停止状态）。类似地，当用户单击退出按钮时，程序进入 DAQ::Exit 分支，如图 22-29 所示。其中代码也会判断数据采集过程是否已经在运行状态，若是就释放 SQL 语句对象，结束 dBSavePoint 数据库事务，同时销毁数据库链接并退出程序。

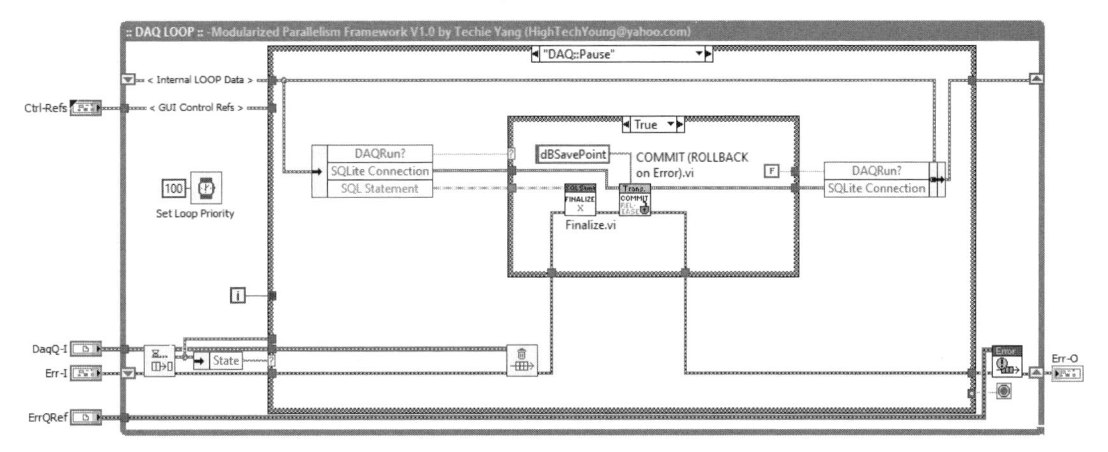

图 22-28 数据采集暂停

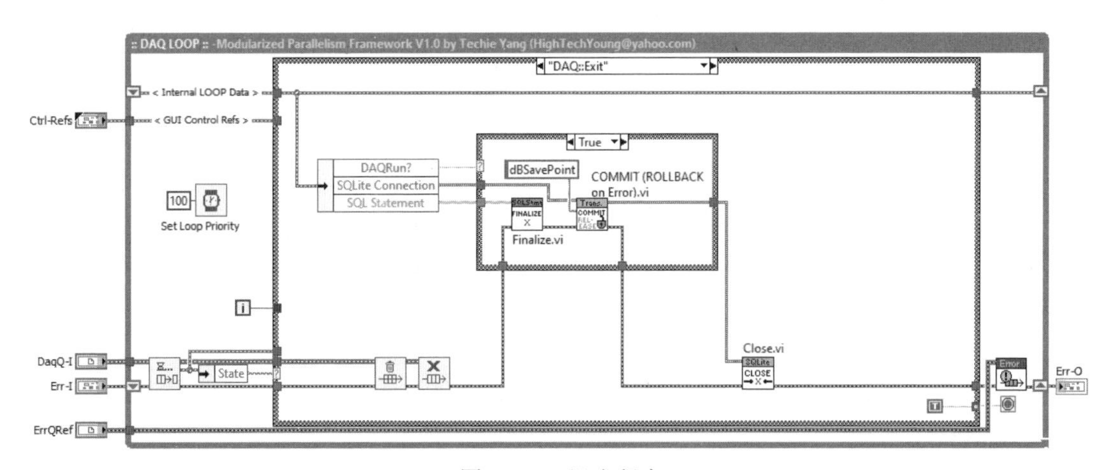

图 22-29 退出程序

22.2.2 面向对象方式的测试管理

ASDX 传感器测试系统要按照客户对 APPL 类型、dLite 类型和 iLite 类型的三种压力传感器的测试规范和要求进行测试。分析测试过程发现，三种传感器的测试是按照相同的测试流程执行的，区别在于每一步的测试环境参数和最终的质量判别方法稍有不同。此外，根据客户反馈，将来可能还需要使用系统按照相同的测试流程，对其他新类型的压力传感器进行测试。因此需要一种既能有效组织三种传感器测试过程，又便于扩展的方式来构建测试管理模块。

以面向对象的方式组织管理测试模块可以很好地满足上述需求。由于各种测试类型的传感器测试流程均相同，因此可以构建一个基类用于管理测试流程。三种类型传感器的测试类均可继承基类的测试管理流程，并分别在各自类中实现特有的测试参数。图 22-30 是测试管理类的继承结构。

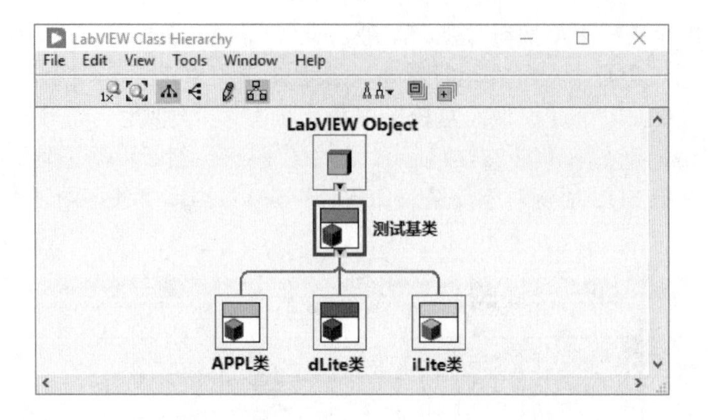

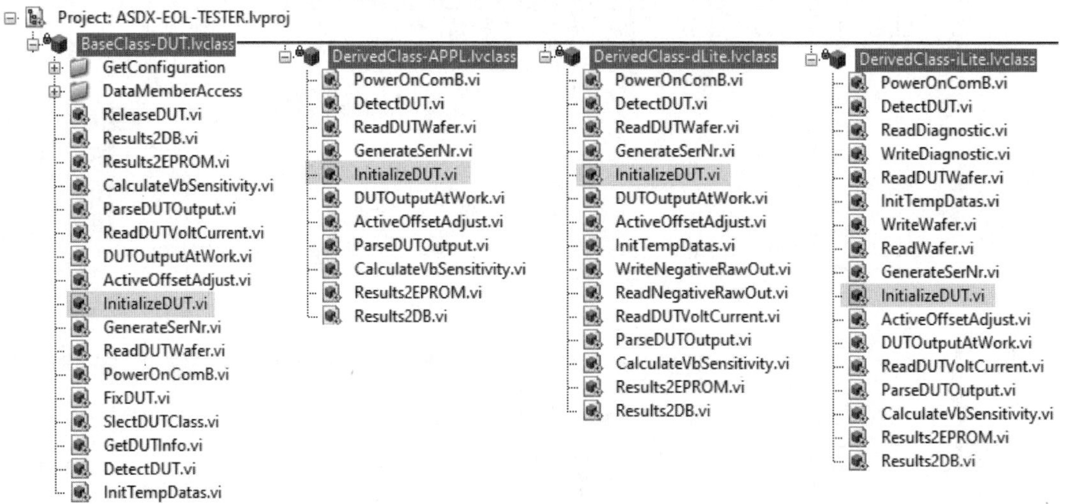

图 22-30　测试管理类继承结构

经过面向对象的方式对测试进行封装后，就可以在基类中执行对三个传感器均适用的通用测试或配置，而将个性化的操作放置在继承类的重载函数中。例如，对于测试时传感器的初始化操作，可以在基类初始化函数 InitializeDUT 中执行所有传感器均需要的控制器上电操作，而各个传感器自身特有的初始化设置则放置在各子类对 InitializeDUT 的重载函数中，如图 22-31 所示。

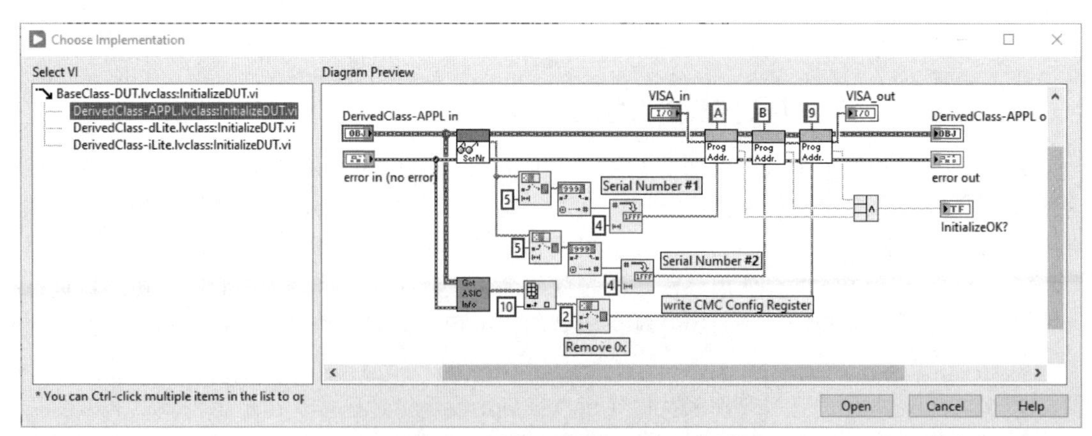

图 22-31　对初基类始化函数的重载

实现了各基类和子类的函数后，就可以使用基类对象作为容器，实现整个测试流程，如图 22-32 所示。由于子类对象是基类的特例，因此设计的测试流程可以覆盖所有三个类型的传感器测试。在实际测试开始前，只需要根据输入的传感器序列号，自动选择创建与传感器类型对应的类对象，并启动测试过程即可，如图 22-33 所示。

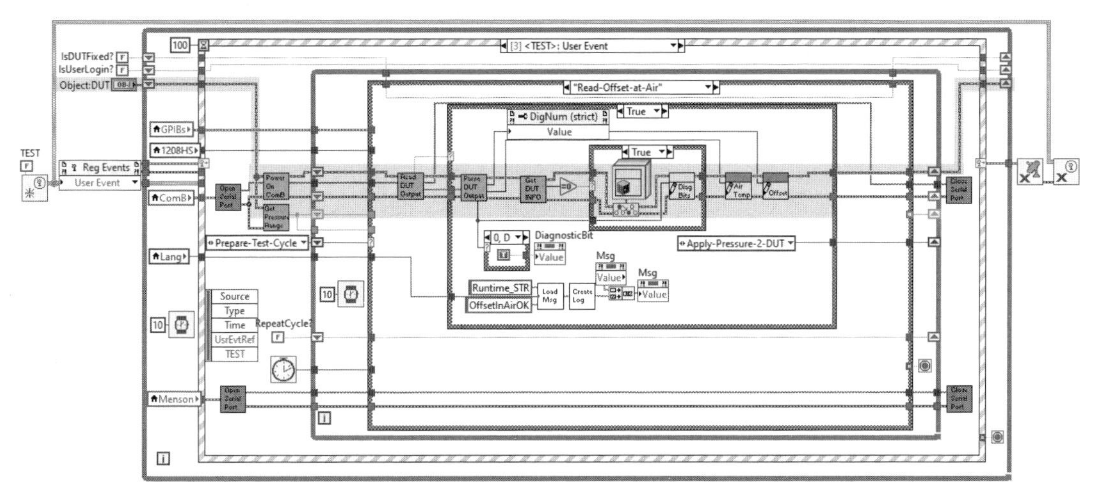

图 22-32 基于对象的测试流程控制

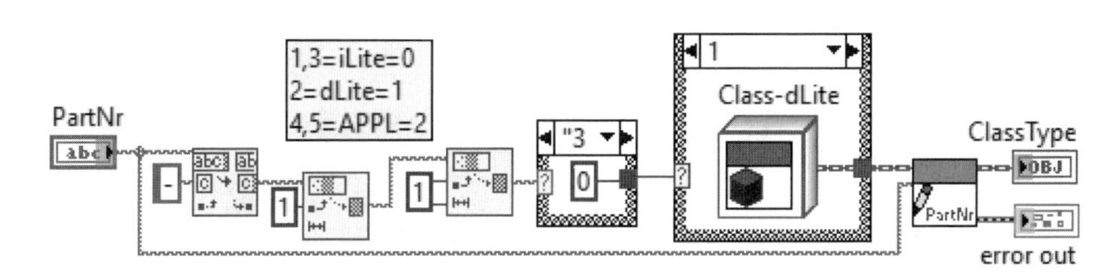

图 22-33 对象选择

22.3 灌装检测机器视觉系统

灌装质量检测机器视觉系统要求对某罐装生产线上的灌装质量进行检测，确保各瓶内所灌装的液位必须在指定范围内，液位不能过高也不能过低。由于相机相对于生产线上的瓶子位置固定，且各瓶子不会在图像垂直方向上移动，因此可以以瓶子顶端构成的边缘线作为参考，通过测量液位（由亮到暗的边缘）到该参考线的距离来判断液位是否合格。距离大于指定阈值，则说明液位过低，距离小于阈值，则说明液位过高。

为了按照上述方法对灌装液位进行检测，必须先搜索瓶子顶端构成的边缘线和视场中第一个瓶子的左边缘，并建立以顶端边缘为横轴、以两个边缘交点为原点的测量坐标系。在 LabVIEW 中这一搜索过程可由 NI Vision 的“IMAQ Find CoordSys（2 Rects） 2”VI 基于两个矩形 ROI 来完成。其中一个用来从上向下搜索瓶子顶端边缘，另一个用于从左向右搜索视场中第一个瓶子的左侧边缘，而两边缘的交点则作为坐标系的原点。

图 22-34 是通过搜索瓶子边缘建立测量坐标系的 LabVIEW 程序代码。程序一开始先将被测图像读入内存，并设定了用于从上到下、从左到右检测边缘的矩形 ROI。随后程序调用“IMAQ Find CoordSys（2 Rects） 2”VI，基于从这两个 VI 中检测到的边缘来创建测量坐标。在创建测量坐标时，“IMAQ Find CoordSys（2 Rects） 2”VI 先将从上到下搜索到的边缘线

作为坐标系的纵轴（主轴），然后再以从左到右搜索到的边缘与水平边缘的交点为坐标原点，参照坐标系的类型（直接 / 间接）确定坐标系的横轴。Options 参数用于控制边缘的搜索过程和搜索结果的显示。如图 22-35 所示的实例运行结果中，显示了搜索矩形、搜索方向和最终确定的坐标系。

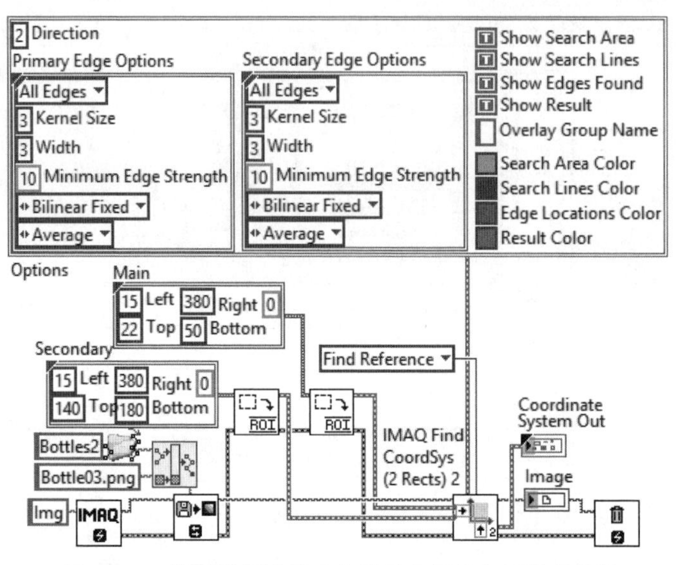

图 22-34　使用目标边缘建立测量坐标系实例程序代码

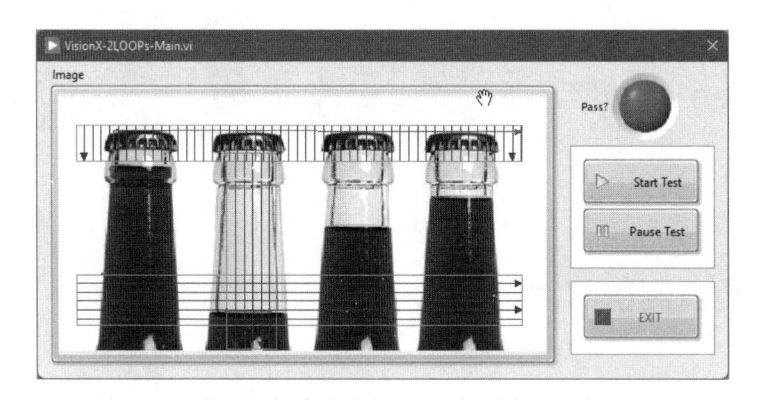

图 22-35　使用目标边缘建立测量坐标系实例程序前面板

对灌装检测来说，一般会在系统测试准备阶段，通过边缘检测基于标准图像建立测量参考坐标系，并进一步参照该坐标系为灌装液位的检测设置感兴趣的区域（ROI）。在检测阶段，对于每幅从生产线上实时采集到的图像，程序不仅会更新测量坐标系，还会相应变换各个 ROI 位置，使其能准确覆盖液位所在区域。此后只要从上至下搜索 ROI 中的边缘，即可确定灌装液位的具体位置。

图 22-36 显示了灌装检测系统的程序框架，它使用了第 9 章中的基于事件的并行循环结构。程序中共有两个循环，一个作为生产者循环，另一个作为消费者循环。在生产者循环中放置了事件结构收集各种来自用户界面的请求。作为对事件的响应，当某个用户事件发生后，就将与之对应的命令置入队列中等待程序处理。例如，当用户单击 StartTest 按钮后，就将用于请求启动测试的指令 TEST::Start 置入队列。消费者循环则不断从该队列中逐个取出数据，对数据进行解析后，按照指令选择循环中对应的分支来执行。例如，如果从队列取出的簇中，指令值为 TEST::Start，则选择结构中的对应分支就被执行，以完成程序启动工作。

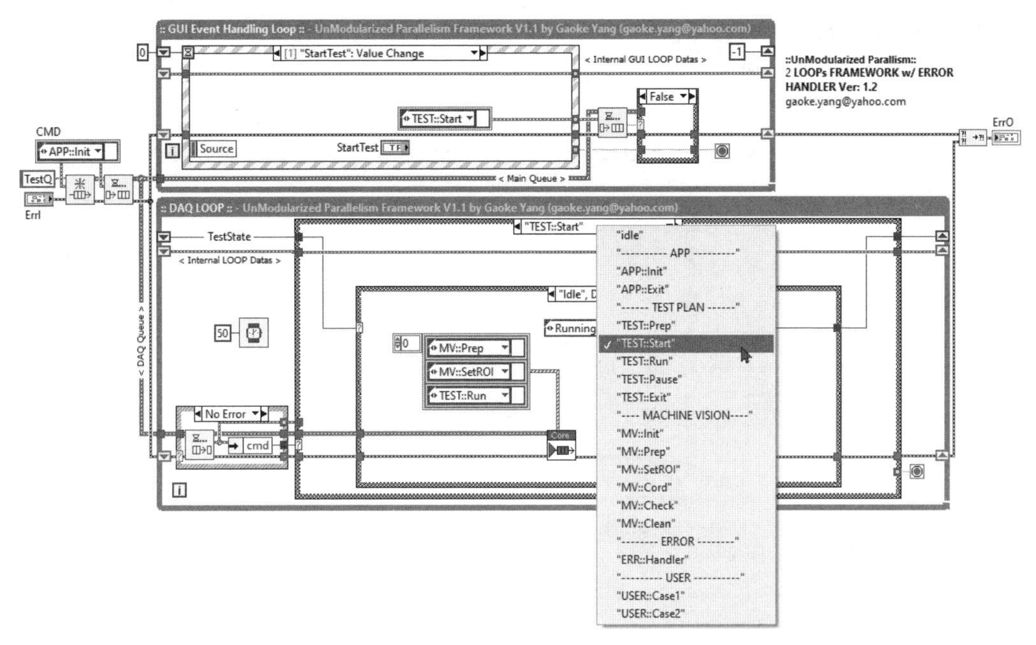

图 22-36 灌装检测系统程序框架

为便于维护，如图 22-37 所示，框架使用严格类型定义的枚举结构存放各种命令，并将一个 Variant 变量作为参数，与其打包成簇后作为队列命令的类型。这样即使增减命令，程序中使用的位置也会自动更新。

消费者循环中使用选择结构实现控制整个测试过程的状态机，同时包含底层的各个机器视觉处理模块。这样可以在一个循环中安排所有模块，同时还能将测试和底层模块分开，使程序具有较强的扩展性。具体来说，用于控制测试过程的模块包含测试准备 TEST::Prep、测试启动 TEST::Start、测试运行 TEST::Run、测试暂停 TEST::Pause 和测试终止 TEST::Exit。这些模块用于对底层的机器视觉模块进行统一调度，控制测试的进程。如图 22-38 所示的测试启动模块中，程序将三个底层的调度命令置入队列中来具体实现视觉检测任务。

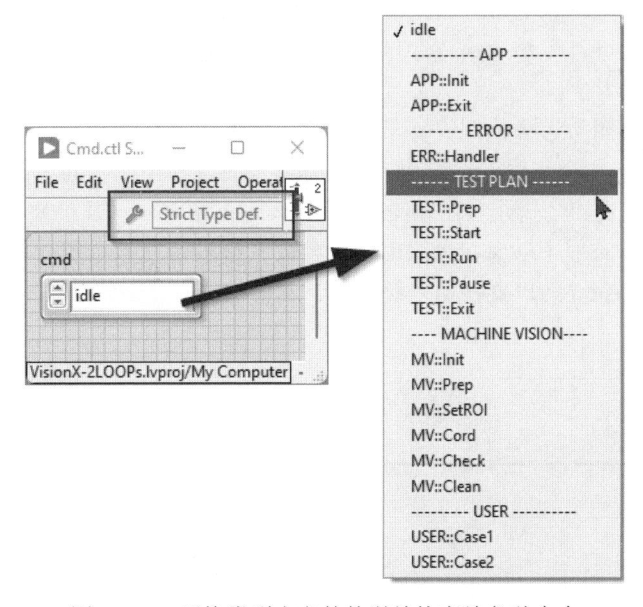

图 22-37 严格类型定义的枚举结构存放各种命令

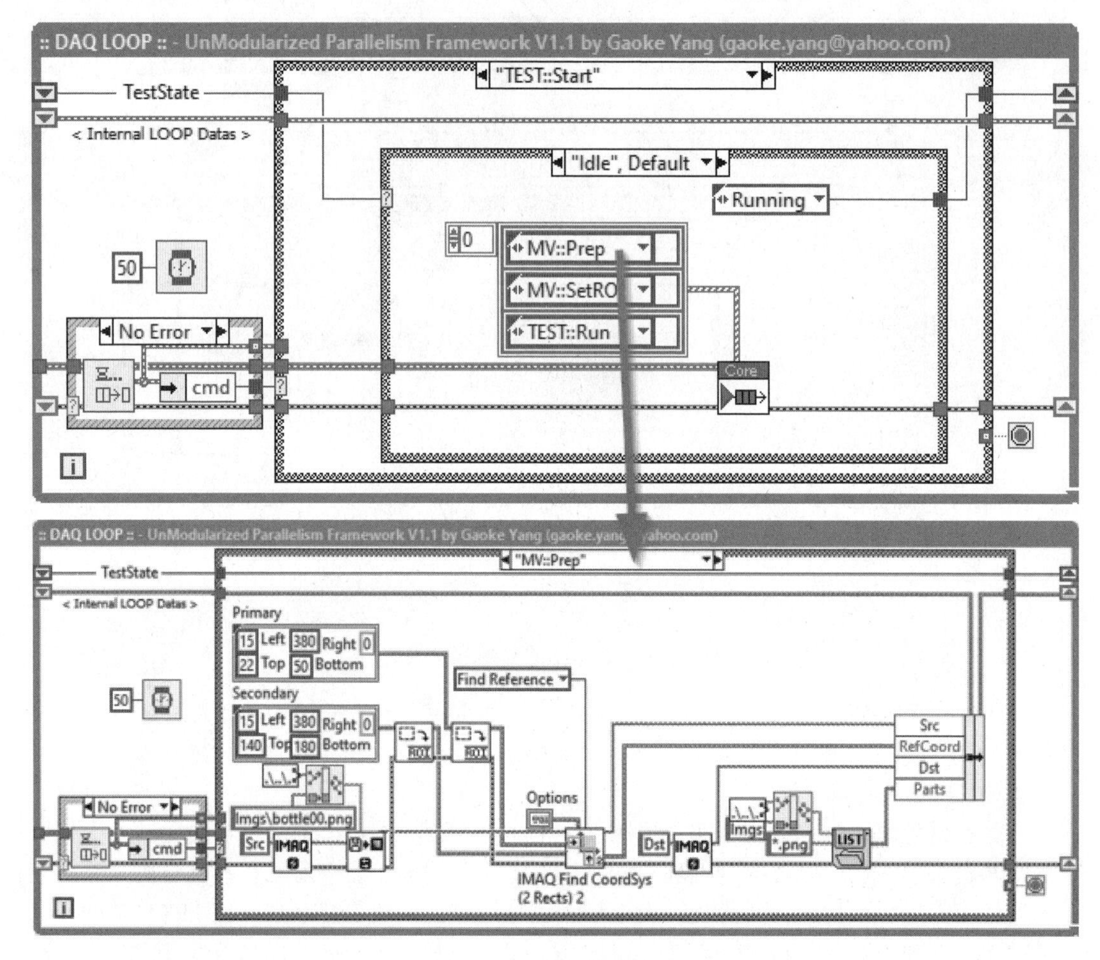

图 22-38　测试启动模块

为了控制测试过程，在消费者循环中增加了记录测试状态的枚举变量。当测试启动后，程序将其置为“运行”（Running）状态，一旦测试暂停，就将其置于“空闲”（idle）状态。只有在测试运行状态下，程序才执行底层的机器视觉检测模块，否则处于暂停状态，直到用户重新启动测试过程为止。

此处提到的底层图像边缘检测、基于边缘建立测量坐标系以及更新坐标系等机器视觉模块，均基于 NI Vision 机器视觉开发模块完成。有关图像处理分析和机器视觉的相关内容，可参阅笔者的《图像处理、分析与机器视觉——基于 LabVIEW》一书，此处不再赘述。灌装质量检测机器视觉系统的程序框架，也适用于大多数其他机器视觉系统软件的开发，可作为基于 LabVIEW 和 NI Vision 的机器视觉系统软件开发模板。